UNITED NATIONS CONFERENCE ON TRADE AND DEVELOPMENT
CONFÉRENCE DES NATIONS UNIES SUR LE COMMERCE ET LE DÉVELOPPEMENT

CNUCED   **UNCTAD**

2015

UNCTAD HANDBOOK OF STATISTICS

MANUEL DE STATISTIQUES DE LA CNUCED

UNITED NATIONS
New York and Geneva   **2015**   NATIONS UNIES
New York et Genève

NOTE

Symbols of United Nations documents are composed of capital letters combined with figures. Mention of such a symbol indicates a reference to a United Nations document.

La cote des documents de l'Organisation des Nations Unies se compose de lettres majuscules et de chiffres. La mention d'une telle cote indique qu'il est fait référence à un document de l'Organisation.

General disclaimer

Déni de responsabilité

The designations employed and the presentation of material in this publication do not imply the expression of any opinion whatsoever on the part of the Secretariat of the United Nations concerning the legal status of any country, territory, city or area or of its authorities, or concerning the delimitation of its frontiers or boundaries.

Les appellations employées dans cette publication et la présentation des données qui y figurent n'impliquent, de la part du secrétariat de l'Organisation des Nations Unies, aucune prise de position quant au statut juridique des pays, territoires, villes ou zones, ou de leurs autorités, ni quant au tracé de leurs frontières ou limites.

Where the designations "economy" or "country or area" appear, they cover countries, territories or areas.

Les appellations «économie» ou «pays ou zone» désignent des pays, des territoires ou des zones.

The designations "developing", "transition" and "developed" are intended for statistical convenience and do not necessarily express a judgement about the stage reached by a particular country or area in the development process.

Le recours aux appellations «en développement», «en transition» et «développés» ne représente qu'une commodité à des fins statistiques et n'exprime pas nécessairement un jugement quant au niveau atteint par un pays ou une zone donnés concernant le processus de développement.

The assignment of countries or areas to specific groupings is done for statistical convenience and does not imply any assumption regarding political or other affiliation of countries or territories by the United Nations.

La répartition des pays en groupes particuliers ne représente qu'une commodité à des fins statistiques et ne présume en aucune manière d'une quelconque affiliation politique ou autre de la part des pays ou des territoires.

Material in this publication may be freely quoted or reprinted, but acknowledgement is obligatory, together with a reference to the document number (TD/STAT.40).

Le contenu de la présente publication peut être cité ou reproduit sans autorisation, sous réserve qu'il soit fait mention de ladite publication et de sa cote (TD/STAT.40).

This document has been reproduced without formal editing.

Le présent rapport est reproduit sans être édité.

HOW TO ORDER THE *HANDBOOK*

COMMENT COMMANDER LE *MANUEL*

To order the print version of the
UNCTAD Handbook of Statistics, please contact:
United Nations Publications
300 East 42nd Street, Room IN-919
New York, NY 10017
USA

Telephone: 1-212-963-8302
Toll free: 1-800-253-9646
Fax: 1-212-963-3489
Internet: https://unp.un.org

Pour commander la version imprimée du
Manuel de Statistiques de la CNUCED, veuillez vous adresser à :
Publications des Nations Unies
300 East 42nd Street, Bureau IN-919
New York, NY 10017
USA

Téléphone : 1-212-963-8302
Numéro vert : 1-800-253-9646
Fax : 1-212-963-3489
Internet : https://unp.un.org

TD/STAT. 40
UNITED NATIONS PUBLICATION – PUBLICATION DES NATIONS UNIES
Sales number / Numéro de vente : B.15.II.D.8
ISBN 978-92-1-012078-4
e-ISBN 978-92-1-057506-5
ISSN 1992-8408

The **UNCTAD Handbook of Statistics** provides a collection of statistics and indicators relevant to the analysis of international trade, investment and development. Reliable statistical information is indispensable for formulating sound policies and recommendations that may commit countries for many years as they strive to integrate into the world economy and improve the living standards of their citizens. Whether it is for research, consultation or technical cooperation, UNCTAD needs reliable and internationally comparable trade, financial and macroeconomic data, covering several decades and as many countries as possible.

In addition to facilitating the work of the secretariat's economists, the **Handbook** provides all other users - policymakers, research specialists, academics, officials from national governments or international organizations, journalists, executive managers, members of non-governmental organizations - with access to cross-comparable sets of data. The **Handbook** presents a consolidated, yet wide-ranging overview of the statistical series available at UNCTAD.

The publication is available in printed copy and DVD format. Moreover, the statistical series published in the **Handbook** are also available online at *UNCTADstat* (http://unctadstat.unctad.org/wds). Unlike the **Handbook**, which captures statistics at one point of time, *UNCTADstat* is continuously updated and enhanced, thus providing users with the latest available data. Consequently, the figures from the **Handbook** may not always correspond to *UNCTADstat*.

To help us provide better and more relevant statistics to users, you are invited to send your comments to **statistics@unctad.org**.

Le **Manuel de statistiques de la CNUCED** fournit des statistiques et indicateurs essentiels à l'analyse du commerce international, de l'investissement et du développement. Une information statistique fiable est indispensable à la formulation de politiques saines et de recommandations qui engageront les pays pour de longues années dans leur processus d'intégration dans l'économie mondiale et d'amélioration des conditions de leurs peuples. Que ce soit pour la recherche, la concertation ou la coopération technique, la CNUCED a besoin de données commerciales, financières et macroéconomiques fiables, comparables au niveau international et disponibles, si possible, sur plusieurs décennies et pour un maximum de pays.

En plus de faciliter les travaux des économistes du secrétariat, le **Manuel** fournit à tous les autres utilisateurs, décideurs, chercheurs, universitaires, fonctionnaires d'administrations nationales ou d'organisations internationales, journalistes, cadres d'entreprises ou membres d'organisations non gouvernementales, un accès à des données transversales comparables. Le **Manuel** présente un aperçu harmonisé des séries statistiques disponibles à la CNUCED.

Le **Manuel** est disponible en version imprimée et DVD. De plus, les données présentées sont disponibles en ligne, dans *UNCTADstat* (http://unctadstat.unctad.org/wds). À la différence du **Manuel** qui présente des statistiques figées à un moment donné, *UNCTADstat* est améliorée et actualisée régulièrement pour mettre à la disposition des utilisateurs les données les plus récentes. Par conséquent, les données du **Manuel** ne pourront être comparées systématiquement à celles d'*UNCTADstat*.

Afin de mettre à disposition des utilisateurs des statistiques toujours plus pertinentes, nous vous invitons à nous faire part de vos commentaires en nous écrivant à **statistics@unctad.org**.

TABLE OF CONTENTS	**TABLE DES MATIÈRES**

PART ONE
International merchandise trade

PART TWO
International merchandise trade by region

PART THREE
International merchandise trade by product

PREMIÈRE PARTIE
Commerce international des marchandises

DEUXIÈME PARTIE
Commerce international des marchandises par régions

TROISIÈME PARTIE
Commerce international des marchandises par produits

v

EXPLANATION OF SYMBOLS	SIGNIFICATION DES SYMBOLES

0   Zero means that the amount is nil or negligible.

_   The symbol underscore indicates that the item is not applicable.

..   Two dots indicate that the data are not available or are not separately reported.

-   The use of a hyphen on data area means that data is estimated and included in the aggregations but not published.
A hyphen between years (e.g. 1985-1990) signifies the full period involved, including the initial and final years.

***   Negative accumulation of flows; Value included in regional and global totals.

(b)   Break in the series
(e)   Estimated data
(f)   Forecast
(p)   Provisional data
(r)   Revised data
(u)   Preliminary estimate

Some exceptions are indicated in footnotes.

Unless otherwise specified, country aggregates are the sum of the relevant country data by group. Calculations of aggregates may include data estimated by the UNCTAD secretariat that are not necessarily all reported separately. When there are insufficient representative reported or estimated data points within a country aggregate, no aggregation is undertaken and symbol (-) is assigned.

Because of rounding, details and percentages in tables do not necessarily add up to totals.

Data are checked to ensure that they match the geographical coverage of the countries, as described at the beginning of the **Handbook**. However sometimes gaps cannot be avoided due to data unavailability. They are thus described in notes at the end of the table.

Unless otherwise stated, dollars ($) refer to United States dollars and data in dollars are expressed in current United States dollars of the year to which they refer.

Average annual growth rates are defined as the coefficient b in the exponential trend function $y = ae^{bt}$ where t stands for time. This method takes all observations in a period into account. Therefore, the resulting growth rates reflect trends that are not unduly influenced by exceptional values.

---

0   Un zéro signifie que le montant est nul ou négligeable.

_   Un tiret signifie que la rubrique est sans objet.

..   Deux points signifient que les données ne sont pas disponibles ou ne sont pas communiquées séparément.

-   Le trait d'union dans le champ des données indique que le chiffre est estimé et inclus dans l'agrégation mais n'est pas publié.
Le trait d'union entre deux millésimes (par exemple 1985-1990) indique qu'il s'agit de la période tout entière, y compris la première et la dernière année mentionnées.

***   Accumulation négative des flux ; valeur incluse dans les totaux régionaux et globaux.

(b)   Rupture de série
(e)   Donnée estimée
(f)   Prévision
(p)   Donnée provisoire
(r)   Donnée révisée
(u)   Estimation préliminaire

Les exceptions sont indiquées dans les notes en bas de page.

Sauf indication contraire, les agrégats de pays sont obtenus en sommant les données des pays composant le groupe. Les calculs d'agrégats peuvent inclure des données estimées par le secrétariat de la CNUCED qui ne sont pas nécessairement toutes rapportées séparément. Les agrégats ne sont calculés que lorsqu'il y a assez de données significatives, rapportées ou estimées. Dans le cas contraire, l'agrégation ne sera pas calculée et la valeur sera remplacée par le symbole (-).

Par ailleurs, la somme des chiffres et des pourcentages indiqués dans les tableaux ne correspond pas nécessairement aux totaux en raison des arrondis.

Les données sont collectées et vérifiées pour qu'elles correspondent à la couverture géographique des pays, telle qu'elle est décrite en début de **Manuel**. Toutefois certains écarts ne peuvent parfois être évités en raison de l'indisponibilité des données. Ils sont alors décrits dans les notes de fin de tableau.

Sauf indication contraire, le terme dollar ($) s'entend du dollar des États-Unis d'Amérique et les données en dollars sont exprimées en dollars courants de l'année à laquelle elles se réfèrent.

Les taux moyens d'évolution annuelle sont définis par le coefficient b de la fonction exponentielle de tendance $y = ae^{bt}$, où t représente le temps. Cette méthode permet de prendre en compte toutes les observations concernant une période donnée sans que le taux de croissance obtenu ne soit trop affecté par des valeurs exceptionnelles.

The term "economies", as used in this publication, refers to regions, countries and territories. In case of a change in the statistical coverage of a country, it is identified by adding an end year after the country name when the country name remains unchanged. The change in the statistical coverage may affect the assignment of the country to specific groupings. For this reason, it may also affect the aggregates depending on whether or not the concerned entities are included in the same country grouping.

Every year, UNCTAD reviews and updates the definition and composition of country groupings. Such changes may impact significantly on the figures from one version to another. The modifications are thoroughly outlined in the section Documentation at *UNCTADstat* website.

Geographical distribution of developing, transition and developed economies

There is no established convention for the designation of "developing", "transition" and "developed" countries or areas in the United Nations system.

The World total represents the sum of the figures of the above three groups plus the figures of a group of "Other territories" not elsewhere classified. These territories are included in the world total if they have been reported but are not presented individually or in any group.

"Developing" and "developed" categories are further divided by geographical region.

The composition of the groupings is detailed below.

Dans cette publication, le terme «économies» couvre les régions, les pays et les territoires. Une année adjointe au nom d'un pays indique un changement de couverture statistique lorsque le nom du pays reste inchangé. Un changement de couverture statistique peut affecter l'inclusion du pays dans des groupements de pays spécifiques. Les données pour un groupement dépendront de l'appartenance ou non des nouvelles entités au même groupement.

La CNUCED révise et met à jour la définition et la composition des groupements de pays chaque année. Ces changements peuvent affecter de manière significative les chiffres d'une année de publication à l'autre. Le détail des changements est disponible dans la rubrique Documentation sur le site web d'*UNCTADstat.*

Répartition géographique des économies en développement, économies en transition et économies développées

La distinction entre pays ou régions "en développement", "en transition" et "développés", ne correspond à aucune nomenclature officielle à l'échelle du système des Nations Unies.

Le total Monde représente la somme des trois groupes ci-dessus plus les données d'un groupe "Autres territoires" non-classés ailleurs. Lorsqu'elles sont disponibles, les données de ces territoires sont incluses dans le total monde mais ne sont présentées ni individuellement ni dans aucun groupe.

Les économies en "développement" et "développées" sont elles-mêmes subdivisées suivant des critères géographiques.

La composition des groupements est détaillée ci-dessous.

DEVELOPING ECONOMIES

ÉCONOMIES EN DÉVELOPPEMENT

AFRICA

AFRIQUE

Eastern Africa

Burundi; Comoros; Djibouti; Eritrea; Ethiopia; Kenya; Madagascar; Malawi; Mauritius; Mozambique; Rwanda; Seychelles; Somalia; South Sudan; Uganda; United Republic of Tanzania; Zambia; and Zimbabwe.

Afrique orientale

Burundi ; Comores ; Djibouti ; Érythrée ; Éthiopie ; Kenya ; Madagascar ; Malawi ; Maurice ; Mozambique ; Ouganda ; République-Unie de Tanzanie ; Rwanda ; Seychelles ; Somalie ; Soudan du Sud ; Zambie et Zimbabwe.

Middle Africa

Angola; Cameroon; Central African Republic; Chad; Congo; Democratic Republic of the Congo; Equatorial Guinea; Gabon; and Sao Tome and Principe.

Afrique centrale

Angola ; Cameroun ; Congo ; Gabon ; Guinée équatoriale ; République centrafricaine ; République démocratique du Congo ; Sao Tomé-et-Principe et Tchad.

Northern Africa

Algeria; Egypt; Libya; Morocco; Sudan; Tunisia; and Western Sahara.

Afrique septentrionale

Algérie ; Égypte ; Libye ; Maroc ; Sahara occidental ; Soudan et Tunisie.

Southern Africa

Botswana; Lesotho; Namibia; South Africa; and Swaziland.

Afrique australe

Afrique du Sud ; Botswana ; Lesotho ; Namibie et Swaziland.

Western Africa

Benin; Burkina Faso; Cabo Verde; Côte d'Ivoire; Gambia; Ghana; Guinea; Guinea-Bissau; Liberia; Mali, Mauritania; Niger; Nigeria; Saint Helena; Senegal; Sierra Leone; and Togo.

Afrique occidentale

Bénin ; Burkina Faso ; Cabo Verde ; Côte d'Ivoire ; Gambie ; Ghana ; Guinée ; Guinée-Bissau ; Libéria ; Mali ; Mauritanie ; Niger ; Nigéria ; Sainte-Hélène ; Sénégal ; Sierra Leone et Togo.

AMERICA

AMÉRIQUE

Caribbean

Anguilla; Antigua and Barbuda; Aruba; Bahamas; Barbados; Bonaire, Sint Eustatius and Saba; British Virgin Islands; Cayman Islands; Cuba; Curaçao; Dominica; Dominican Republic; Grenada; Haiti; Jamaica; Montserrat; Saint Kitts and Nevis; Saint Lucia; Saint Vincent and the Grenadines; Sint Maarten (Dutch part); Trinidad and Tobago; and Turks and Caicos Islands.

Caraïbes

Anguilla ; Antigua-et-Barbuda ; Aruba ; Bahamas ; Barbade ; Bonaire, Saint-Eustache et Saba ; Cuba ; Curaçao ; Dominique ; Grenade ; Haïti ; Îles Caïmanes ; Îles Turques et Caïques ; Îles Vierges britanniques ; Jamaïque ; Montserrat ; République dominicaine ; Sainte-Lucie ; Saint-Kitts-et-Nevis ; Saint-Martin (partie néerlandaise) ; Saint Vincent et les Grenadines et Trinité et Tobago.

COMPOSITION OF COUNTRY GROUPINGS	COMPOSITION DES GROUPEMENTS DE PAYS

Central America

Belize; Costa Rica; El Salvador; Guatemala; Honduras; Mexico; Nicaragua; and Panama.

South America

Argentina; Bolivia (Plurinational State of); Brazil; Chile; Colombia; Ecuador; Falkland Islands (Malvinas); Guyana; Paraguay; Peru; Suriname; Uruguay; and Venezuela (Bolivarian Republic of).

ASIA

Eastern Asia

China; Democratic People's Republic of Korea; Hong Kong, Special Administrative Region of China; Macao, Special Administrative Region of China; Mongolia; Republic of Korea; and Taiwan Province of China.

Southern Asia

Afghanistan; Bangladesh; Bhutan; India; Iran (Islamic Republic of); Maldives; Nepal; Pakistan; and Sri Lanka.

South-Eastern Asia

Brunei Darussalam; Cambodia; Indonesia; Lao People's Democratic Republic; Malaysia; Myanmar; Philippines; Singapore; Thailand; Timor-Leste; and Viet Nam.

Western Asia

Bahrain; Iraq; Jordan; Kuwait; Lebanon; Oman; Qatar; Saudi Arabia; State of Palestine: Syrian Arab Republic; Turkey; United Arab Emirates; and Yemen.

OCEANIA

American Samoa; Cook Islands; Fiji; French Polynesia; Guam; Kiribati; Marshall Islands; Micronesia (Federated States of); Nauru; New Caledonia; Niue; Northern Mariana Islands; Palau; Papua New Guinea; Samoa; Solomon Islands; Tokelau; Tonga; Tuvalu; Vanuatu, and Wallis; and Futuna Islands.

Exceptions to this classification are specified in the table footnotes.

TRANSITION ECONOMIES

Albania; Armenia; Azerbaijan; Belarus; Bosnia and Herzegovina; Georgia; Kazakhstan; Kyrgyzstan; Montenegro; Republic of Moldova; Russian Federation; Serbia; Tajikistan; The former Yugoslav Republic of Macedonia; Turkmenistan; Ukraine; and Uzbekistan.

DEVELOPED ECONOMIES

AMERICA

Bermuda; Canada; Greenland; Saint Pierre and Miquelon; and United States of America including Puerto Rico and United States Virgin Islands.

Amérique centrale

Belize ; Costa Rica ; El Salvador ; Guatemala ; Honduras ; Mexique ; Nicaragua et Panama.

Amérique du Sud

Argentine ; Bolivie (État plurinational de) ; Brésil ; Chili ; Colombie ; Équateur ; Guyana ; Îles Falkland (Malvinas) ; Paraguay ; Pérou ; Suriname ; Uruguay et Venezuela (République bolivarienne du).

ASIE

Asie orientale

Chine ; Hong Kong, région administrative spéciale de Chine ; Macao, région administrative spéciale de Chine ; Mongolie ; Province chinoise de Taiwan ; République de Corée et République populaire démocratique de Corée.

Asie méridionale

Afghanistan ; Bangladesh ; Bhoutan ; Inde ; Iran (République islamique d') ; Maldives ; Népal ; Pakistan et Sri Lanka.

Asie du Sud-Est

Brunéi Darussalam ; Cambodge ; Indonésie ; Malaisie ; Myanmar ; Philippines ; République démocratique populaire lao ; Singapour ; Thaïlande ; Timor-Leste et Viet Nam.

Asie occidentale

Arabie saoudite ; Bahreïn ; Émirats arabes unis ; État de Palestine ; Iraq ; Jordanie ; Koweït ; Liban ; Oman ; Qatar ; République arabe syrienne ; Turquie et Yémen.

OCÉANIE

Fidji ; Guam ; Îles Cook ; Îles Mariannes septentrionales ; Îles Marshall ; Îles Salomon ; Îles Wallis-et-Futuna ; Kiribati ; Micronésie (États fédérés de) ; Nauru ; Nioué ; Nouvelle-Calédonie ; Palaos ; Papouasie-Nouvelle-Guinée ; Polynésie française ; Samoa ; Samoa américaines ; Tokélaou ; Tonga ; Tuvalu and Vanuatu.

Le cas échéant, les exceptions à ce classement sont indiquées dans les notes des tableaux.

ÉCONOMIES EN TRANSITION

Albanie ; Arménie ; Azerbaïdjan ; Bélarus ; Bosnie-Herzégovine ; ex-République yougoslave de Macédoine ; Fédération de Russie ; Géorgie ; Kazakhstan ; Kirghizistan ; Monténégro ; Ouzbékistan ; République de Moldova ; Serbie ; Tadjikistan ; Turkménistan et Ukraine.

ÉCONOMIES DÉVELOPÉES

AMÉRIQUE

Bermudes ; Canada ; États-Unis d'Amérique, y compris Porto Rico et les îles Vierges américaines ; Groenland et Saint-Pierre-et-Miquelon.

COMPOSITION OF COUNTRY GROUPINGS

ASIA

Israel and Japan.

EUROPE

Andorra; Austria; Belgium; Bulgaria; Croatia; Cyprus; Czech Republic; Denmark; Estonia; Faeroe Islands; Finland including Åland Islands; France including French Guiana, Guadeloupe, Martinique, Mayotte, Monaco and Réunion; Germany; Gibraltar; Greece; Holy See; Hungary; Iceland; Ireland; Italy; Latvia; Lithuania; Luxembourg; Malta; Netherlands; Norway including Svalbard and Jan Mayen; Poland; Portugal; Romania; San Marino; Slovakia; Slovenia; Spain; Sweden; Switzerland including Liechtenstein; and United Kingdom of Great Britain and Northern Ireland, including Channel Islands and Isle of Man.

OCEANIA

Australia and New Zealand.

OTHER TERRITORIES

The composition of the group "Other territories" is as follows:

- Territories not elsewhere specified: Antarctica; Bouvet Island; British Antarctic Territory; British Indian Ocean Territory; Christmas Island; Cocos (Keeling) Islands; French Southern Territories; Heard and McDonald Islands; Norfolk Island; Pitcairn; Saint Barthélemy; Saint Martin (French part); South Georgia and South Sandwich Islands; United States Minor Outlying Islands; and United States Miscellaneous Pacific Islands.

- Partners not elsewhere specified: "Confidential information and differences", "Neutral zone", "Free zones" and "Bunkers". These specific partners are only used in the merchandise trade tables.

MEMO ITEMS

Developing economies are presented at three levels of aggregation: the total group, the group excluding China (referring to continental China) and the group excluding the least developed countries.

Developing economies are also categorized into three subgroups according to their average 2011-2013 nominal GDP per capita: high-income (above $5,141), middle-income (between $1,142 and $5,141) and low-income (below $1,142).

The category, "Heavily indebted poor countries" includes those economies benefiting from the debt reduction initiative of the World Bank and the International Monetary Fund.

Since 1994, the United Nations has recognized the particular problems of the Small Island Developing States (SIDS). However, the UN never established criteria to determine an official list of SIDS. An unofficial list is used by UNCTAD for analytical purposes.

Least developed countries and landlocked developing countries are recognized by the United Nations as categories that require special attention from the international community.

COMPOSITION DES GROUPEMENTS DE PAYS

ASIE

Israël et Japon.

EUROPE

Allemagne ; Andorre ; Autriche ; Belgique ; Bulgarie ; Croatie ; Chypre ; Danemark ; Espagne ; Estonie ; Finlande, y compris les îles d'Åland ; France, y compris la Guadeloupe, la Guyane française, la Martinique, Mayotte, Monaco et la Réunion ; Gibraltar ; Grèce ; Hongrie ; Îles Féroé ; Irlande ; Islande ; Italie ; Lettonie ; Lituanie ; Luxembourg ; Malte ; Norvège, y compris les îles Svalbard et Jan Mayen ; Pays-Bas ; Pologne ; Portugal ; République tchèque ; Roumanie ; Royaume Uni de Grande-Bretagne et d'Irlande du Nord, y compris les îles Anglo-Normandes et l'île de Man ; Saint-Marin ; Saint-Siège ; Slovaquie; Slovénie ; Suède ; Suisse, y compris le Liechtenstein.

OCÉANIE

Australie et Nouvelle-Zélande.

AUTRES TERRITOIRES

La composition du groupement "Autres territoires" est la suivante :

- Territoires non-classés ailleurs : Antarctique ; île Bouvet ; Territoire britannique de l'Antarctique ; Territoire britannique de l'océan Indien ; île Christmas ; Îles des Cocos (Keeling) ; Terres australes et antarctiques françaises ; Îles Heard et McDonald ; Île Norfolk ; Pitcairn ; Saint-Barthélemy ; Saint-Martin (partie française) ; Géorgie du Sud et îles Sandwich méridionales ; Îles mineures éloignées des États-Unis et îles du Pacifique sous administration des États-Unis.

- Partenaires non classés ailleurs : 'combustibles de soute et provisions de bord', 'informations confidentielles et différences', 'zone neutre', 'zones franches'. Ces partenaires sont utilisés exclusivement dans les tableaux du commerce de marchandises.

POUR MÉMOIRE

Les économies en développement sont présentées à trois niveaux d'agrégation : le groupe dans son intégralité, puis sans la Chine continentale et enfin sans les pays les moins avancés.

Les économies en développement sont également réparties en trois groupes de revenu en fonction de la moyenne des années 2011-2013 du PIB nominal par habitant : revenu élevé (supérieur à 5 141 $), intermédiaire (entre 1 142 $ et 5 141 $) et faible (inférieur à 1 142 $).

Le groupe des pays pauvres très endettés inclut les pays bénéficiant de l'initiative de désendettement de la Banque mondiale et du Fonds monétaire international.

Depuis 1994, les Nations Unies ont également pris en compte les problèmes particuliers des petits États insulaires en développement. Cependant, l'ONU n'a jamais établi de critères en vue d'en établir une liste officielle. Une liste non officielle est utilisée par la CNUCED à des fins analytiques.

Pour l'ONU, les pays les moins avancés et les pays en développement sans littoral sont des groupes de pays qui requièrent une attention particulière de la communauté internationale.

COMPOSITION OF COUNTRY GROUPINGS

High-income developing economies (UNCTAD) (74)

Algeria; American Samoa; Angola; Anguilla; Antigua and Barbuda; Argentina; Aruba; Bahamas; Bahrain; Barbados; Bonaire, Sint Eustatius and Saba; Botswana; Brazil; British Virgin Islands; Brunei Darussalam; Cayman Islands; Chile; China; Colombia; Cook Islands; Costa Rica; Cuba; Curaçao; Dominica; Dominican Republic; Ecuador; Equatorial Guinea; Falkland Islands (Malvinas); French Polynesia; Gabon; Grenada; Guam; Hong Kong, Special Administrative Region of China; Iran (Islamic Republic of); Iraq; Jamaica; Kuwait; Lebanon; Libya; Macao, Special Administrative Region of China; Malaysia; Maldives; Mauritius; Mexico; Montserrat; Namibia; Nauru; New Caledonia; Niue; Northern Mariana Islands; Oman; Palau; Panama; Peru; Qatar; Republic of Korea; Saint Helena; Saint Kitts and Nevis; Saint Lucia; Saint Vincent and the Grenadines; Saudi Arabia; Seychelles; Singapore; Sint Maarten (Dutch part); South Africa; Suriname; Taiwan Province of China; Thailand; Trinidad and Tobago; Turkey; Turks and Caicos Islands; United Arab Emirates; Uruguay; and Venezuela (Bolivarian Republic of).

Middle-income developing economies (UNCTAD) (52)

Belize; Bhutan; Bolivia (Plurinational State of); Cabo Verde; Cameroon; Congo; Côte d'Ivoire; Djibouti; Egypt; El Salvador; Fiji; Ghana; Guatemala; Guyana; Honduras; India; Indonesia; Jordan; Kiribati; Lao People's Democratic Republic; Lesotho; Marshall Islands; Mauritania; Micronesia (Federated States of); Mongolia; Morocco; Myanmar; Nicaragua; Nigeria; Pakistan; Papua New Guinea; Paraguay; Philippines; Samoa; Sao Tome and Principe; Solomon Islands; South Sudan; Sri Lanka; State of Palestine; Sudan; Swaziland; Syrian Arab Republic; Timor-Leste; Tonga; Tunisia; Tuvalu; United Republic of Tanzania; Vanuatu; Viet Nam; Wallis and Futuna Islands; Yemen; and Zambia.

Low-income developing economies (UNCTAD) (33)

Afghanistan; Bangladesh; Benin; Burkina Faso; Burundi; Cambodia; Central African Republic; Chad; Comoros; Democratic People's Republic of Korea; Democratic Republic of the Congo; Eritrea; Ethiopia; Gambia; Guinea; Guinea-Bissau; Haiti; Kenya; Liberia; Madagascar; Malawi; Mali; Mozambique; Nepal; Niger; Rwanda; Senegal; Sierra Leone; Somalia; Togo; Tokelau; Uganda; and Zimbabwe.

HIPC - Heavily indebted poor countries (IMF) (36)

Afghanistan; Benin; Bolivia (Plurinational State of); Burkina Faso; Burundi; Cameroon; Central African Republic; Chad; Comoros; Congo; Côte d'Ivoire; Democratic Republic of the Congo; Ethiopia; Gambia; Ghana; Guinea; Guinea-Bissau; Guyana; Haiti; Honduras; Liberia; Madagascar; Malawi; Mali; Mauritania; Mozambique; Nicaragua; Niger; Rwanda; Sao Tome and Principe; Senegal; Sierra Leone; Togo; Uganda; United Republic of Tanzania; and Zambia.

COMPOSITION DES GROUPEMENTS DE PAYS

Économies en développement à revenu élevé (CNUCED) (74)

Afrique du Sud ; Algérie ; Angola ; Anguilla ; Antigua-et-Barbuda ; Arabie saoudite ; Argentine ; Aruba ; Bahamas ; Bahreïn ; Barbade ; Bonaire , Saba et Saint-Eustache ; Botswana ; Brésil ; Brunéi Darussalam ; Chili ; Chine ; Colombie ; Costa Rica ; Cuba ; Curaçao ; Dominique ; Émirats arabes unis ; Équateur ; Gabon ; Grenade ; Guam ; Guinée équatoriale ; Hong-Kong , région administrative spéciale de Chine ; Îles Caïmanes ; Îles Cook ; Îles Falkland (Malvinas) ; Îles Mariannes du Nord ; Îles Turques et Caïques ; Îles Vierges britanniques ; Iran (République islamique d') ; Iraq ; Jamaïque ; Koweït ; Liban ; Libye ; Macao, région administrative spéciale de Chine ; Malaisie ; Maldives ; Maurice ; Mexique ; Montserrat ; Namibie ; Nauru ; Nioué ; Nouvelle-Calédonie ; Oman ; Palaos ; Panama ; Pérou ; Polynésie française ; Province chinoise de Taiwan ; Qatar ; République de Corée ; République dominicaine ; Sainte-Hélène ; Sainte-Lucie ; Saint-Kitts-et-Nevis ; Saint-Martin (partie hollandaise) ; Saint-Vincent-et-les Grenadines ; Samoa américaines ; Seychelles ; Singapour ; Suriname ; Thaïlande ; Trinité-et-Tobago ; Turquie ; Uruguay et Venezuela (République bolivarienne du).

Économies en développement à revenu intermédiaire (CNUCED) (52)

Belize ; Bhoutan ; Bolivie (État plurinational de) ; Cabo Verde ; Cameroun ; Congo ; Côte d'Ivoire ; Djibouti ; Égypte ; El Salvador ; État de Palestine ; Fidji ; Ghana ; Guatemala ; Guyana ; Honduras ; Îles Marshall ; Îles Salomon ; Îles Wallis-et-Futuna ; Inde ; Indonésie ; Jordanie ; Kiribati ; Lesotho ; Maroc ; Mauritanie ; Micronésie (États fédérés de) ; Mongolie ; Myanmar ; Nicaragua ; Nigéria ; Pakistan ; Papouasie-Nouvelle-Guinée ; Paraguay ; Philippines ; République arabe syrienne ; République démocratique populaire lao ; République-Unie de Tanzanie ; Samoa ; Sao Tomé-et-Principe ; Soudan ; Soudan du Sud ; Sri Lanka ; Swaziland ; Timor-Leste ; Tonga ; Tunisie ; Tuvalu ; Vanuatu ; Viet Nam ; Yémen et Zambie

Économies en développement à revenu faible (CNUCED) (33)

Afghanistan ; Bangladesh ; Bénin ; Burkina Faso ; Burundi ; Cambodge ; Comores ; Érythrée ; Éthiopie ; Gambie ; Guinée ; Guinée-Bissau ; Haïti ; Kenya ; Libéria ; Madagascar ; Malawi ; Mali ; Mozambique ; Népal ; Niger ; Ouganda ; République centrafricaine ; République démocratique du Congo ; République populaire démocratique de Corée ; Rwanda ; Sénégal ; Sierra Leone ; Somalie ; Tchad ; Togo ; Tokélaou et Zimbabwe.

PPTE - Pays pauvres très endettés (FMI) (36)

Afghanistan ; Bénin ; Bolivie (État plurinational de) ; Burkina Faso ; Burundi ; Cameroun ; Comores ; Congo ; Côte d'Ivoire ; Éthiopie ; Gambie ; Ghana ; Guinée ; Guinée-Bissau ; Guyana ; Haïti ; Honduras ; Libéria ; Madagascar ; Malawi ; Mali ; Mauritanie ; Mozambique ; Nicaragua ; Niger ; Ouganda ; République centrafricaine ; République démocratique du Congo ; République-Unie de Tanzanie ; Rwanda ; Sao Tomé-et-Principe ; Sénégal ; Sierra Leone ; Tchad ; Togo et Zambie.

COMPOSITION OF COUNTRY GROUPINGS

COMPOSITION DES GROUPEMENTS DE PAYS

LLDCs - Landlocked developing countries[1] (32)

Afghanistan; Armenia*; Azerbaijan*; Bhutan; Bolivia (Plurinational State of); Botswana; Burkina Faso; Burundi; Central African Republic; Chad; Ethiopia; Kazakhstan*; Kyrgyzstan*; Lao People's Democratic Republic; Lesotho; Malawi; Mali; Mongolia; Nepal; Niger; Paraguay; Republic of Moldova*; Rwanda; South Sudan; Swaziland; Tajikistan*; The former Yugoslav Republic of Macedonia*; Turkmenistan*; Uganda; Uzbekistan*; Zambia; and Zimbabwe.

[1] The countries marked with an * are classified as economies in transition (neither developed nor developing). However, as they are landlocked States, they are also members of this group.

LLDCs - Pays en développement sans littoral[1] (32)

Afghanistan ; Arménie* ; Azerbaïdjan* ; Bhoutan ; Bolivie (État plurinational de) ; Botswana ; Burkina Faso ; Burundi ; Éthiopie ; ex-République yougoslave de Macédoine* ; Kazakhstan* ; Kirghizistan* ; Lesotho ; Malawi ; Mali ; Mongolie ; Népal ; Niger ; Ouganda ; Ouzbékistan* ; Paraguay ; République centrafricaine ; République démocratique populaire lao ; République de Moldova* ; Rwanda ; Soudan du Sud ; Swaziland ; Tadjikistan* ; Tchad ; Turkménistan* ; Zambie et Zimbabwe.

[1] Les pays avec astérisque font partie du groupement des économies en transition (ni développées ni en développement). Cependant, comme ce sont des pays sans littoral, ils appartiennent aussi à ce groupement.

SIDS - Small island developing States (UNCTAD) (29)

Antigua and Barbuda; Bahamas; Barbados; Cabo Verde; Comoros; Dominica; Fiji; Grenada; Jamaica; Kiribati; Maldives; Marshall Islands; Mauritius; Micronesia (Federated States of); Nauru; Palau; Papua New Guinea; Saint Kitts and Nevis; Saint Lucia; Saint Vincent and the Grenadines; Samoa; Sao Tome and Principe; Seychelles; Solomon Islands; Timor-Leste; Tonga; Trinidad and Tobago; Tuvalu; and Vanuatu.

SIDS - Petits États insulaires en développement (CNUCED) (29)

Antigua-et-Barbuda ; Bahamas; Barbade ; Cabo Verde ; Comores ; Dominique ; Fidji ; Grenade ; Îles Marshall ; Îles Salomon ; Jamaïque ; Kiribati ; Maldives ; Maurice ; Micronésie (États fédérés de) ; Nauru ; Palaos ; Papouasie-Nouvelle-Guinée ; Sainte-Lucie ; Saint-Kitts-et-Nevis ; Saint-Vincent-et-les Grenadines ; Samoa ; Sao Tomé-et-Principe ; Seychelles ; Timor-Leste ; Tonga ; Trinité-et-Tobago ; Tuvalu et Vanuatu.

LDCs - Least developed countries (48)

Africa and Haiti

Angola; Benin; Burkina Faso; Burundi; Central African Republic; Chad; Democratic Republic of the Congo; Djibouti; Equatorial Guinea; Eritrea; Ethiopia; Gambia; Guinea; Guinea-Bissau; Haiti; Lesotho; Liberia; Madagascar; Malawi; Mali; Mauritania; Mozambique; Niger; Rwanda; Senegal; Sierra Leone; Somalia; South Sudan; Sudan; Togo; Uganda; United Republic of Tanzania; and Zambia.

Asia

Afghanistan; Bangladesh; Bhutan; Cambodia; Lao People's Democratic Republic; Myanmar; Nepal; and Yemen.

Islands

Comoros; Kiribati; Sao Tome and Principe; Solomon Islands; Timor-Leste; Tuvalu; and Vanuatu.

PMA - Pays les moins avancés (48)

Afrique et Haïti

Angola ; Bénin ; Burkina Faso ; Burundi ; Djibouti ; Érythrée ; Éthiopie ; Gambie ; Guinée ; Guinée-Bissau ; Guinée Équatoriale ; Haïti ; Lesotho ; Libéria ; Madagascar ; Malawi ; Mali ; Mauritanie ; Mozambique ; Niger ; Ouganda ; République centrafricaine ; République démocratique du Congo ; République-Unie de Tanzanie ; Rwanda ; Sénégal ; Sierra Leone ; Somalie ; Soudan ; Soudan du Sud ; Tchad ; Togo et Zambie.

Asie

Afghanistan ; Bangladesh ; Bhoutan ; Cambodge ; Myanmar ; Népal ; République démocratique populaire lao et Yémen.

Îles

Comores ; Îles Salomon ; Kiribati ; Sao Tomé-et-Principe ; Timor-Leste ; Tuvalu et Vanuatu.

The tables included in this book represent analytical summaries of the full time-series contained in the DVD version of the *UNCTAD Handbook of Statistics 2015*.

The *Handbook* refers to the Standard International Trade Classification (SITC) Revision 3 detailed in the DVD. Depending on the table, nomenclature of statistics is detailed at the 3-digit level or by broad product groupings as follows:

Codes	SITC Product groupings
0 - 9	All products
0 + 1 + 22 + 4	All food items
2 minus (22 + 27 + 28)	Agricultural raw materials
27 + 28 + 68 + 667 + 971	Ores, metals, precious stones and non-monetary gold
3	Fuels
5 + 6 + 7+ 8 minus (667 + 68)	Manufactured goods:
5	- Chemical products
7	- Machinery & transport equipment
6 + 8 minus (667 + 68)	- Other manufactured goods

Les tableaux inclus dans cette publication constituent un résumé analytique des séries chronologiques complètes publiées dans le DVD du *Manuel de statistiques 2015 de la CNUCED*.

Le *Manuel* se réfère à la Classification type pour le commerce international (CTCI) révision 3 détaillée dans le DVD. Selon les tableaux, les statistiques sont présentées, au niveau détaillé de la nomenclature (position à trois chiffres) ou par groupements de produits dont la composition est la suivante :

Groupements de produits CTCI
Total tous produits
Produits alimentaires
Matières premières d'origine agricole
Minerais, métaux, pierres précieuses et or à usage non monétaire
Combustibles
Articles manufacturés :
- Produits chimiques
- Machines et matériel de transport

- Articles manufacturés divers

PART ONE
International merchandise trade

Table **1.1** shows the value of total exports (free on board - FOB) and imports (cost, insurance and freight - CIF), expressed in millions of dollars and percentages of the world total, of individual countries, geographical regions and selected economic groupings. The trade flows shown in this table are on the general trade system basis for all countries except those marked with an asterisk which employ the special trade system. The general trade system is used when the statistical territory of a compiling country coincides with its economic territory. Consequently, imports include all goods entering the economic territory of a compiling country and exports include all goods leaving the economic territory of the compiling country. The special trade system is used when the statistical territory comprises only a particular part of the economic territory within which "goods may be disposed of without customs restriction". In such a case, imports include all goods entering the free circulation area of the compiling country, which means cleared through customs for home use, and exports include all goods leaving the free circulation area of a compiling country.

Average annual growth rates of international trade derived from table 1.1 are presented in table **1. 2**.

Table **1.3** contains trade balances (exports FOB minus imports CIF). Balances are expressed as a percentage of imports.

Table **1.4** shows the relative importance of trade among group members compared to the regional exports or total exports of that group.

PREMIÈRE PARTIE
Commerce international des marchandises

Le tableau **1.1** donne la valeur des exportations (franco à bord - FAB) et des importations (coût, assurance et fret - CAF) totales de marchandises, exprimée en millions de dollars et en pourcentage du monde, des pays et régions géographiques et d'une sélection de groupements économiques. Les flux du commerce présentés dans ce tableau se réfèrent au système du commerce général pour tous les pays, à l'exception de ceux qui utilisent le système du commerce spécial, identifiés par un astérisque. Le système du commerce général est utilisé lorsque le territoire statistique d'un pays coïncide avec son territoire économique, et en conséquence, les importations comprennent tous les biens admis sur le territoire du pays déclarant et les exportations, tous les biens qui le quittent. Le système du commerce spécial est utilisé lorsque le territoire statistique ne comprend qu'une partie du territoire économique à l'intérieur de laquelle « les biens peuvent être écoulés librement sans restriction douanière ». Dans ce cas, les importations comprennent tous les biens qui entrent dans la zone de libre circulation du pays déclarant, c'est-à-dire qui ont été dédouanés pour mise à la consommation et les exportations comprennent tous les biens qui quittent la zone de libre circulation du pays déclarant.

Les taux d'évolution annuels moyens du commerce international des marchandises, calculés à partir des valeurs des tableaux 1.1 figurent dans le tableau **1. 2**.

Le tableau **1.3** présente les balances commerciales (exportations FAB moins importations CAF), ainsi que ces mêmes balances en pourcentage des importations.

Le tableau **1.4** indique l'importance des exportations entre pays membres de groupements commerciaux par rapport aux exportations régionales et totales de ces groupements.

PART TWO
International merchandise trade by region

Table **2.1** shows the export and import structure of individual countries by main regions of origin and destination. Data are presented for as many individual economies as possible, while trade partners are grouped in 14 major clusters.

Table **2.2 (A to J)** presents the structure of exports by destination and imports by origin by major commodity groups for 10 selected country groups. The table provides detailed information on the world trade network for 19 regions of origin and destination and six commodity groups.

DEUXIÈME PARTIE
Commerce international des marchandises par régions

Le tableau **2.1** présente la structure des exportations et des importations des pays par régions d'origine et de destination. Les données sont présentées pour le plus grand nombre possible d'économies tandis que les partenaires commerciaux sont classés en 14 groupes principaux.

Le tableau **2.2 (A à J)** indique la structure des exportations par destinations ainsi que celle des importations par origines et par principaux groupes de produits pour le monde et une sélection de 10 groupements de pays. Le tableau fournit une information détaillée sur le réseau du commerce mondial pour 19 régions d'origine et de destination, et six groupes de produits.

Totals of international merchandise trade presented in the tables in Part one are not strictly comparable with those in Part two and three. Discrepancies arise due to the use of different complementary sources and treatment of unallocated residual trade flows.

Exports by destination may differ considerably in some cases from data on imports as reported by trade partners for a variety of factors, among which, the following may be of particular importance:

- Most import data are reported on a CIF rather than an FOB basis;

- There is a time lag between the date on which goods are recorded as exports and their arrival at their destination;

- There may be considerable differences between the recorded destination of exports and the actual destination as shown in import statistics;

- Adjustments across commodity groups may be treated differently by exporters and importers;

- The use of different product nomenclatures by the exporting and importing countries.

UN Comtrade database is the main data source for tables in chapters 2 and 3. These data should be used with good knowledge of the coverage and the limitations of the main data source available at http://comtrade.un.org/db/help/uReadMeFirst.aspx.

PART THREE
International merchandise trade by product

Table 3.1 shows the structure of exports and imports for individual economies by nine commodity groups (total, all food items, agricultural raw materials, fuels, ores and metals, manufactured goods, including chemical products, machinery and transport equipment and other manufactured goods) for selected years.

Table 3.2 (A - World, B - Developing economies and C - Developed economies, respectively) presents the structure of exports for the world, developing and developed economies by product, at the SITC Revision 3, 3-digit level. For each group (A, B and C), the following indicators are shown:

- Share of each product in the world

- Share of each product in the group

- Average growth rate of the product for the period (2005-2014)

- Difference of the average growth rate of the product from that of the world.

Table 3.2D establishes for each economy the list of main products exported (SITC Revision 3, 3-digit level). Shares of each product in the total exports of the country, the region and the world are also indicated.

Table 3.2E lists major exporters of 70 leading products among developing economies at the SITC Revision 3, 3-digit level. Share of the product in total exports of each major exporter is shown. Country's share in world or developing economies' exports of the product is also calculated.

Table 3.3 provides concentration and structural change indices for exports and imports by product at SITC Revision 3, 3-digit level. The first indicator shows whether a product market is concentrated in a few countries or more homogeneously distributed among several countries. The structural change indicator shows whether the distribution of the world market share for each product differs from a benchmark year (1995).

Les totaux du commerce international des marchandises présentés dans les tableaux de la première partie ne sont pas strictement comparables à ceux des deuxième et troisième parties. Ces écarts sont dus à l'utilisation de sources complémentaires différentes et à la ventilation des marges résiduelles non distribuées du commerce.

Les exportations ventilées par destinations peuvent accuser un écart parfois considérable par rapport aux importations rapportées par les partenaires en raison de divers facteurs dont les plus importants sont les suivants :
- Les importations sont déclarées en principe sur la base de la "valeur CAF" plutôt que sur la base de la "valeur FAB" ;
- Les importations de marchandises peuvent arriver à destination et être enregistrées longtemps après la date de leur enregistrement à l'exportation ;
- D'importantes différences peuvent exister entre la destination des exportations déclarée par les pays exportateurs et la destination réelle telle qu'indiquée dans les statistiques d'importation ;
- Les ajustements par groupes de produits peuvent être traités différemment par les exportateurs et importateurs ;
- L'utilisation de nomenclatures de produits différentes par le pays exportateur et le pays importateur.

La base de données *UN Comtrade* est la source principale des tableaux présentés dans les chapitres 2 et 3. Ces données doivent être utilisées en étant pleinement conscient de la couverture et des limitations de la source de données, disponibles à l'adresse : http://comtrade.un.org/db/help/uReadMeFirst.aspx.

TROISIÈME PARTIE
Commerce international des marchandises par produits

Le tableau 3.1 fournit la structure des exportations et des importations des pays par produits classés en neuf groupes (total, produits alimentaires, matières premières d'origine agricole, combustibles, minerais et métaux, produits manufacturés, dont produits chimiques, machines et matériel de transport, articles manufacturés divers) pour une sélection d'années.

Les tableaux 3.2 (A - Monde, B - Économies en développement, et C - Économies développées) présentent respectivement les exportations par produits, au niveau de la CTCI révision 3 (position à trois chiffres). Pour chaque groupement (A, B et C), les indicateurs suivants sont calculés :

- la part de chaque produit dans le monde

- la part de chaque produit dans le groupement

- le taux de croissance moyen de la période (2005-2014)

- l'écart de ce dernier par rapport au taux de croissance moyen mondial.

Le tableau 3.2D établit, pour chaque économie, la liste des principaux produits (CTCI révision 3, position à trois chiffres) qu'elle exporte. La part de chaque produit dans le total des exportations du pays, de la région et du monde est également indiquée.

Le tableau 3.2E liste les plus gros exportateurs de 70 produits parmi les produits de la CTCI révision 3 (position à trois chiffres) les plus exportés par les économies en développement. La part du produit dans les exportations totales de chaque gros exportateur est fournie. Les parts du pays dans les exportations du produit dans le monde ou dans les économies en développement sont également montrées.

Le tableau 3.3 fournit les indices de concentration et de changement structurel des exportations et des importations par produits au niveau de la CTCI révision 3 (position à trois chiffres). Le premier indicateur montre comment le marché d'un produit est concentré sur quelques pays ou réparti de façon plus homogène entre plusieurs pays. L'indicateur de changement structurel indique si la répartition du commerce d'un produit entre les pays exportateurs ou importateurs a connu une évolution importante par rapport à une année de référence (1995).

PART FOUR
International merchandise trade indicators

Table **4.1** includes concentration and diversification indices. The diversification index indicates whether the export or import structure of each country or country grouping differs from the world patterns. The concentration index specifically shows how exports and imports of individual countries or country groupings are concentrated on several products or otherwise distributed in a more homogeneous manner among a series of products.

Table **4.2** contains export and import volume indices, rounding out trade value available in tables 1.1 and 1.2. Export and import unit value indices, derived terms of trade and purchasing power of exports indices are also provided.

To improve data coverage, especially for the latest periods, the following procedure was used in the calculation of unit value indices:

- A set of average price indices at SITC Revision 3, 3-digit level are constructed using *UNCTADstat* Commodity Price Statistics, international and national sources and UNCTAD secretariat estimates.

- At the country level, unit value indices are calculated using current year trade values at the SITC Revision 3, 3-digit level, available in table 3.2 as weights.

In some instances these indices may differ from the estimates published in official sources, since the main aim is to provide tentative estimates for most countries on a comparable basis.

Table **4.3** presents average applied import MFN (Most Favoured Nation) tariff rates for major categories of non-agricultural and non-fuel products by individual markets. Product categories are defined in terms of SITC Revision 3 and all corresponding Harmonized System (HS) 6-digit codes have been aggregated for each category.

PART FIVE
International trade in services

Table **5.1** presents total exports and imports of services. The statistics shown correspond to IMF *Balance of Payments and International Investment Position Manual, Sixth Edition (BPM6)* definitions and are jointly compiled by UNCTAD and the World Trade Organization (WTO). The aggregate data include estimates of missing values that are not shown separately. Services figures shown comprise the following 12 principal services categories: Manufacturing services on physical inputs owned by others; maintenance and repair services n.i.e.; transport; travel; construction; insurance and pension services; financial services; charges for the use of intellectual property n.i.e.; telecommunications, computer, and information services; other business services; personal, cultural and recreational services; and, government goods and services n.i.e.

Table **5.2** presents statistics on international trade in services by category of service for 40 major exporters and importers and selected groups. Other measures included are the percentage of the world total and annual percentage change. The statistics shown correspond to IMF *Balance of Payments and International Investment Position Manual, Sixth Edition (BPM6)* definitions and are jointly compiled by UNCTAD and the World Trade Organization (WTO). Data are presented from year 2005 onwards and, for some items, available for exports only. Table includes the following ten categories: goods-related services; transport; travel; construction; insurance and pension services; financial services; charges for the use of

QUATRIÈME PARTIE
Indicateurs du commerce international des marchandises

Le tableau **4.1** contient les indices de concentration et de diversification. L'indice de diversification indique si la structure, par produits, des exportations ou importations d'un pays ou groupe de pays diverge de la structure par produits observée au niveau du monde. L'indice de concentration montre comment les exportations et importations d'un pays ou groupe de pays sont concentrées sur quelques produits ou réparties de façon plus homogène sur une gamme de produits.

Le tableau **4.2** fournit les indices de volume des exportations et des importations complétant ainsi l'information en valeur disponible dans les tableaux 1.1 et 1.2. Les indices de la valeur unitaire des exportations et importations, les indices dérivés des termes de l'échange et du pouvoir d'achat des exportations sont également inclus.

Afin d'améliorer la couverture des données, et spécialement pour les années récentes, la méthode suivante a été utilisée pour le calcul des valeurs unitaires:

- Un ensemble d'indices de prix moyens au niveau de la CTCI révision 3 (position à trois chiffres) a été construit en utilisant des données provenant des Statistiques des prix des produits de base d'*UNCTADstat*, de sources internationales et nationales ainsi que d'estimations du secrétariat de la CNUCED.

- Au niveau des pays individuels, les indices de valeur unitaire ont été calculés en utilisant les valeurs des exportations et des importations de l'année courante au niveau de la CTCI révision 3 (position à trois chiffres), disponibles dans la table 3.2 comme pondération.

Dans certains cas, ces indices peuvent différer des estimations publiées dans les sources officielles, le but principal étant de fournir des estimations approximatives et comparables pour la plupart des pays.

Le tableau **4.3** contient les données sur les droits de douane NPF (nation la plus favorisée) moyens appliqués, par les marchés individuels, à l'importation des principales catégories de produits non-agricoles et non-pétroliers. Les catégories de produits sont définies sur la base de la CTCI, révision 3, et, pour chaque catégorie, les codes à 6 chiffres du Système harmonisé (SH) correspondants ont été agrégés.

CINQUIÈME PARTIE
Commerce international des services

Le tableau **5.1** présente les exportations et importations totales des services. Ces statistiques sont le résultat d'un travail commun entre la CNUCED et l'Organisation mondiale du commerce (OMC) et elles correspondent aux définitions du *Manuel de la balance des paiements et de la position extérieure globale, sixième édition (MBP6)* du FMI. Les agrégats inclus dans le tableau 5.1 comprennent les valeurs estimées qui ne sont pas présentées séparément. Les séries correspondent aux 12 principales catégories de services suivantes : services de fabrication fournis sur des intrants physiques détenus par des tiers ; services d'entretien et de réparation n.c.a. ; transports ; voyages ; construction ; services d'assurance et de pension ; services financiers ; frais pour usage de la propriété intellectuelle n.c.a. ; services de télécommunications, d'informatique et d'information ; autres services aux entreprises ; services personnels, culturels et relatifs aux loisirs ; et, biens et services des administrations publiques n.c.a.

Le tableau **5.2** présente les séries de données sur la structure du commerce des services par catégories de services, pour 40 exportateurs et importateurs principaux et une sélection de groupements. Il présente également le pourcentage du total mondial et la variation annuelle. Ces statistiques sont le résultat d'un travail commun entre la CNUCED et l'Organisation mondiale du commerce (OMC) et elles correspondent aux définitions du *Manuel de la balance des paiements et de la position extérieure globale, sixième édition (MBP6)* du FMI. Les données des pays sont présentées à partir de 2005 et, pour certaines catégories, seules les données des exportations sont disponibles. Le tableau présente les dix

intellectual property n.i.e.; telecommunications, computer, and information services; other business services; and personal, cultural and recreational services.

For convenience, manufacturing services on physical inputs owned by others and maintenance and repair services n.i.e. are grouped as "Goods-related services".

Table **5.3** shows statistics on the international maritime transport. It contains data on the size of the world merchant fleet by flag of registration and by type of ship. The table presents also, for each region or country 1) its share in the world fleet, and 2) the share of each ship-type in its fleet. The table incorporates a consolidated time series from several issues of the UNCTAD *Review of Maritime Transport*. The Review reports on the worldwide evolution of shipping, sea-ports and multimodal transport of liquid bulk, dry bulk and containers.

PART SIX
Commodities

Table **6.1** includes the annual and quarterly free market price indices in current dollars for selected commodities exported by developing economies. Price indices are also available for aggregated primary commodity groups: All food, food and tropical beverages, food, tropical beverages, vegetable oilseeds and oils, agricultural raw materials and minerals, ores and metals, excluding petroleum. A combined price index in current dollars covers these subgroups of commodities. Weights of the aggregated price indices are based on the value of exports of developing countries from 1999 to 2001 and the base year is 2000 (2000=100). Crude petroleum price indices and unit value indices of manufactured goods exports by developed economies are presented as memo items.

PART SEVEN
International finance

Table **7.1** presents values of the current account (net) in millions of dollars and as percentage of GDP. Balance of payments current account data cover all transactions between residents and non-residents of a reporting economy. The current account describes the difference between current receipts and expenditures for internationally traded goods and services, primary income, and secondary income between residents and non-residents. From a national perspective, the current account balance shows the gap between national savings and domestic investment.

Tables **7.2.1** and **7.2.2** contain information on foreign direct investment (FDI), flows and stock, expressed in millions of dollars. These figures correspond to the Statistical Annexes of the UNCTAD *World Investment Report 2015*. The *World Investment Report*, which is released in June each year, contains annual data up to the year before, e.g. the 2015 edition contains annual FDI data up to 2014. However, at the time of publication, the data for the most recent year are still preliminary and are subject to revision by the national authorities. When they revise data, UNCTAD updates its database accordingly.

A foreign direct investment (FDI) is defined as an investment involving a long-term relationship and reflecting a lasting interest in and control by a resident entity in one economy (foreign direct investor or parent enterprise) of an enterprise resident in a different economy (FDI enterprise or affiliate enterprise or foreign affiliate).

catégories de services suivantes : services connexes aux biens ; transports ; voyages ; construction ; services d'assurance et de pension, services financiers ; frais pour usage de la propriété intellectuelle n.c.a. ; services de télécommunications, d'informatique et d'information ; autres services aux entreprises ; et, services personnels, culturels et relatifs aux loisirs.

Les services de fabrication fournis sur des intrants physiques détenus par des tiers et les services d'entretien et de réparation n.i.a. sont regroupés en "Services connexes aux biens".

Le tableau **5.3** montre des statistiques sur le transport maritime international. Il contient des données sur la flotte marchande mondiale par pavillons d'immatriculation et par types de navires. Le tableau présente également, pour chaque région ou pays, 1) sa part dans la flotte totale mondiale, et 2) la part que représente chaque type de navire dans sa flotte. Le tableau englobe des informations consolidées provenant de différentes éditions de la publication *Review of Maritime Transport* de la CNUCED. Elle rend compte de l'évolution du transport multimodal, portuaire et maritime concernant les principaux trafics de vrac liquide, de vrac sec et de conteneurs.

SIXIÈME PARTIE
Produits de base

Le tableau **6.1** présente les indices annuels et trimestriels des prix en dollars courants sur le marché libre d'une sélection de produits de base exportés par les économies en développement. Ces indices sont aussi disponibles au niveau des groupes de produits de base suivants : total des produits alimentaires, produits alimentaires et boissons tropicales, produits alimentaires, boissons tropicales, huiles et graines oléagineuses, matières premières d'origine agricole et minéraux, minerais et métaux (hors pétrole). Un indice de prix combiné en dollars courants couvre tous ces groupes de produits. Les pondérations des indices ont été calculées à partir de la valeur des exportations des pays en développement de 1999 à 2001 et l'année de base est l'année 2000 (2000=100). Les indices des prix du pétrole et la valeur unitaire des exportations d'articles manufacturés par les économies développées sont présentés pour mémoire.

SEPTIÈME PARTIE
Finance internationale

Le tableau **7.1** fournit les valeurs du compte courant (net) en millions de dollars et en pourcentage du produit intérieur brut. Le compte des transactions courantes de la balance des paiements recouvre toutes les transactions entre entités résidentes et non-résidentes de l'économie déclarante. Le compte courant indique la différence entre les recettes et les paiements des biens et services échangés, les revenus primaires et les revenus secondaires entre résidents et non-résidents. D'une perspective nationale, la balance du compte courant montre l'écart entre les épargnes nationales et l'investissement intérieur.

Les tableaux **7.2.1** et **7.2.2** contiennent les valeurs des investissements étrangers directs (IED), flux et stocks, présentées en millions de dollars. Les chiffres correspondent aux données contenues dans l'Annexe statistique du *Rapport sur l'investissement dans le monde 2015* de la CNUCED. Le *Rapport sur l'investissement dans le monde*, publié en juin chaque année, contient des données annuelles allant jusqu'à l'année précédant l'année de publication, p.ex. l'édition 2015 contient des données annuelles de l'IED jusqu'en 2014. Cependant, au moment de sa publication, les données des années les plus récentes sont encore préliminaires et sont sujettes à des révisions de la part des autorités nationales. Lorsque les données sont révisées, la CNUCED met à jour sa base de données en conséquence.

L'investissement étranger direct (IED) est un investissement impliquant une relation à long terme et témoignant de l'intérêt durable d'une entité résidant dans un pays (investisseur étranger direct ou société mère) à l'égard d'une entreprise résidant dans un autre pays (entreprise bénéficiaire, entreprise affiliée, ou encore

Such investment involves both the initial transaction between the two entities and all subsequent transactions between them and among foreign affiliates.

A direct investment enterprise is defined as an incorporated or unincorporated enterprise in which the direct investor, resident in another economy, owns 10 percent or more of the ordinary shares or voting power (or the equivalent).

Table **7.3** presents the time series on receipts and payments of personal remittances in millions of dollars. These data are also shown as percentage of exports (receipts) or imports (payments) of goods and services, respectively, and as percentage of GDP.

PART EIGHT
GDP and population

Table **8.1** provides information on nominal gross domestic product (GDP), total and per capita. GDP data - expenditure approach in dollars, are derived from data in national currencies, converted into dollars, using annual period-average exchange rates.

Table **8.2** contains annual average growth rates for total and per capita GDP. The annual average growth rate of GDP is derived on the basis of constant price series in national currency.

Table **8.3** provides data on GDP by type of expenditure and gross value added (VA) by kind of economic activity, expressed in millions and shares. The share of each component of GDP/VA is derived on the basis of current price series in national currencies.

Table **8.4** provides total population and urban population estimates. The figures for certain groups may differ from those published by the sources, where UNCTAD definitions for these groups are different.

filiale étrangère). Cet investissement englobe à la fois la transaction initiale entre les deux entités et toutes les transactions ultérieures entre elles et entre filiales étrangères.

L'entreprise d'investissement direct est définie comme une entreprise dotée ou non de la personnalité morale, dans laquelle un investisseur direct qui est résident d'une autre économie détient au moins 10 pour cent des actions ordinaires ou des droits de vote (ou l'équivalent).

Le tableau **7.3** présente les séries chronologiques sur les recettes et les paiements des envois de fonds personnels en millions de dollars. Ces données sont également communiquées en pourcentage des exportations (recettes) et importations (paiements) des biens et des services, et en pourcentage du PIB.

HUITIÈME PARTIE
PIB et population

Le tableau **8.1** fournit le produit intérieur brut (PIB) nominal total et par habitant. Les données du PIB - approche des dépenses en dollars, ont été obtenues à partir des valeurs de PIB exprimées à l'origine en monnaies nationales, converties en dollars, en appliquant les taux de change annuel dérivés des moyennes mensuelles.

Les taux annuels moyens de variation du PIB total et du PIB par habitant sont disponibles dans les tableaux **8.2**. Le taux de croissance annuel moyen se base sur le PIB aux prix constants en monnaie nationale.

Le PIB total est décomposé par catégories de dépenses et valeur ajoutée (VA) brute par branches d'activité économique dans le tableau **8.3**. Les données de ce tableau sont indiquées en pourcentage du PIB/VA aux prix courants en monnaie nationale.

Le tableau **8.4** présente des estimations sur la population totale et la population urbaine. Les chiffres de certains groupements de pays peuvent être différents de ceux publiés par la source lorsque la CNUCED donne des définitions différentes pour ces groupements.

ACP	African, Caribbean and Pacific Group of States	ACP	Groupe des États d'Afrique, des Caraïbes et du Pacifique
AMU	Arab Maghreb Union	UMA	Union du Maghreb arabe
APEC	Asia-Pacific Economic Cooperation	CEAP	Coopération économique de l'Asie et du Pacifique
APTA	Asia–Pacific Trade Agreement	ACAP	Accord commercial de l'Asie et du Pacifique
ASEAN	Association of Southeast Asian Nations	ANASE	Association des nations de l'Asie du Sud-Est
BPL	Bone phosphate of lime	BPL	Bone phosphate of lime (unité de teneur en phosphate
CAN	Andean Community	CAN	Communauté andine
BPM	*Balance of Payments Manual* (IMF)	MBP	*Manuel de la balance des paiements* (FMI)
CACM	Central American Common Market	MCAC	Marché commun d'Amérique centrale
CARICOM	Caribbean Community	CARICOM	Communauté des Caraïbes
CEMAC	Economic and Monetary Community of Central Africa	CEMAC	Communauté économique et monétaire de l'Afrique Centrale
CEPGL	Economic Community of the Great Lakes Countries	CEPGL	Communauté économique des pays des Grands Lacs
CFR	Cost and freight	CFR	Coût et fret
CIF	Cost, insurance and freight	CAF	Coût, assurance et fret
CIS	Commonwealth of Independent States	CEI	Communauté des États indépendants
COMESA	Common Market for Eastern and Southern Africa	COMESA	Marché commun des États de l'Afrique de l'Est et du Sud
DWT	Deadweight ton	TPL	Tonne de port en lourd
EAC	East African Community	CAE	Communauté de l'Afrique de l'Est
ECE	Economic Commission for Europe	CEE	Commission économique pour l'Europe
ECLAC	Economic Commission for Latin America and the Caribbean	CEPALC	Commission économique pour l'Amérique latine et les Caraïbes
ECO	Economic Cooperation Organization	ECO	Organisation de coopération économique
ECOWAS	Economic Community of West African States	CEDEAO	Communauté économique des États de l'Afrique de l'Ouest
EFTA	European Free Trade Association	AELE	Association européenne de libre-échange
EIU	Economic Intelligence Unit	EIU	Economic Intelligence Unit
ESCAP	Economic and Social Commission for Asia and the Pacific	CESAP	Commission économique et sociale pour l'Asie et le Pacifique
ESCWA	Economic and Social Commission for Western Asia	CESAO	Commission économique et sociale pour l'Asie occidentale
EU	European Union	UE	Union européenne
excl.	excluding		
FAO	Food and Agriculture Organization of the United Nations	FAO	Organisation des Nations Unies pour l'alimentation et l'agriculture
FAQ	Fair average quality	FAQ	Qualité marchande moyenne
FAS	Free alongside ship	FAS	Franco le long du navire
FDI	foreign direct investment	IED	Investissement étranger direct
Fe	Iron	Fe	Fer
FFA	Free fatty acid	AGL	Acides gras libres
FOB	Free on board	FAB	Franco à bord
FPSO	Floating production storage and offloading vessels	NPSD	Navires de production, de stockage et de déchargement
FTAA	Free Trade Area of the Americas	ZELA	Zone de libre-échange des Amériques
GATS	General Agreement on Trade in Services	AGCS	Accord général sur le commerce des services
GCC	Gulf Cooperation Council	CCG	Conseil de coopération du Golfe
GDP	Gross domestic product	PIB	Produit intérieur brut
GFCF	Gross fixed capital formation	FBCF	Formation brute de capital fixe
GNP	Gross national product	PNB	Produit national brut
HIPC	Heavily indebted poor countries	PPTE	Pays pauvres très endettés
HS	Harmonized System	SH	Système harmonisé
I.C.A.	International Coffee Agreement	A.I.C.	Accord international sur le café
I.C.C.A.	International Cocoa Agreement	A.I.C.C.	Accord international sur le cacao
ILO	International Labour Organization	OIT	Organisation internationale du travail
IMF	International Monetary Fund	FMI	Fonds monétaire international
I.S.A.	International Sugar Agreement	A.I.S.	Accord international sur le sucre
LAIA	Latin American Integration Association	ALADI	Association latino-américaine d'intégration
LDCs	Least developed countries	PMA	Pays les moins avancés
LLDCS	Landlocked developing countries	PDSL	Pays en développement sans littoral
MERCOSUR	Mercado Común del Sur	MERCOSUR	Marché commun sud-américain

MFN	Most favoured nation	NPF	Nation la plus favorisée
MRU	Mano River Union	UFM	Union du fleuve Mano
MSG	Melanesian Spearhead Group	GFLM	Groupe Fer de lance mélanésien
NAFTA	North American Free Trade Agreement	ALENA	Accord de libre-échange nord-américain
n.e.s.	not elsewhere specified	n.d.a.	non dénommé ailleurs
n.i.e.	not included elsewhere	n.c.a.	non classé ailleurs
OAS	Organization of American States	OEA	Organisation des États américains
OECD	Organization for Economic Cooperation and Development	OCDE	Organisation de coopération et de développement économiques
OECS	Organization of Eastern Caribbean States	OECO	Organisation des États des Caraïbes orientales
OPEC	Organization of the Petroleum Exporting Countries	OPEP	Organisation des pays exportateurs de pétrole
Rep.	Republic	Rép.	République
Rev.	Revision	Rév.	Révision
RSS	Ribbed smoked sheet	RSS	Feuille fumée rainurée
SAARC	South Asian Association for Regional Cooperation	SAARC	Association de l'Asie du Sud pour la coopération régionale
SADC	Southern African Development Community	CDAA	Communauté de développement de l'Afrique australe
SAR	Special administrative region	RAS	Région administrative spéciale
SDR	Special drawing rights	DTS	Droits de tirage spéciaux
SIDS	Small Island Developing States	PEID	Petits États insulaires en développement
SITC	Standard International Trade Classification	CTCI	Classification type pour le commerce international
TFYR	The former Yugoslav Republic (of Macedonia)	LERY	L'ex-République yougoslave (de Macédoine)
TNC	Transnational corporation	STN	Société transnationale
TRAINS	Trade Analysis and Information System	TRAINS	Système d'analyse et d'information commerciales
TSR	Technically specified rubber	TSR	Caoutchouc techniquement spécifié
UN DESA	United Nations Department of Economic and Social Affairs	ONU DAES	Département des affaires économiques et sociales des Nations Unies
UNDP	United Nations Development Programme	PNUD	Programme des Nations Unies pour le développement
UNSD	United Nations Statistics Division	DSNU	Division de statistique des Nations Unies
USSR	Union of Soviet Socialist Republics	URSS	Union des Républiques socialistes soviétiques
VA	Value added	VA	Valeur ajoutée
WAEMU	West African Economic and Monetary Union	UEMOA	Union économique et monétaire Ouest-africaine
WITS	World Integrated Trade Solution	WITS	Solution commerciale intégrée de la Banque mondiale
WO_3	Tungsten oxide	WO_3	Oxyde de tungstène
WTO	World Trade Organization	OMC	Organisation mondiale du commerce

1

INTERNATIONAL **MERCHANDISE** TRADE

COMMERCE INTERNATIONAL DES **MARCHANDISES**

1.1 Merchandise exports and imports
Value

Region, country or territory	Exports (f.o.b.) - Exportations (f.a.b.) Millions of dollars							
	1980	1990	2000	2005	2010	2012	2013	2014
WORLD	**2 050 129**	**3 495 675**	**6 452 318**	**10 502 488**	**15 302 138**	**18 496 727**	**18 954 844**	**19 003 732**
DEVELOPING ECONOMIES	608 323	843 068	2 059 532	3 807 957	6 438 434	8 224 253	8 434 212	8 485 592
TRANSITION ECONOMIES	85 478	118 378	149 573	353 871	609 145	822 652	807 854	763 647
DEVELOPED ECONOMIES	1 356 329	2 534 230	4 243 212	6 340 660	8 254 560	9 449 822	9 712 779	9 754 493
Developing economies: Africa	**121 378**	**104 877**	**147 905**	**311 127**	**521 435**	**640 096**	**601 313**	**555 480**
Eastern Africa	***7 013***	***7 322***	***9 870***	***16 599***	***32 412***	***41 752***	***43 242***	***44 404***
Burundi*(1)	65	75	50	58	101	134	94	(e)125
Comoros*	11	18	14	12	21	20	20	25
Djibouti (2)	13	25	32	40	85	118	120	(e)139
Eritrea (3)	–	–	37	11	(e)13	(e)480	(e)330	(e)766
Ethiopia (...1991)	425	298						
Ethiopia	–	–	486	903	2 330	2 891	4 077	(e)4 437
Kenya	1 245	1 032	1 734	3 420	5 169	6 127	5 856	6 115
Madagascar*	401	319	824	855	1 149	1 516	1 923	(e)2 126
Malawi	295	417	379	509	1 066	1 183	1 208	(e)1 374
Mauritius	435	1 194	1 557	2 143	2 261	2 649	2 869	3 107
Mozambique	281	126	364	1 783	(e)3 000	3 856	4 024	4 725
Rwanda	121	109	53	125	297	591	703	(e)736
Seychelles	21	57	194	340	400	497	578	539
Somalia (4)	141	(e)150	(e)193	(e)250	(e)450	(e)540	(e)520	(e)510
Uganda	345	152	403	813	1 619	2 357	2 408	2 274
United Republic of Tanzania	511	331	(b)734	1 679	4 051	5 547	4 413	(e)4 645
Zambia (5)	1 305	1 309	892	1 810	7 200	9 365	10 594	9 696
Zimbabwe	1 396	1 711	1 925	(e)1 850	3 199	3 882	3 507	3 064
Middle Africa	***8 837***	***11 798***	***17 092***	***49 463***	***91 610***	***121 696***	***116 238***	***107 649***
Angola*(6)	1 883	3 910	7 921	24 109	50 595	71 093	68 247	(e)62 400
Cameroon*(7)	1 384	2 002	1 833	2 861	3 878	4 275	(e)4 515	(e)4 853
Central African Republic*(7)	116	120	161	128	(e)140	(e)200	(e)150	(e)90
Chad*(6)	71	188	183	3 081	(e)3 600	(e)4 400	(e)3 800	(e)3 600
Congo*(7)	911	981	2 489	4 745	(e)9 400	10 055	9 099	(e)8 263
Dem. Rep. of the Congo*	2 269	2 326	807	2 403	(e)5 300	(e)6 300	(e)6 200	(e)6 900
Equatorial Guinea (6)	14	62	1 097	7 064	(e)10 000	(e)15 700	(e)14 700	(e)12 600
Gabon*(8)	2 173	2 204	2 598	5 065	8 686	9 661	9 524	(e)8 926
Sao Tome and Principe*	17	4	3	7	11	12	13	17
Northern Africa	***44 042***	***36 856***	***55 121***	***116 780***	***177 764***	***204 728***	***180 788***	***155 816***
Algeria*	13 871	12 880	22 031	46 002	57 053	71 866	64 974	62 956
Egypt	3 046	2 585	(b)5 276	12 912	26 438	29 397	28 492	(e)27 091
Libya	21 910	13 225	12 725	31 358	48 673	60 946	(e)43 500	(e)21 000
Morocco*	2 441	4 265	7 432	11 190	17 771	21 446	21 972	23 663
Sudan (...2011) (9)	543	374	1 807	4 824	11 404	–	–	–
Sudan	–	–	–	–	–	4 066	4 790	4 350
Tunisia	2 231	3 527	5 850	10 494	16 427	17 007	17 060	16 756
Southern Africa	***27 919***	***27 038***	***35 113***	***60 542***	***102 744***	***112 845***	***110 902***	***106 131***
Botswana*	504	1 785	2 675	4 425	4 693	5 971	7 608	(e)7 800
Lesotho	58	62	221	651	878	972	847	(e)925
Namibia	1 459	1 086	1 320	2 070	4 026	4 369	4 615	4 441
South Africa	(b)25 525	23 549	29 983	51 626	91 347	99 606	95 938	91 047
Swaziland	373	557	914	(e)1 770	(e)1 800	(e)1 926	(e)1 895	(e)1 918
Western Africa	***33 567***	***21 863***	***30 708***	***67 743***	***116 905***	***159 075***	***150 143***	***141 480***
Benin*	63	288	392	578	1 282	1 443	1 870	2 010
Burkina Faso	90	152	209	468	1 591	2 182	2 356	2 489
Cabo Verde (10)	5	6	11	18	44	53	69	81
Côte d'Ivoire*	3 135	3 072	3 888	7 697	11 410	12 124	13 247	12 783
Gambia (11)	31	31	16	7	68	119	106	(e)108
Ghana	1 258	897	1 671	2 802	7 960	13 552	13 752	13 216
Guinea*	401	671	666	853	1 471	(e)1 300	(e)1 300	(e)1 400
Guinea-Bissau	11	19	62	89	127	(e)130	(e)140	(e)162
Liberia*	600	(e)868	(e)329	131	222	460	559	583
Mali*	205	359	545	1 101	1 996	2 610	2 339	(e)2 100
Mauritania*	194	447	355	625	2 074	2 641	2 652	1 946
Niger*	566	283	283	489	(e)1 150	(e)1 450	(e)1 600	(e)1 500
Nigeria	25 968	13 596	20 975	50 467	(e)84 000	(e)116 000	(e)104 000	(e)97 000
Saint Helena	(e)1	(e)7	(e)9	(e)20	(e)31	(e)44	(e)48	(e)54
Senegal (12)	477	762	920	1 578	2 161	2 532	2 666	(e)2 812
Sierra Leone*	224	138	13	158	341	1 122	1 917	(e)1 886
Togo*	338	268	364	660	976	1 314	1 522	(e)1 350

For sources and notes, see end of table 1.3

Imports (c.i.f.) - Importations (c.a.f.) Millions de dollars								Régions, pays ou territoires
1980	1990	2000	2005	2010	2012	2013	2014	
2 091 006	3 609 255	6 654 569	10 777 642	15 420 513	18 631 707	18 939 647	18 987 411	**MONDE**
502 416	799 639	1 917 995	3 424 277	6 020 123	7 683 894	7 989 339	7 973 687	ÉCONOMIES EN DÉVELOPPEMENT
83 591	140 131	91 837	240 161	453 466	614 560	616 110	552 902	ÉCONOMIES EN TRANSITION
1 504 998	2 669 485	4 644 736	7 113 203	8 946 924	10 333 253	10 334 198	10 460 822	ÉCONOMIES DÉVELOPPÉES
96 490	94 444	129 914	256 561	479 039	616 983	635 863	642 062	Économies en développement : Afrique
10 542	*12 833*	*16 938*	*31 493*	*61 127*	*85 423*	*92 787*	*98 023*	*Afrique orientale*
168	231	148	269	509	751	811	(e)769	Burundi*(1)
29	52	43	99	233	273	284	(e)275	Comores*
213	215	207	277	374	564	719	(e)970	Djibouti (2)
		471	(e)490	(e)660	(e)970	(e)1 030	(e)1 127	Érythrée (3)
722	1 081	–	–	–	–	–	–	Éthiopie (...1991)
		1 260	4 095	8 602	11 913	14 899	(e)18 987	Éthiopie
2 125	2 223	3 105	5 846	12 093	16 290	16 358	18 396	Kenya
600	651	(b)1 097	1 706	2 584	3 094	3 260	(e)3 259	Madagascar*
439	575	532	1 165	2 173	2 360	2 845	(e)2 973	Malawi
614	1 618	2 207	3 157	4 386	5 354	5 397	5 610	Maurice
800	878	1 158	2 408	(e)4 600	8 688	10 099	8 747	Mozambique
262	287	213	(b)430	1 431	2 300	2 302	(e)2 457	Rwanda
99	187	342	675	984	1 071	1 083	1 143	Seychelles
435	(e)95	(e)343	(e)626	(e)840	(e)1 200	(e)1 300	(e)1 300	Somalie (4)
293	288	1 536	2 054	4 664	6 044	5 818	5 874	Ouganda
1 258	1 364	1 524	3 287	7 874	11 346	12 120	(e)12 390	République-Unie de Tanzanie
1 088	1 255	888	2 558	5 321	8 805	10 162	9 545	Zambie (5)
1 396	1 833	1 863	(e)2 350	(e)3 800	(e)4 400	(e)4 300	(e)4 200	Zimbabwe
5 884	*6 778*	*7 537*	*19 038*	*41 295*	*56 897*	*60 625*	*62 320*	*Afrique centrale*
1 328	1 578	3 040	8 353	16 667	23 717	26 344	28 320	Angola*(6)
1 602	1 400	1 484	2 735	5 133	6 515	6 649	(e)6 982	Cameroun*(7)
81	154	117	175	(e)300	(e)320	(e)250	(e)255	République centrafricaine*(7)
74	285	317	950	(e)2 400	(e)3 500	(e)4 000	(e)4 300	Tchad*(6)
562	621	(b)465	1 304	(e)4 000	5 485	6 050	(e)6 200	Congo*(7)
1 519	1 739	683	2 690	(e)4 500	(e)6 100	(e)6 300	(e)6 600	Rép. dém. du Congo*
26	61	451	1 310	(e)5 200	(e)7 500	(e)7 000	(e)6 500	Guinée équatoriale (6)
674	918	950	1 471	2 983	3 629	3 880	(e)2 993	Gabon*(8)
19	21	30	50	112	131	152	170	Sao Tomé-et-Principe*
31 552	*37 374*	*49 135*	*89 609*	*178 712*	*220 151*	*219 697*	*224 695*	*Afrique septentrionale*
10 558	9 770	9 171	20 357	40 473	50 378	55 028	58 330	Algérie*
4 860	9 216	(b)14 578	22 449	52 923	69 200	58 295	(e)67 495	Égypte
6 777	5 336	3 732	6 079	17 674	(e)22 000	(e)27 000	(e)19 000	Libye
4 255	6 922	11 534	20 790	35 381	44 872	45 190	45 832	Maroc*
1 576	619	1 553	6 757	10 045				Soudan (...2011) (9)
–	–	–	–	–	9 230	9 918	9 211	Soudan
3 526	5 513	8 567	13 177	22 215	24 471	24 266	24 828	Tunisie
22 499	*22 846*	*35 187*	*71 353*	*112 322*	*146 883*	*145 147*	*141 073*	*Afrique australe*
693	1 947	2 081	3 161	5 657	8 025	7 544	(e)7 750	Botswana*
427	673	809	1 410	(e)2 300	(e)2 600	(e)2 200	(e)2 208	Lesotho
1 156	1 163	1 550	2 577	(e)5 570	7 256	(e)7 359	(e)7 596	Namibie
19 598	18 399	29 695	62 304	96 835	127 154	(e)126 350	(e)121 940	Afrique du Sud
625	664	1 052	(e)1 900	(e)1 960	(e)1 848	(e)1 693	(e)1 579	Swaziland
26 013	*14 613*	*21 118*	*45 068*	*85 582*	*107 628*	*117 607*	*115 950*	*Afrique occidentale*
331	265	613	1 018	2 054	(e)2 350	(e)3 100	(e)2 481	Bénin*
359	536	611	(e)1 260	2 048	(e)3 200	(e)3 900	(e)3 730	Burkina Faso
68	136	230	438	742	765	726	770	Cabo Verde (10)
2 991	2 098	2 482	5 865	7 849	9 770	12 483	(e)10 863	Côte d'Ivoire*
165	188	187	260	285	380	350	(e)370	Gambie (11)
1 129	1 205	2 976	5 347	10 922	17 763	17 600	14 566	Ghana
360	723	612	(e)820	1 405	2 254	(e)2 100	(e)2 032	Guinée*
55	86	60	123	196	(e)180	(e)180	(e)228	Guinée-Bissau
535	(e)570	(e)668	310	710	1 005	1 150	1 046	Libéria*
439	602	806	1 544	3 428	3 463	(e)3 800	(e)3 977	Mali*
286	220	454	1 428	1 935	3 129	3 044	(e)2 666	Mauritanie*
594	389	395	943	2 476	(e)1 900	(e)2 020	(e)2 250	Niger*
16 660	5 627	8 721	20 754	44 235	(e)51 000	(e)56 000	(e)60 000	Nigéria
(e)13	(e)19	(e)39	(e)56	(e)61	(e)51	(e)49	(e)46	Sainte-Hélène
1 052	1 220	1 553	(b)3 498	4 782	6 434	6 659	(e)6 639	Sénégal (12)
427	149	149	345	770	1 604	1 780	(e)1 489	Sierra Leone*
551	581	562	1 060	1 683	2 380	2 666	(e)2 800	Togo*

Pour les sources et les notes, se reporter à la fin du tableau 1.3.

Region, country or territory	Exports (f.o.b.) - Exportations (f.a.b.) Millions of dollars							
	1980	1990	2000	2005	2010	2012	2013	2014
Developing economies: America	111 503	145 622	367 998	586 481	891 598	1 123 095	1 117 969	1 092 445
Caribbean	*22 627*	*13 317*	*19 016*	*26 756*	*27 235*	*35 013*	*33 550*	*32 945*
Anguilla (4)	..	..	4	15	13	(e)21	(e)24	(e)28
Antigua and Barbuda	26	21	52	83	46	63	68	55
Aruba (13)	..	155	2 524	4 416	265	1 389	278	237
Bahamas (14)	5 009	238	576	549	702	984	955	849
Barbados	228	215	272	359	429	565	457	435
Bonaire, Sint Eustatius and Saba						(e)4	(e)3	(e)1
British Virgin Islands (15)	(e)1	(e)3	(e)27	(e)35	(e)38	(e)40	(e)39	(e)39
Cayman Islands (15)	(e)3	(e)18	(e)19	(e)59	(e)13	(e)20	(e)30	(e)26
Cuba*	5 577	(b)5 100	1 676	2 319	4 914	5 900	5 566	5 187
Curaçao	–	–	–	–	–	948	705	(e)720
Dominica*	10	55	54	42	37	36	38	39
Dominican Republic (16)	(b)1 217	2 170	5 737	6 145	6 754	9 069	9 651	(b)9 920
Grenada*	17	26	48	28	25	35	38	(e)37
Haiti	226	160	318	470	579	815	885	917
Jamaica	963	1 158	1 295	1 532	1 328	1 712	1 569	1 452
Montserrat*	1	2	1	1	1	2	6	3
Netherlands Antilles*(17)	5 162	1 790	2 009	608	807			
Saint Kitts and Nevis*	24	28	33	34	32	(e)46	(c)41	(e)42
Saint Lucia*	70	134	43	64	215	182	174	(e)159
Saint Vincent and the Grenadines*	15	83	47	40	42	43	49	48
Sint Maarten (Dutch part)	–	–	–	–	–	131	177	(e)130
Trinidad and Tobago*	4 077	1 960	4 274	9 942	10 982	12 983	12 770	(e)12 590
Turks and Caicos Islands (4)	..	..	9	15	16	(e)25	(e)27	(e)30
Central America	*23 271*	*45 638*	*183 149*	*244 104*	*341 695*	*427 281*	*435 046*	*451 836*
Belize	111	129	196	319	478	627	608	590
Costa Rica*	1 002	1 448	5 850	7 026	9 448	11 433	11 603	11 252
El Salvador (18)	967	582	2 941	3 418	4 499	5 339	5 491	5 273
Guatemala (19)	1 520	1 163	2 711	5 381	8 463	9 979	10 028	10 834
Honduras (20)	829	934	3 343	5 048	6 264	8 359	7 805	8 072
Mexico	(b)18 031	40 711	166 368	214 207	298 305	370 643	379 961	397 506
Nicaragua (21)	451	331	881	1 654	3 251	4 686	4 794	5 126
Panama, excluding Canal Zone	361	–	–	–	–	–	–	–
Panama*(22)	–	340	859	(b)7 050	10 987	(e)16 215	(e)14 755	(e)13 184
South America	*65 605*	*86 668*	*165 833*	*315 622*	*522 668*	*660 800*	*649 373*	*607 664*
Argentina*	8 021	12 353	26 341	40 351	68 187	80 246	81 660	71 977
Bolivia (Plurinational State of)	942	926	1 230	2 827	6 402	11 254	11 657	12 266
Brazil	20 132	31 414	55 119	118 529	201 915	242 578	242 034	225 101
Chile*	4 705	8 373	19 210	41 267	71 109	77 791	76 477	75 675
Colombia	3 924	6 721	13 043	21 190	39 713	60 125	58 824	54 795
Ecuador	2 481	2 714	4 927	10 100	17 490	23 765	24 848	25 732
Falkland Islands (Malvinas) (4)	(e)8	(e)17	(e)87	(e)150	(e)170	(e)200	(e)170	(e)190
Guyana*	389	251	502	553	880	1 416	1 375	1 167
Paraguay	310	959	2 200	3 153	6 505	7 271	9 432	9 657
Peru*	3 898	3 280	6 955	17 368	35 803	47 411	42 474	39 326
Suriname	514	472	396	997	2 026	2 695	2 394	2 145
Uruguay	1 059	1 693	2 295	3 422	6 724	8 709	9 067	9 163
Venezuela (Bolivarian Rep. of)	19 221	17 497	33 529	55 716	65 745	97 340	88 962	(e)80 470
Developing economies: Asia	373 191	589 790	1 538 457	2 903 639	5 016 322	6 450 676	6 705 296	6 827 674
Eastern Asia	*77 692*	*280 961*	*779 294*	*1 541 802*	*2 725 755*	*3 400 033*	*3 618 506*	*3 763 327*
China	18 099	62 091	249 203	761 953	1 577 754	2 048 714	2 209 004	2 342 306
China, Hong Kong SAR	20 323	82 390	202 683	292 119	400 692	492 907	535 187	524 065
China, Macao SAR	613	1 701	2 539	2 476	870	1 021	1 138	1 241
China, Taiwan Province of	19 842	67 245	151 357	198 432	274 601	301 181	305 441	313 696
Korea, Dem. People's Rep. of	(e)900	(e)1 857	(e)708	(e)1 338	(e)2 555	(e)3 955	(e)3 835	(e)3 580
Korea, Republic of (23)	17 512	65 016	172 268	284 419	466 384	547 870	559 632	572 664
Mongolia	403	661	536	1 065	2 899	4 385	4 269	5 775
Southern Asia	*26 137*	*47 033*	*93 119*	*189 230*	*378 956*	*462 092*	*464 059*	*479 151*
Afghanistan	670	235	137	384	388	429	515	571
Bangladesh (24)	759	1 671	6 389	9 297	19 194	25 127	29 114	30 405
Bhutan	17	70	103	258	641	535	544	(e)555
India (25)	8 586	17 969	42 379	99 616	226 351	296 828	314 848	321 596
Iran (Islamic Republic of)*	12 338	19 305	28 739	56 252	101 316	(e)104 000	(e)82 500	(e)88 800
Maldives	8	(b)78	109	162	198	314	331	326
Nepal	80	204	804	863	856	911	879	889
Pakistan	2 618	5 589	9 028	16 051	21 410	24 567	25 121	24 714
Sri Lanka	1 062	1 912	5 430	6 347	8 602	9 380	10 208	11 295

For sources and notes, see end of table 1.3.

Imports (c.i.f.) - Importations (c.a.f.) Millions de dollars								Régions, pays ou territoires
1980	1990	2000	2005	2010	2012	2013	2014	
123 809	124 886	388 886	537 829	895 898	1 136 524	1 166 034	1 151 356	**Économies en développement : Amérique**
27 504	*16 955*	*33 316*	*43 888*	*53 944*	*64 445*	*63 335*	*60 487*	*Caraïbes*
..	..	95	130	158	(e)149	(e)130	(e)119	Anguilla (4)
88	255	407	506	501	492	503	500	Antigua-et-Barbuda
..	581	2 582	4 288	1 394	2 042	1 361	1 347	Aruba (13)
7 546	1 112	2 074	2 312	2 591	3 386	3 166	3 270	Bahamas (14)
525	704	1 156	1 604	1 569	1 780	1 759	1 739	Barbade
					(e)60	(e)65	(e)70	Bonaire, Saint-Eustache et Saba
(e)40	(e)115	(e)237	(e)280	(e)300	(e)310	(e)320	(e)320	Îles Vierges britanniques (15)
(e)101	(e)288	(e)665	(e)1 214	(e)828	(e)910	(e)929	(e)976	Îles Caïmanes (15)
6 505	(b)4 600	4 843	8 084	11 496	13 869	14 773	13 114	Cuba*
					2 254	1 934	(e)1 870	Curaçao
48	118	148	165	224	208	203	(e)205	Dominique*
(b)1 964	3 006	9 479	9 869	15 489	17 739	16 873	(b)17 288	République dominicaine (16)
50	105	239	328	318	341	368	(e)340	Grenade*
375	332	1 036	1 454	3 146	3 170	3 403	(e)3 600	Haïti
1 171	1 928	3 301	4 739	5 225	6 331	6 219	5 838	Jamaïque
12	44	22	30	29	37	42	39	Montserrat*
5 676	2 141	2 862	1 950	2 622				Antilles néerlandaises*(17)
45	110	196	210	270	226	249	274	Saint-Kitts-et-Nevis*
124	271	355	486	662	644	598	(e)593	Sainte-Lucie*
57	136	163	240	338	356	370	362	Saint-Vincent-et-les Grenadines*
					768	924	(e)880	Saint-Martin (partie néerlandaise)
3 178	1 109	3 308	5 694	6 480	9 065	8 871	(e)7 490	Trinité-et-Tobago*
..	..	149	304	302	(e)309	(e)275	(e)254	Îles Turques et Caïques (4)
29 743	*51 774*	*205 663*	*274 947*	*377 171*	*467 152*	*477 630*	*497 776*	*Amérique centrale*
150	211	524	593	706	861	928	1 004	Belize
1 540	1 990	6 389	9 824	13 570	17 591	18 014	17 186	Costa Rica*
966	1 263	4 947	6 690	8 416	10 258	10 772	10 513	El Salvador (18)
1 598	1 649	5 171	10 499	13 838	16 994	17 515	18 276	Guatemala (19)
1 009	938	3 988	6 545	8 907	11 371	10 953	11 070	Honduras (20)
(b)22 144	43 548	179 464	228 240	310 205	380 477	390 965	411 581	Mexique
887	637	1 802	2 956	4 792	6 778	6 688	6 946	Nicaragua (21)
1 449								Panama, sans la zone du canal
	1 539	3 379	(b)9 600	16 737	(e)22 821	(e)21 795	(e)21 200	Panama*(22)
66 562	*56 157*	*149 906*	*218 995*	*464 784*	*604 927*	*625 069*	*593 092*	*Amérique du Sud*
10 545	4 078	25 154	28 689	56 793	68 020	73 656	65 324	Argentine*
665	687	1 830	2 431	5 590	8 578	9 338	10 421	Bolivie (État plurinational de)
24 961	22 522	58 643	77 628	191 537	233 398	250 559	239 150	Brésil
5 797	7 940	18 507	32 735	59 207	80 073	79 249	72 159	Chili*
4 739	5 589	11 539	21 204	40 486	59 048	59 381	64 029	Colombie
2 253	1 862	3 721	10 287	20 591	25 477	27 146	27 739	Équateur
(e)6	(e)32	(e)59	(e)60	(e)100	(e)130	(e)130	(e)200	Îles Falkland (Malvinas) (4)
396	311	573	788	1 397	1 997	1 875	1 779	Guyana*
615	1 352	2 260	3 715	10 033	11 555	12 142	12 169	Paraguay
2 573	2 634	7 415	12 502	30 030	42 274	43 357	42 346	Pérou*
504	472	526	1 050	1 398	1 994	2 174	2 012	Suriname
1 680	1 343	3 466	3 879	8 622	11 652	11 642	11 485	Uruguay
11 827	7 335	16 213	24 027	(e)39 000	(e)60 730	(e)54 420	(e)44 280	Venezuela (Rép. bolivarienne du)
278 759	575 213	1 392 999	2 619 780	4 631 138	5 914 039	6 169 726	6 163 805	**Économies en développement : Asie**
87 273	*268 089*	*745 115*	*1 412 382*	*2 526 502*	*3 182 495*	*3 378 144*	*3 380 492*	*Asie orientale*
19 941	53 345	225 024	659 953	1 396 247	1 818 405	1 949 989	1 959 356	Chine
22 994	84 725	214 042	300 160	441 369	553 486	621 417	600 613	Chine (RAS de Hong Kong)
544	1 539	2 625	4 514	5 629	8 982	(e)10 250	11 396	Chine (RAS de Macao)
19 754	54 782	140 642	182 614	251 236	270 473	269 897	274 026	Province chinoise de Taiwan
(e)1 200	(e)2 930	(e)1 686	(e)2 718	(e)3 530	(e)4 825	(e)4 650	(e)4 350	Corée, Rép. populaire dém. de
22 292	69 844	160 481	261 238	425 212	519 585	515 584	525 514	Corée, République de (23)
548	924	615	1 184	3 278	6 738	6 358	5 237	Mongolie
38 359	*59 408*	*94 762*	*236 876*	*507 009*	*661 986*	*632 069*	*641 446*	*Asie méridionale*
841	936	1 176	2 471	5 154	9 069	8 724	7 729	Afghanistan
2 599	3 618	8 883	13 889	27 821	34 173	37 085	42 268	Bangladesh (24)
50	81	175	386	854	991	909	(e)810	Bhoutan
14 864	23 580	51 523	142 870	350 233	489 694	465 397	463 033	Inde (25)
12 246	20 322	13 898	40 041	65 404	57 092	(e)49 000	(e)51 000	Iran (République islamique d')*
29	137	389	745	1 091	1 554	1 733	1 993	Maldives
342	672	1 573	2 283	5 133	6 066	6 571	7 561	Népal
5 350	7 376	10 864	25 357	37 807	44 157	44 647	47 636	Pakistan
2 037	2 685	6 281	8 834	13 512	19 190	18 003	19 417	Sri Lanka

Pour les sources et les notes, se reporter à la fin du tableau 1.3.

Region, country or territory	Exports (f.o.b.) - Exportations (f.a.b.) Millions of dollars							
	1980	1990	2000	2005	2010	2012	2013	2014
South-Eastern Asia	*71 915*	*144 148*	*430 203*	*656 582*	*1 050 066*	*1 253 714*	*1 272 576*	*1 295 359*
Brunei Darussalam*	4 581	2 213	3 903	6 249	8 907	13 001	11 447	10 509
Cambodia (6)	16	86	1 389	3 092	5 143	7 838	9 248	(e)10 800
Indonesia (...2002)	21 909	25 674	65 403	–	–	–	–	–
Indonesia	–	–	–	86 996	158 074	190 032	182 552	176 293
Lao People's Dem. Rep.*	28	79	330	553	1 746	2 271	2 264	(e)2 650
Malaysia (26)	12 945	29 452	98 229	141 626	198 612	227 538	228 331	234 139
Myanmar	477	325	1 620	3 776	8 661	8 877	11 233	11 031
Philippines	5 741	8 117	38 078	41 255	51 496	52 099	56 698	62 100
Singapore (27)	19 375	52 730	137 804	229 649	351 867	408 393	410 250	409 769
Thailand*	6 505	23 068	68 963	110 936	193 306	229 106	228 505	227 574
Timor-Leste (28)	–	–	–	8	16	31	16	(e)20
Viet Nam	338	2 404	14 483	32 442	72 237	114 529	132 033	150 475
Western Asia	*197 446*	*117 648*	*235 843*	*516 025*	*861 545*	*1 334 836*	*1 350 155*	*1 289 837*
Bahrain (6)	3 606	3 761	6 194	10 242	14 971	19 768	20 927	(e)20 470
Iraq*	26 349	10 314	20 380	23 697	52 483	94 392	89 742	(e)84 630
Jordan	574	1 064	1 899	4 302	7 028	7 887	7 911	(e)8 215
Kuwait*	19 663	7 042	19 436	44 869	69 978	118 912	115 034	(e)104 250
Lebanon (29)	955	494	715	2 337	5 021	5 615	5 168	4 548
Oman	3 748	5 508	11 319	18 692	36 601	52 138	56 429	53 221
Qatar*	5 680	3 641	11 594	25 762	74 964	132 962	136 767	131 716
Saudi Arabia*(30)	109 083	44 417	77 583	180 711	251 143	388 401	375 933	353 836
State of Palestine	..	..	401	335	576	(e)1 001	(e)1 143	(e)1 335
Syrian Arab Republic*	2 108	4 212	4 633	8 708	12 796	(e)4 000	(e)2 000	(e)2 000
Turkey*	2 910	12 959	27 775	73 476	113 883	152 462	151 803	157 617
United Arab Emirates	(e)21 970	23 544	49 835	117 287	(e)214 000	(e)349 000	(e)379 000	(e)360 000
Yemen, Arab Republic	23	–	–	–	–	–	–	–
Yemen, Democratic	777							
Yemen*	–	692	4 079	5 608	(e)8 100	(e)8 300	(e)8 300	(e)8 000
Developing economies: Oceania	2 251	2 778	5 172	6 710	9 078	10 387	9 634	9 993
American Samoa*(31)	127	311	346	374	(e)320	(e)450	(e)390	(e)380
Cook Islands	4	5	9	5	5	5	11	(e)21
Fiji	377	497	585	701	841	1 221	1 108	1 373
French Polynesia*	30	111	221	217	153	139	151	170
Guam (4)	61	(e)82	74	52	46	46	45	41
Kiribati	3	3	4	4	4	6	7	(e)5
Marshall Islands	–	3	9	25	32	59	(e)62	(e)65
Micronesia (Federated States of)	–	4	22	19	30	52	35	(e)31
Nauru (4)	65	60	(e)29	(e)3	(e)50	(e)95	(e)70	(e)32
New Caledonia*	418	449	606	1 093	1 493	1 326	1 226	1 591
Niue	0	0	0	0	(e)0	(e)0	(e)0	(e)0
Northern Mariana Islands (4)	–	..	(e)1 017	(e)691	(e)5	(e)4	(e)4	(e)2
Palau (4)	–	..	12	13	(e)6	9	(e)7	(e)6
Papua New Guinea	1 031	1 144	2 070	3 273	5 742	6 328	5 951	(e)5 670
Samoa (29)	17	9	(b)65	87	70	76	62	(e)72
Solomon Islands*	74	70	69	103	224	500	448	450
Tokelau (4)	..	..	..	(e)0	(e)0	(e)0	(e)0	(e)0
Tonga	7	11	9	10	8	16	17	(e)20
Tuvalu	0	0	0	0	(e)0	(e)0	(e)0	(e)0
Vanuatu	36	19	26	38	49	55	39	63
Wallis and Futuna Islands (4)	..	..	(e)0	(e)0	(e)0	(e)0	(e)0	(e)0
Transition economies	85 478	118 378	149 573	353 871	609 145	822 652	807 854	763 647
Albania	..	230	261	658	1 545	1 968	2 332	2 431
Armenia*	–	–	294	974	1 011	1 380	1 479	1 519
Azerbaijan (32)	–	–	1 745	7 649	26 476	32 634	31 703	28 260
Belarus	–	–	7 326	15 979	25 284	46 060	37 203	36 392
Bosnia and Herzegovina*(33)	–	–	1 069	2 400	4 803	5 162	5 687	5 892
Georgia	–	–	323	865	1 677	2 375	2 908	2 861
Kazakhstan*(34)	–	–	8 812	27 849	59 971	86 449	84 700	78 238
Kyrgyzstan	–	–	511	672	1 756	1 894	1 791	1 650
Montenegro	–	–	–	–	437	469	494	446
Republic of Moldova	–	–	472	1 091	1 541	2 162	2 428	2 340
Russian Federation (35)	–	–	105 033	243 798	400 630	529 255	523 276	497 764
Serbia and Montenegro*	–	–	1 723	(e)5 065	–	–	–	–
Serbia	–	–	–	–	9 795	11 229	14 611	14 843
Socialist Federal Republic of Yugoslavia	8 978	14 308	–	–	–	–	–	–
Tajikistan	–	–	785	909	1 195	1 360	1 162	1 078
TFYR of Macedonia*	–	–	1 323	2 041	3 351	4 015	4 299	4 934
Turkmenistan	–	–	2 506	4 944	(e)6 500	(e)16 500	(e)16 800	(e)17 500

For sources and notes, see end of table 1.3.

1980	1990	2000	2005	2010	2012	2013	2014	Régions, pays ou territoires
65 640	*162 346*	*380 640*	*602 840*	*953 359*	*1 223 894*	*1 245 396*	*1 235 615*	*Asie du Sud-Est*
572	1 001	1 107	1 491	2 538	3 572	3 612	3 599	Brunéi Darussalam*
180	164	1 936	3 927	6 791	(e)11 350	(e)12 800	(e)13 500	Cambodge (6)
10 834	21 768	43 595	–	–	–	–	–	Indonésie (...2002)
–	–	–	75 725	135 323	191 691	186 629	178 179	Indonésie
92	185	535	882	2 060	3 055	3 020	(e)3 300	Rép. dém. populaire lao*
10 779	29 258	81 963	114 324	164 622	196 393	205 897	208 864	Malaisie (26)
357	270	2 371	1 908	4 760	9 201	12 043	16 226	Myanmar
8 291	13 004	37 027	49 487	58 468	65 350	65 097	67 546	Philippines
24 007	60 899	134 545	200 047	310 791	379 723	373 016	366 247	Singapour (27)
9 214	33 045	61 923	118 178	182 921	249 115	250 407	227 952	Thaïlande*
–	–	–	109	246	664	843	(e)940	Timor-Leste (28)
1 314	2 752	15 638	36 761	84 839	113 780	132 033	149 261	Viet Nam
87 487	*85 370*	*172 482*	*367 682*	*644 269*	*845 664*	*914 117*	*906 252*	*Asie occidentale*
3 483	3 712	4 633	9 393	(e)12 260	(e)12 830	(e)14 360	(e)13 910	Bahreïn (6)
13 942	6 526	13 210	23 532	43 915	56 234	(e)61 000	(e)59 000	Iraq*
2 402	2 600	4 597	10 498	15 564	20 752	21 864	(e)22 866	Jordanie
6 530	3 972	7 157	15 801	22 675	27 259	29 299	31 484	Koweït*
3 650	2 525	6 230	9 633	18 460	21 945	22 024	21 135	Liban (29)
1 732	2 798	5 131	8 971	19 973	28 636	35 577	(e)30 367	Oman
1 423	1 695	3 252	10 061	23 240	(e)34 200	(e)34 900	(e)34 600	Qatar*
30 166	24 069	30 238	59 459	106 863	155 593	168 181	(e)163 000	Arabie saoudite*(30)
..	..	2 383	2 667	3 959	(e)5 097	(e)5 546	(e)6 073	État de Palestine
4 124	2 400	3 815	10 862	17 562	(e)7 300	(e)5 400	(e)6 700	République arabe syrienne*
7 910	22 303	54 503	116 774	185 544	236 545	251 661	242 177	Turquie*
8 746	11 199	35 009	84 654	(e)165 000	(e)226 000	(e)251 000	(e)262 000	Émirats arabes unis
1 853	–	–	–	–	–	–	–	Yémen, République arabe du
1 527	–	–	–	–	–	–	–	Yémen, Démocratique
	1 571	2 324	5 378	9 255	13 273	(e)13 305	(e)12 940	Yémen*
3 358	*5 096*	*6 196*	*10 107*	*14 047*	*16 348*	*17 716*	*16 465*	*Économies en développement : Océanie*
95	360	506	506	361	(e)340	(e)350	(e)365	Samoa américaines*(31)
23	52	51	81	91	112	114	(e)120	Îles Cook
562	754	830	1 607	1 808	2 253	2 826	3 250	Fidji
547	930	971	1 723	1 726	1 705	1 815	1 762	Polynésie française*
200	460	420	900	(e)950	(e)1 220	(e)970	(e)1 250	Guam (4)
17	27	40	74	73	109	97	(e)95	Kiribati
–	56	55	(e)94	(e)150	(e)140	(e)140	(e)180	Îles Marshall
–	84	107	130	168	194	188	(e)220	Micronésie (États fédérés de)
12	34	(e)26	(e)25	(e)20	(e)40	(e)140	(e)95	Nauru (4)
456	883	922	1 774	3 312	3 245	3 240	3 323	Nouvelle-Calédonie*
3	4	2	(e)10	(e)6	(e)7	(e)9	(e)11	Nioué
–	..	(e)607	(e)591	(e)90	(e)90	(e)100	(e)125	Îles Mariannes du Nord (4)
–	..	127	105	107	142	169	(e)180	Palaos (4)
1 176	1 118	1 151	1 729	(e)3 950	(e)5 330	(e)6 080	(e)4 000	Papouasie-Nouvelle-Guinée
63	81	90	239	310	346	367	(e)390	Samoa (29)
89	91	92	185	404	486	521	509	Îles Salomon*
..	..	1	(e)0	(e)0	(e)0	(e)0	(e)0	Tokélaou (4)
38	62	69	121	159	199	198	(e)200	Tonga
4	5	5	13	(e)16	(e)30	(e)14	(e)12	Tuvalu
73	96	87	149	285	296	313	311	Vanuatu
..	..	37	51	(e)60	(e)65	(e)66	(e)67	Îles Wallis-et-Futuna (4)
83 591	*140 131*	*91 837*	*240 161*	*453 466*	*614 560*	*616 110*	*552 902*	*Économies en transition*
..	380	1 091	2 618	4 406	4 882	4 902	5 230	Albanie
–	–	882	1 802	3 783	4 261	4 386	4 402	Arménie*
–	–	1 172	4 350	6 746	10 417	10 321	9 332	Azerbaïdjan (32)
–	–	8 646	16 708	34 884	46 404	43 023	40 788	Bélarus
–	–	3 181	7 070	9 223	10 019	10 295	10 990	Bosnie-Herzégovine*(33)
–	–	709	2 490	5 257	8 049	8 026	8 596	Géorgie
–	–	5 040	17 353	31 107	46 358	48 806	41 213	Kazakhstan*(34)
–	–	558	1 102	3 223	5 374	6 070	5 732	Kirghizistan
–	–	–	–	2 182	2 336	2 349	2 360	Monténégro
–	–	777	2 292	3 855	5 213	5 492	5 317	République de Moldova
–	–	44 862	125 434	248 634	335 446	341 335	308 027	Fédération de Russie (35)
–	–	3 711	(e)11 635	–	–	–	–	Serbie-et-Monténégro*
–	–	–	–	16 735	18 925	20 551	20 609	Serbie
15 076	18 871	–	–					République socialiste fédérative de Yougoslavie
–	–	675	1 330	2 657	3 778	4 151	(e)4 500	Tadjikistan
–	–	2 094	3 228	5 474	6 522	6 620	7 277	LERY de Macédoine*
–	–	1 786	2 947	(e)5 700	(e)9 900	(e)10 000	(e)10 300	Turkménistan

Pour les sources et les notes, se reporter à la fin du tableau 1.3.

1.1 Merchandise exports and imports
Value

Region, country or territory	Exports (f.o.b.) - Exportations (f.a.b.) Millions of dollars							
	1980	1990	2000	2005	2010	2012	2013	2014
Ukraine	–	–	14 573	34 228	51 478	68 530	64 338	54 199
Union of Soviet Socialist Republics	76 500	(e)103 840						
Uzbekistan	–	–	2 817	4 749	11 695	11 210	12 643	(e)13 300
Developed economies: America	**293 529**	**521 759**	**1 058 865**	**1 262 015**	**1 666 377**	**2 001 783**	**2 038 416**	**2 095 792**
Bermuda (6)	37	60	51	49	15	11	12	12
Canada	67 734	127 629	276 617	360 475	387 481	455 592	458 318	474 709
Greenland	186	452	273	402	380	475	490	537
Saint Pierre and Miquelon (4)	6	26	(e)6	7	6	2	3	2
United States	225 566	393 592	781 918	901 082	1 278 495	1 545 703	1 579 593	1 620 532
Developed economies: Asia	**135 979**	**299 660**	**510 700**	**637 711**	**828 187**	**861 708**	**781 878**	**751 966**
Israel*	5 538	12 080	31 404	42 770	58 413	63 141	66 781	68 120
Japan	130 441	287 580	479 296	594 941	769 774	798 568	715 097	683 846
Developed economies: Europe	**899 457**	**1 663 665**	**2 596 480**	**4 313 106**	**5 515 966**	**6 292 351**	**6 600 059**	**6 623 891**
Andorra*	..	..	45	143	92	106	99	95
Austria*	17 489	41 135	67 543	125 182	152 560	166 611	175 156	177 961
Belgium*	64 540	117 703	187 906	334 400	407 692	445 939	468 760	471 384
Bulgaria*	10 390	(b)5 030	4 852	11 739	20 630	26 686	29 579	29 299
Croatia*	–	–	4 432	8 773	11 806	12 371	12 659	13 858
Cyprus*	532	957	951	1 465	1 402	1 740	2 019	1 806
Czechoslovakia (36)	14 930	11 880						
Czech Republic*(37)	–	–	29 094	78 110	132 982	157 041	162 274	173 873
Denmark*(38)	16 749	36 870	51 166	85 121	96 440	105 469	110 107	111 074
Estonia*	–	–	3 830	7 716	11 591	16 087	16 328	16 062
Faeroe Islands	178	418	474	599	839	952	1 087	1 128
Finland*	14 150	26 571	45 989	65 498	69 518	73 077	74 437	74 303
France*	116 423	217 262	326 802	463 428	523 767	568 708	580 963	582 590
Germany, Democratic Republic of	18 590	–	–	–	–	–	–	–
Germany, Federal Republic of	192 860	–	–	–	–	–	–	–
Germany*	–	(b)421 100	550 447	970 914	1 258 924	1 405 096	1 451 826	1 507 594
Gibraltar (39)	10	83	127	(e)200	(e)258	(e)251	(e)278	(e)280
Greece*	5 153	8 105	11 722	17 278	27 950	35 442	36 601	36 078
Hungary*(40)	8 610	(e)10 000	28 192	62 936	95 483	103 570	107 503	110 794
Iceland*	918	1 592	1 901	3 091	4 604	5 064	4 998	5 053
Ireland*	8 398	23 747	77 222	109 657	116 497	116 773	114 356	117 568
Italy*	78 104	170 304	240 518	373 135	447 301	501 306	518 268	528 738
Latvia*	–	–	1 868	5 161	9 532	14 112	14 467	14 569
Lithuania*	–	–	3 809	11 807	20 748	29 611	32 598	32 417
Luxembourg*	3 005	6 305	8 357	18 797	19 748	18 834	18 448	19 193
Malta*	483	1 130	2 453	2 399	3 586	4 250	3 637	2 813
Netherlands*	84 948	131 775	232 554	406 372	574 251	655 374	671 556	672 127
Norway	18 543	34 047	60 058	103 759	130 657	160 952	154 391	143 893
Poland*	17 020	(e)14 320	31 747	89 437	159 724	185 374	204 984	216 636
Portugal*	4 640	16 422	24 303	38 150	49 406	58 090	62 823	64 003
Romania*	11 400	(e)4 960	10 412	27 688	49 579	57 841	65 835	69 739
Slovakia*	–	–	11 832	31 889	64 664	80 612	85 750	86 560
Slovenia*	–	–	8 770	19 248	29 200	32 163	34 019	36 123
Spain*	20 720	55 521	114 966	192 644	254 418	295 250	317 833	324 863
Sweden*	30 906	57 538	86 917	130 962	158 549	172 345	167 550	164 374
Switzerland*	29 632	63 784	80 500	130 930	195 609	(b)312 464	357 851	311 203
United Kingdom*	110 137	185 107	284 720	384 477	415 959	472 792	541 019	505 841
Developed economies: Oceania	**27 365**	**49 146**	**77 168**	**127 827**	**244 031**	**293 980**	**292 426**	**282 844**
Australia	21 944	39 752	63 870	106 097	212 634	256 675	252 981	241 222
New Zealand	5 421	9 394	13 297	21 730	31 396	37 305	39 445	41 622
Memo items								
Developing economies excluding China	590 223	780 977	1 810 329	3 046 004	4 860 680	6 175 539	6 225 208	6 143 286
Developing economies excluding LDCs	593 052	824 794	2 023 450	3 725 650	6 276 062	8 019 915	8 222 517	8 278 428
High-income developing economies	500 364	718 134	1 778 729	3 321 675	5 541 670	7 105 519	7 282 965	7 311 033
Middle-income developing economies	95 119	109 842	259 646	448 525	829 207	1 030 521	1 055 578	1 074 130
Low-income developing economies	12 840	15 092	21 157	37 758	67 556	88 213	95 669	100 429
HIPCs (Heavily indebted poor countries) (IMF)	19 630	19 865	25 797	49 945	93 757	122 637	126 287	126 351
LLDCs (Landlocked developing countries)	8 386	10 708	33 984	78 160	164 596	224 775	229 749	223 307
SIDS (Small island developing States)	12 547	7 096	11 479	19 639	23 844	28 641	27 860	27 609
LDCs (Least developed countries)	15 271	18 274	36 082	82 307	162 371	204 338	211 695	207 164

For sources and notes, see end of table 1.3.

Imports (c.i.f.) - Importations (c.a.f.) Millions de dollars								Régions, pays ou territoires
1980	1990	2000	2005	2010	2012	2013	2014	
–	–	13 956	36 136	60 911	84 639	76 787	54 330	Ukraine
68 515	120 880							Union des Républiques socialistes soviétiques
		2 697	3 666	8 689	12 034	12 998	(e)13 900	Ouzbékistan
320 211	**641 357**	**1 505 232**	**2 056 779**	**2 373 753**	**2 813 326**	**2 805 318**	**2 889 402**	**Économies développées : Amérique**
312	595	719	985	972	900	1 012	976	Bermudes (6)
62 544	123 244	244 778	322 411	402 690	474 940	474 300	475 000	Canada
328	445	365	593	808	861	824	762	Groenland
42	86	(e)70	85	99	102	122	118	Saint-Pierre-et-Miquelon (4)
256 985	516 987	1 259 300	1 732 706	1 969 184	2 336 524	2 329 060	2 412 547	États-Unis
151 080	**252 162**	**417 196**	**563 008**	**755 268**	**961 235**	**908 027**	**897 658**	**Économies développées : Asie**
9 784	16 794	37 686	47 142	61 209	75 392	74 861	(e)75 407	Israël*
141 296	235 368	379 510	515 866	694 059	885 843	833 166	822 251	Japon
1 005 836	**1 724 480**	**2 636 875**	**4 341 916**	**5 585 647**	**6 259 498**	**6 339 072**	**6 394 324**	**Économies développées : Europe**
..	..	1 012	1 802	1 541	1 418	1 487	1 556	Andorre*
24 444	49 088	72 215	127 327	159 009	178 513	183 278	181 851	Autriche*
71 860	119 702	177 073	318 700	391 177	439 129	451 677	452 479	Belgique*
9 670	(b)5 100	6 544	18 163	25 513	32 710	34 303	34 783	Bulgarie*
		7 887	18 560	20 067	20 832	22 022	22 790	Croatie*
1 202	2 568	3 846	6 316	8 569	7 296	6 314	6 742	Chypre*
15 180	12 460							Tchécoslovaquie (36)
		31 974	76 512	126 652	141 412	144 259	152 462	République tchèque*(37)
19 340	33 333	45 445	75 581	83 052	91 925	96 590	99 299	Danemark*(38)
		5 052	10 238	12 287	18 086	18 446	18 261	Estonie*
223	338	533	743	780	1 153	1 115	1 065	Îles Féroé
15 635	27 001	34 358	58 766	68 803	76 468	77 570	76 662	Finlande*
137 532	240 803	338 103	504 124	611 070	674 415	681 467	677 703	France*
19 080	–	–	–	–	–	–	–	Allemagne, Rép. dém. d'
188 002	–	–	–	–	–	–	–	Allemagne, Rép. fédérale d'
	(b)355 686	495 970	777 073	1 054 814	1 163 230	1 191 554	1 215 654	Allemagne*
110	362	481	502	628	(e)603	(e)748	(e)750	Gibraltar (39)
10 548	19 777	33 397	54 436	66 913	63 330	62 166	63 467	Grèce*
9 190	(e)10 340	32 172	66 552	88 178	95 176	100 111	104 919	Hongrie*(40)
999	1 680	2 589	4 979	3 920	4 772	5 020	5 375	Islande*
11 153	20 682	50 915	68 565	60 276	62 769	65 853	70 970	Irlande*
100 741	181 968	238 757	384 790	487 049	488 600	479 447	471 770	Italie*
		3 202	8 697	11 691	17 228	17 865	17 675	Lettonie*
		5 456	15 548	23 403	31 965	34 806	35 246	Lituanie*
3 612	7 596	11 250	21 893	25 092	27 542	26 926	26 713	Luxembourg*
938	1 961	3 413	3 681	5 062	6 598	6 142	6 487	Malte*
88 419	126 475	217 728	363 822	516 409	586 927	589 697	587 588	Pays-Bas*
16 926	27 231	34 391	55 488	77 330	87 308	89 816	89 185	Norvège
19 120	(e)11 570	49 029	101 639	178 049	199 059	207 607	219 877	Pologne*
9 309	25 264	39 854	61 184	77 749	72 429	75 719	78 187	Portugal*
13 200	(e)7 600	13 148	40 518	62 109	70 207	73 417	77 773	Roumanie*
		12 760	34 649	65 026	77 398	81 735	82 150	Slovaquie*
		10 147	20 337	30 094	32 035	33 373	34 084	Slovénie*
34 078	87 554	155 757	288 786	327 016	337 338	340 598	358 498	Espagne*
33 438	54 245	72 700	111 697	148 946	164 436	160 609	162 584	Suède*
36 341	69 681	82 521	126 574	176 281	(b)295 961	321 509	275 742	Suisse*
115 545	224 416	347 198	513 673	591 095	691 232	655 826	683 979	Royaume-Uni*
27 871	**51 486**	**85 433**	**151 500**	**232 256**	**299 194**	**281 781**	**279 437**	**Économies développées : Océanie**
22 399	41 985	71 529	125 281	201 639	260 940	242 140	236 919	Australie
5 472	9 501	13 904	26 219	30 617	38 254	39 641	42 518	Nouvelle-Zélande
								Pour mémoire
482 475	746 294	1 692 971	2 764 324	4 623 876	5 865 489	6 039 350	6 014 331	Économies en développement sans la Chine
477 506	773 959	1 874 672	3 337 401	5 850 962	7 452 275	7 737 130	7 707 943	Économies en développement sans les PMA
379 973	648 922	1 619 647	2 838 958	4 887 217	6 185 619	6 485 165	6 430 271	Économies en développement à revenu élevé
103 096	126 383	262 954	522 042	1 012 105	1 336 270	1 329 380	1 357 849	Économies en dév. à revenu intermédiaire
19 347	24 334	35 395	63 277	120 801	162 005	174 794	185 567	Économies en développement à revenu faible
22 962	23 556	34 027	66 440	123 966	174 400	187 813	186 462	PPTE (Pays pauvres très endettés) (FMI)
10 813	15 639	36 473	75 686	150 406	211 340	222 448	220 053	LLDCs (Pays en développement sans littoral)
15 722	10 405	17 267	26 029	33 423	42 205	43 576	40 952	SIDS (Petits États insulaires en dév.)
24 910	25 680	43 323	86 876	169 160	231 619	252 209	265 744	PMA (Pays les moins avancés)

Pour les sources et les notes, se reporter à la fin du tableau 1.3.

Region, country or territory	Exports (f.o.b.) - Exportations (f.a.b.) Percentage - En pourcentage										
	1980	1990	1995	2000	2005	2009	2010	2011	2012	2013	2014
WORLD	100	100	100	100	100	100	100	100	100	100	100
DEVELOPING ECONOMIES	29.672	24.117	27.694	31.919	36.258	39.871	42.075	43.075	44.463	44.496	44.652
TRANSITION ECONOMIES	4.169	3.386	2.260	2.318	3.369	3.718	3.981	4.420	4.448	4.262	4.018
DEVELOPED ECONOMIES	66.158	72.496	70.047	65.763	60.373	56.411	53.944	52.505	51.089	51.242	51.329
Developing economies: Africa	5.921	3.000	2.158	2.292	2.962	3.134	3.408	3.330	3.461	3.172	2.923
Eastern Africa	*0.342*	*0.209*	*0.188*	*0.153*	*0.158*	*0.197*	*0.212*	*0.215*	*0.226*	*0.228*	*0.234*
Burundi*(1)	0.003	0.002	0.002	0.001	0.001	0.001	0.001	0.001	0.001	0.001	(e)0.001
Comoros*	0.001	0.001	0.000	0.000	0.000	0.000	0.000	0.000	0.000	0.000	0.000
Djibouti (2)	0.001	0.001	0.000	0.000	0.000	0.001	0.001	0.001	0.001	0.001	(e)0.001
Eritrea (3)	–	–	0.002	0.001	0.000	(e)0.000	(e)0.000	(e)0.002	(e)0.003	(e)0.002	(e)0.004
Ethiopia (...1991)	0.021	0.009									
Ethiopia	–	–	0.008	0.008	0.009	0.013	0.015	0.016	0.016	0.022	(e)0.023
Kenya	0.061	0.030	0.036	0.027	0.033	0.036	0.034	0.031	0.033	0.031	·0.032
Madagascar*	0.020	0.009	0.010	0.013	0.008	0.008	0.008	(e)0.009	0.008	0.010	(e)0.011
Malawi	0.014	0.012	0.008	0.006	0.005	0.009	0.007	0.008	0.006	0.006	(e)0.007
Mauritius	0.021	0.034	0.030	0.024	0.020	0.015	0.015	0.014	0.014	0.015	0.016
Mozambique	0.014	0.004	0.003	0.006	0.017	0.017	(e)0.020	0.020	0.021	0.021	0.025
Rwanda	0.006	0.003	0.001	0.001	0.001	0.002	0.002	0.003	0.003	0.004	(e)0.004
Seychelles	0.001	0.002	0.001	0.003	0.003	0.003	0.003	0.003	0.003	0.003	0.003
Somalia (4)	0.007	(e)0.004	(e)0.003	(e)0.003	(e)0.002	0.003	(e)0.003	(e)0.003	(e)0.003	(e)0.003	(e)0.003
Uganda	0.017	0.004	0.009	0.006	0.008	0.012	0.011	0.012	0.013	0.013	0.012
United Republic of Tanzania	0.025	0.009	0.013	(b)0.011	0.016	0.024	0.026	0.026	0.030	0.023	(e)0.024
Zambia (5)	0.064	0.037	0.020	0.014	0.017	0.034	0.047	0.049	0.051	0.056	0.051
Zimbabwe	0.068	0.049	0.041	0.030	(e)0.018	0.018	0.021	0.019	0.021	0.019	0.016
Middle Africa	*0.431*	*0.338*	*0.218*	*0.265*	*0.471*	*0.568*	*0.599*	*0.646*	*0.658*	*0.613*	*0.566*
Angola*(6)	0.092	0.112	0.070	0.123	0.230	0.325	0.331	0.367	0.384	0.360	(e)0.328
Cameroon*(7)	0.068	0.057	0.032	0.028	0.027	0.028	0.025	0.025	0.023	(e)0.024	(e)0.026
Central African Republic*(7)	0.006	0.003	0.003	0.003	0.001	(e)0.001	(e)0.001	(e)0.001	(e)0.001	(e)0.001	(e)0.000
Chad*(6)	0.003	0.005	0.005	0.003	0.029	(e)0.022	(e)0.024	(e)0.026	(e)0.024	(e)0.020	(e)0.019
Congo*(7)	0.044	0.028	0.023	0.039	0.045	(e)0.049	(e)0.061	0.065	0.054	0.048	(e)0.043
Dem. Rep. of the Congo*	0.111	0.067	0.030	0.013	0.023	(e)0.028	(e)0.035	(e)0.036	(e)0.034	(e)0.033	(e)0.036
Equatorial Guinea (6)	0.001	0.002	0.002	0.017	0.067	(e)0.072	(e)0.065	(e)0.074	(e)0.085	(e)0.078	(e)0.066
Gabon*(8)	0.106	0.063	0.052	0.040	0.048	0.043	0.057	0.053	0.052	0.050	(e)0.047
Sao Tome and Principe*	0.001	0.000	0.000	0.000	0.000	0.000	0.000	0.000	0.000	0.000	0.000
Northern Africa	*2.148*	*1.054*	*0.687*	*0.854*	*1.112*	*1.131*	*1.162*	*0.942*	*1.107*	*0.954*	*0.820*
Algeria*	0.677	0.368	0.198	0.341	0.438	0.360	0.373	0.401	0.389	0.343	0.331
Egypt	0.149	0.074	0.066	(b)0.082	0.123	0.184	0.173	0.166	0.159	0.150	(e)0.143
Libya	1.069	0.378	0.173	0.197	0.299	0.294	0.318	0.104	0.330	(e)0.229	(e)0.111
Morocco*	0.119	0.122	0.133	0.115	0.107	0.112	0.116	0.118	0.116	0.116	0.125
Sudan (...2011) (9)	0.026	0.011	0.011	0.028	0.046	0.066	0.075	0.056			
Sudan	–	–	–	–	–	–	–	–	0.022	0.025	0.023
Tunisia	0.109	0.101	0.106	0.091	0.100	0.115	0.107	0.097	0.092	0.090	0.088
Southern Africa	*1.362*	*0.773*	*0.627*	*0.544*	*0.576*	*0.563*	*0.671*	*0.666*	*0.610*	*0.585*	*0.558*
Botswana*	0.025	0.051	0.041	0.041	0.042	0.028	0.031	0.032	0.032	0.040	(e)0.041
Lesotho	0.003	0.002	0.003	0.003	0.006	0.006	0.006	0.006	0.005	0.004	(e)0.005
Namibia	0.071	0.031	0.027	0.020	0.020	0.025	0.026	0.024	0.024	0.024	0.023
South Africa	(b)1.245	0.674	0.538	0.465	0.492	0.491	0.597	0.593	0.539	0.506	0.479
Swaziland	0.018	0.016	0.017	0.014	(e)0.017	(e)0.013	(e)0.012	(e)0.010	(e)0.010	(e)0.010	(e)0.010
Western Africa	*1.637*	*0.625*	*0.439*	*0.476*	*0.645*	*0.675*	*0.764*	*0.861*	*0.860*	*0.792*	*0.744*
Benin*	0.003	0.008	0.008	0.006	0.006	0.010	0.008	0.008	0.008	0.010	0.011
Burkina Faso	0.004	0.004	0.005	0.003	0.004	0.007	0.010	0.013	0.012	0.012	0.013
Cabo Verde (10)	0.000	0.000	0.000	0.000	0.000	0.000	0.000	0.000	0.000	0.000	0.000
Côte d'Ivoire*	0.153	0.088	0.072	0.060	0.073	0.090	0.075	0.069	0.066	0.070	0.067
Gambia (11)	0.002	0.001	0.000	0.000	0.000	0.001	0.000	0.001	0.001	0.001	(e)0.001
Ghana	0.061	0.026	0.033	0.026	0.027	0.047	0.052	0.070	0.073	0.073	0.070
Guinea*	0.020	0.019	0.014	0.010	0.008	0.008	0.010	0.008	(e)0.007	(e)0.007	(e)0.007
Guinea-Bissau	0.001	0.001	0.000	0.001	0.001	0.001	0.001	0.001	(e)0.001	(e)0.001	(e)0.001
Liberia*	0.029	(e)0.025	(e)0.016	(e)0.005	0.001	0.001	0.001	0.002	0.002	0.003	0.003
Mali*	0.010	0.010	0.009	0.008	0.010	0.010	0.014	0.013	0.013	0.014	(e)0.011
Mauritania*	0.009	0.013	0.009	0.006	0.006	0.011	0.014	0.015	0.014	0.014	0.010
Niger*	0.028	0.008	0.006	0.004	0.005	(e)0.008	(e)0.008	(e)0.007	(e)0.008	(e)0.008	(e)0.008
Nigeria	1.267	0.389	0.238	0.325	0.481	0.452	(e)0.549	(e)0.633	(e)0.627	(e)0.549	(e)0.510
Saint Helena	(e)0.000	(e)0.000	(e)0.000	(e)0.000	(e)0.000	(e)0.000	(e)0.000	(e)0.000	(e)0.000	(e)0.000	(e)0.000
Senegal (12)	0.023	0.022	0.019	0.014	0.015	0.016	0.014	0.014	0.014	0.014	(e)0.015
Sierra Leone*	0.011	0.004	0.001	0.000	0.002	0.002	0.002	0.002	0.006	0.010	(e)0.010
Togo*	0.016	0.008	0.007	0.006	0.006	0.007	0.006	0.006	0.007	0.008	(e)0.007

For sources and notes, see end of table 1.3.

Imports (c.i.f.) - Importations (c.a.f.) Percentage - En pourcentage											Régions, pays ou territoires
1980	1990	1995	2000	2005	2009	2010	2011	2012	2013	2014	
100	100	100	100	100	100	100	100	100	100	100	**MONDE**
24.028	22.155	28.747	28.822	31.772	36.627	39.040	39.870	41.241	42.183	41.995	ÉCONOMIES EN DÉVELOPPEMENT
3.998	3.883	1.942	1.380	2.228	2.916	2.941	3.188	3.298	3.253	2.912	ÉCONOMIES EN TRANSITION
71.975	73.962	69.311	69.798	66.000	60.457	58.020	56.942	55.461	54.564	55.093	ÉCONOMIES DÉVELOPPÉES
4.615	2.617	2.367	1.952	2.380	3.241	3.107	3.077	3.311	3.357	3.382	**Économies en développement : Afrique**
0.504	*0.356*	*0.299*	*0.255*	*0.292*	*0.414*	*0.396*	*0.409*	*0.458*	*0.490*	*0.516*	*Afrique orientale*
0.008	0.006	0.004	0.002	0.003	0.003	0.003	0.004	0.004	0.004	(e)0.004	Burundi*(1)
0.001	0.001	0.001	0.001	0.001	0.002	0.002	0.002	0.001	0.002	(e)0.001	Comores*
0.010	0.006	0.003	0.003	0.003	0.004	0.002	0.003	0.003	0.004	(e)0.005	Djibouti (2)
		0.009	0.007	(e)0.005	(e)0.005	(e)0.004	(e)0.005	(e)0.005	(e)0.005	(e)0.006	Érythrée (3)
0.035	0.030	_	_	_	_	_	_	_	_	_	Éthiopie (...1991)
		0.022	0.019	0.038	0.060	0.056	0.048	0.064	0.079	(e)0.100	Éthiopie
0.102	0.062	0.057	0.047	0.054	0.080	0.078	0.080	0.087	0.086	0.097	Kenya
0.029	0.018	0.012	(b)0.016	0.016	0.025	0.017	0.016	0.017	0.017	(e)0.017	Madagascar*
0.021	0.016	0.009	0.008	0.011	0.016	0.014	0.013	0.013	0.015	0.016	Malawi
0.029	0.045	0.038	0.033	0.029	0.029	0.028	0.028	0.029	0.029	0.030	Maurice
0.038	0.024	0.013	0.017	0.022	0.030	(e)0.030	0.034	0.047	0.053	0.046	Mozambique
0.013	0.008	0.005	0.003	(b)0.004	0.010	0.009	0.011	0.012	0.012	(e)0.013	Rwanda
0.005	0.005	0.004	0.005	0.006	0.006	0.006	0.006	0.006	0.006	0.006	Seychelles
0.021	(e)0.003	(e)0.005	(e)0.005	(e)0.006	0.006	(e)0.005	(e)0.005	(e)0.006	(e)0.007	(e)0.007	Somalie (4)
0.014	0.008	0.020	0.023	0.019	0.033	0.030	0.031	0.032	0.031	0.031	Ouganda
0.060	0.038	0.032	0.023	0.031	0.051	0.051	0.059	0.061	0.064	(e)0.065	République-Unie de Tanzanie
0.052	0.035	0.013	0.013	0.024	0.030	0.035	0.039	0.047	0.054	0.050	Zambie (5)
0.067	0.051	0.051	0.028	(e)0.022	(e)0.023	(e)0.025	(e)0.024	(e)0.024	(e)0.023	(e)0.022	Zimbabwe
0.281	*0.188*	*0.110*	*0.113*	*0.177*	*0.347*	*0.268*	*0.279*	*0.305*	*0.320*	*0.328*	*Afrique centrale*
0.064	0.044	0.028	0.046	0.078	0.179	0.108	0.110	0.127	0.139	0.149	Angola*(6)
0.077	0.039	0.023	0.022	0.025	0.035	0.033	0.037	0.035	0.035	(e)0.037	Cameroun*(7)
0.004	0.004	0.003	0.002	0.002	(e)0.002	(e)0.002	(e)0.002	(e)0.002	(e)0.001	(e)0.001	République centrafricaine*(7)
0.004	0.008	0.007	0.005	0.009	(e)0.016	(e)0.016	(e)0.018	(e)0.019	(e)0.021	(e)0.023	Tchad*(6)
0.027	0.017	0.013	(b)0.007	0.012	(e)0.023	(e)0.026	0.027	0.029	0.032	(e)0.033	Congo*(7)
0.073	0.048	0.017	0.010	0.025	(e)0.031	(e)0.029	(e)0.030	(e)0.033	(e)0.033	(e)0.035	Rép. dém. du Congo*
0.001	0.002	0.002	0.007	0.012	(e)0.041	(e)0.034	(e)0.035	(e)0.040	(e)0.037	(e)0.034	Guinée équatoriale (6)
0.032	0.025	0.017	0.014	0.014	0.020	0.019	0.020	0.019	0.020	(e)0.016	Gabon*(8)
0.001	0.001	0.001	0.000	0.000	0.001	0.001	0.001	0.001	0.001	0.001	Sao Tomé-et-Principe*
1.509	*1.036*	*0.886*	*0.738*	*0.831*	*1.251*	*1.159*	*1.040*	*1.182*	*1.160*	*1.183*	*Afrique septentrionale*
0.505	0.271	0.193	0.138	0.189	0.310	0.262	0.257	0.270	0.291	0.307	Algérie*
0.232	0.255	0.224	(b)0.219	0.208	0.354	0.343	0.320	0.371	0.308	(e)0.355	Égypte
0.324	0.148	0.103	0.056	0.056	0.101	0.115	(e)0.043	(e)0.118	(e)0.143	(e)0.100	Libye
0.203	0.192	0.191	0.173	0.193	0.259	0.229	0.240	0.241	0.239	0.241	Maroc*
0.075	0.017	0.023	0.023	0.063	0.076	0.065	0.050	_	_	_	Soudan (...2011) (9)
								0.050	0.052	0.049	Soudan
0.169	0.153	0.151	0.129	0.122	0.150	0.144	0.130	0.131	0.128	0.131	Tunisie
1.076	*0.633*	*0.691*	*0.529*	*0.662*	*0.689*	*0.728*	*0.775*	*0.788*	*0.766*	*0.743*	*Afrique australe*
0.033	0.054	0.037	0.031	0.029	0.037	0.037	0.039	0.043	0.040	(e)0.041	Botswana*
0.020	0.019	0.021	0.012	0.013	(e)0.015	(e)0.015	(e)0.014	(e)0.014	(e)0.012	(e)0.012	Lesotho
0.055	0.032	0.031	0.023	0.024	(e)0.039	(e)0.036	0.036	0.039	(e)0.039	(e)0.040	Namibie
0.937	0.510	0.584	0.446	0.578	0.584	0.628	0.676	0.682	(e)0.667	(e)0.642	Afrique du Sud
0.030	0.018	0.019	0.016	(e)0.018	(e)0.014	(e)0.013	(e)0.011	(e)0.010	(e)0.009	(e)0.008	Swaziland
1.244	*0.405*	*0.380*	*0.317*	*0.418*	*0.541*	*0.555*	*0.574*	*0.578*	*0.621*	*0.611*	*Afrique occidentale*
0.016	0.007	0.014	0.009	0.009	0.016	0.013	0.012	(e)0.013	(e)0.016	(e)0.013	Bénin*
0.017	0.015	0.009	0.009	(e)0.012	0.015	0.013	0.013	(e)0.017	(e)0.021	(e)0.020	Burkina Faso
0.003	0.004	0.005	0.003	0.004	0.006	0.005	0.005	0.004	0.004	0.004	Cabo Verde (10)
0.143	0.058	0.056	0.037	0.054	0.055	0.051	0.036	0.052	0.066	(e)0.057	Côte d'Ivoire*
0.008	0.005	0.003	0.003	0.002	0.002	0.002	0.002	0.002	0.002	(e)0.002	Gambie (11)
0.054	0.033	0.036	0.045	0.050	0.063	0.071	0.086	0.095	0.093	0.077	Ghana
0.017	0.020	0.016	0.009	(e)0.008	0.008	0.009	0.011	0.012	(e)0.011	(e)0.011	Guinée*
0.003	0.002	0.003	0.001	0.001	0.002	0.001	0.001	(e)0.001	(e)0.001	(e)0.001	Guinée-Bissau
0.026	(e)0.016	(e)0.010	(e)0.010	0.003	0.004	0.005	0.006	0.005	0.006	0.006	Libéria*
0.021	0.017	0.015	0.012	0.014	0.020	0.022	0.018	0.019	(e)0.020	(e)0.021	Mali*
0.014	0.006	0.008	0.007	0.013	0.012	0.013	0.013	0.017	0.016	0.014	Mauritanie*
0.028	0.011	0.007	0.006	0.009	(e)0.017	0.016	(e)0.012	(e)0.010	(e)0.011	(e)0.012	Niger*
0.797	0.156	0.157	0.131	0.193	0.267	0.287	(e)0.304	(e)0.274	(e)0.296	(e)0.316	Nigéria
(e)0.001	(e)0.001	(e)0.000	(e)0.001	(e)0.001	(e)0.000	(e)0.000	0.000	(e)0.000	(e)0.000	(e)0.000	Sainte-Hélène
0.050	0.034	0.027	0.023	(b)0.032	0.037	0.031	0.032	0.035	0.035	(e)0.035	Sénégal (12)
0.020	0.004	0.003	0.002	0.003	0.004	0.005	0.009	0.009	0.009	(e)0.008	Sierra Leone*
0.026	0.016	(b)0.011	0.008	0.010	0.012	0.011	0.012	0.013	0.014	(e)0.015	Togo*

Pour les sources et les notes, se reporter à la fin du tableau 1.3.

Region, country or territory	Exports (f.o.b.) - Exportations (f.a.b.) Percentage - En pourcentage										
	1980	1990	1995	2000	2005	2009	2010	2011	2012	2013	2014
Developing economies: America	5.439	4.166	4.458	5.703	5.584	5.615	5.827	6.058	6.072	5.898	5.749
Caribbean	*1.104*	*0.381*	*0.251*	*0.295*	*0.255*	*0.190*	*0.178*	*0.220*	*0.189*	*0.177*	*0.173*
Anguilla (4)	..	..	0.000	0.000	0.000	0.000	0.000	0.000	(e)0.000	(e)0.000	(e)0.000
Antigua and Barbuda	0.001	0.001	0.001	0.001	0.001	0.000	0.000	0.000	0.000	0.000	0.000
Aruba (13)	..	0.004	0.026	0.039	0.042	0.016	0.002	0.028	0.008	0.001	0.001
Bahamas (14)	0.244	0.007	0.003	0.009	0.005	0.006	0.005	0.005	0.005	0.005	0.004
Barbados	0.011	0.006	0.005	0.004	0.003	0.003	0.003	0.003	0.003	0.002	0.002
Bonaire, Sint Eustatius and Saba	–	–	–	–	–	–	–	(e)0.000	(e)0.000	(e)0.000	(e)0.000
British Virgin Islands (15)	(e)0.000	(e)0.000	(e)0.000	(e)0.000	(e)0.000	0.000	(e)0.000	(e)0.000	(e)0.000	(e)0.000	(e)0.000
Cayman Islands (15)	(e)0.000	(e)0.001	(e)0.000	(e)0.000	(e)0.001	(e)0.000	(e)0.000	(e)0.000	(e)0.000	(e)0.000	(e)0.000
Cuba*	0.272	(b)0.146	0.031	0.026	0.022	0.025	0.032	0.035	0.032	0.029	0.027
Curaçao	–	–	–	–	–	–	–	0.005	0.005	0.004	(e)0.004
Dominica*	0.000	0.002	0.001	0.001	0.000	0.000	0.000	0.000	0.000	0.000	0.000
Dominican Republic (16)	(b)0.059	0.062	0.073	0.089	0.059	0.044	0.044	0.046	0.049	0.051	(b)0.052
Grenada*	0.001	0.001	0.000	0.001	0.000	0.000	0.000	0.000	0.000	0.000	(e)0.000
Haiti	0.011	0.005	0.002	0.005	0.004	0.005	0.004	0.004	0.004	0.005	0.005
Jamaica	0.047	0.033	0.028	0.020	0.015	0.010	0.009	0.009	0.009	0.008	0.008
Montserrat*	0.000	0.000	0.000	0.000	0.000	0.000	0.000	0.000	0.000	0.000	0.000
Netherlands Antilles*(17)	0.252	0.051	0.029	0.031	0.006	0.006	0.005	–	–	–	–
Saint Kitts and Nevis*	0.001	0.001	0.000	0.001	0.000	0.000	0.000	0.000	(e)0.000	(e)0.000	(e)0.000
Saint Lucia*	0.003	0.004	0.002	0.001	0.001	0.001	0.001	0.001	0.001	0.001	(e)0.001
Saint Vincent and the Grenadines*	0.001	0.002	0.001	0.001	0.000	0.000	0.000	0.000	0.000	0.000	0.000
Sint Maarten (Dutch part)	–	–	–	–	–	–	–	0.001	0.001	0.001	(e)0.001
Trinidad and Tobago*	0.199	0.056	0.047	0.066	0.095	0.073	0.072	0.081	0.070	0.067	(e)0.066
Turks and Caicos Islands (4)	..	..	..	0.000	0.000	0.000	0.000	(e)0.000	(e)0.000	(e)0.000	(e)0.000
Central America	*1.135*	*1.306*	*1.733*	*2.839*	*2.324*	*2.134*	*2.233*	*2.197*	*2.310*	*2.295*	*2.378*
Belize	0.005	0.004	0.003	0.003	0.003	0.003	0.003	0.003	0.003	0.003	0.003
Costa Rica*	0.049	0.041	0.067	0.091	0.067	0.070	0.062	0.057	0.062	0.061	0.059
El Salvador (18)	0.047	0.017	0.032	0.046	0.033	0.031	0.029	0.029	0.029	0.029	0.028
Guatemala (19)	0.074	0.033	0.038	0.042	0.051	0.057	0.055	0.057	0.054	0.053	0.057
Honduras (20)	0.040	0.027	0.034	0.052	0.048	0.038	0.041	0.044	0.045	0.041	0.042
Mexico	(b)0.880	1.165	1.537	2.578	2.040	1.830	1.949	1.906	2.004	2.005	2.092
Nicaragua (21)	0.022	0.009	0.009	0.014	0.016	0.019	0.021	0.023	0.025	0.025	0.027
Panama, excluding Canal Zone	0.018	–	–	–	–	–	–	–	–	–	–
Panama*(22)	–	0.010	0.012	0.013	(b)0.067	0.085	0.072	0.079	(e)0.088	(e)0.078	(e)0.069
South America	*3.200*	*2.479*	*2.474*	*2.570*	*3.005*	*3.291*	*3.416*	*3.641*	*3.573*	*3.426*	*3.198*
Argentina*	0.391	0.353	0.405	0.408	0.384	0.443	0.446	0.458	0.434	0.431	0.379
Bolivia (Plurinational State of)	0.046	0.026	0.021	0.019	0.027	0.040	0.042	0.046	0.061	0.062	0.065
Brazil	0.982	0.899	0.898	0.854	1.129	1.219	1.320	1.396	1.311	1.277	1.185
Chile*	0.230	0.240	0.310	0.298	0.393	0.442	0.465	0.444	0.421	0.403	0.398
Colombia	0.191	0.192	0.196	0.202	0.202	0.262	0.260	0.310	0.325	0.310	0.288
Ecuador	0.121	0.078	0.083	0.076	0.096	0.110	0.114	0.122	0.128	0.131	0.135
Falkland Islands (Malvinas) (4)	(e)0.000	(e)0.000	(e)0.001	(e)0.001	(e)0.001	0.001	(e)0.001	(e)0.001	(e)0.001	(e)0.001	(e)0.001
Guyana*	0.019	0.007	0.009	0.008	0.005	0.006	0.006	0.006	0.008	0.007	0.006
Paraguay	0.015	0.027	0.039	0.034	0.030	0.040	0.043	0.042	0.039	0.050	0.051
Peru*	0.190	0.094	0.106	0.108	0.165	0.215	0.234	0.253	0.256	0.224	0.207
Suriname	0.025	0.014	0.009	0.006	0.009	0.011	0.013	0.013	0.015	0.013	0.011
Uruguay	0.052	0.048	0.041	0.036	0.033	0.043	0.044	0.043	0.047	0.048	0.048
Venezuela (Bolivarian Rep. of)	0.938	0.501	0.357	0.520	0.531	0.459	0.430	0.506	0.526	0.469	(e)0.423
Developing economies: Asia	18.203	16.872	20.979	23.843	27.647	31.066	32.782	33.627	34.875	35.375	35.928
Eastern Asia	*3.790*	*8.037*	*10.900*	*12.078*	*14.680*	*16.750*	*17.813*	*17.595*	*18.382*	*19.090*	*19.803*
China	0.883	1.776	2.874	3.862	7.255	9.570	10.311	10.352	11.076	11.654	12.326
China, Hong Kong SAR	0.991	2.357	3.359	3.141	2.781	2.624	2.619	2.484	2.665	2.823	2.758
China, Macao SAR	0.030	0.049	0.039	0.039	0.024	0.008	0.006	0.005	0.006	0.006	0.007
China, Taiwan Province of	0.968	1.924	2.184	2.346	1.889	1.622	1.795	1.681	1.628	1.611	1.651
Korea, Dem. People's Rep. of	(e)0.044	(e)0.053	(e)0.019	(e)0.011	(e)0.013	(e)0.016	(e)0.017	(e)0.020	(e)0.021	(e)0.020	(e)0.019
Korea, Republic of (23)	0.854	1.860	2.416	2.670	2.708	2.895	3.048	3.028	2.962	2.952	3.013
Mongolia	0.020	0.019	0.009	0.008	0.010	0.015	0.019	0.026	0.024	0.023	0.030
Southern Asia	*1.275*	*1.345*	*1.255*	*1.443*	*1.802*	*2.274*	*2.476*	*2.712*	*2.498*	*2.448*	*2.521*
Afghanistan	0.033	0.007	0.003	0.002	0.004	0.003	0.003	0.002	0.002	0.003	0.003
Bangladesh (24)	0.037	0.048	0.068	0.099	0.089	0.120	0.125	0.133	0.136	0.154	0.160
Bhutan	0.001	0.002	0.002	0.002	0.002	0.004	0.004	0.004	0.003	0.003	(e)0.003
India (25)	0.419	0.514	0.592	0.657	0.949	1.313	1.479	1.652	1.605	1.661	1.692
Iran (Islamic Republic of)*	0.602	0.552	0.355	0.445	0.536	0.628	0.662	(e)0.720	(e)0.562	(e)0.435	(e)0.467
Maldives	0.000	(b)0.002	0.002	0.002	0.002	0.001	0.001	0.002	0.002	0.002	0.002
Nepal	0.004	0.006	0.007	0.012	0.008	0.007	0.006	0.005	0.005	0.005	0.005
Pakistan	0.128	0.160	0.154	0.140	0.153	0.140	0.140	0.138	0.133	0.133	0.130
Sri Lanka	0.052	0.055	0.073	0.084	0.060	0.059	0.056	0.056	0.051	0.054	0.059

For sources and notes, see end of table 1.3.

		Imports (c.i.f.) - Importations (c.a.f.) Percentage - En pourcentage									Régions, pays ou territoires
1980	1990	1995	2000	2005	2009	2010	2011	2012	2013	2014	
5.921	3.460	4.742	5.844	4.990	5.471	5.810	5.958	6.100	6.157	6.064	**Économies en développement : Amérique**
1.315	*0.470*	*0.390*	*0.501*	*0.407*	*0.387*	*0.350*	*0.370*	*0.346*	*0.334*	*0.319*	*Caraïbes*
..	..	0.001	0.001	0.001	0.001	0.001	0.001	(e)0.001	(e)0.001	(e)0.001	Anguilla (4)
0.004	0.007	0.007	0.006	0.005	0.004	0.003	0.002	0.003	0.003	0.003	Antigua-et-Barbuda
..	0.016	0.031	0.039	0.040	0.019	0.009	0.032	0.011	0.007	0.007	Aruba (13)
0.361	0.031	0.024	0.031	0.021	0.020	0.017	0.016	0.018	0.017	0.017	Bahamas (14)
0.025	0.020	0.015	0.017	0.015	0.011	0.010	0.010	0.010	0.009	0.009	Barbade
							(e)0.000	(e)0.000	(e)0.000	(e)0.000	Bonaire, Saint-Eustache et Saba
(e)0.002	(e)0.003	(e)0.003	(e)0.004	(e)0.003	0.002	(e)0.002	(e)0.002	(e)0.002	(e)0.002	(e)0.002	Îles Vierges britanniques (15)
(e)0.005	(e)0.008	(e)0.008	(e)0.010	(e)0.011	(e)0.007	(e)0.005	(e)0.005	(e)0.005	(e)0.005	(e)0.005	Îles Caïmanes (15)
0.311	(b)0.127	0.054	0.073	0.075	0.076	0.075	0.077	0.074	0.078	0.069	Cuba*
							0.012	0.012	0.010	(e)0.010	Curaçao
0.002	0.003	0.002	0.002	0.002	0.002	0.001	0.001	0.001	0.001	(e)0.001	Dominique*
(b)0.094	0.083	0.099	0.142	0.092	0.097	0.100	0.095	0.095	0.089	(b)0.091	République dominicaine (16)
0.002	0.003	0.002	0.004	0.003	0.002	0.002	0.002	0.002	0.002	(e)0.002	Grenade*
0.018	0.009	0.012	0.016	0.013	0.017	0.020	0.016	0.017	0.018	(e)0.019	Haïti
0.056	0.053	0.054	0.050	0.044	0.040	0.034	0.035	0.034	0.033	0.031	Jamaïque
0.001	0.001	0.001	0.000	0.000	0.000	0.000	0.000	0.000	0.000	0.000	Montserrat*
0.271	0.059	0.035	0.043	0.018	0.021	0.017					Antilles néerlandaises*(17)
0.002	0.003	0.003	0.003	0.002	0.002	0.002	0.001	0.001	0.001	0.001	Saint-Kitts-et-Nevis*
0.006	0.008	0.006	0.005	0.005	0.004	0.004	0.004	0.003	0.003	(e)0.003	Sainte-Lucie*
0.003	0.004	0.003	0.002	0.002	0.003	0.002	0.002	0.002	0.002	0.002	Saint-Vincent-et-les Grenadines*
							0.004	0.004	0.005	(e)0.005	Saint-Martin (partie néerlandaise)
0.152	0.031	0.033	0.050	0.053	0.055	0.042	0.052	0.049	0.047	(e)0.039	Trinité-et-Tobago*
..	..	..	0.002	0.003	0.003	0.003	(e)0.002	(e)0.002	(e)0.001	(e)0.001	Îles Turques et Caïques (4)
1.422	*1.434*	*1.734*	*3.091*	*2.551*	*2.345*	*2.446*	*2.411*	*2.507*	*2.522*	*2.622*	*Amérique centrale*
0.007	0.006	0.005	0.008	0.006	0.005	0.005	0.005	0.005	0.005	0.005	Belize
0.074	0.055	0.078	0.096	0.091	0.090	0.088	0.088	0.094	0.095	0.091	Costa Rica*
0.046	0.035	0.064	0.074	0.062	0.058	0.055	0.054	0.055	0.057	0.055	El Salvador (18)
0.076	0.046	0.063	0.078	0.097	0.091	0.090	0.090	0.091	0.092	0.096	Guatemala (19)
0.048	0.026	0.036	0.060	0.061	0.058	0.058	0.060	0.061	0.058	0.058	Honduras (20)
(b)1.059	1.207	1.422	2.697	2.118	1.903	2.012	1.961	2.042	2.064	2.168	Mexique
0.042	0.018	0.019	0.027	0.027	0.031	0.031	0.035	0.036	0.035	0.037	Nicaragua (21)
0.069											Panama, sans la zone du canal
	0.043	0.048	0.051	(b)0.089	0.109	0.109	0.118	(e)0.122	(e)0.115	(e)0.112	Panama*(22)
3.183	*1.556*	*2.618*	*2.253*	*2.032*	*2.739*	*3.014*	*3.177*	*3.247*	*3.300*	*3.124*	*Amérique du Sud*
0.504	0.113	0.384	0.378	0.266	0.306	0.368	0.404	0.365	0.389	0.344	Argentine*
0.032	0.019	0.027	0.028	0.023	0.036	0.036	0.043	0.046	0.049	0.055	Bolivie (État plurinational de)
1.194	0.624	1.034	0.881	0.720	1.053	1.242	1.287	1.253	1.323	1.260	Brésil
0.277	0.220	0.304	0.278	0.304	0.337	0.384	0.406	0.430	0.418	0.380	Chili*
0.227	0.155	0.265	0.173	0.197	0.259	0.263	0.294	0.317	0.314	0.337	Colombie
0.108	0.052	0.080	0.056	0.095	0.119	0.134	0.133	0.137	0.143	0.146	Équateur
(e)0.000	(e)0.001	(e)0.001	(e)0.001	(e)0.001	0.000	(e)0.001	(e)0.001	(e)0.001	(e)0.001	(e)0.001	Îles Falkland (Malvinas) (4)
0.019	0.009	0.010	0.009	0.007	0.009	0.009	0.010	0.011	0.010	0.009	Guyana*
0.029	0.037	0.060	0.034	0.034	0.055	0.065	0.067	0.062	0.064	0.064	Paraguay
0.123	0.073	0.145	0.111	0.116	0.172	0.195	0.205	0.227	0.229	0.223	Pérou*
0.024	0.013	0.011	0.008	0.010	0.011	0.009	0.009	0.011	0.011	0.011	Suriname
0.080	0.037	0.055	0.052	0.036	0.054	0.056	0.058	0.063	0.061	0.060	Uruguay
0.566	0.203	0.242	0.244	0.223	0.327	(e)0.253	(e)0.261	(e)0.326	(e)0.287	(e)0.233	Venezuela (Rép. bolivarienne du)
13.331	15.937	21.520	20.933	24.308	27.821	30.032	30.748	31.742	32.576	32.463	**Économies en développement : Asie**
4.174	*7.428*	*10.902*	*11.197*	*13.105*	*14.702*	*16.384*	*16.720*	*17.081*	*17.836*	*17.804*	*Asie orientale*
0.954	1.478	2.523	3.382	6.123	7.927	9.054	9.467	9.760	10.296	10.319	Chine
1.100	2.347	3.746	3.216	2.785	2.776	2.862	2.774	2.971	3.281	3.163	Chine (RAS de Hong Kong)
0.026	0.043	0.039	0.039	0.042	0.037	0.037	0.043	0.048	(e)0.054	0.060	Chine (RAS de Macao)
0.945	1.518	1.978	2.113	1.694	1.374	1.629	1.528	1.452	1.425	1.443	Province chinoise de Taiwan
(e)0.057	(e)0.081	(e)0.026	(e)0.025	(e)0.025	(e)0.024	(e)0.023	(e)0.024	(e)0.026	(e)0.025	(e)0.023	Corée, Rép. populaire dém. de
1.066	1.935	2.581	2.412	2.424	2.546	2.757	2.848	2.789	2.722	2.768	Corée, République de (23)
0.026	0.026	0.008	0.009	0.011	0.017	0.021	0.036	0.036	0.034	0.028	Mongolie
1.834	*1.646*	*1.414*	*1.424*	*2.198*	*3.000*	*3.288*	*3.484*	*3.553*	*3.337*	*3.378*	*Asie méridionale*
0.040	0.026	0.007	0.018	0.023	0.026	0.033	0.035	0.049	0.046	0.041	Afghanistan
0.124	0.100	0.128	0.133	0.129	0.172	0.180	0.197	0.183	0.196	0.223	Bangladesh (24)
0.002	0.002	0.002	0.003	0.004	0.004	0.006	0.006	0.005	0.005	(e)0.004	Bhoutan
0.711	0.653	0.663	0.774	1.326	2.027	2.271	2.522	2.628	2.457	2.439	Inde (25)
0.586	0.563	0.265	0.209	0.372	0.400	0.424	0.335	0.306	(e)0.259	(e)0.269	Iran (République islamique d')*
0.001	0.004	0.005	0.006	0.007	0.008	0.007	0.008	0.008	(e)0.009	0.010	Maldives
0.016	0.019	0.025	0.024	0.021	0.035	0.033	0.031	0.033	0.035	0.040	Népal
0.256	0.204	0.219	0.163	0.235	0.250	0.245	0.239	0.237	0.236	0.251	Pakistan
0.097	0.074	0.099	0.094	0.082	0.079	0.088	0.110	0.103	0.095	0.102	Sri Lanka

Pour les sources et les notes, se reporter à la fin du tableau 1.3.

Region, country or territory	Exports (f.o.b.) - Exportations (f.a.b.) Percentage - En pourcentage										
	1980	1990	1995	2000	2005	2009	2010	2011	2012	2013	2014
South-Eastern Asia	**3.508**	**4.124**	**6.209**	**6.667**	**6.252**	**6.481**	**6.862**	**6.759**	**6.778**	**6.714**	**6.816**
Brunei Darussalam*	0.223	0.063	0.046	0.060	0.060	0.057	0.058	0.068	0.070	0.060	0.055
Cambodia (6)	0.001	0.002	0.017	0.022	0.029	0.033	0.034	0.037	0.042	0.049	(e)0.057
Indonesia (...2002)	1.069	0.734	0.877	1.014							
Indonesia	–	–	–	–	0.828	0.953	1.033	1.110	1.027	0.963	0.928
Lao People's Dem. Rep.*	0.001	0.002	0.006	0.005	0.005	0.008	0.011	0.012	0.012	0.012	(e)0.014
Malaysia (26)	0.631	0.843	1.428	1.522	1.348	1.252	1.298	1.244	1.230	1.205	1.232
Myanmar	0.023	0.009	0.016	0.025	0.036	0.053	0.057	0.050	0.048	0.059	0.058
Philippines	0.280	0.232	0.338	0.590	0.393	0.306	0.337	0.263	0.282	0.299	0.327
Singapore (27)	0.945	1.508	2.285	2.136	2.187	2.149	2.299	2.233	2.208	2.164	2.156
Thailand*	0.317	0.660	1.090	1.069	1.056	1.214	1.263	1.214	1.239	1.206	1.198
Timor-Leste (28)	–	–	–	0.000	0.000	0.000	0.000	0.000	0.000	0.000	(e)0.000
Viet Nam	0.016	0.069	0.105	0.224	0.309	0.455	0.472	0.528	0.619	0.697	0.792
Western Asia	**9.631**	**3.366**	**2.615**	**3.655**	**4.913**	**5.560**	**5.630**	**6.561**	**7.217**	**7.123**	**6.787**
Bahrain (6)	0.176	0.108	0.079	0.096	0.098	0.095	0.098	0.107	0.107	0.110	(e)0.108
Iraq*	1.285	0.295	0.010	0.316	0.226	0.334	0.343	0.454	0.510	0.473	(e)0.445
Jordan	0.028	0.030	0.034	0.029	0.041	0.051	0.046	0.044	0.043	0.042	(e)0.043
Kuwait*	0.959	0.201	0.247	0.301	0.427	0.430	0.457	0.557	0.643	0.607	(e)0.549
Lebanon (29)	0.047	0.014	0.013	0.011	0.022	0.033	0.033	0.031	0.030	0.027	0.024
Oman	0.183	0.158	0.117	0.175	0.178	0.220	0.239	0.257	0.282	0.298	0.280
Qatar*	0.277	0.104	0.069	0.180	0.245	0.382	0.490	0.624	0.719	0.722	0.693
Saudi Arabia*(30)	5.321	1.271	0.967	1.202	1.721	1.532	1.641	1.989	2.100	1.983	1.862
State of Palestine	..	..	0.008	0.006	0.003	0.004	0.004	0.004	(e)0.005	(e)0.006	(e)0.007
Syrian Arab Republic*	0.103	0.120	0.069	0.072	0.083	0.086	0.084	(e)0.060	(e)0.022	(e)0.011	(e)0.011
Turkey*	0.142	0.371	0.417	0.430	0.700	0.814	0.744	0.736	0.824	0.801	0.829
United Arab Emirates	(e)1.072	0.674	0.548	0.772	1.117	(e)1.529	(e)1.399	(e)1.647	(e)1.887	(e)1.999	(e)1.894
Yemen, Arab Republic	0.001	–	–	–	–	–	–	–	–	–	–
Yemen, Democratic	0.038	–	–	–	–	–	–	–	–	–	–
Yemen*	–	0.020	0.038	0.063	0.053	0.050	(e)0.053	(e)0.053	(e)0.045	(e)0.044	(e)0.042
Developing economies: Oceania	**0.110**	**0.079**	**0.099**	**0.080**	**0.064**	**0.056**	**0.059**	**0.060**	**0.056**	**0.051**	**0.053**
American Samoa*(31)	0.006	0.009	0.005	0.005	0.004	0.004	(e)0.002	(e)0.002	(e)0.002	(e)0.002	(e)0.002
Cook Islands	0.000	0.000	0.000	0.000	0.000	0.000	0.000	0.000	0.000	0.000	(e)0.000
Fiji	0.018	0.014	0.012	0.009	0.007	0.005	0.006	0.006	0.007	0.006	0.007
French Polynesia*	0.001	0.003	0.004	0.003	0.002	0.001	0.001	0.001	0.001	0.001	0.001
Guam (4)	0.003	(e)0.002	0.002	0.001	0.000	0.000	0.000	0.000	0.000	0.000	0.000
Kiribati	0.000	0.000	0.000	0.000	0.000	0.000	0.000	0.000	0.000	0.000	(e)0.000
Marshall Islands	–	0.000	0.000	0.000	0.000	0.000	0.000	0.000	0.000	(e)0.000	(e)0.000
Micronesia (Federated States of)	–	0.000	0.000	0.000	0.000	0.000	0.000	0.000	0.000	0.000	(e)0.000
Nauru (4)	0.003	0.002	(e)0.001	(e)0.000	(e)0.000	0.000	(e)0.000	(e)0.000	(e)0.001	(e)0.000	(e)0.000
New Caledonia*	0.020	0.013	0.011	0.009	0.010	0.008	0.010	0.009	0.007	0.006	0.008
Niue	0.000	0.000	0.000	0.000	0.000	(e)0.000	(e)0.000	(e)0.000	(e)0.000	(e)0.000	(e)0.000
Northern Mariana Islands (4)	–	..	(e)0.008	(e)0.016	(e)0.007	(e)0.000	(e)0.000	(e)0.000	(e)0.000	(e)0.000	(e)0.000
Palau (4)	–	..	(e)0.000	0.000	0.000	(e)0.000	(e)0.000	(e)0.000	0.000	(e)0.000	(e)0.000
Papua New Guinea	0.050	0.033	0.051	0.032	0.031	0.035	0.038	0.038	0.034	0.031	(e)0.030
Samoa (29)	0.001	0.000	0.000	(b)0.001	0.001	0.000	0.000	0.000	0.000	0.000	(e)0.000
Solomon Islands*	0.004	0.002	0.003	0.001	0.001	0.001	0.001	0.002	0.003	0.002	0.002
Tokelau (4)	..	..	..	..	(e)0.000	(e)0.000	(e)0.000	(e)0.000	(e)0.000	(e)0.000	(e)0.000
Tonga	0.000	0.000	0.000	0.000	0.000	0.000	0.000	0.000	0.000	0.000	(e)0.000
Tuvalu	0.000	0.000	0.000	0.000	0.000	(e)0.000	(e)0.000	(e)0.000	(e)0.000	(e)0.000	(e)0.000
Vanuatu	0.002	0.001	0.001	0.000	0.000	0.000	0.000	0.000	0.000	0.000	(e)0.000
Wallis and Futuna Islands (4)	..	..	..	(e)0.000	(e)0.000	(e)0.000	(e)0.000	(e)0.000	(e)0.000	(e)0.000	(e)0.000
Transition economies	**4.169**	**3.386**	**2.260**	**2.318**	**3.369**	**3.718**	**3.981**	**4.420**	**4.448**	**4.262**	**4.018**
Albania	..	0.007	0.004	0.004	0.006	0.009	0.010	0.011	0.011	0.012	0.013
Armenia*	–	–	0.005	0.005	0.009	0.006	0.007	0.007	0.007	0.008	0.008
Azerbaijan (32)	–	–	0.012	0.027	0.073	0.168	0.173	0.188	0.176	0.167	0.149
Belarus	–	–	0.093	0.114	0.152	0.170	0.165	0.226	0.249	0.196	0.192
Bosnia and Herzegovina*(33)	–	–	(e)0.003	0.017	0.023	0.031	0.031	0.032	0.028	0.030	0.031
Georgia	–	–	0.003	0.005	0.008	0.009	0.011	0.012	0.013	0.015	0.015
Kazakhstan*(34)	–	–	0.101	0.137	0.265	0.344	0.392	0.460	0.467	0.447	0.412
Kyrgyzstan	–	–	0.008	0.008	0.006	0.013	0.011	0.011	0.010	0.009	0.009
Montenegro	–	–	–	–	–	0.003	0.003	0.003	0.003	0.003	0.002
Republic of Moldova	..	–	0.014	0.007	0.010	0.010	0.010	0.012	0.012	0.013	0.012
Russian Federation (35)	–	–	1.592	1.628	2.321	2.416	2.618	2.846	2.861	2.761	2.619
Serbia and Montenegro*	–	–	0.030	0.027	(e)0.048	–	–	–	–	–	–
Serbia	–	–	–	–	–	0.066	0.064	0.064	0.061	0.077	0.078
Socialist Federal Republic of Yugoslavia	0.438	0.409	–	–	–	–	–	–	–	–	–
Tajikistan	–	–	0.014	0.012	0.009	0.008	0.008	0.007	0.007	0.006	0.006
TFYR of Macedonia*	–	–	0.023	0.021	0.019	0.022	0.022	0.024	0.022	0.023	0.026
Turkmenistan	–	–	0.036	0.039	0.047	(e)0.040	(e)0.042	(e)0.071	(e)0.089	(e)0.089	(e)0.092

For sources and notes, see end of table 1.3.

Imports (c.i.f.) - Importations (c.a.f.) Percentage - En pourcentage											Régions, pays ou territoires
1980	1990	1995	2000	2005	2009	2010	2011	2012	2013	2014	
3.139	*4.498*	*6.788*	*5.720*	*5.593*	*5.731*	*6.182*	*6.270*	*6.569*	*6.576*	*6.508*	*Asie du Sud-Est*
0.027	0.028	0.040	0.017	0.014	0.019	0.016	0.020	0.019	0.019	0.019	Brunéi Darussalam*
0.009	0.005	0.023	0.029	0.036	0.046	0.044	(e)0.051	(e)0.061	(e)0.068	(e)0.071	Cambodge (6)
0.518	0.603	0.776	0.655								Indonésie (...2002)
–	–	–	–	0.703	0.739	0.878	0.964	1.029	0.985	0.938	Indonésie
0.004	0.005	0.011	0.008	0.008	0.012	0.013	0.013	0.016	0.016	(e)0.017	Rép. dém. populaire lao*
0.516	0.811	1.484	1.232	1.061	0.975	1.068	1.018	1.054	1.087	1.100	Malaisie (26)
0.017	0.007	0.026	0.036	0.018	0.034	0.031	0.049	0.049	0.064	0.085	Myanmar
0.397	0.360	0.541	0.556	0.459	0.362	0.379	0.346	0.351	0.344	0.356	Philippines
1.148	1.687	2.379	2.022	1.856	1.937	2.015	1.986	2.038	1.970	1.929	Singapour (27)
0.441	0.916	1.352	0.931	1.097	1.054	1.186	1.242	1.337	1.322	1.201	Thaïlande*
–	–	–	–	0.001	0.002	0.002	0.002	0.004	0.004	(e)0.005	Timor-Leste (28)
0.063	0.076	0.156	0.235	0.341	0.551	0.550	0.580	0.611	0.697	0.786	Viet Nam
4.184	*2.365*	*2.416*	*2.592*	*3.412*	*4.388*	*4.178*	*4.275*	*4.539*	*4.826*	*4.773*	*Asie occidentale*
0.167	0.103	0.071	0.070	0.087	(e)0.080	(e)0.080	(e)0.069	(e)0.069	(e)0.076	(e)0.073	Bahreïn (6)
0.667	0.181	0.013	0.199	0.218	0.303	0.285	0.260	0.302	(e)0.322	(e)0.311	Iraq*
0.115	0.072	0.071	0.069	0.097	0.112	0.101	0.103	0.111	0.115	(e)0.120	Jordanie
0.312	0.110	0.149	0.108	0.147	0.157	0.147	0.136	0.146	0.155	0.166	Koweït*
0.175	0.070	0.139	0.094	0.089	0.131	0.120	0.113	0.118	0.116	0.111	Liban (29)
0.083	0.078	0.084	0.077	0.083	0.141	0.130	0.130	0.154	0.188	(e)0.160	Oman
0.068	0.047	0.065	0.049	0.093	0.196	0.151	0.162	(e)0.184	(e)0.184	(e)0.182	Qatar*
1.443	0.667	0.537	0.454	0.552	0.753	0.693	0.715	0.835	0.888	(e)0.858	Arabie saoudite*(30)
..	..	0.032	0.036	0.025	0.028	0.026	0.024	(e)0.027	(e)0.029	(e)0.032	État de Palestine
0.197	0.067	0.090	0.057	0.101	0.122	0.114	(e)0.091	(e)0.039	(e)0.029	(e)0.035	République arabe syrienne*
0.378	0.618	0.682	0.819	1.083	1.111	1.203	1.308	1.270	1.329	1.275	Turquie*
0.418	0.310	0.454	0.526	0.785	(e)1.182	(e)1.070	(e)1.102	(e)1.213	(e)1.325	(e)1.380	Émirats arabes unis
0.089	–	–	–	–	–	–	–	–	–	–	Yémen, République arabe du
0.073	–	–	–	–	–	–	–	–	–	–	Yémen, Démocratique
..	0.044	0.030	0.035	0.050	0.072	0.060	0.061	0.071	(e)0.070	(e)0.068	Yémen*
0.161	**0.141**	**0.118**	**0.093**	**0.094**	**0.094**	**0.091**	**0.087**	**0.088**	**0.094**	**0.087**	**Économies en développement : Océanie**
0.005	0.010	0.008	0.008	0.005	0.004	0.002	0.002	(e)0.002	(e)0.002	(e)0.002	Samoa américaines*(31)
0.001	0.001	0.001	0.001	0.001	0.001	0.001	0.001	0.001	0.001	(e)0.001	Îles Cook
0.027	0.021	0.017	0.012	0.015	0.011	0.012	0.012	0.012	0.015	0.017	Fidji
0.026	0.026	0.019	0.015	0.016	0.014	0.011	0.010	0.009	0.010	0.009	Polynésie française*
0.010	0.013	0.008	0.006	0.008	0.007	(e)0.006	(e)0.006	(e)0.007	(e)0.005	(e)0.007	Guam (4)
0.001	0.001	0.001	0.001	0.001	0.001	0.000	0.001	0.001	0.001	(e)0.001	Kiribati
–	0.002	0.001	0.001	(e)0.001	(e)0.001	(e)0.001	(e)0.001	(e)0.001	(e)0.001	(e)0.001	Îles Marshall
–	0.002	0.002	0.002	0.001	0.001	0.001	0.001	0.001	0.001	(e)0.001	Micronésie (États fédérés de)
0.001	0.001	(e)0.001	(e)0.000	(e)0.000	0.000	(e)0.000	(e)0.000	(e)0.000	(e)0.001	(e)0.001	Nauru (4)
0.022	0.024	0.018	0.014	0.016	0.020	0.021	0.020	0.017	0.017	0.018	Nouvelle-Calédonie*
0.000	0.000	(e)0.000	(e)0.000	(e)0.000	(e)0.000	(e)0.000	(e)0.000	(e)0.000	(e)0.000	(e)0.000	Nioué
–	..	(e)0.005	(e)0.009	(e)0.005	(e)0.001	(e)0.001	(e)0.000	(e)0.000	(e)0.001	(e)0.001	Îles Mariannes du Nord (4)
–	..	(e)0.001	0.002	0.001	0.001	0.001	0.001	0.001	0.001	(e)0.001	Palaos (4)
0.056	0.031	0.028	0.017	0.016	(e)0.025	(e)0.026	(e)0.026	(e)0.029	(e)0.032	(e)0.021	Papouasie-Nouvelle-Guinée
0.003	0.002	0.002	0.001	0.002	0.002	0.002	0.002	0.002	0.002	(e)0.002	Samoa (29)
0.004	0.003	0.003	0.001	0.002	0.002	0.003	0.003	0.003	0.003	0.003	Îles Salomon*
..	..	..	0.000	(e)0.000	(e)0.000	(e)0.000	(e)0.000	(e)0.000	(e)0.000	(e)0.000	Tokélaou (4)
0.002	0.002	0.001	0.001	0.001	0.001	0.001	0.001	0.001	0.001	(e)0.001	Tonga
0.000	0.000	0.000	0.000	0.000	0.000	(e)0.000	(e)0.000	(e)0.000	(e)0.000	(e)0.000	Tuvalu
0.003	0.003	0.002	0.001	0.001	0.002	0.002	0.002	0.002	0.002	0.002	Vanuatu
..	..	..	0.001	0.000	(e)0.000	(e)0.000	(e)0.000	(e)0.000	(e)0.000	(e)0.000	Îles Wallis-et-Futuna (4)
3.998	**3.883**	**1.942**	**1.380**	**2.228**	**2.916**	**2.941**	**3.188**	**3.298**	**3.253**	**2.912**	**Économies en transition**
..	0.011	0.014	0.016	0.024	0.036	0.029	0.029	0.026	0.026	0.028	Albanie
–	–	0.013	0.013	0.017	0.026	0.025	0.023	0.023	0.023	0.023	Arménie*
–	–	0.013	0.018	0.040	0.051	0.044	0.055	0.056	0.054	0.049	Azerbaïdjan (32)
–	–	0.106	0.130	0.155	0.225	0.226	0.248	0.249	0.227	0.215	Bélarus
–	–	(e)0.021	0.048	0.066	0.069	0.060	0.060	0.054	0.054	0.058	Bosnie-Herzégovine*(33)
–	–	0.007	0.011	0.023	0.035	0.034	0.038	0.043	0.042	0.045	Géorgie
–	–	0.073	0.076	0.161	0.224	0.202	0.200	0.249	0.258	0.217	Kazakhstan*(34)
–	–	0.010	0.008	0.010	0.024	0.021	0.023	0.029	0.032	0.030	Kirghizistan
–	–	–	–	–	0.018	0.014	0.014	0.013	0.012	0.012	Monténégro
–	–	0.016	0.012	0.021	0.026	0.025	0.028	0.028	0.029	0.028	République de Moldova
–	–	1.196	0.674	1.164	1.512	1.612	1.758	1.800	1.802	1.622	Fédération de Russie (35)
–	–	0.051	0.056	(e)0.108							Serbie-et-Monténégro*
–	–	–	–	–	0.126	0.109	0.108	0.102	0.109	0.109	Serbie
0.721	0.523	–	–	–	–	–	–	–	–	–	République socialiste fédérative de Yougoslavie
–	–	0.015	0.010	0.012	0.020	0.017	0.017	0.020	0.022	(e)0.024	Tadjikistan
–	–	0.033	0.031	0.030	0.040	0.036	0.038	0.035	0.035	0.038	LERY de Macédoine*
–	–	0.026	0.027	0.027	(e)0.054	(e)0.037	(e)0.041	(e)0.053	(e)0.053	0.054	Turkménistan

Pour les sources et les notes, se reporter à la fin du tableau 1.3.

1.1 Merchandise exports and imports
Share

Region, country or territory	Exports (f.o.b.) - Exportations (f.a.b.) Percentage - En pourcentage										
	1980	1990	1995	2000	2005	2009	2010	2011	2012	2013	2014
Ukraine	–	–	(b)0.254	0.226	0.326	0.317	0.336	0.373	0.371	0.339	0.285
Union of Soviet Socialist Republics	3.731	(e)2.971	–	–	–	–	–	–	–	–	–
Uzbekistan	–	–	0.066	0.044	0.045	0.086	0.076	0.072	0.061	0.067	(e)0.070
Developed economies: America	**14.318**	**14.926**	**15.018**	**16.411**	**12.016**	**10.931**	**10.890**	**10.548**	**10.822**	**10.754**	**11.028**
Bermuda (6)	0.002	0.002	0.001	0.001	0.000	0.000	0.000	0.000	0.000	0.000	0.000
Canada	3.304	3.651	3.713	4.287	3.432	2.518	2.532	2.461	2.463	2.418	2.498
Greenland	0.009	0.013	0.007	0.004	0.004	0.003	0.002	0.003	0.003	0.003	0.003
Saint Pierre and Miquelon (4)	0.000	0.001	(e)0.000	(e)0.000	0.000	0.000	0.000	0.000	0.000	0.000	0.000
United States	11.003	11.259	11.297	12.118	8.580	8.411	8.355	8.084	8.357	8.333	8.527
Developed economies: Asia	**6.633**	**8.572**	**8.929**	**7.915**	**6.072**	**5.007**	**5.412**	**4.858**	**4.659**	**4.125**	**3.957**
Israel*	0.270	0.346	0.368	0.487	0.407	0.382	0.382	0.370	0.341	0.352	0.358
Japan	6.363	8.227	8.561	7.428	5.665	4.625	5.031	4.489	4.317	3.773	3.598
Developed economies: Europe	**43.873**	**47.592**	**44.810**	**40.241**	**41.067**	**39.045**	**36.047**	**35.412**	**34.019**	**34.820**	**34.856**
Andorra*	..	..	0.001	0.001	0.001	0.001	0.001	0.001	0.001	0.001	0.001
Austria*	0.853	1.177	1.115	1.047	1.192	1.091	0.997	0.967	0.901	0.924	0.936
Belgium*	3.148	3.367	3.444	2.912	3.184	2.948	2.664	2.594	2.411	2.473	2.480
Bulgaria*	0.507	(b)0.144	0.103	0.075	0.112	0.130	0.135	0.154	0.144	0.156	0.154
Croatia*			0.087	0.069	0.084	0.083	0.077	0.073	0.067	0.067	0.073
Cyprus*	0.026	0.027	0.024	0.015	0.014	0.010	0.009	0.010	0.009	0.011	0.010
Czechoslovakia (36)	0.728	0.340									
Czech Republic*(37)	–	–	0.419	0.451	0.744	0.900	0.869	0.888	0.849	0.856	0.915
Denmark*(38)	0.817	1.055	0.984	0.793	0.810	0.749	0.630	0.610	0.570	0.581	0.584
Estonia*	–	–	0.036	0.059	0.073	0.072	0.076	0.091	0.087	0.086	0.085
Faeroe Islands	0.009	0.012	0.007	0.007	0.006	0.006	0.005	0.005	0.005	0.006	0.006
Finland*	0.690	0.760	0.782	0.713	0.624	0.501	0.454	0.432	0.395	0.393	0.391
France*	5.679	6.215	5.833	5.065	4.413	3.861	3.423	3.252	3.075	3.065	3.066
Germany, Democratic Republic of	0.907	–	–	–	–	–	–	–	–	–	–
Germany, Federal Republic of	9.407	–	–	–	–	–	–	–	–	–	–
Germany*	–	(b)12.046	10.114	8.531	9.245	8.921	8.227	8.037	7.596	7.659	7.933
Gibraltar (39)	0.000	0.002	0.002	0.002	(e)0.002	0.002	(e)0.002	(e)0.001	(e)0.001	(e)0.001	(e)0.001
Greece*	0.251	0.232	0.214	0.182	0.165	0.163	0.183	0.184	0.192	0.193	0.190
Hungary*(40)	0.420	(e)0.286	0.249	0.437	0.599	0.661	0.624	0.612	0.560	0.567	0.583
Iceland*	0.045	0.046	0.035	0.029	0.029	0.032	0.030	0.029	0.027	0.026	0.027
Ireland*	0.410	0.679	0.864	1.197	1.044	0.923	0.761	0.686	0.631	0.603	0.619
Italy*	3.810	4.872	4.516	3.728	3.553	3.241	2.923	2.853	2.710	2.734	2.782
Latvia*	–	–	0.025	0.029	0.049	0.061	0.062	0.072	0.076	0.076	0.077
Lithuania*	–	–	(b)0.052	0.059	0.112	0.131	0.136	0.153	0.160	0.172	0.171
Luxembourg*	0.147	0.180	0.150	0.130	0.179	0.170	0.129	0.114	0.102	0.097	0.101
Malta*	0.024	0.032	0.037	0.038	0.023	0.023	0.023	0.024	0.023	0.019	0.015
Netherlands*	4.144	3.770	3.925	3.604	3.869	3.965	3.753	3.638	3.543	3.543	3.537
Norway	0.904	0.974	0.811	0.931	0.988	0.930	0.854	0.875	0.870	0.815	0.757
Poland*	0.830	(e)0.410	0.442	0.492	0.852	1.087	1.044	1.029	1.002	1.081	1.140
Portugal*	0.226	0.470	0.440	0.377	0.363	0.352	0.323	0.325	0.314	0.331	0.337
Romania*	0.556	(e)0.142	0.153	0.161	0.264	0.323	0.324	0.344	0.313	0.347	0.367
Slovakia*	–	–	0.166	0.183	0.304	0.447	0.423	0.435	0.436	0.452	0.455
Slovenia*	–	–	0.161	0.136	0.183	0.208	0.191	0.189	0.174	0.179	0.190
Spain*	1.011	1.588	1.891	1.782	1.834	1.811	1.663	1.672	1.596	1.677	1.709
Sweden*	1.507	1.646	1.554	1.347	1.247	1.042	1.036	1.019	0.932	0.884	0.865
Switzerland*	1.445	1.825	1.577	1.248	1.247	1.374	1.278	1.280	(b)1.689	1.888	1.638
United Kingdom*	5.372	5.295	4.597	4.413	3.661	2.827	2.718	2.762	2.556	2.854	2.662
Developed economies: Oceania	**1.335**	**1.406**	**1.290**	**1.196**	**1.217**	**1.428**	**1.595**	**1.687**	**1.589**	**1.543**	**1.488**
Australia	1.070	1.137	1.026	0.990	1.010	1.229	1.390	1.482	1.388	1.335	1.269
New Zealand	0.264	0.269	0.264	0.206	0.207	0.199	0.205	0.205	0.202	0.208	0.219
Memo items											
Developing economies excluding China	28.790	22.341	24.820	28.057	29.003	30.301	31.765	32.723	33.387	32.842	32.327
Developing economies excluding LDCs	28.928	23.595	27.233	31.360	35.474	38.855	41.014	41.969	43.359	43.380	43.562
High-income developing economies	24.406	20.544	23.979	27.567	31.628	34.436	36.215	36.911	38.415	38.423	38.472
Middle-income developing economies	4.640	3.142	3.353	4.024	4.271	5.005	5.419	5.702	5.571	5.569	5.652
Low-income developing economies	0.626	0.432	0.361	0.328	0.360	0.430	0.441	0.461	0.477	0.505	0.528
HIPCs (Heavily indebted poor countries) (IMF)	0.957	0.568	0.446	0.400	0.476	0.583	0.613	0.646	0.663	0.666	0.665
LLDCs (Landlocked developing countries)	0.409	0.306	0.546	0.527	0.744	1.002	1.076	1.205	1.215	1.212	1.175
SIDS (Small island developing States)	0.612	0.203	0.191	0.178	0.187	0.158	0.156	0.166	0.155	0.147	0.145
LDCs (Least developed countries)	0.745	0.523	0.461	0.559	0.784	1.017	1.061	1.105	1.105	1.117	1.090

For sources and notes, see end of table 1.3.

	Imports (c.i.f.) - Importations (c.a.f.) Percentage - En pourcentage										Régions, pays ou territoires
1980	1990	1995	2000	2005	2009	2010	2011	2012	2013	2014	
–	–	(b)0.296	0.210	0.335	0.358	0.395	0.449	0.454	0.405	0.286	Ukraine
3.277	3.349	–	–	–	–	–	–	–	–	–	Union des Républiques socialistes soviétiques
–	–	0.053	0.041	0.034	0.071	0.056	0.057	0.065	0.069	(e)0.073	Ouzbékistan
15.314	**17.770**	**17.957**	**22.620**	**19.084**	**15.265**	**15.393**	**14.833**	**15.100**	**14.812**	**15.217**	**Économies développées : Amérique**
0.015	0.016	0.011	0.011	0.009	0.008	0.006	0.005	0.005	0.005	0.005	Bermudes (6)
2.991	3.415	3.210	3.678	2.991	2.600	2.611	2.518	2.549	2.504	2.502	Canada
0.016	0.012	0.008	0.005	0.006	0.006	0.005	0.005	0.005	0.004	0.004	Groenland
0.002	0.002	(e)0.001	(e)0.001	0.001	0.001	0.001	0.001	0.001	0.001	0.001	Saint-Pierre-et-Miquelon (4)
12.290	14.324	14.727	18.924	16.077	12.651	12.770	12.305	12.541	12.297	12.706	États-Unis
7.225	**6.987**	**6.982**	**6.269**	**5.224**	**4.738**	**4.898**	**5.057**	**5.159**	**4.794**	**4.728**	**Économies développées : Asie**
0.468	0.465	0.565	0.566	0.437	0.388	0.397	0.412	0.405	0.395	(e)0.397	Israël*
6.757	6.521	6.417	5.703	4.786	4.350	4.501	4.645	4.754	4.399	4.331	Japon
48.103	**47.779**	**42.934**	**39.625**	**40.286**	**38.948**	**36.222**	**35.527**	**33.596**	**33.470**	**33.677**	**Économies développées : Europe**
..	..	0.020	0.015	0.017	0.013	0.010	0.009	0.008	0.008	0.008	Andorre*
1.169	1.360	1.266	1.085	1.181	1.127	1.031	1.039	0.958	0.968	0.958	Autriche*
3.437	3.317	3.151	2.661	2.957	2.785	2.537	2.536	2.357	2.385	2.383	Belgique*
0.462	(b)0.141	0.108	0.098	0.169	0.186	0.165	0.177	0.176	0.181	0.183	Bulgarie*
–	–	0.140	0.119	0.172	0.167	0.130	0.123	0.112	0.116	0.120	Croatie*
0.058	0.071	0.071	0.058	0.059	0.062	0.056	0.047	0.039	0.033	0.036	Chypre*
0.726	0.345										Tchécoslovaquie (36)
–	–	0.479	0.480	0.710	0.828	0.821	0.826	0.759	0.762	0.803	République tchèque*(37)
0.925	0.924	0.878	0.683	0.701	0.655	0.539	0.519	0.493	0.510	0.523	Danemark*(38)
–	–	0.049	0.076	0.095	0.080	0.080	0.095	0.097	0.097	0.096	Estonie*
0.011	0.009	0.006	0.008	0.007	0.006	0.005	0.005	0.006	0.006	0.006	Îles Féroé
0.748	0.748	0.563	0.516	0.545	0.480	0.446	0.458	0.410	0.410	0.404	Finlande*
6.577	6.672	5.669	5.081	4.678	4.420	3.963	3.910	3.620	3.598	3.569	France*
0.912	–	–	–	–	–	–	–	–	–	–	Allemagne, Rép. dém. d'
8.991	–	–	–	–	–	–	–	–	–	–	Allemagne, Rép. fédérale d'
–	(b)9.855	8.863	7.453	7.210	7.300	6.840	6.814	6.243	6.291	6.402	Allemagne*
0.005	0.010	0.008	0.007	0.005	0.005	0.004	(e)0.004	(e)0.003	(e)0.004	(e)0.004	Gibraltar (39)
0.504	0.548	0.495	0.502	0.505	0.547	0.434	0.366	0.340	0.328	0.334	Grèce*
0.440	(e)0.286	0.295	0.483	0.618	0.613	0.572	0.556	0.511	0.529	0.553	Hongrie*(40)
0.048	0.047	0.034	0.039	0.046	0.028	0.025	0.026	0.026	0.027	0.028	Islande*
0.533	0.573	0.618	0.765	0.636	0.494	0.391	0.362	0.337	0.348	0.374	Irlande*
4.818	5.042	3.935	3.588	3.570	3.271	3.158	3.034	2.622	2.531	2.485	Italie*
–	–	0.035	0.048	0.081	0.077	0.076	0.088	0.092	0.094	0.093	Lettonie*
–	–	(b)0.070	0.082	0.144	0.144	0.152	0.173	0.172	0.184	0.186	Lituanie*
0.173	0.210	0.186	0.169	0.203	0.200	0.163	0.157	0.148	0.142	0.141	Luxembourg*
0.045	0.054	0.056	0.051	0.034	0.035	0.033	0.034	0.035	0.032	0.034	Malte*
4.229	3.504	3.539	3.272	3.376	3.492	3.349	3.228	3.150	3.114	3.095	Pays-Bas*
0.809	0.754	0.630	0.517	0.515	0.544	0.501	0.493	0.469	0.474	0.470	Norvège
0.914	(e)0.321	0.555	0.737	0.943	1.178	1.155	1.144	1.068	1.096	1.158	Pologne*
0.445	0.700	0.623	0.599	0.568	0.565	0.504	0.450	0.389	0.400	0.412	Portugal*
0.631	(e)0.211	0.196	0.198	0.376	0.428	0.403	0.415	0.377	0.388	0.410	Roumanie*
–	–	0.168	0.192	0.321	0.439	0.422	0.434	0.415	0.432	0.433	Slovaquie*
–	–	0.181	0.152	0.189	0.209	0.195	0.193	0.172	0.176	0.180	Slovénie*
1.630	2.426	2.169	2.341	2.679	2.311	2.121	2.045	1.811	1.798	1.888	Espagne*
1.599	1.503	1.243	1.092	1.036	0.945	0.966	0.961	0.883	0.848	0.856	Suède*
1.738	1.931	1.531	1.240	1.174	1.224	1.143	1.131	(b)1.588	1.698	1.452	Suisse*
5.526	6.218	5.106	5.217	4.766	4.091	3.833	3.676	3.710	3.463	3.602	Royaume-Uni*
1.333	**1.427**	**1.437**	**1.284**	**1.406**	**1.506**	**1.506**	**1.525**	**1.606**	**1.488**	**1.472**	**Économies développées : Océanie**
1.071	1.163	1.171	1.075	1.162	1.304	1.308	1.323	1.401	1.278	1.248	Australie
0.262	0.263	0.267	0.209	0.243	0.202	0.199	0.201	0.205	0.209	0.224	Nouvelle-Zélande
											Pour mémoire
23.074	20.677	26.224	25.441	25.649	28.700	29.985	30.403	31.481	31.887	31.675	Économies en développement sans la Chine
22.836	21.444	28.100	28.171	30.966	35.417	37.943	38.733	39.998	40.852	40.595	Économies en développement sans les PMA
18.172	17.979	24.130	24.339	26.341	29.611	31.693	32.133	33.199	34.241	33.866	Économies en développement à revenu élevé
4.930	3.502	4.042	3.951	4.844	6.216	6.563	6.931	7.172	7.019	7.151	Économies en dév. à revenu intermédiaire
0.925	0.674	0.575	0.532	0.587	0.800	0.783	0.806	0.870	0.923	0.977	Économies en développement à revenu faible
1.098	0.653	0.525	0.511	0.616	0.813	0.804	0.834	0.936	0.992	0.982	PPTE (Pays pauvres très endettés) (FMI)
0.517	0.433	0.635	0.548	0.702	1.032	0.975	1.011	1.134	1.175	1.159	LLDCs (Pays en développement sans littoral)
0.752	0.288	0.259	0.259	0.242	0.245	0.217	0.224	0.227	0.230	0.216	SIDS (Petits États insulaires en dév.)
1.191	0.712	0.647	0.651	0.806	1.209	1.097	1.137	1.243	1.332	1.400	PMA (Pays les moins avancés)

Pour les sources et les notes, se reporter à la fin du tableau 1.3.

Region, country or territory	Exports (f.o.b) - Exportations (f.a.b.) Percentage										
	90-10	90-00	00-10	95-00	00-05	05-10	10-14	2011	2012	2013	2014
WORLD	8.1	6.7	10.9	3.6	11.4	6.3	4.8	19.8	0.9	2.5	0.3
DEVELOPING ECONOMIES	10.9	9.1	14.4	5.8	14.4	9.2	6.4	22.7	4.1	2.6	0.6
TRANSITION ECONOMIES	12.2	6.4	18.5	1.8	20.0	9.4	4.6	33.1	1.5	-1.8	-5.5
DEVELOPED ECONOMIES	6.6	5.8	8.5	2.8	9.5	4.1	3.5	16.6	-1.9	2.8	0.4
Developing economies: Africa	9.7	3.3	16.5	2.9	17.2	9.0	1.1	17.1	4.8	-6.1	-7.6
Eastern Africa	7.5	4.7	13.3	-1.0	11.3	12.3	7.5	21.4	6.1	3.6	2.7
Burundi*(1)	-1.7	-4.3	8.3	-8.5	4.6	9.6	(e)1.5	22.0	8.1	-29.6	(e)33.0
Comoros*	-0.6	-10.9	-3.2	6.7	0.0	9.5	1.4	25.2	-24.4	0.6	29.3
Djibouti (2)	8.8	7.1	11.2	11.9	4.9	15.4	(e)13.2	8.9	27.3	1.4	(e)16.2
Eritrea (3)	–	–	(e)-9.1	-24.0	-23.8	(e)0.6	(e)120.1	(e)3 207.7	(e)11.6	(e)-31.2	(e)132.1
Ethiopia	–	–	18.7	2.9	13.2	19.7	(e)17.8	23.4	0.6	41.0	(e)8.8
Kenya	7.6	6.3	12.2	-2.6	13.7	8.9	3.6	11.3	6.5	-4.4	4.4
Madagascar*	7.4	9.0	5.5	8.6	2.7	5.1	(e)15.3	(e)38.3	(e)-4.7	26.8	(e)10.6
Malawi	4.8	0.9	12.2	-2.1	5.7	16.8	(e)3.5	33.7	-17.0	2.1	(c)13.7
Mauritius	3.4	3.6	3.6	-0.8	6.7	-0.6	7.8	13.4	3.3	8.3	8.3
Mozambique	(e)20.4	9.6	(e)20.7	13.6	34.9	(e)7.1	(e)10.7	(e)20.1	7.0	4.4	17.4
Rwanda	7.0	-3.8	19.2	-0.7	14.2	19.3	(e)25.0	56.1	27.3	19.0	(e)4.7
Seychelles	13.6	15.5	8.3	21.0	11.7	3.2	8.1	20.7	2.8	16.4	-6.8
Somalia (4)	(e)6.9	(e)6.5	(e)7.9	(e)2.3	(e)-1.1	(e)13.2	(e)2.5	(e)15.6	(e)3.8	(e)-3.7	(e)-1.9
Uganda	11.6	14.7	17.9	-3.2	14.6	15.9	8.2	33.4	9.2	2.1	-5.6
United Republic of Tanzania	(b)12.3	(b)7.8	(b)18.3	(b)-2.8	(b)18.7	18.9	(e)2.1	16.9	17.2	-20.5	(e)5.3
Zambia (5)	(b)9.4	(e)-0.8	(b)25.9	-1.5	15.2	(b)23.6	7.9	25.0	4.0	13.1	-8.5
Zimbabwe	(e)1.7	3.5	(e)5.7	-4.0	(e)2.8	(e)9.0	-0.9	9.8	10.5	-9.7	-12.6
Middle Africa	13.2	3.3	23.2	4.9	24.3	11.8	3.1	29.4	2.7	-4.5	-7.4
Angola*(6)	16.8	5.7	27.4	10.8	25.2	14.7	(e)4.4	33.0	5.6	-4.0	(e)-8.6
Cameroon*(7)	5.0	-1.3	10.9	1.6	10.5	5.0	(e)4.6	16.5	-5.4	(e)5.6	(e)7.5
Central African Republic*(7)	(e)0.6	3.6	(e)-0.4	-1.1	-4.1	(e)-1.5	(e)-10.6	(e)35.7	(e)5.3	(e)-25.0	(e)-40.0
Chad*(6)	(e)20.6	3.3	(e)42.6	-3.5	91.0	(e)1.1	(e)-2.3	(e)33.3	(e)-8.3	(e)-13.6	(e)-5.3
Congo*(7)	(e)12.5	7.5	(e)16.7	12.1	15.1	(e)11.5	(e)-5.1	(e)26.1	-15.2	-9.6	(e)-9.1
Dem. Rep. of the Congo*	(e)5.2	-6.2	(e)21.0	-14.0	25.6	(e)15.6	(e)4.8	(e)24.5	(e)-4.5	(e)-1.6	(e)11.3
Equatorial Guinea (6)	(e)38.9	41.6	(e)27.5	49.2	43.0	(e)7.2	(e)5.6	(e)35.0	(e)16.3	(e)-6.4	(e)-14.3
Gabon*(8)	(e)6.7	1.5	(e)14.6	-4.3	14.5	(e)9.1	(e)0.3	12.4	-1.1	-1.4	(e)-6.3
Sao Tome and Principe*	3.1	-5.6	13.3	-13.6	20.6	8.9	11.2	1.0	10.2	5.9	33.4
Northern Africa	10.4	3.0	16.5	5.5	17.2	7.1	-2.2	-2.8	18.5	-11.7	-13.8
Algeria*	10.8	3.1	14.6	10.0	16.6	2.3	0.7	28.8	-2.2	-9.6	-3.1
Egypt	(b)12.9	(b)3.7	(b)21.5	(b)5.7	(b)21.6	14.9	(e)-0.2	15.5	-3.7	-3.1	(e)-4.9
Libya	9.9	-2.1	20.0	1.8	21.3	6.5	(e)-8.2	-61.0	220.8	(e)-28.6	(e)-51.7
Morocco*	(b)7.8	(b)7.8	10.8	1.9	9.4	8.6	6.0	21.9	-1.0	2.5	7.7
Sudan (...2011) (9)	22.2	14.0	24.2	20.7	24.2	17.7	–	-10.6	–	–	–
Sudan	–	–	–	–	–	–	–	–	–	17.8	-9.2
Tunisia	8.5	6.0	12.4	1.6	12.8	9.3	-0.1	8.6	-4.7	0.3	-1.8
Southern Africa	6.7	2.8	12.2	0.0	13.1	8.6	-0.3	18.9	-7.6	-1.7	-4.3
Botswana*	5.6	4.9	7.3	2.6	11.1	-1.6	(e)13.6	25.3	1.5	27.4	(e)2.5
Lesotho	14.4	12.4	14.0	3.9	27.4	5.3	(e)-2.2	33.6	-17.0	-12.9	(e)9.2
Namibia	5.5	0.9	14.4	-2.3	11.2	11.8	2.5	9.5	-0.9	5.6	-3.8
South Africa	(b)6.8	(b)2.5	12.6	(b)-0.2	13.0	9.5	-1.3	19.1	-8.5	-3.7	-5.1
Swaziland	(e)6.6	6.0	(e)6.5	1.6	(e)17.4	(e)-0.7	(e)1.2	(e)6.1	(e)0.8	(e)-1.6	(e)1.2
Western Africa	10.2	3.7	17.0	2.9	19.2	9.5	3.4	35.1	0.7	-5.6	-5.8
Benin*	6.8	3.3	15.0	-3.0	10.2	17.7	12.5	10.0	2.3	29.6	7.5
Burkina Faso	12.9	12.7	20.3	-2.3	20.7	23.9	9.2	50.8	-9.0	7.9	5.7
Cabo Verde (10)	10.1	10.8	16.2	1.3	11.4	21.2	12.7	54.0	-22.6	30.3	16.4
Côte d'Ivoire*	7.9	5.4	12.2	0.8	16.0	9.0	2.8	10.7	-4.0	9.3	-3.5
Gambia (11)	-3.2	-12.3	15.8	-4.0	-8.3	59.5	(e)10.9	39.0	25.2	-10.6	(e)2.1
Ghana	(e)10.2	(e)9.0	(e)17.2	(e)0.1	(e)11.7	21.4	11.5	60.6	6.0	1.5	-3.9
Guinea*	3.9	1.1	8.5	-1.6	3.3	8.6	(e)-1.9	-2.6	(e)-9.3	(e)0.0	(e)7.7
Guinea-Bissau	11.1	13.6	9.3	18.6	7.6	10.2	(e)-0.5	91.2	(e)-46.3	(e)7.7	(e)15.7
Liberia*	(b)-7.7	(e)-3.3	(b)1.1	(e)-14.5	(b)-15.0	7.8	26.5	65.3	25.2	21.7	4.2
Mali*	10.3	6.1	13.8	5.5	13.6	11.1	(e)0.9	18.9	9.9	-10.4	(e)-10.2
Mauritania*	7.1	-1.8	23.7	-7.3	10.3	19.4	-1.6	32.6	-3.9	0.4	-26.6
Niger*	(e)6.4	0.0	(e)16.9	-0.7	13.4	20.8	(e)8.1	(e)8.7	(e)16.0	(e)10.3	(e)-6.3
Nigeria	(e)11.8	3.2	(e)18.5	5.1	22.0	(e)8.0	(e)1.8	(e)38.1	(e)0.0	(e)-10.3	(e)-6.7
Saint Helena	(e)10.6	(e)2.6	(e)11.9	(e)11.7	(e)19.4	(e)10.9	(e)14.8	(e)19.7	(e)19.7	(e)9.0	(e)11.7
Senegal (12)	6.0	4.0	9.3	-0.6	12.4	7.5	(e)5.9	17.6	-0.4	5.3	(e)5.5
Sierra Leone*	6.3	-29.5	33.2	-30.7	66.4	11.2	(e)66.9	2.5	220.8	70.9	(e)-1.6
Togo*	(b)7.2	(b)6.7	10.5	-1.6	14.9	9.8	(e)9.5	20.7	11.5	15.8	(e)-11.3

For sources and notes, see end of table 1.3.

18

90-10	90-00	00-10	95-00	00-05	05-10	10-14	2011	2012	2013	2014	Régions, pays ou territoires
Imports (c.i.f.) - Importations (c.a.f.) En pourcentage												
8.1	**6.6**	**10.6**	**4.0**	**11.3**	**5.9**	**4.5**	**19.4**	**1.2**	**1.7**	**0.3**	**MONDE**
10.1	8.6	14.1	3.1	13.5	10.4	6.7	22.0	4.7	4.0	-0.2	ÉCONOMIES EN DÉVELOPPEMENT
10.1	2.1	20.1	-4.9	21.8	12.1	4.5	29.5	4.7	0.3	-10.3	ÉCONOMIES EN TRANSITION
7.1	6.1	8.6	4.6	10.0	3.2	3.0	17.2	-1.5	0.0	1.2	ÉCONOMIES DÉVELOPPÉES
8.8	**4.4**	**16.5**	**0.8**	**15.2**	**13.0**	**7.3**	**18.3**	**8.9**	**3.1**	**1.0**	**Économies en développement : Afrique**
8.4	*4.3*	*15.9*	*0.8*	*13.5*	*14.0*	*12.2*	*23.1*	*13.5*	*8.6*	*5.6*	*Afrique orientale*
3.5	-6.9	15.8	-6.2	11.8	9.6	(e)9.4	47.9	-0.2	8.0	(e)-5.2	Burundi*(1)
6.6	-1.7	19.3	-5.5	18.6	19.9	(e)3.6	18.9	-1.2	4.1	(e)-3.5	Comores*
4.5	-1.3	10.6	3.6	7.5	7.6	(e)25.2	36.6	10.5	27.5	(e)34.8	Djibouti (2)
_	_	(e)3.4	-0.2	(e)1.0	(e)6.4	(e)12.2	(e)43.9	(e)2.1	(e)6.2	(e)9.4	Érythrée (3)
_	_	22.6	3.1	25.0	16.1	(e)23.4	3.4	33.9	25.1	(e)27.4	Éthiopie
9.6	6.0	17.1	0.1	13.3	15.0	9.9	22.2	10.2	0.4	12.5	Kenya
(b)10.6	(b)6.1	(b)15.0	(b)9.8	(b)12.6	12.6	(e)6.0	12.4	6.5	5.3	(e)0.0	Madagascar*
6.7	-0.6	16.7	1.1	17.2	15.8	(e)8.2	11.7	-2.8	20.5	(e)4.5	Malawi
5.2	4.1	9.0	1.3	8.6	5.6	5.5	17.4	4.0	0.8	3.9	Maurice
(e)9.5	1.2	(e)15.9	11.4	17.8	(e)13.1	(e)19.2	(e)37.2	37.6	16.2	-13.4	Mozambique
(b)7.8	-1.6	(b)23.5	-1.8	(b)10.8	(e)29.5	(e)12.8	42.5	12.8	0.1	(e)6.8	Rwanda
9.3	9.6	11.6	7.3	10.5	6.7	3.4	6.6	2.0	1.2	5.6	Seychelles
(e)12.6	(e)18.3	(e)9.4	(e)4.5	(e)12.3	(e)3.8	(e)10.0	(e)42.9	(e)0.0	(e)8.3	(e)0.0	Somalie (4)
13.4	21.3	15.8	6.8	5.8	18.3	5.1	20.7	7.3	-3.7	1.0	Ouganda
(e)9.0	0.1	(e)20.4	-0.1	17.0	(e)18.6	(e)10.8	37.1	5.1	6.8	(e)2.2	République-Unie de Tanzanie
(b)10.2	-1.0	(b)20.8	4.3	24.6	(b)13.9	16.4	34.9	22.7	15.4	-6.1	Zambie (5)
(e)1.3	2.3	(e)7.6	-9.9	(e)5.5	(e)9.7	(e)1.8	(e)15.8	(e)0.0	-2.3	(e)-2.3	Zimbabwe
11.8	*3.4*	*21.1*	*3.7*	*19.6*	*19.5*	*10.4*	*24.6*	*10.6*	*6.6*	*2.8*	*Afrique centrale*
15.4	7.8	24.1	14.3	23.0	21.2	14.2	21.4	17.2	11.1	7.5	Angola*(6)
8.5	1.9	14.5	4.0	12.1	13.3	(e)6.1	32.5	-4.2	2.1	(e)5.0	Cameroun*(7)
(e)3.7	0.2	(e)12.5	-6.0	9.1	(e)11.3	(e)-5.3	(e)3.3	(e)3.2	(e)-21.9	(e)1.9	République centrafricaine*(7)
(e)13.9	4.0	(e)16.7	-2.2	17.9	(e)18.4	(e)14.6	(e)37.5	(e)6.1	(e)14.3	(e)7.5	Tchad*(6)
(b)9.0	(b)2.8	(b)24.4	(b)-10.7	(b)20.1	(e)21.8	(e)11.2	(e)25.2	9.6	10.3	(e)2.5	Congo*(7)
(e)8.5	-5.8	(e)22.1	-7.7	33.2	(e)11.2	(e)9.4	(e)22.2	(e)10.9	(e)3.3	(e)4.8	Rép. dém. du Congo*
(e)28.0	29.1	(e)29.6	24.5	21.4	(e)33.2	(e)5.3	(e)25.0	(e)15.4	(e)-6.7	(e)-7.1	Guinée équatoriale (6)
6.4	2.2	12.8	0.0	9.4	14.8	(e)0.6	22.9	-1.0	6.9	(e)-22.9	Gabon*(8)
7.9	-0.7	17.3	5.0	12.0	17.2	10.0	19.2	-1.8	15.8	11.6	Sao Tomé-et-Principe*
8.5	*4.3*	*16.3*	*1.5*	*13.1*	*15.6*	*6.1*	*7.2*	*14.9*	*-0.2*	*2.3*	*Afrique septentrionale*
8.4	0.6	18.1	-1.1	18.1	17.4	9.2	16.7	6.6	9.2	6.0	Algérie*
(b)9.1	(b)7.9	(b)17.7	(b)5.6	(b)8.0	(e)18.9	(e)4.9	11.3	17.5	-15.8	(e)15.8	Égypte
3.6	-1.9	14.7	-8.2	10.6	25.4	(e)14.6	(e)-54.7	(e)175.0	(e)22.7	(e)-29.6	Libye
(b)9.4	(b)5.5	15.3	2.6	13.9	11.7	5.5	25.1	1.4	0.7	1.4	Maroc*
15.5	9.8	22.9	3.3	32.0	7.7	_	-8.1				Soudan (...2011) (9)
_	_	_	_	_	_	_	_	_	7.5	-7.1	Soudan
7.4	5.2	11.2	2.1	9.5	10.8	2.4	7.8	2.2	-0.8	2.3	Tunisie
8.5	*5.3*	*14.7*	*-1.5*	*17.7*	*7.0*	*4.8*	*27.1*	*2.9*	*-1.2*	*-2.8*	*Afrique australe*
5.5	1.9	12.5	3.5	12.5	13.5	(e)6.9	28.6	10.4	-6.0	(e)2.7	Botswana*
(e)4.7	2.0	(e)11.7	-7.0	15.6	(e)9.3	(e)-2.1	(e)8.7	(e)4.0	(e)-15.4	(e)0.4	Lesotho
(e)7.2	3.9	(e)15.3	-1.1	(e)12.6	(e)17.7	(e)7.6	(e)18.4	10.1	(e)1.4	(e)3.2	Namibie
(b)9.0	(b)5.8	15.1	(b)-1.8	18.4	6.4	(e)4.9	28.5	2.2	(e)-0.6	(e)-3.5	Afrique du Sud
(e)5.5	5.1	(e)6.4	0.7	(e)15.4	(e)-0.6	(e)-5.6	(e)-0.5	(e)-5.2	(e)-8.4	(e)-6.7	Swaziland
9.1	*3.6*	*17.8*	*2.4*	*15.6*	*13.0*	*7.4*	*23.4*	*1.9*	*9.3*	*-1.4*	*Afrique occidentale*
9.4	9.7	15.9	-1.4	11.6	16.0	(e)7.8	3.6	(e)10.4	(e)31.9	(e)-20.0	Bénin*
(e)8.5	3.6	(e)14.2	5.4	(e)18.1	(e)9.8	(e)18.3	17.5	(e)33.0	(e)21.9	(e)-4.4	Burkina Faso
9.1	6.0	15.0	-1.0	16.3	10.6	-1.9	27.6	-19.2	-5.2	6.1	Cabo Verde (10)
7.3	3.5	14.3	-2.0	20.0	6.4	(e)13.5	-14.4	45.4	27.8	(e)-13.0	Côte d'Ivoire*
1.6	0.2	8.6	-2.7	9.6	2.7	(e)5.6	19.5	11.6	-7.8	(e)5.6	Gambie (11)
(e)10.4	(e)9.1	16.3	11.5	11.7	13.2	7.1	45.0	12.2	-0.9	-17.2	Ghana
(e)2.8	-3.0	(e)9.6	-5.7	(e)6.5	(e)9.3	(e)7.6	49.9	7.0	(e)-6.8	(e)-3.3	Guinée*
(b)3.9	-4.1	(b)17.2	-15.7	(b)14.1	10.5	(e)0.1	22.2	(e)-25.0	(e)0.0	(e)26.7	Guinée-Bissau
(b)0.3	(e)3.2	(b)10.4	(e)2.6	(b)-7.5	15.8	9.1	47.1	-3.8	14.4	-9.0	Libéria*
9.5	4.7	15.8	1.3	13.8	16.5	(e)4.3	-2.2	3.3	(e)9.7	(e)4.6	Mali*
9.6	3.1	18.4	-0.8	25.7	7.6	(e)8.9	27.5	26.8	-2.7	(e)-12.4	Mauritanie*
(e)9.2	0.8	(e)21.3	0.7	(e)20.2	(e)24.7	(e)-2.7	(e)-11.5	(e)-13.2	(e)6.3	(e)11.4	Niger*
10.4	3.1	21.1	3.3	16.4	15.0	(e)6.3	(e)26.6	(e)-8.9	(e)9.8	(e)7.1	Nigéria
(e)6.2	(e)8.8	(e)7.3	(e)8.6	(e)6.5	(e)-5.1	(e)-7.0	(e)-8.6	(e)-8.6	(e)-4.1	(e)-7.0	Sainte-Hélène
(b)9.3	3.9	(b)14.5	2.6	(b)17.8	(b)7.7	(e)8.1	23.6	8.9	3.5	(e)-0.3	Sénégal (12)
8.5	-4.2	15.2	-6.3	17.6	15.6	(e)14.5	122.9	-6.6	11.0	(e)-16.4	Sierra Leone*
(b)8.1	(b)5.5	(b)13.0	(b)-1.9	(e)14.8	10.5	(e)12.9	30.0	8.8	12.0	(e)5.0	Togo*

Pour les sources et les notes, se reporter à la fin du tableau 1.3.

Region, country or territory	Exports (f.o.b) - Exportations (f.a.b.) Percentage										
	90-10	90-00	00-10	95-00	00-05	05-10	10-14	2011	2012	2013	2014
Developing economies: America	**10.1**	**10.5**	**11.3**	**8.3**	**10.0**	**6.7**	**4.2**	**24.6**	**1.1**	**-0.5**	**-2.3**
Caribbean	*6.1*	*4.0*	*6.9*	*6.1*	*6.8*	*-2.1*	*2.0*	*47.9*	*-13.1*	*-4.2*	*-1.8*
Anguilla (4)	(e)18.8	(e)26.6	18.6	26.6	27.3	3.7	(e)21.3	29.5	(e)29.5	(e)12.2	(e)15.6
Antigua and Barbuda	2.0	0.6	2.4	-0.4	10.4	-10.8	5.8	22.8	12.1	7.6	-18.5
Aruba (13)	7.2	16.6	-5.4	6.1	12.6	-37.9	-27.0	1857.4	-73.2	-80.0	-15.1
Bahamas (14)	(b)9.0	(b)8.5	6.6	30.3	0.2	4.3	5.3	18.7	18.1	-3.0	-11.1
Barbados	4.6	3.9	7.5	1.0	4.8	-0.2	-0.1	10.8	18.9	-19.0	-4.9
Bonaire, Sint Eustatius and Saba	–	–	–	–	–	–	–	–	(e)-25.3	(e)-33.9	(e)-51.3
British Virgin Islands (15)	(e)7.8	(e)15.1	(e)3.8	(e)6.9	(e)5.1	(e)1.4	(e)0.8	(e)1.9	(e)3.9	(e)-2.5	(e)0.0
Cayman Islands (15)	(e)1.2	(e)1.8	(e)0.2	(e)-4.7	(e)22.7	(e)-21.8	(e)18.5	(e)63.1	(e)-6.1	(e)48.8	(e)-13.4
Cuba*	(b)3.2	(b)-5.9	12.5	-2.4	8.4	11.1	-0.4	31.1	-8.4	-5.6	-6.8
Curaçao									2.1	-25.7	(e)2.2
Dominica*	-2.1	0.6	-3.0	3.7	-4.1	-3.3	3.7	-21.3	23.4	6.3	1.5
Dominican Republic (16)	5.3	9.9	2.2	8.6	2.2	-0.4	(b)9.4	25.7	6.8	6.4	(b)2.8
Grenada*	1.9	6.3	-5.4	19.2	-9.8	-0.5	(e)10.2	25.4	10.5	8.7	(e)-1.6
Haiti	10.5	12.2	8.2	31.7	9.7	3.9	11.2	32.4	6.3	8.6	3.6
Jamaica	2.3	2.1	4.1	-2.4	3.8	-5.0	1.5	22.2	5.5	-0.3	-7.5
Montserrat*	-1.1	-2.4	8.2	-18.7	21.5	4.9	37.3	121.4	-26.4	232.9	-42.6
Netherlands Antilles*(17)	(b)-4.2	-0.4	(b)-9.4	4.5	(b)-26.7	6.9	–	–	–	–	–
Saint Kitts and Nevis*	2.8	1.8	1.0	9.1	3.2	-0.3	(e)4.6	40.2	(e)2.5	(e)-10.9	(e)2.4
Saint Lucia*	(e)0.3	-11.1	(e)18.2	-15.1	12.5	(e)26.6	(e)-5.0	-25.4	14.0	-4.4	(e)-8.8
Saint Vincent and the Grenadines*	-2.4	-5.3	1.4	2.1	-3.3	3.0	5.6	-7.4	12.0	14.1	-2.0
Sint Maarten (Dutch part)									3.0	35.4	(e)-26.5
Trinidad and Tobago*	12.6	6.8	14.7	8.9	17.9	-1.4	(e)1.2	36.1	-13.1	-1.6	(e)-1.4
Turks and Caicos Islands (4)	(e)10.8	-	11.2	-	12.8	3.9	(e)16.6	(e)25.0	(e)25.0	(e)6.5	(e)12.4
Central America	*11.0*	*16.0*	*7.6*	*14.4*	*6.0*	*4.6*	*6.6*	*17.9*	*6.0*	*1.8*	*3.9*
Belize	(b)7.5	5.2	(b)9.8	4.2	(b)13.1	5.4	4.4	26.2	3.9	-3.0	-3.1
Costa Rica*	(b)9.3	(b)17.0	7.1	13.9	5.1	5.0	4.7	10.2	9.8	1.5	-3.0
El Salvador (18)	(b)10.2	(b)19.2	4.9	11.8	3.6	4.8	3.6	18.0	0.6	2.8	-4.0
Guatemala (19)	(b)11.1	10.2	(b)12.4	6.5	(b)17.5	8.7	4.7	22.9	-4.1	0.5	8.0
Honduras (20)	10.6	15.3	6.6	13.2	8.7	2.6	5.0	27.3	4.8	-6.6	3.4
Mexico	10.9	16.1	7.0	14.7	5.3	4.3	6.8	17.2	6.0	2.5	4.6
Nicaragua (21)	14.0	11.9	14.9	11.0	13.9	12.6	11.2	27.1	13.4	2.3	6.9
Panama*(22)	(b)19.8	9.4	(b)39.7	7.4	(b)35.6	(b)9.5	(e)3.9	32.5	(e)11.4	(e)-9.0	(e)-10.6
South America	*9.9*	*7.3*	*14.9*	*3.4*	*14.3*	*8.8*	*2.8*	*27.8*	*-1.0*	*-1.7*	*-6.4*
Argentina*	9.0	10.1	11.8	3.1	9.2	10.2	0.8	23.3	-4.5	1.8	-11.9
Bolivia (Plurinational State of)	11.3	4.3	21.2	0.8	18.5	15.8	17.7	30.6	34.6	3.6	5.2
Brazil	9.9	5.9	15.5	2.4	17.1	9.5	1.6	26.8	-5.3	-0.2	-7.0
Chile*	11.6	9.4	17.4	2.6	17.8	7.4	0.6	14.5	-4.5	-1.7	-1.0
Colombia	9.2	7.4	14.6	4.3	10.1	12.9	7.0	43.3	5.6	-2.2	-6.8
Ecuador	9.9	6.8	16.5	0.5	16.4	9.8	9.2	27.6	6.5	4.6	3.6
Falkland Islands (Malvinas) (4)	(e)14.4	(e)27.1	(e)7.6	(e)24.2	(e)13.8	(e)2.6	(e)1.7	(e)5.9	(e)11.1	(e)-15.0	(e)11.8
Guyana*	4.7	8.7	6.3	-0.1	3.5	9.8	7.9	28.3	25.4	-2.8	-15.1
Paraguay	(b)10.3	(b)14.1	12.5	0.4	7.4	15.6	10.4	19.3	-6.3	29.7	2.4
Peru*	13.2	8.7	20.6	3.2	20.6	12.4	1.0	29.5	2.2	-10.4	-7.4
Suriname	(e)8.7	(e)0.4	18.7	-7.4	23.0	13.1	0.9	21.8	9.2	-11.2	-10.4
Uruguay	6.4	5.2	14.0	0.7	9.7	13.9	7.8	17.7	10.1	4.1	1.1
Venezuela (Bolivarian Rep. of)	9.4	6.1	12.2	7.1	11.3	2.1	(e)3.7	41.2	4.9	-8.6	(e)-9.5
Developing economies: Asia	**11.3**	**9.5**	**14.8**	**5.5**	**15.1**	**9.7**	**7.3**	**22.9**	**4.6**	**3.9**	**1.8**
Eastern Asia	*11.7*	*10.0*	*15.3*	*5.4*	*16.4*	*10.1*	*7.9*	*18.4*	*5.4*	*6.4*	*4.0*
China	18.2	14.5	22.4	10.0	26.7	13.5	9.9	20.3	7.9	7.8	6.0
China, Hong Kong SAR	7.0	8.3	8.0	1.7	8.8	5.0	7.2	13.7	8.2	8.6	-2.1
China, Macao SAR	-0.4	3.8	-8.2	4.3	1.6	-21.4	10.3	0.0	17.5	11.5	9.1
China, Taiwan Province of	6.7	7.4	7.6	4.5	7.6	4.0	2.6	12.3	-2.3	1.4	2.7
Korea, Dem. People's Rep. of	(e)2.5	(e)-9.2	(e)12.7	(e)-8.5	(e)13.9	(e)13.3	(e)7.3	(e)45.0	(e)6.7	(e)-3.0	(e)-6.6
Korea, Republic of (23)	10.1	10.1	12.5	5.5	12.9	8.7	4.3	19.0	-1.3	2.1	2.3
Mongolia	9.9	1.5	21.2	1.8	15.8	18.5	13.4	66.2	-9.0	-2.6	35.3
Southern Asia	*11.4*	*6.5*	*17.4*	*5.3*	*16.0*	*13.0*	*4.1*	*31.2*	*-7.1*	*0.4*	*3.3*
Afghanistan	4.2	-5.7	19.9	-0.2	33.1	0.4	11.4	-3.3	14.1	20.1	10.8
Bangladesh (24)	12.4	15.7	12.9	11.6	8.8	14.0	11.6	27.3	2.8	15.9	4.4
Bhutan	12.7	7.0	24.4	1.0	20.1	14.8	(e)-4.9	5.2	-20.7	1.6	(e)2.1
India (25)	13.7	9.5	20.1	5.3	19.3	16.3	7.7	33.8	-2.0	6.1	2.1
Iran (Islamic Republic of)*	10.2	1.3	17.3	5.0	15.3	9.8	(e)-7.1	(e)30.3	(e)-21.2	(e)-20.7	(e)7.6
Maldives	(b)7.4	(b)4.4	8.0	4.9	10.9	1.5	10.0	75.4	-9.2	5.3	-1.7
Nepal	7.0	10.7	2.7	17.8	1.9	-0.1	0.3	7.4	-0.9	-3.5	1.2
Pakistan	6.5	4.3	9.6	0.8	12.7	4.9	2.8	18.6	-3.2	2.3	-1.6
Sri Lanka	7.1	11.3	6.3	6.4	4.1	5.3	5.6	19.0	-8.4	8.8	10.6

For sources and notes, see end of table 1.3.

1.2 Taux d'évolution annuels moyens des exportations et des importations des marchandises

90-10	90-00	00-10	95-00	00-05	05-10	10-14	2011	2012	2013	2014	Régions, pays ou territoires
9.5	**12.1**	**10.8**	**8.5**	**6.4**	**9.0**	**5.8**	**22.5**	**3.6**	**2.6**	**-1.3**	**Économies en développement : Amérique**
7.5	*8.2*	*7.7*	*9.1*	*4.9*	*3.1*	*1.6*	*26.5*	*-5.5*	*-1.7*	*-4.5*	*Caraïbes*
(e)10.2	(e)13.0	12.4	13.0	7.4	0.6	(e)-7.1	-2.9	(e)-2.9	(e)-12.6	(e)-8.9	Anguilla (4)
4.2	4.4	5.2	3.5	4.8	-1.4	1.5	-14.1	14.4	2.2	-0.6	Antigua-et-Barbuda
6.8	10.0	1.9	5.9	12.0	-19.1	-14.3	324.4	-65.5	-33.3	-1.1	Aruba (13)
(b)5.8	(b)7.7	5.1	10.3	1.6	1.2	5.5	14.5	14.2	-6.5	3.3	Bahamas (14)
6.0	7.2	5.1	8.6	7.6	-1.4	1.8	15.0	-1.4	-1.2	-1.1	Barbade
								(e)9.2	(e)8.4	(e)7.7	Bonaire, Saint-Eustache et Saba
(e)6.1	(e)7.8	(e)5.2	(e)10.9	(e)5.3	(e)1.2	(e)1.3	(e)6.7	(e)-3.1	(e)3.2	(e)0.0	Îles Vierges britanniques (15)
(e)7.6	(e)8.7	(e)5.2	(e)11.1	(e)12.3	(e)-6.6	(e)3.5	(e)10.0	(e)-0.1	(e)2.1	(e)5.0	Îles Caïmanes (15)
(b)9.7	(b)7.4	12.8	11.1	9.3	5.6	3.0	23.9	-2.6	6.5	-11.2	Cuba*
								5.9	-14.2	(e)-3.3	Curaçao
4.0	3.5	7.0	4.3	2.7	7.9	(e)-2.8	1.0	-7.9	-2.6	(e)1.0	Dominique*
7.9	12.0	6.7	12.7	-0.8	7.2	(b)1.9	12.4	1.9	-4.9	(b)2.5	République dominicaine (16)
6.6	8.5	5.0	13.0	6.3	-1.0	(e)2.3	5.5	1.7	8.0	(e)-7.7	Grenade*
11.8	14.4	11.1	11.5	7.4	15.3	(e)4.0	-4.0	5.0	7.4	(e)5.8	Haïti
6.8	7.1	7.7	2.0	6.8	1.0	1.9	23.2	-1.7	-1.8	-6.1	Jamaïque
-0.6	-6.3	4.2	-8.5	8.6	0.4	8.2	13.9	10.5	13.9	-7.8	Montserrat*
(b)1.5	1.3	(b)0.3	3.2	(b)-8.9	6.4						Antilles néerlandaises*(17)
5.7	5.7	5.4	6.0	0.7	5.7	0.4	-8.6	-8.5	10.3	10.0	Saint-Kitts-et-Nevis*
4.4	2.3	7.6	3.2	6.9	3.6	(e)-3.7	5.2	-7.6	-7.1	(e)-0.8	Sainte-Lucie*
5.4	3.9	8.9	6.5	7.9	7.3	2.5	-1.8	7.3	3.9	-2.2	Saint-Vincent-et-les Grenadines*
								4.7	20.4	(e)-4.8	Saint-Martin (partie néerlandaise)
11.0	12.1	10.1	12.2	11.2	3.1	(e)2.2	46.8	-4.7	-2.1	(e)-15.6	Trinité-et-Tobago*
(e)13.0	-	13.5	-	13.9	-2.4	(e)-4.7	(e)4.6	(e)-2.1	(e)-11.1	(e)-7.5	Îles Turques et Caïques (4)
10.3	*13.9*	*7.5*	*17.2*	*5.9*	*4.4*	*6.5*	*17.7*	*5.2*	*2.2*	*4.2*	*Amérique centrale*
7.0	5.9	4.3	14.4	2.0	3.2	8.5	17.8	3.6	7.7	8.2	Belize
(b)10.2	(b)13.9	9.2	10.9	8.7	5.1	5.9	19.5	8.5	2.4	-4.6	Costa Rica*
(b)9.7	(b)14.0	6.7	8.2	6.8	3.3	5.4	18.4	2.9	5.0	-2.4	El Salvador (18)
(b)11.8	11.6	(b)10.5	10.7	(b)15.9	3.9	6.3	20.1	2.3	3.1	4.3	Guatemala (19)
12.9	16.8	9.9	16.9	10.8	5.1	4.3	24.9	2.2	-3.7	1.1	Honduras (20)
10.1	14.1	6.7	18.4	4.9	4.0	6.7	16.4	5.4	2.8	5.3	Mexique
10.7	11.6	12.0	13.8	10.5	9.0	8.3	32.6	6.7	-1.3	3.9	Nicaragua (21)
(b)12.1	8.7	(b)23.5	6.8	(b)18.1	(b)11.2	(e)4.8	30.3	(e)4.7	(e)-4.5	(e)-2.7	Panama*(22)
9.1	*11.0*	*15.2*	*0.7*	*7.3*	*14.7*	*5.7*	*25.9*	*3.4*	*3.3*	*-5.1*	*Amérique du Sud*
7.7	16.8	14.6	4.0	4.0	12.3	2.7	30.9	-8.5	8.3	-11.3	Argentine*
8.5	9.7	14.3	4.5	4.7	18.2	15.1	41.8	8.2	8.9	11.6	Bolivie (État plurinational de)
9.8	12.6	14.9	0.2	5.3	18.3	5.1	23.7	-1.5	7.4	-4.6	Brésil
9.6	10.2	15.2	0.5	12.2	10.8	4.7	26.2	7.2	-1.0	-8.9	Chili*
(b)9.1	(b)9.6	15.3	-4.8	11.9	12.5	10.6	34.0	8.9	0.6	7.8	Colombie
11.7	7.7	17.5	-3.6	20.1	13.5	7.3	18.7	4.3	6.6	2.2	Équateur
(e)4.9	(e)8.0	(e)3.1	(e)2.4	(e)4.8	(e)5.6	(e)11.2	(e)80.0	(e)-27.8	(e)0.0	(e)53.8	Îles Falkland (Malvinas) (4)
6.3	5.8	10.8	-1.2	5.7	11.7	5.6	26.7	12.8	-6.1	-5.1	Guyana*
8.1	7.0	19.4	-9.2	11.5	20.6	3.7	23.2	-6.6	5.1	0.2	Paraguay
10.8	12.2	17.5	-1.7	11.1	18.1	8.6	25.7	12.0	2.6	-2.3	Pérou*
5.5	0.9	12.9	-2.2	16.1	7.7	10.7	17.2	21.7	9.0	-7.4	Suriname
6.9	10.1	14.3	2.9	2.1	17.2	6.8	24.4	8.6	-0.1	-1.4	Uruguay
(e)8.0	5.3	(e)15.3	7.0	3.9	(e)9.4	(e)3.9	(e)23.1	(e)26.5	(e)-10.4	(e)-18.6	Venezuela (Rép. bolivarienne du)
10.4	**8.3**	**14.7**	**2.0**	**15.2**	**10.5**	**6.8**	**22.3**	**4.4**	**4.3**	**-0.1**	**Économies en développement : Asie**
11.1	*9.2*	*14.5*	*3.2*	*15.7*	*10.3*	*7.0*	*21.9*	*3.4*	*6.1*	*0.1*	*Asie orientale*
17.5	13.0	20.9	9.5	26.5	14.2	8.2	24.9	4.3	7.2	0.5	Chine
6.9	8.5	8.4	-0.1	8.0	6.3	8.5	15.7	8.3	12.3	-3.3	Chine (RAS de Hong Kong)
7.1	2.9	8.9	3.6	11.8	2.3	(e)18.1	40.8	13.3	(e)14.1	(e)11.2	Chine (RAS de Macao)
7.0	8.6	7.9	4.9	8.3	3.6	1.3	12.0	-3.9	-0.2	1.5	Province chinoise de Taiwan
(e)3.5	(e)-7.0	(e)8.2	(e)1.0	(e)9.3	(e)4.9	(e)4.9	(e)23.8	(e)10.4	(e)-3.6	(e)-6.5	Corée, Rép. populaire dém. de
9.1	7.1	12.6	-0.7	12.1	8.2	4.1	23.3	-0.9	-0.8	1.9	Corée, République de (23)
10.9	0.8	20.5	7.4	14.8	21.1	9.4	101.3	2.1	-5.6	-17.6	Mongolie
11.6	*4.6*	*20.7*	*4.2*	*20.7*	*15.4*	*4.7*	*26.5*	*3.2*	*-4.5*	*1.5*	*Asie méridionale*
13.6	5.5	11.2	20.6	13.1	12.9	11.7	26.4	39.2	-3.8	-11.4	Afghanistan
10.6	11.3	13.3	5.7	9.9	14.2	9.0	30.2	-5.6	8.5	14.0	Bangladesh (24)
11.9	7.9	16.3	9.8	20.4	14.4	(e)-2.4	22.2	-5.0	-8.3	(e)-10.9	Bhoutan
15.6	10.1	24.6	7.9	23.5	18.4	5.8	32.6	5.4	-5.0	-0.5	Inde (25)
6.1	-6.4	16.4	-1.7	23.6	10.1	(e)-7.0	-5.6	-7.6	(e)-14.2	(e)4.1	Iran (République islamique d')*
11.3	11.8	14.2	8.1	15.1	6.7	14.7	34.3	6.1	11.5	14.9	Maldives
9.0	9.3	14.1	1.6	8.6	18.3	9.5	12.5	5.0	8.3	15.1	Népal
8.4	3.1	16.8	-2.8	19.0	7.2	4.9	16.4	0.3	1.1	6.7	Pakistan
7.4	8.9	9.2	3.5	7.9	6.7	6.3	50.0	-5.3	-6.2	7.9	Sri Lanka

Pour les sources et les notes, se reporter à la fin du tableau 1.3.

1.2 Annual average growth rates of merchandise exports and imports

Region, country or territory	Exports (f.o.b) - Exportations (f.a.b.) Percentage										
	90-10	90-00	00-10	95-00	00-05	05-10	10-14	2011	2012	2013	2014
South-Eastern Asia	*9.6*	*11.2*	*11.1*	*4.6*	*10.3*	*7.9*	*4.6*	*18.0*	*1.1*	*1.5*	*1.8*
Brunei Darussalam*	8.3	2.4	11.0	7.0	10.6	5.6	2.5	39.9	4.3	-12.0	-8.2
Cambodia (6)	19.8	26.8	14.5	12.7	18.6	9.2	(e)19.8	30.3	16.9	18.0	(e)16.8
Indonesia (...2002)	–	(b)8.7	–	(b)5.3	–						
Indonesia						10.8	1.1	28.7	-6.6	-3.9	-3.4
Lao People's Dem. Rep.*	12.1	15.4	19.8	0.6	9.2	20.2	(e)9.1	25.4	3.7	-0.3	(e)17.1
Malaysia (26)	9.1	12.2	8.9	4.6	9.0	5.1	3.4	14.8	-0.2	0.3	2.5
Myanmar	17.4	14.4	17.3	14.2	12.2	16.7	7.0	6.7	-3.9	26.5	-1.8
Philippines	9.7	18.6	3.8	18.0	3.1	1.3	5.5	-6.2	7.9	8.8	9.5
Singapore (27)	(b)9.3	9.9	(b)12.0	1.1	(b)13.0	6.6	3.1	16.4	-0.3	0.5	-0.1
Thailand*	10.0	10.5	12.6	3.2	11.2	10.2	3.6	15.1	2.9	-0.3	-0.4
Timor-Leste (28)	–	–	–	–	–	12.1	(e)6.1	-19.5	133.2	-47.9	(e)24.6
Viet Nam	20.0	22.7	19.4	19.7	18.4	16.5	19.4	34.2	18.2	15.3	14.0
Western Asia	*12.4*	*6.6*	*17.7*	*7.7*	*18.2*	*9.6*	*9.7*	*39.7*	*10.9*	*1.1*	*-4.5*
Bahrain (6)	8.5	3.5	12.2	4.5	10.7	6.0	(e)7.1	31.3	0.6	5.9	(e)-2.2
Iraq*	27.9	31.1	17.4	118.8	4.4	16.8	(e)10.9	58.6	13.4	-4.9	(e)-5.7
Jordan	10.7	6.6	14.9	1.0	17.9	10.2	(e)3.0	13.9	-1.5	0.3	(e)3.8
Kuwait*	15.7	16.5	19.2	3.2	19.3	7.2	(e)9.6	45.9	16.5	-3.3	(e)-9.4
Lebanon (29)	(b)13.7	4.1	(b)20.6	0.6	(b)27.1	16.1	-2.9	12.8	-0.9	-8.0	-12.0
Oman	11.0	5.8	14.8	8.2	9.3	13.8	9.7	28.7	10.7	8.2	-5.7
Qatar*	18.4	10.7	23.9	23.0	18.1	21.6	13.9	52.7	16.2	2.9	-3.7
Saudi Arabia*(30)	10.7	3.1	16.5	3.5	19.8	4.9	7.4	45.2	6.5	-3.2	-5.9
State of Palestine	(e)2.5	(e)1.1	7.6	1.1	-1.5	11.5	(e)23.3	31.9	(e)31.9	(e)14.2	(e)16.8
Syrian Arab Republic*	(b)8.3	0.9	(b)11.9	1.7	(b)12.3	6.5	(e)-41.8	(e)-14.0	(e)-63.6	(e)-50.0	(e)0.0
Turkey*	12.8	9.1	17.4	4.9	23.0	8.7	8.0	18.5	13.0	-0.4	3.8
United Arab Emirates	(b)13.3	(b)7.1	(e)19.7	7.6	20.1	(e)12.5	(e)13.5	(e)41.1	(e)15.6	(e)8.6	(e)-5.0
Yemen*	(e)14.3	20.6	(e)9.4	8.7	6.7	(e)5.4	(e)-1.8	(e)19.8	(e)-14.4	(e)0.0	(e)-3.6
Developing economies: Oceania	*5.0*	*6.2*	*7.6*	*-0.7*	*7.2*	*3.7*	*0.7*	*20.4*	*-5.0*	*-7.3*	*3.7*
American Samoa*(31)	(e)1.1	1.4	(e)0.2	4.3	4.6	(e)-1.3	(e)6.2	(e)-6.3	(e)50.0	(e)-13.3	(e)-2.6
Cook Islands	0.8	0.4	-7.7	11.9	-5.7	-2.8	(e)49.6	-39.3	70.0	99.2	(e)97.7
Fiji	2.5	3.1	4.1	-3.1	5.7	2.4	10.7	27.1	14.1	-9.2	23.9
French Polynesia*	1.2	9.2	-1.9	2.2	-0.5	-8.6	1.1	9.7	-17.3	9.1	12.3
Guam (4)	(e)-2.3	(e)-0.5	0.6	-1.7	-6.5	-1.7	-1.6	-4.9	6.4	-1.9	-8.8
Kiribati	0.8	4.2	7.1	-6.2	-3.0	-2.3	(e)4.1	120.8	-32.4	14.8	(e)-19.1
Marshall Islands	5.9	4.1	9.1	-21.2	20.4	5.2	(e)17.5	55.1	18.0	(e)4.9	(e)4.8
Micronesia (Federated States of)	4.2	9.8	0.8	1.6	-5.5	11.2	(e)-6.6	142.3	-28.4	-33.5	(e)-10.6
Nauru (4)	(e)-4.4	(e)-5.4	(e)10.9	(e)1.4	(e)-27.1	(e)85.1	(e)-8.5	(e)40.0	(e)35.7	(e)-26.3	(e)-54.3
New Caledonia*	7.6	2.4	12.4	-1.2	18.6	0.4	-1.8	11.4	-20.2	-7.5	29.7
Niue	(e)-1.0	9.9	(e)-13.2	-7.1	-1.5	(e)-55.9	(e)0.0	(e)0.0	(e)0.0	(e)0.0	(e)0.0
Northern Mariana Islands (4)	(e)-18.1	(e)19.7	(e)-38.5	(e)20.3	(e)-6.5	(e)-66.0	(e)-10.8	(e)-60.0	(e)100.0	(e)0.0	(e)-50.0
Palau (4)	(e)-3.1	(e)-4.6	(e)-7.1	(e)-8.1	-8.8	(e)-17.1	(e)1.6	(e)0.0	(e)50.0	(e)-22.2	(e)-14.3
Papua New Guinea	5.9	3.6	14.0	-6.2	10.9	9.5	(e)-1.7	20.3	-8.4	-6.0	(e)-4.7
Samoa (29)	(b)17.5	(b)20.0	(b)-0.8	(b)41.2	(b)7.7	-6.7	(e)-0.2	-5.7	14.8	-18.4	(e)15.9
Solomon Islands*	2.0	2.3	16.3	-14.5	13.6	15.4	15.8	86.9	19.5	-10.4	0.4
Tokelau (4)	-	..	(e)-24.0	..	(e)-42.0	(e)-19.8	(e)9.6	(e)60.7	(e)-16.9	(e)19.4	(e)-0.4
Tonga	-1.9	-3.8	-2.6	-6.8	9.7	-4.0	(e)21.5	74.3	8.3	10.1	(e)16.6
Tuvalu	(e)-0.3	-15.3	(e)30.0	-23.5	54.4	(e)48.7	(e)0.0	(e)0.0	(e)0.0	(e)0.0	(e)0.0
Vanuatu	4.8	4.8	11.5	-2.7	12.2	5.5	-0.5	38.1	-18.7	-29.6	62.9
Wallis and Futuna Islands (4)	(e)-10.3	..	(e)-10.3	..	(e)-1.6	(e)0.2	(e)6.5	(e)-35.7	(e)66.7	(e)-10.3	(e)16.6
Transition economies	*12.2*	*6.4*	*18.5*	*1.8*	*20.0*	*9.4*	*4.6*	*33.1*	*1.5*	*-1.8*	*-5.5*
Albania	14.5	9.0	20.1	9.7	21.9	16.8	11.5	26.3	0.9	18.5	4.3
Armenia*	–	–	12.2	-0.9	27.6	-2.5	9.6	31.9	3.4	7.1	2.7
Azerbaijan (32)	–	–	38.6	18.6	29.0	25.8	0.5	30.3	-5.4	-2.9	-10.9
Belarus	–	–	16.4	6.5	18.6	8.4	6.4	63.8	11.2	-19.2	-2.2
Bosnia and Herzegovina*(33)	–	–	20.6	(e)41.8	18.7	12.7	3.9	21.8	-11.8	10.2	3.6
Georgia	–	–	20.0	12.5	23.3	12.4	14.5	30.5	8.5	22.4	-1.6
Kazakhstan*(34)	–	–	25.8	7.0	27.8	14.0	5.5	40.6	2.5	-2.0	-7.6
Kyrgyzstan	–	–	16.8	2.0	8.3	22.3	-2.2	12.7	-4.3	-5.5	-7.9
Montenegro	–	–	–	–	–	–	-1.9	43.7	-25.3	5.5	-9.7
Republic of Moldova	–	–	12.6	-11.4	18.9	7.4	9.7	43.8	-2.5	12.3	-3.7
Russian Federation (35)	–	–	17.7	1.6	19.4	8.2	4.5	30.3	1.4	-1.1	-4.9
Serbia and Montenegro*	–	–	–	0.5	(e)24.8	–	–	–	–	–	–
Serbia	–	–	–	–	–		11.0	20.3	-4.7	30.1	1.6
Tajikistan	–	–	7.0	-0.9	5.4	1.0	-2.8	5.1	8.2	-14.6	-7.2
TFYR of Macedonia*	–	–	13.6	1.8	10.5	9.0	7.6	33.6	-10.3	7.1	14.8
Turkmenistan	–	–	(e)13.5	-0.5	14.4	(e)1.7	(e)25.1	(e)100.0	(e)26.9	(e)1.8	(e)4.2
Ukraine	–	–	15.1	(b)-0.7	20.8	7.3	0.4	33.0	0.1	-6.1	-15.8
Uzbekistan	–	–	18.8	-5.3	12.8	21.1	(e)2.1	13.3	-15.4	12.8	(e)5.2

For sources and notes, see end of table 1.3.

Imports (c.i.f.) - Importations (c.a.f.) En pourcentage											Régions, pays ou territoires
90-10	90-00	00-10	95-00	00-05	05-10	10-14	2011	2012	2013	2014	
8.2	8.2	11.5	-1.5	10.8	7.9	6.1	21.1	6.0	1.8	-0.8	**Asie du Sud-Est**
1.9	1.6	9.2	-14.3	5.7	12.1	7.2	43.0	-1.6	1.1	-0.4	Brunéi Darussalam*
(b)18.4	(b)25.2	15.0	11.2	15.0	10.6	(e)18.5	(e)37.0	(e)22.0	(e)12.8	(e)5.5	Cambodge (6)
_	(b)6.3	_	(b)-2.2	_							Indonésie (...2002)
_		_		_	11.1	6.2	31.1	8.0	-2.6	-4.5	Indonésie
9.1	12.7	16.1	-4.3	10.6	17.0	(e)12.4	16.7	27.1	-1.2	(e)9.3	Rép. dém. populaire lao*
7.5	9.5	8.4	-1.6	8.2	5.1	5.9	13.9	4.8	4.8	1.4	Malaisie (26)
11.0	22.6	7.6	14.4	-5.6	20.3	31.5	89.5	2.0	30.9	34.7	Myanmar
(b)7.5	12.5	(b)4.9	2.9	(b)6.9	1.1	3.2	8.9	2.6	-0.4	3.8	Philippines
(b)7.7	7.7	(b)11.4	-1.1	(b)10.0	7.4	3.5	17.7	3.8	-1.8	-1.8	Singapour (27)
7.9	5.0	12.6	-5.9	14.2	7.5	5.4	25.1	8.9	0.5	-9.0	Thaïlande*
_	_	_	_	_	24.5	(e)44.1	29.4	108.3	26.9	(e)11.5	Timor-Leste (28)
20.0	22.9	20.7	10.2	20.6	17.9	14.4	25.8	6.6	16.0	13.0	Viet Nam
11.1	7.3	17.3	4.6	18.1	11.7	8.7	22.2	7.4	8.1	-0.9	**Asie occidentale**
(e)7.1	0.3	(e)12.9	1.6	16.3	(e)4.3	(e)3.8	(e)3.8	(e)0.8	(e)11.9	(e)-3.1	Bahreïn (6)
(e)24.5	30.9	(e)15.1	70.3	13.2	(e)16.6	(e)8.7	8.9	17.6	(e)8.5	(e)-3.3	Iraq*
10.0	5.1	15.8	1.7	18.0	8.4	(e)9.6	21.6	9.6	5.4	(e)4.6	Jordanie
8.1	5.5	13.7	-1.9	17.3	7.1	8.5	10.7	8.6	7.5	7.5	Koweït*
7.6	8.7	12.1	-4.0	9.2	16.0	3.4	12.4	5.8	0.4	-4.0	Liban (29)
9.7	5.8	16.8	2.8	12.3	18.1	(e)13.1	20.3	19.2	24.2	(e)-14.6	Oman
15.7	7.4	28.2	-1.7	23.0	17.4	(e)10.0	28.6	(e)14.4	(e)2.0	(e)-0.9	Qatar*
7.7	0.8	16.2	1.3	15.0	12.5	(e)11.5	23.1	18.2	8.1	(e)-3.1	Arabie saoudite*(30)
(e)4.3	(e)9.2	8.2	9.2	3.5	8.6	(e)11.3	13.5	(e)13.5	(e)8.8	(e)9.5	État de Palestine
(b)9.4	3.6	(b)18.8	-5.8	(b)22.4	10.5	(e)-26.4	(e)-4.3	(e)-56.5	(e)-26.0	(e)24.1	République arabe syrienne*
12.3	10.3	17.0	5.3	21.0	7.5	5.9	29.8	-1.8	6.4	-3.8	Turquie*
(e)14.1	11.7	(e)20.1	5.9	20.7	(e)15.2	(e)12.0	(e)23.0	(e)11.3	(e)11.1	(e)4.4	Émirats arabes unis
9.3	0.6	17.9	5.7	18.2	12.7	(e)8.7	21.7	17.9	(e)0.2	(e)-2.7	Yémen*
5.4	2.2	9.5	-1.0	11.7	5.6	4.2	14.3	1.8	8.4	-7.1	**Économies en développement : Océanie**
1.0	3.0	-1.8	2.3	2.0	-5.5	(e)0.4	-4.5	(e)-1.3	(e)2.9	(e)4.3	Samoa américaines*(31)
4.2	-1.3	7.8	-0.3	12.7	-1.1	(e)6.0	21.3	1.2	1.8	(e)5.4	Îles Cook
5.7	2.7	9.1	-2.6	15.6	0.4	15.4	20.6	3.2	25.4	15.0	Fidji
4.6	0.9	6.4	-1.1	12.5	0.8	0.5	4.1	-5.1	6.4	-2.9	Polynésie française*
(e)6.1	-0.8	(e)9.9	-1.6	17.3	(e)-1.7	(e)4.3	(e)15.8	(e)10.9	(e)-20.5	(e)28.9	Guam (4)
5.7	4.1	6.5	1.7	13.1	0.7	(e)6.0	25.5	18.3	-10.5	(e)-2.2	Kiribati
(e)3.5	0.9	(e)8.9	-4.5	(e)12.2	(e)8.2	(e)4.5	(e)-13.3	(e)7.7	(e)0.0	(e)28.6	Îles Marshall
3.2	1.3	5.1	2.4	4.6	6.0	(e)5.5	12.0	3.0	-3.1	(e)17.2	Micronésie (États fédérés de)
(e)0.6	(e)-9.8	(e)5.1	(e)-7.7	(e)-3.4	(e)-2.5	(e)59.3	(e)50.0	(e)33.3	(e)250.0	(e)-32.1	Nauru (4)
7.2	1.1	15.0	-0.3	16.6	11.6	-1.3	11.6	-12.3	-0.2	2.6	Nouvelle-Calédonie*
(e)3.0	(e)-6.6	(e)19.4	(e)-12.7	(e)54.3	(e)-2.7	(e)14.2	(e)33.3	(e)-12.5	(e)28.6	(e)22.2	Nioué
(e)-5.3	(e)18.7	(e)-19.5	(e)19.3	(e)1.2	(e)-36.5	(e)7.9	(e)0.0	(e)0.0	(e)11.1	(e)25.0	Îles Mariannes du Nord (4)
(e)5.1	(e)16.5	0.2	(e)15.7	-2.3	-1.5	(e)13.9	20.5	9.8	18.8	(e)6.8	Palaos (4)
(e)4.5	-0.8	(e)15.4	-7.2	10.7	(e)16.5	(e)2.7	(e)20.5	(e)12.0	(e)14.1	(e)-34.2	Papouasie-Nouvelle-Guinée
7.1	0.9	11.6	0.4	19.7	2.5	(e)5.3	11.6	-0.1	6.1	(e)6.4	Samoa (29)
4.8	0.7	19.3	-10.1	14.5	14.2	5.8	15.9	3.7	7.2	-2.3	Îles Salomon*
(e)-25.8	-	(e)-28.6	-	(e)-11.7	(e)-29.4	(e)-2.4	(e)2.3	(e)2.3	(e)-9.0	(e)-3.7	Tokélaou (4)
5.2	1.9	9.3	-1.9	11.8	6.5	(e)5.0	21.5	3.2	-0.5	(e)0.9	Tonga
(e)6.8	4.2	(e)14.9	2.6	24.8	(e)5.5	(e)-10.9	(e)56.2	(e)20.0	(e)-53.3	(e)-14.3	Tuvalu
6.6	0.9	16.2	-1.3	11.8	13.6	2.0	6.7	-2.6	5.7	-0.8	Vanuatu
(e)6.5	..	(e)6.5	..	9.4	(e)1.9	(e)2.8	(e)5.0	(e)3.2	(e)1.3	(e)2.2	Îles Wallis-et-Futuna (4)
10.1	2.1	20.1	-4.9	21.8	12.1	4.5	29.5	4.7	0.3	-10.3	**Economies en transition**
14.3	10.9	17.3	8.8	19.6	12.2	2.5	22.5	-9.5	0.4	6.7	Albanie
_	_	19.4	3.3	15.8	16.2	3.7	9.6	2.8	2.9	0.4	Arménie*
_	_	21.5	10.0	32.0	9.1	6.9	50.7	2.5	-0.9	-9.6	Azerbaïdjan (32)
_	_	18.3	6.1	17.3	14.5	2.5	31.2	1.4	-7.3	-5.2	Bélarus
_	_	13.8	(e)23.2	18.4	6.1	2.8	19.8	-9.3	2.8	6.8	Bosnie-Herzégovine*(33)
_	_	27.9	8.7	30.5	13.8	11.8	34.4	13.9	-0.3	7.1	Géorgie
_	_	24.0	2.8	27.4	10.9	8.8	18.6	25.6	5.3	-15.6	Kazakhstan*(34)
_	_	26.1	-1.2	17.7	22.5	16.2	32.2	26.1	12.9	-5.6	Kirghizistan
_	_					0.8	16.6	-8.2	0.5	0.5	Monténégro
_	_	20.2	-6.5	24.8	10.4	7.2	34.7	0.4	5.4	-3.2	République de Moldova
_	_	21.1	-9.5	22.6	12.6	4.9	30.2	3.6	1.8	-9.8	Fédération de Russie (35)
_	_		2.9	(e)27.9							Serbie-et-Monténégro*
_	_			_		4.6	18.7	-4.7	8.6	0.3	Serbie
_	_	18.9	-2.8	16.1	15.2	(e)14.0	20.7	17.8	9.9	(e)8.4	Tadjikistan
_	_	14.4	3.9	12.0	11.5	5.2	28.4	-7.2	1.5	9.9	LERY de Macédoine*
_	_	(e)13.2	4.3	11.6	(e)21.0	(e)15.7	(e)33.3	(e)30.3	(e)1.0	(e)3.0	Turkménistan
_	_	18.7	(b)-5.2	21.7	8.9	-3.0	35.6	2.5	-9.3	-29.2	Ukraine
_	_	16.2	-4.4	6.5	21.7	(e)12.3	20.5	14.9	8.0	(e)6.9	Ouzbékistan

Pour les sources et les notes, se reporter à la fin du tableau 1.3.

Region, country or territory	Exports (f.o.b) - Exportations (f.a.b.) Percentage										
	90-10	90-00	00-10	95-00	00-05	05-10	10-14	2011	2012	2013	2014
Developed economies: America	**5.9**	**7.5**	**6.1**	**5.6**	**3.9**	**4.1**	**5.2**	**16.1**	**3.5**	**1.8**	**2.8**
Bermuda (6)	-4.1	-0.7	-10.3	-4.4	5.4	-15.7	-5.1	-8.1	-18.5	9.1	0.0
Canada	6.4	8.3	5.0	6.9	5.9	-0.5	4.3	16.5	0.9	0.6	3.6
Greenland	1.0	-3.6	4.4	-7.0	9.4	-1.3	7.1	29.3	-3.2	3.1	9.5
Saint Pierre and Miquelon (4)	(e)-4.1	(e)-18.2	(e)2.4	(e)-5.8	(e)8.4	-5.9	-18.2	-55.7	-39.8	73.9	-23.0
United States	5.7	7.2	6.5	5.2	3.2	5.7	5.5	16.0	4.3	2.2	2.6
Developed economies: Asia	**4.6**	**4.4**	**6.4**	**1.5**	**6.6**	**3.2**	**-3.2**	**7.6**	**-3.3**	**-9.3**	**-3.8**
Israel*	8.7	10.1	8.1	9.6	7.3	5.1	3.0	16.1	-6.9	5.8	2.0
Japan	4.4	4.1	6.3	1.1	6.5	3.1	-3.7	6.9	-3.0	-10.5	-4.4
Developed economies: Europe	**7.1**	**5.5**	**9.5**	**2.1**	**12.0**	**3.9**	**3.9**	**17.7**	**-3.1**	**4.9**	**0.4**
Andorra*	(e)8.3	(e)1.2	9.3	-0.9	28.0	-10.2	-0.9	23.5	-7.1	-6.6	-4.2
Austria*	8.1	6.1	9.9	3.6	14.8	3.2	3.0	16.3	-6.1	5.1	1.6
Belgium*	7.4	5.7	9.6	1.0	13.7	3.2	2.8	16.7	-6.3	5.1	0.6
Bulgaria*	(b)9.6	(b)1.3	18.0	-3.5	21.0	9.7	7.8	36.7	-5.4	10.8	-0.9
Croatia*	–	–	12.5	-0.6	16.3	4.8	2.7	13.0	-7.3	2.3	9.5
Cyprus*	1.8	1.3	5.7	-6.8	6.4	-0.7	6.3	29.7	-4.3	16.1	-10.6
Czech Republic*(37)	–	–	18.5	6.5	23.4	10.1	5.5	22.5	-3.6	3.3	7.1
Denmark*(38)	(b)5.8	(b)3.7	8.3	-0.1	11.8	2.3	2.7	16.0	-5.7	4.4	0.9
Estonia*	–	–	(b)13.4	15.0	(b)15.1	5.7	6.5	44.2	-3.7	1.5	-1.6
Faeroe Islands	4.4	1.4	5.9	5.3	5.3	6.8	6.9	20.1	-5.5	14.2	3.7
Finland*	6.7	8.0	6.7	2.2	8.9	-0.7	0.7	13.8	-7.7	1.9	-0.2
France*	(b)5.2	(b)5.0	6.2	1.9	8.7	1.8	1.9	13.9	-4.7	2.2	0.3
Germany*	(b)6.9	(b)3.7	10.2	1.2	13.5	4.1	3.5	17.1	-4.7	3.3	3.8
Gibraltar (39)	(e)8.8	9.9	(e)9.8	3.3	(e)11.3	(e)4.3	(e)2.9	(e)-4.6	(e)2.1	(e)10.7	(e)0.6
Greece*	(b)5.8	(b)3.6	10.4	0.3	9.2	7.3	6.1	21.0	4.8	3.3	-1.4
Hungary*(40)	(b)14.6	(b)12.5	15.1	(b)17.0	18.8	7.4	2.6	17.6	-7.8	3.8	3.1
Iceland*	6.4	3.1	11.0	1.4	10.6	7.7	1.2	16.1	-5.3	-1.3	1.1
Ireland*	(b)9.4	(b)13.8	4.7	12.4	7.4	1.5	-0.8	7.9	-7.1	-2.1	2.8
Italy*	(b)5.8	(b)4.6	8.1	-0.1	10.4	2.7	3.3	17.0	-4.2	3.4	2.0
Latvia*	–	–	20.5	7.1	23.5	11.9	9.9	37.7	7.5	2.5	0.7
Lithuania*	–	–	(b)20.1	(b)3.9	(b)25.9	10.8	11.0	35.2	5.6	10.1	-0.6
Luxembourg*	8.2	3.3	11.1	2.6	18.2	0.5	-1.8	5.7	-9.7	-2.0	4.0
Malta*	5.1	6.3	5.7	5.1	2.8	6.5	-6.5	22.3	-3.1	-14.4	-22.6
Netherlands*	(b)8.5	(b)7.0	11.5	2.4	13.1	6.2	3.3	16.2	-1.8	2.5	0.1
Norway	8.6	5.2	11.1	3.9	11.7	3.6	1.6	22.8	0.3	-4.1	-6.8
Poland*	(b)14.8	(b)9.8	19.9	(b)6.1	24.4	11.2	7.2	18.1	-1.8	10.6	5.7
Portugal*	(b)6.4	(b)5.3	9.1	1.0	11.0	4.2	5.9	20.7	-2.6	8.1	1.9
Romania*	(e)14.0	(e)9.1	18.5	4.4	23.2	11.4	7.5	27.1	-8.2	13.8	5.9
Slovakia*	–	–	21.7	(b)6.3	24.8	14.1	6.8	23.5	1.0	6.4	0.9
Slovenia*	–	–	15.5	1.2	18.2	7.6	4.1	18.8	-7.3	5.8	6.2
Spain*	(b)8.4	(b)8.3	9.7	2.4	12.6	4.9	5.4	20.5	-3.7	7.6	2.2
Sweden*	6.0	5.9	8.3	1.2	11.3	1.9	-0.4	17.9	-7.8	-2.8	-1.9
Switzerland*	6.2	3.0	10.5	0.0	11.4	7.8	(b)14.5	20.0	(b)33.1	(b)14.5	-13.0
United Kingdom*	(b)4.8	(b)5.5	5.0	3.0	6.8	-0.8	4.7	21.8	-6.7	14.4	-6.5
Developed economies: Oceania	**7.8**	**4.8**	**13.4**	**1.0**	**10.8**	**12.5**	**2.4**	**26.8**	**-5.0**	**-0.5**	**-3.3**
Australia	8.1	5.0	14.1	1.7	10.7	13.5	1.8	27.8	-5.5	-1.4	-4.6
New Zealand	6.0	3.9	9.5	-2.0	11.4	6.8	6.3	20.0	-1.0	5.7	5.5
Memo items											
Developing economies excluding China	9.7	8.5	12.6	5.2	12.2	8.0	5.2	23.5	2.9	0.8	-1.3
Developing economies excluding LDCs	10.9	9.1	14.2	5.7	14.3	9.1	6.4	22.6	4.2	2.5	0.7
High-income developing economies	11.0	9.1	14.4	5.7	14.7	8.9	6.5	22.1	5.0	2.5	0.4
Middle-income developing economies	10.7	9.2	14.2	6.8	12.4	11.4	5.4	26.1	-1.5	2.4	1.8
Low-income developing economies	8.3	5.1	13.5	1.8	13.2	11.1	9.6	25.3	4.2	8.5	5.0
HIPCs (Heavily indebted poor countries) (IMF)	8.8	4.4	15.1	1.7	15.0	11.8	6.8	26.4	3.5	3.0	0.1
LLDCs (Landlocked developing countries)	13.8	11.8	20.7	1.7	19.0	14.0	6.7	34.3	1.7	2.2	-2.8
SIDS (Small island developing States)	7.3	4.2	11.0	1.5	11.6	1.3	2.0	27.9	-6.1	-2.7	-0.9
LDCs (Least developed countries)	13.1	7.7	19.4	6.4	18.1	13.1	5.4	24.9	0.8	3.6	-2.1

For sources and notes, see end of table 1.3.

Imports (c i f) - Importations (c.a.f.) En pourcentage											Régions, pays ou territoires
90-10	90-00	00-10	95-00	00-05	05-10	10-14	2011	2012	2013	2014	
7.5	**9.1**	**6.0**	**9.4**	**7.1**	**0.9**	**4.3**	**15.1**	**3.0**	**-0.3**	**3.0**	**Économies développées : Amérique**
4.4	2.7	4.8	6.0	7.8	-0.4	1.3	-7.4	0.0	12.4	-3.6	Bermudes (6)
6.5	7.5	6.6	7.7	6.1	2.7	3.6	15.1	2.4	-0.1	0.1	Canada
3.7	-0.7	10.5	-3.5	12.6	6.1	-2.2	13.2	-6.0	-4.3	-7.5	Groenland
(e)0.9	(e)-1.6	(e)4.1	(e)-0.6	(e)4.6	3.9	4.6	11.6	-7.8	20.1	-3.7	Saint-Pierre-et-Miquelon (4)
7.7	9.5	5.9	9.8	7.3	0.5	4.4	15.1	3.1	-0.3	3.6	États-Unis
5.8	**4.8**	**7.9**	**0.5**	**7.1**	**4.5**	**3.3**	**23.3**	**3.2**	**-5.5**	**-1.1**	**Économies développées : Asie**
6.2	7.8	6.4	3.8	5.0	4.0	(e)4.1	23.9	-0.6	-0.7	(e)0.7	Israël*
5.7	4.6	8.0	0.2	7.3	4.5	3.2	23.2	3.6	-5.9	-1.3	Japon
7.1	**5.0**	**9.8**	**3.1**	**11.9**	**3.9**	**2.4**	**17.1**	**-4.3**	**1.3**	**0.9**	**Économies développées : Europe**
(e)4.9	(e)2.9	5.4	0.0	14.3	-3.1	-0.6	5.0	-12.4	4.9	4.6	Andorre*
7.0	4.5	9.8	1.8	13.7	4.0	2.3	20.4	-6.7	2.7	-0.8	Autriche*
7.3	4.7	10.1	1.0	13.8	3.4	2.6	19.4	-6.0	2.9	0.2	Belgique*
(b)11.8	(b)3.1	18.4	2.8	23.8	5.7	6.9	27.7	0.4	4.9	1.4	Bulgarie*
_	_	12.2	0.8	19.9	1.5	2.3	12.9	-8.1	5.7	3.5	Croatie*
6.6	4.3	10.7	-0.3	10.8	6.2	-7.7	1.3	-15.9	-13.5	6.8	Chypre*
_	_	16.5	3.9	20.7	9.1	3.2	20.1	-7.0	2.0	5.7	République tchèque*(37)
(b)5.9	(b)4.1	8.6	0.1	11.8	1.4	3.7	15.2	-3.9	5.1	2.8	Danemark*(38)
_	_	(b)11.5	12.8	(b)16.1	0.2	8.8	42.1	3.6	2.0	-1.0	Estonie*
7.1	5.5	6.2	10.3	8.2	0.5	7.7	26.6	16.8	-3.3	-4.5	Îles Féroé
7.2	5.1	10.0	2.5	13.0	1.5	1.3	22.5	-9.3	1.4	-1.2	Finlande*
(b)5.8	(b)3.8	8.0	2.7	9.8	3.5	1.5	17.8	-6.3	1.0	-0.6	France*
(b)6.1	(b)3.3	9.9	1.4	10.9	5.0	2.3	19.0	-7.3	2.4	2.0	Allemagne*
3.2	1.6	6.0	3.9	3.0	3.7	(e)4.3	(e)11.9	(e)-14.2	(e)24.0	(e)0.3	Gibraltar (39)
(b)7.7	(b)5.1	10.6	4.8	13.0	4.3	-1.9	0.8	-6.1	-1.8	2.1	Grèce*
(b)13.4	(b)12.6	12.8	(b)15.9	17.5	4.4	3.3	16.2	-7.1	5.2	4.8	Hongrie*(40)
7.2	5.5	8.7	8.2	15.1	-7.9	6.9	23.5	-1.4	5.2	7.1	Islande*
(b)7.4	(b)10.7	3.9	10.0	6.2	-3.1	3.2	10.5	-5.8	4.9	7.8	Irlande*
(b)6.3	(b)3.2	9.1	2.8	11.5	3.1	-2.1	14.7	-12.6	-1.9	-1.6	Italie*
_	_	17.1	11.2	23.4	3.0	9.6	39.3	5.8	3.7	-1.1	Lettonie*
_	_	(b)17.7	(b)6.5	(b)23.8	6.2	9.5	35.8	0.6	8.9	1.3	Lituanie*
7.8	4.2	10.6	3.6	15.5	2.0	0.6	15.0	-4.6	-2.2	-0.8	Luxembourg*
4.6	4.5	6.8	2.4	4.9	5.3	4.8	24.3	4.9	-6.9	5.6	Malte*
(b)8.2	(b)6.7	11.3	3.1	12.2	6.2	2.5	15.1	-1.3	0.5	-0.4	Pays-Bas*
6.3	4.1	11.1	0.4	11.1	5.8	2.8	17.4	-3.8	2.9	-0.7	Norvège
(b)14.2	(b)15.3	16.6	(b)10.1	17.3	10.6	4.2	18.3	-5.5	4.3	5.9	Pologne*
(b)6.6	(b)5.3	9.1	4.3	9.9	4.5	-0.8	6.6	-12.6	4.5	3.3	Portugal*
(e)14.6	(e)8.1	19.9	2.9	26.2	7.4	4.2	23.1	-8.2	4.6	5.9	Roumanie*
_	_	20.3	(b)6.0	23.6	12.1	5.0	22.8	-3.1	5.6	0.5	Slovaquie*
_	_	14.5	1.8	16.6	7.1	1.9	18.1	-9.8	4.2	2.1	Slovénie*
(b)8.7	(b)6.0	10.1	6.1	14.9	1.0	0.8	15.2	-10.4	1.0	5.3	Espagne*
6.2	4.4	9.9	2.0	11.3	3.9	0.8	18.9	-7.1	-2.3	1.2	Suède*
5.5	2.5	9.2	0.7	9.7	6.1	(b)14.2	18.1	(b)42.1	(b)8.6	-14.2	Suisse*
(b)6.1	(b)5.6	6.7	5.1	8.9	0.8	2.6	14.5	2.1	-5.1	4.3	Royaume-Uni*
8.1	**6.2**	**12.5**	**2.1**	**14.3**	**8.2**	**3.8**	**20.9**	**6.5**	**-5.8**	**-0.8**	**Économies développées : Océanie**
8.3	6.4	13.1	2.7	14.1	9.2	3.2	20.9	7.1	-7.2	-2.2	Australie
6.9	5.6	9.7	-0.7	15.5	2.3	7.5	21.2	3.1	3.6	7.3	Nouvelle-Zélande
											Pour mémoire
9.0	8.2	12.7	2.5	11.3	9.4	6.2	21.1	4.8	3.0	-0.4	Économies en développement sans la Chine
10.1	8.7	14.0	3.1	13.5	10.3	6.5	21.9	4.5	3.8	-0.4	Économies en développement sans les PMA
10.0	8.8	13.6	3.1	13.3	9.8	6.6	21.1	4.5	4.8	-0.8	Économies en développement à revenu élevé
10.8	8.2	16.9	3.2	15.2	13.2	6.5	26.1	4.7	-0.5	2.1	Économies en développement à revenu intermédiaire
9.0	5.4	14.4	2.5	12.5	13.6	10.8	22.9	9.1	7.9	6.2	Économies en développement à revenu faible
9.4	5.0	15.4	4.4	14.4	12.9	10.7	23.9	13.5	7.7	-0.7	PPTE (Pays pauvres très endettés) (FMI)
11.1	9.4	17.7	0.2	16.2	14.6	9.8	23.8	13.5	5.3	-1.1	LLDCs (Pays en développement sans littoral)
6.8	5.9	9.3	3.9	8.8	4.4	4.7	23.2	2.5	3.2	-6.0	SIDS (Petits États insulaires en dév.)
10.5	6.4	16.6	4.7	15.0	14.9	11.5	23.8	10.6	8.9	5.4	PMA (Pays les moins avancés)

Pour les sources et les notes, se reporter à la fin du tableau 1.3.

1.3 Merchandise trade balance
Value and percentage of imports

Region, country or territory	Trade balance - Millions of dollars (average of three consecutive years) Balance commerciale - Millions de dollars (moyenne de trois années consécutives)								
	1989-91	1994-96	1999-01	2004-06	2008-10	2009-11	2010-12	2011-13	2012-14
WORLD	-115 125	-67 756	-184 743	-252 543	-190 321	-109 616	-110 007	-65 483	-34 487
DEVELOPING ECONOMIES	15 557	-61 966	104 763	388 174	442 434	444 601	505 266	514 120	499 046
TRANSITION ECONOMIES	-8 958	13 562	43 584	109 033	141 476	158 655	195 777	207 798	203 527
DEVELOPED ECONOMIES	-121 724	-19 352	-333 090	-749 750	-774 230	-712 873	-811 050	-787 402	-737 060
Developing economies: Africa	3 129	-6 813	3 427	49 792	35 181	22 890	36 506	10 857	-32 673
Eastern Africa	*-4 763*	*-6 063*	*-7 308*	*-14 472*	*-29 461*	*-30 774*	*-36 095*	*-43 038*	*-48 945*
Burundi*(1)	-143	-106	-87	-238	-363	-457	-551	-655	-660
Comoros*	-30	-48	-37	-86	-194	-220	-239	-257	-256
Djibouti (2)	-186	-164	-168	-247	-389	-360	-384	-488	-626
Eritrea (3)	–	-411	-443	-477	-605	-582	-552	-570	-517
Ethiopia (...1991)	-526								
Ethiopia	–	-789	-1 067	-3 184	-6 332	-6 114	-7 105	-8 622	-11 465
Kenya	-1 080	-832	-1 235	-2 675	-6 263	-7 230	-8 705	-9 898	-10 982
Madagascar*	-155	-112	-207	-786	-2 017	-1 632	-1 443	-1 410	-1 349
Malawi	-211	-121	-163	-548	-1 088	-981	-1 095	-1 272	-1 471
Mauritius	-376	-503	-556	-1 030	-2 062	-2 167	-2 471	-2 606	-2 579
Mozambique	-731	647	-677	-548	-1 524	-1 975	-3 047	-4 539	-4 976
Rwanda	-209	-158	-183	-297	-1 038	-1 261	-1 473	-1 627	-1 676
Seychelles	-128	-191	-232	-306	-546	-516	-575	-548	-561
Somalia (4)	31	-113	-154	-436	-392	-462	-577	-707	-743
Uganda	-43	-555	-1 033	-1 303	-2 842	-3 066	-3 401	-3 523	-3 566
United Republic of Tanzania	-954	-861	-888	-1 728	-3 944	-4 439	-5 229	-6 524	-7 084
Zambia (5)	209	309	50	-210	799	1 394	1 421	938	381
Zimbabwe	-231	-761	-228	-372	-661	-707	-669	-733	-816
Middle Africa	*4 491*	*5 232*	*7 088*	*28 911*	*48 638*	*48 268*	*60 738*	*62 504*	*55 247*
Angola*(6)	2 024	2 264	3 428	15 495	31 676	33 059	42 795	45 454	41 120
Cameroon*(7)	425	404	176	208	-863	-1 476	-1 926	-2 219	-2 168
Central African Republic*(7)	-6	5	31	-36	-153	-143	-133	-113	-128
Chad*(6)	-77	-82	-232	1 790	1 390	1 167	1 200	733	0
Congo*(7)	508	208	1 371	3 323	4 625	5 148	5 605	4 818	3 224
Dem. Rep. of the Congo*	475	580	152	-203	167	500	700	400	133
Equatorial Guinea (6)	-14	-10	617	5 149	6 710	5 233	6 667	7 633	7 333
Gabon*(8)	1 175	1 884	1 574	3 233	5 187	4 886	5 945	5 926	5 870
Sao Tome and Principe*	-18	-22	-29	-47	-100	-106	-114	-127	-137
Northern Africa	*-3 972*	*-8 943*	*-1 632*	*25 538*	*9 273*	*-12 225*	*-11 758*	*-24 412*	*-41 070*
Algeria*	2 627	1 352	8 472	23 979	20 760	16 234	21 437	19 225	12 020
Egypt	-7 614	-8 170	-10 105	-8 799	-23 509	-25 581	-31 554	-32 660	-36 670
Libya	5 624	3 718	6 471	24 528	36 013	22 029	26 980	22 147	19 149
Morocco*	-2 467	-2 894	-3 517	-9 578	-19 486	-19 685	-21 218	-23 088	-22 938
Sudan (...2011) (9)	-498	-772	-213	-1 549	748	294	–	–	–
Sudan	–	–	–	–	–	–	–	–	-5 051
Tunisia	-1 644	-2 179	-2 739	-3 043	-5 253	-5 515	-6 452	-6 925	-7 580
Southern Africa	*3 537*	*-1 337*	*-10*	*-13 132*	*-16 477*	*-15 619*	*-21 392*	*-29 614*	*-34 409*
Botswana*	-112	417	575	996	-832	-1 209	-1 469	-1 127	-647
Lesotho	-627	-864	-582	-766	-1 151	-1 289	-1 459	-1 436	-1 421
Namibia	-50	-188	-324	-438	-1 526	-1 855	-2 206	-2 606	-2 929
South Africa	4 431	-570	436	-12 846	-12 908	-11 160	-16 217	-24 525	-29 618
Swaziland	-105	-133	-115	-79	-60	-107	-41	80	206
Western Africa	*3 836*	*4 298*	*5 288*	*22 947*	*23 207*	*33 239*	*45 012*	*45 416*	*36 504*
Benin*	41	-162	-266	-419	-873	-777	-799	-952	-869
Burkina Faso	-369	-278	-419	-832	-917	-478	-494	-856	-1 268
Cabo Verde (10)	-125	-223	-226	-453	-722	-750	-763	-749	-686
Côte d'Ivoire*	751	1 059	1 402	2 231	3 478	4 614	3 943	3 011	1 679
Gambia (11)	-152	-193	-159	-237	-254	-234	-241	-250	-255
Ghana	-334	-435	-1 502	-2 399	-3 389	-2 740	-3 408	-3 704	-3 136
Guinea*	-31	-82	88	25	11	-206	-520	-809	-795
Guinea-Bissau	-62	-82	1	-37	-83	-50	-39	-29	-52
Liberia*	8	111	-164	-240	-487	-522	-570	-604	-533
Mali*	-162	-308	-260	-367	-1 129	-1 040	-1 087	-1 097	-1 397
Mauritania*	152	49	-79	-362	-50	95	-23	-199	-533
Niger*	-91	-104	-125	-403	-1 104	-1 155	-905	-603	-540
Nigeria	4 977	5 546	7 994	28 794	32 974	40 867	54 922	57 667	50 000
Saint Helena	-12	-26	-31	-37	-22	-22	-19	-9	0
Senegal (12)	-486	-366	-646	-1 776	-3 225	-2 895	-3 297	-3 754	-3 908
Sierra Leone*	-25	-97	-121	-164	-346	-695	-759	-570	18
Togo*	-244	-111	-200	-378	-656	-774	-927	-1 073	-1 220

For sources and notes, see end of table.

Percentage of imports (average of three consecutive years) Pourcentage des importations (moyenne de trois années consécutives)									Régions, pays ou territoires
1989-91	1994-96	1999-01	2004-06	2008-10	2009-11	2010-12	2011-13	2012-14	
-3.31	-1.34	-2.91	-2.36	-1.25	-0.75	-0.64	-0.35	-0.19	MONDE
2.03	-4.27	5.81	10.96	8.08	7.42	7.19	6.73	6.34	ÉCONOMIES EN DÉVELOPPEMENT
-5.95	14.16	46.99	43.64	30.53	32.85	35.42	34.35	34.37	ÉCONOMIES EN TRANSITION
-4.75	-0.55	-7.46	-10.34	-8.55	-7.86	-8.15	-7.58	-7.10	ÉCONOMIES DÉVELOPPÉES
3.44	-5.87	2.56	18.78	7.11	4.10	6.79	2.03	-5.06	Économies en développement : Afrique
-40.05	*-38.42*	*-42.40*	*-45.55*	*-51.25*	*-49.16*	*-48.60*	*-50.74*	*-53.07*	*Afrique orientale*
-63.42	-56.56	-64.17	-79.44	-83.03	-82.31	-81.97	-84.74	-84.88	Burundi*(1)
-59.86	-83.44	-72.92	-85.81	-93.47	-91.57	-91.56	-92.22	-92.32	Comores*
-89.25	-89.77	-84.73	-84.93	-82.69	-80.64	-79.39	-81.44	-82.82	Djibouti (2)
	-82.45	-94.54	-98.00	-98.00	-83.67	-68.00	-58.00	-50.33	Érythrée (3)
-62.06									Éthiopie (...1991)
	-65.75	-68.65	-78.11	-77.49	-73.16	-72.11	-72.02	-75.12	Éthiopie
-50.86	-30.39	-40.53	-44.71	-56.19	-58.19	-60.24	-62.55	-64.45	Kenya
-27.31	-18.64	-21.09	-45.42	-62.66	-55.88	-50.51	-45.67	-42.34	Madagascar*
-36.05	-22.64	-27.26	-49.71	-50.76	-44.49	-47.37	-49.57	-53.80	Malawi
-25.06	-24.56	-25.62	-31.99	-48.42	-48.89	-49.71	-49.18	-47.33	Maurice
-84.88	-77.38	-59.78	-23.02	-37.25	-40.29	-44.51	-52.89	-53.92	Mozambique
-67.65	-76.99	-73.54	-69.84	-79.49	-79.50	-76.92	-73.67	-71.26	Rwanda
-73.45	-71.71	-54.82	-46.98	-56.65	-54.50	-55.64	-51.39	-51.03	Seychelles
42.33	-41.00	-41.67	-64.33	-47.00	-48.33	-52.67	-57.33	-58.67	Somalie (4)
-14.69	-53.47	-68.95	-61.65	-63.43	-63.35	-62.65	-60.42	-60.30	Ouganda
-72.25	-56.09	-55.79	-49.83	-53.68	-52.73	-51.94	-56.95	-59.23	République-Unie de Tanzanie
22.28	43.72	7.02	-11.13	16.29	24.42	22.36	12.00	4.06	Zambie (5)
-11.76	-24.17	-12.51	-16.12	-21.00	-19.33	-16.00	-16.67	-19.00	Zimbabwe
72.24	*86.59*	*88.72*	*150.55*	*114.52*	*104.85*	*122.06*	*112.02*	*92.79*	*Afrique centrale*
142.09	135.14	110.65	194.22	162.79	172.16	212.03	197.19	159.61	Angola*(6)
33.43	34.69	13.15	7.02	-17.43	-26.02	-30.80	-33.32	-32.13	Cameroun*(7)
1.00	3.52	27.34	-20.19	-53.00	-49.33	-43.33	-39.00	-47.67	République centrafricaine*(7)
-30.04	-26.04	-45.85	167.41	66.00	45.00	40.33	22.00	1.67	Tchad*(6)
90.65	37.94	240.30	240.07	139.33	127.24	118.34	90.09	55.51	Congo*(7)
28.59	69.94	24.02	-7.90	3.33	9.33	13.67	7.00	2.00	Rép. dém. du Congo*
-22.67	17.51	107.82	355.55	156.28	91.67	103.00	109.00	104.33	Guinée équatoriale (6)
139.04	217.08	169.90	212.33	192.87	157.28	174.63	159.38	169.90	Gabon*(8)
-77.52	-80.44	-91.65	-87.47	-91.02	-91.38	-90.91	-91.33	-90.71	Sao Tomé-et-Principe*
-8.64	*-20.28*	*-3.30*	*27.40*	*5.06*	*-7.00*	*-5.80*	*-11.53*	*-18.46*	*Afrique septentrionale*
31.00	14.82	89.81	117.60	52.26	37.16	46.39	38.76	22.89	Algérie*
-63.12	-69.86	-68.57	-40.30	-48.18	-48.97	-51.91	-52.27	-56.21	Égypte
106.86	72.33	160.98	401.66	313.81	166.58	163.13	125.00	83.00	Libye
-38.43	-31.15	-32.08	-45.78	-53.00	-52.71	-51.02	-51.56	-50.65	Maroc*
-51.65	-57.79	-13.92	-21.94	7.84	3.03				Soudan (...2011) (9)
								-53.47	Soudan
-32.65	-29.44	-30.95	-22.29	-24.00	-25.30	-27.35	-28.56	-30.90	Tunisie
15.34	*-3.37*	*-0.05*	*-17.16*	*-15.95*	*-14.02*	*-15.37*	*-20.39*	*-23.85*	*Afrique australe*
-5.78	23.98	28.90	31.83	-16.31	-21.02	-20.58	-14.62	-7.92	Botswana*
-90.45	-84.01	-71.71	-52.82	-57.67	-58.33	-59.33	-59.00	-60.67	Lesotho
-3.97	-11.75	-20.64	-17.31	-31.00	-32.72	-33.65	-36.65	-39.60	Namibie
23.86	-1.23	1.53	-18.97	-14.30	-11.64	-13.29	-19.40	-23.56	Afrique du Sud
-16.01	-13.19	-10.67	-4.25	-3.00	-5.67	-2.00	4.67	12.33	Swaziland
26.57	*23.39*	*24.14*	*52.72*	*28.10*	*36.52*	*44.62*	*41.65*	*32.49*	*Afrique occidentale*
16.86	-23.56	-39.90	-39.88	-40.75	-37.34	-36.79	-37.59	-32.67	Bénin*
-75.87	-57.55	-64.73	-61.95	-46.61	-24.83	-18.21	-24.10	-35.00	Burkina Faso
-95.07	-96.22	-95.43	-96.22	-95.06	-93.94	-93.28	-92.10	-91.02	Cabo Verde (10)
35.72	42.48	53.28	41.21	46.63	65.38	52.49	39.41	16.07	Côte d'Ivoire*
-82.67	-88.72	-92.84	-94.93	-83.37	-75.50	-72.30	-70.18	-69.80	Gambie (11)
-29.06	-20.91	-46.82	-44.14	-34.41	-24.61	-23.37	-21.61	-18.28	Ghana
-4.23	-10.57	14.93	2.35	0.66	-9.41	-23.08	-37.32	-37.00	Guinée*
-77.43	-65.64	2.59	-28.23	-39.63	-24.89	-20.92	-16.40	-26.33	Guinée-Bissau
0.00	20.67	-35.00	-64.33	-70.64	-68.86	-62.62	-56.83	-49.97	Libéria*
-33.34	-43.33	-29.95	-23.97	-35.87	-33.19	-31.84	-30.59	-36.54	Mali*
67.66	11.84	-17.58	-30.51	-3.23	3.21	0.99	-5.69	-18.49	Mauritanie*
-24.60	-27.22	-30.84	-45.54	-51.67	-50.67	-40.33	-29.33	-26.00	Niger*
88.70	81.13	85.86	145.78	76.69	88.12	108.00	106.67	91.67	Nigéria
-66.00	-83.67	-75.67	-61.33	-39.67	-39.00	-32.67	-16.67	0.67	Sainte-Hélène
-40.35	-27.83	-39.58	-52.81	-59.58	-56.33	-57.48	-59.20	-59.54	Sénégal (12)
-14.34	-56.45	-89.19	-48.75	-56.99	-63.66	-55.12	-33.99	1.55	Sierra Leone*
-48.31	-7.23	-35.02	-37.21	-41.88	-42.74	-44.30	-44.61	-46.58	Togo*

Pour les sources et les notes, se reporter à la fin du tableau.

1.3 Merchandise trade balance
Value and percentage of imports

Region, country or territory	Trade balance - Millions of dollars (average of three consecutive years) Balance commerciale - Millions de dollars (moyenne de trois années consécutives)								
	1989-91	1994-96	1999-01	2004-06	2008-10	2009-11	2010-12	2011-13	2012-14
Developing economies: America	14 065	-21 748	-25 612	47 334	-4 105	6 727	-1 316	-15 904	-40 135
Caribbean	*-4 815*	*-7 524*	*-13 766*	*-16 424*	*-27 349*	*-26 599*	*-28 031*	*-29 057*	*-28 920*
Anguilla (4)	..	-55	-85	-141	-184	-143	-137	-124	-108
Antigua and Barbuda	-219	-306	-359	-457	-539	-438	-420	-413	-436
Aruba (13)	-415	-211	-204	-11	-727	-788	-840	-824	-949
Bahamas (14)	-796	-1 047	-1 427	-1 741	-1 985	-1 948	-2 141	-2 248	-2 344
Barbados	-490	-506	-852	-1 189	-1 215	-1 180	-1 228	-1 282	-1 273
Bonaire, Sint Eustatius and Saba	—	—	—	—	—	—	—	-55	-62
British Virgin Islands (15)	-95	-120	-181	-244	-269	-266	-271	-278	-277
Cayman Islands (15)	-254	-356	-589	-999	-918	-860	-865	-893	-913
Cuba*	-491	-1 028	-3 071	-5 383	-8 175	-6 971	-7 452	-8 326	-8 367
Curaçao	—	—	—	—	—	—	—	-1 246	-1 229
Dominica*	-60	-66	-88	-117	-195	-192	-186	-178	-168
Dominican Republic (16)	-805	-1 505	-3 383	-3 747	-8 265	-8 155	-8 774	-8 270	-7 754
Grenada*	-83	-110	-175	-259	-293	-283	-301	-314	-314
Haiti	-184	-429	-716	-1 003	-1 983	-2 122	-2 391	-2 375	-2 518
Jamaica	-747	-1 328	-1 935	-3 149	-4 557	-4 154	-4 444	-4 695	-4 552
Montserrat*	-36	-27	-20	-27	-30	-29	-31	-34	-36
Netherlands Antilles*(17)	-349	-650	-525	-1 353	-1 868			—	—
Saint Kitts and Nevis*	-81	-116	-149	-176	-257	233	207	197	207
Saint Lucia*	-157	-206	-307	-421	-431	-446	-482	-474	-439
Saint Vincent and the Grenadines*	-60	-86	-137	-208	-301	-291	-301	-309	-316
Sint Maarten (Dutch part)	—	—	—	—	—	—	—	-664	-711
Trinidad and Tobago*	509	609	580	4 526	5 244	4 035	4 618	4 417	4 306
Turks and Caicos Islands (4)	..	..	-143	-326	-402	-312	-289	-276	-252
Central America	*-7 644*	*-10 161*	*-21 956*	*-30 996*	*-40 944*	*-35 407*	*-38 790*	*-41 159*	*-42 798*
Belize	-103	-97	-283	-243	-294	-248	-230	-260	-323
Costa Rica*	-374	-698	-593	-2 704	-4 200	-4 181	-5 363	-6 126	-6 168
El Salvador (18)	-757	-1 470	-1 918	-3 418	-4 184	-4 011	-4 497	-4 952	-5 147
Guatemala (19)	-560	-1 208	-2 556	-5 148	-5 501	-5 302	-6 201	-6 905	-7 315
Honduras (20)	-50	-169	-709	-1 606	-3 147	-2 779	-2 935	-3 103	-3 052
Mexico	-4 368	-3 990	-12 427	-13 943	-16 914	-11 734	-11 078	-10 779	-11 638
Nicaragua (21)	-363	-576	-1 049	-1 288	-1 760	-1 767	-1 952	-2 069	-1 935
Panama*(22)	-1 068	-1 954	-2 422	-2 647	-4 943	-5 386	-6 534	-6 964	-7 221
South America	*26 525*	*-4 063*	*10 110*	*94 754*	*64 188*	*68 732*	*65 506*	*54 312*	*31 583*
Argentina*	5 784	-1 620	1 737	12 062	13 613	12 671	11 118	9 987	8 961
Bolivia (Plurinational State of)	110	-333	-576	574	890	553	1 306	1 809	2 280
Brazil	10 688	-3 171	-2 458	37 705	15 087	16 257	12 878	6 577	-4 465
Chile*	683	-887	907	12 178	8 760	10 434	5 454	563	-513
Colombia	1 333	-3 409	626	-769	-953	622	996	1 067	-2 905
Ecuador	602	403	651	-15	-1 454	-2 148	-2 309	-2 042	-2 006
Falkland Islands (Malvinas) (4)	-16	-4	41	66	88	52	47	37	33
Guyana*	-50	-48	-45	-198	-478	-519	-580	-574	-564
Paraguay	-290	-909	74	-685	-2 672	-3 331	-4 139	-3 866	-3 169
Peru*	902	-1 788	-495	5 364	3 996	6 517	6 513	4 294	411
Suriname	-17	-75	-108	80	359	490	719	584	352
Uruguay	238	-853	-1 097	-486	-2 176	-2 071	-2 552	-2 778	-2 613
Venezuela (Bolivarian Rep. of)	6 559	8 630	10 853	28 880	29 126	29 206	36 055	38 654	35 781
Developing economies: Asia	496	-32 259	128 222	294 480	416 437	419 955	475 429	525 558	578 692
Eastern Asia	*7 026*	*-9 533*	*43 308*	*130 698*	*235 866*	*194 830*	*188 175*	*201 878*	*280 245*
China	3 421	11 392	25 289	103 871	225 107	177 364	188 904	214 740	290 758
China, Hong Kong SAR	-3 962	-18 995	-9 536	-9 492	-28 739	-39 592	-52 179	-67 363	-74 452
China, Macao SAR	46	-61	-150	-1 999	-4 144	-5 202	-6 593	-8 043	-9 076
China, Taiwan Province of	13 247	10 778	13 616	16 773	22 616	26 496	26 964	31 024	35 307
Korea, Dem. People's Rep. of	-1 031	-353	-846	-1 265	-1 198	-913	-837	-783	-818
Korea, Republic of (23)	-4 524	-12 340	15 020	22 882	22 785	37 474	33 419	34 378	39 828
Mongolia	-173	46	-85	-71	-561	-796	-1 504	-2 074	-1 301
Southern Asia	*-14 264*	*-6 308*	*-6 339*	*-40 282*	*-111 782*	*-122 480*	*-157 394*	*-170 713*	*-176 733*
Afghanistan	-514	-347	-1 171	-2 096	-3 393	-4 613	-6 515	-7 663	-8 003
Bangladesh (24)	-2 005	-2 639	-2 755	-4 185	-7 956	-9 051	-9 816	-9 597	-9 627
Bhutan	-17	-21	-74	-120	-89	-205	-346	-397	-359
India (25)	-4 336	-3 578	-9 162	-40 994	-114 126	-125 911	-159 435	-168 324	-161 617
Iran (Islamic Republic of)*	-3 999	5 418	10 509	20 724	40 080	44 738	51 020	50 216	39 403
Maldives	-64	-184	-291	-582	-914	-935	-1 084	-1 254	-1 436
Nepal	-457	-931	-775	-1 413	-3 497	-4 231	-4 762	-5 234	-5 840
Pakistan	-2 044	-2 601	-1 524	-8 924	-17 516	-16 391	-18 205	-19 248	-20 679
Sri Lanka	-828	-1 425	-1 095	-2 692	-4 371	-5 882	-8 251	-9 213	-8 575

For sources and notes, see end of table.

Percentage of imports (average of three consecutive years) Pourcentage des importations (moyenne de trois années consécutives)									Régions, pays ou territoires
1989-91	1994-96	1999-01	2004-06	2008-10	2009-11	2010-12	2011-13	2012-14	
11.59	-9.04	-7.05	8.60	-0.32	0.77	-0.14	-1.35	-3.47	**Économies en développement : Amérique**
-26.27	*-36.72*	*-44.20*	*-37.78*	*-47.77*	*-47.24*	*-45.38*	*-44.56*	*-46.08*	**Caraïbes**
..	-97.39	-96.15	-92.36	-91.36	-89.21	-89.09	-85.77	-81.67	Anguilla (4)
-88.95	-87.08	-89.14	-86.39	-90.85	-89.44	-88.35	-86.90	-87.57	Antigua-et-Barbuda
-61.31	-12.05	-10.13	-0.48	-36.85	-37.92	-41.81	-41.32	-64.65	Aruba (13)
-59.56	-85.62	-74.60	-75.25	-71.66	-72.25	-71.91	-70.89	-71.60	Bahamas (14)
-70.68	-68.60	-76.27	-75.96	-73.72	-73.41	-71.53	-71.97	-72.41	Barbade
—	—	—	—	—	—	—	-92.33	-95.33	Bonaire, Saint-Eustache et Saba
-93.67	-86.00	-87.00	-88.00	-87.43	-87.43	-87.33	-87.67	-87.67	Îles Vierges britanniques (15)
-94.33	-94.67	-97.00	-96.67	-98.33	-98.00	-98.00	-97.67	-97.33	Îles Caïmanes (15)
-3.33	-37.70	-65.60	-66.33	-66.46	-59.97	-56.50	-58.19	-60.08	Cuba*
—	—	—	—	—	—	—	-59.31	-60.84	Curaçao
-53.91	-57.43	-63.34	-73.60	-84.16	-85.29	-84.52	-83.76	-81.70	Dominique*
-25.98	-28.56	-38.50	-36.06	-56.54	-54.34	-52.16	-47.63	-44.89	République dominicaine (16)
-75.48	-83.07	-80.60	-89.85	-91.13	-90.82	-90.89	-90.11	-89.55	Grenade*
-53.54	-78.96	-69.90	-68.76	-77.91	-76.35	-76.83	-74.29	-74.42	Haïti
-40.56	-49.40	-60.56	-65.87	-73.27	-74.47	-74.12	-74.18	-74.29	Jamaïque
-94.69	-90.00	-95.12	-92.02	-91.65	-92.78	-94.71	-91.23	-90.72	Montserrat*
-17.11	-29.56	-20.60	-69.13	-67.61		—	—	—	Antilles néerlandaises*(17)
-75.06	-84.59	-82.89	-81.92	-86.55	-85.73	-83.31	-81.93	-83.00	Saint-Kitts-et-Nevis*
-56.14	-66.72	-86.60	-84.01	-70.24	-70.92	-72.10	-73.17	-71.82	Sainte-Lucie*
-44.22	-64.88	-74.83	-84.38	-86.34	-87.14	-88.01	-87.68	-87.11	Saint-Vincent-et-les Grenadines*
—	—	—	—	—	—	—	-82.18	-82.94	Saint-Martin (partie néerlandaise)
41.69	41.48	17.14	75.68	65.05	52.60	56.61	48.10	51.73	Trinité-et-Tobago*
..	..	-94.73	-95.36	-94.99	-94.39	-93.57	-92.00	-90.00	Îles Turques et Caïques (4)
-14.01	*-10.49*	*-11.40*	*-11.28*	*-11.39*	*-9.54*	*-9.06*	*-8.90*	*-8.89*	**Amérique centrale**
-44.83	-37.81	-58.82	-41.33	-39.74	-34.21	-28.92	-29.65	-34.28	Belize
-19.90	-17.39	-9.05	-27.08	-30.49	-29.70	-33.73	-35.47	-35.04	Costa Rica*
-57.41	-48.61	-40.76	-49.44	-48.83	-46.83	-47.07	-47.90	-48.94	El Salvador (18)
-32.51	-39.48	-49.64	-48.34	-41.03	-37.89	-39.17	-40.47	-41.58	Guatemala (19)
-5.16	-9.35	-18.35	-24.27	-34.96	-30.83	-28.15	-27.84	-27.43	Honduras (20)
-9.12	-4.83	-7.44	-6.11	-5.74	-3.97	-3.20	-2.86	-2.94	Mexique
-53.79	-57.73	-57.39	-43.86	-39.27	-35.43	-32.66	-31.38	-28.46	Nicaragua (21)
-74.84	-76.14	-73.48	-42.06	-31.58	-30.12	-32.20	-31.41	-33.00	Panama*(22)
47.26	*-2.77*	*6.83*	*42.88*	*15.37*	*15.15*	*11.95*	*9.09*	*5.19*	**Amérique du Sud**
125.17	-7.42	8.91	43.66	28.48	25.57	17.04	13.98	13.01	Argentine*
18.94	-22.58	-32.56	22.40	17.36	9.70	17.05	20.49	24.58	Bolivie (État plurinational de)
50.06	-3.33	-4.47	47.34	9.47	9.31	5.80	2.86	-1.78	Brésil
8.85	-4.81	5.33	36.67	17.47	19.57	8.76	0.89	-0.49	Chili*
25.98	-26.06	5.80	-3.32	-2.40	0.97	1.62	1.94	-4.51	Colombie
30.54	10.26	22.38	-0.83	-7.79	-10.62	-10.15	-7.95	-7.47	Équateur
-46.33	-10.33	90.67	102.67	135.85	74.85	41.33	28.33	26.67	Îles Falkland (Malvinas) (4)
-16.76	-9.11	-7.26	-24.22	-36.93	-35.85	-34.12	-30.66	-30.05	Guyana*
-15.40	-30.56	3.65	-16.38	-30.35	-33.07	-36.49	-32.20	-26.68	Paraguay
39.58	-25.00	-6.98	40.46	15.46	21.89	18.08	10.99	0.99	Pérou*
-2.37	-15.82	-21.71	9.56	26.47	32.14	43.58	31.98	17.31	Suriname
19.01	-28.57	-33.28	-11.55	-26.08	-23.33	-24.50	-24.54	-22.53	Uruguay
81.69	84.82	67.13	121.60	65.34	66.89	74.00	72.00	68.33	Venezuela (Rép. bolivarienne du)
0.20	-2.89	10.05	10.86	10.07	9.24	8.77	8.89	9.51	**Économies en développement : Asie**
2.53	*-1.72*	*6.66*	*8.80*	*10.95*	*8.47*	*6.51*	*6.25*	*8.43*	**Asie orientale**
5.99	8.67	12.53	14.53	19.59	13.78	11.52	11.61	15.16	Chine
-4.45	-10.04	-4.74	-3.09	-7.16	-8.84	-10.33	-11.88	-12.52	Chine (RAS de Hong Kong)
3.81	-3.05	-4.66	-42.54	-76.78	-84.45	-87.40	-88.89	-88.91	Chine (RAS de Macao)
23.48	11.01	11.73	8.99	10.81	11.88	10.06	11.35	13.00	Province chinoise de Taiwan
-36.00	-26.67	-53.00	-48.00	-35.33	-26.33	-20.33	-17.00	-18.00	Corée, Rép. populaire dém. de
-5.76	-9.12	11.32	9.05	6.38	9.36	7.00	6.62	7.65	Corée, République de (23)
-19.05	15.78	-14.19	-7.02	-17.35	-16.43	-24.49	-31.59	-19.17	Mongolie
-24.58	*-8.46*	*-6.99*	*-17.36*	*-24.75*	*-24.24*	*-25.98*	*-26.42*	*-27.36*	**Asie méridionale**
-67.84	-70.28	-89.30	-85.10	-87.50	-91.53	-93.99	-94.53	-94.00	Afghanistan
-56.19	-43.15	-31.56	-30.15	-32.50	-31.48	-30.00	-26.83	-25.34	Bangladesh (24)
-20.30	-19.02	-40.68	-29.97	-11.75	-22.19	-35.42	-40.52	-39.07	Bhoutan
-19.96	-10.43	-18.59	-28.39	-36.86	-35.35	-36.51	-35.51	-34.09	Inde (25)
-16.59	36.98	72.79	53.26	69.40	74.73	83.64	88.00	74.67	Iran (République islamique d')*
-46.39	-69.26	-73.76	-75.27	-80.15	-80.23	-79.34	-79.01	-81.45	Maldives
-69.12	-71.75	-52.17	-62.91	-79.47	-82.88	-84.13	-85.23	-86.62	Népal
-26.98	-23.52	-14.57	-35.13	-46.68	-43.46	-43.35	-43.48	-45.41	Pakistan
-31.04	-27.99	-18.22	-29.61	-34.22	-37.58	-45.65	-47.97	-45.41	Sri Lanka

Pour les sources et les notes, se reporter à la fin du tableau.

1.3 Merchandise trade balance
Value and percentage of imports

Region, country or territory	Trade balance - Millions of dollars (average of three consecutive years) Balance commerciale - Millions de dollars (moyenne de trois années consécutives)								
	1989-91	1994-96	1999-01	2004-06	2008-10	2009-11	2010-12	2011-13	2012-14
South-Eastern Asia	*-14 066*	*-29 387*	*47 235*	*63 667*	*77 992*	*89 387*	*70 477*	*47 301*	*38 915*
Brunei Darussalam*	1 237	218	2 171	4 784	6 289	6 652	8 212	8 700	8 058
Cambodia (6)	-67	-338	-535	-770	-1 694	-1 959	-2 585	-3 220	-3 255
Indonesia (...2002)	4 384	6 579	19 853	_	_	_	_	_	_
Indonesia	_	_	_	16 679	20 226	24 891	15 718	6 775	-2 541
Lao People's Dem. Rep.*	-100	-303	-203	-285	-345	-312	-438	-585	-730
Malaysia (26)	155	-1 541	16 574	26 363	36 848	36 030	35 249	31 397	26 285
Myanmar	-51	-394	-806	1 350	2 947	2 145	1 265	-305	-2 110
Philippines	-4 117	-11 298	763	-7 107	-8 585	-9 934	-11 870	-12 346	-9 032
Singapore (27)	-6 830	-6 136	4 210	29 246	27 840	36 286	37 827	36 546	36 475
Thailand*	-8 270	-13 385	6 056	-1 485	9 217	7 629	-5 279	-16 041	-14 097
Timor-Leste (28)	_	_	_	-111	-257	-274	-390	-589	-793
Viet Nam	-406	-2 789	-848	-4 997	-14 494	-11 766	-7 232	-3 032	654
Western Asia	*21 801*	*12 968*	*44 018*	*140 397*	*214 362*	*258 218*	*374 171*	*447 092*	*436 265*
Bahrain (6)	-286	229	1 166	902	2 274	3 802	5 523	6 808	6 688
Iraq*	2 042	-1 005	3 024	1 714	13 444	15 827	27 383	34 108	30 843
Jordan	-1 311	-2 121	-2 387	-5 612	-8 485	-9 107	-10 775	-12 581	-13 823
Kuwait*	1 526	5 358	8 387	27 936	48 012	52 811	71 990	84 800	83 385
Lebanon (29)	-2 328	-6 296	-5 778	-7 180	-12 709	-13 637	-14 952	-16 091	-16 591
Oman	1 941	1 946	4 589	8 271	13 642	16 472	21 068	22 476	22 403
Qatar*	1 599	1 026	6 723	15 330	38 072	53 123	78 349	95 063	99 248
Saudi Arabia*(30)	15 431	24 737	35 645	113 793	146 457	158 052	203 400	224 558	210 465
State of Palestine	..	-1 470	-2 120	-2 261	-3 159	-3 399	-3 737	-4 077	-4 412
Syrian Arab Republic*	1 127	-1 649	315	-1 252	-4 016	-5 051	-4 622	-4 167	-3 800
Turkey*	-6 988	-13 219	-16 811	-43 904	-60 128	-72 127	-87 226	-96 626	-89 501
United Arab Emirates	10 207	4 995	10 233	32 359	43 304	63 333	90 333	116 667	116 333
Yemen*	_	-51	1 032	299	-2 348	-1 880	-2 563	-3 846	-4 973
Developing economies: Oceania	*-2 133*	*-1 145*	*-1 273*	*-3 431*	*-5 079*	*-4 971*	*-5 352*	*-6 390*	*-6 839*
American Samoa*(31)	-55	-182	-152	-134	-90	-28	8	35	55
Cook Islands	-41	-43	-40	-80	-87	-87	-100	-106	-103
Fiji	-182	-261	-296	-923	-1 040	-963	-1 037	-1 287	-1 542
French Polynesia*	-768	-743	-762	-1 409	-1 705	-1 590	-1 589	-1 619	-1 607
Guam (4)	-321	-299	-323	-847	-833	-920	-1 045	-1 052	-1 103
Kiribati	-21	-27	-35	-61	-66	-71	-85	-92	-94
Marshall Islands	-47	-51	-50	-69	-94	-94	-93	-80	-91
Micronesia (Federated States of)	-76	-79	-84	-115	-138	-133	-132	-137	-161
Nauru (4)	35	8	5	-18	15	22	42	8	-26
New Caledonia*	-315	-450	-448	-683	-1 778	-1 812	-1 925	-1 989	-1 888
Niue	-3	-3	-2	-7	-7	-7	-7	-8	-9
Northern Mariana Islands (4)	..	204	451	94	-64	-78	-86	-90	-102
Palau (4)	..	-40	-92	-98	-102	-103	-119	-139	-156
Papua New Guinea	-121	1 030	794	1 441	1 726	1 708	1 646	1 006	846
Samoa (29)	-74	-85	-64	-162	-213	-235	-263	-285	-297
Solomon Islands*	-29	9	-17	-67	-134	-111	-72	-36	-39
Tokelau (4)	..	..	..	0	0	0	0	0	0
Tonga	-47	-61	-62	-102	-149	-155	-171	-181	-182
Tuvalu	-5	-6	-6	-12	-19	-18	-24	-23	-19
Vanuatu	-64	-66	-68	-124	-244	-237	-238	-251	-255
Wallis and Futuna Islands (4)	..	..	-35	-54	-61	-58	-63	-65	-66
Transition economies	*-8 958*	*13 562*	*43 584*	*109 033*	*141 476*	*158 655*	*195 777*	*207 798*	*203 527*
Albania	-181	-569	-879	-1 975	-3 406	-3 255	-3 073	-2 976	-2 761
Armenia*	_	-382	-562	-887	-2 917	-2 731	-2 821	-2 866	-2 890
Azerbaijan (32)	_	-162	450	3 715	19 108	19 547	22 092	22 642	20 842
Belarus	_	-868	-973	-2 021	-7 892	-7 069	-4 762	-3 501	-3 520
Bosnia and Herzegovina*(33)	_	-1 093	-2 326	-4 271	-5 469	-4 813	-4 826	-4 888	-4 854
Georgia	_	-305	-424	-1 855	-3 918	-3 941	-4 710	-5 223	-5 509
Kazakhstan*(34)	_	928	2 727	10 794	25 645	30 360	38 795	41 138	37 670
Kyrgyzstan	_	-141	-63	-564	-1 684	-1 705	-2 410	-3 347	-3 947
Montenegro	_	_	_	_	-2 262	-1 862	-1 843	-1 880	-1 878
Republic of Moldova	_	-155	-250	-1 209	-2 539	-2 428	-2 780	-3 030	-3 031
Russian Federation (35)	_	19 445	48 102	114 486	147 775	153 920	181 328	191 310	188 496
Serbia and Montenegro*	_	-1 232	-2 240	-7 385	_	_	_	_	_
Serbia	_	_	_	_	-9 334	-7 575	-7 573	-7 240	-6 467
Socialist Federal Republic of Yugoslavia	-2 239	_	_	_	_	_	_	_	_
Tajikistan	_	-5	33	-340	-1 628	-1 657	-1 943	-2 452	-2 943
TFYR of Macedonia*	_	-464	-631	-1 268	-2 460	-2 345	-2 393	-2 459	-2 390
Turkmenistan	_	523	293	2 381	1 782	1 467	4 267	6 267	6 867

For sources and notes, see end of table.

Percentage of imports (average of three consecutive years) Pourcentage des importations (moyenne de trois années consécutives)									Régions, pays ou territoires
1989-91	1994-96	1999-01	2004-06	2008-10	2009-11	2010-12	2011-13	2012-14	
-8.51	*-8.56*	*13.79*	*10.53*	*9.15*	*9.80*	*6.64*	*3.99*	*3.15*	*Asie du Sud-Est*
120.77	11.18	186.27	310.10	248.75	229.51	252.81	241.44	224.28	Brunéi Darussalam*
-42.66	-34.00	-28.56	-18.76	-26.65	-26.76	-27.75	-29.00	-26.33	Cambodge (6)
22.09	17.68	52.21	–	–	–	–	–	–	Indonésie (...2002)
			24.07	17.95	19.69	10.21	3.88	-1.37	Indonésie
-55.47	-49.03	-38.82	-34.35	-21.79	-17.37	-16.62	-19.88	-23.57	Rép. dém. populaire lao*
1.94	-2.08	22.85	22.51	25.08	23.12	19.39	16.14	12.95	Malaisie (26)
-1.57	-30.37	-33.34	61.70	65.63	45.87	26.96	-2.61	-14.09	Myanmar
-33.21	-39.89	2.40	-14.30	-15.64	-17.43	-18.79	-19.11	-13.75	Philippines
-11.51	-5.17	3.55	14.36	9.58	11.65	10.91	9.83	9.81	Singapour (27)
-25.54	-20.04	10.78	-1.15	6.29	5.65	-1.69	-6.50	-5.65	Thaïlande*
			-93.06	-95.21	-95.44	-94.85	-96.44	-97.15	Timor-Leste (28)
-15.84	-32.83	-5.48	-13.48	-18.52	-14.15	-7.81	-2.85	0.49	Viet Nam
25.89	*10.49*	*26.46*	*37.17*	*33.11*	*37.32*	*48.14*	*52.80*	*49.29*	*Asie occidentale*
-7.67	5.67	27.07	9.14	18.67	31.33	43.33	51.33	49.00	Bahreïn (6)
23.75	-37.98	24.03	8.28	38.20	34.23	53.82	62.99	52.62	Iraq*
-53.99	-55.91	-54.11	-55.49	-54.45	-55.92	-58.18	-61.17	-63.27	Jordanie
27.48	70.03	112.39	178.42	210.74	229.02	283.93	311.93	286.62	Koweït*
-81.44	-91.10	-87.54	-74.56	-73.65	-73.41	-73.31	-74.55	-76.48	Liban (29)
69.88	44.03	86.00	85.20	66.82	77.83	87.13	78.92	71.89	Oman
101.36	42.77	211.45	158.11	152.15	199.38	264.83	287.98	287.33	Qatar*
61.03	93.21	118.60	190.87	136.18	137.81	153.93	150.10	130.05	Arabie saoudite*(30)
..	-79.70	-85.51	-86.98	-85.14	-84.72	-82.85	-80.70	-79.00	État de Palestine
47.57	-31.42	7.42	-12.26	-23.91	-30.61	-35.71	-47.67	-59.33	République arabe syrienne*
-34.56	-36.14	-35.75	-37.01	-33.59	-36.71	-39.38	-39.74	-36.71	Turquie*
88.00	19.12	29.05	36.76	25.81	35.67	44.33	51.33	47.33	Émirats arabes unis
–	-0.36	44.62	5.33	-23.98	-19.29	-21.00	-29.67	-37.67	Yémen*
-41.36	*-18.26*	*-20.59*	*-33.44*	*-37.69*	*-35.94*	*-34.59*	*-38.00*	*-40.47*	*Économies en développement : Océanie*
-14.78	-39.14	-30.88	-24.31	-17.12	-7.90	2.67	10.00	15.67	Samoa américaines*(31)
-90.21	-91.61	-86.37	-93.51	-95.58	-95.87	-95.57	-94.35	-89.63	Îles Cook
-26.68	-28.96	-33.82	-56.66	-56.34	-53.58	-50.09	-52.53	-54.78	Fidji
-87.59	-76.86	-77.16	-86.64	-91.16	-91.04	-91.21	-91.38	-91.28	Polynésie française*
-80.52	-77.97	-81.74	-93.96	-92.44	-94.99	-95.67	-95.67	-96.00	Guam (4)
-81.47	-81.73	-86.09	-93.29	-91.77	-91.98	-93.31	-92.80	-93.92	Kiribati
-90.19	-70.64	-83.07	-76.47	-79.33	-73.00	-65.67	-58.33	-59.33	Îles Marshall
-93.55	-82.34	-79.29	-86.58	-83.34	-76.29	-72.15	-71.96	-80.20	Micronésie (États fédérés de)
202.92	37.67	48.33	-68.00	51.78	88.78	140.33	73.67	7.33	Nauru (4)
-36.53	-48.26	-46.82	-37.13	-58.72	-57.13	-56.37	-58.77	-57.80	Nouvelle-Calédonie*
-99.17	-93.15	-86.94	-87.95	-99.92	-100.00	-100.00	-100.00	-100.00	Nioué
..	76.00	81.00	15.00	-69.67	-93.00	-96.00	-96.67	-96.67	Îles Mariannes du Nord (4)
..	-75.33	-88.55	-89.99	-93.00	-94.00	-94.22	-94.89	-95.55	Palaos (4)
-7.39	66.85	69.88	75.19	48.33	42.33	36.33	20.67	19.67	Papouasie-Nouvelle-Guinée
-88.35	-92.08	-54.75	-66.36	-77.46	-79.41	-78.72	-80.63	-81.01	Samoa (29)
-27.56	6.21	-19.41	-36.00	-39.73	-31.31	-17.50	-7.26	-7.53	Îles Salomon*
..	..	..	42.67	68.00	124.33	125.33	164.67	174.00	Tokélaou (4)
-80.72	-82.21	-87.10	-89.75	-94.61	-93.97	-93.17	-92.02	-91.17	Tonga
-97.67	-97.67	-99.31	-99.33	-98.33	-98.33	-98.67	-98.67	-98.33	Tuvalu
-75.95	-70.39	-73.87	-74.37	-81.84	-80.50	-80.77	-82.37	-83.02	Vanuatu
..	..	-99.94	-99.97	-100.00	-100.00	-100.00	-100.00	-100.00	Îles Wallis-et-Futuna (4)
-5.95	*14.16*	*46.99*	*43.64*	*30.53*	*32.85*	*35.42*	*34.35*	*34.37*	*Économies en transition*
-45.42	-75.49	-74.04	-74.18	-71.72	-68.27	-62.82	-58.66	-55.22	Albanie
–	-57.05	-66.12	-49.16	-76.00	-73.23	-69.56	-67.24	-66.46	Arménie*
–	-18.40	33.43	75.22	273.39	251.88	248.34	219.91	207.76	Azerbaïdjan (32)
–	-16.79	-12.27	-10.85	-23.41	-20.81	-12.58	-7.92	-8.35	Bélarus
–	-86.00	-70.94	-63.50	-53.89	-49.97	-47.82	-46.77	-46.54	Bosnie-Herzégovine*(33)
–	-62.31	-59.24	-68.25	-73.06	-70.64	-69.20	-67.76	-66.99	Géorgie
–	22.67	56.50	59.75	77.56	91.12	102.60	96.18	83.29	Kazakhstan*(34)
–	-17.92	-10.37	-38.83	-48.31	-48.02	-54.61	-62.94	-68.83	Kirghizistan
–	–	–	–	-82.24	-79.52	-78.42	-78.07	-79.99	Monténégro
–	-17.13	-32.03	-52.55	-62.80	-59.39	-58.61	-57.20	-56.77	République de Moldova
–	32.45	104.91	89.09	60.30	60.17	60.04	57.43	57.56	Fédération de Russie (35)
–	-46.84	-56.26	-58.05	–	–	–	–	–	Serbie-et-Monténégro*
–	–	–	–	-48.12	-43.39	-40.94	-36.75	-32.51	Serbie
-12.91	–	–	–	–	–	–	–	–	République socialiste fédérale de Yougoslavie
–	-0.86	4.95	-24.55	-57.55	-58.83	-59.94	-65.61	-70.67	Tadjikistan
–	-28.74	-33.80	-38.60	-42.47	-40.55	-37.83	-36.59	-35.23	LERY de Macédoine*
–	37.51	13.54	87.95	33.67	19.67	50.67	68.67	68.33	Turkménistan

Pour les sources et les notes, se reporter à la fin du tableau.

1.3 Merchandise trade balance
Value and percentage of imports

Region, country or territory	Trade balance - Millions of dollars (average of three consecutive years) Balance commerciale - Millions de dollars (moyenne de trois années consécutives)								
	1989-91	1994-96	1999-01	2004-06	2008-10	2009-11	2010-12	2011-13	2012-14
Ukraine	–	-2 000	281	-1 636	-11 240	-9 757	-13 225	-14 231	-9 563
Union of Soviet Socialist Republics	-6 538	–	–	–	–	–	–	–	–
Uzbekistan	–	42	46	1 069	1 913	2 500	1 654	534	-593
Developed economies: America	**-110 673**	**-166 818**	**-403 639**	**-778 070**	**-706 052**	**-689 726**	**-772 053**	**-791 895**	**-790 685**
Bermuda (6)	-494	-505	-671	-973	-1 043	-960	-911	-925	-951
Canada	2 935	20 383	27 558	34 691	2 813	-13 776	-15 621	-15 879	-11 874
Greenland	-14	-80	-93	-206	-406	-412	-413	-381	-315
Saint Pierre and Miquelon (4)	-55	-66	-65	-70	-88	-93	-100	-109	-112
United States	-113 046	-186 550	-430 368	-811 513	-707 329	-674 486	-755 009	-774 601	-777 434
Developed economies: Asia	**59 832**	**87 050**	**81 166**	**81 903**	**37 625**	**20 028**	**-22 280**	**-88 635**	**-123 789**
Israel*	-4 909	-9 965	-6 685	-4 054	-3 486	-4 058	-7 694	-9 455	-9 206
Japan	64 741	97 015	87 851	85 956	41 110	24 085	-14 586	-79 180	-114 583
Developed economies: Europe	**-68 012**	**66 948**	**-2 861**	**-30 524**	**-100 199**	**-52 705**	**-28 436**	**81 786**	**174 469**
Andorra*	..	-945	-997	-1 640	-1 586	-1 487	-1 421	-1 401	-1 387
Austria*	-8 021	-9 668	-4 606	-1 378	-5 176	-8 838	-10 781	-11 338	-7 971
Belgium*	-814	12 326	12 291	17 352	12 936	14 002	10 685	10 874	14 266
Bulgaria*	313	-357	-1 784	-6 384	-8 883	-5 492	-5 094	-5 041	-5 410
Croatia*	–	-2 367	-3 811	-9 826	-11 869	-9 438	-8 683	-9 050	-8 919
Cyprus*	-1 587	-2 368	-2 822	-5 000	-7 585	-6 868	-6 527	-5 570	-4 929
Czechoslovakia (36)	130	–	–	–	–	–	–	–	–
Czech Republic*(37)	–	-3 454	-2 587	785	6 333	8 350	10 924	14 819	18 352
Denmark*(38)	2 909	5 576	5 550	8 504	10 600	13 480	14 378	14 421	12 946
Estonia*	–	-734	-1 176	-2 894	-1 786	-846	-1 149	-1 623	-2 105
Faeroe Islands	71	59	-16	-98	-33	19	-41	-69	-55
Finland*	-99	9 048	10 789	8 213	2 451	-814	-2 599	-3 882	-2 961
France*	-20 607	5 068	-2 251	-35 196	-87 983	-95 650	-105 522	-109 922	-100 441
Germany*	–	56 854	69 854	196 470	219 636	205 640	221 697	240 418	264 693
Gibraltar (39)	-282	-307	-345	-345	-423	-412	-392	-425	-430
Greece*	-11 062	-14 481	-20 604	-39 160	-51 380	-40 533	-33 502	-29 036	-26 947
Hungary*(40)	-240	-2 965	-3 381	-3 865	4 039	7 475	8 524	8 553	7 220
Iceland*	-105	17	-483	-1 792	105	548	494	259	-17
Ireland*	3 267	11 584	27 693	39 891	50 400	56 193	56 453	53 881	49 702
Italy*	-12 444	31 334	8 319	-12 951	-22 371	-27 824	-20 857	5 333	36 165
Latvia*	–	-550	-1 356	-4 003	-3 422	-2 476	-2 811	-3 225	-3 207
Lithuania*	–	-825	-1 749	-4 019	-3 986	-2 743	-2 910	-2 762	-2 464
Luxembourg*	-1 291	-2 094	-2 828	-3 520	-5 266	-5 776	-7 349	-8 393	-8 235
Malta*	-776	-988	-845	-1 306	-1 638	-1 668	-1 910	-2 253	-2 842
Netherlands*	5 106	15 488	16 491	42 365	56 520	61 772	66 342	74 347	78 282
Norway	6 261	10 135	21 064	46 737	60 869	56 920	65 532	69 282	64 309
Poland*	453	-8 097	-16 664	-14 353	-23 209	-17 727	-17 970	-12 736	-6 517
Portugal*	-8 402	-9 818	-15 460	-21 845	-31 025	-26 358	-21 987	-16 838	-13 806
Romania*	-659	-2 225	-2 936	-13 557	-20 268	-13 244	-12 780	-11 131	-9 327
Slovakia*	–	-802	-1 400	-2 667	-900	19	946	2 406	3 879
Slovenia*	–	-921	-1 276	-1 132	-1 377	-691	-538	-25	938
Spain*	-31 291	-13 931	-36 574	-95 610	-92 596	-69 511	-61 581	-44 969	-32 829
Sweden*	3 697	14 580	14 329	20 782	11 778	10 149	9 150	8 262	5 547
Switzerland*	-5 845	1 792	-1 179	5 953	17 870	21 008	20 810	26 482	29 436
United Kingdom*	-36 654	-29 017	-62 110	-135 035	-170 972	-169 882	-187 967	-167 858	-170 462
Developed economies: Oceania	**-2 871**	**-6 533**	**-7 756**	**-23 058**	**-5 604**	**9 530**	**11 719**	**11 342**	**2 946**
Australia	-3 278	-6 398	-7 079	-19 273	-4 387	9 296	11 587	11 536	3 626
New Zealand	408	-134	-676	-3 785	-1 217	234	131	-194	-680
Memo items									
Developing economies excluding China	12 136	-73 358	79 474	284 303	217 326	267 237	316 362	299 380	208 288
Developing economies excluding LDCs	23 340	-52 124	115 125	392 217	451 266	457 710	518 858	538 954	541 171
High-income developing economies	43 636	-16 977	131 880	476 196	682 179	690 757	808 677	856 459	866 154
Middle-income developing economies	-19 313	-34 129	-12 486	-63 062	-189 045	-191 279	-239 775	-270 076	-287 757
Low-income developing economies	-8 766	-10 860	-14 631	-24 960	-50 701	-54 877	-63 636	-72 262	-79 352
HIPCs (Heavily indebted poor countries) (IMF)	-3 542	-4 894	-9 537	-14 867	-32 373	-31 764	-39 026	-49 465	-57 800
LLDCs (Landlocked developing countries)	-4 145	-6 141	-4 604	3 745	12 072	14 627	20 801	18 505	7 997
SIDS (Small island developing States)	-3 557	-3 960	-6 196	-6 117	-9 779	-10 491	-11 273	-13 319	-14 208
LDCs (Least developed countries)	-7 784	-9 842	-10 362	-4 043	-8 832	-13 109	-13 591	-24 833	-42 125

For sources and notes, see end of table.

32

Percentage of imports (average of three consecutive years) Pourcentage des importations (moyenne de trois années consécutives)									Régions, pays ou territoires
1989-91	1994-96	1999-01	2004-06	2008-10	2009-11	2010-12	2011-13	2012-14	
_ -4.08	-12.44	1.77	-2.48	-16.58	-15.05	-17.21	-17.45	-11.83	Ukraine
	_	_	_	_	_	_	_		Union des Républiques socialistes soviétiques
	4.00	1.57	27.99	21.52	26.71	18.10	5.66	-4.53	Ouzbékistan
-17.60	**-18.06**	**-28.80**	**-37.98**	**-30.54**	**-29.38**	**-29.28**	**-28.46**	**-27.88**	**Économies développées : Amérique**
-90.34	-90.67	-93.58	-95.06	-97.91	-98.10	-98.59	-98.70	-98.79	Bermudes (6)
2.39	12.09	11.88	11.03	0.33	-3.54	-3.50	-3.37	-2.50	Canada
-3.36	-19.11	-24.92	-34.07	-50.00	-50.27	-48.02	-43.86	-38.27	Groenland
-65.76	-88.67	-92.67	-89.73	-92.57	-95.15	-96.80	-98.01	-98.19	Saint-Pierre-et-Miquelon (4)
-22.37	-24.57	-36.80	-47.03	-36.65	-34.62	-34.50	-33.53	-32.95	États-Unis
24.61	**25.88**	**21.54**	**14.98**	**5.24**	**3.30**	**-1.67**	**-9.52**	**-13.49**	**Économies développées : Asie**
-29.00	-34.51	-18.98	-8.74	-5.54	-5.96	-10.47	-12.55	-12.35	Israël*
28.54	31.32	25.72	17.15	6.20	4.12	-0.90	-9.26	-13.62	Japon
-4.07	**3.07**	**-0.09**	**-0.58**	**-1.66**	**-0.93**	**-0.49**	**1.30**	**2.74**	**Économies développées : Europe**
..	-95.18	-95.51	-91.94	-93.53	-93.57	-93.16	-92.94	-93.26	Andorre*
-17.26	-15.46	-6.35	-1.10	-3.31	-5.20	-6.01	-6.14	-4.41	Autriche*
-0.59	8.29	7.12	5.55	3.38	3.61	2.55	2.40	3.17	Belgique*
1.62	-7.34	-27.64	-33.97	-29.74	-21.08	-16.99	-15.20	-15.98	Bulgarie*
_	-33.09	-45.88	-52.03	-48.62	-44.31	-40.98	-41.43	-40.78	Croatie*
-63.79	-66.55	-74.30	-80.11	-84.08	-82.21	-79.61	-74.41	-72.46	Chypre*
1.23	_	_	_	_	_	_	_		Tchécoslovaquie (36)
_	-13.65	-7.97	0.85	5.29	6.54	7.72	10.22	12.53	République tchèque*(37)
8.93	13.24	12.20	11.32	12.03	15.37	15.93	15.22	13.53	Danemark*(38)
_	-28.16	-24.67	-27.19	-12.90	-6.91	-7.01	-8.94	-11.53	Estonie*
22.41	20.73	-2.90	-12.96	-2.99	2.29	-2.60	-5.95	-4.67	Îles Féroé
-0.14	31.97	32.62	14.11	3.12	-0.60	-3.16	-4.85	-3.85	Finlande*
-9.13	1.70	-0.61	-6.86	-13.96	-15.00	-15.71	-15.86	-14.82	France*
_	13.02	14.41	24.76	20.76	19.24	19.20	20.03	22.22	Allemagne*
-81.95	-72.16	-73.63	-61.67	-60.97	-61.64	-60.67	-62.00	-61.33	Gibraltar (39)
-57.37	-57.37	-64.39	-68.88	-66.75	-59.54	-50.71	-45.01	-42.77	Grèce*
-1.31	-18.77	-10.83	-5.83	4.88	8.22	8.91	8.61	7.27	Hongrie*(40)
-6.11	1.89	-19.31	-34.57	5.59	13.50	11.35	5.38	-0.11	Islande*
16.76	37.29	55.95	59.38	75.96	88.98	89.36	82.82	75.12	Irlande*
-7.26	15.92	3.67	-3.09	-4.52	-5.50	-3.97	1.45	7.59	Italie*
_	-28.92	-42.08	-43.61	-25.71	-19.79	-18.65	-18.83	-18.23	Lettonie*
_	-22.07	-31.97	-25.36	-15.14	-11.06	-10.14	-8.48	-7.24	Lituanie*
-17.35	-22.56	-24.48	-15.63	-19.05	-21.58	-26.87	-30.27	-30.42	Luxembourg*
-42.04	-36.23	-28.87	-33.59	-33.22	-31.88	-31.68	-35.56	-44.33	Malte*
4.23	8.83	7.83	11.58	11.12	11.93	11.70	12.59	13.31	Pays-Bas*
24.30	31.19	62.43	82.40	76.17	71.66	76.67	77.65	72.53	Norvège
10.05	-26.45	-34.63	-13.70	-12.44	-9.79	-9.19	-6.18	-3.20	Pologne*
-35.36	-31.24	-38.86	-35.84	-38.08	-34.28	-28.11	-21.64	-18.32	Portugal*
-11.55	-21.94	-21.95	-32.06	-28.85	-21.03	-18.46	-15.17	-12.76	Roumanie*
_	-7.20	-10.58	-7.33	-1.18	0.07	1.19	3.02	4.81	Slovaquie*
_	-10.23	-12.59	-5.67	-4.02	-2.20	-1.65	-0.02	2.77	Slovénie*
-37.43	-13.01	-24.53	-32.53	-25.92	-21.09	-17.76	-12.59	-9.51	Espagne*
7.26	23.09	21.01	18.62	8.11	7.05	5.62	4.91	3.41	Suède*
-9.13	2.43	-1.41	4.70	10.44	11.58	9.91	10.03	10.05	Suisse*
-17.45	-11.13	-18.30	-25.57	-29.56	-28.81	-28.80	-24.76	-25.05	Royaume-Uni*
-5.34	**-8.91**	**-9.22**	**-15.65**	**-2.75**	**3.03**	**4.50**	**4.07**	**1.08**	**Économies développées : Océanie**
-7.40	-10.74	-10.13	-15.84	-2.59	3.41	5.11	4.78	1.55	Australie
4.90	-0.81	-4.69	-14.87	-3.66	0.52	0.53	-0.49	-1.69	Nouvelle-Zélande
									Pour mémoire
1.79	-5.53	4.96	10.08	5.02	5.59	5.86	5.18	3.50	Économies en développement sans la Chine
3.10	-3.67	6.56	11.38	8.52	7.91	7.60	7.27	7.10	Économies en développement sans les PMA
6.82	-1.42	8.78	16.21	15.40	14.28	14.22	13.86	13.62	Économies en développement à revenu élevé
-15.39	-16.66	-5.05	-12.04	-20.34	-18.82	-19.67	-20.52	-21.46	Économies en dév. à revenu intermédiaire
-38.23	-37.54	-41.29	-39.40	-45.82	-44.63	-44.21	-44.61	-45.57	Économies en développement à revenu faible
-16.02	-18.13	-27.20	-22.62	-28.04	-25.43	-25.63	-28.43	-31.56	PPTE (Pays pauvres très endettés) (FMI)
-28.48	-18.12	-12.52	3.70	7.77	8.07	11.49	9.44	3.71	LLDCs (Pays en développement sans littoral)
-31.74	-28.91	-36.74	-24.21	-28.39	-30.23	-28.91	-31.38	-33.60	SIDS (Petits États insulaires en dév.)
-31.43	-30.12	-23.71	-5.71	-5.69	-8.02	-6.33	-10.35	-16.63	PMA (Pays les moins avancés)

Pour les sources et les notes, se reporter à la fin du tableau.

Sources:

- UN DESA Statistics Division, *Yearbook of International Trade Statistics*
- UN DESA Statistics Division, *Monthly Bulletin of Statistics*
- UN DESA Statistics Division, *UN Comtrade*
- UNCTAD secretariat estimates and calculations
- WTO, Statistics Database
- IMF, *International Financial Statistics*
- IMF, *Direction of Trade Statistics*
- IMF, *Balance of Payments Statistics*
- Eurostat, *Comext*
- World Bank, *World Development Indicators*
- OECD, *OECD.Stat*
- OPEC, *Annual Statistical Bulletin*
- Economist Intelligence Unit, *Country Data*
- Other international, regional and national sources

Notes:

*   Special Trade System.

(1)   Excluding exports of gold.

(2)   From 1996 onwards, imports f.o.b.

(3)   From 2011 onwards, including commercial mining.

(4)   Estimates based on *UN Comtrade* mirror data structure.

(5)   Prior to 2008, special trade. Prior to 1965, data refer to Northern Rhodesia.

(6)   Imports f.o.b.

(7)   Excluding trade with member countries of CEMAC. Imports f.o.b.

(8)   Excluding trade with member countries of CEMAC.

(9)   Prior to 1995, data refer to fiscal year ending in June.

(10) Excluding re-exports (oil for bunkering).

(11) Prior to 2009, excluding re-exports.

(12) Prior to 2005, special trade.

(13) Prior to 1986, included in Netherlands Antilles. Including exports and imports of crude oil and oil products. Prior to 2000, free zone trade is excluded. Imports f.o.b.

(14) From 1990 onwards, trade statistics exclude certain oil and chemical products. Imports f.o.b.

(15) Estimates based on *UN Comtrade* mirror data structure.

(16) Prior to 1993, excluding free trade processing zones. Imports f.o.b.

(17) Prior to 1986, data refer to Netherlands Antilles and Aruba.

(18) Prior to 1992, excluding free trade processing zones.

(19) Prior to 2002, special trade.

(20) From 1990 onwards, including goods for processing. Imports f.o.b.

(21) Excluding free trade processing zones.

(22) Prior to 2005, excluding customs free zones.

(23) Excluding imports of goods financed through foreign aid.

(24) Prior to 1972, data refer to the former East Pakistan. These data are not published in this table, but are included in the calculation of country groups.

(25) Excluding military goods, fissionable materials, bunkers, ships and aircraft.

(26) Excluding military imports and offshore installations of petroleum industry.

(27) Including trans-shipments to and from Peninsular Malaysia.

(28) Excluding exports of oil and gas.

(29) Prior to 2001, special trade.

(30) Excluding defence imports.

(31) Data refer to fiscal year ending in September.

(32) Excluding military goods, precious metals and goods procured in foreign ports.

(33) Prior to 1998, data refer to the Federation of Bosnia and Herzegovina only. The other entity of Bosnia and Herzegovina, Republika Srpska, is not included.

(34) As of 2011, adjusted to include bilateral trade with Russian Federation.

(35) Prior to 1994, excluding trade with the independent republics of the former USSR.

(36) From 1985 onwards, data are not comparable to those shown for prior periods due to revisions of the koruna-to-US dollar exchange rate.

(37) From 1995 onwards, including goods for processing.

(38) Prior to 1988, excluding ships.

(39) Excluding petroleum products. Estimates based on *UN Comtrade* mirror data structure.

(40) Prior to 1996, excluding customs free zones.

Sources :

- ONU DAES Division de statistique, *Annuaire statistique du commerce international*
- ONU DAES Division de statistique, *Bulletin mensuel de statistique*
- ONU DAES Division de statistique, *UN Comtrade*
- Estimations et calculs du secrétariat de la CNUCED
- OMC, Base de données statistiques
- FMI, *Statistiques financières internationales*
- FMI, *Direction of Trade Statistics*
- FMI, *Statistiques de la balance des paiements*
- Eurostat, *Comext*
- Banque mondiale, *World Development Indicators*
- OCDE, *OECD.Stat*
- OPEP, *Bulletin statistique annuel*
- Economist Intelligence Unit, *Country Data*
- Autres sources internationales, régionales et nationales

Notes :

*   Système du commerce spécial.

(1)   Non-compris les exportations d'or.

(2)   À partir de 1996, importations f.a.b.

(3)   À partir de 2011, y compris l'exploitation minière commerciale.

(4)   Estimations basées sur la structure des données miroirs de *UN Comtrade*.

(5)   Avant 2008, commerce spécial. Avant 1965, les données relatives à la Rhodésie du Nord.

(6)   Importations f.a.b.

(7)   Non-compris le commerce avec les pays membres de la CEMAC. Importations f.a.b.

(8)   Non-compris le commerce avec les autres pays membres de la CEMAC.

(9)   Avant 1995, les données se rapportent à l'exercice budgétaire finissant en juin.

(10) Non-compris les réexportations (huile pour mise en soute).

(11) Avant 2009, non-compris les réexportations.

(12) Avant 2005, commerce spécial.

(13) Avant 1986 compris dans Antilles néerlandaises. Les données comprennent les exportations et importations de pétrole brut et produits dérivés. Avant 2000, non-compris les zones franches douanières. Importations f.a.b.

(14) À partir de 1990, certains produits pétroliers et chimiques ne sont plus inclus dans les statistiques du commerce. Importations f.a.b.

(15) Estimations basées sur la structure des données miroirs de *UN Comtrade*.

(16) Avant 1993, non-compris les zones franches douanières. Importations f.a.b.

(17) Avant 1986, données relatives aux Antilles Néerlandaises et à Aruba.

(18) Avant 1992, non-compris les zones franches douanières.

(19) Avant 2002, commerce spécial.

(20) À partir de 1990, y compris les biens destinés à subir des transformations. Importations f.a.b.

(21) Non-compris les zones franches douanières.

(22) Avant 2005, non-compris les zones franches douanières.

(23) Non-compris les biens d'importation financés par l'aide à l'étranger.

(24) Avant 1972, données relatives à l'ancien Pakistan oriental. Ces données ne sont pas publiées dans cette table mais sont prises en compte dans le calcul des groupements de pays.

(25) Non-compris les biens à usage militaire, le matériel fissile, le combustible de soute et l'avitaillement des navires et aéronefs.

(26) Non-compris les importations militaires et l'installation près des côtes de l'industrie pétrolière.

(27) Y compris les transbordements vers et en provenance de la Malaisie péninsulaire.

(28) Non-compris les exportations de pétrole et le gaz.

(29) Avant 2001, commerce spécial.

(30) Non-compris les importations de la défense.

(31) Les données se rapportent à l'exercice budgétaire finissant en septembre.

(32) Non-compris les biens à usage militaire, les métaux précieux et les biens fournis dans les ports étrangers.

(33) Avant 1998, les données se réfèrent uniquement à la Fédération de la Bosnie-Herzégovine. L'autre entité de la Bosnie-Herzégovine, Republika Srpska, n'est pas incluse.

(34) À partir de 2011, y compris le commerce bilatéral avec la Fédération de Russie.

(35) Avant 1994, non-compris le commerce avec les républiques indépendantes de l'ancienne URSS.

(36) À partir de 1985, les chiffres ne sont pas comparables à ceux des années antérieures à cause des révisions du taux de change de la couronne par rapport au dollar des États-Unis.

(37) À partir de 1995, y compris les biens destinés à subir des transformations.

(38) Avant 1988, non-compris les navires.

(39) Non-compris les produits pétroliers. Estimations basées sur la structure des données miroirs de *UN Comtrade*.

(40) Avant 1996, non-compris les zones franches douanières.

Trade group	Value of intra-trade (exports in millions of dollars) Valeur du commerce interne au groupement (exportations en millions de dollars)						Intra-trade of groups regional exports Commerce interne des exportations régionales		
	1995	2000	2005	2010	2013	2014	1995	2000	2005
AFRICA									
AMU	1 231	1 092	1 916	3 451	5 507	5 689	71.3	71.7	60.3
CEMAC	105	99	326	977	896	804	37.9	33.1	37.4
CEPGL	5	4	25	92	187	221	3.5	12.6	9.4
COMESA	1 383	1 432	3 362	8 724	10 941	10 454	43.9	44.7	51.9
EAC	539	484	1 134	2 096	2 342	2 491	59.9	59.7	55.2
ECCAS	141	152	417	1 509	1 563	1 124	33.9	45.3	28.4
ECOWAS	2 293	2 682	5 985	9 622	14 197	12 378	79.5	74.0	72.4
MRU	103	111	238	164	175	184	11.4	8.8	10.9
SADC	6 636	5 513	9 765	31 302	39 554	39 510	85.2	83.8	78.6
WAEMU	1 052	976	1 702	2 484	3 531	3 888	58.0	49.5	43.4
AMERICA									
CACM	1 458	2 449	3 883	5 809	7 032	7 132	22.6	20.2	22.2
CAN	1 803	2 034	4 572	7 893	10 038	9 833	14.5	11.2	12.5
CARICOM	840	1 249	1 984	2 508	3 077	2 948	22.7	21.5	16.9
FTAA	528 508	867 122	1 115 891	1 395 296	1 727 045	1 758 916	99.2	99.1	98.7
LAIA	37 538	46 793	79 209	140 120	171 537	152 113	26.3	18.1	20.6
MERCOSUR	17 291	20 924	25 391	51 353	58 430	51 062	33.9	27.7	19.9
NAFTA	392 902	681 263	824 515	956 720	1 188 434	1 250 677	87.2	90.8	90.4
OAS	529 725	869 026	1 119 860	1 402 182	1 735 246	1 766 458	99.3	99.3	99.0
OECS	31	28	34	57	72	67	19.9	20.7	26.8
ASIA									
APTA	21 988	37 784	128 114	278 477	348 264	366 776	12.8	15.8	22.2
ASEAN	80 072	98 178	165 395	262 976	330 206	327 091	41.9	39.0	39.4
ECO	4 890	4 752	14 816	32 861	44 138	43 642	24.4	16.3	20.7
GCC	7 025	8 316	19 312	37 434	65 041	60 855	9.6	6.6	6.8
SAARC	2 434	2 933	9 113	16 557	23 252	26 153	13.7	13.7	15.8
EUROPE									
EFTA	927	842	1 253	2 084	2 524	2 649	1.0	0.8	0.7
EU28	1 421 263	1 624 896	2 744 479	3 352 926	3 738 387	3 843 796	91.3	92.5	91.2
Euro area	886 704	965 479	1 636 764	1 969 701	2 136 983	2 149 660	70.4	70.0	69.0
OCEANIA									
MSG	..	19	44	74	118	106	..	1.7	2.3
INTERREGIONAL									
ACP	12 527	12 914	26 206	66 384	82 974	80 965	..	..	..
APEC	1 679 826	2 268 115	3 313 830	4 873 883	6 126 934	6 193 956	..	..	..
CIS	29 287	29 144	61 104	97 195	128 209	100 807	..	..	..

Source:

UNCTAD secretariat calculations, based on UNCTAD, *UNCTADstat* Merchandise Trade Matrix

as percentage of of each group du groupement en pourcentage de chaque groupement			Intra-trade of groups as percentage of total exports of each group Commerce interne du groupement en pourcentage des exportations totales de chaque groupement						Groupements commerciaux
2010	2013	2014	1995	2000	2005	2010	2013	2014	
									AFRIQUE
56.4	65.9	65.5	3.9	2.3	1.9	2.4	3.6	4.5	UMA
51.5	39.9	40.7	1.8	1.2	1.4	2.7	2.1	2.1	CEMAC
6.1	9.4	10.6	0.3	0.4	1.0	1.6	2.7	2.8	CEPGL
61.8	57.2	60.5	5.6	4.8	5.1	7.4	9.2	11.0	COMESA
50.0	45.0	45.9	17.2	17.7	18.6	18.6	17.8	18.4	CAE
27.2	22.9	19.0	1.3	0.9	0.8	1.6	1.3	1.0	CEEAC
50.9	60.3	54.3	10.3	8.9	9.6	8.3	9.8	8.9	CEDEAO
4.9	3.2	4.3	1.9	2.4	2.9	1.3	1.1	1.1	UFM
85.5	86.6	88.2	15.0	11.7	10.5	18.2	18.5	19.3	SADC
36.3	34.8	43.0	16.1	15.2	14.1	12.7	14.4	15.3	UEMOA
									AMÉRIQUE
24.2	24.0	24.4	15.6	16.0	17.1	18.4	17.8	17.7	MCAC
12.7	11.9	12.6	8.5	7.8	9.0	7.9	7.3	7.5	CAN
19.0	20.2	20.2	14.5	15.4	13.5	14.1	14.5	14.5	CARICOM
99.0	99.2	99.2	52.8	61.3	60.5	54.8	55.0	55.4	ZLEA
27.1	27.6	24.9	17.9	14.2	14.7	16.9	16.5	15.0	ALADI
33.6	35.6	35.4	19.1	17.9	11.5	14.9	13.7	13.0	MERCOSUR
85.2	84.5	85.3	46.0	55.7	55.7	48.7	49.2	50.2	ALÉNA
99.3	99.5	99.5	52.8	61.3	60.7	55.0	55.2	55.6	OEA
26.9	27.4	28.7	9.8	9.1	9.9	12.7	15.0	14.9	OECO
									ASIE
24.5	20.8	21.3	7.0	7.9	11.0	12.1	11.1	11.2	APTA
36.8	37.6	36.9	24.9	23.0	25.3	25.0	26.0	25.3	ASEAN
20.8	22.7	22.5	8.1	5.8	7.5	9.6	10.8	10.6	ECO
7.1	7.4	7.4	6.8	4.7	4.9	5.8	6.0	6.0	CCG
12.2	12.1	14.4	5.1	4.6	6.8	6.1	5.8	6.8	ASACR
									EUROPE
0.9	1.0	1.0	0.7	0.6	0.5	0.6	0.6	0.6	AELE
89.7	87.2	89.0	66.2	67.7	67.8	64.8	61.2	62.6	UE28
67.8	65.4	65.0	51.8	51.9	51.7	48.9	45.5	45.3	Zone euro
									OCÉANIE
2.5	3.5	3.8	..	0.7	1.0	1.1	1.6	1.4	Groupe du fer de lance mélanésien
									INTERRÉGIONAUX
..	..	..	13.7	11.9	12.1	17.3	17.8	18.2	ACP
..	..	..	71.7	73.0	70.8	67.4	68.6	68.1	CEAP
..	..	..	26.7	20.4	17.9	16.7	16.4	13.8	CEI

Source :

Calculs du secrétariat de la CNUCED, basés sur la matrice du commerce de marchandises de *UNCTADstat* de la CNUCED

2

INTERNATIONAL **MERCHANDISE** TRADE BY REGION

COMMERCE INTERNATIONAL DES **MARCHANDISES** PAR RÉGIONS

Origin / Origine	Year / Année	World (millions of dollars) (1) / Monde (millions de dollars) (1)	Developed economies / Économies développées					Transition economies / Économies en transition	Developing economies / Économies en développement					
			Total	Europe Total	Europe EU UE	USA États-Unis	Japan Japon	Other Autres		Total	Africa Afrique	America Amérique	Eastern, Southern and South-Eastern Asia / Asie orientale, méridionale et du Sud-Est	Western Asia / Asie occiden-tale	Oceania Océanie
Afghanistan	1995	(e)166	21.1	16.1	14.6	4.0	0.7	0.4	40.7	38.2	0.6	4.4	31.5	1.7	0.0
	2005	(e)384	39.3	14.1	13.9	23.0	1.0	1.2	3.4	57.3	2.2	1.3	47.9	5.9	0.0
	2014	(e)571	17.7	8.0	7.9	9.1	0.1	0.6	9.3	73.0	0.4	0.4	67.2	5.0	0.0
Albania - Albanie	1995	(e)202	90.5	85.1	84.5	3.4	0.9	1.1	5.5	4.1	0.4	0.4	0.4	2.9	..
	2005	(e)658	91.2	87.4	87.3	3.5	0.1	0.2	3.9	4.9	0.2	0.6	1.8	2.2	..
	2014	(e)2 431	75.8	73.1	72.3	2.3	0.2	0.3	7.8	16.3	1.7	0.3	9.8	4.5	0.0
Algeria - Algérie	1995	9 357	87.7	67.9	66.6	16.7	0.7	2.4	1.5	10.8	2.5	2.8	2.0	3.5	..
	2005	46 002	84.2	56.2	55.6	23.0	0.0	5.0	0.0	15.7	2.2	7.0	2.6	3.9	..
	2014	63 228	76.4	64.3	64.2	7.7	2.0	2.5	0.1	23.4	5.8	5.1	8.0	4.4	..
American Samoa - Samoa américaines	1995	272	..	..	..	..	..	..	..	..	..	..	..	..	..
	2005	(e)374	45.9	15.2	10.9	..	9.0	21.6	0.4	53.7	4.8	1.1	39.3	1.2	7.3
	2014	(e)380	22.6	5.0	5.0	..	0.0	17.6	0.2	77.2	48.9	12.7	12.4	0.8	2.3
Andorra - Andorre	1995	48	99.6	99.6	99.6	..	..	0.0	..	0.3	0.0	0.0	0.2	0.0	..
	2005	143	98.9	98.7	98.4	0.1	0.1	0.0	0.1	1.0	0.7	0.3	0.0	0.0	..
	2014	95	93.5	91.6	84.4	1.7	0.0	0.2	0.4	6.1	0.4	1.2	4.2	0.3	0.0
Angola	1995	3 642	86.2	21.2	21.2	64.3	0.4	0.2	0.0	13.7	0.3	3.2	10.1	0.0	..
	2005	24 109	56.1	14.7	14.7	40.0	0.1	1.2	0.0	43.9	1.4	7.0	35.4	0.1	..
	2014	(e)62 400	32.1	20.0	19.9	9.4	0.9	1.8	0.0	67.9	3.4	2.8	61.7	0.0	0.0
Anguilla	1995	(e)1	4.3	2.8	2.8	0.8	0.5	0.1	44.1	51.6	0.1	43.9	7.6	..	..
	2005	(e)15	52.9	23.4	23.3	28.2	0.4	0.9	6.6	40.5	1.0	37.1	2.3	..	0.0
	2014	(e)27	48.9	16.2	16.2	25.0	0.0	7.7	40.4	10.6	0.2	7.1	1.6	0.0	1.7
Antigua and Barbuda - Antigua-et-Barbuda	1995	(e)53	42.9	27.3	24.0	5.9	0.5	9.2	0.0	57.1	0.6	52.0	4.1	0.4	..
	2005	(e)83	82.3	80.3	80.2	1.9	0.0	0.2	0.0	17.7	3.0	9.9	4.7	0.0	..
	2014	(e)55	59.0	54.8	54.8	4.0	0.0	0.1	0.1	40.9	8.0	28.3	3.3	1.3	0.1
Argentina - Argentine	1995	20 963	34.8	23.1	22.0	8.6	2.2	1.0	0.4	64.7	4.1	47.2	11.8	1.6	0.0
	2005	40 106	31.3	17.5	17.2	11.4	0.7	1.7	1.9	65.0	6.1	40.4	15.7	2.8	0.0
	2014	68 335	26.3	15.4	14.2	5.9	1.1	3.9	1.2	69.6	6.9	38.6	20.5	3.6	0.0
Armenia - Arménie	1995	(e)271	16.1	10.5	9.8	5.4	0.1	0.1	57.0	27.0	2.0	0.8	17.2	7.0	..
	2005	(e)937	71.8	52.1	50.2	7.2	0.1	12.4	19.0	9.2	0.1	3.4	4.2	1.5	..
	2014	(e)1 490	40.3	27.5	26.8	6.0	0.3	6.5	33.2	26.4	0.2	0.5	18.1	7.7	..
Aruba	1995	(e)1 347	65.7	4.2	4.2	58.5	..	3.0	0.0	34.3	0.8	33.3	0.1	0.1	..
	2005	(e)4 416	88.8	14.9	14.9	72.8	0.0	1.2	0.0	11.2	0.0	10.4	0.0	0.7	..
	2014	(e)237	13.7	12.3	5.3	0.3	..	1.1	0.0	80.6	0.2	59.9	20.3	0.2	..
Australia - Australie	1995	53 001	43.4	10.4	9.8	5.0	20.2	7.8	0.1	41.6	1.1	0.9	35.9	1.5	2.2
	2005	105 751	46.1	11.1	10.9	6.7	20.4	7.9	0.3	52.2	2.5	1.7	42.7	3.6	1.7
	2014	240 445	30.3	4.7	4.4	4.1	17.9	3.5	0.3	66.5	1.2	0.8	60.0	3.3	1.2
Austria - Autriche	1995	57 583	86.8	81.5	75.4	2.8	1.2	1.3	2.0	7.1	1.1	0.9	3.9	1.3	0.0
	2005	117 722	88.2	79.7	74.4	5.6	1.1	1.7	3.5	8.1	1.2	0.9	4.2	1.7	0.0
	2014	169 715	81.7	73.1	67.2	5.9	1.0	1.7	4.5	11.4	1.3	1.7	6.0	2.5	0.0
Azerbaijan - Azerbaïdjan	1995	(e)636	17.1	16.8	16.7	0.2	0.1	0.1	50.1	32.7	0.2	0.9	26.8	4.8	..
	2005	(e)7 649	64.5	61.3	61.0	1.0	0.0	2.2	20.0	15.5	0.5	0.0	8.0	6.9	..
	2014	(e)28 260	69.3	60.6	59.2	3.6	0.0	5.1	5.7	25.0	2.1	0.1	20.0	2.8	0.0
Bahamas	1995	(e)176	80.7	51.6	40.7	25.8	0.8	2.6	1.0	18.2	4.1	4.9	9.1	0.1	0.0
	2005	(e)549	87.4	57.3	55.1	27.9	0.0	2.1	0.1	12.4	0.2	8.0	4.0	0.2	0.1
	2014	(e)849	31.3	12.5	10.8	16.5	0.0	2.3	0.9	67.7	25.5	20.7	21.4	0.1	0.0
Bahrain - Bahreïn	1995	(e)4 113	30.7	12.2	11.0	6.0	12.1	0.4	0.0	68.5	0.9	0.1	47.4	20.1	0.0
	2005	(e)10 239	27.3	11.4	10.7	8.4	5.6	1.9	0.1	72.2	20.8	0.1	26.6	24.7	0.0
	2014	(e)20 470	24.4	9.8	9.4	8.9	4.7	1.0	0.2	75.4	16.4	0.8	22.9	35.2	0.0
Bangladesh	1995	(e)3 407	82.7	41.7	40.9	34.8	3.6	2.6	0.8	16.5	2.3	0.8	11.3	2.1	0.0
	2005	(e)9 332	88.7	54.7	53.8	28.2	1.3	4.4	0.3	11.1	0.8	0.6	7.7	2.0	0.0
	2014	(e)30 249	82.2	57.3	55.7	16.7	2.7	5.5	1.9	15.9	0.8	1.4	8.8	4.9	0.0
Barbados - Barbade	1995	238	43.9	20.6	20.3	17.2	0.6	5.6	0.2	41.7	0.4	40.5	0.9	0.0	..
	2005	361	28.0	17.6	17.4	8.7	0.0	1.7	0.0	51.8	0.1	50.9	0.6	0.2	0.0
	2014	481	24.9	10.2	10.0	11.5	0.0	3.2	0.4	74.7	0.3	70.2	3.7	0.5	0.0
Belarus - Bélarus	1995	(e)4 804	33.5	31.9	31.5	1.1	0.3	0.2	62.5	3.7	0.7	0.1	2.4	0.5	..
	2005	15 977	46.8	45.1	44.8	1.6	0.0	0.1	44.5	8.4	0.7	1.4	5.6	0.6	..
	2014	36 081	30.4	29.8	29.4	0.3	0.0	0.2	58.2	8.8	0.8	2.5	4.8	0.7	0.0

For sources and notes, see end of table.

Pour les sources et les notes, se reporter à la fin du tableau.

40

Destination / Origin / Origine	Year / Année	World (millions of dollars) (1) / Monde (millions de dollars) (1)	Developed economies / Économies développées						Transition economies / Économies en transition	Developing economies / Économies en développement					
			Total	Europe Total	Europe EU/UE	USA / États-Unis	Japan / Japon	Other / Autres		Total	Africa / Afrique	America / Amérique	Eastern, Southern and South-Eastern Asia / Asie orientale, méridionale et du Sud-Est	Western Asia / Asie occiden-tale	Oceania / Océanie
													Percentage / En pourcentage		
Belgium - Belgique	1995	(e)177 831	86.5	77.2	74.4	4.7	1.7	3.0	1.0	12.0	2.1	1.4	6.6	1.8	0.0
	2005	335 692	87.9	78.0	76.4	6.5	1.0	2.3	1.1	10.2	1.8	1.1	5.2	2.1	0.0
	2014	472 201	80.9	73.0	70.7	5.4	0.9	1.7	1.6	16.2	3.7	1.9	7.2	3.3	0.0
Belize	1995	162	92.7	52.3	51.7	30.0	6.1	4.2	..	7.3	0.0	5.9	1.4	0.0	..
	2005	(e)319	78.0	38.0	38.0	35.4	2.3	2.2	0.3	21.7	4.2	14.2	2.7	0.6	..
	2014	(e)590	39.8	22.1	22.0	15.8	1.0	0.8	37.9	22.2	5.5	12.8	3.0	0.9	..
Benin - Bénin	1995	420	35.9	30.8	30.2	4.9	0.2	0.0	0.7	61.1	20.0	20.0	21.1	0.1	..
	2005	(e)578	9.0	8.9	8.4	0.1	0.0	0.0	0.0	91.0	35.7	0.5	53.9	1.0	..
	2014	(e)2 010	9.8	8.9	6.6	0.6	0.2	0.0	0.4	89.7	33.0	0.3	49.8	6.7	0.0
Bermuda - Bermudes	1995	(e)56	74.9	63.4	63.1	8.9	1.1	1.4	..	25.1	0.1	24.2	0.7	0.1	..
	2005	(e)49	97.4	89.1	89.0	6.5	0.4	1.5	0.0	2.6	0.4	1.6	0.6	0.0	..
	2014	(e)12	39.2	5.0	4.8	24.0	0.0	10.2	14.1	46.7	22.6	1.8	22.2	0.2	0.0
Bhutan - Bhoutan	1995	(e)103	7.1	4.1	3.9	0.3	2.7	0.0	0.1	92.9	0.5	1.0	90.9	0.5	..
	2005	(e)258	1.1	0.6	0.6	0.3	0.1	0.0	..	98.9	0.1	0.1	98.7	0.0	..
	2014	(e)551	10.4	9.9	9.7	0.1	0.3	0.1	0.2	89.4	0.2	0.5	88.5	0.2	..
Bolivia (Plurinational State of) - Bolivie (État plurinational de)	1995	1 181	55.4	27.3	23.6	26.1	0.4	1.5	0.3	44.3	0.1	35.9	0.9	7.4	..
	2005	2 797	25.8	7.9	6.8	13.2	3.7	1.0	0.2	74.0	0.1	70.5	3.3	0.1	0.0
	2014	12 856	27.5	6.8	6.2	15.4	3.0	2.4	0.0	72.4	0.0	64.5	7.9	0.0	0.0
Bonaire, Sint Eustatius and Saba - Bonaire, Saint-Eustache et Saba	2014	(e)1	70.6	61.0	61.0	..	..	9.5	..	29.4	..	..	29.4	..	..
Bosnia and Herzegovina - Bosnie-Herzégovine	1995	(e)152	30.0	27.5	27.3	1.9	0.0	0.6	67.4	2.6	0.2	0.6	1.7	0.1	..
	2005	(e)2 388	80.5	77.3	76.8	2.7	0.1	0.4	14.2	5.3	0.7	0.1	3.7	0.8	0.0
	2014	(e)5 892	77.6	75.8	73.8	1.4	0.1	0.4	15.8	6.5	1.5	0.3	1.3	3.4	0.0
Botswana (2)	1995	(e)2 142	89.0	86.9	78.0	1.6	0.0	0.5	0.0	11.0	10.8	0.1	0.1	0.0	0.0
	2005	4 431	85.8	81.6	73.8	3.6	0.4	0.2	0.0	14.2	12.0	0.0	2.1	0.1	0.0
	2014	7 915	47.0	36.8	32.3	3.9	0.3	6.0	0.2	52.8	20.3	0.0	27.4	5.1	
Brazil - Brésil	1995	46 505	57.4	29.9	28.8	18.9	6.7	1.9	1.4	40.4	3.4	23.1	11.5	2.4	0.0
	2005	118 529	48.3	23.8	22.9	19.2	2.9	2.3	2.9	47.1	5.0	25.5	13.5	3.1	0.0
	2014	225 098	36.6	20.1	18.7	12.1	3.0	1.4	2.1	59.5	4.3	20.5	30.3	4.4	0.0
British Virgin Islands - Îles Vierges britanniques	1995	(e)19	66.9	55.7	49.5	11.1	0.0	0.1	0.0	30.1	1.1	29.0	0.0	..	..
	2005	(e)35	93.5	90.8	81.8	2.3	0.0	0.3	2.9	3.7	0.2	2.2	1.0	0.2	0.0
	2014	(e)39	16.0	14.6	6.1	0.5	0.0	0.9	81.8	2.2	0.5	0.8	0.7	0.1	0.0
Brunei Darussalam - Brunéi Darussalam	1995	(e)2 379	58.2	1.2	1.2	2.5	53.1	1.4	..	41.8	0.0	0.0	41.7	0.1	..
	2005	(e)6 256	58.3	0.9	0.8	9.6	37.1	10.6	0.0	41.7	0.0	0.0	41.7	0.0	0.0
	2014	10 509	52.8	1.8	1.8	0.3	38.0	12.7	0.0	47.2	0.2	0.0	47.0	0.0	0.0
Bulgaria - Bulgarie	1995	(e)5 353	37.3	33.1	32.1	2.3	0.5	1.3	27.7	20.1	3.4	1.6	4.0	11.2	..
	2005	11 739	67.1	62.8	61.7	3.0	0.1	1.2	9.2	19.0	2.6	1.0	3.3	11.9	0.2
	2014	29 387	65.9	63.6	62.1	1.4	0.1	0.8	9.2	23.0	3.7	0.3	6.9	12.1	0.0
Burkina Faso	1995	(e)276	41.0	38.7	33.8	0.2	1.8	0.2	0.0	59.0	39.6	1.2	18.2	0.1	..
	2005	(e)468	26.5	24.6	15.9	0.4	1.5	0.1	0.0	73.5	28.3	0.3	44.8	0.1	0.0
	2014	(e)2 489	55.2	50.6	9.7	0.4	2.2	2.1	0.0	44.7	21.2	1.0	20.7	1.8	0.0
Burundi	1995	(e)106	92.4	86.4	79.8	5.9	0.0	0.1	0.2	7.4	6.0	0.1	1.2	0.1	..
	2005	(e)58	68.4	65.2	45.9	2.6	0.4	0.3	0.9	30.7	9.4	0.4	4.4	16.5	..
	2014	(e)125	34.7	30.4	24.7	3.2	0.5	0.6	1.0	64.4	39.5	0.0	16.6	8.2	0.0
Cabo Verde	1995	9	80.7	78.5	78.3	2.0	0.1	0.1	0.1	19.0	14.5	3.2	0.5	0.8	0.1
	2005	(e)18	65.6	59.2	59.1	6.2	0.2	0.0	0.0	34.4	24.2	0.7	0.4	9.2	..
	2014	(e)81	90.4	86.7	86.6	3.0	..	0.7	0.0	9.6	1.4	3.5	4.7	0.0	..
Cambodia - Cambodge	1995	(e)855	18.6	14.9	14.4	1.5	1.9	0.3	2.9	78.6	3.2	0.1	75.2	0.1	..
	2005	(e)3 019	83.7	21.2	20.5	56.0	2.8	3.7	0.2	16.1	0.1	0.3	15.4	0.3	0.0
	2014	(e)10 800	75.6	37.4	36.1	23.9	6.5	7.8	1.2	23.2	0.7	0.9	20.1	1.5	0.0
Cameroon - Cameroun	1995	(e)1 539	80.7	76.7	76.5	2.2	1.3	0.4	0.0	19.3	9.2	1.0	8.6	0.6	..
	2005	(e)2 861	70.0	65.1	65.0	4.5	0.2	0.3	0.2	28.8	13.0	1.5	13.3	1.1	0.0
	2014	(e)5 160	56.2	51.4	47.2	3.0	0.1	1.7	0.1	43.3	14.8	1.0	26.6	0.9	0.0
Canada	1995	191 118	91.5	7.0	6.5	79.2	4.6	0.7	0.1	8.4	0.7	2.1	5.2	0.5	0.0
	2005	360 552	92.9	6.4	5.7	83.8	2.1	0.6	0.2	6.9	0.5	1.9	4.0	0.5	0.0
	2014	472 866	87.5	8.1	7.4	76.8	2.1	0.5	0.3	12.2	0.9	2.7	7.6	1.0	0.0

For sources and notes, see end of table.

Pour les sources et les notes, se reporter à la fin du tableau.

Destination / Origin / Origine	Year / Année	World (millions of dollars) (1) / Monde (millions de dollars) (1)	Developed economies / Économies développées						Transition economies / Économies en transition	Developing economies / Économies en développement					
			Total	Europe		USA États-Unis	Japan Japon	Other Autres		Total	Africa Afrique	America Amérique	Eastern, Southern and South-Eastern Asia / Asie orientale, méridionale et du Sud-Est	Western Asia / Asie occidentale	Oceania Océanie
				Total	EU UE										
									Percentage / En pourcentage						
Cayman Islands - Îles Caïmanes	1995	(e)19	51.9	22.3	22.3	18.0	0.8	10.8	0.0	48.1	0.2	47.7	0.1	0.1	..
	2005	(e)59	96.9	87.0	86.9	9.5	0.2	0.2	..	3.1	0.5	2.6	0.0	..	..
	2014	(e)26	89.7	56.2	56.0	32.1	0.1	1.3	..	10.3	0.9	8.7	0.7	..	..
Central African Republic - République centrafricaine	1995	(e)171	88.2	87.3	86.9	0.2	0.2	0.5		11.8	10.1	0.0	1.2	0.5	
	2005	(e)128	73.9	66.6	63.3	3.4	1.3	2.5	0.0	26.1	8.2	0.2	13.0	4.7	0.0
	2014	(e)90	39.2	35.1	34.7	1.9	1.5	0.6	0.2	60.7	14.3	0.4	34.9	11.0	..
Chad - Tchad	1995	(e)243	90.9	85.0	84.5	2.8	3.0	0.1	0.0	9.1	3.9	0.1	4.7	0.3	..
	2005	(e)3 081	86.6	12.8	12.8	73.8	0.0	0.0	0.0	13.3	0.6	0.0	12.7	0.0	..
	2014	(e)3 600	91.4	2.0	2.0	79.2	10.1	0.1	0.0	8.6	1.2	0.0	6.6	0.7	..
Chile - Chili	1995	15 901	60.6	28.2	27.4	13.4	17.9	1.1	0.7	37.5	0.8	19.4	16.4	0.8	0.1
	2005	41 973	54.6	23.6	23.4	16.0	11.9	3.0	0.4	44.2	0.3	18.2	24.4	1.2	0.0
	2014	76 639	40.8	15.6	14.5	12.2	10.0	3.0	1.1	57.7	0.5	17.4	38.7	1.0	0.0
China - Chine	1995	148 779	52.3	14.1	13.7	16.6	19.1	2.4	1.4	46.3	1.7	2.1	40.6	2.0	0.0
	2005	761 953	55.5	19.6	19.2	21.4	11.0	3.4	2.8	41.7	2.4	3.1	33.3	2.8	0.1
	2014	2 342 343	42.9	16.1	15.8	17.0	6.4	3.5	3.7	53.4	4.5	5.8	38.5	4.5	0.1
China, Hong Kong SAR - Chine (RAS de Hong Kong) (3)	1995	173 871	47.4	16.2	15.4	21.8	6.1	3.3	0.2	52.2	1.4	2.8	46.5	1.4	0.0
	2005	292 119	39.5	15.5	14.7	15.9	5.2	2.9	0.2	60.2	0.6	1.4	57.1	1.1	0.1
	2014	524 065	23.1	9.4	8.5	8.4	3.3	2.0	0.6	76.3	0.7	1.8	71.9	1.8	0.1
China, Macao SAR - Chine (RAS de Macao)	1995	2 025	78.6	31.9	31.3	43.3	1.4	2.0	0.0	21.3	0.2	0.6	20.4	0.1	0.1
	2005	2 474	70.8	19.2	18.9	49.1	1.0	1.5	0.0	29.1	0.0	2.7	26.2	0.1	0.0
	2014	1 240	13.6	6.0	5.5	4.2	1.8	1.6	0.3	86.1	0.4	1.2	84.2	0.3	..
China, Taiwan Province of - Province chinoise de Taiwan	1995	111 343	52.8	13.9	13.5	23.7	11.8	3.3	0.2	46.3	1.5	2.4	40.8	1.6	0.0
	2005	189 393	37.2	11.9	11.7	15.1	7.6	2.6	0.4	61.3	0.9	2.0	56.5	1.8	0.1
	2014	(e)311 935	33.1	14.6	14.1	10.4	5.9	2.1	1.8	65.1	0.9	2.0	60.1	2.1	0.1
Colombia - Colombie	1995	10 201	67.1	25.9	25.1	35.6	3.6	2.1	0.1	32.3	0.3	29.4	2.3	0.2	0.0
	2005	21 190	59.9	14.2	13.4	41.8	1.6	2.4	0.4	37.9	0.2	34.3	2.6	0.7	0.0
	2014	54 795	47.7	18.2	17.2	26.4	0.8	2.3	0.2	49.8	0.7	29.9	17.3	2.0	0.0
Comoros - Comores	1995	11	96.1	70.0	69.9	20.3	1.9	3.9	0.4	3.6	1.8	0.7	1.1	0.0	..
	2005	(e)12	59.7	42.4	42.1	5.8	11.2	0.3	0.9	39.4	12.7	0.1	19.8	6.8	0.1
	2014	(e)25	40.4	36.9	36.8	3.2	0.1	0.3	0.4	59.1	1.8	0.4	18.6	38.2	0.1
Congo	1995	(e)1 090	69.7	47.9	47.1	20.0	0.9	0.8	..	30.3	2.5	0.0	27.7	0.2	..
	2005	(e)5 198	37.7	7.7	7.3	29.7	0.2	0.1	0.0	62.3	2.9	6.5	52.3	0.5	..
	2014	(e)8 263	33.9	19.9	19.8	5.7	0.0	8.3	0.0	66.1	3.8	0.1	61.3	0.9	..
Cook Islands - Îles Cook	1995	(e)5	88.2	21.6	21.5	16.5	18.6	31.4	0.9	11.0	0.6	3.8	6.6	..	..
	2005	(e)5	60.3	5.6	5.2	12.1	28.0	14.7	..	39.7	..	..	38.9	0.2	0.6
	2014	(e)21	67.4	7.1	7.1	2.4	54.9	3.1	0.1	32.5	3.6	4.0	12.3	11.3	1.2
Costa Rica	1995	(e)3 476	80.5	30.1	28.7	46.6	1.0	2.7	1.2	18.4	0.3	15.9	2.0	0.2	..
	2005	7 151	64.0	27.8	27.1	32.9	1.4	2.0	0.3	35.7	0.4	20.9	14.1	0.4	0.0
	2014	(e)11 125	47.7	15.9	15.3	28.8	0.8	2.2	0.4	51.9	0.2	18.6	32.8	0.3	0.0
Côte d'Ivoire	1995	3 737	69.0	63.5	63.4	4.4	0.5	0.6	2.2	28.2	22.7	0.6	4.1	0.7	0.0
	2005	7 248	57.6	42.9	42.3	14.1	0.1	0.5	1.6	40.5	29.8	5.2	5.0	0.6	0.0
	2014	12 985	49.7	38.3	34.9	8.4	0.1	3.0	0.0	49.2	32.5	1.4	13.7	1.7	0.0
Croatia - Croatie	1995	4 633	80.0	77.5	76.1	1.9	0.0	0.5	13.8	6.2	3.3	1.0	1.3	0.6	0.0
	2005	8 773	69.3	64.5	63.4	3.5	0.6	0.8	21.8	8.9	4.3	0.3	0.5	3.7	0.0
	2014	13 844	68.6	65.6	63.7	2.1	0.4	0.6	24.1	7.0	2.5	0.8	1.3	2.5	0.0
Cuba	1995	(e)1 625	49.5	30.3	29.6	..	5.1	14.1	22.5	28.0	7.0	6.0	14.4	0.7	0.0
	2005	(e)2 319	66.5	43.3	42.0	0.0	1.3	21.9	3.6	29.9	1.8	16.1	11.7	0.4	0.0
	2014	(e)4 894	39.1	20.0	18.9	0.0	0.5	18.5	2.8	58.1	4.2	34.0	19.0	0.9	0.0
Cyprus - Chypre	1995	1 231	54.7	51.3	49.8	1.2	0.2	2.0	15.1	22.0	5.8	0.2	2.3	13.7	0.0
	2005	1 546	64.6	60.3	59.6	1.5	1.5	1.4	2.7	16.1	3.0	0.2	3.6	9.3	0.0
	2014	1 921	53.4	43.3	41.7	3.3	0.1	6.7	2.6	26.4	6.6	1.7	9.1	9.0	0.0
Czech Republic - République tchèque	1995	21 686	88.9	85.7	84.0	1.9	0.6	0.7	4.9	6.0	1.1	0.7	3.1	1.1	0.0
	2005	78 209	91.4	87.8	86.1	2.7	0.4	0.6	3.6	4.9	0.7	0.6	1.8	1.7	0.0
	2014	173 727	87.9	84.2	82.2	2.2	0.6	0.9	4.9	7.1	1.2	0.9	2.8	2.2	0.0
Dem. Rep. of the Congo - Rép. dém. du Congo	1995	1 563	88.3	62.8	61.4	18.0	5.3	2.2	..	11.5	7.7	0.1	3.6	0.1	..
	2005	2 403	77.2	60.3	60.3	17.6	0.2	0.0	0.1	22.8	10.2	0.0	12.5	0.1	0.0
	2014	(e)6 900	23.8	21.3	21.2	2.2	0.0	0.3	0.2	76.0	25.6	0.4	47.2	2.8	0.0

For sources and notes, see end of table.

Pour les sources et les notes, se reporter à la fin du tableau.

2.1 Merchandise trade structure by partner
Exports by main region of destination

2.1 Structure du commerce des marchandises par partenaires
Exportations par principales régions de destination

Destination / Origin / Origine	Year / Année	World (millions of dollars) (1) / Monde (millions de dollars) (1)	Developed economies / Économies développées						Transition economies / Économies en transition	Developing economies / Économies en développement					
			Total	Europe		USA États-Unis	Japan Japon	Other Autres		Total	Africa Afrique	America Amérique	Eastern, Southern and South-Eastern Asia / Asie orientale, méridionale et du Sud-Est	Western Asia / Asie occidentale	Oceania Océanie
				Total	EU UE										
									Percentage / En pourcentage						
Denmark - Danemark	1995	48 789	77.7	69.0	60.9	3.5	3.4	1.7	1.7	10.0	1.7	1.7	4.9	1.6	0.0
	2005	81 780	78.4	68.8	61.8	5.3	1.9	2.3	1.6	8.3	0.8	1.0	4.9	1.4	0.1
	2014	109 758	75.0	66.7	58.2	4.6	1.4	2.2	1.8	13.0	1.2	1.9	7.0	2.6	0.2
Djibouti	1995	(e)14	20.0	18.6	18.3	0.0	0.3	1.1	0.0	79.9	51.0	..	6.9	22.1	..
	2005	(e)40	8.2	6.9	6.8	1.0	0.2	0.2	0.0	91.8	67.1	0.6	6.0	18.0	..
	2014	(e)139	21.3	9.7	9.7	7.4	3.1	1.1	0.0	78.7	20.5	0.7	7.0	50.4	..
Dominica - Dominique	1995	45	54.3	46.2	46.2	8.1	0.0	0.0	..	45.2	..	45.2	..	..	..
	2005	42	32.5	27.8	27.8	4.5	0.0	0.3	..	60.8	0.0	60.7	0.0	..	..
	2014	(e)40	19.0	14.8	14.8	4.3	..	0.0	..	81.0	..	81.0	..	..	..
Dominican Republic - République dominicaine	1995	(e)3 780	97.4	10.4	10.2	84.3	1.1	1.6	..	2.6	0.1	1.9	0.6	0.0	0.0
	2005	(e)6 183	90.8	9.7	9.5	78.9	0.8	1.5	0.0	9.1	0.1	6.4	2.5	0.1	0.0
	2014	(e)9 928	70.4	12.0	10.7	43.1	0.2	15.0	0.2	29.4	0.6	22.9	5.7	0.3	0.0
Ecuador - Équateur	1995	4 361	67.0	20.8	20.6	42.5	2.7	1.0	1.5	30.7	0.2	22.2	7.8	0.4	0.0
	2005	9 869	64.6	13.0	12.8	50.1	0.7	0.8	3.2	32.0	0.1	30.8	0.7	0.5	0.0
	2014	25 730	57.7	11.9	11.6	43.9	1.2	0.7	3.8	38.2	0.5	29.8	6.9	1.1	0.0
Egypt - Égypte	1995	3 444	71.1	55.0	54.6	12.1	1.4	2.6	1.0	26.7	5.6	0.4	8.4	12.2	..
	2005	(e)12 912	50.6	37.3	37.1	11.6	0.9	0.8	0.9	34.1	7.5	0.8	9.6	16.2	0.0
	2014	26 812	40.5	32.9	32.6	4.3	1.1	2.2	2.0	54.6	13.4	0.9	12.6	27.7	0.0
El Salvador	1995	(e)1 652	66.6	25.9	25.6	37.7	1.2	1.8	0.0	33.4	0.1	32.7	0.6	0.1	..
	2005	3 436	63.4	6.5	6.4	55.3	0.5	1.0	0.8	35.8	0.1	34.6	1.1	0.1	0.0
	2014	5 273	51.8	4.1	4.0	45.3	0.3	2.0	0.0	48.2	0.1	45.3	2.7	0.1	0.0
Equatorial Guinea - Guinée équatoriale	1995	127	70.8	30.6	30.6	27.0	13.2	0.0	..	29.1	19.0	0.0	10.0	0.1	..
	2005	7 064	65.2	29.8	29.3	25.2	3.4	6.8	0.0	34.8	1.0	4.7	29.0	0.1	..
	2014	(e)12 600	46.0	37.2	37.1	2.0	6.6	0.2	0.0	54.0	4.2	8.9	40.9	0.0	0.0
Eritrea - Érythrée (4)	1995	(e)86	30.3	24.6	24.4	1.9	3.9	0.0	0.0	69.7	20.9	0.1	..	48.6	..
	2005	(e)11	53.5	42.3	41.6	7.1	..	4.1	0.0	46.5	27.7	1.2	8.7	8.8	..
	2014	(e)745	2.2	2.2	2.2	0.0	..	0.0	0.1	97.7	0.9	0.0	96.4	0.4	..
Estonia - Estonie	1995	1 840	75.9	72.1	69.6	2.9	0.6	0.3	22.1	2.0	0.3	0.5	0.5	0.7	0.0
	2005	8 247	88.0	81.9	76.3	5.0	0.3	0.8	7.9	4.1	0.6	0.8	1.7	0.9	0.0
	2014	17 584	76.3	71.6	67.3	3.4	0.5	0.8	15.2	7.8	0.9	1.3	3.6	2.0	0.0
Ethiopia - Éthiopie	1995	422	74.0	54.5	54.1	6.3	12.0	1.3	0.1	24.9	12.9	0.2	4.0	7.9	..
	2005	926	54.2	37.4	33.9	5.8	7.5	3.5	0.4	45.4	16.1	0.2	13.7	15.4	0.0
	2014	(e)4 437	36.2	24.9	21.3	4.9	2.8	3.6	0.8	63.1	24.3	0.5	17.8	20.5	0.0
Faeroe Islands - Îles Féroé	1995	(e)362	94.3	90.1	79.8	2.1	1.3	0.8	0.3	2.1	..	0.1	1.2	..	0.8
	2005	602	91.2	84.5	76.8	0.9	3.5	2.3	4.9	3.7	1.2	0.0	2.5	..	..
	2014	(e)1 128	69.5	59.1	53.5	9.8	..	0.6	10.9	19.6	11.5	0.1	8.0	0.0	0.0
Falkland Islands (Malvinas) - Îles Falkland (Malvinas)	1995	(e)30	98.9	94.3	92.4	1.7	3.0	0.0	..	1.1	0.8	0.0	0.3	..	..
	2005	(e)150	97.7	91.1	90.9	5.6	1.0	0.1	0.5	1.7	1.2	0.1	0.4	..	..
	2014	(e)190	93.6	83.3	83.3	10.0	0.1	0.2	3.4	2.9	0.8	0.0	2.2	0.0	..
Fiji - Fidji	1995	(e)619	85.7	27.0	26.9	14.6	10.3	33.8	..	14.1	0.2	0.0	12.0	0.0	1.8
	2005	702	71.9	16.5	16.5	22.6	6.7	26.1	0.0	27.9	0.1	0.8	8.4	0.2	18.3
	2014	1 373	42.1	9.3	9.3	13.2	4.4	15.3	0.0	42.4	0.1	1.1	10.3	0.3	30.6
Finland - Finlande	1995	40 409	77.2	65.5	61.2	6.6	2.5	2.6	5.2	14.6	1.5	2.4	9.0	1.7	0.0
	2005	65 238	69.1	59.7	56.2	5.7	1.4	2.3	12.1	17.2	2.2	2.1	7.2	5.6	0.0
	2014	74 150	69.5	59.0	55.4	6.6	1.5	2.4	9.3	17.3	2.4	2.7	9.5	2.6	0.0
France (5)	1995	277 845	72.4	62.7	58.1	6.0	2.0	1.7	0.8	17.6	5.4	2.0	7.3	2.6	0.3
	2005	434 354	79.9	69.4	65.8	7.2	1.5	1.8	1.5	18.4	5.8	1.9	7.0	3.4	0.3
	2014	566 656	73.5	63.8	60.2	6.4	1.6	1.7	2.3	24.1	6.4	2.7	10.5	4.2	0.3
French Polynesia - Polynésie française	1995	(e)196	81.8	23.9	23.5	9.5	44.2	4.2	0.0	16.0	..	0.0	12.6	..	3.4
	2005	210	75.6	31.1	30.8	15.5	26.9	2.1	0.0	24.4	0.2	0.3	22.3	0.0	1.6
	2014	170	72.6	13.3	13.1	13.1	44.0	2.2	0.0	27.4	0.0	1.3	23.8	0.0	2.3
Gabon	1995	(e)2 718	79.8	12.2	11.0	64.1	2.1	1.6	0.0	14.6	2.2	5.0	6.7	0.7	..
	2005	5 068	76.9	14.6	12.4	60.1	0.2	1.9	1.3	21.8	4.9	4.6	11.9	0.4	0.0
	2014	(e)8 926	54.8	16.1	14.9	9.1	16.8	12.8	0.0	45.2	3.6	5.4	36.2	0.1	0.0
Gambia - Gambie (6)	1995	(e)16	88.6	76.9	76.9	1.3	10.3	0.0	0.1	11.4	3.9	0.2	7.3	0.0	..
	2005	7	32.1	27.0	26.8	1.1	2.0	2.0	0.2	67.7	16.8	0.0	49.8	1.1	..
	2014	104	15.8	15.3	15.3	0.2	0.0	0.3	0.0	84.1	30.5	0.1	53.3	0.3	..

For sources and notes, see end of table.

Pour les sources et les notes, se reporter à la fin du tableau.

Origin / Origine	Year / Année	World (millions of dollars) (1) / Monde (millions de dollars) (1)	Developed economies / Économies développées Total	Europe Total	EU UE	USA États-Unis	Japan Japon	Other Autres	Transition economies / Économies en transition	Developing economies / Économies en développement Total	Africa Afrique	America Amérique	Eastern, Southern and South-Eastern Asia / Asie orientale, méridionale et du Sud-Est	Western Asia / Asie occidentale	Oceania Océanie
Georgia - Géorgie	1995	(e)158	19.7	19.0	15.2	0.7	0.0	0.1	64.7	14.6	0.0	..	1.6	13.0	..
	2005	865	32.9	25.4	25.0	3.1	0.2	4.2	47.1	19.8	1.6	0.9	2.7	14.6	0.0
	2014	2 861	31.6	22.3	21.7	7.3	0.1	1.9	51.2	17.2	0.9	1.1	5.2	10.0	..
Germany - Allemagne	1995	523 697	82.4	70.8	64.6	7.3	2.5	1.8	2.1	15.3	2.1	2.4	8.3	2.5	0.1
	2005	977 132	81.5	69.3	64.6	8.8	1.7	1.7	3.3	14.9	1.9	2.2	7.6	3.3	0.0
	2014	1 511 137	74.6	62.7	57.7	8.5	1.5	1.9	3.8	21.2	2.0	2.7	12.2	4.2	0.1
Ghana	1995	(e)1 754	84.5	68.4	59.4	10.9	4.4	0.8	1.0	14.5	6.5	0.3	6.4	1.3	0.0
	2005	(e)3 060	64.6	53.4	51.3	6.8	3.1	1.4	4.6	30.8	13.7	2.6	10.1	4.3	0.1
	2014	(e)12 151	47.7	42.8	37.4	2.8	0.9	1.2	2.5	49.8	16.7	2.0	26.9	4.2	..
Gibraltar	1995	116	77.1	74.0	33.2	2.9	0.0	0.3	0.1	15.2	6.2	3.9	4.8	0.3	..
	2005	(e)200	97.1	93.7	79.1	2.1	0.0	1.4	0.7	2.1	1.0	0.1	1.0	0.1	0.0
	2014	(e)280	87.5	87.4	87.4	0.0	0.0	0.1	8.2	4.3	0.1	0.1	4.0	0.1	0.0
Greece - Grèce	1995	10 955	80.6	74.7	72.6	3.1	0.8	2.0	6.8	12.2	2.6	1.6	2.4	5.6	0.0
	2005	17 434	70.9	63.4	62.0	5.2	0.3	2.0	9.2	18.9	4.6	1.3	3.5	9.4	0.1
	2014	35 755	53.4	48.4	45.4	3.1	0.2	1.8	9.0	32.0	6.9	1.2	4.4	19.4	0.1
Greenland - Groenland	1995	364	99.0	93.7	93.3	0.6	4.6	0.0	..	0.2	..	..	0.2	..	..
	2005	402	99.1	97.2	95.6	1.2	0.6	0.0	..	0.9	..	..	0.9	..	..
	2014	(e)540	98.7	98.7	96.1	..	..	0.0	..	1.3	1.3	..	0.0	..	..
Grenada - Grenade	1995	22	68.1	42.5	40.7	24.1	..	1.5	..	31.9	0.0	31.6	0.1	0.1	..
	2005	28	52.0	34.2	33.9	15.3	0.5	2.1	0.1	47.9	0.2	46.7	0.8	0.2	..
	2014	(e)37	31.7	16.6	16.1	11.0	2.8	1.3	0.0	68.3	32.3	34.5	1.5	..	..
Guam	1995	85	..	..	..	..	..	..	..	..	..	..	..	..	..
	2005	(e)52	45.5	3.8	3.8	..	41.3	0.4	0.0	54.5	0.1	2.2	20.0	0.2	32.0
	2014	(e)41	35.6	2.8	1.5	..	32.2	0.6	0.0	64.4	0.6	0.1	21.5	0.0	42.2
Guatemala	1995	1 936	62.5	15.8	15.1	42.0	2.7	1.9	0.2	37.3	0.9	30.9	3.8	1.7	..
	2005	5 381	61.7	6.5	5.5	51.6	1.3	2.3	0.2	38.1	0.3	33.5	3.2	1.1	0.0
	2014	10 891	50.0	8.3	7.9	36.5	1.6	3.6	1.6	48.4	2.3	39.1	4.5	2.5	0.0
Guinea - Guinée	1995	(e)702	75.3	55.2	53.6	16.8	1.2	2.0	7.8	16.0	7.3	7.5	1.1	0.1	..
	2005	(e)796	52.9	43.7	43.5	7.1	0.1	2.0	28.6	18.5	3.4	0.0	14.9	0.1	..
	2014	(e)1 492	36.9	30.0	28.8	4.5	0.0	2.4	7.6	55.5	1.8	0.2	53.0	0.5	..
Guinea-Bissau - Guinée-Bissau	1995	(e)24	54.8	54.4	54.4	0.0	0.4	0.0	..	45.2	2.5	0.0	42.6	0.0	..
	2005	(e)89	1.8	1.6	1.6	0.2	0.1	0.0	0.0	98.2	0.9	0.1	97.2	0.0	..
	2014	(e)162	4.5	1.8	1.8	2.6	0.1	0.0	..	95.5	0.4	..	95.1	..	..
Guyana	1995	(e)455	80.8	33.2	33.0	26.1	1.6	19.9	0.0	17.7	0.5	15.5	1.3	0.4	0.0
	2005	539	71.8	32.7	32.5	18.5	0.6	20.1	0.0	28.1	1.1	20.7	6.0	0.3	0.0
	2014	1 147	68.1	18.3	18.2	30.8	0.6	18.4	3.0	28.9	0.0	23.4	4.5	0.8	0.0
Haiti - Haïti	1995	(e)110	92.5	20.0	18.5	70.5	0.6	1.4	..	1.0	0.2	0.5	0.2	0.1	..
	2005	(e)473	90.1	4.0	3.7	81.6	0.2	4.3	0.0	9.9	0.7	7.8	1.3	0.0	..
	2014	(e)924	92.2	4.3	3.9	83.9	0.2	3.9	0.1	7.7	1.2	3.1	3.4	0.1	..
Honduras	1995	(e)1 769	87.3	22.0	21.3	58.8	5.1	1.4	0.0	12.7	0.0	9.4	3.1	0.0	..
	2005	(e)5 048	82.0	12.3	11.9	67.0	0.6	2.0	0.5	17.6	0.0	15.8	1.6	0.1	0.0
	2014	(e)8 072	72.3	20.0	19.7	49.0	0.8	2.5	0.3	27.4	0.1	22.0	5.2	0.1	..
Hungary - Hongrie	1995	12 452	81.8	77.4	75.8	3.2	0.6	0.7	11.3	4.5	1.0	0.5	1.6	1.4	0.0
	2005	62 272	87.9	83.7	82.2	3.0	0.6	0.6	5.3	6.7	1.1	0.5	2.0	3.2	0.0
	2014	112 440	84.4	79.2	78.0	3.5	0.6	1.0	7.4	8.2	1.2	1.1	3.4	2.5	0.0
Iceland - Islande	1995	1 803	95.9	69.0	63.0	12.4	11.3	3.2	0.6	3.5	0.6	0.5	2.3	0.1	..
	2005	3 091	93.2	79.7	74.7	8.9	3.2	1.4	1.4	5.4	1.8	1.7	1.7	0.2	..
	2014	5 051	88.6	78.6	71.6	4.9	1.8	3.2	5.4	6.0	3.0	0.6	1.8	0.6	0.0
India - Inde	1995	31 699	56.6	29.3	28.2	17.4	7.0	3.0	3.6	38.3	5.2	1.1	23.7	8.3	0.0
	2005	100 353	45.2	23.2	22.6	16.5	2.4	3.1	1.2	53.3	6.7	2.8	30.4	13.3	0.1
	2014	317 545	34.8	16.9	16.2	13.4	1.8	2.7	1.2	63.2	10.9	4.9	28.1	19.3	0.0
Indonesia (...2002) - Indonésie (...2002)	1995	45 443	59.6	15.5	15.3	13.9	27.0	3.1	0.3	39.8	1.3	1.6	33.9	3.0	0.1
Indonesia - Indonésie	2005	85 660	48.4	12.3	12.1	11.5	21.1	3.5	0.5	51.1	1.9	1.5	44.5	3.0	0.1
	2014	176 036	35.9	9.7	9.6	9.4	13.1	3.6	0.9	63.2	3.5	2.1	53.4	4.1	0.1
Iran (Islamic Republic of) - Iran (République islamique d')	1995	(e)18 360	62.0	41.7	41.0	1.2	18.1	0.9	3.3	34.7	8.2	1.5	17.6	7.4	..
	2005	(e)60 012	47.5	26.7	26.6	0.3	20.4	0.1	1.3	51.1	5.5	0.1	34.0	11.5	0.0
	2014	(e)87 821	11.2	2.3	2.2	..	8.8	0.1	2.2	86.6	0.3	0.1	65.4	20.8	0.0

For sources and notes, see end of table.

Pour les sources et les notes, se reporter à la fin du tableau.

Destination / Origin / Origine	Year / Année	World (millions of dollars) (1) / Monde (millions de dollars) (1)	Developed economies / Économies développées — Total	Europe — Total	Europe — EU / UE	USA / États-Unis	Japan / Japon	Other / Autres	Transition economies / Économies en transition	Developing economies / Économies en développement — Total	Africa / Afrique	America / Amérique	Eastern, Southern and South-Eastern Asia / Asie orientale, méridionale et du Sud-Est	Western Asia / Asie occidentale	Oceania / Océanie
								Percentage / En pourcentage							
Iraq	1995	(e)496	1.6	1.4	1.4	..	0.2	0.0	0.0	98.4	0.1	0.0	7.9	90.5	..
	2005	(e)23 697	80.3	23.1	23.1	49.9	2.3	5.0	0.0	19.6	0.3	2.9	12.0	4.5	0.0
	2014	(e)84 630	40.2	18.3	18.1	17.0	2.3	2.7	0.1	59.7	2.2	1.3	54.5	1.7	0.0
Ireland - Irlande	1995	43 789	89.3	76.3	73.4	8.3	3.0	1.7	0.9	7.1	1.6	1.0	3.3	1.2	0.0
	2005	110 003	90.8	67.8	63.4	18.7	2.6	1.7	0.4	8.3	0.9	1.2	5.1	1.1	0.0
	2014	118 287	87.4	61.1	54.8	22.2	2.0	2.1	1.0	10.8	1.6	2.1	4.8	2.3	0.0
Israel - Israël	1995	19 047	75.4	36.4	34.5	30.1	6.9	1.9	2.0	18.3	1.6	2.9	12.9	1.0	0.0
	2005	42 771	71.9	31.6	29.2	36.2	1.9	2.2	1.7	22.6	1.7	3.1	15.4	2.4	0.0
	2014	68 965	59.3	29.5	27.2	26.9	1.1	1.8	2.7	33.0	2.0	3.6	23.3	4.2	0.0
Italy - Italie	1995	230 441	79.4	67.1	62.8	7.3	2.3	2.7	1.8	18.6	3.5	3.5	7.7	3.9	0.0
	2005	372 957	77.7	66.0	61.5	8.0	1.5	2.3	3.5	17.5	3.8	2.7	6.4	4.6	0.0
	2014	528 368	71.3	60.1	54.6	7.5	1.3	2.4	4.3	23.4	5.1	3.5	8.5	6.4	0.0
Jamaica - Jamaïque	1995	1 424	86.5	36.6	29.1	36.9	1.9	11.0	2.6	10.8	3.5	6.7	0.6	0.0	0.0
	2005	1 514	77.5	30.9	24.0	25.6	1.0	20.0	1.4	21.0	0.0	11.7	7.6	1.8	0.0
	2014	1 452	79.9	24.0	19.5	39.5	0.6	15.8	5.9	14.1	0.0	10.2	3.6	0.3	0.0
Japan - Japon	1995	442 937	48.2	16.9	16.2	27.5	..	3.7	0.3	51.4	1.7	4.2	43.7	1.8	0.1
	2005	594 941	42.4	15.3	14.8	22.9	..	4.2	0.9	56.7	1.4	3.9	48.7	2.7	0.1
	2014	683 846	33.8	11.0	10.4	19.0	..	3.7	1.6	64.6	1.5	4.6	53.9	4.2	0.3
Jordan - Jordanie	1995	1 769	14.9	9.9	9.8	2.5	1.5	1.1	1.6	76.0	5.5	0.4	26.9	43.2	0.0
	2005	4 279	35.3	5.1	5.0	26.6	1.5	2.2	0.4	57.1	6.2	0.3	14.1	36.5	0.0
	2014	8 385	24.3	4.6	4.4	15.4	0.5	3.8	0.5	66.0	6.5	0.4	15.4	43.7	0.0
Kazakhstan	1995	5 227	32.4	30.7	26.7	0.8	0.9	0.1	55.1	12.5	0.2	1.2	9.7	1.4	0.0
	2005	27 846	68.6	61.4	41.2	2.4	0.5	4.3	14.6	16.8	0.1	2.1	13.9	0.8	0.0
	2014	78 237	67.3	63.0	57.1	0.5	0.9	2.8	12.6	20.2	0.2	0.1	16.9	3.0	..
Kenya	1995	1 826	47.0	40.2	39.0	4.0	1.1	1.7	0.1	52.2	40.2	0.1	9.9	1.9	..
	2005	3 420	42.7	31.1	30.1	9.5	0.9	1.3	1.2	53.4	39.5	0.4	11.0	2.5	0.0
	2014	(e)5 782	31.9	22.2	20.8	7.8	0.8	1.1	2.7	65.4	45.5	0.6	13.2	6.1	0.0
Kiribati	1995	(e)7	34.3	2.1	2.1	12.5	16.9	2.7	..	65.7	0.1	0.3	59.3	..	6.1
	2005	(e)4	46.3	15.5	15.5	10.8	12.8	7.3	0.3	38.1	15.8	..	16.4	0.3	5.6
	2014	(e)5	3.2	0.1	0.1	1.2	1.1	0.8	0.0	96.8	2.5	7.2	85.2	0.0	1.9
Korea, Dem. People's Rep. of - Corée, Rép. populaire dém. de	1995	(e)959	45.4	10.9	10.8	..	34.4	0.2	0.1	54.2	2.7	26.8	20.6	4.1	..
	2005	(e)1 338	21.5	11.4	11.2	0.0	9.3	0.9	1.3	77.2	4.4	14.7	52.3	5.6	0.2
	2014	(e)3 580	1.8	1.8	1.7	..	..	0.0	0.5	97.7	1.3	3.0	93.3	0.1	0.1
Korea, Republic of - Corée, République de	1995	125 056	51.4	15.1	14.3	19.5	13.6	3.2	1.4	46.9	2.4	5.7	35.6	3.1	0.1
	2005	284 418	42.4	16.0	15.6	14.6	8.4	3.3	1.9	55.5	2.8	5.0	43.6	3.6	0.5
	2014	573 075	30.9	9.5	9.1	12.3	5.6	3.5	2.5	66.5	2.6	5.9	51.0	5.4	1.6
Kuwait - Koweït	1995	12 944	47.1	13.5	13.4	11.6	21.6	0.4	0.0	52.9	2.6	2.4	43.2	4.6	
	2005	(e)44 902	42.0	10.0	9.9	11.7	19.4	0.8	0.0	58.0	2.8	0.2	51.7	3.4	..
	2014	101 132	31.3	6.4	6.4	11.7	12.6	0.6	0.0	68.6	5.2	1.4	56.5	5.6	0.0
Kyrgyzstan - Kirghizistan	1995	(e)412	15.0	13.0	12.9	1.6	0.2	0.2	63.1	21.9	0.0	..	19.9	2.0	..
	2005	(e)672	9.8	5.9	3.9	0.7	0.1	3.1	47.9	42.3	0.1	0.2	16.0	26.0	..
	2014	(e)1 634	17.3	16.9	6.3	0.2	0.1	0.1	60.8	21.9	0.3	0.1	10.6	11.0	..
Lao People's Dem. Rep. - Rép. dém. populaire lao	1995	311	57.8	41.2	38.9	4.2	11.4	0.8	0.0	42.1	0.8	0.5	40.8	0.0	..
	2005	553	37.9	33.8	32.9	0.7	1.3	2.1	0.2	61.9	0.0	0.1	61.6	0.2	0.0
	2014	(e)2 650	12.7	8.3	8.2	0.9	3.0	0.6	0.1	87.2	0.0	0.1	87.0	0.1	0.0
Latvia - Lettonie	1995	1 305	60.4	58.6	56.5	1.3	0.3	0.1	38.3	1.3	0.6	0.0	0.3	0.4	
	2005	5 303	83.6	78.8	74.1	3.2	1.0	0.6	13.0	2.8	0.9	0.9	0.8	0.2	0.0
	2014	13 603	77.2	75.2	72.3	1.1	0.3	0.5	15.1	7.2	1.6	0.5	3.1	1.9	0.0
Lebanon - Liban	1995	(e)656	31.6	23.6	21.1	6.0	0.6	1.5	1.9	60.1	10.6	0.9	1.9	46.7	..
	2005	(e)2 337	24.8	20.5	12.4	3.0	0.2	1.1	0.8	73.4	14.1	0.4	6.1	52.7	0.1
	2014	(e)4 548	22.9	19.4	11.1	1.9	0.7	0.8	0.7	75.5	21.7	0.8	5.0	47.9	..
Lesotho (2)	1995	(e)160	82.4	6.3	6.3	73.7	0.0	2.4	0.0	17.6	16.9	0.0	0.6	0.1	..
	2005	(e)651	87.2	5.6	5.6	80.1	0.1	1.5	..	12.8	12.4	0.0	0.2	0.2	..
	2014	(e)925	76.1	32.8	32.5	42.4	0.0	0.9	..	23.7	20.4	0.5	2.5	0.4	..
Liberia - Libéria	1995	(e)820	90.1	88.4	88.0	0.9	0.0	0.7	0.0	9.9	0.4	1.7	7.0	0.7	..
	2005	131	82.0	75.0	74.6	6.2	0.0	0.7	0.2	17.8	0.9	0.1	16.1	0.7	0.0
	2014	583	61.6	50.3	48.5	8.1	0.1	3.2	1.5	36.8	0.2	0.6	34.6	1.5	0.0

For sources and notes, see end of table.

Pour les sources et les notes, se reporter à la fin du tableau.

Destination / Origin	Year / Année	World (millions of dollars) (1) / Monde (millions de dollars) (1)	Developed economies / Économies développées						Transition economies / Économies en transition	Developing economies / Économies en développement					
			Total	Europe		USA États-Unis	Japan Japon	Other Autres		Total	Africa Afrique	America Amérique	Eastern, Southern and South-Eastern Asia / Asie orientale, méridionale et du Sud-Est	Western Asia / Asie occiden-tale	Oceania Océanie
				Total	EU UE										
			Percentage / En pourcentage												
Libya - Libye	1995	(e)9 364	85.7	85.7	82.3	..	0.0	0.0	1.2	13.1	5.6	0.4	2.1	5.0	..
	2005	(e)31 358	86.6	80.8	77.5	5.3	0.0	0.4	0.5	12.9	2.3	0.2	3.0	7.5	..
	2014	(e)21 000	82.8	80.4	75.6	2.0	0.1	0.2	0.1	17.1	2.4	0.8	9.2	4.6	..
Lithuania - Lituanie	1995	2 706	55.2	54.3	51.1	0.7	0.1	0.1	42.3	2.5	0.1	0.4	1.0	1.0	..
	2005	12 070	74.8	67.1	64.1	4.7	0.1	2.9	19.0	6.1	0.3	0.6	3.7	1.4	0.0
	2014	32 394	62.2	57.5	54.8	3.7	0.2	0.8	32.6	4.9	1.1	0.4	2.1	1.2	0.0
Luxembourg	1995	(e)7 244	82.7	72.9	69.1	5.8	0.5	3.5	0.7	16.3	2.2	6.7	5.1	2.1	0.1
	2005	(e)18 797	93.4	89.8	88.1	2.6	0.3	0.7	0.8	5.8	0.7	1.0	2.5	1.5	0.0
	2014	(e)19 193	89.2	84.0	80.6	3.3	0.4	1.5	3.5	7.3	1.2	1.2	3.0	1.9	0.0
Madagascar	1995	(e)507	85.9	71.2	70.0	8.1	5.5	1.2	0.2	12.5	7.0	0.1	5.0	0.4	0.0
	2005	836	84.7	53.5	53.0	27.6	2.4	1.1	0.0	15.2	3.5	0.2	8.8	2.7	0.0
	2014	(e)2 032	69.6	49.9	48.8	9.5	5.8	4.4	0.5	29.9	9.4	0.2	18.8	1.5	0.0
Malawi	1995	433	76.1	53.3	49.8	11.9	8.5	2.4	0.3	23.5	19.6	1.4	2.0	0.3	0.2
	2005	495	59.4	36.6	34.5	17.0	4.3	1.5	6.1	34.5	27.2	1.6	3.2	2.2	0.3
	2014	(e)1 374	48.0	28.9	28.1	6.1	1.7	11.2	6.9	45.1	27.8	1.2	12.7	3.3	0.1
Malaysia - Malaisie	1995	73 778	50.6	14.6	14.4	20.7	12.7	2.6	0.2	49.2	1.1	1.5	44.2	2.3	0.1
	2005	141 624	45.4	12.0	11.8	19.6	9.4	4.3	0.5	54.1	1.4	1.1	48.9	2.6	0.1
	2014	234 135	34.4	9.8	9.5	8.4	10.8	5.3	0.5	65.1	2.5	1.6	57.6	3.0	0.3
Maldives	1995	(e)85	63.6	38.9	38.6	19.0	5.7	0.1	..	36.1	0.2	..	35.5	0.5	..
	2005	154	41.8	23.7	23.6	2.9	15.0	0.2	0.0	58.2	4.0	0.0	47.6	6.6	..
	2014	(e)326	61.9	43.6	40.8	10.5	7.0	0.8	0.3	37.8	4.4	0.3	32.7	0.5	0.0
Mali	1995	(e)443	20.0	19.8	11.6	0.1	0.0	0.0	0.0	78.2	75.8	0.0	2.3	0.0	..
	2005	1 075	31.8	29.8	12.5	0.7	0.1	1.1	0.5	67.7	28.8	0.3	36.3	2.3	0.0
	2014	(e)2 100	12.9	12.0	5.5	0.5	0.1	0.3	0.8	86.3	40.2	0.0	37.4	8.6	..
Malta - Malte	1995	1 913	81.4	71.0	70.1	8.2	0.7	1.4	0.5	16.0	3.5	0.5	10.4	1.5	..
	2005	2 431	64.0	49.3	48.6	10.5	2.8	1.3	0.7	33.8	5.9	3.4	21.7	2.8	0.0
	2014	(e)2 813	38.9	32.2	30.9	2.9	2.4	1.4	3.6	45.6	19.2	1.7	22.7	1.8	0.1
Marshall Islands - Îles Marshall	1995	23	99.8	14.4	14.4	37.9	47.3	0.1	..	0.2	0.0	..	0.0	..	0.2
	2005	25	92.4	85.6	85.6	3.3	3.5	0.0	0.0	7.6	0.0	0.0	7.3	0.1	0.1
	2014	(e)65	44.6	40.1	40.1	1.6	2.8	0.1	9.9	45.4	0.2	2.1	39.6	3.5	0.0
Mauritania - Mauritanie	1995	(e)509	83.7	54.5	53.9	1.2	28.0	0.0	2.0	14.3	13.3	0.2	0.7	0.1	..
	2005	(e)556	73.7	60.7	59.7	0.1	12.5	0.4	5.6	20.7	19.3	0.0	1.0	0.3	0.0
	2014	(e)2 140	39.6	32.4	26.4	3.5	3.7	0.0	0.9	59.5	11.8	0.0	45.0	2.6	0.0
Mauritius - Maurice	1995	1 538	92.4	75.8	74.4	14.8	0.6	1.1	0.1	7.4	4.3	1.2	1.9	0.0	0.0
	2005	2 144	72.7	62.5	61.5	9.0	0.8	0.4	0.1	20.2	8.5	0.2	3.0	8.4	0.2
	2014	(e)3 107	54.0	43.0	42.1	9.0	1.2	0.7	0.1	31.6	13.7	0.4	7.9	9.5	0.0
Mexico - Mexique	1995	79 541	92.3	5.0	4.2	83.4	1.2	2.7	0.0	7.6	0.1	6.2	1.2	0.1	0.0
	2005	214 207	93.1	4.4	4.3	85.8	0.7	2.2	0.0	6.9	0.2	5.2	1.4	0.1	0.0
	2014	397 506	89.5	5.5	5.1	80.3	0.7	3.0	0.1	10.4	0.2	6.4	3.4	0.4	0.0
Micronesia (Federated States of) - Micronésie (États fédérés de)	1995	(e)21	71.5	0.0	0.0	11.1	60.4	0.0	..	28.5	0.0	..	28.5	..	..
	2005	(e)19	59.8	..	..	20.2	39.6	0.0	..	40.2	..	..	..	..	40.2
	2014	(e)31	22.5	..	..	22.5	..	0.0	..	77.5	..	..	..	..	77.5
Mongolia - Mongolie	1995	(e)473	14.5	13.7	13.7	0.2	0.5	0.1	63.1	21.6	..	0.0	21.6	..	..
	2005	1 064	38.8	9.8	9.4	15.0	0.6	13.4	5.0	56.2	0.0	0.6	55.4	0.2	0.0
	2014	5 774	6.5	5.9	3.8	0.3	0.3	0.0	0.9	92.6	0.0	0.0	92.4	0.2	0.0
Montenegro - Monténégro	2014	441	37.8	36.9	35.8	0.2	0.6	0.1	50.4	5.4	1.8	0.0	1.8	1.7	0.0
Montserrat	1995	(e)3	86.5	71.1	71.0	15.3	..	0.1	..	13.5	10.9	2.6	..	..	..
	2005	(e)1	77.5	15.7	15.7	50.0	..	11.8	..	22.5	..	22.5	..	..	..
	2014	(e)3	52.6	4.5	4.5	48.1	..	0.0	..	47.4	..	47.4	..	..	..
Morocco - Maroc	1995	(e)6 881	81.3	70.5	69.5	3.4	6.1	1.1	0.3	18.0	6.4	1.8	7.3	2.5	0.0
	2005	11 185	79.2	73.4	72.2	3.0	1.1	1.7	1.3	18.8	3.5	3.6	9.1	2.7	0.0
	2014	(e)23 656	71.1	65.2	64.1	3.7	0.9	1.3	1.1	27.9	8.8	5.7	9.4	4.0	0.0
Mozambique	1995	174	65.5	41.7	40.4	9.3	13.6	0.8	0.0	34.5	26.3	0.3	7.4	0.5	..
	2005	1 745	73.0	71.1	70.9	1.1	0.7	0.1	0.5	26.5	19.3	0.0	6.4	0.7	0.1
	2014	4 725	36.5	33.9	32.7	1.6	1.0	0.1	0.7	62.7	24.4	0.7	35.0	2.5	0.0
Myanmar	1995	(e)860	19.9	5.2	4.9	6.5	7.0	1.2	0.0	79.0	1.3	0.1	77.2	0.5	..
	2005	(e)3 950	24.9	17.7	17.5	..	5.9	1.3	0.3	72.9	0.4	0.3	72.0	0.2	0.0
	2014	(e)11 031	6.2	2.1	2.0	0.4	3.5	0.2	0.2	93.6	0.4	0.1	92.9	0.4	0.0

For sources and notes, see end of table.

46

Pour les sources et les notes, se reporter à la fin du tableau.

Destination / Origin / Origine	Year Année	World (millions of dollars) (1) Monde (millions de dollars) (1)	Developed economies / Économies développées — Total	Europe Total	EU UE	USA États-Unis	Japan Japon	Other Autres	Transition economies / Économies en transition	Developing economies / Économies en développement — Total	Africa Afrique	America Amérique	Eastern, Southern and South-Eastern Asia / Asie orientale, méridionale et du Sud-Est	Western Asia / Asie occidentale	Oceania Océanie
			Percentage / En pourcentage												
Namibia - Namibie (2)	1995	(e)1 409	71.5	63.6	62.4	4.3	0.9	2.7	0.1	28.2	25.7	0.8	1.4	0.2	0.1
	2005	(e)2 070	59.8	47.6	47.1	7.4	1.3	3.6	0.5	39.6	31.4	0.4	7.4	0.4	0.0
	2014	(e)4 441	31.1	23.2	18.3	4.7	0.2	2.9	0.1	68.8	62.0	0.5	6.0	0.2	0.0
Nauru	1995	(e)28	62.4	1.8	1.8	0.0	1.1	59.5	..	37.4	0.3	24.9	12.0	0.2	0.0
	2005	(e)3	56.1	24.6	24.5	3.5	5.0	23.1	1.9	41.9	4.6	1.9	31.6	2.9	1.0
	2014	(e)32	64.9	7.7	7.6	1.9	11.0	44.3	0.4	34.7	0.4	1.9	30.7	1.0	0.8
Nepal - Népal	1995	(e)359	74.9	44.7	42.1	28.7	0.4	1.1	0.0	21.5	0.0	0.2	21.3	0.0	..
	2005	(e)888	28.4	12.9	12.3	13.4	0.9	1.2	0.0	71.6	0.1	0.1	70.7	0.7	..
	2014	(e)873	25.6	13.1	11.8	8.9	1.6	2.1	0.1	74.3	0.2	0.2	70.9	3.0	0.0
Netherlands - Pays-Bas	1995	(e)203 187	87.9	81.7	78.8	3.8	1.2	1.2	1.2	10.2	1.8	1.5	5.1	1.7	0.0
	2005	(e)406 372	88.0	81.5	78.9	4.6	0.7	1.2	1.6	9.8	1.8	1.3	4.6	2.1	0.0
	2014	(e)672 127	83.4	77.6	75.5	3.7	0.7	1.4	1.9	13.2	2.6	2.1	5.8	2.7	0.0
Netherlands Antilles - Antilles néerlandaises	1995	(e)1 522	57.1	29.1	26.4	23.0	0.9	4.0	0.0	42.9	0.9	39.4	2.5	0.1	..
	2005	(e)608	35.7	5.5	5.5	29.7	0.2	0.4	0.0	64.3	1.9	60.0	2.4	0.0	0.0
New Caledonia - Nouvelle-Calédonie	1995	(e)570	86.4	38.8	38.8	7.8	33.3	6.5	..	8.9	0.0	0.1	8.7	0.0	0.1
	2005	1 114	60.4	33.7	33.7	2.4	20.2	4.0	1.7	37.8	3.9	0.0	32.0	..	2.0
	2014	1 619	51.4	18.5	18.5	5.0	16.4	11.4	0.0	48.6	2.5	0.1	43.9	0.3	1.8
New Zealand - Nouvelle-Zélande	1995	13 745	63.0	14.7	14.3	10.0	16.2	22.1	0.8	32.8	1.2	3.1	23.2	2.3	3.0
	2005	21 729	63.6	15.6	15.1	14.2	10.6	23.1	0.6	34.0	2.1	3.5	22.3	2.7	3.5
	2014	41 636	43.8	9.8	9.6	9.4	5.9	18.7	0.8	53.9	4.2	2.7	39.8	4.5	2.6
Nicaragua	1995	509	77.3	31.4	29.6	42.7	1.9	1.4	0.1	22.6	0.2	20.0	2.4	0.0	..
	2005	(e)1 654	66.1	8.8	8.5	53.6	0.8	2.9	1.5	32.4	0.2	30.0	2.1	0.2	0.0
	2014	4 974	65.3	6.8	6.5	52.0	0.5	5.9	0.3	34.4	0.5	31.0	2.9	0.1	0.0
Niger	1995	273	54.3	47.9	47.7	0.4	4.2	1.8	0.0	45.7	43.4	0.0	0.9	1.4	..
	2005	486	70.9	50.6	45.5	15.6	3.5	1.2	0.0	29.1	27.8	0.1	1.1	0.1	0.0
	2014	(e)1 500	42.8	39.5	37.8	2.8	0.1	0.4	0.0	57.2	44.5	0.6	11.4	0.6	0.0
Nigeria - Nigéria	1995	(e)12 342	77.1	34.7	33.3	38.0	1.0	3.4	0.1	22.8	7.2	5.2	10.3	0.1	0.0
	2005	(e)45 789	75.8	22.3	21.5	49.7	2.6	1.2	0.0	24.2	8.5	7.8	7.3	0.6	0.0
	2014	(e)97 000	50.5	37.5	36.6	6.5	4.0	2.5	0.0	49.4	12.0	12.1	24.9	0.3	0.1
Niue - Nioué	1995	0	81.3	23.3	23.3	10.2	..	47.8	3.0	15.7	5.8	2.1	7.8	..	..
	2005	0	46.4	22.7	22.6	8.4	..	15.3	2.5	51.0	25.8	0.4	24.6	0.1	0.1
	2014	(e)0	36.6	15.4	15.4	5.5	4.1	11.7	3.0	60.3	46.7	7.1	1.4	4.1	1.0
Northern Mariana Islands - Îles Mariannes du Nord	1995	(e)432	91.9	10.7	10.7	..	79.0	2.3	..	7.8	0.1	..	7.7	0.0	..
	2005	(e)691	41.7	26.9	26.8	..	14.3	0.5	0.0	58.3	0.5	21.1	27.9	0.2	8.6
	2014	(e)2	19.7	6.1	6.1	..	12.0	1.6	0.1	80.3	8.7	0.4	47.5	5.7	18.0
Norway - Norvège	1995	41 740	92.6	80.1	79.1	6.2	1.8	4.5	0.5	6.9	0.7	1.7	3.8	0.7	0.0
	2005	103 759	93.3	81.6	80.9	6.6	1.0	4.1	1.1	5.6	0.6	1.2	3.2	0.6	0.0
	2014	142 825	88.3	82.7	81.6	3.7	1.1	0.8	1.0	10.7	1.4	1.3	6.7	1.1	0.1
Oman	1995	5 917	37.4	1.7	1.7	4.3	30.5	0.9	0.2	62.4	1.8	0.0	49.8	10.8	..
	2005	18 692	21.3	2.9	2.9	2.8	15.2	0.4	0.1	78.5	1.6	0.0	67.3	9.6	..
	2014	50 718	9.4	1.4	1.3	1.5	6.3	0.2	0.1	90.5	2.8	0.5	72.6	14.5	0.0
Pakistan	1995	8 158	57.0	32.0	31.3	15.1	6.8	3.2	0.9	40.6	3.0	1.6	24.8	11.2	0.0
	2005	16 050	55.3	27.3	26.7	24.8	0.9	2.3	0.6	44.0	5.7	1.7	22.5	14.0	0.0
	2014	24 722	46.8	29.5	29.2	14.7	0.8	1.7	1.3	51.9	7.5	2.1	30.4	11.9	0.0
Palau - Palaos	1995	(e)14	53.6	0.9	0.9	15.0	37.7	0.0	0.0	46.4	1.0	1.2	44.2	..	..
	2005	(e)13	92.9	1.2	1.2	5.5	86.2	0.0	..	7.1	..	0.3	6.8	..	..
	2014	(e)6	94.9	0.7	0.5	7.0	87.0	0.2	..	5.1	0.1	0.2	3.2	..	1.6
Panama (7)	1995	577	42.8	26.8	24.2	12.9	2.3	0.7	0.2	56.7	0.2	32.9	22.1	1.6	..
	2005	(e)7 050	38.8	24.2	22.3	12.9	0.8	0.8	0.2	60.6	2.5	45.3	12.3	0.5	0.0
	2014	(e)13 184	25.1	14.2	11.8	8.6	1.3	1.0	5.8	68.2	2.3	46.8	18.7	0.5	0.0
Papua New Guinea - Papouasie-Nouvelle-Guinée	1995	(e)2 654	81.6	19.7	19.7	1.9	25.9	34.1	0.0	18.4	0.0	0.0	18.3	0.0	0.0
	2005	(e)3 383	76.3	14.9	14.8	2.0	13.1	46.3	0.1	23.4	0.0	0.0	22.4	0.0	0.6
	2014	(e)5 670	72.9	11.3	11.3	1.1	22.8	37.7	0.1	27.0	0.0	0.7	25.9	0.0	0.4
Paraguay	1995	(e)2 019	27.6	19.9	19.5	4.6	1.7	1.4	0.0	72.4	0.5	63.5	8.4	0.1	..
	2005	(e)3 153	14.8	10.4	10.0	2.6	0.8	1.1	4.0	81.2	2.6	71.6	4.7	2.3	0.0
	2014	9 655	22.2	17.2	17.1	2.3	1.4	1.4	11.1	66.7	3.6	48.4	10.1	4.5	0.0

For sources and notes, see end of table.　　Pour les sources et les notes, se reporter à la fin du tableau.

Destination / Origin / Origine	Year / Année	World (millions of dollars) (1) / Monde (millions de dollars) (1)	Developed economies / Économies développées						Transition economies / Économies en transition	Developing economies / Économies en développement					
			Total	Europe Total	EU / UE	USA / États-Unis	Japan / Japon	Other / Autres		Total	Africa / Afrique	America / Amérique	Eastern, Southern and South-Eastern Asia / Asie orientale, méridionale et du Sud-Est	Western Asia / Asie occidentale	Oceania / Océanie
Peru - Pérou	1995	5 440	63.6	34.9	31.1	17.2	8.4	3.1	0.4	35.2	0.7	17.5	16.8	0.2	0.0
	2005	17 114	62.6	22.0	17.3	30.7	3.5	6.4	0.2	36.8	0.4	20.7	15.4	0.3	0.0
	2014	38 459	51.2	23.8	16.6	16.2	4.1	7.1	0.4	48.0	0.7	22.0	24.8	0.5	0.0
Philippines	1995	17 447	71.7	17.9	17.7	35.8	15.7	2.2	0.1	28.2	0.2	1.1	25.6	1.2	0.1
	2005	41 255	54.5	17.1	17.0	18.0	17.5	1.9	0.1	45.4	0.2	0.7	43.7	0.6	0.1
	2014	61 810	50.6	11.3	10.9	14.1	22.5	2.6	0.1	49.3	0.6	1.4	45.9	1.0	0.5
Poland - Pologne	1995	22 862	82.9	79.6	78.0	2.7	0.2	0.5	10.4	6.7	1.3	1.4	3.2	0.8	0.0
	2005	89 378	85.3	82.0	79.0	2.1	0.2	1.0	9.1	5.5	0.9	0.9	1.9	1.9	0.1
	2014	214 477	83.1	79.4	76.6	2.3	0.3	1.2	8.7	8.1	1.4	1.1	2.8	2.6	0.2
Portugal	1995	23 370	91.2	84.1	80.8	4.8	0.9	1.5	0.3	8.0	3.9	1.6	1.7	0.7	0.0
	2005	38 672	87.9	80.6	79.1	5.8	0.4	1.1	0.4	11.1	5.1	1.6	2.8	1.6	0.0
	2014	63 982	75.5	69.4	67.3	4.7	0.4	1.0	0.8	21.4	12.3	3.7	3.5	1.9	0.0
Qatar	1995	(e)3 557	63.0	1.3	1.3	2.6	55.4	3.6	0.0	37.0	1.6	0.0	27.7	7.7	0.0
	2005	(e)25 762	49.3	4.9	4.7	1.7	41.3	1.4	0.0	50.7	1.4	0.1	43.5	5.8	0.0
	2014	(e)131 592	35.2	7.9	7.7	1.0	25.5	0.8	0.0	64.8	0.9	1.3	54.4	8.1	0.0
Republic of Moldova - République de Moldova	1995	746	33.4	29.9	29.5	2.0	0.0	1.6	62.7	3.6	0.7	0.3	0.9	1.7	..
	2005	1 091	42.9	38.5	38.1	3.6	0.1	0.8	50.9	6.2	1.5	0.4	0.5	3.8	0.0
	2014	2 340	59.1	56.9	55.5	1.3	0.3	0.6	29.0	11.9	1.0	0.1	2.6	8.2	0.0
Romania - Roumanie	1995	7 910	65.4	60.6	59.5	2.5	0.4	1.8	6.6	27.5	7.2	2.2	9.2	8.9	0.0
	2005	27 730	77.9	72.6	71.3	4.1	0.3	0.9	5.4	16.6	2.2	0.6	3.2	10.7	0.0
	2014	69 878	76.0	72.7	70.9	1.9	0.4	1.0	8.1	15.9	4.4	1.4	3.0	7.1	0.0
Russian Federation - Fédération de Russie	1995	(e)78 217	51.2	43.6	39.0	4.3	2.8	0.5	17.8	15.2	0.7	3.3	9.1	2.2	0.0
	2005	241 452	67.5	62.6	57.6	2.6	1.5	0.7	13.8	18.7	1.1	2.0	10.3	5.3	0.0
	2014	497 834	61.4	56.8	24.7	1.2	1.7	1.7	9.3	17.7	0.5	4.3	11.5	1.4	0.0
Rwanda	1995	(e)52	70.0	66.8	66.4	2.9	0.2	0.2	0.0	29.9	24.7	0.0	5.1	0.1	..
	2005	(e)125	48.4	42.3	41.4	5.6	0.1	0.5	5.6	45.3	15.3	2.1	26.3	1.4	0.2
	2014	(e)736	20.8	12.4	11.9	7.7	0.4	0.4	2.5	76.7	36.4	0.0	38.9	1.4	0.0
Saint Helena - Sainte-Hélène	1995	(e)5	86.7	24.1	16.7	0.8	61.6	0.6	0.6	12.7	5.4	0.3	2.5	4.5	..
	2005	(e)20	61.3	16.4	16.4	23.4	20.7	0.8	0.4	38.3	24.0	9.8	4.2	0.2	0.1
	2014	(e)54	90.7	11.3	11.2	60.8	13.5	5.2	0.0	9.2	1.9	2.8	3.0	1.4	0.2
Saint Kitts and Nevis - Saint-Kitts-et-Nevis	1995	(e)19	91.4	34.7	34.5	51.9	0.1	4.7	..	8.6	..	8.5	0.1	0.0	..
	2005	(e)34	93.4	18.1	18.1	67.9	0.1	7.3	0.5	6.1	2.8	3.3	0.0	0.0	..
	2014	(e)42	71.1	14.2	14.2	51.9	0.3	4.7	4.6	24.2	0.4	13.8	6.2	3.9	..
Saint Lucia - Sainte-Lucie	1995	109	83.8	56.7	56.6	26.0	0.3	0.9	..	15.7	0.5	15.1	0.1	..	0.0
	2005	64	62.8	43.7	43.7	18.8	0.0	0.3	0.0	37.2	0.0	20.1	17.1	0.0	..
	2014	(e)159	54.0	30.1	30.0	23.6	0.0	0.2	0.0	46.0	..	32.9	13.0	0.1	..
Saint Pierre and Miquelon - Saint-Pierre-et-Miquelon	1995	(e)10	94.5	37.1	36.2	54.7	1.5	1.2	..	5.0	1.6	3.0	0.3	..	..
	2005	7	59.5	51.3	47.5	8.0	..	0.2	..	40.5	4.5	0.1	35.9	0.0	..
	2014	2	93.2	34.8	34.8	0.2	..	58.2	..	6.8	0.1	1.4	0.0	5.3	0.1
Saint Vincent and the Grenadines - Saint-Vincent-et-les Grenadines	1995	(e)43	62.4	43.0	43.0	7.8	6.7	4.9	..	37.6	0.0	29.8	7.8	..	..
	2005	40	85.1	79.8	79.7	5.2	0.0	0.1	0.0	14.9	0.4	13.2	0.4	0.9	..
	2014	(e)48	20.6	17.7	16.1	2.5	0.0	0.3	0.0	79.4	0.3	62.7	4.1	12.3	..
Samoa	1995	(e)9	90.9	2.0	1.9	0.9	1.7	86.3	7.7	1.4	0.3	0.1	0.9	0.2	0.0
	2005	(e)87	77.6	1.6	1.6	7.0	0.9	68.1	0.0	22.4	1.1	2.2	0.5	0.2	18.4
	2014	(e)72	22.6	1.2	1.2	6.2	0.3	14.8	0.0	77.3	0.2	5.8	39.2	0.1	32.0
Sao Tome and Principe - Sao Tomé-et-Principe	1995	(e)5	67.6	63.0	57.7	2.0	2.5	0.1	1.0	14.4	3.7	1.5	8.6	0.5	..
	2005	(e)7	77.1	74.2	73.8	1.4	0.8	0.7	..	22.9	4.0	5.2	6.2	7.5	..
	2014	(e)17	74.5	68.1	67.3	4.5	0.5	1.4	0.0	25.5	5.0	1.1	2.1	17.2	..
Saudi Arabia - Arabie saoudite	1995	(e)49 030	56.0	19.8	19.5	16.8	17.3	2.2	0.0	44.0	2.8	2.3	29.7	9.2	0.0
	2005	(e)180 737	50.5	15.8	15.7	16.6	16.4	1.6	0.0	49.5	4.9	1.1	35.8	7.7	0.0
	2014	(e)353 780	33.7	9.3	9.2	11.8	11.8	0.9	0.1	66.2	4.2	1.1	54.3	6.6	0.0
Senegal - Sénégal	1995	(e)993	44.2	42.2	42.0	0.8	1.1	0.1	0.0	48.0	24.9	0.5	22.0	0.6	..
	2005	(e)1 471	30.9	29.4	29.1	0.6	0.9	0.1	0.0	58.5	39.5	0.4	18.0	0.5	0.2
	2014	(e)2 814	27.4	25.9	18.4	0.9	0.5	0.2	0.4	63.4	46.4	0.4	10.9	5.7	0.0
Serbia and Montenegro - Serbie-et-Monténégro	1995	(e)1 531	39.0	36.5	31.5	1.8	0.0	0.7	42.1	4.8	1.9	0.4	1.4	1.1	0.0
	2005	(e)5 065	57.9	56.1	55.3	1.2	0.0	0.6	26.7	3.4	1.0	0.1	0.5	1.7	0.0
Serbia - Serbie	2014	14 843	67.9	65.4	64.6	2.1	0.0	0.3	27.5	4.6	1.3	0.2	1.2	1.9	0.0

For sources and notes, see end of table.

Pour les sources et les notes, se reporter à la fin du tableau.

Destination / Origin / Origine	Year / Année	World (millions of dollars) (1) / Monde (millions de dollars) (1)	Developed economies / Économies développées Total	Europe Total	Europe EU / UE	USA / États-Unis	Japan / Japon	Other / Autres	Transition economies / Économies en transition	Developing economies / Économies en développement Total	Africa / Afrique	America / Amérique	Eastern, Southern and South-Eastern Asia / Asie orientale, méridionale et du Sud-Est	Western Asia / Asie occidentale	Oceania / Océanie
								Percentage / En pourcentage							
Seychelles	1995	53	42.8	37.1	37.0	2.8	2.4	0.5	..	57.2	2.5	0.0	16.6	38.0	..
	2005	340	67.0	58.9	58.8	0.9	6.5	0.7	0.7	32.3	5.1	0.0	2.8	24.4	0.0
	2014	(e)539	82.5	68.5	67.3	1.6	11.1	1.3	0.4	17.1	9.2	0.4	7.3	0.2	0.0
Sierra Leone	1995	(e)42	88.4	57.0	55.9	24.2	2.4	4.9	1.7	10.0	6.2	0.1	3.5	0.2	..
	2005	(e)159	87.6	78.9	78.8	7.1	0.4	1.3	1.4	11.0	3.2	0.7	3.8	3.3	0.0
	2014	(e)1 892	15.7	14.2	14.1	1.3	0.1	0.2	0.1	84.2	1.0	0.1	81.6	1.4	0.0
Singapore - Singapour (3)	1995	118 263	43.6	14.4	13.9	18.3	7.8	3.2	0.8	55.3	1.3	1.3	51.1	1.3	0.3
	2005	229 652	33.0	12.5	12.2	10.4	5.5	4.6	0.2	66.6	1.0	2.0	60.5	2.2	0.9
	2014	409 769	23.4	8.6	8.0	5.9	4.1	4.8	0.2	76.4	2.1	3.5	67.2	2.2	1.4
Sint Maarten (Dutch part) - Saint-Martin (partie néerlandaise)	2014	(e)130	99.9	35.6	35.4	64.2	..	0.1	0.0	0.1	..	0.1	0.0	..	..
Slovakia - Slovaquie	1995	8 374	87.5	85.6	84.6	1.2	0.2	0.5	7.2	5.2	0.9	0.7	2.2	1.3	0.0
	2005	31 852	92.4	88.6	87.5	3.2	0.3	0.4	3.9	3.7	0.6	0.4	1.2	1.5	0.0
	2014	85 874	89.0	86.0	84.0	1.9	0.2	0.9	4.9	6.0	1.0	0.4	2.7	1.9	0.0
Slovenia - Slovénie	1995	8 316	88.4	84.3	83.2	3.1	0.3	0.7	8.2	3.3	0.7	0.5	1.3	0.8	0.0
	2005	17 896	82.9	80.2	78.6	2.0	0.1	0.5	13.0	4.1	0.9	0.4	1.3	1.5	0.0
	2014	(e)36 123	68.2	65.8	64.2	1.6	0.1	0.6	11.2	4.9	1.2	0.6	1.5	1.5	0.0
Solomon Islands - Îles Salomon	1995	(e)168	64.4	10.8	10.8	2.5	48.8	2.2	..	35.6	0.4	0.0	35.2	0.0	0.0
	2005	(e)103	19.2	9.3	9.3	1.0	7.1	1.8	0.0	80.8	0.0	0.0	78.6	0.0	2.1
	2014	(e)459	22.5	13.3	11.9	1.3	1.4	6.6	0.0	77.5	0.1	0.1	75.4	0.2	1.6
Somalia - Somalie	1995	(e)170	18.4	18.3	18.3	0.1	..	0.0	..	81.6	1.5	0.0	4.3	75.8	..
	2005	(e)250	1.2	0.8	0.8	0.2	0.2	0.0	0.1	98.7	2.7	0.1	13.3	82.7	0.0
	2014	(e)510	4.0	3.7	3.7	0.1	0.1	0.1	0.0	96.0	0.6	0.1	38.1	57.2	0.0
South Africa - Afrique du Sud (2)	1995	(e)27 853	60.2	37.7	36.5	11.4	7.2	3.9	0.2	37.7	19.7	1.9	14.1	1.9	0.0
	2005	46 991	65.8	38.9	36.1	10.4	11.0	5.6	0.3	33.0	15.3	1.6	13.7	2.4	0.0
	2014	90 612	36.5	21.5	19.7	7.1	5.4	2.5	0.6	56.8	30.5	1.5	21.7	3.1	0.1
Spain - Espagne	1995	89 616	83.8	76.6	74.0	4.2	1.4	1.6	0.5	15.6	3.8	5.6	4.2	1.9	0.0
	2005	192 798	80.9	74.7	71.2	4.1	0.7	1.3	1.0	15.8	4.3	5.2	3.2	3.0	0.1
	2014	318 649	72.4	65.1	62.2	4.4	1.1	1.8	1.6	22.6	6.8	6.0	5.2	4.6	0.0
Sri Lanka	1995	(e)3 798	75.5	30.0	29.0	36.3	6.3	2.9	1.8	15.5	2.0	1.4	9.3	2.7	0.0
	2005	6 160	69.4	31.8	31.1	32.2	2.3	3.1	3.3	25.4	1.4	1.7	16.1	6.3	0.0
	2014	11 295	63.2	32.6	31.2	24.1	2.1	4.4	3.7	31.5	2.2	2.5	18.4	8.4	0.1
State of Palestine - Etat de Palestine	1995	394	..	..	..	..	..	..	..	..	..	..	..	..	..
	2005	(e)335	91.3	4.0	4.0	1.1	0.0	86.1	..	8.2	0.8	0.3	0.1	6.9	..
	2014	(e)1 335	88.1	2.3	2.2	0.8	0.0	85.0	0.1	11.8	0.2	0.1	0.2	11.3	..
Sudan (...2011) - Soudan (...2011)	1995	(e)556	48.7	37.3	35.2	5.1	6.2	0.0	0.2	51.1	3.3	0.1	21.6	26.1	..
	2005	4 506	28.2	3.7	3.7	0.3	22.9	1.3	0.1	71.7	2.3	0.3	63.2	6.0	0.0
Sudan - Soudan	2014	(e)4 350	11.4	2.7	2.6	0.1	7.4	1.3	0.0	88.5	3.3	0.2	53.7	31.3	..
Suriname	1995	483	84.8	59.2	34.0	19.8	5.5	0.3	1.1	14.1	0.5	12.5	1.1	..	..
	2005	997	81.4	48.0	25.4	14.5	1.0	18.0	0.0	18.5	1.4	10.5	1.5	5.2	..
	2014	1 918	64.5	30.0	19.7	26.5	0.3	7.6	0.1	35.4	0.3	12.6	5.1	17.4	0.0
Swaziland (2)	1995	(e)866	30.5	17.4	17.4	10.8	1.0	1.3	0.7	68.8	53.4	0.4	14.5	0.4	0.1
	2005	(e)1 770	45.6	12.7	12.7	13.4	0.6	18.9	0.3	54.1	32.8	0.3	18.7	2.2	0.0
	2014	(e)1 918	16.5	14.0	13.7	2.2	0.1	0.2	0.1	70.3	58.1	0.6	10.2	0.5	0.8
Sweden - Suède	1995	77 436	86.5	72.0	61.9	8.1	3.0	3.3	1.0	12.5	1.6	2.0	7.2	1.7	0.0
	2005	130 264	83.5	68.6	58.6	10.6	1.5	2.8	2.5	13.6	2.3	2.1	6.8	2.3	0.0
	2014	164 344	78.2	68.7	56.9	6.3	1.2	2.0	2.4	16.3	2.8	2.1	7.9	3.5	0.0
Switzerland - Suisse	1995	81 641	80.8	65.2	64.7	8.7	4.0	2.9	0.7	18.5	1.8	2.5	10.8	3.4	0.0
	2005	130 930	80.8	63.4	63.0	10.9	3.6	2.9	1.5	17.7	1.4	2.4	10.2	3.7	0.0
	2014	311 146	60.3	45.4	45.1	10.1	2.2	2.5	1.7	38.0	1.4	2.4	27.7	6.5	0.0
Syrian Arab Republic - République arabe syrienne	1995	(e)3 563	65.2	63.0	62.9	1.3	0.2	0.6	3.9	30.9	5.0	0.3	2.3	23.4	..
	2005	(e)8 708	48.4	44.1	44.0	4.0	0.2	0.2	0.8	50.6	5.2	0.8	0.9	43.7	0.0
	2014	(e)2 000	3.2	2.9	2.9	0.3	0.0	0.0	0.3	96.4	7.6	0.1	1.3	87.4	0.0
Tajikistan - Tadjikistan	1995	(e)749	62.2	49.6	47.1	8.4	4.1	0.0	28.1	9.7	3.2	0.1	4.7	1.8	..
	2005	(e)892	61.4	49.0	35.8	12.1	0.2	0.0	17.9	20.7	2.9	0.1	8.6	9.2	..
	2014	(e)1 058	16.2	14.8	10.3	0.9	0.4	0.0	17.5	66.4	6.1	0.0	36.4	23.8	..

For sources and notes, see end of table.

Pour les sources et les notes, se reporter à la fin du tableau.

49

2.1 Merchandise trade structure by partner
Exports by main region of destination

2.1 Structure du commerce des marchandises par partenaires
Exportations par principales régions de destination

Destination / Origin / Origine	Year / Année	World (millions of dollars) (1) / Monde (millions de dollars) (1)	Developed economies / Économies développées — Total	Europe Total	Europe EU / UE	USA / États-Unis	Japan / Japon	Other / Autres	Transition economies / Économies en transition	Developing economies / Économies en développement — Total	Africa / Afrique	America / Amérique	Eastern, Southern and South-Eastern Asia / Asie orientale, méridionale et du Sud-Est	Western Asia / Asie occidentale	Oceania / Océanie
										Percentage / En pourcentage					
Thailand - Thaïlande	1995	56 439	55.1	17.5	16.6	17.9	16.8	3.0	0.8	42.9	2.1	1.0	35.9	3.7	0.1
	2005	110 110	48.3	14.4	13.7	15.5	13.6	4.8	0.4	51.2	2.6	1.9	43.2	3.4	0.2
	2014	227 573	37.1	11.3	10.3	10.5	9.6	5.6	0.7	62.0	3.7	3.4	50.2	4.6	0.1
TFYR of Macedonia - LERY de Macédoine	1995	1 204	73.6	70.5	67.4	3.0	0.1	0.1	12.0	6.7	1.0	0.0	2.2	3.5	0.0
	2005	2 041	64.1	61.4	61.0	2.2	0.4	0.2	27.6	8.2	0.2	4.3	1.3	2.4	0.0
	2014	4 934	79.1	77.7	76.6	1.1	0.0	0.3	15.2	5.7	0.1	0.2	3.7	1.7	0.0
Timor-Leste	2005	(e)8	44.8	2.7	2.4	1.4	1.0	39.7	0.0	55.2	2.6	0.4	50.4	0.0	1.7
	2014	(e)20	2.8	1.4	1.4	0.1	0.1	1.3	0.0	97.2	0.2	0.0	97.0	0.0	0.0
Togo	1995	383	50.0	32.2	26.8	5.9	0.3	11.6	0.0	49.9	19.0	5.2	25.3	0.5	..
	2005	(e)660	19.3	16.6	16.4	1.1	0.0	1.6	0.1	80.3	60.3	1.7	17.6	0.7	0.0
	2014	(e)1 350	16.7	15.2	14.2	0.9	0.0	0.5	0.5	82.8	61.0	0.1	15.2	6.5	..
Tokelau - Tokélaou	1995	(e)1	91.2	0.3	0.3	76.9	..	14.0	..	5.1	0.6	0.6	2.5	1.0	0.4
	2005	(e)0	51.4	12.7	12.7	37.6	1.0	0.0	0.0	48.6	8.0	3.4	37.0	0.1	0.0
	2014	(e)0	52.0	44.9	44.9	4.1	0.9	2.2	0.1	47.9	27.0	7.0	11.5	2.0	0.4
Tonga	1995	(e)15	93.3	5.0	5.0	31.6	47.8	8.8	0.1	6.6	..	0.2	6.1	0.3	..
	2005	(e)10	89.5	3.0	3.0	32.4	44.0	10.0	0.0	10.5	0.0	0.3	2.7	..	7.6
	2014	(e)19	63.7	8.1	8.0	16.1	11.2	28.4	0.1	36.2	0.6	..	19.6	0.1	15.9
Trinidad and Tobago - Trinité-et-Tobago	1995	2 467	59.9	16.5	16.5	41.6	0.4	1.4	0.2	39.0	0.8	37.6	0.6	0.0	0.0
	2005	9 611	72.8	5.6	5.6	65.4	0.0	1.8	0.0	27.1	0.1	26.7	0.3	0.0	0.0
	2014	(e)12 590	64.0	15.3	15.2	45.6	0.5	2.5	0.0	35.9	1.1	30.9	3.9	0.1	..
Tunisia - Tunisie	1995	5 475	82.3	80.6	79.6	1.3	0.3	0.1	0.0	14.6	8.4	0.8	3.5	1.8	0.0
	2005	10 494	81.9	80.6	80.1	0.9	0.2	0.1	0.2	14.3	9.0	0.7	2.5	2.1	0.0
	2014	(e)16 756	78.8	74.1	72.8	3.1	0.9	0.6	0.8	20.4	12.9	0.8	4.3	2.4	0.0
Turkey - Turquie	1995	21 599	68.5	58.9	57.5	7.0	0.8	1.8	10.2	19.3	4.9	0.7	6.2	7.5	0.0
	2005	73 476	68.6	58.7	57.6	6.7	0.3	2.9	7.9	19.4	4.9	0.9	3.8	9.5	0.2
	2014	157 715	53.1	46.0	43.5	4.0	0.2	2.9	12.0	32.7	8.7	1.8	6.7	15.4	0.1
Turkmenistan - Turkménistan	1995	(e)1 939	16.5	15.6	13.3	0.6	0.2	0.1	63.5	20.0	0.4	0.1	11.3	8.4	..
	2005	(e)4 944	25.2	21.1	21.1	2.7	0.0	1.3	62.4	12.4	0.0	0.1	6.6	5.7	0.0
	2014	(e)17 500	14.1	13.4	13.3	0.6	0.0	0.0	20.5	65.4	0.0	0.0	57.9	7.5	0.0
Turks and Caicos Islands - Îles Turques et Caïques	1995	(e)5	69.6	31.7	31.7	37.8	..	0.1	2.6	27.8	0.4	16.8	10.5	0.1	..
	2005	(e)15	99.3	..	..	69.1	..	30.1	..	0.7	..	0.7	..	..	..
	2014	(e)30	86.1	24.0	24.0	58.3	0.0	3.7	0.9	13.1	11.1	0.8	1.0	0.0	0.2
Tuvalu	1995	(e)0	29.9	28.2	28.2	..	0.4	1.3	8.8	61.3	39.9	0.9	20.2	0.3	0.1
	2005	(e)0	86.1	82.3	82.2	..	0.7	3.1	0.2	13.7	7.1	0.0	1.6	..	4.9
	2014	(e)0	82.1	4.0	4.0	0.6	70.8	6.8	1.1	15.6	3.0	2.0	6.7	0.0	3.8
Uganda - Ouganda	1995	(e)460	85.0	80.2	70.6	1.7	1.3	1.8	0.0	14.9	11.8	0.1	2.4	0.6	0.0
	2005	813	48.8	44.1	39.2	2.7	0.8	1.2	0.7	50.6	31.7	0.2	8.9	9.8	0.0
	2014	(e)2 274	32.1	29.0	26.8	2.1	0.3	0.8	1.5	66.4	46.9	0.1	9.7	9.7	..
Ukraine	1995	(e)13 317	25.4	21.8	21.0	2.6	0.6	0.5	51.5	20.3	1.4	1.4	11.6	5.9	0.0
	2005	34 228	35.6	31.4	30.1	2.8	0.2	1.2	32.4	32.0	7.0	2.3	11.3	11.4	0.0
	2014	53 913	34.8	31.9	31.5	1.2	0.4	1.3	28.9	36.2	9.5	1.2	13.3	12.2	0.0
United Arab Emirates - Emirats arabes unis	1995	(e)27 753	55.2	4.4	4.4	2.2	46.3	2.2	0.5	44.4	2.2	0.1	32.4	9.7	0.0
	2005	(e)115 453	40.7	11.6	11.0	1.6	26.8	0.7	0.8	58.5	4.3	0.1	43.6	10.5	0.0
	2014	(e)360 000	21.5	4.4	3.8	1.0	14.7	1.5	0.6	77.8	4.6	0.3	61.7	11.3	0.0
United Kingdom - Royaume-Uni	1995	234 372	77.5	60.2	57.0	11.5	2.4	3.4	0.7	16.1	2.9	1.7	8.3	3.2	0.0
	2005	392 744	81.0	61.2	56.1	14.4	1.8	3.6	1.3	17.5	2.7	1.4	8.0	5.4	0.0
	2014	511 076	72.6	55.5	47.2	12.6	1.4	3.1	2.1	24.5	3.0	2.0	13.5	6.0	0.0
United Republic of Tanzania - République-Unie de Tanzanie	1995	(e)685	47.2	37.6	32.6	1.8	6.5	1.2	0.1	40.0	13.6	0.1	24.9	1.4	0.0
	2005	1 672	44.9	30.3	26.2	2.0	4.7	7.9	1.2	53.9	25.2	0.1	23.2	5.3	0.0
	2014	(e)4 645	27.0	18.0	15.9	2.1	5.0	1.9	0.8	72.2	30.3	0.4	37.3	4.2	0.0
United States - États-Unis	1995	582 965	58.9	23.1	21.8	..	11.0	24.8	0.6	40.4	1.7	16.4	19.8	2.4	0.1
	2005	904 339	54.9	22.2	20.7	..	6.1	26.5	0.7	44.4	1.7	21.2	18.5	2.9	0.1
	2014	1 619 743	45.2	18.9	17.1	..	4.1	22.2	1.0	53.8	2.3	26.1	21.0	4.3	0.0
Uruguay	1995	2 106	32.1	21.9	21.2	6.0	0.9	3.2	0.3	66.8	0.7	53.4	11.6	1.1	..
	2005	3 422	46.6	19.2	17.7	23.1	0.9	3.3	1.2	49.2	3.9	34.6	9.5	1.0	0.1
	2014	9 166	19.9	12.2	11.1	4.6	0.1	2.9	3.3	59.1	3.9	35.4	16.8	2.9	0.1

For sources and notes, see end of table.

Pour les sources et les notes, se reporter à la fin du tableau.

Destination / Origin / Origine	Year / Année	World (millions of dollars) (1) / Monde (millions de dollars) (1)	Developed economies / Économies développées						Transition economies / Économies en transition	Developing economies / Économies en développement					
			Total	Europe		USA États-Unis	Japan Japon	Other Autres		Total	Africa Afrique	America Amérique	Eastern, Southern and South-Eastern Asia / Asie orientale, méridionale et du Sud-Est	Western Asia / Asie occidentale	Oceania Océanie
				Total	EU UE										
			Percentage / En pourcentage												
Uzbekistan - Ouzbékistan	1995	3 430	60.1	52.9	52.5	1.1	5.7	0.3	19.0	20.9	0.0	2.4	14.9	3.5	..
	2005	4 749	28.3	21.3	21.2	2.5	3.2	1.2	41.1	30.6	0.1	0.1	23.5	6.9	0.0
	2014	(e)13 300	28.7	27.6	5.6	0.2	0.8	0.1	29.9	41.4	0.3	0.1	28.2	12.9	0.0
Vanuatu	1995	(e)28	84.3	44.6	39.5	0.6	25.8	13.3	..	15.7	0.3	0.3	4.6	9.9	0.6
	2005	(e)38	23.9	13.7	13.7	1.0	6.1	3.2	0.0	76.1	0.2	0.1	65.2	8.3	2.4
	2014	(e)59	35.3	5.0	5.0	3.5	24.0	2.8	0.0	64.7	1.0	2.3	54.6	0.0	6.8
Venezuela (Bolivarian Rep. of) - Venezuela (Rép. bolivarienne du)	1995	19 093	65.6	10.0	9.9	51.8	2.0	2.0	0.2	34.1	0.3	33.2	0.7	0.1	..
	2005	55 413	71.6	8.8	8.6	59.9	0.5	2.5	0.1	28.3	0.3	22.9	4.8	0.2	0.0
	2014	(e)79 565	30.4	3.9	3.9	25.3	0.8	0.4	0.0	69.6	0.2	9.2	59.9	0.3	0.0
Viet Nam	1995	(e)5 449	44.7	19.9	16.1	3.1	18.2	3.5	1.6	48.0	0.4	0.8	45.3	1.3	0.0
	2005	32 447	58.9	17.5	17.1	18.3	13.4	9.7	0.9	39.6	2.0	1.8	34.6	1.1	0.1
	2014	(e)150 475	53.1	19.1	18.2	19.1	9.6	5.3	1.7	45.2	1.3	2.0	37.6	4.4	..
Wallis and Futuna Islands - Îles Wallis-et-Futuna	1995	(e)1	46.8	42.3	42.3	3.4	..	1.1	5.0	48.3	30.8	17.5	..	..	..
	2005	(e)0	40.7	40.6	40.6	..	..	0.1	0.1	59.2	52.9	0.1	5.5	..	0.7
	2014	(e)0	15.6	13.9	13.9	1.3	..	0.4	0.2	84.2	31.4	1.4	48.7	0.0	2.7
Yemen - Yémen	1995	(e)1 917	18.6	2.7	2.7	1.6	14.3	0.0	0.0	81.3	8.6	8.0	60.8	4.0	..
	2005	(e)5 608	17.1	4.1	2.2	4.4	6.6	2.0	0.0	82.3	2.5	0.0	71.0	8.7	0.0
	2014	(e)8 000	9.7	1.1	1.1	0.4	8.2	0.0	0.0	90.3	2.8	0.0	75.0	12.6	0.0
Zambia - Zambie	1995	1 055	38.5	16.5	16.2	5.0	16.8	0.2	0.0	61.5	10.3	0.1	39.4	11.7	..
	2005	1 810	29.8	26.6	15.1	1.0	2.0	0.1	0.1	70.1	46.7	0.1	19.6	3.7	0.0
	2014	9 688	27.7	24.8	4.7	0.5	0.7	1.7	0.1	72.2	29.0	0.2	38.3	4.8	0.0
Zimbabwe	1995	(e)2 121	60.5	43.8	42.1	5.3	8.9	2.5	0.2	39.3	30.3	1.0	7.6	0.4	0.0
	2005	(e)1 850	36.4	25.7	23.4	5.5	4.8	0.3	1.4	62.2	46.3	1.1	12.4	2.4	0.0
	2014	(e)3 064	24.7	21.9	21.6	2.1	0.5	0.2	1.4	73.9	38.4	0.3	32.9	2.2	0.0

Source:
UNCTAD secretariat calculations, based on UNCTAD, *UNCTADstat* Merchandise Trade Matrix

Source :
Calculs du secrétariat de la CNUCED, basés sur la matrice du commerce de marchandises d'*UNCTADstat* de la CNUCED

Notes:

(1) Including unspecified destinations.

(2) Before 2000, the trade of the member countries of Southern African Customs Union (SACU) was not reported separately, but for SACU as a whole. Therefore, for the period 1995 to1999, intra-trade figures of these countries are UNCTAD estimates. From 2001 to 2009, intra-trade among SACU member countries is under-valued.

(3) Exports data include a considerable amount of re-exports.

(4) From 2011 onwards, including commercial mining.

(5) France including French Guiana, Guadeloupe, Martinique, Mayotte, Monaco and Reunion (and excluding intra-trade).

(6) Prior to 2009, excluding re-exports.

(7) Prior to 2005, excluding customs free zones.

Notes :

(1) Y compris des destinations non-spécifiées.

(2) Le commerce des pays membres de l'Union douanière d'Afrique australe (SACU) n'était pas rapporté séparément avant 2000, mais pour l'Union en tant qu'entité. Pour cette raison, les flux commerciaux intra-groupe de ces pays sont estimations de la CNUCED pour la période 1995 à 1999. De 2001 à 2009, le commerce intra-groupe entre les membres de SACU est sous-évalué.

(3) Les données des exportations comprennent une part importante de réexportations.

(4) À partir de 2011, y compris l'exploitation minière commerciale.

(5) France incluant Guadeloupe, Guyane française, Martinique, Mayotte, Réunion et Monaco (et excluant les flux intra).

(6) Avant 2009, non-compris les réexportations.

(7) Avant 2005, non-compris les zones franches douanières.

Origin / Origine / Destination	Year Année	World (millions of dollars) (1) Monde (millions de dollars) (1)	Developed economies Économies développées — Total	Europe Total	Europe EU UE	USA États-Unis	Japan Japon	Other Autres	Transition economies Économies en transition	Developing economies Économies en développement — Total	Africa Afrique	America Amérique	Eastern, Southern and South-Eastern Asia Asie orientale, méridionale et du Sud-Est	Western Asia Asie occidentale	Oceania Océanie
								Percentage / En pourcentage							
Afghanistan	1995	(e)387	42.6	16.8	16.7	1.1	22.9	1.9	13.3	44.1	0.0	0.1	43.0	0.9	..
	2005	(e)2 471	23.4	12.4	12.3	7.6	2.8	0.6	15.0	61.6	1.6	0.1	53.9	6.0	..
	2014	(e)7 697	18.1	7.7	7.6	9.6	0.5	0.3	17.5	64.4	2.4	0.2	56.1	5.7	..
Albania - Albanie	1995	(e)714	77.3	74.5	71.2	2.6	0.1	0.1	5.4	10.5	1.5	0.9	1.1	7.0	..
	2005	2 614	71.6	69.3	68.3	1.4	0.4	0.4	10.4	17.9	0.7	1.5	8.1	7.7	0.0
	2014	5 230	68.5	64.2	61.1	2.4	0.4	1.4	11.0	20.4	1.7	1.9	9.5	7.3	0.0
Algeria - Algérie	1995	10 782	83.9	62.2	61.1	13.2	3.4	5.2	1.1	15.0	2.8	3.4	5.2	3.5	0.0
	2005	20 357	67.0	54.5	53.2	6.7	3.8	2.0	4.9	25.6	2.5	6.6	12.2	4.3	0.0
	2014	58 618	60.9	52.7	50.7	4.9	1.5	1.7	1.5	37.6	3.0	7.2	21.5	6.0	0.0
American Samoa - Samoa américaines	1995	416	..	..	..	..	..	..	..	..	..	..	..	..	..
	2005	(e)506	48.5	8.2	8.2	..	2.4	37.8	0.0	51.5	1.1	0.3	28.3	0.0	21.8
	2014	(e)365	10.1	1.4	1.2	..	0.7	8.0	..	89.9	0.0	0.2	66.7	0.1	22.8
Andorra - Andorre	1995	(e)1 025	97.0	92.3	91.1	2.8	1.8	0.1	0.1	2.9	0.2	0.2	2.5	0.1	..
	2005	(e)1 802	..	..	..	..	..	..	..	..	..	..	..	..	..
	2014	(e)1 556	93.9	93.3	91.6	0.4	0.2	0.0	0.1	6.1	1.9	0.2	3.6	0.3	0.0
Angola	1995	1 468	80.8	63.6	62.5	15.1	1.5	0.5	0.0	19.1	8.9	2.4	7.7	0.1	..
	2005	8 353	49.5	35.3	33.1	11.8	1.5	0.9	0.5	50.0	10.0	9.0	28.8	2.2	..
	2014	28 320	47.3	37.4	35.4	8.0	1.2	0.8	0.3	52.4	4.4	5.9	40.8	1.3	..
Anguilla	1995	(e)53	6.4	1.7	1.7	4.5	0.1	0.2	0.3	93.3	..	93.2	0.0	0.0	..
	2005	(e)130	62.3	25.3	25.1	33.9	1.8	1.4	0.9	36.7	0.0	35.8	0.4	0.5	0.0
	2014	(e)119	68.7	58.2	57.0	9.9	0.3	0.3	28.9	2.3	0.0	1.6	0.5	0.2	0.0
Antigua and Barbuda - Antigua-et-Barbuda	1995	(e)346	77.7	36.7	35.9	34.2	4.8	2.0	0.1	18.5	0.5	14.4	3.5	0.0	..
	2005	525	58.7	28.1	27.5	26.4	2.3	1.9	0.0	41.3	0.7	15.4	23.1	2.0	0.0
	2014	(e)505	39.4	19.7	19.3	17.0	1.0	1.6	0.0	60.6	2.7	19.8	36.9	1.2	0.0
Argentina - Argentine	1995	20 122	58.8	32.0	30.5	20.9	3.5	2.4	0.5	39.2	1.3	29.3	8.5	0.1	..
	2005	28 689	38.6	19.9	19.1	15.8	1.9	1.0	0.7	59.5	0.6	47.3	11.4	0.2	0.0
	2014	65 323	35.3	18.4	17.3	13.5	2.1	1.3	2.2	61.2	1.5	35.1	22.8	1.8	0.0
Armenia - Arménie	1995	(e)674	37.0	20.2	18.5	16.3	0.2	0.3	43.4	19.6	0.3	0.6	11.7	7.1	..
	2005	(e)1 692	48.6	36.0	33.6	5.2	0.4	7.0	27.9	23.5	0.1	6.8	10.0	6.5	..
	2014	(e)4 160	34.3	29.2	26.1	2.4	1.2	1.6	35.4	30.3	0.8	2.3	18.3	8.9	0.0
Aruba	1995	(e)1 597	74.0	23.0	22.5	47.3	2.4	1.2	0.0	26.0	..	23.9	2.1	0.1	..
	2005	(e)4 288	41.6	11.0	10.5	28.3	1.8	0.5	1.1	57.3	0.1	55.6	1.5	0.0	..
	2014	(e)1 284	42.6	8.2	7.8	34.0	..	0.4	0.0	57.4	0.0	55.2	2.1	0.0	..
Australia - Australie	1995	57 423	69.9	26.5	25.0	21.3	15.2	6.9	0.1	27.9	0.6	1.2	22.0	2.1	1.9
	2005	118 922	54.7	24.4	23.2	13.9	11.0	5.4	0.1	45.1	1.3	1.4	39.2	1.8	1.5
	2014	227 544	41.0	18.9	17.6	10.6	6.8	4.7	0.6	55.7	2.0	1.9	48.1	1.9	1.6
Austria - Autriche	1995	66 406	89.8	82.5	78.4	4.2	2.5	0.6	0.9	7.1	1.3	0.7	4.2	0.9	0.0
	2005	119 950	86.3	80.4	76.6	3.3	2.0	0.6	3.8	9.8	1.1	1.0	6.5	1.3	0.0
	2014	172 447	80.7	75.6	70.1	3.4	1.3	0.5	3.1	13.2	1.5	0.8	9.1	1.8	0.0
Azerbaijan - Azerbaïdjan	1995	(e)668	25.5	20.5	20.3	3.6	1.1	0.3	35.7	38.6	0.0	..	20.6	18.0	..
	2005	4 211	37.1	31.3	29.9	3.4	1.7	0.8	34.4	28.4	1.3	0.4	18.5	8.3	0.0
	2014	9 179	44.8	35.1	33.8	6.1	2.6	0.9	23.8	31.4	0.1	3.1	13.4	14.9	0.0
Bahamas	1995	(e)1 243	94.3	2.7	2.3	90.4	0.3	1.0	..	5.3	0.0	4.6	0.7	0.0	..
	2005	(e)2 312	51.7	21.1	17.7	27.4	2.5	0.8	2.9	45.4	0.1	21.5	22.8	1.0	0.0
	2014	(e)3 270	58.5	7.6	6.5	37.9	10.9	2.1	1.0	40.5	0.4	16.0	24.1	0.1	0.0
Bahrain - Bahreïn	1995	(e)3 679	38.5	23.2	20.9	8.2	3.9	3.3	0.1	58.9	0.6	1.9	10.1	46.3	0.0
	2005	(e)9 339	38.8	24.5	22.7	5.3	6.7	2.3	0.1	61.1	1.1	2.4	15.3	42.3	0.0
	2014	(e)13 910	31.6	14.9	12.8	6.6	5.4	4.8	0.1	68.3	8.4	3.2	18.0	38.6	0.1
Bangladesh	1995	(e)6 694	27.9	12.0	11.2	5.8	7.1	2.9	0.9	70.8	0.5	2.3	65.6	2.3	0.1
	2005	12 631	20.5	10.8	9.8	2.7	4.6	2.4	3.9	75.6	2.1	2.7	58.0	12.7	0.1
	2014	(e)42 268	14.9	6.7	6.2	1.8	3.1	3.3	3.3	81.8	1.8	4.0	68.2	7.9	0.0
Barbados - Barbade	1995	766	72.3	22.6	21.4	37.3	6.1	6.2	0.1	27.6	0.1	23.8	3.7	0.0	..
	2005	1 672	59.9	15.3	14.0	34.0	5.6	5.0	0.5	39.6	0.2	34.0	5.2	0.1	0.0
	2014	1 740	50.7	10.6	9.9	29.6	1.4	9.1	0.0	49.3	0.1	41.0	7.6	0.5	0.0
Belarus - Bélarus	1995	(e)5 563	34.8	33.7	33.3	0.8	0.1	0.2	64.5	0.6	0.0	0.0	0.5	0.1	..
	2005	16 699	25.1	22.9	21.6	1.4	0.3	0.4	66.7	5.2	0.2	1.3	3.2	0.5	0.0
	2014	40 502	33.1	32.6	31.6	0.2	0.2	0.1	59.7	4.1	0.0	0.2	3.0	0.9	..

For sources and notes, see end of table.

Pour les sources et les notes, se reporter à la fin du tableau.

2.1 Merchandise trade structure by partner
Imports by main region of origin

2.1 Structure du commerce des marchandises par partenaires
Importations par principales régions d'origine

Origin / Origine — Destination	Year Année	World (millions of dollars) (1) Monde (millions de dollars) (1)	Developed economies / Économies développées — Total	Europe Total	Europe EU UE	USA États-Unis	Japan Japon	Other Autres	Transition economies Économies en transition	Developing economies / Économies en développement — Total	Africa Afrique	America Amérique	Eastern, Southern and South-Eastern Asia Asie orientale, méridionale et du Sud-Est	Western Asia Asie occidentale	Oceania Océanie
									Percentage / En pourcentage						
Belgium - Belgique	1995	(e)164 590	87.3	76.9	74.7	5.5	2.8	2.1	1.3	10.7	3.6	1.7	4.9	0.5	0.0
	2005	319 085	84.1	73.9	71.5	5.5	2.8	1.9	1.9	14.1	2.7	2.2	7.5	1.6	0.0
	2014	452 773	78.8	68.2	65.5	7.3	1.6	1.7	3.5	17.6	3.0	2.4	9.6	2.5	0.0
Belize	1995	259	65.3	13.7	13.4	44.4	5.0	2.2	0.0	34.6	0.1	30.6	3.9	0.0	..
	2005	(e)593	50.8	15.7	15.4	32.4	1.5	1.2	9.6	39.7	0.5	32.2	6.9	0.1	0.0
	2014	1 002	25.2	8.6	8.3	15.1	0.3	1.1	33.5	41.3	0.1	30.6	9.6	1.0	0.0
Benin - Bénin	1995	(e)719	54.6	45.1	44.4	5.1	3.9	0.5	0.0	41.2	16.9	1.3	21.2	1.7	0.2
	2005	(e)1 018	31.7	27.7	26.4	2.5	1.1	0.4	0.3	68.1	17.6	1.6	47.0	1.9	0.0
	2014	(e)2 481	22.6	14.8	14.4	7.2	0.2	0.4	0.2	77.2	24.1	1.5	50.0	1.5	0.0
Bermuda - Bermudes	1995	(e)550	70.3	17.8	15.4	42.1	6.6	3.8	11.5	18.2	0.0	12.4	5.8	0.0	0.0
	2005	(e)988	67.1	35.1	32.7	28.0	1.1	2.9	3.7	29.3	0.1	3.1	26.0	0.0	0.0
	2014	(e)961	10.7	1.3	1.2	8.9	0.0	0.5	53.4	35.9	0.6	0.7	34.6	0.0	0.0
Bhutan - Bhoutan	1995	(e)113	48.6	22.6	21.3	1.2	24.4	0.3	..	51.4	0.1	1.0	49.0	1.3	..
	2005	(e)387	15.8	8.9	7.5	1.1	5.7	0.1	1.5	82.6	0.7	0.1	80.7	1.2	..
	2014	(e)810	11.0	5.0	4.6	0.7	5.0	0.2	..	89.0	0.0	0.0	88.9	0.1	..
Bolivia (Plurinational State of) - Bolivie (État plurinational de)	1995	1 396	40.1	16.4	15.7	15.7	6.7	1.3	0.3	59.6	0.1	49.7	3.2	6.6	0.0
	2005	2 343	24.5	9.2	8.8	10.9	3.6	0.8	0.1	75.3	0.1	69.7	5.5	0.0	0.0
	2014	10 492	29.0	12.5	12.0	11.6	4.0	0.8	0.3	70.8	0.5	51.3	18.8	0.2	0.0
Bonaire, Sint Eustatius and Saba - Bonaire, Saint-Eustache et Saba	2014	(e)70	99.2	98.8	97.9	..	..	0.4	0.0	0.8	..	0.1	0.7	..	..
Bosnia and Herzegovina - Bosnie-Herzégovine	1995	(e)1 082	72.4	69.8	69.6	2.6	..	0.0	25.9	1.7	0.8	0.2	0.0	0.6	..
	2005	(e)7 054	80.7	80.0	79.3	0.4	0.1	0.1	14.8	4.5	0.2	0.9	1.2	2.3	0.0
	2014	(e)10 990	70.9	70.1	69.3	0.7	0.1	0.1	19.5	9.6	0.2	0.6	5.2	3.6	0.0
Botswana (2)	1995	(e)1 911	23.5	18.0	17.7	3.0	0.3	2.2	0.0	76.2	72.7	0.4	3.1	0.0	0.0
	2005	3 162	8.9	6.0	5.9	1.8	0.4	0.7	0.0	91.1	87.5	0.2	3.2	0.1	..
	2014	7 830	16.7	5.6	5.5	1.0	0.5	9.7	0.1	83.2	79.4	0.0	3.5	0.2	0.0
Brazil - Brésil	1995	53 734	63.0	31.0	28.5	23.7	5.1	3.2	0.5	36.2	2.7	21.1	9.1	3.3	0.0
	2005	73 600	51.9	26.9	24.8	17.5	4.6	2.9	1.5	46.7	9.0	16.4	18.3	2.9	0.0
	2014	229 060	42.2	22.1	20.4	15.4	2.6	2.1	1.7	55.8	7.4	16.4	28.5	3.5	0.0
British Virgin Islands - Îles Vierges britanniques	1995	(e)131	83.9	68.7	55.5	13.9	1.0	0.3	0.0	16.0	0.1	15.5	0.4	..	..
	2005	(e)280	15.1	12.3	10.5	2.6	0.1	0.2	79.2	5.7	0.6	3.0	1.4	0.7	..
	2014	(e)320	8.0	5.3	4.4	2.2	0.0	0.4	87.7	4.4	0.4	0.4	3.5	0.1	..
Brunei Darussalam - Brunéi Darussalam	1995	(e)2 078	40.4	16.0	15.4	10.0	11.2	3.3	0.0	56.7	0.0	0.1	55.5	1.1	0.0
	2005	(e)1 494	20.9	8.8	8.5	3.3	7.0	1.8	0.0	79.1	0.4	0.1	78.1	0.5	0.0
	2014	3 599	27.7	12.0	11.5	9.0	4.0	2.6	0.0	71.9	0.2	0.3	70.9	0.5	0.0
Bulgaria - Bulgarie	1995	(e)5 651	37.9	34.1	32.4	2.2	0.7	0.8	38.4	9.7	0.9	3.0	3.6	2.2	0.0
	2005	18 162	59.3	54.7	53.6	2.5	1.2	0.9	22.1	17.6	0.4	4.0	6.8	6.3	0.1
	2014	34 740	64.0	62.2	61.4	1.1	0.3	0.4	21.0	14.5	1.9	0.6	5.6	6.4	0.0
Burkina Faso	1995	484	59.5	49.3	48.7	4.2	5.3	0.7	0.1	40.4	30.8	2.3	7.1	0.2	0.0
	2005	1 161	43.2	36.8	36.5	3.2	1.6	1.6	2.4	54.4	40.3	1.8	9.4	2.8	0.0
	2014	3 575	32.5	28.0	27.8	2.7	0.3	1.4	0.5	67.0	50.8	0.5	13.8	1.9	
Burundi	1995	(e)234	61.4	51.6	50.6	3.1	6.1	0.6	0.1	38.6	14.9	0.3	12.2	11.2	..
	2005	258	47.1	37.4	35.1	2.7	5.5	1.4	0.6	52.3	32.1	0.3	11.6	8.4	0.0
	2014	(e)769	26.9	22.9	22.4	1.1	2.1	0.8	1.6	71.5	32.1	0.5	20.9	17.9	0.0
Cabo Verde	1995	(e)252	82.2	74.4	74.0	3.0	3.2	1.7	0.2	16.5	5.3	6.9	4.0	0.3	0.0
	2005	(e)438	74.5	69.6	69.4	2.4	2.1	0.3	0.1	25.4	4.4	12.9	2.7	5.3	..
	2014	(e)771	34.0	30.9	30.7	0.4	0.1	2.6	0.0	66.0	58.9	2.1	4.6	0.4	0.0
Cambodia - Cambodge	1995	(e)1 187	15.0	6.0	5.9	2.0	5.7	1.3	0.1	84.9	0.1	0.0	84.8	0.0	..
	2005	(e)3 927	10.7	5.6	5.4	1.7	2.5	0.9	0.1	89.1	0.1	0.2	88.6	0.1	0.0
	2014	(e)13 500	6.9	2.5	2.4	2.5	1.6	0.3	0.1	93.0	0.0	0.2	92.2	0.5	0.0
Cameroon - Cameroun	1995	1 079	73.5	63.0	62.2	4.4	4.6	1.5	0.5	26.0	17.1	1.7	6.9	0.4	0.0
	2005	2 735	49.7	42.5	41.9	4.7	1.4	1.2	0.9	49.3	26.9	4.4	16.2	1.7	0.1
	2014	7 561	34.4	28.6	28.1	4.0	0.9	1.0	0.9	64.7	24.4	2.9	34.9	2.6	0.0
Canada	1995	164 371	84.7	11.7	10.3	66.8	5.4	0.8	0.2	13.3	0.8	4.2	8.0	0.3	0.0
	2005	314 444	76.4	14.2	12.1	56.5	3.9	1.8	0.6	23.0	1.8	7.0	13.2	1.0	0.0
	2014	462 000	70.7	12.5	11.3	54.3	2.6	1.3	0.4	28.8	1.2	9.0	17.4	1.2	0.0

For sources and notes, see end of table.

Pour les sources et les notes, se reporter à la fin du tableau.

Origin / Origine / Destination	Year / Année	World (millions of dollars) (1) / Monde (millions de dollars) (1)	Developed economies / Économies développées Total	Europe Total	Europe EU UE	USA États-Unis	Japan Japon	Other Autres	Transition economies / Économies en transition	Developing economies / Économies en développement Total	Africa Afrique	America Amérique	Eastern, Southern and South-Eastern Asia / Asie orientale, méridionale et du Sud-Est	Western Asia / Asie occidentale	Oceania / Océanie
							Percentage / En pourcentage								
Cayman Islands - Îles Caïmanes	1995	(e)391	48.8	19.0	17.6	27.8	0.7	1.4	1.8	49.4	0.0	48.8	0.6	0.0	..
	2005	(e)1 214	71.1	30.5	27.5	37.4	1.2	2.0	0.0	28.9	0.0	24.8	4.0	0.0	..
	2014	(e)976	94.5	43.5	42.2	45.1	5.5	0.5	0.1	5.4	0.2	3.1	1.0	1.0	..
Central African Republic - République centrafricaine	1995	(e)174	82.2	55.1	54.9	3.2	23.7	0.2	0.0	17.7	14.8	0.5	2.0	0.5	..
	2005	185	59.7	48.8	48.2	8.5	2.0	0.4	0.0	40.3	26.6	1.5	8.8	3.4	..
	2014	(e)255	43.0	39.8	36.2	2.0	1.0	0.2	0.3	56.7	15.8	1.8	36.2	2.9	..
Chad - Tchad	1995	(e)365	68.8	58.6	58.1	6.8	2.7	0.7	0.5	30.8	21.6	0.3	8.2	0.6	..
	2005	(e)950	69.6	53.4	52.9	14.7	0.2	1.3	2.3	28.1	22.0	0.1	3.9	2.1	..
	2014	(e)4 300	50.3	39.5	39.2	9.4	0.2	1.2	1.7	48.0	38.9	0.2	7.9	1.0	..
Chile - Chili	1995	14 903	58.3	22.5	21.4	25.5	6.8	3.6	0.3	40.6	2.1	27.8	10.5	0.1	0.0
	2005	32 926	38.0	16.4	15.8	15.6	3.9	2.1	0.3	57.4	4.9	35.5	16.9	0.1	0.0
	2014	72 344	40.5	14.9	14.4	19.8	3.3	2.5	0.1	55.8	0.8	26.0	28.5	0.6	0.0
China - Chine	1995	132 083	55.9	17.4	16.5	12.2	22.0	4.3	3.7	38.7	1.1	2.2	33.9	1.4	0.1
	2005	659 953	38.5	12.0	11.2	7.4	15.2	4.0	3.2	58.3	3.2	4.0	47.4	3.6	0.1
	2014	1 958 021	38.1	14.7	12.4	8.2	8.3	6.9	3.5	58.3	5.9	6.4	39.0	6.9	0.1
China, Hong Kong SAR - Chine (RAS de Hong Kong)	1995	196 072	37.1	12.2	10.8	7.9	14.6	2.3	0.3	62.7	0.8	0.6	60.6	0.6	0.0
	2005	300 160	26.7	8.9	7.6	5.2	11.0	1.6	0.2	73.2	0.4	0.7	71.4	0.7	0.0
	2014	600 613	26.3	11.4	7.3	5.8	6.5	2.7	0.3	73.4	1.0	1.2	70.2	1.0	0.0
China, Macao SAR - Chine (RAS de Macao)	1995	2 025	35.0	15.1	14.7	7.4	10.5	2.0	0.3	64.7	0.4	0.2	63.5	0.6	..
	2005	4 514	27.0	12.2	11.5	4.0	9.4	1.3	0.2	72.8	0.4	0.4	71.7	0.4	0.0
	2014	11 396	47.0	33.3	24.3	6.7	5.5	1.4	0.0	52.5	0.2	0.6	50.9	0.7	0.0
China, Taiwan Province of - Province chinoise de Taiwan	1995	103 506	70.1	16.3	14.8	20.1	29.2	4.5	1.8	27.7	1.8	2.3	20.3	3.3	0.0
	2005	181 592	51.5	10.7	9.7	11.6	25.3	4.0	1.3	45.6	2.0	1.9	32.8	8.8	0.1
	2014	(e)273 376	45.8	18.9	17.9	9.4	14.0	3.5	2.5	51.6	2.2	2.1	35.0	12.1	0.3
Colombia - Colombie	1995	13 883	68.1	20.9	19.3	33.9	8.9	4.5	0.6	30.2	0.3	24.8	4.9	0.1	0.0
	2005	21 204	49.1	14.9	13.9	28.5	3.3	2.4	0.9	48.2	0.4	33.1	14.6	0.1	0.0
	2014	64 028	47.9	14.6	13.7	28.5	2.4	2.4	0.7	50.4	0.2	23.2	26.5	0.5	0.0
Comoros - Comores	1995	62	71.4	69.1	68.8	0.5	1.7	0.0	0.0	28.6	16.3	0.1	9.0	3.2	0.1
	2005	(e)99	36.7	35.6	35.5	0.2	0.3	0.5	0.2	63.1	24.2	2.2	17.7	19.0	0.0
	2014	(e)275	25.0	21.6	21.6	1.5	1.4	0.5	0.1	74.9	12.6	1.8	44.8	15.6	..
Congo	1995	(e)670	74.2	65.3	64.6	7.1	1.5	0.2	0.0	11.4	6.7	0.2	4.4	0.1	..
	2005	(e)1 166	55.2	47.1	46.5	6.7	0.5	0.9	0.3	44.5	14.5	5.1	23.1	1.7	..
	2014	(e)6 200	30.1	25.9	25.2	3.7	0.2	0.3	0.2	69.7	45.7	2.8	18.0	3.1	..
Cook Islands - Îles Cook	1995	(e)49	89.7	24.0	24.0	1.9	2.0	61.8	0.2	10.1	..	0.5	9.6	..	..
	2005	(e)81	92.8	8.6	8.6	1.6	2.3	80.3	0.0	7.2	0.0	0.0	5.5	0.0	1.7
	2014	(e)119	69.0	2.1	2.1	3.7	1.0	62.1	0.0	31.0	0.3	0.0	14.4	5.0	11.3
Costa Rica	1995	(e)4 090	67.1	13.8	13.0	48.5	3.4	1.5	0.3	32.6	0.1	27.1	5.3	0.0	0.0
	2005	9 173	64.5	13.5	12.8	42.7	5.8	2.5	0.6	34.9	0.0	26.2	8.6	0.1	0.0
	2014	(e)17 291	62.9	7.6	7.0	48.1	3.4	3.8	0.8	36.3	0.1	22.0	13.8	0.4	0.0
Côte d'Ivoire	1995	(e)2 946	52.4	43.4	42.5	4.0	4.2	0.8	1.6	29.9	17.8	2.3	9.2	0.6	0.0
	2005	5 865	46.5	42.6	41.4	2.0	1.4	0.4	1.4	51.9	30.3	3.4	16.8	1.4	0.0
	2014	11 178	33.6	27.7	27.2	3.5	1.7	0.7	0.9	62.8	29.4	8.8	22.0	2.6	0.0
Croatia - Croatie	1995	7 509	86.3	82.0	79.1	2.7	1.1	0.5	3.6	10.1	3.5	1.9	3.6	1.0	0.0
	2005	18 560	73.6	69.7	67.9	2.2	1.5	0.3	13.9	12.5	1.0	1.6	7.9	2.0	0.0
	2014	22 907	78.5	77.3	76.1	0.9	0.1	0.2	12.4	7.8	1.1	0.8	4.3	1.7	0.0
Cuba	1995	(e)2 805	48.1	38.4	38.1	0.2	0.8	8.6	13.4	38.5	1.6	27.9	8.8	0.3	..
	2005	(e)8 084	40.9	25.4	25.2	5.7	2.8	6.9	2.6	56.4	2.7	37.8	15.7	0.1	0.1
	2014	(e)13 006	27.3	19.9	19.7	2.8	0.4	4.3	1.8	70.8	4.7	54.9	11.1	0.1	..
Cyprus - Chypre	1995	3 694	77.0	54.8	53.4	13.0	6.7	2.5	4.8	14.9	0.9	1.3	10.5	2.3	0.0
	2005	6 382	80.0	67.9	66.9	1.6	3.1	7.5	3.0	15.4	1.4	2.9	8.2	3.0	0.0
	2014	6 813	83.5	71.5	70.5	1.5	0.6	9.9	1.8	14.7	0.9	4.9	7.9	0.9	0.0
Czech Republic - République tchèque	1995	25 303	85.5	79.7	77.5	3.4	1.7	0.6	8.8	5.3	0.4	1.0	3.7	0.3	0.0
	2005	76 527	80.3	73.9	71.6	2.6	3.1	0.6	7.9	11.7	0.6	0.9	9.4	0.8	0.0
	2014	152 004	72.2	67.7	66.5	2.4	1.6	0.4	7.2	20.1	0.6	1.0	17.6	1.0	0.0
Dem. Rep. of the Congo - Rép. dém. du Congo	1995	871	49.3	39.7	38.7	6.3	0.9	2.4	0.0	50.6	28.9	0.8	20.8	0.1	..
	2005	2 690	45.9	39.7	38.8	4.0	1.0	1.2	0.2	53.9	45.9	1.9	5.7	0.5	..
	2014	(e)6 600	23.5	19.2	18.7	2.7	0.9	0.7	0.1	76.4	49.3	1.1	25.4	0.6	..

For sources and notes, see end of table.

Pour les sources et les notes, se reporter à la fin du tableau.

2.1 Merchandise trade structure by partner
Imports by main region of origin

2.1 Structure du commerce des marchandises par partenaires
Importations par principales régions d'origine

Origin / Origine	Year / Année	World (millions of dollars) (1) / Monde (millions de dollars) (1)	Developed economies / Économies développées					Transition economies / Économies en transition	Developing economies / Économies en développement					
			Total	Europe		USA États-Unis	Japan Japon	Other Autres		Total	Africa Afrique	America Amérique	Eastern, Southern and South-Eastern Asia / Asie orientale, méridionale et du Sud-Est	Western Asia / Asie occidentale	Oceania Océanie
				Total	EU UE										
Destination			Percentage / En pourcentage												
Denmark - Danemark	1995	43 142	84.7	76.2	68.9	4.5	2.6	1.4	1.1	8.2	0.5	1.5	5.9	0.4	0.0
	2005	72 716	83.3	77.9	71.7	2.9	1.0	1.4	2.2	13.9	0.5	1.6	10.1	1.6	0.1
	2014	99 028	79.9	75.6	69.0	2.8	0.4	1.1	1.5	17.4	0.8	1.4	13.2	1.9	0.0
Djibouti	1995	(e)177	45.1	35.3	34.7	2.6	5.4	1.8	0.0	54.9	11.8	1.7	35.8	5.6	..
	2005	(e)277	20.8	11.9	11.9	3.9	3.7	1.3	0.9	78.3	6.8	0.6	33.9	36.9	..
	2014	(e)970	17.1	10.9	10.9	4.1	1.5	0.6	3.9	79.0	6.5	0.8	63.4	8.2	..
Dominica - Dominique	1995	117	66.8	26.9	25.8	33.1	4.6	2.2	0.4	32.3	0.1	30.7	1.5	0.1	..
	2005	165	57.7	13.8	13.4	36.6	4.6	2.7	0.0	41.5	0.3	37.6	3.6	0.0	0.0
	2014	(e)208	56.0	9.7	9.6	40.7	3.2	2.4	0.0	44.0	0.1	39.9	4.0	0.1	..
Dominican Republic - République dominicaine	1995	(e)5 170	76.3	10.1	9.6	62.1	2.7	1.4	0.0	23.7	0.0	18.7	4.8	0.1	..
	2005	(e)9 869	63.2	10.1	9.6	48.3	3.5	1.3	0.3	36.5	0.2	30.7	5.5	0.1	0.0
	2014	(e)17 752	58.1	9.1	8.7	47.1	0.5	1.3	0.6	41.3	0.1	28.1	12.3	0.6	0.1
Ecuador - Équateur	1995	4 195	58.5	16.8	15.8	30.7	8.6	2.3	0.0	39.3	0.8	32.6	5.6	0.3	0.0
	2005	9 609	36.0	11.6	11.0	19.2	3.6	1.6	1.0	62.7	1.1	46.8	14.0	0.7	0.0
	2014	27 515	44.5	11.9	11.3	28.0	3.2	1.4	0.5	54.6	0.1	27.8	25.3	1.3	0.1
Egypt - Égypte	1995	11 739	68.8	44.4	42.4	18.6	4.0	1.8	3.9	23.2	1.9	3.7	13.5	4.1	0.0
	2005	(e)22 449	46.0	31.3	30.2	9.8	2.5	2.4	6.9	37.1	4.1	5.4	14.9	12.7	0.0
	2014	71 338	42.5	31.2	29.7	7.7	2.0	1.6	8.3	49.2	5.0	5.0	24.5	14.8	0.0
El Salvador	1995	(e)3 329	60.5	10.8	10.2	43.6	5.1	1.0	0.2	37.0	0.2	31.7	5.1	0.0	0.0
	2005	6 809	47.8	8.7	8.3	35.7	2.1	1.4	0.8	51.4	0.2	41.8	9.4	0.0	0.0
	2014	10 513	48.8	7.1	6.8	39.4	1.3	0.9	0.2	51.0	0.1	37.2	13.5	0.2	0.0
Equatorial Guinea - Guinée équatoriale	1995	121	63.3	55.6	54.1	6.7	0.4	0.6	..	35.2	29.3	1.5	4.3	0.1	..
	2005	1 310	79.9	53.0	51.9	24.9	0.6	1.4	0.3	19.8	13.7	1.1	3.3	1.7	..
	2014	(e)6 500	67.0	42.5	42.2	23.4	0.4	0.8	0.6	32.3	9.0	3.5	17.2	2.6	..
Eritrea - Érythrée (3)	1995	(e)434	74.1	41.4	40.1	12.3	20.5	0.0	1.0	24.8	0.4	..	10.2	14.2	..
	2005	(e)482	62.2	50.2	49.4	11.2	..	0.8	5.7	32.2	5.7	3.9	6.6	15.9	..
	2014	(e)1 108	19.1	17.1	17.0	1.2	0.1	0.6	0.6	80.3	22.8	0.2	30.9	26.4	..
Estonia - Estonie	1995	2 546	78.2	73.0	71.5	3.8	1.1	0.3	18.4	3.3	0.1	1.2	1.9	0.2	0.0
	2005	11 018	73.5	68.9	67.5	1.6	2.7	0.3	17.8	8.6	0.5	0.7	7.0	0.6	0.0
	2014	20 126	76.8	74.3	72.6	1.5	0.8	0.3	12.0	11.1	0.6	0.5	9.2	0.9	0.0
Ethiopia - Éthiopie	1995	1 141	60.6	38.8	37.0	12.9	8.4	0.4	0.2	30.0	6.6	0.2	9.7	13.5	..
	2005	4 095	40.5	25.6	24.8	9.2	3.6	2.1	2.3	57.1	6.2	0.9	24.8	25.2	0.0
	2014	(e)18 987	21.0	12.4	12.1	4.0	4.0	0.6	2.3	71.4	3.1	0.5	44.1	23.6	0.0
Faeroe Islands - Îles Féroé	1995	(e)314	92.1	86.5	65.9	2.3	3.0	0.3	0.9	4.3	0.0	0.6	3.0	0.1	0.5
	2005	747	90.3	79.2	59.4	8.6	1.8	0.7	0.2	9.1	0.1	1.2	4.9	0.5	2.4
	2014	(e)1 065	97.4	96.5	63.9	0.2	..	0.7	1.0	1.6	0.0	1.0	0.6	0.0	..
Falkland Islands (Malvinas) - Îles Falkland (Malvinas)	1995	(e)44	98.1	97.2	97.2	0.7	0.1	0.1	0.1	1.6	0.4	..	1.2	..	..
	2005	(e)60	99.9	97.3	97.2	2.4	0.0	0.2	..	0.1	0.0	0.0	0.1	0.0	..
	2014	(e)200	99.8	94.3	94.3	4.1	0.0	1.3	..	0.2	0.1	0.0	0.1	..	..
Fiji - Fidji	1995	(e)892	77.9	4.5	4.3	4.8	6.4	62.1	..	21.3	0.0	0.2	21.0	0.0	0.0
	2005	1 607	54.2	3.4	3.2	3.8	4.2	42.8	0.0	44.4	0.3	0.3	43.3	0.1	0.4
	2014	3 250	43.9	7.9	7.4	3.7	3.8	28.5	0.1	55.2	0.7	0.2	53.6	0.2	0.5
Finland - Finlande	1995	29 520	82.2	67.1	61.2	7.2	6.4	1.6	7.5	8.4	0.5	1.9	5.8	0.2	0.0
	2005	58 473	70.5	61.7	58.5	4.1	3.3	1.4	14.4	14.5	0.5	2.2	11.1	0.7	0.0
	2014	76 567	65.7	60.0	56.0	3.7	1.1	0.8	16.0	15.2	1.4	2.4	10.5	0.9	0.0
France (4)	1995	275 510	73.2	60.3	56.3	7.8	3.5	1.5	1.4	14.8	3.9	2.1	7.2	1.7	0.1
	2005	475 857	76.8	67.0	63.0	5.9	2.7	1.1	2.9	20.1	4.7	1.8	11.0	2.5	0.0
	2014	659 872	71.3	62.2	59.0	6.3	1.6	1.1	3.5	24.2	5.3	1.7	13.8	3.4	0.0
French Polynesia - Polynésie française	1995	(e)1 019	84.3	52.3	51.9	14.0	3.6	14.5	0.0	10.3	0.3	0.9	8.5	0.1	0.5
	2005	1 702	73.6	49.9	49.5	10.0	2.9	10.8	0.0	26.4	0.3	1.0	24.4	0.2	0.5
	2014	1 762	64.4	40.6	39.9	10.7	1.6	11.6	0.0	35.5	0.3	1.3	33.2	0.4	0.4
Gabon	1995	(e)884	78.6	61.2	60.7	10.4	6.0	1.0	0.1	12.2	5.7	1.3	4.8	0.4	0.0
	2005	1 451	76.3	66.2	64.9	6.6	2.9	0.6	0.1	23.6	11.3	2.8	7.6	1.9	0.0
	2014	(e)2 993	55.2	46.2	45.9	6.5	1.5	1.0	0.1	44.7	23.0	2.6	16.8	2.2	0.0
Gambia - Gambie	1995	(e)182	48.9	42.9	42.5	2.9	2.9	0.2	0.5	50.6	12.9	3.0	33.9	0.8	..
	2005	260	32.5	25.3	25.1	5.4	0.8	0.9	0.6	66.9	23.7	6.0	32.9	4.4	..
	2014	387	20.8	16.9	16.5	3.5	0.3	0.2	0.5	78.6	15.1	10.2	48.8	4.6	0.0

For sources and notes, see end of table.

Pour les sources et les notes, se reporter à la fin du tableau.

Origin / Origine (Destination)	Year Année	World (millions of dollars) (1) Monde (millions de dollars) (1)	Developed economies Économies développées						Transition economies Économies en transition	Developing economies Économies en développement					
			Total	Europe Total	Europe EU UE	USA États-Unis	Japan Japon	Other Autres		Total	Africa Afrique	America Amérique	Eastern, Southern and South-Eastern Asia Asie orientale, méridionale et du Sud-Est	Western Asia Asie occidentale	Oceania Océanie
			Percentage / En pourcentage												
Georgia - Géorgie	1995	(e)412	38.7	34.0	32.9	4.3	0.0	0.4	39.8	16.0	0.1	0.7	3.0	12.3	..
	2005	2 490	37.0	29.9	29.1	6.0	0.3	0.8	39.3	21.9	0.2	3.5	3.8	14.4	0.0
	2014	8 596	36.7	28.4	27.6	3.3	4.3	0.7	24.8	38.5	0.7	1.8	13.5	22.5	0.0
Germany - Allemagne	1995	464 145	82.5	68.9	63.0	6.8	5.3	1.4	2.4	15.0	2.1	2.3	9.0	1.6	0.1
	2005	779 819	76.4	65.4	59.2	6.7	3.5	0.9	4.4	19.0	2.2	2.2	12.8	1.8	0.1
	2014	1 223 837	72.9	64.4	57.9	5.5	2.2	0.8	5.6	21.5	2.1	2.3	15.2	1.8	0.0
Ghana	1995	(e)1 896	68.8	46.7	45.2	13.1	6.4	2.6	0.3	20.0	5.4	3.6	10.2	0.7	0.0
	2005	4 878	43.6	31.3	30.4	6.5	2.0	3.8	0.8	55.6	25.6	4.8	23.6	1.7	0.0
	2014	(e)14 566	32.9	23.3	22.8	6.9	0.7	1.9	0.5	66.6	25.5	2.8	36.7	1.6	0.0
Gibraltar	1995	408	95.5	87.7	85.1	2.9	4.9	0.1	..	4.3	1.1	0.1	2.4	0.7	..
	2005	502	82.4	73.8	73.2	4.5	1.5	2.6	15.1	2.5	0.8	0.1	0.4	1.2	..
	2014	(e)750	86.7	67.9	67.7	18.2	0.5	0.1	4.3	9.0	0.5	1.9	5.0	1.7	..
Greece - Grèce	1995	25 927	82.6	75.7	73.8	3.2	2.6	1.0	3.4	14.0	3.1	1.8	6.8	2.2	0.0
	2005	54 894	66.7	60.4	58.7	3.4	2.1	0.8	9.9	23.2	2.6	1.5	12.6	6.6	0.0
	2014	62 181	51.1	48.8	47.5	1.1	0.4	0.9	18.0	30.9	4.5	1.5	10.7	14.0	0.1
Greenland - Groenland	1995	421	98.0	92.8	84.8	1.7	2.1	1.3	0.1	1.9	0.1	0.2	1.6	0.0	0.0
	2005	(e)593	99.4	96.3	93.5	0.7	0.0	2.4	..	0.6	0.0	0.0	0.5	0.0	..
	2014	(e)768	98.0	94.7	87.0	2.0	0.1	1.2	0.0	2.0	0.1	0.2	1.6	0.1	0.0
Grenada - Grenade	1995	129	65.0	15.9	15.4	41.5	3.2	4.5	0.0	34.6	0.0	31.8	2.7	0.1	0.0
	2005	334	59.1	14.5	14.0	37.5	4.0	3.1	0.0	40.9	0.1	35.0	5.7	0.1	0.0
	2014	(e)340	51.0	11.9	11.4	32.0	3.7	3.4	0.0	49.0	0.1	43.2	5.6	0.2	0.0
Guam	1995	440	..	..	..	..	..	..	..	..	..	..	..	..	..
	2005	(e)900	21.2	5.6	5.6	..	13.3	2.3	0.0	78.8	0.0	0.1	78.1	0.0	0.5
	2014	(e)1 250	18.8	6.3	5.2	..	9.7	2.8	0.0	81.2	0.1	0.5	79.0	0.3	1.3
Guatemala	1995	3 292	61.8	11.3	10.7	44.9	3.7	2.0	0.8	37.4	0.1	33.5	3.8	0.0	0.0
	2005	10 500	49.9	9.6	7.9	33.9	3.8	2.6	1.1	48.8	0.1	32.0	16.7	0.1	0.0
	2014	18 263	49.7	7.3	7.1	40.3	1.4	0.7	0.2	49.9	0.1	32.0	17.3	0.5	0.0
Guinea - Guinée	1995	819	62.3	48.0	47.3	7.9	5.9	0.5	0.9	36.8	14.2	5.1	16.6	0.8	0.0
	2005	(e)820	48.3	35.9	35.1	10.1	1.2	1.0	2.5	49.2	20.4	2.1	23.2	3.5	0.0
	2014	(e)2 032	54.0	44.8	44.4	4.7	1.4	3.2	1.5	44.4	11.7	3.0	25.7	4.1	0.0
Guinea-Bissau - Guinée-Bissau	1995	(e)133	55.4	47.6	47.2	0.7	7.0	0.1	0.2	44.4	9.5	0.2	34.7	..	..
	2005	(e)112	59.6	58.2	57.3	1.2	0.2	0.0	0.0	40.4	27.6	3.6	9.0	0.1	..
	2014	(e)207	54.9	53.4	53.3	0.8	0.6	0.0	0.1	45.0	24.1	5.1	14.2	1.7	..
Guyana	1995	(e)528	61.0	12.8	12.6	35.6	8.6	3.9	0.0	37.5	0.2	32.0	5.2	0.1	..
	2005	778	45.6	8.5	8.4	31.1	3.0	3.0	0.0	54.4	0.2	46.5	7.3	0.4	0.0
	2014	1 745	40.1	8.6	8.3	25.4	3.4	2.7	0.2	59.7	0.4	46.2	12.6	0.5	0.0
Haiti - Haïti	1995	(e)654	81.0	12.2	11.6	61.7	4.3	2.8	..	17.1	0.1	12.5	4.5	0.0	..
	2005	(e)1 466	75.6	8.9	8.4	61.6	3.1	2.0	0.1	23.7	0.1	13.9	9.0	0.8	..
	2014	(e)3 630	75.6	8.7	8.3	61.7	3.2	2.0	0.1	23.8	0.1	13.9	9.0	0.8	..
Honduras	1995	1 728	67.1	12.4	11.2	50.5	3.4	0.8	0.2	32.5	0.1	24.9	7.4	0.0	0.0
	2005	(e)6 545	55.5	7.3	6.9	45.6	1.8	0.8	0.5	44.0	0.2	37.4	6.3	0.1	0.0
	2014	(e)11 070	55.1	6.2	6.1	47.7	0.8	0.5	0.3	44.6	0.1	32.4	12.0	0.1	0.0
Hungary - Hongrie	1995	15 186	78.8	72.9	70.2	3.1	2.2	0.6	14.4	6.7	1.0	1.5	3.9	0.3	0.0
	2005	65 920	76.6	71.2	70.1	1.7	3.4	0.3	9.5	13.8	0.1	0.4	12.6	0.7	0.0
	2014	103 201	78.8	75.3	74.6	1.9	1.2	0.3	9.6	11.6	0.1	0.4	9.9	1.2	0.0
Iceland - Islande	1995	1 751	91.2	73.9	62.3	8.4	4.4	4.5	2.4	6.3	0.2	0.7	5.3	0.1	0.0
	2005	4 979	87.8	71.2	62.2	9.3	5.3	2.0	0.5	11.7	0.4	1.8	8.5	1.0	0.0
	2014	5 372	77.9	64.6	48.2	10.1	1.4	1.8	0.6	21.5	0.5	7.7	11.3	2.0	0.0
India - Inde	1995	36 592	57.6	35.5	33.2	10.2	7.2	4.6	3.5	38.9	5.4	1.7	19.7	12.1	0.0
	2005	140 862	47.2	28.6	24.6	8.0	3.5	7.1	3.0	49.7	4.0	2.8	31.9	10.9	0.1
	2014	459 369	25.2	14.8	10.9	4.9	2.1	3.5	2.0	72.7	8.8	7.2	32.4	24.4	0.1
Indonesia (...2002) - Indonésie (...2002)	1995	(e)40 645	62.0	21.6	20.5	9.4	24.9	6.1	0.5	37.5	0.9	2.1	31.8	2.7	0.0
Indonesia - Indonésie	2005	(e)75 725	31.1	9.1	8.6	5.0	11.8	5.2	0.9	68.0	2.2	1.7	57.6	6.3	0.1
	2014	178 179	24.6	7.2	6.8	4.5	8.6	4.2	2.0	73.4	2.8	2.4	61.8	6.3	0.0
Iran (Islamic Republic of) - Iran (République islamique d')	1995	(e)13 882	51.3	36.6	32.8	0.3	6.2	8.2	8.2	30.3	1.0	9.2	12.9	7.2	..
	2005	38 675	47.6	43.2	40.8	0.2	3.2	1.0	8.0	43.7	0.6	2.8	20.6	19.6	..
	2014	(e)56 416	24.8	21.5	19.4	0.3	2.4	0.7	6.5	68.7	0.4	3.6	31.5	33.2	..

For sources and notes, see end of table.

For les sources et les notes, se reporter à la fin du tableau.

Origin / Origine	Year	World (millions of dollars) (1)	Developed economies / Économies développées						Transition economies	Developing economies / Économies en développement					
	Année	Monde (millions de dollars) (1)	Total	Europe		USA	Japan	Other	Économies en transition	Total	Africa	America	Eastern, Southern and South-Eastern Asia	Western Asia	Oceania
Destination				Total	EU UE	États-Unis	Japon	Autres			Afrique	Amérique	Asie orientale, méridionale et du Sud-Est	Asie occidentale	Océanie
				Percentage / En pourcentage											
Iraq	1995	(e)665	20.2	19.6	12.6	0.0	0.1	0.5	0.2	79.6	0.8	0.0	11.8	67.1	..
	2005	(e)23 532	32.3	18.2	17.7	10.8	1.2	2.2	2.4	65.3	0.8	0.7	15.4	48.4	..
	2014	(e)59 000	22.8	15.3	14.3	5.0	1.3	1.1	6.3	70.9	3.3	0.9	26.5	40.3	..
Ireland - Irlande	1995	32 321	82.8	58.8	56.7	17.7	5.3	1.0	0.1	12.9	1.2	0.7	10.7	0.3	0.0
	2005	70 284	79.0	60.2	56.6	14.1	3.7	1.0	0.2	17.6	0.7	0.9	15.1	0.8	0.0
	2014	71 049	79.8	64.6	60.5	10.8	3.3	1.1	0.6	16.4	2.1	1.8	11.5	0.9	0.0
Israel - Israël	1995	28 344	82.0	59.1	52.9	18.6	3.3	1.1	1.0	9.9	1.4	0.9	6.7	0.9	0.0
	2005	45 032	61.9	44.7	39.1	13.5	2.7	1.0	3.0	20.8	0.7	2.2	15.1	2.9	0.0
	2014	55 232	55.2	40.8	33.4	11.8	1.8	0.7	1.6	26.4	0.5	1.3	20.4	4.2	0.0
Italy - Italie	1995	200 320	79.8	70.8	65.9	4.9	2.2	1.8	3.5	16.6	5.4	2.5	6.7	2.0	0.0
	2005	384 836	68.7	62.4	59.1	3.4	1.6	1.2	4.2	22.3	6.2	2.5	9.8	3.8	0.0
	2014	471 660	65.6	60.2	56.8	3.5	0.8	1.2	8.7	25.1	6.0	2.7	12.1	4.3	0.0
Jamaica - Jamaïque	1995	2 773	73.8	12.0	11.1	50.7	6.7	4.4	0.1	22.5	0.1	17.5	3.7	1.3	0.0
	2005	4 885	57.5	8.1	7.2	41.6	4.4	3.5	0.1	41.0	0.5	34.4	5.7	0.3	0.0
	2014	5 836	52.6	8.1	7.3	39.2	2.7	2.6	0.0	45.5	0.1	34.3	10.2	0.9	..
Japan - Japon	1995	336 094	47.6	16.3	14.7	22.6	..	8.7	1.5	50.9	1.4	3.4	37.5	8.3	0.4
	2005	515 866	32.5	12.6	11.4	12.7	..	7.1	1.3	66.2	1.9	2.8	46.4	14.9	0.2
	2014	822 251	27.7	10.8	9.6	9.0	..	7.8	3.3	69.1	2.3	3.5	45.6	17.3	0.4
Jordan - Jordanie	1995	3 696	49.6	35.0	33.4	9.3	3.5	1.7	2.8	45.0	2.8	2.9	14.9	24.4	..
	2005	10 455	36.9	26.0	24.6	5.6	2.8	2.5	4.2	58.9	4.6	1.8	20.1	32.3	0.0
	2014	22 740	32.1	22.1	19.7	5.8	2.4	1.8	4.7	62.8	3.3	3.2	25.2	31.1	0.0
Kazakhstan	1995	3 805	20.0	17.5	16.6	1.7	0.3	0.5	70.1	9.9	0.0	0.6	5.6	3.6	0.0
	2005	17 333	33.6	25.6	24.7	4.9	2.2	1.1	44.7	21.7	0.2	1.1	17.3	3.0	0.0
	2014	41 213	25.5	20.3	19.6	2.9	1.7	0.7	40.2	34.3	0.4	0.9	30.6	2.5	0.0
Kenya	1995	2 818	55.6	40.8	39.5	3.9	9.3	1.6	0.6	43.7	9.7	2.5	21.0	10.5	..
	2005	5 846	38.0	21.5	20.5	10.3	4.4	1.8	1.3	60.7	12.9	1.7	23.4	22.6	0.0
	2014	(e)18 437	24.5	11.1	10.6	7.6	4.5	1.2	1.7	73.8	6.8	0.4	55.5	11.1	0.0
Kiribati	1995	(e)34	67.8	9.8	9.6	5.4	5.6	47.0	..	31.3	..	0.1	11.8	..	19.5
	2005	(e)74	61.2	1.4	1.0	3.1	16.5	40.3	..	38.8	..	0.6	12.9	..	25.3
	2014	(e)95	40.2	6.3	6.1	5.6	9.5	18.9	0.0	59.8	0.2	0.2	34.2	0.1	25.1
Korea, Dem. People's Rep. of - Corée, Rép. populaire dém. de	1995	(e)1 380	38.3	17.8	17.5	0.4	20.0	0.1	0.1	60.7	0.2	6.1	53.8	0.6	..
	2005	(e)2 718	12.5	8.9	8.8	0.2	2.6	0.7	9.7	77.9	1.4	6.5	60.4	9.5	0.0
	2014	(e)4 350	1.3	0.7	0.6	0.6	..	0.0	1.0	97.7	0.7	0.8	96.1	0.1	0.0
Korea, Republic of - Corée, République de	1995	135 113	68.0	15.0	13.7	22.5	24.1	6.4	1.7	29.6	1.7	2.9	17.3	7.4	0.2
	2005	261 236	46.8	11.2	10.5	11.8	18.5	5.3	1.7	51.4	1.3	2.6	31.0	16.4	0.1
	2014	525 557	37.2	12.9	11.9	8.7	10.2	5.4	3.3	59.5	2.2	3.4	32.7	21.0	0.1
Kuwait - Koweït	1995	7 790	68.3	40.2	38.9	16.1	9.4	2.7	0.3	31.3	1.4	1.6	15.3	13.0	..
	2005	(e)15 800	62.7	36.4	34.6	14.3	8.5	3.6	0.3	37.0	0.6	1.8	18.3	16.3	0.0
	2014	31 489	44.8	24.8	22.8	9.8	7.1	3.1	0.8	54.4	2.0	2.0	30.4	20.0	0.0
Kyrgyzstan - Kirghizistan	1995	522	14.6	8.4	7.8	3.7	1.4	1.2	67.7	15.4	..	4.4	3.6	7.5	..
	2005	1 108	20.2	11.4	11.0	6.1	1.1	1.6	61.9	18.0	0.2	0.7	13.5	3.6	0.0
	2014	(e)5 650	19.7	10.9	10.5	4.1	4.2	0.5	49.6	30.7	0.2	0.4	26.6	3.5	..
Lao People's Dem. Rep. - Rép. dém. populaire lao	1995	589	18.8	9.9	9.8	0.3	4.9	3.7	..	81.0	0.0	0.0	80.9	0.1	..
	2005	882	8.8	4.3	4.1	0.9	1.7	2.0	1.0	90.2	0.3	0.0	89.9	0.0	..
	2014	(e)3 300	6.9	3.8	3.6	0.4	2.0	0.7	0.6	92.5	0.0	0.0	92.5	0.1	0.0
Latvia - Lettonie	1995	1 818	70.0	66.1	64.4	1.9	0.6	1.4	28.2	1.8	0.1	0.6	0.9	0.2	..
	2005	8 770	78.2	76.4	74.0	1.1	0.3	0.4	17.9	3.9	0.1	0.3	2.9	0.7	0.0
	2014	16 798	81.9	81.0	79.8	0.6	0.1	0.2	12.0	6.1	0.1	0.2	5.0	0.8	0.0
Lebanon - Liban	1995	(e)7 278	71.4	57.6	53.1	9.7	2.9	1.1	3.0	25.2	2.2	2.1	11.1	9.8	0.0
	2005	(e)9 327	60.1	50.7	46.8	5.9	2.7	0.8	6.4	33.5	4.5	2.5	13.5	12.9	0.0
	2014	(e)20 377	54.6	45.6	42.4	6.6	1.8	0.7	4.9	40.5	5.5	2.8	19.8	12.4	0.0
Lesotho (2)	1995	(e)1 107	3.1	2.0	2.0	0.4	0.5	0.1	0.0	96.9	74.4	0.1	22.4	0.1	..
	2005	(e)1 390	9.5	7.3	7.3	1.6	0.4	0.2	0.0	90.5	7.4	0.6	82.2	0.3	..
	2014	(e)2 208	2.9	1.5	1.4	0.0	1.4	0.0	0.0	97.1	77.8	0.0	18.9	0.4	..
Liberia - Libéria	1995	(e)510	70.7	35.1	33.4	0.8	34.8	0.1	0.0	29.2	0.7	1.0	27.4	0.2	..
	2005	310	38.6	16.2	14.7	1.4	20.8	0.2	0.7	60.7	2.4	0.3	56.4	1.6	..
	2014	1 046	18.3	7.5	7.0	1.6	9.0	0.2	0.0	81.7	2.2	0.3	78.3	0.9	..

For sources and notes, see end of table.

Pour les sources et les notes, se reporter à la fin du tableau.

Origin / Origine / Destination	Year / Année	World (millions of dollars) (1) / Monde (millions de dollars) (1)	Developed economies / Économies développées						Transition economies / Économies en transition	Developing economies / Économies en développement					
			Total	Europe		USA États-Unis	Japan Japon	Other Autres		Total	Africa Afrique	America Amérique	Eastern, Southern and South-Eastern Asia / Asie orientale, méridionale et du Sud-Est	Western Asia / Asie occidentale	Oceania Océanie
				Total	EU UE										
			Percentage / En pourcentage												
Libya - Libye	1995	(e)5 033	72.7	64.1	61.9	1.5	5.1	2.0	0.2	27.0	9.0	1.8	9.3	7.0	..
	2005	(e)6 082	63.0	58.7	56.8	1.0	2.2	1.1	3.2	33.8	7.9	3.3	13.2	9.4	..
	2014	(e)19 000	44.3	39.4	37.9	3.0	1.0	0.9	2.9	52.7	11.4	3.5	21.1	16.8	..
Lithuania - Lituanie	1995	3 649	55.6	52.8	50.4	1.9	0.2	0.7	40.3	2.2	0.2	1.1	0.6	0.4	..
	2005	15 704	62.7	59.5	58.1	2.6	0.4	0.3	31.0	6.2	0.3	0.7	4.6	0.7	0.0
	2014	35 217	66.3	64.7	63.9	1.2	0.1	0.3	27.7	5.7	0.4	0.3	4.5	0.6	0.0
Luxembourg	1995	(e)8 983	95.2	71.0	64.2	18.6	5.3	0.2	0.2	4.5	0.5	2.3	1.7	0.1	0.0
	2005	(e)21 893	86.7	82.0	79.8	3.5	0.9	0.3	0.5	12.8	0.2	0.3	11.3	1.1	0.0
	2014	23 915	85.2	77.9	77.0	6.0	0.9	0.5	2.5	10.9	0.3	1.4	8.8	0.4	0.0
Madagascar	1995	(e)628	59.4	51.0	49.9	2.8	5.1	0.5	0.2	38.1	10.6	0.7	24.7	2.1	0.0
	2005	1 686	33.3	28.3	27.8	2.4	2.0	0.6	0.1	66.6	14.8	1.9	33.2	16.6	0.0
	2014	(e)3 085	25.2	20.9	20.7	2.4	0.7	1.2	0.1	74.6	15.0	1.3	38.8	19.5	0.0
Malawi	1995	(e)500	36.2	27.4	26.7	3.4	4.1	1.3	0.0	63.8	52.2	0.6	10.5	0.5	0.0
	2005	(e)1 165	18.4	13.5	13.2	3.4	0.9	0.6	0.7	80.9	63.7	0.5	12.2	4.5	..
	2014	(e)2 973	19.5	13.2	12.2	3.0	2.1	1.2	1.0	79.5	45.0	0.5	25.4	8.6	0.0
Malaysia - Malaisie	1995	77 046	65.1	17.6	15.7	16.3	27.5	3.7	0.3	34.6	0.5	1.2	32.1	0.7	0.1
	2005	114 290	42.9	12.8	11.6	12.9	14.5	2.7	0.5	56.5	0.6	1.6	51.4	3.0	0.0
	2014	208 823	31.2	11.7	10.4	7.7	8.0	3.8	1.1	67.0	1.4	4.1	56.1	5.3	0.0
Maldives	1995	268	23.1	15.6	14.7	0.6	5.1	1.8	0.0	76.6	0.4	0.0	66.5	9.6	..
	2005	745	21.9	15.1	14.2	1.1	1.8	3.8	0.0	78.1	0.5	0.2	58.8	18.6	0.0
	2014	1 993	16.0	9.3	8.8	1.7	0.8	4.3	0.0	84.0	0.5	0.9	53.6	29.0	0.0
Mali	1995	(e)774	44.0	34.7	34.5	4.6	3.8	0.9	0.1	46.5	33.9	3.5	7.8	1.4	..
	2005	1 544	39.0	33.7	33.4	3.1	0.9	1.3	1.8	59.2	45.5	1.8	10.1	1.9	..
	2014	(e)3 977	40.5	37.7	37.4	1.4	0.2	1.2	0.8	58.7	36.8	0.4	20.0	1.5	0.0
Malta - Malte	1995	2 942	80.9	74.3	72.7	4.2	1.7	0.6	0.6	18.5	3.7	1.1	11.0	2.8	..
	2005	3 865	71.6	65.1	63.0	4.2	1.6	0.7	2.1	26.3	2.9	0.6	18.2	4.5	0.0
	2014	(e)6 487	53.4	40.9	39.1	6.3	0.5	5.7	8.6	38.0	3.4	0.9	27.4	5.9	0.4
Marshall Islands - Îles Marshall	1995	75	97.4	61.9	61.9	5.4	29.8	0.3	0.0	2.2	..	..	2.2	..	0.0
	2005	(e)94	31.7	20.7	19.4	3.2	7.5	0.3	0.5	67.8	0.0	0.0	63.4	4.3	0.0
	2014	(e)180	17.7	9.4	8.3	0.6	7.6	0.0	0.6	81.7	0.2	0.0	80.2	1.3	0.0
Mauritania - Mauritanie	1995	(e)455	70.2	58.3	57.8	6.8	4.6	0.5	0.6	26.7	10.9	0.5	14.8	0.5	..
	2005	(e)1 342	67.0	55.4	53.3	7.9	2.6	1.1	2.0	30.9	8.7	5.4	14.1	2.8	0.0
	2014	(e)2 666	44.4	37.9	37.3	5.2	0.8	0.5	1.0	54.6	15.1	4.6	28.3	6.6	0.0
Mauritius - Maurice	1995	2 000	48.6	36.5	34.0	2.6	4.7	4.8	0.1	50.9	15.1	2.0	29.7	4.2	0.0
	2005	3 160	41.9	32.0	30.8	2.2	3.6	4.1	0.0	58.0	12.0	1.8	30.8	13.4	0.1
	2014	5 607	31.0	22.0	20.8	1.6	2.3	5.2	0.6	68.4	10.6	2.3	52.3	3.2	0.0
Mexico - Mexique	1995	72 453	92.2	10.0	9.4	74.5	5.5	2.2	0.1	7.5	0.2	2.2	5.1	0.0	0.0
	2005	221 819	75.3	12.2	11.7	53.6	5.9	3.5	0.4	24.3	0.3	5.8	17.9	0.3	0.0
	2014	399 977	67.9	11.7	11.1	49.0	4.4	2.9	0.5	31.6	0.3	3.7	27.1	0.4	0.0
Micronesia (Federated States of) - Micronésie (États fédérés de)	1995	(e)89	87.0	6.5	6.5	40.7	29.0	10.7	0.0	13.0	..	0.0	13.0	..	..
	2005	(e)128	39.2	0.8	0.6	25.4	8.0	4.9	0.1	60.8	0.4	1.1	21.9	0.1	37.3
	2014	(e)220	38.3	0.9	0.7	28.9	4.0	4.5	0.3	61.3	0.5	0.1	42.0	0.0	18.8
Mongolia - Mongolie	1995	(e)415	26.9	12.7	11.4	2.3	11.7	0.2	37.5	24.4	0.0	0.0	24.4	0.0	..
	2005	1 183	23.6	10.3	10.2	3.4	6.4	3.5	41.0	35.4	0.0	0.6	34.5	0.2	..
	2014	5 131	21.3	9.1	9.0	4.2	7.2	0.8	32.4	46.3	0.2	0.3	45.0	0.8	0.0
Montenegro - Monténégro	2014	2 367	48.6	46.5	45.8	0.9	1.0	0.1	37.7	13.6	0.2	1.3	10.0	2.1	0.0
Montserrat	1995	(e)30	77.8	63.2	63.1	12.9	1.5	0.3	..	22.2	0.1	21.5	0.5	0.0	..
	2005	(e)30	72.2	19.8	19.7	45.5	4.1	2.8	0.0	27.8	0.0	24.5	2.6	0.7	..
	2014	(e)42	80.2	30.7	25.4	47.2	1.7	0.5	0.1	19.6	0.0	18.1	1.2	0.2	..
Morocco - Maroc	1995	(e)10 023	60.8	52.0	50.8	5.6	1.2	1.9	3.8	20.7	5.0	3.6	6.0	6.1	..
	2005	20 803	61.0	54.6	53.2	3.3	1.7	1.3	8.0	30.8	5.3	4.2	11.3	9.9	0.0
	2014	(e)45 828	60.9	52.0	51.1	7.2	0.7	1.1	5.8	33.2	5.2	3.7	11.7	12.6	0.0
Mozambique	1995	(e)727	33.9	23.7	22.9	5.5	2.8	1.8	..	66.1	52.1	2.2	9.4	2.4	..
	2005	(e)2 408	30.9	18.0	17.4	2.6	1.4	8.9	0.3	68.7	47.4	2.8	15.1	3.4	0.0
	2014	(e)8 743	20.0	11.2	10.9	3.2	1.7	3.9	0.5	79.4	29.2	1.5	41.6	7.2	0.0
Myanmar	1995	(e)1 348	14.4	6.7	6.5	0.7	6.3	0.7	0.5	84.3	0.0	0.0	84.2	0.1	..
	2005	(e)1 943	7.3	2.3	2.2	0.4	3.9	0.8	2.1	90.3	0.0	0.1	90.1	0.0	..
	2014	(e)16 226	8.0	1.0	0.8	0.5	4.9	1.6	0.8	90.9	0.0	0.2	90.6	0.2	..

For sources and notes, see end of table.

Pour les sources et les notes, se reporter à la fin du tableau.

Origin / Origine / Destination	Year / Année	World (millions of dollars) (1) / Monde (millions de dollars) (1)	Developed economies / Économies développées — Total	Europe Total	Europe EU/UE	USA États-Unis	Japan Japon	Other Autres	Transition economies / Économies en transition	Developing economies / Économies en développement — Total	Africa Afrique	America Amérique	Eastern, Southern and South-Eastern Asia / Asie orientale, méridionale et du Sud-Est	Western Asia / Asie occidentale	Oceania Océanie
								Percentage / En pourcentage							
Namibia - Namibie (2)	1995	(e)1 616	28.7	15.8	14.6	10.9	0.5	1.4	0.5	70.8	64.1	2.0	4.1	0.6	0.0
	2005	2 525	12.2	8.0	7.6	3.2	0.3	0.8	0.1	87.7	82.3	0.7	4.0	0.7	0.0
	2014	(e)7 818	19.1	14.1	12.0	3.8	0.6	0.6	0.2	80.7	64.0	2.2	8.8	1.0	4.8
Nauru	1995	(e)28	91.0	11.7	11.6	1.9	5.5	71.9	..	8.9	0.2	0.2	8.5	..	0.0
	2005	(e)25	48.2	5.6	5.5	6.2	0.6	35.8	..	51.8	1.3	..	49.9	..	0.6
	2014	(e)95	68.9	1.0	1.0	0.6	1.1	66.2	..	31.1	0.1	..	3.7	0.0	27.2
Nepal - Népal	1995	(e)1 292	15.4	7.0	6.7	0.7	5.0	2.8	0.3	83.6	0.0	1.2	77.8	4.6	0.0
	2005	(e)2 243	9.7	4.5	4.3	1.2	1.8	2.2	1.0	89.3	0.1	1.3	84.9	3.0	..
	2014	(e)7 424	4.0	2.5	2.2	0.5	0.4	0.5	0.1	96.0	0.2	0.0	93.1	2.6	..
Netherlands - Pays-Bas	1995	(e)185 240	80.9	66.4	63.0	8.7	4.5	1.3	1.4	17.7	2.2	3.3	10.2	2.0	0.0
	2005	(e)363 822	66.4	54.7	51.2	7.3	3.1	1.3	6.1	27.5	2.8	3.8	17.3	3.5	0.0
	2014	(e)587 588	63.4	52.9	48.3	7.0	2.2	1.4	6.5	30.1	3.9	4.3	19.2	2.7	0.0
Netherlands Antilles - Antilles néerlandaises	1995	(e)1 841	47.7	24.9	20.3	19.6	2.2	1.0	0.0	52.3	3.7	44.3	4.3	0.0	..
	2005	(e)1 950	21.0	8.5	8.1	11.7	0.5	0.3	0.0	79.0	0.1	76.4	2.4	0.1	0.0
New Caledonia - Nouvelle-Calédonie	1995	(e)967	85.1	57.2	56.9	2.7	3.9	21.4	..	11.4	0.1	0.1	10.5	..	0.7
	2005	1 774	70.1	48.1	47.5	3.6	3.5	15.0	0.0	29.7	0.4	0.8	27.8	0.3	0.5
	2014	3 315	57.7	37.2	36.4	4.7	2.5	13.3	0.1	41.9	0.4	0.7	40.0	0.5	0.4
New Zealand - Nouvelle-Zélande	1995	13 958	79.0	22.9	21.7	18.7	13.9	23.5	0.0	20.5	0.6	1.1	15.8	2.2	0.8
	2005	26 232	63.6	19.6	18.7	11.0	10.9	22.1	0.1	35.9	1.7	1.1	28.4	4.3	0.4
	2014	42 498	50.2	18.2	17.5	11.6	6.7	13.8	1.1	48.7	0.7	1.7	40.3	5.7	0.2
Nicaragua	1995	1 009	47.0	11.6	11.1	29.3	4.6	1.4	0.7	52.3	0.1	45.3	6.8	0.0	0.0
	2005	(e)2 956	33.3	6.4	6.1	22.1	3.7	1.1	1.2	65.5	0.7	52.3	12.4	0.1	0.0
	2014	(e)6 946	23.3	5.0	4.8	15.9	1.6	0.9	0.5	76.1	0.2	58.5	17.3	0.2	0.0
Niger	1995	345	60.5	46.8	46.4	8.9	4.2	0.6	0.1	39.4	27.6	1.0	10.5	0.3	0.0
	2005	(e)943	49.8	36.8	35.2	10.1	1.2	1.6	0.3	50.0	27.0	2.0	17.9	3.0	..
	2014	2 151	37.6	31.7	30.2	4.0	1.4	0.4	0.4	62.0	26.7	3.0	28.5	3.8	0.0
Nigeria - Nigéria	1995	(e)8 222	67.9	52.0	50.0	11.7	3.5	0.8	0.4	31.6	4.7	5.1	21.4	0.4	..
	2005	(e)20 754	54.1	33.5	31.4	16.9	3.0	0.8	1.9	38.7	6.2	4.6	24.3	3.5	0.1
	2014	(e)60 000	40.5	25.3	23.3	11.7	1.4	2.1	1.2	58.3	5.8	3.1	45.5	3.8	0.1
Niue - Nioué	1995	(e)4	98.8	2.7	2.7	81.3	1.6	13.2	..	1.2	..	0.0	1.1	..	..
	2005	(e)10	97.6	26.5	24.9	3.3	0.6	67.2	..	2.4	0.0	0.2	2.0	0.0	0.2
	2014	(e)11	97.1	0.4	0.4	0.6	28.9	67.2	..	2.9	0.2	0.4	1.1	..	1.2
Northern Mariana Islands - Îles Mariannes du Nord	1995	(e)240	63.2	4.1	4.1	..	57.4	1.6	0.0	36.8	0.1	0.1	36.6	0.1	..
	2005	(e)591	16.5	4.5	4.5	..	10.7	1.3	..	83.5	0.0	0.1	83.0	0.2	0.2
	2014	(e)125	41.0	5.8	5.8	..	31.5	3.7	..	59.0	0.0	0.0	59.0	..	0.0
Norway - Norvège	1995	32 706	87.9	74.8	73.1	6.7	3.8	2.6	1.9	10.2	0.9	2.5	6.4	0.3	0.0
	2005	55 488	82.0	70.8	69.5	5.1	3.2	2.9	2.8	15.2	1.3	2.7	10.3	0.9	0.0
	2014	89 164	77.0	65.5	63.8	6.2	2.2	3.0	2.1	21.0	1.7	2.7	15.5	1.1	0.0
Oman	1995	4 249	59.0	34.5	33.3	5.8	16.0	2.7	0.1	40.0	0.4	1.0	11.4	28.1	0.0
	2005	8 970	51.4	25.1	24.1	6.8	16.7	2.7	1.2	47.4	0.7	1.6	16.8	28.3	..
	2014	29 303	32.9	14.2	13.5	5.4	11.6	1.7	0.8	66.3	1.3	3.6	22.6	38.8	..
Pakistan	1995	11 704	50.7	28.0	24.7	9.3	10.7	2.7	1.4	47.5	2.3	1.7	25.1	18.4	0.0
	2005	25 097	35.0	19.6	17.6	6.1	6.5	2.8	2.8	61.4	3.3	1.7	28.2	28.1	0.0
	2014	47 545	19.0	10.0	9.3	3.8	3.7	1.6	1.5	78.4	3.0	1.3	40.2	33.9	0.0
Palau - Palaos	1995	(e)52	59.8	0.9	0.9	25.7	32.4	0.8	0.0	40.2	0.2	0.1	39.9	..	..
	2005	(e)105	73.2	3.7	3.7	48.6	16.5	4.4	..	26.8	..	0.0	26.7	..	0.1
	2014	(e)165	49.2	3.0	2.1	29.7	15.0	1.5	0.1	50.8	0.3	0.1	42.0	0.7	7.7
Panama (5)	1995	2 511	58.8	8.1	7.2	12.4	37.7	0.6	1.3	36.0	0.1	7.8	28.1	0.0	0.0
	2005	(e)9 600	46.7	8.6	7.8	11.7	25.9	0.5	1.1	47.2	2.4	15.7	28.8	0.3	..
	2014	(e)21 200	37.8	7.1	6.5	19.8	10.4	0.5	1.0	51.8	0.1	16.0	35.3	0.4	..
Papua New Guinea - Papouasie-Nouvelle-Guinée	1995	(e)1 452	70.8	5.4	5.3	4.4	10.3	50.6	0.0	28.6	0.0	1.0	27.5	0.0	..
	2005	(e)1 671	69.7	2.3	2.0	3.1	4.4	59.9	0.1	30.3	0.3	0.1	29.3	0.1	0.5
	2014	(e)4 000	57.8	6.7	6.5	5.1	5.7	40.3	0.0	42.1	0.3	0.2	40.9	0.3	0.4
Paraguay	1995	3 136	33.5	11.6	11.1	12.5	8.7	0.7	0.0	66.3	0.9	43.5	21.9	0.0	..
	2005	(e)3 715	17.8	9.7	5.8	4.9	2.7	0.6	0.0	69.5	0.3	47.0	22.1	0.0	..
	2014	12 169	19.0	8.6	8.4	8.0	2.2	0.2	1.1	80.0	0.3	48.3	30.8	0.5	0.0

For sources and notes, see end of table.

Pour les sources et les notes, se reporter à la fin du tableau.

Origin / Origine (Destination)	Year Année	World (millions of dollars) (1) Monde (millions de dollars) (1)	Developed economies Économies développées					Transition economies Économies en transition	Developing economies Économies en développement					
			Total	Europe Total	EU UE	USA États-Unis	Japan Japon	Other Autres		Total	Africa Afrique	America Amérique	Eastern, Southern and South-Eastern Asia Asie orientale, méridionale et du Sud-Est	Western Asia Asie occidentale	Oceania Océanie
													Percentage / En pourcentage		
Peru - Pérou	1995	7 584	54.6	19.3	18.3	25.2	7.0	3.1	0.2	44.5	0.2	34.7	9.4	0.3	0.0
	2005	12 502	36.9	13.0	12.0	17.8	3.6	2.6	1.1	62.1	3.4	42.1	16.1	0.4	0.0
	2014	42 194	38.5	12.2	11.7	20.9	2.6	2.8	0.8	60.5	1.5	26.9	31.0	1.2	0.0
Philippines	1995	28 487	57.5	11.5	10.9	18.9	22.1	5.0	1.7	40.8	0.6	1.7	30.6	7.4	0.4
	2005	49 487	47.1	8.5	7.9	18.9	17.1	2.6	0.9	52.0	0.2	1.4	44.4	5.7	0.3
	2014	67 719	31.7	12.2	11.6	8.9	8.2	2.5	1.6	66.7	0.1	1.4	57.7	7.3	0.1
Poland - Pologne	1995	29 019	80.8	74.5	71.4	3.9	1.6	0.7	9.3	9.9	1.6	1.4	6.5	0.3	0.0
	2005	101 539	73.9	69.0	66.3	2.4	2.0	0.5	11.7	14.2	0.7	1.8	10.1	1.5	0.0
	2014	216 687	64.6	60.1	57.8	2.5	1.4	0.6	13.3	21.5	0.8	1.9	17.3	1.4	0.1
Portugal	1995	33 565	85.5	79.7	76.7	3.0	2.2	0.5	0.7	13.8	4.7	2.9	5.0	1.1	0.0
	2005	63 904	82.5	79.0	77.1	1.9	1.1	0.4	2.2	15.3	6.5	3.0	3.7	2.1	0.0
	2014	78 132	77.9	75.5	74.2	1.5	0.5	0.5	3.2	18.9	7.5	2.5	6.5	2.4	0.0
Qatar	1995	3 398	72.3	50.6	47.4	9.3	10.6	1.7	0.4	26.1	0.5	1.4	10.8	13.3	0.0
	2005	10 061	62.0	38.3	36.5	10.9	11.0	1.8	0.2	37.8	0.7	1.9	18.6	16.5	..
	2014	(e)34 600	56.3	34.3	31.2	14.0	5.7	2.3	0.4	43.3	1.4	1.8	22.7	17.4	0.0
Republic of Moldova - République de Moldova	1995	841	34.6	32.8	32.0	1.1	0.1	0.6	64.1	1.2	0.0	0.1	0.4	0.8	..
	2005	2 292	48.8	46.3	45.7	1.6	0.5	0.4	42.8	8.5	0.3	1.0	3.7	3.5	0.0
	2014	5 317	53.7	51.3	50.4	1.0	0.6	0.8	31.7	14.6	0.5	1.2	7.5	5.3	0.0
Romania - Roumanie	1995	10 278	65.0	58.1	55.9	4.0	0.7	2.1	15.9	17.9	4.7	2.1	8.1	3.0	0.0
	2005	40 463	70.2	64.9	63.6	2.8	1.4	1.1	14.2	15.3	0.5	1.8	7.9	5.0	0.0
	2014	77 889	78.1	76.2	75.2	1.2	0.4	0.3	10.4	11.5	0.8	0.9	6.3	3.6	0.0
Russian Federation - Fédération de Russie	1995	(e)62 603	46.2	38.9	37.9	4.6	1.6	1.1	20.9	12.1	0.6	1.9	7.9	1.7	0.0
	2005	(e)125 434	61.7	52.9	51.2	3.6	4.3	1.0	15.8	22.4	0.7	3.7	16.0	2.0	0.0
	2014	(e)286 649	55.4	46.5	44.5	4.5	3.3	1.1	11.9	32.7	0.7	3.5	26.2	2.3	0.0
Rwanda	1995	(e)241	49.9	27.2	25.9	14.6	6.5	1.7	0.4	49.7	37.8	0.1	6.8	5.0	..
	2005	(e)430	37.4	26.0	25.6	2.7	3.3	5.4	1.5	61.1	42.2	5.7	7.8	5.3	0.1
	2014	(e)2 457	21.6	16.4	16.1	1.5	1.2	2.4	3.2	75.2	38.2	0.1	24.0	12.8	0.0
Saint Helena - Sainte-Hélène	1995	(e)23	83.0	80.7	78.8	1.5	0.5	0.2	0.1	16.7	15.0	0.4	1.3	0.0	..
	2005	(e)56	65.5	59.5	59.4	4.4	0.3	1.4	..	34.5	32.6	0.2	1.7	0.0	..
	2014	(e)46	61.8	58.7	58.6	0.9	0.0	2.1	..	38.2	37.2	0.4	0.5	0.0	0.2
Saint Kitts and Nevis - Saint-Kitts-et-Nevis	1995	132	76.7	13.8	13.3	55.1	5.3	2.5	0.0	22.8	0.0	21.0	1.7	0.0	0.0
	2005	210	73.8	9.6	9.3	57.9	3.8	2.4	0.1	26.2	0.1	24.3	1.8	0.0	0.0
	2014	(e)274	79.6	7.1	6.8	67.9	2.3	2.3	0.1	20.3	0.0	16.5	3.5	0.1	0.1
Saint Lucia - Sainte-Lucie	1995	306	70.2	30.8	30.6	31.7	3.8	4.0	0.0	29.8	0.0	26.2	3.5	0.1	0.0
	2005	486	58.7	27.9	27.3	25.8	3.0	2.1	0.0	41.1	0.1	38.5	2.4	0.1	0.0
	2014	(e)593	17.3	5.5	5.3	9.8	1.1	0.9	0.0	82.7	0.0	81.6	1.1	0.0	..
Saint Pierre and Miquelon - Saint-Pierre-et-Miquelon	1995	(e)74	98.5	54.4	54.0	0.9	0.0	43.1	..	1.2	0.4	0.5	0.3	..	..
	2005	85	93.5	59.6	59.6	2.1	0.2	31.7	..	6.5	0.0	0.0	6.4	..	..
	2014	118	99.5	61.4	61.4	0.0	..	38.1	..	0.5	0.0	..	0.4	0.0	..
Saint Vincent and the Grenadines - Saint-Vincent-et-les Grenadines	1995	134	67.4	36.9	36.4	25.5	3.1	1.9	0.0	32.5	1.8	22.8	7.9	0.0	..
	2005	240	55.8	36.1	35.8	14.3	3.2	2.3	2.4	41.7	5.1	22.8	12.7	1.1	0.0
	2014	(e)362	35.3	12.7	9.5	19.8	0.7	2.0	0.2	64.6	0.2	33.3	29.9	1.1	0.0
Samoa	1995	(e)95	88.6	1.8	1.8	6.3	22.8	57.6	..	11.4	0.0	2.1	9.3	..	0.0
	2005	(e)239	66.4	1.4	1.4	10.5	7.6	46.8	0.0	33.6	1.2	1.0	20.3	0.0	11.1
	2014	(e)388	45.1	0.7	0.6	8.9	3.5	32.1	..	54.5	0.2	0.1	33.9	0.2	20.0
Sao Tome and Principe - Sao Tomé-et-Principe	1995	(e)29	76.9	70.8	70.7	4.4	1.5	0.3	0.0	12.0	6.4	3.0	2.6	..	..
	2005	50	71.8	64.6	64.5	0.1	7.1	0.0	0.0	28.0	21.7	0.8	4.6	0.9	0.0
	2014	170	69.7	66.8	66.8	2.3	0.5	0.0	..	30.3	24.7	0.3	4.0	1.4	..
Saudi Arabia - Arabie saoudite	1995	28 085	71.6	39.1	34.0	21.5	8.9	2.2	0.9	25.4	2.9	2.3	14.7	5.5	0.0
	2005	59 510	62.0	34.0	31.7	14.8	9.0	4.2	1.6	35.4	3.1	3.7	20.9	7.8	0.0
	2014	(e)158 670	48.0	28.4	26.6	12.2	5.0	2.5	1.3	50.7	2.1	3.0	35.7	9.8	0.0
Senegal - Sénégal	1995	(e)1 412	51.0	41.5	41.0	5.0	3.2	1.3	1.2	28.5	10.0	5.4	12.7	0.4	..
	2005	3 498	53.8	47.2	46.7	4.3	1.3	1.1	1.8	44.3	21.0	5.9	14.8	2.7	0.0
	2014	6 557	48.0	43.9	43.5	2.2	1.1	0.9	2.3	49.7	14.0	3.7	26.7	5.3	0.0
Serbia and Montenegro - Serbie-et-Monténégro	1995	(e)2 666	53.6	48.5	45.6	2.9	1.4	0.8	18.1	12.7	2.3	5.4	3.8	1.2	0.0
	2005	(e)10 461	56.3	52.2	50.9	2.7	1.0	0.5	25.0	12.4	0.5	1.9	7.9	2.2	0.0
Serbia - Serbie	2014	20 609	66.5	64.4	63.1	1.4	0.5	0.3	18.1	15.4	0.6	1.0	10.7	3.1	0.0

For sources and notes, see end of table.

Pour les sources et les notes, se reporter à la fin du tableau.

Origin / Origine	Year Année	World (millions of dollars) (1) Monde (millions de dollars) (1)	Developed economies / Économies développées						Transition economies Économies en transition	Developing economies / Économies en développement					
			Europe Total	Europe Total	EU UE	USA États-Unis	Japan Japon	Other Autres		Total	Africa Afrique	America Amérique	Eastern, Southern and South-Eastern Asia / Asie orientale, méridionale et du Sud-Est	Western Asia / Asie occidentale	Oceania Océanie
Destination			Percentage / En pourcentage												
Seychelles	1995	255	43.7	32.9	32.4	3.7	5.7	1.5	0.0	55.9	16.1	0.2	23.0	16.6	..
	2005	675	47.0	43.3	43.0	1.9	0.8	1.1	0.0	52.7	9.4	0.2	15.7	27.4	0.0
	2014	(e)1 075	36.9	31.7	31.3	1.4	2.1	1.7	0.0	63.1	10.9	0.3	20.1	31.8	0.0
Sierra Leone	1995	(e)134	58.8	48.8	46.7	8.6	1.0	0.4	0.8	31.5	11.9	1.2	17.7	0.7	..
	2005	(e)344	36.3	20.8	20.1	5.1	4.1	6.3	0.5	61.8	40.4	3.2	13.7	4.5	0.0
	2014	(e)1 486	41.8	31.1	30.6	7.4	1.1	2.3	0.5	57.7	14.6	4.3	33.7	5.1	..
Singapore - Singapour	1995	124 503	53.7	15.3	13.8	15.1	21.1	2.2	0.3	46.0	0.5	0.9	38.5	6.0	0.0
	2005	200 050	36.6	13.0	11.6	11.7	9.6	2.2	0.5	62.8	0.6	1.0	52.2	9.0	0.0
	2014	366 247	31.4	13.4	12.0	10.3	5.5	2.1	2.3	66.3	0.8	3.1	50.1	12.2	0.0
Sint Maarten (Dutch part) - Saint-Martin (partie néerlandaise)	2014	(e)880	99.9	14.5	11.9	84.4	..	0.9	0.0	0.1	0.0	0.1	0.0	..	..
Slovakia - Slovaquie	1995	8 162	79.9	75.1	73.1	2.6	1.6	0.6	13.8	5.7	0.6	1.1	3.6	0.4	0.0
	2005	34 226	67.5	64.1	63.1	1.4	1.9	0.2	13.0	10.4	0.2	0.7	8.9	0.6	0.0
	2014	77 596	59.4	56.6	55.7	1.2	1.3	0.2	5.2	24.0	0.5	0.4	22.2	0.8	0.0
Slovenia - Slovénie	1995	9 492	90.5	84.8	82.3	3.1	1.7	0.9	3.9	5.6	1.2	1.0	3.1	0.3	0.0
	2005	19 626	81.0	76.7	74.9	2.0	1.5	0.8	5.4	9.7	0.9	1.7	5.9	1.2	0.0
	2014	(e)34 084	65.9	62.7	60.8	1.9	0.8	0.6	5.5	14.7	0.9	1.4	10.4	2.0	0.0
Solomon Islands - Îles Salomon	1995	(e)154	71.6	3.3	3.3	2.2	11.7	54.4	0.0	28.4	0.2	0.0	28.1	0.0	0.0
	2005	(e)185	45.9	4.0	4.0	1.6	4.4	35.9	0.0	54.1	0.7	0.1	43.1	0.1	10.1
	2014	(e)500	40.8	1.8	1.7	1.5	3.2	34.3	0.1	59.1	1.1	0.1	49.0	0.1	8.7
Somalia - Somalie	1995	(e)268	22.8	15.6	15.4	5.9	0.6	0.8	..	73.9	24.2	11.5	23.7	14.5	..
	2005	(e)626	5.6	3.4	3.3	1.9	0.1	0.2	0.7	93.7	25.0	9.8	16.6	42.4	0.0
	2014	(e)1 300	6.9	4.9	4.8	1.8	0.2	0.1	0.1	93.0	42.2	1.3	36.4	13.0	..
South Africa - Afrique du Sud (2)	1995	(e)30 546	66.6	43.1	40.8	11.9	7.4	4.3	0.3	32.3	2.7	3.1	18.2	8.3	0.0
	2005	(e)55 033	57.7	39.6	38.2	7.9	6.8	3.5	0.3	41.2	4.6	4.0	24.9	7.7	0.1
	2014	(e)99 893	41.1	28.8	27.8	6.6	3.8	2.0	0.6	57.8	13.3	3.1	30.5	10.9	0.0
Spain - Espagne	1995	113 399	79.7	68.5	66.4	6.6	3.3	1.2	1.5	18.8	5.7	4.3	7.0	1.7	0.0
	2005	289 611	70.6	63.8	61.3	3.2	2.5	1.1	2.9	26.5	7.6	4.9	10.5	3.4	0.1
	2014	350 978	60.6	54.7	52.5	3.9	1.0	1.0	3.8	34.7	10.6	6.9	12.8	4.4	0.1
Sri Lanka	1995	(e)5 185	38.1	18.1	17.0	6.2	9.6	4.2	0.4	55.8	0.7	2.2	51.7	1.3	..
	2005	8 307	28.4	17.4	15.6	2.5	4.6	4.0	0.2	71.3	0.5	1.3	64.2	5.4	0.0
	2014	19 244	21.0	9.0	8.3	2.6	4.9	4.5	1.5	77.5	0.4	1.0	63.5	12.5	0.0
State of Palestine - Etat de Palestine	1995	1 658	..	..	..	..	..	..	..	..	..	..	..	..	..
	2005	(e)2 667	85.3	5.3	4.8	0.6	1.0	78.5	0.6	12.4	1.4	0.8	6.7	3.4	0.0
	2014	(e)5 683	82.5	5.8	5.3	0.4	0.2	76.1	0.4	15.9	2.4	0.8	5.4	7.4	0.0
Sudan (...2011) - Soudan (...2011)	1995	1 185	48.8	38.7	37.0	5.3	4.3	0.4	0.5	50.7	19.7	0.6	17.9	12.4	0.0
	2005	7 367	34.4	23.9	23.1	1.6	4.6	4.3	2.1	63.4	7.5	1.8	32.9	21.2	0.0
Sudan - Soudan	2014	(e)9 211	22.6	14.5	13.8	0.9	2.4	4.7	3.7	73.7	10.5	2.6	40.1	20.5	0.0
Suriname	1995	583	70.1	26.0	24.2	42.4	2.1	0.5	..	29.9	0.6	23.5	5.7	0.0	..
	2005	1 050	46.4	22.1	21.9	18.9	4.5	1.0	0.0	41.9	0.1	32.4	9.2	0.3	..
	2014	1 827	51.3	20.1	19.9	27.5	3.1	0.6	0.0	48.5	0.4	36.4	11.2	0.5	0.0
Swaziland (2)	1995	(e)1 008	10.0	5.3	5.0	2.9	1.5	0.3	0.0	90.0	79.0	0.3	10.5	0.1	0.1
	2005	(e)1 900	4.1	2.7	2.6	0.7	0.3	0.3	0.0	95.9	87.8	0.2	7.6	0.4	..
	2014	(e)1 579	3.5	2.1	2.0	0.8	0.3	0.3	0.1	95.8	90.5	0.7	4.5	0.2	..
Sweden - Suède	1995	61 647	91.7	82.0	72.2	5.7	3.0	1.0	0.8	7.5	0.5	1.3	5.1	0.5	0.0
	2005	111 351	87.1	80.8	71.5	3.4	2.1	0.9	3.2	9.7	0.5	1.3	6.8	1.1	0.0
	2014	162 452	82.2	78.2	69.2	2.5	0.9	0.6	5.1	12.5	1.5	1.3	8.6	1.2	0.0
Switzerland - Suisse	1995	80 152	91.8	81.3	80.9	6.4	3.2	0.9	0.6	7.6	1.3	1.1	4.5	0.7	0.0
	2005	126 574	88.9	80.5	80.2	5.6	1.9	0.9	0.9	10.3	2.3	1.0	5.7	1.2	0.0
	2014	275 054	76.5	66.2	66.1	7.8	1.4	1.1	2.7	20.8	3.8	4.2	10.0	2.9	0.0
Syrian Arab Republic - République arabe syrienne	1995	(e)4 709	43.9	32.3	31.7	6.8	4.4	0.4	9.1	34.4	2.9	3.4	17.4	10.6	0.0
	2005	(e)10 862	31.8	27.2	26.2	1.6	2.3	0.7	10.9	57.1	4.8	3.3	21.9	27.2	..
	2014	(e)6 700	26.3	22.2	21.1	2.2	1.3	0.6	10.0	63.7	5.9	4.1	25.1	28.5	..
Tajikistan - Tadjikistan	1995	(e)810	33.6	29.1	25.8	3.8	0.1	0.5	54.4	12.1	..	0.0	10.7	1.3	..
	2005	(e)1 330	16.9	15.0	14.5	1.5	0.3	0.2	61.6	21.5	0.7	2.6	13.7	4.6	..
	2014	(e)4 500	7.8	6.0	5.4	1.3	0.2	0.3	33.7	58.5	0.1	0.9	50.9	6.5	..

For sources and notes, see end of table.

Pour les sources et les notes, se reporter à la fin du tableau.

Origin / Origine	Year / Année	World (millions of dollars) (1) / Monde (millions de dollars) (1)	Developed economies / Économies développées						Transition economies / Économies en transition	Developing economies / Économies en développement					
			Total	Europe Total	EU UE	USA États-Unis	Japan Japon	Other Autres		Total	Africa Afrique	America Amérique	Eastern, Southern and South-Eastern Asia / Asie orientale, méridionale et du Sud-Est	Western Asia / Asie occidentale	Oceania Océanie
Destination			Percentage / En pourcentage												
Thailand - Thaïlande	1995	70 781	63.9	18.2	16.4	12.0	30.5	3.2	1.9	33.1	1.2	1.6	27.0	3.2	0.1
	2005	118 164	43.6	10.4	9.2	7.4	22.0	3.8	1.6	54.4	1.4	1.7	38.6	12.5	0.2
	2014	227 932	35.9	10.5	8.5	6.4	15.7	3.3	2.3	61.8	1.9	2.0	44.9	12.7	0.2
TFYR of Macedonia - LERY de Macédoine	1995	1 719	75.5	70.1	68.9	3.4	0.8	1.2	12.4	8.3	0.6	1.5	2.5	3.7	0.0
	2005	3 228	62.3	59.1	57.1	1.4	0.7	1.1	25.2	12.5	0.3	1.8	6.7	3.6	0.1
	2014	7 277	67.8	64.6	63.5	2.0	0.9	0.3	14.0	18.2	1.1	2.5	9.3	5.4	0.0
Timor-Leste	2005	(e)102	27.3	7.1	7.0	7.8	3.7	8.6	0.0	72.6	1.8	0.1	70.3	0.3	0.2
	2014	(e)940	8.3	3.9	3.8	0.4	0.7	3.4	0.0	91.7	0.4	0.7	90.4	0.0	0.2
Togo	1995	556	50.5	43.7	43.0	3.3	2.5	0.9	0.0	49.5	18.6	2.9	27.5	0.4	0.0
	2005	(e)1 060	39.3	36.4	35.7	1.3	0.9	0.8	0.9	58.4	13.7	2.1	39.3	3.2	0.0
	2014	(e)2 800	45.5	35.0	34.6	7.7	1.0	1.9	1.5	53.0	10.1	2.2	38.2	2.5	..
Tokelau - Tokélaou	1995	(e)1	11.9	1.7	1.7	9.3	1.0	0.0	..	88.1	45.4	4.1	24.0	..	14.6
	2005	(e)0	96.3	44.8	44.8	51.5	0.0	0.0	..	3.7	0.6	0.1	2.4	..	0.5
	2014	(e)0	1.0	1.0	1.0	0.0	..	0.0	..	99.0	97.8	0.0	0.8	..	0.3
Tonga	1995	(e)77	95.4	11.0	10.8	12.6	4.9	66.8	..	4.6	..	0.9	3.7	0.1	..
	2005	(e)120	60.4	4.2	4.1	8.4	2.5	45.2	0.0	39.6	0.1	0.7	12.4	0.0	26.4
	2014	(e)218	46.2	2.7	2.6	9.6	5.9	28.0	0.0	53.7	0.1	0.7	23.9	0.3	28.6
Trinidad and Tobago - Trinité-et-Tobago	1995	1 724	80.6	20.8	19.6	50.6	3.2	6.0	0.1	18.8	0.4	12.6	5.7	0.1	0.0
	2005	5 694	48.4	12.4	11.9	29.2	3.9	2.9	0.4	51.2	12.9	31.6	6.5	0.1	0.0
	2014	(e)7 490	50.3	9.8	9.4	32.9	2.8	4.8	5.9	43.8	10.2	20.3	12.6	0.7	0.0
Tunisia - Tunisie	1995	7 903	82.7	74.8	73.2	5.1	1.8	1.1	3.0	13.7	6.8	1.4	2.7	2.8	0.0
	2005	13 174	75.2	70.8	69.7	2.5	1.6	0.3	4.6	19.3	6.4	2.4	6.3	4.1	0.0
	2014	(e)24 828	66.9	62.5	61.2	3.6	0.4	0.4	6.3	26.8	8.1	3.1	9.9	5.8	0.0
Turkey - Turquie	1995	35 707	69.6	53.0	50.5	10.4	3.9	2.2	9.4	20.1	3.9	2.0	9.1	5.1	0.0
	2005	116 774	57.7	49.0	45.2	4.6	2.7	1.3	14.9	26.6	5.2	1.7	17.0	2.7	0.0
	2014	242 224	47.5	39.0	36.7	5.3	1.3	1.9	14.0	32.3	2.5	2.1	24.7	3.0	0.0
Turkmenistan - Turkménistan	1995	(e)1 365	24.2	17.9	16.8	4.3	0.7	1.3	55.9	19.8	0.0	0.1	8.1	11.7	..
	2005	(e)2 947	30.3	18.3	18.1	9.7	1.1	1.2	36.6	33.1	0.0	0.2	11.3	21.6	..
	2014	(e)10 300	26.4	18.7	18.2	6.2	1.1	0.4	24.4	49.2	0.0	0.1	18.5	30.6	..
Turks and Caicos Islands - Îles Turques et Caïques	1995	(e)51	69.7	8.1	7.8	59.5	1.3	0.9	3.9	25.8	0.1	24.6	1.1	..	..
	2005	304	98.2	..	..	98.0	0.2	0.0	0.0	1.8	0.0	1.6	0.2	0.0	..
	2014	(e)254	94.7	5.3	4.0	87.1	1.2	1.0	..	5.3	0.6	4.2	0.5	0.0	0.0
Tuvalu	1995	(e)6	83.7	15.3	15.2	5.2	3.7	59.6	2.7	13.6	..	8.0	4.4	..	1.2
	2005	(e)13	47.5	18.3	18.2	0.1	14.4	14.7	..	52.5	0.4	0.0	24.9	..	27.1
	2014	(e)12	46.7	0.3	0.3	0.3	44.0	2.1	0.0	53.3	0.1	0.1	34.1	0.2	18.8
Uganda - Ouganda	1995	1 038	42.6	31.3	30.6	2.7	7.1	1.4	0.0	57.4	35.2	0.9	16.9	3.9	0.5
	2005	2 054	33.1	20.7	20.3	3.9	5.8	2.6	0.6	66.3	39.6	1.1	17.1	8.5	0.0
	2014	(e)5 874	22.1	14.1	13.7	2.5	4.5	1.1	2.2	75.7	24.4	0.8	33.3	17.2	..
Ukraine	1995	(e)16 052	28.6	24.2	23.3	3.2	0.6	0.5	63.4	5.2	0.7	1.8	2.1	0.7	0.0
	2005	36 122	39.0	34.9	33.8	2.0	1.5	0.7	47.3	13.7	1.2	1.3	9.3	1.8	0.0
	2014	54 381	46.8	40.9	38.7	3.6	1.1	1.3	32.4	20.7	1.2	1.6	14.8	3.1	0.0
United Arab Emirates - Emirats arabes unis	1995	(e)23 778	53.4	34.5	32.8	8.2	8.9	1.7	0.5	46.1	0.8	0.9	35.5	8.9	..
	2005	(e)80 814	53.3	37.7	36.4	8.8	5.1	1.6	1.5	45.3	1.7	1.2	34.1	8.2	0.0
	2014	(e)272 254	38.4	23.5	21.6	9.0	3.9	2.0	1.3	60.3	3.4	1.5	45.4	10.0	..
United Kingdom - Royaume-Uni	1995	261 456	78.9	59.4	54.8	11.1	5.7	2.7	0.6	15.4	2.0	1.8	10.3	1.2	0.1
	2005	528 461	74.2	58.5	53.2	8.4	4.2	3.1	2.1	23.2	3.2	2.1	15.4	2.4	0.0
	2014	694 823	73.1	60.3	54.6	8.4	1.5	2.9	1.7	24.5	3.5	1.7	16.3	3.0	0.0
United Republic of Tanzania - République-Unie de Tanzanie	1995	1 653	44.9	33.2	32.2	3.9	6.8	1.0	0.1	55.0	22.1	0.8	20.2	11.9	0.0
	2005	3 247	30.3	21.0	20.4	3.1	3.9	2.3	1.6	68.1	24.1	1.4	24.1	18.5	0.0
	2014	12 691	19.6	13.4	9.3	2.3	2.7	1.3	0.7	79.6	9.9	0.3	58.2	11.1	0.0
United States - États-Unis	1995	770 821	56.8	19.6	18.1	..	16.5	20.7	0.7	42.5	2.1	14.0	24.6	1.8	0.0
	2005	1 732 321	46.4	19.7	18.5	..	8.2	18.5	1.2	52.5	3.9	17.5	28.0	3.1	0.0
	2014	2 346 041	41.5	19.4	17.8	..	5.7	16.4	1.2	57.3	1.5	19.0	33.1	3.7	0.0
Uruguay	1995	2 866	36.0	22.4	21.4	9.9	2.6	1.2	0.0	62.7	1.5	52.2	8.1	0.9	..
	2005	3 879	20.1	11.3	10.8	6.7	1.1	1.0	8.0	71.8	8.7	51.9	11.0	0.1	0.0
	2014	10 762	25.9	15.0	14.6	9.4	0.7	0.7	0.6	73.3	7.0	40.1	25.1	1.2	0.0

For sources and notes, see end of table.

Pour les sources et les notes, se reporter à la fin du tableau.

Origin / Origine / Destination	Year Année	World (millions of dollars) (1) Monde (millions de dollars) (1)	Developed economies Économies développées						Transition economies Économies en transition	Developing economies Économies en développement					
			Total	Europe Total	EU UE	USA États-Unis	Japan Japon	Other Autres		Total	Africa Afrique	America Amérique	Eastern, Southern and South-Eastern Asia Asie orientale, méridionale et du Sud-Est	Western Asia Asie occidentale	Oceania Océanie
			Percentage / En pourcentage												
Uzbekistan - Ouzbékistan	1995	2 750	54.3	44.9	44.0	3.9	5.0	0.5	14.3	31.1	0.0	0.3	22.1	8.7	..
	2005	3 666	27.2	23.5	22.6	2.2	1.1	0.4	39.8	32.9	0.1	0.2	26.2	6.4	..
	2014	(e)13 900	22.5	18.8	17.6	1.8	1.4	0.4	29.4	48.1	0.0	0.2	42.8	5.1	..
Vanuatu	1995	(e)95	80.7	9.5	7.0	0.9	45.0	25.3	0.3	18.1	1.4	0.3	16.3	0.0	0.1
	2005	(e)149	64.9	5.3	5.3	4.7	16.4	38.4	..	34.6	0.1	0.1	23.4	..	11.0
	2014	(e)287	37.1	8.3	8.3	1.3	5.7	21.8	0.0	62.8	0.5	0.1	52.6	0.2	9.4
Venezuela (Bolivarian Rep. of) - Venezuela (Rép. bolivarienne du)	1995	(e)12 649	71.4	20.6	19.6	41.2	4.4	5.3	0.1	28.5	0.3	24.2	3.8	0.2	0.0
	2005	21 848	52.9	16.0	15.0	30.7	3.4	2.7	0.2	46.9	0.2	37.4	9.1	0.3	0.0
	2014	(e)44 280	40.0	13.0	12.2	23.1	1.2	2.7	4.3	55.8	0.1	38.9	16.2	0.5	0.0
Viet Nam	1995	(e)8 155	29.1	11.7	10.4	2.2	13.0	2.2	1.7	63.7	0.1	0.1	62.2	1.3	0.0
	2005	36 761	25.2	9.5	7.1	2.4	11.1	2.2	2.8	71.9	0.6	1.4	68.2	1.7	0.1
	2014	(e)149 261	16.8	4.7	4.3	3.2	6.6	2.4	0.7	82.4	0.3	2.2	78.6	1.3	..
Wallis and Futuna Islands - Îles Wallis-et-Futuna	1995	(e)14	94.1	59.7	59.7	0.6	..	33.8	..	5.9	0.1	4.9	0.1	..	0.8
	2005	(e)51	64.4	32.8	32.8	1.1	2.6	27.8	0.0	35.6	0.7	1.6	7.0	0.1	26.4
	2014	(e)67	54.7	40.2	40.2	0.8	..	13.7	..	45.3	..	..	4.7	0.0	40.5
Yemen - Yémen	1995	(e)1 582	40.7	27.3	27.0	8.6	3.5	1.3	0.5	58.8	4.1	2.9	20.0	31.9	..
	2005	(e)5 400	30.7	20.1	15.5	4.8	3.2	2.7	3.2	66.1	5.3	6.1	20.9	33.8	0.0
	2014	(e)12 909	19.4	10.8	10.4	2.7	3.2	2.7	2.6	78.1	5.0	4.8	35.7	32.6	0.0
Zambia - Zambie	1995	708	34.1	21.2	20.3	4.2	6.1	2.6	0.0	65.9	47.6	0.4	8.6	9.4	0.0
	2005	2 558	24.4	19.6	18.9	1.7	1.4	1.7	0.0	75.6	62.5	0.5	8.9	3.7	0.0
	2014	9 539	11.3	7.4	7.2	1.5	1.4	1.0	0.1	88.6	67.4	0.6	15.4	5.1	0.0
Zimbabwe	1995	(e)2 659	36.8	24.1	22.4	5.1	6.3	1.3	0.1	63.1	54.2	1.8	6.3	0.8	0.0
	2005	(e)2 350	11.2	7.7	7.3	1.8	1.0	0.6	0.0	88.7	74.8	0.2	8.2	5.5	0.0
	2014	(e)4 200	9.2	6.8	6.6	1.1	1.0	0.3	0.6	90.2	69.0	1.0	16.7	3.5	0.0

Source:

UNCTAD secretariat calculations, based on UNCTAD, *UNCTADstat* Merchandise Trade Matrix

Notes:

(1) Including unspecified destinations.

(2) Before 2000, the trade of the member countries of Southern African Customs Union (SACU) was not reported separately, but for SACU as a whole. Therefore, for the period 1995 to 1999, intra-trade figures of these countries are UNCTAD estimates. From 2001 to 2009, intra-trade among SACU member countries is under-valued.

(3) From 2011 onwards, including commercial mining.

(4) France including French Guiana, Guadeloupe, Martinique, Mayotte, Monaco and Reunion (and excluding intra-trade).

(5) Prior to 2005, excluding customs free zones.

Source :

Calculs du secrétariat de la CNUCED, basés sur la matrice du commerce de marchandises d'*UNCTADstat* de la CNUCED

Notes :

(1) Y compris des destinations non-spécifiées.

(2) Le commerce des pays membres de l'Union douanière d'Afrique australe (SACU) n'était pas rapporté séparément avant 2000, mais pour l'Union en tant qu'entité. Pour cette raison, les flux commerciaux intra-groupe de ces pays sont estimations de la CNUCED pour la période 1995 à 1999. De 2001 à 2009, le commerce intra-groupe entre les membres de SACU est sous-évalué.

(3) À partir de 2011, y compris l'exploitation minière commerciale.

(4) France incluant Guadeloupe, Guyane française, Martinique, Mayotte, Réunion et Monaco (et excluant les flux intra).

(5) Avant 2005, non-compris les zones franches douanières.

Destination / Product group	Year Année	World (1) Monde (1)	Developed economies - Économies développées							Transition economies Économies en transition
			Total	Europe Total	EU UE	Canada	USA États-Unis	Japan Japon	Other developed countries Autres économies développées	
Millions of dollars										
All products (3)	1995	5 120 727	3 492 231	2 174 444	2 049 447	165 232	755 403	303 504	93 648	91 352
	2005	10 459 468	6 938 594	4 335 408	4 114 202	304 514	1 631 966	484 242	182 463	243 771
	2014	18 957 775	10 308 949	6 489 928	5 954 477	460 711	2 271 558	751 469	335 282	538 055
Share by destination (percentage)										
All products (3)	1995	100.0	68.2	42.5	40.0	3.2	14.8	5.9	1.8	1.8
	2005	100.0	66.3	41.4	39.3	2.9	15.6	4.6	1.7	2.3
	2014	100.0	54.4	34.2	31.4	2.4	12.0	4.0	1.8	2.8
All food items	1995	100.0	67.9	47.6	46.0	2.0	7.5	9.6	1.1	4.2
(SITC 0 + 1 + 22 + 4)	2005	100.0	68.7	48.6	47.1	2.6	9.9	6.3	1.4	4.2
	2014	100.0	56.5	39.9	38.3	2.5	8.3	4.2	1.6	4.2
Agricultural raw materials	1995	100.0	67.9	41.3	39.5	2.1	11.5	12.0	1.0	0.7
(SITC 2 - 22 - 27 - 28)	2005	100.0	61.9	39.7	38.2	2.3	12.9	6.2	0.9	1.6
	2014	100.0	48.5	33.9	32.4	1.6	8.2	3.9	0.9	2.0
Ores, metals, precious stones	1995	100.0	69.3	42.4	38.1	2.5	11.7	10.0	2.7	1.1
and non-monetary gold	2005	100.0	60.5	37.8	33.4	2.3	11.3	6.1	3.1	1.3
(SITC 27 + 28 + 68 + 667 + 971)	2014	100.0	44.6	30.2	22.6	1.8	6.9	3.9	1.9	1.1
Fuels (SITC 3)	1995	100.0	68.6	35.5	33.5	1.3	17.0	13.6	1.2	2.7
	2005	100.0	66.0	34.1	32.4	1.6	19.7	9.3	1.3	1.2
	2014	100.0	49.8	29.1	24.3	1.5	10.3	7.3	1.6	1.2
Manufactured goods	1995	100.0	67.9	41.9	39.5	3.7	15.9	4.4	1.9	1.4
(SITC 5 to 8 less 667 and 68)	2005	100.0	66.1	41.8	39.7	3.3	15.8	3.5	1.8	2.4
	2014	100.0	56.3	35.1	33.0	2.7	13.6	3.0	1.8	3.3
Share by major product group (percentage)										
All products (3)	1995	100.0	100.0	100.0	100.0	100.0	100.0	100.0	100.0	100.0
	2005	100.0	100.0	100.0	100.0	100.0	100.0	100.0	100.0	100.0
	2014	100.0	100.0	100.0	100.0	100.0	100.0	100.0	100.0	100.0
All food items	1995	9.0	8.9	10.1	10.3	5.7	4.6	14.5	5.6	21.1
(SITC 0 + 1 + 22 + 4)	2005	6.6	6.8	7.7	7.9	5.7	4.2	9.0	5.1	11.8
	2014	7.9	8.2	9.2	9.7	8.0	5.5	8.4	7.4	11.9
Agricultural raw materials	1995	2.7	2.7	2.6	2.7	1.7	2.1	5.5	1.5	1.0
(SITC 2 - 22 - 27 - 28)	2005	1.6	1.5	1.5	1.5	1.3	1.3	2.1	0.8	1.1
	2014	1.5	1.3	1.4	1.5	1.0	1.0	1.4	0.7	1.0
Ores, metals, precious stones	1995	4.6	4.6	4.6	4.3	3.5	3.6	7.7	6.8	2.8
and non-monetary gold	2005	4.6	4.2	4.2	3.9	3.6	3.4	6.0	8.1	2.6
(SITC 27 + 28 + 68 + 667 + 971)	2014	6.3	5.2	5.6	4.6	4.6	3.7	6.2	6.7	2.4
Fuels (SITC 3)	1995	7.3	7.3	6.1	6.1	3.0	8.4	16.6	4.8	11.2
	2005	13.9	13.8	11.4	11.5	7.5	17.5	27.9	10.5	6.9
	2014	16.7	15.3	14.2	12.9	10.5	14.4	30.7	15.2	7.1
Manufactured goods	1995	72.7	72.4	71.8	71.7	83.2	78.5	54.0	77.4	55.3
(SITC 5 to 8 less 667 and 68)	2005	70.4	70.2	70.9	71.1	78.9	71.3	53.1	71.9	71.2
	2014	64.8	67.1	66.5	68.2	72.2	73.7	49.8	67.0	75.7

For sources and notes, see end of table 2.2.J.

			Developing economies - Économies en développement							Destinations	
				Asia Asie				LDCs (Least developed countries)	LLDCs (Landlocked developing countries)	Year Année	
Total	Africa Afrique	America Amérique	Total	Eastern, Southern and South-Eastern Asia Asie orientale, méridionale et du Sud-Est	China Chine	Western Asia Asie occidentale	Oceania (2) Océanie (2)	PMA (Pays les moins avancés)	LLDCs (Pays en dévelop-pement sans littoral)		Groupes de produits
Millions de dollars											
1 452 572	119 583	246 898	1 081 353	957 106	147 435	124 248	4 738	41 126	32 443	1995	Total tous produits (3)
3 227 515	251 707	497 533	2 466 531	2 120 159	593 527	346 373	11 744	90 872	67 905	2005	
7 939 509	638 512	1 120 292	6 148 526	5 292 097	1 687 304	856 430	32 178	295 697	210 480	2014	
Parts par destinations (en pourcentage)											
28.4	2.3	4.8	21.1	18.7	2.9	2.4	0.1	0.8	0.6	1995	Total tous produits (3)
30.9	2.4	4.8	23.6	20.3	5.7	3.3	0.1	0.9	0.6	2005	
41.9	3.4	5.9	32.4	27.9	8.9	4.5	0.2	1.6	1.1	2014	
25.4	3.8	4.9	16.5	13.0	2.3	3.5	0.1	1.6	1.1	1995	Produits alimentaires
26.3	4.2	5.1	16.8	12.5	2.7	4.3	0.2	2.0	1.0	2005	(CTCI 0 + 1 + 22 + 4)
38.9	5.7	5.9	27.1	21.5	6.6	5.6	0.2	3.0	1.6	2014	
30.4	2.3	3.9	24.2	22.3	5.4	2.0	0.0	0.6	0.4	1995	Matières premières
35.9	2.2	4.0	29.6	26.9	13.5	2.7	0.1	1.0	0.5	2005	d'origine agricole
49.0	2.9	3.8	42.3	39.0	22.2	3.3	0.0	2.0	0.8	2014	(CTCI 2 - 22 - 27 - 28)
27.5	1.2	2.2	24.1	22.1	2.5	2.0	0.0	0.3	0.3	1995	Minerais, métaux, pierres pré-
36.8	1.5	2.6	32.7	29.1	9.7	3.7	0.0	0.2	0.4	2005	cieuses et or (non monétaire)
53.3	1.8	2.1	49.4	44.1	19.9	5.3	0.0	0.6	0.7	2014	(CTCI 27 + 28 + 68 + 667 + 971)
25.8	2.0	5.0	18.7	16.8	1.5	1.9	0.1	0.7	0.9	1995	Combustibles (CTCI 3)
29.3	2.3	4.2	22.6	20.4	4.3	2.2	0.2	0.8	0.5	2005	
45.3	3.3	5.7	36.1	33.7	8.9	2.4	0.2	1.4	0.6	2014	
29.4	2.3	5.0	22.0	19.6	3.1	2.4	0.1	0.8	0.6	1995	Articles manufacturés
31.2	2.3	5.0	23.8	20.4	5.8	3.4	0.1	0.8	0.7	2005	(CTCI 5 à 8 moins 667 et 68)
40.2	3.3	6.3	30.5	25.7	7.9	4.8	0.2	1.5	1.2	2014	
Parts par principaux groupes de produits (en pourcentage)											
100.0	100.0	100.0	100.0	100.0	100.0	100.0	100.0	100.0	100.0	1995	Total tous produits (3)
100.0	100.0	100.0	100.0	100.0	100.0	100.0	100.0	100.0	100.0	2005	
100.0	100.0	100.0	100.0	100.0	100.0	100.0	100.0	100.0	100.0	2014	
8.0	14.8	9.0	7.0	6.3	7.1	12.8	14.5	18.2	15.5	1995	Produits alimentaires
5.6	11.5	7.1	4.7	4.0	3.2	8.5	10.7	14.8	10.4	2005	(CTCI 0 + 1 + 22 + 4)
7.4	13.5	7.9	6.6	6.1	5.8	9.9	7.9	15.3	11.2	2014	
2.9	2.7	2.1	3.1	3.2	5.1	2.2	1.0	2.0	1.5	1995	Matières premières
1.8	1.5	1.3	2.0	2.1	3.8	1.3	1.0	1.8	1.3	2005	d'origine agricole
1.7	1.2	0.9	1.9	2.0	3.6	1.1	0.4	1.8	1.1	2014	(CTCI 2 - 22 - 27 - 28)
4.4	2.3	2.1	5.2	5.4	4.0	3.7	0.6	1.4	2.4	1995	Minerais, métaux, pierres pré-
5.5	2.8	2.5	6.4	6.6	7.9	5.1	0.5	1.1	3.1	2005	cieuses et or (non monétaire)
8.1	3.3	2.3	9.7	10.0	14.2	7.5	0.5	2.3	4.2	2014	(CTCI 27 + 28 + 68 + 667 + 971)
6.6	6.2	7.5	6.4	6.5	3.9	5.6	8.5	6.0	10.1	1995	Combustibles (CTCI 3)
13.2	13.1	12.4	13.3	14.0	10.4	9.1	18.6	13.0	11.6	2005	
18.1	16.5	16.1	18.6	20.2	16.6	8.8	14.9	14.6	9.6	2014	
75.4	71.4	76.1	75.7	76.2	77.4	72.0	72.3	69.1	68.5	1995	Articles manufacturés
71.2	68.1	73.7	71.1	71.0	72.6	71.5	63.4	65.7	71.8	2005	(CTCI 5 à 8 moins 667 et 68)
62.2	62.9	69.1	60.9	59.7	57.6	68.4	64.6	62.7	71.1	2014	

Pour les sources et les notes, se reporter à la fin du tableau 2.2.J.

Product group	Year / Année	World (1) / Monde (1)	Developed economies - Économies développées							Transition economies / Économies en transition
			Total	Europe Total	EU / UE	Canada	USA / États-Unis	Japan / Japon	Other developed countries / Autres économies développées	
Millions of dollars										
All products (3)	1995	5 185 838	3 551 113	2 149 506	2 010 113	197 543	636 369	478 690	89 005	118 676
	2005	10 711 394	6 240 146	4 075 998	3 819 597	364 199	939 867	674 367	185 716	368 600
	2014	18 805 581	9 453 156	6 247 008	5 772 220	483 132	1 571 136	771 316	380 565	740 533
Share by origin (percentage)										
All products (3)	1995	100.0	68.5	41.4	38.8	3.8	12.3	9.2	1.7	2.3
	2005	100.0	58.3	38.1	35.7	3.4	8.8	6.3	1.7	3.4
	2014	100.0	50.3	33.2	30.7	2.6	8.4	4.1	2.0	3.9
All food items	1995	100.0	65.0	43.1	41.3	3.5	13.8	0.5	4.0	1.8
(SITC 0 + 1 + 22 + 4)	2005	100.0	62.1	43.5	41.8	3.6	9.9	0.4	4.6	2.4
	2014	100.0	57.0	38.5	36.5	3.5	10.3	0.3	4.3	3.6
Agricultural raw materials	1995	100.0	66.0	29.8	28.8	12.4	16.7	1.7	5.5	5.1
(SITC 2 - 22 - 27 - 28)	2005	100.0	62.2	33.3	32.6	10.2	12.5	1.8	4.3	6.2
	2014	100.0	57.6	31.6	30.9	6.9	12.3	2.2	4.7	5.5
Ores, metals, precious stones	1995	100.0	60.5	34.8	29.1	6.4	8.5	2.4	8.4	7.4
and non-monetary gold	2005	100.0	52.7	29.9	25.0	4.7	5.7	2.5	9.9	7.6
(SITC 27 + 28 + 68 + 667 + 971)	2014	100.0	50.6	27.1	21.1	4.1	6.2	2.1	11.1	4.9
Fuels (SITC 3)	1995	100.0	30.2	19.3	13.9	4.3	3.2	0.5	2.9	8.7
	2005	100.0	28.7	18.9	14.2	4.9	2.3	0.3	2.4	12.4
	2014	100.0	27.4	15.3	12.5	4.1	5.0	0.5	2.6	13.4
Manufactured goods	1995	100.0	73.2	43.8	41.5	3.2	13.2	12.2	0.7	1.1
(SITC 5 to 8 less 667 and 68)	2005	100.0	63.3	41.4	39.6	2.7	10.0	8.4	0.7	1.3
	2014	100.0	54.3	37.1	35.2	1.7	9.0	5.8	0.6	1.3
Share by major product group (percentage)										
All products (3)	1995	100.0	100.0	100.0	100.0	100.0	100.0	100.0	100.0	100.0
	2005	100.0	100.0	100.0	100.0	100.0	100.0	100.0	100.0	100.0
	2014	100.0	100.0	100.0	100.0	100.0	100.0	100.0	100.0	100.0
All food items	1995	9.0	8.6	9.4	9.6	8.4	10.2	0.5	21.1	7.3
(SITC 0 + 1 + 22 + 4)	2005	6.7	7.2	7.7	7.9	7.1	7.6	0.5	18.0	4.7
	2014	7.9	9.0	9.2	9.5	10.7	9.8	0.6	16.8	7.3
Agricultural raw materials	1995	2.9	2.8	2.1	2.1	9.3	3.9	0.5	9.1	6.5
(SITC 2 - 22 - 27 - 28)	2005	1.7	1.8	1.5	1.5	5.0	2.4	0.5	4.1	3.0
	2014	1.5	1.7	1.4	1.5	4.0	2.2	0.8	3.5	2.1
Ores, metals, precious stones	1995	4.9	4.4	4.2	3.7	8.3	3.4	1.3	24.1	16.0
and non-monetary gold	2005	4.9	4.4	3.8	3.4	6.7	3.2	1.9	27.9	10.8
(SITC 27 + 28 + 68 + 667 + 971)	2014	6.5	6.5	5.3	4.5	10.4	4.8	3.3	35.7	8.1
Fuels (SITC 3)	1995	7.3	3.2	3.4	2.6	8.3	1.9	0.4	12.2	27.7
	2005	13.4	6.6	6.7	5.3	19.2	3.4	0.6	18.2	48.4
	2014	16.2	8.8	7.5	6.6	26.2	9.6	2.0	20.4	55.0
Manufactured goods	1995	72.3	77.2	76.4	77.3	61.4	77.8	95.3	31.3	33.4
(SITC 5 to 8 less 667 and 68)	2005	70.9	77.1	77.1	78.8	57.0	81.1	95.1	28.6	27.3
	2014	65.5	70.8	73.3	75.2	44.6	70.9	92.1	20.1	21.9

For sources and notes, see end of table 2.2.J.

2.2.A Structure des importations par partenaires et groupes de produits
Monde

Total	Africa Afrique	America Amérique	Asia Asie Total	Eastern, Southern and South-Eastern Asia Asie orientale, méridionale et du Sud-Est	China Chine	Western Asia Asie occidentale	Oceania (2) Océanie (2)	LDCs (Least developed countries) PMA (Pays les moins avancés)	LLDCs (Landlocked developing countries) LLDCs (Pays en développement sans littoral)	Year Année	Groupes de produits
Millions de dollars											
1 428 145	115 717	246 430	1 061 267	927 135	233 517	134 132	4 731	26 195	25 148	1995	Total tous produits (3)
4 050 420	321 525	628 465	3 093 288	2 617 911	1 078 979	475 377	7 142	84 469	67 459	2005	
8 519 732	629 317	1 167 363	6 707 597	5 544 819	2 612 609	1 162 778	15 454	235 927	192 435	2014	
Parts par origines (en pourcentage)											
27.5	2.2	4.8	20.5	17.9	4.5	2.6	0.1	0.5	0.5	1995	Total tous produits (3)
37.8	3.0	5.9	28.9	24.4	10.1	4.4	0.1	0.8	0.6	2005	
45.3	3.3	6.2	35.7	29.5	13.9	6.2	0.1	1.3	1.0	2014	
31.8	3.8	12.7	15.1	13.6	2.7	1.5	0.3	1.2	1.2	1995	Produits alimentaires
35.4	3.9	15.2	16.0	13.7	3.7	2.3	0.2	1.2	1.1	2005	(CTCI 0 + 1 + 22 + 4)
39.3	4.1	16.1	18.9	16.3	3.6	2.6	0.2	1.4	1.6	2014	
28.0	4.0	6.4	17.1	16.5	2.3	0.7	0.5	1.9	2.6	1995	Matières premières
31.5	4.6	7.9	18.5	17.7	3.1	0.8	0.4	2.3	2.0	2005	d'origine agricole
36.8	4.4	8.5	23.2	22.4	3.9	0.8	0.8	3.1	2.2	2014	(CTCI 2 - 22 - 27 - 28)
29.5	6.2	10.0	12.8	11.0	1.9	1.8	0.6	1.9	1.8	1995	Minerais, métaux, pierres pré-
39.1	7.4	12.2	19.2	15.9	3.4	3.3	0.4	1.6	2.7	2005	cieuses et or (non monétaire)
44.0	8.2	12.7	22.8	18.0	3.8	4.7	0.4	3.6	2.9	2014	(CTCI 27 + 28 + 68 + 667 + 971)
58.2	11.7	8.3	37.9	14.8	1.5	23.2	0.2	1.5	1.1	1995	Combustibles (CTCI 3)
56.7	12.4	8.9	35.4	13.3	1.3	22.1	0.1	3.0	1.9	2005	
57.1	10.3	7.4	39.3	13.5	0.8	25.8	0.1	3.4	3.2	2014	
24.5	0.7	3.1	20.7	19.8	5.5	0.9	0.0	0.2	0.2	1995	Articles manufacturés
35.2	0.9	4.0	30.3	28.8	13.2	1.6	0.0	0.3	0.2	2005	(CTCI 5 à 8 moins 667 et 68)
44.1	0.9	4.1	39.1	36.9	20.0	2.2	0.0	0.5	0.2	2014	
Parts par principaux groupes de produits (en pourcentage)											
100.0	100.0	100.0	100.0	100.0	100.0	100.0	100.0	100.0	100.0	1995	Total tous produits (3)
100.0	100.0	100.0	100.0	100.0	100.0	100.0	100.0	100.0	100.0	2005	
100.0	100.0	100.0	100.0	100.0	100.0	100.0	100.0	100.0	100.0	2014	
10.4	15.4	24.1	6.6	6.9	5.5	5.3	25.9	22.1	22.7	1995	Produits alimentaires
6.3	8.8	17.5	3.7	3.8	2.4	3.5	23.0	9.8	12.1	2005	(CTCI 0 + 1 + 22 + 4)
6.9	9.7	20.6	4.2	4.4	2.1	3.4	16.1	8.6	12.8	2014	
2.9	5.2	3.9	2.4	2.6	1.5	0.7	15.3	10.6	15.3	1995	Matières premières
1.4	2.6	2.2	1.1	1.2	0.5	0.3	9.5	4.9	5.3	2005	d'origine agricole
1.2	2.0	2.1	1.0	1.1	0.4	0.2	13.8	3.7	3.3	2014	(CTCI 2 - 22 - 27 - 28)
5.3	13.8	10.4	3.1	3.0	2.1	3.4	30.0	18.8	18.4	1995	Minerais, métaux, pierres pré-
5.0	12.0	10.1	3.2	3.2	1.7	3.6	26.2	10.2	21.0	2005	cieuses et or (non monétaire)
6.3	15.8	13.3	4.1	4.0	1.8	5.0	28.0	18.4	18.2	2014	(CTCI 27 + 28 + 68 + 667 + 971)
15.4	38.4	12.8	13.6	6.0	2.5	65.5	13.7	21.8	16.2	1995	Combustibles (CTCI 3)
20.1	55.3	20.2	16.4	7.3	1.7	66.8	15.5	50.7	41.3	2005	
20.4	49.9	19.3	17.8	7.4	1.0	67.5	24.2	44.4	51.0	2014	
64.4	24.0	46.8	73.1	80.1	87.7	24.3	14.4	22.6	25.3	1995	Articles manufacturés
66.0	20.1	47.9	74.5	83.5	93.1	24.9	23.6	23.9	18.9	2005	(CTCI 5 à 8 moins 667 et 68)
63.8	17.9	43.0	71.8	82.0	94.1	23.2	17.1	24.6	14.1	2014	

Pour les sources et les notes, se reporter à la fin du tableau 2.2.J.

2.2.B Export structure by partner and product group
Developing economies

Destination / Product group	Year / Année	World (1) / Monde (1)	Developed economies - Économies développées							Transition economies / Économies en transition
			Total	Europe		Canada	USA / États-Unis	Japan / Japon	Other developed countries / Autres économies développées	
				Total	EU / UE					
Millions of dollars										
All products (3)	1995	1 431 186	809 210	285 540	275 061	16 355	319 542	164 927	22 847	13 062
	2005	3 789 341	1 985 097	714 374	693 832	45 646	822 524	332 557	69 997	46 839
	2014	8 466 684	3 332 969	1 249 377	1 195 674	88 293	1 286 511	539 586	169 201	160 659
Share by destination (percentage)										
All products (3)	1995	100.0	56.5	20.0	19.2	1.1	22.3	11.5	1.6	0.9
	2005	100.0	52.4	18.9	18.3	1.2	21.7	8.8	1.8	1.2
	2014	100.0	39.4	14.8	14.1	1.0	15.2	6.4	2.0	1.9
All food items	1995	100.0	56.6	27.7	26.8	0.9	12.8	14.1	1.2	2.8
(SITC 0 + 1 + 22 + 4)	2005	100.0	51.5	25.1	24.5	1.2	14.7	9.1	1.5	3.9
	2014	100.0	37.9	17.8	17.5	1.1	11.7	5.4	1.8	3.5
Agricultural raw materials	1995	100.0	50.9	23.6	22.9	0.6	11.8	14.0	0.9	0.3
(SITC 2 - 22 - 27 - 28)	2005	100.0	46.9	21.9	21.4	1.0	14.0	9.0	0.9	0.7
	2014	100.0	33.8	15.7	15.5	0.7	10.6	5.7	1.1	1.1
Ores, metals, precious stones	1995	100.0	59.2	28.0	25.5	1.2	12.3	16.1	1.7	0.8
and non-monetary gold	2005	100.0	48.5	23.6	20.5	2.0	11.1	9.2	2.5	0.6
(SITC 27 + 28 + 68 + 667 + 971)	2014	100.0	33.3	16.0	11.7	2.0	7.8	5.5	1.9	0.4
Fuels (SITC 3)	1995	100.0	62.9	20.4	20.0	0.8	19.2	20.9	1.6	0.1
	2005	100.0	56.8	17.3	17.0	1.0	22.0	14.6	1.8	0.0
	2014	100.0	36.1	12.2	12.0	0.6	9.9	11.4	2.0	0.1
Manufactured goods	1995	100.0	55.0	17.8	17.2	1.3	25.7	8.6	1.7	0.8
(SITC 5 to 8 less 667 and 68)	2005	100.0	51.6	18.4	18.0	1.2	23.4	6.7	1.8	1.5
	2014	100.0	41.5	15.2	14.7	1.1	18.2	5.0	2.0	2.5
Share by major product group (percentage)										
All products (3)	1995	100.0	100.0	100.0	100.0	100.0	100.0	100.0	100.0	100.0
	2005	100.0	100.0	100.0	100.0	100.0	100.0	100.0	100.0	100.0
	2014	100.0	100.0	100.0	100.0	100.0	100.0	100.0	100.0	100.0
All food items	1995	10.0	10.0	13.8	13.9	7.9	5.7	12.1	7.3	30.7
(SITC 0 + 1 + 22 + 4)	2005	6.1	6.0	8.1	8.2	5.8	4.1	6.3	4.9	19.3
	2014	6.9	6.7	8.4	8.6	7.5	5.3	5.8	6.3	12.6
Agricultural raw materials	1995	2.8	2.5	3.3	3.3	1.5	1.5	3.4	1.6	0.8
(SITC 2 - 22 - 27 - 28)	2005	1.3	1.2	1.5	1.5	1.1	0.8	1.3	0.7	0.7
	2014	1.2	1.0	1.3	1.3	0.8	0.8	1.1	0.7	0.7
Ores, metals, precious stones	1995	5.3	5.6	7.5	7.1	5.4	2.9	7.5	5.7	4.8
and non-monetary gold	2005	5.0	4.6	6.2	5.5	8.2	2.5	5.2	6.8	2.5
(SITC 27 + 28 + 68 + 667 + 971)	2014	6.1	5.1	6.6	5.0	11.8	3.1	5.2	5.9	1.3
Fuels (SITC 3)	1995	15.0	16.7	15.3	15.6	10.1	12.9	27.2	15.2	2.2
	2005	22.4	24.2	20.5	20.8	18.7	22.7	37.3	22.2	0.8
	2014	21.3	19.5	17.6	18.0	11.6	13.8	38.2	21.7	0.9
Manufactured goods	1995	65.7	64.0	58.7	58.7	74.4	75.6	48.9	69.4	61.1
(SITC 5 to 8 less 667 and 68)	2005	64.4	63.4	62.9	63.3	65.0	69.3	49.4	64.4	76.3
	2014	63.6	67.0	65.3	66.2	67.3	76.4	49.4	64.8	84.3

For sources and notes, see end of table 2.2.J.

2.2.B Structure des exportations par partenaires et groupes de produits
Économies en développement

Total	Africa Afrique	America Amérique	Asia Asie Total	Eastern, Southern and South-Eastern Asia (Asie orientale, méridionale et du Sud-Est)	China Chine	Western Asia Asie occidentale	Oceania (2) Océanie (2)	LDCs (Least developed countries) PMA (Pays les moins avancés)	LLDCs (Landlocked developing countries) LLDCs (Pays en développement sans littoral)	Year Année	Destinations / Groupes de produits
Millions de dollars											
601 601	38 235	74 670	487 883	446 511	83 198	41 372	813	22 002	13 387	1995	Total tous produits (3)
1 742 797	110 848	185 914	1 440 634	1 299 284	366 626	141 350	5 401	60 170	29 622	2005	
4 947 897	362 388	464 617	4 099 741	3 652 718	1 039 342	447 022	21 152	222 730	118 822	2014	
Parts par destinations (en pourcentage)											
42.0	2.7	5.2	34.1	31.2	5.8	2.9	0.1	1.5	0.9	1995	Total tous produits (3)
46.0	2.9	4.9	38.0	34.3	9.7	3.7	0.1	1.6	0.8	2005	
58.4	4.3	5.5	48.4	43.1	12.3	5.3	0.2	2.6	1.4	2014	
39.9	4.7	6.8	28.4	23.3	4.6	5.2	0.1	2.9	1.6	1995	Produits alimentaires
44.2	6.6	6.8	30.7	23.0	5.1	7.6	0.2	3.9	1.5	2005	(CTCI 0 + 1 + 22 + 4)
58.3	8.4	7.0	42.8	34.0	9.1	8.8	0.2	5.8	2.0	2014	
48.4	3.3	5.3	39.8	37.6	9.4	2.2	0.0	1.0	0.3	1995	Matières premières
52.1	2.7	4.5	44.8	42.1	19.8	2.8	0.0	1.6	0.5	2005	d'origine agricole
64.6	2.5	3.7	58.4	55.0	28.5	3.3	0.0	3.7	0.7	2014	(CTCI 2 - 22 - 27 - 28)
39.4	1.5	3.6	34.2	31.8	5.1	2.4	0.0	0.6	0.4	1995	Minerais, métaux, pierres pré-
50.8	2.1	3.8	44.9	39.6	13.4	5.3	0.0	0.4	0.5	2005	cieuses et or (non monétaire)
65.4	2.8	2.3	60.3	53.9	26.0	6.3	0.0	1.1	1.0	2014	(CTCI 27 + 28 + 68 + 667 + 971)
35.9	2.6	5.6	27.5	25.2	2.5	2.3	0.1	1.0	0.5	1995	Combustibles (CTCI 3)
42.7	3.0	5.0	34.5	32.0	6.4	2.5	0.2	1.2	0.4	2005	
63.7	3.9	4.3	55.2	52.2	12.9	3.0	0.2	1.8	0.7	2014	
43.8	2.4	5.0	36.3	33.5	6.7	2.8	0.1	1.5	1.0	1995	Articles manufacturés
46.8	2.6	4.7	39.4	35.8	10.8	3.6	0.1	1.5	0.9	2005	(CTCI 5 à 8 moins 667 et 68)
55.9	4.1	6.0	45.6	40.1	10.9	5.5	0.2	2.6	1.7	2014	
Parts par principaux groupes de produits (en pourcentage)											
100.0	100.0	100.0	100.0	100.0	100.0	100.0	100.0	100.0	100.0	1995	Total tous produits (3)
100.0	100.0	100.0	100.0	100.0	100.0	100.0	100.0	100.0	100.0	2005	
100.0	100.0	100.0	100.0	100.0	100.0	100.0	100.0	100.0	100.0	2014	
9.5	17.4	12.9	8.3	7.4	7.9	17.8	10.9	18.5	17.3	1995	Produits alimentaires
5.9	13.7	8.4	4.9	4.1	3.2	12.5	6.8	15.1	11.4	2005	(CTCI 0 + 1 + 22 + 4)
6.9	13.6	8.8	6.1	5.5	5.1	11.6	4.4	15.2	9.9	2014	
3.2	3.4	2.8	3.2	3.3	4.5	2.1	0.5	1.8	1.0	1995	Matières premières
1.5	1.2	1.2	1.5	1.6	2.7	1.0	0.2	1.3	0.8	2005	d'origine agricole
1.3	0.7	0.8	1.5	1.5	2.8	0.8	0.1	1.7	0.6	2014	(CTCI 2 - 22 - 27 - 28)
5.0	3.1	3.7	5.4	5.5	4.7	4.5	0.5	2.1	2.5	1995	Minerais, métaux, pierres pré-
5.5	3.6	3.8	5.9	5.7	6.8	7.0	0.2	1.3	3.4	2005	cieuses et or (non monétaire)
6.8	3.9	2.6	7.5	7.6	12.8	7.3	0.4	2.6	4.2	2014	(CTCI 27 + 28 + 68 + 667 + 971)
12.8	14.8	16.2	12.1	12.1	6.3	12.2	15.2	9.4	8.1	1995	Combustibles (CTCI 3)
20.8	23.0	22.9	20.3	20.9	14.9	14.9	31.6	17.3	11.9	2005	
23.2	19.5	16.8	24.3	25.8	22.3	12.0	19.1	14.8	10.2	2014	
68.5	60.3	63.5	70.0	70.6	75.6	63.0	68.5	66.1	70.8	1995	Articles manufacturés
65.6	56.9	62.1	66.7	67.2	72.2	62.0	55.1	62.8	71.9	2005	(CTCI 5 à 8 moins 667 et 68)
60.8	60.8	69.0	59.9	59.2	56.6	65.7	61.4	63.5	74.8	2014	

Pour les sources et les notes, se reporter à la fin du tableau 2.2.J.

2.2.B Import structure by partner and product group
Developing economies

Origin Product group	Year Année	World (1) Monde (1)	Developed economies - Économies développées								Transition economies Économies en transition
			Total	Europe		Canada	USA États-Unis	Japan Japon	Other developed countries Autres économies développées	
				Total	EU UE					
Millions of dollars											
All products (3)	1995	1 502 622	894 736	328 315	305 332	19 551	269 848	242 787	34 234	22 252
	2005	3 392 420	1 521 606	605 996	562 393	31 536	426 939	374 349	82 786	76 813
	2014	7 935 437	2 968 493	1 315 718	1 168 319	75 585	847 947	495 713	233 530	208 801
Share by origin (percentage)											
All products (3)	1995	100.0	59.5	21.8	20.3	1.3	18.0	16.2	2.3	1.5
	2005	100.0	44.9	17.9	16.6	0.9	12.6	11.0	2.4	2.3
	2014	100.0	37.4	16.6	14.7	1.0	10.7	6.2	2.9	2.6
All food items	1995	100.0	55.1	20.3	19.5	3.7	23.1	1.5	6.4	0.8
(SITC 0 + 1 + 22 + 4)	2005	100.0	43.9	15.4	14.6	2.7	17.7	1.2	6.9	2.3
	2014	100.0	41.2	14.3	13.5	2.9	16.6	0.6	6.7	3.5
Agricultural raw materials	1995	100.0	53.5	11.9	11.6	4.6	24.9	4.3	7.8	4.7
(SITC 2 - 22 - 27 - 28)	2005	100.0	51.0	14.6	14.2	4.9	20.9	4.0	6.7	7.4
	2014	100.0	48.8	15.0	14.8	5.7	17.3	3.5	7.3	6.0
Ores, metals, precious stones	1995	100.0	56.1	23.0	17.3	2.8	11.9	6.9	11.5	4.1
and non-monetary gold	2005	100.0	45.2	18.6	13.2	1.6	6.7	5.3	13.0	5.0
(SITC 27 + 28 + 68 + 667 + 971)	2014	100.0	43.9	17.0	10.0	1.6	6.2	3.3	15.7	3.5
Fuels (SITC 3)	1995	100.0	16.4	4.4	4.3	0.7	5.8	1.6	4.0	1.9
	2005	100.0	12.5	3.4	3.0	0.3	4.3	0.7	3.8	4.7
	2014	100.0	15.2	4.6	4.3	0.3	6.5	0.8	3.0	6.9
Manufactured goods	1995	100.0	64.1	23.9	22.4	0.9	18.4	20.1	0.9	1.2
(SITC 5 to 8 less 667 and 68)	2005	100.0	50.1	20.3	19.2	0.7	13.9	14.3	0.8	1.3
	2014	100.0	41.6	19.9	18.7	0.6	11.5	9.0	0.6	0.9
Share by major product group (percentage)											
All products (3)	1995	100.0	100.0	100.0	100.0	100.0	100.0	100.0	100.0	100.0
	2005	100.0	100.0	100.0	100.0	100.0	100.0	100.0	100.0	100.0
	2014	100.0	100.0	100.0	100.0	100.0	100.0	100.0	100.0	100.0
All food items	1995	8.0	7.4	7.5	7.7	23.0	10.3	0.8	22.5	4.4
(SITC 0 + 1 + 22 + 4)	2005	5.9	5.7	5.0	5.1	17.1	8.2	0.6	16.4	5.9
	2014	7.4	8.1	6.3	6.7	22.6	11.5	0.7	16.7	9.9
Agricultural raw materials	1995	3.0	2.7	1.6	1.7	10.4	4.1	0.8	10.3	9.5
(SITC 2 - 22 - 27 - 28)	2005	1.9	2.2	1.6	1.6	10.1	3.2	0.7	5.2	6.3
	2014	1.8	2.3	1.6	1.8	10.8	2.9	1.0	4.4	4.1
Ores, metals, precious stones	1995	4.9	4.6	5.2	4.2	10.6	3.3	2.1	24.9	13.4
and non-monetary gold	2005	6.2	6.3	6.5	5.0	10.9	3.3	3.0	33.2	13.8
(SITC 27 + 28 + 68 + 667 + 971)	2014	8.2	9.6	8.4	5.6	14.0	4.7	4.4	43.8	10.9
Fuels (SITC 3)	1995	6.7	1.9	1.3	1.4	3.6	2.2	0.7	11.8	8.6
	2005	12.3	3.4	2.4	2.2	4.2	4.2	0.7	19.2	25.2
	2014	17.4	7.1	4.8	5.0	5.9	10.5	2.3	17.8	45.9
Manufactured goods	1995	75.1	80.9	82.3	82.8	50.9	76.9	93.3	29.3	62.2
(SITC 5 to 8 less 667 and 68)	2005	72.4	80.8	82.4	83.9	57.3	79.8	94.0	22.7	43.0
	2014	63.0	70.0	75.7	79.9	40.6	67.7	90.7	12.9	20.6

For sources and notes, see end of table 2.2.J.

Developing economies - Économies en développement										Year / Année	Origines
Total	Africa / Afrique	America / Amérique	Asia / Asie Total	Eastern, Southern and South-Eastern Asia / Asie orientale, méridionale et du Sud-Est	China / Chine	Western Asia / Asie occidentale	Oceania (2) / Océanie (2)	LDCs (Least developed countries) / PMA (Pays les moins avancés)	LLDCs (Landlocked developing countries) / LLDCs (Pays en développement sans littoral)		Groupes de produits
Millions de dollars											
569 306	31 757	69 635	467 034	407 975	104 385	59 060	880	8 075	5 972	1995	**Total tous produits (3)**
1 780 176	98 328	181 722	1 497 980	1 267 336	415 691	230 645	2 144	36 797	19 564	2005	
4 730 462	339 045	475 739	3 909 781	3 181 860	1 276 137	727 921	5 897	143 845	86 322	2014	
Parts par origines (en pourcentage)											
37.9	2.1	4.6	31.1	27.2	6.9	3.9	0.1	0.5	0.4	1995	**Total tous produits (3)**
52.5	2.9	5.4	44.2	37.4	12.3	6.8	0.1	1.1	0.6	2005	
59.6	4.3	6.0	49.3	40.1	16.1	9.2	0.1	1.8	1.1	2014	
43.5	3.7	14.4	25.2	22.3	4.3	2.9	0.2	1.5	1.1	1995	Produits alimentaires
53.7	4.7	19.7	29.0	23.9	5.0	5.1	0.3	2.1	1.6	2005	(CTCI 0 + 1 + 22 + 4)
55.2	5.2	20.3	29.5	24.7	4.5	4.8	0.1	2.2	2.2	2014	
41.4	5.0	7.5	28.2	27.2	3.4	1.0	0.6	4.1	3.8	1995	Matières premières
41.5	5.8	7.0	27.8	26.7	2.7	1.2	0.9	4.9	3.7	2005	d'origine agricole
45.2	5.4	8.1	30.3	29.3	3.5	1.0	1.4	5.2	3.6	2014	(CTCI 2 - 22 - 27 - 28)
39.6	6.2	9.8	23.3	19.2	3.3	4.1	0.2	1.6	1.8	1995	Minerais, métaux, pierres pré-
49.5	5.9	12.2	31.3	25.3	4.6	6.0	0.1	1.5	2.9	2005	cieuses et or (non monétaire)
52.6	8.7	12.2	31.5	25.3	5.1	6.3	0.1	5.0	2.9	2014	(CTCI 27 + 28 + 68 + 667 + 971)
81.0	8.6	8.1	64.3	27.5	2.7	36.8	0.1	2.0	0.3	1995	Combustibles (CTCI 3)
82.6	10.7	6.8	65.1	28.1	2.9	37.0	0.0	5.3	0.9	2005	
77.7	11.4	7.7	58.5	22.4	1.6	36.1	0.0	5.5	2.8	2014	
33.8	1.0	2.9	29.9	28.6	8.1	1.3	0.0	0.1	0.1	1995	Articles manufacturés
48.3	1.1	3.4	43.8	41.7	15.5	2.1	0.0	0.2	0.2	2005	(CTCI 5 à 8 moins 667 et 68)
57.3	1.2	3.1	53.0	49.9	23.7	3.1	0.0	0.3	0.2	2014	
Parts par principaux groupes de produits (en pourcentage)											
100.0	100.0	100.0	100.0	100.0	100.0	100.0	100.0	100.0	100.0	1995	**Total tous produits (3)**
100.0	100.0	100.0	100.0	100.0	100.0	100.0	100.0	100.0	100.0	2005	
100.0	100.0	100.0	100.0	100.0	100.0	100.0	100.0	100.0	100.0	2014	
9.2	14.2	24.9	6.5	6.6	5.0	6.0	27.2	21.8	21.6	1995	Produits alimentaires
6.0	9.4	21.5	3.8	3.7	2.4	4.4	26.4	11.2	16.3	2005	(CTCI 0 + 1 + 22 + 4)
6.8	9.0	25.0	4.4	4.5	2.0	3.9	14.4	9.0	15.1	2014	
3.3	7.1	4.8	2.7	3.0	1.5	0.7	32.3	22.9	28.7	1995	Matières premières
1.5	3.8	2.5	1.2	1.4	0.4	0.3	26.0	8.6	12.3	2005	d'origine agricole
1.4	2.3	2.4	1.1	1.3	0.4	0.2	34.9	5.2	6.0	2014	(CTCI 2 - 22 - 27 - 28)
5.1	14.5	10.4	3.7	3.5	2.4	5.1	19.9	14.2	22.8	1995	Minerais, métaux, pierres pré-
5.9	12.7	14.2	4.4	4.2	2.4	5.5	10.6	8.7	30.9	2005	cieuses et or (non monétaire)
7.2	16.7	16.7	5.2	5.2	2.6	5.6	14.5	22.7	21.7	2014	(CTCI 27 + 28 + 68 + 667 + 971)
14.4	27.2	11.8	13.9	6.8	2.6	63.0	8.2	25.2	5.9	1995	Combustibles (CTCI 3)
19.3	45.3	15.5	18.1	9.2	2.9	66.9	8.5	60.5	20.2	2005	
22.6	46.3	22.3	20.6	9.7	1.8	68.4	8.4	53.0	44.0	2014	
67.1	36.5	47.6	72.2	79.1	88.0	25.0	12.1	15.6	21.4	1995	Articles manufacturés
66.5	26.8	45.6	71.8	80.8	91.6	22.0	27.8	10.6	19.9	2005	(CTCI 5 à 8 moins 667 et 68)
60.6	17.7	32.9	67.7	78.4	92.7	21.4	27.1	10.0	12.9	2014	

Pour les sources et les notes, se reporter à la fin du tableau 2.2.J.

Product group	Year / Année	World (1) / Monde (1)	Developed economies - Économies développées							Transition economies / Économies en transition
			Total	Europe Total	Europe EU / UE	Canada	USA / États-Unis	Japan / Japon	Other developed countries / Autres économies développées	
Millions of dollars										
All products (3)	1995	111 076	80 876	58 390	56 556	1 153	16 338	3 834	1 161	571
	2005	301 446	211 058	130 465	125 839	4 464	64 291	8 609	3 229	1 334
	2014	554 423	269 694	206 305	195 929	5 957	35 466	15 397	6 569	2 602
Share by destination (percentage)										
All products (3)	1995	100.0	72.8	52.6	50.9	1.0	14.7	3.5	1.0	0.5
	2005	100.0	70.0	43.3	41.7	1.5	21.3	2.9	1.1	0.4
	2014	100.0	48.6	37.2	35.3	1.1	6.4	2.8	1.2	0.5
All food items	1995	100.0	72.7	60.8	59.3	0.8	3.9	6.4	0.8	1.5
(SITC 0 + 1 + 22 + 4)	2005	100.0	64.0	53.0	51.9	0.8	5.5	3.5	1.1	2.7
	2014	100.0	45.1	36.9	36.2	0.8	4.1	2.1	1.2	2.6
Agricultural raw materials	1995	100.0	58.5	48.6	47.5	0.2	3.2	5.9	0.6	0.1
(SITC 2 - 22 - 27 - 28)	2005	100.0	50.5	41.6	40.2	0.2	3.3	5.1	0.3	0.3
	2014	100.0	33.9	27.9	27.0	0.4	2.9	1.8	1.0	0.8
Ores, metals, precious stones	1995	100.0	77.6	54.5	50.3	0.9	11.5	9.5	1.1	0.3
and non-monetary gold	2005	100.0	72.6	50.7	43.6	1.0	9.6	9.4	1.9	1.3
(SITC 27 + 28 + 68 + 667 + 971)	2014	100.0	42.3	29.6	20.4	1.6	4.5	5.1	1.6	0.5
Fuels (SITC 3)	1995	100.0	80.1	51.4	49.8	1.5	25.9	0.6	0.6	0.3
	2005	100.0	73.8	40.3	39.3	2.0	29.9	1.4	0.3	0.0
	2014	100.0	52.3	39.9	39.1	1.2	7.4	2.9	0.9	0.0
Manufactured goods	1995	100.0	61.4	48.1	47.6	0.7	8.8	1.9	1.9	0.4
(SITC 5 to 8 less 667 and 68)	2005	100.0	63.0	46.2	45.7	0.6	9.3	3.6	3.3	0.5
	2014	100.0	46.8	36.6	36.1	0.5	6.7	1.3	1.8	0.5
Share by major product group (percentage)										
All products (3)	1995	100.0	100.0	100.0	100.0	100.0	100.0	100.0	100.0	100.0
	2005	100.0	100.0	100.0	100.0	100.0	100.0	100.0	100.0	100.0
	2014	100.0	100.0	100.0	100.0	100.0	100.0	100.0	100.0	100.0
All food items	1995	15.0	15.0	17.3	17.5	11.2	4.0	27.6	12.1	43.1
(SITC 0 + 1 + 22 + 4)	2005	7.8	7.1	9.5	9.7	4.4	2.0	9.6	8.2	46.9
	2014	10.2	9.5	10.2	10.5	7.6	6.5	7.9	10.3	56.9
Agricultural raw materials	1995	5.2	4.2	4.8	4.9	0.9	1.1	8.9	3.1	1.2
(SITC 2 - 22 - 27 - 28)	2005	2.5	1.8	2.4	2.5	0.3	0.4	4.5	0.7	1.8
	2014	2.5	1.7	1.8	1.9	0.9	1.1	1.6	2.1	3.9
Ores, metals, precious stones	1995	15.4	16.4	16.0	15.2	13.9	12.1	42.2	16.5	10.4
and non-monetary gold	2005	10.0	10.3	11.7	10.4	6.5	4.5	32.8	17.5	30.4
(SITC 27 + 28 + 68 + 667 + 971)	2014	13.7	11.9	10.9	7.9	19.8	9.5	25.2	18.3	15.0
Fuels (SITC 3)	1995	37.9	41.7	37.1	37.1	56.1	66.8	7.1	21.2	23.9
	2005	60.4	63.7	56.2	56.8	81.1	84.8	29.5	16.5	1.4
	2014	54.3	58.4	58.2	60.1	62.1	62.6	56.7	41.1	5.0
Manufactured goods	1995	25.5	21.5	23.4	23.9	17.8	15.3	13.8	46.7	20.5
(SITC 5 to 8 less 667 and 68)	2005	18.5	16.6	19.7	20.2	7.6	8.0	23.5	57.0	18.8
	2014	19.0	18.3	18.7	19.5	9.6	19.8	8.6	28.2	18.5

For sources and notes, see end of table 2.2.J.

2.2.C Structure des exportations par partenaires et groupes de produits
Économies en développement : Afrique

| | Developing economies - Économies en développement | | | | | | | | | Destinations | |
Total	Africa / Afrique	America / Amérique	Asia / Asie Total	Eastern, Southern and South-Eastern Asia / Asie orientale, méridionale et du Sud-Est	China / Chine	Western Asia / Asie occidentale	Oceania (2) / Océanie (2)	LDCs (Least developed countries) PMA (Pays les moins avancés)	LLDCs (Landlocked developing countries) LLDCs (Pays en développement sans littoral)	Year / Année	Groupes de produits
Millions de dollars											
28 485	13 783	2 209	12 480	9 766	1 374	2 714	14	5 475	4 443	1995	Total tous produits (3)
85 854	27 637	11 343	46 847	36 962	19 169	9 885	27	11 587	6 498	2005	
274 701	87 083	22 365	165 053	142 687	74 031	22 367	199	32 714	24 832	2014	
Parts par destinations (en pourcentage)											
25.6	12.4	2.0	11.2	8.8	1.2	2.4	0.0	4.9	4.0	1995	Total tous produits (3)
28.5	9.2	3.8	15.5	12.3	6.4	3.3	0.0	3.8	2.2	2005	
49.5	15.7	4.0	29.8	25.7	13.4	4.0	0.0	5.9	4.5	2014	
25.1	15.9	0.4	8.8	4.7	0.3	4.1	0.0	6.8	4.2	1995	Produits alimentaires
32.7	17.5	0.5	14.6	7.8	1.4	6.8	0.1	8.6	4.9	2005	(CTCI 0 + 1 + 22 + 4)
52.2	26.2	0.9	25.1	16.7	5.5	8.4	0.0	12.6	7.9	2014	
40.7	14.6	2.4	23.7	21.3	4.8	2.4	0.0	3.2	1.1	1995	Matières premières
49.1	9.9	0.7	38.5	35.5	17.6	2.9	0.0	5.1	1.1	2005	d'origine agricole
65.0	8.6	1.4	55.1	52.0	29.4	3.1	0.0	4.7	1.5	2014	(CTCI 2 - 22 - 27 - 28)
21.4	3.4	1.2	16.8	14.7	2.1	2.1	0.0	0.9	1.1	1995	Minerais, métaux, pierres pré-
26.0	8.0	0.7	17.3	14.5	5.8	2.9	0.0	0.9	2.3	2005	cieuses et or (non monétaire)
51.4	10.6	0.5	40.3	34.2	19.9	6.1	0.0	2.9	4.7	2014	(CTCI 27 + 28 + 68 + 667 + 971)
17.4	6.0	3.0	8.4	6.3	0.6	2.1	0.0	2.2	1.5	1995	Combustibles (CTCI 3)
25.4	5.3	5.3	14.8	12.4	8.2	2.4	0.0	1.7	0.7	2005	
47.1	9.0	6.2	31.8	30.3	16.2	1.6	0.0	2.1	1.4	2014	
37.7	24.9	1.9	10.9	8.6	1.0	2.2	0.0	10.6	10.0	1995	Articles manufacturés
35.9	19.1	2.4	14.4	9.8	1.5	4.6	0.0	10.4	5.9	2005	(CTCI 5 à 8 moins 667 et 68)
52.2	33.8	2.6	15.8	8.4	2.6	7.4	0.0	15.5	11.8	2014	
Parts par principaux groupes de produits (en pourcentage)											
100.0	100.0	100.0	100.0	100.0	100.0	100.0	100.0	100.0	100.0	1995	Total tous produits (3)
100.0	100.0	100.0	100.0	100.0	100.0	100.0	100.0	100.0	100.0	2005	
100.0	100.0	100.0	100.0	100.0	100.0	100.0	100.0	100.0	100.0	2014	
14.6	19.2	3.0	11.7	7.9	4.1	25.2	27.2	20.8	15.9	1995	Produits alimentaires
8.9	14.9	1.1	7.3	4.9	1.7	16.1	50.7	17.3	17.6	2005	(CTCI 0 + 1 + 22 + 4)
10.8	17.1	2.3	8.6	6.6	4.2	21.2	6.4	21.9	18.0	2014	
8.3	6.1	6.3	11.0	12.6	20.2	5.1	3.2	3.4	1.5	1995	Matières premières
4.4	2.8	0.5	6.3	7.4	7.0	2.3	6.8	3.4	1.3	2005	d'origine agricole
3.2	1.3	0.8	4.5	5.0	5.4	1.9	0.1	2.0	0.8	2014	(CTCI 2 - 22 - 27 - 28)
12.9	4.2	9.5	23.0	25.7	26.5	13.3	4.8	2.8	4.3	1995	Minerais, métaux, pierres pré-
9.1	8.7	1.9	11.1	11.8	9.1	8.7	1.4	2.2	10.5	2005	cieuses et or (non monétaire)
14.2	9.3	1.7	18.5	18.2	20.4	20.5	6.1	6.8	14.5	2014	(CTCI 27 + 28 + 68 + 667 + 971)
25.8	18.5	56.6	28.4	27.2	19.0	32.7	17.5	16.9	13.8	1995	Combustibles (CTCI 3)
53.8	34.9	84.5	57.6	61.1	77.9	44.2	2.6	26.9	20.2	2005	
51.6	31.1	83.1	58.1	63.9	66.0	21.0	74.7	19.0	16.6	2014	
37.5	51.2	24.5	24.7	25.1	20.0	23.5	47.0	54.8	63.6	1995	Articles manufacturés
23.3	38.5	11.7	17.1	14.7	4.2	26.1	38.4	49.9	50.3	2005	(CTCI 5 à 8 moins 667 et 68)
20.0	41.0	12.1	10.1	6.2	3.8	34.8	12.1	50.0	50.0	2014	

Pour les sources et les notes, se reporter à la fin du tableau 2.2.J.

2.2.C Import structure by partner and product group
Developing economies: Africa

Origin / Product group	Year / Année	World (1) / Monde (1)	Developed economies - Économies développées							Transition economies / Économies en transition
			Total	Europe		Canada	USA / États-Unis	Japan / Japon	Other developed countries / Autres économies développées	
				Total	EU / UE					
Millions of dollars										
All products (3)	1995	123 933	79 116	58 620	56 641	1 364	11 525	5 922	1 685	1 469
	2005	248 952	128 461	97 718	94 654	1 709	17 270	8 381	3 384	6 421
	2014	625 065	258 121	197 802	190 323	4 091	38 339	11 901	5 987	15 367
Share by origin (percentage)										
All products (3)	1995	100.0	63.8	47.3	45.7	1.1	9.3	4.8	1.4	1.2
	2005	100.0	51.6	39.3	38.0	0.7	6.9	3.4	1.4	2.6
	2014	100.0	41.3	31.6	30.4	0.7	6.1	1.9	1.0	2.5
All food items	1995	100.0	60.3	38.8	37.6	3.8	15.5	0.2	2.0	0.6
(SITC 0 + 1 + 22 + 4)	2005	100.0	44.8	29.3	28.2	1.8	11.1	0.1	2.5	3.8
	2014	100.0	40.2	27.8	26.7	1.7	7.3	0.4	3.0	5.4
Agricultural raw materials	1995	100.0	62.0	47.5	47.0	1.9	9.3	0.8	2.4	6.2
(SITC 2 - 22 - 27 - 28)	2005	100.0	57.5	45.5	44.8	2.8	6.1	1.4	1.7	6.4
	2014	100.0	66.6	51.5	51.2	1.4	8.7	2.0	3.0	3.4
Ores, metals, precious stones	1995	100.0	67.0	45.8	41.2	3.4	3.2	0.9	13.7	3.0
and non-monetary gold	2005	100.0	38.2	24.7	23.2	0.9	3.2	0.3	9.1	5.0
(SITC 27 + 28 + 68 + 667 + 971)	2014	100.0	38.4	27.6	25.0	4.2	2.9	0.2	3.4	3.1
Fuels (SITC 3)	1995	100.0	18.7	13.8	13.6	0.2	3.2	0.0	1.6	1.4
	2005	100.0	17.9	15.5	14.9	0.2	1.3	0.1	0.7	4.4
	2014	100.0	25.5	20.8	19.2	0.1	4.4	0.1	0.2	3.3
Manufactured goods	1995	100.0	70.8	54.3	52.4	0.5	9.3	5.9	0.7	1.1
(SITC 5 to 8 less 667 and 68)	2005	100.0	58.9	46.0	44.6	0.5	7.5	4.1	0.7	1.9
	2014	100.0	44.1	34.7	33.6	0.4	6.1	2.5	0.5	1.3
Share by major product group (percentage)										
All products (3)	1995	100.0	100.0	100.0	100.0	100.0	100.0	100.0	100.0	100.0
	2005	100.0	100.0	100.0	100.0	100.0	100.0	100.0	100.0	100.0
	2014	100.0	100.0	100.0	100.0	100.0	100.0	100.0	100.0	100.0
All food items	1995	15.3	14.4	12.6	12.6	52.2	25.5	0.5	22.9	7.4
(SITC 0 + 1 + 22 + 4)	2005	12.9	11.2	9.6	9.5	34.2	20.6	0.4	23.5	19.0
	2014	14.3	13.9	12.6	12.6	37.3	17.1	2.7	44.1	31.4
Agricultural raw materials	1995	2.5	2.5	2.6	2.6	4.3	2.6	0.4	4.4	13.3
(SITC 2 - 22 - 27 - 28)	2005	1.6	1.8	1.9	1.9	6.5	1.4	0.7	2.0	4.0
	2014	1.4	2.2	2.2	2.3	3.0	1.9	1.4	4.2	1.9
Ores, metals, precious stones	1995	2.6	2.8	2.5	2.4	8.2	0.9	0.5	26.4	6.8
and non-monetary gold	2005	2.8	2.1	1.8	1.7	3.8	1.3	0.2	18.6	5.4
(SITC 27 + 28 + 68 + 667 + 971)	2014	3.1	2.9	2.7	2.6	20.0	1.5	0.4	11.3	3.9
Fuels (SITC 3)	1995	8.4	2.5	2.4	2.5	1.5	2.9	0.0	9.6	9.6
	2005	12.1	4.2	4.8	4.7	4.0	2.3	0.5	6.5	20.6
	2014	16.0	9.9	10.5	10.1	1.6	11.4	0.7	3.9	21.7
Manufactured goods	1995	66.5	73.7	76.3	76.2	33.1	66.8	81.5	36.1	62.7
(SITC 5 to 8 less 667 and 68)	2005	66.7	76.1	78.2	78.2	50.2	72.1	82.0	36.6	49.2
	2014	63.9	68.3	70.0	70.4	37.8	63.7	83.3	32.3	34.7

For sources and notes, see end of table 2.2.J.

2.2.C Structure des importations par partenaires et groupes de produits
Économies en développement : Afrique

Total	Africa / Afrique	America / Amérique	Asia / Asie — Total	Eastern, Southern and South-Eastern Asia / Asie orientale, méridionale et du Sud-Est	China / Chine	Western Asia / Asie occidentale	Oceania (2) / Océanie (2)	LDCs (Least developed countries) PMA (Pays les moins avancés)	LLDCs (Landlocked developing countries) LLDCs (Pays en développement sans littoral)	Year / Année	Origines / Groupes de produits
Millions de dollars											
39 694	14 179	3 465	22 035	16 072	3 222	5 963	15	1 487	1 288	1995	Total tous produits (3)
109 566	33 544	9 730	66 206	47 018	18 023	19 188	86	5 347	3 581	2005	
349 848	91 319	21 612	236 415	181 554	101 416	54 861	503	17 103	10 260	2014	
Parts par origines (en pourcentage)											
32.0	11.4	2.8	17.8	13.0	2.6	4.8	0.0	1.2	1.0	1995	Total tous produits (3)
44.0	13.5	3.9	26.6	18.9	7.2	7.7	0.0	2.1	1.4	2005	
56.0	14.6	3.5	37.8	29.0	16.2	8.8	0.1	2.7	1.6	2014	
38.2	14.0	9.9	14.3	11.9	1.7	2.5	0.0	2.7	2.4	1995	Produits alimentaires
50.6	16.1	16.2	18.2	15.3	2.0	3.0	0.1	4.2	2.8	2005	(CTCI 0 + 1 + 22 + 4)
54.2	16.7	15.1	22.5	19.4	3.3	3.1	0.0	4.5	3.7	2014	
31.2	15.8	3.6	11.7	8.7	0.5	3.0	0.0	5.8	4.3	1995	Matières premières
35.7	18.5	2.8	14.4	11.8	1.9	2.6	0.0	9.9	8.8	2005	d'origine agricole
29.4	10.7	2.3	16.4	14.0	4.9	2.4	0.0	3.6	3.6	2014	(CTCI 2 - 22 - 27 - 28)
29.1	15.2	3.7	10.2	4.0	1.2	6.1	0.1	3.7	5.7	1995	Minerais, métaux, pierres précieuses et or (non monétaire)
52.4	33.8	6.0	12.6	6.3	2.5	6.4	0.0	12.4	19.5	2005	
57.9	29.9	4.5	23.5	12.5	8.0	11.0	0.0	12.6	5.9	2014	(CTCI 27 + 28 + 68 + 667 + 971)
77.7	28.2	1.3	48.2	16.0	0.4	32.2	..	1.7	0.5	1995	Combustibles (CTCI 3)
77.5	32.6	1.6	43.3	11.7	0.4	31.6	0.0	3.8	0.2	2005	
70.9	30.7	1.3	38.9	13.0	0.3	25.9	0.0	5.5	1.7	2014	
26.8	9.1	1.4	16.3	14.1	3.4	2.2	0.0	0.6	0.6	1995	Articles manufacturés
38.2	9.2	1.9	27.1	22.3	10.2	4.8	0.0	1.0	0.5	2005	(CTCI 5 à 8 moins 667 et 68)
53.5	9.7	1.3	42.4	36.5	24.0	5.9	0.1	1.2	0.9	2014	
Parts par principaux groupes de produits (en pourcentage)											
100.0	100.0	100.0	100.0	100.0	100.0	100.0	100.0	100.0	100.0	1995	Total tous produits (3)
100.0	100.0	100.0	100.0	100.0	100.0	100.0	100.0	100.0	100.0	2005	
100.0	100.0	100.0	100.0	100.0	100.0	100.0	100.0	100.0	100.0	2014	
18.2	18.7	54.0	12.3	14.0	10.2	7.8	12.8	34.8	35.5	1995	Produits alimentaires
14.8	15.4	53.2	8.8	10.4	3.5	4.9	25.9	25.1	25.4	2005	(CTCI 0 + 1 + 22 + 4)
13.9	16.3	62.3	8.5	9.5	2.9	5.0	1.3	23.7	32.5	2014	
2.5	3.5	3.3	1.7	1.7	0.5	1.6	0.4	12.2	10.5	1995	Matières premières
1.3	2.2	1.1	0.9	1.0	0.4	0.5	0.7	7.3	9.8	2005	d'origine agricole
0.7	1.0	0.9	0.6	0.7	0.4	0.4	0.7	1.8	3.0	2014	(CTCI 2 - 22 - 27 - 28)
2.4	3.5	3.5	1.5	0.8	1.2	3.3	12.7	8.2	14.4	1995	Minerais, métaux, pierres précieuses et or (non monétaire)
3.3	7.0	4.3	1.3	0.9	0.9	2.3	0.5	16.1	37.7	2005	
3.2	6.4	4.1	1.9	1.3	1.5	3.9	0.0	14.4	11.2	2014	(CTCI 27 + 28 + 68 + 667 + 971)
20.3	20.7	3.8	22.7	10.4	1.4	56.1	..	11.8	4.1	1995	Combustibles (CTCI 3)
21.3	29.3	4.9	19.7	7.5	0.7	49.6	1.5	21.4	2.0	2005	
20.3	33.6	5.8	16.5	7.1	0.3	47.3	0.3	32.2	16.5	2014	
55.6	52.8	32.9	60.9	72.1	86.2	30.9	73.9	32.7	35.4	1995	Articles manufacturés
57.8	45.3	32.4	67.9	78.6	93.5	41.7	71.4	29.8	23.7	2005	(CTCI 5 à 8 moins 667 et 68)
61.1	42.4	24.6	71.6	80.2	94.4	43.0	97.5	27.5	36.4	2014	

Pour les sources et les notes, se reporter à la fin du tableau 2.2.J.

Destination / Product group	Year / Année	World (1) / Monde (1)	Developed economies - Économies développées							Transition economies / Économies en transition
			Total	Europe		Canada	USA / États-Unis	Japan / Japon	Other developed countries / Autres économies développées	
				Total	EU / UE					
Millions of dollars										
All products (3)	1995	231 386	162 472	41 447	39 136	4 144	106 662	9 198	1 021	1 491
	2005	585 951	404 685	78 499	75 304	12 278	299 549	12 101	2 259	5 309
	2014	1 087 160	627 746	131 312	120 309	24 267	444 429	21 920	5 817	10 988
Share by destination (percentage)										
All products (3)	1995	100.0	70.2	17.9	16.9	1.8	46.1	4.0	0.4	0.6
	2005	100.0	69.1	13.4	12.9	2.1	51.1	2.1	0.4	0.9
	2014	100.0	57.7	12.1	11.1	2.2	40.9	2.0	0.5	1.0
All food items	1995	100.0	64.9	34.3	33.3	1.1	23.4	5.4	0.8	2.5
(SITC 0 + 1 + 22 + 4)	2005	100.0	57.1	28.3	27.6	1.3	22.8	3.9	0.8	4.9
	2014	100.0	44.5	20.6	20.2	1.3	18.6	2.9	1.0	3.9
Agricultural raw materials	1995	100.0	63.9	29.6	28.1	0.4	24.0	9.6	0.2	0.1
(SITC 2 - 22 - 27 - 28)	2005	100.0	65.4	26.1	24.9	0.9	32.1	5.7	0.5	0.8
	2014	100.0	48.0	20.6	20.4	0.7	21.5	4.3	0.9	1.7
Ores, metals, precious stones	1995	100.0	73.4	33.6	29.9	2.8	20.5	16.2	0.3	0.4
and non-monetary gold	2005	100.0	60.7	25.8	22.5	4.9	19.5	10.4	0.2	0.3
(SITC 27 + 28 + 68 + 667 + 971)	2014	100.0	49.2	20.0	14.5	6.2	14.8	7.6	0.7	0.3
Fuels (SITC 3)	1995	100.0	71.3	8.8	8.7	1.5	59.0	1.6	0.3	0.0
	2005	100.0	73.2	7.7	7.7	1.6	63.6	0.0	0.3	0.0
	2014	100.0	47.2	10.2	10.1	0.8	35.4	0.7	0.2	0.0
Manufactured goods	1995	100.0	72.2	8.7	8.0	2.1	59.9	1.1	0.4	0.1
(SITC 5 to 8 less 667 and 68)	2005	100.0	73.6	7.9	7.8	1.9	62.8	0.5	0.4	0.1
	2014	100.0	71.5	6.6	6.1	2.1	61.8	0.6	0.4	0.3
Share by major product group (percentage)										
All products (3)	1995	100.0	100.0	100.0	100.0	100.0	100.0	100.0	100.0	100.0
	2005	100.0	100.0	100.0	100.0	100.0	100.0	100.0	100.0	100.0
	2014	100.0	100.0	100.0	100.0	100.0	100.0	100.0	100.0	100.0
All food items	1995	22.4	20.7	42.9	44.2	13.4	11.4	30.3	39.5	87.3
(SITC 0 + 1 + 22 + 4)	2005	16.2	13.4	34.3	34.9	10.1	7.2	30.9	33.3	87.6
	2014	20.0	15.4	34.1	36.5	11.9	9.1	28.9	37.4	76.9
Agricultural raw materials	1995	3.8	3.5	6.4	6.4	0.8	2.0	9.3	1.8	0.3
(SITC 2 - 22 - 27 - 28)	2005	2.0	1.9	3.9	3.9	0.9	1.3	5.6	2.9	1.9
	2014	2.0	1.7	3.4	3.7	0.6	1.1	4.3	3.5	3.4
Ores, metals, precious stones	1995	10.0	10.5	18.8	17.7	15.5	4.5	40.8	6.5	6.8
and non-monetary gold	2005	10.1	8.8	19.3	17.6	23.8	3.8	50.7	4.2	3.6
(SITC 27 + 28 + 68 + 667 + 971)	2014	12.6	10.7	20.8	16.5	34.7	4.5	47.3	15.6	4.1
Fuels (SITC 3)	1995	14.3	14.5	7.0	7.4	12.3	18.3	5.9	10.0	0.6
	2005	20.9	22.2	12.0	12.5	16.2	26.0	0.1	13.9	0.0
	2014	19.8	16.2	16.6	18.1	6.7	17.1	6.5	8.7	0.3
Manufactured goods	1995	48.8	50.2	23.6	23.0	57.8	63.4	13.5	42.1	5.0
(SITC 5 to 8 less 667 and 68)	2005	49.8	53.0	29.5	30.1	45.0	61.2	12.6	45.6	6.8
	2014	44.4	55.0	24.3	24.5	42.2	67.1	12.8	34.7	15.2

For sources and notes, see end of table 2.2.J.

2.2.D Structure des exportations par partenaires et groupes de produits
Économies en développement : Amérique

			Developing economies - Économies en développement								Destinations
				Asia / Asie				LDCs (Least developed countries)	LLDCs (Landlocked developing countries)	Year	
Total	Africa / Afrique	America / Amérique	Total	Eastern, Southern and South-Eastern Asia / Asie orientale, méridionale et du Sud-Est	China / Chine	Western Asia / Asie occidentale	Oceania (2) / Océanie (2)	PMA (Pays les moins avancés)	LLDCs (Pays en développement sans littoral)	Année	Groupes de produits
Millions de dollars											
66 546	3 037	47 436	16 053	14 136	2 680	1 917	21	711	3 274	1995	Total tous produits (3)
172 036	9 741	111 116	51 145	44 985	20 105	6 161	34	2 604	4 128	2005	
438 721	18 672	194 763	225 240	207 311	97 691	17 929	45	7 263	11 786	2014	
Parts par destinations (en pourcentage)											
28.8	1.3	20.5	6.9	6.1	1.2	0.8	0.0	0.3	1.4	1995	Total tous produits (3)
29.4	1.7	19.0	8.7	7.7	3.4	1.1	0.0	0.4	0.7	2005	
40.4	1.7	17.9	20.7	19.1	9.0	1.6	0.0	0.7	1.1	2014	
32.1	3.3	17.6	11.2	9.4	2.8	1.9	0.0	0.8	1.5	1995	Produits alimentaires
37.7	5.3	15.0	17.3	13.8	6.2	3.5	0.0	1.7	0.7	2005	(CTCI 0 + 1 + 22 + 4)
51.0	5.6	16.3	29.0	24.5	12.5	4.5	0.0	2.2	0.8	2014	
35.7	1.0	16.8	17.9	16.3	3.7	1.6	0.0	0.1	0.2	1995	Matières premières
33.7	0.7	12.7	20.2	18.9	10.6	1.4	0.0	0.2	0.4	2005	d'origine agricole
48.3	0.8	9.6	37.9	36.1	21.3	1.9	0.0	0.4	0.6	2014	(CTCI 2 - 22 - 27 - 28)
25.8	1.2	10.8	13.8	12.9	2.0	1.0	0.0	0.0	0.2	1995	Minerais, métaux, pierres pré
38.9	1.1	11.1	26.7	25.3	14.3	1.4	0.0	0.1	0.1	2005	cieuses et or (non monétaire)
50.6	0.8	6.6	43.1	41.0	28.2	2.2	0.0	0.1	0.2	2014	(CTCI 27 + 28 + 68 + 667 + 971)
28.2	0.4	26.6	1.3	1.3	0.0	0.0	0.0	0.1	0.6	1995	Combustibles (CTCI 3)
26.4	0.6	22.6	3.3	3.1	0.9	0.2	0.0	0.0	0.3	2005	
52.8	0.4	20.4	32.1	31.6	8.7	0.5	0.0	0.1	0.7	2014	
27.7	0.8	22.5	4.4	3.9	0.4	0.5	0.0	0.2	2.0	1995	Articles manufacturés
26.2	1.1	20.8	4.3	3.7	1.2	0.5	0.0	0.3	1.0	2005	(CTCI 5 à 8 moins 667 et 68)
27.7	0.9	21.6	5.3	4.6	1.8	0.7	0.0	0.4	1.7	2014	
Parts par principaux groupes de produits (en pourcentage)											
100.0	100.0	100.0	100.0	100.0	100.0	100.0	100.0	100.0	100.0	1995	Total tous produits (3)
100.0	100.0	100.0	100.0	100.0	100.0	100.0	100.0	100.0	100.0	2005	
100.0	100.0	100.0	100.0	100.0	100.0	100.0	100.0	100.0	100.0	2014	
25.0	55.8	19.2	36.3	34.3	54.0	51.0	38.8	60.0	23.2	1995	Produits alimentaires
20.8	52.0	12.9	32.2	29.2	29.5	54.5	62.3	61.1	15.8	2005	(CTCI 0 + 1 + 22 + 4)
25.3	65.8	18.2	28.1	25.8	27.8	54.6	50.4	66.0	14.3	2014	
4.8	2.9	3.1	9.9	10.3	12.1	7.6	0.4	1.7	0.7	1995	Matières premières
2.3	0.9	1.4	4.7	5.0	6.2	2.6	0.6	0.7	1.2	2005	d'origine agricole
2.4	0.9	1.1	3.7	3.8	4.7	2.3	2.8	1.3	1.2	2014	(CTCI 2 - 22 - 27 - 28)
9.0	8.9	5.3	20.0	21.1	17.6	11.7	0.1	0.4	1.7	1995	Minerais, métaux, pierres pré
13.3	6.7	5.9	30.8	33.1	41.8	13.5	0.2	1.4	2.1	2005	cieuses et or (non monétaire)
15.8	5.8	4.7	26.2	27.0	39.4	16.5	1.1	1.0	2.2	2014	(CTCI 27 + 28 + 68 + 667 + 971)
14.0	3.9	18.5	2.6	2.9	0.2	0.4	4.2	6.9	6.2	1995	Combustibles (CTCI 3)
18.8	7.7	24.9	7.8	8.5	5.6	3.1	1.4	1.0	10.3	2005	
25.9	4.5	22.5	30.6	32.7	19.2	6.3	3.6	3.3	12.2	2014	
47.0	28.4	53.6	31.1	31.3	16.0	29.3	56.4	29.4	68.2	1995	Articles manufacturés
44.4	32.6	54.7	24.4	24.2	16.8	25.7	34.9	35.6	70.5	2005	(CTCI 5 à 8 moins 667 et 68)
30.5	22.8	53.4	11.3	10.7	8.8	18.1	37.8	28.3	70.0	2014	

Pour les sources et les notes, se reporter à la fin du tableau 2.2.J.

Origin / Product group	Year Année	World (1) Monde (1)	Developed economies - Économies développées							Transition economies Économies en transition
			Total	Europe Total	EU UE	Canada	USA États-Unis	Japan Japon	Other developed countries Autres économies développées	
Millions of dollars										
All products (3)	1995	244 687	173 987	48 646	45 589	5 359	104 675	13 687	1 619	1 093
	2005	524 335	308 543	79 767	75 059	10 345	188 196	26 028	4 207	4 073
	2014	1 127 152	578 643	161 653	152 378	19 847	353 891	36 583	6 668	12 330
Share by origin (percentage)										
All products (3)	1995	100.0	71.1	19.9	18.6	2.2	42.8	5.6	0.7	0.4
	2005	100.0	58.8	15.2	14.3	2.0	35.9	5.0	0.8	0.8
	2014	100.0	51.3	14.3	13.5	1.8	31.4	3.2	0.6	1.1
All food items	1995	100.0	57.8	15.6	14.5	5.0	35.2	0.1	1.9	0.1
(SITC 0 + 1 + 22 + 4)	2005	100.0	57.7	9.3	8.7	4.9	41.2	0.0	2.2	0.1
	2014	100.0	53.0	8.6	8.1	4.8	38.3	0.0	1.2	0.4
Agricultural raw materials	1995	100.0	60.7	7.5	7.3	3.5	47.2	0.5	2.1	1.6
(SITC 2 - 22 - 27 - 28)	2005	100.0	63.3	8.4	8.3	2.8	50.4	0.6	1.1	0.5
	2014	100.0	57.5	9.9	9.7	2.1	43.6	1.0	1.0	1.8
Ores, metals, precious stones	1995	100.0	53.1	11.1	9.9	5.6	34.1	0.8	1.6	0.3
and non-monetary gold	2005	100.0	43.6	8.0	7.7	3.2	31.2	0.4	0.8	0.8
(SITC 27 + 28 + 68 + 667 + 971)	2014	100.0	44.7	8.0	7.5	4.5	30.9	0.5	0.7	3.4
Fuels (SITC 3)	1995	100.0	30.2	6.8	6.6	1.4	20.0	0.3	1.8	1.8
	2005	100.0	31.9	5.0	4.0	0.7	23.9	0.3	2.1	1.6
	2014	100.0	50.2	5.8	5.5	0.6	42.9	0.2	0.7	1.7
Manufactured goods	1995	100.0	76.5	22.5	21.1	1.7	45.4	6.6	0.4	0.4
(SITC 5 to 8 less 667 and 68)	2005	100.0	63.5	17.6	16.7	1.9	37.3	6.3	0.5	0.7
	2014	100.0	51.7	17.1	16.1	1.6	28.2	4.3	0.5	0.8
Share by major product group (percentage)										
All products (3)	1995	100.0	100.0	100.0	100.0	100.0	100.0	100.0	100.0	100.0
	2005	100.0	100.0	100.0	100.0	100.0	100.0	100.0	100.0	100.0
	2014	100.0	100.0	100.0	100.0	100.0	100.0	100.0	100.0	100.0
All food items	1995	9.5	7.8	7.5	7.4	21.9	7.8	0.1	27.7	1.7
(SITC 0 + 1 + 22 + 4)	2005	7.0	6.9	4.3	4.3	17.6	8.1	0.1	19.3	0.5
	2014	8.1	8.3	4.8	4.8	22.2	9.8	0.1	16.8	2.9
Agricultural raw materials	1995	2.3	2.0	0.9	0.9	3.7	2.5	0.2	7.2	8.4
(SITC 2 - 22 - 27 - 28)	2005	1.3	1.4	0.7	0.8	1.9	1.9	0.2	1.8	0.8
	2014	1.0	1.1	0.7	0.7	1.2	1.3	0.3	1.6	1.6
Ores, metals, precious stones	1995	2.4	1.8	1.3	1.3	6.1	1.9	0.3	5.9	1.4
and non-monetary gold	2005	2.5	1.9	1.3	1.4	4.0	2.2	0.2	2.4	2.7
(SITC 27 + 28 + 68 + 667 + 971)	2014	2.1	1.8	1.2	1.2	5.4	2.1	0.3	2.6	6.6
Fuels (SITC 3)	1995	6.8	2.9	2.3	2.4	4.3	3.2	0.4	18.4	27.3
	2005	11.3	6.1	3.7	3.1	4.0	7.5	0.6	29.0	23.1
	2014	14.7	14.4	6.0	5.9	4.7	20.1	0.9	17.8	22.6
Manufactured goods	1995	76.0	81.8	86.0	85.9	59.8	80.6	89.2	40.6	61.1
(SITC 5 to 8 less 667 and 68)	2005	76.5	82.6	88.5	89.0	72.1	79.4	97.5	44.7	70.2
	2014	72.5	73.1	86.5	86.5	64.4	65.2	97.0	60.5	50.6

For sources and notes, see end of table 2.2.J.

			Developing economies - Économies en développement							Origines	
				Asia / Asie							
Total	Africa / Afrique	America / Amérique	Total	Eastern, Southern and South-Eastern Asia / Asie orientale, méridionale et du Sud-Est	China / Chine	Western Asia / Asie occidentale	Oceania (2) / Océanie (2)	LDCs (Least developed countries) / PMA (Pays les moins avancés)	LLDCs (Landlocked developing countries) / LLDCs (Pays en développement sans littoral)	Year / Année	Groupes de produits
Millions de dollars											
68 227	2 513	46 289	19 409	17 339	2 869	2 070	16	469	1 354	1995	**Total tous produits (3)**
208 191	11 316	111 146	85 698	82 449	37 356	3 250	31	2 105	3 177	2005	
529 134	23 174	206 433	299 443	286 207	179 735	13 237	83	4 097	11 982	2014	
Parts par origines (en pourcentage)											
27.9	1.0	18.9	7.9	7.1	1.2	0.8	0.0	0.2	0.6	1995	**Total tous produits (3)**
39.7	2.2	21.2	16.3	15.7	7.1	0.6	0.0	0.4	0.6	2005	
46.9	2.1	18.3	26.6	25.4	15.9	1.2	0.0	0.4	1.1	2014	
41.6	0.3	38.7	2.5	2.2	0.4	0.4	0.0	0.0	2.5	1995	Produits alimentaires
42.1	0.2	38.2	3.7	3.4	1.1	0.2	0.0	0.1	3.3	2005	(CTCI 0 + 1 + 22 + 4)
46.2	0.4	40.8	4.9	4.7	1.8	0.2	0.0	0.1	4.2	2014	
37.1	2.3	25.7	9.1	9.0	0.4	0.1	0.0	1.5	7.2	1995	Matières premières
36.2	0.7	24.0	11.5	11.2	1.4	0.2	0.1	0.3	1.0	2005	d'origine agricole
40.8	1.7	22.0	16.9	16.6	4.8	0.3	0.1	0.5	0.7	2014	(CTCI 2 - 22 - 27 - 28)
47.8	4.5	41.5	1.8	1.6	0.5	0.2	0.0	1.0	0.7	1995	Minerais, métaux, pierres pré-
55.4	2.0	49.2	4.2	4.0	1.7	0.2	0.0	0.1	0.7	2005	cieuses et or (non monétaire)
52.0	2.4	37.6	12.0	10.5	5.8	1.5	0.0	0.2	1.0	2014	(CTCI 27 + 28 + 68 + 667 + 971)
67.8	8.9	45.4	13.5	3.0	0.9	10.5	..	1.6	1.0	1995	Combustibles (CTCI 3)
65.3	16.0	41.7	7.6	3.5	1.0	4.2	..	3.2	2.5	2005	
46.7	11.5	27.3	7.9	3.5	0.7	4.4	0.0	1.8	4.2	2014	
22.5	0.3	13.8	8.4	8.3	1.4	0.1	0.0	0.0	0.1	1995	Articles manufacturés
35.3	0.3	15.8	19.1	19.0	8.9	0.2	0.0	0.0	0.1	2005	(CTCI 5 à 8 moins 667 et 68)
47.0	0.4	13.6	33.0	32.3	21.1	0.7	0.0	0.1	0.1	2014	
Parts par principaux groupes de produits (en pourcentage)											
100.0	100.0	100.0	100.0	100.0	100.0	100.0	100.0	100.0	100.0	1995	**Total tous produits (3)**
100.0	100.0	100.0	100.0	100.0	100.0	100.0	100.0	100.0	100.0	2005	
100.0	100.0	100.0	100.0	100.0	100.0	100.0	100.0	100.0	100.0	2014	
14.2	2.6	19.5	3.1	2.9	3.1	4.4	5.7	1.6	43.4	1995	Produits alimentaires
7.5	0.8	12.7	1.6	1.5	1.1	2.7	44.0	1.7	37.8	2005	(CTCI 0 + 1 + 22 + 4)
7.9	1.6	18.0	1.5	1.5	0.9	1.7	45.7	1.7	31.5	2014	
3.1	5.2	3.1	2.6	2.9	0.7	0.2	0.6	18.4	29.8	1995	Matières premières
1.2	0.4	1.5	0.9	0.9	0.3	0.5	12.2	0.8	2.2	2005	d'origine agricole
0.8	0.8	1.2	0.6	0.6	0.3	0.2	12.2	1.2	0.7	2014	(CTCI 2 - 22 - 27 - 28)
4.1	10.5	5.3	0.5	0.5	1.0	0.6	0.0	13.2	2.9	1995	Minerais, métaux, pierres pré-
3.5	2.4	5.9	0.7	0.6	0.6	0.9	4.2	0.6	3.1	2005	cieuses et or (non monétaire)
2.3	2.4	4.3	0.9	0.9	0.8	2.7	1.7	0.9	2.1	2014	(CTCI 27 + 28 + 68 + 667 + 971)
16.6	59.2	16.3	11.6	2.9	5.3	84.7	..	57.3	12.1	1995	Combustibles (CTCI 3)
18.6	84.0	22.2	5.3	2.5	1.6	76.3	..	88.7	46.4	2005	
14.6	81.8	21.9	4.4	2.1	0.7	54.6	11.3	74.3	57.7	2014	
61.4	22.4	55.3	80.9	89.4	89.5	10.2	93.5	8.6	11.6	1995	Articles manufacturés
68.0	12.1	57.1	89.5	92.3	95.1	18.8	36.1	8.1	10.6	2005	(CTCI 5 à 8 moins 667 et 68)
72.5	12.9	53.9	90.0	92.3	95.8	40.3	22.8	21.8	7.8	2014	

Pour les sources et les notes, se reporter à la fin du tableau 2.2.J.

Destination / Product group	Year / Année	World (1) / Monde (1)	Developed economies - Économies développées							Transition economies / Économies en transition
			Total	Europe		Canada	USA / États-Unis	Japan / Japon	Other developed countries / Autres économies développées	
				Total	EU / UE					
Millions of dollars										
All products (3)	1995	1 083 576	561 892	184 662	178 329	11 029	196 312	150 399	19 490	10 999
	2005	2 895 110	1 364 793	504 065	491 365	28 882	458 380	310 883	62 582	40 171
	2014	6 815 076	2 429 530	910 552	878 237	58 060	806 243	500 515	154 161	147 059
Share by destination (percentage)										
All products (3)	1995	100.0	51.9	17.0	16.5	1.0	18.1	13.9	1.8	1.0
	2005	100.0	47.1	17.4	17.0	1.0	15.8	10.7	2.2	1.4
	2014	100.0	35.6	13.4	12.9	0.9	11.8	7.3	2.3	2.2
All food items	1995	100.0	46.7	15.0	14.3	0.8	7.4	22.0	1.4	3.4
(SITC 0 + 1 + 22 + 4)	2005	100.0	43.8	16.3	15.9	1.1	9.8	14.7	2.0	3.4
	2014	100.0	31.7	12.3	12.1	1.0	8.3	7.7	2.5	3.3
Agricultural raw materials	1995	100.0	44.0	16.0	15.7	0.8	9.6	16.3	1.2	0.4
(SITC 2 - 22 - 27 - 28)	2005	100.0	39.1	15.6	15.4	1.3	9.8	11.2	1.2	0.8
	2014	100.0	29.5	11.8	11.7	0.8	8.8	7.0	1.2	1.0
Ores, metals, precious stones	1995	100.0	39.7	11.8	10.8	0.2	7.5	18.3	1.8	1.3
and non-monetary gold	2005	100.0	32.8	14.1	12.2	0.5	6.6	8.1	3.3	0.6
(SITC 27 + 28 + 68 + 667 + 971)	2014	100.0	23.2	10.8	8.2	0.3	5.5	4.5	2.1	0.4
Fuels (SITC 3)	1995	100.0	55.6	13.8	13.8	0.4	7.8	31.7	1.9	0.1
	2005	100.0	47.3	11.8	11.7	0.5	10.0	22.4	2.6	0.1
	2014	100.0	30.3	6.0	5.9	0.4	6.2	15.2	2.6	0.1
Manufactured goods	1995	100.0	52.4	18.0	17.4	1.2	21.5	9.9	1.8	1.0
(SITC 5 to 8 less 667 and 68)	2005	100.0	48.2	19.1	18.7	1.1	18.2	7.7	2.0	1.7
	2014	100.0	38.3	15.5	15.1	1.0	14.1	5.5	2.2	2.8
Share by major product group (percentage)										
All products (3)	1995	100.0	100.0	100.0	100.0	100.0	100.0	100.0	100.0	100.0
	2005	100.0	100.0	100.0	100.0	100.0	100.0	100.0	100.0	100.0
	2014	100.0	100.0	100.0	100.0	100.0	100.0	100.0	100.0	100.0
All food items	1995	6.7	6.1	5.9	5.9	5.3	2.7	10.7	5.3	22.3
(SITC 0 + 1 + 22 + 4)	2005	3.8	3.6	3.6	3.6	4.2	2.4	5.2	3.5	9.3
	2014	4.6	4.1	4.2	4.3	5.6	3.2	4.8	5.0	7.0
Agricultural raw materials	1995	2.2	1.9	2.1	2.1	1.8	1.2	2.6	1.5	0.8
(SITC 2 - 22 - 27 - 28)	2005	1.0	0.9	0.9	0.9	1.3	0.6	1.1	0.6	0.6
	2014	1.0	0.8	0.9	0.9	0.9	0.7	0.9	0.5	0.4
Ores, metals, precious stones	1995	3.2	2.5	2.2	2.1	0.8	1.3	4.2	3.3	4.2
and non-monetary gold	2005	3.3	2.3	2.7	2.4	1.8	1.4	2.5	5.2	1.4
(SITC 27 + 28 + 68 + 667 + 971)	2014	4.4	2.8	3.5	2.8	1.3	2.0	2.7	4.1	0.9
Fuels (SITC 3)	1995	12.8	13.7	10.4	10.7	4.5	5.5	29.3	13.3	1.2
	2005	18.7	18.8	12.7	12.9	10.1	11.8	39.0	22.4	0.9
	2014	18.9	16.0	8.5	8.7	8.4	9.9	39.0	21.3	0.8
Manufactured goods	1995	73.7	74.4	77.9	77.8	86.7	87.3	52.3	75.6	70.8
(SITC 5 to 8 less 667 and 68)	2005	72.3	73.9	79.4	79.4	82.3	83.3	51.7	67.1	87.4
	2014	70.4	75.7	81.9	82.4	83.7	84.0	52.4	68.5	90.6

For sources and notes, see end of table 2.2.J.

Total	Africa / Afrique	America / Amérique	Asia / Asie Total	Eastern, Southern and South-Eastern Asia / Asie orientale, méridionale et du Sud-Est	China / Chine	Western Asia / Asie occidentale	Oceania (2) / Océanie (2)	LDCs (Least developed countries) / PMA (Pays les moins avancés)	LLDCs (Landlocked developing countries) / LLDCs (Pays en développement sans littoral)	Year / Année	Destinations / Groupes de produits
Millions de dollars											
505 784	21 413	25 016	458 597	421 859	79 058	36 737	759	15 805	5 670	1995	Total tous produits (3)
1 482 665	73 387	63 295	1 340 948	1 215 654	326 933	125 294	5 035	45 862	18 992	2005	
4 230 673	256 400	247 375	3 706 555	3 299 849	866 183	406 707	20 343	182 373	82 201	2014	
Parts par destinations (en pourcentage)											
46.7	2.0	2.3	42.3	38.9	7.3	3.4	0.1	1.5	0.5	1995	Total tous produits (3)
51.2	2.5	2.2	46.3	42.0	11.3	4.3	0.2	1.6	0.7	2005	
62.1	3.8	3.6	54.4	48.4	12.7	6.0	0.3	2.7	1.2	2014	
49.3	3.2	0.6	45.4	37.5	6.9	7.8	0.1	3.4	1.2	1995	Produits alimentaires
52.4	5.4	1.1	45.7	34.3	4.9	11.4	0.2	4.9	1.4	2005	(CTCI 0 + 1 + 22 + 4)
64.7	7.1	1.5	55.8	43.9	7.4	12.0	0.2	7.0	1.8	2014	
55.3	1.6	2.0	51.7	49.4	12.8	2.4	0.0	0.8	0.2	1995	Matières premières
59.7	1.7	2.3	55.7	52.3	23.5	3.4	0.0	1.2	0.3	2005	d'origine agricole
69.5	1.9	2.3	65.3	61.3	30.1	3.9	0.0	4.6	0.6	2014	(CTCI 2 - 22 - 27 - 28)
58.4	0.9	0.2	57.3	53.6	8.9	3.7	0.0	0.9	0.3	1995	Minerais, métaux, pierres pré-
66.5	1.0	0.3	65.2	56.7	15.4	8.4	0.0	0.5	0.3	2005	cieuses et or (non monétaire)
76.3	1.7	0.9	73.7	65.3	26.7	8.4	0.0	1.2	0.4	2014	(CTCI 27 + 28 + 68 + 667 + 971)
43.4	2.2	1.5	39.7	36.7	3.6	3.0	0.1	0.8	0.2	1995	Combustibles (CTCI 3)
52.2	2.8	1.0	48.2	45.1	7.1	3.1	0.3	1.3	0.3	2005	
69.4	3.3	1.2	64.6	60.9	12.8	3.7	0.3	2.1	0.5	2014	
46.4	1.9	2.7	41.7	38.6	7.8	3.1	0.1	1.4	0.6	1995	Articles manufacturés
50.0	2.4	2.5	44.9	40.9	12.4	4.0	0.1	1.5	0.7	2005	(CTCI 5 à 8 moins 667 et 68)
58.8	3.8	4.5	50.3	44.4	12.0	5.9	0.3	2.6	1.4	2014	
Parts par principaux groupes de produits (en pourcentage)											
100.0	100.0	100.0	100.0	100.0	100.0	100.0	100.0	100.0	100.0	1995	Total tous produits (3)
100.0	100.0	100.0	100.0	100.0	100.0	100.0	100.0	100.0	100.0	2005	
100.0	100.0	100.0	100.0	100.0	100.0	100.0	100.0	100.0	100.0	2014	
7.1	10.8	1.9	7.2	6.5	6.4	15.5	9.8	15.9	14.9	1995	Produits alimentaires
3.9	8.2	2.0	3.8	3.1	1.7	10.1	3.9	11.9	8.3	2005	(CTCI 0 + 1 + 22 + 4)
4.8	8.6	1.9	4.7	4.1	2.7	9.2	3.5	12.0	6.8	2014	
2.6	1.8	1.9	2.7	2.8	3.9	1.6	0.4	1.2	0.8	1995	Matières premières
1.2	0.7	1.1	1.2	1.3	2.1	0.8	0.1	0.8	0.5	2005	d'origine agricole
1.1	0.5	0.6	1.2	1.2	2.3	0.6	0.0	1.7	0.5	2014	(CTCI 2 - 22 - 27 - 28)
4.0	1.5	0.3	4.3	4.4	3.9	3.5	0.4	2.0	1.5	1995	Minerais, métaux, pierres pré-
4.3	1.3	0.5	4.7	4.5	4.6	6.5	0.2	1.1	1.3	2005	cieuses et or (non monétaire)
5.4	2.0	1.0	5.9	5.9	9.2	6.1	0.2	2.0	1.4	2014	(CTCI 27 + 28 + 68 + 667 + 971)
11.9	14.0	8.1	12.0	12.1	6.3	11.3	15.5	6.8	4.6	1995	Combustibles (CTCI 3)
19.1	20.6	8.4	19.5	20.1	11.8	13.2	32.9	15.8	9.4	2005	
21.1	16.7	6.3	22.4	23.7	19.0	11.7	18.4	14.5	7.9	2014	
73.2	70.6	85.9	72.7	73.1	78.7	67.7	69.6	71.7	77.9	1995	Articles manufacturés
70.5	67.1	84.2	70.1	70.5	79.6	66.6	57.0	67.7	79.6	2005	(CTCI 5 à 8 moins 667 et 68)
66.6	70.3	86.5	65.1	64.5	66.6	69.5	62.7	67.3	83.0	2014	

Pour les sources et les notes, se reporter à la fin du tableau 2.2.J.

2.2.E Import structure by partner and product group
Developing economies: Asia

Product group	Year / Année	World (1) Monde (1)	Developed economies - Économies développées								Transition economies / Économies en transition
			Total	Europe		Canada	USA États-Unis	Japan Japon	Other developed countries Autres économies développées	
				Total	EU UE						
Millions of dollars											
All products (3)	1995	1 127 804	637 436	219 730	201 795	12 815	153 292	222 602	28 997	19 689
	2005	2 609 108	1 078 787	426 519	390 715	19 450	220 991	339 386	72 442	66 316
	2014	6 166 797	2 123 595	953 594	823 038	51 579	454 858	446 476	217 088	181 095
Share by origin (percentage)											
All products (3)	1995	100.0	56.5	19.5	17.9	1.1	13.6	19.7	2.6	1.7
	2005	100.0	41.3	16.3	15.0	0.7	8.5	13.0	2.8	2.5
	2014	100.0	34.4	15.5	13.3	0.8	7.4	7.2	3.5	2.9
All food items	1995	100.0	52.6	17.2	16.6	3.4	21.5	2.3	8.3	1.1
(SITC 0 + 1 + 22 + 4)	2005	100.0	39.3	13.6	12.8	2.3	12.7	1.8	8.8	2.6
	2014	100.0	38.5	12.6	11.7	2.8	13.9	0.8	8.5	3.9
Agricultural raw materials	1995	100.0	51.6	9.5	9.2	5.0	22.7	5.2	9.2	5.1
(SITC 2 - 22 - 27 - 28)	2005	100.0	48.9	13.1	12.8	5.3	18.1	4.6	7.7	8.4
	2014	100.0	46.8	13.0	12.8	6.3	15.6	3.8	8.1	6.5
Ores, metals, precious stones	1995	100.0	55.8	22.9	16.8	2.5	10.3	7.8	12.3	4.4
and non-monetary gold	2005	100.0	45.6	19.1	13.2	1.5	5.2	5.8	14.0	5.3
(SITC 27 + 28 + 68 + 667 + 971)	2014	100.0	44.0	17.0	9.6	1.4	5.3	3.6	16.7	3.5
Fuels (SITC 3)	1995	100.0	12.6	2.5	2.5	0.6	2.9	2.1	4.4	2.0
	2005	100.0	8.4	2.0	1.7	0.3	1.0	0.8	4.3	5.3
	2014	100.0	9.1	2.9	2.8	0.3	1.2	1.0	3.6	8.1
Manufactured goods	1995	100.0	60.8	21.3	19.8	0.7	13.4	24.4	0.9	1.4
(SITC 5 to 8 less 667 and 68)	2005	100.0	46.3	18.6	17.5	0.5	9.5	17.0	0.8	1.4
	2014	100.0	39.1	18.9	17.6	0.4	8.4	10.7	0.6	0.8
Share by major product group (percentage)											
All products (3)	1995	100.0	100.0	100.0	100.0	100.0	100.0	100.0	100.0	100.0
	2005	100.0	100.0	100.0	100.0	100.0	100.0	100.0	100.0	100.0
	2014	100.0	100.0	100.0	100.0	100.0	100.0	100.0	100.0	100.0
All food items	1995	6.9	6.4	6.1	6.4	20.3	10.9	0.8	22.3	4.3
(SITC 0 + 1 + 22 + 4)	2005	4.9	4.7	4.1	4.2	15.3	7.4	0.7	15.6	4.9
	2014	6.5	7.3	5.3	5.7	21.6	12.2	0.7	15.8	8.6
Agricultural raw materials	1995	3.2	2.9	1.6	1.6	13.9	5.3	0.8	11.4	9.2
(SITC 2 - 22 - 27 - 28)	2005	2.1	2.4	1.7	1.8	14.7	4.4	0.7	5.7	6.8
	2014	2.0	2.7	1.7	1.9	15.1	4.2	1.0	4.6	4.4
Ores, metals, precious stones	1995	5.7	5.7	6.7	5.4	12.7	4.3	2.3	27.4	14.6
and non-monetary gold	2005	7.3	8.1	8.6	6.5	15.2	4.5	3.3	36.9	15.3
(SITC 27 + 28 + 68 + 667 + 971)	2014	9.8	12.6	10.8	7.1	16.8	7.1	4.8	46.8	11.7
Fuels (SITC 3)	1995	6.5	1.4	0.8	0.9	3.5	1.4	0.7	11.1	7.4
	2005	12.5	2.5	1.6	1.4	4.4	1.5	0.8	19.4	25.8
	2014	18.0	4.7	3.4	3.7	6.7	3.0	2.5	18.3	49.5
Manufactured goods	1995	76.0	81.7	83.0	84.0	49.1	75.1	93.9	26.5	62.3
(SITC 5 to 8 less 667 and 68)	2005	72.1	80.9	82.2	84.3	50.0	80.8	94.0	19.6	40.7
	2014	61.2	69.4	75.0	80.8	31.6	69.9	90.4	10.1	17.4

For sources and notes, see end of table 2.2.J.

Total	Africa / Afrique	America / Amérique	Asia / Asie Total	Eastern, Southern and South-Eastern Asia / Asie orientale, méridionale et du Sud-Est	China / Chine	Western Asia / Asie occidentale	Oceania (2) / Océanie (2)	LDCs (Least developed countries) PMA (Pays les moins avancés)	LLDCs (Landlocked developing countries) LLDCs (Pays en développement sans littoral)	Year / Année	Origines / Groupes de produits
Millions de dollars											
460 346	15 060	19 848	424 609	373 584	98 224	51 025	829	6 114	3 328	1995	Total tous produits (3)
1 458 237	53 435	60 798	1 342 302	1 134 113	359 969	208 190	1 701	29 323	12 801	2005	
3 843 240	224 487	247 621	3 366 326	2 706 560	993 537	659 766	4 806	122 612	64 056	2014	
Parts par origines (en pourcentage)											
40.8	1.3	1.8	37.6	33.1	8.7	4.5	0.1	0.5	0.3	1995	Total tous produits (3)
55.9	2.0	2.3	51.4	43.5	13.8	8.0	0.1	1.1	0.5	2005	
62.3	3.6	4.0	54.6	43.9	16.1	10.7	0.1	2.0	1.0	2014	
45.8	2.3	8.3	34.9	31.1	6.1	3.8	0.3	1.6	0.3	1995	Produits alimentaires
58.1	3.1	15.5	39.2	32.0	6.8	7.2	0.3	2.1	0.8	2005	(CTCI 0 + 1 + 22 + 4)
57.6	3.8	17.0	36.7	30.4	5.3	6.3	0.1	2.2	1.5	2014	
43.0	4.5	5.0	32.7	31.7	4.1	1.0	0.8	4.4	3.3	1995	Matières premières
42.7	5.6	5.1	31.0	29.8	2.9	1.2	1.0	5.1	3.7	2005	d'origine agricole
46.7	5.3	7.3	32.4	31.5	3.3	1.0	1.7	5.8	3.9	2014	(CTCI 2 - 22 - 27 - 28)
39.4	6.0	7.2	25.9	21.6	3.7	4.3	0.3	1.5	1.8	1995	Minerais, métaux, pierres précieuses et or (non monétaire)
49.0	5.2	9.9	33.9	27.5	4.9	6.4	0.1	1.2	2.4	2005	cieuses et or (non monétaire)
52.4	8.3	11.5	32.5	26.2	5.0	6.3	0.1	5.0	2.9	2014	(CTCI 27 + 28 + 68 + 667 + 971)
84.8	5.8	0.7	78.3	34.6	3.4	43.7	0.1	2.2	0.2	1995	Combustibles (CTCI 3)
86.2	7.7	0.9	77.5	33.7	3.5	43.8	0.0	5.9	0.7	2005	
82.9	9.7	5.4	67.8	25.9	1.9	41.9	0.0	6.1	2.6	2014	
37.0	0.4	0.7	35.9	34.4	10.1	1.5	0.0	0.1	0.1	1995	Articles manufacturés
52.0	0.5	0.9	50.6	48.3	17.4	2.2	0.0	0.1	0.1	2005	(CTCI 5 à 8 moins 667 et 68)
60.0	0.5	1.1	58.5	55.1	24.2	3.4	0.0	0.2	0.2	2014	
Parts par principaux groupes de produits (en pourcentage)											
100.0	100.0	100.0	100.0	100.0	100.0	100.0	100.0	100.0	100.0	1995	Total tous produits (3)
100.0	100.0	100.0	100.0	100.0	100.0	100.0	100.0	100.0	100.0	2005	
100.0	100.0	100.0	100.0	100.0	100.0	100.0	100.0	100.0	100.0	2014	
7.7	12.0	32.3	6.4	6.4	4.8	5.8	28.1	20.2	7.4	1995	Produits alimentaires
5.1	7.5	32.5	3.7	3.6	2.4	4.4	21.8	9.3	8.5	2005	(CTCI 0 + 1 + 22 + 4)
6.0	6.7	27.5	4.4	4.5	2.1	3.8	12.5	7.2	9.3	2014	
3.4	10.8	9.1	2.8	3.1	1.5	0.7	34.1	25.9	35.2	1995	Matières premières
1.6	5.6	4.6	1.2	1.4	0.4	0.3	32.2	9.4	15.5	2005	d'origine agricole
1.5	2.9	3.6	1.2	1.4	0.4	0.2	42.4	5.8	7.5	2014	(CTCI 2 - 22 - 27 - 28)
5.5	25.6	23.6	3.9	3.7	2.4	5.5	20.8	15.8	34.2	1995	Minerais, métaux, pierres précieuses et or (non monétaire)
6.4	18.5	31.1	4.8	4.6	2.6	5.9	13.0	8.0	35.9	2005	cieuses et or (non monétaire)
8.3	22.3	28.2	5.9	5.9	3.1	5.8	17.6	24.6	27.1	2014	(CTCI 27 + 28 + 68 + 667 + 971)
13.5	28.1	2.5	13.6	6.8	2.5	62.9	8.4	26.1	4.1	1995	Combustibles (CTCI 3)
19.2	47.1	4.9	18.8	9.7	3.1	68.4	7.5	65.7	18.7	2005	
23.9	47.8	24.1	22.3	10.6	2.1	70.4	7.9	55.2	45.8	2014	
68.9	23.5	32.0	72.4	78.9	88.0	24.9	8.4	11.9	20.0	1995	Articles manufacturés
67.1	18.3	26.7	70.9	80.2	91.2	20.2	25.5	7.3	21.1	2005	(CTCI 5 à 8 moins 667 et 68)
58.9	8.1	16.0	65.5	76.8	92.0	19.2	19.4	7.1	10.1	2014	

Pour les sources et les notes, se reporter à la fin du tableau 2.2.J.

Destination / Product group	Year / Année	World (1) Monde (1)	Developed economies - Économies développées								Transition economies Économies en transition
			Total	Europe		Canada	USA États-Unis	Japan Japon	Other developed countries Autres économies développées		
				Total	EU UE						
Millions of dollars											
All products (3)	1995	949 867	489 323	155 979	150 187	10 539	183 701	121 501	17 602		8 476
	2005	2 380 885	1 111 170	401 132	390 698	25 554	400 926	226 214	57 343		33 290
	2014	5 530 771	2 022 071	752 750	727 867	51 917	723 288	352 474	141 642		125 212
Share by destination (percentage)											
All products (3)	1995	100.0	51.5	16.4	15.8	1.1	19.3	12.8	1.9		0.9
	2005	100.0	46.7	16.8	16.4	1.1	16.8	9.5	2.4		1.4
	2014	100.0	36.6	13.6	13.2	0.9	13.1	6.4	2.6		2.3
All food items	1995	100.0	47.6	13.1	12.5	0.9	7.7	24.4	1.5		2.7
(SITC 0 + 1 + 22 + 4)	2005	100.0	45.3	13.9	13.7	1.2	11.0	17.1	2.1		3.0
	2014	100.0	33.7	12.0	11.7	1.1	9.3	8.8	2.6		2.9
Agricultural raw materials	1995	100.0	43.7	14.8	14.6	0.9	9.9	16.9	1.2		0.4
(SITC 2 - 22 - 27 - 28)	2005	100.0	39.4	14.9	14.8	1.4	10.2	11.7	1.2		0.7
	2014	100.0	30.1	11.6	11.5	0.8	9.1	7.3	1.2		0.9
Ores, metals, precious stones	1995	100.0	41.7	11.2	10.2	0.3	8.5	19.8	2.1		1.4
and non-monetary gold	2005	100.0	34.3	12.5	10.9	0.7	7.5	9.6	4.0		0.5
(SITC 27 + 28 + 68 + 667 + 971)	2014	100.0	23.3	8.3	6.9	0.3	6.6	5.5	2.6		0.4
Fuels (SITC 3)	1995	100.0	48.0	12.6	12.6	0.2	2.6	30.5	2.2		0.2
	2005	100.0	38.8	10.1	10.0	0.1	3.3	19.4	6.0		0.2
	2014	100.0	23.4	3.1	3.0	0.1	2.7	11.3	6.2		0.2
Manufactured goods	1995	100.0	52.6	17.2	16.5	1.2	22.1	10.2	1.9		0.8
(SITC 5 to 8 less 667 and 68)	2005	100.0	48.2	17.9	17.4	1.2	19.0	8.1	2.0		1.5
	2014	100.0	38.9	15.0	14.6	1.1	14.8	5.8	2.2		2.6
Share by major product group (percentage)											
All products (3)	1995	100.0	100.0	100.0	100.0	100.0	100.0	100.0	100.0		100.0
	2005	100.0	100.0	100.0	100.0	100.0	100.0	100.0	100.0		100.0
	2014	100.0	100.0	100.0	100.0	100.0	100.0	100.0	100.0		100.0
All food items	1995	6.9	6.4	5.5	5.4	5.3	2.8	13.1	5.5		21.1
(SITC 0 + 1 + 22 + 4)	2005	4.0	3.9	3.3	3.3	4.5	2.6	7.1	3.4		8.5
	2014	4.9	4.5	4.3	4.3	5.9	3.4	6.7	4.9		6.3
Agricultural raw materials	1995	2.5	2.1	2.2	2.3	1.9	1.3	3.2	1.6		1.0
(SITC 2 - 22 - 27 - 28)	2005	1.2	1.0	1.1	1.1	1.5	0.7	1.5	0.6		0.6
	2014	1.1	0.9	1.0	1.0	1.0	0.8	1.3	0.5		0.4
Ores, metals, precious stones	1995	3.1	2.5	2.1	2.0	0.8	1.4	4.8	3.4		4.9
and non-monetary gold	2005	3.2	2.4	2.4	2.2	2.0	1.5	3.3	5.3		1.1
(SITC 27 + 28 + 68 + 667 + 971)	2014	4.0	2.5	2.4	2.1	1.2	2.0	3.5	4.1		0.7
Fuels (SITC 3)	1995	5.7	5.3	4.3	4.5	1.1	0.7	13.5	6.6		1.4
	2005	8.2	6.8	4.9	5.0	0.5	1.6	16.8	20.5		1.0
	2014	7.9	5.1	1.8	1.8	0.7	1.6	14.1	19.2		0.7
Manufactured goods	1995	80.5	82.2	84.2	84.2	89.9	91.9	64.4	81.8		70.8
(SITC 5 to 8 less 667 and 68)	2005	82.6	85.4	87.6	87.8	91.2	93.3	70.8	69.3		88.7
	2014	81.3	86.5	89.6	90.0	91.2	92.1	74.2	70.8		91.8

For sources and notes, see end of table 2.2.J.

2.2.F Structure des exportations par partenaires et groupes de produits
Économies en développement : Asie orientale, méridionale et du Sud-Est

			Developing economies - Économies en développement								Destinations
				Asia Asie				LDCs (Least developed countries)	LLDCs (Landlocked developing countries)	Year	
Total	Africa Afrique	America Amérique	Total	Eastern, Southern and South-Eastern Asia Asie orientale, méridionale et du Sud-Est	China Chine	Western Asia Asie occidentale	Oceania (2) Océanie (2)	PMA (Pays les moins avancés)	LLDCs (Pays en développement sans littoral)	Année	Groupes de produits
Millions de dollars											
448 210	17 316	23 209	406 927	383 738	77 148	23 190	758	13 984	4 534	1995	Total tous produits (3)
1 232 435	50 693	59 590	1 117 243	1 040 409	302 123	76 834	4 909	35 324	14 542	2005	
3 380 027	196 341	234 657	2 928 940	2 651 383	739 184	277 557	20 088	156 748	65 721	2014	
Parts par destinations (en pourcentage)											
47.2	1.8	2.4	42.8	40.4	8.1	2.4	0.1	1.5	0.5	1995	Total tous produits (3)
51.8	2.1	2.5	46.9	43.7	12.7	3.2	0.2	1.5	0.6	2005	
61.1	3.5	4.2	53.0	47.9	13.4	5.0	0.4	2.8	1.2	2014	
49.1	2.9	0.6	45.4	40.9	7.7	4.6	0.1	3.5	0.9	1995	Produits alimentaires
51.3	5.2	1.2	44.7	38.5	5.7	6.2	0.2	5.1	1.3	2005	(CTCI 0 + 1 + 22 + 4)
63.3	7.0	1.7	54.3	47.8	8.5	6.6	0.3	7.1	1.7	2014	
55.5	1.2	2.0	52.2	50.3	13.2	1.9	0.0	0.7	0.2	1995	Matières premières
59.7	1.4	2.4	55.9	53.5	24.4	2.4	0.0	1.1	0.3	2005	d'origine agricole
69.1	1.6	2.4	65.0	61.6	31.4	3.4	0.0	3.3	0.4	2014	(CTCI 2 - 22 - 27 - 28)
56.5	0.4	0.2	55.8	54.8	10.2	1.0	0.0	0.9	0.1	1995	Minerais, métaux, pierres pré-
65.2	0.6	0.3	64.2	58.0	18.5	6.3	0.0	0.5	0.2	2005	cieuses et or (non monétaire)
76.2	1.0	1.0	74.2	68.4	34.5	5.8	0.0	1.3	0.3	2014	(CTCI 27 + 28 + 68 + 667 + 971)
49.3	2.9	0.8	45.5	44.1	7.0	1.4	0.2	1.2	0.2	1995	Combustibles (CTCI 3)
59.9	2.1	1.3	55.7	53.0	9.3	2.6	0.8	1.1	0.5	2005	
76.0	3.8	1.9	69.5	63.6	13.2	6.0	0.8	4.0	0.8	2014	
46.4	1.7	2.8	41.8	39.4	8.1	2.4	0.1	1.3	0.5	1995	Articles manufacturés
50.2	2.0	2.7	45.4	42.4	13.0	3.0	0.1	1.3	0.6	2005	(CTCI 5 à 8 moins 667 et 68)
58.5	3.4	4.7	50.2	45.4	12.5	4.7	0.3	2.5	1.3	2014	
Parts par principaux groupes de produits (en pourcentage)											
100.0	100.0	100.0	100.0	100.0	100.0	100.0	100.0	100.0	100.0	1995	Total tous produits (3)
100.0	100.0	100.0	100.0	100.0	100.0	100.0	100.0	100.0	100.0	2005	
100.0	100.0	100.0	100.0	100.0	100.0	100.0	100.0	100.0	100.0	2014	
7.2	10.8	1.8	7.3	7.0	6.6	12.9	9.8	16.5	13.1	1995	Produits alimentaires
3.9	9.7	2.0	3.8	3.5	1.8	7.6	4.0	13.5	8.6	2005	(CTCI 0 + 1 + 22 + 4)
5.0	9.5	1.9	5.0	4.8	3.1	6.4	3.5	12.2	7.1	2014	
2.9	1.7	2.1	3.0	3.1	4.0	1.9	0.4	1.2	0.9	1995	Matières premières
1.4	0.8	1.1	1.4	1.5	2.3	0.9	0.1	0.9	0.5	2005	d'origine agricole
1.3	0.5	0.7	1.4	1.5	2.7	0.8	0.0	1.3	0.4	2014	(CTCI 2 - 22 - 27 - 28)
3.7	0.7	0.3	4.0	4.2	3.9	1.3	0.4	1.8	0.9	1995	Minerais, métaux, pierres pré-
4.1	0.9	0.4	4.4	4.3	4.7	6.3	0.2	1.0	1.2	2005	cieuses et or (non monétaire)
5.0	1.1	0.9	5.6	5.7	10.3	4.6	0.2	1.8	1.0	2014	(CTCI 27 + 28 + 68 + 667 + 971)
5.9	8.8	1.8	6.0	6.2	4.8	3.2	15.5	4.6	1.8	1995	Combustibles (CTCI 3)
9.5	8.3	4.2	9.8	10.0	6.0	6.7	33.7	6.3	6.8	2005	
9.9	8.4	3.5	10.4	10.5	7.8	9.4	18.4	11.2	5.1	2014	
79.1	76.3	91.9	78.5	78.4	79.9	79.9	69.6	73.5	83.0	1995	Articles manufacturés
80.2	77.9	88.1	80.0	80.2	84.9	76.3	55.9	75.1	82.3	2005	(CTCI 5 à 8 moins 667 et 68)
77.8	78.3	89.2	77.0	77.1	76.0	76.2	62.5	70.7	86.3	2014	

Pour les sources et les notes, se reporter à la fin du tableau 2.2.J.

2.2.F Import structure by partner and product group
Developing Asia: Eastern, Southern and South-Eastern Asia

Product group	Year / Année	World (1) / Monde (1)	Developed economies - Économies développées Total	Europe Total	Europe EU / UE	Canada	USA / États-Unis	Japan / Japon	Other developed countries / Autres économies développées	Transition economies / Économies en transition
Millions of dollars										
All products (3)	1995	1 001 530	558 192	166 873	152 464	11 831	137 944	214 078	27 466	15 152
	2005	2 245 597	882 693	288 498	261 287	17 585	191 138	320 919	64 554	43 573
	2014	5 256 938	1 739 470	697 659	584 920	46 441	381 729	414 309	199 331	133 991
Share by origin (percentage)										
All products (3)	1995	100.0	55.7	16.7	15.2	1.2	13.8	21.4	2.7	1.5
	2005	100.0	39.3	12.8	11.6	0.8	8.5	14.3	2.9	1.9
	2014	100.0	33.1	13.3	11.1	0.9	7.3	7.9	3.8	2.5
All food items	1995	100.0	53.2	13.6	13.0	4.1	23.3	2.8	9.4	0.7
(SITC 0 + 1 + 22 + 4)	2005	100.0	39.3	10.2	9.4	3.0	14.1	2.4	9.6	2.2
	2014	100.0	40.6	10.4	9.6	3.2	16.6	1.1	9.3	2.7
Agricultural raw materials	1995	100.0	51.3	7.2	7.0	5.2	23.9	5.7	9.4	4.0
(SITC 2 - 22 - 27 - 28)	2005	100.0	47.9	10.7	10.4	5.7	18.2	5.0	8.3	8.1
	2014	100.0	46.3	11.3	11.1	6.8	15.4	4.1	8.7	6.3
Ores, metals, precious stones	1995	100.0	54.8	20.1	15.0	2.5	10.5	8.5	13.3	4.4
and non-monetary gold	2005	100.0	46.2	16.8	12.4	1.7	5.3	6.6	15.7	4.0
(SITC 27 + 28 + 68 + 667 + 971)	2014	100.0	45.2	15.4	8.4	1.6	5.4	4.0	18.8	2.8
Fuels (SITC 3)	1995	100.0	12.4	1.7	1.6	0.7	2.9	2.4	4.7	0.9
	2005	100.0	7.5	1.0	0.8	0.3	1.0	0.9	4.4	3.6
	2014	100.0	7.7	1.8	1.7	0.3	1.1	1.1	3.4	7.9
Manufactured goods	1995	100.0	59.7	18.3	16.9	0.7	13.5	26.2	1.0	1.3
(SITC 5 to 8 less 667 and 68)	2005	100.0	43.8	14.6	13.5	0.5	9.5	18.5	0.7	1.2
	2014	100.0	37.4	16.4	15.1	0.4	8.4	11.7	0.5	0.6
Share by major product group (percentage)										
All products (3)	1995	100.0	100.0	100.0	100.0	100.0	100.0	100.0	100.0	100.0
	2005	100.0	100.0	100.0	100.0	100.0	100.0	100.0	100.0	100.0
	2014	100.0	100.0	100.0	100.0	100.0	100.0	100.0	100.0	100.0
All food items	1995	6.1	5.8	5.0	5.2	21.2	10.4	0.8	21.0	2.9
(SITC 0 + 1 + 22 + 4)	2005	4.2	4.2	3.3	3.4	15.8	6.9	0.7	13.9	4.7
	2014	5.7	7.0	4.5	5.0	20.8	13.1	0.8	14.1	6.2
Agricultural raw materials	1995	3.3	3.0	1.4	1.5	14.4	5.7	0.9	11.2	8.6
(SITC 2 - 22 - 27 - 28)	2005	2.2	2.6	1.8	1.9	15.7	4.6	0.8	6.2	9.1
	2014	2.1	3.0	1.8	2.1	16.5	4.6	1.1	4.9	5.3
Ores, metals, precious stones	1995	5.9	5.8	7.1	5.8	12.5	4.5	2.3	28.5	17.1
and non-monetary gold	2005	7.4	8.7	9.7	7.9	15.9	4.6	3.4	40.7	15.4
(SITC 27 + 28 + 68 + 667 + 971)	2014	10.1	13.8	11.7	7.6	17.9	7.5	5.2	50.2	11.1
Fuels (SITC 3)	1995	6.6	1.5	0.7	0.7	3.7	1.4	0.7	11.4	4.0
	2005	13.1	2.5	1.0	0.9	4.3	1.5	0.8	20.0	24.2
	2014	19.8	4.6	2.7	3.0	7.1	3.0	2.7	17.9	61.2
Manufactured goods	1995	76.5	81.8	83.8	84.8	47.7	75.0	93.7	26.7	64.7
(SITC 5 to 8 less 667 and 68)	2005	72.4	80.7	82.1	84.0	47.9	81.0	93.8	17.1	45.7
	2014	60.3	68.1	74.3	81.7	28.7	69.3	89.8	8.6	15.3

For sources and notes, see end of table 2.2.J.

2.2.F Structure des importations par partenaires et groupes de produits
Économies en développement : Asie orientale, méridionale et du Sud-Est

			Developing economies - Économies en développement								Origines
				Asia / Asie				LDCs (Least developed countries)	LLDCs (Landlocked developing countries)	Year	
Total	Africa / Afrique	America / Amérique	Total	Eastern, Southern and South-Eastern Asia / Asie orientale, méridionale et du Sud-Est	China / Chine	Western Asia / Asie occidentale	Oceania (2) / Océanie (2)	PMA (Pays les moins avancés)	LLDCs (Pays en développement sans littoral)	Année	Groupes de produits
Millions de dollars											
421 290	12 023	17 524	390 918	352 813	94 868	38 105	825	5 376	2 698	1995	**Total tous produits (3)**
1 315 114	41 923	53 432	1 218 082	1 055 893	335 985	162 189	1 677	27 407	10 282	2005	
3 379 804	198 262	228 014	2 948 752	2 407 879	876 542	540 873	4 776	114 577	57 390	2014	
Parts par origines (en pourcentage)											
42.1	1.2	1.7	39.0	35.2	9.5	3.8	0.1	0.5	0.3	1995	**Total tous produits (3)**
58.6	1.9	2.4	54.2	47.0	15.0	7.2	0.1	1.2	0.5	2005	
64.3	3.8	4.3	56.1	45.8	16.7	10.3	0.1	2.2	1.1	2014	
45.8	1.7	8.6	35.2	34.6	7.5	0.6	0.4	1.3	0.3	1995	Produits alimentaires
58.4	2.2	17.2	38.6	37.1	8.8	1.6	0.4	2.0	0.7	2005	(CTCI 0 + 1 + 22 + 4)
56.7	2.7	19.2	34.6	33.1	6.4	1.5	0.2	2.2	1.4	2014	
44.5	4.5	5.2	34.0	33.3	4.5	0.6	0.9	4.7	2.9	1995	Matières premières
44.0	5.7	5.2	32.0	31.3	3.0	0.7	1.1	5.5	3.8	2005	d'origine agricole
47.5	5.3	7.4	33.0	32.3	3.2	0.7	1.8	6.1	3.7	2014	(CTCI 2 - 22 - 27 - 28)
40.4	5.9	7.5	26.7	23.2	4.0	3.4	0.3	1.3	1.5	1995	Minerais, métaux, pierres pré-
49.7	4.7	10.7	34.2	28.4	5.4	5.8	0.1	1.2	2.1	2005	cieuses et or (non monétaire)
51.9	8.2	12.5	31.1	26.1	5.4	5.0	0.2	5.2	2.8	2014	(CTCI 27 + 28 + 68 + 667 + 971)
86.1	4.8	0.8	80.5	37.3	3.7	43.1	0.1	2.4	0.2	1995	Combustibles (CTCI 3)
88.8	7.4	0.9	80.4	35.9	3.7	44.5	0.0	6.5	0.7	2005	
84.4	10.0	5.7	68.6	26.3	1.9	42.4	0.0	6.5	2.7	2014	
38.4	0.4	0.7	37.3	36.4	10.9	0.9	0.0	0.1	0.1	1995	Articles manufacturés
54.8	0.4	0.9	53.5	52.2	18.8	1.2	0.0	0.1	0.1	2005	(CTCI 5 à 8 moins 667 et 68)
61.9	0.3	1.1	60.4	58.3	25.3	2.1	0.0	0.2	0.2	2014	
Parts par principaux groupes de produits (en pourcentage)											
100.0	100.0	100.0	100.0	100.0	100.0	100.0	100.0	100.0	100.0	1995	**Total tous produits (3)**
100.0	100.0	100.0	100.0	100.0	100.0	100.0	100.0	100.0	100.0	2005	
100.0	100.0	100.0	100.0	100.0	100.0	100.0	100.0	100.0	100.0	2014	
6.7	8.7	30.0	5.5	6.0	4.8	1.0	27.8	15.3	6.8	1995	Produits alimentaires
4.1	5.0	30.0	3.0	3.3	2.5	0.9	22.0	6.7	6.7	2005	(CTCI 0 + 1 + 22 + 4)
5.1	4.0	25.4	3.5	4.2	2.2	0.8	12.5	5.7	7.1	2014	
3.5	12.2	9.7	2.9	3.1	1.5	0.5	34.3	28.6	35.1	1995	Matières premières
1.6	6.6	4.7	1.3	1.4	0.4	0.2	32.6	9.8	18.2	2005	d'origine agricole
1.6	3.0	3.6	1.3	1.5	0.4	0.1	42.6	6.0	7.3	2014	(CTCI 2 - 22 - 27 - 28)
5.6	29.0	25.1	4.0	3.9	2.5	5.3	20.9	14.7	33.0	1995	Minerais, métaux, pierres pré-
6.3	18.9	33.5	4.7	4.5	2.7	6.0	13.2	7.0	34.1	2005	cieuses et or (non monétaire)
8.2	21.9	29.2	5.6	5.8	3.3	4.9	17.7	24.0	26.4	2014	(CTCI 27 + 28 + 68 + 667 + 971)
13.5	26.4	2.8	13.6	7.0	2.6	74.6	8.4	29.3	4.7	1995	Combustibles (CTCI 3)
19.8	52.0	5.1	19.3	10.0	3.3	80.4	7.6	69.6	18.9	2005	
26.0	52.8	26.1	24.3	11.4	2.3	81.7	7.9	58.7	49.8	2014	
69.8	23.6	31.9	73.1	79.0	87.9	18.3	8.4	11.9	21.5	1995	Articles manufacturés
67.7	16.4	26.5	71.4	80.5	90.9	12.3	24.4	6.8	21.7	2005	(CTCI 5 à 8 moins 667 et 68)
58.0	4.7	15.6	64.9	76.7	91.4	12.2	19.0	5.6	9.1	2014	

Pour les sources et les notes, se reporter à la fin du tableau 2.2.J.

2.2.G Export structure by partner and product group
Developing economies: Western Asia

Product group	Year / Année	World (1) / Monde (1)	Developed economies - Économies développées							Transition economies / Économies en transition
			Total	Europe Total	EU / UE	Canada	USA / États-Unis	Japan / Japon	Other developed countries / Autres économies développées	
Millions of dollars										
All products (3)	1995	133 709	72 569	28 682	28 143	490	12 611	28 899	1 887	2 522
	2005	514 225	253 624	102 933	100 666	3 328	57 454	84 669	5 239	6 881
	2014	1 284 305	407 459	157 802	150 371	6 143	82 955	148 040	12 519	21 847
Share by destination (percentage)										
All products (3)	1995	100.0	54.3	21.5	21.0	0.4	9.4	21.6	1.4	1.9
	2005	100.0	49.3	20.0	19.6	0.6	11.2	16.5	1.0	1.3
	2014	100.0	31.7	12.3	11.7	0.5	6.5	11.5	1.0	1.7
All food items	1995	100.0	39.0	32.1	30.9	0.4	4.6	1.0	0.9	9.1
(SITC 0 + 1 + 22 + 4)	2005	100.0	35.0	29.3	28.3	0.4	2.9	1.0	1.5	5.5
	2014	100.0	19.1	14.6	14.1	0.4	1.9	0.5	1.7	5.8
Agricultural raw materials	1995	100.0	50.3	45.6	44.8	0.1	1.7	1.3	1.6	0.5
(SITC 2 - 22 - 27 - 28)	2005	100.0	34.1	30.6	30.2	0.1	1.2	1.2	1.0	1.6
	2014	100.0	17.5	15.4	15.3	0.1	1.0	0.3	0.7	3.3
Ores, metals, precious stones	1995	100.0	28.5	15.4	14.1	0.1	2.1	10.4	0.6	0.9
and non-monetary gold	2005	100.0	27.0	20.6	17.4	0.0	3.1	2.4	0.8	1.0
(SITC 27 + 28 + 68 + 667 + 971)	2014	100.0	22.7	18.0	11.9	0.2	2.4	1.6	0.6	0.6
Fuels (SITC 3)	1995	100.0	60.3	14.6	14.6	0.4	11.0	32.5	1.7	0.0
	2005	100.0	52.1	12.8	12.7	0.8	13.7	24.1	0.7	0.0
	2014	100.0	33.9	7.5	7.5	0.5	8.0	17.2	0.7	0.0
Manufactured goods	1995	100.0	46.8	36.9	35.9	0.3	7.2	1.5	1.0	5.2
(SITC 5 to 8 less 667 and 68)	2005	100.0	47.5	38.7	37.7	0.4	6.2	0.4	1.8	4.4
	2014	100.0	29.9	23.7	23.0	0.4	3.7	0.3	1.8	6.1
Share by major product group (percentage)										
All products (3)	1995	100.0	100.0	100.0	100.0	100.0	100.0	100.0	100.0	100.0
	2005	100.0	100.0	100.0	100.0	100.0	100.0	100.0	100.0	100.0
	2014	100.0	100.0	100.0	100.0	100.0	100.0	100.0	100.0	100.0
All food items	1995	5.5	3.9	8.2	8.0	5.6	2.7	0.3	3.5	26.4
(SITC 0 + 1 + 22 + 4)	2005	3.3	2.3	4.8	4.7	1.8	0.9	0.2	4.8	13.6
	2014	3.3	2.0	3.9	4.0	2.8	1.0	0.1	5.8	11.2
Agricultural raw materials	1995	0.7	0.6	1.4	1.4	0.2	0.1	0.0	0.8	0.2
(SITC 2 - 22 - 27 - 28)	2005	0.2	0.2	0.4	0.4	0.0	0.0	0.0	0.2	0.3
	2014	0.2	0.1	0.3	0.3	0.0	0.0	0.0	0.2	0.4
Ores, metals, precious stones	1995	4.0	2.1	2.9	2.7	0.6	0.9	1.9	1.7	1.9
and non-monetary gold	2005	3.8	2.1	3.9	3.4	0.3	1.1	0.6	3.1	2.9
(SITC 27 + 28 + 68 + 667 + 971)	2014	6.0	4.3	8.8	6.1	2.7	2.2	0.8	3.5	2.1
Fuels (SITC 3)	1995	63.7	70.8	43.3	44.1	75.8	74.6	95.9	75.7	0.8
	2005	67.2	71.0	42.9	43.6	83.6	82.7	98.4	43.8	0.7
	2014	66.0	70.5	40.3	42.0	73.8	81.7	98.3	45.5	1.5
Manufactured goods	1995	25.4	21.9	43.7	43.3	17.7	19.4	1.8	17.9	70.6
(SITC 5 to 8 less 667 and 68)	2005	24.4	23.5	47.2	47.0	13.9	13.5	0.7	43.3	81.1
	2014	23.3	22.0	44.9	45.8	20.4	13.3	0.6	42.3	83.5

For sources and notes, see end of table 2.2.J.

Total	Africa / Afrique	America / Amérique	Asia / Asie — Total	Eastern, Southern and South-Eastern Asia / Asie orientale, méridionale et du Sud-Est	China / Chine	Western Asia / Asie occidentale	Oceania (2) / Océanie (2)	LDCs (Least developed countries) / PMA (Pays les moins avancés)	LLDCs (Landlocked developing countries) / LLDCs (Pays en développement sans littoral)	Year / Année	Destinations / Groupes de produits
											Developing economies - Économies en développement
Millions de dollars											
57 574	4 097	1 807	51 669	38 122	1 910	13 548	1	1 821	1 136	1995	Total tous produits (3)
250 230	22 693	3 706	223 705	175 245	24 810	48 460	127	10 538	4 449	2005	
850 647	60 058	12 718	777 615	648 466	126 999	129 150	255	25 624	16 480	2014	
Parts par destinations (en pourcentage)											
43.1	3.1	1.4	38.6	28.5	1.4	10.1	0.0	1.4	0.8	1995	Total tous produits (3)
48.7	4.4	0.7	43.5	34.1	4.8	9.4	0.0	2.0	0.9	2005	
66.2	4.7	1.0	60.5	50.5	9.9	10.1	0.0	2.0	1.3	2014	
51.2	6.0	0.6	44.6	7.8	0.1	36.8	0.0	2.7	3.4	1995	Produits alimentaires
58.4	6.5	0.5	51.4	10.7	0.2	40.7	0.0	4.2	1.9	2005	(CTCI 0 + 1 + 22 + 4)
74.0	8.0	0.6	65.4	19.3	0.5	46.1	0.0	6.4	2.1	2014	
48.5	10.0	0.3	38.2	23.7	2.5	14.5	0.0	2.2	0.4	1995	Matières premières
60.1	8.5	0.4	51.3	26.1	3.0	25.1	0.0	3.5	1.4	2005	d'origine agricole
78.0	6.4	0.2	71.4	55.1	3.2	16.3	0.0	31.6	4.3	2014	(CTCI 2 - 22 - 27 - 28)
69.1	3.4	0.2	65.5	47.2	1.7	18.3	0.0	1.0	0.8	1995	Minerais, métaux, pierres pré-
71.5	2.5	0.1	68.8	51.8	3.1	17.0	0.0	0.7	0.4	2005	cieuses et or (non monétaire)
76.4	3.8	0.5	72.0	56.1	4.4	15.9	0.0	1.0	0.7	2014	(CTCI 27 + 28 + 68 + 667 + 971)
39.7	1.7	1.9	36.1	32.1	1.4	4.0	..	0.5	0.2	1995	Combustibles (CTCI 3)
47.9	3.2	0.8	43.9	40.6	5.9	3.3	0.0	1.4	0.2	2005	
66.0	3.1	0.9	62.1	59.5	12.6	2.5	0.0	1.1	0.4	2014	
46.4	5.6	0.4	40.4	21.7	1.6	18.7	0.0	3.1	1.9	1995	Articles manufacturés
45.7	7.8	0.6	37.2	17.4	2.9	19.8	0.1	3.6	2.5	2005	(CTCI 5 à 8 moins 667 et 68)
63.0	8.9	1.5	52.5	28:7	5.0	23.8	0.1	4.0	3.9	2014	
Parts par principaux groupes de produits (en pourcentage)											
100.0	100.0	100.0	100.0	100.0	100.0	100.0	100.0	100.0	100.0	1995	Total tous produits (3)
100.0	100.0	100.0	100.0	100.0	100.0	100.0	100.0	100.0	100.0	2005	
100.0	100.0	100.0	100.0	100.0	100.0	100.0	100.0	100.0	100.0	2014	
6.5	10.7	2.6	6.3	1.5	0.3	19.9	5.1	10.9	22.1	1995	Produits alimentaires
3.9	4.8	2.4	3.9	1.0	0.1	14.2	1.4	6.7	7.3	2005	(CTCI 0 + 1 + 22 + 4)
3.7	5.7	2.0	3.6	1.3	0.2	15.2	2.7	10.6	5.5	2014	
0.8	2.2	0.1	0.7	0.6	1.2	1.0	6.6	1.1	0.3	1995	Matières premières
0.3	0.5	0.1	0.3	0.2	0.2	0.7	0.0	0.4	0.4	2005	d'origine agricole
0.3	0.3	0.1	0.3	0.3	0.1	0.4	0.0	3.7	0.8	2014	(CTCI 2 - 22 - 27 - 28)
6.4	4.4	0.5	6.8	6.6	4.8	7.2	15.1	3.1	4.0	1995	Minerais, métaux, pierres pré-
5.6	2.2	0.7	6.0	5.8	2.4	6.9	0.1	1.3	1.7	2005	cieuses et or (non monétaire)
6.9	4.9	3.1	7.1	6.7	2.6	9.5	0.5	3.0	3.2	2014	(CTCI 27 + 28 + 68 + 667 + 971)
58.7	35.8	88.5	59.5	71.7	64.4	25.1	..	23.9	15.9	1995	Combustibles (CTCI 3)
66.1	48.1	75.6	67.9	80.1	81.8	23.5	0.1	47.5	17.9	2005	
65.8	43.7	57.3	67.6	77.8	83.8	16.7	16.0	34.9	19.2	2014	
27.4	46.7	8.3	26.6	19.4	29.3	46.8	73.3	57.8	57.7	1995	Articles manufacturés
22.9	43.1	20.2	20.9	12.5	14.9	51.3	97.1	43.1	70.7	2005	(CTCI 5 à 8 moins 667 et 68)
22.2	44.4	36.1	20.2	13.3	11.8	55.2	75.1	46.3	70.0	2014	

Pour les sources et les notes, se reporter à la fin du tableau 2.2.J.

Origin / Product group	Year Année	World (1) Monde (1)	Developed economies - Économies développées							Transition economies Économies en transition
			Total	Europe Total	EU UE	Canada	USA États-Unis	Japan Japon	Other developed countries Autres économies développées	
Millions of dollars										
All products (3)	1995	126 274	79 245	52 857	49 331	984	15 348	8 524	1 531	4 537
	2005	363 511	196 094	138 021	129 428	1 865	29 853	18 468	7 888	22 742
	2014	909 859	384 125	255 934	238 118	5 138	73 129	32 167	17 757	47 105
Share by origin (percentage)										
All products (3)	1995	100.0	62.8	41.9	39.1	0.8	12.2	6.8	1.2	3.6
	2005	100.0	53.9	38.0	35.6	0.5	8.2	5.1	2.2	6.3
	2014	100.0	42.2	28.1	26.2	0.6	8.0	3.5	2.0	5.2
All food items	1995	100.0	50.4	30.8	30.0	0.6	14.6	0.2	4.3	2.6
(SITC 0 + 1 + 22 + 4)	2005	100.0	39.3	22.9	22.0	0.5	9.0	0.1	6.7	3.6
	2014	100.0	32.4	19.0	18.2	1.5	5.6	0.1	6.2	7.3
Agricultural raw materials	1995	100.0	54.8	33.4	32.7	2.7	10.9	0.9	6.9	16.5
(SITC 2 - 22 - 27 - 28)	2005	100.0	58.5	36.2	35.8	2.0	17.4	0.6	2.3	11.1
	2014	100.0	52.2	31.3	31.2	1.3	16.8	1.0	1.7	9.5
Ores, metals, precious stones	1995	100.0	65.4	51.4	35.5	2.5	8.8	0.4	2.3	5.0
and non-monetary gold	2005	100.0	41.8	34.4	18.9	0.6	4.4	0.5	1.9	13.7
(SITC 27 + 28 + 68 + 667 + 971)	2014	100.0	35.6	28.3	18.6	0.5	4.6	0.3	1.9	8.4
Fuels (SITC 3)	1995	100.0	14.3	9.6	9.6	0.1	3.2	0.0	1.4	11.2
	2005	100.0	17.0	11.7	10.5	0.3	1.4	0.0	3.5	20.5
	2014	100.0	29.6	20.3	19.6	0.2	3.1	0.1	6.0	11.4
Manufactured goods	1995	100.0	70.1	46.9	44.2	0.7	12.9	9.2	0.4	2.7
(SITC 5 to 8 less 667 and 68)	2005	100.0	62.6	44.5	43.0	0.5	9.3	7.1	1.2	2.8
	2014	100.0	47.7	32.4	30.9	0.5	8.8	5.2	0.8	1.8
Share by major product group (percentage)										
All products (3)	1995	100.0	100.0	100.0	100.0	100.0	100.0	100.0	100.0	100.0
	2005	100.0	100.0	100.0	100.0	100.0	100.0	100.0	100.0	100.0
	2014	100.0	100.0	100.0	100.0	100.0	100.0	100.0	100.0	100.0
All food items	1995	12.8	10.3	9.4	9.9	10.0	15.4	0.3	45.2	9.1
(SITC 0 + 1 + 22 + 4)	2005	9.5	6.9	5.7	5.9	10.0	10.5	0.2	29.4	5.4
	2014	10.9	8.4	7.4	7.6	28.3	7.6	0.3	34.5	15.4
Agricultural raw materials	1995	2.5	2.1	2.0	2.1	8.5	2.2	0.3	14.0	11.3
(SITC 2 - 22 - 27 - 28)	2005	1.4	1.5	1.3	1.4	5.3	2.9	0.2	1.5	2.4
	2014	1.1	1.4	1.2	1.3	2.6	2.3	0.3	1.0	2.0
Ores, metals, precious stones	1995	4.6	4.8	5.7	4.2	15.0	3.3	0.3	8.7	6.5
and non-monetary gold	2005	6.8	5.3	6.2	3.6	8.0	3.6	0.7	6.0	15.0
(SITC 27 + 28 + 68 + 667 + 971)	2014	8.3	7.0	8.4	5.9	7.6	4.7	0.7	8.3	13.5
Fuels (SITC 3)	1995	6.0	1.4	1.4	1.5	1.1	1.6	0.0	6.8	18.9
	2005	8.8	2.8	2.7	2.6	4.9	1.5	0.1	14.3	28.8
	2014	7.4	5.2	5.3	5.5	2.9	2.8	0.1	22.6	16.3
Manufactured goods	1995	72.0	80.5	80.6	81.4	65.0	76.6	98.6	23.1	54.2
(SITC 5 to 8 less 667 and 68)	2005	70.3	81.6	82.5	84.9	70.8	79.2	98.2	39.8	31.1
	2014	66.7	75.3	76.9	78.8	58.0	72.9	97.9	27.1	23.3

For sources and notes, see end of table 2.2.J.

			Developing economies - Économies en développement							Origines
				Asie Asie			Oceania (2) Océanie (2)	LDCs (Least developed countries) PMA (Pays les moins avancés)	LLDCs (Landlocked developing countries) LLDCs (Pays en dévelop-pement sans littoral)	Year Année
Total	Africa Afrique	America Amérique	Total	Eastern, Southern and South-Eastern Asia Asie orientale, méridionale et du Sud-Est	China Chine	Western Asia Asie occidentale				Groupes de produits
Millions de dollars										
39 056	3 037	2 323	33 691	20 771	3 356	12 920	4	738	630	1995	Total tous produits (3)
143 123	11 512	7 366	124 220	78 219	23 983	46 001	24	1 916	2 519	2005	
463 436	26 225	19 607	417 574	298 681	116 995	118 893	30	8 036	6 666	2014	
Parts par origines (en pourcentage)										
30.9	2.4	1.8	26.7	16.4	2.7	10.2	0.0	0.6	0.5	1995	Total tous produits (3)
39.4	3.2	2.0	34.2	21.5	6.6	12.7	0.0	0.5	0.7	2005	
50.9	2.9	2.2	45.9	32.8	12.9	13.1	0.0	0.9	0.7	2014	
45.7	4.7	7.2	33.8	17.9	1.1	15.9	0.0	2.5	0.4	1995	Produits alimentaires
57.0	5.5	10.8	40.7	18.4	1.5	22.3	0.0	2.6	1.2	2005	(CTCI 0 + 1 + 22 + 4)
60.2	7.1	10.3	42.8	21.9	1.7	20.9	0.0	2.3	1.8	2014	
27.7	5.2	3.5	19.1	14.8	0.5	4.3	0.0	1.4	7.3	1995	Matières premières
30.2	4.6	4.6	21.0	15.4	2.3	5.7	..	1.9	2.2	2005	d'origine agricole
38.3	5.7	6.3	26.3	22.0	4.8	4.3	0.0	2.5	5.8	2014	(CTCI 2 - 22 - 27 - 28)
29.6	6.2	4.8	18.6	5.3	0.4	13.3	0.0	3.0	4.2	1995	Minerais, métaux, pierres pré-
44.2	8.0	4.1	32.1	21.6	1.2	10.4	0.0	1.7	4.4	2005	cieuses et or (non monétaire)
55.9	8.9	4.2	42.8	27.2	2.2	15.6	0.0	3.5	2.9	2014	(CTCI 27 + 28 + 68 + 667 + 971)
73.7	13.8	0.1	59.7	11.4	0.3	48.3	..	0.2	0.1	1995	Combustibles (CTCI 3)
62.1	10.6	0.8	50.7	13.6	0.9	37.2	..	0.6	1.4	2005	
58.9	3.9	0.4	54.6	20.4	1.1	34.2	0.0	0.7	1.1	2014	
25.7	0.8	0.8	24.1	17.8	3.4	6.3	0.0	0.1	0.1	1995	Articles manufacturés
34.1	1.1	0.8	32.1	23.5	8.9	8.7	0.0	0.1	0.2	2005	(CTCI 5 à 8 moins 667 et 68)
50.3	1.4	0.7	48.2	38.2	18.5	10.0	0.0	0.4	0.2	2014	
Parts par principaux groupes de produits (en pourcentage)										
100.0	100.0	100.0	100.0	100.0	100.0	100.0	100.0	100.0	100.0	1995	Total tous produits (3)
100.0	100.0	100.0	100.0	100.0	100.0	100.0	100.0	100.0	100.0	2005	
100.0	100.0	100.0	100.0	100.0	100.0	100.0	100.0	100.0	100.0	2014	
19.0	25.2	50.0	16.3	13.9	5.4	20.0	86.0	55.5	9.7	1995	Produits alimentaires
13.8	16.5	50.7	11.3	8.1	2.1	16.8	3.0	47.1	15.9	2005	(CTCI 0 + 1 + 22 + 4)
12.9	26.9	52.1	10.2	7.3	1.5	17.5	9.5	29.0	27.4	2014	
2.2	5.3	4.7	1.8	2.2	0.5	1.0	0.0	5.8	35.8	1995	Matières premières
1.1	2.0	3.1	0.8	1.0	0.5	0.6	..	5.0	4.3	2005	d'origine agricole
0.8	2.2	3.3	0.6	0.7	0.4	0.4	3.4	3.2	8.9	2014	(CTCI 2 - 22 - 27 - 28)
4.4	11.9	12.1	3.2	1.5	0.7	6.0	2.6	24.0	39.3	1995	Minerais, métaux, pierres pré-
7.7	17.3	13.8	6.4	6.9	1.3	5.6	0.4	21.7	43.0	2005	cieuses et or (non monétaire)
9.2	25.8	16.3	7.8	6.9	1.4	10.0	0.6	33.3	33.1	2014	(CTCI 27 + 28 + 68 + 667 + 971)
14.4	34.8	0.4	13.5	4.2	0.7	28.6	..	2.5	1.6	1995	Combustibles (CTCI 3)
13.9	29.5	3.3	13.0	5.5	1.3	25.8	..	9.3	18.3	2005	
8.5	9.9	1.5	8.8	4.6	0.6	19.3	1.0	5.5	11.5	2014	
59.7	22.8	32.8	64.9	77.7	92.4	44.3	11.5	12.1	13.5	1995	Articles manufacturés
60.9	25.2	28.5	66.1	76.7	94.5	48.2	96.5	14.8	18.3	2005	(CTCI 5 à 8 moins 667 et 68)
65.9	33.3	21.7	70.0	77.6	96.0	51.0	84.7	28.9	19.0	2014	

Pour les sources et les notes, se reporter à la fin du tableau 2.2.J.

Product group	Year Année	World (1) Monde (1)	Developed economies - Économies développées Total	Europe Total	Europe EU UE	Canada	USA États-Unis	Japan Japon	Other developed countries Autres économies développées	Transition economies Économies en transition
Millions of dollars										
All products (3)	1995	5 149	3 970	1 041	1 039	28	229	1 496	1 176	2
	2005	6 834	4 560	1 344	1 325	21	304	964	1 926	25
	2014	10 025	5 999	1 209	1 198	10	373	1 754	2 654	11
Share by destination (percentage)										
All products (3)	1995	100.0	77.1	20.2	20.2	0.6	4.5	29.0	22.8	0.0
	2005	100.0	66.7	19.7	19.4	0.3	4.5	14.1	28.2	0.4
	2014	100.0	59.8	12.1	12.0	0.1	3.7	17.5	26.5	0.1
All food items	1995	100.0	82.0	53.4	53.3	2.3	5.3	12.7	8.3	0.1
(SITC 0 + 1 + 22 + 4)	2005	100.0	76.2	39.7	39.7	0.5	12.9	10.2	13.0	0.3
	2014	100.0	64.7	37.8	37.5	0.3	11.8	6.3	8.4	0.2
Agricultural raw materials	1995	100.0	61.6	1.4	1.4	0.0	0.3	58.3	1.7	..
(SITC 2 - 22 - 27 - 28)	2005	100.0	21.6	2.2	2.1	0.0	2.1	12.1	5.2	0.0
	2014	100.0	7.5	0.7	0.7	0.0	1.5	3.7	1.6	0.0
Ores, metals, precious stones	1995	100.0	87.2	15.9	15.8	0.0	2.4	39.6	29.4	0.0
and non-monetary gold	2005	100.0	83.6	14.4	14.3	0.0	1.0	23.2	44.9	1.0
(SITC 27 + 28 + 68 + 667 + 971)	2014	100.0	79.4	8.0	8.0	0.0	0.4	19.6	51.4	0.0
Fuels (SITC 3)	1995	100.0	89.3	0.0	0.0	..	3.4	1.9	84.0	..
	2005	100.0	75.8	0.0	0.0	0.0	2.7	5.5	67.5	0.0
	2014	100.0	72.8	0.0	0.0	0.0	0.8	39.0	33.0	0.0
Manufactured goods	1995	100.0	83.9	29.5	29.3	0.5	13.1	24.2	16.6	0.1
(SITC 5 to 8 less 667 and 68)	2005	100.0	50.5	27.3	26.3	0.8	3.1	10.9	8.5	0.1
	2014	100.0	39.8	13.4	13.3	0.1	5.6	9.0	11.6	0.4
Share by major product group (percentage)										
All products (3)	1995	100.0	100.0	100.0	100.0	100.0	100.0	100.0	100.0	100.0
	2005	100.0	100.0	100.0	100.0	100.0	100.0	100.0	100.0	100.0
	2014	100.0	100.0	100.0	100.0	100.0	100.0	100.0	100.0	100.0
All food items	1995	20.2	21.5	53.3	53.5	84.3	24.0	8.8	7.4	48.5
(SITC 0 + 1 + 22 + 4)	2005	20.0	22.8	40.3	40.8	30.0	57.7	14.4	9.2	13.9
	2014	18.1	19.6	56.9	56.8	62.5	57.7	6.5	5.7	31.9
Agricultural raw materials	1995	12.8	10.2	0.9	0.9	0.2	0.8	25.6	0.9	..
(SITC 2 - 22 - 27 - 28)	2005	8.4	2.7	0.9	0.9	1.0	4.0	7.2	1.5	0.1
	2014	10.1	1.3	0.6	0.6	4.5	4.1	2.1	0.6	1.2
Ores, metals, precious stones	1995	27.1	30.7	21.3	21.3	0.4	14.6	37.0	34.9	0.3
and non-monetary gold	2005	28.6	35.9	21.0	21.1	2.9	6.6	47.1	45.6	78.2
(SITC 27 + 28 + 68 + 667 + 971)	2014	30.5	40.4	20.2	20.3	3.7	3.1	34.1	59.2	9.7
Fuels (SITC 3)	1995	12.3	14.2	0.0	0.0	..	9.4	0.8	45.2	..
	2005	14.0	15.9	0.0	0.0	0.0	8.5	5.4	33.5	0.0
	2014	21.0	25.5	0.0	0.0	0.0	4.4	46.7	26.2	0.0
Manufactured goods	1995	16.0	17.4	23.4	23.3	14.8	47.3	13.4	11.6	50.9
(SITC 5 to 8 less 667 and 68)	2005	27.2	20.6	37.6	36.9	65.8	18.9	20.9	8.2	7.6
	2014	18.1	12.0	20.2	20.1	25.9	27.2	9.3	7.9	56.8

For sources and notes, see end of table 2.2.J.

Total	Africa Afrique	America Amérique	Asia Asie Total	Eastern, Southern and South-Eastern Asia / Asie orientale, méridionale et du Sud-Est	China Chine	Western Asia Asie occidentale	Oceania (2) Océanie (2)	LDCs (Least developed countries) PMA (Pays les moins avancés)	LLDCs (Landlocked developing countries) LLDCs (Pays en développement sans littoral)	Year Année	Groupes de produits
Millions de dollars											
786	3	10	754	750	86	4	19	11	1	1995	**Total tous produits (3)**
2 241	83	160	1 694	1 683	419	11	304	117	4	2005	
3 802	233	113	2 892	2 872	1 437	19	565	381	2	2014	
Parts par destinations (en pourcentage)											
15.3	0.1	0.2	14.6	14.6	1.7	0.1	0.4	0.2	0.0	1995	**Total tous produits (3)**
32.8	1.2	2.3	24.8	24.6	6.1	0.2	4.5	1.7	0.1	2005	
37.9	2.3	1.1	28.8	28.7	14.3	0.2	5.6	3.8	0.0	2014	
17.6	0.1	0.1	17.2	16.9	1.2	0.3	0.3	0.4	0.0	1995	Produits alimentaires
23.1	0.4	0.4	12.3	12.3	0.2	0.0	10.0	1.8	0.0	2005	(CTCI 0 + 1 + 22 + 4)
32.7	0.1	5.0	17.7	17.4	1.5	0.3	9.9	2.8	0.0	2014	
38.1	0.0	0.0	37.9	37.9	4.3	0.0	0.2	0.0	0.0	1995	Matières premières
78.4	0.5	0.7	76.6	76.6	44.9	..	0.6	1.6	0.3	2005	d'origine agricole
92.4	0.1	0.9	90.8	90.8	63.8	0.0	0.6	0.4	0.0	2014	(CTCI 2 - 22 - 27 - 28)
12.7	0.0	0.0	12.7	12.7	..	0.0	0.0	0.0	0.0	1995	Minerais, métaux, pierres pré-
15.4	0.5	0.0	14.8	14.8	2.5	0.0	0.1	0.5	..	2005	cieuses et or (non monétaire)
20.6	0.0	0.0	20.0	20.0	6.9	0.0	0.6	0.2	0.0	2014	(CTCI 27 + 28 + 68 + 667 + 971)
10.7	..	..	10.3	10.3	7.2	..	0.4	0.4	..	1995	Combustibles (CTCI 3)
24.1	0.1	0.0	18.4	18.4	3.3	..	5.5	2.3	0.0	2005	
17.5	0.0	0.3	10.7	10.6	7.7	0.0	6.5	1.4	..	2014	
12.5	0.3	1.1	9.9	9.8	0.0	0.1	1.3	0.4	0.1	1995	Articles manufacturés
49.4	3.4	8.1	33.2	32.7	4.2	0.6	4.7	2.6	0.1	2005	(CTCI 5 à 8 moins 667 et 68)
62.0	12.5	0.4	37.8	37.0	15.7	0.7	11.3	15.3	0.1	2014	
Parts par principaux groupes de produits (en pourcentage)											
100.0	100.0	100.0	100.0	100.0	100.0	100.0	100.0	100.0	100.0	1995	**Total tous produits (3)**
100.0	100.0	100.0	100.0	100.0	100.0	100.0	100.0	100.0	100.0	2005	
100.0	100.0	100.0	100.0	100.0	100.0	100.0	100.0	100.0	100.0	2014	
23.4	22.0	9.3	23.8	23.4	14.2	87.8	14.2	41.1	2.5	1995	Produits alimentaires
14.0	7.2	3.1	9.9	10.0	0.8	0.6	44.7	21.5	16.0	2005	(CTCI 0 + 1 + 22 + 4)
15.6	1.0	79.6	11.1	11.0	1.9	29.2	31.9	13.2	35.8	2014	
31.8	0.3	0.6	33.0	33.2	32.7	0.0	5.8	1.8	0.0	1995	Matières premières
20.0	3.1	2.7	25.9	26.0	61.3	..	1.1	7.8	36.7	2005	d'origine agricole
24.6	0.6	7.7	31.8	32.1	45.1	0.5	1.1	1.1	3.1	2014	(CTCI 2 - 22 - 27 - 28)
22.7	0.2	0.1	23.6	23.7	..	0.4	1.4	0.2	0.1	1995	Minerais, métaux, pierres pré-
13.5	11.5	0.1	17.1	17.2	11.8	0.6	0.9	8.7	..	2005	cieuses et or (non monétaire)
16.5	0.3	0.2	21.1	21.2	14.7	0.7	3.2	1.3	0.3	2014	(CTCI 27 + 28 + 68 + 667 + 971)
8.6	..	..	8.6	8.7	52.9	..	14.0	23.6	..	1995	Combustibles (CTCI 3)
10.2	1.4	0.0	10.4	10.5	7.6	..	17.3	18.7	0.7	2005	
9.7	0.2	5.3	7.7	7.8	11.3	1.0	24.2	7.9	..	2014	
13.1	76.6	90.0	10.8	10.8	0.1	11.7	55.3	32.0	96.9	1995	Articles manufacturés
40.9	76.6	93.6	36.4	36.0	18.6	98.1	28.6	41.9	45.6	2005	(CTCI 5 à 8 moins 667 et 68)
29.6	97.6	7.0	23.7	23.4	19.8	68.1	36.3	72.9	60.0	2014	

Pour les sources et les notes, se reporter à la fin du tableau 2.2.J.

2.2.H Import structure by partner and product group
Developing economies: Oceania

Origin / Product group	Year / Année	World (1) / Monde (1)	Developed economies - Économies développées							Transition economies / Économies en transition
			Total	Europe		Canada	USA / États-Unis	Japan / Japon	Other developed countries / Autres économies développées	
				Total	EU / UE					
Millions of dollars										
All products (3)	1995	6 199	4 196	1 319	1 307	13	356	575	1 933	1
	2005	10 025	5 815	1 993	1 965	32	483	553	2 754	3
	2014	16 424	8 135	2 669	2 580	68	858	752	3 787	9
Share by origin (percentage)										
All products (3)	1995	100.0	67.7	21.3	21.1	0.2	5.7	9.3	31.2	0.0
	2005	100.0	58.0	19.9	19.6	0.3	4.8	5.5	27.5	0.0
	2014	100.0	49.5	16.3	15.7	0.4	5.2	4.6	23.1	0.1
All food items	1995	100.0	86.4	23.3	23.2	0.2	10.7	3.8	48.4	0.0
(SITC 0 + 1 + 22 + 4)	2005	100.0	69.6	16.8	16.6	0.4	8.4	3.4	40.7	0.0
	2014	100.0	63.8	17.7	17.4	0.3	7.9	1.3	36.6	0.0
Agricultural raw materials	1995	100.0	90.3	6.5	6.5	0.0	28.1	2.4	53.3	0.3
(SITC 2 - 22 - 27 - 28)	2005	100.0	83.2	5.6	5.5	7.2	12.8	0.7	57.0	0.0
	2014	100.0	78.8	5.3	5.2	3.6	11.8	0.8	57.3	0.2
Ores, metals, precious stones	1995	100.0	81.0	27.8	27.8	0.0	3.6	0.9	48.6	0.0
and non-monetary gold	2005	100.0	76.2	31.1	30.9	1.0	3.7	2.3	38.1	0.0
(SITC 27 + 28 + 68 + 667 + 971)	2014	100.0	55.4	13.1	11.5	0.6	20.9	1.9	19.0	0.2
Fuels (SITC 3)	1995	100.0	68.0	0.6	0.6	0.0	1.6	0.0	65.8	0.0
	2005	100.0	18.7	0.2	0.2	0.0	0.3	0.0	18.2	0.0
	2014	100.0	13.1	0.9	0.4	0.0	0.4	0.9	10.9	0.0
Manufactured goods	1995	100.0	78.1	29.3	29.0	0.3	5.6	14.3	28.6	0.0
(SITC 5 to 8 less 667 and 68)	2005	100.0	68.8	28.9	28.4	0.3	5.3	8.3	26.0	0.0
	2014	100.0	59.9	22.5	21.9	0.6	6.1	7.1	23.6	0.1
Share by major product group (percentage)										
All products (3)	1995	100.0	100.0	100.0	100.0	100.0	100.0	100.0	100.0	100.0
	2005	100.0	100.0	100.0	100.0	100.0	100.0	100.0	100.0	100.0
	2014	100.0	100.0	100.0	100.0	100.0	100.0	100.0	100.0	100.0
All food items	1995	14.1	18.0	15.5	15.6	11.4	26.4	5.8	21.9	9.1
(SITC 0 + 1 + 22 + 4)	2005	16.8	20.2	14.2	14.3	18.8	29.3	10.3	25.0	8.9
	2014	16.5	21.3	17.9	18.3	13.6	25.0	4.7	26.2	14.0
Agricultural raw materials	1995	0.9	1.2	0.3	0.3	0.1	4.3	0.2	1.5	20.0
(SITC 2 - 22 - 27 - 28)	2005	0.9	1.3	0.2	0.2	19.8	2.3	0.1	1.8	0.5
	2014	0.7	1.1	0.2	0.2	5.8	1.5	0.1	1.7	2.0
Ores, metals, precious stones	1995	0.6	0.7	0.8	0.8	0.0	0.4	0.1	0.9	0.9
and non-monetary gold	2005	0.8	1.0	1.2	1.2	2.4	0.6	0.3	1.1	0.8
(SITC 27 + 28 + 68 + 667 + 971)	2014	1.0	1.2	0.8	0.8	1.4	4.2	0.4	0.9	4.8
Fuels (SITC 3)	1995	8.5	8.5	0.2	0.2	0.2	2.4	0.0	17.9	6.7
	2005	22.4	7.2	0.3	0.3	0.2	1.2	0.1	14.8	29.9
	2014	23.2	6.1	1.3	0.6	0.0	1.7	4.7	11.0	10.7
Manufactured goods	1995	60.0	69.2	82.5	82.4	86.6	58.4	92.6	55.1	63.3
(SITC 5 to 8 less 667 and 68)	2005	57.5	68.2	83.5	83.4	57.1	63.5	86.9	54.3	58.8
	2014	56.5	68.3	78.2	78.7	78.2	65.6	87.9	57.9	68.4

For sources and notes, see end of table 2.2.J.

Total	Africa / Afrique	America / Amérique	Asia - Asie Total	Eastern, Southern and South-Eastern Asia / Asie orientale, méridionale et du Sud-Est	China / Chine	Western Asia / Asie occidentale	Oceania (2) / Océanie (2)	LDCs (Least developed countries) PMA (Pays les moins avancés)	LLDCs (Landlocked developing countries) / LLDCs (Pays en dévelop-pement sans littoral)	Year / Année	Origines / Groupes de produits
Millions de dollars											
1 039	6	33	981	980	70	1	19	5	2	1995	Total tous produits (3)
4 182	34	48	3 773	3 756	343	17	326	23	6	2005	
8 241	65	73	7 597	7 540	1 449	57	505	33	24	2014	
Parts par origines (en pourcentage)											
16.8	0.1	0.5	15.8	15.8	1.1	0.0	0.3	0.1	0.0	1995	Total tous produits (3)
41.7	0.3	0.5	37.6	37.5	3.4	0.2	3.3	0.2	0.1	2005	
50.2	0.4	0.4	46.3	45.9	8.8	0.3	3.1	0.2	0.1	2014	
12.5	0.4	1.5	10.4	10.3	0.8	0.0	0.3	0.2	0.1	1995	Produits alimentaires
29.1	1.0	1.7	16.9	16.8	2.6	0.1	9.5	0.6	0.1	2005	(CTCI 0 + 1 + 22 + 4)
35.0	0.3	1.3	25.8	25.6	8.3	0.2	7.5	0.3	0.0	2014	
9.2	0.3	0.2	6.8	6.7	0.0	0.1	1.9	0.2	0.3	1995	Matières premières
16.8	1.4	0.4	8.9	8.9	1.2	0.0	6.0	3.2	0.1	2005	d'origine agricole
20.8	1.2	1.8	9.2	9.1	1.4	0.1	8.6	5.6	0.1	2014	(CTCI 2 - 22 - 27 - 28)
13.1	1.2	0.1	10.9	10.8	0.1	0.2	0.8	..	1.2	1995	Minerais, métaux, pierres pré-
23.8	0.6	0.4	18.1	17.9	1.8	0.2	4.7	0.1	0.0	2005	cieuses et or (non monétaire)
43.1	6.5	0.1	29.8	29.0	5.8	0.8	6.7	0.3	0.4	2014	(CTCI 27 + 28 + 68 + 667 + 971)
31.5	0.2	0.1	30.7	30.7	0.0	..	0.5	..	..	1995	Combustibles (CTCI 3)
81.3	0.0	0.0	78.9	78.9	0.1	0.0	2.4	0.1	0.0	2005	
88.2	0.4	0.0	85.0	84.7	0.4	0.2	2.8	0.0	0.3	2014	
19.4	0.0	0.5	18.6	18.5	1.7	0.0	0.3	0.1	0.0	1995	Articles manufacturés
31.1	0.3	0.3	29.0	28.7	5.0	0.2	1.6	0.1	0.1	2005	(CTCI 5 à 8 moins 667 et 68)
39.5	0.3	0.4	37.2	36.8	12.6	0.4	1.7	0.1	0.1	2014	
Parts par principaux groupes de produits (en pourcentage)											
100.0	100.0	100.0	100.0	100.0	100.0	100.0	100.0	100.0	100.0	1995	Total tous produits (3)
100.0	100.0	100.0	100.0	100.0	100.0	100.0	100.0	100.0	100.0	2005	
100.0	100.0	100.0	100.0	100.0	100.0	100.0	100.0	100.0	100.0	2014	
10.6	54.9	39.9	9.3	9.3	9.7	12.6	13.3	46.7	56.3	1995	Produits alimentaires
11.7	50.6	57.8	7.6	7.5	12.8	12.6	49.1	44.1	34.5	2005	(CTCI 0 + 1 + 22 + 4)
11.5	13.7	49.2	9.2	9.2	15.4	10.8	40.2	27.9	4.2	2014	
0.5	2.3	0.4	0.4	0.4	0.0	4.1	5.6	2.8	7.3	1995	Matières premières
0.4	3.7	0.8	0.2	0.2	0.3	0.0	1.6	12.2	1.6	2005	d'origine agricole
0.3	2.1	2.7	0.1	0.1	0.1	0.3	1.9	18.6	0.4	2014	(CTCI 2 - 22 - 27 - 28)
0.5	6.9	0.1	0.4	0.4	0.0	5.2	1.6	..	22.3	1995	Minerais, métaux, pierres pré-
0.4	1.4	0.6	0.4	0.4	0.4	0.8	1.1	0.3	0.0	2005	cieuses et or (non monétaire)
0.9	17.2	0.1	0.7	0.7	0.7	2.5	2.3	1.8	2.6	2014	(CTCI 27 + 28 + 68 + 667 + 971)
16.0	20.3	2.1	16.5	16.5	0.1	..	13.3	..	..	1995	Combustibles (CTCI 3)
43.6	0.7	0.1	46.9	47.1	0.6	0.8	16.2	6.0	1.3	2005	
40.7	23.2	2.2	42.5	42.8	1.1	13.7	21.3	4.1	50.5	2014	
69.4	15.5	57.5	70.4	70.4	90.2	78.0	55.7	47.1	14.1	1995	Articles manufacturés
42.9	43.0	40.3	44.2	44.0	84.5	84.7	27.5	36.9	61.4	2005	(CTCI 5 à 8 moins 667 et 68)
44.5	39.6	45.6	45.5	45.3	80.5	68.2	30.8	39.2	37.0	2014	

Pour les sources et les notes, se reporter à la fin du tableau 2.2.J.

2.2.I Export structure by partner and product group
Transition economies

Destination / Product group	Year / Année	World (1) / Monde (1)	Developed economies - Économies développées							Transition economies / Économies en transition
			Total	Europe		Canada	USA / États-Unis	Japan / Japon	Other developed countries / Autres économies développées	
				Total	EU / UE					
Millions of dollars										
All products (3)	1995	112 995	51 821	44 729	40 582	119	4 059	2 556	358	30 981
	2005	351 456	218 025	200 969	182 703	971	9 009	4 134	2 941	66 033
	2014	763 048	437 807	406 053	237 183	2 638	9 331	9 520	10 265	112 129
Share by destination (percentage)										
All products (3)	1995	100.0	45.9	39.6	35.9	0.1	3.6	2.3	0.3	27.4
	2005	100.0	62.0	57.2	52.0	0.3	2.6	1.2	0.8	18.8
	2014	100.0	57.4	53.2	31.1	0.3	1.2	1.2	1.3	14.7
All food items	1995	100.0	30.2	24.9	24.1	0.0	1.7	2.5	1.0	60.6
(SITC 0 + 1 + 22 + 4)	2005	100.0	23.9	20.9	20.1	0.1	0.7	1.0	1.3	53.3
	2014	100.0	33.8	31.5	23.0	0.1	0.5	0.7	1.0	36.3
Agricultural raw materials	1995	100.0	63.4	54.0	52.0	0.0	1.0	8.3	0.1	7.2
(SITC 2 - 22 - 27 - 28)	2005	100.0	47.4	40.4	40.2	0.1	0.7	6.0	0.3	11.3
	2014	100.0	47.5	45.1	35.8	0.0	0.6	1.3	0.5	12.9
Ores, metals, precious stones	1995	100.0	80.6	58.7	50.9	0.0	10.4	11.5	0.1	10.7
and non-monetary gold	2005	100.0	69.4	57.0	45.6	0.2	5.4	5.3	1.4	11.0
(SITC 27 + 28 + 68 + 667 + 971)	2014	100.0	65.1	61.9	34.6	0.3	0.9	0.5	1.5	12.4
Fuels (SITC 3)	1995	100.0	62.2	60.2	54.1	0.0	0.8	0.6	0.5	22.6
	2005	100.0	67.1	64.2	58.2	0.3	1.2	0.7	0.7	7.4
	2014	100.0	64.4	59.7	33.3	0.4	0.8	1.7	1.8	5.8
Manufactured goods	1995	100.0	35.3	27.4	25.3	0.3	6.6	0.8	0.3	32.2
(SITC 5 to 8 less 667 and 68)	2005	100.0	36.1	30.5	29.6	0.4	4.3	0.5	0.4	31.4
	2014	100.0	46.6	43.6	28.1	0.3	2.0	0.5	0.3	34.4
Share by major product group (percentage)										
All products (3)	1995	100.0	100.0	100.0	100.0	100.0	100.0	100.0	100.0	100.0
	2005	100.0	100.0	100.0	100.0	100.0	100.0	100.0	100.0	100.0
	2014	100.0	100.0	100.0	100.0	100.0	100.0	100.0	100.0	100.0
All food items	1995	5.4	3.6	3.4	3.6	2.4	2.6	6.0	16.9	11.9
(SITC 0 + 1 + 22 + 4)	2005	3.8	1.5	1.4	1.5	0.9	1.0	3.3	5.9	10.9
	2014	6.8	4.0	4.1	5.1	1.0	2.6	3.9	5.2	16.9
Agricultural raw materials	1995	5.5	7.7	7.6	8.0	0.6	1.5	20.5	2.4	1.5
(SITC 2 - 22 - 27 - 28)	2005	2.8	2.2	2.0	2.2	1.2	0.8	14.3	0.9	1.7
	2014	1.8	1.5	1.5	2.1	0.2	0.8	1.8	0.6	1.6
Ores, metals, precious stones	1995	10.4	18.3	15.4	14.7	2.5	30.1	52.7	3.1	4.0
and non-monetary gold	2005	7.8	8.7	7.8	6.9	5.1	16.6	35.5	13.4	4.6
(SITC 27 + 28 + 68 + 667 + 971)	2014	7.0	8.0	8.2	7.8	6.4	5.0	3.0	7.7	5.9
Fuels (SITC 3)	1995	33.7	45.7	51.3	50.8	14.1	7.9	9.5	51.5	27.8
	2005	53.9	58.3	60.5	60.3	56.5	24.7	31.7	46.4	21.3
	2014	61.2	68.7	68.6	65.5	74.1	39.8	83.3	82.2	24.0
Manufactured goods	1995	31.6	24.3	21.9	22.3	79.9	57.8	11.3	26.1	37.2
(SITC 5 to 8 less 667 and 68)	2005	25.4	14.8	13.5	14.5	35.8	42.6	9.8	13.5	42.4
	2014	21.3	17.3	17.5	19.2	18.1	34.6	7.9	4.2	49.8

For sources and notes, see end of table 2.2.J.

	Developing economies - Économies en développement						Oceania (2) / Océanie (2)	LDCs (Least developed countries) / PMA (Pays les moins avancés)	LLDCs (Landlocked developing countries) / LLDCs (Pays en dévelop-pement sans littoral)	Year / Année	Destinations
				Asia / Asie							
Total	Africa / Afrique	America / Amérique	Total	Eastern, Southern and South-Eastern Asia / Asie orientale, méridionale et du Sud-Est	China / Chine	Western Asia / Asie occidentale					Groupes de produits
Millions de dollars											
17 203	872	2 911	13 419	10 400	4 762	3 019	1	260	7 217	1995	Total tous produits (3)
66 694	5 259	6 660	54 759	35 911	17 486	18 848	16	1 835	16 777	2005	
154 453	8 997	23 099	122 246	100 712	48 697	21 535	110	2 570	38 072	2014	
Parts par destinations (en pourcentage)											
15.2	0.8	2.6	11.9	9.2	4.2	2.7	0.0	0.2	6.4	1995	Total tous produits (3)
19.0	1.5	1.9	15.6	10.2	5.0	5.4	0.0	0.5	4.8	2005	
20.2	1.2	3.0	16.0	13.2	6.4	2.8	0.0	0.3	5.0	2014	
6.8	1.2	0.2	5.4	1.5	0.6	3.9	0.0	0.4	14.4	1995	Produits alimentaires
22.1	7.8	0.2	14.0	6.4	1.1	7.7	0.0	2.0	13.8	2005	(CTCI 0 + 1 + 22 + 4)
29.8	5.4	2.0	22.3	14.5	2.0	7.9	0.0	1.6	15.1	2014	
25.0	1.0	1.5	22.4	16.4	6.8	6.0	0.0	0.0	2.7	1995	Matières premières
41.2	2.3	0.1	38.8	34.1	25.8	4.7	..	3.3	4.4	2005	d'origine agricole
39.6	1.1	1.3	37.1	31.0	22.8	6.1	0.1	2.6	8.2	2014	(CTCI 2 - 22 - 27 - 28)
7.1	0.1	0.1	6.8	5.3	1.1	1.5	0.0	0.0	2.7	1995	Minerais, métaux, pierres pré-
19.6	0.6	0.2	18.8	11.9	7.2	6.9	0.0	0.0	2.4	2005	cieuses et or (non monétaire)
22.4	0.4	1.0	21.0	14.2	9.7	6.8	0.0	0.0	2.1	2014	(CTCI 27 + 28 + 68 + 667 + 971)
9.8	0.1	5.6	4.2	2.2	0.1	2.0	0.0	0.1	5.4	1995	Combustibles (CTCI 3)
9.4	0.2	2.2	7.1	4.4	2.6	2.7	0.0	0.1	2.0	2005	
17.8	0.2	3.6	14.0	13.3	7.1	0.7	0.0	0.1	1.3	2014	
29.8	1.9	1.9	26.0	21.8	11.6	4.1	0.0	0.5	10.6	1995	Articles manufacturés
32.6	3.5	2.7	26.3	19.1	6.5	7.2	0.0	0.9	10.8	2005	(CTCI 5 à 8 moins 667 et 68)
18.9	2.4	2.1	14.4	9.8	3.6	4.6	0.0	0.6	12.6	2014	
Parts par principaux groupes de produits (en pourcentage)											
100.0	100.0	100.0	100.0	100.0	100.0	100.0	100.0	100.0	100.0	1995	Total tous produits (3)
100.0	100.0	100.0	100.0	100.0	100.0	100.0	100.0	100.0	100.0	2005	
100.0	100.0	100.0	100.0	100.0	100.0	100.0	100.0	100.0	100.0	2014	
2.4	8.1	0.5	2.5	0.9	0.8	8.0	14.9	8.5	12.2	1995	Produits alimentaires
4.5	20.2	0.4	3.5	2.4	0.9	5.5	0.0	15.0	11.1	2005	(CTCI 0 + 1 + 22 + 4)
10.1	31.3	4.5	9.5	7.5	2.2	19.1	14.2	32.3	20.7	2014	
9.1	7.3	3.2	10.5	9.9	8.9	12.5	18.1	0.7	2.3	1995	Matières premières
6.1	4.4	0.2	7.0	9.4	14.6	2.4	..	17.8	2.6	2005	d'origine agricole
3.5	1.7	0.8	4.1	4.2	6.4	3.9	11.8	13.6	2.9	2014	(CTCI 2 - 22 - 27 - 28)
4.8	2.0	0.4	6.0	6.0	2.8	5.9	0.5	0.5	4.4	1995	Minerais, métaux, pierres pré-
8.1	3.0	1.0	9.4	9.1	11.4	10.1	0.1	0.2	3.9	2005	cieuses et or (non monétaire)
7.8	2.6	2.3	9.2	7.5	10.7	16.9	1.6	0.4	2.9	2014	(CTCI 27 + 28 + 68 + 667 + 971)
21.8	3.3	72.8	11.9	8.2	0.8	24.7	8.5	15.6	28.7	1995	Combustibles (CTCI 3)
26.8	7.3	61.7	24.4	23.0	28.6	27.0	0.2	13.4	22.9	2005	
53.8	9.2	72.9	53.5	61.6	68.4	15.5	45.7	10.0	15.9	2014	
61.8	79.3	23.1	69.1	75.0	86.7	48.9	58.0	74.3	52.3	1995	Articles manufacturés
43.6	59.6	36.6	42.9	47.6	33.4	33.9	99.7	43.0	57.4	2005	(CTCI 5 à 8 moins 667 et 68)
19.9	42.9	14.8	19.2	15.9	12.1	34.6	25.1	35.5	53.8	2014	

Pour les sources et les notes, se reporter à la fin du tableau 2.2.J.

| Product group | Year / Année | World (1) / Monde (1) | Developed economies - Économies développées | | | | | | | Transition economies / Économies en transition |
			Total	Europe Total	EU UE	Canada	USA États-Unis	Japan Japon	Other developed countries / Autres économies développées	
Millions of dollars										
All products (3)	1995	102 246	43 327	37 031	35 957	276	4 064	1 364	591	33 724
	2005	238 681	123 800	107 455	104 147	897	7 532	6 671	1 245	68 504
	2014	530 820	258 071	222 123	213 383	1 802	18 983	12 355	2 807	119 213
Share by origin (percentage)										
All products (3)	1995	100.0	42.4	36.2	35.2	0.3	4.0	1.3	0.6	33.0
	2005	100.0	51.9	45.0	43.6	0.4	3.2	2.8	0.5	28.7
	2014	100.0	48.6	41.8	40.2	0.3	3.6	2.3	0.5	22.5
All food items	1995	100.0	54.8	44.9	43.6	0.3	8.1	0.0	1.5	23.5
(SITC 0 + 1 + 22 + 4)	2005	100.0	41.7	35.9	32.7	0.5	4.4	0.1	0.9	25.6
	2014	100.0	38.1	33.0	30.0	0.8	2.8	0.1	1.4	28.1
Agricultural raw materials	1995	100.0	33.1	28.8	28.2	0.3	2.2	0.3	1.5	57.4
(SITC 2 - 22 - 27 - 28)	2005	100.0	43.1	38.1	37.7	0.4	3.4	0.4	0.9	43.5
	2014	100.0	48.8	42.7	42.0	0.2	3.9	1.3	0.7	29.0
Ores, metals, precious stones	1995	100.0	24.9	19.4	18.3	0.4	2.6	0.0	2.6	51.5
and non-monetary gold	2005	100.0	29.8	24.2	22.7	0.2	1.6	0.2	3.5	50.2
(SITC 27 + 28 + 68 + 667 + 971)	2014	100.0	31.2	29.7	25.7	0.1	0.8	0.2	0.4	50.1
Fuels (SITC 3)	1995	100.0	11.5	10.6	10.4	0.0	0.7	0.2	0.0	86.1
	2005	100.0	8.9	8.5	8.3	0.0	0.3	0.1	0.0	89.2
	2014	100.0	23.2	20.9	20.0	0.2	1.1	0.2	0.8	74.0
Manufactured goods	1995	100.0	60.8	52.8	51.2	0.4	4.5	2.6	0.4	23.9
(SITC 5 to 8 less 667 and 68)	2005	100.0	61.4	53.4	52.1	0.4	3.4	3.9	0.3	18.7
	2014	100.0	53.4	46.3	44.9	0.3	3.5	3.1	0.3	14.5
Share by major product group (percentage)										
All products (3)	1995	100.0	100.0	100.0	100.0	100.0	100.0	100.0	100.0	100.0
	2005	100.0	100.0	100.0	100.0	100.0	100.0	100.0	100.0	100.0
	2014	100.0	100.0	100.0	100.0	100.0	100.0	100.0	100.0	100.0
All food items	1995	17.9	23.1	22.2	22.2	17.7	36.7	0.6	45.5	12.7
(SITC 0 + 1 + 22 + 4)	2005	12.5	10.0	9.9	9.3	15.4	17.6	0.4	20.8	11.1
	2014	12.4	9.8	9.8	9.3	29.0	9.8	0.4	32.9	15.6
Agricultural raw materials	1995	1.3	1.0	1.0	1.0	1.3	0.7	0.3	3.3	2.2
(SITC 2 - 22 - 27 - 28)	2005	1.2	1.0	1.0	1.0	1.1	1.3	0.2	2.1	1.8
	2014	1.0	1.0	1.0	1.1	0.7	1.1	0.6	1.3	1.3
Ores, metals, precious stones	1995	2.9	1.7	1.5	1.5	3.8	1.9	0.0	12.8	4.5
and non-monetary gold	2005	3.1	1.8	1.7	1.6	1.6	1.6	0.3	21.3	5.5
(SITC 27 + 28 + 68 + 667 + 971)	2014	2.6	1.7	1.9	1.7	0.6	0.6	0.2	2.1	5.9
Fuels (SITC 3)	1995	11.7	3.2	3.4	3.4	0.9	2.1	1.9	0.5	30.5
	2005	10.9	1.9	2.1	2.1	0.2	0.9	0.5	0.2	33.9
	2014	8.6	4.1	4.3	4.3	6.0	2.7	0.6	12.4	28.2
Manufactured goods	1995	47.9	68.7	69.8	69.7	75.3	54.7	95.0	35.4	34.6
(SITC 5 to 8 less 667 and 68)	2005	70.6	83.6	83.7	84.4	77.5	76.7	98.2	40.9	46.0
	2014	72.8	80.1	80.5	81.3	60.5	70.9	97.4	42.5	46.9

For sources and notes, see end of table 2.2.J.

Developing economies - Économies en développement								LDCs (Least developed countries) PMA (Pays les moins avancés)	LLDCs (Landlocked developing countries) LLDCs (Pays en développement sans littoral)		Origines
Total	Africa Afrique	America Amérique	Asia Asie Total	Eastern, Southern and South-Eastern Asia Asie orientale, méridionale et du Sud-Est	China Chine	Western Asia Asie occidentale	Oceania (2) Océanie (2)			Year Année	Groupes de produits
Millions de dollars											
11 167	576	1 714	8 871	6 710	1 631	2 161	6	224	8 613	1995	Total tous produits (3)
45 167	1 559	6 233	37 352	31 054	18 076	6 298	24	571	12 445	2005	
152 220	3 359	12 558	136 243	116 354	79 665	19 888	60	1 345	17 968	2014	
Parts par origines (en pourcentage)											
10.9	0.6	1.7	8.7	6.6	1.6	2.1	0.0	0.2	8.4	1995	Total tous produits (3)
18.9	0.7	2.6	15.6	13.0	7.6	2.6	0.0	0.2	5.2	2005	
28.7	0.6	2.4	25.7	21.9	15.0	3.7	0.0	0.3	3.4	2014	
20.5	1.4	7.6	11.5	8.4	2.8	3.1	0.0	0.2	9.0	1995	Produits alimentaires
32.5	2.7	17.7	12.2	9.4	2.9	2.8	0.0	0.5	7.0	2005	(CTCI 0 + 1 + 22 + 4)
33.7	3.0	14.1	16.5	12.4	4.4	4.1	0.0	0.7	7.2	2014	
7.8	0.5	1.5	5.9	5.5	0.5	0.4	..	0.4	25.5	1995	Matières premières
13.3	1.0	4.0	8.4	7.6	1.0	0.8	0.0	0.3	13.2	2005	d'origine agricole
22.2	2.4	6.7	13.0	11.0	4.0	2.0	0.0	0.4	3.7	2014	(CTCI 2 - 22 - 27 - 28)
22.6	4.0	6.0	12.6	10.9	2.0	1.7	0.0	3.2	28.6	1995	Minerais, métaux, pierres pré-
19.9	7.4	3.6	8.7	6.2	3.1	2.4	0.3	4.8	21.2	2005	cieuses et or (non monétaire)
18.7	3.5	3.7	11.4	7.8	5.9	3.6	0.1	1.2	24.1	2014	(CTCI 27 + 28 + 68 + 667 + 971)
1.9	0.5	0.2	1.2	1.1	0.3	0.1	..	0.0	29.3	1995	Combustibles (CTCI 3)
1.8	0.1	0.3	1.4	1.2	0.7	0.2	..	0.0	20.8	2005	
2.8	0.1	0.1	2.6	2.0	1.1	0.6	0.0	0.0	7.4	2014	
13.0	0.3	0.2	12.5	9.4	2.1	3.1	0.0	0.2	4.7	1995	Articles manufacturés
19.5	0.1	0.3	19.2	16.1	9.9	3.0	0.0	0.0	1.7	2005	(CTCI 5 à 8 moins 667 et 68)
32.0	0.2	0.6	31.3	27.1	19.4	4.1	0.0	0.2	1.5	2014	
Parts par principaux groupes de produits (en pourcentage)											
100.0	100.0	100.0	100.0	100.0	100.0	100.0	100.0	100.0	100.0	1995	Total tous produits (3)
100.0	100.0	100.0	100.0	100.0	100.0	100.0	100.0	100.0	100.0	2005	
100.0	100.0	100.0	100.0	100.0	100.0	100.0	100.0	100.0	100.0	2014	
33.7	44.2	81.4	23.8	22.9	31.0	26.4	16.7	19.1	19.1	1995	Produits alimentaires
21.4	50.6	84.3	9.7	9.0	4.7	13.2	13.7	27.6	16.6	2005	(CTCI 0 + 1 + 22 + 4)
14.6	59.7	74.3	8.0	7.1	3.7	13.5	17.1	35.5	26.5	2014	
0.9	1.1	1.1	0.9	1.1	0.4	0.2	..	2.1	3.9	1995	Matières premières
0.8	1.7	1.8	0.6	0.7	0.2	0.4	0.3	1.6	3.0	2005	d'origine agricole
0.8	3.9	2.9	0.5	0.5	0.3	0.5	1.5	1.6	1.1	2014	(CTCI 2 - 22 - 27 - 28)
5.9	20.4	10.3	4.2	4.8	3.5	2.3	0.0	42.0	9.7	1995	Minerais, métaux, pierres pré-
3.3	35.4	4.4	1.7	1.5	1.3	2.9	80.7	62.7	12.7	2005	cieuses et or (non monétaire)
1.7	14.7	4.1	1.2	0.9	1.0	2.5	13.8	12.8	18.7	2014	(CTCI 27 + 28 + 68 + 667 + 971)
2.0	11.2	1.1	1.6	2.0	1.9	0.6	..	0.4	40.5	1995	Combustibles (CTCI 3)
1.0	1.3	1.2	1.0	1.0	1.1	0.9	..	0.0	43.4	2005	
0.8	1.5	0.3	0.9	0.8	0.6	1.4	0.0	0.0	18.6	2014	
57.0	22.9	6.0	69.1	68.7	63.1	70.3	82.4	36.1	26.6	1995	Articles manufacturés
72.9	10.0	7.5	86.5	87.6	92.7	81.1	4.5	6.3	22.9	2005	(CTCI 5 à 8 moins 667 et 68)
81.3	17.9	17.6	88.7	90.2	93.9	80.2	67.6	46.2	33.2	2014	

Pour les sources et les notes, se reporter à la fin du tableau 2.2.J.

Product group	Year / Année	World (1) / Monde (1)	Developed economies - Économies développées							Transition economies / Économies en transition
			Total	Europe		Canada	USA / États-Unis	Japan / Japon	Other developed countries / Autres économies développées	
				Total	EU / UE					
Millions of dollars										
All products (3)	1995	3 576 096	2 630 861	1 844 161	1 733 792	148 741	431 800	135 724	70 434	47 308
	2005	6 318 671	4 735 472	3 420 065	3 237 666	257 897	800 433	147 550	109 526	130 899
	2014	9 728 043	6 538 173	4 834 498	4 521 620	369 780	975 715	202 364	155 816	265 267
Share by destination (percentage)										
All products (3)	1995	100.0	73.6	51.6	48.5	4.2	12.1	3.8	2.0	1.3
	2005	100.0	74.9	54.1	51.2	4.1	12.7	2.3	1.7	2.1
	2014	100.0	67.2	49.7	46.5	3.8	10.0	2.1	1.6	2.7
All food items	1995	100.0	73.8	57.2	55.3	2.6	5.2	7.7	1.1	3.7
(SITC 0 + 1 + 22 + 4)	2005	100.0	79.1	61.7	59.8	3.4	7.7	5.1	1.3	2.8
	2014	100.0	70.6	55.4	53.5	3.5	6.5	3.6	1.6	2.8
Agricultural raw materials	1995	100.0	75.5	48.1	45.8	2.9	12.1	11.4	1.1	0.4
(SITC 2 - 22 - 27 - 28)	2005	100.0	70.3	48.0	46.0	3.1	13.4	4.9	0.9	1.2
	2014	100.0	58.0	44.6	43.0	2.4	7.3	2.9	0.8	1.7
Ores, metals, precious stones	1995	100.0	73.7	48.6	43.7	3.4	11.5	6.8	3.5	0.5
and non-monetary gold	2005	100.0	68.1	45.8	41.2	2.7	12.1	3.9	3.6	0.8
(SITC 27 + 28 + 68 + 667 + 971)	2014	100.0	52.0	38.9	30.4	1.7	6.8	2.8	1.8	0.7
Fuels (SITC 3)	1995	100.0	80.9	54.8	51.2	2.8	18.1	4.5	0.7	1.1
	2005	100.0	84.2	54.7	52.1	3.3	23.3	2.4	0.6	0.6
	2014	100.0	69.9	47.2	44.5	4.0	16.2	1.9	0.6	1.1
Manufactured goods	1995	100.0	72.7	50.4	47.3	4.6	12.7	3.0	2.1	1.1
(SITC 5 to 8 less 667 and 68)	2005	100.0	74.0	53.8	50.9	4.3	12.2	1.9	1.8	2.3
	2014	100.0	68.4	50.9	47.8	4.0	10.2	1.6	1.7	3.2
Share by major product group (percentage)										
All products (3)	1995	100.0	100.0	100.0	100.0	100.0	100.0	100.0	100.0	100.0
	2005	100.0	100.0	100.0	100.0	100.0	100.0	100.0	100.0	100.0
	2014	100.0	100.0	100.0	100.0	100.0	100.0	100.0	100.0	100.0
All food items	1995	8.7	8.7	9.6	9.9	5.4	3.8	17.5	5.0	24.4
(SITC 0 + 1 + 22 + 4)	2005	7.0	7.4	8.0	8.1	5.8	4.2	15.1	5.3	9.5
	2014	8.9	9.3	9.9	10.2	8.2	5.7	15.3	8.7	9.3
Agricultural raw materials	1995	2.6	2.6	2.4	2.4	1.8	2.6	7.7	1.4	0.8
(SITC 2 - 22 - 27 - 28)	2005	1.7	1.6	1.5	1.5	1.3	1.8	3.5	0.9	0.9
	2014	1.6	1.4	1.5	1.5	1.0	1.2	2.3	0.8	1.0
Ores, metals, precious stones	1995	4.1	4.1	3.8	3.7	3.3	3.9	7.2	7.2	1.4
and non-monetary gold	2005	4.2	3.9	3.6	3.4	2.8	4.0	7.1	8.8	1.6
(SITC 27 + 28 + 68 + 667 + 971)	2014	6.6	5.1	5.1	4.3	2.9	4.4	8.8	7.4	1.6
Fuels (SITC 3)	1995	3.3	3.7	3.6	3.5	2.2	5.0	3.9	1.2	2.8
	2005	6.6	7.4	6.6	6.7	5.3	12.1	6.7	2.1	1.8
	2014	9.2	9.6	8.7	8.8	9.8	14.8	8.3	3.7	3.7
Manufactured goods	1995	76.8	75.9	75.0	74.9	84.2	80.8	61.1	80.3	65.6
(SITC 5 to 8 less 667 and 68)	2005	76.5	75.5	76.0	76.0	81.5	73.7	62.7	78.3	83.9
	2014	69.3	70.5	70.9	71.3	73.7	70.6	52.8	73.6	81.4

For sources and notes, see end of table 2.2.J.

2.2.J Structure des exportations par partenaires et groupes de produits
Économies développées

			Developing economies - Économies en développement								Destinations
				Asia Asie							
Total	Africa Afrique	America Amérique	Total	Eastern, Southern and South-Eastern Asia Asie orientale, méridionale et du Sud-Est	China Chine	Western Asia Asie occidentale	Oceania (2) Océanie (2)	LDCs (Least developed countries) PMA (Pays les moins avancés)	LLDCs (Landlocked developing countries) LLDCs (Pays en développement sans littoral)	Year Année	Groupes de produits
Millions de dollars											
833 657	80 454	169 299	579 980	500 124	59 475	79 856	3 923	18 843	11 838	1995	**Total tous produits (3)**
1 418 024	135 600	304 959	971 138	784 963	209 415	186 175	6 327	28 867	21 506	2005	
2 837 158	267 127	632 576	1 926 539	1 538 667	599 265	387 873	10 916	70 397	53 586	2014	
Parts par destinations (en pourcentage)											
23.3	2.2	4.7	16.2	14.0	1.7	2.2	0.1	0.5	0.3	1995	**Total tous produits (3)**
22.4	2.1	4.8	15.4	12.4	3.3	2.9	0.1	0.5	0.3	2005	
29.2	2.7	6.5	19.8	15.8	6.2	4.0	0.1	0.7	0.6	2014	
19.0	3.5	4.1	11.3	8.6	1.2	2.7	0.2	1.1	0.6	1995	Produits alimentaires
17.1	2.9	4.4	9.6	7.1	1.6	2.4	0.2	0.9	0.4	2005	(CTCI 0 + 1 + 22 + 4)
26.2	4.0	5.4	16.7	13.4	5.1	3.3	0.2	1.2	0.5	2014	
23.1	2.0	3.4	17.7	16.0	3.6	1.6	0.0	0.5	0.2	1995	Matières premières
27.7	2.0	4.1	21.5	19.1	9.4	2.4	0.1	0.5	0.2	2005	d'origine agricole
39.8	3.3	4.0	32.5	29.5	18.2	3.0	0.1	0.8	0.3	2014	(CTCI 2 - 22 - 27 - 28)
22.9	1.0	1.7	20.2	18.4	1.3	1.8	0.0	0.1	0.1	1995	Minerais, métaux, pierres pré-
28.8	1.1	2.1	25.6	23.4	7.4	2.2	0.0	0.1	0.2	2005	cieuses et or (non monétaire)
46.2	1.1	2.0	43.1	38.6	16.0	4.4	0.0	0.1	0.4	2014	(CTCI 27 + 28 + 68 + 667 + 971)
12.8	1.4	3.7	7.4	6.4	0.4	1.0	0.2	0.3	0.1	1995	Combustibles (CTCI 3)
11.0	1.7	3.6	5.6	4.3	0.6	1.3	0.1	0.3	0.1	2005	
22.7	3.8	9.5	9.3	7.2	1.7	2.1	0.1	1.1	0.2	2014	
24.5	2.2	5.1	17.1	14.8	1.7	2.3	0.1	0.5	0.3	1995	Articles manufacturés
23.3	2.2	5.1	15.9	12.7	3.3	3.2	0.1	0.4	0.4	2005	(CTCI 5 à 8 moins 667 et 68)
28.2	2.6	6.7	18.8	14.6	5.6	4.2	0.1	0.6	0.6	2014	
Parts par principaux groupes de produits (en pourcentage)											
100.0	100.0	100.0	100.0	100.0	100.0	100.0	100.0	100.0	100.0	1995	**Total tous produits (3)**
100.0	100.0	100.0	100.0	100.0	100.0	100.0	100.0	100.0	100.0	2005	
100.0	100.0	100.0	100.0	100.0	100.0	100.0	100.0	100.0	100.0	2014	
7.1	13.6	7.5	6.0	5.3	6.5	10.4	15.2	17.9	15.4	1995	Produits alimentaires
5.3	9.4	6.4	4.4	4.0	3.3	5.8	14.0	14.3	8.3	2005	(CTCI 0 + 1 + 22 + 4)
8.0	12.8	7.3	7.5	7.5	7.4	7.3	14.5	14.9	7.5	2014	
2.5	2.3	1.8	2.8	2.9	5.6	1.9	1.1	2.3	1.6	1995	Matières premières
2.1	1.6	1.4	2.3	2.6	4.7	1.4	1.6	1.7	1.0	2005	d'origine agricole
2.2	1.9	1.0	2.7	3.1	4.8	1.2	0.8	1.9	0.9	2014	(CTCI 2 - 22 - 27 - 28)
4.0	1.9	1.4	5.1	5.4	3.1	3.2	0.6	0.6	1.2	1995	Minerais, métaux, pierres pré-
5.4	2.1	1.8	7.1	8.0	9.5	3.2	0.6	0.8	2.1	2005	cieuses et or (non monétaire)
10.4	2.5	2.0	14.3	16.0	17.0	7.3	0.8	1.1	4.9	2014	(CTCI 27 + 28 + 68 + 667 + 971)
1.8	2.1	2.6	1.5	1.5	0.7	1.4	7.1	1.8	1.0	1995	Combustibles (CTCI 3)
3.2	5.3	4.9	2.4	2.3	1.1	2.9	7.5	4.1	2.2	2005	
7.2	12.8	13.5	4.3	4.2	2.5	4.9	6.5	14.2	3.8	2014	
80.7	76.6	82.6	80.7	81.2	79.1	77.6	73.1	72.6	75.7	1995	Articles manufacturés
79.4	77.5	81.5	79.1	78.3	76.5	82.5	70.4	73.1	82.9	2005	(CTCI 5 à 8 moins 667 et 68)
67.0	66.3	71.2	65.7	63.8	63.0	73.4	71.1	61.2	75.2	2014	

Pour les sources et les notes, se reporter à la fin du tableau 2.2.J.

Origin / Product group	Year Année	World (1) Monde (1)	Developed economies - Économies développées							Transition economies Économies en transition
			Total	Europe Total	EU UE	Canada	USA États-Unis	Japan Japon	Other developed countries Autres économies développées	
Millions of dollars										
All products (3)	1995	3 579 832	2 612 616	1 784 022	1 668 722	177 714	362 455	234 340	54 085	62 698
	2005	7 080 293	4 594 741	3 362 547	3 153 057	331 767	505 395	293 347	101 685	223 283
	2014	10 339 324	6 226 593	4 709 167	4 390 518	405 744	704 206	263 248	144 228	412 519
Share by origin (percentage)										
All products (3)	1995	100.0	73.0	49.8	46.6	5.0	10.1	6.5	1.5	1.8
	2005	100.0	64.9	47.5	44.5	4.7	7.1	4.1	1.4	3.2
	2014	100.0	60.2	45.5	42.5	3.9	6.8	2.5	1.4	4.0
All food items	1995	100.0	69.2	51.3	49.2	3.7	10.8	0.2	3.3	1.0
(SITC 0 + 1 + 22 + 4)	2005	100.0	70.7	55.3	53.3	4.1	7.1	0.2	4.0	1.0
	2014	100.0	69.4	55.8	53.0	4.0	6.6	0.1	2.9	1.8
Agricultural raw materials	1995	100.0	71.9	37.6	36.2	15.9	13.3	0.5	4.5	4.7
(SITC 2 - 22 - 27 - 28)	2005	100.0	69.3	44.3	43.3	13.6	7.7	0.6	3.0	4.5
	2014	100.0	67.3	48.6	47.4	8.4	7.3	0.8	2.1	4.0
Ores, metals, precious stones	1995	100.0	62.8	39.9	34.1	8.0	7.2	0.6	7.2	8.1
and non-monetary gold	2005	100.0	58.4	37.9	33.3	7.0	5.1	0.6	7.9	8.5
(SITC 27 + 28 + 68 + 667 + 971)	2014	100.0	58.8	38.9	33.9	7.1	6.3	0.6	6.0	5.5
Fuels (SITC 3)	1995	100.0	36.4	25.4	17.7	5.9	2.3	0.1	2.5	7.8
	2005	100.0	36.0	25.7	19.1	6.9	1.5	0.1	1.8	13.6
	2014	100.0	37.9	24.2	19.4	7.5	3.8	0.2	2.2	17.1
Manufactured goods	1995	100.0	77.4	52.4	49.6	4.3	11.1	8.9	0.7	0.5
(SITC 5 to 8 less 667 and 68)	2005	100.0	69.9	51.4	49.2	3.8	8.4	5.7	0.7	0.7
	2014	100.0	63.5	49.1	46.6	2.6	7.6	3.6	0.7	0.9
Share by major product group (percentage)										
All products (3)	1995	100.0	100.0	100.0	100.0	100.0	100.0	100.0	100.0	100.0
	2005	100.0	100.0	100.0	100.0	100.0	100.0	100.0	100.0	100.0
	2014	100.0	100.0	100.0	100.0	100.0	100.0	100.0	100.0	100.0
All food items	1995	9.2	8.7	9.5	9.7	6.8	9.8	0.3	19.9	5.4
(SITC 0 + 1 + 22 + 4)	2005	7.0	7.6	8.1	8.3	6.1	6.9	0.3	19.3	2.3
	2014	8.2	9.4	10.0	10.2	8.4	7.9	0.5	16.7	3.6
Agricultural raw materials	1995	2.9	2.8	2.2	2.2	9.2	3.8	0.2	8.5	7.7
(SITC 2 - 22 - 27 - 28)	2005	1.6	1.7	1.4	1.5	4.5	1.7	0.2	3.3	2.2
	2014	1.3	1.5	1.4	1.5	2.8	1.4	0.4	2.0	1.3
Ores, metals, precious stones	1995	5.0	4.3	4.0	3.7	8.1	3.6	0.5	23.8	23.2
and non-monetary gold	2005	4.3	3.9	3.4	3.2	6.4	3.0	0.6	23.7	11.5
(SITC 27 + 28 + 68 + 667 + 971)	2014	5.4	5.3	4.6	4.3	9.8	5.0	1.3	23.1	7.4
Fuels (SITC 3)	1995	7.4	3.7	3.8	2.8	8.9	1.7	0.1	12.5	33.0
	2005	14.0	7.8	7.6	6.0	20.7	2.9	0.5	17.6	60.8
	2014	15.7	9.9	8.3	7.2	30.0	8.7	1.3	24.9	67.3
Manufactured goods	1995	71.7	76.1	75.4	76.4	62.5	78.7	97.3	32.6	22.5
(SITC 5 to 8 less 667 and 68)	2005	70.3	75.7	76.0	77.7	56.9	82.3	96.4	33.3	16.2
	2014	67.1	70.8	72.3	73.7	45.3	74.9	94.6	31.5	15.4

Source:

UNCTAD secretariat calculations, based on UNCTAD, *UNCTADstat* Merchandise Trade Matrix

Notes:

(1) Includes special category exports, ship stores and bunkers and other exports of minor importance whose destination could not be determined.

(2) Trade structure and partner distribution for certain countries might vary considerably from one year to another. Users are advised to read the coverage and limitations of the main data sources available at: http://comtrade.un.org/db/help/uReadMeFirst.aspx

(3) Including trade not classified according to kind (codes 911 and 931 of SITC Rev.3).

2.2.J Structure des importations par partenaires et groupes de produits
Économies développées

			Developing economies - Économies en développement								Origines
				Asia / Asie			Oceania (2)	LDCs (Least developed countries)	LLDCs (Landlocked developing countries)	Year	
Total	Africa / Afrique	America / Amérique	Total	Eastern, Southern and South-Eastern Asia / Asie orientale, méridionale et du Sud-Est	China / Chine	Western Asia / Asie occidentale	Océanie (2)	PMA (Pays les moins avancés)	LLDCs (Pays en développement sans littoral)	Année	Groupes de produits
Millions de dollars											
846 970	83 383	175 070	584 671	511 759	127 500	72 912	3 845	17 896	10 564	1995	Total tous produits (3)
2 225 077	221 638	440 510	1 557 956	1 319 521	645 212	238 434	4 975	47 101	35 450	2005	
3 637 050	286 913	679 067	2 661 573	2 246 604	1 256 807	414 969	9 497	90 737	88 146	2014	
Parts par origines (en pourcentage)											
23.7	2.3	4.9	16.3	14.3	3.6	2.0	0.1	0.5	0.3	1995	Total tous produits (3)
31.4	3.1	6.2	22.0	18.6	9.1	3.4	0.1	0.7	0.5	2005	
35.2	2.8	6.6	25.7	21.7	12.2	4.0	0.1	0.9	0.9	2014	
28.2	4.0	12.4	11.5	10.6	2.2	0.9	0.3	1.2	0.8	1995	Produits alimentaires
28.2	3.7	13.3	10.9	9.8	3.2	1.1	0.2	0.8	0.6	2005	(CTCI 0 + 1 + 22 + 4)
28.7	3.4	13.3	11.8	10.8	2.9	1.0	0.2	0.8	0.8	2014	
22.5	3.6	6.0	12.4	11.9	1.9	0.5	0.4	0.9	1.8	1995	Matières premières
26.0	4.0	8.6	13.3	12.7	3.4	0.5	0.1	0.9	0.7	2005	d'origine agricole
28.6	3.4	8.9	16.1	15.5	4.4	0.6	0.1	0.9	0.7	2014	(CTCI 2 - 22 - 27 - 28)
25.4	6.2	10.1	8.4	7.6	1.3	0.8	0.7	2.0	1.4	1995	Minerais, métaux, pierres pré-
32.4	8.4	12.4	11.1	9.6	2.6	1.5	0.5	1.7	2.1	2005	cieuses et or (non monétaire)
34.6	7.6	13.5	12.8	9.8	2.3	3.0	0.6	1.9	2.3	2014	(CTCI 27 + 28 + 68 + 667 + 971)
51.9	13.4	8.8	29.5	10.4	1.2	19.0	0.2	1.4	0.1	1995	Combustibles (CTCI 3)
47.2	13.4	10.0	23.8	7.4	0.6	16.4	0.1	2.1	1.9	2005	
41.1	9.7	7.3	23.9	6.2	0.2	17.7	0.2	1.8	3.5	2014	
20.7	0.6	3.2	16.8	16.2	4.4	0.6	0.0	0.2	0.1	1995	Articles manufacturés
29.2	0.8	4.4	24.1	22.8	12.2	1.3	0.0	0.3	0.1	2005	(CTCI 5 à 8 moins 667 et 68)
35.2	0.8	4.9	29.5	28.1	17.3	1.4	0.0	0.6	0.1	2014	
Parts par principaux groupes de produits (en pourcentage)											
100.0	100.0	100.0	100.0	100.0	100.0	100.0	100.0	100.0	100.0	1995	Total tous produits (3)
100.0	100.0	100.0	100.0	100.0	100.0	100.0	100.0	100.0	100.0	2005	
100.0	100.0	100.0	100.0	100.0	100.0	100.0	100.0	100.0	100.0	2014	
10.9	15.6	23.3	6.5	6.8	5.6	4.1	25.6	22.2	26.3	1995	Produits alimentaires
6.2	8.3	14.9	3.5	3.7	2.4	2.4	21.6	8.5	8.2	2005	(CTCI 0 + 1 + 22 + 4)
6.7	10.1	16.5	3.7	4.1	2.0	2.0	17.2	7.7	7.7	2014	
2.7	4.5	3.5	2.2	2.4	1.5	0.7	11.4	5.2	17.2	1995	Matières premières
1.3	2.0	2.1	0.9	1.1	0.6	0.2	2.5	2.0	2.2	2005	d'origine agricole
1.1	1.6	1.8	0.8	0.9	0.5	0.2	0.8	1.3	1.0	2014	(CTCI 2 - 22 - 27 - 28)
5.4	13.5	10.3	2.6	2.7	1.9	2.0	32.4	20.6	23.1	1995	Minerais, métaux, pierres pré-
4.4	11.5	8.5	2.2	2.2	1.2	1.9	32.7	10.7	18.4	2005	cieuses et or (non monétaire)
5.3	14.9	11.1	2.7	2.4	1.0	4.1	36.4	11.7	14.6	2014	(CTCI 27 + 28 + 68 + 667 + 971)
16.3	42.9	13.4	13.4	5.4	2.5	69.5	14.9	20.5	2.1	1995	Combustibles (CTCI 3)
21.1	60.1	22.5	15.2	5.5	0.9	68.4	18.6	43.6	52.3	2005	
18.3	54.7	17.5	14.6	4.5	0.2	69.1	34.1	31.4	64.4	2014	
62.6	19.3	46.9	73.8	81.2	87.7	22.4	14.8	25.6	26.4	1995	Articles manufacturés
65.4	17.2	49.4	76.8	86.0	94.0	26.2	21.9	34.5	17.0	2005	(CTCI 5 à 8 moins 667 et 68)
67.2	18.2	50.5	76.9	86.7	95.6	23.6	10.5	47.4	11.4	2014	

Source :

Calculs du secrétariat de la CNUCED, basés sur la matrice du commerce de marchandises de *UNCTADstat* de la CNUCED

Notes :

(1) Y compris les exportations de catégorie spéciale, approvisionnements des navires et combustibles de soute et autres exportations de moindre importance dont la destination n'a pas pu être déterminée.

(2) La structure du commerce et la distribution au niveau partenaire pour certains pays peuvent varier considérablement d'une année à l'autre. Le lecteur est invité à prendre connaissance de la couverture ainsi que des limites des principales sources de données du tableau disponibles sur : http://comtrade.un.org/db/help/uReadMeFirst.aspx

(3) Y compris le commerce non classé par catégorie (codes 911 et 931 de la CTCI Rév.3).

1
2
3
4
5
6
7
8

3 INTERNATIONAL **MERCHANDISE** TRADE BY PRODUCT

COMMERCE INTERNATIONAL DES **MARCHANDISES** PAR PRODUITS

Country or territory / Pays ou territoires	Year / Année	Total value (millions of dollars) (1) / Valeur totale (millions de dollars) (1)	By main SITC Revision 3 product group (percentage) / Par principaux groupes de produits de la CTCI Révision 3 (en pourcentage)					Of which: / dont :		
			All food items / Produits alimentaires	Agricultural raw materials / Matières premières agricoles	Fuels / Combustibles	Ores, metals, precious stones and non-monetary gold (2) / Minerais, métaux, pierres précieuses et or (non monétaire) (2)	Manufactured goods / Articles manufacturés	Chemical products / Produits chimiques	Machinery and transport equipment / Machines et matériel de transport	Other manufactured goods / Articles manufacturés divers
			0 + 1 + 22 + 4	2 - (22 + 27 + 28)	3	27 + 28 + 68 + 667 + 971	5 + 6 +7 + 8 - (667 + 68)	5	7	6 + 8 - (667 + 68)
Afghanistan	1995	(e)166	51.9	25.3	0.1	2.5	18.0	3.1	3.8	11.2
	2005	(e)384	36.4	18.5	9.9	7.3	14.1	2.2	6.1	5.8
	2014	(e)571	27.8	18.8	7.8	11.4	6.9	0.5	1.5	4.9
Albania - Albanie	1995	(e)202	11.2	12.4	2.9	12.5	59.6	1.7	3.5	54.3
	2005	(e)658	5.3	4.5	5.5	8.4	75.3	0.6	4.9	69.8
	2014	(e)2 431	3.9	1.6	19.3	7.6	42.5	0.8	2.5	39.2
Algeria - Algérie	1995	9 357	1.2	0.1	95.2	0.5	3.0	1.2	0.4	1.4
	2005	46 002	0.2	0.0	98.4	0.5	1.0	0.7	0.1	0.2
	2014	63 228	0.5	0.0	97.4	0.2	1.9	1.7	0.0	0.1
American Samoa - Samoa américaines	1995	272	..	..	..	..	..	..	..	..
	2005	(e)374	23.9	22.9	0.1	8.0	40.6	4.0	27.5	9.1
	2014	(e)380	45.4	1.3	0.0	4.9	46.7	40.9	2.7	3.1
Andorra - Andorre	1995	48	6.5	1.6	0.2	2.3	89.3	3.6	33.8	52.0
	2005	143	28.9	0.5	0.0	2.2	67.4	3.6	39.7	24.1
	2014	95	1.0	1.4	0.1	5.0	91.9	1.6	42.0	48.2
Angola	1995	3 642	1.0	0.0	93.9	4.5	0.5	0.0	0.2	0.3
	2005	24 109	0.2	0.0	96.3	3.2	0.2	0.0	0.2	0.0
	2014	(e)62 400	0.1	0.0	98.3	1.5	0.1	0.0	0.1	0.1
Anguilla	1995	(e)1	13.0	2.1	3.0	1.8	79.2	15.2	30.1	33.9
	2005	(e)15	24.4	0.1	5.8	0.1	60.6	25.9	15.8	18.9
	2014	(e)27	3.3	0.1	0.1	3.3	90.3	0.7	75.2	14.4
Antigua and Barbuda - Antigua-et-Barbuda	1995	(e)53	18.8	4.3	47.3	4.4	23.2	6.3	11.0	5.9
	2005	(e)83	4.0	0.1	9.5	0.2	84.8	1.5	80.8	2.5
	2014	(e)55	4.1	0.1	38.9	3.1	50.8	0.1	49.3	1.4
Argentina - Argentine	1995	20 963	49.8	4.3	10.3	1.6	33.9	6.4	10.9	16.6
	2005	40 106	46.5	1.4	16.4	3.6	30.6	8.5	10.7	11.4
	2014	68 335	54.4	1.1	4.7	6.0	31.2	9.5	15.3	6.4
Armenia - Arménie	1995	(e)271	12.5	5.0	5.3	24.5	52.6	3.2	26.5	22.8
	2005	(e)937	12.3	0.9	2.4	39.3	44.0	0.4	3.4	40.1
	2014	(e)1 490	26.9	0.4	4.2	47.3	20.8	1.5	2.2	17.1
Aruba	1995	(e)1 347	2.5	0.1	94.2	0.3	1.8	0.8	0.5	0.5
	2005	(e)4 416	0.8	0.0	94.0	0.8	1.7	0.1	1.3	0.3
	2014	(e)237	7.9	0.3	22.8	37.8	28.5	4.8	21.5	2.1
Australia - Australie	1995	53 001	19.6	8.1	16.7	26.4	26.5	4.1	12.8	9.6
	2005	105 751	16.1	3.9	25.6	27.4	20.2	4.6	9.5	6.0
	2014	240 445	13.3	2.8	26.6	42.3	11.7	2.8	5.5	3.4
Austria - Autriche	1995	57 583	3.8	2.9	1.0	3.1	81.6	7.2	36.0	38.3
	2005	117 722	6.2	1.8	4.6	2.9	80.6	8.7	41.1	30.8
	2014	169 715	7.3	1.5	2.4	3.6	81.8	12.5	39.2	30.1
Azerbaijan - Azerbaïdjan	1995	(e)636	10.1	13.0	46.0	3.9	26.9	5.3	12.6	9.0
	2005	(e)7 649	6.3	1.3	76.9	3.6	11.7	2.2	7.1	2.4
	2014	(e)28 260	3.5	0.1	92.7	0.9	2.0	1.0	0.4	0.6
Bahamas	1995	(e)176	20.2	0.8	10.7	6.7	60.1	17.0	36.1	7.0
	2005	(e)549	11.5	0.1	21.9	2.7	57.2	8.6	44.4	4.1
	2014	(e)849	2.8	1.7	43.8	1.8	47.1	8.2	36.2	2.8
Bahrain - Bahreïn	1995	(e)4 113	3.1	0.3	19.0	45.8	31.1	11.7	4.4	14.9
	2005	(e)10 239	1.3	0.1	43.1	32.8	20.4	6.0	3.5	10.9
	2014	(e)20 470	3.8	0.3	37.3	25.4	32.2	7.3	9.1	15.9
Bangladesh	1995	(e)3 407	9.1	2.6	0.3	0.0	87.0	3.2	1.1	82.7
	2005	(e)9 332	5.7	1.4	0.4	0.2	92.0	1.9	1.3	88.8
	2014	(e)30 249	4.5	1.3	0.9	0.5	92.7	0.9	0.9	90.9

For sources and notes, see end of table.

Pour les sources et les notes, se reporter à la fin du tableau.

Country or territory / Pays ou territoires	Year / Année	Total value (millions of dollars) (1) / Valeur totale (millions de dollars) (1)	By main SITC Revision 3 product group (percentage) / Par principaux groupes de produits de la CTCI Révision 3 (en pourcentage)					Of which: / dont :		
			All food items / Produits alimentaires	Agricultural raw materials / Matières premières agricoles	Fuels / Combustibles	Ores, metals, precious stones and non-monetary gold (2) / Minerais, métaux, pierres précieuses et or (non monétaire) (2)	Manu-factured goods / Articles manu-facturés	Chemical products / Produits chimiques	Machinery and transport equipment / Machines et matériel de transport	Other manu-factured goods / Articles manu-facturés divers
			0 + 1 + 22 + 4	2 - (22 + 27 + 28)	3	27 + 28 + 68 + 667 + 971	5 + 6 +7 + 8 - (667 + 68)	5	7	6 + 8 - (667 + 68)
Barbados - Barbade	1995	238	28.3	1.0	14.3	1.8	53.2	13.1	17.8	22.4
	2005	361	22.6	0.1	42.6	0.5	32.5	8.1	10.6	13.9
	2014	481	23.3	0.2	15.7	2.1	57.4	19.3	9.2	29.0
Belarus - Bélarus	1995	(a,e)4 804	1.8	5.0	4.5	3.9	33.1	10.7	9.0	13.3
	2005	15 977	8.3	2.5	34.8	0.5	51.9	11.1	18.7	22.2
	2014	36 081	14.8	1.8	33.5	0.9	46.1	13.7	13.7	18.7
Belgium - Belgique	1995	(e)177 831	7.5	0.8	1.8	8.6	53.3	12.7	22.3	18.3
	2005	335 692	8.1	1.2	7.1	7.5	73.7	27.5	25.1	21.1
	2014	472 201	9.4	1.4	11.4	7.4	67.8	28.6	20.3	18.9
Belize	1995	162	78.6	1.4	2.9	0.2	14.5	1.4	3.7	9.4
	2005	(e)319	77.1	1.0	0.9	0.3	19.7	2.4	8.8	8.5
	2014	(e)590	55.5	1.7	7.1	1.4	29.0	3.5	13.6	11.8
Benin - Bénin	1995	420	17.6	71.5	4.7	1.7	5.5	0.6	0.5	4.5
	2005	(e)578	20.6	47.6	17.4	5.9	8.4	0.7	1.9	5.7
	2014	(e)2 010	19.3	36.0	14.6	11.7	18.3	0.6	8.9	8.7
Bermuda - Bermudes	1995	(e)56	7.1	13.4	1.7	0.1	70.9	20.9	46.9	3.1
	2005	(e)49	2.0	0.0	0.7	0.6	90.2	2.6	81.2	6.4
	2014	(e)12	9.4	0.1	12.4	1.1	55.2	34.4	14.3	6.5
Bhutan - Bhoutan	1995	(e)103	20.0	8.5	0.3	1.8	69.1	22.4	7.0	39.8
	2005	(e)258	9.3	0.3	31.8	9.3	48.8	7.7	1.7	39.4
	2014	(e)551	10.0	0.3	11.6	15.7	62.3	11.9	1.9	48.4
Bolivia (Plurinational State of) - Bolivie (État plurinational de)	1995	1 181	20.0	13.4	10.9	40.1	15.4	1.3	1.9	12.3
	2005	2 797	18.6	2.0	53.1	14.7	11.3	1.3	1.4	8.6
	2014	12 856	15.0	0.4	53.6	27.2	3.2	1.2	0.1	2.0
Bonaire, Sint Eustatius and Saba - Bonaire, Saint-Eustache et Saba	2014	(e)1	0.0	0.0	96.9	2.5	0.6	0.0	0.2	0.4
Bosnia and Herzegovina - Bosnie-Herzégovine	1995	(e)152	16.6	20.4	3.8	6.6	51.8	2.6	14.5	34.6
	2005	(e)2 388	5.1	8.8	8.9	22.4	53.8	3.1	16.6	34.0
	2014	(e)5 892	7.2	7.1	9.0	9.5	65.8	6.6	15.8	43.4
Botswana (3)	1995	(e)2 142	3.5	0.3	0.1	80.7	8.7	1.1	3.9	3.6
	2005	4 431	2.5	0.1	0.1	90.9	6.1	0.5	1.9	3.7
	2014	7 915	2.0	0.3	0.5	91.9	5.0	1.1	2.4	1.5
Brazil - Brésil	1995	46 505	28.5	5.2	0.9	11.3	52.8	6.6	19.0	27.2
	2005	118 529	25.7	3.9	6.0	10.5	52.1	6.2	25.8	20.2
	2014	225 098	35.0	4.0	9.2	16.3	33.3	5.9	14.7	12.7
British Virgin Islands - Îles Vierges britanniques	1995	(e)19	4.1	0.5	3.2	28.4	57.8	19.4	30.8	7.6
	2005	(e)35	1.4	0.0	1.7	10.9	84.3	1.1	78.7	4.4
	2014	(e)39	13.9	1.8	0.8	5.8	77.3	10.2	39.7	27.3
Brunei Darussalam - Brunéi Darussalam	1995	(e)2 379	0.1	0.0	91.1	0.0	8.2	0.1	4.5	3.6
	2005	(e)6 256	0.1	0.1	92.5	0.4	7.0	0.0	1.0	6.0
	2014	10 509	0.2	0.0	94.5	0.5	4.4	2.9	0.9	0.6
Bulgaria - Bulgarie	1995	(e)5 353	18.1	3.0	6.5	9.7	60.1	18.3	12.4	29.4
	2005	11 739	10.5	1.8	10.4	14.2	59.3	7.6	14.2	37.5
	2014	29 387	16.1	1.5	12.6	14.8	51.9	8.9	18.9	24.1
Burkina Faso	1995	(e)276	19.8	58.5	1.2	12.0	8.2	0.4	2.6	5.2
	2005	(e)468	13.8	77.0	0.1	2.5	6.3	0.8	1.8	3.7
	2014	(e)2 489	12.0	23.2	6.9	49.7	8.1	0.4	5.6	2.1
Burundi	1995	(e)106	57.3	4.1	0.0	36.5	2.0	0.2	0.4	1.4
	2005	(e)58	61.5	2.0	0.0	32.0	4.3	0.2	2.5	1.5
	2014	(e)125	61.8	0.6	0.4	14.0	23.0	5.6	6.0	11.4
Cabo Verde	1995	9	14.0	0.5	9.1	6.0	68.6	1.8	15.8	51.0
	2005	(e)18	22.3	0.1	40.9	0.3	35.0	0.4	14.5	20.2
	2014	(e)81	65.6	0.1	8.0	3.6	22.7	0.6	6.2	15.9

For sources and notes, see end of table.

Pour les sources et les notes, se reporter à la fin du tableau.

Country or territory / Pays ou territoires	Year / Année	Total value (millions of dollars) (1) / Valeur totale (millions de dollars) (1)	By main SITC Revision 3 product group (percentage) / Par principaux groupes de produits de la CTCI Révision 3 (en pourcentage)					Of which: / dont :		
			All food items / Produits alimentaires	Agricultural raw materials / Matières premières agricoles	Fuels / Combustibles	Ores, metals, precious stones and non-monetary gold (2) / Minerais, métaux, pierres précieuses et or (non monétaire) (2)	Manufactured goods / Articles manufacturés	Chemical products / Produits chimiques	Machinery and transport equipment / Machines et matériel de transport	Other manufactured goods / Articles manufacturés divers
			0 + 1 + 22 + 4	2 - (22 + 27 + 28)	3	27 + 28 + 68 + 667 + 971	5 + 6 +7 + 8 - (667 + 68)	5	7	6 + 8 - (667 + 68)
Cambodia - Cambodge	1995	(e)855	4.1	73.4	0.0	0.3	21.7	0.3	0.7	20.6
	2005	(e)3 019	2.3	3.7	0.0	1.2	92.6	0.1	0.5	91.9
	2014	(e)10 800	7.2	3.6	0.0	2.0	87.1	0.4	7.0	79.7
Cameroon - Cameroun	1995	(e)1 539	26.2	31.4	29.1	6.7	6.6	0.7	0.8	5.1
	2005	(e)2 861	18.8	17.5	49.6	4.6	5.9	0.9	1.1	3.8
	2014	(e)5 160	18.8	15.8	53.9	3.1	8.2	1.4	2.5	4.3
Canada	1995	191 118	7.6	9.2	9.1	7.8	62.0	5.9	38.5	17.6
	2005	360 552	6.7	4.7	20.2	7.0	56.9	7.2	32.8	16.8
	2014	472 866	10.5	3.9	27.2	10.5	44.5	8.0	25.1	11.4
Cayman Islands - Îles Caïmanes	1995	(e)19	25.9	2.6	..	1.4	65.9	21.0	37.5	7.4
	2005	(e)59	0.6	0.2	1.2	0.2	88.9	0.6	86.5	1.7
	2014	(e)26	1.4	1.3	1.7	14.1	63.1	2.9	51.0	9.3
Central African Republic - République centrafricaine	1995	(e)171	16.0	18.3	0.1	56.7	6.2	0.5	3.6	2.2
	2005	(e)128	2.1	45.3	2.0	44.5	5.8	1.1	1.6	3.1
	2014	(e)90	1.6	45.0	0.9	44.7	7.8	1.8	3.4	2.5
Chad - Tchad	1995	(e)243	1.4	90.1	0.0	0.0	6.1	0.1	5.1	1.0
	2005	(e)3 081	0.1	6.5	90.6	0.1	2.3	0.1	1.8	0.4
	2014	(e)3 600	1.0	3.8	94.0	0.1	1.0	0.1	0.5	0.4
Chile - Chili	1995	15 901	23.7	13.6	0.2	49.5	11.7	3.5	1.8	6.5
	2005	41 973	19.3	6.3	2.7	57.1	14.6	5.0	2.7	6.9
	2014	76 639	22.1	6.7	0.8	56.9	13.4	4.4	3.4	5.6
China - Chine	1995	148 779	8.3	1.8	3.6	2.4	83.6	6.1	21.1	56.4
	2005	761 953	3.2	0.5	2.3	2.0	91.7	4.7	46.2	40.8
	2014	2 342 343	2.7	0.5	1.5	1.4	93.8	5.7	45.8	42.3
China, Hong Kong SAR - Chine (RAS de Hong Kong) (4)	1995	173 871	3.0	1.3	1.0	2.6	91.6	6.2	32.4	53.1
	2005	292 119	0.9	0.6	0.3	4.1	94.0	4.8	52.3	36.9
	2014	524 065	1.6	0.4	0.2	14.7	83.0	3.4	59.0	20.7
China, Macao SAR - Chine (RAS de Macao)	1995	2 025	1.9	1.4	0.0	0.1	96.2	1.1	3.9	91.2
	2005	2 474	1.3	0.2	0.1	1.9	96.1	2.4	7.1	86.6
	2014	1 240	8.4	0.7	0.1	5.5	76.7	9.2	23.0	44.5
China, Taiwan Province of - Province chinoise de Taiwan	1995	111 343	3.4	1.6	0.7	1.5	92.7	6.8	48.1	37.8
	2005	189 393	1.2	1.2	4.7	1.8	90.7	10.5	49.8	30.4
	2014	(e)311 935	1.1	0.9	5.1	2.2	90.7	12.1	52.7	25.9
Colombia - Colombie	1995	10 201	30.8	5.4	27.2	6.8	29.8	7.9	2.6	19.3
	2005	21 190	17.2	4.5	39.2	4.6	34.4	8.4	6.0	20.0
	2014	54 795	10.6	2.8	65.6	4.1	16.9	6.7	2.8	7.4
Comoros - Comores	1995	11	60.4	0.3	..	0.0	38.5	35.5	1.4	1.6
	2005	(e)12	70.6	0.9	..	1.5	26.6	11.3	12.0	3.3
	2014	(e)25	44.8	0.4	0.0	3.1	51.7	12.6	36.7	2.3
Congo	1995	(e)1 090	1.8	11.6	80.4	1.6	4.4	0.3	0.3	3.8
	2005	(e)5 198	0.8	5.2	87.6	5.4	0.9	0.3	0.2	0.5
	2014	(e)8 263	0.3	3.6	84.1	8.0	4.0	0.1	3.4	0.5
Cook Islands - Îles Cook	1995	(e)5	32.6	5.0	0.5	33.8	24.7	5.4	4.6	14.7
	2005	(e)5	76.8	1.3	..	11.9	8.5	0.6	2.4	5.6
	2014	(e)21	70.7	0.0	0.0	2.2	24.6	0.7	21.7	2.2
Costa Rica	1995	(e)3 476	56.8	4.7	0.4	1.2	34.5	5.0	4.5	25.0
	2005	7 151	26.3	2.3	0.2	1.1	68.4	4.8	43.7	19.9
	2014	(e)11 125	21.7	1.0	0.0	1.0	76.3	2.6	63.5	10.2
Côte d'Ivoire	1995	3 737	58.7	16.0	9.8	0.8	14.2	4.2	1.4	8.6
	2005	7 248	38.2	8.2	27.7	0.5	24.9	3.6	9.8	11.4
	2014	12 985	49.2	8.4	20.3	5.8	16.3	3.2	6.9	6.1

For sources and notes, see end of table.

Pour les sources et les notes, se reporter à la fin du tableau.

Country or territory / Pays ou territoires	Year / Année	Total value (millions of dollars) (1) / Valeur totale (millions de dollars) (1)	By main SITC Revision 3 product group (percentage) / Par principaux groupes de produits de la CTCI Révision 3 (en pourcentage)					Of which: / dont :		
			All food items / Produits alimentaires	Agricultural raw materials / Matières premières agricoles	Fuels / Combus-tibles	Ores, metals, precious stones and non-monetary gold (2) / Minerais, métaux, pierres précieuses et or (non monétaire) (2)	Manu-factured goods / Articles manu-facturés	Chemical products / Produits chimiques	Machinery and transport equipment / Machines et matériel de transport	Other manu-factured goods / Articles manu-facturés divers
			0 + 1 + 22 + 4	2 - (22 + 27 + 28)	3	27 + 28 + 68 + 667 + 971	5 + 6 +7 + 8 - (667 + 68)	5	7	6 + 8 - (667 + 68)
Croatia - Croatie	1995	4 633	10.8	4.6	8.4	2.3	73.8	17.6	16.8	39.5
	2005	8 773	10.5	3.4	13.9	3.8	68.5	9.9	28.9	29.6
	2014	13 844	12.3	5.5	13.5	4.7	63.4	10.7	22.0	30.7
Cuba	1995	(e)1 625	76.5	0.3	0.3	15.5	7.2	3.7	1.3	2.2
	2005	(a,e)2 319	28.6	0.5	2.2	20.1	14.1	4.6	3.0	6.6
	2014	(e)4 894	28.1	1.4	8.6	19.5	33.9	17.7	7.0	9.2
Cyprus - Chypre	1995	1 231	50.5	0.4	3.7	1.4	43.9	6.4	12.2	25.4
	2005	1 546	18.0	0.5	15.0	2.8	62.8	10.5	41.0	11.2
	2014	1 921	22.0	0.8	16.3	8.3	52.3	21.8	17.9	12.6
Czech Republic - République tchèque	1995	21 686	6.0	3.7	4.3	2.9	81.6	9.2	29.3	43.0
	2005	78 209	4.0	1.4	3.0	1.7	88.1	6.1	50.2	31.8
	2014	173 727	4.8	1.4	2.7	2.2	88.9	6.4	55.2	27.2
Dem. Rep. of the Congo - Rép. dém. du Congo	1995	1 563	6.8	6.3	10.3	75.4	2.8	0.3	1.0	1.5
	2005	2 403	2.8	6.5	16.2	70.6	2.8	0.3	0.9	1.5
	2014	(e)6 900	0.8	2.7	14.7	78.3	2.0	1.0	0.4	0.6
Denmark - Danemark	1995	48 789	24.0	2.9	2.6	1.2	59.8	9.7	25.1	25.0
	2005	81 780	17.7	2.6	9.7	1.3	63.4	13.3	26.1	24.1
	2014	109 758	18.7	2.8	6.6	1.6	61.5	12.3	26.4	22.9
Djibouti	1995	(e)14	18.4	4.9	10.0	12.0	52.5	7.7	18.7	26.0
	2005	(e)40	21.8	3.4	2.4	13.1	58.0	10.5	34.6	12.9
	2014	(e)139	33.6	5.7	8.2	17.2	25.1	4.6	10.5	10.0
Dominica - Dominique	1995	45	50.3	0.3	0.0	1.3	48.1	42.7	2.7	2.7
	2005	42	33.8	0.1	0.0	6.5	59.6	53.7	4.2	1.7
	2014	(e)40	17.5	0.0	0.0	7.5	75.0	49.3	11.9	13.8
Dominican Republic - République dominicaine	1995	(e)3 780	16.0	0.4	0.0	2.2	79.2	0.9	6.1	72.2
	2005	(e)6 183	14.5	0.4	0.0	2.6	80.0	2.7	14.2	63.1
	2014	(e)9 928	22.9	0.7	1.6	20.1	52.6	5.8	8.3	38.4
Ecuador - Équateur	1995	4 361	51.8	3.0	35.1	2.5	7.6	1.2	2.0	4.4
	2005	9 869	28.2	4.4	59.5	0.6	7.3	1.2	2.2	3.9
	2014	25 730	34.1	3.8	51.7	4.7	5.6	1.1	1.3	3.2
Egypt - Égypte	1995	3 444	10.0	4.6	44.8	4.9	34.8	4.9	1.7	28.2
	2005	(e)12 912	9.8	2.3	42.1	4.3	31.4	5.4	2.7	23.3
	2014	26 812	16.0	1.9	27.8	6.7	46.6	14.7	8.2	23.6
El Salvador	1995	(e)1 652	44.5	0.9	0.2	1.9	51.9	8.6	3.7	39.5
	2005	3 436	18.9	0.4	1.4	1.6	76.6	6.9	5.5	64.3
	2014	5 273	19.1	0.9	2.0	2.0	75.5	6.2	5.9	63.5
Equatorial Guinea - Guinée équatoriale	1995	127	21.2	44.3	28.1	0.0	5.8	0.0	0.4	5.4
	2005	7 064	0.0	1.4	93.9	0.0	4.2	3.7	0.1	0.4
	2014	(e)12 600	0.0	1.4	94.0	0.0	4.4	3.6	0.7	0.1
Eritrea - Érythrée (5)	1995	(e)86	59.1	8.5	..	0.0	31.0	1.4	15.3	14.3
	2005	(e)11	23.2	14.2	0.0	2.6	56.8	5.5	12.4	38.9
	2014	(e)745	36.0	18.5	0.0	35.7	9.7	0.6	0.4	8.8
Estonia - Estonie	1995	1 840	13.5	9.9	10.7	5.0	60.3	8.1	17.8	34.4
	2005	8 247	6.9	6.4	13.8	2.6	65.8	4.8	32.1	28.9
	2014	17 584	9.4	6.0	11.7	2.8	65.2	5.1	32.4	27.7
Ethiopia - Éthiopie	1995	422	68.3	14.6	2.1	0.2	14.6	0.4	4.4	9.7
	2005	926	70.5	15.1	0.0	5.2	8.2	0.4	1.3	6.5
	2014	(e)4 437	67.0	10.1	8.8	3.5	9.0	0.1	2.1	6.8
Faeroe Islands - Îles Féroé	1995	(e)362	91.1	2.2	..	..	6.7	0.1	4.8	1.8
	2005	602	91.6	1.5	..	0.0	6.9	0.1	5.4	1.4
	2014	(e)1 128	82.1	2.3	6.5	0.2	8.3	0.1	7.3	0.9

For sources and notes, see end of table.

Pour les sources et les notes, se reporter à la fin du tableau.

Country or territory / Pays ou territoires	Year / Année	Total value (millions of dollars) (1) / Valeur totale (millions de dollars) (1)	All food items / Produits alimentaires	Agricultural raw materials / Matières premières agricoles	Fuels / Combustibles	Ores, metals, precious stones and non-monetary gold (2) / Minerais, métaux, pierres précieuses et or (non monétaire) (2)	Manufactured goods / Articles manufacturés	Of which: / dont : Chemical products / Produits chimiques	Machinery and transport equipment / Machines et matériel de transport	Other manufactured goods / Articles manufacturés divers
			0 + 1 + 22 + 4	2 - (22 + 27 + 28)	3	27 + 28 + 68 + 667 + 971	5 + 6 +7 + 8 - (667 + 68)	5	7	6 + 8 - (667 + 68)
Falkland Islands (Malvinas) - Îles Falkland (Malvinas)	1995	(e)30	68.0	16.3	..	..	16.1	1.0	12.6	2.4
	2005	(e)150	92.7	4.7	..	0.5	0.8	0.1	0.4	0.3
	2014	(e)190	92.3	5.1	..	0.0	2.5	0.0	2.3	0.1
Fiji - Fidji	1995	(e)619	51.5	7.0	0.4	7.6	33.1	0.3	1.0	31.8
	2005	702	53.0	5.0	10.0	6.6	23.1	1.7	2.2	19.2
	2014	1 373	41.0	5.1	24.8	6.4	21.6	2.7	7.6	11.3
Finland - Finlande	1995	40 409	2.4	8.4	1.9	3.1	83.3	6.0	35.4	42.0
	2005	65 238	1.9	5.2	4.4	3.6	84.3	7.6	44.1	32.6
	2014	74 150	2.9	6.9	10.8	5.7	71.8	11.0	28.7	32.0
France (6)	1995	277 845	14.3	1.5	2.4	2.7	76.6	12.9	39.4	24.3
	2005	434 354	10.7	0.9	4.1	2.3	80.1	15.9	41.6	22.5
	2014	566 656	12.7	1.0	3.9	2.5	77.5	17.8	38.4	21.3
French Polynesia - Polynésie française	1995	(e)196	2.7	1.0	0.0	61.8	28.6	0.8	20.8	7.1
	2005	210	13.7	1.1	0.0	57.5	25.1	2.5	15.7	6.9
	2014	170	11.5	1.4	0.0	72.9	9.7	1.4	5.7	2.7
Gabon	1995	(e)2 718	0.2	13.1	82.7	2.0	1.9	0.4	0.4	1.1
	2005	5 068	1.0	10.7	78.7	5.5	3.8	0.0	0.9	2.9
	2014	(e)8 926	3.1	13.5	65.4	7.0	10.8	1.5	3.3	6.0
Gambia - Gambie (7)	1995	(e)16	28.9	0.9	0.5	62.2	7.2	1.3	1.6	4.3
	2005	7	67.9	2.0	1.1	3.4	24.1	1.0	16.6	6.5
	2014	104	42.1	24.3	0.4	6.5	26.1	0.3	4.8	21.0
Georgia - Géorgie	1995	(e)158	29.3	3.3	18.8	8.0	40.6	11.1	5.7	23.8
	2005	865	34.9	2.1	3.2	21.1	38.5	6.8	16.9	14.8
	2014	2 861	28.7	0.7	2.7	12.2	55.5	10.4	23.1	21.9
Germany - Allemagne	1995	523 697	5.1	1.1	1.0	2.8	83.4	13.2	46.1	24.2
	2005	977 132	4.5	0.8	2.2	2.7	86.0	13.9	50.2	21.8
	2014	1 511 137	5.6	0.8	2.7	3.0	82.6	14.9	47.2	20.6
Ghana	1995	(e)1 754	42.0	13.2	4.3	31.5	8.9	0.6	0.8	7.5
	2005	(e)3 060	56.1	8.0	7.9	14.3	12.3	0.7	1.6	10.0
	2014	(e)12 151	33.4	3.7	33.8	20.9	6.9	1.0	2.4	3.4
Gibraltar	1995	116	15.0	0.4	0.7	17.1	64.6	3.9	22.1	38.6
	2005	(e)200	0.3	0.4	12.3	5.3	77.8	1.1	62.3	14.4
	2014	(e)280	0.1	0.0	73.9	0.6	25.2	0.7	18.6	5.9
Greece - Grèce	1995	10 955	29.5	4.4	6.5	7.9	49.2	4.9	8.0	36.3
	2005	17 434	22.0	2.4	9.4	8.3	55.3	14.6	12.7	28.0
	2014	35 755	17.4	1.7	38.4	7.9	32.5	9.8	8.4	14.3
Greenland - Groenland	1995	364	95.1	0.6	0.8	0.0	1.5	0.0	0.3	1.2
	2005	402	87.4	0.0	0.0	6.4	2.6	0.0	0.5	2.1
	2014	(e)540	82.4	0.0	0.0	2.3	3.1	0.0	2.0	1.1
Grenada - Grenade	1995	22	70.4	0.3	1.4	0.3	25.6	2.2	8.3	15.0
	2005	28	65.8	0.3	0.1	0.2	30.6	3.9	13.8	12.9
	2014	(e)37	39.1	0.3	0.1	10.1	50.4	11.0	21.5	17.9
Guam	1995	85	..	..	..	..	..	..	..	..
	2005	(a,e)52	13.3	1.6	23.4	6.4	21.1	3.7	10.1	7.3
	2014	(a,e)41	7.2	0.1	27.0	7.8	21.2	2.2	5.6	13.4
Guatemala	1995	1 936	57.6	3.7	1.6	0.4	35.8	8.9	1.5	25.4
	2005	5 381	36.6	3.5	5.1	0.8	53.1	9.2	2.0	41.9
	2014	10 891	44.5	3.2	5.7	8.1	37.8	10.7	1.8	25.3
Guinea - Guinée	1995	(e)702	11.7	2.5	1.0	76.7	7.9	7.0	0.7	0.2
	2005	(e)796	8.3	1.9	6.3	82.1	1.1	0.1	0.4	0.6
	2014	(e)1 492	4.4	1.8	38.5	53.1	2.0	0.6	0.6	0.7

For sources and notes, see end of table.

Pour les sources et les notes, se reporter à la fin du tableau.

Country or territory / Pays ou territoires	Year / Année	Total value (millions of dollars) (1) / Valeur totale (millions de dollars) (1)	All food items / Produits alimentaires	Agricultural raw materials / Matières premières agricoles	Fuels / Combus-tibles	Ores, metals, precious stones and non-monetary gold (2) / Minerais, métaux, pierres précieuses et or (non monétaire) (2)	Manu-factured goods / Articles manu-facturés	Chemical products / Produits chimiques	Machinery and transport equipment / Machines et matériel de transport	Other manu-factured goods / Articles manu-facturés divers
			0 + 1 + 22 + 4	2 - (22 + 27 + 28)	3	27 + 28 + 68 + 667 + 971	5 + 6 +7 + 8 - (667 + 68)	5	7	6 + 8 - (667 + 68)
Guinea-Bissau - Guinée-Bissau	1995	(e)24	84.6	5.4	7.5	..	2.5	0.5	0.7	1.4
	2005	(e)89	96.7	1.1	0.3	0.8	0.9	0.0	0.1	0.8
	2014	(e)162	94.9	1.3	2.7	0.4	0.7	0.0	0.3	0.4
Guyana	1995	(e)455	44.9	2.2	0.0	42.1	10.8	0.7	1.1	9.0
	2005	539	46.1	6.8	0.0	38.1	7.7	1.3	1.5	5.0
	2014	1 147	39.0	3.3	0.0	51.5	5.5	0.7	2.1	2.8
Haiti - Haïti	1995	(e)110	27.6	0.8	..	0.2	66.7	7.0	2.2	57.4
	2005	(e)473	6.4	0.6	0.0	0.6	83.5	1.1	2.6	79.9
	2014	(e)924	9.0	0.9	0.0	1.9	84.9	1.5	3.5	79.9
Honduras	1995	(e)1 769	53.6	2.1	0.2	0.7	42.3	2.8	1.6	37.9
	2005	(e)5 048	33.2	2.2	0.3	4.0	59.0	2.5	6.3	50.1
	2014	(e)8 072	42.9	1.3	5.0	6.9	43.9	3.2	9.4	31.4
Hungary - Hongrie	1995	12 452	21.4	2.3	3.1	5.0	68.1	11.5	26.1	30.5
	2005	62 272	6.2	0.6	2.6	1.9	85.0	7.9	59.7	17.5
	2014	112 440	8.4	0.7	3.5	1.5	83.2	10.4	53.7	19.2
Iceland - Islande	1995	1 803	75.5	0.5	0.0	12.0	11.6	0.7	5.1	5.8
	2005	3 091	58.5	0.8	1.4	19.0	19.3	3.5	9.3	6.5
	2014	5 051	43.8	0.7	2.0	39.0	13.8	2.2	5.8	5.9
India - Inde	1995	31 699	18.7	1.3	1.7	18.6	58.2	8.1	7.5	42.5
	2005	100 353	9.0	1.3	10.5	19.8	58.4	11.4	10.5	36.4
	2014	317 545	11.3	2.2	19.6	11.6	54.9	11.7	15.3	27.9
Indonesia (...2002) - Indonésie (...2002)	1995	45 443	11.4	6.7	25.3	6.1	50.5	3.4	8.4	38.7
Indonesia - Indonésie	2005	85 660	11.7	5.1	27.7	8.7	46.9	5.2	15.9	25.8
	2014	176 036	20.1	4.9	29.0	5.6	40.3	6.4	12.4	21.5
Iran (Islamic Republic of) - Iran (République islamique d')	1995	(e)18 360	5.8	1.9	77.3	1.6	13.1	2.4	0.7	10.0
	2005	(e)60 012	3.3	0.4	82.7	2.4	9.5	3.2	1.4	4.9
	2014	(e)87 821	4.3	0.4	65.2	5.6	17.0	12.0	1.8	3.3
Iraq	1995	(e)496	0.1	0.2	92.3	0.0	7.1	0.5	6.3	0.3
	2005	(e)23 697	0.6	0.2	96.5	0.2	0.8	0.7	0.0	0.0
	2014	(e)84 630	0.2	0.1	98.3	0.2	1.1	0.9	0.1	0.1
Ireland - Irlande	1995	43 789	19.4	1.1	0.4	1.2	71.0	18.4	34.5	18.0
	2005	110 003	8.4	0.4	0.7	0.9	85.7	45.6	26.5	13.6
	2014	118 287	11.8	0.7	0.9	1.4	83.8	57.8	11.2	14.7
Israel - Israël	1995	19 047	5.4	1.8	0.0	31.6	58.9	14.7	26.8	17.3
	2005	42 771	2.5	0.7	0.1	38.6	45.2	14.8	18.2	12.2
	2014	68 965	3.1	0.6	1.1	31.2	62.7	26.2	24.0	12.5
Italy - Italie	1995	230 441	6.6	0.7	1.2	1.5	89.2	8.0	37.7	43.6
	2005	372 957	6.5	0.6	3.4	1.7	85.0	10.6	36.8	37.6
	2014	528 368	8.2	0.7	3.7	3.0	82.3	12.4	35.3	34.6
Jamaica - Jamaïque	1995	1 424	21.7	0.3	0.5	49.4	28.1	2.7	3.1	22.4
	2005	1 514	17.2	0.1	7.4	68.5	6.8	3.7	1.1	2.0
	2014	1 452	18.1	0.1	21.2	48.1	8.0	1.9	1.5	4.6
Japan - Japon	1995	442 937	0.5	0.6	0.6	1.2	95.1	6.8	70.3	18.0
	2005	594 941	0.5	0.5	0.7	2.1	91.8	8.8	64.1	18.9
	2014	683 846	0.7	0.9	2.3	3.5	87.4	10.6	58.6	18.3
Jordan - Jordanie	1995	1 769	25.1	1.7	0.2	19.9	52.2	31.2	8.7	12.3
	2005	4 279	13.8	0.3	0.6	11.1	73.1	24.0	11.5	37.6
	2014	8 385	18.5	0.5	0.2	7.8	72.2	32.8	10.4	29.0
Kazakhstan	1995	5 227	9.9	2.8	25.0	24.1	38.1	10.3	6.0	21.9
	2005	27 846	2.4	0.7	70.1	14.7	12.0	1.9	1.2	8.9
	2014	78 237	3.3	0.2	77.6	9.3	9.6	3.4	1.5	4.7

For sources and notes, see end of table.

Pour les sources et les notes, se reporter à la fin du tableau.

111

Country or territory / Pays ou territoires	Year / Année	Total value (millions of dollars) (1) / Valeur totale (millions de dollars) (1)	All food items / Produits alimentaires 0+1+22+4	Agricultural raw materials / Matières premières agricoles 2-(22+27+28)	Fuels / Combustibles 3	Ores, metals, precious stones and non-monetary gold (2) / Minerais, métaux, pierres précieuses et or (non monétaire) (2) 27+28+68+667+971	Manufactured goods / Articles manufacturés 5+6+7+8-(667+68)	Chemical products / Produits chimiques 5	Machinery and transport equipment / Machines et matériel de transport 7	Other manufactured goods / Articles manufacturés divers 6+8-(667+68)
Kenya	1995	1 826	55.2	8.3	5.1	2.6	28.2	6.4	2.9	18.9
	2005	3 420	38.2	12.5	15.5	2.7	30.7	7.0	2.9	20.8
	2014	(e)5 782	40.7	12.6	7.8	4.6	34.4	8.6	4.6	21.2
Kiribati	1995	(e)7	84.7	1.9	..	0.6	5.4	0.1	0.2	5.1
	2005	(e)4	78.3	0.8	0.0	0.6	17.5	1.6	1.6	14.3
	2014	(e)5	93.1	3.7	1.4	0.2	0.7	0.1	0.5	0.1
Korea, Dem. People's Rep. of - Corée, Rép. populaire dém. de	1995	(e)959	15.4	2.7	2.0	9.4	69.5	5.5	27.6	36.4
	2005	(e)1 338	11.3	2.3	10.2	13.8	60.4	7.9	27.9	24.6
	2014	(e)3 580	8.6	1.0	35.3	15.0	38.3	2.2	6.5	29.7
Korea, Republic of - Corée, République de	1995	125 056	2.3	1.3	2.0	3.0	91.5	7.2	52.5	31.8
	2005	284 418	1.1	0.8	5.5	1.8	90.8	9.8	61.0	20.1
	2014	573 075	1.1	0.9	9.2	2.2	86.5	11.8	55.0	19.7
Kuwait - Koweït	1995	12 944	0.5	0.1	88.5	1.3	8.7	3.9	2.4	2.5
	2005	(e)44 902	0.3	0.1	90.8	0.7	8.1	6.4	0.5	1.3
	2014	101 132	0.8	0.9	86.3	0.4	11.2	7.0	2.2	2.0
Kyrgyzstan - Kirghizistan	1995	(e)412	21.4	15.3	13.0	14.0	35.4	6.7	9.6	19.1
	2005	(e)672	12.5	9.4	9.7	34.5	32.0	1.1	8.5	22.4
	2014	(e)1 634	15.5	2.7	11.1	25.6	44.4	5.8	16.0	22.5
Lao People's Dem. Rep. - Rép. dém. populaire lao	1995	311	11.1	42.3	0.3	5.3	40.7	1.6	0.3	38.8
	2005	553	6.6	28.0	11.0	16.7	35.7	0.3	1.5	34.0
	2014	(e)2 650	7.9	31.5	14.9	29.6	15.9	2.1	4.4	9.3
Latvia - Lettonie	1995	1 305	14.4	23.0	1.7	1.0	58.1	6.9	16.3	34.9
	2005	5 303	11.3	17.1	8.9	3.5	55.4	6.0	12.4	37.0
	2014	13 603	18.1	11.0	7.4	3.2	54.3	7.4	20.6	26.2
Lebanon - Liban	1995	(e)656	19.5	1.5	0.1	10.6	68.3	12.5	14.4	41.4
	2005	(e)2 337	15.6	2.4	0.5	16.9	63.4	10.5	17.1	35.9
	2014	(e)4 548	17.7	1.6	3.6	26.2	50.9	10.9	15.4	24.6
Lesotho (3)	1995	(e)160	3.7	0.9	0.0	3.7	91.6	0.3	3.9	87.4
	2005	(e)651	4.2	0.9	0.0	5.8	89.1	0.2	2.1	86.9
	2014	(e)925	4.4	1.6	0.0	37.8	56.1	0.1	7.6	48.3
Liberia - Libéria	1995	(e)820	0.1	1.9	2.1	81.2	14.7	0.4	13.9	0.3
	2005	131	0.4	11.0	0.8	2.7	85.0	0.1	84.6	0.3
	2014	583	2.9	19.6	0.1	43.4	33.7	0.8	32.6	0.4
Libya - Libye	1995	(e)9 364	0.2	0.2	92.0	0.0	7.4	4.1	0.1	3.1
	2005	(e)31 358	0.1	0.0	95.4	0.6	3.9	2.6	0.1	1.2
	2014	(e)21 000	0.1	0.1	94.5	2.2	3.1	1.9	0.2	1.1
Lithuania - Lituanie	1995	2 706	18.1	7.8	11.4	5.0	57.7	14.3	15.7	27.7
	2005	12 070	12.4	3.3	26.6	1.5	55.5	8.4	21.5	25.5
	2014	32 394	17.9	2.7	17.5	1.4	58.0	13.1	19.7	25.2
Luxembourg	1995	(e)7 244	5.0	1.0	0.5	5.7	60.3	6.5	16.9	36.9
	2005	(e)18 797	5.9	0.6	0.8	5.4	84.5	7.9	29.7	47.0
	2014	(e)19 193	10.1	1.7	1.1	8.1	75.5	10.4	19.1	46.0
Madagascar	1995	(e)507	64.3	4.9	2.7	5.2	21.0	1.8	0.5	18.7
	2005	836	32.0	4.8	2.7	4.5	50.7	1.2	2.2	47.3
	2014	(e)2 032	30.0	2.0	2.0	33.6	32.3	2.7	2.6	27.0
Malawi	1995	433	86.5	2.3	0.1	0.1	10.7	0.3	1.5	8.9
	2005	495	80.5	3.7	0.2	0.3	14.5	0.6	2.0	11.8
	2014	(e)1 374	74.9	4.2	0.2	4.5	16.2	8.9	2.0	5.3
Malaysia - Malaisie	1995	73 778	9.5	6.2	7.0	1.5	74.5	3.0	55.1	16.4
	2005	141 624	6.9	2.5	13.4	1.3	74.5	5.8	54.0	14.7
	2014	234 135	11.1	1.8	22.1	3.1	61.5	6.8	38.8	16.0

For sources and notes, see end of table.

Pour les sources et les notes, se reporter à la fin du tableau.

Country or territory / Pays ou territoires	Year / Année	Total value (millions of dollars) (1) / Valeur totale (millions de dollars) (1)	By main SITC Revision 3 product group (percentage) / Par principaux groupes de produits de la CTCI Révision 3 (en pourcentage)					Of which: / dont :		
			All food items / Produits alimentaires	Agricultural raw materials / Matières premières agricoles	Fuels / Combustibles	Ores, metals, precious stones and non-monetary gold (2) / Minerais, métaux, pierres précieuses et or (non monétaire) (2)	Manufactured goods / Articles manufacturés	Chemical products / Produits chimiques	Machinery and transport equipment / Machines et matériel de transport	Other manufactured goods / Articles manufacturés divers
			0 + 1 + 22 + 4	2 - (22 + 27 + 28)	3	27 + 28 + 68 + 667 + 971	5 + 6 +7 + 8 - (667 + 68)	5	7	6 + 8 - (667 + 68)
Maldives	1995	(e)85	68.5	0.7	..	0.2	29.5	0.3	0.6	28.6
	2005	154	77.6	0.2	6.5	0.8	14.6	2.7	3.5	8.5
	2014	(e)326	88.6	0.0	0.2	1.9	5.9	0.2	2.8	2.9
Mali	1995	(e)443	18.2	58.1	1.0	17.1	5.3	0.3	1.1	3.9
	2005	1 075	5.9	48.8	0.6	37.4	6.7	0.7	3.5	2.6
	2014	(e)2 100	7.5	30.7	2.5	47.1	12.2	5.8	3.1	3.3
Malta - Malte	1995	1 913	2.2	0.1	5.0	0.8	90.7	2.1	61.3	27.3
	2005	2 431	5.1	0.1	3.8	0.4	88.4	5.1	62.3	21.0
	2014	(e)2 813	4.2	0.2	36.6	0.8	57.0	11.6	32.1	13.4
Marshall Islands - Îles Marshall	1995	23	58.6	0.5	..	0.4	17.3	0.0	15.6	1.6
	2005	25	10.9	0.0	0.0	0.0	88.1	0.0	87.9	0.1
	2014	(e)65	14.8	0.2	2.1	1.8	81.0	0.3	78.1	2.6
Mauritania - Mauritanie	1995	(e)509	59.9	0.3	0.3	38.0	1.2	0.0	0.7	0.5
	2005	(e)556	42.7	0.2	0.0	50.6	1.4	0.1	0.8	0.6
	2014	(e)2 140	30.5	0.1	8.8	58.8	1.6	0.1	1.2	0.3
Mauritius - Maurice	1995	1 538	28.9	0.7	0.0	2.0	68.4	0.8	2.3	65.3
	2005	2 144	26.9	0.3	0.1	2.8	63.0	1.4	15.1	46.6
	2014	(e)3 107	27.3	0.8	0.1	4.6	52.9	3.2	12.2	37.4
Mexico - Mexique	1995	79 541	7.7	1.3	10.3	3.1	77.5	5.0	52.3	20.2
	2005	214 207	5.4	0.5	14.9	2.0	77.0	3.7	53.2	20.1
	2014	397 506	6.3	0.3	10.6	4.0	77.7	4.0	58.3	15.5
Micronesia (Federated States of) - Micronésie (États fédérés de)	1995	(e)21	86.3	0.3	..	0.0	8.9	..	0.0	8.8
	2005	(e)19	76.8	2.6	..	3.2	14.1	..	0.1	13.9
	2014	(e)31	79.4	0.5	..	0.3	2.5	0.3	0.6	1.6
Mongolia - Mongolie	1995	(e)473	2.2	27.7	0.0	59.9	10.2	0.6	1.7	7.8
	2005	1 064	1.3	8.3	3.9	70.4	16.0	0.1	0.6	15.3
	2014	5 774	0.7	4.4	28.4	64.2	2.3	0.1	1.0	1.1
Montenegro - Monténégro	2014	441	27.4	8.7	14.5	32.1	17.3	3.8	6.9	6.6
Montserrat	1995	(e)3	74.1	0.0	..	0.2	22.6	1.3	17.8	3.4
	2005	(e)1	0.3	0.4	8.1	6.9	76.8	7.3	51.2	18.4
	2014	(a,e)3	0.0	0.0	0.0	17.8	49.8	0.1	32.8	16.9
Morocco - Maroc	1995	(e)6 881	27.3	2.9	1.8	9.8	57.9	16.5	6.5	35.0
	2005	11 185	21.0	1.7	4.7	8.2	62.6	11.2	17.5	33.8
	2014	(e)23 656	19.7	1.2	4.9	8.4	65.8	17.0	23.3	25.5
Mozambique	1995	174	63.9	14.9	2.7	5.6	12.1	1.2	3.9	7.1
	2005	1 745	14.3	3.9	12.7	65.2	3.9	0.3	2.0	1.6
	2014	4 725	14.5	7.7	26.9	41.5	9.0	5.8	1.3	1.9
Myanmar	1995	(e)860	41.9	38.5	0.2	7.4	11.9	1.0	0.9	10.0
	2005	(e)3 950	20.2	19.4	33.3	4.2	22.9	0.2	0.7	21.9
	2014	(e)11 031	21.6	34.0	15.6	19.4	6.8	0.4	0.6	5.9
Namibia - Namibie (3)	1995	(e)1 409	39.4	1.0	1.5	38.3	15.6	3.8	3.7	8.1
	2005	(e)2 070	29.0	0.6	0.9	43.1	25.8	8.7	4.1	13.0
	2014	(e)4 441	23.1	1.0	2.2	37.7	35.7	3.1	27.5	5.2
Nauru	1995	(e)28	1.0	0.5	..	70.0	28.0	0.7	25.3	2.0
	2005	(e)3	8.3	1.0	0.6	25.0	62.3	7.3	38.5	16.5
	2014	(e)32	2.9	0.0	0.0	83.6	12.9	1.0	5.8	6.1
Nepal - Népal	1995	(e)359	7.8	1.1	..	0.1	83.7	1.2	0.1	82.4
	2005	(e)888	23.0	1.1	0.0	7.4	68.4	7.8	0.5	60.0
	2014	(e)873	19.5	4.1	0.0	3.3	72.9	5.1	0.8	67.0
Netherlands - Pays-Bas	1995	(e)203 187	20.7	4.1	7.4	3.2	61.9	17.5	24.5	19.9
	2005	(e)406 372	13.3	3.0	10.5	2.8	61.0	16.0	28.6	16.4
	2014	(e)672 127	15.2	2.8	18.4	2.7	58.0	17.8	24.5	15.7

For sources and notes, see end of table.

Pour les sources et les notes, se reporter à la fin du tableau.

Country or territory / Pays ou territoires	Year / Année	Total value (millions of dollars) (1) / Valeur totale (millions de dollars) (1)	All food items / Produits alimentaires (0+1+22+4)	Agricultural raw materials / Matières premières agricoles (2-(22+27+28))	Fuels / Combustibles (3)	Ores, metals, precious stones and non-monetary gold (2) / Minerais, métaux, pierres précieuses et or (non monétaire) (2) (27+28+68+667+971)	Manu-factured goods / Articles manu-facturés (5+6+7+8-(667+68))	Chemical products / Produits chimiques (5)	Machinery and transport equipment / Machines et matériel de transport (7)	Other manu-factured goods / Articles manu-facturés divers (6+8-(667+68))
Netherlands Antilles - Antilles néerlandaises	1995	(e)1 522	11.2	0.1	65.9	2.9	15.5	2.1	6.5	6.9
	2005	(e)608	1.8	0.1	76.2	1.0	15.0	3.4	6.5	5.1
New Caledonia - Nouvelle-Calédonie	1995	(e)570	2.7	0.4	..	41.0	55.5	0.1	0.6	54.7
	2005	1 114	2.6	0.1	1.0	28.6	67.0	0.2	1.6	65.1
	2014	1 619	1.4	0.1	0.0	35.7	60.7	5.4	2.0	53.2
New Zealand - Nouvelle-Zélande	1995	13 745	42.4	18.0	1.6	6.3	30.5	7.6	8.6	14.3
	2005	21 729	49.6	10.3	2.5	5.0	31.2	5.8	11.5	13.9
	2014	41 636	58.5	11.1	3.2	3.8	19.8	5.0	6.2	8.7
Nicaragua	1995	509	71.6	3.0	0.6	2.8	21.6	1.6	4.0	16.0
	2005	(e)1 654	51.8	1.6	0.8	4.0	41.1	2.6	8.9	29.6
	2014	4 974	43.0	0.9	0.4	8.5	46.8	0.6	15.3	30.9
Niger	1995	273	15.6	4.9	6.7	20.4	52.3	39.4	5.5	7.4
	2005	486	20.8	2.4	15.0	25.8	32.6	23.7	5.5	3.4
	2014	(e)1 500	13.4	0.9	36.5	20.9	27.3	23.4	2.3	1.6
Nigeria - Nigéria	1995	(e)12 342	3.0	2.3	91.6	0.3	2.5	0.5	0.3	1.7
	2005	(e)45 789	1.4	0.3	96.4	0.2	1.1	0.1	0.5	0.6
	2014	(e)97 000	2.6	1.1	94.0	0.7	1.5	0.2	0.5	0.8
Niue - Nioué	1995	0	62.2	0.4	2.5	0.2	38.4	4.9	12.9	20.6
	2005	0	6.2	1.4	0.1	25.9	66.4	5.9	28.9	31.6
	2014	(e)0	14.1	0.0	13.5	0.2	65.6	3.0	25.6	37.0
Northern Mariana Islands - Îles Mariannes du Nord	1995	(a,e)432	2.8	0.1	0.0	3.2	44.7	0.5	21.8	22.5
	2005	(e)691	7.3	1.8	0.0	3.9	83.6	1.3	11.7	70.7
	2014	(e)2	13.2	0.1	0.0	9.2	65.3	6.1	12.4	46.8
Norway - Norvège	1995	41 740	8.3	1.5	47.3	8.8	26.8	3.1	13.3	10.4
	2005	103 759	5.2	0.5	67.7	6.0	17.1	2.7	8.2	6.2
	2014	142 825	8.2	0.7	64.4	5.5	17.9	2.7	9.5	5.6
Oman	1995	5 917	4.1	0.0	81.3	1.9	12.3	0.5	7.5	4.2
	2005	18 692	2.7	0.0	85.1	1.0	6.4	1.8	1.8	2.8
	2014	50 718	3.7	0.0	76.8	4.6	14.8	8.1	1.6	5.1
Pakistan	1995	8 158	11.8	3.8	1.0	0.2	83.0	0.7	0.5	81.8
	2005	16 050	12.0	1.5	4.2	0.4	81.8	3.0	1.8	76.9
	2014	24 722	18.9	2.0	2.6	1.8	74.7	4.3	1.8	68.6
Palau - Palaos	1995	(e)14	74.7	1.8	0.0	0.1	23.1	0.1	4.4	18.7
	2005	(e)13	85.9	0.8	0.1	3.1	8.5	0.0	1.9	6.6
	2014	(e)6	88.1	1.0	..	1.0	8.9	0.1	4.2	4.7
Panama (8)	1995	577	33.1	0.4	3.0	1.9	60.8	5.7	39.8	15.4
	2005	(e)7 050	25.8	0.4	7.0	2.4	60.9	6.9	34.7	19.3
	2014	(e)13 184	22.9	3.0	26.4	5.4	37.8	5.6	21.8	10.3
Papua New Guinea - Papouasie-Nouvelle-Guinée	1995	(e)2 654	20.4	18.9	23.7	36.1	0.8	0.1	0.6	0.1
	2005	(e)3 383	20.0	10.4	25.4	41.6	2.6	0.2	1.3	1.1
	2014	(e)5 670	14.3	12.5	30.8	38.7	3.5	1.5	0.9	1.1
Paraguay	1995	(e)2 019	47.4	32.8	2.7	0.3	16.2	2.2	0.7	13.3
	2005	(e)3 153	71.0	8.3	6.2	1.6	12.8	2.5	0.6	9.7
	2014	9 655	68.4	1.7	19.8	1.1	9.0	2.0	1.2	5.7
Peru - Pérou	1995	5 440	28.8	2.5	4.9	50.2	13.6	2.2	0.6	10.8
	2005	17 114	17.0	1.5	9.3	57.9	14.3	2.4	0.8	11.0
	2014	38 459	20.2	1.2	12.4	53.7	12.5	3.1	1.3	8.1
Philippines	1995	(a)17 447	12.8	1.2	1.5	5.4	40.8	2.0	22.2	16.7
	2005	41 255	6.1	0.5	1.9	2.4	89.0	1.3	74.4	13.3
	2014	61 810	10.2	1.0	3.0	7.1	78.7	3.6	57.6	17.5
Poland - Pologne	1995	22 862	10.4	2.8	8.2	7.3	71.1	7.7	21.1	42.4
	2005	89 378	9.4	1.2	5.1	4.0	78.1	6.7	38.6	32.9
	2014	214 477	12.8	1.4	4.1	4.1	77.6	9.1	38.3	30.2

For sources and notes, see end of table.

Pour les sources et les notes, se reporter à la fin du tableau.

Country or territory / Pays ou territoires	Year / Année	Total value (millions of dollars) (1) / Valeur totale (millions de dollars) (1)	All food items / Produits alimentaires	Agricultural raw materials / Matières premières agricoles	Fuels / Combustibles	Ores, metals, precious stones and non-monetary gold (2) / Minerais, métaux, pierres précieuses et or (non monétaire) (2)	Manufactured goods / Articles manufacturés	Of which: / dont : Chemical products / Produits chimiques	Machinery and transport equipment / Machines et matériel de transport	Other manufactured goods / Articles manufacturés divers
			0 + 1 + 22 + 4	2 - (22 + 27 + 28)	3	27 + 28 + 68 + 667 + 971	5 + 6 +7 + 8 - (667 + 68)	5	7	6 + 8 - (667 + 68)
Portugal	1995	23 370	7.4	4.9	3.2	2.1	81.1	4.9	25.0	51.2
	2005	38 672	8.5	3.0	3.7	2.7	80.0	6.9	33.1	40.1
	2014	63 982	12.0	2.5	8.7	2.7	73.2	8.7	25.1	39.4
Qatar	1995	(e)3 557	0.3	0.1	81.0	0.8	17.4	9.4	1.2	6.7
	2005	(e)25 762	0.1	0.0	84.3	0.3	9.8	7.8	0.7	1.3
	2014	(e)131 592	0.0	0.0	85.7	1.2	4.9	4.0	0.2	0.8
Republic of Moldova - République de Moldova	1995	746	67.2	1.6	0.6	3.0	27.5	1.6	7.6	18.4
	2005	1 091	46.9	2.6	0.1	2.1	47.9	1.4	4.9	41.6
	2014	2 340	43.5	0.9	0.6	1.8	52.9	4.3	14.4	34.2
Romania - Roumanie	1995	7 910	6.6	3.3	7.9	3.5	78.3	10.7	13.1	54.4
	2005	27 730	3.0	2.3	10.7	4.2	79.2	5.7	25.4	48.1
	2014	69 878	10.2	2.0	6.0	2.7	76.1	5.0	41.7	29.4
Russian Federation - Fédération de Russie	1995	(e)78 217	1.8	3.3	43.1	9.9	26.1	5.9	7.0	13.1
	2005	241 452	1.6	2.8	61.8	7.2	18.2	4.2	4.1	9.9
	2014	497 834	3.8	1.8	69.5	6.3	16.2	4.7	4.0	7.5
Rwanda	1995	(e)52	72.0	11.0	0.2	7.4	8.1	1.3	2.6	4.2
	2005	(e)125	44.4	2.5	1.9	37.4	10.3	2.4	5.1	2.7
	2014	(e)736	28.4	1.6	9.7	45.2	10.9	1.3	4.3	5.3
Saint Helena - Sainte-Hélène	1995	(e)5	70.9	0.0	0.0	7.4	25.4	5.1	12.7	7.7
	2005	(e)20	40.0	0.7	0.0	0.1	56.9	6.4	28.8	21.6
	2014	(e)54	79.4	0.0	0.6	1.4	18.1	1.4	9.1	7.6
Saint Kitts and Nevis - Saint-Kitts-et-Nevis	1995	(e)19	39.9	0.2	0.1	0.0	56.8	0.4	50.0	6.4
	2005	(e)34	10.4	1.9	0.0	0.4	81.7	0.1	76.8	4.8
	2014	(e)42	5.5	0.1	5.7	0.9	77.6	1.1	67.3	9.2
Saint Lucia - Sainte-Lucie	1995	109	58.2	0.5	0.0	0.1	33.7	1.1	7.8	24.9
	2005	64	24.6	0.1	53.5	0.7	18.1	1.0	8.7	8.4
	2014	(e)159	32.6	0.2	31.2	2.1	33.9	3.2	12.3	18.4
Saint Pierre and Miquelon - Saint-Pierre-et-Miquelon	1995	(e)10	82.6	1.9	..	0.1	14.2	0.9	4.8	8.5
	2005	7	51.6	5.7	2.8	0.4	39.5	0.6	1.4	37.4
	2014	2	75.8	2.7	..	0.0	18.6	0.0	11.2	7.4
Saint Vincent and the Grenadines - Saint-Vincent-et-les Grenadines	1995	(e)43	67.9	0.2	..	0.2	30.8	0.6	20.5	9.7
	2005	40	20.0	0.3	0.0	0.1	79.3	3.9	72.0	3.4
	2014	(e)48	49.2	0.1	0.8	3.7	46.3	1.0	32.4	12.9
Samoa	1995	(e)9	12.7	1.1	..	2.1	83.6	0.1	75.6	7.9
	2005	(a,e)87	25.2	0.4	1.2	0.1	29.4	0.3	27.4	1.7
	2014	(e)72	29.0	0.1	0.1	2.4	68.3	0.9	50.4	17.1
Sao Tome and Principe - Sao Tomé-et-Principe	1995	(e)5	58.6	2.2	..	0.1	38.1	5.0	18.4	14.8
	2005	(e)7	68.1	0.8	..	0.5	28.8	0.3	18.5	10.0
	2014	(e)17	67.8	0.4	..	1.3	29.9	3.8	22.5	3.6
Saudi Arabia - Arabie saoudite	1995	(e)49 030	1.3	0.2	82.5	1.1	14.8	9.9	1.8	3.1
	2005	(e)180 737	0.6	0.1	88.1	0.4	10.5	7.9	1.1	1.6
	2014	(e)353 780	1.1	0.0	83.5	0.9	14.4	12.1	0.7	1.7
Senegal - Sénégal	1995	(e)993	39.7	5.9	13.1	12.1	28.9	22.2	1.8	4.9
	2005	(e)1 471	33.1	2.6	18.3	4.5	41.4	23.1	7.9	10.4
	2014	(e)2 814	34.9	1.6	19.6	16.5	27.1	9.5	4.3	13.4
Serbia and Montenegro - Serbie-et-Monténégro	1995	(e)1 531	28.2	4.0	2.1	14.8	49.0	9.0	12.1	27.9
	2005	(d)5 065	17.5	2.6	3.2	8.2	56.8	9.8	8.7	38.3
Serbia - Serbie	2014	14 843	20.1	1.5	3.7	5.8	68.1	8.0	30.1	30.0
Seychelles	1995	53	51.8	0.1	39.6	0.1	6.4	1.1	2.8	2.5
	2005	340	58.6	0.0	24.6	0.2	16.3	2.3	9.0	5.0
	2014	(e)539	85.8	0.2	4.1	0.8	9.1	0.4	2.8	5.9

For sources and notes, see end of table.

Pour les sources et les notes, se reporter à la fin du tableau.

Country or territory Pays ou territoires	Year Année	Total value (millions of dollars) (1) Valeur totale (millions de dollars) (1)	By main SITC Revision 3 product group (percentage) Par principaux groupes de produits de la CTCI Révision 3 (en pourcentage)					Of which: / dont :		
			All food items Produits alimentaires	Agricultural raw materials Matières premières agricoles	Fuels Combus-tibles	Ores, metals, precious stones and non-monetary gold (2) Minerais, métaux, pierres précieuses et or (non monétaire) (2)	Manu-factured goods Articles manu-facturés	Chemical products Produits chimiques	Machinery and transport equipment Machines et matériel de transport	Other manu-factured goods Articles manu-facturés divers
			0 + 1 + 22 + 4	2 - (22 + 27 + 28)	3	27 + 28 + 68 + 667 + 971	5 + 6 +7 + 8 - (667 + 68)	5	7	6 + 8 - (667 + 68)
Sierra Leone	1995	(e)42	56.5	0.9	1.0	26.2	14.5	1.1	3.8	9.6
	2005	(e)159	10.0	0.9	0.7	58.3	29.6	5.4	11.4	12.7
	2014	(e)1 892	40.8	0.4	0.1	45.9	12.6	0.1	2.1	10.4
Singapore - Singapour (4)	1995	118 263	3.9	1.1	6.8	2.3	83.6	6.0	65.6	12.0
	2005	229 652	1.7	0.3	12.2	2.1	79.9	11.4	58.7	9.8
	2014	409 769	2.6	0.3	16.8	2.0	70.4	12.9	45.8	11.7
Sint Maarten (Dutch part) - Saint-Martin (partie néerlandaise)	2014	(a,e)130	1.5	0.0	0.0	3.1	31.9	0.1	30.5	1.2
Slovakia - Slovaquie	1995	8 374	6.2	3.6	4.2	3.6	82.3	12.6	19.0	50.8
	2005	31 852	4.6	1.8	5.9	2.6	83.3	5.5	44.2	33.6
	2014	85 874	4.1	1.0	4.7	2.3	87.7	4.8	57.9	25.0
Slovenia - Slovénie	1995	8 316	3.9	1.8	1.2	3.4	89.5	10.5	31.4	47.6
	2005	17 896	2.8	1.2	2.1	4.8	89.0	12.9	39.2	36.8
	2014	(e)36 123	3.5	1.9	5.2	3.7	70.0	15.2	30.7	24.1
Solomon Islands - Îles Salomon	1995	(e)168	36.6	62.0	..	0.1	1.2	0.0	0.5	0.7
	2005	(e)103	24.2	73.5	0.1	0.4	1.7	0.1	0.8	0.7
	2014	(e)459	18.8	48.7	0.1	3.5	0.9	0.1	0.5	0.4
Somalia - Somalie	1995	(e)170	90.1	6.8	0.0	0.2	2.6	0.5	0.8	1.3
	2005	(e)250	68.4	11.1	0.7	5.3	3.1	0.7	1.1	1.3
	2014	(e)510	88.6	5.1	..	0.5	5.8	2.0	0.6	3.2
South Africa - Afrique du Sud (3)	1995	(e)27 853	10.0	3.2	10.9	29.8	43.5	7.2	17.3	19.1
	2005	46 991	8.5	2.7	10.4	28.5	50.0	8.4	20.4	21.2
	2014	90 612	10.4	2.1	10.5	32.5	44.1	7.8	20.6	15.7
Spain - Espagne	1995	89 616	15.4	1.6	1.7	2.6	77.9	8.5	42.4	27.1
	2005	192 798	14.1	1.2	4.3	2.5	76.3	12.0	40.2	24.2
	2014	318 649	15.5	1.1	7.2	3.8	68.4	13.4	31.9	23.1
Sri Lanka	1995	(e)3 798	18.7	4.3	0.4	6.9	69.0	0.9	3.6	64.5
	2005	6 160	22.2	2.1	0.0	8.6	65.2	1.3	4.5	59.4
	2014	11 295	25.8	2.6	2.6	3.8	65.2	1.5	5.6	58.2
State of Palestine - État de Palestine	1995	394	..	..	..	..	..	..	..	..
	2005	(e)335	19.4	2.7	3.6	3.7	70.6	8.5	5.2	56.8
	2014	(e)1 335	23.2	1.5	0.2	9.1	65.8	5.1	4.0	56.7
Sudan (...2011) - Soudan (...2011)	1995	(e)556	47.9	42.3	0.2	3.1	6.3	0.2	0.7	5.5
	2005	4 506	5.5	4.6	85.0	3.2	1.4	0.1	0.9	0.3
Sudan - Soudan	2014	(e)4 350	7.5	1.6	63.3	25.2	2.4	1.5	0.4	0.6
Suriname	1995	483	18.8	0.8	1.9	73.5	3.7	0.5	0.9	2.3
	2005	997	11.1	0.4	4.3	58.6	4.6	1.4	2.2	1.0
	2014	(a)1 918	9.1	3.2	13.7	23.4	3.3	0.3	1.6	1.4
Swaziland (3)	1995	(e)866	34.6	9.8	0.4	1.3	53.8	22.5	9.1	22.2
	2005	(e)1 770	25.9	8.9	2.3	3.3	59.4	28.0	10.6	20.7
	2014	(e)1 918	26.0	15.5	1.4	1.9	55.2	40.2	4.5	10.5
Sweden - Suède	1995	77 436	2.2	6.5	1.9	3.2	78.6	6.6	42.1	29.9
	2005	130 264	3.5	4.0	5.0	3.3	78.4	10.6	41.8	26.1
	2014	164 344	6.1	4.1	8.1	5.1	72.2	11.4	36.4	24.5
Switzerland - Suisse	1995	81 641	3.0	0.7	0.1	5.3	90.9	26.0	31.4	33.5
	2005	130 930	2.6	0.4	2.1	4.3	88.0	33.5	24.8	29.7
	2014	311 146	3.0	0.2	1.1	27.0	67.4	29.8	14.5	23.1
Syrian Arab Republic - République arabe syrienne	1995	(e)3 563	12.8	9.1	63.2	1.0	13.8	0.6	1.2	12.1
	2005	(e)8 708	21.6	2.8	49.7	1.6	23.6	8.1	3.2	12.3
	2014	(e)2 000	40.0	1.2	20.3	2.0	36.3	7.6	5.3	23.4
Tajikistan - Tadjikistan	1995	(e)749	12.3	34.4	0.9	37.2	15.1	1.9	3.1	10.1
	2005	(e)892	4.1	11.4	6.7	58.2	18.2	2.1	3.5	12.6
	2014	(e)1 058	7.6	15.9	2.5	48.5	14.8	2.1	4.4	8.2

For sources and notes, see end of table.

Pour les sources et les notes, se reporter à la fin du tableau.

Country or territory / Pays ou territoires	Year / Année	Total value (millions of dollars) (1) / Valeur totale (millions de dollars) (1)	All food items / Produits alimentaires	Agricultural raw materials / Matières premières agricoles	Fuels / Combustibles	Ores, metals, precious stones and non-monetary gold (2) / Minerais, métaux, pierres précieuses et or (non monétaire) (2)	Manu-factured goods / Articles manu-facturés	Of which: / dont : Chemical products / Produits chimiques	Of which: / dont : Machinery and transport equipment / Machines et matériel de transport	Of which: / dont : Other manu-factured goods / Articles manu-facturés divers
			0 + 1 + 22 + 4	2 - (22 + 27 + 28)	3	27 + 28 + 68 + 667 + 971	5 + 6 +7 + 8 - (667 + 68)	5	7	6 + 8 - (667 + 68)
Thailand - Thaïlande	1995	56 439	19.3	5.4	0.7	2.9	70.9	4.4	33.7	32.9
	2005	110 110	11.6	4.5	4.3	2.4	75.7	8.1	44.7	22.9
	2014	227 573	13.6	3.9	5.3	3.8	73.4	10.9	43.0	19.6
TFYR of Macedonia - LERY de Macédoine	1995	1 204	18.3	5.2	0.4	17.9	58.2	5.5	12.9	39.7
	2005	2 041	16.4	0.8	8.0	3.0	71.6	4.4	5.4	61.8
	2014	4 934	12.7	0.5	1.8	5.2	79.8	21.3	21.1	37.3
Timor-Leste	2005	(e)8	7.8	0.6	82.1	0.4	8.6	0.2	4.7	3.7
	2014	(e)20	3.4	2.0	91.7	0.7	2.1	0.0	1.8	0.2
Togo	1995	383	17.2	30.5	6.3	34.2	11.6	0.8	4.1	6.8
	2005	(e)660	28.7	11.7	10.9	11.8	36.5	3.9	3.9	28.7
	2014	(e)1 350	16.6	6.2	16.0	17.9	43.3	6.4	9.8	27.1
Tokelau - Tokélaou	1995	(e)1	11.9	0.1	..	0.9	84.6	0.1	57.3	27.2
	2005	(e)0	1.6	30.4	0.3	2.9	47.0	2.8	9.7	34.4
	2014	(e)0	1.9	0.9	..	6.4	82.6	8.9	39.0	34.7
Tonga	1995	(e)15	84.0	0.5	..	0.5	3.3	0.3	1.4	1.6
	2005	(e)10	54.0	14.6	0.0	1.6	7.5	1.1	2.9	3.4
	2014	(e)19	70.8	7.1	0.2	3.2	17.1	4.7	4.8	7.6
Trinidad and Tobago - Trinité-et-Tobago	1995	2 467	10.2	0.2	42.6	0.9	45.0	27.4	2.0	15.6
	2005	9 611	2.7	0.0	66.5	0.6	28.6	21.5	1.1	5.9
	2014	(e)12 590	2.4	0.0	63.8	1.5	32.3	25.1	1.2	6.0
Tunisia - Tunisie	1995	5 475	9.8	0.6	8.5	1.8	79.3	11.9	9.4	57.9
	2005	10 494	10.4	0.6	12.9	1.2	74.9	9.4	19.2	46.3
	2014	(e)16 756	10.1	0.5	11.5	1.8	76.1	8.7	33.5	34.0
Turkey - Turquie	1995	21 599	19.6	1.5	1.3	3.3	74.3	4.1	11.1	59.1
	2005	73 476	10.5	0.5	3.6	2.7	81.4	3.8	29.3	48.3
	2014	157 715	11.3	0.4	3.7	6.1	76.9	5.8	27.1	44.0
Turkmenistan - Turkménistan	1995	(e)1 939	1.1	21.9	68.7	1.3	6.8	0.5	0.4	5.9
	2005	(e)4 944	0.2	2.5	89.1	0.3	7.6	1.3	0.9	5.4
	2014	(e)17 500	0.1	4.9	88.8	0.5	5.3	1.2	1.0	3.2
Turks and Caicos Islands - Îles Turques et Caïques	1995	(e)5	72.9	0.2	17.6	0.1	7.2	3.7	0.7	2.8
	2005	(e)15	53.9	30.2	0.1	0.1	12.6	0.1	6.6	5.8
	2014	(e)30	35.4	1.2	0.6	5.3	47.9	1.6	10.3	36.1
Tuvalu	1995	(e)0	0.9	1.2	..	1.3	96.4	14.3	30.6	51.5
	2005	(e)0	1.9	0.2	0.5	0.7	94.9	2.7	42.3	49.9
	2014	(e)0	77.9	1.8	0.2	3.0	14.1	0.0	2.7	11.4
Uganda - Ouganda	1995	(e)460	88.6	4.1	0.0	4.4	2.7	0.7	0.8	1.2
	2005	813	61.0	11.5	1.8	10.0	14.2	2.3	4.1	7.7
	2014	(e)2 274	57.1	6.9	0.6	2.1	33.4	3.4	12.2	17.8
Ukraine	1995	(e)13 317	19.0	1.0	4.3	8.2	66.4	12.8	14.1	39.4
	2005	34 228	12.4	1.5	9.8	7.2	68.4	9.1	13.1	46.3
	2014	53 913	30.7	1.8	3.7	9.9	53.6	5.2	13.2	35.2
United Arab Emirates - Émirats arabes unis	1995	(e)27 753	3.3	0.3	72.3	5.1	18.0	2.9	6.3	8.8
	2005	(e)115 453	3.3	0.2	59.5	10.2	26.0	3.1	13.7	9.2
	2014	(e)360 000	3.7	0.3	57.9	14.6	23.4	4.1	9.8	9.5
United Kingdom - Royaume-Uni (9)	1995	234 372	7.6	0.7	6.2	4.8	80.0	12.4	43.8	23.8
	2005	392 744	5.1	0.6	9.3	5.6	72.8	14.5	38.6	19.8
	2014	511 076	6.3	0.6	10.8	11.4	68.2	14.8	34.5	18.9
United Republic of Tanzania - République-Unie de Tanzanie	1995	(e)685	65.2	23.1	0.3	3.9	7.1	0.7	1.3	5.0
	2005	1 672	40.0	11.3	4.1	33.6	10.6	1.6	2.4	6.7
	2014	(e)4 645	47.4	4.2	1.6	32.9	13.7	2.4	2.6	8.7
United States - États-Unis	1995	582 965	10.1	3.7	1.8	3.8	77.5	10.6	48.3	18.7
	2005	904 339	6.8	2.3	2.9	4.3	80.4	13.3	48.0	19.1
	2014	1 619 743	9.2	2.0	9.6	5.6	63.8	13.1	34.1	16.7

For sources and notes, see end of table.

Pour les sources et les notes, se reporter à la fin du tableau.

Country or territory Pays ou territoires	Year Année	Total value (millions of dollars) (1) Valeur totale (millions de dollars) (1)	All food items Produits alimentaires	Agricultural raw materials Matières premières agricoles	Fuels Combustibles	Ores, metals, precious stones and non-monetary gold (2) Minerais, métaux, pierres précieuses et or (non monétaire) (2)	Manufactured goods Articles manufacturés	Chemical products Produits chimiques	Machinery and transport equipment Machines et matériel de transport	Other manufactured goods Articles manufacturés divers
			0 + 1 + 22 + 4	2 - (22 + 27 + 28)	3	27 + 28 + 68 + 667 + 971	5 + 6 +7 + 8 - (667 + 68)	5	7	6 + 8 - (667 + 68)
Uruguay	1995	2 106	44.2	14.9	1.0	0.9	38.7	5.6	6.0	27.1
	2005	3 422	54.5	9.2	4.7	1.9	29.6	5.8	2.9	20.9
	2014	9 166	64.8	10.2	1.1	1.3	22.6	6.2	4.2	12.1
Uzbekistan - Ouzbékistan	1995	3 430	1.3	62.3	15.0	14.2	7.2	3.0	0.8	3.4
	2005	4 749	11.1	24.8	15.7	16.1	27.3	8.5	10.3	8.6
	2014	(e)13 300	8.3	7.4	17.0	35.5	31.6	8.3	8.5	14.8
Vanuatu	1995	(e)28	82.9	4.7	..	0.0	12.0	0.0	5.9	6.0
	2005	(e)38	64.3	11.2	0.5	0.0	23.2	0.3	22.5	0.4
	2014	(e)59	75.3	4.5	1.5	0.3	16.9	0.3	15.2	1.4
Venezuela (Bolivarian Rep. of) - Venezuela (Rép. bolivarienne du)	1995	19 093	3.0	0.2	73.6	7.5	15.6	4.9	3.0	7.7
	2005	55 413	1.0	0.1	82.9	3.9	11.9	3.2	1.5	7.1
	2014	(e)79 565	0.2	0.0	89.1	0.9	9.7	5.3	0.1	4.3
Viet Nam	1995	(e)5 449	30.2	3.1	18.0	0.8	43.7	1.1	7.0	35.6
	2005	32 447	20.2	3.1	25.8	0.7	49.8	1.6	9.6	38.5
	2014	(e)150 475	15.9	2.8	8.6	0.9	71.7	3.2	27.9	40.5
Wallis and Futuna Islands - Îles Wallis-et-Futuna	1995	(e)1	16.5	..	..	..	83.5	7.9	48.9	26.7
	2005	(e)0	5.3	11.5	..	0.8	81.2	8.5	32.2	40.5
	2014	(e)0	0.4	0.5	0.1	7.9	85.5	4.3	59.0	22.1
Yemen - Yémen	1995	(e)1 917	3.2	0.6	92.9	1.0	2.2	0.4	0.9	0.8
	2005	(e)5 608	5.8	0.4	90.5	2.0	1.3	0.4	0.6	0.4
	2014	(e)8 000	6.0	0.4	88.6	2.5	2.4	0.8	0.5	1.1
Zambia - Zambie	1995	1 055	3.7	0.8	1.9	87.4	6.0	0.3	1.5	4.2
	2005	1 810	12.9	7.0	0.6	68.1	9.7	0.7	1.7	7.3
	2014	9 688	10.1	2.1	1.6	69.0	16.4	6.2	3.7	6.5
Zimbabwe	1995	(e)2 121	42.3	8.9	2.2	14.3	31.8	2.0	2.5	27.3
	2005	(e)1 850	26.9	10.1	0.8	35.4	26.2	1.9	2.3	22.0
	2014	(e)3 064	43.2	6.9	11.5	19.0	18.3	0.9	2.3	15.1

For sources and notes, see end of table.

Pour les sources et les notes, se reporter à la fin du tableau.

**3.1 Country trade structure
by product group**
Exports

**3.1 Structure du commerce des pays
par groupes de produits**
Exportations

Source:

UNCTAD secretariat calculations, based on UNCTAD, *UNCTADstat* Merchandise Trade Matrix

Source :

Calculs du secrétariat de la CNUCED, basés sur la matrice du commerce de marchandises d'*UNCTADstat* de la CNUCED

Notes:

(a) More than 30% of total trade under SITC Rev.3, code 931: "Special transactions & commodities not classified".

(1) Including trade not classified according to kind (codes 911 and 931 of SITC Rev.3).

(2) As a consequence of the improved coverage of gold beginning in 2013/2014 in response to the OECD "Recommendation of the Council on Due Diligence Guidance for Responsible Supply Chains of Minerals from Conflict-Affected and High-Risk Areas" of 25 May 2011 (C/MIN(2011)12/FINAL), the reported or estimated trade of gold as well as its share in the total trade may have significantly increased in certain countries.

(3) Before 2000, the trade of the member countries of Southern African Customs Union (SACU) was not reported separately, but for SACU as a whole. Therefore, for the period 1995 to1999, intra-trade figures of these countries are UNCTAD estimates. From 2001 to 2009, intra-trade among SACU member countries is under-valued.

(4) Exports data include a considerable amount of re-exports.

(5) From 2011 onwards, including commercial mining.

(6) France including French Guiana, Guadeloupe, Martinique, Mayotte, Monaco and Reunion (and excluding intra-trade).

(7) Prior to 2009, excluding re-exports.

(8) Prior to 2005, excluding customs free zones.

(9) In 2005, exports of telecommunication and sound recording apparatus (SITC Rev. 3, Division 76) may be over-reported as a result of fraud in VAT declaration ("missing trader fraud") (UNDESA, Expert Group Meeting on International Economic and Social Classifications, 2011, "Measuring Trends in ICT Trade: From HS2002 To HS2007 / ICT Product Definition").

Notes :

(a) Plus de 30% du commerce sous la position 931 de la CTCI rév. 3 : "Transactions et articles spéciaux non classés".

(1) Y compris le commerce non classé par catégorie (codes 911 et 931 de la CTCI Rév.3).

(2) Suite à l'amélioration de la couverture des données de l'or monétaire à partir de 2013/2014 conformément à la "Recommandation du Conseil relative au Guide sur le devoir de diligence pour des chaînes d'approvisionnement responsables en minerais provenant de zones de conflit ou à haut risque" de l'OCDE du 25 mai 2011 (C/MIN(2011)12/FINAL), le commerce de l'or, rapporté ou estimé par les pays ainsi que leur part dans le commerce total peuvent avoir considérablement augmenté pour certains pays.

(3) Le commerce des pays membres de l'Union douanière d'Afrique australe (SACU) n'était pas rapporté séparément avant 2000, mais pour l'Union en tant qu'entité. Pour cette raison, les flux commerciaux intra-groupe de ces pays sont estimations de la CNUCED pour la période 1995 à 1999. De 2001 à 2009, le commerce intra-groupe entre les membres de SACU est sous-évalué.

(4) Les données des exportations comprennent une part importante de réexportations.

(5) À partir de 2011, y compris l'exploitation minière commerciale.

(6) France incluant Guadeloupe, Guyane française, Martinique, Mayotte, Réunion et Monaco (et excluant les flux intra).

(7) Avant 2009, non-compris les réexportations.

(8) Avant 2005, non-compris les zones franches douanières.

(9) En 2005, les exportations d'appareils et équipements de télécommunication et pour l'enregistrement et la reproduction du son (CTCI rév. 3, code 76) ont pu être sur-déclarées du fait de la fraude à la TVA ("fraude carrousel") (ONU DAES, Réunion du groupe d'experts des classifications économiques et sociales internationales, 2011, "Measuring Trends in ICT Trade: From HS2002 To HS2007 / ICT Product Definition").

3

| Country or territory / Pays ou territoires | Year / Année | Total value (millions of dollars) (1) / Valeur totale (millions de dollars) (1) | By main SITC Revision 3 product group (percentage) / Par principaux groupes de produits de la CTCI Révision 3 (en pourcentage) |||| | Of which: / dont : |||
| | | | All food items / Produits alimentaires | Agricultural raw materials / Matières premières agricoles | Fuels / Combustibles | Ores, metals, precious stones and non-monetary gold (2) / Minerais, métaux, pierres précieuses et or (non monétaire) (2) | Manufactured goods / Articles manufacturés | Chemical products / Produits chimiques | Machinery and transport equipment / Machines et matériel de transport | Other manufactured goods / Articles manufacturés divers |
			0 + 1 + 22 + 4	2 - (22 + 27 + 28)	3	27 + 28 + 68 + 667 + 971	5 + 6 +7 + 8 - (667 + 68)	5	7	6 + 8 - (667 + 68)
Afghanistan	1995	(e)387	24.0	0.8	6.9	0.6	67.2	9.8	19.6	37.8
	2005	(e)2 471	21.8	1.5	17.1	0.4	57.3	7.3	20.8	29.1
	2014	(e)7 697	25.7	3.5	7.9	0.1	38.5	5.3	15.9	17.3
Albania - Albanie	1995	(e)714	34.3	0.9	2.6	1.0	61.2	5.9	22.8	32.5
	2005	2 614	17.4	1.1	8.6	2.3	70.6	8.5	23.6	38.6
	2014	(a)5 230	10.3	0.6	8.1	0.5	37.3	6.2	10.3	20.9
Algeria - Algérie	1995	10 782	29.5	3.2	1.1	1.6	64.7	11.3	30.5	22.9
	2005	20 357	19.3	1.7	1.0	1.5	76.5	12.0	43.0	21.5
	2014	58 618	20.1	1.6	4.9	1.4	72.0	11.7	38.0	22.4
American Samoa - Samoa américaines	1995	416	..	..	..	..	..	..	..	..
	2005	(e)506	50.6	2.5	6.6	1.2	35.2	2.3	15.0	17.9
	2014	(e)365	35.9	0.7	24.2	2.7	35.8	17.5	5.4	12.9
Andorra - Andorre	1995	(e)1 025	28.4	0.8	4.3	1.1	65.2	9.5	20.4	35.2
	2005	(e)1 802	..	..	..	..	..	..	..	..
	2014	(e)1 556	22.7	0.4	10.8	3.7	62.2	11.7	19.8	30.7
Angola	1995	1 468	26.2	0.9	0.6	0.4	70.5	6.1	42.4	22.0
	2005	8 353	16.1	0.7	0.7	0.4	80.8	5.0	53.5	22.3
	2014	28 320	17.3	0.6	4.1	0.6	76.1	5.7	38.7	31.6
Anguilla	1995	(e)53	24.8	0.2	66.9	0.1	7.2	0.8	2.8	3.5
	2005	(e)130	20.0	2.1	20.2	1.7	53.8	4.5	29.1	20.2
	2014	(e)119	2.7	0.6	0.7	0.4	94.3	0.9	41.9	51.5
Antigua and Barbuda - Antigua-et-Barbuda	1995	(e)346	14.9	1.7	4.9	0.4	70.5	7.3	47.2	16.0
	2005	525	9.7	1.0	17.3	0.3	59.9	3.1	45.3	11.6
	2014	(e)505	18.1	0.5	6.5	3.2	43.4	4.5	23.3	15.6
Argentina - Argentine	1995	20 122	5.5	2.0	4.2	2.7	85.5	17.8	44.5	23.1
	2005	28 689	2.8	1.5	5.0	3.5	86.4	19.8	46.6	19.9
	2014	65 323	2.4	1.0	16.9	3.1	75.5	17.8	41.7	15.9
Armenia - Arménie	1995	(e)674	32.7	0.6	31.3	1.3	31.5	8.8	10.6	12.1
	2005	(e)1 692	16.5	0.8	15.1	19.0	47.5	7.8	20.5	19.3
	2014	(e)4 160	18.9	1.5	17.1	8.6	53.5	10.9	19.1	23.5
Aruba	1995	(e)1 597	28.1	2.0	14.2	3.1	49.5	6.9	19.4	23.2
	2005	(e)4 288	5.0	0.3	55.3	1.9	21.7	2.2	7.7	11.8
	2014	(e)1 284	6.9	0.3	75.4	0.4	14.1	1.9	5.3	6.9
Australia - Australie	1995	57 423	5.0	1.7	5.0	2.5	85.7	11.0	47.0	27.7
	2005	118 922	4.6	0.9	11.1	3.2	79.9	11.4	44.3	24.2
	2014	227 544	6.2	0.7	15.9	3.5	70.9	9.8	37.4	23.7
Austria - Autriche	1995	66 406	5.7	3.2	4.4	4.3	81.6	10.7	36.8	34.1
	2005	119 950	6.1	2.2	12.2	3.8	74.9	10.7	36.8	27.4
	2014	172 447	7.8	2.2	10.0	5.6	74.1	13.5	33.1	27.5
Azerbaijan - Azerbaïdjan	1995	(e)668	37.2	0.9	6.5	1.0	53.9	10.2	14.1	29.5
	2005	4 211	10.5	1.0	11.9	2.2	74.2	5.5	43.5	25.2
	2014	9 179	16.7	0.6	3.2	6.6	72.3	9.4	37.7	25.2
Bahamas	1995	(e)1 243	18.8	1.9	12.6	0.5	64.5	8.1	25.8	30.6
	2005	(e)2 312	4.6	0.7	32.4	0.2	56.8	3.1	44.2	9.5
	2014	(e)3 270	5.7	0.5	34.3	0.3	46.5	4.0	31.7	10.7
Bahrain - Bahreïn	1995	(e)3 679	12.3	0.8	32.8	4.1	47.9	6.1	17.4	24.4
	2005	(e)9 339	7.5	0.4	29.2	4.8	55.6	4.8	29.7	21.2
	2014	(e)13 910	16.5	0.9	26.3	6.2	44.0	4.8	23.3	15.9
Bangladesh	1995	(e)6 694	16.5	3.3	5.5	2.0	71.2	9.6	18.2	43.4
	2005	12 631	13.1	5.4	12.9	2.7	64.7	11.3	23.9	29.5
	2014	(e)42 268	16.0	6.3	10.5	1.9	65.3	13.2	20.6	31.5

For sources and notes, see end of table.

Pour les sources et les notes, se reporter à la fin du tableau.

Country or territory / Pays ou territoires	Year / Année	Total value (millions of dollars) (1) / Valeur totale (millions de dollars) (1)	By main SITC Revision 3 product group (percentage) / Par principaux groupes de produits de la CTCI Révision 3 (en pourcentage)					Of which: / dont :		
			All food items / Produits alimentaires	Agricultural raw materials / Matières premières agricoles	Fuels / Combus-tibles	Ores, metals, precious stones and non-monetary gold (2) / Minerais, métaux, pierres précieuses et or (non monétaire) (2)	Manu-factured goods / Articles manu-facturés	Chemical products / Produits chimiques	Machinery and transport equipment / Machines et matériel de transport	Other manu-factured goods / Articles manu-facturés divers
			0 + 1 + 22 + 4	2 - (22 + 27 + 28)	3	27 + 28 + 68 + 667 + 971	5 + 6 +7 + 8 - (667 + 68)	5	7	6 + 8 - (667 + 68)
Barbados - Barbade	1995	766	18.8	2.4	8.3	1.2	67.4	11.5	26.4	29.5
	2005	1 672	14.7	1.9	21.3	1.1	59.3	8.3	26.5	24.5
	2014	1 740	17.4	0.9	36.4	0.6	42.9	7.8	17.1	17.9
Belarus - Bélarus	1995	(e)5 563	11.9	0.5	1.1	1.1	32.7	6.0	13.6	13.1
	2005	16 699	9.4	1.7	33.0	3.2	46.3	9.5	18.2	18.6
	2014	40 502	11.5	1.1	29.3	2.8	50.7	11.4	20.4	18.9
Belgium - Belgique	1995	(e)164 590	7.0	1.6	5.3	9.9	48.4	10.6	20.0	17.7
	2005	319 085	7.7	1.2	12.3	8.5	69.6	24.7	25.9	19.0
	2014	452 773	9.1	1.3	16.4	8.3	63.9	23.9	22.2	17.8
Belize	1995	259	16.3	0.9	14.2	0.5	63.6	9.3	26.5	27.8
	2005	(e)593	13.0	0.9	25.0	1.8	56.9	11.3	22.7	22.9
	2014	1 002	19.0	0.8	36.0	0.8	41.5	5.3	16.2	20.0
Benin - Bénin	1995	(e)719	27.3	2.7	9.4	1.0	59.4	13.7	18.0	27.7
	2005	(e)1 018	21.8	2.3	12.2	0.6	62.4	6.9	17.9	37.6
	2014	(e)2 481	30.8	1.4	15.2	0.5	51.8	4.4	18.3	29.1
Bermuda - Bermudes	1995	(e)550	18.0	0.9	17.9	0.2	56.9	5.6	33.0	18.3
	2005	(e)988	9.0	0.4	7.5	0.3	79.0	3.2	62.6	13.3
	2014	(e)961	2.6	0.1	54.5	0.1	36.3	0.7	33.5	2.1
Bhutan - Bhoutan	1995	(e)113	16.0	1.0	1.7	1.7	60.8	5.6	40.2	15.0
	2005	(e)387	13.4	0.6	11.0	5.9	68.2	6.7	33.7	27.8
	2014	(e)810	13.2	2.5	20.4	5.2	56.2	5.4	24.2	26.6
Bolivia (Plurinational State of) - Bolivie (État plurinational de)	1995	1 396	14.0	1.4	3.8	2.6	77.4	13.7	35.9	27.7
	2005	2 343	9.5	1.2	8.7	1.0	79.1	17.4	32.1	29.6
	2014	10 492	7.9	0.5	10.0	0.8	80.2	12.8	42.0	25.4
Bonaire, Sint Eustatius and Saba - Bonaire, Saint-Eustache et Saba	2014	(e)70	29.0	0.1	0.1	1.3	57.7	5.5	19.3	32.9
Bosnia and Herzegovina - Bosnie-Herzégovine	1995	(e)1 082	38.7	0.8	10.5	1.0	45.7	8.9	12.4	24.5
	2005	(e)7 054	17.9	1.4	12.3	1.9	64.0	11.0	22.8	30.2
	2014	(e)10 990	17.8	1.5	13.4	2.9	63.5	13.5	20.8	29.2
Botswana (3)	1995	(e)1 911	13.5	0.9	5.6	4.1	72.2	6.6	35.8	29.8
	2005	3 162	13.8	0.8	13.7	4.4	64.4	9.2	29.5	25.7
	2014	7 830	9.4	0.7	15.8	33.1	40.0	6.1	19.2	14.7
Brazil - Brésil	1995	53 734	10.7	2.7	12.1	3.4	71.1	15.2	39.2	16.7
	2005	73 600	4.4	1.5	18.3	3.9	71.9	19.9	37.9	14.2
	2014	229 060	4.9	1.0	19.7	2.8	71.6	19.7	36.4	15.5
British Virgin Islands - Îles Vierges britanniques	1995	(e)131	11.6	0.7	2.2	0.2	83.5	1.6	75.4	6.4
	2005	(e)280	0.9	0.2	72.6	2.5	23.3	0.4	13.5	9.5
	2014	(e)320	3.9	0.8	77.2	2.0	14.8	1.1	10.0	3.7
Brunei Darussalam - Brunéi Darussalam	1995	(e)2 078	13.6	0.6	0.2	3.3	81.8	6.4	39.0	36.5
	2005	(e)1 494	19.9	0.3	1.2	1.6	76.8	9.3	29.4	38.1
	2014	3 599	15.4	0.2	10.2	1.3	72.5	8.4	38.6	25.5
Bulgaria - Bulgarie	1995	(e)5 651	7.6	2.6	33.7	4.4	47.9	11.1	16.0	20.8
	2005	18 162	4.7	1.4	5.4	6.5	65.5	9.5	30.1	25.9
	2014	34 740	8.9	1.1	20.0	8.7	57.5	12.4	23.4	21.8
Burkina Faso	1995	484	18.5	1.8	11.5	1.1	66.4	16.6	23.6	26.1
	2005	1 161	18.3	0.6	13.3	0.6	65.9	18.1	23.8	23.9
	2014	3 575	15.9	0.7	25.4	0.5	56.4	14.5	22.4	19.6
Burundi	1995	(e)234	17.7	3.8	12.9	1.1	63.1	12.4	29.1	21.6
	2005	258	9.5	1.5	9.6	2.1	75.7	14.2	30.8	30.8
	2014	(e)769	11.9	1.1	20.5	0.8	65.2	17.5	25.1	22.6
Cabo Verde	1995	(e)252	31.1	2.0	14.9	0.3	50.7	5.6	21.2	24.0
	2005	(e)438	26.7	1.5	11.6	4.7	53.1	6.4	20.9	25.8
	2014	(e)771	69.0	0.4	3.8	0.3	24.5	2.5	11.5	10.5

For sources and notes, see end of table.

Pour les sources et les notes, se reporter à la fin du tableau.

Country or territory Pays ou territoires	Year Année	Total value (millions of dollars) (1) Valeur totale (millions de dollars) (1)	By main SITC Revision 3 product group (percentage) Par principaux groupes de produits de la CTCI Révision 3 (en pourcentage)					Of which: / dont :		
			All food items Produits alimentaires	Agricultural raw materials Matières premières agricoles	Fuels Combus-tibles	Ores, metals, precious stones and non-monetary gold (2) Minerais, métaux, pierres précieuses et or (non monétaire) (2)	Manu-factured goods Articles manu-facturés	Chemical products Produits chimiques	Machinery and transport equipment Machines et matériel de transport	Other manu-factured goods Articles manu-facturés divers
			0 + 1 + 22 + 4	2 - (22 + 27 + 28)	3	27 + 28 + 68 + 667 + 971	5 + 6 +7 + 8 - (667 + 68)	5	7	6 + 8 - (667 + 68)
Cambodia - Cambodge	1995	(e)1 187	23.8	1.6	9.0	7.8	56.3	5.9	34.2	16.2
	2005	(e)3 927	10.1	1.4	10.7	0.8	75.8	6.9	16.4	52.4
	2014	(e)13 500	12.7	0.7	15.5	3.2	67.6	7.1	20.0	40.5
Cameroon - Cameroun	1995	1 079	18.4	3.0	2.1	3.4	72.5	17.5	30.5	24.6
	2005	2 735	18.2	2.2	23.2	3.4	52.0	10.9	22.1	19.0
	2014	7 561	16.5	1.7	21.5	1.7	57.9	10.6	25.1	22.2
Canada	1995	164 371	5.7	1.7	3.6	3.7	82.7	8.1	51.6	23.1
	2005	314 444	5.6	1.2	9.2	3.6	78.9	10.1	45.5	23.2
	2014	462 000	7.7	1.0	10.2	4.8	74.4	10.5	41.3	22.6
Cayman Islands - Îles Caïmanes	1995	(e)391	11.5	0.8	2.6	0.5	77.6	22.0	26.5	29.2
	2005	(e)1 214	21.8	0.7	6.2	0.7	63.0	2.5	42.8	17.6
	2014	(e)976	6.7	0.8	12.7	1.4	67.5	3.6	43.5	20.4
Central African Republic - République centrafricaine	1995	(e)174	14.7	1.4	1.0	2.0	79.8	11.4	50.3	18.1
	2005	185	19.3	3.6	16.3	1.7	56.5	10.0	27.7	18.8
	2014	(e)255	15.4	1.3	44.8	0.6	38.0	8.9	16.5	12.6
Chad - Tchad	1995	(e)365	17.4	0.6	14.1	0.6	66.3	9.1	31.1	26.0
	2005	(e)950	14.3	1.1	7.1	0.9	76.2	11.0	41.7	23.5
	2014	(e)4 300	15.5	0.7	4.7	0.6	78.5	7.8	52.8	17.9
Chile - Chili	1995	14 903	6.7	1.7	9.0	2.2	79.2	12.2	42.3	24.7
	2005	32 926	5.8	1.0	21.6	3.2	68.4	10.6	37.2	20.6
	2014	72 344	8.5	0.7	21.2	1.8	67.9	10.9	34.2	22.8
China - Chine	1995	132 083	7.0	5.2	3.9	4.6	78.1	12.9	39.8	25.4
	2005	659 953	3.3	3.6	9.7	8.8	74.4	11.8	44.0	18.6
	2014	1 958 021	5.4	3.3	16.2	12.5	58.4	9.8	37.0	11.6
China, Hong Kong SAR - Chine (RAS de Hong Kong)	1995	196 072	5.4	1.6	1.9	5.6	85.1	7.4	36.5	41.3
	2005	300 160	2.9	0.8	2.7	4.9	88.7	6.2	52.1	30.3
	2014	600 613	4.5	0.4	2.6	14.4	78.1	3.6	55.3	19.2
China, Macao SAR - Chine (RAS de Macao)	1995	2 025	14.0	2.7	5.1	0.8	77.3	4.5	18.9	53.9
	2005	4 514	10.9	0.3	8.4	0.7	79.6	4.2	22.3	53.2
	2014	11 396	14.7	0.3	6.9	0.5	72.5	6.9	23.0	42.7
China, Taiwan Province of - Province chinoise de Taiwan	1995	103 506	5.4	4.2	6.9	7.4	74.2	13.3	40.2	20.7
	2005	181 592	3.6	1.6	15.5	6.3	72.1	12.6	41.0	18.4
	2014	(e)273 376	4.1	1.8	20.8	7.1	66.1	14.6	35.2	16.3
Colombia - Colombie	1995	13 883	9.4	2.5	2.8	2.5	78.0	18.1	37.3	22.6
	2005	21 204	8.7	1.6	2.6	2.6	83.7	20.8	40.4	22.5
	2014	64 028	9.4	0.8	11.8	1.5	75.5	16.8	37.0	21.6
Comoros - Comores	1995	62	25.3	1.5	5.8	0.6	66.1	7.3	31.4	27.4
	2005	(e)99	34.8	1.2	7.6	0.3	53.2	3.8	22.4	27.0
	2014	(e)275	36.0	0.9	2.5	0.3	59.9	3.6	26.4	29.8
Congo	1995	(e)670	13.7	0.4	15.5	0.7	68.3	8.6	26.7	33.1
	2005	(e)1 166	21.2	2.3	2.7	1.2	71.4	12.6	29.8	28.9
	2014	(e)6 200	11.4	0.7	2.2	0.5	83.9	5.0	29.0	49.8
Cook Islands - Îles Cook	1995	(e)49	22.7	1.7	11.5	1.2	62.5	5.8	31.0	25.6
	2005	(e)81	27.5	2.4	4.4	0.8	57.1	7.6	21.4	28.2
	2014	(e)119	25.1	1.4	23.7	1.3	46.3	4.8	20.7	20.8
Costa Rica	1995	(e)4 090	9.2	1.3	6.9	2.0	79.1	17.4	26.4	35.3
	2005	9 173	7.0	1.1	9.0	1.9	77.7	14.3	38.5	24.9
	2014	(e)17 291	9.8	1.0	12.9	2.0	74.3	13.0	38.2	23.1
Côte d'Ivoire	1995	(e)2 946	17.5	0.8	16.1	1.3	47.5	10.9	20.5	16.1
	2005	5 865	14.6	0.5	28.0	1.0	54.8	9.4	24.2	21.2
	2014	11 178	16.8	0.5	25.9	1.0	55.4	13.6	25.2	16.7

For sources and notes, see end of table.　　　　　　　　　　　　　　　　　Pour les sources et les notes, se reporter à la fin du tableau.

Country or territory Pays ou territoires	Year Année	Total value (millions of dollars) (1) Valeur totale (millions de dollars) (1)	By main SITC Revision 3 product group (percentage) Par principaux groupes de produits de la CTCI Révision 3 (en pourcentage)					Of which: / dont :		
			All food items Produits alimentaires	Agricultural raw materials Matières premières agricoles	Fuels Combustibles	Ores, metals, precious stones and non-monetary gold (2) Minerais, métaux, pierres précieuses et or (non monétaire) (2)	Manu-factured goods Articles manu-facturés	Chemical products Produits chimiques	Machinery and transport equipment Machines et matériel de transport	Other manu-factured goods Articles manu-facturés divers
			0 + 1 + 22 + 4	2 - (22 + 27 + 28)	3	27 + 28 + 68 + 667 + 971	5 + 6 +7 + 8 - (667 + 68)	5	7	6 + 8 - (667 + 68)
Croatia - Croatie	1995	7 509	11.8	1.8	11.6	2.5	66.6	10.8	26.7	29.0
	2005	18 560	8.3	1.3	15.1	2.3	72.9	11.1	32.9	28.9
	2014	22 907	13.0	1.1	18.6	2.5	64.7	13.2	22.5	29.0
Cuba	1995	(e)2 805	20.9	1.7	21.4	1.6	53.5	12.0	20.5	20.9
	2005	(e)8 084	19.0	0.7	25.0	1.6	52.3	7.7	25.4	19.2
	2014	(e)13 006	15.5	0.6	25.4	1.1	55.9	10.2	22.4	23.3
Cyprus - Chypre	1995	3 694	20.4	1.3	7.7	2.3	68.3	8.8	27.6	31.9
	2005	6 382	12.4	1.1	16.1	1.3	67.5	8.9	30.9	27.7
	2014	6 813	19.7	0.7	24.7	0.6	54.2	11.6	19.6	23.0
Czech Republic - République tchèque	1995	25 303	6.7	2.7	7.8	4.3	77.4	11.8	36.1	29.4
	2005	76 527	5.3	1.5	6.6	3.6	78.7	10.8	39.5	28.4
	2014	152 004	6.0	1.4	8.1	3.9	80.6	11.6	43.6	25.5
Dem. Rep. of the Congo - Rép. dém. du Congo	1995	871	22.9	3.2	10.0	1.2	61.5	9.5	20.6	31.5
	2005	2 690	22.7	2.8	14.3	0.9	58.4	10.9	26.3	21.2
	2014	(e)6 600	16.5	1.4	10.6	1.3	69.6	17.4	27.9	24.3
Denmark - Danemark	1995	43 142	12.0	3.0	3.3	2.1	72.7	11.2	32.0	29.5
	2005	72 716	11.6	2.3	6.8	1.8	75.9	11.1	35.0	29.8
	2014	99 028	13.8	2.7	8.3	1.5	71.3	11.9	31.5	28.0
Djibouti	1995	(e)177	28.7	11.0	2.1	0.3	57.1	5.3	15.2	36.6
	2005	(e)277	12.6	3.7	30.5	0.8	51.2	6.9	15.7	28.7
	2014	(e)970	26.2	2.1	3.0	1.7	66.1	9.2	20.2	36.7
Dominica - Dominique	1995	117	26.2	2.0	5.6	0.4	65.7	14.3	24.0	27.5
	2005	165	19.4	1.3	13.3	0.5	65.5	11.4	25.4	28.8
	2014	(e)208	24.8	2.3	16.0	0.6	56.3	8.6	20.9	26.9
Dominican Republic - République dominicaine	1995	(e)5 170	13.1	1.6	11.2	0.7	71.3	7.8	20.3	43.2
	2005	(e)9 869	11.7	1.3	12.4	1.5	71.1	9.5	24.6	36.9
	2014	(e)17 752	15.1	1.3	25.6	1.1	55.3	10.3	18.6	26.5
Ecuador - Équateur	1995	4 195	7.6	2.8	5.9	1.9	81.8	17.6	40.1	24.1
	2005	9 609	8.0	1.3	12.0	1.2	77.4	16.8	36.8	23.9
	2014	27 515	7.8	0.9	24.2	1.5	65.3	15.4	30.0	19.9
Egypt - Égypte	1995	11 739	23.7	5.8	1.1	2.2	65.9	11.1	30.9	23.9
	2005	(e)22 449	15.7	3.2	11.4	3.3	52.9	10.6	23.2	19.1
	2014	71 338	18.8	2.9	15.9	5.1	55.4	11.8	22.9	20.7
El Salvador	1995	(e)3 329	14.2	2.3	7.9	1.4	73.0	15.3	27.4	30.3
	2005	6 809	14.5	1.4	12.8	1.4	66.7	14.2	17.7	34.8
	2014	10 513	16.8	1.8	16.9	1.0	61.5	14.5	16.8	30.1
Equatorial Guinea - Guinée équatoriale	1995	121	25.8	2.7	3.2	0.6	68.9	9.7	27.9	31.3
	2005	1 310	10.2	0.8	10.0	0.5	76.7	2.9	55.8	18.0
	2014	(e)6 500	14.7	0.6	6.9	0.4	63.5	4.8	30.4	28.3
Eritrea - Érythrée (4)	1995	(e)434	11.9	1.5	5.1	0.4	79.4	4.3	46.2	28.9
	2005	(e)482	33.5	0.7	2.3	1.2	60.4	6.5	34.2	19.8
	2014	(e)1 108	22.0	0.9	16.4	1.2	58.9	10.1	20.5	28.2
Estonia - Estonie	1995	2 546	14.2	2.5	11.3	2.4	67.9	8.8	29.0	30.2
	2005	11 018	8.0	3.5	12.6	1.6	69.1	9.0	35.2	25.0
	2014	20 126	10.9	2.7	14.4	1.8	64.1	9.0	32.6	22.5
Ethiopia - Éthiopie	1995	1 141	13.8	1.9	11.1	0.8	72.4	14.1	35.5	22.7
	2005	4 095	10.6	0.9	15.1	1.2	72.1	12.3	34.7	25.1
	2014	(e)18 987	9.5	0.8	19.9	1.6	82.0	14.0	37.2	30.8
Faeroe Islands - Îles Féroé	1995	(e)314	22.3	3.5	11.7	1.2	57.9	7.3	27.5	23.0
	2005	747	13.2	2.3	16.2	1.1	65.6	6.4	36.8	22.3
	2014	(e)1 065	20.2	2.8	24.3	1.1	51.6	8.0	18.5	25.1

For sources and notes, see end of table.

Pour les sources et les notes, se reporter à la fin du tableau.

Country or territory / Pays ou territoires	Year / Année	Total value (millions of dollars) (1) / Valeur totale (millions de dollars) (1)	All food items / Produits alimentaires	Agricultural raw materials / Matières premières agricoles	Fuels / Combustibles	Ores, metals, precious stones and non-monetary gold (2) / Minerais, métaux, pierres précieuses et or (non monétaire) (2)	Manufactured goods / Articles manufacturés	Of which: / dont : Chemical products / Produits chimiques	Machinery and transport equipment / Machines et matériel de transport	Other manufactured goods / Articles manufacturés divers
			0 + 1 + 22 + 4	2 - (22 + 27 + 28)	3	27 + 28 + 68 + 667 + 971	5 + 6 +7 + 8 - (667 + 68)	5	7	6 + 8 - (667 + 68)
Falkland Islands (Malvinas) - Îles Falkland (Malvinas)	1995	(e)44	18.1	1.4	4.4	0.1	74.1	2.0	57.9	14.1
	2005	(a,e)60	1.5	0.1	1.6	0.1	12.1	0.2	5.4	6.5
	2014	(e)200	7.5	0.5	27.8	0.4	61.0	3.7	40.3	17.0
Fiji - Fidji	1995	(e)892	14.1	0.6	13.3	0.9	68.8	6.9	23.6	38.3
	2005	1 607	14.7	0.4	28.8	0.9	54.9	7.7	21.7	25.5
	2014	3 250	17.7	0.5	24.2	0.9	55.9	6.6	30.5	18.8
Finland - Finlande	1995	29 520	6.0	3.6	8.8	5.7	74.3	12.2	38.7	23.3
	2005	58 473	5.2	2.9	13.7	6.5	70.0	11.3	39.2	19.5
	2014	76 567	7.9	2.4	20.7	6.8	58.0	11.7	27.2	19.0
France (5)	1995	275 510	10.7	2.5	6.9	3.9	76.0	12.5	35.4	28.1
	2005	475 857	7.8	1.5	13.4	2.8	74.6	13.3	35.7	25.5
	2014	659 872	9.2	1.2	14.6	2.8	72.2	14.1	33.1	24.9
French Polynesia - Polynésie française	1995	(e)1 019	21.6	1.5	5.5	0.9	70.5	8.5	34.7	27.4
	2005	1 702	19.0	1.3	9.6	0.9	69.2	8.4	35.8	25.0
	2014	1 762	25.3	1.1	15.8	0.8	57.1	10.0	25.2	22.0
Gabon	1995	(e)884	19.1	0.7	3.4	1.1	75.6	10.7	39.3	25.7
	2005	1 451	17.3	0.4	4.3	1.3	75.6	9.2	41.4	25.1
	2014	(e)2 993	17.6	0.7	6.4	1.3	73.0	9.3	37.2	26.4
Gambia - Gambie	1995	(e)182	31.6	1.1	8.9	0.3	56.1	4.8	15.8	35.5
	2005	260	30.4	1.0	13.3	3.0	51.3	5.2	15.8	30.4
	2014	387	36.3	1.2	4.8	1.1	55.8	5.4	12.0	38.4
Georgia - Géorgie	1995	(e)412	36.1	0.2	38.8	0.5	24.4	4.8	9.7	9.9
	2005	2 490	17.4	0.4	19.9	0.6	60.0	9.6	29.4	21.1
	2014	8 596	14.8	0.7	16.7	3.4	63.8	10.6	28.4	24.7
Germany - Allemagne	1995	464 145	9.8	2.6	6.2	4.4	69.9	9.1	31.8	28.9
	2005	779 819	7.0	1.5	11.5	4.1	71.6	11.7	37.4	22.4
	2014	1 223 837	7.7	1.4	12.7	4.7	68.2	12.6	33.4	22.3
Ghana	1995	(e)1 896	7.9	1.0	5.8	2.6	74.9	9.3	43.7	21.9
	2005	4 878	15.4	1.6	17.1	1.8	62.6	10.1	27.9	24.5
	2014	(e)14 566	13.4	1.1	17.1	1.2	67.2	10.6	31.8	24.7
Gibraltar	1995	408	12.0	0.6	52.0	1.3	33.2	2.8	15.8	14.6
	2005	502	3.7	0.1	67.1	1.2	24.8	1.3	18.2	5.4
	2014	(e)750	1.5	0.0	84.5	0.1	8.0	2.8	4.0	1.3
Greece - Grèce	1995	25 927	16.0	2.5	7.2	3.2	70.6	13.2	27.4	30.0
	2005	54 894	11.2	1.2	17.9	3.1	66.4	14.4	28.9	23.1
	2014	62 181	12.8	1.1	34.3	3.1	48.6	13.8	17.7	17.1
Greenland - Groenland	1995	421	13.8	1.3	6.5	0.4	66.1	5.0	28.4	32.6
	2005	(e)593	17.6	1.3	21.3	0.4	58.0	4.8	28.6	24.5
	2014	(e)768	21.6	0.5	20.1	0.9	51.5	6.4	21.2	23.9
Grenada - Grenade	1995	129	27.5	2.5	7.8	0.4	61.8	8.8	21.3	31.7
	2005	334	16.4	6.2	7.2	0.6	69.6	8.2	23.5	38.0
	2014	(e)340	23.5	2.1	17.5	0.8	56.1	8.1	19.5	28.5
Guam	1995	440	..	..	..	..	..	..	..	..
	2005	(e)900	9.9	0.1	57.5	0.0	31.5	2.0	11.5	17.9
	2014	(e)1 250	11.4	0.1	46.1	0.2	39.3	1.2	14.1	24.0
Guatemala	1995	3 292	11.9	1.5	12.4	1.2	73.0	17.2	31.5	24.3
	2005	10 500	10.9	1.2	15.5	1.3	71.1	15.8	23.1	32.3
	2014	18 263	13.6	1.2	19.5	1.0	64.4	17.1	22.4	24.9
Guinea - Guinée	1995	819	29.6	1.2	14.6	0.6	52.7	7.5	21.2	24.0
	2005	(e)820	20.4	0.8	10.9	0.5	55.0	9.2	21.0	24.8
	2014	(e)2 032	18.6	1.0	21.2	0.4	58.7	9.3	26.8	22.6

For sources and notes, see end of table.　　　　Pour les sources et les notes, se reporter à la fin du tableau.

Country or territory / Pays ou territoires	Year / Année	Total value (millions of dollars) (1) / Valeur totale (millions de dollars) (1)	By main SITC Revision 3 product group (percentage) / Par principaux groupes de produits de la CTCI Révision 3 (en pourcentage)					Of which: / dont :		
			All food items / Produits alimentaires	Agricultural raw materials / Matières premières agricoles	Fuels / Combustibles	Ores, metals, precious stones and non-monetary gold (2) / Minerais, métaux, pierres précieuses et or (non monétaire) (2)	Manu-factured goods / Articles manu-facturés	Chemical products / Produits chimiques	Machinery and transport equipment / Machines et matériel de transport	Other manu-factured goods / Articles manu-facturés divers
			0 + 1 + 22 + 4	2 - (22 + 27 + 28)	3	27 + 28 + 68 + 667 + 971	5 + 6 +7 + 8 - (667 + 68)	5	7	6 + 8 - (667 + 68)
Guinea-Bissau - Guinée-Bissau	1995	(e)133	18.4	0.4	7.7	0.3	72.1	5.6	22.2	44.3
	2005	(e)112	30.9	0.4	35.5	0.1	31.1	5.4	13.4	12.3
	2014	(e)207	31.1	0.7	29.2	2.9	35.6	5.9	12.5	17.3
Guyana	1995	(e)528	14.1	0.4	5.6	0.5	68.7	11.1	34.8	22.8
	2005	778	15.1	0.5	29.4	0.7	53.4	10.6	22.0	20.8
	2014	1 745	15.0	0.4	30.8	0.6	53.3	8.4	24.8	20.1
Haiti - Haïti	1995	(e)654	38.5	1.8	3.8	0.6	48.1	5.6	21.7	20.8
	2005	(e)1 466	39.8	1.6	5.7	0.5	52.4	5.9	15.5	31.0
	2014	(e)3 630	44.6	1.7	6.4	0.4	46.9	5.8	12.8	28.3
Honduras	1995	1 728	11.0	1.1	7.6	1.1	76.7	14.2	25.0	37.5
	2005	(e)6 545	12.5	0.8	14.0	0.7	67.9	12.4	18.7	36.8
	2014	(e)11 070	15.2	1.0	19.4	0.5	63.9	14.1	17.9	31.8
Hungary - Hongrie	1995	15 186	5.7	3.0	11.9	4.3	75.2	14.5	30.1	30.6
	2005	65 920	4.1	1.1	10.1	1.9	77.5	9.1	48.9	19.5
	2014	103 201	5.2	1.2	12.1	2.4	73.9	10.9	44.4	18.6
Iceland - Islande	1995	1 751	11.8	1.6	7.2	4.6	74.6	9.3	32.4	32.9
	2005	4 979	7.8	1.3	9.4	4.1	77.3	7.8	41.9	27.6
	2014	5 372	10.7	1.0	17.2	11.8	59.3	9.1	31.1	19.0
India - Inde	1995	36 592	4.5	4.2	13.4	16.5	56.7	16.6	26.4	13.8
	2005	140 862	4.5	2.5	11.0	25.1	54.8	12.3	27.7	14.8
	2014	459 369	4.3	1.8	37.9	17.4	37.2	10.5	17.1	9.5
Indonesia (...2002) - Indonésie (...2002)	1995	(e)40 645	8.4	5.4	6.2	3.6	75.3	14.1	42.0	19.2
Indonesia - Indonésie	2005	(e)75 725	6.5	2.9	23.4	2.9	61.5	12.4	32.8	16.4
	2014	178 179	8.9	2.7	23.0	2.9	60.9	12.7	29.7	18.6
Iran (Islamic Republic of) - Iran (République islamique d')	1995	(e)13 882	20.9	2.4	1.8	5.1	69.8	13.3	35.6	20.9
	2005	38 675	7.8	1.7	8.2	2.3	73.1	9.7	39.3	24.0
	2014	(e)56 416	14.6	1.7	3.1	2.7	77.9	11.4	35.7	30.8
Iraq	1995	(e)665	65.2	0.2	0.1	0.1	33.4	29.0	1.5	2.9
	2005	(e)23 532	23.3	0.4	8.8	0.6	62.9	9.8	31.6	21.4
	2014	(e)59 000	22.0	0.3	5.8	0.7	66.0	7.1	29.9	28.9
Ireland - Irlande	1995	32 321	8.5	1.2	3.3	2.2	75.7	12.8	42.3	20.7
	2005	70 284	7.9	1.0	6.9	1.4	76.8	12.9	43.9	20.1
	2014	71 049	13.5	0.7	12.1	1.7	67.8	21.2	27.0	19.5
Israel - Israël	1995	28 344	6.6	1.6	5.9	19.3	65.1	9.3	34.0	21.9
	2005	45 032	5.5	1.0	15.0	23.6	54.5	10.2	27.6	16.7
	2014	72 332	7.7	1.0	17.6	14.4	58.6	11.3	29.2	18.1
Italy - Italie	1995	200 320	11.5	5.6	7.3	6.3	66.7	13.1	29.8	23.8
	2005	384 836	8.6	2.6	11.9	5.2	65.7	12.9	30.0	22.7
	2014	471 660	10.8	2.4	16.3	6.0	63.2	15.4	24.1	23.8
Jamaica - Jamaïque	1995	2 773	14.3	1.6	12.7	0.9	67.6	9.9	27.5	30.3
	2005	4 885	14.7	1.4	28.3	0.8	53.3	11.8	19.1	22.4
	2014	5 836	16.7	1.0	33.2	0.4	45.8	10.5	16.6	18.7
Japan - Japon	1995	336 094	16.1	6.2	16.0	8.5	52.0	7.1	22.6	22.3
	2005	515 866	10.4	2.4	25.8	6.6	53.3	7.3	25.7	20.3
	2014	822 251	8.4	1.6	31.9	7.6	49.3	7.8	23.7	17.8
Jordan - Jordanie	1995	3 696	20.6	2.1	12.9	3.4	60.5	12.3	24.5	23.7
	2005	10 455	13.6	1.2	23.1	2.5	57.7	8.8	25.1	23.7
	2014	22 740	17.8	1.2	27.2	4.3	47.8	10.1	18.4	19.4
Kazakhstan	1995	3 805	9.8	2.1	23.4	4.3	59.2	9.8	26.3	23.1
	2005	17 333	6.5	0.8	10.9	1.6	78.6	8.5	37.5	32.6
	2014	41 213	9.2	0.5	6.1	1.8	82.0	10.1	37.2	34.7

For sources and notes, see end of table.

Pour les sources et les notes, se reporter à la fin du tableau.

Country or territory / Pays ou territoires	Year / Année	Total value (millions of dollars) (1) / Valeur totale (millions de dollars) (1)	By main SITC Revision 3 product group (percentage) / Par principaux groupes de produits de la CTCI Révision 3 (en pourcentage)					Of which: / dont :		
			All food items / Produits alimentaires	Agricultural raw materials / Matières premières agricoles	Fuels / Combustibles	Ores, metals, precious stones and non-monetary gold (2) / Minerais, métaux, pierres précieuses et or (non monétaire) (2)	Manufactured goods / Articles manufacturés	Chemical products / Produits chimiques	Machinery and transport equipment / Machines et matériel de transport	Other manufactured goods / Articles manufacturés divers
			0 + 1 + 22 + 4	2 - (22 + 27 + 28)	3	27 + 28 + 68 + 667 + 971	5 + 6 +7 + 8 - (667 + 68)	5	7	6 + 8 - (667 + 68)
Kenya	1995	2 818	11.4	2.4	11.8	1.8	71.6	14.7	33.8	23.2
	2005	5 846	8.4	1.9	20.2	1.7	65.6	13.6	30.5	21.6
	2014	(e)18 437	10.0	1.3	22.0	1.2	65.4	12.5	27.9	25.0
Kiribati	1995	(e)34	32.6	1.9	10.1	0.3	51.5	8.9	16.5	26.1
	2005	(e)74	31.1	1.3	14.5	0.8	43.4	4.3	21.8	17.2
	2014	(e)95	26.6	1.1	24.9	0.8	40.1	2.2	32.2	5.7
Korea, Dem. People's Rep. of - Corée, Rép. populaire dém. de	1995	(e)1 380	14.8	5.4	18.4	3.5	53.4	8.6	18.3	26.4
	2005	(e)2 718	18.8	2.2	28.8	4.3	43.8	6.9	16.8	20.0
	2014	(e)4 350	14.9	3.0	5.1	3.6	72.8	8.0	25.5	39.2
Korea, Republic of - Corée, République de	1995	135 113	5.4	5.5	14.1	8.4	66.6	9.7	36.6	20.3
	2005	261 236	4.4	2.0	25.8	7.1	60.6	9.4	31.6	19.7
	2014	525 557	5.1	1.5	33.4	7.4	52.5	9.0	27.0	16.5
Kuwait - Koweït	1995	7 790	15.5	1.1	0.5	2.0	80.8	7.3	41.2	32.3
	2005	(e)15 800	22.7	0.7	1.5	2.8	72.2	7.3	34.3	30.7
	2014	31 489	15.6	0.6	0.6	4.8	78.3	10.2	39.0	29.2
Kyrgyzstan - Kirghizistan	1995	522	18.3	2.7	35.9	2.6	40.5	6.3	18.4	15.9
	2005	1 108	15.0	1.7	28.9	2.2	52.0	14.2	18.0	19.8
	2014	(e)5 650	15.2	1.5	21.7	1.4	60.2	10.2	24.7	25.3
Lao People's Dem. Rep. - Rép. dém. populaire lao	1995	589	17.6	0.2	7.7	3.8	69.1	6.7	35.1	27.3
	2005	882	14.1	0.6	18.3	2.2	62.3	7.5	30.0	24.8
	2014	(e)3 300	11.2	0.4	15.1	2.2	70.6	5.9	44.9	19.8
Latvia - Lettonie	1995	1 818	10.5	1.7	21.2	1.1	65.6	12.7	25.4	27.5
	2005	8 770	10.8	2.7	15.1	1.5	66.5	10.2	28.7	27.6
	2014	16 798	14.1	2.2	13.9	1.8	60.0	11.0	25.2	23.8
Lebanon - Liban	1995	(e)7 278	20.1	1.9	7.5	5.5	64.1	8.5	25.0	30.5
	2005	(e)9 327	14.9	1.3	21.5	5.6	56.1	11.4	20.9	23.8
	2014	(e)20 377	15.9	1.2	21.5	6.8	54.0	10.8	19.0	24.2
Lesotho (3)	1995	(e)1 107	19.0	0.8	11.5	1.6	60.3	7.2	13.3	39.8
	2005	(e)1 390	5.7	1.1	0.7	1.1	88.3	4.6	12.4	71.3
	2014	(e)2 208	20.7	1.3	14.0	0.6	63.3	9.0	17.9	36.5
Liberia - Libéria	1995	(e)510	1.5	0.1	0.6	0.1	93.2	0.5	92.1	0.6
	2005	310	2.8	0.2	2.6	0.1	80.1	0.6	77.0	2.5
	2014	(a)1 046	2.9	0.2	5.7	0.1	56.9	1.0	52.5	3.4
Libya - Libye	1995	(e)5 033	21.4	1.1	4.4	1.8	69.9	8.8	31.6	29.6
	2005	(e)6 082	15.3	0.7	10.4	3.0	66.4	6.0	35.2	25.3
	2014	(e)19 000	18.8	0.8	10.1	1.9	67.7	7.0	31.1	29.5
Lithuania - Lituanie	1995	3 649	13.1	3.9	19.4	3.9	57.8	12.5	21.7	23.6
	2005	15 704	8.0	2.3	24.2	1.5	62.5	11.0	29.7	21.8
	2014	35 217	13.0	2.1	24.4	1.5	55.9	13.2	23.6	19.2
Luxembourg	1995	(a,e)8 983	8.6	0.9	0.6	5.9	54.1	7.2	28.5	18.4
	2005	(e)21 893	8.8	0.9	9.4	6.0	71.5	8.5	38.6	24.3
	2014	23 915	10.6	1.7	12.0	7.9	61.9	8.9	30.7	22.4
Madagascar	1995	(e)628	13.7	1.8	14.1	0.6	68.4	11.1	26.0	31.3
	2005	1 686	14.7	0.5	16.0	0.4	66.7	7.6	24.7	34.4
	2014	(e)3 085	16.9	1.4	17.1	1.8	62.7	11.2	20.0	31.5
Malawi	1995	(e)500	19.8	0.8	6.7	0.6	71.0	16.7	29.9	24.4
	2005	(e)1 165	20.1	1.0	7.7	0.8	69.5	21.2	22.3	26.0
	2014	(e)2 973	13.4	1.2	8.3	1.5	74.6	28.2	22.1	24.4
Malaysia - Malaisie	1995	77 046	4.8	1.2	2.3	5.9	83.4	7.1	60.0	16.3
	2005	114 290	5.1	1.2	8.1	4.8	79.0	7.8	57.5	13.7
	2014	208 823	7.9	1.7	16.8	7.3	65.7	9.4	41.9	14.4

For sources and notes, see end of table.

Pour les sources et les notes, se reporter à la fin du tableau.

Country or territory / Pays ou territoires	Year / Année	Total value (millions of dollars) (1) / Valeur totale (millions de dollars) (1)	By main SITC Revision 3 product group (percentage) / Par principaux groupes de produits de la CTCI Révision 3 (en pourcentage)					Of which: / dont :		
			All food items / Produits alimentaires	Agricultural raw materials / Matières premières agricoles	Fuels / Combustibles	Ores, metals, precious stones and non-monetary gold (2) / Minerais, métaux, pierres précieuses et or (non monétaire) (2)	Manufactured goods / Articles manufacturés	Chemical products / Produits chimiques	Machinery and transport equipment / Machines et matériel de transport	Other manufactured goods / Articles manufacturés divers
			0 + 1 + 22 + 4	2 - (22 + 27 + 28)	3	27 + 28 + 68 + 667 + 971	5 + 6 +7 + 8 - (667 + 68)	5	7	6 + 8 - (667 + 68)
Maldives	1995	268	24.0	2.1	11.4	1.9	60.7	5.9	26.5	28.4
	2005	745	15.6	3.6	15.5	2.3	63.0	5.3	30.8	26.9
	2014	1 993	21.0	1.8	28.7	2.2	46.3	6.0	21.4	18.8
Mali	1995	(e)774	19.9	0.8	15.6	1.1	62.5	14.9	21.6	26.0
	2005	1 544	16.6	0.5	16.1	0.6	65.0	16.7	23.6	24.8
	2014	(e)3 977	14.8	0.6	14.6	0.9	69.2	15.8	27.2	26.1
Malta - Malte	1995	2 942	8.4	0.7	10.7	1.4	77.6	7.2	49.2	21.2
	2005	3 865	8.8	0.5	14.8	1.0	69.5	7.1	45.0	17.4
	2014	(e)6 487	6.2	0.2	30.5	0.6	55.7	5.9	38.4	11.4
Marshall Islands - Îles Marshall	1995	75	2.1	0.2	0.6	0.5	94.6	0.4	92.5	1.7
	2005	(e)94	0.9	0.1	0.4	0.0	89.0	0.3	88.2	0.6
	2014	(e)180	0.2	0.1	2.3	0.0	78.1	0.2	77.5	0.5
Mauritania - Mauritanie	1995	(e)455	26.1	0.9	12.7	0.4	58.8	7.2	27.4	24.3
	2005	(e)1 342	25.0	0.6	6.3	0.4	66.2	6.5	34.7	24.9
	2014	(e)2 666	22.6	0.5	15.5	0.3	60.3	5.9	27.6	26.8
Mauritius - Maurice	1995	2 000	16.6	3.1	6.9	3.1	70.3	7.7	19.2	43.4
	2005	3 160	16.7	1.9	16.4	3.0	62.0	7.9	28.1	26.0
	2014	5 607	21.2	2.1	19.1	3.6	54.0	7.8	24.5	21.6
Mexico - Mexique	1995	72 453	6.3	2.3	2.1	2.3	80.1	9.8	43.2	27.1
	2005	221 819	6.0	1.4	5.5	2.6	83.4	11.0	48.1	24.2
	2014	399 977	6.5	1.1	8.3	2.4	79.2	11.4	47.1	20.7
Micronesia (Federated States of) - Micronésie (États fédérés de)	1995	(e)89	37.4	2.2	1.0	0.9	52.3	2.2	28.3	21.8
	2005	(e)128	41.1	1.5	14.1	1.2	37.9	4.2	14.2	19.5
	2014	(e)220	31.0	1.3	28.7	0.9	36.4	3.0	14.9	18.5
Mongolia - Mongolie	1995	(e)415	14.3	0.7	19.3	0.7	65.1	5.0	39.7	20.3
	2005	1 183	13.0	0.4	26.6	0.5	59.5	5.0	31.2	23.2
	2014	5 131	9.0	0.3	26.4	0.4	63.8	7.2	31.3	25.4
Montenegro - Monténégro	2014	2 367	26.6	0.8	13.3	2.3	57.0	10.1	19.0	27.8
Montserrat	1995	(e)30	16.1	0.7	4.2	0.1	74.7	3.4	58.7	12.6
	2005	(e)30	16.8	2.3	18.9	2.3	56.8	5.5	27.7	23.6
	2014	(e)42	13.4	0.7	18.9	17.9	46.2	3.5	26.2	16.5
Morocco - Maroc	1995	(e)10 023	16.6	5.4	11.7	3.4	48.0	10.2	19.8	18.1
	2005	20 803	10.6	2.8	21.4	3.4	61.8	9.3	26.6	26.0
	2014	(e)45 828	11.2	1.9	24.8	4.0	58.2	10.2	26.1	21.9
Mozambique	1995	(e)727	27.0	1.4	6.2	0.7	63.4	9.6	30.6	23.3
	2005	(e)2 408	16.4	0.9	15.2	0.4	50.5	8.0	22.2	20.3
	2014	(e)8 743	12.1	1.1	25.1	2.1	56.4	8.1	26.0	22.3
Myanmar	1995	(e)1 348	21.7	0.7	4.0	1.8	71.0	9.5	32.8	28.7
	2005	(e)1 943	10.9	0.6	19.2	1.0	68.3	11.6	27.6	29.1
	2014	(e)16 226	11.4	0.6	24.1	1.0	62.9	10.7	23.6	28.7
Namibia - Namibie (3)	1995	(e)1 616	14.7	0.8	5.5	2.7	73.8	8.6	39.8	25.4
	2005	2 525	17.0	0.7	2.0	2.6	76.2	10.4	35.6	30.2
	2014	(e)7 818	12.0	0.4	11.7	9.6	65.9	8.0	38.1	19.8
Nauru	1995	(e)28	24.3	2.2	11.4	0.6	55.6	5.7	28.0	21.9
	2005	(e)25	10.0	1.0	46.8	0.6	21.8	1.2	12.6	8.1
	2014	(e)95	21.8	0.4	23.0	0.1	38.7	3.5	15.6	19.7
Nepal - Népal	1995	(e)1 292	9.8	2.3	9.5	22.3	37.1	8.6	15.0	13.4
	2005	(e)2 243	15.2	3.8	24.7	4.2	51.9	10.0	12.6	29.2
	2014	(e)7 424	10.2	1.6	18.2	5.3	64.6	12.0	24.2	28.4
Netherlands - Pays-Bas	1995	(e)185 240	14.0	2.3	7.1	4.1	71.0	12.2	33.2	25.5
	2005	(e)363 822	8.9	1.6	16.9	3.8	62.8	11.0	32.5	19.3
	2014	(e)587 588	11.6	1.5	22.3	3.3	58.4	12.2	27.1	19.1

For sources and notes, see end of table.

Pour les sources et les notes, se reporter à la fin du tableau.

127

3.1   Country trade structure
      by product group
      Imports

3.1   Structure du commerce des pays
      par groupes de produits
      Importations

Country or territory / Pays ou territoires	Year / Année	Total value (millions of dollars) (1) / Valeur totale (millions de dollars) (1)	By main SITC Revision 3 product group (percentage) / Par principaux groupes de produits de la CTCI Révision 3 (en pourcentage)						Of which: / dont :		
			All food items / Produits alimentaires	Agricultural raw materials / Matières premières agricoles	Fuels / Combustibles	Ores, metals, precious stones and non-monetary gold (2) / Minerais, métaux, pierres précieuses et or (non monétaire) (2)	Manufactured goods / Articles manufacturés	Chemical products / Produits chimiques	Machinery and transport equipment / Machines et matériel de transport	Other manufactured goods / Articles manufacturés divers
			0 + 1 + 22 + 4	2 - (22 + 27 + 28)	3	27 + 28 + 68 + 667 + 971	5 + 6 +7 + 8 - (667 + 68)	5	7	6 + 8 - (667 + 68)
Netherlands Antilles - Antilles néerlandaises	1995	(e)1 841	10.6	0.6	47.6	0.5	38.6	3.1	17.5	18.1
	2005	(e)1 950	3.9	0.2	76.5	1.8	16.6	2.5	5.7	8.4
New Caledonia - Nouvelle-Calédonie	1995	(e)967	15.4	1.0	11.2	0.8	69.9	9.0	33.7	27.2
	2005	1 774	13.2	0.8	15.8	1.0	68.9	9.2	35.0	24.7
	2014	3 315	13.4	0.7	26.2	1.9	56.5	7.9	28.1	20.5
New Zealand - Nouvelle-Zélande	1995	13 958	7.4	1.2	5.3	3.7	82.4	13.1	42.2	27.1
	2005	26 232	7.7	0.8	12.1	2.5	76.7	11.3	40.7	24.7
	2014	42 498	10.9	0.7	15.0	2.1	70.7	10.4	37.9	22.4
Nicaragua	1995	1 009	19.1	1.1	11.2	0.7	65.6	16.0	23.5	26.1
	2005	(e)2 956	14.1	0.5	15.3	0.5	65.5	14.4	22.0	29.1
	2014	(e)6 946	16.5	0.8	19.6	0.8	61.4	13.2	21.5	26.7
Niger	1995	345	28.0	2.5	8.3	2.5	57.2	9.6	23.8	23.8
	2005	(e)943	26.9	4.4	9.9	1.1	56.4	7.7	24.3	24.4
	2014	2 151	24.3	2.3	4.3	0.8	67.5	12.3	33.0	22.2
Nigeria - Nigéria	1995	(e)8 222	11.4	0.9	5.2	1.0	79.6	17.6	34.9	27.1
	2005	(e)20 754	18.0	0.7	4.2	1.9	75.2	12.6	39.7	22.9
	2014	(e)60 000	16.3	1.3	11.4	2.1	68.9	11.2	36.5	21.3
Niue - Nioué	1995	(e)4	4.0	0.3	0.1	0.1	91.4	3.4	22.8	65.2
	2005	(e)10	13.1	2.1	12.7	5.6	66.3	4.6	29.5	32.2
	2014	(e)11	18.6	1.0	15.9	0.3	63.3	4.9	44.0	14.3
Northern Mariana Islands - Îles Mariannes du Nord	1995	(e)240	9.3	0.2	14.4	0.1	73.9	2.4	24.0	47.5
	2005	(e)591	3.6	0.2	27.1	0.2	68.5	0.7	4.0	63.9
	2014	(e)125	10.7	0.0	23.2	0.2	65.2	1.1	15.0	49.2
Norway - Norvège	1995	32 706	6.8	2.7	2.9	6.8	79.9	9.6	37.7	32.7
	2005	55 488	6.8	1.9	4.2	7.8	78.9	9.4	39.5	30.1
	2014	89 164	9.4	1.3	5.3	5.7	77.2	9.1	39.2	28.9
Oman	1995	4 249	18.4	0.7	1.4	4.5	72.0	6.3	42.3	23.4
	2005	8 970	11.5	0.5	3.1	4.0	77.4	7.6	49.0	20.8
	2014	29 303	11.5	0.5	7.1	7.0	71.9	9.4	40.2	22.3
Pakistan	1995	11 704	17.5	5.5	16.1	4.0	56.7	17.0	28.9	10.8
	2005	25 097	10.4	4.2	21.1	5.1	59.0	16.3	29.4	13.3
	2014	47 545	11.7	3.9	31.2	3.3	49.9	15.3	20.0	14.5
Palau - Palaos	1995	(e)52	26.3	3.4	4.2	0.3	59.6	3.8	26.7	29.1
	2005	(e)105	28.1	3.1	0.1	2.3	62.3	6.2	28.2	27.9
	2014	(e)165	20.6	1.0	22.2	0.5	52.7	5.5	26.8	20.4
Panama (6)	1995	2 511	3.2	0.2	4.2	0.6	88.8	5.7	59.9	23.2
	2005	(e)9 600	4.2	0.2	13.6	0.5	73.9	6.7	48.2	19.0
	2014	(e)21 200	5.3	0.1	27.3	0.3	55.8	8.8	29.0	18.1
Papua New Guinea - Papouasie-Nouvelle-Guinée	1995	(e)1 452	14.3	0.8	10.8	0.6	69.8	6.4	39.4	24.0
	2005	(e)1 671	14.8	0.7	26.6	0.7	57.2	7.5	28.2	21.5
	2014	(e)4 000	11.4	0.5	18.8	0.8	68.5	6.5	39.6	22.5
Paraguay	1995	3 136	18.5	0.2	6.5	0.7	74.0	9.0	42.3	22.7
	2005	(e)3 715	7.6	0.7	14.5	0.9	64.4	14.8	29.0	20.6
	2014	12 169	8.2	0.8	15.4	0.8	74.8	16.5	36.0	22.3
Peru - Pérou	1995	7 584	13.5	1.9	8.8	0.8	75.0	13.2	39.2	22.6
	2005	12 502	11.4	1.8	19.8	1.0	66.0	16.1	28.3	21.6
	2014	42 194	10.5	1.2	14.2	1.2	72.8	14.4	35.4	23.1
Philippines	1995	28 487	8.3	2.2	9.2	3.2	57.8	9.2	32.5	16.2
	2005	49 487	6.9	0.9	13.2	2.6	76.4	7.3	57.8	11.3
	2014	67 719	12.2	0.6	20.1	2.2	65.0	11.0	40.8	13.2
Poland - Pologne	1995	29 019	9.6	3.2	9.1	3.3	74.4	14.9	29.9	29.5
	2005	101 539	6.1	1.8	11.4	2.9	75.5	14.0	35.1	26.4
	2014	216 687	8.4	1.8	10.8	3.4	73.8	14.4	33.8	25.6

For sources and notes, see end of table.

Pour les sources et les notes, se reporter à la fin du tableau.

3.1 Country trade structure
     by product group
     Imports

3.1 Structure du commerce des pays
     par groupes de produits
     Importations

Country or territory / Pays ou territoires	Year / Année	Total value (millions of dollars) (1) / Valeur totale (millions de dollars) (1)	By main SITC Revision 3 product group (percentage) / Par principaux groupes de produits de la CTCI Révision 3 (en pourcentage)					Of which: / dont :		
			All food items / Produits alimentaires	Agricultural raw materials / Matières premières agricoles	Fuels / Combustibles	Ores, metals, precious stones and non-monetary gold (2) / Minerais, métaux, pierres précieuses et or (non monétaire) (2)	Manu-factured goods / Articles manu-facturés	Chemical products / Produits chimiques	Machinery and transport equipment / Machines et matériel de transport	Other manu-factured goods / Articles manu-facturés divers
			0 + 1 + 22 + 4	2 - (22 + 27 + 28)	3	27 + 28 + 68 + 667 + 971	5 + 6 +7 + 8 - (667 + 68)	5	7	6 + 8 - (667 + 68)
Portugal	1995	33 565	13.3	3.3	7.2	2.6	72.4	10.0	34.4	28.0
	2005	63 904	11.2	1.5	13.2	3.5	69.0	10.4	33.5	25.1
	2014	78 132	14.7	1.8	15.4	2.8	63.8	13.6	25.6	24.6
Qatar	1995	3 398	9.7	0.5	0.4	2.6	86.2	5.1	48.0	33.1
	2005	10 061	6.1	0.5	0.4	2.5	88.5	5.6	52.0	30.9
	2014	(e)34 600	9.0	0.5	1.0	5.6	74.7	6.5	43.2	24.9
Republic of Moldova - République de Moldova	1995	841	10.4	2.3	43.5	1.6	41.4	8.6	14.5	18.3
	2005	2 292	12.6	3.5	17.5	5.0	58.4	11.7	18.6	28.0
	2014	5 317	13.7	1.5	14.5	1.4	60.3	13.2	21.4	25.7
Romania - Roumanie	1995	10 278	8.5	2.3	21.4	3.6	63.3	10.6	24.8	28.0
	2005	40 463	6.0	1.0	13.9	2.7	76.0	10.2	33.2	32.6
	2014	77 889	8.0	1.6	9.3	2.6	74.6	13.2	34.2	27.3
Russian Federation - Fédération de Russie	1995	(e)62 603	20.0	0.9	2.3	2.7	48.8	6.7	21.8	20.3
	2005	(e)125 434	15.4	1.0	1.4	2.6	78.0	11.4	39.9	26.7
	2014	(e)286 649	13.3	0.9	1.5	2.1	80.6	11.8	40.5	28.3
Rwanda	1995	(e)241	28.3	2.7	9.8	2.0	55.8	7.6	29.5	18.6
	2005	(e)430	16.7	1.8	10.6	4.7	64.1	13.2	29.1	21.8
	2014	(e)2 457	19.2	1.8	4.2	1.4	69.7	14.0	24.3	31.4
Saint Helena - Sainte-Hélène	1995	(e)23	21.5	1.5	16.8	2.4	61.8	7.0	32.8	22.1
	2005	(e)56	11.8	1.9	15.8	12.5	57.3	3.3	38.4	15.6
	2014	(e)46	17.4	0.9	22.3	0.7	58.5	4.9	39.1	14.5
Saint Kitts and Nevis - Saint-Kitts-et-Nevis	1995	132	21.1	2.5	4.3	0.9	71.2	8.3	27.8	35.1
	2005	210	18.5	1.5	8.8	0.8	70.4	6.9	31.2	32.3
	2014	(e)274	22.8	2.0	3.5	0.9	70.7	7.6	25.7	37.4
Saint Lucia - Sainte-Lucie	1995	306	22.2	2.0	19.3	0.7	53.7	7.9	18.6	27.1
	2005	486	15.2	1.4	41.2	1.0	39.2	4.8	14.8	19.6
	2014	(e)593	6.0	0.5	78.3	0.2	15.0	2.1	5.3	7.7
Saint Pierre and Miquelon - Saint-Pierre-et-Miquelon	1995	(e)74	14.5	1.4	7.8	0.8	69.8	8.4	31.5	29.9
	2005	85	22.5	1.6	2.6	0.3	68.6	8.4	32.3	27.9
	2014	118	19.1	1.2	16.3	0.6	61.4	8.2	26.6	26.6
Saint Vincent and the Grenadines - Saint-Vincent-et-les Grenadines	1995	134	16.9	1.7	8.8	0.3	63.1	7.8	32.6	22.8
	2005	240	10.7	1.0	17.2	0.5	58.8	4.2	40.1	14.5
	2014	(e)362	25.4	0.9	22.7	0.5	50.4	6.6	19.8	24.0
Samoa	1995	(e)95	16.2	0.9	7.3	0.3	74.0	5.1	46.8	22.0
	2005	(e)239	20.8	2.2	14.1	0.7	47.0	5.2	16.4	25.4
	2014	(e)388	28.0	3.0	13.9	1.6	51.8	8.6	20.6	22.6
Sao Tome and Principe - Sao Tomé-et-Principe	1995	(e)29	25.3	0.4	1.9	0.5	71.5	6.6	39.0	25.9
	2005	50	38.5	0.9	20.2	0.2	40.2	4.5	21.3	14.4
	2014	170	32.4	0.8	22.8	1.1	42.9	5.1	18.3	19.4
Saudi Arabia - Arabie saoudite	1995	28 085	16.1	1.2	0.2	7.0	75.0	9.6	35.6	29.7
	2005	59 510	14.6	0.7	0.2	5.4	79.0	9.7	45.2	24.0
	2014	(e)158 670	15.3	0.7	1.1	4.7	78.2	10.5	42.4	25.3
Senegal - Sénégal	1995	(e)1 412	28.2	1.9	8.7	1.4	46.5	12.1	15.7	18.8
	2005	3 498	26.6	1.7	22.1	1.8	46.7	9.2	20.8	16.7
	2014	6 557	20.6	1.3	27.7	1.4	48.2	9.2	18.3	20.7
Serbia and Montenegro - Serbie-et-Monténégro	1995	(e)2 666	14.2	4.1	13.9	7.1	59.8	14.3	19.4	26.1
	2005	(e)10 461	7.1	1.5	19.4	6.2	65.5	14.0	25.7	25.8
Serbia - Serbie	2014	20 609	7.6	1.6	14.0	4.0	61.9	14.4	25.0	22.5
Seychelles	1995	255	21.2	1.4	17.4	0.7	59.1	6.5	27.0	25.5
	2005	675	21.5	1.0	23.5	0.4	48.2	4.3	24.6	19.3
	2014	(e)1 075	21.7	2.1	25.4	0.7	50.1	4.2	24.5	21.4

For sources and notes, see end of table.

Pour les sources et les notes, se reporter à la fin du tableau.

3.1 Country trade structure
by product group
Imports

3.1 Structure du commerce des pays
par groupes de produits
Importations

Country or territory / Pays ou territoires	Year / Année	Total value (millions of dollars) (1) / Valeur totale (millions de dollars) (1)	By main SITC Revision 3 product group (percentage) / Par principaux groupes de produits de la CTCI Révision 3 (en pourcentage)					Of which: / dont :		
			All food items / Produits alimentaires	Agricultural raw materials / Matières premières agricoles	Fuels / Combustibles	Ores, metals, precious stones and non-monetary gold (2) / Minerais, métaux, pierres précieuses et or (non monétaire) (2)	Manufactured goods / Articles manufacturés	Chemical products / Produits chimiques	Machinery and transport equipment / Machines et matériel de transport	Other manufactured goods / Articles manufacturés divers
			0 + 1 + 22 + 4	2 - (22 + 27 + 28)	3	27 + 28 + 68 + 667 + 971	5 + 6 +7 + 8 - (667 + 68)	5	7	6 + 8 - (667 + 68)
Sierra Leone	1995	(e)134	31.1	3.0	10.0	0.9	53.4	7.5	26.9	19.0
	2005	(e)344	21.0	7.2	38.8	1.7	31.3	4.8	13.1	13.4
	2014	(e)1 486	36.2	2.8	10.0	1.7	42.9	7.5	12.6	22.9
Singapore - Singapour	1995	124 503	4.6	0.9	8.1	2.9	82.6	6.5	57.9	18.3
	2005	200 050	2.8	0.4	17.7	3.1	75.1	6.2	55.8	13.1
	2014	366 247	3.6	0.3	31.0	2.9	60.8	7.0	41.3	12.5
Sint Maarten (Dutch part) - Saint-Martin (partie néerlandaise)	2014	(e)880	13.2	0.6	3.2	9.9	68.5	4.0	13.6	50.9
Slovakia - Slovaquie	1995	8 162	8.9	2.8	12.7	6.0	69.6	14.5	30.2	24.9
	2005	34 226	6.1	1.3	13.2	3.4	75.3	9.8	37.8	27.7
	2014	77 596	6.3	1.2	6.1	3.5	82.7	9.3	46.3	27.1
Slovenia - Slovénie	1995	9 492	7.8	4.6	6.6	4.4	73.8	12.1	33.8	28.0
	2005	19 626	6.1	2.6	10.6	5.8	74.8	12.8	32.6	29.3
	2014	(e)34 084	7.4	2.6	11.4	5.5	61.1	13.1	26.6	21.5
Solomon Islands - Îles Salomon	1995	(e)154	12.4	0.6	15.4	0.6	67.6	4.1	34.2	29.2
	2005	(e)185	15.5	0.5	23.9	0.9	49.2	5.1	24.4	19.7
	2014	(a,e)500	16.7	0.7	19.2	1.5	31.4	3.2	16.9	11.3
Somalia - Somalie	1995	(e)268	65.4	2.7	1.3	0.1	31.1	8.3	7.3	15.5
	2005	(e)626	48.6	12.8	0.8	0.1	36.0	7.0	6.6	22.4
	2014	(e)1 300	70.8	0.2	0.1	0.2	26.6	3.1	7.7	15.9
South Africa - Afrique du Sud (3)	1995	(e)30 546	4.6	1.4	14.2	4.2	66.9	11.7	37.4	17.8
	2005	(e)55 033	4.5	1.1	14.3	4.3	67.2	10.0	39.4	17.8
	2014	(e)99 893	6.3	0.9	23.3	2.9	60.1	10.9	32.5	16.8
Spain - Espagne	1995	113 399	13.6	3.0	8.3	4.3	70.8	12.1	35.6	23.1
	2005	289 611	9.2	1.4	14.0	3.5	71.4	11.6	37.9	22.0
	2014	350 978	10.8	1.2	20.9	4.0	63.0	14.0	27.4	21.6
Sri Lanka	1995	(e)5 185	14.8	1.6	2.2	5.2	73.1	9.2	24.9	38.9
	2005	8 307	12.4	1.2	13.4	7.1	65.8	10.0	20.2	35.6
	2014	19 244	13.2	1.6	22.8	2.2	60.1	10.5	21.1	28.5
State of Palestine - État de Palestine	1995	1 658	..	..	..	..	..	..	..	..
	2005	(e)2 667	22.9	1.2	29.9	2.8	43.0	8.2	14.3	20.5
	2014	(e)5 683	25.3	0.4	35.6	1.4	37.1	8.2	11.8	17.2
Sudan (...2011) - Soudan (...2011)	1995	1 185	20.2	1.9	9.6	0.5	67.2	10.9	24.4	32.0
	2005	7 367	11.4	0.6	4.7	0.8	79.5	8.4	43.6	27.5
Sudan - Soudan	2014	(e)9 211	20.5	0.7	7.7	2.0	69.1	12.5	28.6	28.1
Suriname	1995	583	14.0	0.1	11.8	1.2	73.0	16.0	35.7	21.3
	2005	(a)1050	9.5	0.0	17.2	0.3	41.0	3.9	23.1	13.9
	2014	1 827	13.7	0.1	21.0	0.8	63.9	11.0	32.2	20.7
Swaziland (3)	1995	(e)1 008	17.5	2.4	10.4	2.7	66.0	12.0	24.4	29.6
	2005	(e)1 900	16.8	1.1	11.5	0.7	68.9	20.9	18.9	29.1
	2014	(e)1 579	20.4	1.2	18.1	0.9	59.3	17.3	16.1	25.8
Sweden - Suède	1995	61 647	6.7	2.2	5.8	3.8	80.0	10.7	41.8	27.5
	2005	111 351	7.4	1.6	11.7	3.3	73.3	10.3	38.6	24.3
	2014	162 452	10.6	1.3	13.7	2.8	67.8	11.2	34.8	21.9
Switzerland - Suisse	1995	80 152	6.4	2.0	2.9	5.6	83.1	14.6	33.4	35.0
	2005	126 574	5.4	1.1	7.2	5.8	79.7	21.4	28.4	29.9
	2014	275 054	4.4	0.6	4.8	29.7	60.3	17.7	19.1	23.5
Syrian Arab Republic - République arabe syrienne	1995	(e)4 709	16.7	3.3	1.1	1.3	75.6	10.2	31.6	33.9
	2005	(e)10 862	14.8	2.8	9.9	2.4	67.6	17.7	25.9	24.0
	2014	(e)6 700	18.6	2.1	15.3	3.1	60.9	18.5	20.7	21.7
Tajikistan - Tadjikistan	1995	(e)810	26.4	0.9	14.1	11.8	46.0	7.2	26.3	12.4
	2005	(e)1 330	12.1	1.7	23.4	12.9	43.8	14.7	14.0	15.2
	2014	(e)4 500	14.4	1.8	15.2	7.1	59.7	9.7	15.4	34.6

For sources and notes, see end of table.

Pour les sources et les notes, se reporter à la fin du tableau.

Country or territory / Pays ou territoires	Year / Année	Total value (millions of dollars) (1) / Valeur totale (millions de dollars) (1)	All food items / Produits alimentaires	Agricultural raw materials / Matières premières agricoles	Fuels / Combustibles	Ores, metals, precious stones and non-monetary gold (2) / Minerais, métaux, pierres précieuses et or (non monétaire) (2)	Manufactured goods / Articles manufacturés	Chemical products / Produits chimiques	Machinery and transport equipment / Machines et matériel de transport	Other manufactured goods / Articles manufacturés divers
			0 + 1 + 22 + 4	2 - (22 + 27 + 28)	3	27 + 28 + 68 + 667 + 971	5 + 6 +7 + 8 - (667 + 68)	5	7	6 + 8 - (667 + 68)
Thailand - Thaïlande	1995	70 781	3.8	4.1	6.7	5.4	78.7	10.5	47.5	20.7
	2005	118 164	4.0	2.0	17.7	6.8	68.2	10.2	38.0	20.0
	2014	227 932	5.5	1.6	21.1	7.2	64.5	10.3	35.0	19.3
TFYR of Macedonia - LERY de Macédoine	1995	1 719	17.4	3.3	11.6	3.0	54.2	11.9	19.5	22.8
	2005	3 228	12.7	1.3	19.2	3.2	63.6	10.3	17.4	35.8
	2014	7 277	11.4	0.9	14.4	15.0	58.2	11.3	18.8	28.1
Timor-Leste	2005	(e)102	24.5	3.2	23.9	1.2	39.8	4.5	16.7	18.6
	2014	(e)940	25.4	5.5	10.0	0.8	56.2	4.7	32.3	19.2
Togo	1995	556	19.3	2.5	17.6	0.9	58.7	7.6	16.1	35.1
	2005	(e)1 060	16.8	4.2	22.6	1.0	54.6	8.1	14.8	31.7
	2014	(e)2 800	10.2	1.0	40.9	0.4	47.4	6.9	11.9	28.7
Tokelau - Tokélaou	1995	(e)1	4.6	3.4	..	47.5	43.5	3.1	15.4	25.1
	2005	(e)0	0.9	25.7	0.3	0.6	69.2	18.1	32.3	18.8
	2014	(e)0	0.1	0.1	98.0	1.2	0.6	0.1	0.0	0.5
Tonga	1995	(e)77	32.4	3.7	4.2	0.7	55.1	6.8	25.7	22.6
	2005	(e)120	22.1	1.6	19.5	0.4	33.2	3.2	12.3	17.7
	2014	(e)218	29.9	1.7	17.5	0.6	47.6	5.1	21.8	20.6
Trinidad and Tobago - Trinité-et-Tobago	1995	1 724	15.1	0.3	0.5	4.6	59.4	6.5	32.7	20.2
	2005	5 694	9.0	0.6	34.8	4.3	51.2	7.3	26.4	17.4
	2014	(e)7 490	12.8	0.8	25.0	4.3	57.1	8.8	27.8	20.6
Tunisia - Tunisie	1995	7 903	12.5	4.2	7.2	3.3	72.8	9.1	25.9	37.8
	2005	13 174	8.5	2.6	13.7	3.2	72.0	10.5	28.8	32.7
	2014	(e)24 828	10.4	1.9	17.2	3.4	67.1	10.8	30.8	25.5
Turkey - Turquie	1995	35 707	7.0	5.6	12.9	5.9	68.6	15.0	32.2	21.5
	2005	116 774	2.8	2.7	13.5	9.2	66.4	13.8	32.4	20.2
	2014	242 224	5.0	2.5	8.3	9.9	59.7	13.5	27.2	19.0
Turkmenistan - Turkménistan	1995	(e)1 365	28.6	0.5	1.9	1.4	65.9	9.6	28.0	28.3
	2005	(e)2 947	7.0	0.6	0.8	0.6	89.5	7.8	55.5	26.1
	2014	(e)10 300	8.3	1.1	1.2	1.0	83.6	9.0	44.4	30.2
Turks and Caicos Islands - Îles Turques et Caïques	1995	(e)51	11.7	1.7	0.9	0.3	59.7	20.8	16.9	22.0
	2005	304	9.5	2.9	7.7	1.1	59.7	3.4	27.1	29.2
	2014	(e)254	22.0	2.2	18.3	0.8	53.0	5.1	19.2	28.7
Tuvalu	1995	(e)6	31.6	3.0	1.4	..	60.2	2.2	38.2	19.8
	2005	(e)13	18.8	1.1	10.5	0.2	56.0	1.6	45.2	9.3
	2014	(a,e)12	8.0	1.4	10.9	0.1	18.8	1.7	13.7	3.4
Uganda - Ouganda	1995	1 038	14.8	2.5	4.2	2.1	75.6	11.7	31.0	32.9
	2005	2 054	12.6	1.2	17.5	1.1	66.5	14.4	26.2	25.9
	2014	(e)5 874	10.4	1.5	18.4	1.6	68.1	16.1	28.4	23.6
Ukraine	1995	(e)16 052	7.9	2.4	47.8	3.1	37.9	6.7	17.0	14.2
	2005	36 122	7.2	1.3	29.5	4.3	57.0	11.8	26.4	18.7
	2014	54 381	10.8	1.1	27.8	3.1	56.6	16.7	20.8	19.1
United Arab Emirates - Émirats arabes unis	1995	(e)23 778	10.3	0.9	1.7	2.5	83.2	6.6	36.3	40.2
	2005	(e)80 814	5.9	0.5	4.0	9.8	76.0	5.2	43.3	27.5
	2014	(e)272 254	8.1	0.5	7.1	12.8	69.0	6.0	33.7	29.3
United Kingdom - Royaume-Uni	1995	261 456	10.1	2.4	3.5	5.2	78.1	10.3	41.3	26.6
	2005	528 461	8.7	1.4	8.5	4.3	72.6	10.3	37.2	25.0
	2014	694 823	9.6	1.2	11.7	6.3	69.8	11.6	34.6	23.5
United Republic of Tanzania - République-Unie de Tanzanie	1995	1 653	14.6	1.6	5.0	2.8	74.7	13.8	34.6	26.2
	2005	3 247	10.7	1.2	14.0	2.3	70.0	14.7	29.9	25.4
	2014	12 691	8.4	1.1	26.9	1.5	61.8	13.3	25.1	23.4
United States - États-Unis	1995	770 821	4.8	2.1	8.2	3.8	78.1	5.5	46.4	26.2
	2005	1 732 321	4.2	1.3	17.2	3.4	70.6	7.6	38.3	24.7
	2014	2 346 041	5.4	1.0	14.8	3.9	71.8	8.8	40.1	22.9

For sources and notes, see end of table.

Pour les sources et les notes, se reporter à la fin du tableau.

Country or territory / Pays ou territoires	Year / Année	Total value (millions of dollars) (1) / Valeur totale (millions de dollars) (1)	By main SITC Revision 3 product group (percentage) / Par principaux groupes de produits de la CTCI Révision 3 (en pourcentage)					Of which: / dont :		
			All food items / Produits alimentaires	Agricultural raw materials / Matières premières agricoles	Fuels / Combustibles	Ores, metals, precious stones and non-monetary gold (2) / Minerais, métaux, pierres précieuses et or (non monétaire) (2)	Manu-factured goods / Articles manu-facturés	Chemical products / Produits chimiques	Machinery and transport equipment / Machines et matériel de transport	Other manu-factured goods / Articles manu-facturés divers
			0 + 1 + 22 + 4	2 - (22 + 27 + 28)	3	27 + 28 + 68 + 667 + 971	5 + 6 +7 + 8 - (667 + 68)	5	7	6 + 8 - (667 + 68)
Uruguay	1995	2 866	10.4	4.0	10.1	1.2	74.3	15.3	34.5	24.5
	2005	3 879	8.1	3.1	24.3	1.6	62.9	19.4	23.2	20.3
	2014	10 762	11.1	1.8	16.3	0.8	70.1	16.6	33.8	19.7
Uzbekistan - Ouzbékistan	1995	2 750	20.9	0.4	2.2	2.7	72.2	8.9	41.0	22.4
	2005	3 666	7.9	3.1	2.8	3.0	80.6	11.0	42.9	26.7
	2014	(e)13 900	10.2	3.7	2.6	2.4	79.3	13.4	40.6	25.3
Vanuatu	1995	(e)95	8.6	0.3	2.3	0.3	80.6	2.9	59.8	17.9
	2005	(e)149	18.8	0.7	17.9	1.0	61.6	6.8	33.8	21.0
	2014	(e)287	14.2	0.8	18.4	0.3	66.3	5.8	45.2	15.2
Venezuela (Bolivarian Rep. of) - Venezuela (Rép. bolivarienne du)	1995	(e)12 649	13.8	4.3	1.3	3.4	75.6	15.3	38.5	21.8
	2005	21 848	10.4	1.1	1.1	1.5	84.4	13.8	48.2	22.4
	2014	(e)44 280	23.6	0.6	4.5	1.2	64.3	20.9	25.0	18.4
Viet Nam	1995	(e)8 155	4.9	2.4	10.3	2.4	75.9	16.7	28.3	30.9
	2005	36 761	6.3	3.7	14.6	5.4	69.7	14.4	25.1	30.2
	2014	(e)149 261	7.7	2.5	9.8	4.0	75.9	13.5	34.9	27.5
Wallis and Futuna Islands - Îles Wallis-et-Futuna	1995	(e)14	32.7	1.2	4.5	0.2	60.8	8.3	38.3	14.2
	2005	(e)51	29.0	1.0	10.6	1.2	54.5	10.4	21.7	22.4
	2014	(e)67	31.5	1.0	2.4	0.9	61.5	14.4	17.7	29.4
Yemen - Yémen	1995	(e)1 582	32.3	1.8	9.7	1.0	54.6	7.3	21.1	26.2
	2005	(e)5 400	25.3	0.8	19.9	1.1	49.4	8.5	19.7	21.2
	2014	(e)12 909	31.7	0.8	19.0	0.8	47.4	8.6	16.6	22.2
Zambia - Zambie	1995	708	10.4	1.8	10.6	2.4	74.0	12.2	39.3	22.5
	2005	2 558	7.4	1.1	9.6	2.9	77.4	18.2	32.9	26.3
	2014	9 539	4.9	0.5	11.6	19.4	63.3	11.8	34.8	16.7
Zimbabwe	1995	(e)2 659	8.4	2.4	5.3	5.7	76.8	17.8	38.6	20.5
	2005	(e)2 350	15.1	1.7	12.9	23.3	46.2	10.9	20.2	15.2
	2014	(e)4 200	20.8	0.5	8.7	2.7	65.7	18.7	26.2	20.8

Source:
UNCTAD secretariat calculations, based on UNCTAD, *UNCTADstat* Merchandise Trade Matrix

Source :
Calculs du secrétariat de la CNUCED, basés sur la matrice du commerce de marchandises d'*UNCTADstat* de la CNUCED

Notes:
(a) More than 30% of total trade under SITC Rev.3, code 931: "Special transactions & commodities not classified".
(1) Including trade not classified according to kind (codes 911 and 931 of SITC Rev.3).
(2) As a consequence of the improved coverage of gold beginning in 2013/2014 in response to the OECD "Recommendation of the Council on Due Diligence Guidance for Responsible Supply Chains of Minerals from Conflict-Affected and High-Risk Areas" of 25 May 2011 (C/MIN(2011)12/FINAL), the reported or estimated trade of gold as well as its share in the total trade may have significantly increased in certain countries.
(3) Before 2000, the trade of the member countries of Southern African Customs Union (SACU) was not reported separately, but for SACU as a whole. Therefore, for the period 1995 to1999, intra-trade figures of these countries are UNCTAD estimates. From 2001 to 2009, intra-trade among SACU member countries is under-valued.
(4) From 2011 onwards, including commercial mining.
(5) France including French Guiana, Guadeloupe, Martinique, Mayotte, Monaco and Reunion (and excluding intra-trade).
(6) Prior to 2005, excluding customs free zones.

Notes :
(a) Plus de 30% du commerce sous la position 931 de la CTCI rév. 3 : "Transactions et articles spéciaux non classés".
(1) Y compris le commerce non classé par catégorie (codes 911 et 931 de la CTCI Rév.3).
(2) Suite à l'amélioration de la couverture des données de l'or monétaire à partir de 2013/2014 conformément à la "Recommandation du Conseil relative au Guide sur le devoir de diligence pour des chaînes d'approvisionnement responsables en minerais provenant de zones de conflit ou à haut risque" de l'OCDE du 25 mai 2011 (C/MIN(2011)12/FINAL), le commerce de l'or, rapporté ou estimé par les pays ainsi que leur part dans le commerce total peuvent avoir considérablement augmenté pour certains pays.
(3) Le commerce des pays membres de l'Union douanière d'Afrique australe (SACU) n'était pas rapporté séparément avant 2000, mais pour l'Union en tant qu'entité. Pour cette raison, les flux commerciaux intra-groupe de ces pays sont estimations de la CNUCED pour la période 1995 à 1999. De 2001 à 2009, le commerce intra-groupe entre les membres de SACU est sous-évalué.
(4) À partir de 2011, y compris l'exploitation minière commerciale.
(5) France incluant Guadeloupe, Guyane française, Martinique, Mayotte, Réunion et Monaco (et excluant les flux intra).
(6) Avant 2005, non-compris les zones franches douanières.

Products ranked by average 2013-2014 values SITC Revision 3 (3-digit level) Produits classés d'après la moyenne des valeurs de 2013-2014 CTCI révision 3 (positions à 3 chiffres)	2005			2014			Growth per year (%) Croissance annuelle (%) 2005-2014	
	Value (millions of dollars) Valeur (millions de dollars)	% of the country grouping exports (1) En % des exportations du groupe de pays (1)	% of world product exports En % des exportations mondiales des produits	Value (millions of dollars) Valeur (millions de dollars)	% of the country grouping exports (1) En % des exportations du groupe de pays (1)	% of world product exports En % des exportations mondiales des produits	Value Valeur	Difference from world Différence par rapport au monde
All commodity groups	**10 459 468**	**100.00**	**100.00**	**18 957 775**	**100.00**	**100.00**	**6.50**	_
333 Crude petroleum and bituminous oils	788 418	7.54	100.00	1 544 815	8.15	100.00	7.94	_
334 Heavy petroleum and bituminous oils	377 798	3.61	100.00	968 124	5.11	100.00	11.61	_
781 Passenger & race cars, excl. public transport	488 046	4.67	100.00	702 088	3.70	100.00	3.28	_
776 Thermionic, cathode, valve, tubes, parts	367 558	3.51	100.00	628 724	3.32	100.00	5.85	_
764 Telecommunication	356 693	3.41	100.00	612 370	3.23	100.00	5.46	_
343 Natural gas, liquefied or not	150 055	1.43	100.00	371 726	1.96	100.00	11.17	_
784 Motor vehicles parts and accessories	235 173	2.25	100.00	386 497	2.04	100.00	5.45	_
752 Computer equipment, nes	274 967	2.63	100.00	363 688	1.92	100.00	3.05	_
542 Medicaments including veterinary	207 602	1.98	100.00	352 821	1.86	100.00	5.28	_
971 Gold, non-monetary excl. ores & concentrates	38 041	0.36	100.00	318 209	1.68	100.00	28.13	_
772 Electrical circuit equipment	142 536	1.36	100.00	259 469	1.37	100.00	6.39	_
778 Electrical machinery and apparatus, nes	147 883	1.41	100.00	244 234	1.29	100.00	5.50	_
792 Aircraft, spacecraft vehicles and parts	128 616	1.23	100.00	205 757	1.09	100.00	2.54	_
874 Measuring, analysing, controling devices, nes	111 417	1.07	100.00	195 114	1.03	100.00	6.20	_
541 Medecinal & Pharmaceuticals, excl. medicaments	66 200	0.63	100.00	194 359	1.03	100.00	12.77	_
759 Office equipment parts and accessories	201 466	1.93	100.00	186 707	0.98	100.00	-1.70	_
728 Special industrial machines and parts, nes	98 606	0.94	100.00	183 958	0.97	100.00	6.52	_
821 Furniture and parts; bedding furnishings	97 833	0.94	100.00	174 331	0.92	100.00	5.96	_
667 Pearls, precious or semiprecious stones	94 444	0.90	100.00	168 534	0.89	100.00	8.11	_
713 Internal combustion piston engines, parts, nes	113 383	1.08	100.00	169 828	0.90	100.00	4.01	_
699 Manufactures of base metal, nes	91 098	0.87	100.00	161 324	0.85	100.00	5.22	_
893 Articles of plastics, nes	86 527	0.83	100.00	159 694	0.84	100.00	6.69	_
845 Articles of apparel of textile fabrics, nes	96 360	0.92	100.00	158 301	0.84	100.00	4.61	_
897 Jewellery, precious, semiprecious, nes	41 078	0.39	100.00	162 802	0.86	100.00	17.02	_
782 Goods and special-purpose vehicles	90 655	0.87	100.00	139 250	0.73	100.00	3.88	_
793 Ships, boats, and floating structures	71 484	0.68	100.00	132 460	0.70	100.00	7.38	_
743 Gas pumps, compressor, fan, filter and parts	69 916	0.67	100.00	139 084	0.73	100.00	7.20	_
851 Footwear	66 960	0.64	100.00	141 114	0.74	100.00	8.24	_
598 Miscellaneous chemical products, nes	64 355	0.62	100.00	132 328	0.70	100.00	7.79	_
281 Iron ore and concentrates	28 731	0.27	100.00	118 326	0.62	100.00	20.97	_
682 Copper	64 238	0.61	100.00	122 960	0.65	100.00	5.26	_
773 Electric distribution equipment, nes	61 893	0.59	100.00	128 291	0.68	100.00	7.05	_
575 Other plastics, in primary forms	66 620	0.64	100.00	122 524	0.65	100.00	6.60	_
641 Paper and paperboard	97 376	0.93	100.00	118 092	0.62	100.00	1.67	_
741 Heating and cooling	69 012	0.66	100.00	118 209	0.62	100.00	4.95	_
684 Aluminium	79 728	0.76	100.00	118 465	0.62	100.00	2.57	_
723 Civil engineering plant, equipment and parts	69 522	0.66	100.00	108 514	0.57	100.00	4.26	_
515 Organo-inorganic compounds, nucleic acids & salt	79 864	0.76	100.00	105 751	0.56	100.00	3.44	_
321 Coal, excluding non-agglomerated	46 198	0.44	100.00	97 990	0.52	100.00	11.71	_
582 Plastic sheet, film, foil and strips	58 174	0.56	100.00	106 937	0.56	100.00	6.58	_
775 Household-type equipment, nes	64 205	0.61	100.00	105 977	0.56	100.00	5.08	_
871 Optical instruments and apparatus, nes	44 776	0.43	100.00	100 058	0.53	100.00	9.25	_
511 Hydrocarbons, halogenated, nitrated derivatives	51 147	0.49	100.00	97 919	0.52	100.00	7.90	_
872 Medical instruments and appliances, nes	52 854	0.51	100.00	104 045	0.55	100.00	7.80	_
714 Non-electric engines excluding 712, 713, 718	68 889	0.66	100.00	101 906	0.54	100.00	3.33	_
057 Fruits, nuts (excl. oil), fresh or dried	48 669	0.47	100.00	101 867	0.54	100.00	8.59	_
771 Electric power machinery excl. 716 and parts	45 896	0.44	100.00	97 224	0.51	100.00	8.04	_
716 Rotating electric plant and parts, nes	51 811	0.50	100.00	98 600	0.52	100.00	6.64	_
894 Baby carriages, toys, games, sport goods	64 801	0.62	100.00	96 927	0.51	100.00	3.50	_
679 Iron or steel tubes, pipes and fittings	54 422	0.52	100.00	93 521	0.49	100.00	4.44	_
842 Women's or girls' clothing, woven	65 697	0.63	100.00	99 061	0.52	100.00	3.45	_
625 Rubber tyres, incl. inner tubes for wheels	44 107	0.42	100.00	88 541	0.47	100.00	8.72	_
899 Misc. manufactured articles, nes	44 497	0.43	100.00	91 726	0.48	100.00	8.26	_
747 Pipe, boiler, tank, vat appliances & the like	41 069	0.39	100.00	91 086	0.48	100.00	7.96	_
744 Mechanical handling equipment and parts, nes	52 436	0.50	100.00	90 565	0.48	100.00	4.44	_
676 Iron and steel bars, rods, sections piling	53 037	0.51	100.00	89 051	0.47	100.00	3.81	_
761 Television, video receivers, projectors	57 731	0.55	100.00	89 387	0.47	100.00	2.82	_
553 Perfumery, toilet, cosmetics, excl. soap	43 932	0.42	100.00	87 489	0.46	100.00	7.57	_
081 Feeding stuff for animal, excl. unmilled cereals	30 969	0.30	100.00	86 490	0.46	100.00	12.47	_
571 Polymers of ethylene, in primary forms	42 461	0.41	100.00	87 280	0.46	100.00	8.15	_

For sources and notes, see end of table.

Pour les sources et les notes, se reporter à la fin du tableau.

Products ranked by average 2013-2014 values SITC Revision 3 (3-digit level) / Produits classés d'après la moyenne des valeurs de 2013-2014 CTCI révision 3 (positions à 3 chiffres)	2005			2014			Growth per year (%) Croissance annuelle (%) 2005-2014	
	Value (millions of dollars) Valeur (millions de dollars)	% of the country grouping exports (1) En % des exportations du groupe de pays (1)	% of world product exports En % des exportations mondiales des produits	Value (millions of dollars) Valeur (millions de dollars)	% of the country grouping exports (1) En % des exportations du groupe de pays (1)	% of world product exports En % des exportations mondiales des produits	Value Valeur	Difference from world Différence par rapport au monde
112 Alcoholic beverages	46 569	0.45	100.00	81 311	0.43	100.00	6.16	–
222 Oil seeds and oleaginous fruits for soft oil	22 038	0.21	100.00	80 695	0.43	100.00	16.72	–
841 Men's or boys' clothing, woven	53 784	0.51	100.00	81 859	0.43	100.00	4.08	–
012 Other meat and edible meat offal	40 075	0.38	100.00	78 095	0.41	100.00	8.18	–
673 Flat-rolled iron, non-alloy steel, not coated	67 028	0.64	100.00	74 745	0.39	100.00	0.27	–
098 Edible products and preparations, nes	33 267	0.32	100.00	76 843	0.41	100.00	9.51	–
342 Liquefied propane and butane	29 605	0.28	100.00	76 362	0.40	100.00	10.05	–
675 Flat rolled products of alloy steel	44 267	0.42	100.00	72 853	0.38	100.00	3.07	–
562 Fertilizers (other than those of group 272)	24 907	0.24	100.00	66 239	0.35	100.00	12.40	–
642 Paper and paperboard articles, cut to size	36 827	0.35	100.00	67 567	0.36	100.00	6.57	–
054 Vegetable and edible vegetable products, nes	33 947	0.32	100.00	65 391	0.34	100.00	7.36	–
742 Liquid pumps; liquid elevators and parts	33 971	0.32	100.00	66 844	0.35	100.00	7.27	–
034 Fish, fresh (live or dead), chilled, frozen	34 612	0.33	100.00	66 800	0.35	100.00	7.70	–
844 Female clothing, knitted or crocheted	26 113	0.25	100.00	63 064	0.33	100.00	9.86	–
691 Iron, steel, aluminium structures, parts, nes	27 419	0.26	100.00	63 068	0.33	100.00	7.62	–
533 Pigments, paints, varnishes & related materials	39 027	0.37	100.00	62 467	0.33	100.00	5.37	–
512 Alcohols, phenols; derivatives	32 038	0.31	100.00	60 722	0.32	100.00	7.78	–
831 Travel goods, handbags and similar containers	23 771	0.23	100.00	61 680	0.33	100.00	11.68	–
745 Mechanical & non-electrical machinery, part, nes	39 771	0.38	100.00	61 079	0.32	100.00	4.16	–
884 Optical goods, nes	30 767	0.29	100.00	59 478	0.31	100.00	7.63	–
651 Textile yarn	40 871	0.39	100.00	58 891	0.31	100.00	4.24	–
658 Made-up textile articles, nes	31 803	0.30	100.00	59 744	0.32	100.00	7.19	–
574 Polyacetals, polyesters, etc, in primary forms	36 528	0.35	100.00	58 906	0.31	100.00	5.24	–
748 Mechanical transmission equipment and parts	29 685	0.28	100.00	60 270	0.32	100.00	7.56	–
674 Flat-rolled iron, non-alloy steel, coated	34 904	0.33	100.00	56 479	0.30	100.00	4.64	–
522 Inorganic chemical elements, oxide&halogen salt	29 334	0.28	100.00	56 133	0.30	100.00	7.46	–
885 Watches and clocks	25 332	0.24	100.00	57 003	0.30	100.00	10.05	–
283 Copper ores and concentrates, mattes and cement	19 475	0.19	100.00	53 818	0.28	100.00	10.11	–
813 Lighting fixtures and fittings, nes	19 215	0.18	100.00	57 118	0.30	100.00	12.11	–
681 Silver, platinum and other platinum metals	21 510	0.21	100.00	49 678	0.26	100.00	8.62	–
695 Tools for use in the hand or in machine	30 389	0.29	100.00	54 560	0.29	100.00	6.05	–
514 Nitrogen-function compounds	34 159	0.33	100.00	52 014	0.27	100.00	5.26	–
335 Residual petroleum products, nes	18 375	0.18	100.00	53 073	0.28	100.00	12.22	–
763 Sound, TV image recorder or reproducer	62 095	0.59	100.00	47 973	0.25	100.00	-2.22	–
898 Musical instrument and parts, excl. 763, 883	51 117	0.49	100.00	50 996	0.27	100.00	-0.33	–
048 Preparations of cereal, flour, veg&fruits starch	25 424	0.24	100.00	52 170	0.28	100.00	8.04	–
022 Milk & milk products, excluding butter & cheese	22 954	0.22	100.00	52 619	0.28	100.00	9.08	–
785 Motorcycles, cycles, incl. invalid carriages	32 571	0.31	100.00	52 661	0.28	100.00	4.68	–
892 Printed matter	39 555	0.38	100.00	50 271	0.27	100.00	2.19	–
751 Office machines	15 268	0.15	100.00	49 817	0.26	100.00	12.02	–
657 Special yarn, special textile fabrics & related	30 170	0.29	100.00	50 488	0.27	100.00	5.74	–
783 Road motor vehicles, nes	30 497	0.29	100.00	50 987	0.27	100.00	4.55	–
041 Wheat incl. spelt, meslin, unmilled	17 920	0.17	100.00	48 139	0.25	100.00	11.20	–
653 Man-made woven fabrics	32 348	0.31	100.00	48 724	0.26	100.00	4.52	–
513 Carboxylic acid and their derivatives	33 490	0.32	100.00	46 516	0.25	100.00	4.00	–
011 Meat of bovine animals, fresh, chilled, frozen	22 011	0.21	100.00	48 419	0.26	100.00	8.69	–
251 Pulp and waste paper	26 501	0.25	100.00	46 264	0.24	100.00	6.08	–
292 Crude vegetable materials, nes	24 459	0.23	100.00	43 805	0.23	100.00	7.20	–
554 Soaps, cleansing, polishing preparations	22 758	0.22	100.00	43 981	0.23	100.00	7.30	–
422 Fixed vegetable fats and oils, excluding "soft"	13 689	0.13	100.00	44 397	0.23	100.00	14.18	–
282 Ferrous iron, steel, waste and scrap	24 985	0.24	100.00	42 459	0.22	100.00	5.07	–
774 Electro-diagnostic apparatus	26 116	0.25	100.00	42 853	0.23	100.00	5.42	–
516 Other organic chemicals	25 483	0.24	100.00	42 532	0.22	100.00	6.21	–
248 Wood simply worked, railway wood sleepers	35 573	0.34	100.00	44 168	0.23	100.00	1.11	–
288 Non-ferrous base metal waste and scrap, nes	17 460	0.17	100.00	40 402	0.21	100.00	7.59	–
694 Nails, screws, nuts, bolts, rivets	21 493	0.21	100.00	42 968	0.23	100.00	7.12	–
061 Sugars, molasses and honey	18 103	0.17	100.00	37 290	0.20	100.00	10.05	–
721 Agricultural machinery, excluding tractors	20 743	0.20	100.00	38 909	0.21	100.00	7.24	–
036 Crustaceans, mollusc, aquatic invertebrates	20 218	0.19	100.00	42 155	0.22	100.00	8.02	–
664 Glass	25 602	0.24	100.00	37 205	0.20	100.00	4.32	–

For sources and notes, see end of table.

Pour les sources et les notes, se reporter à la fin du tableau.

Products ranked by average 2013-2014 values SITC Revision 3 (3-digit level) / Produits classés d'après la moyenne des valeurs de 2013-2014 CTCI révision 3 (positions à 3 chiffres)	2005			2014			Growth per year (%) Croissance annuelle (%) 2005-2014	
	Value (millions of dollars) Valeur (millions de dollars)	% of the country grouping exports (1) En % des exportations du groupe de pays (1)	% of world product exports En % des exportations mondiales des produits	Value (millions of dollars) Valeur (millions de dollars)	% of the country grouping exports (1) En % des exportations du groupe de pays (1)	% of world product exports En % des exportations mondiales des produits	Value Valeur	Difference from world Différence par rapport au monde
071 Coffee and coffee substitutes	15 903	0.15	100.00	40 178	0.21	100.00	11.23	_
731 Machine tools for material removal	27 264	0.26	100.00	39 856	0.21	100.00	3.60	_
663 Mineral manufactures, nes	21 571	0.21	100.00	38 091	0.20	100.00	5.86	_
421 Fixed vegetables fats and oils, "soft"	16 900	0.16	100.00	36 197	0.19	100.00	9.10	_
634 Veneer, plywood, other wood, worked, nes	29 807	0.28	100.00	38 502	0.20	100.00	1.82	_
671 Pig & sponge iron, steel, ferro alloys powders	26 857	0.26	100.00	36 529	0.19	100.00	3.26	_
786 Trailers, semi & special transport containers	23 339	0.22	100.00	36 461	0.19	100.00	3.75	_
591 Household and garden chemicals	16 415	0.16	100.00	36 178	0.19	100.00	9.46	_
672 Iron or steel ingots, primary form, semiproducts	28 984	0.28	100.00	33 834	0.18	100.00	1.36	_
044 Maize unmilled, excluding sweet corn	11 421	0.11	100.00	33 348	0.18	100.00	12.95	_
351 Electric current	24 731	0.24	100.00	33 718	0.18	100.00	3.18	_
749 Non-electric machinery, part, accessory, nes	21 882	0.21	100.00	34 102	0.18	100.00	4.51	_
697 Household equipment of base metal, nes	18 701	0.18	100.00	34 054	0.18	100.00	6.43	_
652 Cotton, woven fabrics, excl. special fabrics	29 037	0.28	100.00	32 507	0.17	100.00	1.65	_
024 Cheese and curd	17 530	0.17	100.00	33 948	0.18	100.00	7.19	_
746 Ball or roller bearings	19 721	0.19	100.00	33 991	0.18	100.00	5.99	_
843 Male clothing, knitted or crocheted	15 150	0.14	100.00	32 430	0.17	100.00	8.31	_
661 Lime, cement & fabricated construction materials	19 413	0.19	100.00	33 568	0.18	100.00	5.10	_
655 Knitted or crocheted fabrics, nes	19 882	0.19	100.00	33 718	0.18	100.00	5.93	_
629 Articles of rubber, nes	18 318	0.18	100.00	33 582	0.18	100.00	6.57	_
848 Headgear and non-textile clothing accessories	21 172	0.20	100.00	33 674	0.18	100.00	6.16	_
056 Vegetables, roots and tubers, preserved, nes	16 247	0.16	100.00	32 669	0.17	100.00	7.54	_
846 Clothing accessories excl. for babies	17 690	0.17	100.00	32 286	0.17	100.00	7.19	_
724 Textile and leather machinery and parts, nes	24 972	0.24	100.00	32 626	0.17	100.00	2.36	_
122 Tobacco manufactured	19 453	0.19	100.00	31 682	0.17	100.00	6.01	_
287 Ores and concentrates of base metal, nes	18 819	0.18	100.00	31 825	0.17	100.00	4.57	_
791 Railway vehicles and associated equipment	16 297	0.16	100.00	31 294	0.17	100.00	7.41	_
662 Clay and refractory construction materials	17 133	0.16	100.00	30 642	0.16	100.00	5.78	_
635 Wood manufactures, nes	21 372	0.20	100.00	30 356	0.16	100.00	2.66	_
592 Starches, wheat gluten, albuminoids and glues	14 155	0.14	100.00	29 941	0.16	100.00	8.44	_
665 Glassware	17 652	0.17	100.00	27 562	0.15	100.00	5.05	_
037 Fish, shellfish, prepared, preserved, nes	14 855	0.14	100.00	27 613	0.15	100.00	7.08	_
073 Chocolate, food preparations with cocoa, nes	12 825	0.12	100.00	28 295	0.15	100.00	8.81	_
551 Essential oils, perfumes, flavour materials	15 620	0.15	100.00	28 052	0.15	100.00	6.67	_
611 Leather	20 854	0.20	100.00	27 534	0.15	100.00	2.07	_
896 Work of art and collections; antiques	14 933	0.14	100.00	27 909	0.15	100.00	5.46	_
042 Rice	10 172	0.10	100.00	26 394	0.14	100.00	11.69	_
621 Rubber material e.g. pastes, tubes, rods	13 093	0.13	100.00	26 408	0.14	100.00	8.06	_
572 Polymers of styrene, in primary forms	19 347	0.18	100.00	25 437	0.13	100.00	2.73	_
718 Power generating machinery and parts, nes	11 433	0.11	100.00	24 888	0.13	100.00	8.96	_
597 Additive for mineral oils, lubricant, antifreeze	11 424	0.11	100.00	24 809	0.13	100.00	8.89	_
001 Live animal excluding fish & crustaceans	13 878	0.13	100.00	24 576	0.13	100.00	6.56	_
581 Tubes, pipes, hoses and fittings of plastics	12 015	0.11	100.00	24 043	0.13	100.00	7.08	_
722 Tractors	14 275	0.14	100.00	22 809	0.12	100.00	5.10	_
232 Synthetic and reclaimed rubber; waste and scrap	11 979	0.11	100.00	21 861	0.12	100.00	8.50	_
523 Metal salts and peroxysalts, of inorganic acid	12 328	0.12	100.00	22 406	0.12	100.00	6.34	_
111 Non-alcoholic beverages, nes	11 241	0.11	100.00	22 660	0.12	100.00	7.07	_
683 Nickel	13 704	0.13	100.00	23 334	0.12	100.00	1.43	_
017 Meat, meat offal, prepared, preserved, nes	10 889	0.10	100.00	21 872	0.12	100.00	7.99	_
737 Metalworking machinery excl. tools, parts, nes	16 045	0.15	100.00	21 314	0.11	100.00	2.08	_
231 Natural rubber, in primatry form, latex, etc	9 834	0.09	100.00	18 143	0.10	100.00	9.15	_
058 Fruits, preserved&preparations, excl. juice	10 139	0.10	100.00	21 471	0.11	100.00	8.30	_
692 Metal containers for storage or transport	11 491	0.11	100.00	20 995	0.11	100.00	5.56	_
072 Cocoa	9 554	0.09	100.00	22 266	0.12	100.00	9.78	_
573 Vinyl chloride polymers, halogenated olefins	12 519	0.12	100.00	20 032	0.11	100.00	5.11	_
263 Cotton	11 119	0.11	100.00	17 242	0.09	100.00	8.64	_
247 Wood in rough or roughly squared	11 084	0.11	100.00	20 764	0.11	100.00	5.38	_
278 Other crude minerals	10 699	0.10	100.00	18 704	0.10	100.00	6.20	_
895 Office and stationery supplies, nes	10 648	0.10	100.00	18 465	0.10	100.00	6.21	_
812 Sanitary, plumbing, heating fixtures, nes	11 505	0.11	100.00	17 851	0.09	100.00	3.09	_

For sources and notes, see end of table.

Pour les sources et les notes, se reporter à la fin du tableau.

Products ranked by average 2013-2014 values SITC Revision 3 (3-digit level) Produits classés d'après la moyenne des valeurs de 2013-2014 CTCI révision 3 (positions à 3 chiffres)	2005			2014			Growth per year (%) Croissance annuelle (%) 2005-2014	
	Value (millions of dollars) Valeur (millions de dollars)	% of the country grouping exports (1) En % des exportations du groupe de pays (1)	% of world product exports En % des exportations mondiales des produits	Value (millions of dollars) Valeur (millions de dollars)	% of the country grouping exports (1) En % des exportations du groupe de pays (1)	% of world product exports En % des exportations mondiales des produits	Value Valeur	Difference from world Différence par rapport au monde
059 Fruit and vegetable juices unfermented	9 187	0.09	100.00	16 097	0.08	100.00	5.78	_
659 Floor coverings, etc	12 019	0.11	100.00	16 872	0.09	100.00	3.26	_
882 Photo & cinematographic supplies excl. 883	19 737	0.19	100.00	16 226	0.09	100.00	-1.97	_
727 Food processing machines excl. domestic, parts	9 379	0.09	100.00	16 788	0.09	100.00	5.88	_
762 Radio broadcast receivers, combined or not	18 838	0.18	100.00	16 468	0.09	100.00	-1.89	_
735 Machines parts and accessories for 731, 733	11 833	0.11	100.00	16 916	0.09	100.00	3.47	_
693 Wire products excl. electrical, fencing grills	9 182	0.09	100.00	16 107	0.08	100.00	5.43	_
285 Aluminium ores and concentrates, alumina	10 560	0.10	100.00	14 999	0.08	100.00	2.85	_
289 Precious metal ores and concentrates, excl. gold	3 861	0.04	100.00	14 726	0.08	100.00	14.36	_
726 Printing, bookbinding machines and parts	18 652	0.18	100.00	14 324	0.08	100.00	-3.88	_
873 Meters and counters, nes	6 658	0.06	100.00	14 589	0.08	100.00	8.94	_
431 Processed animal, veg fats, oils, inedible, nes	5 735	0.05	100.00	13 265	0.07	100.00	10.65	_
531 Synthetic organic colour agents	10 417	0.10	100.00	13 715	0.07	100.00	2.35	_
733 Metal working machine tools, no material removal	9 055	0.09	100.00	12 927	0.07	100.00	3.38	_
891 Arms and ammunition	7 337	0.07	100.00	12 793	0.07	100.00	5.92	_
121 Tobacco, unmanufactured, tobacco refuse	7 158	0.07	100.00	12 416	0.07	100.00	6.65	_
524 Other inorganic chemicals	6 694	0.06	100.00	13 205	0.07	100.00	6.85	_
525 Radio active and associated materials	7 702	0.07	100.00	11 576	0.06	100.00	4.44	_
696 Cutlery	7 220	0.07	100.00	12 907	0.07	100.00	6.58	_
062 Sugar confectionery	6 697	0.06	100.00	12 802	0.07	100.00	7.12	_
686 Zinc	6 966	0.07	100.00	13 255	0.07	100.00	1.66	_
678 Wire of iron or steel	7 227	0.07	100.00	12 190	0.06	100.00	5.19	_
273 Stone, sand and gravel	6 243	0.06	100.00	11 400	0.06	100.00	5.97	_
725 Paper, pulp mill, cutting machinery	9 408	0.09	100.00	11 059	0.06	100.00	1.12	_
344 Petroleum and hydrocarbon gases, nes	10 106	0.10	100.00	9 933	0.05	100.00	-0.09	_
291 Crude animal materials, nes	5 177	0.05	100.00	10 713	0.06	100.00	9.01	_
656 Tulles, embroidery, trimmings & smallwares	8 212	0.08	100.00	10 776	0.06	100.00	2.26	_
654 Other textile fabrics, woven	11 135	0.11	100.00	10 567	0.06	100.00	-1.05	_
666 Pottery	6 403	0.06	100.00	11 230	0.06	100.00	6.50	_
811 Prefabricated buildings	5 527	0.05	100.00	9 372	0.05	100.00	5.21	_
284 Nickel ores and concentrates, mattes, etc	5 027	0.05	100.00	9 119	0.05	100.00	4.38	_
211 Raw hides and skins, excluding furskins	5 844	0.06	100.00	9 138	0.05	100.00	5.83	_
689 Misc. non-ferrous base metals for metallurgy	7 416	0.07	100.00	9 585	0.05	100.00	1.23	_
075 Spices	3 004	0.03	100.00	10 064	0.05	100.00	14.01	_
074 Tea and mate	4 193	0.04	100.00	8 827	0.05	100.00	9.05	_
023 Butter, fats and oils derived from milk	4 365	0.04	100.00	8 948	0.05	100.00	8.98	_
711 Steam or vapour generating boilers and parts	3 890	0.04	100.00	8 270	0.04	100.00	9.44	_
266 Synthetic fibres suitable for spinning	5 944	0.06	100.00	8 855	0.05	100.00	5.11	_
043 Barley, unmilled	3 617	0.03	100.00	7 926	0.04	100.00	9.67	_
712 Steam and vapour turbines and parts, nes	4 199	0.04	100.00	7 452	0.04	100.00	7.62	_
246 Wood chips, particles and waste	2 945	0.03	100.00	7 616	0.04	100.00	10.86	_
881 Photographic apparatus and equipment, nes	17 228	0.16	100.00	7 045	0.04	100.00	-9.05	_
579 Plastic waste, parings and scrap	3 701	0.04	100.00	7 303	0.04	100.00	7.27	_
687 Tin	3 206	0.03	100.00	6 843	0.04	100.00	9.32	_
685 Lead	2 874	0.03	100.00	6 782	0.04	100.00	7.85	_
268 Wool and animal hair, incl wool tops	4 962	0.05	100.00	6 509	0.03	100.00	4.08	_
325 Coke, semi cokes of coal, retort carbon	6 166	0.06	100.00	6 291	0.03	100.00	0.72	_
091 Margarine and shortening	2 770	0.03	100.00	6 413	0.03	100.00	9.68	_
212 Raw furskins excluding hides and skins	2 346	0.02	100.00	5 143	0.03	100.00	12.24	_
025 Birds' eggs, eggs' yolks and albumin	2 427	0.02	100.00	6 308	0.03	100.00	11.36	_
035 Fish, dried, salted, in brine, smoked	3 791	0.04	100.00	6 324	0.03	100.00	5.48	_
269 Worn clothing, textile articles; rags	2 132	0.02	100.00	6 090	0.03	100.00	12.48	_
046 Wheat meals and flour, meslin flour	2 562	0.02	100.00	5 661	0.03	100.00	9.79	_
411 Animals oils and fats	2 526	0.02	100.00	5 508	0.03	100.00	9.96	_
583 Plastic rods, sticks and profile shapes	3 683	0.04	100.00	5 460	0.03	100.00	3.49	_
016 Meat, meat offal, salted, dried, flours, meals	2 670	0.03	100.00	5 577	0.03	100.00	7.03	_
267 Other man-made fibres for spinning; waste	3 194	0.03	100.00	5 011	0.03	100.00	4.87	_
223 Oil seeds for non-soft oil	1 465	0.01	100.00	4 432	0.02	100.00	13.42	_
677 iron and steel rails, railway track materials	2 256	0.02	100.00	4 270	0.02	100.00	6.94	_
612 Leather or composition leather manufactures, nes	3 119	0.03	100.00	4 524	0.02	100.00	3.17	_

For sources and notes, see end of table.

Pour les sources et les notes, se reporter à la fin du tableau.

Products ranked by average 2013-2014 values SITC Revision 3 (3-digit level) Produits classés d'après la moyenne des valeurs de 2013-2014 CTCI révision 3 (positions à 3 chiffres)	2005			2014			Growth per year (%) Croissance annuelle (%) 2005-2014	
	Value (millions of dollars) Valeur (millions de dollars)	% of the country grouping exports (1) En % des exportations du groupe de pays (1)	% of world product exports En % des exportations mondiales des produits	Value (millions of dollars) Valeur (millions de dollars)	% of the country grouping exports (1) En % des exportations du groupe de pays (1)	% of world product exports En % des exportations mondiales des produits	Value Valeur	Difference from world Différence par rapport au monde
045 Grain, unmilled excl. wheat, rice, barley, maize	1 603	0.02	100.00	4 721	0.02	100.00	10.21	–
272 Crude fertilizer, excluding manufactured	1 821	0.02	100.00	3 926	0.02	100.00	10.81	–
593 Explosives and pyrotechnic products	1 915	0.02	100.00	4 005	0.02	100.00	8.28	–
322 Briquettes, lignite and peat	972	0.01	100.00	4 135	0.02	100.00	19.72	–
274 Sulphur and unroasted iron pyrites	1 523	0.01	100.00	4 173	0.02	100.00	12.05	–
613 Furskin tanned or dressed, etc	1 722	0.02	100.00	2 332	0.01	100.00	4.75	–
532 Dyeing and tanning extracts, synthetic materials	1 433	0.01	100.00	2 216	0.01	100.00	5.70	–
277 Natural abrasives, industrial diamonds, nes	1 178	0.01	100.00	1 411	0.01	100.00	4.51	–
633 Cork manufactures	1 527	0.01	100.00	1 550	0.01	100.00	-0.75	–
047 Other cereal meals and flours	708	0.01	100.00	1 578	0.01	100.00	9.31	–
245 Fuel wood excluding waste; wood charcoal	567	0.01	100.00	1 550	0.01	100.00	11.25	–
265 Vegetable textile fibres, not spun, waste	699	0.01	100.00	1 347	0.01	100.00	6.98	–
286 Uranium and thorium ores and concentrates	543	0.01	100.00	779	0.00	100.00	-0.26	–
261 Silk	360	0.00	100.00	522	0.00	100.00	5.17	–
961 Coins, non-gold and non-currency	194	0.00	100.00	383	0.00	100.00	5.88	–
264 Jute and bast fibres, nes, raw and retted	121	0.00	100.00	359	0.00	100.00	12.77	–
244 Cork, natural, raw and waste	239	0.00	100.00	219	0.00	100.00	-2.90	–
883 Cinematographic film, developed or not	673	0.01	100.00	43	0.00	100.00	-26.09	–
345 Coal, water, producer gas, similar gases, etc	17	0.00	100.00	20	0.00	100.00	1.19	–

Source:
UNCTAD secretariat calculations, based on UNCTAD, *UNCTADstat* Merchandise Trade Matrix

Notes:

(1)   Share in world total exports.

Source :
Calculs du secrétariat de la CNUCED, basés sur la matrice du commerce de marchandises d'*UNCTADstat* de la CNUCED

Notes :

(1)   Part dans les exportations totales mondiales.

3

Products ranked by average 2013-2014 values SITC Revision 3 (3-digit level) / Produits classés d'après la moyenne des valeurs de 2013-2014 CTCI révision 3 (positions à 3 chiffres)	2005			2014			Growth per year (%) Croissance annuelle (%) 2005-2014	
	Value (millions of dollars) / Valeur (millions de dollars)	% of the country grouping exports (1) / En % des exportations du groupe de pays (1)	% of world product exports (2) / En % des exportations mondiales des produits (2)	Value (millions of dollars) / Valeur (millions de dollars)	% of the country grouping exports (1) / En % des exportations du groupe de pays (1)	% of world product exports (2) / En % des exportations mondiales des produits (2)	Value / Valeur	Difference from world / Différence par rapport au monde
All commodity groups	**3 789 341**	**100.00**	**36.23**	**8 466 684**	**100.00**	**44.66**	**9.34**	**2.84**
333 Crude petroleum and bituminous oils	572 307	15.10	72.59	1 094 986	12.93	70.88	7.77	-0.18
776 Thermionic, cathode, valve, tubes, parts	214 559	5.66	58.37	490 515	5.79	78.02	9.22	3.37
764 Telecom equipment, parts, nes	181 395	4.79	50.85	440 297	5.20	71.90	9.88	4.42
334 Heavy petroleum and bituminous oils	174 289	4.60	46.13	412 447	4.87	42.60	10.77	-0.84
752 Computer equipment, nes	154 001	4.06	56.01	256 658	3.03	70.57	5.90	2.85
343 Natural gas, liquefied or not	49 837	1.32	33.21	169 746	2.00	45.66	15.83	4.65
971 Gold, non-monetary excl. ores & concentrates	17 357	0.46	45.63	125 131	1.48	39.32	27.69	-0.44
781 Passenger & race cars, excl. public transport	62 409	1.65	12.79	125 867	1.49	17.93	7.75	4.47
778 Electrical machinery and apparatus, nes	60 799	1.60	41.11	127 073	1.50	52.03	8.37	2.88
772 Electrical circuit equipment	54 650	1.44	38.34	119 753	1.41	46.15	8.97	2.58
759 Office equipment parts and accessories	113 711	3.00	56.44	113 536	1.34	60.81	-0.86	0.85
784 Motor vehicles parts and accessories	42 604	1.12	18.12	112 485	1.33	29.10	11.26	5.81
845 Articles of apparel of textile fabrics, nes	64 564	1.70	67.00	112 238	1.33	70.90	5.10	0.49
897 Jewellery, precious, semiprecious, nes	19 798	0.52	48.20	110 215	1.30	67.70	22.90	5.88
793 Ships, boats, and floating structures	31 062	0.82	43.45	86 746	1.02	65.49	13.24	5.87
667 Pearls, precious or semiprecious stones	36 806	0.97	38.97	88 930	1.05	52.77	13.13	5.02
821 Furniture and parts; bedding furnishings	34 386	0.91	35.15	88 804	1.05	50.94	11.17	5.21
851 Footwear	37 699	0.99	56.30	88 869	1.05	62.98	9.86	1.62
871 Optical instruments and apparatus, nes	33 928	0.90	75.77	80 205	0.95	80.16	9.56	0.30
893 Articles of plastics, nes	28 056	0.74	32.42	68 080	0.80	42.63	10.79	4.10
682 Copper	30 428	0.80	47.37	62 786	0.74	51.06	6.11	0.85
773 Electric distribution equipment, nes	24 629	0.65	39.79	65 812	0.78	51.30	10.28	3.24
842 Women's or girls' clothing, woven	42 690	1.13	64.98	67 397	0.80	68.04	4.03	0.57
775 Household-type equipment, nes	27 803	0.73	43.30	61 788	0.73	58.30	8.83	3.75
699 Manufactures of base metal, nes	25 858	0.68	28.38	62 531	0.74	38.76	9.21	3.99
894 Baby carriages, toys, games, sporting goods	38 315	1.01	59.13	59 619	0.70	61.51	4.19	0.69
782 Goods and special-purpose vehicles	20 184	0.53	22.26	57 616	0.68	41.38	11.77	7.89
771 Electric power machinery excl. 716 and parts	23 425	0.62	51.04	55 535	0.66	57.12	9.35	1.31
761 Television, video receivers, projectors	33 446	0.88	57.93	58 078	0.69	64.97	4.41	1.59
841 Men's or boys' clothing, woven	34 941	0.92	64.97	56 992	0.67	69.62	5.00	0.93
844 Female clothing, knitted or crocheted	18 965	0.50	72.62	49 134	0.58	77.91	10.81	0.95
057 Fruits, nuts (excl. oil), fresh or dried	21 941	0.58	45.08	52 500	0.62	51.54	10.34	1.75
281 Iron ore and concentrates	14 655	0.39	51.01	43 082	0.51	36.41	17.05	-3.92
342 Liquefied propane and butane	20 192	0.53	68.20	51 793	0.61	67.83	9.82	-0.22
728 Special industrial machines and parts, nes	15 746	0.42	15.97	48 718	0.58	26.48	13.72	7.20
741 Heating and cooling equipment and parts, nes	19 651	0.52	28.47	48 137	0.57	40.72	9.61	4.66
874 Measuring, analysing, controling devices, nes	16 620	0.44	14.92	48 779	0.58	25.00	12.66	6.46
511 Hydrocarbons, halogenated, nitrated derivatives	16 174	0.43	31.62	44 029	0.52	44.96	12.45	4.55
658 Made-up textile articles, nes	22 248	0.59	69.95	45 970	0.54	76.94	8.56	1.37
575 Other plastics, in primary forms	14 192	0.37	21.30	44 755	0.53	36.53	14.54	7.94
571 Polymers of ethylene, in primary forms	16 731	0.44	39.40	44 945	0.53	51.50	13.03	4.88
743 Gas pumps, compressor, fan, filter and parts	15 993	0.42	22.87	42 104	0.50	30.27	10.96	3.76
684 Aluminium	21 556	0.57	27.04	42 048	0.50	35.49	6.08	3.51
651 Textile yarn	22 658	0.60	55.44	39 867	0.47	67.70	6.97	2.73
831 Travel goods, handbags and similar containers	14 324	0.38	60.26	39 030	0.46	63.28	12.82	1.13
713 Internal combustion piston engines, parts, nes	16 254	0.43	14.34	39 721	0.47	23.39	10.44	6.43
283 Copper ores and concentrates, mattes and cement	15 599	0.41	80.09	38 373	0.45	71.30	8.59	-1.52
625 Rubber tyres, incl. inner tubes for wheels	13 738	0.36	31.15	38 440	0.45	43.41	12.95	4.23
679 Iron or steel tubes, pipes and fittings	14 892	0.39	27.36	39 493	0.47	42.23	9.11	4.67
422 Fixed vegetable fats and oils, excluding "soft"	11 743	0.31	85.78	39 589	0.47	89.17	14.69	0.50
321 Coal, excluding non-agglomerated	15 804	0.42	34.21	35 483	0.42	36.21	12.46	0.75
222 Oil seeds and oleaginous fruits for soft oil	10 928	0.29	49.59	37 798	0.45	46.84	16.34	-0.38
723 Civil engineering plant, equipment and parts	13 609	0.36	19.57	37 634	0.44	34.68	11.46	7.20
081 Feeding stuff for animal, excl. unmilled cereals	12 278	0.32	39.65	37 108	0.44	42.90	13.73	1.26
716 Rotating electric plant and parts, nes	16 529	0.44	31.90	37 019	0.44	37.54	9.12	2.48
653 Man-made woven fabrics	19 812	0.52	61.25	37 041	0.44	76.02	7.35	2.83
813 Lighting fixtures and fittings, nes	8 702	0.23	45.29	39 127	0.46	68.50	18.11	6.00
676 Iron and steel bars, rods, sections piling	14 913	0.39	28.12	38 306	0.45	43.02	7.37	3.56
582 Plastic sheet, film, foil and strips	12 202	0.32	20.98	36 038	0.43	33.70	13.34	6.76
512 Alcohols, phenols; derivatives	14 864	0.39	46.40	35 321	0.42	58.17	10.35	2.56

For sources and notes, see end of table.

Pour les sources et les notes, se reporter à la fin du tableau.

Products ranked by average 2013-2014 values SITC Revision 3 (3-digit level) / Produits classés d'après la moyenne des valeurs de 2013-2014 CTCI révision 3 (positions à 3 chiffres)	2005			2014			Growth per year (%) Croissance annuelle (%) 2005-2014	
	Value (millions of dollars) / Valeur (millions de dollars)	% of the country grouping exports (1) / En % des exportations du groupe de pays (1)	% of world product exports (2) / En % des exportations mondiales des produits (2)	Value (millions of dollars) / Valeur (millions de dollars)	% of the country grouping exports (1) / En % des exportations du groupe de pays (1)	% of world product exports (2) / En % des exportations mondiales des produits (2)	Value / Valeur	Difference from world / Différence par rapport au monde
899 Misc. manufactured articles, nes	13 514	0.36	30.37	33 859	0.40	36.91	10.91	2.65
763 Sound, TV image recorder or reproducer	37 063	0.98	59.69	29 625	0.35	61.75	-1.51	0.71
542 Medicaments including veterinary	9 900	0.26	4.77	32 402	0.38	9.18	13.40	8.11
751 Office machines	7 257	0.19	47.53	31 782	0.38	63.80	16.57	4.54
598 Miscellaneous chemical products, nes	10 042	0.26	15.60	32 373	0.38	24.46	13.51	5.72
785 Motorcycles, cycles, incl. invalid carriages	12 572	0.33	38.60	29 900	0.35	56.78	10.04	5.36
884 Optical goods, nes	9 658	0.25	31.39	29 222	0.35	49.13	13.15	5.51
792 Aircraft, spacecraft vehicles and parts	10 450	0.28	8.12	29 190	0.34	14.19	10.04	7.50
034 Fish, fresh (live or dead), chilled, frozen	13 815	0.36	39.91	29 967	0.35	44.86	9.08	1.39
843 Male clothing, knitted or crocheted	12 004	0.32	79.23	26 513	0.31	81.76	8.70	0.38
061 Sugars, molasses and honey	10 005	0.26	55.27	25 268	0.30	67.76	12.80	2.75
574 Polyacetals, polyesters, etc, in primary forms	13 498	0.36	36.95	27 227	0.32	46.22	8.21	2.97
691 Iron, steel, aluminium structures, parts, nes	7 456	0.20	27.19	27 615	0.33	43.79	13.10	5.48
036 Crustaceans, mollusc, aquatic invertebrates	12 570	0.33	62.17	29 645	0.35	70.32	9.54	1.52
747 Pipe, boiler, tank, vat appliances & the like	8 600	0.23	20.94	27 475	0.32	30.16	12.14	4.18
522 Inorganic chemical elements, oxide&halogen salt	11 327	0.30	38.61	27 016	0.32	48.13	10.64	3.18
655 Knitted or crocheted fabrics, nes	12 804	0.34	64.40	26 729	0.32	79.27	8.46	2.53
054 Vegetable and edible vegetable products, nes	11 516	0.30	33.92	26 566	0.31	40.63	9.87	2.51
652 Cotton, woven fabrics, excl. special fabrics	17 698	0.47	60.95	25 079	0.30	77.15	4.63	2.98
562 Fertilizers (other than those of group 272)	7 141	0.19	28.67	26 607	0.31	40.17	15.97	3.57
674 Flat-rolled iron, non-alloy steel, coated	10 177	0.27	29.16	26 755	0.32	47.37	10.11	5.47
675 Flat rolled products of alloy steel	10 247	0.27	23.15	28 860	0.34	39.61	9.27	6.20
515 Organo-inorganic compounds, nucleic acids & salt	9 673	0.26	12.11	24 484	0.29	23.15	12.23	8.79
898 Musical instrument and parts, excl. 763, 883	15 919	0.42	31.14	23 651	0.28	46.38	4.40	4.73
513 Carboxylic acid and their derivatives	12 586	0.33	37.58	24 591	0.29	52.87	8.05	4.05
641 Paper and paperboard	12 033	0.32	12.36	24 246	0.29	20.53	7.93	6.26
673 Flat-rolled iron, non-alloy steel, not coated	19 565	0.52	29.19	24 360	0.29	32.59	0.28	0.01
872 Medical instruments and appliances, nes	9 653	0.25	18.26	24 342	0.29	23.40	10.92	3.12
642 Paper and paperboard articles, cut to size	8 345	0.22	22.66	24 141	0.29	35.73	12.64	6.08
848 Headgear and non-textile clothing accessories	15 004	0.40	70.87	23 449	0.28	69.64	6.78	0.62
744 Mechanical handling equipment and parts, nes	7 294	0.19	13.91	23 664	0.28	26.13	12.29	7.85
071 Coffee and coffee substitutes	10 231	0.27	64.34	24 040	0.28	59.83	10.32	-0.91
657 Special yarn, special textile fabrics & related	9 735	0.26	32.27	22 765	0.27	45.09	10.49	4.75
042 Rice	7 784	0.21	76.53	21 939	0.26	83.12	12.80	1.11
846 Clothing accessories excl. for babies	9 691	0.26	54.78	21 887	0.26	67.79	10.02	2.83
697 Household equipment of base metal, nes	9 490	0.25	50.74	22 111	0.26	64.93	9.81	3.38
335 Residual petroleum products, nes	6 528	0.17	35.53	21 887	0.26	41.24	14.31	2.09
553 Perfumery, toilet, cosmetics, excl. soap	6 996	0.18	15.92	21 614	0.26	24.70	13.72	6.15
681 Silver, platinum and other platinum metals	9 235	0.24	42.94	19 756	0.23	39.77	8.05	-0.57
098 Edible products and preparations, nes	6 801	0.18	20.44	21 483	0.25	27.96	14.12	4.61
661 Lime, cement & fabricated construction materials	9 846	0.26	50.72	20 388	0.24	60.74	7.17	2.07
231 Natural rubber, in primatry form, latex, etc	9 587	0.25	97.49	17 096	0.20	94.23	8.72	-0.43
037 Fish, shellfish, prepared, preserved, nes	9 208	0.24	61.99	19 407	0.23	70.28	8.72	1.64
885 Watches and clocks	9 947	0.26	39.27	19 815	0.23	34.76	8.94	-1.11
695 Tools for use in the hand or in machine	8 312	0.22	27.35	20 747	0.25	38.03	10.09	4.04
541 Medecinal & Pharmaceuticals, excl. medicaments	6 715	0.18	10.14	19 421	0.23	9.99	12.96	0.19
514 Nitrogen-function compounds	8 163	0.22	23.90	18 574	0.22	35.71	9.78	4.52
714 Non-electric engines excluding 712, 713, 718	5 351	0.14	7.77	19 276	0.23	18.92	14.73	11.40
671 Pig & sponge iron, steel, ferro alloys powders	14 263	0.38	53.11	18 727	0.22	51.27	2.38	-0.89
287 Ores and concentrates of base metal, nes	10 377	0.27	55.14	18 208	0.22	57.21	5.30	0.73
634 Veneer, plywood, other wood, worked, nes	9 664	0.26	32.42	17 297	0.20	44.93	5.42	3.59
012 Other meat and edible meat offal	7 359	0.19	18.36	17 065	0.20	21.85	10.42	2.24
892 Printed matter	7 391	0.20	18.69	16 785	0.20	33.39	9.22	7.03
011 Meat of bovine animals, fresh, chilled, frozen	5 917	0.16	26.88	17 187	0.20	35.50	11.69	3.00
664 Glass	6 518	0.17	25.46	16 278	0.19	43.75	11.25	6.93
694 Nails, screws, nuts, bolts, rivets	7 220	0.19	33.59	17 353	0.20	40.39	9.13	2.01
516 Other organic chemicals	8 222	0.22	32.27	15 326	0.18	36.03	9.37	3.16
112 Alcoholic beverages	6 749	0.18	14.49	15 436	0.18	18.98	9.85	3.70
292 Crude vegetable materials, nes	5 935	0.16	24.26	15 188	0.18	34.67	12.89	5.69
742 Liquid pumps; liquid elevators and parts	4 499	0.12	13.24	15 860	0.19	23.73	14.36	7.09

For sources and notes, see end of table.

Pour les sources et les notes, se reporter à la fin du tableau.

Products ranked by average 2013-2014 values SITC Revision 3 (3-digit level) / Produits classés d'après la moyenne des valeurs de 2013-2014 CTCI révision 3 (positions à 3 chiffres)	2005			2014			Growth per year (%) Croissance annuelle (%) 2005-2014	
	Value (millions of dollars) Valeur (millions de dollars)	% of the country grouping exports (1) En % des exportations du groupe de pays (1)	% of world product exports (2) En % des exportations mondiales des produits (2)	Value (millions of dollars) Valeur (millions de dollars)	% of the country grouping exports (1) En % des exportations du groupe de pays (1)	% of world product exports (2) En % des exportations mondiales des produits (2)	Value Valeur	Difference from world Différence par rapport au monde
662 Clay and refractory construction materials	4 583	0.12	26.75	15 321	0.18	50.00	14.29	8.51
786 Trailers, semi & special transport containers	8 689	0.23	37.23	15 927	0.19	43.68	7.03	3.29
611 Leather	11 399	0.30	54.66	15 406	0.18	55.95	2.49	0.42
783 Road motor vehicles, nes	4 836	0.13	15.86	16 206	0.19	31.78	14.02	9.48
745 Mechanical & non-electrical machinery, part, nes	5 968	0.16	15.01	15 117	0.18	24.75	10.16	6.00
572 Polymers of styrene, in primary forms	10 430	0.28	53.91	14 626	0.17	57.50	3.88	1.16
724 Textile and leather machinery and parts, nes	7 134	0.19	28.57	15 077	0.18	46.21	8.23	5.88
665 Glassware	4 961	0.13	28.11	13 485	0.16	48.93	12.72	7.67
044 Maize unmilled, excluding sweet corn	3 319	0.09	29.06	11 016	0.13	33.03	18.45	5.50
748 Mechanical transmission equipment and parts	4 221	0.11	14.22	14 592	0.17	24.21	14.93	7.37
533 Pigments, paints, varnishes & related materials	6 488	0.17	16.62	14 095	0.17	22.56	9.52	4.15
072 Cocoa	6 098	0.16	63.83	14 576	0.17	65.46	10.05	0.27
251 Pulp and waste paper	5 453	0.14	20.58	13 056	0.15	28.22	9.62	3.54
554 Soaps, cleansing, polishing preparations	4 369	0.12	19.20	12 828	0.15	29.17	12.70	5.40
749 Non-electric machinery, part, accessory, nes	5 566	0.15	25.43	12 971	0.15	38.03	9.75	5.23
635 Wood manufactures, nes	6 902	0.18	32.30	12 267	0.14	40.41	5.72	3.06
591 Household and garden chemicals	3 923	0.10	23.90	11 878	0.14	32.83	13.93	4.47
663 Mineral manufactures, nes	3 607	0.10	16.72	11 929	0.14	31.32	13.54	7.68
421 Fixed vegetables fats and oils, "soft"	6 589	0.17	38.99	10 632	0.13	29.37	5.51	-3.60
056 Vegetables, roots and tubers, preserved, nes	4 754	0.13	29.26	11 247	0.13	34.43	9.77	2.22
048 Preparations of cereal, flour, veg&fruits starch	3 708	0.10	14.59	11 209	0.13	21.48	13.69	5.65
762 Radio broadcast receivers, combined or not	12 278	0.32	65.18	10 888	0.13	66.12	-1.88	0.01
122 Tobacco manufactured	4 380	0.12	22.51	10 336	0.12	32.62	10.55	4.53
629 Articles of rubber, nes	3 802	0.10	20.75	10 274	0.12	30.59	11.54	4.97
288 Non-ferrous base metal waste and scrap, nes	3 599	0.09	20.61	9 415	0.11	23.30	9.02	1.43
058 Fruits, preserved&preparations, excl. juice	4 485	0.12	44.24	10 046	0.12	46.79	9.45	1.16
672 Iron or steel ingots, primary form, semiproducts	9 513	0.25	32.82	9 446	0.11	27.92	0.78	-0.58
746 Ball or roller bearings	4 240	0.11	21.50	10 131	0.12	29.81	10.21	4.22
621 Rubber material e.g. pastes, tubes, rods	2 166	0.06	16.54	9 644	0.11	36.52	18.63	10.57
263 Cotton	4 029	0.11	36.23	8 363	0.10	48.50	12.37	3.73
592 Starches, wheat gluten, albuminoids and glues	2 858	0.08	20.19	10 034	0.12	33.51	14.93	6.49
523 Metal salts and peroxysalts, of inorganic acid	4 306	0.11	34.93	9 585	0.11	42.78	8.95	2.61
731 Machine tools for material removal	4 710	0.12	17.27	10 182	0.12	25.55	7.30	3.70
248 Wood simply worked, railway wood sleepers	7 318	0.19	20.57	9 634	0.11	21.81	1.17	0.06
121 Tobacco, unmanufactured, tobacco refuse	4 348	0.11	60.75	8 230	0.10	66.28	7.95	1.30
659 Floor coverings, etc	4 467	0.12	37.17	8 709	0.10	51.62	7.85	4.59
278 Other crude minerals	3 524	0.09	32.94	8 389	0.10	44.85	10.44	4.24
431 Processed animal, veg fats, oils, inedible, nes	3 007	0.08	52.43	7 808	0.09	58.86	11.86	1.21
791 Railway vehicles and associated equipment	1 557	0.04	9.56	8 749	0.10	27.96	21.00	13.59
774 Electro-diagnostic apparatus	2 253	0.06	8.63	8 042	0.09	18.77	14.64	9.21
022 Milk & milk products, excluding butter & cheese	2 720	0.07	11.85	7 759	0.09	14.75	12.21	3.13
693 Wire products excl. electrical, fencing grills	3 270	0.09	35.61	7 571	0.09	47.00	9.02	3.59
666 Pottery	3 400	0.09	53.10	8 237	0.10	73.35	11.15	4.65
656 Tulles, embroidery, trimmings & smallwares	4 615	0.12	56.21	7 613	0.09	70.64	4.71	2.44
059 Fruit and vegetable juices unfermented	3 439	0.09	37.43	7 067	0.08	43.90	7.79	2.01
531 Synthetic organic colour agents	3 507	0.09	33.66	7 721	0.09	56.30	8.03	5.68
075 Spices	2 209	0.06	73.54	8 103	0.10	80.51	15.24	1.23
247 Wood in rough or roughly squared	2 971	0.08	26.81	8 748	0.10	42.13	9.87	4.49
692 Metal containers for storage or transport	2 651	0.07	23.07	7 273	0.09	34.64	10.44	4.88
017 Meat, meat offal, prepared, preserved, nes	3 572	0.09	32.80	7 121	0.08	32.56	8.15	0.16
696 Cutlery	3 532	0.09	48.92	7 307	0.09	56.61	8.76	2.17
074 Tea and mate	3 112	0.08	74.23	6 558	0.08	74.29	9.37	0.32
232 Synthetic and reclaimed rubber; waste and scrap	3 100	0.08	25.88	6 508	0.08	29.77	10.89	2.40
895 Office and stationery supplies, nes	3 853	0.10	36.18	6 491	0.08	35.15	5.91	-0.29
581 Tubes, pipes, hoses and fittings of plastics	2 038	0.05	16.96	6 426	0.08	26.73	13.46	6.38
351 Electric current	2 609	0.07	10.55	6 546	0.08	19.41	12.08	8.90
737 Metalworking machinery excl. tools, parts, nes	3 083	0.08	19.22	6 007	0.07	28.19	6.63	4.55
344 Petroleum and hydrocarbon gases, nes	3 208	0.08	31.74	5 286	0.06	53.22	6.21	6.29
282 Ferrous iron, steel, waste and scrap	2 735	0.07	10.95	5 994	0.07	14.12	7.04	1.97
573 Vinyl chloride polymers, halogenated olefins	3 155	0.08	25.20	5 961	0.07	29.76	6.89	1.77

For sources and notes, see end of table.

Pour les sources et les notes, se reporter à la fin du tableau.

Products ranked by average 2013-2014 values SITC Revision 3 (3-digit level) / Produits classés d'après la moyenne des valeurs de 2013-2014 CTCI révision 3 (positions à 3 chiffres)	2005			2014			Growth per year (%) Croissance annuelle (%) 2005-2014	
	Value (millions of dollars) / Valeur (millions de dollars)	% of the country grouping exports (1) / En % des exportations du groupe de pays (1)	% of world product exports (2) / En % des exportations mondiales des produits (2)	Value (millions of dollars) / Valeur (millions de dollars)	% of the country grouping exports (1) / En % des exportations du groupe de pays (1)	% of world product exports (2) / En % des exportations mondiales des produits (2)	Value / Valeur	Difference from world / Différence par rapport au monde
873 Meters and counters, nes	1 665	0.04	25.01	6 176	0.07	42.33	16.20	7.26
812 Sanitary, plumbing, heating fixtures, nes	2 365	0.06	20.56	6 466	0.08	36.22	8.91	5.82
285 Aluminium ores and concentrates, alumina	3 515	0.09	33.29	5 420	0.06	36.14	4.15	1.30
273 Stone, sand and gravel	2 163	0.06	34.64	5 691	0.07	49.92	10.14	4.17
551 Essential oils, perfumes, flavour materials	2 063	0.05	13.21	5 815	0.07	20.73	13.64	6.97
687 Tin	2 731	0.07	85.17	5 691	0.07	83.17	9.23	-0.09
284 Nickel ores and concentrates, mattes, etc	2 330	0.06	46.36	5 364	0.06	58.83	7.70	3.32
001 Live animal excluding fish & crustaceans	2 978	0.08	21.46	5 679	0.07	23.11	9.38	2.82
721 Agricultural machinery, excluding tractors	1 757	0.05	8.47	5 668	0.07	14.57	14.47	7.23
266 Synthetic fibres suitable for spinning	3 373	0.09	56.75	5 702	0.07	64.39	6.88	1.77
289 Precious metal ores and concentrates, excl. gold	1 136	0.03	29.41	5 439	0.06	36.94	17.82	3.46
111 Non-alcoholic beverages, nes	2 399	0.06	21.34	5 508	0.07	24.31	9.81	2.74
678 Wire of iron or steel	2 241	0.06	31.01	5 397	0.06	44.27	9.50	4.31
683 Nickel	1 340	0.04	9.78	6 092	0.07	26.11	11.77	10.34
062 Sugar confectionery	2 256	0.06	33.69	5 148	0.06	40.21	8.90	1.78
654 Other textile fabrics, woven	4 158	0.11	37.34	4 772	0.06	45.16	1.51	2.56
881 Photographic apparatus and equipment, nes	4 530	0.12	26.29	4 579	0.05	65.00	0.87	9.93
291 Crude animal materials, nes	1 989	0.05	38.41	4 593	0.05	42.87	11.03	2.03
718 Power generating machinery and parts, nes	918	0.02	8.03	4 676	0.06	18.79	19.59	10.63
711 Steam or vapour generating boilers and parts	904	0.02	23.23	4 370	0.05	52.85	18.94	9.50
689 Misc. non-ferrous base metals for metallurgy	2 613	0.07	35.24	4 342	0.05	45.30	3.58	2.35
597 Additive for mineral oils, lubricant, antifreeze	1 486	0.04	13.01	4 153	0.05	16.74	12.52	3.62
686 Zinc	2 280	0.06	32.73	4 017	0.05	30.30	0.79	-0.88
722 Tractors	1 580	0.04	11.07	3 806	0.04	16.69	10.89	5.79
073 Chocolate, food preparations with cocoa, nes	1 366	0.04	10.65	3 949	0.05	13.96	12.92	4.11
811 Prefabricated buildings	853	0.02	15.42	3 200	0.04	34.14	14.06	8.84
041 Wheat incl. spelt, meslin, unmilled	1 959	0.05	10.93	3 177	0.04	6.60	7.41	-3.78
733 Metal working machine tools, no material removal	1 873	0.05	20.68	3 282	0.04	25.39	6.45	3.07
882 Photo & cinematographic supplies excl. 883	3 594	0.09	18.21	3 256	0.04	20.07	-0.50	1.47
524 Other inorganic chemicals	2 297	0.06	34.32	3 431	0.04	25.98	4.96	-1.89
735 Machines parts and accessories for 731, 733	1 746	0.05	14.75	3 409	0.04	20.15	6.80	3.33
727 Food processing machines excl. domestic, parts	882	0.02	9.41	3 111	0.04	18.53	14.47	8.59
046 Wheat meals and flour, meslin flour	1 074	0.03	41.93	2 762	0.03	48.79	13.28	3.50
272 Crude fertilizer, excluding manufactured	1 330	0.04	73.04	2 630	0.03	66.99	9.85	-0.96
579 Plastic waste, parings and scrap	1 576	0.04	42.58	2 787	0.03	38.17	5.93	-1.34
896 Work of art and collections; antiques	1 206	0.03	8.08	2 491	0.03	8.93	6.87	1.41
246 Wood chips, particles and waste	998	0.03	33.90	2 671	0.03	35.07	13.43	2.57
325 Coke, semi cokes of coal, retort carbon	2 668	0.07	43.27	2 667	0.03	42.39	-2.61	-3.33
268 Wool and animal hair, incl wool tops	1 468	0.04	29.58	2 461	0.03	37.81	6.87	2.79
685 Lead	1 014	0.03	35.29	2 367	0.03	34.91	7.09	-0.75
726 Printing, bookbinding machines and parts	1 633	0.04	8.75	2 343	0.03	16.35	3.88	7.76
712 Steam and vapour turbines and parts, nes	447	0.01	10.66	2 023	0.02	27.15	20.31	12.69
269 Worn clothing, textile articles; rags	541	0.01	25.36	2 411	0.03	39.59	17.06	4.58
725 Paper, pulp mill, cutting machinery	965	0.03	10.26	2 121	0.03	19.18	9.55	8.43
322 Briquettes, lignite and peat	19	0.00	1.98	2 270	0.03	54.91	78.53	58.81
091 Margarine and shortening	828	0.02	29.89	2 195	0.03	34.22	10.94	1.25
024 Cheese and curd	686	0.02	3.91	2 128	0.03	6.27	13.99	6.80
891 Arms and ammunition	931	0.02	12.69	1 985	0.02	15.51	10.40	4.48
612 Leather or composition leather manufactures, nes	1 510	0.04	48.42	2 110	0.02	46.63	2.37	-0.80
274 Sulphur and unroasted iron pyrites	658	0.02	43.18	2 093	0.02	50.16	13.50	1.45
267 Other man-made fibres for spinning; waste	620	0.02	19.41	1 776	0.02	35.44	12.81	7.94
525 Radio active and associated materials	668	0.02	8.67	1 608	0.02	13.89	12.87	8.43
035 Fish, dried, salted, in brine, smoked	971	0.03	25.63	1 661	0.02	26.27	7.36	1.88
613 Furskin tanned or dressed, etc	924	0.02	53.63	1 472	0.02	63.13	6.97	2.21
593 Explosives and pyrotechnic products	682	0.02	35.60	1 606	0.02	40.10	9.49	1.21
025 Birds' eggs, eggs' yolks and albumin	405	0.01	16.67	1 429	0.02	22.65	16.26	4.90
411 Animals oils and fats	376	0.01	14.89	1 333	0.02	24.20	15.46	5.49
211 Raw hides and skins, excluding furskins	1 041	0.03	17.81	1 217	0.01	13.32	2.15	-3.68
223 Oil seeds for non-soft oil	413	0.01	28.19	1 160	0.01	26.18	11.59	-1.83
583 Plastic rods, sticks and profile shapes	309	0.01	8.38	1 104	0.01	20.22	13.41	9.92

For sources and notes, see end of table.

Pour les sources et les notes, se reporter à la fin du tableau.

Products ranked by average 2013-2014 values SITC Revision 3 (3-digit level) / Produits classés d'après la moyenne des valeurs de 2013-2014 CTCI révision 3 (positions à 3 chiffres)	2005			2014			Growth per year (%) Croissance annuelle (%) 2005-2014	
	Value (millions of dollars) Valeur (millions de dollars)	% of the country grouping exports (1) En % des exportations du groupe de pays (1)	% of world product exports (2) En % des exportations mondiales des produits (2)	Value (millions of dollars) Valeur (millions de dollars)	% of the country grouping exports (1) En % des exportations du groupe de pays (1)	% of world product exports (2) En % des exportations mondiales des produits (2)	Value Valeur	Difference from world Différence par rapport au monde
043 Barley, unmilled	91	0.00	2.51	888	0.01	11.21	30.89	21.23
277 Natural abrasives, industrial diamonds, nes	728	0.02	61.77	810	0.01	57.40	4.97	0.46
212 Raw furskins excluding hides and skins	517	0.01	22.03	801	0.01	15.57	8.15	-4.10
045 Grain, unmilled excl. wheat, rice, barley, maize	177	0.00	11.05	894	0.01	18.94	22.58	12.36
016 Meat, meat offal, salted, dried, flours, meals	49	0.00	1.85	1 075	0.01	19.28	34.13	27.09
532 Dyeing and tanning extracts, synthetic materials	555	0.01	38.75	731	0.01	32.98	3.68	-2.01
047 Other cereal meals and flours	339	0.01	47.89	737	0.01	46.68	11.39	2.08
286 Uranium and thorium ores and concentrates	99	0.00	18.19	698	0.01	89.60	19.90	20.15
677 iron and steel rails, railway track materials	138	0.00	6.12	767	0.01	17.97	16.53	9.59
245 Fuel wood excluding waste; wood charcoal	221	0.01	39.00	669	0.01	43.18	12.29	1.05
023 Butter, fats and oils derived from milk	174	0.00	3.99	631	0.01	7.06	17.38	8.39
265 Vegetable textile fibres, not spun, waste	187	0.00	26.76	569	0.01	42.23	13.35	6.37
261 Silk	299	0.01	82.95	418	0.00	80.04	4.68	-0.49
264 Jute and bast fibres, nes, raw and retted	114	0.00	93.60	348	0.00	96.91	13.05	0.28
633 Cork manufactures	100	0.00	6.54	83	0.00	5.35	-3.49	-2.75
961 Coins, non-gold and non-currency	6	0.00	3.31	87	0.00	22.72	14.16	8.28
883 Cinematographic film, developed or not	62	0.00	9.27	25	0.00	57.32	-4.91	21.18
244 Cork, natural, raw and waste	18	0.00	7.32	16	0.00	7.43	0.04	2.94
345 Coal, water, producer gas, similar gases, etc	15	0.00	83.58	15	0.00	76.37	3.90	2.71

Source:
UNCTAD secretariat calculations, based on UNCTAD, *UNCTADstat* Merchandise Trade Matrix

Notes:

(1) Share in total exports of the developing economies.

(2) Share of developing economies in world exports.

Source :
Calculs du secrétariat de la CNUCED, basés sur la matrice du commerce de marchandises d'*UNCTADstat* de la CNUCED

Notes :

(1) Part dans les exportations totales des économies en dévelopement.

(2) Part des économies en dévelopement dans les exportations mondiales.

Products ranked by average 2013-2014 values SITC Revision 3 (3-digit level) / Produits classés d'après la moyenne des valeurs de 2013-2014 CTCI révision 3 (positions à 3 chiffres)	2005			2014			Growth per year (%) Croissance annuelle (%) 2005-2014	
	Value (millions of dollars) / Valeur (millions de dollars)	% of the country grouping exports (1) / En % des exportations du groupe de pays (1)	% of world product exports (2) / En % des exportations mondiales des produits (2)	Value (millions of dollars) / Valeur (millions de dollars)	% of the country grouping exports (1) / En % des exportations du groupe de pays (1)	% of world product exports (2) / En % des exportations mondiales des produits (2)	Value / Valeur	Difference from world / Différence par rapport au monde
All commodity groups	**6 318 671**	**100.00**	**60.41**	**9 728 043**	**100.00**	**51.31**	**4.28**	**-2.21**
781 Passenger & race cars, excl. public transport	424 535	6.72	86.99	571 377	5.87	81.38	2.39	-0.89
334 Heavy petroleum and bituminous oils	159 293	2.52	42.16	422 767	4.35	43.67	12.18	0.57
542 Medicaments including veterinary	197 268	3.12	95.02	319 014	3.28	90.42	4.66	-0.62
784 Motor vehicles parts and accessories	191 669	3.03	81.50	272 645	2.80	70.54	3.72	-1.73
333 Crude petroleum and bituminous oils	113 873	1.80	14.44	215 940	2.22	13.98	6.71	-1.24
971 Gold, non-monetary excl. ores & concentrates	19 974	0.32	52.51	185 959	1.91	58.44	28.11	-0.02
541 Medecinal & Pharmaceuticals, excl. medicaments	59 406	0.94	89.74	174 626	1.80	89.85	12.74	-0.03
764 Telecom equipment, parts, nes	174 720	2.77	48.98	170 740	1.76	27.88	-1.39	-6.85
792 Aircraft, spacecraft vehicles and parts	117 122	1.85	91.06	174 879	1.80	84.99	1.53	-1.00
874 Measuring, analysing, controling devices, nes	94 106	1.49	84.46	145 035	1.49	74.33	4.64	-1.56
776 Thermionic, cathode, valve, tubes, parts	152 815	2.42	41.58	137 664	1.42	21.90	-1.36	-7.22
772 Electrical circuit equipment	87 370	1.38	61.30	138 533	1.42	53.39	4.49	-1.90
728 Special industrial machines and parts, nes	82 492	1.31	83.66	134 562	1.38	73.15	4.71	-1.81
343 Natural gas, liquefied or not	65 054	1.03	43.35	123 768	1.27	33.30	7.61	-3.56
713 Internal combustion piston engines, parts, nes	96 545	1.53	85.15	129 422	1.33	76.21	2.59	-1.43
778 Electrical machinery and apparatus, nes	86 421	1.37	58.44	115 826	1.19	47.42	2.96	-2.53
752 Computer equipment, nes	120 830	1.91	43.94	105 713	1.09	29.07	-2.08	-5.13
598 Miscellaneous chemical products, nes	53 980	0.85	83.88	98 509	1.01	74.44	6.29	-1.50
699 Manufactures of base metal, nes	64 167	1.02	70.44	96 577	0.99	59.87	3.22	-2.00
743 Gas pumps, compressor, fan, filter and parts	53 430	0.85	76.42	95 770	0.98	68.86	5.82	-1.38
641 Paper and paperboard	83 546	1.32	85.80	90 646	0.93	76.76	0.34	-1.32
893 Articles of plastics, nes	58 044	0.92	67.08	89 963	0.92	56.33	4.20	-2.49
515 Organo-inorganic compounds, nucleic acids & salt	69 599	1.10	87.15	80 696	0.83	76.31	1.72	-1.72
821 Furniture and parts; bedding furnishings	62 579	0.99	63.97	83 331	0.86	47.80	1.96	-3.99
782 Goods and special-purpose vehicles	69 020	1.09	76.13	79 414	0.82	57.03	0.39	-3.49
714 Non-electric engines excluding 712, 713, 718	62 568	0.99	90.82	79 718	0.82	78.23	1.54	-1.78
872 Medical instruments and appliances, nes	43 083	0.68	81.51	79 465	0.82	76.38	6.99	-0.81
575 Other plastics, in primary forms	52 087	0.82	78.19	76 663	0.79	62.57	3.50	-3.10
667 Pearls, precious or semiprecious stones	55 686	0.88	58.96	74 248	0.76	44.06	3.61	-4.49
759 Office equipment parts and accessories	87 710	1.39	43.54	72 398	0.74	38.78	-2.96	-1.26
281 Iron ore and concentrates	11 559	0.18	40.23	68 828	0.71	58.17	25.45	4.48
723 Civil engineering plant, equipment and parts	55 328	0.88	79.58	70 242	0.72	64.73	1.76	-2.49
741 Heating and cooling equipment and parts, nes	48 925	0.77	70.89	69 242	0.71	58.58	2.51	-2.44
582 Plastic sheet, film, foil and strips	45 766	0.72	78.67	70 075	0.72	65.53	4.10	-2.48
684 Aluminium	51 497	0.82	64.59	68 459	0.70	57.79	1.12	-1.45
744 Mechanical handling equipment and parts, nes	44 712	0.71	85.27	66 233	0.68	73.13	2.57	-1.88
112 Alcoholic beverages	38 687	0.61	83.08	64 331	0.66	79.12	5.46	-0.70
553 Perfumery, toilet, cosmetics, excl. soap	36 688	0.58	83.51	65 002	0.67	74.30	5.96	-1.61
747 Pipe, boiler, tank, vat appliances & the like	32 177	0.51	78.35	63 036	0.65	69.20	6.53	-1.44
012 Other meat and edible meat offal	32 606	0.52	81.36	60 109	0.62	76.97	7.47	-0.71
716 Rotating electric plant and parts, nes	34 917	0.55	67.39	60 477	0.62	61.34	5.28	-1.36
773 Electric distribution equipment, nes	36 632	0.58	59.19	59 410	0.61	46.31	4.03	-3.02
899 Misc. manufactured articles, nes	30 904	0.49	69.45	57 698	0.59	62.90	6.94	-1.32
511 Hydrocarbons, halogenated, nitrated derivatives	33 765	0.53	66.02	51 396	0.53	52.49	5.07	-2.83
321 Coal, excluding non-agglomerated	25 933	0.41	56.13	49 780	0.51	50.80	10.73	-0.97
682 Copper	28 976	0.46	45.11	51 749	0.53	42.09	4.27	-0.99
098 Edible products and preparations, nes	26 089	0.41	78.42	54 034	0.56	70.32	7.97	-1.54
679 Iron or steel tubes, pipes and fittings	36 674	0.58	67.39	50 577	0.52	54.08	2.04	-2.40
742 Liquid pumps; liquid elevators and parts	29 130	0.46	85.75	50 241	0.52	75.16	5.71	-1.56
625 Rubber tyres, incl. inner tubes for wheels	29 432	0.47	66.73	48 119	0.49	54.35	6.18	-2.53
851 Footwear	28 550	0.45	42.64	50 369	0.52	35.69	5.75	-2.48
897 Jewellery, precious, semiprecious, nes	21 182	0.34	51.56	50 283	0.52	30.89	9.08	-7.94
533 Pigments, paints, varnishes & related materials	32 148	0.51	82.37	47 667	0.49	76.31	4.16	-1.22
057 Fruits, nuts (excl. oil), fresh or dried	25 858	0.41	53.13	47 361	0.49	46.49	6.87	-1.72
081 Feeding stuff for animal, excl. unmilled cereals	18 394	0.29	59.40	46 635	0.48	53.92	11.10	-1.37
745 Mechanical & non-electrical machinery, part, nes	33 689	0.53	84.71	45 732	0.47	74.87	2.71	-1.44
793 Ships, boats, and floating structures	39 158	0.62	54.78	44 476	0.46	33.58	0.36	-7.02
676 Iron and steel bars, rods, sections piling	33 289	0.53	62.77	44 590	0.46	50.07	1.95	-1.86
748 Mechanical transmission equipment and parts	25 232	0.40	85.00	45 290	0.47	75.14	5.92	-1.64
845 Articles of apparel of textile fabrics, nes	31 271	0.49	32.45	44 988	0.46	28.42	3.42	-1.19

For sources and notes, see end of table.   Pour les sources et les notes, se reporter à la fin du tableau.

Products ranked by average 2013-2014 values SITC Revision 3 (3-digit level) Produits classés d'après la moyenne des valeurs de 2013-2014 CTCI révision 3 (positions à 3 chiffres)	2005			2014			Growth per year (%) Croissance annuelle (%) 2005-2014	
	Value (millions of dollars) Valeur (millions de dollars)	% of the country grouping exports (1) En % des exportations du groupe de pays (1)	% of world product exports (2) En % des exportations mondiales des produits (2)	Value (millions of dollars) Valeur (millions de dollars)	% of the country grouping exports (1) En % des exportations du groupe de pays (1)	% of world product exports (2) En % des exportations mondiales des produits (2)	Value Valeur	Difference from world Différence par rapport au monde
673 Flat-rolled iron, non-alloy steel, not coated	37 576	0.59	56.06	42 149	0.43	56.39	0.84	0.57
775 Household-type equipment, nes	35 824	0.57	55.80	42 784	0.44	40.37	1.04	-4.04
022 Milk & milk products, excluding butter & cheese	19 629	0.31	85.52	43 142	0.44	81.99	8.48	-0.60
642 Paper and paperboard articles, cut to size	28 238	0.45	76.68	42 410	0.44	62.77	4.01	-2.55
675 Flat rolled products of alloy steel	32 705	0.52	73.88	43 108	0.44	59.17	0.82	-2.25
771 Electric power machinery excl. 716 and parts	22 131	0.35	48.22	41 054	0.42	42.23	6.53	-1.51
571 Polymers of ethylene, in primary forms	25 077	0.40	59.06	41 303	0.42	47.32	4.46	-3.69
222 Oil seeds and oleaginous fruits for soft oil	10 868	0.17	49.32	40 741	0.42	50.49	16.70	-0.02
048 Preparations of cereal, flour, veg&fruits starch	21 380	0.34	84.09	39 844	0.41	76.37	6.68	-1.36
054 Vegetable and edible vegetable products, nes	21 967	0.35	64.71	37 387	0.38	57.17	5.68	-1.67
041 Wheat incl. spelt, meslin, unmilled	13 917	0.22	77.66	36 091	0.37	74.97	10.95	-0.24
885 Watches and clocks	15 367	0.24	60.66	37 140	0.38	65.16	10.70	0.65
894 Baby carriages, toys, games, sporting goods	26 339	0.42	40.65	36 962	0.38	38.13	2.40	-1.10
282 Ferrous iron, steel, waste and scrap	19 253	0.30	77.06	34 165	0.35	80.46	5.61	0.54
774 Electro-diagnostic apparatus	23 822	0.38	91.22	34 707	0.36	80.99	4.09	-1.34
691 Iron, steel, aluminium structures, parts, nes	19 415	0.31	70.81	34 353	0.35	54.47	4.58	-3.04
034 Fish, fresh (live or dead), chilled, frozen	20 352	0.32	58.80	34 449	0.35	51.57	5.95	-1.74
783 Road motor vehicles, nes	25 209	0.40	82.66	34 285	0.35	67.24	1.96	-2.58
514 Nitrogen-function compounds	25 823	0.41	75.59	33 042	0.34	63.52	3.30	-1.96
721 Agricultural machinery, excluding tractors	18 658	0.30	89.95	32 602	0.34	83.79	6.31	-0.94
892 Printed matter	31 695	0.50	80.13	32 709	0.34	65.07	-0.27	-2.47
695 Tools for use in the hand or in machine	21 858	0.35	71.93	33 518	0.34	61.43	4.18	-1.87
251 Pulp and waste paper	20 275	0.32	76.51	31 914	0.33	68.98	4.95	-1.13
574 Polyacetals, polyesters, etc, in primary forms	22 932	0.36	62.78	31 432	0.32	53.36	3.13	-2.11
288 Non-ferrous base metal waste and scrap, nes	13 678	0.22	78.34	30 468	0.31	75.41	7.15	-0.44
761 Television, video receivers, projectors	24 175	0.38	41.88	30 456	0.31	34.07	0.09	-2.73
024 Cheese and curd	16 333	0.26	93.17	30 743	0.32	90.56	6.71	-0.49
884 Optical goods, nes	21 065	0.33	68.47	30 143	0.31	50.68	3.97	-3.66
554 Soaps, cleansing, polishing preparations	18 057	0.29	79.34	30 452	0.31	69.24	5.57	-1.74
681 Silver, platinum and other platinum metals	12 045	0.19	55.99	28 358	0.29	57.08	9.00	0.38
842 Women's or girls' clothing, woven	22 088	0.35	33.62	30 607	0.31	30.90	2.46	-1.00
674 Flat-rolled iron, non-alloy steel, coated	23 711	0.38	67.93	28 604	0.29	50.65	1.45	-3.19
011 Meat of bovine animals, fresh, chilled, frozen	15 817	0.25	71.86	30 587	0.31	63.17	7.22	-1.47
248 Wood simply worked, railway wood sleepers	25 697	0.41	72.24	29 825	0.31	67.53	0.52	-0.58
731 Machine tools for material removal	22 440	0.36	82.30	29 549	0.30	74.14	2.65	-0.95
335 Residual petroleum products, nes	11 376	0.18	61.91	28 910	0.30	54.47	10.80	-1.42
292 Crude vegetable materials, nes	18 445	0.29	75.41	28 147	0.29	64.26	4.68	-2.52
562 Fertilizers (other than those of group 272)	11 650	0.18	46.77	26 383	0.27	39.83	11.02	-1.38
898 Musical instrument and parts, excl. 763, 883	35 107	0.56	68.68	27 149	0.28	53.24	-3.47	-3.14
657 Special yarn, special textile fabrics & related	20 193	0.32	66.93	27 276	0.28	54.02	2.82	-2.92
516 Other organic chemicals	16 898	0.27	66.31	26 890	0.28	63.22	4.74	-1.48
663 Mineral manufactures, nes	17 692	0.28	82.02	25 474	0.26	66.88	3.58	-2.28
522 Inorganic chemical elements, oxide&halogen salt	16 007	0.25	54.57	25 410	0.26	45.27	4.70	-2.75
351 Electric current	21 065	0.33	85.18	25 185	0.26	74.69	1.45	-1.72
512 Alcohols, phenols; derivatives	16 374	0.26	51.11	24 306	0.25	40.03	5.15	-2.63
694 Nails, screws, nuts, bolts, rivets	14 105	0.22	65.62	25 283	0.26	58.84	5.98	-1.14
896 Work of art and collections; antiques	13 708	0.22	91.80	25 396	0.26	90.99	5.33	-0.13
591 Household and garden chemicals	12 461	0.20	75.91	24 113	0.25	66.65	7.73	-1.73
746 Ball or roller bearings	15 202	0.24	77.09	23 465	0.24	69.03	4.59	-1.40
841 Men's or boys' clothing, woven	18 130	0.29	33.71	23 790	0.24	29.06	2.17	-1.91
629 Articles of rubber, nes	14 396	0.23	78.59	23 078	0.24	68.72	4.90	-1.66
513 Carboxylic acid and their derivatives	20 457	0.32	61.08	21 604	0.22	46.44	0.86	-3.13
073 Chocolate, food preparations with cocoa, nes	10 960	0.17	85.46	23 200	0.24	81.99	8.07	-0.74
664 Glass	18 869	0.30	73.70	20 493	0.21	55.08	0.99	-3.33
831 Travel goods, handbags and similar containers	9 418	0.15	39.62	22 546	0.23	36.55	9.82	-1.86
785 Motorcycles, cycles, incl. invalid carriages	19 955	0.32	61.27	22 710	0.23	43.12	-0.07	-4.75
551 Essential oils, perfumes, flavour materials	13 539	0.21	86.68	22 190	0.23	79.10	5.27	-1.40
749 Non-electric machinery, part, accessory, nes	16 250	0.26	74.26	20 975	0.22	61.51	2.16	-2.36
056 Vegetables, roots and tubers, preserved, nes	11 319	0.18	69.67	21 014	0.22	64.32	6.47	-1.08
421 Fixed vegetables fats and oils, "soft"	9 431	0.15	55.80	19 208	0.20	53.06	8.80	-0.31

For sources and notes, see end of table.　　　　　　　　　　　Pour les sources et les notes, se reporter à la fin du tableau.

Products ranked by average 2013-2014 values SITC Revision 3 (3-digit level) / Produits classés d'après la moyenne des valeurs de 2013-2014 CTCI révision 3 (positions à 3 chiffres)	2005			2014			Growth per year (%) Croissance annuelle (%) 2005-2014	
	Value (millions of dollars) Valeur (millions de dollars)	% of the country grouping exports (1) En % des exportations du groupe de pays (1)	% of world product exports (2) En % des exportations mondiales des produits (2)	Value (millions of dollars) Valeur (millions de dollars)	% of the country grouping exports (1) En % des exportations du groupe de pays (1)	% of world product exports (2) En % des exportations mondiales des produits (2)	Value Valeur	Difference from world Différence par rapport au monde
122 Tobacco manufactured	14 662	0.23	75.37	19 758	0.20	62.36	3.88	-2.13
791 Railway vehicles and associated equipment	13 246	0.21	81.27	20 733	0.21	66.25	4.19	-3.22
786 Trailers, semi & special transport containers	14 469	0.23	62.00	20 271	0.21	55.60	1.56	-2.19
597 Additive for mineral oils, lubricant, antifreeze	9 865	0.16	86.35	20 069	0.21	80.89	7.97	-0.92
342 Liquefied propane and butane	8 621	0.14	29.12	21 300	0.22	27.89	9.58	-0.47
592 Starches, wheat gluten, albuminoids and glues	11 079	0.18	78.27	19 701	0.20	65.80	6.23	-2.21
871 Optical instruments and apparatus, nes	10 725	0.17	23.95	19 453	0.20	19.44	8.15	-1.10
763 Sound, TV image recorder or reproducer	25 023	0.40	40.30	17 851	0.18	37.21	-3.47	-1.25
634 Veneer, plywood, other wood, worked, nes	19 232	0.30	64.52	18 886	0.19	49.05	-1.20	-3.02
722 Tractors	12 143	0.19	85.07	18 184	0.19	79.72	4.24	-0.86
718 Power generating machinery and parts, nes	9 567	0.15	83.68	18 439	0.19	74.09	7.54	-1.42
001 Live animal excluding fish & crustaceans	10 880	0.17	78.40	18 722	0.19	76.18	5.73	-0.83
751 Office machines	7 995	0.13	52.37	17 958	0.18	36.05	6.33	-5.69
724 Textile and leather machinery and parts, nes	17 802	0.28	71.29	17 508	0.18	53.66	-0.94	-3.29
651 Textile yarn	17 586	0.28	43.03	17 317	0.18	29.41	-0.72	-4.95
813 Lighting fixtures and fittings, nes	10 436	0.17	54.31	17 799	0.18	31.16	4.94	-7.17
635 Wood manufactures, nes	14 171	0.22	66.31	17 329	0.18	57.09	0.77	-1.88
581 Tubes, pipes, hoses and fittings of plastics	9 827	0.16	81.79	17 197	0.18	71.53	5.28	-1.80
621 Rubber material e.g. pastes, tubes, rods	10 837	0.17	82.77	16 606	0.17	62.88	4.36	-3.70
111 Non-alcoholic beverages, nes	8 649	0.14	76.94	16 557	0.17	73.07	6.18	-0.89
044 Maize unmilled, excluding sweet corn	7 704	0.12	67.46	17 663	0.18	52.97	7.07	-5.88
071 Coffee and coffee substitutes	5 639	0.09	35.46	15 886	0.16	39.54	12.59	1.36
737 Metalworking machinery excl. tools, parts, nes	12 766	0.20	79.56	15 125	0.16	70.97	0.74	-1.34
662 Clay and refractory construction materials	12 249	0.19	71.49	14 668	0.15	47.87	0.63	-5.15
232 Synthetic and reclaimed rubber; waste and scrap	7 868	0.12	65.68	13 537	0.14	61.92	7.29	-1.20
017 Meat, meat offal, prepared, preserved, nes	7 130	0.11	65.48	14 241	0.15	65.11	7.68	-0.32
665 Glassware	12 536	0.20	71.02	13 542	0.14	49.13	0.16	-4.89
573 Vinyl chloride polymers, halogenated olefins	9 210	0.15	73.57	13 906	0.14	69.42	4.43	-0.68
283 Copper ores and concentrates, mattes and cement	3 682	0.06	18.90	13 969	0.14	25.96	14.50	4.39
727 Food processing machines excl. domestic, parts	8 447	0.13	90.07	13 584	0.14	80.92	4.51	-1.37
882 Photo & cinematographic supplies excl. 883	16 127	0.26	81.71	12 956	0.13	79.85	-2.29	-0.32
692 Metal containers for storage or transport	8 693	0.14	75.65	13 351	0.14	63.59	3.48	-2.08
658 Made-up textile articles, nes	9 325	0.15	29.32	13 320	0.14	22.30	3.33	-3.86
735 Machines parts and accessories for 731, 733	9 990	0.16	84.42	13 423	0.14	79.35	2.80	-0.67
683 Nickel	8 767	0.14	63.97	13 271	0.14	56.88	1.03	-0.40
844 Female clothing, knitted or crocheted	6 961	0.11	26.66	13 467	0.14	21.35	6.58	-3.28
672 Iron or steel ingots, primary form, semiproducts	10 995	0.17	37.93	12 228	0.13	36.14	0.31	-1.04
661 Lime, cement & fabricated construction materials	9 041	0.14	46.57	12 352	0.13	36.80	2.46	-2.63
726 Printing, bookbinding machines and parts	17 007	0.27	91.18	11 939	0.12	83.35	-4.96	-1.09
895 Office and stationery supplies, nes	6 787	0.11	63.74	11 954	0.12	64.74	6.37	0.16
523 Metal salts and peroxysalts, of inorganic acid	7 640	0.12	61.97	11 992	0.12	53.52	4.37	-1.97
287 Ores and concentrates of base metal, nes	7 997	0.13	42.49	11 935	0.12	37.50	2.59	-1.98
061 Sugars, molasses and honey	7 495	0.12	41.40	11 064	0.11	29.67	5.22	-4.83
697 Household equipment of base metal, nes	8 957	0.14	47.90	11 468	0.12	33.68	1.84	-4.59
036 Crustaceans, mollusc, aquatic invertebrates	7 588	0.12	37.53	11 879	0.12	28.18	4.67	-3.34
611 Leather	8 850	0.14	42.44	11 582	0.12	42.06	2.06	-0.01
653 Man-made woven fabrics	12 465	0.20	38.53	11 556	0.12	23.72	-1.68	-6.20
812 Sanitary, plumbing, heating fixtures, nes	9 027	0.14	78.46	11 113	0.11	62.25	0.91	-2.18
572 Polymers of styrene, in primary forms	8 863	0.14	45.81	10 558	0.11	41.51	1.14	-1.58
891 Arms and ammunition	6 329	0.10	86.26	10 541	0.11	82.39	5.02	-0.90
058 Fruits, preserved&preparations, excl. juice	5 367	0.08	52.94	10 692	0.11	49.80	7.22	-1.08
848 Headgear and non-textile clothing accessories	6 093	0.10	28.78	10 092	0.10	29.97	4.87	-1.28
846 Clothing accessories excl. for babies	7 870	0.12	44.49	9 883	0.10	30.61	2.40	-4.79
247 Wood in rough or roughly squared	5 034	0.08	45.41	9 839	0.10	47.39	7.73	2.35
733 Metal working machine tools, no material removal	7 105	0.11	78.47	9 563	0.10	73.97	2.53	-0.86
671 Pig & sponge iron, steel, ferro alloys powders	7 182	0.11	26.74	9 060	0.09	24.80	2.82	-0.45
278 Other crude minerals	6 663	0.11	62.28	9 166	0.09	49.01	2.89	-3.31
725 Paper, pulp mill, cutting machinery	8 425	0.13	89.55	8 904	0.09	80.51	-0.21	-1.33
059 Fruit and vegetable juices unfermented	5 569	0.09	60.62	8 668	0.09	53.85	4.25	-1.53
289 Precious metal ores and concentrates, excl. gold	2 640	0.04	68.36	8 530	0.09	57.93	11.97	-2.39

For sources and notes, see end of table.   Pour les sources et les notes, se reporter à la fin du tableau.

Products ranked by average 2013-2014 values SITC Revision 3 (3-digit level) Produits classés d'après la moyenne des valeurs de 2013-2014 CTCI révision 3 (positions à 3 chiffres)	2005			2014			Growth per year (%) Croissance annuelle (%) 2005-2014	
	Value (millions of dollars) Valeur (millions de dollars)	% of the country grouping exports (1) En % des exportations du groupe de pays (1)	% of world product exports (2) En % des exportations mondiales des produits (2)	Value (millions of dollars) Valeur (millions de dollars)	% of the country grouping exports (1) En % des exportations du groupe de pays (1)	% of world product exports (2) En % des exportations mondiales des produits (2)	Value Valeur	Difference from world Différence par rapport au monde
285 Aluminium ores and concentrates, alumina	6 104	0.10	57.80	8 772	0.09	58.48	2.69	-0.16
693 Wire products excl. electrical, fencing grills	5 653	0.09	61.56	8 185	0.08	50.82	3.07	-2.37
263 Cotton	5 454	0.09	49.05	7 135	0.07	41.38	6.65	-2.00
524 Other inorganic chemicals	4 027	0.06	60.16	8 137	0.08	61.62	6.54	-0.31
873 Meters and counters, nes	4 943	0.08	74.24	8 295	0.09	56.86	5.49	-3.45
659 Floor coverings, etc	7 460	0.12	62.06	7 959	0.08	47.17	-0.41	-3.67
037 Fish, shellfish, prepared, preserved, nes	5 461	0.09	36.77	7 910	0.08	28.65	3.74	-3.33
211 Raw hides and skins, excluding furskins	4 607	0.07	78.84	7 742	0.08	84.72	6.59	0.76
023 Butter, fats and oils derived from milk	4 045	0.06	92.67	7 885	0.08	88.12	8.29	-0.70
525 Radio active and associated materials	6 489	0.10	84.24	6 712	0.07	57.98	-0.04	-4.48
686 Zinc	4 251	0.07	61.03	8 286	0.09	62.51	1.97	0.31
652 Cotton, woven fabrics, excl. special fabrics	11 053	0.17	38.07	7 077	0.07	21.77	-5.35	-7.00
062 Sugar confectionery	4 295	0.07	64.14	7 269	0.07	56.78	5.72	-1.41
072 Cocoa	3 442	0.05	36.02	7 647	0.08	34.34	9.25	-0.54
655 Knitted or crocheted fabrics, nes	7 022	0.11	35.32	6 837	0.07	20.28	-0.78	-6.71
678 Wire of iron or steel	4 627	0.07	64.03	6 330	0.07	51.93	2.85	-2.35
811 Prefabricated buildings	4 608	0.07	83.36	5 992	0.06	63.93	1.93	-3.28
531 Synthetic organic colour agents	6 901	0.11	66.24	5 980	0.06	43.60	-2.03	-4.38
291 Crude animal materials, nes	3 142	0.05	60.69	5 991	0.06	55.92	7.54	-1.46
043 Barley, unmilled	2 856	0.05	78.94	5 251	0.05	66.26	8.14	-1.53
762 Radio broadcast receivers, combined or not	6 555	0.10	34.80	5 565	0.06	33.79	-1.93	-0.04
654 Other textile fabrics, woven	6 773	0.11	60.82	5 624	0.06	53.22	-2.82	-1.77
843 Male clothing, knitted or crocheted	3 093	0.05	20.42	5 720	0.06	17.64	6.38	-1.93
431 Processed animal, veg fats, oils, inedible, nes	2 674	0.04	46.63	5 292	0.05	39.90	8.94	-1.71
696 Cutlery	3 639	0.06	50.40	5 520	0.06	42.77	4.21	-2.37
712 Steam and vapour turbines and parts, nes	3 612	0.06	86.03	5 253	0.05	70.49	4.74	-2.88
273 Stone, sand and gravel	3 920	0.06	62.79	5 224	0.05	45.82	2.31	-3.66
212 Raw furskins excluding hides and skins	1 739	0.03	74.12	4 213	0.04	81.92	13.40	1.16
422 Fixed vegetable fats and oils, excluding "soft"	1 935	0.03	14.13	4 787	0.05	10.78	10.82	-3.36
025 Birds' eggs, eggs' yolks and albumin	1 987	0.03	81.87	4 597	0.05	72.87	9.77	-1.60
689 Misc. non-ferrous base metals for metallurgy	4 246	0.07	57.26	4 617	0.05	48.17	-0.39	-1.63
579 Plastic waste, parings and scrap	2 116	0.03	57.17	4 482	0.05	61.37	8.07	0.81
016 Meat, meat offal, salted, dried, flours, meals	2 615	0.04	97.92	4 486	0.05	80.44	5.01	-2.02
411 Animals oils and fats	2 144	0.03	84.87	4 142	0.04	75.21	8.67	-1.29
042 Rice	2 369	0.04	23.29	4 299	0.04	16.29	6.94	-4.75
035 Fish, dried, salted, in brine, smoked	2 798	0.04	73.81	4 499	0.05	71.13	4.58	-0.90
246 Wood chips, particles and waste	1 885	0.03	64.01	4 503	0.05	59.13	8.77	-2.09
344 Petroleum and hydrocarbon gases, nes	6 759	0.11	66.88	3 860	0.04	38.86	-6.80	-6.72
583 Plastic rods, sticks and profile shapes	3 354	0.05	91.07	4 213	0.04	77.17	1.59	-1.90
268 Wool and animal hair, incl wool tops	3 443	0.05	69.39	3 982	0.04	61.18	2.77	-1.31
711 Steam or vapour generating boilers and parts	2 879	0.05	74.00	3 737	0.04	45.19	3.20	-6.24
091 Margarine and shortening	1 863	0.03	67.26	3 880	0.04	60.50	8.62	-1.07
685 Lead	1 743	0.03	60.66	3 954	0.04	58.31	7.75	-0.10
121 Tobacco, unmanufactured, tobacco refuse	2 647	0.04	36.98	3 910	0.04	31.49	4.06	-2.59
269 Worn clothing, textile articles; rags	1 577	0.02	73.96	3 668	0.04	60.23	10.53	-1.95
284 Nickel ores and concentrates, mattes, etc	2 695	0.04	53.62	3 747	0.04	41.10	0.81	-3.57
267 Other man-made fibres for spinning; waste	2 535	0.04	79.35	3 207	0.03	64.01	1.82	-3.04
677 iron and steel rails, railway track materials	1 927	0.03	85.40	3 207	0.03	75.10	5.44	-1.49
045 Grain, unmilled excl. wheat, rice, barley, maize	1 405	0.02	87.64	3 709	0.04	78.56	7.40	-2.81
325 Coke, semi cokes of coal, retort carbon	2 709	0.04	43.93	2 940	0.03	46.73	2.47	1.75
656 Tulles, embroidery, trimmings & smallwares	3 587	0.06	43.69	3 112	0.03	28.88	-2.11	-4.38
266 Synthetic fibres suitable for spinning	2 406	0.04	40.49	2 965	0.03	33.48	2.55	-2.56
223 Oil seeds for non-soft oil	1 029	0.02	70.21	2 893	0.03	65.26	12.41	-1.00
666 Pottery	2 967	0.05	46.34	2 958	0.03	26.35	-0.95	-7.44
881 Photographic apparatus and equipment, nes	12 691	0.20	73.66	2 456	0.03	34.86	-16.61	-7.56
612 Leather or composition leather manufactures, nes	1 579	0.02	50.63	2 381	0.02	52.63	4.00	0.83
046 Wheat meals and flour, meslin flour	1 283	0.02	50.09	2 147	0.02	37.92	5.63	-4.16
593 Explosives and pyrotechnic products	1 183	0.02	61.81	2 218	0.02	55.37	7.24	-1.04
074 Tea and mate	1 024	0.02	24.42	2 131	0.02	24.14	7.99	-1.06
075 Spices	778	0.01	25.89	1 897	0.02	18.85	9.76	-4.25

For sources and notes, see end of table.   Pour les sources et les notes, se reporter à la fin du tableau.

Products ranked by average 2013-2014 values SITC Revision 3 (3-digit level) Produits classés d'après la moyenne des valeurs de 2013-2014 CTCI révision 3 (positions à 3 chiffres)	2005			2014			Growth per year (%) Croissance annuelle (%) 2005-2014	
	Value (millions of dollars) Valeur (millions de dollars)	% of the country grouping exports (1) En % des exportations du groupe de pays (1)	% of world product exports (2) En % des exportations mondiales des produits (2)	Value (millions of dollars) Valeur (millions de dollars)	% of the country grouping exports (1) En % des exportations du groupe de pays (1)	% of world product exports (2) En % des exportations mondiales des produits (2)	Value Valeur	Difference from world Différence par rapport au monde
322 Briquettes, lignite and peat	896	0.01	92.18	1 627	0.02	39.34	6.67	-13.05
532 Dyeing and tanning extracts, synthetic materials	875	0.01	61.07	1 479	0.02	66.75	6.84	1.14
633 Cork manufactures	1 426	0.02	93.39	1 463	0.02	94.42	-0.59	0.16
274 Sulphur and unroasted iron pyrites	753	0.01	49.42	1 272	0.01	30.49	6.37	-5.68
687 Tin	460	0.01	14.34	1 141	0.01	16.67	10.14	0.82
231 Natural rubber, in primatry form, latex, etc	243	0.00	2.47	1 047	0.01	5.77	20.15	11.00
272 Crude fertilizer, excluding manufactured	307	0.00	16.88	929	0.01	23.65	14.87	4.05
613 Furskin tanned or dressed, etc	783	0.01	45.46	840	0.01	36.04	1.30	-3.46
047 Other cereal meals and flours	350	0.01	49.51	794	0.01	50.31	7.97	-1.34
265 Vegetable textile fibres, not spun, waste	494	0.01	70.75	750	0.01	55.69	3.57	-3.41
245 Fuel wood excluding waste; wood charcoal	296	0.00	52.31	671	0.01	43.27	9.25	-2.00
277 Natural abrasives, industrial diamonds, nes	430	0.01	36.50	448	0.00	31.76	0.80	-3.70
961 Coins, non-gold and non-currency	188	0.00	96.67	291	0.00	75.99	4.48	-1.40
244 Cork, natural, raw and waste	222	0.00	92.67	202	0.00	92.57	-3.14	-0.24
261 Silk	44	0.00	12.35	62	0.00	11.97	1.99	-3.18
883 Cinematographic film, developed or not	609	0.01	90.46	18	0.00	42.26	-32.42	-6.33
264 Jute and bast fibres, nes, raw and retted	8	0.00	6.39	11	0.00	3.02	6.08	-6.70
345 Coal, water, producer gas, similar gases, etc	3	0.00	16.42	5	0.00	23.63	-4.58	-5.77
286 Uranium and thorium ores and concentrates	437	0.01	80.57	1	0.00	0.12	-67.29	-67.03

Source:

UNCTAD secretariat calculations, based on UNCTAD, *UNCTADstat* Merchandise Trade Matrix

Source :

Calculs du secrétariat de la CNUCED, basés sur la matrice du commerce de marchandises d'*UNCTADstat* de la CNUCED

Notes:

(1) Share in total exports of the developed economies.

(2) Share of developed economies in world exports.

Notes :

(1) Part dans les exportations totales des économies développées.

(2) Part des économies développées dans les exportations mondiales.

3.2.D Export structure by product
Individual economies

3.2.D Structure des exportations par produits
Économies individuelles

Leading products exported based on average 2013-2014 values SITC Revision 3 (3-digit level) / Principaux produits exportés d'après la moyenne des valeurs de 2013-2014 CTCI révision 3 (positions à 3 chiffres)	2013-2014			
	Value (f.o.b., thousands of dollars) / Valeur (f.a.b., milliers de dollars)	As percentage / En pourcentage		
		of country total / du total du pays	of ** (1) / des ** (1)	of world / du monde
Afghanistan (=Developing) (2)**				
All commodity groups	542 753	100.0	0.01	0.00
057 Fruit, nut excl. oils, fresh, dried	106 709	19.7	0.21	0.11
292 Crude vegetable materials, nes	51 326	9.5	0.34	0.12
263 Cotton	42 842	7.9	0.45	0.22
321 Coal excluding non-agglomerated	37 802	7.0	0.10	0.04
282 Ferrous iron, steel, waste, scrap	26 576	4.9	0.46	0.06
054 Vegetables, vegetable products, nes	17 865	3.3	0.07	0.03
075 Spices	16 583	3.1	0.23	0.18
659 Floor coverings, etc	12 944	2.4	0.15	0.08
278 Other crude minerals	10 786	2.0	0.13	0.06
212 Raw furskins and furskin pieces	10 076	1.9	1.01	0.16
Remainder	209 244	38.3		
Albania - Albanie (=Transition) (2)**				
All commodity groups	2 381 123	100.0	0.30	0.01
333 Crude petroleum, bituminous oil	513 658	21.6	0.21	0.03
851 Footwear	344 877	14.5	19.22	0.26
287 Base metal ores, concentrates, nes	134 506	5.6	7.89	0.43
841 Men's or boys' clothing, woven	122 278	5.1	11.93	0.16
845 Articles of apparel of textile, nes	78 424	3.3	7.27	0.05
676 Iron & steel bars, rods, sections	51 693	2.2	0.80	0.06
642 Cut paper and paperboard articles	47 306	2.0	4.77	0.07
842 Women's or girls' clothing, woven	44 928	1.9	4.32	0.05
699 Base metal manufactures, nes	40 877	1.7	1.78	0.03
351 Electric current	36 774	1.5	1.60	0.11
Remainder	965 802	40.6		
Algeria - Algérie (=Developing)**				
All commodity groups	64 612 960	100.0	0.76	0.34
333 Crude petroleum, bituminous oil	27 378 512	42.4	2.38	1.70
343 Natural gas, liquefied or not	19 431 186	30.1	11.10	5.02
334 Heavy petroleum, bituminous oil	9 930 337	15.4	2.33	0.99
342 Liquefied propane and butane	5 479 216	8.5	11.48	7.77
335 Residual petroleum products, nes	1 005 677	1.6	4.70	1.93
522 Inorganic chemicals, oxides, salt	480 809	0.7	1.82	0.86
061 Sugars, molasses and honey	253 243	0.4	0.93	0.64
562 Manufactured fertilizer excl.crude	166 229	0.3	0.65	0.25
272 Crude fertilizer, excl.manufactured	96 586	0.1	3.55	2.36
511 Hydrocarbons, nes; and derivatives	68 982	0.1	0.15	0.07
Remainder	322 183	0.4		
American Samoa - Samoa américaines (=Developing) (2)**				
All commodity groups	385 000	100.0	0.00	0.00
542 Medicaments including veterinary	91 693	23.8	0.29	0.03
034 Fish live, dead, chilled, frozen	69 780	18.1	0.25	0.11
081 Animal feed excl. unmilled cereal	63 203	16.4	0.17	0.07
541 Pharmaceuticals excl. medicaments	57 291	14.9	0.30	0.03
282 Ferrous iron, steel, waste, scrap	12 359	3.2	0.21	0.03
411 Animals oils and fats	10 927	2.8	0.85	0.19
728 Special industrial machinery, parts	9 911	2.6	0.02	0.01
571 Ethylene polymers in primary form	5 856	1.5	0.01	0.01
288 Non-ferrous base metal waste, nes	4 465	1.2	0.05	0.01
723 Civil engineering plant, equipment	4 070	1.1	0.01	0.00
Remainder	55 445	14.4		
Andorra - Andorre (=Developed)**				
All commodity groups	96 879	100.0	0.00	0.00
781 Passenger & race cars, excl. public	13 578	14.0	0.00	0.00
776 Thermionic, cathode, valves, tubes	13 428	13.9	0.01	0.00
899 Misc. manufactured articles, nes	10 646	11.0	0.02	0.01
885 Watches and clocks	5 024	5.2	0.01	0.01
892 Printed matter	4 133	4.3	0.01	0.01
898 Music instrument excl. 763, 883	4 005	4.1	0.01	0.01
897 Jewellery, precious,semi-precious	3 903	4.0	0.01	0.00
845 Articles of apparel of textile, nes	3 026	3.1	0.01	0.00
764 Telecom equipment, parts, nes	2 514	2.6	0.00	0.00
282 Ferrous iron, steel, waste, scrap	1 971	2.0	0.01	0.00
Remainder	34 651	35.8		

For sources and notes, see end of table.

Leading products exported based on average 2013-2014 values SITC Revision 3 (3-digit level) / Principaux produits exportés d'après la moyenne des valeurs de 2013-2014 CTCI révision 3 (positions à 3 chiffres)	2013-2014			
	Value (f.o.b., thousands of dollars) / Valeur (f.a.b., milliers de dollars)	As percentage / En pourcentage		
		of country total / du total du pays	of ** (1) / des ** (1)	of world / du monde
Angola (=Developing) (2)**				
All commodity groups	65 323 259	100.0	0.77	0.35
333 Crude petroleum, bituminous oil	62 496 329	95.7	5.43	3.89
334 Heavy petroleum, bituminous oil	787 445	1.2	0.18	0.08
667 Pearls, precious&semiprecious stone	720 794	1.1	0.80	0.42
793 Ships, boats, floating structures	448 031	0.7	0.49	0.32
342 Liquefied propane and butane	317 990	0.5	0.67	0.45
343 Natural gas, liquefied or not	280 642	0.4	0.16	0.07
282 Ferrous iron, steel, waste, scrap	64 153	0.1	1.10	0.15
288 Non-ferrous base metal waste, nes	36 498	0.1	0.37	0.09
273 Stone, sand and gravel	33 713	0.1	0.59	0.30
036 Crustacean & aquatic invertebrates	15 622	0.0	0.06	0.04
Remainder	122 042	0.1		
Anguilla (=Developing) (2)**				
All commodity groups	25 645	100.0	0.00	0.00
782 Goods and special purpose vehicles	4 687	18.3	0.01	0.00
772 Electrical circuit equipment	4 417	17.2	0.00	0.00
723 Civil engineering plant, equipment	3 622	14.1	0.01	0.00
112 Alcoholic beverages	1 321	5.2	0.01	0.00
792 Aircraft, spacecraft, equipment	844	3.3	0.00	0.00
744 Mechanical handling equipment, nes	757	3.0	0.00	0.00
699 Base metal manufactures, nes	726	2.8	0.00	0.00
691 Iron, steel, aluminium structures	650	2.5	0.00	0.00
743 Gas pump, compressor, fan, filter	643	2.5	0.00	0.00
661 Lime, cement, construction material	549	2.1	0.00	0.00
Remainder	7 429	29.0		
Antigua and Barbuda - Antigua-et-Barbuda (=Developing) (2)**				
All commodity groups	61 467	100.0	0.00	0.00
793 Ships, boats, floating structures	27 218	44.3	0.03	0.02
334 Heavy petroleum, bituminous oil	22 972	37.4	0.01	0.00
282 Ferrous iron, steel, waste, scrap	1 677	2.7	0.03	0.00
081 Animal feed excl. unmilled cereal	1 529	2.5	0.00	0.00
042 Rice	1 198	1.9	0.01	0.00
874 Measuring, controlling devices, nes	506	0.8	0.00	0.00
781 Passenger & race cars, excl. public	331	0.5	0.00	0.00
658 Made-up textile articles, nes	324	0.5	0.00	0.00
112 Alcoholic beverages	320	0.5	0.00	0.00
674 Flat, plated iron, non-alloy steel	159	0.3	0.00	0.00
Remainder	5 233	8.6		
Argentina - Argentine (=Developing)**				
All commodity groups	72 484 505	100.0	0.86	0.38
081 Animal feed excl. unmilled cereal	12 446 312	17.2	33.74	14.49
044 Maize unmilled, excl. sweet corn	4 686 396	6.5	33.73	13.56
421 Fixed veg fats, oils, "soft"	4 403 484	6.1	39.20	11.67
222 Oil seeds, oleaginous for soft oil	4 330 187	6.0	11.46	5.37
782 Goods and special purpose vehicles	3 991 479	5.5	7.14	2.88
781 Passenger & race cars, excl. public	3 604 391	5.0	2.85	0.52
971 Gold, non-monetary excluding ores	1 838 011	2.5	1.28	0.55
333 Crude petroleum, bituminous oil	1 677 609	2.3	0.15	0.10
598 Misc. chemical products, nes	1 442 400	2.0	4.60	1.11
784 Motor vehicle parts and accessories	1 282 738	1.8	1.17	0.34
Remainder	32 781 498	45.1		
Armenia - Arménie (=Transition) (2)**				
All commodity groups	1 478 995	100.0	0.19	0.01
283 Copper ores and concentrates	253 839	17.2	19.38	0.47
112 Alcoholic beverages	184 415	12.5	11.14	0.23
671 Pig & sponge iron, ferro alloys etc	108 834	7.4	1.26	0.30
667 Pearls, precious&semiprecious stone	102 958	7.0	1.98	0.06
684 Aluminium	91 642	6.2	1.07	0.08
122 Manufactured tobacco	86 855	5.9	5.93	0.27
971 Gold, non-monetary excluding ores	80 325	5.4	1.11	0.02
682 Copper	75 580	5.1	0.83	0.06
351 Electric current	61 266	4.1	2.66	0.18
841 Men's or boys' clothing, woven	27 582	1.9	2.69	0.04
Remainder	405 699	27.3		

Pour les sources et les notes, se reporter à la fin du tableau.

Leading products exported based on average 2013-2014 values SITC Revision 3 (3-digit level) / Principaux produits exportés d'après la moyenne des valeurs de 2013-2014 CTCI révision 3 (positions à 3 chiffres)	Value (f.o.b., thousands of dollars) Valeur (f.a.b., milliers de dollars)	2013-2014 As percentage En pourcentage of country total du total du pays	of ** (1) des ** (1)	of world du monde
Aruba (=Developing) (2)**				
All commodity groups	257 514	100.0	0.00	0.00
334 Heavy petroleum, bituminous oil	63 843	24.8	0.01	0.01
274 Sulphur and unroasted iron pyrites	53 901	20.9	2.77	1.39
342 Liquefied propane and butane	44 914	17.4	0.09	0.06
792 Aircraft, spacecraft, equipment	26 648	10.3	0.09	0.09
112 Alcoholic beverages	18 726	7.3	0.12	0.02
971 Gold, non-monetary excluding ores	4 095	1.6	0.00	0.00
522 Inorganic chemicals, oxides, salt	3 217	1.2	0.01	0.01
122 Manufactured tobacco	3 095	1.2	0.03	0.01
562 Manufactured fertilizer excl.crude	2 945	1.1	0.01	0.00
751 Office machines	2 200	0.9	0.01	0.00
Remainder	33 930	13.3		
Australia - Australie (=Developed)**				
All commodity groups	246 299 895	100.0	2.55	1.30
281 Iron ore and concentrates	63 691 684	25.9	87.58	49.40
321 Coal excluding non-agglomerated	36 426 676	14.8	67.16	34.63
343 Natural gas, liquefied or not	15 141 693	6.1	11.89	3.91
971 Gold, non-monetary excluding ores	12 773 586	5.2	7.02	3.84
333 Crude petroleum, bituminous oil	9 154 311	3.7	4.35	0.57
011 Bovine meat, fresh, chilled, frozen	6 253 676	2.5	21.45	13.51
285 Aluminium ores,concentrate, alumina	5 704 317	2.3	65.16	37.11
041 Wheat incl. spelt, meslin, unmilled	5 609 488	2.3	15.03	11.51
283 Copper ores and concentrates	4 940 272	2.0	36.18	9.21
287 Base metal ores, concentrates, nes	4 288 492	1.7	36.73	13.87
Remainder	82 315 700	33.5		
Austria - Autriche (=Developed)**				
All commodity groups	167 993 205	100.0	1.74	0.89
713 Internal combustion engines & parts	6 282 955	3.7	4.94	3.77
542 Medicaments including veterinary	5 847 687	3.5	1.87	1.69
781 Passenger & race cars, excl. public	5 679 822	3.4	1.02	0.82
784 Motor vehicle parts and accessories	5 052 474	3.0	1.86	1.32
541 Pharmaceuticals excl. medicaments	4 755 802	2.8	2.83	2.53
699 Base metal manufactures, nes	4 625 047	2.8	4.88	2.95
728 Special industrial machinery, parts	4 333 409	2.6	3.31	2.42
641 Paper and paperboard	3 651 124	2.2	4.02	3.10
772 Electrical circuit equipment	2 964 241	1.8	2.19	1.16
764 Telecom equipment, parts, nes	2 962 697	1.8	1.77	0.50
Remainder	121 837 947	72.4		
Azerbaijan - Azerbaïdjan (=Transition) (2)**				
All commodity groups	29 981 287	100.0	3.81	0.16
333 Crude petroleum, bituminous oil	26 004 624	86.7	10.52	1.62
334 Heavy petroleum, bituminous oil	1 231 639	4.1	0.95	0.12
343 Natural gas, liquefied or not	464 892	1.6	0.55	0.12
061 Sugars, molasses and honey	279 264	0.9	26.77	0.70
057 Fruit, nut excl. oils, fresh, dried	229 029	0.8	11.55	0.23
684 Aluminium	116 131	0.4	1.36	0.10
421 Fixed veg fats, oils, "soft"	113 336	0.4	1.83	0.30
571 Ethylene polymers in primary form	111 071	0.4	10.23	0.13
054 Vegetables, vegetable products, nes	108 349	0.4	7.84	0.16
431 Processed animal, veg fats, oils	79 498	0.3	47.45	0.58
Remainder	1 243 454	4.0		
Bahamas (=Developing) (2)**				
All commodity groups	902 050	100.0	0.01	0.00
793 Ships, boats, floating structures	365 950	40.6	0.40	0.27
334 Heavy petroleum, bituminous oil	206 790	22.9	0.05	0.02
333 Crude petroleum, bituminous oil	83 302	9.2	0.01	0.01
572 Styrene polymers in primary form	51 183	5.7	0.35	0.20
335 Residual petroleum products, nes	38 833	4.3	0.18	0.07
036 Crustacean & aquatic invertebrates	23 752	2.6	0.09	0.06
515 Organo-inorganic compound acid salt	15 966	1.8	0.06	0.01
896 Work of art, collections; antiques	14 788	1.6	0.56	0.06
278 Other crude minerals	8 449	0.9	0.10	0.05
269 Worn clothing, textile article; rag	7 602	0.8	0.35	0.13
Remainder	85 435	9.6		

Leading products exported based on average 2013-2014 values SITC Revision 3 (3-digit level) / Principaux produits exportés d'après la moyenne des valeurs de 2013-2014 CTCI révision 3 (positions à 3 chiffres)	Value (f.o.b., thousands of dollars) Valeur (f.a.b., milliers de dollars)	2013-2014 As percentage En pourcentage of country total du total du pays	of ** (1) des ** (1)	of world du monde
Bahrain - Bahreïn (=Developing) (2)**				
All commodity groups	20 253 105	100.0	0.24	0.11
334 Heavy petroleum, bituminous oil	7 491 847	37.0	1.76	0.75
684 Aluminium	3 870 890	19.1	9.59	3.33
281 Iron ore and concentrates	713 353	3.5	1.45	0.55
897 Jewellery, precious,semi-precious	568 212	2.8	0.56	0.38
693 Wire products and fencing grills	477 063	2.4	6.32	2.95
562 Manufactured fertilizer excl.crude	423 058	2.1	1.65	0.63
781 Passenger & race cars, excl. public	387 172	1.9	0.31	0.06
671 Pig & sponge iron, ferro alloys etc	360 599	1.8	1.99	1.01
512 Alcohols, phenols; and derivatives	328 132	1.6	0.93	0.54
098 Edible products & preparations, nes	234 012	1.2	1.13	0.31
Remainder	5 398 767	26.6		
Bangladesh (=Developing) (2)**				
All commodity groups	29 606 584	100.0	0.35	0.16
845 Articles of apparel of textile, nes	9 615 858	32.5	8.81	6.24
841 Men's or boys' clothing, woven	7 384 727	24.9	13.62	9.43
842 Women's or girls' clothing, woven	3 325 755	11.2	5.30	3.57
844 Female clothing, knitted, crocheted	1 629 210	5.5	3.21	2.54
843 Male clothing, knitted, crocheted	1 545 064	5.2	5.59	4.64
658 Made-up textile articles, nes	1 034 522	3.5	2.30	1.77
036 Crustacean & aquatic invertebrates	712 520	2.4	2.66	1.84
651 Textile yarn	608 077	2.1	1.52	1.03
851 Footwear	498 516	1.7	0.59	0.37
611 Leather	448 247	1.5	3.02	1.68
Remainder	2 804 088	9.5		
Barbados - Barbade (=Developing)**				
All commodity groups	474 088	100.0	0.01	0.00
542 Medicaments including veterinary	54 235	11.4	0.17	0.02
112 Alcoholic beverages	44 093	9.3	0.29	0.05
333 Crude petroleum, bituminous oil	43 604	9.2	0.00	0.00
334 Heavy petroleum, bituminous oil	30 068	6.3	0.01	0.00
661 Lime, cement, construction material	25 951	5.5	0.13	0.08
892 Printed matter	21 152	4.5	0.13	0.04
793 Ships, boats, floating structures	18 329	3.9	0.02	0.01
899 Misc. manufactured articles, nes	16 804	3.5	0.05	0.02
091 Margarine and shortening	16 463	3.5	0.79	0.26
591 Household and garden chemicals	13 378	2.8	0.12	0.04
Remainder	190 011	40.1		
Belarus - Bélarus (=Transition)**				
All commodity groups	36 641 786	100.0	4.66	0.19
334 Heavy petroleum, bituminous oil	10 004 373	27.3	7.69	1.00
562 Manufactured fertilizer excl.crude	2 758 770	7.5	20.64	4.12
022 Milk products excl. butter & cheese	1 212 817	3.3	69.24	2.37
333 Crude petroleum, bituminous oil	1 182 806	3.2	0.48	0.07
782 Goods and special purpose vehicles	1 139 864	3.1	46.17	0.82
722 Tractors	792 128	2.2	85.62	3.40
024 Cheese and curd	726 156	2.0	65.02	2.17
011 Bovine meat, fresh, chilled, frozen	580 177	1.6	82.79	1.25
676 Iron & steel bars, rods, sections	545 880	1.5	8.44	0.63
821 Bedding furniture and parts	515 155	1.4	23.88	0.30
Remainder	17 183 660	46.9		
Belgium - Belgique (=Developed)**				
All commodity groups	491 853 145	100.0	5.09	2.60
334 Heavy petroleum, bituminous oil	44 790 437	9.1	10.02	4.46
542 Medicaments including veterinary	32 296 077	6.6	10.30	9.31
781 Passenger & race cars, excl. public	31 207 121	6.3	5.60	4.53
541 Pharmaceuticals excl. medicaments	20 982 594	4.3	12.46	11.18
667 Pearls, precious&semiprecious stone	20 699 998	4.2	27.77	12.17
515 Organo-inorganic compound acid salt	12 987 866	2.6	15.32	11.80
575 Other plastics, in primary forms	11 334 133	2.3	14.90	9.38
343 Natural gas, liquefied or not	9 014 043	1.8	7.08	2.33
784 Motor vehicle parts and accessories	7 618 600	1.5	2.80	1.99
872 Medical instrument, appliance, nes	6 646 643	1.4	8.58	6.57
Remainder	294 275 633	59.9		

For sources and notes, see end of table.

Pour les sources et les notes, se reporter à la fin du tableau.

3

149

Leading products exported based on average 2013-2014 values SITC Revision 3 (3-digit level) / Principaux produits exportés d'après la moyenne des valeurs de 2013-2014 CTCI révision 3 (positions à 3 chiffres)	2013-2014			
	Value (f.o.b., thousands of dollars) Valeur (f.a.b., milliers de dollars)	As percentage / En pourcentage		
		of country total du total du pays	of ** (1) des ** (1)	of world du monde
Belize (=Developing) (2)**				
All commodity groups	599 094	100.0	0.01	0.00
057 Fruit, nut excl. oils, fresh, dried	68 976	11.5	0.14	0.07
061 Sugars, molasses and honey	67 953	11.3	0.25	0.17
333 Crude petroleum, bituminous oil	55 837	9.3	0.00	0.00
036 Crustacean & aquatic invertebrates	51 708	8.6	0.19	0.13
059 Fruit & vegetable juice unfermented	48 685	8.1	0.66	0.29
034 Fish live, dead, chilled, frozen	35 617	5.9	0.13	0.05
074 Tea and mate	25 494	4.3	0.38	0.28
793 Ships, boats, floating structures	18 245	3.0	0.02	0.01
081 Animal feed excl. unmilled cereal	13 411	2.2	0.04	0.02
054 Vegetables, vegetable products, nes	12 416	2.1	0.05	0.02
Remainder	200 752	33.7		
Benin - Bénin (=Developing) (2)**				
All commodity groups	1 939 924	100.0	0.02	0.01
263 Cotton	474 403	24.5	4.95	2.41
057 Fruit, nut excl. oils, fresh, dried	275 169	14.2	0.55	0.28
971 Gold, non-monetary excluding ores	217 653	11.2	0.15	0.07
247 Wood in rough or roughly squared	168 838	8.7	2.35	0.89
334 Heavy petroleum, bituminous oil	146 063	7.5	0.03	0.01
288 Non-ferrous base metal waste, nes	52 634	2.7	0.53	0.13
248 Wood simply worked, railway sleeper	51 566	2.7	0.57	0.12
676 Iron & steel bars, rods, sections	50 012	2.6	0.14	0.06
661 Lime, cement, construction material	49 054	2.5	0.24	0.15
223 Oil seeds for non soft oil	44 229	2.3	3.91	1.00
Remainder	410 303	21.1		
Bermuda - Bermudes (=Developed) (2)**				
All commodity groups	11 984	100.0	0.00	0.00
342 Liquefied propane and butane	4 748	39.6	0.02	0.01
575 Other plastics, in primary forms	1 538	12.8	0.00	0.00
542 Medicaments including veterinary	703	5.9	0.00	0.00
793 Ships, boats, floating structures	511	4.3	0.00	0.00
034 Fish live, dead, chilled, frozen	218	1.8	0.00	0.00
112 Alcoholic beverages	211	1.8	0.00	0.00
541 Pharmaceuticals excl. medicaments	188	1.6	0.00	0.00
792 Aircraft, spacecraft, equipment	176	1.5	0.00	0.00
059 Fruit & vegetable juice unfermented	137	1.1	0.00	0.00
562 Manufactured fertilizer excl.crude	103	0.9	0.00	0.00
Remainder	3 451	28.7		
Bhutan - Bhoutan (=Developing) (2)**				
All commodity groups	545 206	100.0	0.01	0.00
671 Pig & sponge iron, ferro alloys etc	196 961	36.1	1.09	0.55
351 Electric current	60 598	11.1	1.00	0.18
524 Other inorganic chemicals	49 051	9.0	1.53	0.38
273 Stone, sand and gravel	29 246	5.4	0.51	0.26
682 Copper	23 546	4.3	0.04	0.02
676 Iron & steel bars, rods, sections	21 472	3.9	0.06	0.02
057 Fruit, nut excl. oils, fresh, dried	19 589	3.6	0.04	0.02
278 Other crude minerals	18 644	3.4	0.23	0.10
075 Spices	17 942	3.3	0.25	0.20
661 Lime, cement, construction material	16 527	3.0	0.08	0.05
Remainder	91 630	16.9		
Bolivia (Plurinational State of) - Bolivie (État plurinational de) (=Developing)**				
All commodity groups	12 531 762	100.0	0.15	0.07
343 Natural gas, liquefied or not	6 137 116	49.0	3.51	1.59
287 Base metal ores, concentrates, nes	1 052 493	8.4	6.00	3.40
971 Gold, non-monetary excluding ores	1 005 637	8.0	0.70	0.30
081 Animal feed excl. unmilled cereal	735 463	5.9	1.99	0.86
333 Crude petroleum, bituminous oil	540 458	4.3	0.05	0.03
289 Precious metal ores excl. gold	519 355	4.1	9.60	3.47
421 Fixed veg fats, oils, "soft"	384 341	3.1	3.42	1.02
687 Tin	365 421	2.9	6.44	5.32
222 Oil seeds, oleaginous for soft oil	238 313	1.9	0.63	0.30
057 Fruit, nut excl. oils, fresh, dried	185 842	1.5	0.37	0.19
Remainder	1 367 323	10.9		
Bonaire, Sint Eustatius & Saba-Bonaire, Saint-Eustache et Saba (=Developing)(2)**				
All commodity groups	2 172	100.0	0.00	0.00
278 Other crude minerals	753	34.7	0.01	0.00
333 Crude petroleum, bituminous oil	386	17.8	0.00	0.00
334 Heavy petroleum, bituminous oil	303	13.9	0.00	0.00
682 Copper	272	12.5	0.00	0.00
899 Misc. manufactured articles, nes	203	9.3	0.00	0.00
716 Rotating electric plant, parts nes	15	0.7	0.00	0.00
721 Agricultural machine excl. Tractor	13	0.6	0.00	0.00
713 Internal combustion engines & parts	13	0.6	0.00	0.00
776 Thermionic, cathode, valves, tubes	9	0.4	0.00	0.00
291 Crude animal materials, nes	9	0.4	0.00	0.00
Remainder	196	9.1		
Bosnia and Herzegovina - Bosnie-Herzégovine (=Transition) (2)**				
All commodity groups	5 789 783	100.0	0.74	0.03
851 Footwear	519 476	9.0	28.95	0.39
821 Bedding furniture and parts	354 514	6.1	16.44	0.21
684 Aluminium	300 987	5.2	3.53	0.26
676 Iron & steel bars, rods, sections	210 771	3.6	3.26	0.24
351 Electric current	191 686	3.3	8.32	0.56
248 Wood simply worked, railway sleeper	176 220	3.0	3.85	0.42
334 Heavy petroleum, bituminous oil	157 137	2.7	0.12	0.02
784 Motor vehicle parts and accessories	145 263	2.5	10.17	0.04
743 Gas pump, compressor, fan, filter	119 903	2.1	9.64	0.09
893 Articles of plastics, nes	118 320	2.0	7.04	0.08
Remainder	3 495 506	60.5		
Botswana (=Developing)**				
All commodity groups	7 744 383	100.0	0.09	0.04
667 Pearls, precious&semiprecious stone	6 391 633	82.5	7.08	3.76
284 Nickel ores, concentrates, etc	419 918	5.4	7.44	4.50
283 Copper ores and concentrates	165 283	2.1	0.43	0.31
011 Bovine meat, fresh, chilled, frozen	108 648	1.4	0.66	0.23
277 Natural abrasives, nes	56 066	0.7	5.46	3.52
971 Gold, non-monetary excluding ores	47 238	0.6	0.03	0.01
773 Electric distribution equipment nes	45 662	0.6	0.07	0.04
523 Metal salt, inorganic acid, peroxy	41 115	0.5	0.43	0.19
278 Other crude minerals	29 388	0.4	0.36	0.16
334 Heavy petroleum, bituminous oil	23 480	0.3	0.01	0.00
Remainder	415 952	5.5		
Brazil - Brésil (=Developing)**				
All commodity groups	233 638 230	100.0	2.76	1.24
281 Iron ore and concentrates	29 155 310	12.5	59.37	22.61
222 Oil seeds, oleaginous for soft oil	23 156 122	9.9	61.30	28.69
333 Crude petroleum, bituminous oil	14 656 712	6.3	1.27	0.91
061 Sugars, molasses and honey	10 735 256	4.6	39.61	26.99
012 Meat nes, fresh, chilled, frozen	8 956 730	3.8	54.43	11.68
081 Animal feed excl. unmilled cereal	7 252 013	3.1	19.66	8.44
071 Coffee and coffee substitutes	5 968 796	2.6	26.36	15.57
011 Bovine meat, fresh, chilled, frozen	5 576 462	2.4	33.95	12.05
251 Pulp and waste paper	5 242 066	2.2	40.82	11.35
044 Maize unmilled, excl. sweet corn	5 119 773	2.2	36.85	14.81
Remainder	117 818 990	50.4		
British Virgin Islands - Îles Vierges britanniques (=Developing) (2)**				
All commodity groups	39 000	100.0	0.00	0.00
793 Ships, boats, floating structures	6 459	16.6	0.01	0.00
667 Pearls, precious&semiprecious stone	4 041	10.4	0.00	0.00
896 Work of art, collections; antiques	3 900	10.0	0.15	0.01
764 Telecom equipment, parts, nes	2 232	5.7	0.00	0.00
897 Jewellery, precious,semi-precious	1 418	3.6	0.00	0.00
334 Heavy petroleum, bituminous oil	1 142	2.9	0.00	0.00
792 Aircraft, spacecraft, equipment	871	2.2	0.00	0.00
057 Fruit, nut excl. oils, fresh, dried	847	2.2	0.00	0.00
575 Other plastics, in primary forms	759	1.9	0.00	0.00
571 Ethylene polymers in primary form	658	1.7	0.00	0.00
Remainder	16 673	42.8		

For sources and notes, see end of table.

Pour les sources et les notes, se reporter à la fin du tableau.

3.2.D Export structure by product
Individual economies

3.2.D Structure des exportations par produits
Économies individuelles

Leading products exported based on average 2013-2014 values SITC Revision 3 (3-digit level) / Principaux produits exportés d'après la moyenne des valeurs de 2013-2014 CTCI révision 3 (positions à 3 chiffres)	2013-2014			
	Value (f.o.b., thousands of dollars) / Valeur (f.a.b., milliers de dollars)	As percentage / En pourcentage		
		of country total / du total du pays	of ** (1) / des ** (1)	of world / du monde
Brunei Darussalam - Brunéi Darussalam (=Developing)**				
All commodity groups	10 978 010	100.0	0.13	0.06
343 Natural gas, liquefied or not	5 622 188	51.2	3.21	1.45
333 Crude petroleum, bituminous oil	4 917 488	44.8	0.43	0.31
512 Alcohols, phenols; and derivatives	153 960	1.4	0.44	0.25
541 Pharmaceuticals excl. medicaments	32 931	0.3	0.17	0.02
667 Pearls, precious&semiprecious stone	19 885	0.2	0.02	0.01
874 Measuring, controlling devices, nes	14 768	0.1	0.03	0.01
282 Ferrous iron, steel, waste, scrap	12 172	0.1	0.21	0.03
792 Aircraft, spacecraft, equipment	10 817	0.1	0.04	0.01
723 Civil engineering plant, equipment	9 752	0.1	0.03	0.01
897 Jewellery, precious,semi-precious	9 645	0.1	0.01	0.01
Remainder	174 404	1.6		
Bulgaria - Bulgarie (=Developed)**				
All commodity groups	29 448 557	100.0	0.30	0.16
334 Heavy petroleum, bituminous oil	3 286 854	11.2	0.74	0.33
682 Copper	2 804 280	9.5	5.26	2.20
542 Medicaments including veterinary	879 601	3.0	0.28	0.25
772 Electrical circuit equipment	876 407	3.0	0.65	0.34
041 Wheat incl. spelt, meslin, unmilled	821 017	2.8	2.20	1.69
222 Oil seeds, oleaginous for soft oil	814 824	2.8	2.01	1.01
351 Electric current	489 706	1.7	1.91	1.44
821 Bedding furniture and parts	486 076	1.7	0.60	0.29
842 Women's or girls' clothing, woven	472 035	1.6	1.60	0.51
841 Men's or boys' clothing, woven	452 854	1.5	1.96	0.58
Remainder	18 064 903	61.2		
Burkina Faso (=Developing) (2)**				
All commodity groups	2 422 158	100.0	0.03	0.01
971 Gold, non-monetary excluding ores	945 925	39.1	0.66	0.28
263 Cotton	687 802	28.4	7.18	3.49
334 Heavy petroleum, bituminous oil	181 954	7.5	0.04	0.02
222 Oil seeds, oleaginous for soft oil	149 346	6.2	0.40	0.19
057 Fruit, nut excl. oils, fresh, dried	75 409	3.1	0.15	0.08
287 Base metal ores, concentrates, nes	50 149	2.1	0.29	0.16
723 Civil engineering plant, equipment	35 208	1.5	0.09	0.03
686 Zinc	34 716	1.4	0.90	0.28
223 Oil seeds for non soft oil	30 599	1.3	2.71	0.69
792 Aircraft, spacecraft, equipment	29 811	1.2	0.10	0.02
Remainder	201 239	8.2		
Burundi (=Developing) (2)**				
All commodity groups	109 500	100.0	0.00	0.00
071 Coffee and coffee substitutes	34 697	31.7	0.15	0.09
971 Gold, non-monetary excluding ores	18 532	16.9	0.01	0.01
074 Tea and mate	14 722	13.4	0.22	0.16
287 Base metal ores, concentrates, nes	6 594	6.0	0.04	0.02
554 Soaps, cleansing and polishing	5 007	4.6	0.04	0.01
122 Manufactured tobacco	2 985	2.7	0.03	0.01
112 Alcoholic beverages	2 914	2.7	0.02	0.00
046 Wheat meal, flour, meslin flour	2 585	2.4	0.09	0.04
611 Leather	2 584	2.4	0.02	0.01
893 Articles of plastics, nes	2 163	2.0	0.00	0.00
Remainder	16 717	15.2		
Cabo Verde (=Developing) (2)**				
All commodity groups	74 915	100.0	0.00	0.00
034 Fish live, dead, chilled, frozen	25 358	33.8	0.09	0.04
037 Fish, shellfish, preserved, nes	24 140	32.2	0.12	0.09
851 Footwear	5 201	6.9	0.01	0.00
333 Crude petroleum, bituminous oil	3 130	4.2	0.00	0.00
282 Ferrous iron, steel, waste, scrap	1 769	2.4	0.03	0.00
841 Men's or boys' clothing, woven	1 609	2.1	0.00	0.00
845 Articles of apparel of textile, nes	1 584	2.1	0.00	0.00
036 Crustacean & aquatic invertebrates	1 346	1.8	0.01	0.00
843 Male clothing, knitted, crocheted	1 107	1.5	0.00	0.00
288 Non-ferrous base metal waste, nes	971	1.3	0.01	0.00
Remainder	8 700	11.7		

Leading products exported based on average 2013-2014 values SITC Revision 3 (3-digit level) / Principaux produits exportés d'après la moyenne des valeurs de 2013-2014 CTCI révision 3 (positions à 3 chiffres)	2013-2014			
	Value (f.o.b., thousands of dollars) / Valeur (f.a.b., milliers de dollars)	As percentage / En pourcentage		
		of country total / du total du pays	of ** (1) / des ** (1)	of world / du monde
Cambodia - Cambodge (=Developing) (2)**				
All commodity groups	10 024 067	100.0	0.12	0.05
845 Articles of apparel of textile, nes	2 751 097	27.4	2.52	1.79
844 Female clothing, knitted, crocheted	1 562 762	15.6	3.08	2.44
851 Footwear	878 125	8.8	1.04	0.65
841 Men's or boys' clothing, woven	737 783	7.4	1.36	0.94
843 Male clothing, knitted, crocheted	702 891	7.0	2.54	2.11
842 Women's or girls' clothing, woven	664 061	6.6	1.06	0.71
892 Printed matter	402 731	4.0	2.45	0.80
785 Motorcycle, cycle, invalid carriage	341 431	3.4	1.18	0.67
042 Rice	263 420	2.6	1.21	1.00
054 Vegetables, vegetable products, nes	186 732	1.9	0.71	0.28
Remainder	1 533 034	15.3		
Cameroon - Cameroun (=Developing) (2)**				
All commodity groups	4 908 553	100.0	0.06	0.03
333 Crude petroleum, bituminous oil	2 144 426	43.7	0.19	0.13
072 Cocoa	531 359	10.8	4.01	2.62
334 Heavy petroleum, bituminous oil	457 878	9.3	0.11	0.05
248 Wood simply worked, railway sleeper	336 096	6.8	3.75	0.79
057 Fruit, nut excl. oils, fresh, dried	229 515	4.7	0.46	0.23
247 Wood in rough or roughly squared	197 257	4.0	2.74	1.04
263 Cotton	111 719	2.3	1.17	0.57
231 Natural rubber, and in primary form	108 364	2.2	0.54	0.51
684 Aluminium	106 539	2.2	0.26	0.09
071 Coffee and coffee substitutes	48 837	1.0	0.22	0.13
Remainder	636 563	13.0		
Canada (=Developed)**				
All commodity groups	464 735 769	100.0	4.81	2.46
333 Crude petroleum, bituminous oil	83 741 703	18.0	39.76	5.21
781 Passenger & race cars, excl. public	45 037 377	9.7	8.08	6.54
334 Heavy petroleum, bituminous oil	16 754 769	3.6	3.75	1.67
971 Gold, non-monetary excluding ores	16 000 627	3.4	8.79	4.80
343 Natural gas, liquefied or not	12 435 551	2.7	9.76	3.22
792 Aircraft, spacecraft, equipment	11 458 672	2.5	6.96	5.88
784 Motor vehicle parts and accessories	10 892 482	2.3	4.01	2.85
248 Wood simply worked, railway sleeper	7 777 022	1.7	26.98	18.35
684 Aluminium	7 197 280	1.5	10.69	6.19
641 Paper and paperboard	6 843 600	1.5	7.53	5.81
Remainder	246 596 686	53.1		
Cayman Islands - Îles Caïmanes (=Developing) (2)**				
All commodity groups	28 320	100.0	0.00	0.00
793 Ships, boats, floating structures	19 454	68.7	0.02	0.01
971 Gold, non-monetary excluding ores	1 596	5.6	0.00	0.00
896 Work of art, collections; antiques	918	3.2	0.03	0.00
747 Pipe, boiler, tank, vat appliances	556	2.0	0.00	0.00
714 Non-electric engine excl.712,713,718	213	0.8	0.00	0.00
282 Ferrous iron, steel, waste, scrap	209	0.7	0.00	0.00
333 Crude petroleum, bituminous oil	171	0.6	0.00	0.00
251 Pulp and waste paper	163	0.6	0.00	0.00
522 Inorganic chemicals, oxides, salt	157	0.6	0.00	0.00
562 Manufactured fertilizer excl.crude	144	0.5	0.00	0.00
Remainder	4 739	16.7		
Central African Republic - République centrafricaine (=Developing) (2)**				
All commodity groups	120 000	100.0	0.00	0.00
247 Wood in rough or roughly squared	31 620	26.3	0.44	0.17
667 Pearls, precious&semiprecious stone	19 200	16.0	0.02	0.01
277 Natural abrasives, nes	16 999	14.2	1.66	1.07
263 Cotton	16 836	14.0	0.18	0.09
248 Wood simply worked, railway sleeper	13 965	11.6	0.16	0.03
684 Aluminium	2 816	2.3	0.01	0.00
727 Food-process machines excl.domestic	2 198	1.8	0.07	0.01
786 Trailers, semi & special containers	1 817	1.5	0.01	0.01
335 Residual petroleum products, nes	1 698	1.4	0.01	0.00
781 Passenger & race cars, excl. public	1 405	1.2	0.00	0.00
Remainder	11 446	9.7		

For sources and notes, see end of table.

Pour les sources et les notes, se reporter à la fin du tableau.

Leading products exported based on average 2013-2014 values SITC Revision 3 (3-digit level) / Principaux produits exportés d'après la moyenne des valeurs de 2013-2014 CTCI révision 3 (positions à 3 chiffres)	2013-2014 Value (f.o.b., thousands of dollars) / Valeur (f.a.b., milliers de dollars)	As percentage / En pourcentage: of country total / du total du pays	of ** (1) / des ** (1)	of world / du monde
Chad - Tchad (=Developing) (2)**				
All commodity groups	3 700 000	100.0	0.04	0.02
333 Crude petroleum, bituminous oil	3 407 070	92.1	0.30	0.21
263 Cotton	102 734	2.8	1.07	0.52
334 Heavy petroleum, bituminous oil	66 707	1.8	0.02	0.01
292 Crude vegetable materials, nes	38 434	1.0	0.25	0.09
222 Oil seeds, oleaginous for soft oil	25 788	0.7	0.07	0.03
657 Special yarn & textile fabrics, etc	8 524	0.2	0.04	0.02
283 Copper ores and concentrates	7 389	0.2	0.02	0.01
792 Aircraft, spacecraft, equipment	4 791	0.1	0.02	0.00
781 Passenger & race cars, excl. public	2 668	0.1	0.00	0.00
686 Zinc	1 740	0.0	0.05	0.01
Remainder	34 155	1.0		
Chile - Chili (=Developing)**				
All commodity groups	76 661 678	100.0	0.91	0.41
682 Copper	22 295 868	29.1	34.27	17.50
283 Copper ores and concentrates	16 942 057	22.1	43.81	31.59
057 Fruit, nut excl. oils, fresh, dried	5 252 075	6.9	10.56	5.32
034 Fish live, dead, chilled, frozen	4 194 056	5.5	14.78	6.47
251 Pulp and waste paper	2 848 975	3.7	22.19	6.17
112 Alcoholic beverages	1 947 556	2.5	12.68	2.39
281 Iron ore and concentrates	1 259 520	1.6	2.56	0.98
971 Gold, non-monetary excluding ores	1 225 513	1.6	0.85	0.37
248 Wood simply worked, railway sleeper	1 185 327	1.5	13.21	2.80
287 Base metal ores, concentrates, nes	1 075 676	1.4	6.13	3.48
Remainder	18 435 055	24.1		
China - Chine (=Developing)**				
All commodity groups	2 275 675 146	100.0	26.92	12.04
764 Telecom equipment, parts, nes	216 075 137	9.5	50.43	36.16
752 Data processing machine, parts, nes	167 065 912	7.3	65.75	46.61
776 Thermionic, cathode, valves, tubes	105 229 349	4.6	21.71	16.88
821 Bedding furniture and parts	59 710 462	2.6	68.45	35.08
778 Electrical machines, apparatus, nes	53 688 864	2.4	42.76	22.20
851 Footwear	53 505 021	2.4	63.51	39.83
897 Jewellery, precious,semi-precious	51 592 150	2.3	51.20	34.19
845 Articles of apparel of textile, nes	50 518 030	2.2	46.29	32.80
894 Baby carriage,toy,game,sport goods	40 011 942	1.8	68.40	42.24
759 Office equipment part & accessories	38 533 383	1.7	34.32	20.76
Remainder	1 439 744 896	63.2		
China, Hong Kong SAR - Chine (RAS de Hong Kong) (=Developing)**				
All commodity groups	529 625 821	100.0	6.27	2.80
764 Telecom equipment, parts, nes	86 056 867	16.2	20.09	14.40
776 Thermionic, cathode, valves, tubes	84 218 405	15.9	17.37	13.51
971 Gold, non-monetary excluding ores	63 150 267	11.9	43.93	18.96
759 Office equipment part & accessories	33 985 951	6.4	30.27	18.31
772 Electrical circuit equipment	21 365 010	4.0	18.15	8.40
667 Pearls, precious&semiprecious stone	17 968 811	3.4	19.90	10.57
752 Data processing machine, parts, nes	17 689 837	3.3	6.96	4.94
778 Electrical machines, apparatus, nes	12 347 999	2.3	9.83	5.11
771 Electric power machine excl. 716	11 068 452	2.1	19.86	11.35
885 Watches and clocks	10 163 141	1.9	51.86	18.18
Remainder	171 611 081	32.6		
China, Macao SAR - Chine (RAS de Macao) (=Developing) (2)**				
All commodity groups	1 188 628	100.0	0.01	0.01
885 Watches and clocks	156 162	13.1	0.80	0.28
897 Jewellery, precious,semi-precious	125 336	10.5	0.12	0.08
764 Telecom equipment, parts, nes	97 031	8.2	0.02	0.02
579 Plastic waste, parings and scrap	58 049	4.9	2.17	0.81
682 Copper	40 127	3.4	0.06	0.03
122 Manufactured tobacco	38 185	3.2	0.38	0.12
772 Electrical circuit equipment	36 070	3.0	0.03	0.01
288 Non-ferrous base metal waste, nes	33 418	2.8	0.34	0.08
831 Case bag: storage travel shopping	28 313	2.4	0.07	0.05
845 Articles of apparel of textile, nes	26 083	2.2	0.02	0.02
Remainder	549 854	46.3		

Leading products exported based on average 2013-2014 values SITC Revision 3 (3-digit level) / Principaux produits exportés d'après la moyenne des valeurs de 2013-2014 CTCI révision 3 (positions à 3 chiffres)	2013-2014 Value (f.o.b., thousands of dollars) / Valeur (f.a.b., milliers de dollars)	As percentage / En pourcentage: of country total / du total du pays	of ** (1) / des ** (1)	of world / du monde
China, Taiwan Province of - Province chinoise de Taiwan (=Developing) (2)**				
All commodity groups	307 830 584	100.0	3.64	1.63
776 Thermionic, cathode, valves, tubes	75 384 332	24.5	15.55	12.09
334 Heavy petroleum, bituminous oil	18 880 408	6.1	4.43	1.88
871 Optical instruments, apparatus, nes	14 866 173	4.8	17.79	14.44
764 Telecom equipment, parts, nes	13 484 243	4.4	3.15	2.26
772 Electrical circuit equipment	9 269 573	3.0	7.88	3.64
778 Electrical machines, apparatus, nes	8 095 012	2.6	6.45	3.35
759 Office equipment part & accessories	6 226 006	2.0	5.54	3.35
898 Music instrument excl. 763, 883	5 256 645	1.7	21.57	10.21
728 Special industrial machinery, parts	4 733 812	1.5	10.04	2.65
694 Nails, screws, nuts, bolts, rivets	4 586 772	1.5	28.51	11.15
Remainder	147 047 608	47.9		
Colombia - Colombie (=Developing)**				
All commodity groups	56 808 341	100.0	0.67	0.30
333 Crude petroleum, bituminous oil	26 702 482	47.0	2.32	1.66
321 Coal excluding non-agglomerated	6 340 258	11.2	16.68	6.03
334 Heavy petroleum, bituminous oil	3 609 884	6.4	0.85	0.36
071 Coffee and coffee substitutes	2 452 171	4.3	10.83	6.40
971 Gold, non-monetary excluding ores	1 921 368	3.4	1.34	0.58
292 Crude vegetable materials, nes	1 387 500	2.4	9.12	3.18
057 Fruit, nut excl. oils, fresh, dried	872 074	1.5	1.75	0.88
671 Pig & sponge iron, ferro alloys etc	663 004	1.2	3.66	1.85
575 Other plastics, in primary forms	510 201	0.9	1.17	0.42
553 Perfumery, cosmetics excl. soap	471 620	0.8	2.22	0.55
Remainder	11 877 779	20.9		
Comoros - Comores (=Developing) (2)**				
All commodity groups	22 488	100.0	0.00	0.00
075 Spices	9 721	43.2	0.13	0.11
793 Ships, boats, floating structures	8 075	35.9	0.01	0.01
551 Essential oils, perfumes, flavours	2 926	13.0	0.05	0.01
971 Gold, non-monetary excluding ores	688	3.1	0.00	0.00
651 Textile yarn	85	0.4	0.00	0.00
771 Electric power machine excl. 716	52	0.2	0.00	0.00
661 Lime, cement, construction material	52	0.2	0.00	0.00
842 Women's or girls' clothing, woven	52	0.2	0.00	0.00
231 Natural rubber, and in primary form	52	0.2	0.00	0.00
843 Male clothing, knitted, crocheted	51	0.2	0.00	0.00
Remainder	734	3.4		
Congo (=Developing) (2)**				
All commodity groups	8 676 375	100.0	0.10	0.05
333 Crude petroleum, bituminous oil	6 783 797	78.2	0.59	0.42
682 Copper	473 641	5.5	0.73	0.37
793 Ships, boats, floating structures	453 450	5.2	0.50	0.33
334 Heavy petroleum, bituminous oil	300 950	3.5	0.07	0.03
247 Wood in rough or roughly squared	202 236	2.3	2.81	1.06
342 Liquefied propane and butane	102 591	1.2	0.21	0.15
685 Lead	74 581	0.9	3.05	1.09
248 Wood simply worked, railway sleeper	57 627	0.7	0.64	0.14
287 Base metal ores, concentrates, nes	31 231	0.4	0.18	0.10
634 Veneer, plywood, other wood, nes	10 864	0.1	0.07	0.03
Remainder	185 407	2.0		
Cook Islands - Îles Cook (=Developing) (2)**				
All commodity groups	15 758	100.0	0.00	0.00
034 Fish live, dead, chilled, frozen	7 885	50.0	0.03	0.01
793 Ships, boats, floating structures	2 698	17.1	0.00	0.00
059 Fruit & vegetable juice unfermented	2 642	16.8	0.04	0.02
792 Aircraft, spacecraft, equipment	361	2.3	0.00	0.00
667 Pearls, precious&semiprecious stone	313	2.0	0.00	0.00
961 Coins, non-gold and non-currency	230	1.5	0.42	0.06
764 Telecom equipment, parts, nes	166	1.1	0.00	0.00
716 Rotating electric plant, parts nes	122	0.8	0.00	0.00
772 Electrical circuit equipment	103	0.7	0.00	0.00
112 Alcoholic beverages	85	0.5	0.00	0.00
Remainder	1 153	7.2		

For sources and notes, see end of table.

Pour les sources et les notes, se reporter à la fin du tableau.

3

Leading products exported based on average 2013-2014 values SITC Revision 3 (3-digit level) Principaux produits exportés d'après la moyenne des valeurs de 2013-2014 CTCI révision 3 (positions à 3 chiffres)	2013-2014		
	Value (f.o.b., thousands of dollars) Valeur (f.a.b., milliers de dollars)	As percentage / En pourcentage		
		of country total du total du pays	of ** (1) des ** (1)	of world du monde
Costa Rica (**=Developing) (2)				
All commodity groups	11 298 375	100.0	0.13	0.06
776 Thermionic, cathode, valves, tubes	5 758 008	51.0	1.19	0.92
057 Fruit, nut excl. oils, fresh, dried	1 388 795	12.3	2.79	1.41
759 Office equipment part & accessories	652 485	5.8	0.58	0.35
872 Medical instrument, appliance, nes	502 246	4.4	2.13	0.50
098 Edible products & preparations, nes	186 359	1.6	0.90	0.25
071 Coffee and coffee substitutes	166 006	1.5	0.73	0.43
772 Electrical circuit equipment	162 211	1.4	0.14	0.06
899 Misc. manufactured articles, nes	138 133	1.2	0.42	0.15
773 Electric distribution equipment nes	124 473	1.1	0.20	0.10
422 Fixed veg fats, oils, excl. "soft"	114 513	1.0	0.30	0.27
Remainder	2 105 146	18.7		
Côte d'Ivoire (**=Developing)				
All commodity groups	12 534 431	100.0	0.15	0.07
072 Cocoa	3 836 463	30.6	28.93	18.95
334 Heavy petroleum, bituminous oil	1 760 301	14.0	0.41	0.18
793 Ships, boats, floating structures	1 156 866	9.2	1.27	0.84
333 Crude petroleum, bituminous oil	805 797	6.4	0.07	0.05
057 Fruit, nut excl. oils, fresh, dried	765 864	6.1	1.54	0.78
231 Natural rubber, and in primary form	681 124	5.4	3.42	3.23
971 Gold, non-monetary excluding ores	639 334	5.1	0.44	0.19
263 Cotton	297 651	2.4	3.11	1.51
071 Coffee and coffee substitutes	228 479	1.8	1.01	0.60
422 Fixed veg fats, oils, excl. "soft"	216 201	1.7	0.57	0.50
Remainder	2 146 351	17.3		
Croatia - Croatie (**=Developed)				
All commodity groups	13 292 759	100.0	0.14	0.07
334 Heavy petroleum, bituminous oil	1 173 998	8.8	0.26	0.12
542 Medicaments including veterinary	504 350	3.8	0.16	0.15
248 Wood simply worked, railway sleeper	418 384	3.1	1.45	0.99
821 Bedding furniture and parts	407 065	3.1	0.50	0.24
351 Electric current	345 682	2.6	1.35	1.02
771 Electric power machine excl. 716	334 205	2.5	0.82	0.34
562 Manufactured fertilizer excl.crude	298 289	2.2	1.07	0.45
793 Ships, boats, floating structures	288 508	2.2	0.64	0.21
098 Edible products & preparations, nes	241 686	1.8	0.46	0.32
845 Articles of apparel of textile, nes	239 422	1.8	0.55	0.16
Remainder	9 041 170	68.1		
Cuba (**=Developing) (2)				
All commodity groups	5 072 895	100.0	0.06	0.03
284 Nickel ores, concentrates, etc	730 609	14.4	12.94	7.83
061 Sugars, molasses and honey	646 273	12.7	2.38	1.62
542 Medicaments including veterinary	643 355	12.7	2.01	0.19
122 Manufactured tobacco	435 524	8.6	4.29	1.37
334 Heavy petroleum, bituminous oil	368 051	7.3	0.09	0.04
036 Crustacean & aquatic invertebrates	136 653	2.7	0.51	0.35
541 Pharmaceuticals excl. medicaments	134 785	2.7	0.71	0.07
672 Ingots, Iron steel primary products	120 186	2.4	1.22	0.35
288 Non-ferrous base metal waste, nes	107 776	2.1	1.09	0.26
661 Lime, cement, construction material	105 795	2.1	0.53	0.32
Remainder	1 643 888	32.3		
Cyprus - Chypre (**=Developed)				
All commodity groups	2 027 811	100.0	0.02	0.01
542 Medicaments including veterinary	307 314	15.2	0.10	0.09
334 Heavy petroleum, bituminous oil	201 701	9.9	0.05	0.02
024 Cheese and curd	111 311	5.5	0.37	0.33
792 Aircraft, spacecraft, equipment	106 955	5.3	0.07	0.05
772 Electrical circuit equipment	87 797	4.3	0.06	0.04
764 Telecom equipment, parts, nes	79 169	3.9	0.05	0.01
054 Vegetables, vegetable products, nes	74 857	3.7	0.20	0.11
515 Organo-inorganic compound acid salt	71 226	3.5	0.08	0.06
122 Manufactured tobacco	61 014	3.0	0.30	0.19
971 Gold, non-monetary excluding ores	59 676	2.9	0.03	0.02
Remainder	866 791	42.8		

Leading products exported based on average 2013-2014 values SITC Revision 3 (3-digit level) Principaux produits exportés d'après la moyenne des valeurs de 2013-2014 CTCI révision 3 (positions à 3 chiffres)	2013-2014		
	Value (f.o.b., thousands of dollars) Valeur (f.a.b., milliers de dollars)	As percentage / En pourcentage		
		of country total du total du pays	of ** (1) des ** (1)	of world du monde
Czech Republic - République tchèque (**=Developed)				
All commodity groups	167 625 403	100.0	1.73	0.89
781 Passenger & race cars, excl. public	16 556 213	9.9	2.97	2.40
784 Motor vehicle parts and accessories	12 563 913	7.5	4.62	3.28
752 Data processing machine, parts, nes	9 883 327	5.9	9.56	2.76
772 Electrical circuit equipment	5 334 528	3.2	3.94	2.10
764 Telecom equipment, parts, nes	5 268 839	3.1	3.14	0.88
699 Base metal manufactures, nes	4 753 346	2.8	5.02	3.03
778 Electrical machines, apparatus, nes	4 552 158	2.7	3.96	1.88
821 Bedding furniture and parts	3 251 498	1.9	4.02	1.91
894 Baby carriage,toy,game,sport goods	3 220 909	1.9	8.97	3.40
773 Electric distribution equipment nes	3 123 875	1.9	5.35	2.50
Remainder	99 116 797	59.2		
Dem. Rep. of the Congo - Rép. dém. du Congo (**=Developing) (2)				
All commodity groups	6 550 000	100.0	0.08	0.03
682 Copper	2 371 421	36.2	3.64	1.86
283 Copper ores and concentrates	1 313 923	20.1	3.40	2.45
333 Crude petroleum, bituminous oil	897 862	13.7	0.08	0.06
689 Misc. non-ferrous base metals	625 231	9.5	15.15	6.81
287 Base metal ores, concentrates, nes	589 110	9.0	3.36	1.90
667 Pearls, precious&semiprecious stone	171 723	2.6	0.19	0.10
522 Inorganic chemicals, oxides, salt	122 519	1.9	0.46	0.22
247 Wood in rough or roughly squared	81 095	1.2	1.13	0.43
248 Wood simply worked, railway sleeper	43 168	0.7	0.48	0.10
292 Crude vegetable materials, nes	23 333	0.4	0.15	0.05
Remainder	310 615	4.7		
Denmark - Danemark (**=Developed)				
All commodity groups	110 087 040	100.0	1.14	0.58
334 Heavy petroleum, bituminous oil	4 397 939	4.0	0.98	0.44
333 Crude petroleum, bituminous oil	3 977 420	3.6	1.89	0.25
716 Rotating electric plant, parts nes	3 896 161	3.5	6.57	4.03
012 Meat nes, fresh, chilled, frozen	3 859 181	3.5	6.50	5.03
541 Pharmaceuticals excl. medicaments	3 471 490	3.2	2.06	1.85
542 Medicaments including veterinary	3 270 216	3.0	1.04	0.94
821 Bedding furniture and parts	2 283 520	2.1	2.82	1.34
098 Edible products & preparations, nes	2 145 484	1.9	4.09	2.88
212 Raw furskins and furskin pieces	1 851 186	1.7	36.16	29.30
024 Cheese and curd	1 636 348	1.5	5.41	4.90
Remainder	79 298 095	72.0		
Djibouti (**=Developing) (2)				
All commodity groups	129 313	100.0	0.00	0.00
971 Gold, non-monetary excluding ores	19 471	15.1	0.01	0.01
001 Live animal excl. fish & crustacean	14 940	11.6	0.26	0.06
334 Heavy petroleum, bituminous oil	6 498	5.0	0.00	0.00
245 Fuel wood excl.waste; wood charcoal	5 706	4.4	0.89	0.38
071 Coffee and coffee substitutes	4 476	3.5	0.02	0.01
335 Residual petroleum products, nes	2 563	2.0	0.01	0.00
674 Flat, plated iron, non-alloy steel	2 551	2.0	0.01	0.00
782 Goods and special purpose vehicles	2 227	1.7	0.00	0.00
054 Vegetables, vegetable products, nes	2 069	1.6	0.01	0.00
222 Oil seeds, oleaginous for soft oil	1 882	1.5	0.00	0.00
Remainder	66 930	51.6		
Dominica - Dominique (**=Developing) (2)				
All commodity groups	39 651	100.0	0.00	0.00
554 Soaps, cleansing and polishing	16 451	41.5	0.13	0.04
892 Printed matter	4 001	10.1	0.02	0.01
057 Fruit, nut excl. oils, fresh, dried	3 886	9.8	0.01	0.00
273 Stone, sand and gravel	2 796	7.1	0.05	0.02
533 Pigment, paint, varnish & related	2 160	5.4	0.02	0.00
054 Vegetables, vegetable products, nes	1 744	4.4	0.01	0.00
763 Sound TV recorder or reproducer	1 101	2.8	0.00	0.00
764 Telecom equipment, parts, nes	927	2.3	0.00	0.00
716 Rotating electric plant, parts nes	573	1.4	0.00	0.00
551 Essential oils, perfumes, flavours	503	1.3	0.01	0.00
Remainder	5 509	13.9		

For sources and notes, see end of table.   Pour les sources et les notes, se reporter à la fin du tableau.

Leading products exported based on average 2013-2014 values SITC Revision 3 (3-digit level) / Principaux produits exportés d'après la moyenne des valeurs de 2013-2014 CTCI révision 3 (positions à 3 chiffres)	2013-2014		
	Value (f.o.b., thousands of dollars) / Valeur (f.a.b., milliers de dollars)	As percentage / En pourcentage		
		of country total / du total du pays	of ** (1) / des ** (1)	of world / du monde

Dominican Republic - République dominicaine (**=Developing) (2)

All commodity groups	9 789 448	100.0	0.12	0.05
971 Gold, non-monetary excluding ores	1 403 567	14.3	0.98	0.42
872 Medical instrument, appliance, nes	930 450	9.5	3.95	0.92
122 Manufactured tobacco	543 937	5.6	5.36	1.72
772 Electrical circuit equipment	489 037	5.0	0.42	0.19
845 Articles of apparel of textile, nes	465 558	4.8	0.43	0.30
652 Cotton, woven fabrics, excl.special	457 623	4.7	1.76	1.37
057 Fruit, nut excl. oils, fresh, dried	452 579	4.6	0.91	0.46
851 Footwear	366 264	3.7	0.43	0.27
893 Articles of plastics, nes	344 361	3.5	0.52	0.22
897 Jewellery, precious,semi-precious	212 076	2.2	0.21	0.14
Remainder	4 123 996	42.1		

Ecuador - Équateur (**=Developing)

All commodity groups	25 343 876	100.0	0.30	0.13
333 Crude petroleum, bituminous oil	13 213 889	52.1	1.15	0.82
057 Fruit, nut excl. oils, fresh, dried	2 548 139	10.1	5.12	2.58
036 Crustacean & aquatic invertebrates	2 190 752	8.6	8.17	5.66
037 Fish, shellfish, preserved, nes	1 307 137	5.2	6.61	4.67
292 Crude vegetable materials, nes	826 598	3.3	5.43	1.90
971 Gold, non-monetary excluding ores	661 473	2.6	0.46	0.20
072 Cocoa	596 508	2.4	4.50	2.95
334 Heavy petroleum, bituminous oil	372 184	1.5	0.09	0.04
034 Fish live, dead, chilled, frozen	285 344	1.1	1.01	0.44
422 Fixed veg fats, oils, excl. "soft"	235 765	0.9	0.62	0.55
Remainder	3 106 087	12.2		

Egypt - Égypte (**=Developing)

All commodity groups	27 795 803	100.0	0.33	0.15
333 Crude petroleum, bituminous oil	4 629 865	16.7	0.40	0.29
334 Heavy petroleum, bituminous oil	2 145 489	7.7	0.50	0.21
057 Fruit, nut excl. oils, fresh, dried	1 015 214	3.7	2.04	1.03
054 Vegetables, vegetable products, nes	1 013 442	3.6	3.86	1.54
343 Natural gas, liquefied or not	922 362	3.3	0.53	0.24
562 Manufactured fertilizer excl.crude	922 354	3.3	3.60	1.38
773 Electric distribution equipment nes	825 398	3.0	1.30	0.66
971 Gold, non-monetary excluding ores	664 147	2.4	0.46	0.20
845 Articles of apparel of textile, nes	479 741	1.7	0.44	0.31
684 Aluminium	462 164	1.7	1.15	0.40
Remainder	14 715 627	52.9		

El Salvador (**=Developing)

All commodity groups	5 381 882	100.0	0.06	0.03
845 Articles of apparel of textile, nes	1 170 446	21.7	1.07	0.76
843 Male clothing, knitted, crocheted	310 473	5.8	1.12	0.93
846 Clothing accessories (excl.babies')	262 347	4.9	1.22	0.82
893 Articles of plastics, nes	242 197	4.5	0.36	0.15
061 Sugars, molasses and honey	236 607	4.4	0.87	0.59
642 Cut paper and paperboard articles	201 615	3.7	0.87	0.31
778 Electrical machines, apparatus, nes	182 474	3.4	0.15	0.08
071 Coffee and coffee substitutes	176 698	3.3	0.78	0.46
844 Female clothing, knitted, crocheted	175 139	3.3	0.35	0.27
048 Cereal, flour & starch preparations	135 688	2.5	1.23	0.26
Remainder	2 288 198	42.5		

Equatorial Guinea - Guinée équatoriale (**=Developing) (2)

All commodity groups	13 650 000	100.0	0.16	0.07
333 Crude petroleum, bituminous oil	9 289 728	68.1	0.81	0.58
343 Natural gas, liquefied or not	2 878 465	21.1	1.64	0.74
512 Alcohols, phenols; and derivatives	471 134	3.5	1.34	0.77
342 Liquefied propane and butane	352 149	2.6	0.74	0.50
344 Petroleum and hydrocarbon gas, nes	241 444	1.8	4.03	2.19
247 Wood in rough or roughly squared	164 808	1.2	2.29	0.86
334 Heavy petroleum, bituminous oil	120 379	0.9	0.03	0.01
792 Aircraft, spacecraft, equipment	42 769	0.3	0.15	0.02
793 Ships, boats, floating structures	25 219	0.2	0.03	0.02
634 Veneer, plywood, other wood, nes	13 659	0.1	0.08	0.04
Remainder	50 246	0.2		

Estonia - Estonie (**=Developed) (2)

All commodity groups	16 956 020	100.0	0.18	0.09
764 Telecom equipment, parts, nes	2 090 420	12.3	1.25	0.35
334 Heavy petroleum, bituminous oil	1 082 163	6.4	0.24	0.11
821 Bedding furniture and parts	562 674	3.3	0.70	0.33
248 Wood simply worked, railway sleeper	405 413	2.4	1.41	0.96
635 Wood manufactures, nes	384 798	2.3	2.27	1.30
773 Electric distribution equipment nes	383 567	2.3	0.66	0.31
781 Passenger & race cars, excl. public	353 103	2.1	0.06	0.05
772 Electrical circuit equipment	346 067	2.0	0.26	0.14
333 Crude petroleum, bituminous oil	289 964	1.7	0.14	0.02
811 Prefabricated buildings	288 982	1.7	4.78	2.92
Remainder	10 768 869	63.5		

Ethiopia - Éthiopie (**=Developing) (2)

All commodity groups	4 257 049	100.0	0.05	0.02
054 Vegetables, vegetable products, nes	929 633	21.8	3.54	1.41
071 Coffee and coffee substitutes	844 323	19.8	3.73	2.20
222 Oil seeds, oleaginous for soft oil	639 717	15.0	1.69	0.79
292 Crude vegetable materials, nes	445 715	10.5	2.93	1.02
001 Live animal excl. fish & crustacean	313 313	7.4	5.55	1.30
334 Heavy petroleum, bituminous oil	282 123	6.6	0.07	0.03
611 Leather	114 335	2.7	0.77	0.43
971 Gold, non-monetary excluding ores	101 051	2.4	0.07	0.03
012 Meat nes, fresh, chilled, frozen	79 448	1.9	0.48	0.10
223 Oil seeds for non soft oil	38 410	0.9	3.40	0.87
Remainder	468 981	11.0		

Faeroe Islands - Îles Féroé (**=Developed) (2)

All commodity groups	1 107 600	100.0	0.01	0.01
034 Fish live, dead, chilled, frozen	722 550	65.2	2.13	1.11
035 Fish, dried, salted or smoked	100 314	9.1	2.31	1.64
334 Heavy petroleum, bituminous oil	69 745	6.3	0.02	0.01
793 Ships, boats, floating structures	56 772	5.1	0.13	0.04
081 Animal feed excl. unmilled cereal	51 593	4.7	0.11	0.06
036 Crustacean & aquatic invertebrates	38 108	3.4	0.34	0.10
291 Crude animal materials, nes	19 559	1.8	0.33	0.18
792 Aircraft, spacecraft, equipment	6 826	0.6	0.00	0.00
037 Fish, shellfish, preserved, nes	5 154	0.5	0.07	0.02
251 Pulp and waste paper	4 311	0.4	0.01	0.01
Remainder	32 668	2.9		

Falkland Islands (Malvinas) - Îles Falkland (Malvinas) (**=Developing) (2)

All commodity groups	180 000	100.0	0.00	0.00
036 Crustacean & aquatic invertebrates	120 020	66.7	0.45	0.31
034 Fish live, dead, chilled, frozen	43 429	24.1	0.15	0.07
268 Wool & animal hair, incl wool tops	8 146	4.5	0.33	0.12
012 Meat nes, fresh, chilled, frozen	3 076	1.7	0.02	0.00
793 Ships, boats, floating structures	1 475	0.8	0.00	0.00
874 Measuring, controlling devices, nes	213	0.1	0.00	0.00
747 Pipe, boiler, tank, vat appliances	210	0.1	0.00	0.00
045 Grain, excl.wheat rice barley maize	198	0.1	0.02	0.00
792 Aircraft, spacecraft, equipment	195	0.1	0.00	0.00
713 Internal combustion engines & parts	176	0.1	0.00	0.00
Remainder	2 862	1.7		

Fiji - Fidji (**=Developing)

All commodity groups	1 240 627	100.0	0.01	0.01
334 Heavy petroleum, bituminous oil	221 007	17.8	0.05	0.02
061 Sugars, molasses and honey	120 748	9.7	0.45	0.30
034 Fish live, dead, chilled, frozen	115 902	9.3	0.41	0.18
111 Non-alcoholic beverages, nes	113 248	9.1	2.11	0.51
048 Cereal, flour & starch preparations	55 973	4.5	0.51	0.11
971 Gold, non-monetary excluding ores	55 138	4.4	0.04	0.02
037 Fish, shellfish, preserved, nes	41 333	3.3	0.21	0.15
841 Men's or boys' clothing, woven	27 378	2.2	0.05	0.03
046 Wheat meal, flour, meslin flour	27 246	2.2	0.96	0.47
246 Wood chips, particles and waste	25 559	2.1	0.99	0.35
Remainder	437 095	35.4		

For sources and notes, see end of table.

Pour les sources et les notes, se reporter à la fin du tableau.

154

Leading products exported based on average 2013-2014 values SITC Revision 3 (3-digit level) / Principaux produits exportés d'après la moyenne des valeurs de 2013-2014 CTCI révision 3 (positions à 3 chiffres)	2013-2014			
	Value (f.o.b., thousands of dollars) / Valeur (f.a.b., milliers de dollars)	As percentage / En pourcentage		
		of country total / du total du pays	of ** (1) / des ** (1)	of world / du monde
Finland - Finlande (=Developed)**				
All commodity groups	74 297 821	100.0	0.77	0.39
641 Paper and paperboard	9 203 921	12.4	10.12	7.81
334 Heavy petroleum, bituminous oil	8 302 994	11.2	1.86	0.83
675 Flat rolled products of alloy steel	3 333 685	4.5	8.06	4.97
251 Pulp and waste paper	2 117 395	2.8	6.60	4.58
248 Wood simply worked, railway sleeper	2 008 349	2.7	6.97	4.74
716 Rotating electric plant, parts nes	1 860 136	2.5	3.14	1.92
728 Special industrial machinery, parts	1 675 627	2.3	1.28	0.94
771 Electric power machine excl. 716	1 368 142	1.8	3.34	1.40
723 Civil engineering plant, equipment	1 298 615	1.7	1.79	1.17
744 Mechanical handling equipment, nes	1 149 270	1.5	1.77	1.30
Remainder	41 979 687	56.6		
France (=Developed)**				
All commodity groups	567 321 931	100.0	5.87	3.00
792 Aircraft, spacecraft, equipment	57 101 862	10.1	34.71	29.28
542 Medicaments including veterinary	27 369 746	4.8	8.73	7.89
781 Passenger & race cars, excl. public	18 928 475	3.3	3.40	2.75
784 Motor vehicle parts and accessories	17 545 406	3.1	6.46	4.59
112 Alcoholic beverages	15 635 929	2.8	24.27	19.20
553 Perfumery, cosmetics excl. soap	14 522 705	2.6	22.74	16.88
334 Heavy petroleum, bituminous oil	14 011 640	2.5	3.13	1.40
714 Non-electric engine excl.712,713,718	12 052 277	2.1	15.20	11.98
776 Thermionic, cathode, valves, tubes	9 572 893	1.7	6.93	1.54
772 Electrical circuit equipment	9 453 649	1.7	6.97	3.71
Remainder	371 127 349	65.3		
French Polynesia - Polynésie française (=Developing)**				
All commodity groups	160 793	100.0	0.00	0.00
667 Pearls, precious&semiprecious stone	108 717	67.6	0.12	0.06
034 Fish live, dead, chilled, frozen	7 893	4.9	0.03	0.01
792 Aircraft, spacecraft, equipment	6 703	4.2	0.02	0.00
422 Fixed veg fats, oils, excl. "soft"	3 713	2.3	0.01	0.01
058 Fruit and preparations excl. juice	3 330	2.1	0.03	0.02
075 Spices	2 330	1.4	0.03	0.03
971 Gold, non-monetary excluding ores	2 273	1.4	0.00	0.00
291 Crude animal materials, nes	2 222	1.4	0.05	0.02
897 Jewellery, precious,semi-precious	1 869	1.2	0.00	0.00
553 Perfumery, cosmetics excl. soap	1 560	1.0	0.01	0.00
Remainder	20 183	12.5		
Gabon (=Developing) (2)**				
All commodity groups	9 225 001	100.0	0.11	0.05
333 Crude petroleum, bituminous oil	6 474 137	70.2	0.56	0.40
247 Wood in rough or roughly squared	852 019	9.2	11.84	4.47
287 Base metal ores, concentrates, nes	594 215	6.4	3.39	1.92
334 Heavy petroleum, bituminous oil	196 170	2.1	0.05	0.02
634 Veneer, plywood, other wood, nes	193 691	2.1	1.17	0.52
248 Wood simply worked, railway sleeper	171 211	1.9	1.91	0.40
071 Coffee and coffee substitutes	120 242	1.3	0.53	0.31
699 Base metal manufactures, nes	85 139	0.9	0.14	0.05
744 Mechanical handling equipment, nes	83 358	0.9	0.36	0.09
793 Ships, boats, floating structures	63 853	0.7	0.07	0.05
Remainder	390 966	4.3		
Gambia - Gambie (=Developing)**				
All commodity groups	105 071	100.0	0.00	0.00
247 Wood in rough or roughly squared	26 346	25.1	0.37	0.14
057 Fruit, nut excl. oils, fresh, dried	24 293	23.1	0.05	0.02
653 Man-made woven fabrics	18 801	17.9	0.05	0.04
287 Base metal ores, concentrates, nes	6 458	6.1	0.04	0.02
421 Fixed veg fats, oils, "soft"	2 484	2.4	0.02	0.01
282 Ferrous iron, steel, waste, scrap	2 340	2.2	0.04	0.01
246 Wood chips, particles and waste	2 257	2.1	0.09	0.03
034 Fish live, dead, chilled, frozen	2 098	2.0	0.01	0.00
222 Oil seeds, oleaginous for soft oil	1 722	1.6	0.00	0.00
054 Vegetables, vegetable products, nes	1 444	1.4	0.01	0.00
Remainder	16 828	16.1		

Leading products exported based on average 2013-2014 values SITC Revision 3 (3-digit level) / Principaux produits exportés d'après la moyenne des valeurs de 2013-2014 CTCI révision 3 (positions à 3 chiffres)	2013-2014			
	Value (f.o.b., thousands of dollars) / Valeur (f.a.b., milliers de dollars)	As percentage / En pourcentage		
		of country total / du total du pays	of ** (1) / des ** (1)	of world / du monde
Georgia - Géorgie (=Transition)**				
All commodity groups	2 884 816	100.0	0.37	0.02
781 Passenger & race cars, excl. public	610 825	21.2	11.68	0.09
671 Pig & sponge iron, ferro alloys etc	258 714	9.0	2.99	0.72
112 Alcoholic beverages	255 579	8.9	15.44	0.31
283 Copper ores and concentrates	204 861	7.1	15.64	0.38
057 Fruit, nut excl. oils, fresh, dried	198 268	6.9	10.00	0.20
111 Non-alcoholic beverages, nes	145 066	5.0	25.36	0.65
562 Manufactured fertilizer excl.crude	134 196	4.7	1.00	0.20
542 Medicaments including veterinary	73 103	2.5	5.35	0.02
676 Iron & steel bars, rods, sections	64 932	2.3	1.00	0.07
971 Gold, non-monetary excluding ores	56 317	2.0	0.78	0.02
Remainder	882 955	30.4		
Germany - Allemagne (=Developed)**				
All commodity groups	1 484 891 744	100.0	15.36	7.85
781 Passenger & race cars, excl. public	154 350 870	10.4	27.69	22.40
784 Motor vehicle parts and accessories	59 648 224	4.0	21.96	15.60
542 Medicaments including veterinary	50 402 590	3.4	16.08	14.53
792 Aircraft, spacecraft, equipment	43 865 946	3.0	26.66	22.49
772 Electrical circuit equipment	33 454 953	2.3	24.68	13.15
874 Measuring, controlling devices, nes	32 531 021	2.2	22.66	16.98
713 Internal combustion engines & parts	27 528 363	1.9	21.64	16.51
541 Pharmaceuticals excl. medicaments	27 091 217	1.8	16.09	14.43
728 Special industrial machinery, parts	26 148 450	1.8	19.97	14.62
743 Gas pump, compressor, fan, filter	22 706 396	1.5	24.33	16.77
Remainder	1 007 163 714	67.7		
Ghana (=Developing) (2)**				
All commodity groups	12 397 557	100.0	0.15	0.07
333 Crude petroleum, bituminous oil	4 171 683	33.6	0.36	0.26
072 Cocoa	3 038 015	24.5	22.91	15.01
971 Gold, non-monetary excluding ores	1 633 788	13.2	1.14	0.49
057 Fruit, nut excl. oils, fresh, dried	501 244	4.0	1.01	0.51
287 Base metal ores, concentrates, nes	296 279	2.4	1.69	0.96
247 Wood in rough or roughly squared	146 472	1.2	2.03	0.77
634 Veneer, plywood, other wood, nes	137 487	1.1	0.83	0.37
037 Fish, shellfish, preserved, nes	133 173	1.1	0.67	0.48
334 Heavy petroleum, bituminous oil	119 573	1.0	0.03	0.01
248 Wood simply worked, railway sleeper	119 377	1.0	1.33	0.28
Remainder	2 100 466	16.9		
Gibraltar (=Developed) (2)**				
All commodity groups	279 214	100.0	0.00	0.00
334 Heavy petroleum, bituminous oil	203 692	73.0	0.05	0.02
793 Ships, boats, floating structures	49 019	17.6	0.11	0.04
872 Medical instrument, appliance, nes	6 288	2.3	0.01	0.01
781 Passenger & race cars, excl. public	4 652	1.7	0.00	0.00
896 Work of art, collections; antiques	2 216	0.8	0.01	0.01
741 Heating, cooling equipment & parts	936	0.3	0.00	0.00
782 Goods and special purpose vehicles	926	0.3	0.00	0.00
874 Measuring, controlling devices, nes	851	0.3	0.00	0.00
743 Gas pump, compressor, fan, filter	801	0.3	0.00	0.00
774 Electro-diagnostic apparatus	661	0.2	0.00	0.00
Remainder	9 172	3.2		
Greece - Grèce (=Developed)**				
All commodity groups	36 008 508	100.0	0.37	0.19
334 Heavy petroleum, bituminous oil	13 425 872	37.3	3.00	1.34
684 Aluminium	1 468 742	4.1	2.18	1.26
542 Medicaments including veterinary	1 334 186	3.7	0.43	0.38
057 Fruit, nut excl. oils, fresh, dried	1 035 733	2.9	2.20	1.05
056 Vegetables, roots, tubers, nes	642 653	1.8	3.11	2.00
034 Fish live, dead, chilled, frozen	629 379	1.7	1.85	0.97
421 Fixed veg fats, oils, "soft"	550 971	1.5	2.71	1.46
682 Copper	548 018	1.5	1.03	0.43
058 Fruit and preparations excl. juice	532 419	1.5	5.06	2.52
263 Cotton	459 487	1.3	5.64	2.33
Remainder	15 381 048	42.7		

For sources and notes, see end of table.

Pour les sources et les notes, se reporter à la fin du tableau.

Leading products exported based on average 2013-2014 values SITC Revision 3 (3-digit level) / Principaux produits exportés d'après la moyenne des valeurs de 2013-2014 CTCI révision 3 (positions à 3 chiffres)	2013-2014			
	Value (f.o.b., thousands of dollars) Valeur (f.a.b., milliers de dollars)	As percentage / En pourcentage		
		of country total / du total du pays	of ** (1) / des ** (1)	of world / du monde
Greenland - Groenland (=Developed) (2)**				
All commodity groups	515 281	100.0	0.01	0.00
034 Fish live, dead, chilled, frozen	170 349	33.1	0.50	0.26
036 Crustacean & aquatic invertebrates	125 434	24.3	1.11	0.32
037 Fish, shellfish, preserved, nes	118 857	23.1	1.51	0.43
035 Fish, dried, salted or smoked	15 000	2.9	0.35	0.24
971 Gold, non-monetary excluding ores	12 198	2.4	0.01	0.00
793 Ships, boats, floating structures	7 582	1.5	0.02	0.01
613 Furskins, tanned or dressed, etc	2 342	0.5	0.25	0.09
896 Work of art, collections; antiques	1 167	0.2	0.00	0.00
874 Measuring, controlling devices, nes	738	0.1	0.00	0.00
081 Animal feed excl. unmilled cereal	699	0.1	0.00	0.00
Remainder	60 915	11.8		
Grenada - Grenade (=Developing) (2)**				
All commodity groups	37 299	100.0	0.00	0.00
046 Wheat meal, flour, meslin flour	5 001	13.4	0.18	0.09
075 Spices	3 593	9.6	0.05	0.04
793 Ships, boats, floating structures	3 250	8.7	0.00	0.00
581 Tubes, pipes and hoses of plastics	3 124	8.4	0.05	0.01
684 Aluminium	2 824	7.6	0.01	0.00
034 Fish live, dead, chilled, frozen	2 551	6.8	0.01	0.00
892 Printed matter	1 965	5.3	0.01	0.00
642 Cut paper and paperboard articles	1 664	4.5	0.01	0.00
081 Animal feed excl. unmilled cereal	1 606	4.3	0.00	0.00
748 Mechanical transmission equipment	1 333	3.6	0.01	0.00
Remainder	10 388	27.8		
Guam (=Developing) (2)**				
All commodity groups	43 266	100.0	0.00	0.00
334 Heavy petroleum, bituminous oil	13 550	31.3	0.00	0.00
282 Ferrous iron, steel, waste, scrap	3 033	7.0	0.05	0.01
885 Watches and clocks	1 595	3.7	0.01	0.00
034 Fish live, dead, chilled, frozen	706	1.6	0.00	0.00
781 Passenger & race cars, excl. public	615	1.4	0.00	0.00
831 Case bag: storage travel shopping	483	1.1	0.00	0.00
842 Women's or girls' clothing, woven	471	1.1	0.00	0.00
288 Non-ferrous base metal waste, nes	454	1.0	0.00	0.00
625 Rubber for wheels, incl. inner tube	450	1.0	0.00	0.00
112 Alcoholic beverages	344	0.8	0.00	0.00
Remainder	21 565	50.0		
Guatemala (=Developing)**				
All commodity groups	10 478 010	100.0	0.12	0.06
057 Fruit, nut excl. oils, fresh, dried	1 053 424	10.1	2.12	1.07
061 Sugars, molasses and honey	941 777	9.0	3.47	2.37
071 Coffee and coffee substitutes	747 318	7.1	3.30	1.95
845 Articles of apparel of textile, nes	537 207	5.1	0.49	0.35
422 Fixed veg fats, oils, excl. "soft"	323 309	3.1	0.85	0.75
844 Female clothing, knitted, crocheted	310 374	3.0	0.61	0.48
333 Crude petroleum, bituminous oil	272 872	2.6	0.02	0.02
054 Vegetables, vegetable products, nes	258 284	2.5	0.98	0.39
289 Precious metal ores excl. gold	238 637	2.3	4.41	1.59
075 Spices	235 090	2.2	3.22	2.57
Remainder	5 559 718	53.0		
Guinea - Guinée (=Developing) (2)**				
All commodity groups	1 439 052	100.0	0.02	0.01
285 Aluminium ores,concentrate, alumina	547 511	38.0	9.56	3.56
333 Crude petroleum, bituminous oil	487 907	33.9	0.04	0.03
971 Gold, non-monetary excluding ores	156 901	10.9	0.11	0.05
343 Natural gas, liquefied or not	44 105	3.1	0.03	0.01
034 Fish live, dead, chilled, frozen	23 228	1.6	0.08	0.04
231 Natural rubber, and in primary form	18 698	1.3	0.09	0.09
667 Pearls, precious&semiprecious stone	17 216	1.2	0.02	0.01
072 Cocoa	16 179	1.1	0.12	0.08
342 Liquefied propane and butane	13 020	0.9	0.03	0.02
071 Coffee and coffee substitutes	11 229	0.8	0.05	0.03
Remainder	103 058	7.2		

Leading products exported based on average 2013-2014 values SITC Revision 3 (3-digit level) / Principaux produits exportés d'après la moyenne des valeurs de 2013-2014 CTCI révision 3 (positions à 3 chiffres)	2013-2014			
	Value (f.o.b., thousands of dollars) Valeur (f.a.b., milliers de dollars)	As percentage / En pourcentage		
		of country total / du total du pays	of ** (1) / des ** (1)	of world / du monde
Guinea-Bissau - Guinée-Bissau (=Developing) (2)**				
All commodity groups	151 000	100.0	0.00	0.00
057 Fruit, nut excl. oils, fresh, dried	142 182	94.2	0.29	0.14
333 Crude petroleum, bituminous oil	3 852	2.6	0.00	0.00
247 Wood in rough or roughly squared	1 070	0.7	0.01	0.01
282 Ferrous iron, steel, waste, scrap	634	0.4	0.01	0.00
263 Cotton	517	0.3	0.01	0.00
672 Ingots, Iron steel primary products	345	0.2	0.00	0.00
035 Fish, dried, salted or smoked	325	0.2	0.02	0.01
334 Heavy petroleum, bituminous oil	216	0.1	0.00	0.00
725 Paper, pulp mill, cutting machinery	179	0.1	0.01	0.00
248 Wood simply worked, railway sleeper	152	0.1	0.00	0.00
Remainder	1 528	1.1		
Guyana (=Developing)**				
All commodity groups	1 261 716	100.0	0.01	0.01
971 Gold, non-monetary excluding ores	572 098	45.3	0.40	0.17
042 Rice	203 035	16.1	0.93	0.77
285 Aluminium ores,concentrate, alumina	121 054	9.6	2.11	0.79
061 Sugars, molasses and honey	112 359	8.9	0.41	0.28
036 Crustacean & aquatic invertebrates	44 205	3.5	0.16	0.11
112 Alcoholic beverages	38 909	3.1	0.25	0.05
034 Fish live, dead, chilled, frozen	25 742	2.0	0.09	0.04
248 Wood simply worked, railway sleeper	18 096	1.4	0.20	0.04
247 Wood in rough or roughly squared	15 864	1.3	0.22	0.08
667 Pearls, precious&semiprecious stone	11 735	0.9	0.01	0.01
Remainder	98 619	7.9		
Haiti - Haïti (=Developing) (2)**				
All commodity groups	907 658	100.0	0.01	0.00
845 Articles of apparel of textile, nes	459 820	50.7	0.42	0.30
844 Female clothing, knitted, crocheted	67 846	7.5	0.13	0.11
843 Male clothing, knitted, crocheted	61 027	6.7	0.22	0.18
841 Men's or boys' clothing, woven	55 852	6.2	0.10	0.07
057 Fruit, nut excl. oils, fresh, dried	28 651	3.2	0.06	0.03
773 Electric distribution equipment nes	21 542	2.4	0.03	0.02
846 Clothing accessories (excl.babies')	16 424	1.8	0.08	0.05
658 Made-up textile articles, nes	13 772	1.5	0.03	0.02
072 Cocoa	13 260	1.5	0.10	0.07
036 Crustacean & aquatic invertebrates	12 561	1.4	0.05	0.03
Remainder	156 903	17.1		
Honduras (=Developing) (2)**				
All commodity groups	7 938 850	100.0	0.09	0.04
071 Coffee and coffee substitutes	1 498 088	18.9	6.62	3.91
845 Articles of apparel of textile, nes	1 240 484	15.6	1.14	0.81
773 Electric distribution equipment nes	530 549	6.7	0.84	0.43
057 Fruit, nut excl. oils, fresh, dried	419 605	5.3	0.84	0.42
422 Fixed veg fats, oils, excl. "soft"	340 000	4.3	0.89	0.79
342 Liquefied propane and butane	335 834	4.2	0.70	0.48
036 Crustacean & aquatic invertebrates	304 274	3.8	1.13	0.79
843 Male clothing, knitted, crocheted	247 142	3.1	0.89	0.74
971 Gold, non-monetary excluding ores	242 798	3.1	0.17	0.07
844 Female clothing, knitted, crocheted	184 928	2.3	0.36	0.29
Remainder	2 595 148	32.7		
Hungary - Hongrie (=Developed)**				
All commodity groups	110 084 765	100.0	1.14	0.58
781 Passenger & race cars, excl. public	9 199 186	8.4	1.65	1.34
713 Internal combustion engines & parts	7 622 348	6.9	5.99	4.57
764 Telecom equipment, parts, nes	5 868 981	5.3	3.50	0.98
784 Motor vehicle parts and accessories	4 959 958	4.5	1.83	1.30
772 Electrical circuit equipment	4 132 305	3.8	3.05	1.62
542 Medicaments including veterinary	3 784 142	3.4	1.21	1.09
752 Data processing machine, parts, nes	3 019 623	2.7	2.92	0.84
874 Measuring, controlling devices, nes	3 015 140	2.7	2.10	1.57
778 Electrical machines, apparatus, nes	2 980 801	2.7	2.59	1.23
761 Television receiver, projector, etc	2 890 449	2.6	9.51	3.33
Remainder	62 611 832	57.0		

For sources and notes, see end of table.

Pour les sources et les notes, se reporter à la fin du tableau.

Leading products exported based on average 2013-2014 values SITC Revision 3 (3-digit level) / Principaux produits exportés d'après la moyenne des valeurs de 2013-2014 CTCI révision 3 (positions à 3 chiffres)	Value (f.o.b., thousands of dollars) Valeur (f.a.b., milliers de dollars)	of country total du total du pays	of ** (1) des ** (1)	of world du monde
Iceland - Islande (=Developed)**				
All commodity groups	5 024 505	100.0	0.05	0.03
684 Aluminium	1 900 330	37.8	2.82	1.64
034 Fish live, dead, chilled, frozen	1 436 578	28.6	4.23	2.22
035 Fish, dried, salted or smoked	344 709	6.9	7.95	5.62
081 Animal feed excl. unmilled cereal	179 125	3.6	0.39	0.21
671 Pig & sponge iron, ferro alloys etc	160 701	3.2	1.79	0.45
411 Animals oils and fats	113 338	2.3	2.58	1.99
037 Fish, shellfish, preserved, nes	112 560	2.2	1.43	0.40
334 Heavy petroleum, bituminous oil	90 150	1.8	0.02	0.01
542 Medicaments including veterinary	87 197	1.7	0.03	0.03
793 Ships, boats, floating structures	75 387	1.5	0.17	0.05
Remainder	524 430	10.4		
India - Inde (=Developing)**				
All commodity groups	327 078 016	100.0	3.87	1.73
334 Heavy petroleum, bituminous oil	63 956 896	19.6	15.00	6.37
667 Pearls, precious&semiprecious stone	27 304 760	8.3	30.24	16.06
897 Jewellery, precious,semi-precious	12 229 494	3.7	12.14	8.10
542 Medicaments including veterinary	10 768 548	3.3	33.69	4.01
042 Rice	8 037 585	2.5	36.81	30.52
651 Textile yarn	6 685 906	2.0	16.75	11.36
781 Passenger & race cars, excl. public	5 662 725	1.7	4.48	0.82
845 Articles of apparel of textile, nes	5 466 211	1.7	5.01	3.55
792 Aircraft, spacecraft, equipment	5 436 012	1.7	19.01	2.79
011 Bovine meat, fresh, chilled, frozen	4 643 368	1.4	28.27	10.03
Remainder	176 886 511	54.1		
Indonesia - Indonésie (=Developing)**				
All commodity groups	179 293 974	100.0	2.12	0.95
321 Coal excluding non-agglomerated	20 728 727	11.6	54.53	19.71
422 Fixed veg fats, oils, excl. "soft"	18 810 601	10.5	49.29	43.65
343 Natural gas, liquefied or not	17 647 227	9.8	10.08	4.56
333 Crude petroleum, bituminous oil	9 737 962	5.4	0.85	0.61
231 Natural rubber, and in primary form	5 827 708	3.3	29.23	27.61
851 Footwear	3 984 421	2.2	4.73	2.97
641 Paper and paperboard	3 269 577	1.8	13.77	2.78
335 Residual petroleum products, nes	2 735 974	1.5	12.78	5.24
651 Textile yarn	2 461 426	1.4	6.17	4.18
634 Veneer, plywood, other wood, nes	2 388 019	1.3	14.41	6.37
Remainder	91 702 332	51.2		
Iran (Islamic Republic of) - Iran (République islamique d') (=Developing) (2)**				
All commodity groups	84 705 255	100.0	1.00	0.45
333 Crude petroleum, bituminous oil	49 797 128	58.8	4.33	3.10
571 Ethylene polymers in primary form	3 040 567	3.6	6.96	3.55
281 Iron ore and concentrates	2 390 436	2.8	4.87	1.85
342 Liquefied propane and butane	2 265 576	2.7	4.74	3.21
512 Alcohols, phenols; and derivatives	2 236 908	2.6	6.34	3.65
057 Fruit, nut excl. oils, fresh, dried	1 786 146	2.1	3.59	1.81
511 Hydrocarbons, nes; and derivatives	1 679 067	2.0	3.71	1.65
334 Heavy petroleum, bituminous oil	1 397 264	1.6	0.33	0.14
562 Manufactured fertilizer excl.crude	792 989	0.9	3.09	1.19
522 Inorganic chemicals, oxides, salt	761 373	0.9	2.88	1.36
Remainder	18 557 801	22.0		
Iraq (=Developing) (2)**				
All commodity groups	87 185 782	100.0	1.03	0.46
333 Crude petroleum, bituminous oil	84 887 785	97.4	7.38	5.28
334 Heavy petroleum, bituminous oil	786 458	0.9	0.18	0.08
516 Other organic chemicals	654 831	0.8	4.16	1.54
057 Fruit, nut excl. oils, fresh, dried	108 308	0.1	0.22	0.11
971 Gold, non-monetary excluding ores	75 663	0.1	0.05	0.02
611 Leather	75 042	0.1	0.51	0.28
522 Inorganic chemicals, oxides, salt	60 756	0.1	0.23	0.11
598 Misc. chemical products, nes	60 204	0.1	0.19	0.05
211 Raw hides & skins, excl. furskins	48 266	0.1	3.90	0.52
525 Radio active & associated materials	29 612	0.0	1.78	0.23
Remainder	398 857	0.3		
Ireland - Irlande (=Developed)**				
All commodity groups	116 805 444	100.0	1.21	0.62
515 Organo-inorganic compound acid salt	22 354 626	19.1	26.37	20.31
542 Medicaments including veterinary	19 211 990	16.4	6.13	5.54
541 Pharmaceuticals excl. medicaments	9 756 441	8.4	5.80	5.20
551 Essential oils, perfumes, flavours	7 865 012	6.7	36.55	28.88
899 Misc. manufactured articles, nes	5 004 604	4.3	8.83	5.57
872 Medical instrument, appliance, nes	4 196 151	3.6	5.42	4.15
598 Misc. chemical products, nes	3 608 500	3.1	3.69	2.77
752 Data processing machine, parts, nes	3 573 841	3.1	3.46	1.00
098 Edible products & preparations, nes	2 367 894	2.0	4.51	3.18
011 Bovine meat, fresh, chilled, frozen	2 163 604	1.9	7.42	4.68
Remainder	36 702 781	31.4		
Israel - Israël (=Developed)**				
All commodity groups	67 873 108	100.0	0.70	0.36
667 Pearls, precious&semiprecious stone	19 913 468	29.3	26.71	11.71
542 Medicaments including veterinary	5 941 127	8.8	1.90	1.71
598 Misc. chemical products, nes	4 181 734	6.2	4.28	3.21
776 Thermionic, cathode, valves, tubes	4 172 530	6.1	3.02	0.67
764 Telecom equipment, parts, nes	2 298 201	3.4	1.37	0.38
792 Aircraft, spacecraft, equipment	1 885 036	2.8	1.15	0.97
874 Measuring, controlling devices, nes	1 755 576	2.6	1.22	0.92
562 Manufactured fertilizer excl.crude	1 612 679	2.4	5.78	2.41
695 Tools for use in hand or in machine	986 963	1.5	2.99	1.87
872 Medical instrument, appliance, nes	962 974	1.4	1.24	0.95
Remainder	24 162 820	35.5		
Italy - Italie (=Developed)**				
All commodity groups	523 231 732	100.0	5.41	2.77
542 Medicaments including veterinary	21 805 082	4.2	6.96	6.29
334 Heavy petroleum, bituminous oil	18 953 685	3.6	4.24	1.89
784 Motor vehicle parts and accessories	15 066 518	2.9	5.55	3.94
728 Special industrial machinery, parts	12 572 463	2.4	9.60	7.03
851 Footwear	11 955 501	2.3	24.75	8.90
821 Bedding furniture and parts	11 620 082	2.2	14.37	6.83
781 Passenger & race cars, excl. public	10 817 346	2.1	1.94	1.57
699 Base metal manufactures, nes	10 155 240	1.9	10.72	6.48
741 Heating, cooling equipment & parts	9 944 844	1.9	14.36	8.50
745 Other non-electrical machinery, nes	9 343 559	1.8	20.45	15.39
Remainder	390 997 412	74.7		
Jamaica - Jamaïque (=Developing)**				
All commodity groups	1 510 552	100.0	0.02	0.01
285 Aluminium ores,concentrate, alumina	659 962	43.7	11.53	4.29
334 Heavy petroleum, bituminous oil	316 127	20.9	0.07	0.03
112 Alcoholic beverages	71 722	4.7	0.47	0.09
512 Alcohols, phenols; and derivatives	42 678	2.8	0.12	0.07
098 Edible products & preparations, nes	34 484	2.3	0.17	0.05
054 Vegetables, vegetable products, nes	29 402	1.9	0.11	0.04
061 Sugars, molasses and honey	27 703	1.8	0.10	0.07
282 Ferrous iron, steel, waste, scrap	18 004	1.2	0.31	0.04
071 Coffee and coffee substitutes	17 884	1.2	0.08	0.05
661 Lime, cement, construction material	16 009	1.1	0.08	0.05
Remainder	276 577	18.4		
Japan - Japon (=Developed)**				
All commodity groups	699 471 432	100.0	7.24	3.70
781 Passenger & race cars, excl. public	90 177 546	12.9	16.18	13.09
776 Thermionic, cathode, valves, tubes	35 651 978	5.1	25.80	5.72
784 Motor vehicle parts and accessories	35 129 727	5.0	12.93	9.19
728 Special industrial machinery, parts	24 300 724	3.5	18.56	13.59
778 Electrical machines, apparatus, nes	20 497 035	2.9	17.84	8.48
772 Electrical circuit equipment	17 554 497	2.5	12.95	6.90
713 Internal combustion engines & parts	17 051 969	2.4	13.41	10.23
874 Measuring, controlling devices, nes	17 029 302	2.4	11.86	8.89
793 Ships, boats, floating structures	14 157 634	2.0	31.44	10.25
334 Heavy petroleum, bituminous oil	14 049 296	2.0	3.14	1.40
Remainder	413 871 724	59.3		

For sources and notes, see end of table.   Pour les sources et les notes, se reporter à la fin du tableau.

157

3

Leading products exported based on average 2013-2014 values SITC Revision 3 (3-digit level) / Principaux produits exportés d'après la moyenne des valeurs de 2013-2014 CTCI révision 3 (positions à 3 chiffres)	Value (f.o.b., thousands of dollars) Valeur (f.a.b., milliers de dollars)	2013-2014		
		As percentage En pourcentage		
		of country total du total du pays	of ** (1) des ** (1)	of world du monde
Jordan - Jordanie (=Developing)**				
All commodity groups	8 152 475	100.0	0.10	0.04
562 Manufactured fertilizer excl.crude	931 171	11.4	3.63	1.39
845 Articles of apparel of textile, nes	771 604	9.5	0.71	0.50
542 Medicaments including veterinary	695 947	8.5	2.18	0.20
272 Crude fertilizer, excl.manufactured	474 187	5.8	17.45	11.60
054 Vegetables, vegetable products, nes	470 560	5.8	1.79	0.72
522 Inorganic chemicals, oxides, salt	260 334	3.2	0.98	0.47
001 Live animal excl. fish & crustacean	211 964	2.6	3.76	0.88
523 Metal salt, inorganic acid, peroxy	192 506	2.4	2.03	0.87
773 Electric distribution equipment nes	191 664	2.4	0.30	0.15
057 Fruit, nut excl. oils, fresh, dried	159 404	2.0	0.32	0.16
Remainder	3 793 134	46.4		
Kazakhstan (=Transition)**				
All commodity groups	81 467 628	100.0	10.35	0.43
333 Crude petroleum, bituminous oil	55 439 751	68.1	22.42	3.45
334 Heavy petroleum, bituminous oil	3 060 875	3.8	2.35	0.31
682 Copper	2 311 801	2.8	25.41	1.81
525 Radio active & associated materials	2 129 133	2.6	61.38	16.61
343 Natural gas, liquefied or not	1 920 416	2.4	2.28	0.10
671 Pig & sponge iron, ferro alloys etc	1 640 874	2.0	18.96	4.59
281 Iron ore and concentrates	1 336 015	1.6	18.80	1.04
342 Liquefied propane and butane	1 244 579	1.5	39.74	1.76
041 Wheat incl. spelt, meslin, unmilled	1 106 957	1.4	13.93	2.27
673 Flat iron non-alloy steel products	757 162	0.9	9.25	1.00
Remainder	10 520 065	12.9		
Kenya (=Developing) (2)**				
All commodity groups	5 659 613	100.0	0.07	0.03
074 Tea and mate	1 094 769	19.3	16.41	12.19
292 Crude vegetable materials, nes	643 462	11.4	4.23	1.48
334 Heavy petroleum, bituminous oil	433 249	7.7	0.10	0.04
054 Vegetables, vegetable products, nes	228 757	4.0	0.87	0.35
071 Coffee and coffee substitutes	211 601	3.7	0.93	0.55
122 Manufactured tobacco	115 681	2.0	1.14	0.36
523 Metal salt, inorganic acid, peroxy	114 644	2.0	1.21	0.52
971 Gold, non-monetary excluding ores	102 697	1.8	0.07	0.03
611 Leather	99 192	1.8	0.67	0.37
554 Soaps, cleansing and polishing	98 987	1.7	0.79	0.23
Remainder	2 516 574	44.6		
Kiribati (=Developing) (2)**				
All commodity groups	6 037	100.0	0.00	0.00
034 Fish live, dead, chilled, frozen	5 366	88.9	0.02	0.01
263 Cotton	173	2.9	0.00	0.00
422 Fixed veg fats, oils, excl. "soft"	116	1.9	0.00	0.00
334 Heavy petroleum, bituminous oil	83	1.4	0.00	0.00
223 Oil seeds for non soft oil	64	1.1	0.01	0.00
292 Crude vegetable materials, nes	50	0.8	0.00	0.00
793 Ships, boats, floating structures	38	0.6	0.00	0.00
035 Fish, dried, salted or smoked	11	0.2	0.00	0.00
036 Crustacean & aquatic invertebrates	10	0.2	0.00	0.00
792 Aircraft, spacecraft, equipment	9	0.1	0.00	0.00
Remainder	117	1.9		
Korea, Dem. People's Rep. of - Corée, Rép. populaire dém. de (=Developing) (2)**				
All commodity groups	3 707 500	100.0	0.04	0.02
321 Coal excluding non-agglomerated	1 366 089	36.8	3.59	1.30
841 Men's or boys' clothing, woven	312 731	8.4	0.58	0.40
281 Iron ore and concentrates	277 362	7.5	0.56	0.22
842 Women's or girls' clothing, woven	248 424	6.7	0.40	0.27
845 Articles of apparel of textile, nes	134 153	3.6	0.12	0.09
036 Crustacean & aquatic invertebrates	131 318	3.5	0.49	0.34
671 Pig & sponge iron, ferro alloys etc	86 397	2.3	0.48	0.24
287 Base metal ores, concentrates, nes	77 900	2.1	0.44	0.25
057 Fruit, nut excl. oils, fresh, dried	77 762	2.1	0.16	0.08
334 Heavy petroleum, bituminous oil	75 446	2.0	0.02	0.01
Remainder	919 918	25.0		

Leading products exported based on average 2013-2014 values SITC Revision 3 (3-digit level) / Principaux produits exportés d'après la moyenne des valeurs de 2013-2014 CTCI révision 3 (positions à 3 chiffres)	Value (f.o.b., thousands of dollars) Valeur (f.a.b., milliers de dollars)	2013-2014		
		As percentage En pourcentage		
		of country total du total du pays	of ** (1) des ** (1)	of world du monde
Korea, Republic of - Corée, République de (=Developing)**				
All commodity groups	566 346 666	100.0	6.70	3.00
776 Thermionic, cathode, valves, tubes	54 779 618	9.7	11.30	8.79
334 Heavy petroleum, bituminous oil	50 050 625	8.8	11.74	4.99
781 Passenger & race cars, excl. public	44 549 908	7.9	35.24	6.47
793 Ships, boats, floating structures	37 104 836	6.6	40.61	26.88
764 Telecom equipment, parts, nes	35 659 731	6.3	8.32	5.97
871 Optical instruments, apparatus, nes	25 142 042	4.4	30.09	24.42
784 Motor vehicle parts and accessories	24 121 130	4.3	22.05	6.31
778 Electrical machines, apparatus, nes	18 278 780	3.2	14.56	7.56
511 Hydrocarbons, nes; and derivatives	14 342 497	2.5	31.69	14.06
772 Electrical circuit equipment	13 269 345	2.3	11.28	5.21
Remainder	249 048 154	44.0		
Kuwait - Koweït (=Developing)**				
All commodity groups	107 768 017	100.0	1.27	0.57
333 Crude petroleum, bituminous oil	72 806 947	67.6	6.33	4.53
334 Heavy petroleum, bituminous oil	16 381 950	15.2	3.84	1.63
342 Liquefied propane and butane	4 886 375	4.5	10.23	6.93
571 Ethylene polymers in primary form	2 020 201	1.9	4.63	2.36
511 Hydrocarbons, nes; and derivatives	1 779 104	1.7	3.93	1.74
512 Alcohols, phenols; and derivatives	1 667 971	1.5	4.73	2.72
562 Manufactured fertilizer excl.crude	706 257	0.7	2.75	1.06
269 Worn clothing, textile article; rag	658 008	0.6	30.21	11.16
781 Passenger & race cars, excl. public	622 665	0.6	0.49	0.09
782 Goods and special purpose vehicles	428 069	0.4	0.77	0.31
Remainder	5 810 470	5.3		
Kyrgyzstan - Kirghizistan (=Transition) (2)**				
All commodity groups	1 703 606	100.0	0.22	0.01
971 Gold, non-monetary excluding ores	242 119	14.2	3.36	0.07
334 Heavy petroleum, bituminous oil	147 061	8.6	0.11	0.01
054 Vegetables, vegetable products, nes	98 817	5.8	7.15	0.15
782 Goods and special purpose vehicles	86 673	5.1	3.51	0.06
842 Women's or girls' clothing, woven	81 029	4.8	7.79	0.09
057 Fruit, nut excl. oils, fresh, dried	63 534	3.7	3.20	0.06
625 Rubber for wheels, incl. inner tube	54 597	3.2	2.48	0.06
288 Non-ferrous base metal waste, nes	45 201	2.7	8.50	0.11
351 Electric current	41 062	2.4	1.78	0.12
525 Radio active & associated materials	39 166	2.3	1.13	0.31
Remainder	804 347	47.2		
Lao People's Dem. Rep. - Rép. dém. populaire lao (=Developing) (2)**				
All commodity groups	2 456 970	100.0	0.03	0.01
682 Copper	414 256	16.9	0.64	0.33
247 Wood in rough or roughly squared	405 337	16.5	5.63	2.13
351 Electric current	376 768	15.3	6.22	1.11
283 Copper ores and concentrates	268 114	10.9	0.69	0.50
248 Wood simply worked, railway sleeper	246 421	10.0	2.75	0.58
841 Men's or boys' clothing, woven	82 598	3.4	0.15	0.11
231 Natural rubber, and in primary form	59 581	2.4	0.30	0.28
764 Telecom equipment, parts, nes	50 919	2.1	0.01	0.01
071 Coffee and coffee substitutes	47 489	1.9	0.21	0.12
281 Iron ore and concentrates	43 685	1.8	0.09	0.03
Remainder	461 802	18.8		
Latvia - Lettonie (=Developed)**				
All commodity groups	13 463 760	100.0	0.14	0.07
248 Wood simply worked, railway sleeper	740 571	5.5	2.57	1.75
764 Telecom equipment, parts, nes	706 561	5.2	0.42	0.12
334 Heavy petroleum, bituminous oil	701 115	5.2	0.16	0.07
112 Alcoholic beverages	634 285	4.7	0.98	0.78
634 Veneer, plywood, other wood, nes	437 042	3.2	2.34	1.17
542 Medicaments including veterinary	353 126	2.6	0.11	0.10
041 Wheat incl. spelt, meslin, unmilled	348 591	2.6	0.93	0.72
246 Wood chips, particles and waste	298 270	2.2	6.93	4.06
635 Wood manufactures, nes	277 945	2.1	1.64	0.94
247 Wood in rough or roughly squared	254 490	1.9	2.61	1.34
Remainder	8 711 764	64.8		

For sources and notes, see end of table.

Pour les sources et les notes, se reporter à la fin du tableau.

158

Leading products exported based on average 2013-2014 values SITC Revision 3 (3-digit level) / Principaux produits exportés d'après la moyenne des valeurs de 2013-2014 CTCI révision 3 (positions à 3 chiffres)	Value (f.o.b., thousands of dollars) Valeur (f.a.b., milliers de dollars)	of country total du total du pays	of ** (1) des ** (1)	of world du monde
Lebanon - Liban (**=Developing) (2)				
All commodity groups	4 858 000	100.0	0.06	0.03
971 Gold, non-monetary excluding ores	371 209	7.6	0.26	0.11
897 Jewellery, precious,semi-precious	314 156	6.5	0.31	0.21
288 Non-ferrous base metal waste, nes	263 227	5.4	2.66	0.64
667 Pearls, precious&semiprecious stone	257 759	5.3	0.29	0.15
334 Heavy petroleum, bituminous oil	211 101	4.3	0.05	0.02
716 Rotating electric plant, parts nes	207 501	4.3	0.57	0.21
282 Ferrous iron, steel, waste, scrap	182 546	3.8	3.13	0.43
057 Fruit, nut excl. oils, fresh, dried	135 077	2.8	0.27	0.14
892 Printed matter	123 524	2.5	0.75	0.25
642 Cut paper and paperboard articles	106 064	2.2	0.46	0.16
Remainder	2 685 836	55.3		
Lesotho (**=Developing) (2)				
All commodity groups	885 976	100.0	0.01	0.00
667 Pearls, precious&semiprecious stone	305 371	34.5	0.34	0.18
841 Men's or boys' clothing, woven	124 521	14.1	0.23	0.16
845 Articles of apparel of textile, nes	85 420	9.6	0.08	0.06
844 Female clothing, knitted, crocheted	77 127	8.7	0.15	0.12
842 Women's or girls' clothing, woven	51 675	5.8	0.08	0.06
843 Male clothing, knitted, crocheted	50 644	5.7	0.18	0.15
772 Electrical circuit equipment	44 621	5.0	0.04	0.02
851 Footwear	23 750	2.7	0.03	0.02
111 Non-alcoholic beverages, nes	22 760	2.6	0.42	0.10
764 Telecom equipment, parts, nes	20 717	2.3	0.00	0.00
Remainder	79 370	9.0		
Liberia - Libéria (**=Developing) (2)				
All commodity groups	571 050	100.0	0.01	0.00
281 Iron ore and concentrates	220 354	38.6	0.45	0.17
793 Ships, boats, floating structures	175 564	30.7	0.19	0.13
231 Natural rubber, and in primary form	92 437	16.2	0.46	0.44
247 Wood in rough or roughly squared	24 194	4.2	0.34	0.13
072 Cocoa	12 434	2.2	0.09	0.06
334 Heavy petroleum, bituminous oil	6 555	1.1	0.00	0.00
667 Pearls, precious&semiprecious stone	5 669	1.0	0.01	0.00
288 Non-ferrous base metal waste, nes	3 944	0.7	0.04	0.01
282 Ferrous iron, steel, waste, scrap	3 215	0.6	0.06	0.01
278 Other crude minerals	3 158	0.6	0.04	0.02
Remainder	23 526	4.1		
Libya - Libye (**=Developing) (2)				
All commodity groups	32 250 000	100.0	0.38	0.17
333 Crude petroleum, bituminous oil	25 583 254	79.3	2.22	1.59
334 Heavy petroleum, bituminous oil	2 316 559	7.2	0.54	0.23
343 Natural gas, liquefied or not	1 714 102	5.3	0.98	0.44
344 Petroleum and hydrocarbon gas, nes	842 538	2.6	14.06	7.65
342 Liquefied propane and butane	452 940	1.4	0.95	0.64
971 Gold, non-monetary excluding ores	357 660	1.1	0.25	0.11
562 Manufactured fertilizer excl.crude	135 774	0.4	0.53	0.20
695 Tools for use in hand or in machine	107 605	0.3	0.55	0.20
522 Inorganic chemicals, oxides, salt	100 429	0.3	0.38	0.18
511 Hydrocarbons, nes; and derivatives	99 794	0.3	0.22	0.10
Remainder	539 345	1.8		
Lithuania - Lituanie (**=Developed)				
All commodity groups	32 497 020	100.0	0.34	0.17
334 Heavy petroleum, bituminous oil	6 238 447	19.2	1.40	0.62
821 Bedding furniture and parts	1 642 601	5.1	2.03	0.96
562 Manufactured fertilizer excl.crude	1 088 229	3.3	3.90	1.63
574 Polyacetals and polyesters, etc	676 464	2.1	2.16	1.16
781 Passenger & race cars, excl. public	645 773	2.0	0.12	0.09
041 Wheat incl. spelt, meslin, unmilled	620 005	1.9	1.66	1.27
893 Articles of plastics, nes	567 939	1.7	0.64	0.36
057 Fruit, nut excl. oils, fresh, dried	517 607	1.6	1.10	0.52
542 Medicaments including veterinary	512 540	1.6	0.16	0.15
054 Vegetables, vegetable products, nes	508 974	1.6	1.34	0.77
Remainder	19 478 441	59.9		

Leading products exported based on average 2013-2014 values SITC Revision 3 (3-digit level) / Principaux produits exportés d'après la moyenne des valeurs de 2013-2014 CTCI révision 3 (positions à 3 chiffres)	Value (f.o.b., thousands of dollars) Valeur (f.a.b., milliers de dollars)	of country total du total du pays	of ** (1) des ** (1)	of world du monde
Luxembourg (**=Developed) (2)				
All commodity groups	18 820 769	100.0	0.19	0.10
676 Iron & steel bars, rods, sections	2 054 489	10.9	4.57	2.36
625 Rubber for wheels, incl. inner tube	817 617	4.3	1.65	0.91
674 Flat, plated iron, non-alloy steel	772 868	4.1	2.64	1.38
893 Articles of plastics, nes	770 014	4.1	0.87	0.49
582 Plastic sheet, film, foil, strip	584 775	3.1	0.85	0.56
684 Aluminium	560 272	3.0	0.83	0.48
872 Medical instrument, appliance, nes	543 197	2.9	0.70	0.54
764 Telecom equipment, parts, nes	518 120	2.8	0.31	0.09
657 Special yarn & textile fabrics, etc	513 455	2.7	1.91	1.04
781 Passenger & race cars, excl. public	454 046	2.4	0.08	0.07
Remainder	11 231 916	59.7		
Madagascar (**=Developing) (2)				
All commodity groups	1 935 189	100.0	0.02	0.01
683 Nickel	403 220	20.8	8.01	1.85
845 Articles of apparel of textile, nes	224 966	11.6	0.21	0.15
075 Spices	217 450	11.2	2.98	2.38
287 Base metal ores, concentrates, nes	124 484	6.4	0.71	0.40
036 Crustacean & aquatic invertebrates	114 488	5.9	0.43	0.30
841 Men's or boys' clothing, woven	96 335	5.0	0.18	0.12
842 Women's or girls' clothing, woven	59 345	3.1	0.09	0.06
037 Fish, shellfish, preserved, nes	51 021	2.6	0.26	0.18
846 Clothing accessories (excl.babies')	45 878	2.4	0.21	0.14
689 Misc. non-ferrous base metals	42 727	2.2	1.04	0.47
Remainder	555 275	28.8		
Malawi (**=Developing) (2)				
All commodity groups	1 290 992	100.0	0.02	0.01
121 Unmanufactured tobacco and refuse	631 880	48.9	7.23	4.89
525 Radio active & associated materials	100 806	7.8	6.05	0.79
061 Sugars, molasses and honey	98 129	7.6	0.36	0.25
074 Tea and mate	80 236	6.2	1.20	0.89
286 Uranium, thorium ores,concentrates	54 021	4.2	7.76	7.33
222 Oil seeds, oleaginous for soft oil	44 902	3.5	0.12	0.06
263 Cotton	44 313	3.4	0.46	0.22
054 Vegetables, vegetable products, nes	39 199	3.0	0.15	0.06
044 Maize unmilled, excl. sweet corn	17 465	1.4	0.13	0.05
893 Articles of plastics, nes	17 054	1.3	0.03	0.01
Remainder	162 987	12.7		
Malaysia - Malaisie (**=Developing)				
All commodity groups	231 225 542	100.0	2.74	1.22
776 Thermionic, cathode, valves, tubes	37 259 756	16.1	7.69	5.98
343 Natural gas, liquefied or not	19 269 087	8.3	11.01	4.98
334 Heavy petroleum, bituminous oil	18 948 746	8.2	4.44	1.89
422 Fixed veg fats, oils, excl. "soft"	13 102 450	5.7	34.34	30.40
333 Crude petroleum, bituminous oil	10 369 547	4.5	0.90	0.64
752 Data processing machine, parts, nes	8 747 438	3.8	3.44	2.44
764 Telecom equipment, parts, nes	6 649 500	2.9	1.55	1.11
772 Electrical circuit equipment	5 460 606	2.4	4.64	2.15
759 Office equipment part & accessories	5 307 929	2.3	4.73	2.86
874 Measuring, controlling devices, nes	4 297 114	1.9	9.23	2.24
Remainder	101 813 369	43.9		
Maldives (**=Developing) (2)				
All commodity groups	328 250	100.0	0.00	0.00
034 Fish live, dead, chilled, frozen	255 566	77.9	0.90	0.39
037 Fish, shellfish, preserved, nes	25 242	7.7	0.13	0.09
035 Fish, dried, salted or smoked	11 992	3.7	0.72	0.20
282 Ferrous iron, steel, waste, scrap	3 423	1.0	0.06	0.01
041 Wheat incl. spelt, meslin, unmilled	2 673	0.8	0.08	0.01
411 Animals oils and fats	1 740	0.5	0.14	0.03
036 Crustacean & aquatic invertebrates	1 657	0.5	0.01	0.00
288 Non-ferrous base metal waste, nes	1 643	0.5	0.02	0.00
761 Television receiver, projector, etc	1 370	0.4	0.00	0.00
831 Case bag: storage travel shopping	1 274	0.4	0.00	0.00
Remainder	21 670	6.6		

For sources and notes, see end of table.

Pour les sources et les notes, se reporter à la fin du tableau.

Leading products exported based on average 2013-2014 values SITC Revision 3 (3-digit level) / Principaux produits exportés d'après la moyenne des valeurs de 2013-2014 CTCI révision 3 (positions à 3 chiffres)	Value (f.o.b., thousands of dollars) Valeur (f.a.b., milliers de dollars)	2013-2014 As percentage / En pourcentage		
		of country total du total du pays	of ** (1) des ** (1)	of world du monde
Mali (=Developing) (2)**				
All commodity groups	2 219 436	100.0	0.03	0.01
971 Gold, non-monetary excluding ores	1 034 316	46.6	0.72	0.31
263 Cotton	662 328	29.8	6.92	3.36
562 Manufactured fertilizer excl.crude	104 900	4.7	0.41	0.16
222 Oil seeds, oleaginous for soft oil	66 280	3.0	0.18	0.08
334 Heavy petroleum, bituminous oil	56 885	2.6	0.01	0.01
001 Live animal excl. fish & crustacean	54 370	2.4	0.96	0.23
611 Leather	29 018	1.3	0.20	0.11
281 Iron ore and concentrates	25 912	1.2	0.05	0.02
723 Civil engineering plant, equipment	18 859	0.8	0.05	0.02
057 Fruit, nut excl. oils, fresh, dried	15 289	0.7	0.03	0.02
Remainder	151 279	6.9		
Malta - Malte (=Developed) (2)**				
All commodity groups	3 225 148	100.0	0.03	0.02
334 Heavy petroleum, bituminous oil	1 235 683	38.3	0.28	0.12
776 Thermionic, cathode, valves, tubes	619 780	19.2	0.45	0.10
542 Medicaments including veterinary	237 740	7.4	0.08	0.07
772 Electrical circuit equipment	114 481	3.5	0.08	0.04
894 Baby carriage,toy,game,sport goods	97 462	3.0	0.27	0.10
793 Ships, boats, floating structures	87 880	2.7	0.20	0.06
034 Fish live, dead, chilled, frozen	63 738	2.0	0.19	0.10
892 Printed matter	54 242	1.7	0.16	0.11
893 Articles of plastics, nes	39 435	1.2	0.04	0.03
516 Other organic chemicals	35 710	1.1	0.14	0.08
Remainder	638 997	19.9		
Marshall Islands - Îles Marshall (=Developing) (2)**				
All commodity groups	63 500	100.0	0.00	0.00
793 Ships, boats, floating structures	47 658	75.1	0.05	0.03
034 Fish live, dead, chilled, frozen	10 734	16.9	0.04	0.02
334 Heavy petroleum, bituminous oil	1 587	2.5	0.00	0.00
687 Tin	551	0.9	0.01	0.01
037 Fish, shellfish, preserved, nes	239	0.4	0.00	0.00
012 Meat nes, fresh, chilled, frozen	184	0.3	0.00	0.00
671 Pig & sponge iron, ferro alloys etc	183	0.3	0.00	0.00
884 Optical goods, fibres, nes	162	0.3	0.00	0.00
772 Electrical circuit equipment	145	0.2	0.00	0.00
411 Animals oils and fats	133	0.2	0.01	0.00
Remainder	1 924	2.9		
Mauritania - Mauritanie (=Developing) (2)**				
All commodity groups	2 301 164	100.0	0.03	0.01
281 Iron ore and concentrates	1 099 495	47.8	2.24	0.85
034 Fish live, dead, chilled, frozen	319 160	13.9	1.12	0.49
283 Copper ores and concentrates	251 599	10.9	0.65	0.47
036 Crustacean & aquatic invertebrates	206 648	9.0	0.77	0.53
333 Crude petroleum, bituminous oil	184 938	8.0	0.02	0.01
971 Gold, non-monetary excluding ores	60 472	2.6	0.04	0.02
081 Animal feed excl. unmilled cereal	48 128	2.1	0.13	0.06
334 Heavy petroleum, bituminous oil	44 507	1.9	0.01	0.00
411 Animals oils and fats	23 854	1.0	1.85	0.42
282 Ferrous iron, steel, waste, scrap	10 827	0.5	0.19	0.03
Remainder	51 536	2.3		
Mauritius - Maurice (=Developing) (2)**				
All commodity groups	2 988 046	100.0	0.04	0.02
037 Fish, shellfish, preserved, nes	347 990	11.6	1.76	1.24
845 Articles of apparel of textile, nes	311 941	10.4	0.29	0.20
061 Sugars, molasses and honey	287 264	9.6	1.06	0.72
841 Men's or boys' clothing, woven	279 870	9.4	0.52	0.36
764 Telecom equipment, parts, nes	178 323	6.0	0.04	0.03
034 Fish live, dead, chilled, frozen	116 150	3.9	0.41	0.18
667 Pearls, precious&semiprecious stone	102 882	3.4	0.11	0.06
844 Female clothing, knitted, crocheted	80 798	2.7	0.16	0.13
842 Women's or girls' clothing, woven	52 443	1.8	0.08	0.06
897 Jewellery, precious,semi-precious	51 789	1.7	0.05	0.03
Remainder	1 178 596	39.5		

Leading products exported based on average 2013-2014 values SITC Revision 3 (3-digit level) / Principaux produits exportés d'après la moyenne des valeurs de 2013-2014 CTCI révision 3 (positions à 3 chiffres)	Value (f.o.b., thousands of dollars) Valeur (f.a.b., milliers de dollars)	2013-2014 As percentage / En pourcentage		
		of country total du total du pays	of ** (1) des ** (1)	of world du monde
Mexico - Mexique (=Developing)**				
All commodity groups	388 733 206	100.0	4.60	2.06
333 Crude petroleum, bituminous oil	39 485 588	10.2	3.43	2.45
781 Passenger & race cars, excl. public	32 390 355	8.3	25.62	4.70
784 Motor vehicle parts and accessories	21 771 323	5.6	19.90	5.69
764 Telecom equipment, parts, nes	20 888 464	5.4	4.88	3.50
782 Goods and special purpose vehicles	19 589 840	5.0	35.04	14.15
752 Data processing machine, parts, nes	19 178 902	4.9	7.55	5.35
761 Television receiver, projector, etc	16 669 887	4.3	30.06	19.20
773 Electric distribution equipment nes	10 713 753	2.8	16.90	8.59
778 Electrical machines, apparatus, nes	9 193 669	2.4	7.32	3.80
713 Internal combustion engines & parts	9 089 699	2.3	23.49	5.45
Remainder	189 761 726	48.8		
Mongolia - Mongolie (=Developing)**				
All commodity groups	5 021 693	100.0	0.06	0.03
283 Copper ores and concentrates	1 853 184	36.9	4.79	3.46
321 Coal excluding non-agglomerated	1 075 239	21.4	2.83	1.02
333 Crude petroleum, bituminous oil	611 007	12.2	0.05	0.04
281 Iron ore and concentrates	573 197	11.4	1.17	0.44
268 Wool & animal hair, incl wool tops	222 390	4.4	8.98	3.34
971 Gold, non-monetary excluding ores	216 845	4.3	0.15	0.07
287 Base metal ores, concentrates, nes	158 652	3.2	0.90	0.51
278 Other crude minerals	82 121	1.6	1.00	0.45
611 Leather	27 155	0.5	0.18	0.10
682 Copper	25 335	0.5	0.04	0.02
Remainder	176 568	3.6		
Montenegro - Monténégro (=Transition)**				
All commodity groups	467 517	100.0	0.06	0.00
684 Aluminium	100 486	21.5	1.18	0.09
351 Electric current	88 381	18.9	3.83	0.26
112 Alcoholic beverages	24 398	5.2	1.47	0.03
012 Meat nes, fresh, chilled, frozen	21 693	4.6	2.60	0.03
282 Ferrous iron, steel, waste, scrap	17 943	3.8	0.83	0.04
248 Wood simply worked, railway sleeper	17 448	3.7	0.38	0.04
334 Heavy petroleum, bituminous oil	13 473	2.9	0.01	0.00
748 Mechanical transmission equipment	13 119	2.8	3.08	0.02
288 Non-ferrous base metal waste, nes	12 694	2.7	2.39	0.03
287 Base metal ores, concentrates, nes	11 009	2.4	0.65	0.04
Remainder	146 873	31.5		
Montserrat (=Developing) (2)**				
All commodity groups	4 693	100.0	0.00	0.00
273 Stone, sand and gravel	673	14.3	0.01	0.01
786 Trailers, semi & special containers	480	10.2	0.00	0.00
723 Civil engineering plant, equipment	314	6.7	0.00	0.00
679 Iron or steel tube, pipe & fitting	277	5.9	0.00	0.00
764 Telecom equipment, parts, nes	180	3.8	0.00	0.00
874 Measuring, controlling devices, nes	172	3.7	0.00	0.00
744 Mechanical handling equipment, nes	140	3.0	0.00	0.00
695 Tools for use in hand or in machine	118	2.5	0.00	0.00
782 Goods and special purpose vehicles	97	2.1	0.00	0.00
288 Non-ferrous base metal waste, nes	76	1.6	0.00	0.00
Remainder	2 166	46.2		
Morocco - Maroc (=Developing) (2)**				
All commodity groups	22 810 880	100.0	0.27	0.12
773 Electric distribution equipment nes	2 255 819	9.9	3.56	1.81
562 Manufactured fertilizer excl.crude	2 076 644	9.1	8.10	3.10
842 Women's or girls' clothing, woven	1 628 578	7.1	2.60	1.75
522 Inorganic chemicals, oxides, salt	1 462 635	6.4	5.53	2.61
781 Passenger & race cars, excl. public	1 085 179	4.8	0.86	0.16
334 Heavy petroleum, bituminous oil	1 029 280	4.5	0.24	0.10
054 Vegetables, vegetable products, nes	1 020 711	4.5	3.89	1.55
272 Crude fertilizer, excl.manufactured	997 916	4.4	36.72	24.42
845 Articles of apparel of textile, nes	845 766	3.7	0.78	0.55
036 Crustacean & aquatic invertebrates	779 561	3.4	2.91	2.02
Remainder	9 628 791	42.2		

For sources and notes, see end of table.

Pour les sources et les notes, se reporter à la fin du tableau.

160

Leading products exported based on average 2013-2014 values SITC Revision 3 (3-digit level) / Principaux produits exportés d'après la moyenne des valeurs de 2013-2014 CTCI révision 3 (positions à 3 chiffres)	2013-2014			
	Value (f.o.b., thousands of dollars) Valeur (f.a.b., milliers de dollars)	As percentage En pourcentage		
		of country total du total du pays	of ** (1) des ** (1)	of world du monde
Mozambique (**=Developing)				
All commodity groups	4 374 525	100.0	0.05	0.02
684 Aluminium	1 026 401	23.5	2.54	0.88
343 Natural gas, liquefied or not	381 818	8.7	0.22	0.10
667 Pearls, precious&semiprecious stone	329 140	7.5	0.36	0.19
321 Coal excluding non-agglomerated	285 655	6.5	0.75	0.27
351 Electric current	231 707	5.3	3.82	0.68
334 Heavy petroleum, bituminous oil	231 265	5.3	0.05	0.02
121 Unmanufactured tobacco and refuse	214 752	4.9	2.46	1.66
325 Coke, semi coke, retort carbon	184 298	4.2	7.27	2.84
287 Base metal ores, concentrates, nes	164 642	3.8	0.94	0.53
247 Wood in rough or roughly squared	150 638	3.4	2.09	0.79
Remainder	1 174 209	26.9		
Myanmar (**=Developing) (2)				
All commodity groups	11 131 750	100.0	0.13	0.06
343 Natural gas, liquefied or not	2 924 151	26.3	1.67	0.76
247 Wood in rough or roughly squared	1 741 370	15.6	24.19	9.14
667 Pearls, precious&semiprecious stone	1 612 995	14.5	1.79	0.95
054 Vegetables, vegetable products, nes	896 313	8.1	3.41	1.36
248 Wood simply worked, railway sleeper	439 061	3.9	4.89	1.04
036 Crustacean & aquatic invertebrates	376 430	3.4	1.40	0.97
231 Natural rubber, and in primary form	276 965	2.5	1.39	1.31
222 Oil seeds, oleaginous for soft oil	260 532	2.3	0.69	0.32
034 Fish live, dead, chilled, frozen	247 103	2.2	0.87	0.38
287 Base metal ores, concentrates, nes	220 280	2.0	1.26	0.71
Remainder	2 136 550	19.2		
Namibia - Namibie (**=Developing) (2)				
All commodity groups	4 527 802	100.0	0.05	0.02
667 Pearls, precious&semiprecious stone	717 315	15.8	0.79	0.42
034 Fish live, dead, chilled, frozen	599 759	13.2	2.11	0.93
793 Ships, boats, floating structures	511 438	11.3	0.56	0.37
286 Uranium, thorium ores,concentrates	350 791	7.7	50.37	47.60
686 Zinc	213 672	4.7	5.54	1.73
682 Copper	193 524	4.3	0.30	0.15
525 Radio active & associated materials	143 088	3.2	8.59	1.12
112 Alcoholic beverages	125 381	2.8	0.82	0.15
781 Passenger & race cars, excl. public	102 184	2.3	0.08	0.01
287 Base metal ores, concentrates, nes	101 522	2.2	0.58	0.33
Remainder	1 469 128	32.5		
Nauru (**=Developing) (2)				
All commodity groups	51 000	100.0	0.00	0.00
272 Crude fertilizer, excl.manufactured	45 402	89.0	1.67	1.11
764 Telecom equipment, parts, nes	504	1.0	0.00	0.00
034 Fish live, dead, chilled, frozen	502	1.0	0.00	0.00
845 Articles of apparel of textile, nes	301	0.6	0.00	0.00
036 Crustacean & aquatic invertebrates	257	0.5	0.00	0.00
813 Lighting fixtures and fittings, nes	246	0.5	0.00	0.00
848 Non-textile clothing, headgear	212	0.4	0.00	0.00
743 Gas pump, compressor, fan, filter	210	0.4	0.00	0.00
683 Nickel	205	0.4	0.00	0.00
742 Liquid pump & elevator, parts, nes	152	0.3	0.00	0.00
Remainder	3 009	5.9		
Nepal - Népal (**=Developing) (2)				
All commodity groups	868 280	100.0	0.01	0.00
659 Floor coverings, etc	77 542	8.9	0.91	0.47
651 Textile yarn	68 575	7.9	0.17	0.12
674 Flat, plated iron, non-alloy steel	62 973	7.3	0.25	0.11
653 Man-made woven fabrics	57 309	6.6	1.6	0.12
059 Fruit & vegetable juice unfermented	40 885	4.7	0.56	0.25
658 Made-up textile articles, nes	35 358	4.1	0.08	0.06
075 Spices	35 321	4.1	0.48	0.39
679 Iron or steel tube, pipe & fitting	28 679	3.3	0.07	0.03
846 Clothing accessories (excl.babies')	27 212	3.1	0.13	0.09
842 Women's or girls' clothing, woven	24 687	2.8	0.04	0.03
Remainder	409 739	47.2		

Leading products exported based on average 2013-2014 values SITC Revision 3 (3-digit level) / Principaux produits exportés d'après la moyenne des valeurs de 2013-2014 CTCI révision 3 (positions à 3 chiffres)	2013-2014			
	Value (f.o.b., thousands of dollars) Valeur (f.a.b., milliers de dollars)	As percentage En pourcentage		
		of country total du total du pays	of ** (1) des ** (1)	of world du monde
Netherlands - Pays-Bas (**=Developed) (2)				
All commodity groups	671 841 176	100.0	6.95	3.55
334 Heavy petroleum, bituminous oil	82 865 739	12.3	18.54	8.26
333 Crude petroleum, bituminous oil	23 743 627	3.5	11.27	1.48
764 Telecom equipment, parts, nes	20 920 887	3.1	12.48	3.50
343 Natural gas, liquefied or not	19 755 117	2.9	15.51	5.11
752 Data processing machine, parts, nes	19 270 316	2.9	18.65	5.38
542 Medicaments including veterinary	17 866 414	2.7	5.70	5.15
541 Pharmaceuticals excl. medicaments	14 645 195	2.2	8.70	7.80
292 Crude vegetable materials, nes	14 013 349	2.1	50.19	32.15
759 Office equipment part & accessories	13 597 360	2.0	18.67	7.33
728 Special industrial machinery, parts	11 409 577	1.7	8.71	6.38
Remainder	433 753 595	64.6		
New Caledonia - Nouvelle-Calédonie (**=Developing)				
All commodity groups	1 428 213	100.0	0.02	0.01
671 Pig & sponge iron, ferro alloys etc	687 564	48.1	3.80	1.92
284 Nickel ores, concentrates, etc	499 922	35.0	8.86	5.36
522 Inorganic chemicals, oxides, salt	56 155	3.9	0.21	0.10
281 Iron ore and concentrates	33 036	2.3	0.07	0.03
036 Crustacean & aquatic invertebrates	13 221	0.9	0.05	0.03
282 Ferrous iron, steel, waste, scrap	9 671	0.7	0.17	0.02
523 Metal salt, inorganic acid, peroxy	8 239	0.6	0.09	0.04
689 Misc. non-ferrous base metals	6 759	0.5	0.16	0.07
683 Nickel	5 274	0.4	0.10	0.02
874 Measuring, controlling devices, nes	4 689	0.3	0.01	0.00
Remainder	103 683	7.3		
New Zealand - Nouvelle-Zélande (**=Developed)				
All commodity groups	40 539 601	100.0	0.42	0.21
022 Milk products excl. butter & cheese	8 365 851	20.6	20.00	16.31
012 Meat nes, fresh, chilled, frozen	2 740 074	6.8	4.61	3.57
023 Butter & fats derived from milk	1 987 255	4.9	25.50	22.50
247 Wood in rough or roughly squared	1 910 942	4.7	19.58	10.03
011 Bovine meat, fresh, chilled, frozen	1 890 671	4.7	6.48	4.09
057 Fruit, nut excl. oils, fresh, dried	1 332 282	3.3	2.83	1.35
024 Cheese and curd	1 218 437	3.0	4.03	3.65
098 Edible products & preparations, nes	1 165 645	2.9	2.22	1.56
112 Alcoholic beverages	1 153 301	2.8	1.79	1.42
333 Crude petroleum, bituminous oil	1 152 471	2.8	0.55	0.07
Remainder	17 622 672	43.5		
Nicaragua (**=Developing)				
All commodity groups	4 783 825	100.0	0.06	0.03
773 Electric distribution equipment nes	700 465	14.6	1.10	0.56
845 Articles of apparel of textile, nes	589 059	12.3	0.54	0.38
971 Gold, non-monetary excluding ores	410 468	8.6	0.29	0.12
071 Coffee and coffee substitutes	384 615	8.0	1.70	1.00
011 Bovine meat, fresh, chilled, frozen	374 083	7.8	2.28	0.81
841 Men's or boys' clothing, woven	253 715	5.3	0.47	0.32
036 Crustacean & aquatic invertebrates	226 538	4.7	0.84	0.59
842 Women's or girls' clothing, woven	215 460	4.5	0.34	0.23
061 Sugars, molasses and honey	194 709	4.1	0.72	0.49
844 Female clothing, knitted, crocheted	177 157	3.7	0.35	0.28
Remainder	1 257 556	26.4		
Niger (**=Developing) (2)				
All commodity groups	1 525 000	100.0	0.02	0.01
334 Heavy petroleum, bituminous oil	533 106	35.0	0.13	0.05
525 Radio active & associated materials	412 513	27.1	24.76	3.22
286 Uranium, thorium ores,concentrates	285 696	18.7	41.02	38.77
054 Vegetables, vegetable products, nes	45 717	3.0	0.17	0.07
001 Live animal excl. fish & crustacean	34 618	2.3	0.61	0.14
342 Liquefied propane and butane	29 105	1.9	0.06	0.04
222 Oil seeds, oleaginous for soft oil	23 535	1.5	0.06	0.03
971 Gold, non-monetary excluding ores	17 107	1.1	0.01	0.01
269 Worn clothing, textile article; rag	12 450	0.8	0.57	0.21
042 Rice	11 552	0.8	0.05	0.04
Remainder	119 601	7.8		

For sources and notes, see end of table.   Pour les sources et les notes, se reporter à la fin du tableau.

Leading products exported based on average 2013-2014 values SITC Revision 3 (3-digit level) / Principaux produits exportés d'après la moyenne des valeurs de 2013-2014 CTCI révision 3 (positions à 3 chiffres)	2013-2014			
	Value (f.o.b., thousands of dollars) / Valeur (f.a.b., milliers de dollars)	As percentage / En pourcentage		
		of country total / du total du pays	of ** (1) / des ** (1)	of world / du monde
Nigeria - Nigéria (=Developing) (2)**				
All commodity groups	100 500 000	100.0	1.19	0.53
333 Crude petroleum, bituminous oil	78 864 695	78.5	6.85	4.90
343 Natural gas, liquefied or not	10 250 211	10.2	5.86	2.65
334 Heavy petroleum, bituminous oil	3 699 614	3.7	0.87	0.37
342 Liquefied propane and butane	1 260 289	1.3	2.64	1.79
072 Cocoa	1 230 252	1.2	9.28	6.08
231 Natural rubber, and in primary form	651 281	0.6	3.27	3.09
222 Oil seeds, oleaginous for soft oil	428 562	0.4	1.13	0.53
344 Petroleum and hydrocarbon gas, nes	418 317	0.4	6.98	3.80
611 Leather	362 934	0.4	2.44	1.36
793 Ships, boats, floating structures	239 736	0.2	0.26	0.17
Remainder	3 094 109	3.1		
Niue - Nioué (=Developing) (2)**				
All commodity groups	20	100.0	0.00	0.00
421 Fixed veg fats, oils, "soft"	3	16.6	0.00	0.00
691 Iron, steel, aluminium structures	3	12.7	0.00	0.00
054 Vegetables, vegetable products, nes	2	11.6	0.00	0.00
334 Heavy petroleum, bituminous oil	1	7.0	0.00	0.00
059 Fruit & vegetable juice unfermented	1	4.3	0.00	0.00
872 Medical instrument, appliance, nes	0	2.4	0.00	0.00
772 Electrical circuit equipment	0	2.4	0.00	0.00
735 Machine part, accessory for 731,733	0	2.4	0.00	0.00
723 Civil engineering plant, equipment	0	2.3	0.00	0.00
896 Work of art, collections; antiques	0	2.0	0.00	0.00
Remainder	10	36.3		
Northern Mariana Islands - Îles Mariannes du Nord (=Developing) (2)**				
All commodity groups	3 000	100.0	0.00	0.00
625 Rubber for wheels, incl. inner tube	290	9.7	0.00	0.00
017 Meat, offal, preserved, nes	237	7.9	0.00	0.00
282 Ferrous iron, steel, waste, scrap	228	7.6	0.00	0.00
831 Case bag: storage travel shopping	202	6.7	0.00	0.00
895 Office and stationery supplies, nes	159	5.3	0.00	0.00
885 Watches and clocks	138	4.6	0.00	0.00
533 Pigment, paint, varnish & related	133	4.4	0.00	0.00
761 Television receiver, projector, etc	121	4.0	0.00	0.00
641 Paper and paperboard	96	3.2	0.00	0.00
542 Medicaments including veterinary	93	3.1	0.00	0.00
Remainder	1 303	43.5		
Norway - Norvège (=Developed)**				
All commodity groups	148 608 074	100.0	1.54	0.79
333 Crude petroleum, bituminous oil	46 455 482	31.3	22.06	2.89
343 Natural gas, liquefied or not	39 071 963	26.3	30.67	10.10
034 Fish live, dead, chilled, frozen	9 351 161	6.3	27.52	14.43
334 Heavy petroleum, bituminous oil	7 991 686	5.4	1.79	0.80
684 Aluminium	3 885 322	2.6	5.77	3.34
342 Liquefied propane and butane	3 177 043	2.1	16.16	4.50
874 Measuring, controlling devices, nes	1 946 118	1.3	1.36	1.02
683 Nickel	1 417 324	1.0	10.98	6.51
793 Ships, boats, floating structures	1 384 149	0.9	3.07	1.00
723 Civil engineering plant, equipment	1 197 766	0.8	1.65	1.08
Remainder	32 730 060	22.0		
Oman (=Developing)**				
All commodity groups	53 107 728	100.0	0.63	0.28
333 Crude petroleum, bituminous oil	28 471 693	53.6	2.47	1.77
343 Natural gas, liquefied or not	5 785 293	10.9	3.30	1.50
334 Heavy petroleum, bituminous oil	4 060 151	7.6	0.95	0.40
511 Hydrocarbons, nes; and derivatives	1 210 213	2.3	2.67	1.19
281 Iron ore and concentrates	1 166 580	2.2	2.38	0.90
562 Manufactured fertilizer excl.crude	958 720	1.8	3.74	1.43
684 Aluminium	941 376	1.8	2.33	0.81
512 Alcohols, phenols; and derivatives	670 297	1.3	1.90	1.09
671 Pig & sponge iron, ferro alloys etc	492 914	0.9	2.72	1.38
773 Electric distribution equipment nes	476 840	0.9	0.75	0.38
Remainder	8 873 651	16.7		

Leading products exported based on average 2013-2014 values SITC Revision 3 (3-digit level) / Principaux produits exportés d'après la moyenne des valeurs de 2013-2014 CTCI révision 3 (positions à 3 chiffres)	2013-2014			
	Value (f.o.b., thousands of dollars) / Valeur (f.a.b., milliers de dollars)	As percentage / En pourcentage		
		of country total / du total du pays	of ** (1) / des ** (1)	of world / du monde
Pakistan (=Developing)**				
All commodity groups	24 921 533	100.0	0.29	0.13
658 Made-up textile articles, nes	3 755 666	15.1	8.34	6.41
652 Cotton, woven fabrics, excl.special	2 682 722	10.8	10.33	8.03
042 Rice	2 155 314	8.6	9.87	8.18
651 Textile yarn	2 117 316	8.5	5.30	3.60
841 Men's or boys' clothing, woven	1 118 425	4.5	2.06	1.43
843 Male clothing, knitted, crocheted	1 004 954	4.0	3.64	3.02
842 Women's or girls' clothing, woven	724 388	2.9	1.16	0.78
848 Non-textile clothing, headgear	596 211	2.4	2.59	1.81
845 Articles of apparel of textile, nes	561 292	2.3	0.51	0.36
661 Lime, cement, construction material	543 854	2.2	2.70	1.63
Remainder	9 661 391	38.7		
Palau - Palaos (=Developing) (2)**				
All commodity groups	6 500	100.0	0.00	0.00
034 Fish live, dead, chilled, frozen	5 855	90.1	0.02	0.01
036 Crustacean & aquatic invertebrates	54	0.8	0.00	0.00
112 Alcoholic beverages	42	0.6	0.00	0.00
874 Measuring, controlling devices, nes	26	0.4	0.00	0.00
642 Cut paper and paperboard articles	25	0.4	0.00	0.00
773 Electric distribution equipment nes	24	0.4	0.00	0.00
691 Iron, steel, aluminium structures	24	0.4	0.00	0.00
781 Passenger & race cars, excl. public	23	0.4	0.00	0.00
723 Civil engineering plant, equipment	23	0.3	0.00	0.00
247 Wood in rough or roughly squared	21	0.3	0.00	0.00
Remainder	383	5.9		
Papua New Guinea - Papouasie-Nouvelle-Guinée (=Developing) (2)**				
All commodity groups	5 810 500	100.0	0.07	0.03
971 Gold, non-monetary excluding ores	1 274 468	21.9	0.89	0.38
333 Crude petroleum, bituminous oil	794 691	13.7	0.07	0.05
283 Copper ores and concentrates	717 517	12.3	1.86	1.34
247 Wood in rough or roughly squared	557 079	9.6	7.74	2.92
422 Fixed veg fats, oils, excl. "soft"	438 702	7.6	1.15	1.02
343 Natural gas, liquefied or not	413 006	7.1	0.24	0.11
681 Silver, platinum, platinum metals	383 911	6.6	1.81	0.73
334 Heavy petroleum, bituminous oil	156 877	2.7	0.04	0.02
289 Precious metal ores excl. gold	144 927	2.5	2.68	0.97
071 Coffee and coffee substitutes	139 878	2.4	0.62	0.36
Remainder	789 444	13.6		
Paraguay (=Developing)**				
All commodity groups	9 543 817	100.0	0.11	0.05
222 Oil seeds, oleaginous for soft oil	2 634 417	27.6	6.97	3.26
351 Electric current	1 647 805	17.3	27.20	4.85
011 Bovine meat, fresh, chilled, frozen	1 243 448	13.0	7.57	2.69
081 Animal feed excl. unmilled cereal	1 180 470	12.4	3.20	1.37
044 Maize unmilled, excl. sweet corn	480 331	5.0	3.46	1.39
421 Fixed veg fats, oils, "soft"	461 531	4.8	4.11	1.22
611 Leather	193 589	2.0	1.30	0.72
042 Rice	163 429	1.7	0.75	0.62
041 Wheat incl. spelt, meslin, unmilled	135 312	1.4	3.91	0.28
061 Sugars, molasses and honey	85 725	0.9	0.32	0.22
Remainder	1 317 760	13.9		
Peru - Pérou (=Developing)**				
All commodity groups	40 165 470	100.0	0.48	0.21
283 Copper ores and concentrates	7 287 936	18.1	18.85	13.59
971 Gold, non-monetary excluding ores	6 828 159	17.0	4.75	2.05
334 Heavy petroleum, bituminous oil	3 295 739	8.2	0.77	0.33
287 Base metal ores, concentrates, nes	2 543 076	6.3	14.49	8.22
682 Copper	2 466 312	6.1	3.79	1.94
081 Animal feed excl. unmilled cereal	1 516 049	3.8	4.11	1.77
057 Fruit, nut excl. oils, fresh, dried	1 224 585	3.0	2.46	1.24
343 Natural gas, liquefied or not	1 079 099	2.7	0.62	0.28
281 Iron ore and concentrates	751 757	1.9	1.53	0.58
071 Coffee and coffee substitutes	715 146	1.8	3.16	1.87
Remainder	12 457 612	31.1		

For sources and notes, see end of table.

Pour les sources et les notes, se reporter à la fin du tableau.

3.2.D Export structure by product
Individual economies

3.2.D Structure des exportations par produits
Économies individuelles

Leading products exported based on average 2013-2014 values SITC Revision 3 (3-digit level) / Principaux produits exportés d'après la moyenne des valeurs de 2013-2014 CTCI révision 3 (positions à 3 chiffres)	2013-2014 Value (f.o.b., thousands of dollars) / Valeur (f.a.b., milliers de dollars)	As percentage / En pourcentage: of country total / du total du pays	of ** (1) / des ** (1)	of world / du monde
Philippines (=Developing)**				
All commodity groups	57 894 012	100.0	0.68	0.31
776 Thermionic, cathode, valves, tubes	13 960 032	24.1	2.88	2.24
752 Data processing machine, parts, nes	4 162 633	7.2	1.64	1.16
635 Wood manufactures, nes	3 014 023	5.2	25.51	10.21
773 Electric distribution equipment nes	1 962 395	3.4	3.10	1.57
759 Office equipment part & accessories	1 698 209	2.9	1.51	0.91
771 Electric power machine excl. 716	1 653 200	2.9	2.97	1.70
284 Nickel ores, concentrates, etc	1 520 278	2.6	26.94	16.29
778 Electrical machines, apparatus, nes	1 514 126	2.6	1.21	0.63
057 Fruit, nut excl. oils, fresh, dried	1 506 224	2.6	3.03	1.52
784 Motor vehicle parts and accessories	1 408 366	2.4	1.29	0.37
Remainder	25 494 526	44.1		
Poland - Pologne (=Developed)**				
All commodity groups	209 162 356	100.0	2.16	1.11
784 Motor vehicle parts and accessories	10 360 990	5.0	3.81	2.71
821 Bedding furniture and parts	10 333 972	4.9	12.78	6.07
781 Passenger & race cars, excl. public	6 727 796	3.2	1.21	0.98
793 Ships, boats, floating structures	5 536 245	2.6	12.30	4.01
764 Telecom equipment, parts, nes	5 296 137	2.5	3.16	0.89
775 Household equipment nes	4 983 936	2.4	11.81	4.80
761 Television receiver, projector, etc	4 864 647	2.3	16.01	5.60
713 Internal combustion engines & parts	4 794 417	2.3	3.77	2.88
334 Heavy petroleum, bituminous oil	4 614 824	2.2	1.03	0.46
893 Articles of plastics, nes	4 365 455	2.1	4.96	2.79
Remainder	147 283 937	70.5		
Portugal (=Developed)**				
All commodity groups	63 388 003	100.0	0.66	0.34
334 Heavy petroleum, bituminous oil	5 142 734	8.1	1.15	0.51
781 Passenger & race cars, excl. public	2 551 866	4.0	0.46	0.37
851 Footwear	2 496 456	3.9	5.17	1.86
784 Motor vehicle parts and accessories	2 409 920	3.8	0.89	0.63
641 Paper and paperboard	1 836 325	2.9	2.02	1.56
845 Articles of apparel of textile, nes	1 756 300	2.8	4.01	1.14
821 Bedding furniture and parts	1 663 105	2.6	2.06	0.98
112 Alcoholic beverages	1 284 741	2.0	1.99	1.58
625 Rubber for wheels, incl. inner tube	1 103 264	1.7	2.23	1.22
676 Iron & steel bars, rods, sections	1 002 917	1.6	2.23	1.15
Remainder	42 140 375	66.6		
Qatar (=Developing) (2)**				
All commodity groups	134 223 335	100.0	1.59	0.71
343 Natural gas, liquefied or not	63 248 434	47.1	36.13	16.35
333 Crude petroleum, bituminous oil	34 751 587	25.9	3.02	2.16
334 Heavy petroleum, bituminous oil	10 651 221	7.9	2.50	1.06
342 Liquefied propane and butane	8 117 097	6.0	17.00	11.51
571 Ethylene polymers in primary form	2 734 459	2.0	6.26	3.19
562 Manufactured fertilizer excl.crude	1 295 392	1.0	5.05	1.94
684 Aluminium	1 100 693	0.8	2.73	0.95
511 Hydrocarbons, nes; and derivatives	602 398	0.4	1.33	0.59
522 Inorganic chemicals, oxides, salt	470 686	0.4	1.78	0.84
676 Iron & steel bars, rods, sections	386 305	0.3	1.08	0.44
Remainder	10 865 063	8.2		
Republic of Moldova - République de Moldova (=Transition)**				
All commodity groups	2 383 917	100.0	0.30	0.01
773 Electric distribution equipment nes	246 078	10.3	8.23	0.20
057 Fruit, nut excl. oils, fresh, dried	200 399	8.4	10.10	0.20
112 Alcoholic beverages	188 088	7.9	11.36	0.23
222 Oil seeds, oleaginous for soft oil	180 442	7.6	7.77	0.22
821 Bedding furniture and parts	91 846	3.9	4.26	0.05
842 Women's or girls' clothing, woven	83 125	3.5	7.99	0.09
676 Iron & steel bars, rods, sections	72 623	3.0	1.12	0.08
041 Wheat incl. spelt, meslin, unmilled	70 276	2.9	0.88	0.14
851 Footwear	70 015	2.9	3.90	0.05
845 Articles of apparel of textile, nes	65 174	2.7	6.04	0.04
Remainder	1 115 851	46.9		

Leading products exported based on average 2013-2014 values SITC Revision 3 (3-digit level) / Principaux produits exportés d'après la moyenne des valeurs de 2013-2014 CTCI révision 3 (positions à 3 chiffres)	2013-2014 Value (f.o.b., thousands of dollars) / Valeur (f.a.b., milliers de dollars)	As percentage / En pourcentage: of country total / du total du pays	of ** (1) / des ** (1)	of world / du monde
Romania - Roumanie (=Developed)**				
All commodity groups	67 879 666	100.0	0.70	0.36
784 Motor vehicle parts and accessories	4 907 226	7.2	1.81	1.28
781 Passenger & race cars, excl. public	4 091 173	6.0	0.73	0.59
773 Electric distribution equipment nes	3 771 825	5.6	6.46	3.02
334 Heavy petroleum, bituminous oil	2 958 856	4.4	0.66	0.29
821 Bedding furniture and parts	2 267 175	3.3	2.80	1.33
772 Electrical circuit equipment	2 055 418	3.0	1.52	0.81
851 Footwear	1 759 938	2.6	3.64	1.31
625 Rubber for wheels, incl. inner tube	1 569 694	2.3	3.18	1.74
764 Telecom equipment, parts, nes	1 368 240	2.0	0.82	0.23
842 Women's or girls' clothing, woven	1 328 506	2.0	4.50	1.42
Remainder	41 801 615	61.6		
Russian Federation - Fédération de Russie (=Transition)**				
All commodity groups	512 549 727	100.0	65.14	2.71
333 Crude petroleum, bituminous oil	163 778 775	32.0	66.24	10.18
334 Heavy petroleum, bituminous oil	112 611 577	22.0	86.54	11.22
343 Natural gas, liquefied or not	66 613 549	13.0	78.99	17.22
321 Coal excluding non-agglomerated	11 731 773	2.3	90.67	11.15
562 Manufactured fertilizer excl.crude	9 051 568	1.8	67.73	13.53
672 Ingots, Iron steel primary products	6 922 058	1.4	55.50	19.94
684 Aluminium	6 544 496	1.3	76.76	5.63
667 Pearls, precious&semiprecious stone	5 088 871	1.0	97.79	2.99
682 Copper	4 802 103	0.9	52.79	3.77
041 Wheat incl. spelt, meslin, unmilled	4 452 905	0.9	56.02	9.14
Remainder	120 952 052	23.4		
Rwanda (=Developing) (2)**				
All commodity groups	719 500	100.0	0.01	0.00
287 Base metal ores, concentrates, nes	331 264	46.0	1.89	1.07
071 Coffee and coffee substitutes	79 321	11.0	0.35	0.21
334 Heavy petroleum, bituminous oil	53 247	7.4	0.01	0.01
074 Tea and mate	53 238	7.4	0.80	0.59
046 Wheat meal, flour, meslin flour	17 011	2.4	0.60	0.29
042 Rice	12 115	1.7	0.06	0.05
112 Alcoholic beverages	11 040	1.5	0.07	0.01
211 Raw hides & skins, excl. furskins	9 688	1.3	0.78	0.10
047 Other cereal meals and flours	8 477	1.2	1.21	0.55
001 Live animal excl. fish & crustacean	8 113	1.1	0.14	0.03
Remainder	135 986	19.0		
Saint Helena - Sainte-Hélène (=Developing) (2)**				
All commodity groups	51 031	100.0	0.00	0.00
036 Crustacean & aquatic invertebrates	17 267	33.8	0.06	0.04
034 Fish live, dead, chilled, frozen	17 108	33.5	0.06	0.03
792 Aircraft, spacecraft, equipment	5 122	10.0	0.02	0.00
764 Telecom equipment, parts, nes	887	1.7	0.00	0.00
874 Measuring, controlling devices, nes	741	1.5	0.00	0.00
899 Misc. manufactured articles, nes	738	1.4	0.00	0.00
776 Thermionic, cathode, valves, tubes	608	1.2	0.00	0.00
684 Aluminium	599	1.2	0.00	0.00
752 Data processing machine, parts, nes	430	0.8	0.00	0.00
759 Office equipment part & accessories	428	0.8	0.00	0.00
Remainder	7 103	14.1		
Saint Kitts and Nevis - Saint-Kitts-et-Nevis (=Developing) (2)**				
All commodity groups	41 500	100.0	0.00	0.00
772 Electrical circuit equipment	10 307	24.8	0.01	0.00
764 Telecom equipment, parts, nes	6 276	15.1	0.00	0.00
793 Ships, boats, floating structures	4 854	11.7	0.01	0.00
542 Medicaments including veterinary	2 248	5.4	0.01	0.00
716 Rotating electric plant, parts nes	1 484	3.6	0.00	0.00
874 Measuring, controlling devices, nes	1 430	3.4	0.00	0.00
892 Printed matter	1 253	3.0	0.01	0.00
776 Thermionic, cathode, valves, tubes	1 225	3.0	0.00	0.00
334 Heavy petroleum, bituminous oil	1 208	2.9	0.00	0.00
771 Electric power machine excl. 716	1 094	2.6	0.00	0.00
Remainder	10 121	24.5		

For sources and notes, see end of table.

Pour les sources et les notes, se reporter à la fin du tableau.

3.2.D Export structure by product
Individual economies

Leading products exported based on average 2013-2014 values SITC Revision 3 (3-digit level) Principaux produits exportés d'après la moyenne des valeurs de 2013-2014 CTCI révision 3 (positions à 3 chiffres)	2013-2014 Value (f.o.b., thousands of dollars) Valeur (f.a.b., milliers de dollars)	As percentage / En pourcentage of country total du total du pays	 of ** (1) des ** (1)	 of world du monde
Saint Lucia - Sainte-Lucie (=Developing) (2)**				
All commodity groups	166 698	100.0	0.00	0.00
334 Heavy petroleum, bituminous oil	50 247	30.1	0.01	0.01
057 Fruit, nut excl. oils, fresh, dried	33 721	20.2	0.07	0.03
112 Alcoholic beverages	13 302	8.0	0.09	0.02
642 Cut paper and paperboard articles	5 515	3.3	0.02	0.01
764 Telecom equipment, parts, nes	5 162	3.1	0.00	0.00
874 Measuring, controlling devices, nes	3 531	2.1	0.01	0.00
885 Watches and clocks	3 339	2.0	0.02	0.01
897 Jewellery, precious,semi-precious	3 119	1.9	0.00	0.00
772 Electrical circuit equipment	2 892	1.7	0.00	0.00
111 Non-alcoholic beverages, nes	2 771	1.7	0.05	0.01
Remainder	43 099	25.9		
Saint Pierre and Miquelon - Saint-Pierre-et-Miquelon (=Developed) (2)**				
All commodity groups	2 352	100.0	0.00	0.00
036 Crustacean & aquatic invertebrates	749	31.8	0.01	0.00
034 Fish live, dead, chilled, frozen	614	26.1	0.00	0.00
282 Ferrous iron, steel, waste, scrap	232	9.9	0.00	0.00
784 Motor vehicle parts and accessories	103	4.4	0.00	0.00
821 Bedding furniture and parts	85	3.6	0.00	0.00
724 Textile-leather machine, parts, nes	56	2.4	0.00	0.00
071 Coffee and coffee substitutes	53	2.3	0.00	0.00
248 Wood simply worked, railway sleeper	35	1.5	0.00	0.00
842 Women's or girls' clothing, woven	33	1.4	0.00	0.00
872 Medical instrument, appliance, nes	32	1.4	0.00	0.00
Remainder	360	15.2		
Saint Vincent & the Grenadines-Saint-Vincent-et-les Grenadines (=Developing)(2)**				
All commodity groups	48 635	100.0	0.00	0.00
793 Ships, boats, floating structures	13 115	27.0	0.01	0.01
046 Wheat meal, flour, meslin flour	8 420	17.3	0.30	0.14
054 Vegetables, vegetable products, nes	4 381	9.0	0.02	0.01
081 Animal feed excl. unmilled cereal	2 576	5.3	0.01	0.00
042 Rice	2 034	4.2	0.01	0.01
057 Fruit, nut excl. oils, fresh, dried	1 890	3.9	0.00	0.00
111 Non-alcoholic beverages, nes	1 622	3.3	0.03	0.01
112 Alcoholic beverages	1 327	2.7	0.01	0.00
674 Flat, plated iron, non-alloy steel	1 119	2.3	0.00	0.00
642 Cut paper and paperboard articles	1 051	2.2	0.00	0.00
Remainder	11 100	22.8		
Samoa (=Developing) (2)**				
All commodity groups	67 054	100.0	0.00	0.00
773 Electric distribution equipment nes	12 808	19.1	0.02	0.01
112 Alcoholic beverages	12 399	18.5	0.08	0.02
772 Electrical circuit equipment	9 360	14.0	0.01	0.00
728 Special industrial machinery, parts	4 990	7.4	0.01	0.00
034 Fish live, dead, chilled, frozen	3 812	5.7	0.01	0.01
884 Optical goods, fibres, nes	3 384	5.0	0.01	0.01
821 Bedding furniture and parts	2 794	4.2	0.00	0.00
054 Vegetables, vegetable products, nes	1 369	2.0	0.01	0.00
059 Fruit & vegetable juice unfermented	1 160	1.7	0.02	0.01
725 Paper, pulp mill, cutting machinery	1 039	1.5	0.05	0.01
Remainder	13 939	20.9		
Sao Tome and Principe - Sao Tomé-et-Principe (=Developing) (2)**				
All commodity groups	15 045	100.0	0.00	0.00
072 Cocoa	9 618	63.9	0.07	0.05
793 Ships, boats, floating structures	1 341	8.9	0.00	0.00
057 Fruit, nut excl. oils, fresh, dried	330	2.2	0.00	0.00
073 Chocolate & cocoa preparations, nes	258	1.7	0.01	0.00
772 Electrical circuit equipment	246	1.6	0.00	0.00
598 Misc. chemical products, nes	241	1.6	0.00	0.00
776 Thermionic, cathode, valves, tubes	235	1.6	0.00	0.00
223 Oil seeds for non soft oil	200	1.3	0.02	0.00
784 Motor vehicle parts and accessories	191	1.3	0.00	0.00
781 Passenger & race cars, excl. public	153	1.0	0.00	0.00
Remainder	2 232	14.9		

For sources and notes, see end of table.

3.2.D Structure des exportations par produits
Économies individuelles

Leading products exported based on average 2013-2014 values SITC Revision 3 (3-digit level) Principaux produits exportés d'après la moyenne des valeurs de 2013-2014 CTCI révision 3 (positions à 3 chiffres)	2013-2014 Value (f.o.b., thousands of dollars) Valeur (f.a.b., milliers de dollars)	As percentage / En pourcentage of country total du total du pays	 of ** (1) des ** (1)	 of world du monde
Saudi Arabia - Arabie saoudite (=Developing) (2)**				
All commodity groups	364 826 819	100.0	4.32	1.93
333 Crude petroleum, bituminous oil	278 834 347	76.4	24.23	17.33
334 Heavy petroleum, bituminous oil	19 355 887	5.3	4.54	1.93
571 Ethylene polymers in primary form	12 119 418	3.3	27.76	14.14
512 Alcohols, phenols; and derivatives	8 397 853	2.3	23.81	13.69
575 Other plastics, in primary forms	7 075 805	1.9	16.18	5.86
342 Liquefied propane and butane	6 774 034	1.9	14.19	9.60
511 Hydrocarbons, nes; and derivatives	3 511 608	1.0	7.76	3.44
516 Other organic chemicals	2 752 918	0.8	17.50	6.47
562 Manufactured fertilizer excl.crude	2 132 551	0.6	8.32	3.19
522 Inorganic chemicals, oxides, salt	1 094 325	0.3	4.14	1.96
Remainder	22 778 073	6.2		
Senegal - Sénégal (=Developing) (2)**				
All commodity groups	2 739 793	100.0	0.03	0.01
334 Heavy petroleum, bituminous oil	544 952	19.9	0.13	0.05
034 Fish live, dead, chilled, frozen	298 276	10.9	1.05	0.46
971 Gold, non-monetary excluding ores	243 582	8.9	0.17	0.07
661 Lime, cement, construction material	173 855	6.3	0.86	0.52
522 Inorganic chemicals, oxides, salt	130 656	4.8	0.49	0.23
098 Edible products & preparations, nes	123 305	4.5	0.59	0.17
036 Crustacean & aquatic invertebrates	95 084	3.5	0.35	0.25
122 Manufactured tobacco	81 358	3.0	0.80	0.26
054 Vegetables, vegetable products, nes	73 850	2.7	0.28	0.11
057 Fruit, nut excl. oils, fresh, dried	58 109	2.1	0.12	0.06
Remainder	916 766	33.4		
Serbia - Serbie (=Transition)**				
All commodity groups	14 727 064	100.0	1.87	0.08
781 Passenger & race cars, excl. public	1 863 445	12.7	35.63	0.27
773 Electric distribution equipment nes	558 795	3.8	18.70	0.45
625 Rubber for wheels, incl. inner tube	405 431	2.8	18.41	0.45
682 Copper	376 387	2.6	4.14	0.30
058 Fruit and preparations excl. juice	369 666	2.5	51.89	1.75
044 Maize unmilled, excl. sweet corn	358 970	2.4	7.68	1.04
893 Articles of plastics, nes	325 086	2.2	19.35	0.21
775 Household equipment nes	322 769	2.2	22.15	0.31
334 Heavy petroleum, bituminous oil	294 766	2.0	0.23	0.03
821 Bedding furniture and parts	288 312	2.0	13.37	0.17
Remainder	9 563 437	64.8		
Seychelles (=Developing) (2)**				
All commodity groups	558 602	100.0	0.01	0.00
037 Fish, shellfish, preserved, nes	255 482	45.7	1.29	0.91
034 Fish live, dead, chilled, frozen	112 920	20.2	0.40	0.17
035 Fish, dried, salted or smoked	80 066	14.3	4.83	1.31
334 Heavy petroleum, bituminous oil	22 162	4.0	0.01	0.00
872 Medical instrument, appliance, nes	17 816	3.2	0.08	0.02
036 Crustacean & aquatic invertebrates	9 061	1.6	0.03	0.02
411 Animals oils and fats	6 956	1.2	0.54	0.12
081 Animal feed excl. unmilled cereal	6 727	1.2	0.02	0.01
899 Misc. manufactured articles, nes	6 257	1.1	0.02	0.01
282 Ferrous iron, steel, waste, scrap	3 625	0.6	0.06	0.01
Remainder	37 530	6.9		
Sierra Leone (=Developing) (2)**				
All commodity groups	1 907 086	100.0	0.02	0.01
001 Live animal excl. fish & crustacean	749 524	39.3	13.28	3.11
281 Iron ore and concentrates	562 766	29.5	1.15	0.44
697 Base metal household equipment, nes	179 818	9.4	0.84	0.54
667 Pearls, precious&semiprecious stone	155 290	8.1	0.17	0.09
287 Base metal ores, concentrates, nes	68 757	3.6	0.39	0.22
285 Aluminium ores,concentrate, alumina	37 263	2.0	0.65	0.24
072 Cocoa	26 093	1.4	0.20	0.13
793 Ships, boats, floating structures	23 503	1.2	0.03	0.02
034 Fish live, dead, chilled, frozen	10 008	0.5	0.04	0.02
247 Wood in rough or roughly squared	7 831	0.4	0.11	0.04
Remainder	86 233	4.6		

Pour les sources et les notes, se reporter à la fin du tableau.

Leading products exported based on average 2013-2014 values SITC Revision 3 (3-digit level) / Principaux produits exportés d'après la moyenne des valeurs de 2013-2014 CTCI révision 3 (positions à 3 chiffres)	Value (f.o.b., thousands of dollars) Valeur (f.a.b., milliers de dollars)	2013-2014		
		As percentage / En pourcentage		
		of country total du total du pays	of ** (1) des ** (1)	of world du monde

Singapore - Singapour (=Developing)**

	Value	of country total	of ** (1)	of world
All commodity groups	410 009 171	100.0	4.85	2.17
776 Thermionic, cathode, valves, tubes	91 167 780	22.2	18.80	14.62
334 Heavy petroleum, bituminous oil	67 684 850	16.5	15.87	6.75
759 Office equipment part & accessories	11 943 367	2.9	10.64	6.43
764 Telecom equipment, parts, nes	10 701 548	2.6	2.50	1.79
752 Data processing machine, parts, nes	9 731 379	2.4	3.83	2.72
874 Measuring, controlling devices, nes	7 338 194	1.8	15.76	3.83
728 Special industrial machinery, parts	7 187 555	1.8	15.24	4.02
778 Electrical machines, apparatus, nes	6 508 206	1.6	5.18	2.69
772 Electrical circuit equipment	6 219 071	1.5	5.28	2.44
792 Aircraft, spacecraft, equipment	6 212 220	1.5	21.73	3.19
Remainder	185 315 001	45.2		

Sint Maarten (Dutch part) - Saint-Martin (partie néerlandaise) (=Developing) (2)**

	Value	of country total	of ** (1)	of world
All commodity groups	153 492	100.0	0.00	0.00
793 Ships, boats, floating structures	18 776	12.2	0.02	0.01
971 Gold, non-monetary excluding ores	6 196	4.0	0.00	0.00
288 Non-ferrous base metal waste, nes	3 263	2.1	0.03	0.01
112 Alcoholic beverages	2 492	1.6	0.02	0.00
282 Ferrous iron, steel, waste, scrap	1 310	0.9	0.02	0.00
658 Made-up textile articles, nes	1 219	0.8	0.00	0.00
334 Heavy petroleum, bituminous oil	1 179	0.8	0.00	0.00
785 Motorcycle, cycle, invalid carriage	521	0.3	0.00	0.00
896 Work of art, collections; antiques	452	0.3	0.02	0.00
792 Aircraft, spacecraft, equipment	416	0.3	0.00	0.00
Remainder	117 668	76.7		

Slovakia - Slovaquie (=Developed)**

	Value	of country total	of ** (1)	of world
All commodity groups	85 529 089	100.0	0.88	0.45
781 Passenger & race cars, excl. public	14 698 620	17.2	2.64	2.13
761 Television receiver, projector, etc	7 014 874	8.2	23.08	8.08
784 Motor vehicle parts and accessories	5 870 299	6.9	2.16	1.53
764 Telecom equipment, parts, nes	4 947 346	5.8	2.95	0.83
334 Heavy petroleum, bituminous oil	3 484 944	4.1	0.78	0.35
625 Rubber for wheels, incl. inner tube	1 714 813	2.0	3.47	1.90
673 Flat iron non-alloy steel products	1 712 684	2.0	3.93	2.27
699 Base metal manufactures, nes	1 694 667	2.0	1.79	1.08
752 Data processing machine, parts, nes	1 438 236	1.7	1.39	0.40
773 Electric distribution equipment nes	1 377 773	1.6	2.36	1.10
Remainder	41 574 833	48.5		

Slovenia - Slovénie (=Developed) (2)**

	Value	of country total	of ** (1)	of world
All commodity groups	35 071 185	100.0	0.36	0.19
542 Medicaments including veterinary	2 866 330	8.2	0.91	0.83
781 Passenger & race cars, excl. public	2 337 568	6.7	0.42	0.34
334 Heavy petroleum, bituminous oil	1 176 017	3.4	0.26	0.12
775 Household equipment nes	1 085 730	3.1	2.57	1.04
778 Electrical machines, apparatus, nes	1 027 596	2.9	0.89	0.42
784 Motor vehicle parts and accessories	817 601	2.3	0.30	0.21
684 Aluminium	689 914	2.0	1.03	0.59
821 Bedding furniture and parts	681 980	1.9	0.84	0.40
699 Base metal manufactures, nes	662 147	1.9	0.70	0.42
716 Rotating electric plant, parts nes	615 246	1.8	1.04	0.64
Remainder	23 111 056	65.8		

Solomon Islands - Îles Salomon (=Developing) (2)**

	Value	of country total	of ** (1)	of world
All commodity groups	473 874	100.0	0.01	0.00
247 Wood in rough or roughly squared	259 870	54.8	3.61	1.36
971 Gold, non-monetary excluding ores	32 172	6.8	0.02	0.01
037 Fish, shellfish, preserved, nes	28 468	6.0	0.14	0.10
422 Fixed veg fats, oils, excl. "soft"	27 849	5.9	0.07	0.06
034 Fish live, dead, chilled, frozen	11 684	2.5	0.04	0.00
072 Cocoa	8 493	1.8	0.06	0.04
248 Wood simply worked, railway sleeper	5 187	1.1	0.06	0.01
223 Oil seeds for non soft oil	2 065	0.4	0.18	0.05
036 Crustacean & aquatic invertebrates	1 241	0.3	0.00	0.00
081 Animal feed excl. unmilled cereal	1 139	0.2	0.00	0.00
Remainder	95 706	20.2		

Somalia - Somalie (=Developing) (2)**

	Value	of country total	of ** (1)	of world
All commodity groups	515 000	100.0	0.01	0.00
001 Live animal excl. fish & crustacean	344 179	66.8	6.10	1.43
222 Oil seeds, oleaginous for soft oil	108 551	21.1	0.29	0.13
211 Raw hides & skins, excl. furskins	11 626	2.3	0.94	0.13
611 Leather	10 255	2.0	0.07	0.04
751 Office machines	8 403	1.6	0.03	0.02
292 Crude vegetable materials, nes	5 716	1.1	0.04	0.01
574 Polyacetals and polyesters, etc	5 639	1.1	0.02	0.01
034 Fish live, dead, chilled, frozen	2 451	0.5	0.01	0.00
057 Fruit, nut excl. oils, fresh, dried	1 365	0.3	0.00	0.00
762 Radio broadcast receivers	1 145	0.2	0.01	0.01
Remainder	15 670	3.0		

South Africa - Afrique du Sud (=Developing)**

	Value	of country total	of ** (1)	of world
All commodity groups	92 861 818	100.0	1.10	0.49
281 Iron ore and concentrates	7 598 557	8.2	15.47	5.89
681 Silver, platinum, platinum metals	7 476 157	8.1	35.18	14.12
971 Gold, non-monetary excluding ores	5 839 523	6.3	4.06	1.75
321 Coal excluding non-agglomerated	5 459 086	5.9	14.36	5.19
671 Pig & sponge iron, ferro alloys etc	4 199 752	4.5	23.20	11.74
287 Base metal ores, concentrates, nes	4 134 507	4.5	23.56	13.37
781 Passenger & race cars, excl. public	4 019 429	4.3	3.18	0.58
334 Heavy petroleum, bituminous oil	3 143 836	3.4	0.74	0.31
782 Goods and special purpose vehicles	3 080 218	3.3	5.51	2.22
057 Fruit, nut excl. oils, fresh, dried	2 721 348	2.9	5.47	2.75
Remainder	45 189 405	48.6		

Spain - Espagne (=Developed)**

	Value	of country total	of ** (1)	of world
All commodity groups	314 806 480	100.0	3.26	1.67
781 Passenger & race cars, excl. public	30 553 791	9.7	5.48	4.43
334 Heavy petroleum, bituminous oil	15 364 005	4.9	3.44	1.53
784 Motor vehicle parts and accessories	10 982 706	3.5	4.04	2.87
542 Medicaments including veterinary	9 830 349	3.1	3.14	2.83
057 Fruit, nut excl. oils, fresh, dried	9 138 717	2.9	19.42	9.25
054 Vegetables, vegetable products, nes	6 328 088	2.0	16.60	9.62
792 Aircraft, spacecraft, equipment	6 083 454	1.9	3.70	3.12
782 Goods and special purpose vehicles	5 946 208	1.9	7.42	4.29
676 Iron & steel bars, rods, sections	4 778 572	1.5	10.62	5.49
112 Alcoholic beverages	4 498 283	1.4	6.98	5.52
Remainder	211 302 307	67.2		

Sri Lanka (=Developing)**

	Value	of country total	of ** (1)	of world
All commodity groups	10 650 182	100.0	0.13	0.06
074 Tea and mate	1 585 972	14.9	23.78	17.66
845 Articles of apparel of textile, nes	1 447 600	13.6	1.33	0.94
844 Female clothing, knitted, crocheted	1 014 395	9.5	2.00	1.58
842 Women's or girls' clothing, woven	758 437	7.1	1.21	0.81
841 Men's or boys' clothing, woven	645 998	6.1	1.19	0.82
625 Rubber for wheels, incl. inner tube	561 582	5.3	1.46	0.62
667 Pearls, precious&semiprecious stone	376 754	3.5	0.42	0.22
843 Male clothing, knitted, crocheted	327 230	3.1	1.18	0.98
075 Spices	288 353	2.7	3.95	3.15
846 Clothing accessories (excl.babies')	282 478	2.7	1.31	0.89
Remainder	3 361 383	31.5		

State of Palestine - État de Palestine (=Developing) (2)**

	Value	of country total	of ** (1)	of world
All commodity groups	1 238 636	100.0	0.01	0.01
661 Lime, cement, construction material	206 803	16.7	1.03	0.62
821 Bedding furniture and parts	125 002	10.1	0.14	0.07
893 Articles of plastics, nes	68 061	5.5	0.10	0.04
054 Vegetables, vegetable products, nes	58 720	4.7	0.22	0.09
851 Footwear	54 122	4.4	0.06	0.04
282 Ferrous iron, steel, waste, scrap	52 196	4.2	0.89	0.12
122 Manufactured tobacco	48 734	3.9	0.48	0.15
292 Crude vegetable materials, nes	37 310	3.0	0.25	0.09
421 Fixed veg fats, oils, "soft"	24 372	2.0	0.22	0.06
273 Stone, sand and gravel	23 780	1.9	0.42	0.21
Remainder	539 536	43.6		

For sources and notes, see end of table.

Pour les sources et les notes, se reporter à la fin du tableau.

Leading products exported based on average 2013-2014 values SITC Revision 3 (3-digit level) / Principaux produits exportés d'après la moyenne des valeurs de 2013-2014 CTCI révision 3 (positions à 3 chiffres)	2013-2014			
	Value (f.o.b., thousands of dollars) / Valeur (f.a.b., milliers de dollars)	As percentage / En pourcentage		
		of country total / du total du pays	of ** (1) / des ** (1)	of world / du monde
Sudan - Soudan (=Developing) (2)**				
All commodity groups	4 569 971	100.0	0.05	0.02
333 Crude petroleum, bituminous oil	2 914 506	63.8	0.25	0.18
971 Gold, non-monetary excluding ores	1 068 301	23.4	0.74	0.32
001 Live animal excl. fish & crustacean	143 351	3.1	2.54	0.59
222 Oil seeds, oleaginous for soft oil	100 848	2.2	0.27	0.12
334 Heavy petroleum, bituminous oil	61 384	1.3	0.01	0.01
511 Hydrocarbons, nes; and derivatives	48 959	1.1	0.11	0.05
292 Crude vegetable materials, nes	44 009	1.0	0.29	0.10
012 Meat nes, fresh, chilled, frozen	16 352	0.4	0.10	0.02
081 Animal feed excl. unmilled cereal	15 428	0.3	0.04	0.02
611 Leather	13 465	0.3	0.09	0.05
Remainder	143 368	3.1		
Suriname (=Developing)**				
All commodity groups	2 061 056	100.0	0.02	0.01
334 Heavy petroleum, bituminous oil	243 645	11.8	0.06	0.02
971 Gold, non-monetary excluding ores	242 373	11.8	0.17	0.07
285 Aluminium ores,concentrate, alumina	167 855	8.1	2.93	1.09
034 Fish live, dead, chilled, frozen	46 181	2.2	0.16	0.07
247 Wood in rough or roughly squared	41 111	2.0	0.57	0.22
042 Rice	41 090	2.0	0.19	0.16
057 Fruit, nut excl. oils, fresh, dried	38 552	1.9	0.08	0.04
036 Crustacean & aquatic invertebrates	15 775	0.8	0.06	0.04
248 Wood simply worked, railway sleeper	12 823	0.6	0.14	0.03
112 Alcoholic beverages	10 893	0.5	0.07	0.01
Remainder	1 200 758	58.3		
Swaziland (=Developing) (2)**				
All commodity groups	1 906 500	100.0	0.02	0.01
551 Essential oils, perfumes, flavours	367 576	19.3	6.48	1.35
061 Sugars, molasses and honey	277 238	14.5	1.02	0.70
251 Pulp and waste paper	207 635	10.9	1.62	0.45
598 Misc. chemical products, nes	197 629	10.4	0.63	0.15
513 Carboxylic acids and derivatives	44 370	2.3	0.19	0.09
523 Metal salt, inorganic acid, peroxy	43 395	2.3	0.46	0.20
057 Fruit, nut excl. oils, fresh, dried	42 692	2.2	0.09	0.04
248 Wood simply worked, railway sleeper	40 281	2.1	0.45	0.10
842 Women's or girls' clothing, woven	27 016	1.4	0.04	0.03
845 Articles of apparel of textile, nes	24 025	1.3	0.02	0.02
Remainder	634 643	33.3		
Sweden - Suède (=Developed)**				
All commodity groups	165 919 256	100.0	1.72	0.88
334 Heavy petroleum, bituminous oil	10 898 380	6.6	2.44	1.09
641 Paper and paperboard	9 590 790	5.8	10.55	8.14
764 Telecom equipment, parts, nes	7 365 638	4.4	4.39	1.23
784 Motor vehicle parts and accessories	6 885 097	4.1	2.53	1.80
542 Medicaments including veterinary	6 387 393	3.8	2.04	1.84
781 Passenger & race cars, excl. public	5 066 446	3.1	0.91	0.74
248 Wood simply worked, railway sleeper	3 493 253	2.1	12.12	8.24
034 Fish live, dead, chilled, frozen	3 294 133	2.0	9.69	5.08
713 Internal combustion engines & parts	3 202 946	1.9	2.52	1.92
281 Iron ore and concentrates	2 867 282	1.7	3.94	2.22
Remainder	106 867 898	64.5		
Switzerland - Suisse (=Developed) (2)**				
All commodity groups	270 151 238	100.0	2.79	1.43
971 Gold, non-monetary excluding ores	38 865 263	14.4	21.35	11.67
542 Medicaments including veterinary	34 240 521	12.7	10.92	9.87
541 Pharmaceuticals excl. medicaments	30 534 919	11.3	18.14	16.26
885 Watches and clocks	23 928 439	8.9	65.99	42.80
897 Jewellery, precious,semi-precious	10 298 350	3.8	21.45	6.82
515 Organo-inorganic compound acid salt	8 431 921	3.1	9.94	7.66
899 Misc. manufactured articles, nes	6 682 629	2.5	11.79	7.44
874 Measuring, controlling devices, nes	4 841 337	1.8	3.37	2.53
772 Electrical circuit equipment	4 403 726	1.6	3.25	1.73
514 Nitrogen function compounds	4 015 466	1.5	11.96	7.66
Remainder	103 908 667	38.4		

Leading products exported based on average 2013-2014 values SITC Revision 3 (3-digit level) / Principaux produits exportés d'après la moyenne des valeurs de 2013-2014 CTCI révision 3 (positions à 3 chiffres)	2013-2014			
	Value (f.o.b., thousands of dollars) / Valeur (f.a.b., milliers de dollars)	As percentage / En pourcentage		
		of country total / du total du pays	of ** (1) / des ** (1)	of world / du monde
Syrian Arab Republic - République arabe syrienne (=Developing) (2)**				
All commodity groups	2 000 000	100.0	0.02	0.01
334 Heavy petroleum, bituminous oil	355 477	17.8	0.08	0.04
111 Non-alcoholic beverages, nes	122 946	6.1	2.29	0.55
054 Vegetables, vegetable products, nes	120 857	6.0	0.46	0.18
057 Fruit, nut excl. oils, fresh, dried	114 110	5.7	0.23	0.12
001 Live animal excl. fish & crustacean	82 821	4.1	1.47	0.34
554 Soaps, cleansing and polishing	58 606	2.9	0.47	0.14
333 Crude petroleum, bituminous oil	53 573	2.7	0.00	0.00
041 Wheat incl. spelt, meslin, unmilled	45 414	2.3	1.31	0.09
893 Articles of plastics, nes	45 273	2.3	0.07	0.03
025 Birds' eggs, yolks and albumin	40 144	2.0	2.93	0.64
Remainder	960 779	48.1		
Tajikistan - Tadjikistan (=Transition) (2)**				
All commodity groups	1 099 405	100.0	0.14	0.01
684 Aluminium	458 867	41.7	5.38	0.39
263 Cotton	176 350	16.0	8.82	0.89
287 Base metal ores, concentrates, nes	64 956	5.9	3.81	0.21
057 Fruit, nut excl. oils, fresh, dried	27 522	2.5	1.39	0.03
652 Cotton, woven fabrics, excl.special	24 919	2.3	6.72	0.07
351 Electric current	24 020	2.2	1.04	0.07
971 Gold, non-monetary excluding ores	20 287	1.8	0.28	0.01
034 Fish live, dead, chilled, frozen	17 891	1.6	0.72	0.03
841 Men's or boys' clothing, woven	16 926	1.5	1.65	0.02
054 Vegetables, vegetable products, nes	12 851	1.2	0.93	0.02
Remainder	254 816	23.3		
TFYR of Macedonia - LERY de Macédoine (=Transition)**				
All commodity groups	4 600 350	100.0	0.58	0.02
598 Misc. chemical products, nes	753 492	16.4	56.54	0.58
671 Pig & sponge iron, ferro alloys etc	404 788	8.8	4.68	1.13
743 Gas pump, compressor, fan, filter	346 957	7.5	27.89	0.26
842 Women's or girls' clothing, woven	248 359	5.4	23.88	0.27
841 Men's or boys' clothing, woven	218 813	4.8	21.35	0.28
773 Electric distribution equipment nes	165 383	3.6	5.53	0.13
121 Unmanufactured tobacco and refuse	140 560	3.1	47.98	1.09
673 Flat iron non-alloy steel products	115 644	2.5	1.41	0.15
674 Flat, plated iron, non-alloy steel	114 181	2.5	9.55	0.20
287 Base metal ores, concentrates, nes	102 132	2.2	5.99	0.33
Remainder	1 990 041	43.2		
Thailand - Thaïlande (=Developing)**				
All commodity groups	228 050 102	100.0	2.70	1.21
752 Data processing machine, parts, nes	12 190 245	5.3	4.80	3.40
334 Heavy petroleum, bituminous oil	10 641 838	4.7	2.50	1.06
782 Goods and special purpose vehicles	10 495 230	4.6	18.77	7.58
776 Thermionic, cathode, valves, tubes	8 278 984	3.6	1.71	1.33
231 Natural rubber, and in primary form	7 127 526	3.1	35.75	33.77
784 Motor vehicle parts and accessories	6 603 482	2.9	6.04	1.73
781 Passenger & race cars, excl. public	6 574 894	2.9	5.20	0.95
741 Heating, cooling equipment & parts	5 172 883	2.3	11.03	4.42
042 Rice	4 929 587	2.2	22.57	18.72
037 Fish, shellfish, preserved, nes	4 547 907	2.0	23.00	16.26
Remainder	151 487 526	66.4		
Timor-Leste (=Developing) (2)**				
All commodity groups	18 023	100.0	0.00	0.00
333 Crude petroleum, bituminous oil	16 678	92.5	0.00	0.00
071 Coffee and coffee substitutes	509	2.8	0.00	0.00
269 Worn clothing, textile article; rag	243	1.3	0.01	0.00
342 Liquefied propane and butane	142	0.8	0.00	0.00
288 Non-ferrous base metal waste, nes	88	0.5	0.00	0.00
748 Mechanical transmission equipment	55	0.3	0.00	0.00
745 Other non-electrical machinery, nes	51	0.3	0.00	0.00
764 Telecom equipment, parts, nes	38	0.2	0.00	0.00
292 Crude vegetable materials, nes	20	0.1	0.00	0.00
713 Internal combustion engines & parts	17	0.1	0.00	0.00
Remainder	182	1.1		

For sources and notes, see end of table.

Pour les sources et les notes, se reporter à la fin du tableau.

3.2.D Export structure by product
Individual economies

3.2.D Structure des exportations par produits
Économies individuelles

Leading products exported based on average 2013-2014 values SITC Revision 3 (3-digit level) / Principaux produits exportés d'après la moyenne des valeurs de 2013-2014 CTCI révision 3 (positions à 3 chiffres)	2013-2014 Value (f.o.b., thousands of dollars) / Valeur (f.a.b., milliers de dollars)	As percentage / En pourcentage: of country total / du total du pays	of ** (1) / des ** (1)	of world / du monde
Togo (=Developing) (2)**				
All commodity groups	1 435 971	100.0	0.02	0.01
661 Lime, cement, construction material	210 520	14.7	1.05	0.63
334 Heavy petroleum, bituminous oil	122 862	8.6	0.03	0.01
272 Crude fertilizer, excl.manufactured	115 084	8.0	4.24	2.82
971 Gold, non-monetary excluding ores	88 507	6.2	0.06	0.03
793 Ships, boats, floating structures	82 300	5.7	0.09	0.06
351 Electric current	57 900	4.0	0.96	0.17
263 Cotton	57 089	4.0	0.60	0.29
072 Cocoa	42 917	3.0	0.32	0.21
335 Residual petroleum products, nes	39 051	2.7	0.18	0.07
553 Perfumery, cosmetics excl. soap	38 166	2.7	0.18	0.04
Remainder	581 575	40.4		
Tokelau - Tokélaou (=Developing) (2)**				
All commodity groups	120	100.0	0.00	0.00
821 Bedding furniture and parts	12	9.9	0.00	0.00
727 Food-process machines excl.domestic	8	6.6	0.00	0.00
741 Heating, cooling equipment & parts	8	6.4	0.00	0.00
684 Aluminium	6	5.4	0.00	0.00
694 Nails, screws, nuts, bolts, rivets	5	4.5	0.00	0.00
761 Television receiver, projector, etc	5	3.8	0.00	0.00
737 Metalwork machinery excl.tools, nes	4	3.3	0.00	0.00
778 Electrical machines, apparatus, nes	4	3.3	0.00	0.00
542 Medicaments including veterinary	4	3.2	0.00	0.00
714 Non-electric engine excl.712,713,718	3	2.5	0.00	0.00
Remainder	61	51.1		
Tonga (=Developing) (2)**				
All commodity groups	17 982	100.0	0.00	0.00
054 Vegetables, vegetable products, nes	5 400	30.0	0.02	0.01
034 Fish live, dead, chilled, frozen	2 608	14.5	0.01	0.00
057 Fruit, nut excl. oils, fresh, dried	1 275	7.1	0.00	0.00
036 Crustacean & aquatic invertebrates	1 090	6.1	0.00	0.00
292 Crude vegetable materials, nes	993	5.5	0.01	0.00
072 Cocoa	562	3.1	0.00	0.00
532 Dyeing and tanning extracts	529	2.9	0.07	0.02
282 Ferrous iron, steel, waste, scrap	490	2.7	0.01	0.00
764 Telecom equipment, parts, nes	359	2.0	0.00	0.00
533 Pigment, paint, varnish & related	348	1.9	0.00	0.00
Remainder	4 328	24.2		
Trinidad and Tobago - Trinité-et-Tobago (=Developing) (2)**				
All commodity groups	12 679 811	100.0	0.15	0.07
343 Natural gas, liquefied or not	3 410 427	26.9	1.95	0.88
334 Heavy petroleum, bituminous oil	2 789 930	22.0	0.65	0.28
522 Inorganic chemicals, oxides, salt	2 190 419	17.3	8.28	3.92
333 Crude petroleum, bituminous oil	1 397 733	11.0	0.12	0.09
512 Alcohols, phenols, and derivatives	757 296	6.0	2.15	1.23
671 Pig & sponge iron, ferro alloys etc	328 916	2.6	1.82	0.92
342 Liquefied propane and butane	299 974	2.4	0.63	0.43
562 Manufactured fertilizer excl.crude	220 509	1.7	0.86	0.33
676 Iron & steel bars, rods, sections	161 211	1.3	0.45	0.19
281 Iron ore and concentrates	157 738	1.2	0.32	0.12
Remainder	965 658	7.6		
Tunisia - Tunisie (=Developing) (2)**				
All commodity groups	16 908 039	100.0	0.20	0.09
773 Electric distribution equipment nes	1 680 618	9.9	2.65	1.35
333 Crude petroleum, bituminous oil	1 667 085	9.9	0.14	0.10
845 Articles of apparel of textile, nes	1 446 683	8.6	1.33	0.94
772 Electrical circuit equipment	781 668	4.6	0.66	0.31
841 Men's or boys' clothing, woven	761 431	4.5	1.40	0.97
562 Manufactured fertilizer excl.crude	604 914	3.6	2.36	0.90
421 Fixed veg fats, oils, "soft"	554 527	3.3	4.94	1.47
334 Heavy petroleum, bituminous oil	548 087	3.2	0.13	0.05
761 Television receiver, projector, etc	497 462	2.9	0.90	0.57
851 Footwear	486 145	2.9	0.58	0.36
Remainder	7 879 419	46.6		

For sources and notes, see end of table.

Leading products exported based on average 2013-2014 values SITC Revision 3 (3-digit level) / Principaux produits exportés d'après la moyenne des valeurs de 2013-2014 CTCI révision 3 (positions à 3 chiffres)	2013-2014 Value (f.o.b., thousands of dollars) / Valeur (f.a.b., milliers de dollars)	As percentage / En pourcentage: of country total / du total du pays	of ** (1) / des ** (1)	of world / du monde
Turkey - Turquie (=Developing)**				
All commodity groups	154 758 792	100.0	1.83	0.82
781 Passenger & race cars, excl. public	7 056 263	4.6	5.58	1.02
676 Iron & steel bars, rods, sections	6 550 242	4.2	18.37	7.52
334 Heavy petroleum, bituminous oil	5 729 017	3.7	1.34	0.57
845 Articles of apparel of textile, nes	5 702 921	3.7	5.23	3.70
782 Goods and special purpose vehicles	4 157 122	2.7	7.44	3.00
784 Motor vehicle parts and accessories	4 156 350	2.7	3.80	1.09
057 Fruit, nut excl. oils, fresh, dried	4 088 904	2.6	8.22	4.14
775 Household equipment nes	3 982 128	2.6	6.61	3.83
897 Jewellery, precious,semi-precious	3 909 651	2.5	3.88	2.59
842 Women's or girls' clothing, woven	3 369 520	2.2	5.37	3.61
Remainder	106 056 674	68.5		
Turkmenistan - Turkménistan (=Transition) (2)**				
All commodity groups	17 150 000	100.0	2.18	0.09
343 Natural gas, liquefied or not	13 059 827	76.2	15.49	3.38
334 Heavy petroleum, bituminous oil	1 641 961	9.6	1.26	0.16
263 Cotton	605 034	3.5	30.25	3.07
333 Crude petroleum, bituminous oil	281 404	1.6	0.11	0.02
651 Textile yarn	268 305	1.6	16.49	0.46
971 Gold, non-monetary excluding ores	154 525	0.9	2.14	0.05
575 Other plastics, in primary forms	130 230	0.8	12.63	0.11
652 Cotton, woven fabrics, excl.special	115 345	0.7	31.12	0.35
292 Crude vegetable materials, nes	105 182	0.6	23.06	0.24
351 Electric current	70 430	0.4	3.06	0.21
Remainder	717 757	4.1		
Turks and Caicos Islands - Îles Turques et Caïques (=Developing) (2)**				
All commodity groups	28 285	100.0	0.00	0.00
036 Crustacean & aquatic invertebrates	4 015	14.2	0.01	0.01
892 Printed matter	2 255	8.0	0.01	0.00
671 Pig & sponge iron, ferro alloys etc	1 737	6.1	0.01	0.00
042 Rice	1 608	5.7	0.01	0.01
676 Iron & steel bars, rods, sections	1 235	4.4	0.00	0.00
081 Animal feed excl. unmilled cereal	1 093	3.9	0.00	0.00
037 Fish, shellfish, preserved, nes	981	3.5	0.00	0.00
841 Men's or boys' clothing, woven	685	2.4	0.00	0.00
691 Iron, steel, aluminium structures	354	1.3	0.00	0.00
288 Non-ferrous base metal waste, nes	313	1.1	0.00	0.00
Remainder	14 009	49.4		
Tuvalu (=Developing) (2)**				
All commodity groups	297	100.0	0.00	0.00
034 Fish live, dead, chilled, frozen	224	75.3	0.00	0.00
811 Prefabricated buildings	8	2.8	0.00	0.00
776 Thermionic, cathode, valves, tubes	8	2.7	0.00	0.00
684 Aluminium	7	2.4	0.00	0.00
821 Bedding furniture and parts	7	2.2	0.00	0.00
231 Natural rubber, and in primary form	4	1.5	0.00	0.00
744 Mechanical handling equipment, nes	4	1.4	0.00	0.00
655 Knitted or crocheted fabrics, nes	2	0.7	0.00	0.00
692 Storage, transport metal container	2	0.7	0.00	0.00
695 Tools for use in hand or in machine	2	0.6	0.00	0.00
Remainder	29	9.7		
Uganda - Ouganda (=Developing) (2)**				
All commodity groups	2 340 672	100.0	0.03	0.01
071 Coffee and coffee substitutes	449 859	19.2	1.99	1.17
034 Fish live, dead, chilled, frozen	133 007	5.7	0.47	0.21
764 Telecom equipment, parts, nes	132 181	5.6	0.03	0.02
121 Unmanufactured tobacco and refuse	129 784	5.5	1.48	1.00
661 Lime, cement, construction material	113 081	4.8	0.56	0.34
292 Crude vegetable materials, nes	69 195	3.0	0.45	0.16
072 Cocoa	67 192	2.9	0.51	0.33
611 Leather	63 146	2.7	0.42	0.24
074 Tea and mate	62 788	2.7	0.94	0.70
263 Cotton	53 535	2.3	0.56	0.27
Remainder	1 066 904	45.6		

Pour les sources et les notes, se reporter à la fin du tableau.

Leading products exported based on average 2013-2014 values SITC Revision 3 (3-digit level) / Principaux produits exportés d'après la moyenne des valeurs de 2013-2014 CTCI révision 3 (positions à 3 chiffres)	2013-2014 Value (f.o.b., thousands of dollars) / Valeur (f.a.b., milliers de dollars)	As percentage / En pourcentage: of country total / du total du pays	of ** (1) / des ** (1)	of world / du monde
Ukraine (=Transition)**				
All commodity groups	58 616 886	100.0	7.45	0.31
672 Ingots, Iron steel primary products	4 855 544	8.3	38.93	13.99
044 Maize unmilled, excl. sweet corn	3 592 003	6.1	76.90	10.39
421 Fixed veg fats, oils, "soft"	3 573 221	6.1	57.84	9.47
281 Iron ore and concentrates	3 527 262	6.0	49.63	2.74
673 Flat iron non-alloy steel products	3 191 194	5.4	39.01	4.23
676 Iron & steel bars, rods, sections	3 105 061	5.3	48.00	3.56
041 Wheat incl. spelt, meslin, unmilled	2 091 137	3.6	26.31	4.29
671 Pig & sponge iron, ferro alloys etc	1 859 026	3.2	21.48	5.20
222 Oil seeds, oleaginous for soft oil	1 818 972	3.1	78.29	2.25
791 Railway vehicles and equipment	1 648 735	2.8	61.79	5.40
Remainder	29 354 731	50.1		
United Arab Emirates - Émirats arabes unis (=Developing) (2)**				
All commodity groups	369 500 000	100.0	4.37	1.95
333 Crude petroleum, bituminous oil	158 065 952	42.8	13.74	9.83
334 Heavy petroleum, bituminous oil	32 882 915	8.9	7.71	3.28
971 Gold, non-monetary excluding ores	23 187 558	6.3	16.13	6.96
667 Pearls, precious&semiprecious stone	21 399 570	5.8	23.70	12.58
342 Liquefied propane and butane	12 860 353	3.5	26.93	18.23
343 Natural gas, liquefied or not	8 023 101	2.2	4.58	2.07
897 Jewellery, precious,semi-precious	6 878 226	1.9	6.83	4.56
684 Aluminium	5 366 415	1.5	13.30	4.62
781 Passenger & race cars, excl. public	4 600 397	1.2	3.64	0.67
764 Telecom equipment, parts, nes	4 338 035	1.2	1.01	0.73
Remainder	91 897 478	24.7		
United Kingdom - Royaume-Uni (=Developed)**				
All commodity groups	529 559 167	100.0	5.48	2.80
971 Gold, non-monetary excluding ores	59 283 706	11.2	32.57	17.80
781 Passenger & race cars, excl. public	40 296 673	7.6	7.23	5.85
333 Crude petroleum, bituminous oil	29 346 212	5.5	13.93	1.82
542 Medicaments including veterinary	23 818 282	4.5	7.60	6.87
334 Heavy petroleum, bituminous oil	23 074 883	4.4	5.16	2.30
714 Non-electric engine excl.712,713,718	21 813 235	4.1	27.51	21.68
874 Measuring, controlling devices, nes	10 517 620	2.0	7.33	5.49
112 Alcoholic beverages	10 102 697	1.9	15.68	12.41
541 Pharmaceuticals excl. medicaments	9 860 625	1.9	5.86	5.25
713 Internal combustion engines & parts	8 732 674	1.6	6.87	5.24
Remainder	292 712 560	55.3		
United Republic of Tanzania - République-Unie de Tanzanie (=Developing) (2)**				
All commodity groups	4 528 774	100.0	0.05	0.02
971 Gold, non-monetary excluding ores	826 625	18.3	0.57	0.25
289 Precious metal ores excl. gold	297 334	6.6	5.49	1.99
121 Unmanufactured tobacco and refuse	292 419	6.5	3.34	2.26
057 Fruit, nut excl. oils, fresh, dried	238 849	5.3	0.48	0.24
222 Oil seeds, oleaginous for soft oil	226 651	5.0	0.60	0.28
283 Copper ores and concentrates	170 012	3.8	0.44	0.32
054 Vegetables, vegetable products, nes	169 331	3.7	0.65	0.26
071 Coffee and coffee substitutes	166 456	3.7	0.74	0.43
034 Fish live, dead, chilled, frozen	146 391	3.2	0.52	0.23
682 Copper	116 016	2.6	0.18	0.09
Remainder	1 878 690	41.3		
United States - États-Unis (=Developed)**				
All commodity groups	1 598 665 058	100.0	16.54	8.46
334 Heavy petroleum, bituminous oil	111 028 414	6.9	24.84	11.06
781 Passenger & race cars, excl. public	59 487 641	3.7	10.67	8.63
764 Telecom equipment, parts, nes	43 812 326	2.7	26.14	7.33
784 Motor vehicle parts and accessories	43 601 912	2.7	16.05	11.40
776 Thermionic, cathode, valves, tubes	42 256 764	2.6	30.58	6.78
874 Measuring, controlling devices, nes	33 690 534	2.1	23.47	17.59
971 Gold, non-monetary excluding ores	27 694 690	1.7	15.21	8.32
752 Data processing machine, parts, nes	27 523 054	1.7	26.63	7.68
542 Medicaments including veterinary	25 112 476	1.6	8.01	7.24
222 Oil seeds, oleaginous for soft oil	23 747 335	1.5	58.48	29.42
Remainder	1 160 709 912	72.8		

Leading products exported based on average 2013-2014 values SITC Revision 3 (3-digit level) / Principaux produits exportés d'après la moyenne des valeurs de 2013-2014 CTCI révision 3 (positions à 3 chiffres)	2013-2014 Value (f.o.b., thousands of dollars) / Valeur (f.a.b., milliers de dollars)	As percentage / En pourcentage: of country total / du total du pays	of ** (1) / des ** (1)	of world / du monde
Uruguay (=Developing)**				
All commodity groups	9 115 731	100.0	0.11	0.05
222 Oil seeds, oleaginous for soft oil	1 747 683	19.2	4.63	2.17
011 Bovine meat, fresh, chilled, frozen	1 369 819	15.0	8.34	2.96
042 Rice	510 556	5.6	2.34	1.94
022 Milk products excl. butter & cheese	483 280	5.3	6.28	0.94
247 Wood in rough or roughly squared	368 735	4.0	5.12	1.94
041 Wheat incl. spelt, meslin, unmilled	306 022	3.4	8.84	0.63
611 Leather	290 419	3.2	1.95	1.09
268 Wool & animal hair, incl wool tops	252 058	2.8	10.17	3.78
024 Cheese and curd	246 424	2.7	11.98	0.74
012 Meat nes, fresh, chilled, frozen	214 622	2.4	1.30	0.28
Remainder	3 326 113	36.4		
Uzbekistan - Ouzbékistan (=Transition) (2)**				
All commodity groups	12 971 537	100.0	1.65	0.07
343 Natural gas, liquefied or not	2 265 033	17.5	2.69	0.59
971 Gold, non-monetary excluding ores	1 791 959	13.8	24.85	0.54
682 Copper	1 274 278	9.8	14.01	1.00
781 Passenger & race cars, excl. public	1 120 990	8.6	21.44	0.16
263 Cotton	1 082 105	8.3	54.10	5.49
651 Textile yarn	941 796	7.3	57.90	1.60
525 Radio active & associated materials	815 289	6.3	23.50	6.36
057 Fruit, nut excl. oils, fresh, dried	655 713	5.1	33.06	0.66
054 Vegetables, vegetable products, nes	354 229	2.7	25.62	0.54
562 Manufactured fertilizer excl.crude	305 240	2.4	2.28	0.46
Remainder	2 364 905	18.2		
Vanuatu (=Developing) (2)**				
All commodity groups	47 792	100.0	0.00	0.00
034 Fish live, dead, chilled, frozen	34 315	71.8	0.12	0.05
793 Ships, boats, floating structures	4 564	9.5	0.00	0.00
292 Crude vegetable materials, nes	1 295	2.7	0.01	0.00
011 Bovine meat, fresh, chilled, frozen	969	2.0	0.01	0.00
072 Cocoa	825	1.7	0.01	0.00
036 Crustacean & aquatic invertebrates	811	1.7	0.00	0.00
422 Fixed veg fats, oils, excl. "soft"	632	1.3	0.00	0.00
334 Heavy petroleum, bituminous oil	269	0.6	0.00	0.00
223 Oil seeds for non soft oil	268	0.6	0.02	0.01
248 Wood simply worked, railway sleeper	258	0.5	0.00	0.00
Remainder	3 586	7.6		
Venezuela (Bolivarian Rep. of)-Venezuela (Rép. bolivarienne du) (=Developing)(2)**				
All commodity groups	83 762 979	100.0	0.99	0.44
333 Crude petroleum, bituminous oil	64 360 011	76.8	5.59	4.00
334 Heavy petroleum, bituminous oil	10 759 028	12.8	2.52	1.07
512 Alcohols, phenols; and derivatives	1 356 901	1.6	3.85	2.21
621 Rubber material (plates, tubes,...)	1 148 198	1.4	11.79	4.36
591 Household and garden chemicals	878 169	1.0	7.63	2.50
665 Glassware	807 222	1.0	5.75	2.84
671 Pig & sponge iron, ferro alloys etc	434 605	0.5	2.40	1.22
335 Residual petroleum products, nes	393 246	0.5	1.84	0.75
813 Lighting fixtures and fittings, nes	324 567	0.4	0.91	0.61
281 Iron ore and concentrates	288 019	0.3	0.59	0.22
Remainder	3 013 013	3.7		
Viet Nam (=Developing) (2)**				
All commodity groups	141 254 138	100.0	1.67	0.75
764 Telecom equipment, parts, nes	21 678 348	15.3	5.06	3.63
851 Footwear	9 772 807	6.9	11.60	7.27
333 Crude petroleum, bituminous oil	8 401 720	5.9	0.73	0.52
845 Articles of apparel of textile, nes	5 503 203	3.9	5.04	3.57
821 Bedding furniture and parts	4 556 230	3.2	5.22	2.68
841 Men's or boys' clothing, woven	4 315 959	3.1	7.96	5.51
842 Women's or girls' clothing, woven	4 030 795	2.9	6.43	4.32
036 Crustacean & aquatic invertebrates	3 220 088	2.3	12.01	8.32
071 Coffee and coffee substitutes	3 178 493	2.3	14.04	8.29
034 Fish live, dead, chilled, frozen	3 068 659	2.2	10.81	4.73
Remainder	73 527 836	52.0		

For sources and notes, see end of table.

Pour les sources et les notes, se reporter à la fin du tableau.

Leading products exported based on average 2013-2014 values SITC Revision 3 (3-digit level) Principaux produits exportés d'après la moyenne des valeurs de 2013-2014 CTCI révision 3 (positions à 3 chiffres)	2013-2014			
	Value (f.o.b., thousands of dollars) Valeur (f.a.b., milliers de dollars)	As percentage En pourcentage		
		of country total du total du pays	of ** (1) des ** (1)	of world du monde
Wallis and Futuna Islands - Îles Wallis-et-Futuna (**=Developing) (2)				
All commodity groups	44	100.0	0.00	0.00
676 Iron & steel bars, rods, sections	11	24.7	0.00	0.00
735 Machine part, accessory for 731,733	10	22.4	0.00	0.00
776 Thermionic, cathode, valves, tubes	6	12.7	0.00	0.00
772 Electrical circuit equipment	5	11.2	0.00	0.00
287 Base metal ores, concentrates, nes	2	4.3	0.00	0.00
598 Misc. chemical products, nes	1	3.3	0.00	0.00
655 Knitted or crocheted fabrics, nes	1	2.8	0.00	0.00
759 Office equipment part & accessories	1	2.1	0.00	0.00
592 Starches, gluten, glues, etc	1	2.0	0.00	0.00
291 Crude animal materials, nes	0	0.8	0.00	0.00
Remainder	6	13.7		
Yemen - Yémen (**=Developing) (2)				
All commodity groups	8 150 000	100.0	0.10	0.04
333 Crude petroleum, bituminous oil	3 286 926	40.3	0.29	0.20
343 Natural gas, liquefied or not	3 014 409	37.0	1.72	0.78
334 Heavy petroleum, bituminous oil	664 285	8.2	0.16	0.07
335 Residual petroleum products, nes	163 474	2.0	0.76	0.31
034 Fish live, dead, chilled, frozen	136 441	1.7	0.48	0.21
971 Gold, non-monetary excluding ores	115 927	1.4	0.08	0.03
057 Fruit, nut excl. oils, fresh, dried	62 599	0.8	0.13	0.06
036 Crustacean & aquatic invertebrates	29 517	0.4	0.11	0.08
122 Manufactured tobacco	29 402	0.4	0.29	0.09
054 Vegetables, vegetable products, nes	27 206	0.3	0.10	0.04
Remainder	619 814	7.5		

Leading products exported based on average 2013-2014 values SITC Revision 3 (3-digit level) Principaux produits exportés d'après la moyenne des valeurs de 2013-2014 CTCI révision 3 (positions à 3 chiffres)	2013-2014			
	Value (f.o.b., thousands of dollars) Valeur (f.a.b., milliers de dollars)	As percentage En pourcentage		
		of country total du total du pays	of ** (1) des ** (1)	of world du monde
Zambia - Zambie (**=Developing)				
All commodity groups	10 140 994	100.0	0.12	0.05
682 Copper	6 326 506	62.4	9.72	4.96
522 Inorganic chemicals, oxides, salt	446 520	4.4	1.69	0.80
121 Unmanufactured tobacco and refuse	287 190	2.8	3.28	2.22
661 Lime, cement, construction material	222 150	2.2	1.10	0.67
061 Sugars, molasses and honey	207 352	2.0	0.77	0.52
699 Base metal manufactures, nes	175 654	1.7	0.29	0.11
971 Gold, non-monetary excluding ores	141 071	1.4	0.10	0.04
044 Maize unmilled, excl. sweet corn	129 729	1.3	0.93	0.38
667 Pearls, precious&semiprecious stone	123 345	1.2	0.14	0.07
351 Electric current	121 016	1.2	2.00	0.36
Remainder	1 960 461	19.4		
Zimbabwe (**=Developing) (2)				
All commodity groups	3 285 519	100.0	0.04	0.02
121 Unmanufactured tobacco and refuse	1 005 236	30.6	11.50	7.78
671 Pig & sponge iron, ferro alloys etc	237 884	7.2	1.31	0.67
351 Electric current	184 196	5.6	3.04	0.54
263 Cotton	176 969	5.4	1.85	0.90
325 Coke, semi coke, retort carbon	175 773	5.3	6.93	2.71
667 Pearls, precious&semiprecious stone	171 224	5.2	0.19	0.10
284 Nickel ores, concentrates, etc	156 243	4.8	2.77	1.67
061 Sugars, molasses and honey	128 310	3.9	0.47	0.32
971 Gold, non-monetary excluding ores	99 573	3.0	0.07	0.03
057 Fruit, nut excl. oils, fresh, dried	50 963	1.6	0.10	0.05
Remainder	899 148	27.4		

Source:

UNCTAD secretariat calculations, based on UNCTAD, *UNCTADstat* Merchandise Trade Matrix

Notes:

(1) The symbol ** indicates the grouping to which the country belongs and to which the percentage share shown applies. The percentage represents a country's export share in the total exports of the commodity of the group to which the country belongs (i.e. "developing" or "developed" or "transition" economies).

(2) Data are estimated at least for one of the reference years.

Source :

Calculs du secrétariat de la CNUCED, basés sur la matrice du commerce de marchandises d'*UNCTADstat* de la CNUCED

Notes :

(1) Le symbole ** indique le groupement auquel le pays appartient et par rapport auquel est calculé le pourcentage. Ce pourcentage est la part que représentent les exportations du produit par le pays par rapport aux exportations du même produit par le groupement auquel le pays appartient (économies "en développement" ou " développées" ou "en transition").

(2) Données estimées pour au moins une des années de référence.

3

3.2.E Export structure by product
Major exporters for leading products among developing economies

3.2.E Structure des exportations par produits
Principaux exportateurs de produits majeurs parmi les économies en développement

Leading exporting developing economies (1) based on average 2013-14 exports (2) SITC Revision 3 (3-digit level) / Principales économies en dévelopement exportatrices (1) d'après la moyenne des exportations de 2013-14 (2) CTCI révision 3 (positions à 3 chiffres)	2013-2014			
	Value (f.o.b., thousands of dollars) Valeur (f.a.b., milliers de dollars)	As percentage / En pourcentage		
		of country total / du total du pays	of developing economies / des économies en développement	of world / du monde
012 - Other meat and edible meat offal				
World	76 673 893	0.41	_	100.00
Developed economies	59 382 072	0.61	_	77.45
Transition economies	835 877	0.11	_	1.09
Developing economies	16 455 945	0.19	100.00	21.46
Brazil	8 956 730	3.83	54.43	11.68
China, Hong Kong SAR	1 493 249	0.28	9.07	1.95
China	1 025 777	0.05	6.23	1.34
Argentina	842 820	1.16	5.12	1.10
Chile	804 461	1.05	4.89	1.05
Turkey	641 814	0.41	3.90	0.84
Mexico	532 483	0.14	3.24	0.69
Thailand	332 575	0.15	2.02	0.43
India	282 525	0.09	1.72	0.37
Uruguay	214 622	2.35	1.30	0.28
057 - Fruits, nuts (excl. oil), fresh or dried				
World	98 787 228	0.52	_	100.00
Developed economies	47 046 827	0.49	_	47.62
Transition economies	1 983 470	0.25	_	2.01
Developing economies	49 756 931	0.59	100.00	50.37
Chile	5 252 075	6.85	10.56	5.32
Turkey	4 088 904	2.64	8.22	4.14
China	3 920 301	0.17	7.88	3.97
Mexico	3 545 550	0.91	7.13	3.59
South Africa	2 721 348	2.93	5.47	2.75
Ecuador	2 548 139	10.05	5.12	2.58
Viet Nam	2 365 324	1.67	4.75	2.39
Iran (Islamic Republic of)	1 786 146	2.11	3.59	1.81
China, Hong Kong SAR	1 783 520	0.34	3.58	1.81
India	1 622 496	0.50	3.26	1.64
081 - Feeding stuff for animal, excl. unmilled cereals				
World	85 874 427	0.45	_	100.00
Developed economies	46 439 036	0.48	_	54.08
Transition economies	2 541 797	0.32	_	2.96
Developing economies	36 893 595	0.44	100.00	42.96
Argentina	12 446 312	17.17	33.74	14.49
Brazil	7 252 013	3.10	19.66	8.44
China	3 017 937	0.13	8.18	3.51
India	2 870 424	0.88	7.78	3.34
Peru	1 516 049	3.77	4.11	1.77
Thailand	1 483 089	0.65	4.02	1.73
Paraguay	1 180 470	12.37	3.20	1.37
United Arab Emirates	763 452	0.21	2.07	0.89
Indonesia	754 748	0.42	2.05	0.88
Bolivia (Plurinational State of)	735 463	5.87	1.99	0.86
098 - Edible products and preparations, nes				
World	74 572 818	0.39	_	100.00
Developed economies	52 499 126	0.54	_	70.40
Transition economies	1 281 654	0.16	_	1.72
Developing economies	20 792 038	0.25	100.00	27.88
China	3 284 265	0.14	15.80	4.40
Singapore	2 902 533	0.71	13.96	3.89
Thailand	2 277 962	1.00	10.96	3.05
Malaysia	1 593 483	0.69	7.66	2.14
Korea, Republic of	1 181 059	0.21	5.68	1.58
Mexico	1 103 460	0.28	5.31	1.48
Indonesia	798 119	0.45	3.84	1.07
Turkey	765 648	0.49	3.68	1.03
Brazil	592 906	0.25	2.85	0.80
China, Taiwan Province of	477 043	0.15	2.29	0.64

Leading exporting developing economies (1) based on average 2013-14 exports (2) SITC Revision 3 (3-digit level) / Principales économies en dévelopement exportatrices (1) d'après la moyenne des exportations de 2013-14 (2) CTCI révision 3 (positions à 3 chiffres)	2013-2014			
	Value (f.o.b., thousands of dollars) Valeur (f.a.b., milliers de dollars)	As percentage / En pourcentage		
		of country total / du total du pays	of developing economies / des économies en développement	of world / du monde
112 - Alcoholic beverages				
World	81 439 824	0.43	_	100.00
Developed economies	64 428 047	0.67	_	79.11
Transition economies	1 655 391	0.21	_	2.03
Developing economies	15 356 386	0.18	100.00	18.86
Mexico	3 550 429	0.91	23.12	4.36
Singapore	2 647 754	0.65	17.24	3.25
Chile	1 947 556	2.54	12.68	2.39
South Africa	1 173 832	1.26	7.64	1.44
Argentina	911 153	1.26	5.93	1.12
China, Hong Kong SAR	870 942	0.16	5.67	1.07
China	710 485	0.03	4.63	0.87
Malaysia	472 410	0.20	3.08	0.58
Thailand	404 374	0.18	2.63	0.50
Korea, Republic of	392 377	0.07	2.56	0.48
222 - Oil seeds and oleaginous fruits for soft oil				
World	80 705 062	0.43	_	100.00
Developed economies	40 604 719	0.42	_	50.31
Transition economies	2 323 504	0.30	_	2.88
Developing economies	37 776 839	0.45	100.00	46.81
Brazil	23 156 122	9.91	61.30	28.69
Argentina	4 330 187	5.97	11.46	5.37
Paraguay	2 634 417	27.60	6.97	3.26
Uruguay	1 747 683	19.17	4.63	2.17
India	1 448 198	0.44	3.83	1.79
China	818 860	0.04	2.17	1.01
Ethiopia	639 717	15.03	1.69	0.79
Nigeria	428 562	0.43	1.13	0.53
United Arab Emirates	348 102	0.09	0.92	0.43
Myanmar	260 532	2.34	0.69	0.32
281 - Iron ore and concentrates				
World	128 942 774	0.68	_	100.00
Developed economies	72 725 157	0.75	_	56.40
Transition economies	7 106 785	0.90	_	5.51
Developing economies	49 110 833	0.58	100.00	38.09
Brazil	29 155 310	12.48	59.37	22.61
South Africa	7 598 557	8.18	15.47	5.89
Iran (Islamic Republic of)	2 390 436	2.82	4.87	1.85
Chile	1 259 520	1.64	2.56	0.98
India	1 254 795	0.38	2.56	0.97
Oman	1 166 580	2.20	2.38	0.90
Mauritania	1 099 495	47.78	2.24	0.85
Peru	751 757	1.87	1.53	0.58
Bahrain	713 353	3.52	1.45	0.55
Mongolia	573 197	11.41	1.17	0.44
321 - Coal, excluding non-agglomerated				
World	105 191 382	0.56	_	100.00
Developed economies	54 241 290	0.56	_	51.56
Transition economies	12 939 496	1.64	_	12.30
Developing economies	38 010 596	0.45	100.00	36.13
Indonesia	20 728 727	11.56	54.53	19.71
Colombia	6 340 258	11.16	16.68	6.03
South Africa	5 459 086	5.88	14.36	5.19
Korea, Dem. People's Rep. of	1 366 089	36.85	3.59	1.30
Viet Nam	1 083 369	0.77	2.85	1.03
Mongolia	1 075 239	21.41	2.83	1.02
China	839 281	0.04	2.21	0.80
Mozambique	285 655	6.53	0.75	0.27
Philippines	282 790	0.49	0.74	0.27
India	124 795	0.04	0.33	0.12

For sources and notes, see end of table.

Pour les sources et les notes, se reporter à la fin du tableau.

3.2.E **Export structure by product**
Major exporters for leading products
among developing economies

3.2.E **Structure des exportations par produits**
Principaux exportateurs de produits majeurs
parmi les économies en développement

Leading exporting developing economies (1) based on average 2013-14 exports (2) SITC Revision 3 (3-digit level) / Principales économies en dévelopement exportatrices (1) d'après la moyenne des exportations de 2013-14 (2) CTCI révision 3 (positions à 3 chiffres)	2013-2014			
	Value (f.o.b., thousands of dollars) Valeur (f.a.b., milliers de dollars)	As percentage En pourcentage		
		of country total du total du pays	of developing economies des économies en déve-loppement	of world du monde
333 - Crude petroleum and bituminous oils				
World	1 608 644 808	8.51	_	100.00
Developed economies	210 623 268	2.18	_	13.09
Transition economies	247 265 925	31.42	_	15.37
Developing economies	1 150 755 615	13.61	100.00	71.54
Saudi Arabia	278 834 347	76.43	24.23	17.33
United Arab Emirates	158 065 952	42.78	13.74	9.83
Iraq	84 887 785	97.36	7.38	5.28
Nigeria	78 864 695	78.47	6.85	4.90
Kuwait	72 806 947	67.56	6.33	4.53
Venezuela (Bolivarian Rep. of)	64 360 011	76.84	5.59	4.00
Angola	62 496 329	95.67	5.43	3.89
Iran (Islamic Republic of)	49 797 128	58.79	4.33	3.10
Mexico	39 485 588	10.16	3.43	2.45
Qatar	34 751 587	25.89	3.02	2.16
334 - Heavy petroleum and bituminous oils				
World	1 003 460 411	5.31	_	100.00
Developed economies	446 958 982	4.62	_	44.54
Transition economies	130 127 421	16.54	_	12.97
Developing economies	426 374 008	5.04	100.00	42.49
Singapore	67 684 850	16.51	15.87	6.75
India	63 956 896	19.55	15.00	6.37
Korea, Republic of	50 050 625	8.84	11.74	4.99
United Arab Emirates	32 882 915	8.90	7.71	3.28
China	25 140 857	1.10	5.90	2.51
Saudi Arabia	19 355 887	5.31	4.54	1.93
Malaysia	18 948 746	8.19	4.44	1.89
China, Taiwan Province of	18 880 408	6.13	4.43	1.88
Kuwait	16 381 950	15.20	3.84	1.63
Venezuela (Bolivarian Rep. of)	10 759 028	12.84	2.52	1.07
342 - Liquefied propane and butane				
World	70 543 138	0.37	_	100.00
Developed economies	19 663 943	0.20	_	27.88
Transition economies	3 131 947	0.40	_	4.44
Developing economies	47 747 248	0.56	100.00	67.69
United Arab Emirates	12 860 353	3.48	26.93	18.23
Qatar	8 117 097	6.05	17.00	11.51
Saudi Arabia	6 774 034	1.86	14.19	9.60
Algeria	5 479 216	8.48	11.48	7.77
Kuwait	4 886 375	4.53	10.23	6.93
Iran (Islamic Republic of)	2 265 576	2.67	4.74	3.21
Nigeria	1 260 289	1.25	2.64	1.79
China	1 255 857	0.06	2.63	1.78
Panama	640 451	4.58	1.34	0.91
Argentina	497 391	0.69	1.04	0.71
343 - Natural gas, liquefied or not				
World	386 785 268	2.05	_	100.00
Developed economies	127 387 160	1.32	_	32.93
Transition economies	84 330 644	10.72	_	21.80
Developing economies	175 067 465	2.07	100.00	45.26
Qatar	63 248 434	47.12	36.13	16.35
Algeria	19 431 186	30.07	11.10	5.02
Malaysia	19 269 087	8.33	11.01	4.98
Indonesia	17 647 227	9.84	10.08	4.56
Nigeria	10 250 211	10.20	5.86	2.65
United Arab Emirates	8 023 101	2.17	4.58	2.07
Bolivia (Plurinational State of)	6 137 116	48.97	3.51	1.59
Oman	5 785 293	10.89	3.30	1.50
Brunei Darussalam	5 622 188	51.21	3.21	1.45
Trinidad and Tobago	3 410 427	26.90	1.95	0.88

Leading exporting developing economies (1) based on average 2013-14 exports (2) SITC Revision 3 (3-digit level) / Principales économies en dévelopement exportatrices (1) d'après la moyenne des exportations de 2013-14 (2) CTCI révision 3 (positions à 3 chiffres)	2013-2014			
	Value (f.o.b., thousands of dollars) Valeur (f.a.b., milliers de dollars)	As percentage En pourcentage		
		of country total du total du pays	of developing economies des économies en déve-loppement	of world du monde
511 - Hydrocarbons, halogenated, nitrated derivatives				
World	102 042 304	0.54	_	100.00
Developed economies	54 403 436	0.56	_	53.31
Transition economies	2 385 935	0.30	_	2.34
Developing economies	45 252 933	0.54	100.00	44.35
Korea, Republic of	14 342 497	2.53	31.69	14.06
Singapore	4 103 261	1.00	9.07	4.02
China, Taiwan Province of	3 967 809	1.29	8.77	3.89
Saudi Arabia	3 511 608	0.96	7.76	3.44
India	2 846 076	0.87	6.29	2.79
Thailand	2 804 190	1.23	6.20	2.75
China	2 622 700	0.12	5.80	2.57
Kuwait	1 779 104	1.65	3.93	1.74
Iran (Islamic Republic of)	1 679 067	1.98	3.71	1.65
Brazil	1 295 554	0.55	2.86	1.27
515 - Organo-inorganic compounds, nucleic acids & salt				
World	110 050 145	0.58	_	100.00
Developed economies	84 787 011	0.88	_	77.04
Transition economies	656 692	0.08	_	0.60
Developing economies	24 606 442	0.29	100.00	22.36
China	14 595 033	0.64	59.31	13.26
Singapore	4 470 916	1.09	18.17	4.06
India	2 562 725	0.78	10.41	2.33
Korea, Republic of	706 859	0.12	2.87	0.64
Mexico	475 099	0.12	1.93	0.43
China, Taiwan Province of	334 665	0.11	1.36	0.30
China, Hong Kong SAR	244 104	0.05	0.99	0.22
Brazil	222 684	0.10	0.90	0.20
Thailand	166 691	0.07	0.68	0.15
Saudi Arabia	132 606	0.04	0.54	0.12
541 - Medecinal & Pharmaceuticals, excl. medicaments				
World	187 734 414	0.99	_	100.00
Developed economies	168 339 622	1.74	_	89.67
Transition economies	297 726	0.04	_	0.16
Developing economies	19 097 067	0.23	100.00	10.17
China	9 762 939	0.43	51.12	5.20
Singapore	2 671 371	0.65	13.99	1.42
India	2 286 302	0.70	11.97	1.22
Korea, Republic of	904 158	0.16	4.73	0.48
Mexico	561 237	0.14	2.94	0.30
Brazil	451 485	0.19	2.36	0.24
Argentina	284 089	0.39	1.49	0.15
Thailand	191 491	0.08	1.00	0.10
China, Hong Kong SAR	169 778	0.03	0.89	0.09
Turkey	166 501	0.11	0.87	0.09
542 - Medicaments including veterinary				
World	346 795 472	1.83	_	100.00
Developed economies	313 465 299	3.24	_	90.39
Transition economies	1 365 945	0.17	_	0.39
Developing economies	31 964 228	0.38	100.00	9.22
India	10 768 548	3.29	33.69	3.11
Singapore	5 360 137	1.31	16.77	1.55
China	3 071 800	0.13	9.61	0.89
Mexico	1 406 606	0.36	4.40	0.41
Brazil	1 180 200	0.51	3.69	0.34
China, Hong Kong SAR	1 151 009	0.22	3.60	0.33
Korea, Republic of	781 204	0.14	2.44	0.23
Jordan	695 947	8.54	2.18	0.20
Argentina	687 043	0.95	2.15	0.20
Turkey	665 497	0.43	2.08	0.19

For sources and notes, see end of table.

Pour les sources et les notes, se reporter à la fin du tableau.

3

3.2.E Export structure by product
Major exporters for leading products
among developing economies

3.2.E Structure des exportations par produits
Principaux exportateurs de produits majeurs
parmi les économies en développement

Leading exporting developing economies (1) based on average 2013-14 exports (2) SITC Revision 3 (3-digit level) / Principales économies en dévéloppement exportatrices (1) d'après la moyenne des exportations de 2013-14 (2) CTCI révision 3 (positions à 3 chiffres)	Value (f.o.b., thousands of dollars) Valeur (f.a.b., milliers de dollars)	2013-2014		
		As percentage En pourcentage		
		of country total du total du pays	of developing economies des économies en développement	of world du monde
553 - Perfumery, toilet, cosmetics, excl. soap				
World	86 044 318	0.46	_	100.00
Developed economies	63 874 897	0.66	_	74.23
Transition economies	911 393	0.12	_	1.06
Developing economies	21 258 028	0.25	100.00	24.71
Singapore	3 221 294	0.79	15.15	3.74
China	3 114 486	0.14	14.65	3.62
Mexico	2 220 344	0.57	10.44	2.58
Thailand	1 843 385	0.81	8.67	2.14
Korea, Republic of	1 575 942	0.28	7.41	1.83
China, Hong Kong SAR	1 553 617	0.29	7.31	1.81
United Arab Emirates	1 069 809	0.29	5.03	1.24
Turkey	649 566	0.42	3.06	0.75
India	638 693	0.20	3.00	0.74
Argentina	530 709	0.73	2.50	0.62
562 - Fertilizers (other than those of group 272)				
World	66 885 358	0.35	_	100.00
Developed economies	27 882 514	0.29	_	41.69
Transition economies	13 363 658	1.70	_	19.98
Developing economies	25 639 186	0.30	100.00	38.33
China	7 545 145	0.33	29.43	11.28
Saudi Arabia	2 132 551	0.58	8.32	3.19
Morocco	2 076 644	9.10	8.10	3.10
Qatar	1 295 392	0.97	5.05	1.94
Oman	958 720	1.81	3.74	1.43
Jordan	931 171	11.42	3.63	1.39
Egypt	922 354	3.32	3.60	1.38
United Arab Emirates	907 876	0.25	3.54	1.36
Iran (Islamic Republic of)	792 989	0.94	3.09	1.19
Chile	761 494	0.99	2.97	1.14
571 - Polymers of ethylene, in primary forms				
World	85 717 339	0.45	_	100.00
Developed economies	40 972 721	0.42	_	47.80
Transition economies	1 085 891	0.14	_	1.27
Developing economies	43 658 727	0.52	100.00	50.93
Saudi Arabia	12 119 418	3.32	27.76	14.14
Singapore	5 354 989	1.31	12.27	6.25
Korea, Republic of	4 481 596	0.79	10.27	5.23
Thailand	3 943 731	1.73	9.03	4.60
United Arab Emirates	3 152 062	0.85	7.22	3.68
Iran (Islamic Republic of)	3 040 567	3.59	6.96	3.55
Qatar	2 734 459	2.04	6.26	3.19
Kuwait	2 020 201	1.87	4.63	2.36
Brazil	1 265 589	0.54	2.90	1.48
China, Taiwan Province of	1 237 887	0.40	2.84	1.44
575 - Other plastics, in primary forms				
World	120 805 540	0.64	_	100.00
Developed economies	76 055 293	0.79	_	62.96
Transition economies	1 031 190	0.13	_	0.85
Developing economies	43 719 056	0.52	100.00	36.19
Korea, Republic of	8 216 947	1.45	18.79	6.80
Saudi Arabia	7 075 805	1.94	16.18	5.86
China	5 253 114	0.23	12.02	4.35
Singapore	4 943 278	1.21	11.31	4.09
China, Taiwan Province of	4 075 983	1.32	9.32	3.37
Thailand	2 188 896	0.96	5.01	1.81
China, Hong Kong SAR	2 145 886	0.41	4.91	1.78
India	1 913 119	0.58	4.38	1.58
United Arab Emirates	1 611 478	0.44	3.69	1.33
Malaysia	982 073	0.42	2.25	0.81

Leading exporting developing economies (1) based on average 2013-14 exports (2) SITC Revision 3 (3-digit level) / Principales économies en dévéloppement exportatrices (1) d'après la moyenne des exportations de 2013-14 (2) CTCI révision 3 (positions à 3 chiffres)	Value (f.o.b., thousands of dollars) Valeur (f.a.b., milliers de dollars)	2013-2014		
		As percentage En pourcentage		
		of country total du total du pays	of developing economies des économies en développement	of world du monde
582 - Plastic sheet, film, foil and strips				
World	105 028 136	0.56	_	100.00
Developed economies	68 874 934	0.71	_	65.58
Transition economies	847 005	0.11	_	0.81
Developing economies	35 306 197	0.42	100.00	33.62
China	9 434 384	0.41	26.72	8.98
Korea, Republic of	5 680 160	1.00	16.09	5.41
China, Taiwan Province of	3 703 411	1.20	10.49	3.53
China, Hong Kong SAR	3 105 316	0.59	8.80	2.96
Turkey	1 456 202	0.94	4.12	1.39
Malaysia	1 316 388	0.57	3.73	1.25
Thailand	1 263 647	0.55	3.58	1.20
Mexico	1 233 350	0.32	3.49	1.17
India	1 132 193	0.35	3.21	1.08
United Arab Emirates	1 078 139	0.29	3.05	1.03
598 - Miscellaneous chemical products, nes				
World	130 322 416	0.69	_	100.00
Developed economies	97 664 529	1.01	_	74.94
Transition economies	1 332 693	0.17	_	1.02
Developing economies	31 325 194	0.37	100.00	24.04
China	8 982 696	0.39	28.68	6.89
China, Taiwan Province of	3 268 116	1.06	10.43	2.51
Korea, Republic of	3 160 363	0.56	10.09	2.43
Singapore	2 532 535	0.62	8.08	1.94
Indonesia	1 731 229	0.97	5.53	1.33
Malaysia	1 681 587	0.73	5.37	1.29
Argentina	1 442 400	1.99	4.60	1.11
China, Hong Kong SAR	1 439 418	0.27	4.60	1.10
India	871 522	0.27	2.78	0.67
Mexico	696 701	0.18	2.22	0.53
625 - Rubber tyres, incl. inner tubes for wheels				
World	90 215 152	0.48	_	100.00
Developed economies	49 432 127	0.51	_	54.79
Transition economies	2 201 898	0.28	_	2.44
Developing economies	38 581 127	0.46	100.00	42.77
China	17 141 882	0.75	44.43	19.00
Korea, Republic of	4 362 545	0.77	11.31	4.84
Thailand	3 661 554	1.61	9.49	4.06
India	1 866 335	0.57	4.84	2.07
Indonesia	1 695 611	0.95	4.39	1.88
United Arab Emirates	1 675 362	0.45	4.34	1.86
Brazil	1 373 332	0.59	3.56	1.52
Turkey	1 177 574	0.76	3.05	1.31
China, Taiwan Province of	1 161 222	0.38	3.01	1.29
Mexico	1 018 218	0.26	2.64	1.13
641 - Paper and paperboard				
World	117 798 172	0.62	_	100.00
Developed economies	90 920 146	0.94	_	77.18
Transition economies	3 131 825	0.40	_	2.66
Developing economies	23 746 201	0.28	100.00	20.16
China	7 198 196	0.32	30.31	6.11
Indonesia	3 269 577	1.82	13.77	2.78
Korea, Republic of	2 735 118	0.48	11.52	2.32
Brazil	1 738 270	0.74	7.32	1.48
Singapore	1 235 498	0.30	5.20	1.05
China, Taiwan Province of	930 916	0.30	3.92	0.79
Thailand	925 355	0.41	3.90	0.79
India	621 888	0.19	2.62	0.53
Turkey	533 570	0.34	2.25	0.45
Chile	518 192	0.68	2.18	0.44

For sources and notes, see end of table.

Pour les sources et les notes, se reporter à la fin du tableau.

3.2.E **Export structure by product**
Major exporters for leading products
among developing economies

3.2.E **Structure des exportations par produits**
Principaux exportateurs de produits majeurs
parmi les économies en développement

Leading exporting developing economies (1) based on average 2013-14 exports (2) SITC Revision 3 (3-digit level) / Principales économies en dévelopement exportatrices (1) d'après la moyenne des exportations de 2013-14 (2) CTCI révision 3 (positions à 3 chiffres)	2013-2014			
	Value (f.o.b., thousands of dollars) Valeur (f.a.b., milliers de dollars)	As percentage / En pourcentage		
		of country total / du total du pays	of developing economies / des économies en développement	of world / du monde
642 - Paper and paperboard articles, cut to size				
World	66 067 394	0.35	_	100.00
Developed economies	41 791 180	0.43	_	63.26
Transition economies	991 757	0.13	_	1.50
Developing economies	23 284 457	0.28	100.00	35.24
China	10 416 686	0.46	44.74	15.77
Turkey	1 438 048	0.93	6.18	2.18
Mexico	1 372 911	0.35	5.90	2.08
Saudi Arabia	943 820	0.26	4.05	1.43
China, Hong Kong SAR	732 615	0.14	3.15	1.11
Thailand	674 476	0.30	2.90	1.02
Malaysia	621 382	0.27	2.67	0.94
China, Taiwan Province of	599 847	0.19	2.58	0.91
Indonesia	561 664	0.31	2.41	0.85
United Arab Emirates	558 355	0.15	2.40	0.85
667 - Pearls, precious or semiprecious stones				
World	170 053 952	0.90	_	100.00
Developed economies	74 552 444	0.77	_	43.84
Transition economies	5 203 773	0.66	_	3.06
Developing economies	90 297 735	1.07	100.00	53.10
India	27 304 760	8.35	30.24	16.06
United Arab Emirates	21 399 570	5.79	23.70	12.58
China, Hong Kong SAR	17 968 811	3.39	19.90	10.57
Botswana	6 391 633	82.53	7.08	3.76
China	3 896 586	0.17	4.32	2.29
Thailand	2 732 557	1.20	3.03	1.61
South Africa	2 265 681	2.44	2.51	1.33
Singapore	1 680 944	0.41	1.86	0.99
Myanmar	1 612 995	14.49	1.79	0.95
Angola	720 794	1.10	0.80	0.42
673 - Flat-rolled iron, non-alloy steel, not coated				
World	75 403 738	0.40	_	100.00
Developed economies	43 602 093	0.45	_	57.82
Transition economies	8 181 354	1.04	_	10.85
Developing economies	23 620 291	0.28	100.00	31.33
Korea, Republic of	8 478 726	1.50	35.90	11.24
China, Taiwan Province of	3 108 287	1.01	13.16	4.12
China	2 782 640	0.12	11.78	3.69
India	2 117 791	0.65	8.97	2.81
United Arab Emirates	1 163 151	0.31	4.92	1.54
Turkey	1 112 012	0.72	4.71	1.47
Brazil	813 168	0.35	3.44	1.08
South Africa	551 305	0.59	2.33	0.73
Mexico	491 714	0.13	2.08	0.65
Singapore	469 451	0.11	1.99	0.62
675 - Flat rolled products of alloy steel				
World	67 082 752	0.35	_	100.00
Developed economies	41 350 098	0.43	_	61.64
Transition economies	1 004 946	0.13	_	1.50
Developing economies	24 727 708	0.29	100.00	36.86
China	13 630 663	0.60	55.12	20.32
Korea, Republic of	3 925 526	0.69	15.88	5.85
China, Taiwan Province of	3 039 490	0.99	12.29	4.53
India	816 024	0.25	3.30	1.22
South Africa	686 008	0.74	2.77	1.02
China, Hong Kong SAR	388 707	0.07	1.57	0.58
Brazil	319 539	0.14	1.29	0.48
Malaysia	274 145	0.12	1.11	0.41
Mexico	270 738	0.07	1.09	0.40
Singapore	270 549	0.07	1.09	0.40

Leading exporting developing economies (1) based on average 2013-14 exports (2) SITC Revision 3 (3-digit level) / Principales économies en dévelopement exportatrices (1) d'après la moyenne des exportations de 2013-14 (2) CTCI révision 3 (positions à 3 chiffres)	2013-2014			
	Value (f.o.b., thousands of dollars) Valeur (f.a.b., milliers de dollars)	As percentage / En pourcentage		
		of country total / du total du pays	of developing economies / des économies en développement	of world / du monde
676 - Iron and steel bars, rods, sections piling				
World	87 106 122	0.46	_	100.00
Developed economies	44 985 177	0.47	_	51.64
Transition economies	6 469 256	0.82	_	7.43
Developing economies	35 651 690	0.42	100.00	40.93
China	16 102 932	0.71	45.17	18.49
Turkey	6 550 242	4.23	18.37	7.52
Korea, Republic of	2 566 346	0.45	7.20	2.95
United Arab Emirates	1 622 896	0.44	4.55	1.86
India	1 161 618	0.36	3.26	1.33
China, Taiwan Province of	1 133 596	0.37	3.18	1.30
Mexico	1 041 730	0.27	2.92	1.20
Brazil	757 286	0.32	2.12	0.87
Singapore	541 912	0.13	1.52	0.62
Thailand	534 304	0.23	1.50	0.61
679 - Iron or steel tubes, pipes and fittings				
World	93 376 974	0.49	_	100.00
Developed economies	50 996 446	0.53	_	54.61
Transition economies	3 871 920	0.49	_	4.15
Developing economies	38 508 608	0.46	100.00	41.24
China	15 709 889	0.69	40.80	16.82
Korea, Republic of	4 865 642	0.86	12.64	5.21
India	2 455 645	0.75	6.38	2.63
Mexico	2 092 180	0.54	5.43	2.24
Turkey	1 731 284	1.12	4.50	1.85
Singapore	1 652 873	0.40	4.29	1.77
Malaysia	1 385 095	0.60	3.60	1.48
China, Taiwan Province of	1 175 156	0.38	3.05	1.26
United Arab Emirates	1 168 064	0.32	3.03	1.25
Brazil	1 079 405	0.46	2.80	1.16
682 - Copper				
World	127 435 831	0.67	_	100.00
Developed economies	53 273 558	0.55	_	41.80
Transition economies	9 097 461	1.16	_	7.14
Developing economies	65 064 812	0.77	100.00	51.06
Chile	22 295 868	29.08	34.27	17.50
Zambia	6 326 506	62.39	9.72	4.96
China	6 283 932	0.28	9.66	4.93
Korea, Republic of	4 061 306	0.72	6.24	3.19
China, Taiwan Province of	2 777 058	0.90	4.27	2.18
Malaysia	2 699 141	1.17	4.15	2.12
India	2 648 668	0.81	4.07	2.08
Peru	2 466 312	6.14	3.79	1.94
Dem. Rep. of the Congo	2 371 421	36.20	3.64	1.86
United Arab Emirates	1 661 374	0.45	2.55	1.30
684 - Aluminium				
World	116 183 116	0.61	_	100.00
Developed economies	67 307 891	0.70	_	57.93
Transition economies	8 525 890	1.08	_	7.34
Developing economies	40 349 336	0.48	100.00	34.73
China	12 533 348	0.55	31.06	10.79
United Arab Emirates	5 366 415	1.45	13.30	4.62
Bahrain	3 870 890	19.11	9.59	3.33
Korea, Republic of	2 041 298	0.36	5.06	1.76
South Africa	1 751 080	1.89	4.34	1.51
Malaysia	1 601 587	0.69	3.97	1.38
Turkey	1 578 622	1.02	3.91	1.36
India	1 568 303	0.48	3.89	1.35
Qatar	1 100 693	0.82	2.73	0.95
Brazil	1 034 358	0.44	2.56	0.89

For sources and notes, see end of table.

Pour les sources et les notes, se reporter à la fin du tableau.

3.2.E Export structure by product
Major exporters for leading products among developing economies

3.2.E Structure des exportations par produits
Principaux exportateurs de produits majeurs parmi les économies en développement

Leading exporting developing economies (1) based on average 2013-14 exports (2) SITC Revision 3 (3-digit level) / Principales économies en dévelopement exportatrices (1) d'après la moyenne des exportations de 2013-14 (2) CTCI révision 3 (positions à 3 chiffres)	Value (f.o.b., thousands of dollars) / Valeur (f.a.b., milliers de dollars)	2013-2014 As percentage En pourcentage		
		of country total / du total du pays	of developing economies / des économies en développement	of world / du monde
699 - Manufactures of base metal, nes				
World	156 714 956	0.83	_	100.00
Developed economies	94 714 573	0.98	_	60.44
Transition economies	2 296 276	0.29	_	1.47
Developing economies	59 704 107	0.71	100.00	38.10
China	27 869 870	1.22	46.68	17.78
Mexico	4 483 278	1.15	7.51	2.86
China, Taiwan Province of	4 292 472	1.39	7.19	2.74
Korea, Republic of	3 717 165	0.66	6.23	2.37
India	3 507 739	1.07	5.88	2.24
Thailand	2 562 489	1.12	4.29	1.64
Turkey	2 118 673	1.37	3.55	1.35
China, Hong Kong SAR	1 885 788	0.36	3.16	1.20
Brazil	1 611 511	0.69	2.70	1.03
Singapore	1 587 109	0.39	2.66	1.01
713 - Internal combustion piston engines, parts, nes				
World	166 712 370	0.88	_	100.00
Developed economies	127 202 900	1.32	_	76.30
Transition economies	808 734	0.10	_	0.49
Developing economies	38 700 736	0.46	100.00	23.21
Mexico	9 089 699	2.34	23.49	5.45
China	8 212 799	0.36	21.22	4.93
Korea, Republic of	4 946 048	0.87	12.78	2.97
Thailand	3 367 112	1.48	8.70	2.02
Singapore	2 725 313	0.66	7.04	1.63
Brazil	2 459 143	1.05	6.35	1.48
India	2 069 041	0.63	5.35	1.24
Turkey	1 886 910	1.22	4.88	1.13
South Africa	643 709	0.69	1.66	0.39
United Arab Emirates	623 946	0.17	1.61	0.37
714 - Non-electric engines excluding 712, 713, 718				
World	100 615 709	0.53	_	100.00
Developed economies	79 299 021	0.82	_	78.81
Transition economies	3 075 234	0.39	_	3.06
Developing economies	18 241 453	0.22	100.00	18.13
Singapore	3 995 481	0.97	21.90	3.97
China, Hong Kong SAR	3 431 250	0.65	18.81	3.41
China	2 560 837	0.11	14.04	2.55
Mexico	1 986 840	0.51	10.89	1.97
United Arab Emirates	1 678 403	0.45	9.20	1.67
Brazil	1 514 011	0.65	8.30	1.50
Korea, Republic of	575 031	0.10	3.15	0.57
Thailand	437 014	0.19	2.40	0.43
Iran (Islamic Republic of)	415 191	0.49	2.28	0.41
Turkey	284 469	0.18	1.56	0.28
716 - Rotating electric plant and parts, nes				
World	96 633 282	0.51	_	100.00
Developed economies	59 283 175	0.61	_	61.35
Transition economies	1 196 073	0.15	_	1.24
Developing economies	36 154 035	0.43	100.00	37.41
China	18 580 550	0.82	51.39	19.23
Mexico	3 193 234	0.82	8.83	3.30
China, Hong Kong SAR	2 382 085	0.45	6.59	2.47
Korea, Republic of	1 658 210	0.29	4.59	1.72
Brazil	1 441 146	0.62	3.99	1.49
Thailand	1 367 731	0.60	3.78	1.42
Viet Nam	1 207 367	0.85	3.34	1.25
Singapore	1 188 301	0.29	3.29	1.23
China, Taiwan Province of	1 020 640	0.33	2.82	1.06
India	949 865	0.29	2.63	0.98

Leading exporting developing economies (1) based on average 2013-14 exports (2) SITC Revision 3 (3-digit level) / Principales économies en dévelopement exportatrices (1) d'après la moyenne des exportations de 2013-14 (2) CTCI révision 3 (positions à 3 chiffres)	Value (f.o.b., thousands of dollars) / Valeur (f.a.b., milliers de dollars)	2013-2014 As percentage En pourcentage		
		of country total / du total du pays	of developing economies / des économies en développement	of world / du monde
723 - Civil engineering plant, equipment and parts				
World	110 800 553	0.59	_	100.00
Developed economies	72 497 342	0.75	_	65.43
Transition economies	777 495	0.10	_	0.70
Developing economies	37 525 716	0.44	100.00	33.87
China	12 932 610	0.57	34.46	11.67
Korea, Republic of	6 017 949	1.06	16.04	5.43
Singapore	5 726 573	1.40	15.26	5.17
United Arab Emirates	2 294 351	0.62	6.11	2.07
Brazil	1 991 142	0.85	5.31	1.80
Mexico	1 300 374	0.33	3.47	1.17
India	999 572	0.31	2.66	0.90
Thailand	855 550	0.38	2.28	0.77
Malaysia	730 372	0.32	1.95	0.66
Indonesia	723 281	0.40	1.93	0.65
728 - Special industrial machines and parts, nes				
World	178 851 548	0.95	_	100.00
Developed economies	130 951 220	1.35	_	73.22
Transition economies	745 278	0.09	_	0.42
Developing economies	47 155 050	0.56	100.00	26.37
China	13 246 605	0.58	28.09	7.41
Korea, Republic of	9 635 433	1.70	20.43	5.39
Singapore	7 187 555	1.75	15.24	4.02
China, Taiwan Province of	4 733 812	1.54	10.04	2.65
China, Hong Kong SAR	2 954 026	0.56	6.26	1.65
Malaysia	1 735 869	0.75	3.68	0.97
Mexico	1 301 681	0.33	2.76	0.73
India	1 145 675	0.35	2.43	0.64
Turkey	982 860	0.64	2.08	0.55
United Arab Emirates	729 123	0.20	1.55	0.41
741 - Heating and cooling equipment and parts, nes				
World	117 058 385	0.62	_	100.00
Developed economies	69 260 745	0.72	_	59.17
Transition economies	886 203	0.11	_	0.76
Developing economies	46 911 437	0.55	100.00	40.08
China	21 252 393	0.93	45.30	18.16
Thailand	5 172 883	2.27	11.03	4.42
Korea, Republic of	4 742 946	0.84	10.11	4.05
Mexico	4 738 216	1.22	10.10	4.05
Malaysia	1 753 629	0.76	3.74	1.50
Singapore	1 287 154	0.31	2.74	1.10
United Arab Emirates	1 261 240	0.34	2.69	1.08
Turkey	1 094 210	0.71	2.33	0.93
China, Hong Kong SAR	1 089 558	0.21	2.32	0.93
India	945 455	0.29	2.02	0.81
743 - Gas pumps, compressor, fan, filter and parts				
World	135 438 458	0.72	_	100.00
Developed economies	93 309 129	0.97	_	68.89
Transition economies	1 244 050	0.16	_	0.92
Developing economies	40 885 280	0.48	100.00	30.19
China	17 126 526	0.75	41.89	12.65
Mexico	4 415 906	1.14	10.80	3.26
Korea, Republic of	3 874 920	0.68	9.48	2.86
Thailand	2 536 278	1.11	6.20	1.87
South Africa	2 116 580	2.28	5.18	1.56
Singapore	1 874 831	0.46	4.59	1.38
China, Taiwan Province of	1 328 555	0.43	3.25	0.98
India	1 222 300	0.37	2.99	0.90
China, Hong Kong SAR	1 136 877	0.21	2.78	0.84
Brazil	1 117 556	0.48	2.73	0.83

For sources and notes, see end of table.   Pour les sources et les notes, se reporter à la fin du tableau.

3.2.E Export structure by product
Major exporters for leading products among developing economies

3.2.E Structure des exportations par produits
Principaux exportateurs de produits majeurs parmi les économies en développement

Leading exporting developing economies (1) based on average 2013-14 exports (2) SITC Revision 3 (3-digit level) / Principales économies en dévelopement exportatrices (1) d'après la moyenne des exportations de 2013-14 (2) CTCI révision 3 (positions à 3 chiffres)	Value (f.o.b., thousands of dollars) Valeur (f.a.b., milliers de dollars)	2013-2014 As percentage / En pourcentage		
		of country total du total du pays	of developing economies des économies en déve-loppement	of world du monde
744 - Mechanical handling equipment and parts, nes				
World	88 678 646	0.47	_	100.00
Developed economies	65 026 647	0.67	_	73.33
Transition economies	730 242	0.09	_	0.82
Developing economies	22 921 758	0.27	100.00	25.85
China	13 617 862	0.60	59.41	15.36
Korea, Republic of	2 380 283	0.42	10.38	2.68
Singapore	1 145 606	0.28	5.00	1.29
China, Taiwan Province of	761 276	0.25	3.32	0.86
Mexico	709 129	0.18	3.09	0.80
United Arab Emirates	634 934	0.17	2.77	0.72
Thailand	545 862	0.24	2.38	0.62
Malaysia	489 452	0.21	2.14	0.55
Turkey	440 563	0.28	1.92	0.50
China, Hong Kong SAR	342 452	0.06	1.49	0.39
747 - Pipe, boiler, tank, vat appliances & the like				
World	88 843 444	0.47	_	100.00
Developed economies	61 704 143	0.64	_	69.45
Transition economies	625 724	0.08	_	0.70
Developing economies	26 513 577	0.31	100.00	29.84
China	14 558 742	0.64	54.91	16.39
Mexico	2 181 148	0.56	8.23	2.46
Korea, Republic of	1 839 217	0.32	6.94	2.07
Singapore	1 304 487	0.32	4.92	1.47
China, Taiwan Province of	1 263 774	0.41	4.77	1.42
India	1 181 195	0.36	4.46	1.33
Brazil	755 635	0.32	2.85	0.85
Thailand	696 796	0.31	2.63	0.78
Turkey	582 827	0.38	2.20	0.66
United Arab Emirates	437 851	0.12	1.65	0.49
752 - Computer equipment, nes				
World	358 399 482	1.90	_	100.00
Developed economies	103 335 241	1.07	_	28.83
Transition economies	965 632	0.12	_	0.27
Developing economies	254 098 609	3.01	100.00	70.90
China	167 065 912	7.34	65.75	46.61
Mexico	19 178 902	4.93	7.55	5.35
China, Hong Kong SAR	17 689 837	3.34	6.96	4.94
Thailand	12 190 245	5.35	4.80	3.40
Singapore	9 731 379	2.37	3.83	2.72
Malaysia	8 747 438	3.78	3.44	2.44
Korea, Republic of	4 899 193	0.87	1.93	1.37
Philippines	4 162 633	7.19	1.64	1.16
China, Taiwan Province of	4 068 483	1.32	1.60	1.14
Viet Nam	3 054 600	2.16	1.20	0.85
759 - Office equipment parts and accessories				
World	185 600 302	0.98	_	100.00
Developed economies	72 839 774	0.75	_	39.25
Transition economies	469 155	0.06	_	0.25
Developing economies	112 291 374	1.33	100.00	60.50
China	38 533 383	1.69	34.32	20.76
China, Hong Kong SAR	33 985 951	6.42	30.27	18.31
Singapore	11 943 367	2.91	10.64	6.43
China, Taiwan Province of	6 226 006	2.02	5.54	3.35
Korea, Republic of	5 452 031	0.96	4.86	2.94
Malaysia	5 307 929	2.30	4.73	2.86
Thailand	4 069 803	1.78	3.62	2.19
Philippines	1 698 209	2.93	1.51	0.91
Mexico	1 664 655	0.43	1.48	0.90
United Arab Emirates	932 440	0.25	0.83	0.50

Leading exporting developing economies (1) based on average 2013-14 exports (2) SITC Revision 3 (3-digit level) / Principales économies en dévelopement exportatrices (1) d'après la moyenne des exportations de 2013-14 (2) CTCI révision 3 (positions à 3 chiffres)	Value (f.o.b., thousands of dollars) Valeur (f.a.b., milliers de dollars)	2013-2014 As percentage / En pourcentage		
		of country total du total du pays	of developing economies des économies en déve-loppement	of world du monde
761 - Television, video receivers, projectors				
World	86 803 540	0.46	_	100.00
Developed economies	30 388 306	0.31	_	35.01
Transition economies	959 388	0.12	_	1.11
Developing economies	55 455 847	0.66	100.00	63.89
China	23 997 217	1.05	43.27	27.65
Mexico	16 669 887	4.29	30.06	19.20
Malaysia	3 543 003	1.53	6.39	4.08
Korea, Republic of	2 218 158	0.39	4.00	2.56
Turkey	1 805 617	1.17	3.26	2.08
Thailand	1 616 008	0.71	2.91	1.86
Indonesia	1 018 046	0.57	1.84	1.17
China, Taiwan Province of	926 046	0.30	1.67	1.07
China, Hong Kong SAR	701 875	0.13	1.27	0.81
United Arab Emirates	529 362	0.14	0.95	0.61
764 - Telecom equipment, parts, nes				
World	597 543 303	3.16	_	100.00
Developed economies	167 593 503	1.73	_	28.05
Transition economies	1 504 852	0.19	_	0.25
Developing economies	428 444 949	5.07	100.00	71.70
China	216 075 137	9.49	50.43	36.16
China, Hong Kong SAR	86 056 867	16.25	20.09	14.40
Korea, Republic of	35 659 731	6.30	8.32	5.97
Viet Nam	21 678 348	15.35	5.06	3.63
Mexico	20 888 464	5.37	4.88	3.50
China, Taiwan Province of	13 484 243	4.38	3.15	2.26
Singapore	10 701 548	2.61	2.50	1.79
Malaysia	6 649 500	2.88	1.55	1.11
United Arab Emirates	4 338 035	1.17	1.01	0.73
Thailand	4 014 153	1.76	0.94	0.67
771 - Electric power machinery excl. 716 and parts				
World	97 476 644	0.52	_	100.00
Developed economies	40 978 284	0.42	_	42.04
Transition economies	766 392	0.10	_	0.79
Developing economies	55 731 969	0.66	100.00	57.17
China	28 011 081	1.23	50.26	28.74
China, Hong Kong SAR	11 068 452	2.09	19.86	11.35
Mexico	2 710 364	0.70	4.86	2.78
Korea, Republic of	2 384 318	0.42	4.28	2.45
China, Taiwan Province of	1 696 336	0.55	3.04	1.74
Philippines	1 653 200	2.86	2.97	1.70
Thailand	1 421 347	0.62	2.55	1.46
Singapore	1 411 852	0.34	2.53	1.45
India	1 044 820	0.32	1.87	1.07
Malaysia	851 895	0.37	1.53	0.87
772 - Electrical circuit equipment				
World	254 473 068	1.35	_	100.00
Developed economies	135 550 065	1.40	_	53.27
Transition economies	1 239 458	0.16	_	0.49
Developing economies	117 683 545	1.39	100.00	46.25
China	38 326 097	1.68	32.57	15.06
China, Hong Kong SAR	21 365 010	4.03	18.15	8.40
Korea, Republic of	13 269 345	2.34	11.28	5.21
China, Taiwan Province of	9 269 573	3.01	7.88	3.64
Mexico	8 719 177	2.24	7.41	3.43
Singapore	6 219 071	1.52	5.28	2.44
Malaysia	5 460 606	2.36	4.64	2.15
Thailand	3 838 350	1.68	3.26	1.51
India	1 905 280	0.58	1.62	0.75
Turkey	1 525 120	0.99	1.30	0.60

For sources and notes, see end of table.

Pour les sources et les notes, se reporter à la fin du tableau.

3.2.E Export structure by product
Major exporters for leading products among developing economies

3.2.E Structure des exportations par produits
Principaux exportateurs de produits majeurs parmi les économies en développement

Leading exporting developing economies (1) based on average 2013-14 exports (2) SITC Revision 3 (3-digit level) / Principales économies en dévelopement exportatrices (1) d'après la moyenne des exportations de 2013-14 (2) CTCI révision 3 (positions à 3 chiffres)	2013-2014			
	Value (f.o.b., thousands of dollars) / Valeur (f.a.b., milliers de dollars)	As percentage / En pourcentage		
		of country total / du total du pays	of developing economies / des économies en développement	of world / du monde
773 - Electric distribution equipment, nes				
World	124 780 529	0.66	_	100.00
Developed economies	58 397 340	0.60	_	46.80
Transition economies	2 988 825	0.38	_	2.40
Developing economies	63 394 364	0.75	100.00	50.80
China	21 799 439	0.96	34.39	17.47
Mexico	10 713 753	2.76	16.90	8.59
China, Hong Kong SAR	4 021 432	0.76	6.34	3.22
Korea, Republic of	3 857 280	0.68	6.08	3.09
Viet Nam	2 599 448	1.84	4.10	2.08
Turkey	2 511 435	1.62	3.96	2.01
Morocco	2 255 819	9.89	3.56	1.81
Philippines	1 962 395	3.39	3.10	1.57
Tunisia	1 680 618	9.94	2.65	1.35
Indonesia	1 160 481	0.65	1.83	0.93
775 - Household-type equipment, nes				
World	103 900 425	0.55	_	100.00
Developed economies	42 208 613	0.44	_	40.62
Transition economies	1 457 387	0.19	_	1.40
Developing economies	60 234 425	0.71	100.00	57.97
China	36 801 886	1.62	61.10	35.42
Mexico	4 795 179	1.23	7.96	4.62
Turkey	3 982 128	2.57	6.61	3.83
Korea, Republic of	3 580 607	0.63	5.94	3.45
Thailand	3 260 155	1.43	5.41	3.14
China, Hong Kong SAR	2 070 569	0.39	3.44	1.99
Malaysia	1 410 983	0.61	2.34	1.36
United Arab Emirates	846 219	0.23	1.40	0.81
Singapore	690 464	0.17	1.15	0.66
Indonesia	677 480	0.38	1.12	0.65
776 - Thermionic, cathode, valve, tubes, parts				
World	623 421 799	3.30	_	100.00
Developed economies	138 168 219	1.43	_	22.16
Transition economies	443 384	0.06	_	0.07
Developing economies	484 810 196	5.74	100.00	77.77
China	105 229 349	4.62	21.71	16.88
Singapore	91 167 780	22.24	18.80	14.62
China, Hong Kong SAR	84 218 405	15.90	17.37	13.51
China, Taiwan Province of	75 384 332	24.49	15.55	12.09
Korea, Republic of	54 779 618	9.67	11.30	8.79
Malaysia	37 259 756	16.11	7.69	5.98
Philippines	13 960 032	24.11	2.88	2.24
Thailand	8 278 984	3.63	1.71	1.33
Costa Rica	5 758 008	50.96	1.19	0.92
Mexico	2 933 888	0.75	0.61	0.47
778 - Electrical machinery and apparatus, nes				
World	241 846 695	1.28	_	100.00
Developed economies	114 892 489	1.19	_	47.51
Transition economies	1 395 106	0.18	_	0.58
Developing economies	125 559 100	1.49	100.00	51.92
China	53 688 864	2.36	42.76	22.20
Korea, Republic of	18 278 780	3.23	14.56	7.56
China, Hong Kong SAR	12 347 999	2.33	9.83	5.11
Mexico	9 193 669	2.37	7.32	3.80
China, Taiwan Province of	8 095 012	2.63	6.45	3.35
Singapore	6 508 206	1.59	5.18	2.69
Thailand	3 810 493	1.67	3.03	1.58
Malaysia	3 409 210	1.47	2.72	1.41
Indonesia	1 828 810	1.02	1.46	0.76
Philippines	1 514 126	2.62	1.21	0.63

Leading exporting developing economies (1) based on average 2013-14 exports (2) SITC Revision 3 (3-digit level) / Principales économies en dévelopement exportatrices (1) d'après la moyenne des exportations de 2013-14 (2) CTCI révision 3 (positions à 3 chiffres)	2013-2014			
	Value (f.o.b., thousands of dollars) / Valeur (f.a.b., milliers de dollars)	As percentage / En pourcentage		
		of country total / du total du pays	of developing economies / des économies en développement	of world / du monde
781 - Passenger & race cars, excl. public transport				
World	689 060 469	3.64	_	100.00
Developed economies	557 423 116	5.77	_	80.90
Transition economies	5 229 396	0.66	_	0.76
Developing economies	126 407 957	1.50	100.00	18.34
Korea, Republic of	44 549 908	7.87	35.24	6.47
Mexico	32 390 355	8.33	25.62	4.70
Turkey	7 056 263	4.56	5.58	1.02
Thailand	6 574 894	2.88	5.20	0.95
India	5 662 725	1.73	4.48	0.82
United Arab Emirates	4 600 397	1.25	3.64	0.67
China	4 585 481	0.20	3.63	0.67
Brazil	4 339 925	1.86	3.43	0.63
South Africa	4 019 429	4.33	3.18	0.58
Argentina	3 604 391	4.97	2.85	0.52
782 - Goods and special-purpose vehicles				
World	138 473 787	0.73	_	100.00
Developed economies	80 099 474	0.83	_	57.84
Transition economies	2 468 887	0.31	_	1.78
Developing economies	55 905 426	0.66	100.00	40.37
Mexico	19 589 840	5.04	35.04	14.15
Thailand	10 495 230	4.60	18.77	7.58
China	5 750 744	0.25	10.29	4.15
Turkey	4 157 122	2.69	7.44	3.00
Argentina	3 991 479	5.51	7.14	2.88
South Africa	3 080 218	3.32	5.51	2.22
Korea, Republic of	2 595 897	0.46	4.64	1.87
Brazil	1 880 746	0.80	3.36	1.36
United Arab Emirates	1 354 722	0.37	2.42	0.98
India	750 666	0.23	1.34	0.54
784 - Motor vehicles parts and accessories				
World	382 466 134	2.02	_	100.00
Developed economies	271 654 994	2.81	_	71.03
Transition economies	1 429 003	0.18	_	0.37
Developing economies	109 382 137	1.29	100.00	28.60
China	27 231 790	1.20	24.90	7.12
Korea, Republic of	24 121 130	4.26	22.05	6.31
Mexico	21 771 323	5.60	19.90	5.69
Thailand	6 603 482	2.90	6.04	1.73
India	4 260 689	1.30	3.90	1.11
Turkey	4 156 350	2.69	3.80	1.09
China, Taiwan Province of	4 065 339	1.32	3.72	1.06
Brazil	3 909 459	1.67	3.57	1.02
Singapore	2 272 207	0.55	2.08	0.59
United Arab Emirates	2 138 816	0.58	1.96	0.56
792 - Aircraft, spacecraft vehicles and parts				
World	195 026 740	1.03	_	100.00
Developed economies	164 520 891	1.70	_	84.36
Transition economies	1 911 170	0.24	_	0.98
Developing economies	28 594 679	0.34	100.00	14.66
Singapore	6 212 220	1.52	21.73	3.19
India	5 436 012	1.66	19.01	2.79
Brazil	4 208 819	1.80	14.72	2.16
China	2 286 307	0.10	8.00	1.17
Korea, Republic of	1 700 807	0.30	5.95	0.87
United Arab Emirates	1 285 291	0.35	4.49	0.66
Thailand	997 315	0.44	3.49	0.51
Mexico	968 392	0.25	3.39	0.50
Malaysia	818 878	0.35	2.86	0.42
Argentina	700 011	0.97	2.45	0.36

For sources and notes, see end of table.

Pour les sources et les notes, se reporter à la fin du tableau.

3.2.E **Export structure by product**
Major exporters for leading products
among developing economies

3.2.E **Structure des exportations par produits**
Principaux exportateurs de produits majeurs
parmi les économies en développement

3

Leading exporting developing economies (1) based on average 2013-14 exports (2) SITC Revision 3 (3-digit level) / Principales économies en dévelopement exportatrices (1) d'après la moyenne des exportations de 2013-14 (2) CTCI révision 3 (positions à 3 chiffres)	Value (f.o.b., thousands of dollars) Valeur (f.a.b., milliers de dollars)	2013-2014		
		As percentage En pourcentage		
		of country total du total du pays	of developing economies des économies en déve-loppement	of world du monde
793 - Ships, boats, and floating structures				
World	138 056 757	0.73	_	100.00
Developed economies	45 026 117	0.47	_	32.61
Transition economies	1 665 951	0.21	_	1.21
Developing economies	91 364 689	1.08	100.00	66.18
Korea, Republic of	37 104 836	6.55	40.61	26.88
China	26 941 837	1.18	29.49	19.52
Brazil	5 050 453	2.16	5.53	3.66
India	4 077 022	1.25	4.46	2.95
Singapore	2 066 778	0.50	2.26	1.50
Panama	1 876 092	13.43	2.05	1.36
United Arab Emirates	1 596 988	0.43	1.75	1.16
Thailand	1 568 683	0.69	1.72	1.14
Turkey	1 178 043	0.76	1.29	0.85
Côte d'Ivoire	1 156 866	9.23	1.27	0.84
821 - Furniture and parts; bedding furnishings				
World	170 230 457	0.90	_	100.00
Developed economies	80 846 978	0.84	_	47.49
Transition economies	2 156 917	0.27	_	1.27
Developing economies	87 226 562	1.03	100.00	51.24
China	59 710 462	2.62	68.45	35.08
Mexico	6 988 750	1.80	8.01	4.11
Viet Nam	4 556 230	3.23	5.22	2.68
Malaysia	2 471 350	1.07	2.83	1.45
Turkey	2 281 220	1.47	2.62	1.34
Indonesia	1 787 669	1.00	2.05	1.05
China, Taiwan Province of	1 503 260	0.49	1.72	0.88
Thailand	1 218 589	0.53	1.40	0.72
Korea, Republic of	1 153 591	0.20	1.32	0.68
India	1 002 163	0.31	1.15	0.59
841 - Men's or boys' clothing, woven				
World	78 331 049	0.41	_	100.00
Developed economies	23 104 452	0.24	_	29.50
Transition economies	1 025 010	0.13	_	1.31
Developing economies	54 201 588	0.64	100.00	69.20
China	23 321 656	1.02	43.03	29.77
Bangladesh	7 384 727	24.94	13.62	9.43
Viet Nam	4 315 959	3.06	7.96	5.51
China, Hong Kong SAR	2 633 901	0.50	4.86	3.36
India	2 353 445	0.72	4.34	3.00
Turkey	2 257 872	1.46	4.17	2.88
Mexico	1 925 744	0.50	3.55	2.46
Indonesia	1 655 096	0.92	3.05	2.11
Pakistan	1 118 425	4.49	2.06	1.43
Tunisia	761 431	4.50	1.40	0.97
842 - Women's or girls' clothing, woven				
World	93 277 842	0.49	_	100.00
Developed economies	29 533 824	0.31	_	31.66
Transition economies	1 039 916	0.13	_	1.11
Developing economies	62 704 102	0.74	100.00	67.22
China	33 593 165	1.48	53.57	36.01
China, Hong Kong SAR	4 335 470	0.82	6.91	4.65
India	4 291 869	1.31	6.84	4.60
Viet Nam	4 030 795	2.85	6.43	4.32
Turkey	3 369 520	2.18	5.37	3.61
Bangladesh	3 325 755	11.23	5.30	3.57
Morocco	1 628 578	7.14	2.60	1.75
Indonesia	1 580 770	0.88	2.52	1.69
Sri Lanka	758 437	7.12	1.21	0.81
Pakistan	724 388	2.91	1.16	0.78

Leading exporting developing economies (1) based on average 2013-14 exports (2) SITC Revision 3 (3-digit level) / Principales économies en dévelopement exportatrices (1) d'après la moyenne des exportations de 2013-14 (2) CTCI révision 3 (positions à 3 chiffres)	Value (f.o.b., thousands of dollars) Valeur (f.a.b., milliers de dollars)	2013-2014		
		As percentage En pourcentage		
		of country total du total du pays	of developing economies des économies en déve-loppement	of world du monde
845 - Articles of apparel of textile fabrics, nes				
World	153 997 958	0.81	_	100.00
Developed economies	43 791 834	0.45	_	28.44
Transition economies	1 078 777	0.14	_	0.70
Developing economies	109 127 347	1.29	100.00	70.86
China	50 518 030	2.22	46.29	32.80
Bangladesh	9 615 858	32.48	8.81	6.24
China, Hong Kong SAR	9 263 404	1.75	8.49	6.02
Turkey	5 702 921	3.69	5.23	3.70
Viet Nam	5 503 203	3.90	5.04	3.57
India	5 466 211	1.67	5.01	3.55
Cambodia	2 751 097	27.44	2.52	1.79
Indonesia	2 237 031	1.25	2.05	1.45
Mexico	1 574 312	0.40	1.44	1.02
Sri Lanka	1 447 600	13.59	1.33	0.94
851 - Footwear				
World	134 349 079	0.71	_	100.00
Developed economies	48 306 749	0.50	_	35.96
Transition economies	1 794 192	0.23	_	1.34
Developing economies	84 248 138	1.00	100.00	62.71
China	53 505 021	2.35	63.51	39.83
Viet Nam	9 772 807	6.92	11.60	7.27
China, Hong Kong SAR	4 515 021	0.85	5.36	3.36
Indonesia	3 984 421	2.22	4.73	2.97
India	2 799 458	0.86	3.32	2.08
Brazil	1 250 430	0.54	1.48	0.93
Cambodia	878 125	8.76	1.04	0.65
Thailand	739 635	0.32	0.88	0.55
Turkey	721 353	0.47	0.86	0.54
Singapore	712 803	0.17	0.85	0.53
871 - Optical instruments and apparatus, nes				
World	102 937 846	0.54	_	100.00
Developed economies	19 002 449	0.20	_	18.46
Transition economies	369 965	0.05	_	0.36
Developing economies	83 565 432	0.99	100.00	81.18
China	37 199 305	1.63	44.52	36.14
Korea, Republic of	25 142 042	4.44	30.09	24.42
China, Taiwan Province of	14 866 173	4.83	17.79	14.44
China, Hong Kong SAR	4 173 431	0.79	4.99	4.05
Thailand	588 735	0.26	0.70	0.57
Singapore	553 554	0.14	0.66	0.54
Mexico	393 264	0.10	0.47	0.38
Malaysia	368 250	0.16	0.44	0.36
Philippines	55 464	0.10	0.07	0.05
United Arab Emirates	46 456	0.01	0.06	0.05
872 - Medical instruments and appliances, nes				
World	101 217 147	0.54	_	100.00
Developed economies	77 434 041	0.80	_	76.50
Transition economies	241 712	0.03	_	0.24
Developing economies	23 541 394	0.28	100.00	23.26
China	6 439 205	0.28	27.35	6.36
Mexico	5 701 884	1.47	24.22	5.63
Singapore	3 500 128	0.85	14.87	3.46
China, Hong Kong SAR	982 882	0.19	4.18	0.97
Malaysia	948 441	0.41	4.03	0.94
Dominican Republic	930 450	9.50	3.95	0.92
Korea, Republic of	831 774	0.15	3.53	0.82
China, Taiwan Province of	523 982	0.17	2.23	0.52
India	515 430	0.16	2.19	0.51
Costa Rica	502 246	4.45	2.13	0.50

For sources and notes, see end of table.

Pour les sources et les notes, se reporter à la fin du tableau.

3.2.E Export structure by product
Major exporters for leading products among developing economies

3.2.E Structure des exportations par produits
Principaux exportateurs de produits majeurs parmi les économies en développement

Leading exporting developing economies (1) based on average 2013-14 exports (2) SITC Revision 3 (3-digit level) / Principales économies en dévelopement exportatrices (1) d'après la moyenne des exportations de 2013-14 (2) CTCI révision 3 (positions à 3 chiffres)	2013-2014		
	Value (f.o.b., thousands of dollars) Valeur (f.a.b., milliers de dollars)	As percentage / En pourcentage	
		of country total du total du pays	of developing economies des économies en développement	of world du monde

874 - Measuring, analysing, controling devices, nes				
World	191 543 818	1.01	_	100.00
Developed economies	143 544 195	1.48	_	74.94
Transition economies	1 434 870	0.18	_	0.75
Developing economies	46 564 752	0.55	100.00	24.31
China	13 470 205	0.59	28.93	7.03
Singapore	7 338 194	1.79	15.76	3.83
China, Hong Kong SAR	5 228 421	0.99	11.23	2.73
Mexico	4 326 440	1.11	9.29	2.26
Malaysia	4 297 114	1.86	9.23	2.24
Korea, Republic of	4 098 274	0.72	8.80	2.14
China, Taiwan Province of	2 034 780	0.66	4.37	1.06
Thailand	1 245 526	0.55	2.67	0.65
India	870 742	0.27	1.87	0.45
Philippines	661 300	1.14	1.42	0.35
893 - Articles of plastics, nes				
World	156 384 869	0.83	_	100.00
Developed economies	88 075 295	0.91	_	56.32
Transition economies	1 679 803	0.21	_	1.07
Developing economies	66 629 772	0.79	100.00	42.61
China	36 195 807	1.59	54.32	23.15
Mexico	3 781 921	0.97	5.68	2.42
China, Taiwan Province of	3 469 931	1.13	5.21	2.22
China, Hong Kong SAR	3 091 537	0.58	4.64	1.98
Korea, Republic of	2 903 522	0.51	4.36	1.86
Thailand	2 294 450	1.01	3.44	1.47
Malaysia	2 042 394	0.88	3.07	1.31
Turkey	1 995 991	1.29	3.00	1.28
Viet Nam	1 526 955	1.08	2.29	0.98
India	1 453 749	0.44	2.18	0.93
894 - Baby carriages, toys, games, sporting goods				
World	94 729 715	0.50	_	100.00
Developed economies	35 888 076	0.37	_	37.88
Transition economies	345 899	0.04	_	0.37
Developing economies	58 495 740	0.69	100.00	61.75
China	40 011 942	1.76	68.40	42.24
China, Hong Kong SAR	9 009 590	1.70	15.40	9.51
China, Taiwan Province of	2 380 391	0.77	4.07	2.51
Mexico	1 445 983	0.37	2.47	1.53
Thailand	910 763	0.40	1.56	0.96
Singapore	643 906	0.16	1.10	0.68
Indonesia	634 676	0.35	1.08	0.67
Viet Nam	610 314	0.43	1.04	0.64
Korea, Republic of	408 040	0.07	0.70	0.43
United Arab Emirates	373 211	0.10	0.64	0.39

897 - Jewellery, precious, semiprecious, nes				
World	150 916 763	0.80	_	100.00
Developed economies	48 005 968	0.50	_	31.81
Transition economies	2 147 624	0.27	_	1.42
Developing economies	100 763 172	1.19	100.00	66.77
China	51 592 150	2.27	51.20	34.19
India	12 229 494	3.74	12.14	8.10
China, Hong Kong SAR	8 845 465	1.67	8.78	5.86
United Arab Emirates	6 878 226	1.86	6.83	4.56
Thailand	4 201 990	1.84	4.17	2.78
Singapore	3 939 959	0.96	3.91	2.61
Turkey	3 909 651	2.53	3.88	2.59
Malaysia	2 271 844	0.98	2.25	1.51
Indonesia	1 168 538	0.65	1.16	0.77
Viet Nam	768 026	0.54	0.76	0.51
899 - Misc. manufactured articles, nes				
World	89 790 447	0.47	_	100.00
Developed economies	56 703 643	0.59	_	63.15
Transition economies	171 772	0.02	_	0.19
Developing economies	32 915 032	0.39	100.00	36.66
China	21 849 349	0.96	66.38	24.33
China, Hong Kong SAR	1 992 960	0.38	6.05	2.22
Singapore	1 307 523	0.32	3.97	1.46
Mexico	1 192 726	0.31	3.62	1.33
Viet Nam	838 359	0.59	2.55	0.93
Korea, Republic of	762 527	0.13	2.32	0.85
India	741 127	0.23	2.25	0.83
Indonesia	682 097	0.38	2.07	0.76
China, Taiwan Province of	651 717	0.21	1.98	0.73
Malaysia	429 908	0.19	1.31	0.48
971 - Gold, non-monetary excl. ores & concentrates				
World	333 015 307	1.76	_	100.00
Developed economies	182 036 517	1.88	_	54.66
Transition economies	7 212 482	0.92	_	2.17
Developing economies	143 766 308	1.70	100.00	43.17
China, Hong Kong SAR	63 150 267	11.92	43.93	18.96
United Arab Emirates	23 187 558	6.28	16.13	6.96
Peru	6 828 159	17.00	4.75	2.05
South Africa	5 839 523	6.29	4.06	1.75
Mexico	5 339 872	1.37	3.71	1.60
Turkey	3 280 492	2.12	2.28	0.99
Thailand	3 078 317	1.35	2.14	0.92
Brazil	2 509 748	1.07	1.75	0.75
India	2 467 992	0.75	1.72	0.74
Colombia	1 921 368	3.38	1.34	0.58

Source:

UNCTAD secretariat calculations, based on UNCTAD, *UNCTADstat* Merchandise Trade Matrix

Notes:

(1) In addition, are presented for each product group the world total exports and the exports from developed, transition and developing economies.

(2) Commodity groups are selected on the basis of ranking by value.

Source :

Calculs du secrétariat de la CNUCED, basés sur la matrice du commerce de marchandises de *UNCTADstat* de la CNUCED

Notes :

(1) Les exportations mondiales totales et les exportations des économies développées, en transition et en développement sont également présentées pour chaque groupe de produits.

(2) Les groupes de produits sont sélectionnés d'après le classement par valeur.

SITC group Revision 3 (3-digit level) ranked according to the concentration index in 2014 Groupes de la CTCI Révision 3 (positions à 3 chiffres) classés d'après l'indice de concentration en 2014	Concentration index (1) Indice de concentration (1)			Structural change index (2) Indice de changement structurel (2) 1995=0	
	2005	2010	2014	2005	2014
261　Silk	0.738	0.658	0.717	0.293	0.211
264　Jute, other textile bast fibres n.e.s., raw, processed, not spun; waste of	0.827	0.791	0.694	0.085	0.204
633　Cork manufactures	0.609	0.622	0.641	0.071	0.083
666　Pottery	0.353	0.492	0.593	0.278	0.461
244　Cork, natural, raw and waste (including natural cork in blocks or sheets)	0.583	0.564	0.561	0.111	0.063
813　Lighting fixtures and fittings, n.e.s.	0.276	0.387	0.546	0.261	0.523
281　Iron ore and concentrates	0.359	0.458	0.516	0.164	0.310
422　Fixed vegetable fats and oils, crude, refined or fractionated, other than "soft"	0.459	0.520	0.506	0.182	0.231
286　Uranium or thorium ores and concentrates	0.765	0.531	0.492	0.181	0.486
322　Briquettes, lignites and peat	0.297	0.255	0.488	0.264	0.355
844　Women's textiles, knitted (articles as code 841, plus dresses skirts)	0.233	0.414	0.456	0.323	0.546
658　Made-up articles, wholly or chiefly of textile materials, n.e.s.	0.313	0.416	0.448	0.255	0.354
752　Automatic data-processing transcibing machines; magnetic optical readers, n.e.s.	0.285	0.446	0.444	0.436	0.625
831　Cases bags(storage hand executive equipment instrument gun travel shopping back)	0.363	0.449	0.443	0.221	0.350
885　Watches & clocks	0.431	0.443	0.442	0.169	0.225
345　Coal gas, water gas, producer gas, similar gas (exclude other gas hydrocarbons)	0.683	0.466	0.441	0.825	0.587
697　Household equipment of base metal, n.e.s.	0.269	0.362	0.437	0.291	0.471
896　Works of art, collectors' pieces and antiques	0.440	0.441	0.435	0.161	0.190
652　Cotton fabrics, woven (not including narrow or special fabrics)	0.259	0.381	0.427	0.180	0.393
871　Optical instruments and apparatus, n.e.s.	0.379	0.429	0.424	0.551	0.604
846　Clothing accessories of textiles, knitted or crocheted or not (exluding babies)	0.259	0.368	0.413	0.262	0.460
653　Fabrics, woven, of man-made textiles (excluding narrow or special fabrics)	0.250	0.329	0.413	0.295	0.489
655　Knitted, crocheted fabric (include tubular knit, pile, openwork fabric), n.e.s.	0.259	0.342	0.412	0.250	0.453
894　Baby carriages, toys, games and sporting goods	0.344	0.363	0.411	0.241	0.397
843　Men's textile, knitted (coat suit trouser short shirt underwear nightwear)	0.242	0.416	0.403	0.333	0.501
231　Natural rubber, balata, gutta-percha, guayule, chicle, natural gums	0.444	0.419	0.398	0.158	0.236
891　Arms and ammunition	0.410	0.404	0.396	0.250	0.295
222　Oil-seed, oleaginous fruit for soft fixed vegetable oils (exclude flours, meals)	0.370	0.387	0.392	0.297	0.340
851　Footwear	0.295	0.358	0.384	0.273	0.431
045　Cereals, unmilled (excluding wheat, rice, barley, maize)	0.367	0.329	0.382	0.171	0.257
321　Coal, whether or not pulverized, excluding agglomerated	0.355	0.391	0.381	0.212	0.279
848　Apparel articles accessories other than textile fabrics; headgear (all material)	0.373	0.347	0.378	0.216	0.272
285　Aluminium ores and concentrates (including alumina)	0.309	0.336	0.376	0.161	0.266
764　Telecommunications equipment and parts, n.e.s.; accessories within division 76	0.214	0.308	0.375	0.295	0.540
751　Office machines	0.319	0.360	0.364	0.374	0.463
786　Trailers semi-trailers vehicles not mechanically-propelled; transport containers	0.338	0.373	0.364	0.241	0.306
763　Sound or television image recorder reproducer; prepared unrecorded media	0.370	0.348	0.363	0.408	0.515
842　Women's textiles not knitted (articles as code 841, plus dresses skirts)	0.241	0.310	0.360	0.231	0.374
696　Cutlery	0.300	0.317	0.357	0.323	0.528
662　Clay construction materials and refractory construction materials	0.297	0.297	0.356	0.223	0.443
042　Rice	0.306	0.315	0.351	0.184	0.249
897　Jewellery, articles of goldsmiths' silversmiths' B2 semiprecious, n.e.s.	0.205	0.200	0.350	0.234	0.455
775　Household-type electrical and non-electrical equipment, n.e.s.	0.235	0.299	0.344	0.274	0.501
656　Tulles, lace, embroidery, ribbons, trimmings and other smallwares	0.210	0.284	0.342	0.216	0.407
044　Maize (not including sweet corn), unmilled	0.442	0.423	0.342	0.289	0.458
265　Vegetable textile fibre (exclu cotton, jute), raw, processed, not spun; waste of	0.369	0.334	0.335	0.191	0.292
268　Wool and other animal hair (including wool tops)	0.343	0.351	0.334	0.164	0.264
792　Aircraft, associated equipment; spacecraft, satellites, launch vehicles; parts	0.422	0.383	0.332	0.154	0.388
821　Furniture and parts; bedding, mattresses, mattress supports, cushions	0.201	0.293	0.330	0.251	0.459
613　Furskin, tanned, dressed, unassembled, assembled (without other materials)	0.311	0.294	0.329	0.412	0.500
761　Television receiver, video monitor projector, w wo radio video-record reproduce	0.222	0.285	0.325	0.365	0.586
793　Ships, boats (including hovercraft) and floating structures	0.268	0.353	0.324	0.307	0.454
284　Nickel ores, concentrates; mattes; oxide sinters, intermediate product of	0.307	0.338	0.322	0.170	0.263
654　Other textile fabrics, woven n.e.s.	0.271	0.290	0.320	0.186	0.301
583　Plastic monofilament, cross-section > 1 mm, rods, sticks, profile shapes	0.357	0.362	0.317	0.175	0.283
325　Coke, semi-coke of coal, lignite, peat, agglomerated or not; retort carbon	0.376	0.268	0.314	0.279	0.345
845　Articles of apparel, textile fabrics, knitted or crocheted or not, n.e.s.	0.241	0.305	0.310	0.253	0.409
882　Photographic and cinematographic supplies	0.281	0.311	0.308	0.142	0.233
292　Crude vegetable materials, n.e.s.	0.362	0.332	0.307	0.093	0.188
431　Animal, vegetable fats, oils, processed; waxes; inedible preparations of, n.e.s.	0.281	0.334	0.306	0.206	0.267
785　Motor cycles, mopeds, cycles, motorized and non-motorized; invalid carriages	0.290	0.290	0.306	0.255	0.440
283　Copper ores and concentrates; copper mattes; cement copper	0.390	0.311	0.306	0.256	0.285
212　Furskins, raw, other than hides and skins of group 211	0.339	0.367	0.305	0.220	0.251
551　Essential oils, perfume and flavour materials	0.368	0.312	0.302	0.325	0.329

For sources and notes, see end of table 3.3 Imports.

Pour les sources et les notes, se reporter à la fin du tableau 3.3 Importations.

SITC group Revision 3 (3-digit level) ranked according to the concentration index in 2014 Groupes de la CTCI Révision 3 (positions à 3 chiffres) classés d'après l'indice de concentration en 2014	Concentration index (1) Indice de concentration (1)			Structural change index (2) Indice de changement structurel (2) 1995=0	
	2005	2010	2014	2005	2014
223 Oil-seed, oleaginous fruit to extract other vegetable oil; flour, meal of n.e.s.	0.280	0.241	0.299	0.414	0.494
841 Men's textile, not knitted (coat suit trouser short shirt underwear nightwear)	0.215	0.280	0.297	0.225	0.345
263 Cotton	0.344	0.341	0.296	0.237	0.385
731 Machine tools working by removing metal or other material	0.320	0.307	0.295	0.093	0.212
762 Radio-broadcast receivers, with without sound-recording reproducing or clock	0.246	0.260	0.294	0.323	0.502
883 Cinematographic film, exposed developed, whether or not incorporating soundtrack	0.493	0.455	0.294	0.540	0.593
771 Electric power machinery parts (excluding rotating electric plant, group 716)	0.225	0.253	0.290	0.213	0.315
267 Other man-made fibres suitable for spinning; waste of man-made fibres	0.371	0.270	0.285	0.173	0.361
774 Electrodiagnostic apparatus, medical surgical dental veterinary radiological	0.327	0.314	0.284	0.110	0.196
593 Explosives and pyrotechnic products	0.310	0.290	0.284	0.235	0.285
759 Parts, accessories for machines of groups 751, 752	0.230	0.254	0.281	0.318	0.429
531 Synthetic organic colouring matter and colour lakes, preparations based thereon	0.231	0.234	0.277	0.217	0.427
023 Butter and other fats and oils derived from milk	0.228	0.255	0.277	0.188	0.269
712 Steam turbines and other vapour turbines, and parts thereof, n.e.s.	0.314	0.273	0.277	0.262	0.342
687 Tin	0.304	0.315	0.277	0.273	0.296
971 Gold, non-monetary (excluding gold ores and concentrates)	0.100	0.168	0.276	0.300	0.616
072 Cocoa	0.286	0.284	0.275	0.106	0.133
899 Miscellaneous manufactured articles, n.e.s.	0.222	0.244	0.272	0.231	0.311
597 Prepared additives: mineral oil; transmission; anti-freeze, de-ice; lubricating	0.286	0.274	0.271	0.119	0.193
776 Thermionic cold cathode photo-cathode valves tubes; diodes, transistors	0.235	0.255	0.270	0.249	0.413
711 Steam vapour superheated water boiler, auxiliary plant for use with; parts of	0.189	0.318	0.266	0.265	0.485
745 Non-electrical machinery, tools and mechanical apparatus, parts thereof, n.e.s.	0.280	0.265	0.266	0.107	0.212
881 Photographic apparatus and equipment, n.e.s.	0.338	0.203	0.265	0.229	0.497
515 Organo-inorganic and heterocyclic compounds, nucleic acids-salts, sulphonamides	0.279	0.268	0.264	0.283	0.314
667 Pearls and precious or semiprecious stones, unworked or worked	0.267	0.273	0.264	0.206	0.383
272 Fertilizers, crude (excluding those of division 56)	0.307	0.279	0.263	0.209	0.300
726 Printing and bookbinding machinery, and parts thereof	0.353	0.303	0.262	0.132	0.222
037 Fish, crustaceans, molluscs, aquatic invertebrates (prepared preserved) n.e.s.	0.237	0.254	0.262	0.243	0.342
895 Office and stationery supplies, n.e.s.	0.204	0.237	0.261	0.220	0.357
724 Textile and leather machinery, and parts thereof, n.e.s.	0.255	0.247	0.260	0.184	0.353
748 Transmission shaft camshaft crankshaft; bearing housing; gearbox speed changer	0.281	0.267	0.260	0.145	0.256
781 Vehicles to transport less than 10 persons, including station-wagons race cars	0.273	0.272	0.260	0.122	0.222
211 Hides and skins (except furskins), raw	0.265	0.296	0.258	0.195	0.194
016 Meat, edible meat offal (salted dried); flours, meals	0.305	0.259	0.256	0.195	0.377
665 Glassware	0.179	0.216	0.255	0.214	0.373
541 Medicinal and pharmaceutical products, excluding medicines of group 542	0.245	0.256	0.253	0.141	0.203
675 Flat-rolled products of alloy steel	0.190	0.200	0.251	0.227	0.388
714 Engines, motors, non-electric (exclude group 712, 713 and 718); parts of, n.e.s.	0.354	0.254	0.248	0.124	0.288
657 Special yarns, special textile fabrics and related products	0.182	0.220	0.248	0.174	0.330
725 Paper mill pulp mill paper-cutting other paper manufacture machines; parts of	0.252	0.246	0.247	0.140	0.263
872 Instruments and appliances, n.e.s., (medical, surgical, dental or veterinary)	0.244	0.254	0.246	0.172	0.224
041 Wheat (including spelt) and meslin, unmilled	0.287	0.262	0.246	0.206	0.335
025 Eggs, birds', yolks, fresh, dried, preserved, sweetened or not; albumin	0.282	0.282	0.246	0.203	0.282
689 Miscellaneous non-ferrous base metals employed in metallurgy, and cermets	0.261	0.230	0.244	0.312	0.295
043 Barley, unmilled	0.264	0.245	0.244	0.311	0.478
525 Radio-actives and associated materials	0.318	0.282	0.243	0.249	0.440
659 Floor coverings, etc.	0.234	0.226	0.243	0.161	0.350
747 Appliances for pipes boiler shells tanks vats; pressure and temperature valves	0.223	0.233	0.242	0.165	0.285
074 Tea and maté	0.240	0.246	0.242	0.203	0.250
733 Machine tool to work metal sintered metal carbide cermet, not removing material	0.250	0.233	0.242	0.156	0.213
778 Electrical machinery and apparatus, n.e.s.	0.201	0.225	0.241	0.207	0.302
251 Pulp and waste paper	0.261	0.247	0.241	0.138	0.215
884 Optical goods, n.e.s.	0.278	0.244	0.241	0.170	0.298
737 Metalworking machinery (other than machine tools), and parts thereof, n.e.s.	0.223	0.236	0.240	0.145	0.255
893 Articles, n.e.s., of plastics	0.187	0.197	0.238	0.176	0.296
342 Liquefied propane and butane	0.217	0.185	0.238	0.199	0.388
061 Sugar, molasses and honey	0.206	0.313	0.238	0.314	0.390
694 Nails, screws, nuts, bolts, rivets, of iron, steel, copper or aluminium	0.224	0.233	0.237	0.134	0.201
722 Tractors (excluding headings 714.14 & 744.15)	0.262	0.245	0.237	0.158	0.221
874 Measuring, checking, analysing and controlling instruments and apparatus, n.e.s.	0.274	0.250	0.237	0.123	0.233
674 Flat-rolled products of iron or non-alloy steel, clad, plated or coated	0.181	0.194	0.236	0.223	0.406
672 Ingots, other primary forms of iron or steel; semi-finished products of	0.209	0.231	0.236	0.213	0.338
742 Liquid pump, with without a fitted measuring device; liquid elevator; parts for	0.254	0.232	0.235	0.157	0.273
695 Tools for use in the hand or in machine	0.212	0.216	0.234	0.140	0.234

For sources and notes, see end of table 3.3 Imports.

Pour les sources et les notes, se reporter à la fin du tableau 3.3 Importations.

SITC group Revision 3 (3-digit level) ranked according to the concentration index in 2014 Groupes de la CTCI Révision 3 (positions à 3 chiffres) classés d'après l'indice de concentration en 2014	Concentration index (1) Indice de concentration (1)			Structural change index (2) Indice de changement structurel (2) 1995=0	
	2005	2010	2014	2005	2014
664 Glass	0.182	0.209	0.233	0.163	0.298
291 Crude animal materials, nes	0.221	0.219	0.233	0.157	0.189
727 Food-processing machines (excluding domestic); parts thereof	0.250	0.235	0.232	0.108	0.179
523 Metallic salts and peroxysalts, of inorganic acids	0.213	0.217	0.231	0.207	0.279
612 Manufactures of leather or of composition leather, n.e.s.; saddlery and harness	0.218	0.214	0.231	0.360	0.390
056 Vegetables, roots and tubers (prepared preserved) n.e.s.	0.203	0.220	0.231	0.167	0.209
266 Synthetic fibres suitable for spinning	0.220	0.225	0.231	0.201	0.326
735 Parts, n.e.s. and accessories for machines of groups 731, 733; tool holder	0.244	0.228	0.231	0.136	0.217
524 Other inorganic chemicals; organic and inorganic compounds of precious metals	0.253	0.218	0.230	0.213	0.285
783 Road motor vehicles, n.e.s.	0.247	0.213	0.230	0.234	0.377
691 Structures and parts of structures, n.e.s., of iron, steel or aluminium	0.178	0.214	0.229	0.249	0.363
746 Ball or roller bearings	0.224	0.235	0.228	0.142	0.251
812 Sanitary, plumbing and heating fixtures and fittings, n.e.s.	0.211	0.207	0.228	0.210	0.418
716 Rotating electric plant, and parts thereof, n.e.s.	0.188	0.211	0.227	0.191	0.306
728 Other machinery or specialized industrial equipment; parts thereof, n.e.s.	0.261	0.259	0.227	0.088	0.235
112 Alcoholic beverages	0.248	0.229	0.227	0.142	0.190
743 Pump (non liquid), air gas compressor, fan ventilation filter; centrifuge; parts	0.218	0.214	0.226	0.148	0.262
024 Cheese and curd	0.239	0.226	0.226	0.170	0.240
721 Agricultural machinery (excluding tractors), and parts thereof	0.246	0.228	0.222	0.118	0.203
232 Synthetic rubber; reclaimed rubber; waste, parings, scrap of unhardened rubber	0.223	0.222	0.221	0.191	0.277
744 Mechanical handling equipment, and parts thereof, n.e.s.	0.212	0.218	0.220	0.142	0.244
573 Polymers of vinyl chloride or of other halogenated olefins, in primary forms	0.185	0.227	0.220	0.167	0.279
514 Nitrogen-function compounds	0.190	0.204	0.219	0.256	0.348
572 Polymers of styrene, in primary forms	0.216	0.239	0.219	0.179	0.297
873 Meters and counters, n.e.s.	0.222	0.201	0.219	0.263	0.437
791 Railway vehicles (including hovertrains) and associated equipment	0.233	0.230	0.218	0.261	0.357
011 Meat of bovine animals (fresh chilled frozen)	0.213	0.190	0.218	0.298	0.345
676 Iron and steel bars, rods, angles, shapes and sections (including sheet piling)	0.143	0.144	0.217	0.183	0.324
663 Mineral manufactures, n.e.s.	0.200	0.208	0.217	0.136	0.260
651 Textile yarn	0.169	0.203	0.217	0.161	0.367
661 Lime, cement, fabricated construction material (excluding glass, clay material)	0.173	0.188	0.215	0.287	0.406
741 Heating and cooling equipment, and parts thereof, n.e.s.	0.192	0.208	0.215	0.218	0.348
772 Electrical apparatus to switch protect circuits or make circuit connections	0.200	0.211	0.214	0.185	0.305
782 Motor vehicles for the transport of goods and special-purpose motor vehicles	0.218	0.211	0.214	0.196	0.370
723 Civil engineering and contractors' plant and equipment; parts thereof	0.242	0.229	0.214	0.123	0.286
699 Manufactures of base metal, n.e.s.	0.195	0.196	0.214	0.155	0.280
713 Internal combustion piston engines, and parts thereof, n.e.s.	0.239	0.222	0.213	0.199	0.268
749 Non-electric parts and accessories of machinery, n.e.s.	0.203	0.206	0.213	0.142	0.281
343 Natural gas, whether or not liquefied	0.260	0.224	0.213	0.268	0.377
075 Spices	0.161	0.198	0.212	0.207	0.265
961 Coin (other than gold coin), not being legal tender	0.318	0.376	0.212	0.349	0.598
081 Feeding stuff for animals (excluding unmilled cereals)	0.212	0.219	0.211	0.147	0.246
677 Rails or railway track construction material, of iron or steel	0.197	0.210	0.211	0.233	0.292
513 Carboxylic acid, anhydrides, halides, peroxides, peroxyacids; halogenate derivatives	0.190	0.197	0.211	0.293	0.403
516 Other organic chemicals	0.201	0.212	0.210	0.185	0.229
277 Natural abrasives, n.e.s. (including industrial diamonds)	0.174	0.177	0.209	0.417	0.503
898 Musical instrument, parts accessory; tape, sound recording (excluding 763 & 883)	0.207	0.210	0.209	0.245	0.399
634 Veneers, plywood, particle board, and other wood, worked, n.e.s.	0.186	0.185	0.209	0.239	0.338
784 Parts and accessories of the motor vehicles of groups 722, 781, 782 and 783	0.215	0.207	0.207	0.209	0.370
022 Milk, cream and milk products (excluding butter, cheese)	0.209	0.201	0.207	0.199	0.323
542 Medicines (including veterinary medicines)	0.229	0.215	0.207	0.184	0.204
591 Insecticide, rodenticide, fungicide, herbicide, plant-growth reg, disinfectant	0.209	0.195	0.206	0.204	0.290
012 Other meat and edible meat offal (fresh chilled frozen)	0.207	0.207	0.205	0.276	0.342
892 Printed matter	0.212	0.191	0.205	0.132	0.285
611 Leather	0.221	0.209	0.204	0.193	0.209
598 Miscellaneous chemical products, n.e.s.	0.233	0.211	0.204	0.120	0.214
625 Rubber tyres, interchangeable tyre treads, tyre flaps, inner tubes for wheels	0.171	0.187	0.204	0.188	0.359
581 Tubes, pipes and hoses, and fittings therefor, of plastics	0.204	0.203	0.203	0.201	0.296
718 Power-generating machinery, and parts thereof, n.e.s.	0.223	0.216	0.203	0.195	0.305
248 Wood, simply worked, and railway sleepers of wood	0.250	0.188	0.203	0.212	0.291
073 Chocolate and other food preparations containing cocoa, n.e.s.	0.201	0.196	0.203	0.201	0.239
553 Perfumery, cosmetic or toilet preparations (excluding soaps)	0.253	0.217	0.203	0.152	0.244
511 Hydrocarbons, n.e.s., halogenated, sulphonated, nitrated, nitrosated derivatives	0.207	0.197	0.202	0.159	0.295
635 Wood manufactures, n.e.s.	0.182	0.187	0.201	0.232	0.333

For sources and notes, see end of table 3.3 Imports.

Pour les sources et les notes, se reporter à la fin du tableau 3.3 Importations.

3

SITC group Revision 3 (3-digit level) ranked according to the concentration index in 2014 / Groupes de la CTCI Révision 3 (positions à 3 chiffres) classés d'après l'indice de concentration en 2014	Concentration index (1) Indice de concentration (1)			Structural change index (2) Indice de changement structurel (2) 1995=0	
	2005	2010	2014	2005	2014
121 Tobacco, unmanufactured; tobacco refuse	0.241	0.238	0.201	0.261	0.310
681 Silver, platinum, other metals of the platinum group	0.276	0.231	0.200	0.194	0.332
683 Nickel	0.280	0.271	0.200	0.129	0.280
679 Tubes, pipes and hollow profiles, and tube or pipe fittings, of iron or steel	0.176	0.184	0.198	0.162	0.306
289 Ores and concentrates of precious metals; waste of (excluding gold)	0.269	0.414	0.197	0.323	0.446
579 Waste, parings and scrap, of plastics	0.255	0.247	0.197	0.253	0.366
269 Worn clothing and other worn textile articles; rags	0.204	0.202	0.196	0.284	0.410
533 Pigments, paints, varnishes and related materials	0.210	0.206	0.196	0.108	0.176
693 Wire products (excluding insulated electrical wiring) and fencing grills	0.166	0.185	0.196	0.204	0.333
333 Petroleum oils and oils obtained from bituminous minerals, crude	0.182	0.173	0.195	0.139	0.238
678 Wire of iron or steel	0.147	0.175	0.195	0.185	0.330
035 Fish (dried, salted, in brine, smoked); flours, meals, pellets for human consump	0.204	0.204	0.194	0.241	0.409
642 Paper and paperboard, cut to size or shape, and articles of paper or paperboard	0.182	0.176	0.194	0.174	0.313
773 Equipment for distributing electricity, n.e.s.	0.168	0.170	0.193	0.228	0.374
091 Margarine and shortening	0.174	0.179	0.193	0.250	0.289
287 Ores and concentrates of base metals, n.e.s.	0.211	0.194	0.193	0.284	0.248
282 Ferrous waste and scrap; remelting scrap ingots of iron or steel	0.201	0.217	0.193	0.231	0.215
592 Starches, inulin and wheat gluten; albuminoidal substances; glues	0.197	0.192	0.192	0.133	0.225
071 Coffee and coffee substitutes	0.205	0.203	0.191	0.227	0.318
811 Prefabricated buildings	0.146	0.186	0.188	0.251	0.399
629 Articles of rubber, n.e.s.	0.192	0.188	0.188	0.161	0.280
054 Vegetables and veg products (fresh chilled frozen preserved dried edible) n.e.s.	0.211	0.195	0.188	0.145	0.209
017 Meat, edible meat offal (prepared preserved) n.e.s.	0.187	0.192	0.186	0.266	0.330
575 Other plastics, in primary forms	0.232	0.195	0.185	0.146	0.290
562 Fertilizers (excluding group 272)	0.183	0.179	0.185	0.211	0.340
288 Non-ferrous base metal waste and scrap, n.e.s.	0.186	0.195	0.184	0.205	0.213
582 Plates, sheets, film, foil and strip, of plastics	0.201	0.199	0.183	0.124	0.247
122 Tobacco, manufactured (whether or not containing tobacco substitutes)	0.270	0.237	0.183	0.402	0.486
682 Copper	0.191	0.201	0.183	0.182	0.269
246 Wood in chips or particles and wood waste	0.220	0.173	0.183	0.337	0.484
421 Fixed vegetable fats and oils, "soft", crude, refined or fractionated	0.225	0.206	0.182	0.211	0.376
621 Materials of rubber (e.g., pastes, plates, sheets, rods, thread, tubes, of rubber)	0.217	0.193	0.181	0.132	0.346
574 Polyacetal, polyether, epoxide resin; polycarbonate, alkyd resin, polyester	0.188	0.179	0.181	0.181	0.279
571 Polymers of ethylene, in primary forms	0.180	0.179	0.180	0.222	0.349
641 Paper and paperboard	0.201	0.187	0.180	0.120	0.227
034 Fish, fresh (live dead chilled frozen)	0.151	0.171	0.179	0.182	0.321
001 Live animals other than animals of division 03	0.197	0.185	0.179	0.158	0.251
673 Flat-rolled products of iron or non-alloy steel, not clad, plated or coated	0.157	0.185	0.178	0.171	0.198
059 Fruit and vegetable juice (unfermented, no added spirit, sweetened or not)	0.186	0.187	0.177	0.214	0.245
274 Sulphur and unroasted iron pyrites	0.253	0.194	0.176	0.258	0.464
036 Crustaceans, mollusks and aquatic invertebrates	0.133	0.148	0.176	0.231	0.303
334 Petroleum oil, oil from bituminous (excl crude); preparations, n.e.s., > 70% oil	0.128	0.152	0.172	0.186	0.306
046 Meal and flour of wheat and flour of meslin	0.182	0.178	0.172	0.414	0.453
671 Pig-iron, spiegeleisen, sponge iron, iron steel granules, powders, ferro-alloys	0.185	0.170	0.172	0.242	0.305
247 Wood in the rough or roughly squared	0.263	0.189	0.171	0.318	0.365
522 Inorganic chemical elements, oxides and halogen salts	0.173	0.178	0.171	0.155	0.264
532 Dyeing and tanning extracts, and synthetic tanning materials	0.172	0.171	0.170	0.203	0.263
554 Soaps, cleansing and polishing preparations	0.182	0.166	0.167	0.124	0.207
411 Animals oils and fats	0.207	0.230	0.166	0.232	0.290
047 Other cereal meals and flours	0.209	0.184	0.166	0.307	0.394
058 Fruit, preserved, and fruit preparations (excluding fruit juices)	0.158	0.164	0.165	0.191	0.263
048 Cereal preparations and preparations of flour or starch of fruits or vegetables	0.189	0.171	0.164	0.151	0.209
512 Alcohol, phenol, phenol-alcohol;halogenate, sulphonate, nitrate, nitrosate deriv	0.165	0.170	0.164	0.222	0.363
111 Non-alcoholic beverages, n.e.s.	0.197	0.176	0.163	0.270	0.309
278 Other crude minerals	0.165	0.169	0.161	0.167	0.251
692 Metal containers for storage or transport	0.158	0.156	0.160	0.179	0.288
057 Fruits and nuts (excluding oil nuts), fresh or dried	0.165	0.158	0.158	0.160	0.220
098 Edible products and preparations, n.e.s.	0.170	0.155	0.157	0.207	0.246
685 Lead	0.212	0.162	0.152	0.210	0.321
686 Zinc	0.156	0.155	0.151	0.233	0.276
335 Residual petroleum products, n.e.s., related mater.	0.163	0.190	0.151	0.216	0.308
684 Aluminium	0.142	0.137	0.149	0.140	0.273
351 Electric current	0.203	0.159	0.148	0.364	0.414
273 Stone, sand and gravel	0.138	0.137	0.144	0.223	0.340
344 Petroleum gases and other gaseous hydrocarbons, n.e.s.	0.383	0.161	0.143	0.458	0.634
062 Sugar confectionery	0.138	0.130	0.139	0.205	0.271
245 Fuel wood (excluding wood waste) and wood charcoal	0.097	0.116	0.123	0.315	0.372

For sources and notes, see end of table 3.3 Imports.

Pour les sources et les notes, se reporter à la fin du tableau 3.3 Importations.

SITC group Revision 3 (3-digit level) ranked according to the concentration index in 2014 Groupes de la CTCI Révision 3 (positions à 3 chiffres) classés d'après l'indice de concentration en 2014	Concentration index (1) Indice de concentration (1)			Structural change index (2) Indice de changement structurel (2) 1995=0	
	2005	2010	2014	2005	2014
286 Uranium or thorium ores and concentrates	0.884	0.950	0.772	0.273	0.417
281 Iron ore and concentrates	0.429	0.583	0.619	0.375	0.545
579 Waste, parings and scrap, of plastics	0.499	0.609	0.603	0.360	0.585
871 Optical instruments and apparatus, n.e.s.	0.596	0.620	0.593	0.640	0.677
961 Coin (other than gold coin), not being legal tender	0.174	0.443	0.564	0.443	0.355
322 Briquettes, lignites and peat	0.213	0.423	0.547	0.260	0.680
265 Vegetable textile fibre (exclu cotton, jute), raw, processed, not spun; waste of	0.357	0.469	0.526	0.457	0.592
247 Wood in the rough or roughly squared	0.261	0.391	0.496	0.397	0.624
222 Oil-seed, oleaginous fruit for soft fixed vegetable oils (exclude flours, meals)	0.305	0.427	0.478	0.387	0.585
244 Cork, natural, raw and waste (including natural cork in blocks or sheets)	0.521	0.460	0.477	0.274	0.289
284 Nickel ores, concentrates; mattes, oxide sinters, intermediate product of	0.302	0.358	0.461	0.223	0.479
283 Copper ores and concentrates; copper mattes; cement copper	0.332	0.363	0.415	0.358	0.519
896 Works of art, collectors' pieces and antiques	0.440	0.426	0.412	0.132	0.163
345 Coal gas, water gas, producer gas, similar gas (exclude other gas hydrocarbons)	0.447	0.399	0.400	0.820	0.697
268 Wool and other animal hair (including wool tops)	0.295	0.385	0.393	0.272	0.403
211 Hides and skins (except furskins), raw	0.276	0.336	0.387	0.308	0.405
613 Furskin, tanned, dressed, unassembled, assembled (without other materials)	0.376	0.487	0.386	0.402	0.464
776 Thermionic cold cathode photo-cathode valves tubes; diodes, transistors	0.249	0.300	0.353	0.313	0.452
274 Sulphur and unroasted iron pyrites	0.350	0.378	0.353	0.427	0.460
045 Cereals, unmilled (excluding wheat, rice, barley, maize)	0.271	0.229	0.350	0.255	0.523
971 Gold, non-monetary (excluding gold ores and concentrates)	0.241	0.252	0.329	0.519	0.621
263 Cotton	0.291	0.342	0.324	0.359	0.483
251 Pulp and waste paper	0.227	0.281	0.323	0.236	0.395
261 Silk	0.431	0.400	0.318	0.402	0.385
287 Ores and concentrates of base metals, n.e.s.	0.218	0.363	0.303	0.238	0.384
667 Pearls and precious or semiprecious stones, unworked or worked	0.293	0.318	0.301	0.202	0.418
288 Non-ferrous base metal waste and scrap, n.e.s.	0.254	0.347	0.299	0.265	0.364
246 Wood in chips or particles and wood waste	0.526	0.377	0.299	0.242	0.564
212 Furskins, raw, other than hides and skins of group 211	0.377	0.382	0.293	0.296	0.359
511 Hydrocarbons, n.e.s., halogenated, sulphonated, nitrated, nitrosated derivatives	0.190	0.220	0.292	0.202	0.329
891 Arms and ammunition	0.249	0.332	0.290	0.310	0.344
289 Ores and concentrates of precious metals; waste of (excluding gold)	0.366	0.308	0.289	0.273	0.396
525 Radio-actives and associated materials	0.318	0.293	0.284	0.228	0.308
762 Radio-broadcast receivers, with without sound-recording reproducing or clock	0.274	0.248	0.278	0.170	0.241
231 Natural rubber, balata, gutta-percha, guayule, chicle, natural gums	0.242	0.256	0.276	0.193	0.390
016 Meat, edible meat offal (salted dried); flours, meals	0.381	0.337	0.274	0.201	0.343
682 Copper	0.184	0.250	0.272	0.217	0.366
761 Television receiver, video monitor projector, w wo radio video-record reproduce	0.337	0.284	0.266	0.318	0.313
321 Coal, whether or not pulverized, excluding agglomerated	0.233	0.250	0.259	0.162	0.353
043 Barley, unmilled	0.264	0.329	0.257	0.241	0.300
681 Silver, platinum, other metals of the platinum group	0.269	0.266	0.252	0.227	0.261
285 Aluminium ores and concentrates (including alumina)	0.247	0.217	0.250	0.245	0.403
264 Jute, other textile bast fibres n.e.s., raw, processed, not spun; waste of	0.348	0.332	0.249	0.329	0.266
036 Crustaceans, mollusks and aquatic invertebrates	0.299	0.262	0.246	0.234	0.301
894 Baby carriages, toys, games and sporting goods	0.314	0.271	0.245	0.100	0.175
633 Cork manufactures	0.252	0.245	0.244	0.159	0.262
821 Furniture and parts; bedding, mattresses, mattress supports, cushions	0.304	0.238	0.242	0.210	0.219
897 Jewellery, articles of goldsmiths' silversmiths' B2 semiprecious, n.e.s.	0.268	0.243	0.241	0.158	0.365
731 Machine tools working by removing metal or other material	0.199	0.270	0.237	0.202	0.304
658 Made-up articles, wholly or chiefly of textile materials, n.e.s.	0.298	0.253	0.234	0.195	0.213
763 Sound or television image recorder reproducer; prepared unrecorded media	0.260	0.204	0.232	0.138	0.333
843 Men's textile, knitted (coat suit trouser short shirt underwear nightwear)	0.315	0.249	0.229	0.180	0.235
752 Automatic data-processing transcibing machines; magnetic optical readers, n.e.s.	0.231	0.232	0.228	0.141	0.245
512 Alcohol, phenol, phenol-alcohol;halogenate, sulphonate, nitrate, nitrose deriv	0.209	0.252	0.226	0.260	0.324
792 Aircraft, associated equipment; spacecraft, satellites, launch vehicles; parts	0.214	0.227	0.225	0.309	0.323
515 Organo-inorganic and heterocyclic compounds, nucleic acids-salts, sulphonamides	0.267	0.241	0.224	0.215	0.259
885 Watches & clocks	0.232	0.223	0.223	0.121	0.143
343 Natural gas, whether or not liquefied	0.264	0.208	0.222	0.329	0.384
844 Women's textiles, knitted (articles as code 841, plus dresses skirts)	0.283	0.230	0.222	0.157	0.241
884 Optical goods, n.e.s.	0.214	0.221	0.222	0.289	0.328
848 Apparel articles accessories other than textile fabrics; headgear (all material)	0.273	0.231	0.221	0.167	0.226
333 Petroleum oils and oils obtained from bituminous minerals, crude	0.242	0.230	0.221	0.122	0.257
689 Miscellaneous non-ferrous base metals employed in metallurgy, and cermets	0.249	0.225	0.221	0.129	0.234
774 Electrodiagnostic apparatus, medical surgical dental veterinary radiological	0.244	0.209	0.221	0.173	0.191

For sources and notes, see end of table.

Pour les sources et les notes, se reporter à la fin du tableau.

SITC group Revision 3 (3-digit level) ranked according to the concentration index in 2014 / Groupes de la CTCI Révision 3 (positions à 3 chiffres) classés d'après l'indice de concentration en 2014	Concentration index (1) / Indice de concentration (1)			Structural change index (2) / Indice de changement structurel (2) 1995=0	
	2005	2010	2014	2005	2014
845 Articles of apparel, textile fabrics, knitted or crocheted or not, n.e.s.	0.268	0.235	0.221	0.169	0.210
272 Fertilizers, crude (excluding those of division 56)	0.181	0.168	0.221	0.247	0.352
781 Vehicles to transport less than 10 persons, including station-wagons race cars	0.258	0.208	0.221	0.171	0.254
759 Parts, accessories for machines of groups 751, 752	0.205	0.216	0.220	0.235	0.343
572 Polymers of styrene, in primary forms	0.248	0.263	0.219	0.199	0.290
714 Engines, motors, non-electric (exclude group 712, 713 and 718); parts of, n.e.s.	0.226	0.202	0.216	0.151	0.242
883 Cinematographic film, exposed developed, whether or not incorporating soundtrack	0.512	0.458	0.216	0.367	0.727
248 Wood, simply worked, and railway sleepers of wood	0.285	0.167	0.214	0.218	0.335
335 Residual petroleum products, n.e.s., related mater.	0.164	0.175	0.214	0.256	0.397
611 Leather	0.227	0.224	0.214	0.203	0.257
112 Alcoholic beverages	0.259	0.217	0.210	0.181	0.208
273 Stone, sand and gravel	0.153	0.206	0.207	0.250	0.446
017 Meat, edible meat offal (prepared preserved) n.e.s.	0.232	0.216	0.206	0.202	0.255
072 Cocoa	0.225	0.210	0.206	0.134	0.187
683 Nickel	0.202	0.244	0.206	0.186	0.396
841 Men's textile, not knitted (coat suit trouser short shirt underwear nightwear)	0.276	0.224	0.205	0.143	0.214
687 Tin	0.208	0.194	0.203	0.337	0.316
344 Petroleum gases and other gaseous hydrocarbons, n.e.s.	0.234	0.204	0.201	0.499	0.544
764 Telecommunications equipment and parts, n.e.s.; accessories within division 76	0.184	0.188	0.200	0.159	0.223
873 Meters and counters, n.e.s.	0.201	0.177	0.200	0.165	0.184
831 Cases bags(storage hand executive equipment instrument gun travel shopping back)	0.266	0.214	0.199	0.172	0.268
697 Household equipment of base metal, n.e.s.	0.267	0.204	0.199	0.178	0.182
037 Fish, crustaceans, molluscs, aquatic invertebrates (prepared preserved) n.e.s.	0.247	0.211	0.196	0.167	0.246
751 Office machines	0.248	0.207	0.196	0.117	0.189
851 Footwear	0.252	0.209	0.195	0.144	0.228
813 Lighting fixtures and fittings, n.e.s.	0.273	0.191	0.194	0.186	0.196
071 Coffee and coffee substitutes	0.212	0.201	0.193	0.117	0.146
342 Liquefied propane and butane	0.268	0.213	0.192	0.266	0.385
635 Wood manufactures, n.e.s.	0.270	0.190	0.192	0.224	0.179
784 Parts and accessories of the motor vehicles of groups 722, 781, 782 and 783	0.212	0.176	0.191	0.150	0.279
842 Women's textiles not knitted (articles as code 841, plus dresses skirts)	0.281	0.220	0.191	0.176	0.277
035 Fish (dried, salted, in brine, smoked); flours, meals, pellets for human consump	0.198	0.184	0.190	0.153	0.304
771 Electric power machinery parts (excluding rotating electric plant, group 716)	0.193	0.185	0.190	0.163	0.239
671 Pig-iron, spiegeleisen, sponge iron, iron steel granules, powders, ferro-alloys	0.192	0.196	0.190	0.163	0.223
282 Ferrous waste and scrap; remelting scrap ingots of iron or steel	0.179	0.189	0.188	0.257	0.313
713 Internal combustion piston engines, and parts thereof, n.e.s.	0.210	0.173	0.188	0.183	0.273
899 Miscellaneous manufactured articles, n.e.s.	0.201	0.194	0.188	0.164	0.194
621 Materials of rubber (e.g., pastes, plates, sheets, rods, thread, tubes, of rubber)	0.155	0.200	0.187	0.175	0.309
872 Instruments and appliances, n.e.s., (medical, surgical, dental or veterinary)	0.208	0.184	0.186	0.182	0.194
277 Natural abrasives, n.e.s. (including industrial diamonds)	0.180	0.186	0.186	0.263	0.335
058 Fruit, preserved, and fruit preparations (excluding fruit juices)	0.217	0.186	0.186	0.153	0.246
874 Measuring, checking, analysing and controlling instruments and apparatus, n.e.s.	0.171	0.174	0.186	0.123	0.209
895 Office and stationery supplies, n.e.s.	0.177	0.160	0.186	0.152	0.241
685 Lead	0.160	0.157	0.184	0.247	0.325
541 Medicinal and pharmaceutical products, excluding medicines of group 542	0.196	0.183	0.183	0.159	0.191
267 Other man-made fibres suitable for spinning; waste of man-made fibres	0.167	0.191	0.183	0.232	0.339
718 Power-generating machinery, and parts thereof, n.e.s.	0.188	0.185	0.183	0.232	0.278
772 Electrical apparatus to switch protect circuits or make circuit connections	0.171	0.183	0.182	0.216	0.294
422 Fixed vegetable fats and oils, crude, refined or fractionated, other than "soft"	0.176	0.190	0.181	0.207	0.275
571 Polymers of ethylene, in primary forms	0.160	0.167	0.181	0.200	0.294
846 Clothing accessories of textiles, knitted or crocheted or not (exluding babies)	0.194	0.177	0.180	0.207	0.263
882 Photographic and cinematographic supplies	0.148	0.158	0.179	0.206	0.326
059 Fruit and vegetable juice (unfermented, no added spirit, sweetened or not)	0.190	0.176	0.178	0.156	0.203
735 Parts, n.e.s. and accessories for machines of groups 731, 733; tool holder	0.168	0.167	0.177	0.162	0.232
778 Electrical machinery and apparatus, n.e.s.	0.169	0.171	0.177	0.165	0.218
659 Floor coverings, etc.	0.218	0.170	0.177	0.243	0.281
325 Coke, semi-coke of coal, lignite, peat, agglomerated or not; retort carbon	0.194	0.167	0.177	0.285	0.412
232 Synthetic rubber; reclaimed rubber; waste, parings, scrap of unhardened rubber	0.165	0.189	0.177	0.167	0.298
728 Other machinery or specialized industrial equipment; parts thereof, n.e.s.	0.158	0.198	0.177	0.151	0.178
025 Eggs, birds', yolks, fresh, dried, preserved, sweetened or not; albumin	0.215	0.219	0.175	0.185	0.339
722 Tractors (excluding headings 714.14 & 744.15)	0.213	0.151	0.174	0.180	0.245
748 Transmission shaft camshaft crankshaft; bearing housing; gearbox speed changer	0.177	0.167	0.174	0.164	0.236
514 Nitrogen-function compounds	0.158	0.168	0.173	0.175	0.235
292 Crude vegetable materials, n.e.s.	0.193	0.171	0.173	0.127	0.200

For sources and notes, see end of table.

Pour les sources et les notes, se reporter à la fin du tableau.

SITC group Revision 3 (3-digit level) ranked according to the concentration index in 2014 / Groupes de la CTCI Révision 3 (positions à 3 chiffres) classés d'après l'indice de concentration en 2014	Concentration index (1) / Indice de concentration (1)			Structural change index (2) / Indice de changement structurel (2) 1995=0	
	2005	2010	2014	2005	2014
775 Household-type electrical and non-electrical equipment, n.e.s.	0.188	0.170	0.172	0.183	0.217
733 Machine tool to work metal sintered metal carbide cermet, not removing material	0.188	0.177	0.171	0.229	0.272
686 Zinc	0.179	0.175	0.171	0.240	0.305
746 Ball or roller bearings	0.159	0.164	0.171	0.146	0.229
001 Live animals other than animals of division 03	0.200	0.163	0.171	0.220	0.286
524 Other inorganic chemicals; organic and inorganic compounds of precious metals	0.169	0.169	0.171	0.145	0.252
782 Motor vehicles for the transport of goods and special-purpose motor vehicles	0.195	0.141	0.170	0.185	0.249
672 Ingots, other primary forms of iron or steel; semi-finished products of	0.165	0.149	0.169	0.254	0.345
666 Pottery	0.251	0.186	0.169	0.155	0.288
542 Medicines (including veterinary medicines)	0.197	0.178	0.168	0.222	0.203
898 Musical instrument, parts accessory; tape, sound recording (excluding 763 & 883)	0.171	0.151	0.166	0.159	0.268
625 Rubber tyres, interchangeable tyre treads, tyre flaps, inner tubes for wheels	0.186	0.157	0.165	0.152	0.220
593 Explosives and pyrotechnic products	0.222	0.180	0.165	0.264	0.303
024 Cheese and curd	0.193	0.171	0.165	0.189	0.239
812 Sanitary, plumbing and heating fixtures and fittings, n.e.s.	0.183	0.167	0.165	0.239	0.268
747 Appliances for pipes boiler shells tanks vats; pressure and temperature valves	0.173	0.154	0.164	0.162	0.214
612 Manufactures of leather or of composition leather, n.e.s.; saddlery and harness	0.217	0.183	0.164	0.275	0.334
223 Oil-seed, oleaginous fruit to extract other vegetable oil; flour, meal of n.e.s.	0.192	0.167	0.163	0.378	0.401
696 Cutlery	0.193	0.162	0.161	0.184	0.262
773 Equipment for distributing electricity, n.e.s.	0.185	0.153	0.161	0.147	0.206
724 Textile and leather machinery, and parts thereof, n.e.s.	0.174	0.189	0.161	0.191	0.202
881 Photographic apparatus and equipment, n.e.s.	0.226	0.154	0.160	0.244	0.292
291 Crude animal materials, nes	0.185	0.163	0.160	0.208	0.231
075 Spices	0.166	0.146	0.160	0.140	0.245
034 Fish, fresh (live dead chilled frozen)	0.211	0.173	0.159	0.190	0.287
742 Liquid pump, with without a fitted measuring device; liquid elevator; parts for	0.151	0.141	0.158	0.163	0.245
783 Road motor vehicles, n.e.s.	0.136	0.118	0.158	0.286	0.292
023 Butter and other fats and oils derived from milk	0.185	0.156	0.158	0.234	0.288
655 Knitted, crocheted fabric (include tubular knit, pile, openwork fabric), n.e.s.	0.161	0.144	0.157	0.308	0.457
664 Glass	0.147	0.136	0.156	0.169	0.246
516 Other organic chemicals	0.163	0.155	0.156	0.148	0.239
651 Textile yarn	0.149	0.144	0.155	0.200	0.370
629 Articles of rubber, n.e.s.	0.172	0.149	0.155	0.136	0.214
694 Nails, screws, nuts, bolts, rivets, of iron, steel, copper or aluminium	0.194	0.152	0.154	0.149	0.257
054 Vegetables and veg products (fresh chilled frozen preserved dried edible) n.e.s.	0.188	0.151	0.154	0.176	0.280
786 Trailers semi-trailers vehicles not mechanically-propelled; transport containers	0.163	0.149	0.153	0.189	0.246
551 Essential oils, perfume and flavour materials	0.184	0.159	0.152	0.221	0.239
575 Other plastics, in primary forms	0.148	0.159	0.151	0.165	0.267
695 Tools for use in the hand or in machine	0.162	0.146	0.151	0.140	0.202
057 Fruits and nuts (excluding oil nuts), fresh or dried	0.176	0.151	0.150	0.162	0.240
011 Meat of bovine animals (fresh chilled frozen)	0.203	0.154	0.150	0.245	0.333
893 Articles, n.e.s., of plastics	0.174	0.150	0.149	0.141	0.172
266 Synthetic fibres suitable for spinning	0.188	0.148	0.148	0.165	0.271
684 Aluminium	0.177	0.150	0.148	0.154	0.200
574 Polyacetal, polyether, epoxide resin; polycarbonate, alkyd resin, polyester	0.144	0.165	0.148	0.233	0.318
592 Starches, inulin and wheat gluten; albuminoidal substances; glues	0.142	0.140	0.147	0.142	0.247
522 Inorganic chemical elements, oxides and halogen salts	0.176	0.157	0.147	0.139	0.205
245 Fuel wood (excluding wood waste) and wood charcoal	0.175	0.148	0.147	0.217	0.329
562 Fertilizers (excluding group 272)	0.148	0.159	0.147	0.210	0.288
121 Tobacco, unmanufactured; tobacco refuse	0.147	0.126	0.146	0.249	0.402
056 Vegetables, roots and tubers (prepared preserved) n.e.s.	0.183	0.155	0.145	0.153	0.202
598 Miscellaneous chemical products, n.e.s.	0.147	0.145	0.144	0.144	0.215
062 Sugar confectionery	0.183	0.145	0.142	0.201	0.237
663 Mineral manufactures, n.e.s.	0.163	0.135	0.141	0.159	0.188
743 Pump (non liquid), air gas compressor, fan ventilation filter; centrifuge; parts	0.158	0.136	0.141	0.141	0.199
721 Agricultural machinery (excluding tractors), and parts thereof	0.150	0.135	0.140	0.152	0.189
513 Carboxylic acid, anhydrides, halides, peroxides, peroxyacids; halogenate derivatives	0.217	0.188	0.140	0.249	0.228
111 Non-alcoholic beverages, n.e.s.	0.166	0.139	0.139	0.269	0.303
749 Non-electric parts and accessories of machinery, n.e.s.	0.146	0.138	0.139	0.164	0.230
675 Flat-rolled products of alloy steel	0.191	0.140	0.139	0.242	0.246
431 Animal, vegetable fats, oils, processed; waxes; inedible preparations of, n.e.s.	0.125	0.111	0.138	0.216	0.296
699 Manufactures of base metal, n.e.s.	0.169	0.135	0.137	0.123	0.187
634 Veneers, plywood, particle board, and other wood, worked, n.e.s.	0.244	0.134	0.137	0.288	0.282
652 Cotton fabrics, woven (not including narrow or special fabrics)	0.128	0.119	0.137	0.241	0.396

For sources and notes, see end of table.

Pour les sources et les notes, se reporter à la fin du tableau.

SITC group Revision 3 (3-digit level) ranked according to the concentration index in 2014 Groupes de la CTCI Révision 3 (positions à 3 chiffres) classés d'après l'indice de concentration en 2014	Concentration index (1) Indice de concentration (1)			Structural change index (2) Indice de changement structurel (2) 1995=0	
	2005	2010	2014	2005	2014
745 Non-electrical machinery, tools and mechanical apparatus, parts thereof, n.e.s.	0.153	0.137	0.137	0.140	0.172
421 Fixed vegetable fats and oils, "soft", crude, refined or fractionated	0.147	0.129	0.137	0.242	0.266
737 Metalworking machinery (other than machine tools), and parts thereof, n.e.s.	0.180	0.152	0.136	0.192	0.243
073 Chocolate and other food preparations containing cocoa, n.e.s.	0.155	0.138	0.136	0.198	0.227
122 Tobacco, manufactured (whether or not containing tobacco substitutes)	0.185	0.163	0.135	0.283	0.334
044 Maize (not including sweet corn), unmilled	0.193	0.164	0.135	0.192	0.274
716 Rotating electric plant, and parts thereof, n.e.s.	0.165	0.131	0.135	0.173	0.225
582 Plates, sheets, film, foil and strip, of plastics	0.136	0.141	0.134	0.166	0.257
411 Animals oils and fats	0.129	0.137	0.133	0.279	0.304
597 Prepared additives: mineral oil; transmission; anti-freeze, de-ice; lubricating	0.113	0.124	0.133	0.165	0.229
047 Other cereal meals and flours	0.125	0.106	0.132	0.385	0.409
012 Other meat and edible meat offal (fresh chilled frozen)	0.182	0.145	0.132	0.238	0.364
679 Tubes, pipes and hollow profiles, and tube or pipe fittings, of iron or steel	0.130	0.117	0.131	0.190	0.281
785 Motor cycles, mopeds, cycles, motorized and non-motorized; invalid carriages	0.202	0.139	0.131	0.235	0.224
278 Other crude minerals	0.142	0.132	0.131	0.139	0.225
665 Glassware	0.152	0.127	0.130	0.182	0.204
725 Paper mill pulp mill paper-cutting other paper manufacture machines; parts of	0.138	0.160	0.129	0.197	0.209
048 Cereal preparations and preparations of flour or starch of fruits or vegetables	0.152	0.132	0.129	0.216	0.239
892 Printed matter	0.155	0.133	0.129	0.134	0.169
741 Heating and cooling equipment, and parts thereof, n.e.s.	0.127	0.114	0.128	0.183	0.240
744 Mechanical handling equipment, and parts thereof, n.e.s.	0.157	0.113	0.128	0.172	0.186
654 Other textile fabrics, woven n.e.s.	0.140	0.138	0.127	0.240	0.263
532 Dyeing and tanning extracts, and synthetic tanning materials	0.138	0.138	0.127	0.202	0.238
656 Tulles, lace, embroidery, ribbons, trimmings and other smallwares	0.124	0.115	0.126	0.234	0.349
573 Polymers of vinyl chloride or of other halogenated olefins, in primary forms	0.151	0.138	0.124	0.265	0.351
531 Synthetic organic colouring matter and colour lakes, preparations based thereon	0.127	0.124	0.123	0.150	0.267
642 Paper and paperboard, cut to size or shape, and articles of paper or paperboard	0.148	0.126	0.122	0.132	0.189
657 Special yarns, special textile fabrics and related products	0.133	0.121	0.121	0.157	0.243
791 Railway vehicles (including hovertrains) and associated equipment	0.138	0.143	0.120	0.318	0.364
726 Printing and bookbinding machinery, and parts thereof	0.149	0.130	0.120	0.164	0.261
641 Paper and paperboard	0.164	0.127	0.119	0.125	0.228
553 Perfumery, cosmetic or toilet preparations (excluding soaps)	0.134	0.115	0.119	0.139	0.195
022 Milk, cream and milk products (excluding butter, cheese)	0.121	0.103	0.119	0.243	0.337
678 Wire of iron or steel	0.151	0.124	0.118	0.155	0.259
334 Petroleum oil, oil from bituminous (excl crude); preparations, n.e.s., > 70% oil	0.168	0.132	0.118	0.229	0.252
711 Steam vapour superheated water boiler, auxiliary plant for use with; parts of	0.125	0.162	0.118	0.299	0.380
351 Electric current	0.181	0.146	0.118	0.335	0.318
046 Meal and flour of wheat and flour of meslin	0.148	0.111	0.117	0.468	0.518
677 Rails or railway track construction material, of iron or steel	0.141	0.125	0.115	0.315	0.393
673 Flat-rolled products of iron or non-alloy steel, not clad, plated or coated	0.137	0.123	0.115	0.247	0.263
723 Civil engineering and contractors' plant and equipment; parts thereof	0.148	0.112	0.114	0.194	0.234
653 Fabrics, woven, of man-made textiles (excluding narrow or special fabrics)	0.116	0.110	0.114	0.248	0.392
591 Insecticide, rodenticide, fungicide, herbicide, plant-growth reg, disinfectant	0.114	0.100	0.113	0.159	0.243
074 Tea and maté	0.130	0.122	0.113	0.213	0.236
712 Steam turbines and other vapour turbines, and parts thereof, n.e.s.	0.162	0.146	0.112	0.392	0.401
583 Plastic monofilament, cross-section > 1 mm, rods, sticks, profile shapes	0.146	0.122	0.112	0.301	0.320
674 Flat-rolled products of iron or non-alloy steel, clad, plated or coated	0.142	0.113	0.111	0.210	0.282
811 Prefabricated buildings	0.125	0.103	0.109	0.448	0.414
581 Tubes, pipes and hoses, and fittings therefor, of plastics	0.122	0.102	0.108	0.173	0.220
693 Wire products (excluding insulated electrical wiring) and fencing grills	0.148	0.110	0.106	0.173	0.240
081 Feeding stuff for animals (excluding unmilled cereals)	0.122	0.110	0.102	0.144	0.265
661 Lime, cement, fabricated construction material (excluding glass, clay material)	0.227	0.095	0.100	0.338	0.344
692 Metal containers for storage or transport	0.116	0.094	0.100	0.170	0.228
793 Ships, boats (including hovercraft) and floating structures	0.124	0.163	0.098	0.433	0.424
691 Structures and parts of structures, n.e.s., of iron, steel or aluminium	0.124	0.100	0.098	0.261	0.316
533 Pigments, paints, varnishes and related materials	0.110	0.102	0.098	0.135	0.183
042 Rice	0.088	0.103	0.097	0.294	0.299
091 Margarine and shortening	0.117	0.101	0.097	0.386	0.416
676 Iron and steel bars, rods, angles, shapes and sections (including sheet piling)	0.122	0.097	0.097	0.207	0.283
554 Soaps, cleansing and polishing preparations	0.114	0.095	0.094	0.136	0.192
727 Food-processing machines (excluding domestic); parts thereof	0.104	0.087	0.093	0.198	0.214
523 Metallic salts and peroxysalts, of inorganic acids	0.106	0.098	0.093	0.120	0.200
041 Wheat (including spelt) and meslin, unmilled	0.103	0.091	0.092	0.277	0.320
098 Edible products and preparations, n.e.s.	0.110	0.095	0.090	0.161	0.232
061 Sugar, molasses and honey	0.107	0.085	0.085	0.226	0.261
662 Clay construction materials and refractory construction materials	0.145	0.085	0.082	0.252	0.347
269 Worn clothing and other worn textile articles; rags	0.076	0.069	0.071	0.355	0.395

For sources and notes, see end of table.

Pour les sources et les notes, se reporter à la fin du tableau.

186

3.3 Concentration and structural change indices of product markets

3.3 Indices de concentration et de changement structurel des marchés de produits

Source:
UNCTAD secretariat calculations, based on UNCTAD, *UNCTADstat* Merchandise Trade Matrix

Source :
Calculs du secrétariat de la CNUCED, basés sur la matrice du commerce de marchandises de *UNCTADstat* de la CNUCED

Notes:

(1) Concentration index:

The normalized formula of Herfindahl-Hirschmann index (Market HHI) is used to measure the degree of market concentration.

$$H_i = \frac{\sqrt{\sum_{j=1}^{n}(\frac{x_{ij}}{X_i})^2} - \sqrt{\frac{1}{n}}}{1 - \sqrt{\frac{1}{n}}}$$

where

H_i = value of concentration index for product i

x_{ij} = value of export for country j and product i

$$X_i = \sum_{j=1}^{n} x_{ij}$$

n = number of individual markets (countries)

An index value closer to 1 indicates highly concentrated markets. On the contrary, a value closer to 0 reflects a more homogeneous distribution of market shares among countries.

(2) Structural change index:

The structural change index is a measure of changes in the market structure of a product.

$$I_i = \frac{\sum_{j=1}|S_{ij}^1 - S_{ij}^0|}{2}$$

where:

I_i = value of structure index for product i (ranking from 0 to 1)

S_{ij}^0 = share of trade of product i for country j for the benchmark year (1995)

S_{ij}^1 = share of trade of product i for country j in the concerned year

A value close to 1 for a product indicates a significant change in the market shares among exporters (or importers), compared to a benchmark year.

Notes :

(1) Indice de concentration :

La formule normalisée de l'indice de Herfindahl-Hirschmann (HHI du marché), mesure le degré de concentration du marché.

$$H_i = \frac{\sqrt{\sum_{j=1}^{n}(\frac{x_{ij}}{X_i})^2} - \sqrt{\frac{1}{n}}}{1 - \sqrt{\frac{1}{n}}}$$

avec

H_i = valeur de l'indice de concentration pour le produit i

x_{ij} = valeur des exportations du pays j pour le produit i

$$X_i = \sum_{j=1}^{n} x_{ij}$$

n = nombre de marchés (pays)

Une valeur de l'indice proche de 1 indique un marché très concentré. En revanche, une valeur proche de 0 démontre une répartition plus homogène des parts de marché entre les pays.

(2) Indice de changement structurel :

L'indice de changement structurel mesure les changements de structure du marché d'un produit.

$$I_i = \frac{\sum_{j=1}|S_{ij}^1 - S_{ij}^0|}{2}$$

où

I_i = valeur de l'indice de changement structurel, pour le produit i (comprise entre 0 et 1)

S_{ij}^0 = part du commerce du produit i pour le pays j, par rapport au commerce total de ce produit pour l'année de référence (1995)

S_{ij}^1 = part du commerce du produit i pour le pays j, par rapport au commerce total de ce produit pour l'année concernée

Une valeur proche de 1 indique un grand changement des parts de marché au sein des exportateurs ou des importateurs, par rapport à l'année de référence.

3

4 INTERNATIONAL **MERCHANDISE** TRADE INDICATORS

INDICATEURS DU COMMERCE INTERNATIONAL DES **MARCHANDISES**

Region, country or territory	Exports - Exportations					
	2005			2014		
	Number of products exported	Diversification index	Concentration index	Number of products exported	Diversification index	Concentration index
	Nombre de produits exportés	Indice de diversification	Indice de concentration	Nombre de produits exportés	Indice de diversification	Indice de concentration
	(1)	(2)	(3)	(1)	(2)	(3)
WORLD	260	0.000	0.076	260	0.000	0.079
DEVELOPING ECONOMIES	260	0.246	0.138	260	0.192	0.120
TRANSITION ECONOMIES	256	0.593	0.300	258	0.554	0.329
DEVELOPED ECONOMIES	260	0.159	0.066	260	0.183	0.065
Developing economies: Africa	260	0.598	0.434	259	0.534	0.364
Eastern Africa	255	0.677	0.117	257	0.658	0.138
Burundi	17	(e)0.784	(e)0.596	54	(e)0.748	(e)0.356
Comoros	15	(e)0.643	(e)0.536	5	0.780	0.547
Djibouti	54	(c)0.657	(e)0.162	102	(e)0.584	(e)0.173
Eritrea	46	(e)0.645	(e)0.184	52	(e)0.800	(e)0.366
Ethiopia	80	(e)0.839	(e)0.388	133	(e)0.762	(e)0.313
Kenya	226	(e)0.713	(e)0.211	239	0.642	0.194
Madagascar	120	(e)0.739	(e)0.230	159	0.792	0.253
Malawi	69	(e)0.825	(e)0.569	155	0.809	0.482
Mauritius	166	0.703	0.280	171	0.688	0.219
Mozambique	104	(e)0.811	(e)0.614	150	(e)0.772	(e)0.260
Rwanda	39	(e)0.755	(e)0.448	117	(e)0.773	(e)0.439
Seychelles	42	(e)0.841	(e)0.443	78	0.831	0.489
Somalia	42	0.776	0.565	34	0.773	0.605
Uganda	145	(e)0.753	(e)0.264	208	0.716	0.191
United Republic of Tanzania	179	(e)0.758	(e)0.231	210	(e)0.794	(e)0.180
Zambia	123	(e)0.870	(e)0.520	199	(e)0.839	(e)0.612
Zimbabwe	171	(e)0.754	(e)0.210	174	(e)0.819	(e)0.312
Middle Africa	209	0.832	0.816	221	0.816	0.799
Angola	71	0.836	0.944	81	0.835	0.958
Cameroon	145	(e)0.762	(e)0.414	180	(e)0.745	(e)0.442
Central African Republic	31	(e)0.794	(e)0.438	35	0.788	0.358
Chad	52	(e)0.756	(e)0.717	75	(e)0.816	(e)0.905
Congo	86	(e)0.827	(e)0.791	119	(e)0.836	(e)0.788
Dem. Rep. of the Congo	92	0.787	0.417	88	0.800	0.400
Equatorial Guinea	32	0.788	0.920	30	0.737	0.698
Gabon	84	(e)0.855	(e)0.766	118	0.823	0.628
Sao Tome and Principe	19	(e)0.684	(e)0.620	19	(e)0.641	(e)0.624
Northern Africa	251	0.687	0.472	254	0.593	0.325
Algeria	108	0.811	0.588	99	0.743	0.490
Egypt	237	(e)0.616	(e)0.232	241	(e)0.536	(e)0.163
Libya	113	(e)0.819	(e)0.834	114	(e)0.782	(e)0.765
Morocco	217	(e)0.667	(e)0.157	236	0.641	0.157
Sudan (...2011)	75	(e)0.808	(e)0.604			
Sudan	_	_	_	107	0.818	0.641
Tunisia	200	0.599	0.180	229	0.519	0.145
Southern Africa	256	0.562	0.144	255	0.529	0.123
Botswana	136	(e)0.916	(e)0.774	160	(e)0.917	(e)0.824
Lesotho	46	0.849	0.405	59	(e)0.850	(e)0.395
Namibia	193	(e)0.807	(e)0.307	207	(e)0.725	(e)0.212
South Africa	253	0.566	0.138	253	0.524	0.119
Swaziland	182	(e)0.763	(e)0.221	193	(e)0.753	(e)0.272
Western Africa	244	0.758	0.647	251	0.712	0.548
Benin	85	(e)0.786	(e)0.438	122	(e)0.761	(e)0.283
Burkina Faso	86	(e)0.821	(e)0.749	108	(e)0.759	(e)0.473
Cabo Verde	21	(e)0.714	(e)0.428	39	0.700	0.411
Côte d'Ivoire	161	0.731	0.319	177	0.737	0.357
Gambia	30	(e)0.698	(e)0.352	40	(e)0.764	(e)0.340
Ghana	172	(e)0.819	(e)0.417	219	(e)0.753	(e)0.401
Guinea	49	(e)0.846	(e)0.638	89	(e)0.800	(e)0.491
Guinea-Bissau	9	(e)0.659	(e)0.932	16	0.769	0.936
Liberia	8	0.853	0.839	36	0.819	0.498
Mali	119	(e)0.822	(e)0.581	159	0.838	0.523
Mauritania	37	(e)0.848	(e)0.544	69	(e)0.797	(e)0.468
Niger	99	(e)0.782	(e)0.319	96	(e)0.826	(e)0.426
Nigeria	190	(e)0.856	(e)0.886	235	(e)0.812	(e)0.758

For sources and notes, see end of table.

Imports - Importations						Régions, pays ou territoires
2005			2014			
Number of products imported	Diversification index	Concentration index	Number of products imported	Diversification index	Concentration index	
Nombre de produits importés (1)	Indice de diversification (2)	Indice de concentration (3)	Nombre de produits importés (1)	Indice de diversification (2)	Indice de concentration (3)	
260	0.000	0.074	260	0.000	0.079	**MONDE**
260	0.192	0.091	260	0.138	0.096	ÉCONOMIES EN DÉVELOPPEMENT
258	0.253	0.055	260	0.255	0.049	ÉCONOMIES EN TRANSITION
260	0.091	0.080	260	0.100	0.078	ÉCONOMIES DÉVELOPPÉES
259	0.266	0.066	260	0.280	0.075	**Économies en développement : Afrique**
254	*0.390*	*0.098*	260	*0.396*	*0.128*	*Afrique orientale*
157	(e)0.491	(e)0.105	178	(e)0.493	(e)0.181	Burundi
104	(e)0.550	(e)0.115	147	0.580	0.152	Comores
171	(e)0.561	(e)0.264	217	(e)0.521	(e)0.079	Djibouti
213	(e)0.521	(e)0.090	220	(e)0.437	(e)0.080	Érythrée
212	0.481	0.139	250	0.447	0.138	Éthiopie
243	(e)0.409	(e)0.134	248	0.394	0.147	Kenya
207	(e)0.526	(e)0.139	225	0.478	0.131	Madagascar
201	(e)0.536	(e)0.116	225	(e)0.507	(e)0.108	Malawi
218	0.450	0.140	226	0.380	0.143	Maurice
223	(e)0.514	(e)0.161	237	(e)0.475	(e)0.173	Mozambique
178	(e)0.414	(e)0.095	212	(e)0.455	(e)0.075	Rwanda
174	0.605	0.253	202	0.560	0.241	Seychelles
137	0.696	0.165	153	0.656	0.289	Somalie
213	(e)0.478	(e)0.148	236	0.449	0.149	Ouganda
226	(e)0.439	(e)0.115	232	(e)0.474	(e)0.221	République-Unie de Tanzanie
228	(e)0.445	(e)0.085	229	(e)0.489	(e)0.154	Zambie
233	(e)0.540	(e)0.130	234	(e)0.442	(e)0.068	Zimbabwe
246	*0.453*	*0.096*	252	*0.432*	*0.066*	*Afrique centrale*
222	0.565	0.181	229	0.469	0.071	Angola
218	(e)0.464	(e)0.182	226	(e)0.383	(e)0.133	Cameroun
131	(e)0.489	(e)0.145	136	0.550	0.418	République centrafricaine
198	(e)0.534	(e)0.109	219	(e)0.595	(e)0.214	Tchad
214	(e)0.475	(e)0.062	225	(e)0.602	(e)0.218	Congo
222	0.492	0.122	225	0.487	0.080	Rép. dém. du Congo
176	0.620	0.212	209	0.517	0.135	Guinée équatoriale
204	(e)0.445	(e)0.071	223	0.466	0.075	Gabon
60	0.580	0.203	119	0.518	0.201	Sao Tomé-et-Principe
258	*0.310*	*0.061*	256	*0.327*	*0.065*	*Afrique septentrionale*
236	0.455	0.086	238	0.427	0.077	Algérie
248	(e)0.398	(e)0.120	247	(e)0.345	(e)0.076	Égypte
236	(e)0.460	(e)0.097	246	(e)0.438	(e)0.083	Libye
249	0.355	0.109	252	0.325	0.100	Maroc
228	(e)0.455	(e)0.080	–	–	–	Soudan (...2011)
–	–	–	240	0.427	0.077	Soudan
242	0.396	0.087	246	0.366	0.075	Tunisie
257	*0.235*	*0.111*	256	*0.241*	*0.130*	*Afrique australe*
236	(e)0.428	(e)0.101	232	(e)0.545	(e)0.314	Botswana
185	0.786	0.322	223	(e)0.504	(e)0.097	Lesotho
235	(e)0.392	(e)0.071	236	(e)0.462	(e)0.123	Namibie
252	0.251	0.130	256	0.250	0.152	Afrique du Sud
234	(e)0.478	(e)0.104	235	(e)0.493	(e)0.121	Swaziland
254	*0.399*	*0.076*	259	*0.381*	*0.090*	*Afrique occidentale*
188	(e)0.551	(e)0.143	195	(e)0.594	(e)0.164	Bénin
189	(e)0.522	(e)0.122	207	(e)0.536	(e)0.184	Burkina Faso
181	(e)0.462	(e)0.100	177	(e)0.672	(e)0.515	Cabo Verde
211	0.527	0.254	220	0.488	0.208	Côte d'Ivoire
150	(e)0.583	(e)0.138	162	(e)0.618	(e)0.145	Gambie
226	(e)0.412	(e)0.131	240	0.372	0.103	Ghana
190	(e)0.559	(e)0.140	216	0.520	0.183	Guinée
93	(e)0.620	(e)0.324	137	(e)0.604	(e)0.254	Guinée-Bissau
73	0.853	0.744	125	(a)0.752	(a)0.559	Libéria
204	(e)0.541	(e)0.136	223	0.501	0.133	Mali
210	(e)0.488	(e)0.090	204	(e)0.546	(e)0.099	Mauritanie
199	(e)0.506	(e)0.100	204	(e)0.539	(e)0.090	Niger
246	0.482	0.078	254	0.416	0.094	Nigéria

Pour les sources et les notes, se reporter à la fin du tableau.

Region, country or territory	Exports - Exportations					
	2005			2014		
	Number of products exported	Diversification index	Concentration index	Number of products exported	Diversification index	Concentration index
	Nombre de produits exportés	Indice de diversification	Indice de concentration	Nombre de produits exportés	Indice de diversification	Indice de concentration
	(1)	(2)	(3)	(1)	(2)	(3)
Saint Helena	35	0.556	0.271	29	0.605	0.517
Senegal	180	(e)0.686	(e)0.208	206	(e)0.727	(e)0.222
Togo	142	(e)0.723	(e)0.215	177	0.692	0.179
Developing economies: America	**257**	**0.327**	**0.122**	**256**	**0.345**	**0.126**
Caribbean	*236*	*0.647*	*0.271*	*246*	*0.563*	*0.157*
Anguilla	43	(e)0.551	(e)0.243	32	(e)0.650	(e)0.282
Antigua and Barbuda	30	(e)0.772	(e)0.771	10	(e)0.796	(e)0.597
Aruba	101	(e)0.834	(e)0.923	44	(e)0.738	(e)0.397
Bahamas	47	(e)0.796	(e)0.459	70	(e)0.742	(e)0.412
Barbados	98	(e)0.660	(e)0.371	127	(e)0.585	(e)0.163
Bonaire, Sint Eustatius and Saba	–	–	–	4	0.595	0.643
British Virgin Islands	12	0.804	0.729	76	0.463	0.113
Cayman Islands	12	(e)0.861	(e)0.853	18	(e)0.769	(e)0.444
Cuba	126	(c)0.789	(c)0.373	189	(e)0.697	(e)0.225
Dominica	20	0.729	0.356	25	0.713	0.404
Dominican Republic	193	(e)0.718	(e)0.174	226	(e)0.698	(e)0.178
Grenada	24	(e)0.701	(e)0.327	31	0.691	0.194
Haiti	58	0.771	0.553	77	0.753	0.499
Jamaica	111	0.785	0.657	112	0.726	0.470
Montserrat	28	(e)0.467	(e)0.246	28	(c)0.583	(c)0.321
Netherlands Antilles	94	(e)0.801	(e)0.718	–	–	–
Saint Kitts and Nevis	18	(e)0.695	(e)0.376	23	(e)0.612	(e)0.286
Saint Lucia	36	(e)0.677	(e)0.529	89	0.636	0.331
Saint Vincent and the Grenadines	16	(e)0.831	(e)0.689	39	0.734	0.295
Sint Maarten (Dutch part)	–	–	–	18	(a)0.750	(a)0.666
Trinidad and Tobago	181	(e)0.766	(e)0.371	194	0.749	0.371
Turks and Caicos Islands	16	(e)0.716	(e)0.438	48	(e)0.669	(e)0.217
Central America	*252*	*0.356*	*0.125*	*255*	*0.359*	*0.114*
Belize	77	(e)0.806	(e)0.318	169	(e)0.599	(e)0.158
Costa Rica	206	(e)0.656	(e)0.268	215	0.762	0.536
El Salvador	185	(e)0.731	(e)0.260	205	(e)0.655	(e)0.212
Guatemala	216	(e)0.680	(e)0.157	226	(e)0.676	(e)0.132
Honduras	181	(e)0.796	(e)0.287	213	0.757	0.235
Mexico	252	0.388	0.144	254	0.408	0.131
Nicaragua	144	(e)0.773	(e)0.187	164	(e)0.820	(e)0.221
Panama	218	(e)0.603	(e)0.227	234	(e)0.568	(e)0.167
South America	*255*	*0.487*	*0.152*	*256*	*0.526*	*0.184*
Argentina	243	0.556	0.136	244	0.622	0.186
Bolivia (Plurinational State of)	150	(e)0.769	(e)0.394	141	(e)0.807	(e)0.474
Brazil	250	0.476	0.087	253	0.536	0.147
Chile	229	0.743	0.322	233	0.741	0.334
Colombia	231	0.582	0.210	236	0.657	0.459
Ecuador	170	0.747	0.535	198	0.774	0.500
Falkland Islands (Malvinas)	10	0.699	0.785	12	0.679	0.680
Guyana	77	(e)0.819	(e)0.291	78	(e)0.817	(e)0.424
Paraguay	144	(e)0.805	(e)0.349	150	(e)0.802	(e)0.335
Peru	215	0.787	0.243	234	0.718	0.227
Suriname	80	(e)0.786	(e)0.454	104	(c)0.798	(c)0.484
Uruguay	182	0.668	0.209	194	0.698	0.215
Venezuela (Bolivarian Rep. of)	234	(e)0.774	(e)0.644	173	(e)0.813	(e)0.760
Developing economies: Asia	**259**	**0.282**	**0.128**	**260**	**0.229**	**0.114**
Eastern Asia	*258*	*0.396*	*0.107*	*259*	*0.386*	*0.109*
China	256	0.460	0.110	257	0.450	0.101
China, Hong Kong SAR	242	0.513	0.150	240	0.552	0.233
China, Macao SAR	151	(e)0.756	(e)0.335	133	(e)0.587	(e)0.176
China, Taiwan Province of	240	0.456	0.156	246	0.476	0.232
Korea, Dem. People's Rep. of	185	0.478	0.104	186	0.730	0.341
Korea, Republic of	242	0.442	0.161	247	0.458	0.148
Mongolia	80	(e)0.865	(e)0.398	108	(e)0.812	(e)0.485
Southern Asia	*258*	*0.537*	*0.224*	*259*	*0.435*	*0.148*
Afghanistan	130	(e)0.725	(e)0.269	76	(e)0.793	(e)0.308
Bangladesh	158	(e)0.832	(e)0.382	205	(e)0.877	(e)0.396
Bhutan	54	(e)0.770	(e)0.299	78	(e)0.791	(e)0.362

For sources and notes, see end of table.

Imports - Importations						Régions, pays ou territoires
2005			2014			
Number of products imported	Diversification index	Concentration index	Number of products imported	Diversification index	Concentration index	
Nombre de produits importés	Indice de diversification	Indice de concentration	Nombre de produits importés	Indice de diversification	Indice de concentration	
(1)	(2)	(3)	(1)	(2)	(3)	
66	0.611	0.289	63	0.530	0.229	Sainte-Hélène
223	(e)0.413	(e)0.130	225	(e)0.420	(e)0.167	Sénégal
186	(e)0.614	(e)0.204	209	0.611	0.311	Togo
259	**0.195**	**0.064**	**259**	**0.207**	**0.076**	**Économies en développement : Amérique**
255	*0.369*	*0.160*	*255*	*0.353*	*0.132*	*Caraïbes*
126	(e)0.532	(e)0.163	70	(e)0.790	(e)0.325	Anguilla
162	(e)0.633	(e)0.354	151	(e)0.612	(e)0.271	Antigua-et-Barbuda
201	(e)0.646	(e)0.489	158	(e)0.673	(e)0.532	Aruba
206	(e)0.633	(e)0.405	206	(e)0.598	(e)0.332	Bahamas
214	(e)0.437	(e)0.162	204	(e)0.512	(e)0.316	Barbade
–			86	0.518	0.135	Bonaire, Saint-Eustache et Saba
60	0.788	0.495	58	0.821	0.743	Îles Vierges britanniques
184	(e)0.565	(e)0.289	182	(e)0.550	(e)0.301	Îles Caïmanes
235	(e)0.425	(e)0.135	246	(e)0.458	(e)0.148	Cuba
145	0.415	0.100	152	0.496	0.115	Dominique
244	(e)0.384	(e)0.075	248	(e)0.374	(e)0.119	République dominicaine
156	0.460	0.080	169	0.502	0.133	Grenade
207	0.586	0.135	225	0.593	0.137	Haïti
217	0.428	0.203	218	0.404	0.199	Jamaïque
71	(e)0.473	(e)0.147	63	(e)0.534	(e)0.212	Montserrat
192	(e)0.701	(e)0.675				Antilles néerlandaises
144	0.412	0.084	163	0.478	0.070	Saint-Kitts-et-Nevis
172	(e)0.506	(e)0.268	148	0.663	0.675	Sainte-Lucie
141	(e)0.589	(e)0.295	161	0.590	0.193	Saint-Vincent-et-les Grenadines
–	–	–	156	0.580	0.333	Saint-Martin (partie néerlandaise)
226	0.446	0.275	233	0.405	0.194	Trinité-et-Tobago
161	(e)0.523	(e)0.177	156	0.504	0.152	Îles Turques et Caïques
257	*0.255*	*0.072*	*257*	*0.264*	*0.086*	*Amérique centrale*
197	(e)0.491	(e)0.188	201	(e)0.510	(e)0.250	Belize
238	(e)0.346	(e)0.144	246	0.351	0.142	Costa Rica
237	(e)0.409	(e)0.080	238	(e)0.449	(e)0.118	El Salvador
235	0.430	0.112	238	0.413	0.132	Guatemala
234	(e)0.492	(e)0.119	235	0.481	0.150	Honduras
254	0.243	0.079	254	0.292	0.089	Mexique
216	(e)0.395	(e)0.096	225	(e)0.400	(e)0.112	Nicaragua
231	(e)0.554	(e)0.342	239	(e)0.470	(e)0.235	Panama
258	*0.208*	*0.068*	*258*	*0.216*	*0.078*	*Amérique du Sud*
244	0.324	0.071	240	0.340	0.103	Argentine
222	(e)0.424	(e)0.081	236	(e)0.407	(e)0.092	Bolivie (État plurinational de)
250	0.292	0.100	254	0.254	0.092	Brésil
250	0.293	0.107	251	0.260	0.099	Chili
240	0.341	0.072	245	0.334	0.107	Colombie
232	0.388	0.080	242	0.398	0.123	Équateur
14	(a)0.749	(a)0.835	115	0.520	0.279	Îles Falkland (Malvinas)
183	0.548	0.245	199	0.477	0.260	Guyana
208	0.455	0.150	226	0.441	0.136	Paraguay
242	0.340	0.114	245	0.303	0.084	Pérou
159	(a)0.503	(a)0.320	195	0.432	0.177	Suriname
233	0.358	0.171	235	0.300	0.107	Uruguay
241	(e)0.339	(e)0.073	243	(e)0.446	(e)0.079	Venezuela (Rép. bolivarienne du)
260	**0.232**	**0.107**	**260**	**0.182**	**0.112**	**Économies en développement : Asie**
259	*0.308*	*0.129*	*259*	*0.284*	*0.140*	*Asie orientale*
258	0.386	0.140	259	0.361	0.151	Chine
249	0.441	0.153	249	0.508	0.223	Chine (RAS de Hong Kong)
203	0.502	0.121	199	0.498	0.158	Chine (RAS de Macao)
256	0.376	0.156	254	0.324	0.144	Province chinoise de Taiwan
230	0.447	0.158	224	0.414	0.064	Corée, Rép. populaire dém. de
256	0.353	0.155	257	0.310	0.170	Corée, République de
188	0.501	0.226	204	0.459	0.197	Mongolie
258	*0.354*	*0.079*	*260*	*0.359*	*0.190*	*Asie méridionale*
224	(e)0.500	(e)0.137	211	(e)0.609	(e)0.216	Afghanistan
242	(e)0.528	(e)0.112	251	0.540	0.115	Bangladesh
184	(e)0.463	(e)0.094	195	(e)0.516	(e)0.138	Bhoutan

Pour les sources et les notes, se reporter à la fin du tableau.

4.1 Concentration and diversification indices of merchandise trade

Region, country or territory	Exports - Exportations					
	2005			2014		
	Number of products exported / Nombre de produits exportés (1)	Diversification index / Indice de diversification (2)	Concentration index / Indice de concentration (3)	Number of products exported / Nombre de produits exportés (1)	Diversification index / Indice de diversification (2)	Concentration index / Indice de concentration (3)
India	252	0.542	0.133	254	0.497	0.175
Iran (Islamic Republic of)	244	(e)0.762	(e)0.767	249	(e)0.740	(e)0.571
Maldives	35	(e)0.762	(e)0.539	45	(e)0.739	(e)0.731
Nepal	100	0.520	0.137	116	0.705	0.145
Pakistan	207	0.769	0.226	215	0.745	0.193
Sri Lanka	169	0.747	0.211	197	0.724	0.204
South-Eastern Asia	*257*	*0.346*	*0.152*	*259*	*0.306*	*0.119*
Brunei Darussalam	100	0.834	0.643	123	(e)0.834	(e)0.646
Cambodia	90	(e)0.828	(e)0.355	170	(e)0.785	(e)0.317
Indonesia	247	0.494	0.130	243	0.538	0.152
Lao People's Dem. Rep.	75	0.769	0.267	103	0.761	0.285
Malaysia	252	0.467	0.186	253	0.444	0.178
Myanmar	150	0.826	0.337	154	0.817	0.273
Philippines	227	0.621	0.356	234	0.577	0.231
Singapore	246	0.488	0.246	250	0.500	0.250
Thailand	245	0.389	0.086	249	0.388	0.076
Timor-Leste	12	(e)0.779	(e)0.807	7	(e)0.771	(e)0.906
Viet Nam	229	0.639	0.226	248	0.530	0.143
Western Asia	*258*	*0.588*	*0.511*	*260*	*0.549*	*0.472*
Bahrain	211	(e)0.762	(e)0.433	225	(e)0.694	(e)0.369
Iraq	87	(e)0.815	(e)0.947	144	(e)0.892	(e)0.972
Jordan	221	(e)0.596	(e)0.136	218	(e)0.652	(e)0.156
Kuwait	223	0.815	0.620	215	(e)0.764	(e)0.657
Lebanon	209	(e)0.629	(e)0.104	234	0.607	0.122
Oman	194	(e)0.774	(e)0.693	190	(e)0.717	(e)0.592
Qatar	171	(e)0.790	(e)0.568	198	(e)0.769	(e)0.519
Saudi Arabia	248	(e)0.809	(e)0.743	251	(e)0.772	(e)0.738
State of Palestine	124	(e)0.573	(e)0.172	153	(e)0.663	(e)0.190
Syrian Arab Republic	210	(e)0.673	(e)0.371	191	(e)0.641	(e)0.172
Turkey	246	0.529	0.091	252	0.423	0.069
United Arab Emirates	257	(e)0.581	(e)0.437	259	(e)0.550	(e)0.405
Yemen	129	(e)0.824	(e)0.824	157	(e)0.754	(e)0.531
Developing economies: Oceania	**225**	**0.691**	**0.184**	**225**	**0.651**	**0.183**
American Samoa	117	(e)0.634	(e)0.236	67	(e)0.756	(e)0.357
Cook Islands	17	(e)0.655	(e)0.558	14	(e)0.716	(e)0.522
Fiji	135	(e)0.767	(e)0.234	168	(e)0.693	(e)0.255
French Polynesia	40	(e)0.765	(e)0.558	36	(e)0.765	(e)0.698
Guam	40	(c)0.704	(c)0.386	30	(c)0.698	(c)0.423
Kiribati	22	(e)0.629	(e)0.301	7	(e)0.751	(e)0.897
Marshall Islands	5	0.821	0.865	17	0.761	0.760
Micronesia (Federated States of)	14	(e)0.475	(e)0.454	9	0.510	(e)0.426
Nauru	43	0.562	0.229	15	0.679	0.819
New Caledonia	84	(e)0.873	(e)0.654	111	(e)0.852	(e)0.582
Niue	30	0.518	0.267	48	0.486	0.161
Northern Mariana Islands	93	0.661	0.332	36	0.551	0.193
Palau	12	(e)0.676	(e)0.826	22	(e)0.671	(e)0.845
Papua New Guinea	110	(e)0.828	(e)0.336	135	(e)0.798	(e)0.280
Samoa	27	(c)0.751	(c)0.479	39	(e)0.749	(e)0.277
Solomon Islands	16	(e)0.821	(e)0.698	28	(e)0.809	(e)0.524
Tokelau	40	0.585	0.302	44	(e)0.520	(e)0.127
Tonga	19	(e)0.669	(e)0.419	27	(e)0.712	(e)0.296
Tuvalu	35	(e)0.566	(e)0.269	17	(e)0.650	(e)0.752
Vanuatu	15	(e)0.783	(e)0.561	25	(e)0.809	(e)0.638
Wallis and Futuna Islands	27	(e)0.533	(e)0.292	19	(e)0.578	(e)0.402
Albania	134	(e)0.730	(e)0.269	166	(e)0.701	(e)0.297
Transition economies	**256**	**0.593**	**0.300**	**258**	**0.554**	**0.329**
Armenia	129	(e)0.775	(e)0.352	148	(e)0.802	(e)0.223
Azerbaijan	171	(e)0.764	(e)0.573	156	(e)0.778	(e)0.856
Belarus	214	0.569	0.276	230	0.539	0.250
Bosnia and Herzegovina	201	(e)0.659	(e)0.135	224	(e)0.614	(e)0.104
Georgia	122	0.747	0.198	182	0.702	0.222
Kazakhstan	195	0.758	0.605	227	0.754	0.668
Kyrgyzstan	142	(e)0.719	(e)0.241	195	(e)0.635	(e)0.175
Montenegro	–	–	–	112	0.711	0.234

For sources and notes, see end of table.

Imports - Importations						Régions, pays ou territoires
2005			2014			
Number of products imported Nombre de produits importés (1)	Diversification index Indice de diversification (2)	Concentration index Indice de concentration (3)	Number of products imported Nombre de produits importés (1)	Diversification index Indice de diversification (2)	Concentration index Indice de concentration (3)	
257	(e)0.420	(e)0.113	258	(e)0.449	(e)0.264	Inde
250	(e)0.428	(e)0.087	253	0.401	0.048	Iran (République islamique d')
170	0.500	0.123	190	0.493	0.215	Maldives
220	0.562	0.195	232	0.433	0.121	Népal
243	0.439	0.128	248	0.446	0.181	Pakistan
234	0.445	0.094	242	0.416	0.127	Sri Lanka
258	*0.287*	*0.162*	*260*	*0.244*	*0.140*	*Asie du Sud-Est*
210	0.468	0.079	211	0.454	0.117	Brunéi Darussalam
209	(e)0.552	(e)0.162	235	(e)0.539	(e)0.150	Cambodge
255	(e)0.341	(e)0.136	256	(e)0.329	(e)0.123	Indonésie
185	0.465	0.142	211	0.451	0.141	Rép. dém. populaire lao
255	0.373	0.221	258	0.328	0.160	Malaisie
221	0.473	0.118	245	0.522	0.174	Myanmar
250	0.469	0.319	245	0.337	0.161	Philippines
250	0.379	0.217	252	0.375	0.240	Singapour
254	0.321	0.135	256	0.265	0.126	Thaïlande
114	(e)0.549	(e)0.236	163	(e)0.506	(e)0.120	Timor-Leste
249	0.455	0.114	252	0.399	0.097	Viet Nam
259	*0.245*	*0.063*	*259*	*0.261*	*0.069*	*Asie occidentale*
240	(e)0.409	(e)0.236	242	(e)0.448	(e)0.234	Bahreïn
236	(e)0.506	(e)0.075	245	(e)0.471	(e)0.062	Iraq
232	0.348	0.143	240	0.351	0.148	Jordanie
198	0.416	0.057	240	0.372	0.102	Koweït
245	(e)0.421	(e)0.171	246	(e)0.418	(e)0.168	Liban
244	(e)0.417	(e)0.140	245	(e)0.408	(e)0.121	Oman
248	(e)0.481	(e)0.106	250	(e)0.452	(e)0.105	Qatar
249	0.339	0.093	246	0.293	0.075	Arabie saoudite
205	(e)0.504	(e)0.176	211	(e)0.579	(e)0.194	État de Palestine
238	(e)0.448	(e)0.090	243	0.470	0.108	République arabe syrienne
251	0.288	0.083	252	0.306	0.130	Turquie
257	(e)0.368	(e)0.118	259	(e)0.318	(e)0.092	Émirats arabes unis
229	(e)0.525	(e)0.172	232	(e)0.533	(e)0.167	Yémen
247	**0.432**	**0.177**	**250**	**0.410**	**0.166**	**Économies en développement : Océanie**
136	(e)0.558	(e)0.248	91	(e)0.704	(e)0.323	Samoa américaines
122	(e)0.486	(e)0.074	128	(e)0.546	(e)0.191	Îles Cook
207	0.478	0.244	210	0.477	0.208	Fidji
201	0.425	0.103	195	0.378	0.124	Polynésie française
145	(e)0.663	(e)0.552	141	(e)0.592	(e)0.426	Guam
102	(e)0.553	(e)0.150	73	(e)0.682	(e)0.292	Kiribati
6	0.846	0.842	8	0.905	0.777	Îles Marshall
126	(e)0.570	(e)0.156	137	(e)0.600	(e)0.252	Micronésie (États fédérés de)
32	0.593	0.466	93	0.533	0.249	Nauru
208	0.417	0.129	218	0.383	0.197	Nouvelle-Calédonie
63	0.482	0.110	52	0.538	0.283	Nioué
112	0.709	0.389	78	0.584	0.288	Îles Mariannes du Nord
123	(e)0.477	(e)0.090	141	(e)0.458	(e)0.187	Palaos
219	0.497	0.198	231	0.439	0.118	Papouasie-Nouvelle-Guinée
152	(e)0.593	(e)0.177	171	(e)0.533	(e)0.120	Samoa
149	(e)0.527	(e)0.219	168	(c)0.605	(c)0.321	Îles Salomon
36	(e)0.594	(e)0.267	2	(e)0.814	(e)0.978	Tokélaou
105	(e)0.631	(e)0.260	144	(e)0.506	(e)0.156	Tonga
37	(e)0.643	(e)0.387	20	(c)0.716	(c)0.596	Tuvalu
150	0.513	0.169	158	0.593	0.298	Vanuatu
97	(e)0.475	(e)0.092	111	(e)0.498	(e)0.066	Îles Wallis-et-Futuna
225	0.448	0.071	201	(a)0.493	(a)0.402	Albanie
258	**0.253**	**0.055**	**260**	**0.255**	**0.049**	**Économies en transition**
220	(e)0.450	(e)0.144	237	(e)0.405	(e)0.095	Arménie
216	0.484	0.126	234	0.458	0.080	Azerbaïdjan
241	0.415	0.225	246	0.355	0.169	Bélarus
244	(e)0.399	(e)0.076	248	(e)0.369	(e)0.061	Bosnie-Herzégovine
215	0.449	0.127	239	0.420	0.110	Géorgie
247	(e)0.362	(e)0.065	251	(e)0.363	(e)0.060	Kazakhstan
206	0.532	0.201	229	0.477	0.166	Kirghizistan
–	–	–	220	0.472	0.090	Monténégro

Pour les sources et les notes, se reporter à la fin du tableau.

Region, country or territory	Exports - Exportations					
	2005			2014		
	Number of products exported	Diversification index	Concentration index	Number of products exported	Diversification index	Concentration index
	Nombre de produits exportés	Indice de diversification	Indice de concentration	Nombre de produits exportés	Indice de diversification	Indice de concentration
	(1)	(2)	(3)	(1)	(2)	(3)
Republic of Moldova	161	(e)0.723	(e)0.255	182	(e)0.669	(e)0.146
Russian Federation	248	0.662	0.352	254	0.620	0.370
Serbia and Montenegro	235	0.580	0.105	–	–	–
Serbia	–	–	–	246	0.521	0.105
Tajikistan	73	(e)0.837	(e)0.557	126	(e)0.810	(e)0.406
TFYR of Macedonia	185	0.647	0.174	202	0.698	0.189
Turkmenistan	96	(e)0.769	(e)0.663	129	(e)0.826	(e)0.756
Ukraine	246	0.609	0.144	246	0.668	0.127
Uzbekistan	145	0.720	0.273	157	0.729	0.281
Developed economies: America	**259**	**0.225**	**0.072**	**258**	**0.212**	**0.091**
Bermuda	22	(e)0.758	(e)0.480	24	(e)0.733	(e)0.311
Canada	256	0.365	0.126	255	0.377	0.179
Greenland	24	0.770	0.445	20	(e)0.735	(e)0.429
Saint Pierre and Miquelon	14	0.629	0.435	15	0.542	0.424
United States	257	0.267	0.074	258	0.252	0.095
Developed economies: Asia	**250**	**0.400**	**0.127**	**250**	**0.435**	**0.119**
Israel	214	0.615	0.365	230	0.583	0.287
Japan	247	0.417	0.135	241	0.458	0.128
Developed economies: Europe	**259**	**0.178**	**0.065**	**260**	**0.212**	**0.063**
Andorra	71	0.631	0.258	69	0.525	0.192
Austria	251	0.326	0.072	248	0.335	0.061
Belgium	256	0.356	0.105	257	0.378	0.104
Bulgaria	233	0.495	0.120	243	0.441	0.105
Croatia	232	0.458	0.110	237	0.474	0.078
Cyprus	160	0.548	0.245	161	0.593	0.209
Czech Republic	251	0.398	0.093	254	0.430	0.113
Denmark	246	0.409	0.085	247	0.432	0.086
Estonia	241	(e)0.490	(e)0.157	246	(e)0.429	(e)0.118
Faeroe Islands	14	0.533	0.577	45	0.743	0.632
Finland	236	0.520	0.194	241	0.494	0.135
France	258	0.298	0.082	258	0.342	0.092
Germany	258	0.292	0.096	258	0.337	0.097
Gibraltar	40	0.689	0.552	30	0.765	0.736
Greece	234	0.488	0.100	248	0.573	0.339
Hungary	244	0.398	0.140	250	0.421	0.113
Iceland	120	0.778	0.385	137	0.785	0.445
Ireland	246	0.655	0.224	242	0.653	0.241
Italy	258	0.368	0.055	259	0.376	0.054
Latvia	218	0.525	0.124	235	0.436	0.096
Lithuania	236	0.530	0.213	246	0.453	0.142
Luxembourg	242	(e)0.526	(e)0.127	239	(e)0.549	(e)0.107
Malta	164	(e)0.616	(e)0.414	169	(e)0.649	(e)0.375
Netherlands	257	(e)0.348	(e)0.100	257	(e)0.326	(e)0.097
Norway	232	0.647	0.453	239	0.616	0.372
Poland	254	0.438	0.081	253	0.387	0.065
Portugal	250	(e)0.382	(e)0.079	256	(e)0.424	(e)0.079
Romania	235	0.505	0.124	243	0.418	0.099
Slovakia	239	0.397	0.119	246	0.460	0.175
Slovenia	236	0.497	0.119	241	0.475	0.158
Spain	256	0.349	0.110	257	0.346	0.092
Sweden	251	0.382	0.117	253	0.367	0.091
Switzerland	245	0.538	0.135	249	0.643	0.256
United Kingdom	258	0.261	0.100	259	0.324	0.111
Developed economies: Oceania	**256**	**0.574**	**0.139**	**254**	**0.646**	**0.224**
Australia	255	0.589	0.167	254	0.662	0.266
New Zealand	236	0.638	0.130	232	0.692	0.203
Memo items						
Developing economies excluding China	260	0.258	0.170	260	0.226	0.163
Developing economies excluding LDCs	259	0.243	0.133	260	0.188	0.117
High-income developing economies	259	0.247	0.141	260	0.198	0.127
Middle-income developing economies	259	0.417	0.151	260	0.354	0.109
Low-income developing economies	257	0.631	0.141	260	0.649	0.151

For sources and notes, see end of table.

Imports - Importations						Régions, pays ou territoires
2005			2014			
Number of products imported	Diversification index	Concentration index	Number of products imported	Diversification index	Concentration index	
Nombre de produits importés	Indice de diversification	Indice de concentration	Nombre de produits importés	Indice de diversification	Indice de concentration	
(1)	(2)	(3)	(1)	(2)	(3)	
230	(e)0.455	(e)0.098	235	(e)0.441	(e)0.117	République de Moldova
256	(e)0.336	(e)0.062	257	(e)0.321	(e)0.056	Fédération de Russie
248	0.315	0.084	–	–	–	Serbie-et-Monténégro
–	–	–	249	0.339	0.109	Serbie
202	(e)0.580	(e)0.160	226	(e)0.545	(e)0.085	Tadjikistan
234	0.391	0.103	240	0.456	0.114	LERY de Macédoine
229	(e)0.494	(e)0.126	236	(e)0.458	(e)0.080	Turkménistan
249	0.336	0.135	250	0.414	0.128	Ukraine
220	0.408	0.090	236	0.447	0.075	Ouzbékistan
260	**0.166**	**0.105**	**259**	**0.184**	**0.100**	**Économies développées : Amérique**
169	(e)0.585	(e)0.324	117	(e)0.764	(e)0.460	Bermudes
258	0.212	0.082	258	0.219	0.071	Canada
171	(e)0.461	(e)0.176	163	(e)0.483	(e)0.176	Groenland
104	0.392	0.072	115	0.445	0.136	Saint-Pierre-et-Miquelon
259	0.188	0.112	259	0.203	0.108	États-Unis
257	**0.267**	**0.126**	**256**	**0.269**	**0.146**	**Économies développées : Asie**
248	0.298	0.198	246	0.259	0.148	Israël
257	0.282	0.131	256	0.288	0.152	Japon
260	**0.103**	**0.069**	**260**	**0.119**	**0.067**	**Économies développées : Europe**
..	..	..	180	(e)0.461	(e)0.113	Andorre
258	0.226	0.062	257	0.245	0.056	Autriche
258	0.284	0.099	258	0.275	0.094	Belgique
245	0.338	0.143	252	0.290	0.094	Bulgarie
249	0.245	0.075	250	0.297	0.071	Croatie
226	0.370	0.152	226	0.417	0.204	Chypre
256	0.246	0.062	259	0.293	0.070	République tchèque
253	0.250	0.053	254	0.282	0.057	Danemark
246	(e)0.332	(e)0.112	250	(e)0.321	(e)0.114	Estonie
184	0.479	0.191	200	0.533	0.209	Îles Féroé
254	0.196	0.085	252	0.213	0.099	Finlande
259	0.159	0.073	259	0.199	0.073	France
258	0.145	0.072	257	0.180	0.070	Allemagne
102	0.726	0.584	83	0.838	0.823	Gibraltar
254	0.282	0.116	254	0.364	0.217	Grèce
254	0.277	0.101	252	0.298	0.086	Hongrie
229	0.399	0.102	231	0.435	0.167	Islande
256	0.300	0.113	253	0.328	0.084	Irlande
257	0.211	0.096	258	0.218	0.075	Italie
243	0.345	0.098	248	0.346	0.102	Lettonie
251	0.331	0.179	252	0.317	0.134	Lituanie
247	(e)0.371	(e)0.112	247	(e)0.362	(e)0.105	Luxembourg
225	(e)0.438	(e)0.204	227	(e)0.543	(e)0.322	Malte
258	(e)0.225	(e)0.107	258	(e)0.220	(e)0.106	Pays-Bas
252	0.298	0.059	252	0.325	0.061	Norvège
257	0.239	0.061	256	0.205	0.067	Pologne
254	(e)0.175	(e)0.075	255	(e)0.236	(e)0.081	Portugal
247	0.288	0.074	249	0.271	0.068	Roumanie
251	0.279	0.075	254	0.340	0.105	Slovaquie
249	0.309	0.066	248	0.296	0.120	Slovénie
258	0.178	0.091	258	0.235	0.115	Espagne
253	0.174	0.076	256	0.196	0.085	Suède
253	0.293	0.076	256	0.439	0.235	Suisse
257	0.210	0.081	258	0.220	0.077	Royaume-Uni
257	**0.229**	**0.092**	**256**	**0.235**	**0.102**	**Économies développées : Océanie**
253	0.230	0.092	254	0.244	0.104	Australie
249	0.267	0.095	249	0.294	0.105	Nouvelle-Zélande
						Pour mémoire
260	0.168	0.084	260	0.139	0.088	Économies en développement sans la Chine
260	0.193	0.093	260	0.141	0.098	Économies en développement sans les PMA
260	0.195	0.099	260	0.145	0.100	Économies en développement à revenu élevé
259	0.259	0.074	260	0.254	0.116	Économies en développement à rev. intermédiaire
258	0.411	0.095	260	0.415	0.096	Économies en développement à revenu faible

Pour les sources et les notes, se reporter à la fin du tableau.

4.1　Concentration and diversification indices of merchandise trade

Region, country or territory	Exports - Exportations					
	2005			2014		
	Number of products exported Nombre de produits exportés (1)	Diversification index Indice de diversification (2)	Concentration index Indice de concentration (3)	Number of products exported Nombre de produits exportés (1)	Diversification index Indice de diversification (2)	Concentration index Indice de concentration (3)
HIPCs (Heavily indebted poor countries) (IMF)	254	0.638	0.181	258	0.597	0.167
LLDCs (Landlocked developing countries)	259	0.623	0.297	260	0.631	0.357
SIDS (Small island developing States)	235	0.665	0.211	245	0.597	0.206
LDCs (Least developed countries)	257	0.690	0.458	260	0.661	0.362

Source:

UNCTAD secretariat calculations, based on UNCTAD, *UNCTADstat* Merchandise Trade Matrix

Notes:

(a)　More than 30% of total trade under SITC Rev.3, code 931: "Special transactions & commodities not classified"

(1)　Number of products exported (or imported) at the three-digit SITC, Rev. 3 level.

(2)　The diversification index is computed by measuring the absolute deviation of the trade structure of a country from world structure:

$$S_j = \frac{\sum_i \left| h_{ij} - h_i \right|}{2}$$

where

h_{ij} = share of product i in total exports or imports of country or country group j

h_i = share of product i in total world exports or imports

The diversification index takes values between 0 and 1. A value closer to 1 indicates greater divergence from the world pattern.

This index is a modified Finger-Kreinin measure of similarity in trade. For more information, please consult the article of Finger, J. M. and M. E. Kreinin (1979), "A measure of 'export similarity' and its possible uses" in the Economic Journal, 89: 905-12.

(3)　Concentration index, also named Herfindahl-Hirschmann Index (Product HHI), is a measure of the degree of product concentration. The following normalized HHI is used in order to obtain values between 0 and 1:

$$H_j = \frac{\sqrt{\sum_{i=1}^{n} \left(\frac{x_{ij}}{X_j} \right)^2} - \sqrt{1/n}}{1 - \sqrt{1/n}}$$

where

H_j = country or country group index

X_{ij} = value of exports for country j and product i

$$X_j = \sum_{i=1}^{n} x_{ij}$$

and

n = number of products (SITC Revision 3 at 3-digit group level)

An index value closer to 1 indicates a country's exports or imports are highly concentrated on a few products. On the contrary, values closer to 0 reflect exports or imports are more homogeneously distributed among a series of products.

Imports - Importations						Régions, pays ou territoires
2005			2014			
Number of products imported	Diversification index	Concentration index	Number of products imported	Diversification index	Concentration index	
Nombre de produits importés	Indice de diversification	Indice de concentration	Nombre de produits importés	Indice de diversification	Indice de concentration	
(1)	(2)	(3)	(1)	(2)	(3)	
257	0.370	0.086	260	0.381	0.096	PPTE (Pays pauvres très endettés) (FMI)
259	0.340	0.066	260	0.331	0.072	LLDCs (Pays en développement sans littoral)
253	0.367	0.154	253	0.348	0.143	SIDS (Petits États insulaires en développement)
258	0.425	0.086	260	0.403	0.093	PMA (Pays les moins avancés)

Source :

Calculs du secrétariat de la CNUCED, basés sur la matrice du commerce de marchandises de *UNCTADstat* de la CNUCED

Notes :

(a)   Plus de 30% du commerce sous la position 931 de la CTCI rév. 3 : "Transactions et articles spéciaux non classés"

(1)   Nombre de produits au niveau de groupes de la CTCI (rév. 3, position à 3 chiffres) exportés (ou importés) par chaque pays.

(2)   L'indice de diversification mesure la déviation absolue de la structure du pays par rapport à la structure mondiale :

$$S_j = \frac{\sum_i \left| h_{ij} - h_i \right|}{2}$$

avec

   h_{ij} = part du produit i dans le total des exportations ou importations du pays ou groupe de pays j

   h_i = part du produit i dans le total des exportations ou importations mondiales

La valeur de l'indice de diversification est comprise entre de 0 et 1. Plus l'indice est proche de 1, plus la divergence par rapport à la structure mondiale est élevée.

Cet indice modifié de Finger-Kreinin mesure la similitude dans le commerce. Pour plus d'informations, veuillez consulter l'article de Finger, JM et ME Kreinin (1979), "A measure of 'export similarity' and its possible uses", the Economic Journal, 89: 905-12.

(3)   L'indice de concentration, aussi appelé indice de Herfindahl-Hirschmann (HHI des produits), mesure le degré de concentration des produits. Il a été normalisé afin d'obtenir des valeurs comprises entre 0 et 1, selon la formule suivante :

$$H_j = \frac{\sqrt{\sum_{i=1}^{n} \left(\frac{x_{ij}}{X_j} \right)^2} - \sqrt{1/n}}{1 - \sqrt{1/n}}$$

avec

   H_j = Indice du pays ou groupe de pays

   Xij = valeur des exportations du pays j pour le produit i

$$X_j = \sum_{i=1}^{n} x_{ij}$$

et

   n = nombre de produits (de la CTCI Révision 3, position à 3 chiffres)

Une valeur de l'indice proche de 1 indique que les exportations ou les importations d'un pays sont très concentrées sur quelques produits. Au contraire, des valeurs proches de 0 reflètent une répartition plus homogène des parts entre les produits.

4.2 Volume indices of exports and imports
2000 = 100

Region, country or territory	Exports (1) - Exportations (1)							
	2007	2008	2009	2010	2011	2012	2013	2014
WORLD	**146**	**149**	**130**	**148**	**155**	**158**	**162**	**166**
DEVELOPING ECONOMIES	187	194	177	205	218	227	236	243
TRANSITION ECONOMIES	173	175	164	175	178	179	182	183
DEVELOPED ECONOMIES	128	129	109	124	129	130	132	135
Developing economies: Africa	**131**	**131**	**119**	**129**	**119**	**126**	**124**	**119**
Eastern Africa	*151*	*156*	*151*	*168*	*174*	*194*	*211*	*218*
Burundi	70	58	70	86	82	100	83	103
Comoros	113	46	106	125	123	91	101	116
Djibouti	128	126	169	174	157	200	212	247
Eritrea (2)	28	22	22	23	660	714	509	1 200
Ethiopia	163	174	184	233	234	248	366	377
Kenya	174	183	164	178	172	185	189	200
Madagascar	143	139	115	115	130	125	165	172
Malawi	192	174	206	175	204	177	183	205
Mauritius	152	151	139	161	164	166	176	196
Mozambique	400	384	390	451	474	550	611	728
Rwanda	145	140	148	164	239	330	412	459
Seychelles	144	153	144	132	139	137	165	154
Somalia	120	123	128	127	130	131	122	124
Uganda	226	253	238	219	241	290	315	281
United Republic of Tanzania	175	211	203	233	220	268	229	246
Zambia	187	203	213	260	276	312	375	361
Zimbabwe	66	59	60	74	71	86	80	69
Middle Africa	*190*	*204*	*194*	*200*	*190*	*194*	*191*	*189*
Angola	229	251	244	242	228	238	236	231
Cameroon	109	107	85	77	73	72	79	85
Central African Republic	86	70	60	63	76	85	63	36
Chad	818	688	708	713	698	638	567	586
Congo	93	102	107	131	125	105	99	96
Dem. Rep. of the Congo	210	231	253	300	317	327	341	406
Equatorial Guinea	384	411	377	343	347	389	378	348
Gabon	102	112	92	120	104	103	104	102
Sao Tome and Principe	136	166	125	162	157	190	202	229
Northern Africa	*126*	*124*	*113*	*116*	*88*	*103*	*94*	*83*
Algeria	99	97	86	84	82	78	73	77
Egypt	186	195	205	211	199	191	190	185
Libya	139	134	127	129	39	116	84	42
Morocco	138	133	112	132	138	142	148	158
Sudan (...2011)	208	202	204	223	140	–	–	–
Sudan	–	–	–	–	–	57	103	63
Tunisia	152	166	142	156	147	147	142	140
Southern Africa	*125*	*131*	*104*	*125*	*132*	*129*	*137*	*138*
Botswana	139	144	109	133	152	154	201	200
Lesotho	349	389	323	373	443	362	326	359
Namibia	128	137	151	176	173	174	194	185
South Africa	123	130	102	123	129	127	132	134
Swaziland	136	107	98	99	94	99	100	100
Western Africa	*120*	*113*	*113*	*127*	*132*	*134*	*131*	*129*
Benin	181	185	193	162	124	161	222	237
Burkina Faso	232	218	302	394	451	460	526	591
Cabo Verde	121	185	205	247	334	253	342	398
Côte d'Ivoire	104	98	116	98	94	100	117	106
Gambia	57	46	248	234	298	381	340	335
Ghana	129	120	132	161	226	256	270	252
Guinea	95	96	104	122	99	97	103	115
Guinea-Bissau	141	135	127	126	216	115	132	152
Liberia	48	46	28	31	42	60	81	99
Mali	172	191	158	138	127	161	155	151
Mauritania	225	201	190	209	239	262	256	213
Niger	85	117	149	164	144	166	195	196
Nigeria	127	120	120	142	146	144	133	133
Saint Helena	286	392	379	361	398	490	500	520
Senegal	115	122	132	125	114	114	122	130
Sierra Leone	1 508	1 138	1 289	1 725	1 652	5 686	9 462	10 262
Togo	116	110	129	123	127	146	180	161

For sources and notes, see end of table.

Imports (1) - Importations (1)								Régions, pays ou territoires
2007	2008	2009	2010	2011	2012	2013	2014	
146	149	130	147	155	158	162	165	MONDE
180	195	178	208	225	236	251	256	ÉCONOMIES EN DÉVELOPPEMENT
324	370	263	305	354	373	371	339	ÉCONOMIES EN TRANSITION
129	128	109	121	125	124	124	128	ÉCONOMIES DÉVELOPPÉES
194	221	209	225	234	265	279	288	Économies en développement : Afrique
182	205	204	220	232	267	296	317	Afrique orientale
154	174	184	223	279	277	306	296	Burundi
236	255	321	339	354	352	380	372	Comores
135	139	122	94	111	127	164	222	Djibouti
73	74	76	78	94	97	105	116	Érythrée (2)
318	386	407	429	379	516	661	851	Éthiopie
184	196	202	221	227	253	259	296	Kenya
169	213	197	149	142	153	165	167	Madagascar
186	247	244	252	251	246	300	316	Malawi
160	159	152	161	165	170	178	189	Maurice
182	195	204	234	276	385	454	401	Mozambique
257	349	416	434	544	626	642	689	Rwanda
154	172	141	158	145	147	154	163	Seychelles
184	153	129	134	168	174	191	199	Somalie
154	176	184	190	201	217	214	218	Ouganda
230	287	270	306	357	378	414	429	République-Unie de Tanzanie
318	354	304	373	438	545	640	615	Zambie
76	76	84	103	105	107	106	105	Zimbabwe
310	382	425	375	413	459	499	519	Afrique centrale
367	517	587	417	453	533	601	656	Angola
199	206	180	190	222	214	221	237	Cameroun
151	157	152	150	122	126	100	104	République centrafricaine
406	409	427	487	590	637	734	794	Tchad
405	443	423	549	626	685	809	832	Congo
345	390	380	415	451	505	526	562	Rép. dém. du Congo
450	563	1 037	892	926	1 070	1 032	956	Guinée équatoriale
173	187	191	218	241	240	260	200	Gabon
173	212	218	222	232	227	268	305	Sao Tomé-et-Principe
182	211	215	228	213	262	264	276	Afrique septentrionale
207	269	309	322	331	382	423	455	Algérie
171	193	197	214	206	248	213	250	Égypte
124	150	224	293	116	320	397	284	Libye
183	207	180	178	191	238	240	248	Maroc
430	422	461	452	369				Soudan (...2011)
–	–	–	–	–	385	410	452	Soudan
157	177	150	162	152	156	158	164	Tunisie
185	198	165	186	215	233	237	240	Afrique australe
138	159	157	175	199	219	209	216	Botswana
176	162	181	206	192	201	172	175	Lesotho
182	203	245	257	274	304	320	333	Namibie
191	205	163	185	219	237	242	244	Afrique du Sud
119	87	105	108	91	87	81	77	Swaziland
216	253	209	245	265	272	305	306	Afrique occidentale
241	223	225	200	172	193	263	215	Bénin
194	197	205	210	216	290	357	347	Burkina Faso
222	217	208	203	221	180	172	184	Cabo Verde
173	164	168	173	126	183	251	225	Côte d'Ivoire
118	99	100	85	87	101	95	102	Gambie
188	207	178	228	289	326	332	278	Ghana
138	131	112	137	174	186	177	175	Guinée
192	182	188	173	181	136	140	128	Guinée-Bissau
71	93	57	66	91	84	122	112	Libéria
188	247	204	260	220	230	254	269	Mali
223	258	222	262	282	363	361	321	Mauritanie
205	257	364	392	305	270	293	331	Niger
283	360	265	332	374	343	384	417	Nigéria
185	82	79	91	70	65	63	59	Sainte-Hélène
195	209	175	162	167	184	195	198	Sénégal
163	154	185	241	440	408	461	398	Sierra Leone
140	146	158	160	181	200	228	240	Togo

Pour les sources et les notes, se reporter à la fin du tableau.

4.2 Volume indices of exports and imports
2000 = 100

Region, country or territory	Exports (1) - Exportations (1)							
	2007	2008	2009	2010	2011	2012	2013	2014
Developing economies: America	**138**	**136**	**125**	**135**	**142**	**146**	**149**	**153**
Caribbean	*98*	*92*	*66*	*67*	*80*	*69*	*69*	*69*
Anguilla	156	184	390	218	242	317	359	410
Antigua and Barbuda	101	91	70	62	71	79	99	83
Aruba	84	67	37	4	63	16	3	2
Bahamas	102	100	92	77	72	83	93	85
Barbados	110	87	73	77	72	87	73	70
British Virgin Islands	126	112	108	102	94	94	100	99
Cayman Islands	131	66	78	48	76	68	136	118
Cuba	122	119	92	118	140	141	144	132
Curaçao	–	–	–	–	-	-	-	12
Dominica	49	46	37	40	29	36	40	42
Dominican Republic	103	92	80	94	110	118	132	137
Grenada	61	49	51	40	43	48	55	53
Haiti	143	127	138	140	182	175	201	204
Jamaica	105	106	72	61	64	71	69	64
Montserrat	194	275	232	80	117		..	..
Netherlands Antilles	16	20	21	17				
Saint Kitts and Nevis	100	145	109	93	126	127	119	120
Saint Lucia	128	185	216	257	163	185	183	169
Saint Vincent and the Grenadines	84	74	64	50	41	46	57	57
Trinidad and Tobago	141	143	99	107	107	87	88	91
Turks and Caicos Islands	192	271	236	175	186	239	263	288
Central America	*133*	*134*	*125*	*143*	*147*	*159*	*163*	*177*
Belize	158	156	137	150	158	167	168	163
Costa Rica	167	167	164	180	192	212	219	213
El Salvador	121	135	117	132	143	148	153	145
Guatemala	214	218	210	227	249	253	265	292
Honduras	174	173	145	166	171	205	209	217
Mexico	126	127	117	135	138	149	153	168
Nicaragua	233	250	245	305	344	390	439	470
Panama (3)	932	988	1 101	1 096	1 356	1 490	1 377	1 230
South America	*151*	*149*	*139*	*146*	*153*	*155*	*157*	*155*
Argentina	155	156	149	173	181	170	177	159
Bolivia (Plurinational State of)	184	249	206	219	237	308	325	356
Brazil	195	190	170	186	191	191	197	194
Chile	156	149	151	149	155	157	162	165
Colombia	148	154	168	168	195	206	215	225
Ecuador	190	202	193	203	214	225	236	251
Falkland Islands (Malvinas)	200	201	183	200	177	205	153	155
Guyana	89	82	78	77	83	105	115	104
Paraguay	179	206	185	226	241	221	291	301
Peru	181	190	189	193	201	213	206	204
Suriname	197	218	191	224	224	243	241	229
Uruguay	159	159	173	192	197	209	220	224
Venezuela (Bolivarian Rep. of)	86	85	77	70	75	77	72	70
Developing economies: Asia	**209**	**219**	**200**	**237**	**256**	**266**	**280**	**290**
Eastern Asia	*264*	*281*	*256*	*318*	*346*	*362*	*386*	*405*
China	415	450	403	517	562	597	643	687
China, Hong Kong SAR	174	177	155	181	191	199	213	205
China, Macao SAR	95	72	34	30	28	33	38	42
China, Taiwan Province of	167	170	152	192	200	200	208	218
Korea, Dem. People's Rep. of	186	184	193	227	275	313	336	339
Korea, Republic of	228	249	251	300	341	351	364	380
Mongolia	132	138	125	145	201	197	211	317
Southern Asia	*177*	*191*	*179*	*199*	*218*	*202*	*208*	*218*
Afghanistan	184	187	144	124	103	125	155	173
Bangladesh	192	228	220	272	316	320	382	403
Bhutan	356	207	240	277	245	216	234	243
India	224	262	244	278	320	314	341	351
Iran (Islamic Republic of)	131	125	127	132	132	103	84	95
Maldives	164	226	118	124	202	186	194	185
Nepal	79	78	71	71	66	66	65	65
Pakistan	180	182	168	181	181	175	183	174
Sri Lanka	128	132	115	122	130	129	139	152
South-Eastern Asia	*178*	*181*	*162*	*193*	*208*	*211*	*220*	*228*
Brunei Darussalam	81	75	79	86	91	88	82	81
Cambodia	281	309	274	318	379	439	542	650

For sources and notes, see end of table.

		Imports (1) - Importations (1)						Régions, pays ou territoires
2007	2008	2009	2010	2011	2012	2013	2014	
153	165	138	165	182	188	195	196	**Économies en développement : Amérique**
110	*112*	*87*	*86*	*92*	*86*	*86*	*84*	*Caraïbes*
185	188	120	107	93	91	85	77	Anguilla
128	108	77	64	45	50	56	55	Antigua-et-Barbuda
96	95	43	22	76	26	17	17	Aruba
95	84	74	66	62	70	70	73	Bahamas
104	98	82	78	72	75	75	75	Barbade
65	57	50	46	45	42	52	52	Îles Vierges britanniques
118	95	74	62	62	61	71	75	Îles Caïmanes
144	169	121	131	135	132	142	130	Cuba
–	–	–	–	-	-	-	22	Curaçao
93	105	107	99	86	79	78	78	Dominique
101	98	82	93	95	96	93	97	République dominicaine
114	102	87	91	83	85	92	85	Grenade
120	146	150	204	174	182	200	217	Haïti
132	137	96	90	91	89	89	85	Jamaïque
93	105	104	..	..	..	..	..	Montserrat
41	40	42	37					Antilles néerlandaises
103	113	108	95	80	73	81	89	Saint-Kitts-et-Nevis
107	87	96	100	80	73	69	73	Sainte-Lucie
147	144	136	126	105	113	117	116	Saint-Vincent-et-les Grenadines
138	145	121	100	122	117	116	102	Trinité-et-Tobago
293	273	189	144	129	125	113	104	Îles Turques et Caïques
140	*135*	*117*	*136*	*141*	*148*	*154*	*164*	*Amérique centrale*
86	90	85	82	83	86	95	104	Belize
163	177	141	157	171	185	192	187	Costa Rica
132	130	111	117	126	130	139	139	El Salvador
221	221	188	211	233	236	245	259	Guatemala
167	137	113	133	135	130	124	127	Honduras
133	127	111	129	131	138	146	157	Mexique
180	201	174	203	251	268	265	273	Nicaragua
290	305	305	341	391	410	396	401	Panama (3)
180	*218*	*178*	*225*	*260*	*268*	*279*	*269*	*Amérique du Sud*
177	228	154	225	294	269	291	258	Argentine
169	217	222	259	332	352	369	411	Bolivie (État plurinational de)
154	210	162	217	246	242	260	252	Brésil
182	198	152	203	224	238	239	222	Chili
238	252	249	289	353	384	395	433	Colombie
332	424	373	499	554	577	627	650	Équateur
110	71	78	133	196	141	143	221	Îles Falkland (Malvinas)
114	120	123	136	145	165	155	148	Guyana
212	297	244	336	379	350	372	380	Paraguay
229	306	248	325	374	414	428	425	Pérou
134	147	174	163	159	192	210	197	Suriname
132	191	169	194	212	230	234	238	Uruguay
204	179	182	158	172	218	201	170	Venezuela (Rép. bolivarienne du)
186	201	186	219	236	247	263	269	**Économies en développement : Asie**
179	*184*	*181*	*214*	*231*	*239*	*259*	*266*	*Asie orientale*
319	331	341	415	452	468	514	534	Chine
98	102	105	113	127	138	151	143	Chine (RAS de Hong Kong)
190	169	145	165	217	246	284	320	Chine (RAS de Macao)
119	115	97	124	121	118	124	131	Province chinoise de Taiwan
110	103	102	105	111	124	122	116	Corée, Rép. populaire dém. de
155	162	147	167	177	179	187	198	Corée, République de
222	323	215	306	528	541	517	431	Mongolie
257	*311*	*302*	*346*	*365*	*379*	*376*	*393*	*Asie méridionale*
184	157	193	276	302	423	418	378	Afghanistan
140	150	153	173	190	189	209	239	Bangladesh
201	176	190	290	311	302	284	256	Bhoutan
322	416	413	470	515	545	544	561	Inde
221	244	224	277	236	221	196	207	Iran (République islamique d')
200	221	172	178	207	220	249	288	Maldives
117	111	151	162	155	164	187	219	Népal
179	182	164	172	161	155	153	164	Pakistan
174	181	153	182	223	225	223	239	Sri Lanka
171	*187*	*154*	*190*	*208*	*219*	*227*	*230*	*Asie du Sud-Est*
146	161	159	157	196	192	195	196	Brunéi Darussalam
217	227	219	224	259	326	375	400	Cambodge

Pour les sources et les notes, se reporter à la fin du tableau.

Region, country or territory	Exports (1) - Exportations (1)							
	2007	2008	2009	2010	2011	2012	2013	2014
Indonesia	100	95	95	109	115	112	116	114
Lao People's Dem. Rep.	171	185	208	277	301	340	355	422
Malaysia	152	144	125	138	145	139	142	149
Myanmar	228	195	220	280	253	233	304	294
Philippines	149	143	117	151	133	144	161	165
Singapore	257	286	249	321	365	368	380	388
Thailand	179	187	160	185	202	207	207	209
Viet Nam	222	229	237	271	304	361	426	492
Western Asia	*144*	*152*	*146*	*153*	*165*	*181*	*187*	*187*
Bahrain	111	114	104	107	117	122	132	134
Iraq	75	81	91	89	102	114	112	117
Jordan	178	160	138	178	180	165	179	188
Kuwait	136	142	134	139	152	176	173	164
Lebanon	338	365	355	398	393	390	371	328
Oman	89	88	115	113	108	112	126	122
Qatar	152	169	181	255	301	333	352	349
Saudi Arabia	122	131	121	130	140	146	143	146
State of Palestine	94	94	92	95	113	152	177	207
Syrian Arab Republic	130	143	121	124	86	31	16	16
Turkey	248	265	244	263	280	325	323	341
United Arab Emirates	184	194	190	182	205	235	263	259
Yemen	64	58	69	74	67	55	57	59
Developing economies: Oceania	**79**	**69**	**58**	**60**	**57**	**57**	**58**	**60**
American Samoa	44	41	62	37	33	49	42	41
Cook Islands	..	..	..	..	..	..	..	..
Fiji	88	95	64	77	80	92	87	109
French Polynesia	79	75	59	59	59	48	54	59
Guam	75	74	38	30	23	25	25	23
Kiribati	200	136	118	67	134	94	106	82
Marshall Islands	183	163	157	217	321	365	477	498
Micronesia (Federated States of)	85	97	93	105	232	167	115	101
Nauru	29	90	36	73	73	103	90	46
New Caledonia	134	77	59	70	70	67	69	87
Niue	824	5	6	6	5	5	5	5
Northern Mariana Islands	29	9	1	0	0	0	0	0
Palau	77	67	42	39	37	56	43	35
Papua New Guinea	86	87	77	77	70	67	70	68
Samoa	113	79	54	77	66	77	64	73
Solomon Islands	143	170	159	191	313	386	344	308
Tokelau	..	..	..	..	..	..	..	..
Tonga	74	72	63	60	95	105	115	131
Vanuatu	162	157	159	124	158	128	89	139
Wallis and Futuna Islands	54	60	47	68	29	53	49	60
Transition economies	**173**	**175**	**164**	**175**	**178**	**179**	**182**	**183**
Albania	331	366	323	416	458	467	569	612
Armenia	246	195	145	172	202	222	253	267
Azerbaijan	538	571	601	596	574	534	537	520
Belarus	175	176	156	160	213	236	195	203
Bosnia and Herzegovina	264	290	249	278	293	268	302	316
Georgia	218	214	171	230	267	299	380	378
Kazakhstan	213	239	203	225	242	251	253	252
Kyrgyzstan	155	188	175	164	156	153	151	143
Republic of Moldova	230	242	224	261	351	353	405	418
Russian Federation	160	159	155	166	163	163	168	170
Serbia and Montenegro	353	—	—	—	—	—	—	—
Serbia	—	356	292	319	340	330	441	452
Tajikistan	105	91	77	69	61	80	71	68
TFYR of Macedonia	181	181	125	146	174	161	176	202
Turkmenistan	156	138	82	98	150	175	188	208
Ukraine	188	207	168	173	183	187	173	154
Uzbekistan	155	152	195	169	154	140	162	177
Developed economies: America	**118**	**121**	**104**	**117**	**125**	**130**	**133**	**138**
Bermuda	43	31	50	23	20	18	16	14
Canada	99	95	81	86	91	94	96	101
Greenland	156	162	126	122	137	131	131	136
Saint Pierre and Miquelon	127	151	83	79	34	21	34	24
United States	126	134	115	133	143	148	152	157

For sources and notes, see end of table.

Imports (1) - Importations (1)								Régions, pays ou territoires
2007	2008	2009	2010	2011	2012	2013	2014	
139	163	134	179	202	220	218	211	Indonésie
138	160	184	244	246	315	315	343	Rép. dém. populaire lao
154	148	113	134	140	140	148	154	Malaisie
89	100	115	115	180	187	249	341	Myanmar
133	120	101	121	115	118	118	120	Philippines
187	220	184	231	259	270	273	276	Singapour
173	197	151	191	217	233	239	222	Thaïlande
313	341	335	384	402	430	511	587	Viet Nam
214	*248*	*213*	*234*	*253*	*277*	*303*	*304*	*Asie occidentale*
159	188	132	148	129	133	153	152	Bahreïn
116	160	198	217	209	247	272	264	Iraq
162	167	159	140	139	150	159	154	Jordanie
231	248	203	223	221	241	264	286	Koweït
129	155	168	171	164	175	179	174	Liban
225	301	244	260	279	336	423	366	Oman
556	621	561	504	589	678	702	700	Qatar
212	245	214	242	276	344	366	354	Arabie saoudite
77	70	85	87	84	98	108	122	État de Palestine
259	276	256	269	220	97	73	92	République arabe syrienne
193	190	165	201	227	229	247	245	Turquie
294	403	312	327	362	400	458	483	Émirats arabes unis
227	238	239	220	221	263	267	266	Yémen
141	**137**	**124**	**136**	**134**	**136**	**150**	**140**	**Économies en développement : Océanie**
72	72	64	45	35	35	36	37	Samoa américaines
163	..	..	..	..	..	..	..	Îles Cook
139	149	110	125	129	133	167	194	Fidji
144	151	130	122	113	107	116	112	Polynésie française
129	98	117	115	107	116	94	122	Guam
119	105	102	100	110	131	126	124	Kiribati
179	143	132	167	139	143	192	248	Îles Marshall
96	89	103	96	91	94	92	109	Micronésie (États fédérés de)
138	171	83	49	61	82	285	192	Nauru
224	229	199	241	237	207	210	217	Nouvelle-Calédonie
252	252	212	182	182	160	210	257	Nioué
34	15	8	9	8	8	9	11	Îles Mariannes du Nord
71	68	54	59	59	65	79	85	Palaos
161	154	158	181	192	213	246	164	Papouasie-Nouvelle-Guinée
204	193	172	214	208	209	224	239	Samoa
204	190	177	250	243	250	273	272	Îles Salomon
8	7	6	4	4	4	4	4	Tokélaou
133	135	133	132	136	141	141	142	Tonga
193	216	211	186	176	169	196	196	Vanuatu
129	139	106	117	108	113	115	116	Îles Wallis-et-Futuna
324	**370**	**263**	**305**	**354**	**373**	**371**	**339**	**Économies en transition**
276	302	287	261	279	259	264	283	Albanie
262	313	253	273	264	272	287	291	Arménie
349	400	351	351	482	503	513	471	Azerbaïdjan
176	201	176	190	220	241	223	226	Bélarus
211	233	183	180	188	173	180	194	Bosnie-Herzégovine
495	522	412	451	537	612	622	676	Géorgie
465	481	377	402	433	546	585	500	Kazakhstan
307	393	309	303	346	438	503	480	Kirghizistan
315	360	271	309	378	384	408	408	République de Moldova
390	455	303	386	461	491	488	448	Fédération de Russie
390	–	–	–	–	–	–	–	Serbie-et-Monténégro
–	377	276	267	278	268	297	301	Serbie
212	236	207	195	204	243	272	301	Tadjikistan
163	179	141	139	149	144	151	171	LERY de Macédoine
158	224	276	228	274	358	371	384	Turkménistan
268	308	193	219	246	228	205	147	Ukraine
175	231	236	218	237	275	304	330	Ouzbékistan
133	**128**	**108**	**123**	**129**	**132**	**134**	**140**	**Économies développées : Amérique**
129	107	95	78	68	66	93	90	Bermudes
128	128	108	125	133	136	140	144	Canada
147	155	140	141	138	130	126	116	Groenland
95	110	89	102	106	99	122	118	Saint-Pierre-et-Miquelon
133	129	107	123	128	132	133	139	États-Unis

Pour les sources et les notes, se reporter à la fin du tableau.

4

4.2 Volume indices of exports and imports
2000 = 100

Region, country or territory	Exports (1) - Exportations (1)							
	2007	2008	2009	2010	2011	2012	2013	2014
Developed economies: Asia	**156**	**158**	**120**	**152**	**152**	**150**	**147**	**149**
Israel	136	133	112	132	143	128	133	137
Japan	157	161	121	154	153	152	149	150
Developed economies: Europe	**131**	**131**	**112**	**124**	**131**	**130**	**132**	**134**
Andorra	267	230	160	145	175	164	160	155
Austria	147	148	121	138	146	146	149	152
Belgium	136	133	118	128	133	132	135	137
Bulgaria	193	205	174	208	247	244	272	276
Croatia	162	161	137	153	151	147	151	167
Cyprus	84	83	81	87	100	101	118	108
Czech Republic	235	250	210	247	271	275	277	294
Denmark	128	129	115	117	122	119	119	122
Estonia	169	170	140	174	220	224	223	221
Faeroe Islands	117	124	114	114	128	122	136	137
Finland	118	119	88	93	94	92	92	93
France	101	100	86	94	96	96	95	96
Germany	147	147	120	137	146	146	145	149
Gibraltar	201	162	194	161	126	125	148	299
Greece	117	114	106	136	141	156	160	164
Hungary	232	242	200	225	242	238	238	248
Iceland	151	170	171	168	180	182	185	184
Ireland	110	106	106	106	106	103	99	103
Italy	116	112	91	100	105	104	104	105
Latvia	234	255	228	271	330	371	367	374
Lithuania	248	292	249	293	333	361	389	396
Luxembourg	192	211	202	187	178	172	165	173
Malta	86	85	69	82	85	96	79	62
Netherlands	149	155	139	155	156	162	163	165
Norway	107	108	100	101	97	98	93	96
Poland	246	266	240	275	295	306	329	348
Portugal	134	133	113	126	135	139	145	148
Romania	209	227	209	248	274	266	296	315
Slovakia	279	312	271	323	361	394	411	415
Slovenia	198	204	172	191	204	201	209	225
Spain	126	127	113	126	136	137	145	150
Sweden	123	122	98	113	121	117	112	111
Switzerland (4)	137	139	118	128	139	139	139	141
United Kingdom	92	87	76	84	91	86	96	91
Developed economies: Oceania	**115**	**120**	**116**	**129**	**130**	**134**	**141**	**148**
Australia	114	120	114	129	130	133	141	149
New Zealand	125	123	129	133	136	143	144	148
Memo items								
Developing economies excluding China	158	161	148	166	176	181	187	190
Developing economies excluding LDCs	188	194	177	206	219	228	237	244
High-income developing economies	194	202	183	213	226	237	246	253
Middle-income developing economies	146	149	141	160	169	170	180	186
Low-income developing economies	164	172	167	187	200	215	243	261
HIPCs (Heavily indebted poor countries) (IMF)	141	144	143	152	158	173	187	190
LLDCs (Landlocked developing countries)	188	197	176	188	199	205	217	222
SIDS (Small island developing States)	118	118	88	92	90	83	84	86
LDCs (Least developed countries)	184	191	185	197	192	195	212	213

Sources:

UNCTAD secretariat calculations and estimates, based on:

- ECLAC, *CEPALSTAT* External trade deflator

- EUROSTAT, online database, Trade unit value indices by reporting country

- IMF, *International Financial Statistics*

- U.S. Bureau of Labor Statistics, External trade price indices

- Ministry of Finance Japan, Trade statistics, Unit value indices

- Bank of Japan, Price indices

- UNCTAD, *UNCTADstat* Commodity Price Statistics

- UNCTAD, *UNCTADstat* Merchandise Trade Matrix

Notes:

(1)   Volume indices or quantum: The ratio of the export or import value index to the corresponding unit value index.

(2)   From 2011 onwards, including commercial mining.

(3)   From 2005 onwards, including customs free zones.

(4)   Excluding gold.

Imports (1) - Importations (1)								Régions, pays ou territoires
2007	2008	2009	2010	2011	2012	2013	2014	
123	**122**	**107**	**118**	**123**	**128**	**128**	**132**	**Économies développées : Asie**
113	114	98	113	122	125	125	128	Israël
124	123	108	119	124	128	129	133	Japon
129	**128**	**110**	**120**	**123**	**120**	**119**	**122**	**Économies développées : Europe**
..	..	..	..	..	..	..	..	Andorre
130	129	111	123	131	128	128	127	Autriche
136	135	118	126	132	130	131	134	Belgique
244	266	203	209	229	241	252	262	Bulgarie
192	196	155	147	145	138	145	153	Croatie
130	143	121	128	113	98	84	92	Chypre
215	226	188	222	238	229	229	243	République tchèque
137	138	114	113	117	116	118	122	Danemark
177	157	117	137	168	180	180	180	Estonie
140	123	104	96	104	121	119	114	Îles Féroé
134	136	105	112	118	112	113	114	Finlande
106	105	92	98	101	97	95	96	France
124	124	109	123	129	124	125	129	Allemagne
81	61	78	60	50	42	53	42	Gibraltar
126	127	110	102	88	85	83	88	Grèce
190	197	157	177	189	186	193	205	Hongrie
157	137	94	97	106	106	115	124	Islande
111	103	85	82	80	77	78	84	Irlande
120	114	95	107	106	97	94	95	Italie
272	246	175	206	251	270	274	276	Lettonie
244	256	187	218	247	255	273	284	Lituanie
150	162	148	141	142	139	134	132	Luxembourg
101	102	96	110	119	128	120	130	Malte
137	142	124	136	137	140	139	142	Pays-Bas
149	155	133	144	150	147	145	162	Norvège
193	212	177	202	211	208	212	226	Pologne
119	121	106	113	105	96	99	104	Portugal
309	324	238	266	287	277	281	299	Roumanie
264	285	244	282	311	320	331	343	Slovaquie
176	184	149	164	172	164	169	175	Slovénie
137	129	104	112	111	103	102	109	Espagne
127	126	102	120	126	122	117	121	Suède
121	124	111	121	125	123	122	120	Suisse (4)
111	103	93	101	101	104	99	102	Royaume-Uni
177	**194**	**172**	**188**	**201**	**210**	**207**	**213**	**Économies développées : Océanie**
181	200	178	195	208	219	213	216	Australie
158	164	142	153	165	168	181	201	Nouvelle-Zélande
								Pour mémoire
161	177	156	180	194	205	215	218	Économies en développement sans la Chine
180	195	177	208	224	235	249	254	Économies en développement sans les PMA
176	189	172	202	219	229	245	248	Économies en développement à revenu élevé
205	236	217	249	266	281	287	299	Économies en développement à rev. intermédiaire
164	176	180	196	206	229	253	272	Économies en développement à revenu faible
191	206	197	221	237	269	296	298	PPTE (Pays pauvres très endettés) (FMI)
229	259	239	260	285	326	349	350	LLDCs (Pays en développement sans littoral)
135	135	114	110	115	117	123	117	SIDS (Petits États insulaires en développement)
200	224	235	238	252	284	315	338	PMA (Pays les moins avancés)

Sources :

Calculs et estimations du secrétariat de la CNUCED, sur la base de :

- CEPALC, *CEPALSTAT* Déflateur du commerce extérieur

- EUROSTAT, base de données en ligne, Indices de valeur unitaire par pays déclarant

- FMI, *Statistiques financières internationales*

- Bureau des statistiques du travail des États-Unis (BLS), Indices des prix du commerce extérieur

- Ministère des finances du Japon, Statistiques du commerce, Indices de valeur unitaire du commerce

- Banque du Japon, Indices des prix

- CNUCED, *UNCTADstat* Statistiques des prix des produits de base

- CNUCED, *UNCTADstat* Matrice du commerce de marchandises

Notes :

(1) Indices du volume ou quantum : représentent le rapport de l'indice de la valeur des exportations ou des importations à l'indice de la valeur unitaire correspondant.

(2) À partir de 2011, y compris l'exploitation minière commerciale.

(3) À partir de 2005, y compris les zones franches douanières.

(4) Non-compris l'or.

4.2 Unit value indices of exports and imports
2000 = 100

Region, country or territory	Exports (1) - Exportations (1)							
	2007	2008	2009	2010	2011	2012	2013	2014
WORLD	**149**	**168**	**150**	**161**	**183**	**180**	**180**	**177**
DEVELOPING ECONOMIES	137	158	138	152	176	176	174	170
TRANSITION ECONOMIES	208	276	190	233	305	307	296	280
DEVELOPED ECONOMIES	150	166	152	158	175	169	171	169
Developing economies: Africa	**225**	**289**	**224**	**274**	**345**	**343**	**330**	**315**
Eastern Africa	*159*	*177*	*166*	*195*	*230*	*218*	*208*	*207*
Burundi	168	199	193	236	301	266	227	242
Comoros	89	104	104	121	155	158	143	161
Djibouti	144	172	145	155	187	186	179	178
Eritrea (2)	127	137	132	152	176	182	175	173
Ethiopia	161	190	181	206	253	240	229	242
Kenya	136	158	157	168	193	191	178	176
Madagascar	105	115	111	121	149	148	142	150
Malawi	119	134	152	161	184	176	174	177
Mauritius	94	101	90	90	100	102	105	102
Mozambique	166	190	151	183	209	193	181	178
Rwanda	231	361	299	343	367	338	322	303
Seychelles	129	145	141	156	179	187	181	180
Somalia	151	177	176	183	206	214	222	213
Uganda	147	169	164	183	222	202	190	201
United Republic of Tanzania	174	202	200	237	294	283	263	257
Zambia	277	282	226	310	365	336	317	301
Zimbabwe	189	193	197	226	257	234	229	232
Middle Africa	*240*	*319*	*215*	*268*	*365*	*368*	*355*	*333*
Angola	245	321	211	264	372	377	364	341
Cameroon	212	268	229	276	337	322	312	310
Central African Republic	128	133	124	138	156	146	147	154
Chad	245	331	216	276	376	377	366	336
Congo	244	328	229	288	382	386	369	345
Dem. Rep. of the Congo	183	237	172	219	258	239	225	211
Equatorial Guinea	242	338	220	266	354	368	355	330
Gabon	237	330	223	279	361	362	353	337
Sao Tome and Principe	167	214	216	226	235	214	212	250
Northern Africa	*240*	*320*	*228*	*279*	*353*	*362*	*355*	*340*
Algeria	276	371	237	308	409	419	402	370
Egypt	196	254	214	238	291	292	284	278
Libya	266	365	228	297	382	412	408	397
Morocco	149	206	169	181	211	203	200	201
Sudan (...2011)	237	320	224	283	383			
Sudan	–	–	–	–	–	396	381	353
Tunisia	171	199	174	180	207	198	205	204
Southern Africa	*184*	*199*	*193*	*234*	*264*	*248*	*230*	*219*
Botswana	140	129	119	132	145	145	141	146
Lesotho	100	103	103	106	120	122	118	117
Namibia	173	173	158	173	193	190	180	181
South Africa	190	208	202	248	280	262	242	227
Swaziland	151	173	186	199	223	213	208	210
Western Africa	*242*	*327*	*244*	*300*	*390*	*387*	*374*	*356*
Benin	147	177	162	202	257	230	219	217
Burkina Faso	128	152	143	193	254	227	214	201
Cabo Verde	145	157	156	164	187	191	184	184
Côte d'Ivoire	214	273	251	298	345	313	291	309
Gambia	146	183	165	181	197	193	194	201
Ghana	195	262	264	297	339	317	305	314
Guinea	190	209	151	181	218	202	189	182
Guinea-Bissau	122	153	154	162	180	181	171	172
Liberia	126	159	162	216	263	233	210	178
Mali	166	202	205	265	343	297	277	255
Mauritania	182	250	203	280	324	284	293	257
Niger	275	274	237	248	306	309	289	271
Nigeria	250	344	226	281	379	385	374	347
Saint Helena	96	98	90	95	104	101	108	116
Senegal	159	194	166	189	242	242	238	235
Sierra Leone	125	145	137	152	162	151	155	141
Togo	161	213	191	217	255	247	233	230

For sources and notes, see end of table.

			Imports (1) - Importations (1)					Régions, pays ou territoires
2007	2008	2009	2010	2011	2012	2013	2014	
147	166	147	158	179	176	175	172	MONDE
137	153	136	151	170	170	166	163	ÉCONOMIES EN DÉVELOPPEMENT
141	162	152	161	180	179	180	177	ÉCONOMIES EN TRANSITION
151	171	151	159	181	177	177	175	ÉCONOMIES DÉVELOPPÉES
148	167	152	164	186	179	175	172	Économies en développement : Afrique
146	171	152	164	191	189	185	182	Afrique orientale
140	157	148	154	182	183	179	176	Burundi
136	163	152	159	181	180	173	171	Comores
170	200	179	194	223	215	212	212	Djibouti
149	173	166	180	215	213	208	207	Érythrée (2)
145	170	149	159	186	183	179	177	Éthiopie
157	183	163	176	210	208	203	200	Kenya
142	162	148	158	186	184	180	178	Madagascar
139	168	155	162	182	180	178	177	Malawi
110	133	111	124	141	143	138	134	Maurice
145	178	159	170	198	195	192	188	Mozambique
141	158	148	155	176	172	168	167	Rwanda
163	185	165	182	212	213	206	205	Seychelles
140	170	169	182	208	201	198	190	Somalie
148	167	150	160	182	181	177	175	Ouganda
152	176	156	169	198	197	192	189	République-Unie de Tanzanie
142	161	142	161	185	182	179	175	Zambie
181	209	185	198	225	221	218	214	Zimbabwe
134	149	137	146	165	165	161	159	Afrique centrale
122	134	127	131	147	146	144	142	Angola
157	186	167	182	207	205	202	198	Cameroun
141	163	152	171	217	216	213	209	République centrafricaine
140	154	148	156	176	173	172	171	Tchad
134	148	148	157	172	172	161	160	Congo
144	162	150	159	179	177	175	172	Rép. dém. du Congo
136	149	111	129	156	155	150	151	Guinée équatoriale
131	144	137	144	160	159	157	157	Gabon
154	181	159	170	194	194	191	187	Sao Tomé-et-Principe
147	167	151	159	183	171	169	167	Afrique septentrionale
146	160	139	137	156	144	142	140	Algérie
149	172	156	169	196	191	188	186	Égypte
146	163	154	162	185	184	182	179	Libye
152	178	158	172	201	164	163	160	Maroc
131	143	135	143	161				Soudan (...2011)
–	–	–	–	–	158	156	153	Soudan
142	162	148	160	184	183	180	177	Tunisie
153	164	151	172	188	179	174	167	Afrique australe
142	158	145	155	176	176	173	172	Botswana
122	138	126	138	161	160	158	156	Lesotho
125	138	131	140	155	154	148	147	Namibie
156	167	153	176	192	181	176	168	Afrique du Sud
147	175	161	173	204	203	199	196	Swaziland
148	172	156	165	189	188	182	180	Afrique occidentale
138	168	150	168	202	198	192	188	Bénin
142	168	149	160	182	181	179	176	Burkina Faso
147	165	148	159	186	185	184	182	Cabo Verde
156	194	167	183	215	215	200	195	Côte d'Ivoire
145	174	162	179	209	201	196	194	Gambie
144	167	152	161	184	183	178	176	Ghana
145	171	155	168	198	198	194	190	Guinée
167	209	181	191	223	222	217	212	Guinée-Bissau
105	131	145	162	173	179	141	139	Libéria
144	168	152	164	189	187	186	184	Mali
141	166	148	162	193	190	185	183	Mauritanie
142	167	153	160	182	178	175	172	Niger
141	159	147	153	172	171	167	165	Nigéria
148	170	151	174	206	205	203	202	Sainte-Hélène
161	202	173	190	227	225	220	216	Sénégal
183	231	188	214	261	263	259	250	Sierra Leone
157	184	170	187	215	212	208	207	Togo

Pour les sources et les notes, se reporter à la fin du tableau.

Region, country or territory	Exports (1) - Exportations (1)							
	2007	2008	2009	2010	2011	2012	2013	2014
Developing economies: America	156	182	153	179	213	209	204	194
Caribbean	187	233	191	214	265	266	255	250
Anguilla	146	154	146	144	168	166	164	166
Antigua and Barbuda	113	138	139	141	153	153	132	128
Aruba	247	324	209	241	325	334	347	400
Bahamas	137	166	135	158	201	205	179	174
Barbados	175	205	191	205	241	238	231	227
British Virgin Islands	112	129	127	137	152	157	145	..
Cayman Islands	108	122	134	150	155	162	121	120
Cuba	194	199	201	248	275	249	230	234
Curaçao		–	–	–	-	-	-	294
Dominica	141	164	167	171	188	186	177	172
Dominican Republic	121	128	119	125	135	134	128	126
Grenada	114	130	119	131	152	150	143	146
Haiti	115	119	131	130	133	147	139	142
Jamaica	166	178	141	168	197	186	175	176
Montserrat	124	132	121	123	135		..	..	..
Netherlands Antilles	214	276	195	234		–	–	–
Saint Kitts and Nevis	106	108	106	106	110	111	106	107
Saint Lucia	178	206	179	194	228	229	222	219
Saint Vincent and the Grenadines	120	150	162	177	197	199	183	180
Trinidad and Tobago	222	305	217	240	328	348	341	324
Turks and Caicos Islands	96	103	99	103	122	119	115	117
Central America	127	135	117	131	150	146	145	140
Belize	134	153	142	162	195	192	185	185
Costa Rica	96	98	92	90	93	92	91	90
El Salvador	113	117	112	116	126	123	122	124
Guatemala	119	131	127	137	154	145	140	137
Honduras	99	107	100	113	140	122	111	111
Mexico	129	138	118	133	152	149	149	142
Nicaragua	106	115	111	121	137	137	124	124
Panama (3)	110	116	113	117	125	127	125	125
South America	177	217	179	216	263	258	249	236
Argentina	137	171	142	149	176	179	175	171
Bolivia (Plurinational State of)	199	213	196	237	287	297	292	280
Brazil	150	189	164	197	243	231	223	211
Chile	227	225	191	248	274	258	245	238
Colombia	155	188	150	182	223	223	210	187
Ecuador	153	189	146	175	212	215	214	208
Falkland Islands (Malvinas)	92	97	88	98	117	112	128	141
Guyana	153	193	196	229	271	269	239	224
Paraguay	120	141	125	131	146	149	147	146
Peru	223	235	205	267	331	320	297	277
Suriname	174	202	185	228	279	280	251	237
Uruguay	124	163	136	153	175	181	179	179
Venezuela (Bolivarian Rep. of)	244	334	223	281	367	375	367	341
Developing economies: Asia	127	143	127	138	157	158	156	153
Eastern Asia	107	113	106	110	120	120	120	119
China	118	127	120	123	136	138	138	137
China, Hong Kong SAR	99	103	105	109	118	122	124	126
China, Macao SAR	105	109	113	114	122	122	119	118
China, Taiwan Province of	97	99	89	95	102	99	97	95
Korea, Dem. People's Rep. of	128	158	146	159	190	178	161	149
Korea, Republic of	95	98	84	90	94	91	89	87
Mongolia	268	344	283	374	447	415	378	340
Southern Asia	169	200	171	205	245	245	240	236
Afghanistan	179	210	204	228	266	250	241	241
Bangladesh	102	105	107	110	121	123	119	118
Bhutan	184	244	201	225	267	240	226	222
India	158	175	159	192	224	223	218	216
Iran (Islamic Republic of)	236	317	216	266	349	350	342	325
Maldives	128	135	131	147	158	155	157	162
Nepal	137	150	143	150	173	173	168	170
Pakistan	110	123	116	131	155	156	152	157
Sri Lanka	111	118	117	130	144	134	135	137

For sources and notes, see end of table.

4.2 Indices de la valeur unitaire des exportations et des importations
2000 = 100

Imports (1) - Importations (1)								Régions, pays ou territoires
2007	2008	2009	2010	2011	2012	2013	2014	
128	**145**	**130**	**139**	**155**	**156**	**154**	**151**	**Économies en développement : Amérique**
158	*190*	*169*	*188*	*221*	*222*	*217*	*212*	*Caraïbes*
142	153	149	157	174	173	163	163	Anguilla
140	169	171	193	236	240	222	225	Antigua-et-Barbuda
207	245	223	245	301	304	303	299	Aruba
150	185	165	190	229	234	219	215	Bahamas
145	169	152	174	218	206	203	199	Barbade
202	243	246	275	302	310	261	..	Îles Vierges britanniques
131	170	181	202	219	225	197	195	Îles Caïmanes
156	188	164	181	218	217	215	209	Cuba
–	–	–	–	-	-	-	298	Curaçao
142	159	142	153	178	177	176	176	Dominique
142	172	159	175	193	196	191	188	République dominicaine
134	150	135	146	169	169	168	167	Grenade
136	153	136	149	168	168	164	160	Haïti
158	188	160	177	214	216	212	208	Jamaïque
147	167	132	..	..	..	..	..	Montserrat
216	268	216	249	–	–	–	–	Antilles néerlandaises
135	147	139	144	158	158	157	158	Saint-Kitts-et-Nevis
161	212	153	188	246	249	243	228	Sainte-Lucie
136	159	150	165	193	193	193	191	Saint-Vincent-et-les Grenadines
168	200	173	196	235	234	230	223	Trinité-et-Tobago
133	146	133	141	165	166	164	165	Îles Turques et Caïques
122	*141*	*123*	*135*	*154*	*154*	*151*	*148*	*Amérique centrale*
153	177	151	164	191	191	186	184	Belize
125	136	126	135	149	149	147	144	Costa Rica
135	153	133	145	159	159	157	153	El Salvador
119	127	118	127	138	139	139	136	Guatemala
133	192	163	167	206	219	222	219	Honduras
122	140	122	134	153	153	149	146	Mexique
123	131	126	131	141	141	140	141	Nicaragua
135	153	135	145	165	165	163	156	Panama (3)
129	*143*	*130*	*138*	*150*	*150*	*149*	*147*	*Amérique du Sud*
100	100	100	101	101	101	101	101	Argentine
116	128	112	118	131	133	138	138	Bolivie (État plurinational de)
140	148	141	151	164	164	164	162	Brésil
140	171	152	158	180	181	179	176	Chili
120	137	115	122	133	133	130	128	Colombie
113	119	109	111	119	119	116	115	Équateur
123	143	119	127	156	156	154	153	Îles Falkland (Malvinas)
162	190	164	180	213	212	212	209	Guyana
122	135	126	132	145	146	145	142	Paraguay
120	132	119	125	136	138	137	134	Pérou
148	169	151	163	195	197	196	194	Suriname
123	137	118	128	146	146	143	139	Uruguay
139	174	141	153	172	172	167	160	Venezuela (Rép. bolivarienne du)
138	**154**	**136**	**152**	**172**	**172**	**168**	**165**	**Économies en développement : Asie**
143	*161*	*138*	*158*	*179*	*179*	*175*	*171*	*Asie orientale*
133	152	131	149	172	173	169	163	Chine
176	179	156	183	187	188	193	196	Chine (RAS de Hong Kong)
121	133	125	130	139	139	137	136	Chine (RAS de Macao)
131	149	128	144	166	162	155	148	Province chinoise de Taiwan
165	206	180	200	234	232	226	223	Corée, Rép. populaire dém. de
144	167	137	159	185	181	172	166	Corée, République de
155	182	161	174	204	203	200	198	Mongolie
141	*158*	*133*	*155*	*186*	*184*	*177*	*172*	*Asie méridionale*
139	164	147	159	183	182	178	174	Afghanistan
149	179	160	181	215	204	200	199	Bangladesh
149	176	159	168	192	188	183	181	Bhoutan
138	150	121	145	175	174	166	160	Inde
147	169	163	170	188	186	180	177	Iran (République islamique d')
141	161	144	157	182	182	179	178	Maldives
170	205	184	201	237	235	223	220	Népal
167	214	178	203	251	263	269	267	Pakistan
103	123	105	118	145	136	128	129	Sri Lanka

Pour les sources et les notes, se reporter à la fin du tableau.

4

Region, country or territory	Exports (1) - Exportations (1)							
	2007	2008	2009	2010	2011	2012	2013	2014
South-Eastern Asia	**113**	**127**	**117**	**126**	**138**	**138**	**134**	**132**
Brunei Darussalam	242	353	234	264	351	377	358	333
Cambodia	105	110	110	116	127	129	123	120
Indonesia	180	226	192	221	271	259	240	236
Lao People's Dem. Rep.	164	179	153	191	221	202	193	190
Malaysia	118	141	128	147	160	166	164	160
Myanmar	169	218	187	191	225	235	228	232
Philippines	89	90	87	90	96	95	93	99
Singapore	85	86	78	80	81	81	78	77
Thailand	125	138	139	151	160	161	160	158
Viet Nam	151	189	166	184	220	219	214	211
Western Asia	**216**	**277**	**203**	**239**	**309**	**313**	**307**	**292**
Bahrain	199	246	184	225	271	261	255	247
Iraq	270	370	225	289	402	406	392	353
Jordan	169	262	243	208	234	252	232	230
Kuwait	237	316	208	259	345	347	343	327
Lebanon	148	171	165	177	202	201	195	194
Oman	244	378	212	287	385	410	395	386
Qatar	238	343	229	253	328	344	336	325
Saudi Arabia	246	308	204	248	337	342	339	313
State of Palestine	136	148	141	151	168	164	161	161
Syrian Arab Republic	192	233	194	222	276	275	271	268
Turkey	155	180	151	156	174	169	169	167
United Arab Emirates	195	247	202	236	296	298	289	279
Yemen	240	323	223	269	356	370	355	333
Developing economies: Oceania	**219**	**257**	**234**	**294**	**370**	**351**	**322**	**321**
American Samoa	216	236	227	249	264	266	267	265
Cook Islands	..	..	..	..	..	..	..	..
Fiji	147	166	167	186	228	227	218	216
French Polynesia	113	119	114	117	129	130	127	131
Guam	164	193	184	207	254	254	248	245
Kiribati	141	154	149	163	178	173	175	182
Marshall Islands	109	136	146	163	171	177	143	143
Micronesia (Federated States of)	117	130	124	132	145	145	140	142
Nauru	181	419	241	236	330	318	267	241
New Caledonia	259	280	276	351	391	326	292	302
Niue	118	124	121	125	151	149	140	139
Northern Mariana Islands	113	125	123	141	159	155	150	150
Palau	124	130	124	132	142	139	141	147
Papua New Guinea	264	316	277	360	478	454	410	400
Samoa	132	140	130	140	154	152	150	152
Solomon Islands	167	179	151	170	193	188	189	212
Tokelau	120	134	127	150	229	232	224	223
Tonga	131	148	143	157	172	170	170	174
Vanuatu	118	139	137	151	164	165	166	174
Wallis and Futuna Islands	134	166	149	154	236	211	204	197
Transition economies	**208**	**276**	**190**	**233**	**305**	**307**	**296**	**280**
Albania	125	142	129	142	163	161	157	152
Armenia	159	184	167	200	224	212	199	193
Azerbaijan	227	307	201	254	345	350	339	311
Belarus	190	253	186	215	265	266	261	244
Bosnia and Herzegovina	147	162	149	162	187	180	176	175
Georgia	175	216	205	225	254	246	237	234
Kazakhstan	254	338	241	303	395	391	380	353
Kyrgyzstan	167	193	187	210	248	243	232	225
Republic of Moldova	123	140	121	125	134	130	127	119
Russian Federation	210	283	186	229	304	309	296	279
Serbia and Montenegro	159	—	—	—	—	—	—	—
Serbia	—	179	166	178	201	197	192	190
Tajikistan	177	198	168	221	262	217	207	202
TFYR of Macedonia	142	167	164	174	194	189	184	185
Turkmenistan	228	346	242	266	345	376	356	336
Ukraine	180	222	162	205	257	252	255	241
Uzbekistan	184	240	195	245	306	285	277	267

For sources and notes, see end of table.

			Imports (1) - Importations (1)					Régions, pays ou territoires
2007	2008	2009	2010	2011	2012	2013	2014	
119	*132*	*124*	*132*	*146*	*147*	*144*	*141*	*Asie du Sud-Est*
130	144	139	146	167	168	167	166	Brunéi Darussalam
130	148	137	157	186	180	176	174	Cambodge
154	179	160	174	202	200	196	194	Indonésie
144	164	148	158	183	181	179	180	Rép. dém. populaire lao
115	129	133	150	164	171	170	166	Malaisie
153	179	160	174	211	208	204	201	Myanmar
118	136	122	130	150	149	148	151	Philippines
105	108	99	100	105	105	102	99	Singapour
130	147	143	155	170	173	169	166	Thaïlande
128	151	134	141	170	169	165	163	Viet Nam
146	*166*	*151*	*160*	*180*	*177*	*175*	*173*	*Asie occidentale*
156	172	166	179	213	208	203	197	Bahreïn
141	156	147	153	173	172	169	169	Iraq
184	222	195	242	297	301	298	324	Jordanie
129	140	137	142	159	158	155	154	Koweït
152	174	159	173	203	201	197	195	Liban
139	150	143	150	168	166	164	162	Oman
130	138	137	142	156	155	153	152	Qatar
141	155	148	146	158	150	152	152	Arabie saoudite
170	213	177	191	224	219	215	208	État de Palestine
148	172	158	171	200	196	193	192	République arabe syrienne
162	195	157	170	195	190	187	181	Turquie
129	142	137	144	160	161	157	155	Émirats arabes unis
161	191	165	181	220	217	215	209	Yémen
147	*173*	*155*	*167*	*193*	*194*	*191*	*189*	*Économies en développement : Océanie*
126	157	148	159	194	194	194	193	Samoa américaines
129	..	..	..	..	..	..	..	Îles Cook
156	183	158	175	204	204	203	202	Fidji
134	148	136	145	164	163	162	162	Polynésie française
184	220	173	197	245	250	247	243	Guam
149	180	167	184	210	210	195	194	Kiribati
102	128	146	164	171	179	134	133	Îles Marshall
139	163	156	164	193	194	191	189	Micronésie (États fédérés de)
168	202	139	156	188	188	189	190	Nauru
136	153	141	149	169	170	167	166	Nouvelle-Calédonie
140	160	144	172	230	229	224	224	Nioué
144	171	146	161	182	187	185	183	Îles Mariannes du Nord
128	150	131	144	171	172	167	167	Palaos
159	198	176	189	216	217	215	212	Papouasie-Nouvelle-Guinée
144	165	148	160	184	183	182	181	Samoa
157	187	165	176	210	211	207	203	Îles Salomon
117	139	131	134	141	140	136	135	Tokélaou
155	179	157	173	204	203	203	203	Tonga
137	167	160	177	198	201	184	183	Vanuatu
126	138	131	140	159	157	156	158	Îles Wallis-et-Futuna
141	*162*	*152*	*161*	*180*	*179*	*180*	*177*	*Économies en transition*
139	160	146	155	177	172	170	169	Albanie
142	161	149	157	178	178	173	171	Arménie
148	162	158	164	180	177	172	169	Azerbaïdjan
189	226	188	213	241	223	223	209	Bélarus
145	164	151	161	185	182	180	178	Bosnie-Herzégovine
149	170	154	164	186	185	182	179	Géorgie
140	156	149	154	169	168	165	164	Kazakhstan
163	186	177	191	220	220	216	214	Kirghizistan
151	175	156	161	177	175	173	168	République de Moldova
128	143	141	143	156	152	156	153	Fédération de Russie
150	–	–	–	–	–	–	–	Serbie-et-Monténégro
–	174	157	169	193	190	186	184	Serbie
171	206	184	201	232	230	226	221	Tadjikistan
154	183	172	188	225	217	209	204	LERY de Macédoine
128	140	138	140	155	155	151	150	Turkménistan
162	199	169	200	241	265	269	264	Ukraine
134	149	141	148	164	162	159	156	Ouzbékistan

Pour les sources et les notes, se reporter à la fin du tableau.

Region, country or territory	Exports (1) - Exportations (1)							
	2007	2008	2009	2010	2011	2012	2013	2014
Developed economies: America	**126**	**136**	**125**	**134**	**146**	**145**	**144**	**143**
Bermuda	122	154	111	124	130	120	147	170
Canada	154	174	142	162	180	175	173	170
Greenland	102	110	105	114	132	133	137	144
Saint Pierre and Miquelon	118	123	117	132	137	135	142	153
United States	116	123	117	123	133	134	133	132
Developed economies: Asia	**97**	**104**	**102**	**107**	**115**	**113**	**104**	**99**
Israel	127	147	136	141	151	157	160	158
Japan	95	101	100	104	112	110	100	95
Developed economies: Europe	**167**	**186**	**169**	**171**	**192**	**183**	**188**	**188**
Andorra	125	134	138	140	144	143	136	135
Austria	165	182	168	163	179	169	174	174
Belgium	169	188	167	170	190	180	185	183
Bulgaria	198	224	194	204	236	225	224	219
Croatia	172	197	173	174	200	190	190	187
Cyprus	175	206	163	170	192	181	181	176
Czech Republic	180	202	185	185	207	197	201	203
Denmark	158	177	160	161	180	174	180	178
Estonia	170	191	168	174	198	187	191	189
Faeroe Islands	135	145	141	155	166	165	168	173
Finland	166	177	156	162	183	172	175	173
France	169	188	173	171	190	182	188	186
Germany	164	179	169	166	183	175	182	184
Gibraltar	119	137	107	126	154	158	148	143
Greece	172	197	165	176	204	194	196	188
Hungary	146	159	147	150	165	154	160	158
Iceland	167	166	125	144	156	146	142	144
Ireland	143	153	142	142	153	147	149	148
Italy	180	202	186	186	208	199	208	209
Latvia	190	213	181	188	213	203	211	208
Lithuania	182	213	174	186	221	215	220	215
Luxembourg	140	146	126	127	141	131	134	133
Malta	147	167	169	178	211	181	189	185
Netherlands	158	176	154	160	183	174	177	176
Norway	213	265	194	216	275	274	276	251
Poland	180	202	179	183	202	191	196	196
Portugal	162	177	161	162	182	173	178	177
Romania	186	210	186	192	221	209	213	213
Slovakia	177	193	175	169	187	173	176	176
Slovenia	173	191	174	174	194	182	186	183
Spain	175	193	175	176	195	187	191	188
Sweden	159	173	154	161	178	170	173	170
Switzerland (4)	156	179	182	189	211	202	204	210
United Kingdom	168	185	165	174	196	193	197	195
Developed economies: Oceania	**189**	**235**	**201**	**245**	**308**	**285**	**269**	**247**
Australia	195	244	212	259	328	303	281	253
New Zealand	163	187	145	177	209	197	206	211
Memo items								
Developing economies excluding China	143	167	142	161	189	188	184	179
Developing economies excluding LDCs	136	156	136	151	174	174	172	168
High-income developing economies	134	153	133	147	168	169	167	163
Middle-income developing economies	163	197	171	198	238	234	226	223
Low-income developing economies	142	162	153	171	199	194	186	182
HIPCs (Heavily indebted poor countries) (IMF)	186	225	199	240	290	276	262	258
LLDCs (Landlocked developing countries)	210	269	211	257	326	323	312	296
SIDS (Small island developing States)	192	246	197	227	295	299	287	279
LDCs (Least developed countries)	193	243	191	229	292	291	280	269

For sources and notes, see end of table.

			Imports (1) Importations (1)					Régions, pays ou territoires
2007	2008	2009	2010	2011	2012	2013	2014	
121	**134**	**120**	**128**	**141**	**141**	**139**	**138**	**Économies développées : Amérique**
126	150	156	173	185	189	152	151	Bermudes
124	134	124	132	143	142	139	135	Canada
141	158	145	158	182	182	180	180	Groenland
127	133	133	139	149	147	143	143	Saint-Pierre-et-Miquelon
120	134	119	127	141	141	139	138	États-Unis
133	**163**	**135**	**154**	**181**	**180**	**170**	**163**	**Économies développées : Asie**
138	158	134	144	165	160	159	156	Israël
132	164	135	154	182	182	170	163	Japon
171	**193**	**171**	**177**	**202**	**195**	**198**	**196**	**Économies développées : Europe**
..	..	..	..	..	..	..	..	Andorre
174	197	179	179	202	193	199	198	Autriche
170	195	170	176	200	190	195	191	Belgique
188	212	177	186	218	207	208	203	Bulgarie
171	199	173	173	199	191	193	188	Croatie
172	194	169	174	199	193	196	191	Chypre
172	196	175	179	200	193	197	196	République tchèque
157	175	161	161	180	174	179	179	Danemark
175	202	171	178	206	199	203	201	Estonie
137	151	141	153	178	179	176	176	Îles Féroé
177	196	169	178	207	198	199	195	Finlande
177	201	181	185	212	205	211	209	France
171	192	171	173	196	189	193	190	Allemagne
204	262	179	219	291	300	294	284	Gibraltar
187	218	189	197	229	224	225	216	Grèce
157	172	154	155	168	159	161	159	Hongrie
165	175	148	156	176	174	169	167	Islande
148	161	144	145	164	160	165	166	Irlande
179	207	183	190	220	211	213	209	Italie
176	205	175	177	203	199	204	200	Lettonie
184	222	180	197	236	230	233	228	Lituanie
164	177	152	158	180	176	179	179	Luxembourg
138	152	137	135	155	151	150	146	Malte
165	188	164	174	199	192	194	191	Pays-Bas
157	170	151	156	176	173	181	160	Norvège
175	201	172	180	203	195	199	199	Pologne
173	195	170	173	198	189	192	189	Portugal
173	197	173	177	203	193	198	198	Roumanie
180	203	179	181	201	190	194	188	Slovaquie
177	198	175	181	203	193	195	191	Slovénie
183	209	181	188	217	211	214	211	Espagne
166	184	161	170	193	185	188	185	Suède
161	179	170	176	202	195	200	206	Suisse (4)
162	177	160	169	193	191	192	194	Royaume-Uni
130	**142**	**130**	**145**	**164**	**167**	**159**	**154**	**Économies développées : Océanie**
128	140	130	145	163	166	159	153	Australie
140	150	130	144	162	163	157	152	Nouvelle-Zélande
								Pour mémoire
138	154	138	151	170	169	166	163	Économies en développement sans la Chine
136	153	135	150	170	169	166	162	Économies en développement sans les PMA
136	152	135	149	167	167	164	160	Économies en développement à revenu élevé
139	159	137	154	182	181	176	173	Économies en développement à rev. intermédiaire
150	177	159	174	204	200	195	193	Économies en développement à revenu faible
144	172	154	165	191	190	186	184	PPTE (Pays pauvres très endettés) (FMI)
142	161	150	159	179	178	175	172	LLDCs (Pays en développement sans littoral)
150	179	156	174	206	206	202	198	SIDS (Petits États insulaires en développement)
144	167	151	164	191	188	184	182	PMA (Pays les moins avancés)

Pour les sources et les notes, se reporter à la fin du tableau.

4

4.2 Unit value indices of exports and imports
2000 = 100

Sources:

UNCTAD secretariat calculations and estimates, based on:

- ECLAC, *CEPALSTAT* External trade deflator
- EUROSTAT, online database, Trade unit value indices by reporting country
- IMF, *International Financial Statistics*
- U.S. Bureau of Labor Statistics, External trade price indices
- Ministry of Finance Japan, Trade statistics, Unit value indices
- Bank of Japan, Price indices
- UNCTAD, *UNCTADstat* Commodity Price Statistics
- UNCTAD, *UNCTADstat* Merchandise Trade Matrix

Notes:

(1) Unit value index: For the latest periods, the following procedure was used in the calculation of unit value indices in order to improve their data coverage, as well as those of volume indices.

- A set of average price indices at SITC Revision 3, 3-digit level are constructed using *UNCTADstat* Commodity Price Statistics, international and national sources and UNCTAD secretariat estimates.

- At the country level, unit value indices are calculated using current year trade values available at the SITC Rev. 3, 3-digit level, at *UNCTADstat* (http://unctadstat.unctad.org/wds/ReportFolders/reportFolders.aspx?sRF_ActivePath=P,15912,15914&sRF_Expanded=,P,15912,15914) as weights.

In some instances these indices may differ from the estimates published in official sources, since the main aim is to provide tentative estimates for most countries on a comparable basis.

(2) From 2011 onwards, including commercial mining.

(3) From 2005 onwards, including customs free zones.

(4) Excluding gold.

Sources :

Calculs et estimations du secrétariat de la CNUCED, sur la base de :

- CEPALC, *CEPALSTAT* Déflateur du commerce extérieur

- EUROSTAT, base de données en ligne, Indices de valeur unitaire par pays déclarant

- FMI, *Statistiques financières internationales*

- Bureau des statistiques du travail des États-Unis (BLS), Indices des prix du commerce extérieur

- Ministère des finances du Japon, Statistiques du commerce, Indices de valeur unitaire du commerce

- Banque du Japon, Indices des prix

- CNUCED, *UNCTADstat* Statistiques des prix des produits de base

- CNUCED, *UNCTADstat* Matrice du commerce de marchandises

Notes :

(1) Indice de la valeur unitaire : pour les années récentes, la méthode suivante a été utilisée pour le calcul des indices de valeurs unitaires afin d'améliorer la couverture de ces données ainsi que celle des indices du volume.

- Un ensemble d'indices de prix moyens au niveau de la CTCI révision 3 (position à trois chiffres) a été construit en utilisant des données provenant des Statistiques des prix des produits de base d'*UNCTADstat*, de sources internationales et nationales ainsi que d'estimations du secrétariat de la CNUCED.

- Au niveau des pays individuels, les indices de la valeur unitaire ont été calculés en utilisant les valeurs des exportations et des importations de l'année courante, disponibles au niveau de la CTCI rév. 3 (position à trois chiffres) dans UNCTADstat (http://unctadstat.unctad.org/wds/ReportFolders/reportFolders.aspx?sRF_ActivePath=P,15912,15914&sRF_Expanded=,P,15912,15914) comme pondération.

Dans certains cas, ces indices peuvent différer des estimations publiées dans les sources officielles, le but principal étant de fournir des estimations approximatives et comparables pour la plupart des pays.

(2) À partir de 2011, y compris l'exploitation minière commerciale.

(3) À partir de 2005, y compris les zones franches douanières.

(4) Non-compris l'or.

4

Region, country or territory	Terms of trade (1) - Termes de l'échange (1)							
	2007	2008	2009	2010	2011	2012	2013	2014
WORLD	101	102	102	102	103	102	103	103
DEVELOPING ECONOMIES	101	103	101	101	103	104	104	104
TRANSITION ECONOMIES	147	171	125	145	169	172	164	158
DEVELOPED ECONOMIES	99	97	101	99	97	96	97	97
Developing economies: Africa	152	173	148	167	185	192	188	183
Eastern Africa	*109*	*104*	*109*	*119*	*120*	*115*	*112*	*113*
Burundi	119	127	131	153	165	145	127	138
Comoros	66	64	68	76	85	88	83	94
Djibouti	85	86	81	80	84	87	84	84
Eritrea (3)	85	79	80	85	82	85	84	84
Ethiopia	111	112	121	129	136	131	128	137
Kenya	86	86	97	95	92	92	88	88
Madagascar	74	71	75	77	80	80	79	84
Malawi	86	80	98	99	102	98	98	100
Mauritius	86	76	81	73	71	72	76	76
Mozambique	114	107	95	107	106	99	94	95
Rwanda	164	229	202	221	209	196	191	181
Seychelles	80	78	86	86	85	88	88	88
Somalia	108	104	104	101	99	107	112	112
Uganda	100	101	109	114	122	112	107	115
United Republic of Tanzania	114	115	128	140	148	143	137	136
Zambia	195	175	159	193	198	184	177	172
Zimbabwe	104	92	106	114	114	106	105	108
Middle Africa	*179*	*214*	*157*	*184*	*221*	*223*	*220*	*209*
Angola	200	240	166	201	254	257	253	240
Cameroon	135	144	137	152	163	157	154	156
Central African Republic	91	82	82	81	72	68	69	74
Chad	175	214	146	177	213	218	213	197
Congo	182	221	155	184	222	224	229	215
Dem. Rep. of the Congo	127	146	114	138	144	135	128	123
Equatorial Guinea	178	226	198	206	228	236	236	219
Gabon	181	229	162	194	226	228	225	214
Sao Tome and Principe	109	118	136	133	121	110	111	134
Northern Africa	*163*	*191*	*152*	*175*	*193*	*211*	*210*	*204*
Algeria	190	231	171	225	263	291	283	265
Egypt	131	148	137	140	149	152	151	150
Libya	182	224	149	184	207	224	224	222
Morocco	98	116	106	105	105	124	123	125
Sudan (...2011)	180	225	165	198	238			
Sudan	–	–	–	–	–	250	245	230
Tunisia	120	123	117	113	113	108	114	116
Southern Africa	*120*	*121*	*128*	*136*	*140*	*139*	*132*	*131*
Botswana	98	82	82	85	83	82	82	85
Lesotho	82	75	82	77	74	76	75	75
Namibia	139	126	121	124	124	123	122	123
South Africa	122	124	132	141	146	145	137	135
Swaziland	103	99	115	115	109	105	104	107
Western Africa	*163*	*190*	*157*	*181*	*207*	*206*	*205*	*198*
Benin	107	106	108	121	127	116	114	115
Burkina Faso	91	91	96	121	140	126	120	114
Cabo Verde	98	95	105	103	100	103	100	101
Côte d'Ivoire	138	141	150	163	160	146	145	159
Gambia	100	105	102	101	94	96	99	103
Ghana	135	157	174	184	184	173	171	179
Guinea	132	123	98	108	110	102	98	96
Guinea-Bissau	73	73	85	85	81	82	79	81
Liberia	120	121	112	134	153	130	148	128
Mali	116	120	135	162	181	159	149	139
Mauritania	129	151	137	173	168	150	158	141
Niger	194	164	155	155	169	174	166	158
Nigeria	177	216	154	184	221	226	224	211
Saint Helena	65	58	60	55	50	49	53	57
Senegal	99	96	96	99	106	108	108	109
Sierra Leone	68	63	73	71	62	57	60	56
Togo	102	116	113	116	119	116	112	111

For sources and notes, see end of table.

4.2 Indices des termes de l'échange et du pouvoir d'achat des exportations
2000 = 100

Purchasing power of exports (2) - Pouvoir d'achat des exportations (2)								Régions, pays ou territoires
2007	2008	2009	2010	2011	2012	2013	2014	
148	151	133	150	159	162	167	171	**MONDE**
188	199	179	207	225	235	246	253	ÉCONOMIES EN DÉVELOPPEMENT
255	299	204	253	301	308	299	288	ÉCONOMIES EN TRANSITION
127	126	110	122	126	125	127	131	ÉCONOMIES DÉVELOPPÉES
199	227	175	215	222	242	233	218	**Économies en développement : Afrique**
164	*162*	*165*	*200*	*209*	*224*	*237*	*247*	*Afrique orientale*
84	73	91	131	135	146	105	142	Burundi
75	29	72	95	105	80	83	109	Comores
108	109	137	139	132	174	178	208	Djibouti
24	18	18	19	541	609	429	1 002	Érythrée (3)
181	194	223	301	318	325	469	516	Éthiopie
150	158	158	169	158	170	166	176	Kenya
106	98	86	88	104	100	130	145	Madagascar
165	138	202	173	207	173	179	205	Malawi
131	115	112	117	117	119	134	149	Maurice
457	410	371	485	501	544	576	689	Mozambique
237	320	300	362	498	647	788	830	Rwanda
114	120	124	114	118	120	145	136	Seychelles
129	128	133	128	129	139	136	139	Somalie
225	256	259	251	294	323	337	322	Ouganda
199	242	261	327	325	384	313	334	République-Unie de Tanzanie
365	355	340	502	546	576	664	621	Zambie
69	55	64	84	81	91	84	74	Zimbabwe
339	*437*	*304*	*367*	*419*	*433*	*422*	*395*	*Afrique centrale*
458	604	406	486	579	613	597	555	Angola
147	154	116	116	119	114	122	133	Cameroun
79	57	49	51	54	57	44	27	République centrafricaine
1 434	1 475	1 036	1 264	1 486	1 388	1 209	1 152	Tchad
169	226	166	241	277	234	227	207	Congo
266	338	289	414	458	442	438	497	Rép. dém. du Congo
683	930	746	706	790	921	891	762	Guinée équatoriale
186	255	150	233	235	234	234	218	Gabon
147	196	170	215	190	209	225	307	Sao Tomé-et-Principe
205	*237*	*171*	*203*	*171*	*217*	*196*	*169*	*Afrique septentrionale*
187	225	148	189	214	227	208	205	Algérie
244	289	280	296	295	291	287	277	Égypte
253	299	189	237	81	260	188	92	Libye
136	154	119	139	145	176	181	198	Maroc
374	453	338	441	333				Soudan (...2011)
					142	252	146	Soudan
182	204	167	176	166	159	162	162	Tunisie
150	*158*	*133*	*170*	*185*	*180*	*181*	*181*	*Afrique australe*
136	117	89	113	125	127	164	169	Botswana
285	291	264	289	329	276	243	268	Lesotho
177	173	182	218	215	215	235	228	Namibie
149	161	134	173	189	184	182	181	Afrique du Sud
140	106	113	114	102	104	104	107	Swaziland
196	*216*	*177*	*230*	*272*	*276*	*268*	*257*	*Afrique occidentale*
194	195	208	195	158	187	252	272	Bénin
211	198	289	477	631	578	631	676	Burkina Faso
119	176	215	254	335	261	342	403	Cabo Verde
143	138	174	160	151	145	170	169	Côte d'Ivoire
57	49	252	237	282	367	335	346	Gambie
174	189	230	295	416	443	462	449	Ghana
125	118	102	132	109	99	101	111	Guinée
103	98	108	107	174	94	104	123	Guinée-Bissau
58	56	31	42	65	78	120	127	Libéria
198	230	215	224	230	256	231	210	Mali
290	304	259	360	402	393	403	300	Mauritanie
165	193	231	254	243	288	324	309	Niger
225	259	185	262	322	324	297	281	Nigéria
185	226	226	197	200	240	265	297	Sainte-Hélène
113	117	127	124	121	122	131	142	Sénégal
1 029	715	941	1 226	1 027	3 268	5 686	5 778	Sierra Leone
118	127	146	143	151	170	201	179	Togo

Pour les sources et les notes, se reporter à la fin du tableau.

4

Region, country or territory	Terms of trade (1) - Termes de l'échange (1)							
	2007	2008	2009	2010	2011	2012	2013	2014
Developing economies: America	122	126	118	129	137	134	133	129
Caribbean	*118*	*122*	*113*	*114*	*120*	*120*	*118*	*118*
Anguilla	103	101	98	92	97	96	101	102
Antigua and Barbuda	81	82	81	73	65	64	59	57
Aruba	119	132	94	99	108	110	114	133
Bahamas	91	90	82	83	88	87	82	81
Barbados	120	121	126	118	111	115	114	114
British Virgin Islands	56	53	52	50	50	51	56	56
Cayman Islands	82	72	74	74	71	72	61	62
Cuba	124	105	122	137	126	115	107	112
Curaçao	–	–	–	–	-	-	-	99
Dominica	99	103	118	112	106	105	100	97
Dominican Republic	85	75	75	71	70	68	67	67
Grenada	85	87	88	90	90	89	85	87
Haiti	85	78	96	88	79	87	84	88
Jamaica	105	95	88	95	92	86	82	85
Montserrat	84	79	92	..	..	..	..	..
Netherlands Antilles	99	103	90	94	–	–	–	–
Saint Kitts and Nevis	79	73	76	74	70	71	68	68
Saint Lucia	110	97	117	104	93	92	91	96
Saint Vincent and the Grenadines	89	94	108	108	102	104	94	94
Trinidad and Tobago	132	152	125	122	140	149	148	145
Turks and Caicos Islands	72	71	74	73	74	71	70	71
Central America	*104*	*96*	*95*	*97*	*97*	*95*	*96*	*95*
Belize	88	87	94	99	102	100	99	100
Costa Rica	77	72	73	66	62	62	62	63
El Salvador	83	77	85	80	79	77	78	81
Guatemala	100	103	107	108	111	104	101	100
Honduras	74	56	61	67	68	56	50	51
Mexico	106	99	97	99	100	98	100	97
Nicaragua	86	88	88	92	97	97	88	88
Panama (4)	81	76	84	80	76	77	76	80
South America	*137*	*152*	*137*	*157*	*176*	*172*	*167*	*161*
Argentina	136	170	141	149	175	178	174	170
Bolivia (Plurinational State of)	171	167	176	201	220	223	211	203
Brazil	107	128	116	131	148	140	135	130
Chile	162	131	126	157	152	142	137	135
Colombia	130	137	131	149	168	168	161	146
Ecuador	136	159	134	158	179	181	184	182
Falkland Islands (Malvinas)	74	68	74	77	75	72	83	92
Guyana	94	101	119	127	128	127	113	107
Paraguay	98	105	99	99	101	102	102	103
Peru	186	178	173	214	243	233	218	206
Suriname	117	120	122	140	143	142	128	122
Uruguay	100	119	116	119	120	124	125	129
Venezuela (Bolivarian Rep. of)	175	192	158	184	213	219	220	213
Developing economies: Asia	92	93	93	91	91	92	93	93
Eastern Asia	*74*	*70*	*76*	*69*	*67*	*67*	*69*	*70*
China	89	84	91	82	79	80	82	84
China, Hong Kong SAR	56	58	67	60	63	65	64	65
China, Macao SAR	87	82	90	88	88	88	86	87
China, Taiwan Province of	74	67	69	66	61	61	63	64
Korea, Dem. People's Rep. of	78	77	81	79	82	77	71	67
Korea, Republic of	66	59	61	57	51	50	52	53
Mongolia	173	189	176	215	220	204	189	172
Southern Asia	*120*	*126*	*129*	*132*	*132*	*133*	*135*	*137*
Afghanistan	129	128	139	144	145	137	136	138
Bangladesh	68	59	67	61	56	60	60	59
Bhutan	123	139	126	133	140	128	123	123
India	114	117	132	133	128	128	131	135
Iran (Islamic Republic of)	161	187	132	157	185	188	190	183
Maldives	91	84	91	93	87	86	88	91
Nepal	81	73	78	74	73	73	75	77
Pakistan	66	58	65	65	62	59	57	59
Sri Lanka	108	96	112	110	100	98	105	106

For sources and notes, see end of table.

Purchasing power of exports (2) - Pouvoir d'achat des exportations (2)								Régions, pays ou territoires
2007	2008	2009	2010	2011	2012	2013	2014	
167	**171**	**148**	**174**	**194**	**196**	**198**	**197**	**Économies en développement : Amérique**
116	*113*	*74*	*76*	*96*	*83*	*81*	*81*	*Caraïbes*
161	186	383	200	234	304	362	418	Anguilla
82	75	57	46	46	50	59	47	Antigua-et-Barbuda
100	88	35	4	68	18	4	3	Aruba
93	90	75	64	63	73	76	68	Bahamas
132	106	91	90	80	101	83	80	Barbade
70	59	56	51	47	48	55	55	Îles Vierges britanniques
108	47	57	36	54	49	83	73	Îles Caïmanes
152	125	112	162	176	162	154	148	Cuba
–	–	–	–	-	-	-	12	Curaçao
48	47	44	45	30	38	40	41	Dominique
88	68	60	67	77	81	88	92	République dominicaine
52	43	45	36	39	43	47	46	Grenade
121	99	133	123	144	153	169	180	Haïti
110	100	63	58	59	61	57	54	Jamaïque
164	217	213	..	..	..	..	..	Montserrat
16	20	19	16	–	–	–	–	Antilles néerlandaises
78	107	83	68	87	89	80	82	Saint-Kitts-et-Nevis
142	180	253	266	151	170	167	162	Sainte-Lucie
75	70	69	54	42	48	54	54	Saint-Vincent-et-les Grenadines
187	218	123	131	149	130	130	132	Trinité-et-Tobago
138	192	176	128	137	170	183	206	Îles Turques et Caïques
138	*129*	*119*	*138*	*143*	*152*	*158*	*167*	*Amérique centrale*
139	135	129	149	161	168	167	163	Belize
128	120	119	119	120	132	135	134	Costa Rica
101	103	99	106	113	114	119	117	El Salvador
214	224	225	246	278	264	267	293	Guatemala
130	97	89	112	116	114	105	110	Honduras
134	125	113	134	137	146	153	163	Mexique
202	220	216	282	334	379	388	412	Nicaragua
758	747	927	880	1 027	1 144	1 053	980	Panama (4)
206	*226*	*191*	*229*	*269*	*265*	*262*	*250*	*Amérique du Sud*
211	265	210	258	317	303	308	271	Argentine
315	414	361	441	520	688	686	720	Bolivie (État plurinational de)
208	242	197	243	283	268	267	252	Brésil
252	196	190	235	236	223	222	224	Chili
192	211	220	251	328	346	346	328	Colombie
258	320	259	320	382	407	433	455	Équateur
149	136	135	154	133	147	127	142	Îles Falkland (Malvinas)
83	83	93	98	106	133	130	111	Guyana
175	216	183	224	244	226	297	310	Paraguay
337	338	327	413	489	495	447	421	Pérou
231	261	234	314	319	345	308	279	Suriname
160	189	200	228	236	260	276	287	Uruguay
150	163	122	129	161	169	159	150	Venezuela (Rép. bolivarienne du)
192	**203**	**186**	**214**	**233**	**244**	**259**	**270**	**Économies en développement : Asie**
196	*198*	*195*	*221*	*232*	*244*	*265*	*283*	*Asie orientale*
367	377	367	424	444	476	526	577	Chine
98	102	104	108	120	130	137	132	Chine (RAS de Hong Kong)
83	59	30	26	25	29	33	36	Chine (RAS de Macao)
125	114	105	126	123	123	131	140	Province chinoise de Taiwan
144	141	156	180	224	241	240	227	Corée, Rép. populaire dém. de
150	146	154	170	174	176	189	201	Corée, République de
227	260	221	310	442	403	398	546	Mongolie
212	*241*	*231*	*263*	*288*	*269*	*281*	*299*	*Asie méridionale*
237	241	200	178	149	171	211	239	Afghanistan
131	134	147	166	178	193	228	239	Bangladesh
438	288	303	370	342	277	289	298	Bhoutan
256	307	322	369	408	402	447	474	Inde
211	234	168	208	244	195	160	174	Iran (République islamique d')
149	189	108	115	175	159	170	168	Maldives
64	57	56	53	48	48	49	50	Népal
118	105	109	117	112	104	104	102	Pakistan
138	126	129	134	130	127	147	161	Sri Lanka

Pour les sources et les notes, se reporter à la fin du tableau.

4

Region, country or territory	Terms of trade (1) - Termes de l'échange (1)							
	2007	2008	2009	2010	2011	2012	2013	2014
South-Eastern Asia	*95*	*96*	*94*	*96*	*95*	*94*	*93*	*94*
Brunei Darussalam	187	244	168	181	210	224	214	201
Cambodia	81	74	80	74	69	71	70	69
Indonesia	117	126	120	128	135	130	122	121
Lao People's Dem. Rep.	114	109	103	121	121	111	108	106
Malaysia	102	109	96	98	98	97	97	96
Myanmar	111	122	117	110	107	113	112	115
Philippines	75	66	71	69	64	64	62	65
Singapore	81	79	79	80	78	77	77	78
Thailand	96	94	97	98	94	93	94	95
Viet Nam	118	125	124	130	130	130	130	130
Western Asia	*148*	*167*	*134*	*150*	*171*	*176*	*175*	*169*
Bahrain	127	143	111	126	127	125	126	125
Iraq	192	237	153	189	232	236	231	209
Jordan	92	118	124	86	79	84	78	71
Kuwait	183	226	152	182	217	220	221	212
Lebanon	97	98	104	102	99	100	99	100
Oman	176	253	148	191	230	247	241	239
Qatar	184	249	167	179	211	222	219	214
Saudi Arabia	175	198	138	170	213	229	223	205
State of Palestine	80	69	79	79	75	75	75	77
Syrian Arab Republic	129	135	123	130	138	140	141	140
Turkey	96	92	96	92	89	89	90	92
United Arab Emirates	151	174	148	164	185	185	185	180
Yemen	149	169	135	149	162	170	165	159
Developing economies: Oceania	**149**	**149**	**151**	**176**	**192**	**181**	**169**	**170**
American Samoa	171	151	153	157	136	137	138	137
Cook Islands	..	..	..	..	..	..	..	..
Fiji	94	91	106	107	112	112	107	107
French Polynesia	84	80	84	80	79	79	79	81
Guam	89	88	106	105	104	102	100	101
Kiribati	95	85	89	88	85	82	90	94
Marshall Islands	107	107	100	100	100	99	107	108
Micronesia (Federated States of)	84	80	80	81	75	75	73	75
Nauru	108	207	173	151	175	169	141	127
New Caledonia	191	183	196	236	231	192	175	182
Niue	85	78	84	73	65	65	63	62
Northern Mariana Islands	78	73	85	87	88	83	81	82
Palau	96	87	95	92	83	81	85	88
Papua New Guinea	166	159	157	190	222	209	191	189
Samoa	92	85	88	88	84	83	82	84
Solomon Islands	106	95	91	96	92	89	91	104
Tokelau	103	96	97	112	163	166	165	165
Tonga	84	83	91	90	84	84	84	85
Vanuatu	87	84	85	86	83	82	90	95
Wallis and Futuna Islands	106	120	114	110	148	135	131	125
Transition economies	**147**	**171**	**125**	**145**	**169**	**172**	**164**	**158**
Albania	90	89	89	92	92	93	92	90
Armenia	112	115	112	127	126	119	115	113
Azerbaijan	153	190	127	155	191	198	197	184
Belarus	100	112	99	101	110	119	117	117
Bosnia and Herzegovina	101	99	99	100	101	99	98	98
Georgia	118	127	133	137	137	133	130	131
Kazakhstan	182	216	162	197	233	232	230	216
Kyrgyzstan	103	104	106	110	113	110	107	105
Republic of Moldova	82	80	78	78	76	74	73	71
Russian Federation	165	198	132	160	195	203	190	182
Serbia and Montenegro	106	–	–	–	–	–	–	–
Serbia	–	103	106	106	105	104	103	103
Tajikistan	104	96	91	110	113	94	92	91
TFYR of Macedonia	92	91	95	92	86	87	88	91
Turkmenistan	178	247	175	190	222	243	236	224
Ukraine	111	112	96	102	107	95	95	91
Uzbekistan	137	162	138	166	187	176	175	171
Developed economies: America	**104**	**101**	**104**	**105**	**103**	**103**	**103**	**104**
Bermuda	97	102	71	72	70	64	97	113
Canada	124	130	114	123	126	123	125	125
Greenland	72	69	72	72	72	73	76	80

For sources and notes, see end of table.

Purchasing power of exports (2) - Pouvoir d'achat des exportations (2)								Régions, pays ou territoires
2007	2008	2009	2010	2011	2012	2013	2014	
169	*175*	*153*	*185*	*198*	*199*	*206*	*213*	*Asie du Sud-Est*
152	183	133	156	191	198	175	162	Brunéi Darussalam
227	229	220	236	260	313	378	446	Cambodge
117	119	114	139	154	145	142	139	Indonésie
194	202	215	336	363	379	382	447	Rép. dém. populaire lao
155	158	120	135	142	135	137	144	Malaisie
252	238	257	308	270	263	340	339	Myanmar
112	95	82	104	85	92	100	108	Philippines
207	227	197	255	283	283	293	301	Singapour
171	176	155	181	190	192	196	199	Thaïlande
262	286	295	353	394	467	552	639	Viet Nam
213	*254*	*196*	*228*	*283*	*319*	*327*	*316*	*Asie occidentale*
141	162	116	135	149	153	166	168	Bahreïn
144	193	140	168	236	269	260	246	Iraq
164	189	172	153	142	138	140	134	Jordanie
250	322	203	253	331	388	381	348	Koweït
329	359	369	406	390	390	367	327	Liban
157	223	171	216	248	277	304	291	Oman
280	420	303	456	633	739	772	747	Qatar
214	260	168	221	298	335	319	299	Arabie saoudite
75	65	73	75	85	114	133	160	État de Palestine
168	193	148	161	119	44	22	23	République arabe syrienne
238	244	235	242	249	289	293	313	Turquie
279	338	281	298	379	434	485	466	Émirats arabes unis
96	97	93	110	108	94	95	94	Yémen
117	*103*	*88*	*105*	*110*	*104*	*98*	*102*	*Économies en développement : Océanie*
76	62	94	58	45	67	58	57	Samoa américaines
44	..	..	..	..	..	..	..	Îles Cook
83	86	68	82	90	102	93	116	Fidji
67	60	49	48	46	38	42	47	Polynésie française
67	65	40	31	24	25	25	23	Guam
190	116	105	59	114	77	95	78	Kiribati
196	173	156	216	321	362	509	537	Îles Marshall
72	78	74	85	175	125	84	76	Micronésie (États fédérés de)
31	188	62	110	128	174	128	58	Nauru
255	140	117	166	162	129	121	159	Nouvelle-Calédonie
697	4	5	4	3	3	3	3	Nioué
22	7	1	0	0	0	0	0	Îles Mariannes du Nord
75	58	40	36	30	46	36	31	Palaos
143	139	120	146	155	141	134	129	Papouasie-Nouvelle-Guinée
104	67	48	67	55	64	53	61	Samoa
152	162	145	184	289	343	314	321	Îles Salomon
..	..	..	..	..	..	..	..	Tokélaou
62	59	57	54	81	88	96	112	Tonga
140	131	136	106	131	105	80	132	Vanuatu
58	72	54	75	43	72	65	74	Îles Wallis-et-Futuna
255	*299*	*204*	*253*	*301*	*308*	*299*	*288*	*Économies en transition*
296	325	286	382	420	436	525	550	Albanie
276	224	162	219	255	264	290	301	Arménie
824	1 085	763	926	1 098	1 057	1 058	958	Azerbaïdjan
176	196	155	162	235	282	228	238	Bélarus
268	286	246	279	296	265	296	310	Bosnie-Herzégovine
257	272	228	316	365	397	495	494	Géorgie
388	517	328	443	565	583	581	543	Kazakhstan
159	195	186	180	176	168	162	151	Kirghizistan
188	193	174	203	266	262	297	295	République de Moldova
264	314	205	266	318	331	319	309	Fédération de Russie
373								Serbie-et-Monténégro
–	366	309	337	355	343	455	467	Serbie
109	87	70	76	69	75	66	62	Tadjikistan
166	165	119	135	151	140	156	183	LERY de Macédoine
278	340	144	185	334	426	444	465	Turkménistan
209	231	161	177	195	177	164	141	Ukraine
212	246	269	281	288	245	283	303	Ouzbékistan
123	*123*	*108*	*123*	*130*	*134*	*138*	*144*	*Économies développées : Amérique*
42	31	36	17	14	11	16	16	Bermudes
122	123	92	106	114	116	120	127	Canada
112	113	91	88	99	96	100	109	Groenland

Pour les sources et les notes, se reporter à la fin du tableau.

Region, country or territory	Terms of trade (1) - Termes de l'échange (1)							
	2007	2008	2009	2010	2011	2012	2013	2014
Saint Pierre and Miquelon	93	93	88	95	92	92	99	108
United States	97	92	99	97	95	95	95	96
Developed economies: Asia	**73**	**64**	**76**	**69**	**63**	**63**	**61**	**61**
Israel	92	93	102	98	91	98	101	101
Japan	72	62	74	68	62	60	59	58
Developed economies: Europe	**98**	**96**	**99**	**97**	**95**	**94**	**95**	**96**
Austria	94	92	94	91	89	87	88	88
Belgium	99	96	98	96	95	95	95	95
Bulgaria	105	106	109	110	108	108	108	108
Croatia	101	99	100	100	101	99	98	99
Cyprus	102	106	97	98	96	94	92	92
Czech Republic	105	103	106	104	103	102	102	103
Denmark	100	101	99	100	100	100	100	99
Estonia	97	95	98	98	97	94	94	94
Faeroe Islands	99	96	100	101	94	92	96	98
Finland	94	90	92	91	88	87	88	89
France	96	93	96	93	90	89	89	89
Germany	96	93	99	96	93	92	94	97
Gibraltar	59	52	60	58	53	53	50	50
Greece	92	90	88	89	89	87	87	87
Hungary	93	93	95	97	98	97	99	100
Iceland	101	95	84	92	89	84	84	86
Ireland	97	95	98	98	93	92	91	89
Italy	100	97	102	98	95	95	97	100
Latvia	108	104	103	106	105	102	103	104
Lithuania	99	96	97	94	94	94	94	94
Luxembourg	85	82	83	80	78	75	75	74
Malta	106	110	123	132	136	120	126	127
Netherlands	96	94	94	92	92	91	91	92
Norway	136	156	129	139	157	158	153	157
Poland	103	101	104	102	99	98	98	99
Portugal	93	91	95	93	92	92	93	94
Romania	107	106	108	108	109	108	108	107
Slovakia	98	95	98	94	93	91	91	94
Slovenia	98	96	99	96	95	95	95	95
Spain	96	93	97	94	90	89	89	89
Sweden	96	94	95	95	92	92	92	92
Switzerland (5)	97	100	107	108	104	104	102	102
United Kingdom	104	104	103	103	101	101	103	101
Developed economies: Oceania	**146**	**166**	**154**	**169**	**188**	**171**	**169**	**161**
Australia	152	175	163	179	200	182	177	165
New Zealand	116	125	112	123	129	120	131	139
Memo items								
Developing economies excluding China	104	108	103	107	111	111	111	110
Developing economies excluding LDCs	100	102	101	100	102	103	103	103
High-income developing economies	99	101	99	98	101	101	102	102
Middle-income developing economies	117	124	124	128	130	130	129	129
Low-income developing economies	95	92	96	98	98	97	95	94
HIPCs (Heavily indebted poor countries) (IMF)	129	131	129	145	152	145	141	140
LLDCs (Landlocked developing countries)	147	167	140	162	182	181	178	172
SIDS (Small island developing States)	129	137	126	130	143	145	143	141
LDCs (Least developed countries)	134	146	127	140	153	155	152	148

Sources:

UNCTAD secretariat calculations and estimates, based on:

- ECLAC, *CEPALSTAT* External trade deflator

- EUROSTAT, online database, Trade unit value indices by reporting country

- IMF, *International Financial Statistics*

- U.S. Bureau of Labor Statistics, External trade price indices

- Ministry of Finance Japan, Trade statistics, Unit value indices

- Bank of Japan, Price indices

- UNCTAD, *UNCTADstat* Commodity Price Statistics

- UNCTAD, *UNCTADstat* Merchandise Trade Matrix

Notes:

(1)   The "net barter" terms of trade, defined as the ratio of the export unit value index to the import unit value index.

(2)   The purchasing power index of exports is the value index of exports deflated by the import unit value index.

(3)   From 2011 onwards, including commercial mining.

(4)   From 2005 onwards, including customs free zones.

(5)   Excluding gold.

Purchasing power of exports (2) - Pouvoir d'achat des exportations (2)								Régions, pays ou territoires
2007	2008	2009	2010	2011	2012	2013	2014	
118	141	73	75	31	19	34	26	Saint-Pierre-et-Miquelon
122	123	114	129	135	140	145	150	États-Unis
113	**101**	**91**	**106**	**96**	**94**	**90**	**90**	**Économies développées : Asie**
125	124	114	129	131	125	134	139	Israël
113	100	90	104	94	92	88	87	Japon
128	**126**	**110**	**120**	**124**	**123**	**126**	**129**	**Économies développées : Europe**
139	136	113	126	130	128	131	133	Autriche
135	129	116	123	127	125	128	131	Belgique
203	217	190	228	267	265	293	297	Bulgarie
163	160	136	154	152	146	148	166	Croatie
85	88	78	85	96	95	109	99	Chypre
245	257	222	256	280	280	283	305	République tchèque
128	131	114	117	121	119	120	121	Danemark
164	161	138	170	212	211	210	209	Estonie
115	119	114	116	120	112	130	135	Îles Féroé
111	107	81	85	83	80	81	83	Finlande
97	94	82	87	86	85	84	85	France
140	137	119	133	136	135	137	144	Allemagne
118	85	116	93	67	66	75	151	Gibraltar
108	103	92	121	126	135	139	143	Grèce
216	224	191	219	237	232	237	248	Hongrie
152	162	144	155	160	153	156	159	Islande
106	101	104	104	99	95	90	92	Irlande
116	109	93	98	99	99	101	105	Italie
252	265	236	288	346	379	380	390	Lettonie
245	279	240	277	312	338	367	374	Lituanie
164	174	167	149	138	128	123	128	Luxembourg
91	93	85	108	116	115	99	78	Malte
143	146	131	142	144	147	149	152	Pays-Bas
145	169	129	139	152	155	142	150	Norvège
252	268	250	280	293	299	324	344	Pologne
125	120	107	117	124	127	135	140	Portugal
224	241	225	268	299	288	319	338	Roumanie
275	296	265	302	335	359	374	389	Slovaquie
194	196	171	184	195	190	199	215	Slovénie
120	117	110	118	123	122	129	134	Espagne
117	114	93	107	111	107	102	102	Suède
132	139	126	138	144	144	142	144	Suisse (5)
95	91	78	86	92	87	99	92	Royaume-Uni
168	**199**	**178**	**218**	**245**	**229**	**238**	**239**	**Économies développées : Océanie**
173	210	186	230	260	241	249	247	Australie
145	153	144	164	175	172	189	206	Nouvelle-Zélande
								Pour mémoire
163	174	153	177	195	202	207	208	Économies en développement sans la Chine
187	198	178	206	224	234	245	252	Économies en développement sans les PMA
192	203	180	208	228	240	250	257	Économies en développement à revenu élevé
170	184	175	206	220	220	232	240	Économies en développement à rev. intermédiaire
155	157	160	183	196	209	232	246	Économies en développement à revenu faible
181	189	184	220	241	250	263	266	PPTE (Pays pauvres très endettés) (FMI)
277	328	247	306	363	372	387	381	LLDCs (Pays en développement sans littoral)
151	162	111	119	129	121	120	122	SIDS (Petits États insulaires en développement)
247	279	235	274	293	301	322	315	PMA (Pays les moins avancés)

Sources :

Calculs et estimations du secrétariat de la CNUCED, sur la base de :

- CEPALC, *CEPALSTAT* Déflateur du commerce extérieur

- EUROSTAT, base de données en ligne, Indices de valeur unitaire par pays déclarant

- FMI, *Statistiques financières internationales*

- Bureau des statistiques du travail des États-Unis (BLS), Indices des prix du commerce extérieur

- Ministère des finances du Japon, Statistiques du commerce, Indices de valeur unitaire du commerce

- Banque du Japon, Indices des prix

- CNUCED, *UNCTADstat* Statistiques des prix des produits de base

- CNUCED, *UNCTADstat* Matrice du commerce de marchandises

Notes :

(1)   Il s'agit de ce qu'on appelle le 'troc net', défini comme étant le rapport de l'indice de la valeur unitaire des exportations et de l'indice de la valeur unitaire des importations.

(2)   Le pouvoir d'achat des exportations est l'indice de la valeur des exportations corrigé par l'indice de la valeur unitaire des importations.

(3)   À partir de 2011, y compris l'exploitation minière commerciale.

(4)   À partir de 2005, y compris les zones franches douanières.

(5)   Non-compris l'or.

Market / Marchés	Year / Année	MFN rate - Simple average (2) / Droit NPF - Moyenne simple (2)						MFN rate - Weighted average (3) / Droit NPF - Moyenne pondérée (3)					
		Total of non-agricultural and non-fuel products / Total des produits non-agricoles et non-pétroliers	Ores and metals / Minérais et métaux	Manufactured products / Produits manufacturés	Chemical products / Produits chimiques	Machinery and transport equipment / Machines et matériel de transport	Other manufactured products / Produits manufacturés divers	Total of non-agricultural and non-fuel products / Total des produits non-agricoles et non-pétroliers	Ores and metals / Minérais et métaux	Manufactured products / Produits manufacturés	Chemical products / Produits chimiques	Machinery and transport equipment / Machines et matériel de transport	Other manufactured products / Produits manufacturés divers
SITC Rev.3 (1) / CTCI Rév.3 (1)		5+6+7+8 +27+28-667	27+28+68	(5+6+7+8) -(667+68)	5	7	(6+8) -(667+68)	5+6+7+8 +27+28-667	27+28+68	(5+6+7+8) -(667+68)	5	7	(6+8) -(667+68)
Afghanistan	2012	5.8	5.1	5.9	4.8	4.9	6.7	6.5	8.1	6.5	4.9	7.1	6.1
	2013	5.8	5.1	5.9	4.8	4.9	6.7	7.0	8.5	7.0	4.2	8.2	6.6
Albania - Albanie	2000	10.5	8.3	10.6	7.8	6.0	13.8	12.0	9.2	12.1	8.7	8.2	14.8
	2005	5.9	2.5	6.1	2.1	2.6	9.2	7.4	0.9	7.6	3.2	4.2	10.7
	2010	4.8	1.2	5.0	1.7	1.6	7.8	4.6	1.0	4.8	2.7	1.8	7.2
	2012	3.4	1.2	3.5	1.6	1.6	5.1	2.8	0.9	2.9	2.4	1.5	3.9
	2013	3.4	1.2	3.5	1.6	1.6	5.1	2.9	0.9	3.0	2.4	1.7	3.9
	2014	3.4	1.2	3.5	1.6	1.6	5.1	2.8	0.8	2.8	2.6	1.5	3.5
Algeria - Algérie	2005	18.1	11.9	18.5	14.3	11.8	23.0	11.9	9.3	12.0	8.8	10.5	16.7
	2014	17.8	11.8	18.2	14.3	11.3	22.7	12.7	10.1	12.7	9.4	10.3	18.6
Angola	2005	6.4	7.3	6.3	4.9	3.0	8.3	5.1	6.4	5.1	8.0	2.8	9.9
	2010	6.4	7.2	6.4	4.8	3.0	8.4	6.3	5.3	6.3	8.6	3.1	10.8
	2012	6.4	7.2	6.4	4.8	3.0	8.4	6.6	5.1	6.7	8.2	3.4	10.6
	2013	6.4	7.2	6.4	4.8	3.0	8.4	6.4	5.6	6.4	8.0	3.2	10.4
	2014	8.5	10.1	8.4	4.9	4.5	11.5	9.8	12.0	9.7	10.8	5.4	14.9
Anguilla	2012	17.9	15.2	18.0	15.5	21.5	16.7	18.4	16.8	18.5	16.7	19.3	17.9
	2013	18.2	16.1	18.2	16.6	21.9	16.5	13.9	8.9	13.9	17.6	12.6	15.6
	2014	17.9	15.7	17.9	16.3	21.2	16.4	13.9	8.9	13.9	17.1	12.7	15.6
Antigua and Barbuda - Antigua-et-Barbuda	2000	10.1	4.2	10.5	6.6	8.9	12.7	15.3	10.0	15.4	16.7	13.6	17.0
	2005	8.7	3.9	9.1	6.1	7.9	10.7	13.8	6.3	13.9	12.7	14.4	13.6
	2010	8.8	5.3	9.0	6.1	7.9	10.6	14.7	9.1	14.7	13.4	14.2	15.4
	2012	8.7	5.5	9.0	6.2	7.9	10.5	14.9	9.3	15.0	13.9	14.6	15.6
	2013	8.8	3.9	9.1	6.2	8.0	10.8	15.0	9.2	15.1	14.3	14.3	15.7
	2014	8.6	3.9	8.9	6.1	7.9	10.5	14.7	9.1	14.8	13.3	14.3	15.5
Argentina - Argentine	2000	15.7	9.0	16.1	11.5	14.7	18.6	15.1	8.2	15.3	12.6	15.1	18.0
	2005	11.6	5.8	12.0	8.1	8.5	15.1	12.5	4.0	12.8	8.7	14.3	13.6
	2010	13.2	5.7	13.7	8.0	8.5	18.2	13.7	3.9	14.1	8.5	15.7	15.2
	2012	13.2	5.7	13.7	8.0	8.5	18.2	13.8	4.4	14.1	8.6	15.9	15.2
	2013	14.5	5.7	15.1	8.0	13.2	18.8	13.0	4.4	13.3	8.6	14.1	15.8
	2014	14.7	5.7	15.3	8.0	13.7	19.0	13.5	4.4	13.8	8.6	14.5	17.3
Armenia - Arménie	2005	2.2	0.5	2.3	0.0	1.9	3.4	2.5	0.1	2.6	0.0	2.7	3.7
	2010	2.2	0.4	2.3	0.1	2.0	3.3	2.4	0.0	2.6	0.2	2.3	3.9
	2012	2.9	1.7	2.9	0.1	3.0	4.1	3.3	0.1	3.5	0.1	3.7	4.9
	2013	2.9	1.7	2.9	0.1	3.0	4.1	3.2	0.1	3.4	0.1	3.6	4.8
	2014	2.9	1.7	3.0	0.1	3.0	4.1	3.4	0.1	3.5	0.2	4.1	4.6
Aruba	2012	10.7	7.0	10.9	9.4	13.1	10.2	10.9	6.1	11.0	7.3	16.7	8.5
	2013	10.7	7.0	10.9	9.4	13.1	10.2	10.9	6.1	11.0	7.3	16.7	8.5
Australia - Australie	2000	5.2	1.2	5.4	2.0	3.9	7.5	4.7	2.5	4.7	1.8	4.1	7.1
	2005	4.0	1.0	4.2	1.5	3.0	5.8	3.8	2.6	3.8	1.6	3.4	5.6
	2010	3.1	1.0	3.3	1.6	2.8	4.2	3.2	2.0	3.2	1.6	3.1	4.3
	2012	3.2	1.0	3.3	1.6	2.8	4.2	3.3	1.3	3.3	1.6	3.2	4.4
	2013	3.2	1.0	3.3	1.6	2.8	4.2	3.4	1.6	3.4	1.8	3.2	4.5
	2014	3.2	1.0	3.3	1.6	2.8	4.2	3.4	1.8	3.4	1.8	3.2	4.5
Azerbaijan - Azerbaïdjan	2005	8.6	4.3	8.9	4.0	6.0	11.7	5.8	2.1	6.0	5.7	2.9	10.8
	2012	8.1	4.5	8.3	4.1	4.8	11.6	6.1	3.7	6.1	5.0	3.8	10.0
	2013	8.1	4.5	8.3	4.1	4.8	11.6	6.1	3.7	6.1	5.0	3.8	10.0
	2014	8.1	4.5	8.3	4.1	4.8	11.6	6.2	2.4	6.3	5.2	4.1	10.2
Bahamas	2010	38.6	42.4	38.3	41.5	38.2	37.0	31.3	30.9	31.3	25.9	33.4	32.4
	2013	38.1	42.3	37.9	41.2	36.9	36.9	27.6	37.9	27.5	34.4	25.9	30.4
	2014	38.1	42.3	37.8	41.2	36.9	36.9	28.5	32.3	28.5	30.1	25.1	30.4

For sources and notes, see end of table.   Pour les sources et les notes, se reporter à la fin du tableau.

4.3 Average applied import MFN tariff rates on non-agricultural and non-fuel products

4.3 Droits de douane moyens NPF appliqués à l'importation des produits non-agricoles et non-pétroliers

Market / Marchés	Year / Année	MFN rate - Simple average (2) / Droit NPF - Moyenne simple (2)						MFN rate - Weighted average (3) / Droit NPF - Moyenne pondérée (3)					
		Total of non-agricultural and non-fuel products / Total des produits non-agricoles et non-pétroliers	Ores and metals / Minérais et métaux	Manufactured products / Produits manufacturés	Of which: / dont : Chemical products / Produits chimiques	Machinery and transport equipment / Machines et matériel de transport	Other manufactured products / Produits manufacturés divers	Total of non-agricultural and non-fuel products / Total des produits non-agricoles et non-pétroliers	Ores and metals / Minérais et métaux	Manufactured products / Produits manufacturés	Of which: / dont : Chemical products / Produits chimiques	Machinery and transport equipment / Machines et matériel de transport	Other manufactured products / Produits manufacturés divers
SITC Rev.3 (1) / CTCI Rév.3 (1)		5+6+7+8 +27+28-667	27+28+68	(5+6+7+8) -(667+68)	5	7	(6+8) -(667+68)	5+6+7+8 +27+28-667	27+28+68	(5+6+7+8) -(667+68)	5	7	(6+8) -(667+68)
Bahrain - Bahreïn	2000	7.8	5.4	7.9	5.3	9.5	8.3	9.0	5.4	9.6	6.2	12.4	7.9
	2005	4.9	4.8	4.9	4.9	4.9	5.0	4.9	5.0	4.9	4.1	5.0	5.0
	2010	4.7	4.9	4.7	4.5	4.2	5.0	4.5	5.1	4.3	3.5	4.1	5.1
	2012	4.8	4.9	4.8	4.5	4.4	5.0	4.6	5.2	4.4	3.8	4.1	5.1
	2013	4.6	4.8	4.6	4.5	4.2	4.9	4.5	5.0	4.5	3.5	4.4	4.9
	2014	4.6	4.8	4.6	4.5	4.2	4.9	4.5	5.0	4.5	3.6	4.3	4.9
Bangladesh	2000	21.6	14.3	22.1	16.8	13.4	27.8	18.8	11.7	19.0	11.6	10.8	26.9
	2005	15.0	9.8	15.4	11.6	10.7	18.9	29.0	8.4	30.0	8.6	19.7	49.4
	2010	14.0	10.0	14.3	10.4	8.9	18.2	12.6	8.2	12.7	6.2	8.9	18.8
	2012	13.9	9.9	14.2	10.3	8.8	18.1	14.3	8.0	14.5	6.7	8.8	20.1
	2013	13.2	8.9	13.4	9.4	7.8	17.5	13.7	7.3	13.9	7.3	8.7	19.2
Barbados - Barbade	2000	17.8	16.2	17.8	11.6	16.4	19.2	21.5	18.2	21.5	14.4	26.1	21.1
	2010	9.0	5.6	9.2	6.1	7.7	11.1	13.2	5.5	13.3	11.6	12.0	15.2
	2012	8.9	5.8	9.1	6.2	7.6	11.0	13.8	8.7	14.0	10.8	11.8	17.2
	2013	8.9	5.8	9.1	6.1	7.6	11.0	13.3	6.7	13.4	11.4	10.8	17.4
Belarus - Bélarus	2000	10.0	8.2	10.2	6.6	10.2	11.9	9.2	7.6	9.3	8.2	8.9	10.2
	2010	8.6	7.3	8.6	6.5	5.2	11.0	7.0	4.1	7.3	8.1	4.5	9.8
	2012	8.5	7.2	8.6	6.5	5.2	10.9	7.1	4.4	7.3	7.8	5.0	10.0
	2013	8.4	7.2	8.5	6.4	5.2	10.8	7.3	4.7	7.4	8.0	5.3	9.7
	2014	7.4	6.8	7.4	5.5	4.6	9.7	5.9	4.1	6.0	6.9	3.3	8.6
Belize	2010	8.6	4.0	8.9	5.7	7.4	10.9	13.2	11.0	13.3	9.1	10.2	16.0
	2012	8.6	4.0	8.9	5.6	7.2	10.8	10.1	13.5	10.1	7.1	9.6	12.2
	2013	8.6	4.0	8.9	5.6	7.3	11.0	10.5	1.1	10.8	8.4	8.9	13.1
	2014	8.6	4.0	8.9	5.6	7.3	11.0	10.5	1.1	10.8	8.4	8.9	13.2
Benin - Bénin	2005	11.8	7.4	12.1	6.4	8.6	15.8	13.7	7.1	13.8	4.7	11.7	16.9
	2010	11.6	7.2	11.9	6.5	8.3	15.7	12.2	7.3	12.3	4.8	12.1	14.9
	2012	11.6	7.2	11.9	6.4	8.3	15.7	16.7	9.3	16.7	6.4	16.4	18.5
	2013	11.6	7.2	11.9	6.4	8.3	15.7	16.7	12.2	16.7	7.3	15.5	18.5
	2014	11.6	7.2	11.9	6.4	8.3	15.7	10.4	7.2	10.5	5.5	9.0	14.6
Bermuda - Bermudes	2005	19.5	19.8	19.5	17.8	24.2	17.6	28.2	21.9	28.2	13.8	31.0	14.8
	2010	19.3	20.0	19.2	20.2	23.5	17.0	18.8	17.5	18.8	13.1	28.2	14.2
	2012	19.3	20.0	19.2	20.2	23.4	17.0	16.7	18.0	16.7	13.3	26.6	12.5
	2013	19.3	20.0	19.2	20.2	23.4	17.0	16.7	19.5	16.7	13.8	26.3	12.7
	2014	19.2	20.0	19.2	20.2	23.2	16.9	17.3	12.9	17.4	13.8	26.7	13.2
Bhutan - Bhoutan	2005	19.0	24.1	18.7	13.8	11.7	23.6	15.8	18.3	15.6	21.4	10.5	19.4
Bolivia (Plurinational State of) - Bolivie (État plurinational de)	2000	9.2	9.9	9.1	9.9	6.7	9.9	8.2	10.0	8.2	9.7	6.4	9.7
	2005	8.1	8.2	8.1	7.4	5.6	9.4	8.4	9.5	8.4	9.5	6.6	9.5
	2010	10.9	6.4	11.2	6.8	5.5	15.4	8.7	8.4	8.7	8.5	6.0	12.1
	2012	10.9	6.4	11.2	6.8	5.5	15.4	8.6	8.3	8.6	8.5	6.0	12.3
	2013	11.3	6.4	11.7	6.8	5.3	16.4	8.2	8.2	8.2	8.5	5.5	12.9
	2014	11.3	6.4	11.7	6.8	5.3	16.4	8.2	8.1	8.2	8.5	5.4	12.8
Bosnia and Herzegovina - Bosnie-Herzégovine	2010	6.2	1.7	6.5	2.8	5.7	8.3	7.1	4.3	7.3	5.7	7.0	8.1
	2012	6.1	1.7	6.4	2.8	5.7	8.3	7.0	4.7	7.1	5.5	7.0	8.0
	2013	6.1	1.7	6.4	2.8	5.7	8.3	7.1	4.7	7.2	5.6	7.0	8.0
	2014	6.1	1.7	6.4	2.8	5.7	8.2	7.1	4.7	7.2	5.5	7.0	8.1
Botswana	2005	8.1	1.2	8.6	2.5	3.0	13.3	9.6	0.7	10.0	7.3	8.2	13.1
	2010	7.7	0.8	8.2	1.9	2.8	13.0	9.0	0.7	9.3	6.4	7.3	12.6
	2012	7.7	0.8	8.1	1.9	2.8	13.0	9.1	0.1	9.8	2.4	6.7	18.5
	2013	7.7	0.8	8.1	1.9	2.8	13.0	9.6	0.9	9.8	5.7	7.3	14.2
	2014	7.7	0.8	8.1	1.9	2.8	13.0	8.9	0.6	9.2	5.4	7.6	12.8

For sources and notes, see end of table.

Pour les sources et les notes, se reporter à la fin du tableau.

Market / Marchés	Year / Année	MFN rate - Simple average (2) / Droit NPF - Moyenne simple (2)						MFN rate - Weighted average (3) / Droit NPF - Moyenne pondérée (3)					
		Total of non-agricultural and non-fuel products / Total des produits non-agricoles et non-pétroliers	Ores and metals / Minérais et métaux	Manu-factured products / Produits manu-facturés	Chemical products / Produits chimiques	Machinery and transport equipment / Machines et matériel de transport	Other manu-factured products / Produits manu-facturés divers	Total of non-agricultural and non-fuel products / Total des produits non-agricoles et non-pétroliers	Ores and metals / Minérais et métaux	Manu-factured products / Produits manu-facturés	Chemical products / Produits chimiques	Machinery and transport equipment / Machines et matériel de transport	Other manu-factured products / Produits manu-facturés divers
SITC Rev.3 (1) / CTCI Rév.3 (1)		5+6+7+8 +27+28-667	27+28+68	(5+6+7+8) -(667+68)	5	7	(6+8) -(667+68)	5+6+7+8 +27+28-667	27+28+68	(5+6+7+8) -(667+68)	5	7	(6+8) -(667+68)
Brazil - Brésil	2000	16.3	9.0	16.8	11.5	17.6	18.5	14.7	8.2	15.0	11.1	16.1	16.5
	2005	13.0	5.8	13.5	8.1	13.9	15.4	10.5	4.8	10.8	7.4	11.6	13.5
	2010	14.6	5.7	15.2	8.0	13.7	18.8	12.2	5.2	12.6	7.3	13.9	15.0
	2012	14.7	5.7	15.2	8.0	13.8	18.8	12.5	5.2	12.8	7.1	14.1	16.5
	2013	14.6	5.7	15.2	8.0	13.8	18.8	12.5	5.1	12.8	7.1	14.1	16.7
	2014	14.7	5.7	15.3	8.0	13.8	18.9	12.4	5.2	12.7	7.2	13.8	17.0
Brunei Darussalam / Brunéi Darussalam	2000	3.1	0.0	3.3	0.3	9.5	1.7	6.9	0.0	7.0	0.8	17.3	0.8
	2005	3.0	0.0	3.2	0.2	9.5	1.8	5.3	0.0	5.3	0.8	11.3	1.1
	2010	2.9	0.0	3.1	0.2	9.0	1.8	3.1	0.0	3.2	0.7	5.4	1.9
	2014	1.4	0.0	1.5	0.2	3.3	1.2	1.5	0.0	1.5	0.7	1.7	1.4
Burkina Faso	2005	12.6	8.7	12.8	7.6	9.2	16.0	11.0	7.8	11.1	5.7	10.7	15.3
	2010	12.6	8.5	12.7	7.6	8.7	16.2	10.7	7.8	10.7	5.8	10.4	13.8
	2012	12.5	8.3	12.6	7.3	8.7	16.1	9.7	8.0	9.7	4.3	9.2	13.7
	2013	12.5	8.3	12.6	7.3	8.7	16.1	9.7	8.0	9.7	4.3	9.2	13.7
	2014	12.5	8.1	12.7	7.4	8.7	16.2	9.8	8.5	9.8	4.1	9.9	13.6
Burundi	2005	18.1	11.3	18.6	12.2	14.8	22.7	19.4	10.4	19.9	15.6	20.2	21.3
	2010	11.3	6.6	11.6	3.3	5.9	17.5	14.9	16.9	14.9	4.6	8.0	26.0
	2012	11.2	6.3	11.5	3.3	5.7	17.3	10.7	14.1	10.7	3.8	5.9	19.5
	2013	11.2	6.3	11.5	3.3	5.7	17.4	10.9	22.0	10.8	4.0	5.4	19.8
	2014	11.0	6.3	11.3	3.3	5.7	17.1	10.6	22.0	10.5	4.0	5.1	19.7
Cabo Verde	2005	10.0	0.9	10.6	2.5	7.4	15.2	13.4	1.5	13.5	11.4	12.9	14.6
	2010	9.6	0.9	10.2	2.5	6.0	15.1	10.1	1.6	10.2	8.6	9.3	11.7
	2012	9.5	0.9	10.1	2.6	5.7	15.1	9.7	2.5	9.8	9.0	7.6	12.8
	2013	9.5	0.9	10.1	2.5	5.7	15.1	11.1	1.6	11.2	8.8	11.1	12.1
Cambodia - Cambodge	2005	13.9	8.9	14.2	10.1	17.3	14.6	11.0	8.3	11.0	5.9	16.2	10.1
	2010	11.6	4.6	12.1	7.2	15.0	12.8	9.6	1.7	9.7	4.1	15.1	8.2
	2012	10.3	4.6	10.7	7.1	14.5	10.4	9.1	1.5	9.2	4.2	15.3	7.5
	2014	10.3	4.2	10.7	7.1	14.6	10.4	8.0	1.3	8.1	4.3	14.2	6.2
Cameroon - Cameroun	2005	17.3	11.8	17.7	11.0	14.1	21.9	14.8	10.7	15.1	7.8	16.5	17.7
	2010	16.9	11.8	17.3	10.7	13.8	21.4	15.4	17.0	15.4	9.3	14.7	19.3
	2012	17.3	11.7	17.6	10.9	14.1	21.8	14.0	10.7	14.1	8.0	15.2	16.7
	2013	16.9	11.8	17.2	10.7	13.8	21.4	15.6	12.6	15.7	9.0	13.8	20.8
	2014	17.1	11.9	17.5	11.0	13.9	21.7	15.6	12.6	15.7	7.6	13.9	21.2
Canada	2000	4.7	0.7	5.0	2.9	2.2	7.0	3.1	0.6	3.2	3.3	2.5	4.7
	2005	4.2	0.7	4.4	2.6	2.2	6.0	3.1	0.6	3.2	2.6	2.8	4.2
	2010	2.8	0.0	2.9	0.9	1.3	4.5	2.6	0.0	2.7	1.6	2.2	4.1
	2012	2.6	0.0	2.7	0.8	1.3	4.2	2.5	0.0	2.6	1.5	2.1	3.9
	2013	2.4	0.0	2.6	0.8	1.3	3.9	2.5	0.0	2.6	1.5	2.2	4.0
	2014	2.4	0.0	2.5	0.6	1.3	3.8	2.5	0.0	2.5	1.1	2.1	3.9
Central African Republic - République centrafricaine	2005	17.3	11.8	17.7	11.0	14.1	21.9	29.5	30.0	14.4	9.2	17.3	14.4
	2010	16.9	11.8	17.3	10.7	13.8	21.4	15.3	18.0	15.2	7.9	16.1	19.5
	2012	16.9	11.8	17.3	10.6	13.7	21.5	15.2	19.2	15.1	7.7	16.3	17.8
	2013	16.9	11.8	17.2	10.7	13.8	21.4	13.1	11.3	13.1	6.0	14.2	19.7
Chad - Tchad	2005	17.3	11.8	17.7	11.0	14.1	21.9	11.8	14.5	11.8	9.2	11.0	16.7
	2010	16.9	11.8	17.3	10.7	13.8	21.4	14.2	8.8	14.2	9.4	12.9	18.1
	2013	16.9	11.8	17.2	10.7	13.8	21.4	13.5	11.1	13.5	8.2	12.4	17.9
Chile - Chili	2000	9.0	9.0	9.0	9.0	9.0	9.0	9.0	9.0	9.0	9.0	9.0	9.0
	2005	6.0	6.0	6.0	6.0	5.9	6.0	5.9	6.0	5.9	6.0	5.9	6.0
	2010	6.0	6.0	6.0	6.0	5.9	6.0	5.9	6.0	5.9	6.0	5.8	6.0
	2012	6.0	6.0	6.0	6.0	5.9	6.0	5.8	6.0	5.8	6.0	5.5	6.0
	2013	6.0	6.0	6.0	6.0	5.9	6.0	5.9	6.0	5.9	6.0	5.7	6.0

For sources and notes, see end of table.

Pour les sources et les notes, se reporter à la fin du tableau.

Market / Marchés	Year / Année	MFN rate - Simple average (2) / Droit NPF - Moyenne simple (2)						MFN rate - Weighted average (3) / Droit NPF - Moyenne pondérée (3)					
		Total of non-agricultural and non-fuel products / Total des produits non-agricoles et non-pétroliers	Ores and metals / Minérais et métaux	Manufactured products / Produits manufacturés	of which: / dont : Chemical products / Produits chimiques	Machinery and transport equipment / Machines et matériel de transport	Other manufactured products / Produits manufacturés divers	Total of non-agricultural and non-fuel products / Total des produits non-agricoles et non-pétroliers	Ores and metals / Minérais et métaux	Manufactured products / Produits manufacturés	of which: / dont : Chemical products / Produits chimiques	Machinery and transport equipment / Machines et matériel de transport	Other manufactured products / Produits manufacturés divers
SITC Rev.3 (1) / CTCI Rév.3 (1)		5+6+7+8 +27+28-667	27+28+68	(5+6+7+8) -(667+68)	5	7	(6+8) -(667+68)	5+6+7+8 +27+28-667	27+28+68	(5+6+7+8) -(667+68)	5	7	(6+8) -(667+68)
China - Chine	2000	15.8	5.3	16.5	11.1	16.2	18.7	13.2	5.2	13.8	13.1	12.8	16.2
	2005	9.2	3.7	9.6	6.9	9.2	10.8	5.0	1.8	5.4	7.3	4.0	7.4
	2010	8.8	3.3	9.2	6.5	8.5	10.6	4.3	0.4	5.1	5.8	4.1	7.7
	2014	8.7	3.1	9.0	6.4	8.3	10.5	4.0	0.3	4.8	5.2	3.9	7.2
China, Taiwan Province of - Province chinoise de Taiwan	2000	6.1	1.5	6.4	4.0	6.0	7.5	2.9	1.4	3.0	3.4	2.5	4.1
	2005	4.4	0.8	4.6	2.8	4.4	5.5	2.3	0.6	2.4	1.9	2.7	2.2
	2010	4.3	0.8	4.5	2.8	4.0	5.4	1.8	0.4	2.0	1.9	1.8	2.4
	2012	4.2	0.8	4.5	2.8	3.9	5.4	1.8	0.5	2.0	2.0	1.8	2.6
	2014	4.2	0.8	4.5	2.9	3.9	5.4	1.9	0.5	2.0	2.0	1.8	2.6
Colombia - Colombie	2000	11.8	6.4	12.1	8.0	9.9	14.7	10.5	6.6	10.6	8.0	10.7	13.0
	2005	11.8	6.3	12.2	8.0	9.8	14.8	11.1	6.4	11.2	8.2	11.7	13.2
	2010	11.7	6.3	12.1	7.9	9.8	14.8	11.5	6.7	11.6	7.5	12.5	13.3
	2012	5.1	1.2	5.3	2.4	3.7	7.2	7.4	3.4	7.4	3.5	9.0	7.8
	2013	5.1	0.7	5.4	2.5	3.4	7.4	6.9	1.3	7.1	3.5	8.1	8.1
	2014	4.6	0.5	4.9	2.2	3.0	6.8	6.7	1.0	6.8	3.2	7.9	7.8
Comoros - Comores	2010	12.5	14.8	12.3	13.6	13.7	11.2	8.4	7.5	8.4	7.3	8.1	8.8
	2012	8.7	10.6	8.5	9.4	6.6	9.0	5.6	7.1	5.6	6.0	6.2	5.2
	2013	16.3	19.7	16.1	17.9	17.5	14.7	7.2	9.5	7.2	8.0	9.4	5.5
	2014	16.8	19.8	16.6	18.0	17.3	15.8	11.2	15.0	11.2	5.1	14.5	10.5
Congo	2005	17.3	11.8	17.7	11.0	14.1	21.9	11.4	15.6	11.4	9.6	10.8	17.8
	2010	16.9	11.8	17.3	10.7	13.8	21.4	15.7	16.1	15.7	11.2	13.5	20.6
	2013	17.0	11.9	17.3	10.7	13.9	21.5	15.4	13.9	15.4	11.1	13.7	19.1
	2014	17.0	11.9	17.3	10.7	13.8	21.5	15.3	13.9	15.3	11.1	13.6	19.2
Cook Islands - Îles Cook	2010	0.3	0.0	0.3	0.0	1.2	0.0	2.0	0.0	2.0	0.0	4.9	0.0
	2012	0.1	0.0	0.1	0.0	0.6	0.0	0.6	0.0	0.6	0.0	1.3	0.0
	2013	0.4	0.0	0.4	0.0	1.5	0.1	2.4	0.0	2.4	0.0	4.4	0.0
Costa Rica	2000	4.6	1.4	4.8	1.3	2.1	7.3	3.8	1.6	3.9	3.1	1.9	6.9
	2005	4.8	1.0	5.1	1.4	2.2	7.8	3.6	1.3	3.7	3.0	1.9	6.8
	2010	4.4	1.0	4.6	1.4	1.8	7.2	3.1	1.1	3.1	2.7	1.4	5.9
	2012	4.4	0.9	4.6	1.4	1.8	7.1	3.2	1.0	3.3	3.0	1.4	6.1
	2013	4.4	0.9	4.6	1.4	1.7	7.1	3.3	1.0	3.4	3.2	1.4	6.4
	2014	4.4	0.9	4.6	1.4	1.8	7.1	3.3	1.0	3.4	3.2	1.5	6.4
Côte d'Ivoire	2005	12.3	8.2	12.4	6.8	8.9	16.1	10.4	7.0	10.4	5.1	8.2	15.3
	2010	12.0	7.6	12.1	6.8	8.5	15.9	8.8	6.7	8.8	5.5	8.3	12.9
	2012	11.9	8.0	12.1	6.7	8.5	15.8	9.2	7.0	9.3	5.1	9.1	13.3
	2013	11.9	8.0	12.1	6.7	8.5	15.8	9.2	7.0	9.3	5.1	9.1	13.3
	2014	12.0	8.2	12.2	6.7	8.5	15.8	7.9	6.9	8.0	5.2	7.0	13.5
Cuba	2000	11.2	5.3	11.5	9.2	9.9	13.2	10.5	3.7	10.6	8.0	10.0	12.3
	2005	11.2	5.1	11.6	9.1	9.9	13.3	9.8	3.9	9.9	8.1	9.3	11.4
	2010	11.1	5.0	11.5	9.1	9.8	13.2	10.1	4.4	10.2	9.0	9.8	11.4
	2012	11.1	5.0	11.5	9.2	9.8	13.2	9.9	4.0	10.0	8.4	9.5	11.4
	2013	10.6	5.0	11.0	9.2	9.8	12.2	9.4	3.6	9.5	8.7	8.8	10.9
Dem. Rep. of the Congo - Rép. dém. du Congo	2010	10.9	7.6	11.1	7.1	8.1	14.0	11.3	6.1	11.6	11.7	8.4	14.5
	2014	10.9	7.6	11.1	7.1	8.2	14.0	9.9	7.2	9.9	10.1	8.2	11.9
Djibouti	2005	29.3	30.7	29.2	31.2	29.2	28.4	29.1	23.1	29.2	26.7	30.7	27.8
	2012	22.2	24.3	22.1	24.5	21.6	21.3	20.0	16.1	20.1	20.9	19.5	20.7
	2014	22.1	24.3	21.9	24.5	21.1	21.2	19.6	16.1	19.6	20.9	18.9	20.3
Dominica - Dominique	2000	13.0	13.7	13.0	9.3	12.4	14.5	15.0	14.4	15.0	10.3	21.8	12.5
	2010	8.7	5.4	8.9	6.1	7.6	10.6	11.4	7.2	11.4	11.9	10.9	11.7
	2012	8.6	5.6	8.8	6.2	7.5	10.5	11.9	8.9	11.9	11.3	12.2	12.0
	2013	7.8	3.6	8.0	6.3	5.7	9.8	13.2	8.3	13.3	16.0	11.2	13.8

For sources and notes, see end of table.

Pour les sources et les notes, se reporter à la fin du tableau.

4.3 Average applied import MFN tariff rates on non-agricultural and non-fuel products

4.3 Droits de douane moyens NPF appliqués à l'importation des produits non-agricoles et non-pétroliers

Market / Marchés	Year / Année	MFN rate - Simple average (2) / Droit NPF - Moyenne simple (2)						MFN rate - Weighted average (3) / Droit NPF - Moyenne pondérée (3)					
		Total of non-agricultural and non-fuel products / Total des produits non-agricoles et non-pétroliers	Ores and metals / Minérais et métaux	Manu-factured products / Produits manu-facturés	of which: Chemical products / Produits chimiques	of which: Machinery and transport equipment / Machines et matériel de transport	of which: Other manu-factured products / Produits manu-facturés divers	Total of non-agricultural and non-fuel products / Total des produits non-agricoles et non-pétroliers	Ores and metals / Minérais et métaux	Manu-factured products / Produits manu-facturés	of which: Chemical products / Produits chimiques	of which: Machinery and transport equipment / Machines et matériel de transport	of which: Other manu-factured products / Produits manu-facturés divers
SITC Rev.3 (1) / CTCI Rév.3 (1)		5+6+7+8 +27+28-667	27+28+68	(5+6+7+8) -(667+68)	5	7	(6+8) -(667+68)	5+6+7+8 +27+28-667	27+28+68	(5+6+7+8) -(667+68)	5	7	(6+8) -(667+68)
Dominican Republic - République dominicaine	2000	17.5	9.1	18.1	10.1	13.1	23.2	17.5	13.6	17.6	9.8	17.8	21.3
	2005	7.7	4.5	7.9	4.6	5.4	10.3	9.4	4.6	9.5	5.2	9.9	10.3
	2010	6.0	2.3	6.2	2.3	3.5	9.0	7.7	6.3	7.7	3.4	8.2	9.0
	2012	5.9	2.3	6.1	2.3	3.5	8.9	7.2	6.1	7.3	3.5	7.6	8.5
	2013	5.9	2.3	6.1	2.3	3.5	8.9	7.5	5.4	7.5	3.4	8.4	8.8
Ecuador - Équateur	2000	11.5	5.9	11.9	7.3	9.0	14.9	10.0	5.7	10.1	6.3	11.3	12.3
	2005	11.3	5.9	11.6	7.1	8.3	14.9	10.3	6.6	10.4	7.1	10.5	12.5
	2010	9.9	0.7	10.5	2.9	5.0	16.0	7.6	2.6	7.7	4.2	7.2	11.4
	2012	8.6	0.7	9.1	2.9	5.3	13.2	7.1	2.7	7.2	4.4	7.0	9.4
	2014	8.8	0.7	9.4	3.0	5.9	14.2	8.4	2.1	8.6	4.6	9.8	10.1
Egypt - Égypte	2000	21.7	13.9	22.1	14.3	14.0	28.7	18.3	6.3	20.0	15.8	19.7	22.5
	2005	13.1	5.8	13.5	6.9	8.0	18.5	10.4	2.0	11.6	11.8	11.2	11.8
	2010	9.9	4.7	10.2	5.2	6.9	13.6	12.5	2.1	13.2	12.7	15.4	11.2
	2012	9.9	4.7	10.2	5.2	6.9	13.6	11.8	1.9	12.8	12.7	15.8	10.0
	2013	9.9	4.6	10.2	5.2	6.9	13.6	11.7	1.8	12.6	14.2	13.8	10.4
	2014	10.0	4.7	10.3	5.3	6.9	13.7	12.3	1.8	13.2	8.3	18.4	10.5
El Salvador	2000	6.6	1.1	7.0	1.5	2.2	11.2	5.9	1.6	6.0	4.5	4.0	9.0
	2005	5.0	1.0	5.3	1.5	2.2	8.1	7.3	1.0	7.4	6.3	4.6	9.1
	2010	4.9	1.0	5.1	1.6	2.0	7.9	6.0	1.7	6.1	4.6	3.5	8.2
	2012	4.8	1.0	5.1	1.6	1.9	7.9	6.3	1.4	6.4	6.0	3.7	8.0
	2013	4.8	1.0	5.1	1.6	1.9	7.9	6.1	1.3	6.1	5.1	3.9	7.9
	2014	4.8	1.0	5.1	1.6	1.9	7.9	5.9	1.3	6.0	4.4	3.8	7.9
Equatorial Guinea - Guinée équatoriale	2005	17.3	11.8	17.7	11.0	14.1	21.9	14.3	10.2	14.3	16.5	12.9	18.3
Ethiopia - Éthiopie	2010	16.9	9.4	17.4	10.5	11.3	22.8	12.5	6.7	12.6	6.6	11.1	18.3
	2012	16.9	9.4	17.4	10.6	11.1	22.7	12.4	7.5	12.4	5.4	10.9	18.3
EU28 - UE28 (4)	2000	4.2	1.6	4.4	4.2	2.3	5.4	3.1	1.7	3.2	2.8	2.0	5.4
	2005	3.9	1.6	4.1	4.6	2.3	4.7	3.2	1.6	3.3	3.2	2.4	4.9
	2010	3.9	1.6	4.1	4.6	2.3	4.6	3.1	1.3	3.2	3.0	2.1	5.0
	2012	3.9	1.6	4.1	4.7	2.3	4.6	3.1	1.3	3.3	3.0	2.1	5.0
	2013	3.9	1.6	4.1	4.7	2.3	4.6	3.2	1.3	3.3	3.0	2.1	5.1
	2014	3.9	1.6	4.0	4.6	2.3	4.6	3.1	1.3	3.3	3.0	2.1	5.0
Fiji - Fidji	2010	10.0	5.7	10.3	6.6	8.4	12.6	12.1	5.0	12.3	7.8	11.9	14.3
	2012	9.4	5.7	9.7	6.8	7.6	11.8	11.3	5.0	11.4	7.4	10.7	13.8
	2013	9.7	5.7	9.9	6.8	7.9	12.1	11.9	5.0	12.0	7.9	11.7	14.0
French Polynesia - Polynésie française	2012	9.8	8.2	9.9	8.9	8.5	10.9	10.1	9.2	10.1	12.7	9.2	10.0
	2013	9.8	8.2	9.9	8.9	8.5	10.9	9.9	9.2	9.9	12.7	8.7	9.9
	2014	9.8	8.2	9.9	8.9	8.5	10.9	9.9	9.2	9.9	12.7	8.7	9.9
Gabon	2000	17.2	11.6	17.6	10.6	13.9	21.9	13.3	17.7	13.3	8.7	12.1	18.1
	2005	17.8	11.5	18.0	11.6	14.7	22.0	15.4	16.4	15.3	9.7	15.2	17.7
	2010	17.9	11.2	18.2	11.8	14.3	22.0	14.6	16.3	14.6	11.5	13.3	18.6
	2012	18.0	10.9	18.2	11.5	14.2	22.2	15.4	15.5	15.4	11.1	14.2	18.6
	2013	17.9	10.5	18.2	11.4	14.1	22.2	14.5	15.1	14.5	11.4	13.2	17.8
Gambia - Gambie	2010	14.2	8.2	14.4	11.7	11.1	17.0	12.9	8.5	13.0	6.5	15.1	12.9
	2012	14.3	8.3	14.5	11.8	11.1	17.1	12.9	13.4	12.9	6.7	15.1	12.7
	2013	14.3	8.5	14.5	12.2	11.1	17.0	13.3	5.2	13.5	9.1	15.7	12.2
Georgia - Géorgie	2005	6.5	6.0	6.5	5.9	3.9	7.9	5.7	8.3	5.7	4.0	5.2	7.1
	2010	0.3	3.6	0.2	0.1	0.0	0.3	0.3	2.4	0.2	0.0	0.0	0.5
	2012	0.8	3.4	0.7	0.7	0.1	1.0	1.2	3.7	1.1	1.7	0.0	2.3
	2013	0.8	3.5	0.7	0.7	0.1	1.0	1.3	2.2	1.2	1.6	0.0	2.1
Ghana	2000	13.8	11.2	13.9	12.1	5.4	18.6	8.9	10.2	8.9	11.4	5.2	13.3
	2010	12.2	11.8	12.3	11.3	5.7	15.8	9.1	12.5	9.0	8.0	6.3	13.7
	2013	12.2	11.4	12.2	11.5	5.7	15.7	8.8	12.6	8.8	10.3	5.2	13.0

For sources and notes, see end of table.

Pour les sources et les notes, se reporter à la fin du tableau.

Market / Marchés	Year / Année	MFN rate - Simple average (2) / Droit NPF - Moyenne simple (2)						MFN rate - Weighted average (3) / Droit NPF - Moyenne pondérée (3)					
		Total of non-agricultural and non-fuel products / Total des produits non-agricoles et non-pétroliers	Ores and metals / Minérais et métaux	of which: / dont :				Total of non-agricultural and non-fuel products / Total des produits non-agricoles et non-pétroliers	Ores and metals / Minérais et métaux	of which: / dont :			
				Manu-factured products / Produits manu-facturés	Of which: / dont :					Manu-factured products / Produits manu-facturés	Of which: / dont :		
					Chemical products / Produits chimiques	Machinery and transport equipment / Machines et matériel de transport	Other manu-factured products / Produits manu-facturés divers				Chemical products / Produits chimiques	Machinery and transport equipment / Machines et matériel de transport	Other manu-factured products / Produits manu-facturés divers
SITC Rev.3 (1) / CTCI Rév.3 (1)		5+6+7+8 +27+28-667	27+28+68	(5+6+7+8) -(667+68)	5	7	(6+8) -(667+68)	5+6+7+8 +27+28-667	27+28+68	(5+6+7+8) -(667+68)	5	7	(6+8) -(667+68)
Grenada - Grenade	2000	10.1	5.9	10.2	7.5	8.4	11.8	10.3	8.8	10.3	13.0	8.6	11.6
	2010	10.7	6.3	10.8	8.7	9.4	12.0	11.9	6.0	12.0	12.0	12.2	11.8
	2012	10.7	6.0	10.9	9.4	9.5	11.9	13.0	5.6	13.2	10.3	13.0	14.0
	2013	11.0	6.1	11.2	10.1	9.6	12.2	11.4	6.0	11.5	8.5	11.2	13.0
Guatemala	2000	6.7	1.4	7.0	1.5	2.6	11.0	5.1	2.0	5.2	3.5	4.7	7.0
	2005	5.2	1.4	5.3	1.6	2.5	8.0	5.9	1.7	6.0	3.2	5.5	7.7
	2010	5.1	1.3	5.3	1.7	2.4	7.9	5.3	2.1	5.3	3.5	4.5	7.1
	2012	5.0	1.2	5.1	1.6	2.2	7.8	5.1	1.9	5.2	3.5	4.3	7.1
	2013	4.9	1.2	5.1	1.8	1.8	7.8	5.2	2.2	5.2	7.1	1.9	6.9
	2014	4.9	1.2	5.0	1.6	1.8	7.8	4.3	2.2	4.3	3.6	1.9	7.0
Guinea - Guinée	2005	12.7	9.3	12.8	7.9	9.0	16.2	11.1	10.1	11.1	5.4	9.7	14.3
	2010	12.6	10.2	12.7	7.3	8.9	16.0	10.2	9.9	10.2	5.2	8.9	14.7
	2012	12.7	10.2	12.7	7.7	8.9	16.0	10.2	9.9	10.2	5.3	8.9	14.7
Guinea-Bissau - Guinée-Bissau	2005	13.7	11.0	13.7	9.6	10.0	16.9	13.6	13.4	13.6	11.0	10.2	17.2
	2010	13.6	10.7	13.7	9.4	9.8	16.7	13.6	10.6	13.6	11.0	10.1	16.3
	2012	13.3	10.2	13.4	9.0	9.5	16.5	12.2	6.0	12.2	10.2	8.8	15.0
	2013	13.4	11.2	13.5	9.0	9.7	16.7	12.2	8.1	12.3	5.9	9.4	16.9
	2014	13.3	10.8	13.3	8.9	9.6	16.4	13.5	8.2	13.5	8.2	10.0	17.3
Guyana	2000	17.7	14.1	17.7	13.6	16.9	18.7	16.1	16.2	16.1	12.2	20.3	14.9
	2010	9.6	5.6	9.7	7.2	6.9	11.9	9.6	6.4	9.6	10.9	7.8	11.1
	2012	9.5	5.6	9.7	7.1	6.9	11.8	8.6	7.2	8.6	10.7	6.8	10.8
	2013	10.1	6.0	10.2	7.4	8.1	12.1	10.1	9.0	10.2	10.5	9.3	11.1
Haiti - Haïti	2010	5.7	2.8	5.8	5.3	3.9	6.9	6.7	1.7	6.8	6.3	4.9	7.8
	2012	2.4	0.3	2.5	2.1	0.9	3.4	4.3	0.0	4.3	3.6	2.1	5.3
	2013	5.1	2.8	5.1	4.6	3.5	6.1	6.3	4.1	6.4	6.8	5.0	7.4
	2014	5.0	2.5	5.1	4.3	3.4	6.1	7.0	4.2	7.1	6.7	4.7	8.0
Honduras	2000	7.2	2.1	7.4	2.5	3.6	10.8	6.0	3.8	6.0	2.5	8.0	8.7
	2005	5.3	1.5	5.5	1.6	2.5	8.2	5.3	2.6	5.4	2.8	5.0	7.6
	2010	5.2	1.6	5.3	1.7	2.3	8.0	5.6	2.4	5.6	3.1	5.0	8.2
	2012	5.1	1.3	5.2	1.6	2.1	7.9	5.1	2.4	5.2	2.8	4.2	8.1
	2013	5.1	1.3	5.2	1.6	2.1	7.9	5.1	2.3	5.2	2.8	4.2	8.1
Iceland - Islande	2000	2.9	0.0	3.0	0.9	1.5	4.4	2.7	0.0	2.9	3.2	0.7	5.8
	2005	2.9	0.0	3.0	0.9	1.4	4.3	2.5	0.0	2.6	3.1	0.6	5.5
	2010	2.8	0.0	2.9	1.0	1.3	4.3	2.1	0.0	2.7	2.7	0.6	5.4
	2012	2.7	0.0	2.9	0.9	1.3	4.2	2.0	0.0	2.4	2.7	0.5	5.5
	2013	2.7	0.0	2.9	0.9	1.2	4.2	2.1	0.0	2.6	2.7	0.6	5.5
	2014	2.7	0.0	2.8	0.9	1.2	4.2	2.1	0.0	2.5	2.7	0.5	5.6
India - Inde	2000	32.7	29.2	32.9	37.2	27.9	33.5	26.8	27.2	26.8	32.2	21.8	29.6
	2005	15.3	14.0	15.4	15.9	15.1	15.3	12.5	14.1	12.3	14.5	9.9	14.9
	2010	8.4	5.0	8.6	8.4	8.2	8.8	6.2	3.8	6.5	6.9	5.8	7.4
	2012	8.8	5.2	9.0	8.4	9.1	9.3	6.6	4.9	6.8	7.3	5.9	8.4
	2013	8.8	5.2	9.0	8.4	9.1	9.3	6.5	4.9	6.8	7.3	5.8	8.4
Indonesia (...2002) - Indonésie (...2002)	2000	8.7	4.8	8.9	6.1	5.4	11.6	6.5	2.9	6.7	5.6	6.1	8.9
Indonesia - Indonésie	2005	7.0	4.4	7.1	5.2	4.8	9.0	6.3	2.2	6.6	4.4	7.0	8.0
	2010	7.1	4.3	7.3	5.5	6.0	8.6	5.8	2.9	6.0	6.1	5.2	7.5
	2012	7.1	4.4	7.3	5.3	6.0	8.6	6.1	3.0	6.3	5.6	6.0	7.5
	2013	7.1	4.3	7.3	5.3	6.0	8.6	6.1	2.8	6.3	6.0	5.7	7.6
Iran (Islamic Republic of) - Iran (République islamique d')	2000	41.8	16.8	43.1	17.0	42.0	60.1	28.1	13.3	28.6	12.7	34.8	28.9

For sources and notes, see end of table.

Pour les sources et les notes, se reporter à la fin du tableau.

4

Market / Marchés	Year / Année	MFN rate - Simple average (2) / Droit NPF - Moyenne simple (2)						MFN rate - Weighted average (3) / Droit NPF - Moyenne pondérée (3)					
		Total of non-agricultural and non-fuel products / Total des produits non-agricoles et non-pétroliers	Ores and metals / Minérais et métaux	Manu-factured products / Produits manu-facturés	of which: Chemical products / Produits chimiques	Machinery and transport equipment / Machines et matériel de transport	Other manu-factured products / Produits manu-facturés divers	Total of non-agricultural and non-fuel products / Total des produits non-agricoles et non-pétroliers	Ores and metals / Minérais et métaux	Manu-factured products / Produits manu-facturés	of which: Chemical products / Produits chimiques	Machinery and transport equipment / Machines et matériel de transport	Other manu-factured products / Produits manu-facturés divers
SITC Rev.3 (1) / CTCI Rév.3 (1)		5+6+7+8 +27+28-667	27+28+68	(5+6+7+8) -(667+68)	5	7	(6+8) -(667+68)	5+6+7+8 +27+28-667	27+28+68	(5+6+7+8) -(667+68)	5	7	(6+8) -(667+68)
Israel - Israël	2000	4.0	0.9	4.2	2.0	3.7	5.5	3.7	1.2	3.7	3.5	3.2	5.1
	2005	4.6	0.7	4.9	1.8	3.6	6.5	3.7	0.5	3.9	3.0	2.6	6.5
	2012	3.6	0.5	3.8	1.4	3.2	5.0	3.0	0.7	3.1	1.1	2.5	5.5
	2013	3.1	0.5	3.2	1.3	3.1	4.0	2.8	0.7	2.9	1.2	2.6	4.4
	2014	3.1	0.5	3.3	1.4	3.1	4.1	3.1	0.7	3.2	1.2	2.6	5.3
Jamaica - Jamaïque	2000	6.1	1.4	6.3	2.5	4.2	8.6	9.9	1.1	10.0	6.9	10.4	10.9
	2010	6.2	1.5	6.4	2.8	4.3	8.7	10.1	3.2	10.2	9.0	9.9	10.7
	2012	9.3	6.0	9.4	6.6	7.8	11.2	13.8	8.5	13.9	16.6	12.4	12.8
	2013	9.3	6.0	9.4	6.6	7.9	11.2	13.0	7.5	13.1	14.7	12.2	12.7
Japan - Japon	2000	2.9	1.2	3.0	2.8	0.1	4.3	2.0	0.2	2.2	1.8	0.1	5.1
	2005	2.5	1.2	2.6	2.7	0.1	3.6	1.7	0.2	1.8	1.8	0.1	4.1
	2010	2.5	1.2	2.5	2.8	0.1	3.5	1.5	0.1	1.8	1.6	0.1	4.0
	2012	2.4	1.2	2.5	2.5	0.0	3.5	1.5	0.1	1.7	1.3	0.0	4.0
	2013	2.4	1.2	2.5	2.5	0.0	3.5	1.5	0.2	1.7	1.3	0.0	4.1
	2014	2.3	1.1	2.4	2.7	0.0	3.3	1.5	0.2	1.7	1.5	0.0	3.9
Jordan - Jordanie	2000	22.5	17.9	22.7	18.2	15.4	27.6	19.8	14.3	19.9	14.1	18.7	24.9
	2005	13.3	9.1	13.5	3.0	11.5	18.2	12.1	6.6	12.3	4.3	12.4	15.2
	2010	8.8	6.6	8.9	1.3	8.0	12.3	7.2	5.1	7.3	1.8	6.5	10.9
	2012	8.6	6.1	8.8	1.3	7.9	12.2	6.8	5.6	6.8	1.7	6.9	9.6
	2013	8.8	6.5	8.9	1.3	8.0	12.3	6.7	5.1	6.8	2.0	6.2	9.7
	2014	9.5	7.0	9.6	1.6	8.1	13.3	7.1	5.8	7.1	2.2	6.3	10.4
Kazakhstan	2010	8.1	5.8	8.3	5.6	4.6	10.9	6.8	3.7	6.9	4.7	4.7	11.1
	2012	8.2	6.8	8.3	5.9	4.9	10.8	7.8	5.1	7.8	7.2	5.1	11.7
	2013	8.2	7.2	8.3	5.5	5.1	10.8	7.4	5.3	7.4	5.3	5.2	10.7
	2014	6.7	6.4	6.8	5.4	4.5	8.3	5.5	3.9	5.5	7.1	3.6	7.6
Kenya	2000	19.3	11.8	19.6	11.7	13.7	25.8	13.2	7.7	13.3	7.2	12.3	20.3
	2005	11.9	7.2	12.1	3.4	6.4	18.1	6.9	3.4	7.0	3.4	4.7	13.4
	2010	11.6	7.2	11.8	3.5	6.1	17.7	6.8	4.9	6.9	3.0	5.1	12.9
	2012	11.8	7.1	12.0	3.9	5.9	17.7	9.8	5.2	9.8	3.5	6.3	16.5
	2013	11.5	7.0	11.7	3.6	5.9	17.4	9.9	6.0	9.9	3.6	6.9	15.6
	2014	11.5	7.0	11.7	3.6	6.0	17.5	9.7	6.0	9.7	3.1	6.7	15.9
Korea, Republic of - Corée, République de	2000	8.1	4.5	8.3	10.2	6.4	8.5	4.8	2.9	4.9	8.7	3.4	6.6
	2005	7.3	4.2	7.5	9.4	6.0	7.4	4.2	2.7	4.4	7.0	3.5	4.7
	2010	7.2	3.8	7.4	9.5	6.1	7.2	4.1	1.4	4.4	6.6	3.6	4.7
	2012	7.2	3.7	7.4	9.4	6.1	7.1	4.3	1.1	4.8	6.9	3.7	5.2
	2013	7.2	3.7	7.4	9.5	6.1	7.1	4.4	1.3	4.9	6.8	3.8	5.5
	2014	7.2	3.7	7.4	9.5	6.1	7.1	4.4	1.3	4.9	6.8	3.8	5.5
Kuwait - Koweït	2005	4.9	4.9	4.9	4.8	4.9	5.0	4.8	5.0	4.8	3.6	4.9	5.0
	2010	4.7	4.8	4.7	4.5	4.5	4.9	4.3	5.0	4.2	2.9	4.1	4.9
	2012	4.7	4.8	4.6	4.5	4.2	4.9	4.4	5.0	4.3	2.9	4.3	4.8
	2013	4.6	4.8	4.6	4.4	4.2	4.9	4.2	5.0	4.2	2.6	4.1	4.8
	2014	4.7	4.8	4.7	4.5	4.3	4.9	4.2	5.0	4.2	2.9	4.0	4.9
Kyrgyzstan - Kirghizistan	2000	4.9	3.2	4.9	0.1	4.5	6.5	2.9	1.7	2.9	0.0	3.4	4.0
	2010	4.1	2.2	4.1	2.2	2.9	5.4	3.9	2.7	4.0	0.4	4.2	5.3
	2012	4.1	2.4	4.1	2.3	2.9	5.3	4.3	2.6	4.3	0.3	5.1	5.1
	2013	4.1	2.4	4.1	2.3	2.9	5.3	4.3	2.6	4.3	0.3	5.1	5.1
	2014	4.0	2.4	4.1	2.2	2.9	5.2	3.9	2.4	3.9	0.4	4.9	4.4
Lao People's Dem. Rep. - Rép. dém. populaire lao	2000	8.3	5.3	8.4	8.3	7.5	8.9	12.2	5.0	12.3	10.6	16.8	7.9
	2005	8.4	5.1	8.5	8.0	7.7	9.1	12.1	5.0	12.2	11.7	15.4	8.4
	2014	8.3	5.3	8.4	7.5	7.6	9.1	12.5	5.7	12.5	12.2	14.4	8.1
Lebanon - Liban	2000	14.6	7.6	14.9	7.9	12.0	18.6	16.1	6.4	16.6	10.7	15.7	19.6
	2005	4.6	2.6	4.6	2.8	3.9	5.6	6.0	1.8	6.2	5.5	4.7	7.7
	2014	3.9	2.7	3.9	2.7	3.7	4.5	4.8	3.6	4.8	5.5	4.2	5.0

For sources and notes, see end of table.

Pour les sources et les notes, se reporter à la fin du tableau.

Market / Marchés	Year / Année	MFN rate - Simple average (2) / Droit NPF Moyenne simple (2)						MFN rate - Weighted average (3) / Droit NPF - Moyenne pondérée (3)					
		Total of non-agricultural and non-fuel products / Total des produits non-agricoles et non-pétroliers	Ores and metals / Minérais et métaux	Manu-factured products / Produits manu-facturés	of which: / dont :			Total of non-agricultural and non-fuel products / Total des produits non-agricoles et non-pétroliers	Ores and metals / Minérais et métaux	Manu-factured products / Produits manu-facturés	of which: / dont :		
					Chemical products / Produits chimiques	Machinery and transport equipment / Machines et matériel de transport	Other manu-factured products / Produits manu-facturés divers				Chemical products / Produits chimiques	Machinery and transport equipment / Machines et matériel de transport	Other manu-factured products / Produits manu-facturés divers
SITC Rev.3 (1) / CTCI Rév.3 (1)		5+6+7+8 +27+28-667	27+28+68	(5+6+7+8) -(667+68)	5	7	(6+8) -(667+68)	5+6+7+8 +27+28-667	27+28+68	(5+6+7+8) -(667+68)	5	7	(6+8) -(667+68)
Lesotho	2005	10.5	3.5	10.6	5.0	4.1	14.7	17.4	2.4	17.5	2.8	8.0	20.2
	2010	9.7	3.5	9.7	3.8	3.7	14.3	10.8	0.1	10.8	1.8	3.9	14.9
	2012	9.4	1.8	9.5	4.6	3.7	14.1	13.9	0.0	14.0	1.3	8.8	18.7
	2013	8.7	1.5	9.0	2.7	3.1	13.6	12.9	2.8	13.0	7.8	8.2	17.0
	2014	8.7	1.5	9.0	2.6	3.1	13.5	12.6	2.8	12.7	7.5	8.0	16.6
Liberia - Libéria	2012	10.4	8.0	10.4	7.4	8.5	12.3	13.5	5.2	13.5	6.8	13.9	7.9
	2013	10.4	7.4	10.5	7.3	8.5	12.5	12.7	5.4	12.7	6.5	12.9	9.8
	2014	10.2	6.5	10.3	6.7	8.4	12.3	12.7	4.4	12.7	4.2	12.9	9.7
Madagascar	2000	6.2	1.9	6.4	0.8	5.3	8.8	6.3	0.9	6.3	0.9	5.6	7.9
	2005	11.1	10.1	11.2	9.8	6.8	13.6	6.1	8.4	6.1	7.9	4.9	6.5
	2010	11.7	8.3	11.8	7.2	8.5	14.8	9.0	9.3	9.0	6.2	7.1	11.5
	2012	11.5	8.2	11.6	7.2	8.1	14.6	9.7	6.8	9.8	5.4	8.8	12.2
	2013	11.4	8.2	11.5	7.0	8.0	14.4	9.6	6.8	9.7	5.1	9.1	11.8
	2014	11.3	8.1	11.4	6.9	8.1	14.3	9.8	6.4	10.0	5.2	8.6	12.5
Malawi	2000	14.0	7.3	14.2	6.8	11.3	18.1	13.0	2.8	13.1	5.3	12.6	17.4
	2010	12.6	10.1	12.7	3.9	8.1	17.9	8.3	6.1	8.4	2.2	8.1	14.4
	2012	12.5	10.8	12.5	3.6	7.9	18.0	7.1	5.7	7.1	1.8	7.7	13.8
	2013	11.9	10.8	11.9	3.6	5.9	17.7	6.8	5.7	6.9	1.8	6.9	13.8
	2014	11.8	10.1	11.8	3.9	6.0	17.6	8.8	6.5	8.9	2.4	7.3	15.5
Malaysia - Malaisie	2000	8.9	2.7	9.3	3.5	7.0	12.6	4.7	4.4	4.7	5.0	3.7	8.8
	2005	8.4	2.6	8.8	3.0	5.5	12.4	4.8	4.0	4.8	5.1	2.7	13.3
	2010	6.1	2.6	6.3	2.6	4.5	8.6	4.1	3.7	4.1	3.7	2.7	9.4
	2012	6.1	2.6	6.3	2.6	4.6	8.6	4.6	3.8	4.7	3.8	3.2	9.6
	2013	6.0	2.6	6.2	2.5	4.5	8.3	4.4	3.4	4.5	3.4	3.2	8.9
Maldives	2000	22.1	23.9	22.0	15.6	24.4	22.4	21.4	19.2	21.5	19.5	23.8	20.0
	2005	21.7	23.6	21.6	14.8	24.3	22.3	21.9	20.1	22.0	20.3	23.7	20.3
	2010	22.2	23.4	22.2	15.6	25.6	22.4	21.3	18.0	21.4	20.7	22.6	20.5
Mali	2005	12.5	9.0	12.6	7.6	9.0	16.1	10.6	8.1	10.6	5.2	9.7	15.4
	2010	12.4	7.8	12.5	7.5	8.8	16.0	10.7	7.8	10.7	4.5	9.9	15.6
	2012	12.3	7.7	12.4	7.2	8.7	16.1	9.9	7.5	9.9	3.7	8.9	15.6
	2013	12.3	7.7	12.4	7.2	8.7	16.1	9.9	7.5	9.9	3.7	8.9	15.6
	2014	12.3	7.7	12.4	7.2	8.7	16.1	9.9	7.5	9.9	3.7	8.9	15.6
Mauritania - Mauritanie	2010	9.5	5.5	9.6	5.7	7.6	11.8	6.8	5.1	6.9	5.7	6.3	8.6
	2014	12.9	9.5	13.0	7.1	9.8	16.3	11.8	13.9	11.8	6.6	8.5	15.7
Mauritius - Maurice	2000	20.9	1.9	21.6	7.0	15.4	29.3	12.9	2.1	13.0	13.4	13.2	12.8
	2005	6.1	1.5	6.3	4.2	5.9	7.3	4.9	1.7	4.9	6.0	3.6	6.1
	2010	1.4	0.1	1.4	0.8	0.7	1.9	1.8	0.3	1.9	2.4	0.6	2.7
	2012	1.1	0.1	1.2	0.5	0.7	1.7	1.4	0.2	1.5	1.1	0.7	2.2
	2013	1.1	0.1	1.1	0.5	0.6	1.5	1.2	0.2	1.2	1.1	0.4	1.9
	2014	1.1	0.1	1.1	0.5	0.6	1.5	1.1	0.3	1.1	1.1	0.4	1.9
Mexico - Mexique	2000	17.1	12.3	17.4	12.4	14.1	20.7	14.6	11.9	14.6	11.8	13.2	18.4
	2005	13.6	9.4	13.8	9.3	10.4	17.0	11.8	9.4	11.9	9.0	11.1	14.7
	2010	7.2	0.7	7.6	2.4	4.1	11.1	4.3	1.3	4.4	2.9	3.7	6.9
	2012	5.7	0.5	6.1	2.4	3.9	8.4	3.7	1.2	3.8	2.9	3.2	5.5
	2013	5.5	0.5	5.8	2.3	3.6	8.2	3.6	1.3	3.7	2.7	3.2	5.4
Mongolia - Mongolie	2000	4.9	5.0	4.9	5.0	4.8	5.0	4.8	5.0	4.8	5.0	4.7	4.9
	2005	4.2	5.0	4.2	5.0	2.1	5.0	3.8	5.0	3.7	5.0	2.6	5.0
	2010	4.9	5.0	4.9	5.0	4.8	5.0	4.9	5.0	4.9	5.0	4.9	5.0
	2013	4.9	5.0	4.9	5.0	4.8	5.0	4.9	5.0	4.9	5.0	4.9	5.0
Montenegro - Monténégro	2010	4.5	3.6	4.5	2.6	2.6	6.0	5.0	2.0	5.2	4.6	2.9	7.1
	2012	4.5	3.5	4.5	2.6	2.6	6.0	5.3	2.1	5.5	4.6	3.4	7.3
	2013	3.4	1.7	3.5	1.9	1.7	4.7	3.6	1.9	3.7	2.9	2.0	5.2
	2014	3.3	1.2	3.4	1.9	1.7	4.6	3.7	1.7	3.7	2.9	2.1	5.2

For sources and notes, see end of table.

Pour les sources et les notes, se reporter à la fin du tableau.

		MFN rate - Simple average (2) / Droit NPF - Moyenne simple (2)						MFN rate - Weighted average (3) / Droit NPF - Moyenne pondérée (3)					
					of which: / dont :						of which: / dont :		
		Total of non-agricultural and non-fuel products Total des produits non-agricoles et non-pétroliers	Ores and metals Minérais et métaux	Manu-factured products Produits manu-facturés		Of which: / dont :		Total of non-agricultural and non-fuel products Total des produits non-agricoles et non-pétroliers	Ores and metals Minérais et métaux	Manu-factured products Produits manu-facturés		Of which: / dont :	
Market Marchés	Year Année				Chemical products Produits chimiques	Machinery and transport equipment Machines et matériel de transport	Other manu-factured products Produits manu-facturés divers				Chemical products Produits chimiques	Machinery and transport equipment Machines et matériel de transport	Other manu-factured products Produits manu-facturés divers
SITC Rev.3 (1) / CTCI Rév.3 (1)		5+6+7+8 +27+28-667	27+28+68	(5+6+7+8) -(667+68)	5	7	(6+8) -(667+68)	5+6+7+8 +27+28-667	27+28+68	(5+6+7+8) -(667+68)	5	7	(6+8) -(667+68)
Montserrat	2012	10.3	4.8	10.4	8.6	8.8	11.5	11.0	5.3	11.1	12.2	12.7	9.5
	2013	14.7	4.8	14.9	11.1	13.6	16.3	12.8	6.7	12.9	11.8	13.5	12.7
Morocco - Maroc	2000	28.2	23.7	28.4	26.7	13.2	35.6	24.0	11.3	24.5	26.3	12.7	36.2
	2005	23.7	13.6	24.2	17.6	11.1	32.2	21.1	6.9	21.9	19.4	14.6	30.2
	2010	13.7	8.2	14.0	9.2	7.4	18.6	12.2	4.6	12.6	8.6	10.4	17.3
	2012	9.2	5.0	9.4	6.0	5.3	12.4	9.1	2.3	9.6	5.8	8.5	12.8
	2014	9.1	5.1	9.3	5.8	5.3	12.4	9.4	2.7	9.8	5.8	9.2	12.5
Mozambique	2005	11.9	4.8	12.1	5.5	8.3	16.2	8.8	6.1	8.8	5.8	8.0	11.0
	2010	9.6	4.7	9.9	5.1	7.1	12.8	7.6	4.8	7.7	5.8	6.7	9.9
	2012	9.6	4.6	9.9	5.0	7.1	12.9	7.5	4.9	7.9	6.1	6.6	11.1
	2014	9.6	4.5	9.8	4.9	7.0	12.9	7.2	2.8	7.7	5.1	6.8	10.3
Myanmar	2000	5.0	3.2	5.1	1.9	2.9	7.2	4.3	2.1	4.4	2.1	2.1	7.4
	2005	5.0	3.1	5.2	1.9	3.0	7.4	3.4	2.6	3.4	2.0	2.4	4.9
	2010	4.9	3.2	5.0	1.9	2.9	7.2	3.4	2.6	3.4	2.0	2.4	4.9
	2012	4.9	3.2	5.0	1.9	2.8	7.2	5.4	2.6	5.4	3.3	6.3	4.9
	2013	4.9	3.2	5.0	1.9	2.8	7.2	5.1	2.8	5.1	2.9	5.3	5.6
Namibia - Namibie	2005	8.6	1.6	9.0	3.1	3.1	13.4	11.1	1.9	11.3	6.0	10.6	14.0
	2010	8.2	1.1	8.6	2.5	2.9	13.1	10.1	0.4	10.5	6.3	9.1	13.7
	2012	8.0	1.0	8.4	2.2	2.9	13.1	8.7	0.2	9.7	6.0	8.1	13.3
	2013	8.1	1.1	8.5	2.4	2.9	13.2	8.1	0.1	9.2	6.3	7.0	13.9
	2014	8.1	1.1	8.4	2.3	2.9	13.1	7.9	0.1	9.0	6.3	7.0	13.3
Nepal - Népal	2000	13.7	8.0	13.9	12.6	12.3	15.2	19.5	5.4	20.4	12.1	33.2	12.5
	2005	14.1	10.0	14.3	13.0	11.4	16.0	16.4	7.2	17.0	14.8	19.6	16.4
	2010	12.3	9.3	12.4	11.6	9.5	14.0	13.0	7.1	13.3	12.6	16.0	10.8
	2012	12.2	9.2	12.3	11.4	8.9	14.1	12.3	7.0	12.7	12.9	13.5	11.9
	2013	12.3	9.5	12.4	11.4	9.5	14.1	15.8	9.7	15.8	12.7	15.3	16.6
	2014	12.2	9.2	12.3	11.3	9.4	14.0	12.3	6.5	12.7	13.5	15.5	10.6
New Zealand - Nouvelle-Zélande	2000	3.0	0.8	3.1	0.7	3.2	4.1	3.6	1.3	3.7	1.4	3.8	4.6
	2005	3.6	1.0	3.8	0.9	3.9	4.8	4.3	2.2	4.4	1.8	4.6	5.3
	2010	2.4	0.8	2.5	0.7	2.9	3.0	2.8	1.3	2.8	1.5	2.9	3.4
	2012	2.4	0.7	2.5	0.7	2.9	3.0	2.9	1.2	2.9	1.5	3.0	3.6
	2013	2.4	0.8	2.5	0.7	2.9	3.0	3.0	1.3	3.0	1.5	3.0	3.7
	2014	2.4	0.8	2.5	0.7	2.9	3.0	2.9	1.4	2.9	1.4	2.8	3.7
Nicaragua	2000	3.5	1.3	3.6	1.3	1.7	5.2	3.9	2.3	3.9	3.0	3.5	4.9
	2005	5.3	1.5	5.4	1.8	2.4	8.1	5.5	4.7	5.5	3.9	4.2	7.9
	2010	5.1	1.6	5.3	1.9	2.2	7.8	4.6	4.1	4.6	3.7	3.1	7.1
	2012	5.1	1.7	5.2	1.8	2.1	7.8	4.8	3.6	4.8	3.8	3.3	7.2
	2013	5.0	1.8	5.2	1.8	2.0	7.9	5.0	3.7	5.0	3.8	3.1	8.0
	2014	5.0	1.3	5.2	1.8	2.1	7.8	5.1	4.0	5.1	4.0	3.6	7.4
Niger	2005	12.8	8.1	13.0	7.3	9.5	16.3	11.8	5.6	12.0	5.6	11.0	15.6
	2010	12.6	9.2	12.7	7.8	9.0	16.0	10.9	6.2	11.0	7.2	8.5	14.5
	2012	12.8	9.0	12.9	7.5	9.1	16.2	10.0	5.3	10.1	4.6	9.0	15.4
	2013	12.9	9.3	13.0	7.7	8.9	16.3	11.1	5.4	11.3	5.3	9.5	16.2
	2014	12.9	9.3	13.0	7.7	8.9	16.3	9.9	5.6	10.0	5.3	8.3	14.6
Nigeria - Nigéria	2000	24.6	17.0	24.9	18.3	16.7	31.9	18.2	15.4	18.2	17.0	17.6	20.5
	2005	10.6	7.2	10.7	7.2	5.6	15.6	8.2	9.1	8.1	6.9	5.2	14.3
	2010	10.9	6.9	11.1	7.2	7.5	15.0	10.9	9.7	10.9	8.0	9.8	14.2
	2013	11.2	6.8	11.4	7.1	7.4	15.3	10.1	10.0	10.1	7.2	10.1	12.2
	2014	11.6	7.5	11.8	7.0	8.0	15.6	11.2	16.2	11.0	8.1	10.3	14.6

For sources and notes, see end of table.

Pour les sources et les notes, se reporter à la fin du tableau.

Market / Marchés	Year / Année	MFN rate - Simple average (2) / Droit NPF - Moyenne simple (2)						MFN rate - Weighted average (3) / Droit NPF - Moyenne pondérée (3)					
		Total of non-agricultural and non-fuel products / Total des produits non-agricoles et non-pétroliers	Ores and metals / Minérais et métaux	Manufactured products / Produits manufacturés	of which: / dont :			Total of non-agricultural and non-fuel products / Total des produits non-agricoles et non-pétroliers	Ores and metals / Minérais et métaux	Manufactured products / Produits manufacturés	of which: / dont :		
					Chemical products / Produits chimiques	Machinery and transport equipment / Machines et matériel de transport	Other manufactured products / Produits manufacturés divers				Chemical products / Produits chimiques	Machinery and transport equipment / Machines et matériel de transport	Other manufactured products / Produits manufacturés divers
SITC Rev.3 (1) / CTCI Rév.3 (1)		5+6+7+8 +27+28-667	27+28+68	(5+6+7+8) -(667+68)	5	7	(6+8) -(667+68)	5+6+7+8 +27+28-667	27+28+68	(5+6+7+8) -(667+68)	5	7	(6+8) -(667+68)
Norway - Norvège	2000	2.5	0.3	2.6	1.6	0.3	4.0	1.6	0.3	1.7	3.3	0.2	3.9
	2005	0.7	0.0	0.8	0.4	0.0	1.2	0.5	0.0	0.5	0.5	0.0	1.2
	2010	0.7	0.0	0.7	0.7	0.0	1.0	0.5	0.0	0.5	0.7	0.0	1.2
	2012	0.7	0.0	0.7	0.7	0.0	1.0	0.4	0.0	0.5	0.6	0.0	1.1
	2013	0.6	0.0	0.7	0.7	0.0	1.0	0.4	0.0	0.5	0.5	0.0	1.1
	2014	0.6	0.0	0.7	0.7	0.0	1.0	0.4	0.0	0.4	0.4	0.0	1.0
Oman	2005	4.9	4.9	4.9	4.8	4.9	5.0	4.7	5.0	4.7	3.8	4.8	5.0
	2012	4.7	4.9	4.6	4.5	4.2	4.9	4.5	5.0	4.4	4.2	3.9	4.9
	2013	4.7	4.8	4.7	4.5	4.2	4.9	4.6	5.0	4.6	4.4	4.4	4.9
	2014	4.7	4.8	4.7	4.5	4.2	4.9	4.6	5.0	4.6	4.4	4.4	4.9
Pakistan	2000	24.4	18.5	24.7	17.0	22.5	29.4	25.5	13.8	26.0	15.8	32.3	28.7
	2005	14.5	8.9	14.8	9.9	13.7	17.4	14.4	9.4	14.7	8.5	18.0	14.9
	2010	14.1	7.1	14.5	9.6	12.9	17.2	12.6	4.9	13.0	7.1	16.5	14.7
	2012	14.1	7.3	14.4	9.5	12.7	17.2	13.1	5.2	13.6	6.7	18.7	14.3
	2013	14.0	7.2	14.3	9.4	12.7	17.1	12.4	5.8	12.8	7.0	17.1	13.2
	2014	13.9	7.6	14.2	9.2	12.4	17.1	12.4	6.5	12.8	7.4	15.9	14.1
Palau - Palaos	2005	3.1	3.0	3.1	3.5	3.1	3.0	3.3	2.9	3.3	3.9	3.4	3.0
	2010	3.1	3.0	3.1	3.8	3.0	3.0	3.1	2.9	3.1	4.1	3.0	3.0
	2012	3.1	3.0	3.1	3.8	3.0	3.0	3.1	2.9	3.1	4.1	3.0	3.0
Panama	2000	7.2	7.4	7.2	4.2	6.8	8.4	7.7	6.9	7.7	5.0	7.8	8.6
	2005	6.4	7.0	6.4	2.1	6.6	7.8	6.7	4.3	6.7	2.8	7.5	7.7
	2010	6.1	6.8	6.1	1.7	6.4	7.5	6.3	5.0	6.3	1.2	7.2	8.7
	2012	6.0	6.4	6.0	1.7	5.9	7.6	5.5	5.9	5.5	2.7	4.1	8.0
	2013	5.8	6.9	5.8	1.7	5.4	7.4	5.4	5.9	5.4	2.8	3.7	8.2
Papua New Guinea - Papouasie-Nouvelle-Guinée	2000	5.2	0.2	5.4	1.8	0.3	9.2	2.5	5.0	2.4	2.4	0.1	5.3
	2005	4.6	0.0	4.8	1.5	0.3	8.3	1.4	0.0	1.4	2.4	0.0	3.6
	2010	3.4	0.1	3.5	0.7	0.2	6.1	2.1	1.0	2.1	0.8	0.1	5.7
	2012	2.9	0.0	3.0	0.9	0.2	5.2	1.9	0.7	1.9	1.6	0.1	5.7
	2013	2.9	0.0	3.0	0.9	0.2	5.2	1.9	0.7	1.9	1.6	0.1	5.7
Paraguay	2000	13.9	9.5	14.0	11.2	9.1	17.3	11.7	8.9	11.7	11.2	10.0	14.1
	2005	11.4	7.1	11.5	8.2	6.3	15.2	9.5	6.3	9.5	7.4	7.8	13.5
	2010	10.9	6.7	11.1	8.0	5.2	15.0	7.5	7.9	7.5	7.2	5.5	11.4
	2012	11.0	6.7	11.2	8.1	5.3	15.1	8.2	8.1	8.2	7.1	6.3	12.0
	2013	10.7	6.8	10.9	7.8	4.9	14.8	8.3	7.4	8.3	6.4	6.3	13.4
	2014	10.6	6.8	10.8	7.9	4.7	14.7	8.1	7.2	8.1	6.2	6.0	13.0
Peru - Pérou	2000	13.2	12.0	13.3	12.0	12.3	14.2	12.3	12.0	12.4	12.0	12.2	12.8
	2005	9.6	8.5	9.7	6.7	6.1	12.4	8.2	9.4	8.1	6.9	7.3	10.2
	2010	5.4	3.5	5.5	2.7	1.6	8.3	3.2	2.9	3.2	3.2	2.1	5.0
	2013	3.4	1.3	3.6	1.8	1.0	5.4	2.3	0.8	2.3	2.2	1.4	3.8
	2014	3.4	1.3	3.6	1.8	1.0	5.4	2.3	0.8	2.3	2.2	1.4	3.8
Philippines	2000	7.2	3.4	7.4	3.9	5.1	9.8	3.2	3.4	3.1	5.2	1.8	7.7
	2005	5.8	2.5	5.9	3.4	3.5	8.0	2.6	2.7	2.6	4.7	1.7	6.3
	2010	5.8	2.5	6.0	3.4	3.6	8.0	4.2	3.1	4.3	4.7	3.7	6.5
	2012	5.8	2.5	5.9	3.4	3.5	7.9	5.4	2.8	5.5	5.0	4.8	7.1
	2013	5.8	2.5	5.9	3.5	3.5	7.9	5.6	2.9	5.8	5.2	4.9	7.5
Qatar	2005	4.9	4.9	4.9	4.8	4.9	5.0	4.9	5.0	4.9	4.2	5.0	5.0
	2010	4.7	4.9	4.7	4.5	4.3	4.9	4.4	5.0	4.3	3.9	4.1	4.9
	2012	4.6	4.8	4.6	4.4	4.2	4.9	4.2	5.0	4.1	3.5	3.8	4.8
	2013	4.6	4.9	4.6	4.4	4.2	4.9	4.3	5.0	4.3	3.7	4.1	4.8
	2014	4.7	4.9	4.7	4.5	4.3	4.9	4.4	5.0	4.3	3.9	4.1	4.9

For sources and notes, see end of table.

Pour les sources et les notes, se reporter à la fin du tableau.

Market / Marchés	Year / Année	MFN rate - Simple average (2) / Droit NPF - Moyenne simple (2)						MFN rate - Weighted average (3) / Droit NPF - Moyenne pondérée (3)					
		Total of non-agricultural and non-fuel products / Total des produits non-agricoles et non-pétroliers	of which: / dont :					Total of non-agricultural and non-fuel products / Total des produits non-agricoles et non-pétroliers	of which: / dont :				
			Ores and metals / Minérais et métaux	Manufactured products / Produits manufacturés	Of which: / dont :				Ores and metals / Minérais et métaux	Manufactured products / Produits manufacturés	Of which: / dont :		
					Chemical products / Produits chimiques	Machinery and transport equipment / Machines et matériel de transport	Other manufactured products / Produits manufacturés divers				Chemical products / Produits chimiques	Machinery and transport equipment / Machines et matériel de transport	Other manufactured products / Produits manufacturés divers
SITC Rev.3 (1) / CTCI Rév.3 (1)		5+6+7+8 +27+28-667	27+28+68	(5+6+7+8) -(667+68)	5	7	(6+8) -(667+68)	5+6+7+8 +27+28-667	27+28+68	(5+6+7+8) -(667+68)	5	7	(6+8) -(667+68)
Republic of Moldova - République de Moldova	2000	4.5	1.9	4.6	3.5	1.7	6.1	2.8	1.8	2.8	1.5	1.2	4.1
	2005	4.4	1.2	4.5	2.7	1.6	6.3	3.1	0.7	3.2	1.8	1.2	5.0
	2010	4.0	1.2	4.1	2.8	1.8	5.5	3.1	0.6	3.1	1.9	2.0	4.6
	2012	4.0	1.1	4.1	2.9	1.8	5.5	3.3	1.2	3.3	2.1	2.3	4.8
	2013	8.7	1.1	9.0	24.8	1.9	6.5	8.5	1.2	8.6	19.0	2.3	8.0
	2014	4.0	1.1	4.1	2.8	1.9	5.5	3.3	1.2	3.3	2.1	2.3	4.9
Russian Federation - Fédération de Russie	2005	10.5	7.5	10.6	6.6	8.6	13.1	10.1	5.6	10.3	9.0	10.0	11.7
	2010	8.5	6.7	8.6	6.5	5.0	10.9	6.6	4.7	6.7	8.6	3.9	10.5
	2012	8.5	7.4	8.6	6.6	5.0	10.9	6.7	4.0	6.7	8.2	4.4	10.5
	2013	8.4	7.3	8.5	6.5	5.0	10.8	6.5	4.2	6.6	8.2	4.0	10.4
	2014	6.8	6.8	6.8	5.5	4.4	8.4	4.8	3.9	4.8	6.9	3.2	6.8
Rwanda	2000	10.4	8.1	10.4	6.3	8.4	12.8	7.3	5.7	7.4	4.8	8.7	7.2
	2005	21.7	12.5	22.0	15.8	20.0	24.5	17.4	8.5	17.7	10.1	16.6	22.4
	2010	12.7	7.9	12.9	5.0	6.4	18.2	12.7	11.0	12.8	6.5	8.8	19.6
	2012	12.1	7.0	12.3	4.7	6.1	17.6	11.2	17.1	11.1	5.7	7.2	18.3
	2013	12.1	7.0	12.3	4.7	6.1	17.7	10.6	17.1	10.5	5.7	6.9	17.0
	2014	11.9	7.0	12.1	4.7	6.1	17.4	10.5	17.1	10.4	5.8	6.9	16.9
Saint Kitts and Nevis - Saint-Kitts-et-Nevis	2000	11.1	3.8	11.3	7.1	9.6	13.1	13.3	4.4	13.4	13.5	12.5	14.1
	2010	11.0	4.3	11.2	7.4	8.9	13.2	14.8	5.8	15.0	14.0	12.7	16.7
	2012	10.5	5.9	10.6	7.6	9.2	12.1	13.5	7.8	13.5	13.6	11.5	15.0
	2013	10.5	5.9	10.6	7.6	9.2	12.1	13.5	7.8	13.5	13.6	11.5	15.0
	2014	11.0	4.4	11.2	7.3	9.3	13.2	14.2	7.0	14.3	13.8	11.9	16.3
Saint Lucia - Sainte-Lucie	2000	17.6	13.3	17.6	12.8	18.8	18.1	17.7	13.1	17.7	14.3	24.3	15.6
	2005	9.6	2.6	9.8	7.3	6.2	11.9	13.3	2.8	13.5	13.2	12.5	14.2
	2010	10.6	5.8	10.7	8.1	9.1	12.1	12.8	6.9	12.9	10.7	12.9	13.4
	2012	10.8	6.3	10.9	8.7	9.4	12.2	13.3	6.7	13.4	11.5	12.7	14.5
	2013	10.8	6.0	10.9	8.5	9.2	12.4	12.6	6.3	12.7	9.5	11.9	14.2
	2014	8.8	2.8	8.9	7.1	5.7	11.1	10.8	2.9	10.8	8.5	8.8	13.1
Saint Vincent and the Grenadines - Saint-Vincent-et-les Grenadines	2000	17.2	12.3	17.2	13.2	17.4	17.8	16.5	14.5	16.6	12.8	22.3	15.5
	2010	9.9	5.6	10.1	7.6	8.1	11.6	11.7	7.5	11.7	11.7	10.4	12.8
	2012	10.1	6.0	10.2	7.8	8.3	11.6	11.8	7.7	11.9	12.1	11.2	12.3
	2013	10.1	6.0	10.2	7.8	8.3	11.6	11.8	7.7	11.9	12.1	11.2	12.3
Samoa	2012	11.0	8.2	11.0	8.6	10.7	11.9	9.0	7.2	9.1	8.6	8.5	9.6
	2013	11.1	8.1	11.2	8.5	10.7	12.0	8.8	7.2	8.8	8.4	7.7	9.6
	2014	11.0	8.1	11.2	8.5	10.7	12.0	8.8	7.2	8.8	8.4	7.7	9.6
Saudi Arabia - Arabie saoudite	2000	12.1	12.2	12.1	11.8	11.8	12.4	11.4	13.1	11.4	8.6	11.4	12.4
	2005	4.9	4.8	4.9	4.8	4.9	5.0	4.7	5.0	4.7	3.4	4.8	5.0
	2012	4.7	4.9	4.7	4.5	4.3	4.9	4.2	5.0	4.2	3.1	4.0	4.8
	2013	4.7	4.9	4.7	4.5	4.3	4.9	4.2	5.0	4.2	3.1	4.0	4.8
	2014	4.7	4.9	4.6	4.5	4.3	4.9	4.2	5.0	4.1	2.9	4.0	4.8
Senegal - Sénégal	2005	12.5	8.7	12.7	7.0	8.9	16.2	10.2	6.0	10.4	5.8	10.1	13.6
	2010	12.4	8.4	12.5	7.1	8.6	16.1	10.5	6.0	10.6	5.9	10.1	13.8
	2012	12.2	7.7	12.3	6.9	8.6	16.0	9.5	5.7	9.8	5.5	9.4	13.5
	2013	12.2	7.7	12.3	6.9	8.6	16.0	9.5	5.7	9.8	5.5	9.4	13.5
	2014	12.2	7.9	12.3	6.9	8.6	16.0	9.9	6.7	10.0	5.6	9.3	13.8
Serbia - Serbie	2010	6.6	3.3	6.7	3.1	5.1	8.8	6.0	2.3	6.5	4.2	6.3	7.9
	2013	6.6	3.7	6.7	3.1	5.1	8.8	5.8	3.5	6.0	4.0	5.0	8.6
Serbia and Montenegro - Serbie-et-Monténégro	2005	6.6	3.6	6.8	3.1	5.2	8.8	6.4	2.3	6.8	4.2	7.2	7.9
Seychelles	2000	25.7	22.5	25.8	29.8	21.2	26.7	25.2	23.1	25.2	34.8	25.5	23.0
	2005	7.5	2.1	7.7	1.4	8.1	9.1	11.3	1.4	11.3	3.8	17.2	5.6
Sierra Leone	2010	12.1	5.7	12.2	8.2	9.4	15.1	9.2	5.6	9.2	7.5	8.3	11.9
	2012	11.9	5.4	12.1	8.2	9.1	14.9	9.5	5.5	9.6	8.7	7.6	14.1

For sources and notes, see end of table.

Pour les sources et les notes, se reporter à la fin du tableau.

Market / Marchés	Year / Année	MFN rate - Simple average (2) / Droit NPF - Moyenne simple (2)						MFN rate - Weighted average (3) / Droit NPF - Moyenne pondérée (3)					
		Total of non-agricultural and non-fuel products / Total des produits non-agricoles et non-pétroliers	Ores and metals / Minérais et métaux	Manufactured products / Produits manufacturés	Chemical products / Produits chimiques	Machinery and transport equipment / Machines et matériel de transport	Other manufactured products / Produits manufacturés divers	Total of non-agricultural and non-fuel products / Total des produits non-agricoles et non-pétroliers	Ores and metals / Minérais et métaux	Manufactured products / Produits manufacturés	Chemical products / Produits chimiques	Machinery and transport equipment / Machines et matériel de transport	Other manufactured products / Produits manufacturés divers
SITC Rev.3 (1) / CTCI Rév.3 (1)		5+6+7+8 +27+28-667	27+28+68	(5+6+7+8) -(667+68)	5	7	(6+8) -(667+68)	5+6+7+8 +27+28-667	27+28+68	(5+6+7+8) -(667+68)	5	7	(6+8) -(667+68)
Solomon Islands - Îles Salomon	2010	9.2	8.5	9.2	8.9	9.2	9.3	8.8	7.3	8.8	8.0	8.7	9.0
South Africa - Afrique du Sud	2000	5.5	1.5	5.7	2.7	3.3	8.6	5.4	0.9	5.6	2.7	5.7	7.6
	2005	8.2	1.3	8.6	2.6	3.1	13.4	7.2	0.6	7.4	3.1	7.0	10.9
	2010	7.8	0.9	8.2	1.9	2.8	13.1	6.9	0.4	7.1	2.2	6.3	11.8
	2012	7.7	0.9	8.2	1.9	2.8	13.0	6.7	0.4	7.0	2.3	6.1	11.6
	2013	7.7	0.8	8.2	1.9	2.8	13.0	7.0	0.5	7.2	2.4	6.3	12.1
	2014	7.7	0.9	8.1	1.9	2.8	13.0	6.8	0.4	7.0	2.4	6.0	12.0
Sri Lanka	2000	7.9	5.5	8.1	6.2	6.1	9.6	5.7	5.3	5.7	5.5	6.9	5.1
	2005	9.5	5.3	9.8	5.1	7.8	12.5	6.9	4.4	7.0	5.0	9.8	6.0
	2010	7.8	3.6	8.1	2.9	4.6	11.7	6.5	1.9	6.6	3.0	9.6	5.7
	2012	7.3	3.5	7.6	2.8	4.5	11.0	6.1	2.8	6.2	3.0	8.2	5.9
	2014	6.4	2.6	6.7	2.4	4.1	9.7	5.7	1.8	5.8	2.7	8.1	5.2
Sudan (...2011) - Soudan (...2011)	2010	18.1	13.7	18.3	8.3	10.8	25.9	17.4	13.2	17.4	9.9	12.8	27.2
Sudan - Soudan	2012	18.5	14.0	18.7	8.3	11.3	26.8	16.4	11.0	16.7	9.2	13.0	24.2
Suriname	2000	10.6	10.0	10.6	9.2	6.9	12.5	11.2	13.7	11.1	9.3	10.3	12.5
	2010	9.7	5.8	9.8	7.3	7.7	11.7	9.6	9.8	9.6	8.1	9.5	10.4
	2012	9.8	5.8	9.9	7.3	7.8	11.8	9.6	9.6	9.6	7.3	10.2	10.5
	2013	9.8	5.8	9.9	7.3	7.8	11.8	9.6	9.6	9.6	7.3	10.2	10.5
Swaziland	2005	11.4	2.6	11.6	4.6	4.2	16.4	10.4	1.5	10.4	2.2	5.2	16.8
	2010	10.8	1.4	11.0	3.2	3.6	16.1	4.7	0.1	5.0	0.7	1.2	16.1
	2012	9.8	2.4	9.9	3.7	4.2	14.2	6.4	6.8	6.4	2.6	3.3	10.7
	2013	8.3	1.2	8.6	2.4	3.0	13.4	10.2	2.7	10.3	4.6	8.8	14.4
	2014	8.3	1.2	8.6	2.3	3.0	13.4	9.9	2.5	10.0	4.6	8.7	13.8
Switzerland - Suisse (5)	2000	4.5	2.4	4.7	2.0	1.2	7.2	2.5	1.3	2.6	1.3	0.9	5.3
	2005	4.7	2.1	4.9	1.9	1.4	7.6	2.4	2.0	2.4	0.9	1.1	4.8
	2010	4.7	1.5	4.9	1.5	1.2	7.9	2.1	1.5	2.1	0.7	1.0	4.1
	2013	5.2	1.8	5.4	2.1	1.9	8.3	2.3	2.2	2.3	0.9	1.2	4.3
	2014	5.2	1.9	5.5	2.0	1.9	8.4	2.4	2.8	2.4	0.8	1.3	4.4
Syrian Arab Republic - République arabe syrienne	2010	13.0	2.4	13.4	4.5	7.8	19.5	9.1	1.6	9.5	5.4	14.2	7.3
	2013	17.3	2.6	17.8	5.8	9.4	26.0	19.9	4.3	20.0	7.3	23.1	23.8
Tajikistan - Tadjikistan	2010	7.3	6.9	7.3	6.1	5.0	8.8	8.8	4.2	8.9	6.1	5.0	10.4
	2012	7.2	7.5	7.1	5.9	5.0	8.6	8.1	7.1	8.2	5.5	5.0	9.7
	2013	7.3	7.5	7.3	6.1	5.1	8.8	8.4	11.2	8.4	6.5	5.0	9.8
	2014	7.1	7.5	7.1	6.1	4.2	8.8	8.3	11.2	8.3	6.5	4.7	9.8
Thailand - Thaïlande	2000	15.7	6.7	16.2	11.3	12.2	19.8	10.1	5.4	10.3	10.6	8.8	14.0
	2005	10.4	2.5	10.9	4.7	8.1	14.4	6.5	2.0	6.7	7.0	6.1	7.9
	2010	8.4	1.2	8.9	2.9	7.2	12.4	6.0	1.3	6.4	4.1	6.6	7.2
	2013	8.5	1.2	9.0	3.1	7.5	12.4	6.8	1.5	7.1	4.9	7.3	7.8
	2014	8.0	1.3	8.4	3.1	7.5	10.8	6.4	1.6	6.7	4.7	6.7	7.8
TFYR of Macedonia - LERY de Macédoine	2005	8.4	3.4	8.6	3.6	6.3	11.3	7.0	1.9	7.3	5.7	5.9	8.4
	2010	6.6	2.7	6.7	2.8	5.4	8.7	5.2	2.5	5.5	3.8	4.9	6.7
	2012	6.5	2.3	6.7	2.7	5.5	8.7	4.8	0.3	5.7	3.4	5.2	7.0
	2013	6.4	2.5	6.6	2.7	5.1	8.6	5.6	5.4	5.6	3.4	5.0	7.0
	2014	6.4	2.5	6.6	2.7	5.1	8.6	4.6	0.2	5.7	3.2	5.4	6.8
Timor-Leste	2012	2.5	2.5	2.5	2.5	2.5	2.5	2.5	2.5	2.5	2.5	2.5	2.5
	2013	2.5	2.5	2.5	2.5	2.5	2.5	2.5	2.5	2.5	2.5	2.5	2.5
	2014	2.5	2.5	2.5	2.5	2.5	2.5	2.5	2.5	2.5	2.5	2.5	2.5

For sources and notes, see end of table.

Pour les sources et les notes, se reporter à la fin du tableau.

Market / Marchés	Year / Année	MFN rate - Simple average (2) / Droit NPF - Moyenne simple (2)						MFN rate - Weighted average (3) / Droit NPF - Moyenne pondérée (3)					
		Total of non-agricultural and non-fuel products / Total des produits non-agricoles et non-pétroliers	Ores and metals / Minérais et métaux	Manu-factured products / Produits manu-facturés	Chemical products / Produits chimiques	Machinery and transport equipment / Machines et matériel de transport	Other manu-factured products / Produits manu-facturés divers	Total of non-agricultural and non-fuel products / Total des produits non-agricoles et non-pétroliers	Ores and metals / Minérais et métaux	Manu-factured products / Produits manu-facturés	Chemical products / Produits chimiques	Machinery and transport equipment / Machines et matériel de transport	Other manu-factured products / Produits manu-facturés divers
SITC Rev.3 (1) / CTCI Rév.3 (1)		5+6+7+8 +27+28-667	27+28+68	(5+6+7+8) -(667+68)	5	7	(6+8) -(667+68)	5+6+7+8 +27+28-667	27+28+68	(5+6+7+8) -(667+68)	5	7	(6+8) -(667+68)
Togo	2000	13.2	9.2	13.4	8.1	9.9	16.5	11.7	6.8	11.9	7.4	12.5	13.0
	2005	13.5	9.1	13.6	8.4	9.9	16.8	10.8	5.6	11.0	4.3	10.7	13.1
	2010	12.9	9.3	13.0	8.6	9.3	16.2	10.9	5.9	11.0	4.2	11.4	13.1
	2012	12.6	8.8	12.7	7.8	9.1	16.3	9.6	6.3	9.7	5.1	9.1	13.3
	2013	12.5	9.8	12.6	7.6	9.1	16.0	9.6	6.7	9.7	5.0	9.2	13.0
	2014	12.5	9.8	12.5	7.6	9.1	16.0	9.6	6.7	9.7	5.0	9.2	13.0
Tonga	2010	10.8	14.4	10.7	11.8	4.3	13.5	7.3	11.5	7.2	8.2	1.9	12.1
	2012	11.1	13.8	11.0	10.9	6.0	13.4	8.1	9.1	8.1	7.4	4.2	11.7
	2013	11.1	13.8	11.0	10.9	6.0	13.4	8.1	9.1	8.1	7.4	4.2	11.7
Trinidad and Tobago - Trinité-et-Tobago	2005	6.9	1.7	7.1	2.6	5.5	9.7	6.4	0.7	6.8	6.6	6.5	7.5
	2010	9.2	5.5	9.4	6.5	8.0	11.2	8.6	5.1	9.0	9.5	8.3	9.8
	2012	9.3	5.7	9.5	6.6	8.1	11.3	8.7	5.2	9.1	9.2	8.4	10.0
	2013	9.3	5.7	9.5	6.6	8.1	11.3	8.7	5.2	9.1	9.2	8.4	10.0
Tunisia - Tunisie	2000	25.5	21.8	25.7	20.8	17.1	31.3	23.5	19.8	23.6	19.3	16.5	31.5
	2005	21.4	15.0	21.7	14.3	14.2	27.7	20.2	9.3	20.7	13.1	16.8	26.5
	2010	15.6	4.6	16.2	11.0	10.2	20.8	15.2	6.1	15.6	10.1	13.1	21.0
	2012	12.3	3.7	12.7	5.2	9.3	17.1	12.7	5.7	13.1	7.8	12.1	16.8
	2013	12.1	3.8	12.5	5.0	8.8	17.1	12.6	6.0	12.9	7.3	11.9	17.0
Turkey - Turquie	2000	4.9	1.8	5.0	5.3	2.4	6.1	5.0	1.9	5.2	5.0	4.4	6.8
	2005	4.2	1.9	4.3	4.7	2.2	5.1	4.0	1.5	4.2	4.1	3.9	4.8
	2010	4.2	1.8	4.4	4.8	2.3	5.1	3.9	1.1	4.2	4.2	3.5	5.2
	2013	4.2	1.7	4.4	4.9	2.3	5.1	4.0	0.8	4.3	4.6	3.5	5.4
Tuvalu	2010	7.2	0.0	7.3	4.2	6.2	8.6	0.6	0.0	0.6	4.9	0.2	2.5
Uganda - Ouganda	2000	8.6	7.9	8.6	7.3	4.1	11.2	7.0	7.2	7.0	5.0	6.4	8.6
	2005	12.3	7.7	12.5	4.1	6.6	18.1	11.5	12.5	11.5	6.1	8.1	17.7
	2010	11.8	7.0	12.0	3.8	6.1	17.8	10.6	12.6	10.5	4.5	6.9	18.7
	2012	11.7	7.2	11.9	3.9	6.0	17.6	8.7	13.4	8.6	4.7	5.4	16.7
	2013	11.5	6.9	11.7	3.7	6.0	17.3	8.1	12.3	8.1	3.2	6.2	13.8
	2014	11.5	6.9	11.7	3.8	6.0	17.3	8.4	12.3	8.3	3.5	6.0	14.4
Ukraine	2010	4.0	1.8	4.1	3.3	3.1	4.9	3.1	1.1	3.3	2.3	3.6	3.7
	2012	3.9	1.7	4.1	3.2	3.0	4.9	3.3	1.0	3.4	2.2	3.7	3.9
	2013	4.0	1.8	4.1	3.3	3.0	5.0	3.5	1.0	3.6	2.5	4.0	3.9
	2014	4.0	1.9	4.1	3.3	3.0	5.0	3.2	0.8	3.3	2.4	3.5	4.0
United Arab Emirates - Émirats arabes unis	2005	4.9	4.8	4.9	4.8	4.9	5.0	4.8	3.1	4.9	4.4	4.9	5.0
	2012	4.7	4.8	4.6	4.5	4.2	4.9	3.8	4.4	3.8	3.8	3.0	4.9
	2013	4.7	4.8	4.7	4.5	4.2	4.9	3.9	4.4	3.9	3.7	3.0	4.9
	2014	4.7	4.8	4.6	4.5	4.2	4.9	3.8	4.5	3.7	3.9	2.8	4.9
United Republic of Tanzania - République-Unie de Tanzanie	2000	16.5	11.9	16.7	8.7	13.4	21.2	13.0	10.4	13.0	8.9	11.0	18.4
	2005	11.9	7.5	12.1	3.6	6.4	17.9	8.6	8.6	8.6	4.2	7.8	13.1
	2010	11.6	7.5	11.9	3.7	6.0	17.7	8.5	5.8	8.6	2.8	7.7	14.4
	2012	11.6	6.9	11.8	3.8	5.7	17.6	9.4	6.5	9.5	3.3	8.0	15.1
	2013	11.5	6.9	11.8	3.8	5.7	17.6	9.3	6.5	9.4	3.2	8.0	14.9
	2014	11.4	6.9	11.6	3.8	5.7	17.3	9.2	6.5	9.3	3.2	8.0	14.6
United States - États-Unis	2000	3.9	1.3	4.0	3.4	1.7	5.3	3.0	1.1	3.0	3.1	1.8	5.2
	2005	3.5	1.3	3.6	3.1	1.6	4.7	2.8	1.4	2.8	2.3	1.9	4.4
	2010	3.5	1.3	3.6	3.1	1.6	4.8	2.5	1.3	2.6	1.9	1.5	4.5
	2012	3.3	1.3	3.4	2.7	1.3	4.6	2.1	1.3	2.1	1.6	1.0	4.3
	2013	3.3	1.3	3.4	2.7	1.3	4.6	2.1	1.3	2.1	1.6	1.0	4.4
	2014	3.1	1.2	3.3	2.6	1.3	4.3	2.0	1.2	2.0	1.5	1.0	4.0

For sources and notes, see end of table.   Pour les sources et les notes, se reporter à la fin du tableau.

Market / Marchés	Year / Année	MFN rate - Simple average (2) / Droit NPF - Moyenne simple (2)						MFN rate - Weighted average (3) / Droit NPF - Moyenne pondérée (3)					
		Total of non-agricultural and non-fuel products / Total des produits non-agricoles et non-pétroliers	Ores and metals / Minérais et métaux	Manu-factured products / Produits manu-facturés	Chemical products / Produits chimiques	Machinery and transport equipment / Machines et matériel de transport	Other manu-factured products / Produits manu-facturés divers	Total of non-agricultural and non-fuel products / Total des produits non-agricoles et non-pétroliers	Ores and metals / Minérais et métaux	Manu-factured products / Produits manu-facturés	Chemical products / Produits chimiques	Machinery and transport equipment / Machines et matériel de transport	Other manu-factured products / Produits manu-facturés divers
SITC Rev.3 (1) / CTCI Rév.3 (1)		5+6+7+8 +27+28-667	27+28+68	(5+6+7+8) -(667+68)	5	7	(6+8) -(667+68)	5+6+7+8 +27+28-667	27+28+68	(5+6+7+8) -(667+68)	5	7	(6+8) -(667+68)
Uruguay	2000	14.9	10.5	15.1	11.4	10.9	18.4	14.4	9.6	14.5	12.6	12.8	17.6
	2005	11.8	7.0	12.0	8.4	7.1	15.3	10.5	4.5	10.6	9.2	8.7	14.2
	2010	11.4	6.3	11.7	7.8	6.7	15.2	10.5	3.2	10.7	7.6	9.7	15.0
	2012	11.3	6.2	11.5	7.8	6.6	15.1	10.8	3.8	10.9	7.6	10.0	15.0
	2013	11.3	6.0	11.5	7.8	6.6	15.2	10.5	4.5	10.5	7.8	9.3	15.0
	2014	11.3	6.0	11.5	7.8	6.6	15.1	10.5	4.5	10.5	7.8	9.3	15.0
Uzbekistan - Ouzbékistan	2012	15.3	15.1	15.3	9.3	10.0	20.1	11.2	8.1	11.4	10.4	11.1	12.3
	2014	12.9	14.9	12.8	8.6	7.0	17.2	8.3	9.0	8.3	8.7	7.3	9.5
Vanuatu	2005	14.6	11.5	14.7	10.8	13.6	16.1	13.4	9.5	13.4	12.1	11.3	15.8
	2012	9.5	4.0	9.6	8.0	7.4	11.0	3.2	4.8	3.2	8.1	1.2	11.0
Venezuela (Bolivarian Rep. of) - Venezuela (Rép. bolivarienne du)	2000	12.1	6.8	12.4	8.4	10.3	14.9	13.3	8.5	13.4	9.5	14.0	14.4
	2005	12.1	7.0	12.4	8.4	10.4	14.9	13.5	8.7	13.5	10.1	14.4	13.7
	2010	13.1	7.0	13.4	8.4	10.6	16.6	11.4	8.8	11.5	9.0	10.5	15.5
	2012	13.0	7.1	13.3	8.4	10.5	16.5	10.6	8.3	10.6	8.7	9.5	14.6
	2013	13.0	7.1	13.3	8.4	10.5	16.5	10.6	8.3	10.6	8.7	9.5	14.6
	2014	12.8	6.8	13.1	8.6	10.8	15.9	12.3	9.9	12.4	9.6	12.1	15.7
Viet Nam	2005	15.3	2.0	16.1	4.1	10.1	23.6	13.0	1.1	13.5	3.9	12.5	19.0
	2010	8.8	2.0	9.1	3.2	6.7	12.6	6.3	1.1	6.6	2.8	6.6	8.6
	2012	8.4	1.5	8.8	2.9	6.4	12.1	5.1	0.8	5.3	2.5	3.8	8.9
	2013	8.3	1.5	8.7	2.9	6.4	12.1	5.0	0.8	5.3	2.5	3.8	8.8
	2014	8.4	1.9	8.7	2.9	6.1	12.1	4.9	1.2	5.1	2.9	3.3	9.0
Yemen - Yémen	2000	12.5	11.3	12.6	9.8	11.1	14.3	12.5	10.5	12.5	8.5	13.2	13.2
	2012	6.2	6.7	6.2	5.9	5.0	6.9	5.5	5.7	5.5	5.2	4.5	6.7
	2013	6.2	6.9	6.2	6.0	4.9	6.9	5.5	5.5	5.5	5.3	4.6	6.8
Zambia - Zambie	2005	13.5	9.5	13.7	7.4	10.6	17.4	9.8	3.6	10.0	3.9	11.2	12.4
	2010	12.5	9.1	12.7	5.6	9.7	16.7	7.4	3.2	8.8	3.2	8.9	15.2
	2012	12.6	9.4	12.7	5.7	9.7	16.7	7.5	0.5	9.0	3.2	8.6	15.4
	2013	11.8	9.2	12.0	5.4	7.1	16.8	7.0	0.4	8.6	3.5	7.0	15.9
Zimbabwe	2000	20.7	10.1	21.2	9.8	14.3	29.1	15.2	8.5	15.6	8.7	17.8	20.0
	2010	12.4	6.9	12.7	7.0	9.1	17.2	15.5	6.1	16.0	11.5	16.6	18.5
	2012	12.1	6.8	12.4	6.8	8.7	16.9	14.8	5.3	15.0	8.1	18.0	16.4

Source:
UNCTAD TRAINS/WITS

Source :
CNUCED TRAINS/WITS

Notes:
- This table presents tariff data for selected years only. For the complete information, please refer to the Handbook 2015 DVD.

(1) Product categories are defined in terms of SITC Revision 3, and all corresponding Harmonized System (HS) 6-digit codes have been aggregated for each category.

(2) Simple average for a selected product group calculated from simple average at HS 6-digit level. It has been calculated dividing the sum of simple averages rates by the actual number of simple average rates.

(3) Weighted average for each product group calculated from simple average at HS 6-digit level. Country's own imports at HS 6-digit level for corresponding years are used as weights. Where imports are not reported, mirror imports have been compiled using exports of partner countries.

(4) For the European Union, data refer to the composition of the group during that year.

(5) Specific tariff rates have been converted into ad valorem equivalents (AVE).

Notes :
- Ce tableau présente les tarifs pour une sélection d'années seulement. La série complète est disponible dans le DVD du Manuel 2015.

(1) Les catégories de produits sont définies sur la base de la CTCI, révision 3, et pour chaque catégorie, les codes à 6 chiffres du Système harmonisé (SH) correspondants ont été agrégés.

(2) Moyenne arithmétique simple pour un groupe de produits déterminés calculée à partir de moyennes arithmétiques simples au niveau du code à 6 chiffres du Système harmonisé. Elle est calculée en divisant la somme des taux moyens par le nombre de taux moyens.

(3) Moyenne arithmétique pondérée, pour chaque catégorie de produits, calculée à partir des moyennes simples au niveau du code à 6 chiffres du SH. Pour chaque année, les coefficients de pondération sont les importations de chaque marché au niveau du code à 6 chiffres du SH. Lorsque les importations n'étaient pas disponibles, elles ont été évaluées par les données miroir basées sur les exportations des pays partenaires.

(4) Pour une année donnée, les tarifs de l'Union européenne se réfèrent à la composition du groupe durant cette année.

(5) Les droits de douane spécifiques ont été convertis en taux équivalents ad valorem (EAV).

5

INTERNATIONAL
TRADE IN
SERVICES

COMMERCE
INTERNATIONAL DES
SERVICES

2

3

4

5

6

7

8

Region, country or territory	Exports - Exportations Millions of dollars							
	2005	2008	2009	2010	2011	2012	2013	2014
WORLD	2 672 190	4 051 790	3 618 200	3 935 540	4 403 980	4 544 950	4 786 570	5 016 740
DEVELOPING ECONOMIES	632 130	1 039 100	937 440	1 107 430	1 246 240	1 355 440	1 399 720	1 466 310
TRANSITION ECONOMIES	53 740	106 260	88 390	97 820	115 380	124 600	136 440	126 840
DEVELOPED ECONOMIES	1 986 330	2 906 430	2 592 360	2 730 300	3 042 350	3 064 910	3 250 410	3 423 590
Developing economies: Africa	61 530	92 700	85 260	94 890	98 060	103 630	100 500	106 760
Eastern Africa	*8 990*	*14 460*	*13 370*	*15 890*	*18 940*	*21 690*	*22 960*	*23 820*
Burundi	35	83	50	79	112	93	131	-
Comoros	43	64	59	65	74	70	(e)84	(e)82
Djibouti	248	289	314	328	319	331	357	-
Ethiopia	1 012	1 777	1 735	2 165	2 786	2 736	(e)3 135	(e)2 984
Kenya	1 883	3 262	2 893	3 772	4 115	4 861	4 974	4 935
Madagascar	499	1 296	860	1 012	1 173	1 314	1 265	-
Malawi	67	74	79	83	90	109	(e)117	(e)106
Mauritius	1 618	2 544	2 239	2 695	3 261	3 408	3 410	3 449
Mozambique	342	460	612	611	729	1 070	1 123	(e)1 272
Rwanda	120	433	361	325	449	425	502	(e)635
Seychelles	370	464	418	441	466	435	485	(e)487
Uganda	526	832	1 027	1 304	1 778	2 098	2 308	(e)2 522
United Republic of Tanzania	1 269	1 999	1 855	2 046	2 300	2 786	3 192	(e)3 441
Zambia	549	619	529	571	665	990	758	851
Zimbabwe (1)	362	231	286	333	390	387	-	-
Middle Africa	*2 050*	*3 590*	*3 650*	*3 880*	*4 820*	*4 180*	*5 200*	*-*
Angola	177	329	623	857	732	780	1 316	-
Cameroon	970	1 484	1 249	1 295	1 858	1 628	1 946	-
Central African Republic (1)	44	68	65	80	85	80	112	-
Chad (1)	108	252	457	-	-	-	-	-
Congo (1)	220	372	378	432	512	521	623	-
Dem. Rep. of the Congo	343	828	650	389	739	288	296	244
Equatorial Guinea (1)	36	58	50	80	86	81	86	-
Gabon (1)	146	-	-	198	218	218	243	-
Sao Tome and Principe	9	10	10	13	18	18	36	61
Northern Africa	*30 970*	*50 150*	*45 360*	*48 410*	*44 260*	*47 220*	*42 790*	*48 370*
Algeria	2 507	3 482	2 966	3 580	3 727	3 815	3 912	(e)3 578
Egypt	14 643	24 912	21 520	23 807	19 140	21 767	18 262	21 898
Libya	534	208	385	410	40	152	180	-
Morocco	9 264	15 302	14 833	14 736	15 899	15 347	14 353	(e)16 363
Sudan (...2011)	147	417	324	242	833			
Sudan	—	—	—	—		1 059	1 258	1 505
Tunisia	3 877	5 831	5 334	5 632	4 618	5 077	4 831	(e)4 840
Southern Africa	*13 310*	*15 060*	*14 340*	*17 330*	*18 960*	*19 290*	*18 580*	*18 830*
Botswana	833	201	238	283	517	260	548	(e)597
Lesotho	34	48	42	48	51	73	60	-
Namibia	413	555	654	683	742	1 076	926	(e)1 033
South Africa	11 829	13 999	13 201	16 063	17 346	17 640	16 815	16 837
Swaziland	203	255	211	258	300	242	232	(e)298
Western Africa	*6 210*	*9 430*	*8 530*	*9 380*	*11 080*	*11 250*	*10 960*	*-*
Benin	194	348	221	376	411	434	(e)514	-
Burkina Faso (1)	64	126	153	298	416	421	497	-
Cabo Verde	277	608	487	507	585	611	681	650
Côte d'Ivoire	934	1 155	1 172	1 183	1 017	985	935	-
Gambia	82	118	104	131	144	151	(e)205	(e)223
Ghana	1 106	1 801	1 770	1 477	1 871	3 260	2 454	(e)2 045
Guinea	83	103	72	62	77	159	104	-
Guinea-Bissau	5	44	33	44	45	22	(e)38	-
Liberia	213	510	274	158	604	-	-	-
Mali	274	456	356	384	411	345	429	-
Mauritania	80	138	159	119	210	145	186	-
Niger	88	131	100	119	73	81	(e)153	-
Nigeria	1 793	2 264	2 218	3 092	3 387	2 411	(e)2 410	(e)1 973
Senegal	762	1 286	1 018	1 048	1 167	(e)1 221	(e)1 329	
Sierra Leone	78	59	101	57	157	178	193	-
Togo	177	283	294	320	509	458	(e)486	-

For sources and notes, see end of table.

Imports - Importations Millions de dollars								Régions, pays ou territoires
2005	2008	2009	2010	2011	2012	2013	2014	
2 584 950	**3 905 740**	**3 489 130**	**3 818 650**	**4 251 700**	**4 397 250**	**4 653 400**	**4 904 010**	**MONDE**
727 690	1 225 710	1 120 040	1 330 430	1 521 830	1 627 400	1 732 350	1 862 230	ÉCONOMIES EN DÉVELOPPEMENT
68 270	128 570	105 920	122 010	143 240	167 390	191 820	184 850	ÉCONOMIES EN TRANSITION
1 788 990	2 551 460	2 263 170	2 366 210	2 586 640	2 602 460	2 729 230	2 856 940	ÉCONOMIES DÉVELOPPÉES
76 890	**152 200**	**136 780**	**152 920**	**169 030**	**171 770**	**175 700**	**183 710**	**Économies en développement : Afrique**
8 750	*14 440*	*13 720*	*15 960*	*19 970*	*23 510*	*24 590*	*26 310*	*Afrique orientale*
134	259	177	168	213	212	234	-	Burundi
46	79	84	94	108	104	(e)114	(e)112	Comores
84	117	114	105	148	145	178	-	Djibouti
1 194	2 392	2 224	2 546	3 322	3 583	(e)3 470	(e)4 377	Éthiopie
1 152	1 924	1 840	2 089	2 186	2 447	2 422	2 934	Kenya
657	1 580	1 214	1 226	1 302	1 245	1 334	-	Madagascar
159	159	167	170	179	230	(e)233	(e)251	Malawi
1 198	1 920	1 607	1 979	2 470	2 443	2 709	2 510	Maurice
649	883	1 044	1 239	2 165	4 207	3 924	(e)3 671	Mozambique
286	533	543	567	640	519	633	(e)700	Rwanda
240	243	241	266	266	222	232	(e)250	Seychelles
609	1 257	1 393	1 803	2 434	2 474	2 668	(e)3 050	Ouganda
1 207	1 662	1 722	1 889	2 208	2 359	2 488	(e)2 705	République-Unie de Tanzanie
412	835	672	888	1 093	1 334	1 816	1 644	Zambie
636	550	614	864	1 153	968	-	-	Zimbabwe (1)
14 480	*35 870*	*31 590*	*33 930*	*40 090*	*38 390*	*40 450*	*-*	*Afrique centrale*
6 791	22 139	19 169	18 754	23 670	22 119	22 846		Angola
1 463	2 686	1 961	1 746	1 982	2 129	2 668	-	Cameroun
105	165	156	197	201	194	162	-	République centrafricaine (1)
1 567	1 868	1 881	-	-	-	-	-	Tchad (1)
1 417	3 571	3 213	3 683	4 070	4 111	4 600	-	Congo (1)
1 169	2 100	1 817	2 663	2 889	2 332	2 595	3 063	Rép. dém. du Congo
921	1 684	2 092	2 606	2 766	3 098	2 708	-	Guinée équatoriale (1)
1 034	-	-	1 843	2 054	2 043	2 201	-	Gabon (1)
11	21	19	24	31	25	45	71	Sao Tomé-et-Principe
25 130	*45 510*	*42 530*	*45 830*	*45 150*	*47 790*	*48 540*	*52 660*	*Afrique septentrionale*
4 823	11 088	11 663	11 851	12 599	10 862	10 758	(e)11 724	Algérie
10 508	17 615	13 935	14 718	14 070	16 450	16 408	17 491	Égypte
2 349	4 344	5 063	6 127	4 386	6 996	8 472	-	Libye
3 845	6 678	6 898	7 371	8 574	8 136	7 571	(e)8 975	Maroc
1 503	2 532	2 101	2 533	2 338		—	—	Soudan (...2011)
—	—	—	—	—	2 151	2 030	2 061	Soudan
2 106	3 253	2 872	3 234	3 178	3 196	3 304	(e)3 417	Tunisie
13 880	*19 060*	*17 630*	*22 160*	*23 860*	*21 520*	*20 700*	*19 910*	*Afrique australe*
585	412	667	723	856	631	665	(e)567	Botswana
368	404	430	447	478	452	375	-	Lesotho
369	585	576	731	783	697	909	(e)1 112	Namibie
12 151	17 013	15 397	19 592	20 866	18 914	18 054	17 042	Afrique du Sud
403	651	563	671	875	826	702	(e)791	Swaziland
14 660	*37 320*	*31 310*	*35 030*	*39 960*	*40 560*	*41 410*	*-*	*Afrique occidentale*
281	510	496	515	504	585	(e)761	-	Bénin
359	607	561	833	1 143	1 219	1 426	-	Burkina Faso (1)
215	367	326	308	334	370	349	377	Cabo Verde
2 271	2 838	2 775	2 987	2 801	2 931	3 011	-	Côte d'Ivoire
47	86	83	73	68	80	(e)78	(e)83	Gambie
1 273	2 298	2 943	3 003	3 667	4 238	4 898	(e)4 326	Ghana
288	446	336	402	576	892	697	-	Guinée
42	85	87	103	100	73	(e)87	-	Guinée-Bissau
855	1 411	1 145	1 079	1 243	941	942	-	Libéria
590	1 027	830	1 028	1 128	1 064	2 157	-	Mali
379	769	638	670	761	1 017	999	-	Mauritanie
280	601	736	845	870	839	(e)989	-	Niger
6 623	24 377	18 697	21 412	24 573	24 044	(e)22 454	(e)24 193	Nigéria
810	1 419	1 149	1 119	1 291	(e)1 329	(e)1 442	-	Sénégal
91	121	132	252	428	497	649	-	Sierra Leone
251	359	375	404	474	442	(e)471	-	Togo

Pour les sources et les notes, se reporter à la fin du tableau.

5

5.1 Value of exports and imports of services

Region, country or territory	Exports - Exportations Millions of dollars							
	2005	2008	2009	2010	2011	2012	2013	2014
Developing economies: America	92 620	134 950	121 190	135 790	153 710	161 560	169 120	171 290
Caribbean	25 350	30 020	27 650	29 270	30 800	33 230	34 430	35 040
Anguilla	99	124	111	115	130	129	139	(e)144
Antigua and Barbuda	463	560	511	478	482	483	465	(e)480
Aruba	1 308	1 603	1 538	1 560	1 681	1 761	1 886	(e)2 034
Bahamas	2 511	2 534	2 351	2 494	2 494	2 691	2 671	2 717
Barbados (1)	1 454	1 823	1 504	1 638	1 588	1 388	1 490	1 480
Cuba (1)	7 075	9 252	8 444	10 546	11 149	12 760	13 027	(e)12 331
Curaçao	–	–	–	–	1 342	1 499	1 626	(e)1 747
Dominica	86	113	111	137	155	122	129	(e)131
Dominican Republic	6 182	6 876	6 293	5 531	5 823	6 140	6 549	(e)7 153
Grenada	116	167	152	153	159	164	163	(e)186
Haiti	145	427	483	453	544	549	652	(e)702
Jamaica	2 330	2 795	2 651	2 634	2 620	2 694	2 666	2 826
Montserrat	15	14	12	11	12	13	14	(e)16
Netherlands Antilles	1 919	2 117	2 092	1 987	–	–	–	–
Saint Kitts and Nevis	163	166	137	150	175	194	236	(e)253
Saint Lucia	436	364	353	370	381	392	409	(e)447
Saint Vincent and the Grenadines	158	153	139	138	139	140	141	(e)143
Sint Maarten (Dutch part)	–	–	–	–	903	1 040	1 064	(c)1 127
Trinidad and Tobago	897	937	765	874	(e)1 024	-	-	-
Central America	27 950	36 040	30 750	33 560	36 810	39 700	45 450	48 120
Belize	307	387	344	354	340	407	448	494
Costa Rica	3 640	5 795	3 939	4 751	5 517	6 079	6 693	6 877
El Salvador	1 478	1 534	1 292	1 498	1 636	1 867	2 087	2 226
Guatemala	1 308	2 119	2 089	2 268	2 239	2 435	2 532	2 743
Honduras	1 771	2 017	1 871	2 108	2 254	2 258	2 425	(e)2 598
Mexico	15 736	17 673	14 824	15 235	15 582	16 146	20 116	21 037
Nicaragua	531	878	894	935	1 134	1 244	1 325	1 388
Panama	3 175	5 635	5 495	6 412	8 109	9 264	9 828	10 758
South America	39 320	68 890	62 800	72 960	86 100	88 630	89 230	88 130
Argentina	6 458	11 840	10 677	13 463	15 456	15 038	14 552	13 718
Bolivia (Plurinational State of)	657	752	720	708	948	1 125	1 214	1 347
Brazil	15 442	30 451	27 728	31 599	38 209	39 864	39 127	40 169
Chile	7 167	10 738	8 493	11 149	13 105	12 456	12 787	(e)11 245
Colombia	2 995	4 576	4 582	5 113	5 636	6 430	6 859	6 937
Ecuador	1 018	1 448	1 343	1 478	1 593	1 813	2 035	(e)2 340
Guyana	148	212	170	248	298	298	165	(e)148
Paraguay	281	487	615	723	800	827	922	(e)1 003
Peru	2 291	3 649	3 636	3 693	4 264	4 915	5 814	(e)5 878
Suriname	204	284	287	241	201	172	172	203
Uruguay	1 311	2 277	2 319	2 688	3 594	3 482	3 381	3 215
Venezuela (Bolivarian Rep. of)	1 346	2 175	2 231	1 862	1 997	2 209	2 201	(e)1 926
Developing economies: Asia	474 920	807 700	727 950	873 260	990 370	1 086 060	1 125 900	1 184 150
Eastern Asia	222 180	382 630	332 790	405 140	453 360	513 560	522 030	557 260
China	89 150	165 990	144 185	171 490	184 763	(p)216 154	(p)208 046	(p)233 510
China, Hong Kong SAR	47 374	69 908	64 670	80 539	91 305	98 502	104 738	(e)106 054
China, Macao SAR	8 679	18 024	18 977	29 007	39 844	45 364	53 609	(e)53 107
China, Taiwan Province of (2)	(e)25 835	(e)36 853	(e)31 785	(e)40 360	(e)45 927	(e)49 040	(e)51 192	(e)57 156
Korea, Republic of	50 730	91 333	72 752	83 260	90 900	103 533	103 739	106 855
Mongolia	414	520	417	486	621	963	711	(e)576
Southern Asia	64 670	125 660	113 120	143 210	164 040	171 530	174 670	186 870
Afghanistan	-	1 220	1 894	3 141	3 476	3 056	2 960	-
Bangladesh	1 455	1 944	2 104	2 552	2 655	2 674	2 948	(e)2 749
Bhutan	42	55	56	69	82	102	123	132
India	52 179	106 054	92 890	117 068	138 528	145 525	148 649	156 209
Iran (Islamic Republic of) (1)	4 999	7 775	8 074	8 853	8 221	6 687	6 593	(e)8 878
Maldives	323	1 638	1 543	1 810	2 109	2 184	2 599	2 982
Nepal	380	724	705	671	863	925	1 190	(e)1 300
Pakistan	3 665	4 247	3 957	6 575	5 021	6 581	4 921	5 764
Sri Lanka	1 540	2 002	1 892	2 474	3 084	3 800	4 685	(e)5 605
South-Eastern Asia	114 740	192 190	176 900	213 340	251 080	274 740	299 840	302 340
Brunei Darussalam (1)	616	867	915	1 054	1 209	1 113	(b)493	479
Cambodia	1 118	1 527	1 812	2 028	2 730	3 192	3 486	(e)4 014
Indonesia	13 545	15 401	13 245	16 887	21 888	23 660	22 944	(e)23 531
Lao People's Dem. Rep.	204	402	397	511	550	577	781	-
Malaysia	19 750	30 751	28 292	32 020	36 145	37 884	39 812	(e)39 484

For sources and notes, see end of table

Imports - Importations Millions de dollars								Régions, pays ou territoires
2005	2008	2009	2010	2011	2012	2013	2014	
97 050	154 030	145 220	174 670	207 980	218 920	231 960	234 270	**Économies en développement : Amérique**
9 500	*12 370*	*10 960*	*13 080*	*13 510*	*13 970*	*13 910*	*14 400*	*Caraïbes*
56	102	70	55	55	56	56	(e)58	Anguilla
227	282	228	225	211	204	220	(e)227	Antigua-et-Barbuda
712	794	693	679	843	820	846	(e)850	Aruba
1 286	1 403	1 196	1 181	1 292	1 538	1 628	1 720	Bahamas
656	758	711	734	554	486	466	463	Barbade (1)
1 015	2 079	1 673	1 923	2 462	2 406	2 306	(e)2 490	Cuba (1)
				808	878	879	(e)895	Curaçao
50	70	66	68	66	68	70	(e)74	Dominique
1 478	1 989	1 857	3 287	2 899	2 939	2 948	(e)3 009	République dominicaine
96	113	98	94	100	95	99	(e)98	Grenade
544	746	772	1 277	1 119	1 116	1 090	(e)1 079	Haïti
1 722	2 367	1 881	1 824	1 946	2 158	2 048	2 160	Jamaïque
26	23	18	17	18	18	19	(e)19	Montserrat
734	872	931	917	–	–	–	–	Antilles néerlandaises
95	125	100	111	115	120	126	(e)131	Saint-Kitts-et-Nevis
177	215	190	204	203	190	187	(e)181	Sainte-Lucie
79	102	94	91	84	87	91	(e)92	Saint-Vincent-et-les Grenadines
				237	259	263	(e)289	Saint-Martin (partie néerlandaise)
545	326	383	389	(e)500	-	-	-	Trinité-et-Tobago
30 110	*35 660*	*33 690*	*35 970*	*42 660*	*43 830*	*46 130*	*49 260*	*Amérique centrale*
159	170	162	162	171	188	208	225	Belize
1 434	1 780	1 487	1 837	1 821	2 084	2 076	2 121	Costa Rica
1 115	1 311	984	1 100	1 187	1 335	1 469	1 487	El Salvador
1 450	2 043	2 132	2 407	2 517	2 539	2 757	3 028	Guatemala
929	1 238	964	1 169	1 448	1 515	1 641	(e)1 759	Honduras
22 804	25 649	25 043	25 792	30 375	30 708	32 128	34 910	Mexique
448	838	732	713	842	899	1 071	960	Nicaragua
1 770	2 634	2 191	2 788	4 303	4 559	4 780	4 774	Panama
57 450	*106 000*	*100 560*	*125 620*	*151 810*	*161 120*	*171 920*	*170 610*	*Amérique du Sud*
7 497	13 254	12 081	14 643	17 648	18 086	18 484	16 775	Argentine
682	1 014	1 012	1 149	1 651	1 921	2 332	3 053	Bolivie (État plurinational de)
23 471	47 140	46 974	62 434	76 161	80 939	86 224	88 461	Brésil
8 002	11 946	10 503	13 029	16 158	14 732	15 694	(e)14 575	Chili
5 318	7 902	7 953	9 356	10 823	12 229	12 788	13 523	Colombie
2 148	3 019	2 624	3 001	3 156	3 204	3 536	(e)3 567	Équateur
201	325	272	344	434	526	500	(e)461	Guyana
344	599	541	747	904	927	1 070	(e)1 117	Paraguay
3 147	5 715	4 818	6 044	6 512	7 340	7 619	(e)7 679	Pérou
352	407	285	259	562	612	584	782	Suriname
939	1 523	1 295	1 531	2 075	2 408	3 240	3 214	Uruguay
5 345	13 152	12 203	13 087	15 722	18 198	19 851	(e)17 405	Venezuela (Rép. bolivarienne du)
550 010	914 450	833 480	997 130	1 138 720	1 229 760	1 317 560	1 438 620	**Économies en développement : Asie**
235 810	*371 110*	*338 220*	*408 210*	*470 830*	*523 580*	*573 520*	*633 140*	*Asie orientale*
84 183	159 018	159 233	194 005	238 909	(p)282 055	(p)331 578	(p)383 610	Chine
56 245	72 610	61 107	70 397	74 259	76 616	75 195	(e)75 783	Chine (RAS de Hong Kong)
2 547	5 969	5 144	7 629	10 658	11 473	11 885	(e)10 626	Chine (RAS de Macao)
(e)32 497	(e)35 008	(e)29 822	(e)37 894	(e)42 039	(e)42 629	(e)42 584	(e)45 936	Province chinoise de Taiwan (2)
59 861	97 876	82 342	97 499	103 179	108 747	110 238	115 019	Corée, République de
476	628	571	789	1 785	2 065	2 039	(e)2 163	Mongolie
70 850	*123 900*	*112 790*	*151 370*	*162 430*	*165 130*	*163 150*	*188 560*	*Asie méridionale*
-	571	836	1 259	1 290	2 245	2 115	-	Afghanistan
2 297	3 635	3 469	4 727	5 549	5 618	6 390	(e)7 548	Bangladesh
128	121	99	140	177	197	185	221	Bhoutan
47 166	87 739	80 350	114 739	125 041	129 659	126 256	147 888	Inde
10 840	17 749	17 656	18 893	16 952	12 979	13 283	(e)14 925	Iran (République islamique d') (1)
213	428	398	451	581	571	690	770	Maldives
435	852	842	870	782	896	985	(e)1 074	Népal
7 590	9 795	6 616	7 175	8 044	8 509	7 946	8 217	Pakistan
2 089	3 010	2 522	3 113	4 012	4 457	5 306	(e)5 667	Sri Lanka
140 870	*220 040*	*193 680*	*231 780*	*269 640*	*291 600*	*313 390*	*314 690*	*Asie du Sud-Est*
1 110	1 403	1 434	1 612	1 825	1 739	(b)2 859	2 382	Brunéi Darussalam (1)
642	900	830	970	1 314	1 535	1 757	(e)2 017	Cambodge
22 745	30 025	24 341	26 461	31 691	34 224	35 015	(e)33 540	Indonésie
39	108	136	263	331	339	534		Rép. dém. populaire lao
21 956	30 270	27 472	32 469	38 174	42 420	44 582	(e)44 897	Malaisie

Pour les sources et les notes, se reporter à la fin du tableau.

Region, country or territory	Exports - Exportations Millions of dollars							
	2005	2008	2009	2010	2011	2012	2013	2014
Myanmar	281	357	349	369	758	1 231	2 271	-
Philippines	8 611	13 055	14 084	17 782	18 878	20 439	23 335	24 837
Singapore	46 427	89 675	81 828	100 832	118 581	127 308	137 300	140 433
Thailand	19 923	33 108	30 157	34 326	41 573	49 643	58 642	55 295
Timor-Leste	..	44	52	68	73	69	70	(e)75
Viet Nam (1)	4 265	7 006	5 766	7 460	8 691	9 620	10 710	10 970
Western Asia	**73 320**	**(b)107 220**	**105 150**	**111 570**	**121 900**	**126 230**	**129 360**	**137 680**
Bahrain	3 155	3 916	3 831	4 233	3 296	3 085	3 302	-
Iraq	355	1 496	2 193	2 834	2 822	2 833	(e)2 522	-
Jordan	2 412	4 762	4 686	5 724	5 737	6 421	6 358	(e)7 121
Kuwait	4 775	11 959	11 571	9 009	10 097	8 837	6 180	6 268
Lebanon	10 864	17 636	16 910	16 040	19 673	16 580	14 736	(e)13 543
Oman	939	1 826	1 620	1 958	2 442	2 584	2 881	(e)3 017
Qatar	3 221	3 425	2 002	3 011	7 394	9 922	11 175	13 526
Saudi Arabia	11 410	(b)9 373	9 749	10 689	11 489	11 050	11 845	12 217
State of Palestine	307	499	582	833	956	938	608	(e)675
Syrian Arab Republic	2 910	4 415	4 798	7 333	2 536	-	-	-
Turkey	27 822	37 109	35 815	36 550	41 392	43 683	47 159	(e)50 584
United Arab Emirates (1)	4 784	9 596	10 157	11 736	12 798	16 065	18 162	20 613
Yemen	372	1 205	1 237	1 622	1 267	1 577	1 726	-
Developing economies: Oceania	**3 060**	**3 760**	**3 040**	**3 490**	**4 100**	**4 190**	**4 200**	**-**
Fiji	931	1 115	806	993	1 169	1 222	1 224	(e)1 276
French Polynesia	1 074	1 187	1 015	1 006	1 182	1 084	1 086	-
Kiribati	11	13	13	13	15	13	-	-
Micronesia (Federated States of)	19	26	35	38	35	38	41	-
New Caledonia	372	559	483	524	613	615	680	-
Papua New Guinea	305	369	185	310	424	477	(e)416	(e)210
Samoa	130	169	162	180	187	211	201	(e)186
Solomon Islands	41	50	59	92	118	119	125	(e)111
Tonga	34	36	34	48	64	82	(e)80	(e)56
Tuvalu	2	4	3	4	4	4	4	-
Vanuatu	139	234	248	277	286	322	330	(e)313
Transition economies	**53 740**	**106 260**	**88 390**	**97 820**	**115 380**	**124 600**	**136 440**	**126 840**
Albania	1 267	2 732	2 658	2 587	2 814	2 433	2 433	2 692
Armenia	430	654	593	778	1 036	1 039	1 098	1 630
Azerbaijan	741	1 669	2 101	2 494	3 043	4 809	4 131	4 297
Belarus	2 342	4 590	3 715	4 796	5 610	6 312	7 506	7 820
Bosnia and Herzegovina	989	2 242	1 885	1 864	1 871	1 697	1 740	1 790
Georgia	738	1 271	1 329	1 641	2 019	2 562	2 984	3 044
Kazakhstan	2 087	4 292	4 104	4 119	4 338	4 828	5 271	(e)6 509
Kyrgyzstan	259	806	638	600	860	967	1 043	897
Republic of Moldova	446	970	786	783	960	1 034	1 139	1 127
Russian Federation	28 845	57 136	45 797	49 159	58 039	62 340	70 122	(e)65 798
Serbia	—	4 649	4 161	4 235	5 111	4 805	5 381	(e)6 048
Tajikistan	146	181	180	426	564	818	(e)797	503
TFYR of Macedonia	687	1 261	1 104	989	1 456	1 364	1 516	1 696
Ukraine	10 442	19 292	14 946	18 327	21 269	22 089	22 613	14 780
Uzbekistan (1)	660	1 196	1 036	1 328	1 773	(e)2 343	(e)2 526	-
Developed economies: America	**433 230**	**609 330**	**582 710**	**641 660**	**714 490**	**746 310**	**778 650**	**797 130**
Bermuda	..	1 465	1 327	1 401	1 458	1 389	1 378	(e)1 388
Canada	60 224	75 044	68 656	76 927	85 248	90 068	89 864	(e)86 294
United States	373 006	532 817	512 722	563 333	627 781	654 850	687 410	(e)709 448
Developed economies: Asia	**118 900**	**166 040**	**143 400**	**156 450**	**164 850**	**165 350**	**168 960**	**197 140**
Israel	16 873	25 031	22 534	25 373	27 386	31 181	33 735	(e)34 598
Japan	102 029	141 011	120 865	131 081	137 469	134 167	135 227	(e)162 539
Developed economies: Europe	**1 393 540**	**2 076 150**	**1 816 230**	**1 874 000**	**2 097 130**	**2 086 120**	**2 235 780**	**2 360 470**
Austria	-	63 106	53 948	52 739	59 166	57 866	64 094	(e)66 960
Belgium	-	97 005	92 306	98 342	105 204	106 916	113 664	(e)123 961
Bulgaria	-	-	-	8 078	8 998	8 712	8 994	(e)10 021
Croatia	10 253	15 773	12 626	(e)11 936	(e)13 088	(e)12 410	13 012	(e)13 550
Cyprus	-	-	-	-	-	-	10 173	(e)10 127
Czech Republic	13 152	23 746	20 607	22 430	24 706	24 348	24 421	(e)25 581
Denmark	43 830	74 094	57 098	61 406	67 182	67 100	70 639	(e)72 390
Estonia	3 476	5 696	4 613	4 718	5 627	(e)5 737	6 301	(e)6 836
Faeroe Islands	133	252	170	191	207	(e)200	(e)240	-
Finland	18 200	33 491	29 246	29 039	31 205	29 785	27 562	(e)25 729
France	153 264	224 320	194 002	202 108	237 335	237 282	254 864	(e)268 400

For sources and notes, see end of table.

		Imports - Importations Millions de dollars						Régions, pays ou territoires
2005	2008	2009	2010	2011	2012	2013	2014	
497	617	617	789	1 090	1 459	1 481	-	Myanmar
6 463	11 084	9 186	12 017	12 316	14 261	16 320	19 963	Philippines
56 164	91 182	84 135	101 212	117 437	129 126	141 622	141 559	Singapour
26 803	46 002	36 515	45 029	52 136	52 986	54 890	53 200	Thaïlande
..	490	825	1 035	1 464	989	508	(e)459	Timor-Leste
4 450	7 956	8 187	9 921	11 859	12 520	13 820	14 500	Viet Nam (1)
102 490	**(b)199 410**	**188 800**	**205 770**	**235 830**	**249 450**	**267 500**	**302 240**	**Asie occidentale**
1 416	2 030	1 741	1 905	1 778	1 480	1 560	-	Bahreïn
6 095	7 572	8 563	9 864	11 124	13 291	(e)14 856	-	Iraq
2 542	4 127	3 818	4 419	4 475	4 544	4 575	(e)4 590	Jordanie
8 715	15 777	13 743	15 785	19 013	21 097	21 004	23 788	Koweït
7 890	13 459	14 043	13 034	12 963	11 878	13 022	(e)12 708	Liban
3 145	5 878	5 484	6 363	7 736	8 745	10 008	(e)10 445	Oman
4 144	7 222	5 918	8 780	16 867	23 906	27 479	32 859	Qatar
33 121	(b)75 231	74 991	76 772	78 017	73 407	76 652	96 921	Arabie saoudite
504	837	931	1 143	1 058	1 197	1 041	(e)1 190	État de Palestine
2 359	3 171	2 734	3 533	2 906	-	-	-	République arabe syrienne
11 950	18 330	17 277	19 918	21 205	21 195	24 306	(e)25 350	Turquie
19 367	43 427	37 433	42 100	56 518	63 254	67 447	71 396	Émirats arabes unis (1)
1 241	2 348	2 121	2 156	2 165	2 341	2 272	-	Yémen
3 730	**5 030**	**4 560**	**5 710**	**6 100**	**6 950**	**7 130**	**-**	**Économies en développement : Océanie**
537	627	466	450	539	575	564	(e)576	Fidji
722	708	706	598	557	506	496	-	Polynésie française
44	56	52	56	70	81	-	-	Kiribati
60	64	85	79	78	80	80	-	Micronésie (États fédérés de)
834	1 319	1 041	1 301	1 371	1 417	1 422	-	Nouvelle-Calédonie
1 278	1 843	1 840	2 757	2 965	3 733	(e)3 901	(e)2 299	Papouasie-Nouvelle-Guinée
69	73	80	82	78	101	89	(e)52	Samoa
58	114	105	187	187	203	253	(e)230	Îles Salomon
40	59	51	45	67	76	(e)73	(e)65	Tonga
10	30	27	34	44	28	18	-	Tuvalu
74	135	109	124	145	146	145	(e)146	Vanuatu
68 270	**128 570**	**105 920**	**122 010**	**143 240**	**167 390**	**191 820**	**184 850**	**Économies en transition**
1 383	2 372	2 233	2 007	2 248	1 871	2 225	2 341	Albanie
578	1 052	964	1 096	1 167	1 186	1 210	1 733	Arménie
2 659	3 916	3 673	3 929	5 840	7 430	8 320	10 387	Azerbaïdjan
1 141	2 748	2 218	3 007	3 352	4 043	5 254	5 621	Bélarus
436	595	640	541	557	516	514	552	Bosnie-Herzégovine
636	1 246	978	1 093	1 265	1 447	1 562	1 682	Géorgie
7 508	11 205	10 061	11 342	10 973	12 776	12 147	(e)12 771	Kazakhstan
290	910	746	801	964	1 323	1 109	1 231	Kirghizistan
426	839	717	709	831	908	987	1 006	République de Moldova
40 471	77 556	63 397	75 279	91 495	108 926	128 400	(e)121 056	Fédération de Russie
–	4 702	3 868	4 052	4 530	4 216	4 542	(e)4 995	Serbie
252	456	291	528	671	890	(e)1 071	795	Tadjikistan
545	981	818	816	956	973	1 035	1 224	LERY de Macédoine
7 575	16 208	11 560	12 712	13 383	14 589	16 119	12 477	Ukraine
425	427	415	486	557	(e)943	(e)1 032	-	Ouzbékistan (1)
369 610	**499 390**	**470 640**	**508 510**	**543 930**	**564 020**	**575 230**	**583 820**	**Économies développées : Amérique**
..	1 042	984	1 013	897	899	895	(e)935	Bermudes
65 160	89 293	82 860	98 186	107 276	112 764	112 197	(e)107 024	Canada
304 448	409 052	386 801	409 313	435 761	450 360	462 134	(e)475 855	États-Unis
152 860	**198 730**	**173 170**	**183 380**	**196 200**	**205 720**	**191 110**	**213 780**	**Économies développées : Asie**
13 826	19 863	17 440	18 674	20 541	21 017	20 242	(e)21 862	Israël
139 030	178 870	155 734	164 703	175 659	184 702	170 870	(e)191 915	Japon
1 227 070	**1 793 880**	**1 568 420**	**1 612 530**	**1 771 740**	**1 753 590**	**1 882 190**	**1 982 800**	**Économies développées : Europe**
-	45 270	39 042	38 757	44 494	44 158	49 786	(e)53 175	Autriche
-	89 305	82 406	87 616	95 089	97 638	104 031	(e)115 210	Belgique
-	-	-	4 569	4 966	5 370	5 584	(e)6 183	Bulgarie
3 590	5 311	4 441	(e)3 862	(e)4 065	(e)3 960	4 022	(e)3 925	Croatie
-	-	-	-	-	-	6 307	(e)6 659	Chypre
10 352	18 456	16 273	18 226	20 153	20 364	20 827	(e)22 893	République tchèque
38 383	66 137	54 333	54 592	61 409	61 335	63 236	(e)64 088	Danemark
2 263	3 564	2 622	2 950	3 802	(e)4 016	4 673	(e)4 819	Estonie
230	382	343	366	394	(e)365	(e)394	-	Îles Féroé
18 922	33 155	29 266	28 782	31 170	31 845	29 769	(e)27 912	Finlande
134 351	194 894	176 153	181 659	203 892	203 069	230 610	(e)248 427	France

Pour les sources et les notes, se reporter à la fin du tableau.

Region, country or territory	Exports - Exportations Millions of dollars							
	2005	2008	2009	2010	2011	2012	2013	2014
Germany	159 344	240 517	220 310	225 014	248 022	240 615	260 751	(e)271 481
Greece	-	-	38 046	(e)37 223	(e)39 279	(e)35 008	37 327	(e)41 433
Hungary	12 654	20 494	18 561	19 366	21 719	21 241	22 333	(e)24 216
Iceland	2 220	2 749	2 644	3 000	3 429	3 471	3 981	4 279
Ireland	56 427	90 793	85 499	90 231	104 774	109 890	122 540	(e)133 821
Italy	92 048	116 478	97 336	100 967	110 276	108 282	113 196	(e)117 018
Latvia	2 475	5 371	4 387	4 039	4 825	4 840	5 178	(e)5 093
Lithuania	3 039	5 068	4 094	(e)4 513	(e)5 578	(e)6 115	7 157	(e)7 817
Luxembourg	40 416	68 372	57 787	63 379	73 656	77 216	88 406	(e)98 984
Malta	-	9 824	9 869	10 048	11 254	11 026	11 606	(e)11 916
Netherlands	-	-	-	161 506	175 365	168 269	178 997	(e)188 824
Norway	29 834	42 628	35 397	41 453	40 942	46 427	48 507	(e)49 535
Poland	18 123	38 226	31 370	35 322	39 117	41 859	44 761	(e)47 937
Portugal	15 105	26 025	22 595	22 811	26 839	25 607	29 153	(e)30 258
Romania	9 668	16 353	11 796	10 378	12 081	12 689	17 709	(e)19 853
Slovakia	-	9 494	6 609	6 413	7 271	7 772	9 560	(e)8 658
Slovenia	-	7 445	6 149	6 165	6 820	6 561	7 048	(e)7 354
Spain	-	132 363	112 723	113 151	130 564	122 779	128 892	(e)134 429
Sweden	37 986	59 260	50 453	53 329	61 867	61 930	75 085	(e)77 056
Switzerland	(e)66 353	96 644	92 030	94 962	107 850	108 003	113 185	115 183
United Kingdom	234 259	307 421	264 989	272 506	304 950	308 999	316 439	(e)341 518
Developed economies: Oceania	**40 660**	**54 910**	**50 030**	**58 180**	**65 880**	**67 130**	**67 030**	**68 850**
Australia	30 510	43 097	39 833	46 611	52 642	53 992	53 521	54 244
New Zealand	10 152	11 815	10 197	11 572	13 239	13 141	13 504	14 606
Memo items								
Developing economies excluding China	542 980	873 110	793 260	935 940	1 061 470	1 139 290	1 191 670	1 232 800
Developing economies excluding LDCs	620 100	1 017 330	915 400	1 081 550	1 214 770	1 321 490	1 361 200	1 425 400
High-income developing economies	487 030	792 180	712 180	832 930	944 430	1 032 170	1 071 750	1 117 970
Middle-income developing economies	134 470	227 930	206 350	251 840	274 210	294 570	297 050	316 110
Low-income developing economies	10 630	19 000	18 910	22 660	27 610	28 700	30 920	-
HIPCs (Heavily indebted poor countries) (IMF)	13 640	22 710	21 830	24 370	29 710	31 560	32 780	-
LLDCs (Landlocked developing countries)	13 260	22 900	23 340	27 330	33 410	37 850	40 530	-
SIDS (Small island developing States)	12 860	17 000	15 030	16 620	18 100	18 630	19 270	19 780
LDCs (Least developed countries)	12 030	21 780	22 050	25 880	31 470	33 950	38 520	40 910

Sources;

- IMF, *Balance of Payments Statistics*
- Eurostat, online database
- OECD, *OECD.Stat*
- UN DESA Statistics Division, *UN ServiceTrade* database
- Other international and national sources
- UNCTAD and WTO secretariats' estimates

Notes:

- The statistics presented in this table correspond to the definitions of the IMF *Balance of Payments and International Investment Position Manual, Sixth Edition (BPM6)*. Figures reported according to the fifth edition of the *Manual (BPM5)* have been adjusted to the *BPM6* definitions, provided that such adjustments were possible.

  Total services cover the following 12 main categories: Manufacturing services on physical inputs owned by others, maintenance and repair services n.i.e., transport, travel, construction, insurance and pension, financial services, charges for the use of intellectual property n.i.e, telecommunications, computer and information services, other business services, personal, cultural and recreational services, and government goods and services n.i.e.

(1) Data according to *BPM5* methodology.
(2) Data converted to *BPM6* methodology. Manufacturing services on inputs owned by others are not covered. Merchanting is included.

Imports - Importations Millions de dollars								Régions, pays ou territoires
2005	2008	2009	2010	2011	2012	2013	2014	
209 867	288 601	250 225	263 280	294 814	287 962	324 427	(e)327 760	Allemagne
-	-	20 242	(e)20 113	(e)19 306	(e)15 826	14 771	(e)15 305	Grèce
11 549	18 513	16 940	15 869	17 290	16 239	16 963	(e)17 510	Hongrie
2 416	2 387	1 962	2 138	2 549	2 689	2 782	3 083	Islande
71 768	112 387	104 720	107 984	116 115	118 855	122 302	(e)141 877	Irlande
94 780	132 046	109 575	113 090	118 836	108 485	110 259	(e)115 298	Italie
1 608	3 321	2 403	2 316	2 768	2 756	2 824	(e)2 785	Lettonie
2 072	4 239	3 094	(e)3 038	(e)3 831	(e)4 345	5 355	(e)5 756	Lituanie
27 385	46 573	39 650	41 854	48 763	50 919	59 228	(e)66 869	Luxembourg
-	7 913	8 410	8 455	9 326	9 152	9 597	(e)9 753	Malte
-	-	-	135 901	150 260	142 834	151 512	(e)156 601	Pays-Bas
29 128	47 695	37 073	45 073	47 758	52 442	55 680	(e)56 396	Norvège
15 638	30 822	24 341	30 929	32 279	33 727	34 146	(e)35 765	Pologne
9 491	15 427	13 751	14 251	15 693	13 676	14 390	(e)15 502	Portugal
5 498	12 069	10 497	8 396	9 795	9 508	11 514	(e)12 143	Roumanie
-	9 993	7 855	7 279	7 652	7 232	8 788	(e)8 479	Slovaquie
-	5 360	4 602	4 561	4 865	4 622	4 717	(e)5 055	Slovénie
-	88 124	71 439	68 218	71 361	65 362	64 710	(e)69 790	Espagne
35 697	53 086	45 221	46 572	53 747	54 698	61 706	(e)66 793	Suède
46 760	63 927	65 521	69 411	83 003	85 109	91 700	92 826	Suisse
170 735	212 448	178 457	179 149	188 506	191 300	195 574	(e)203 749	Royaume-Uni
39 460	**59 460**	**50 940**	**61 800**	**74 760**	**79 130**	**80 700**	**76 540**	**Économies développées : Océanie**
31 064	48 986	42 229	51 548	62 610	66 730	68 119	63 455	Australie
8 393	10 478	8 709	10 251	12 150	12 401	12 585	13 087	Nouvelle-Zélande
								Pour mémoire
643 500	1 066 690	960 800	1 136 420	1 282 920	1 345 340	1 400 770	1 478 620	Économies en développement sans la Chine
699 360	1 166 830	1 065 550	1 268 820	1 448 820	1 551 090	1 652 380	1 777 860	Économies en développement sans les PMA
571 460	955 270	881 600	1 033 580	1 191 730	1 277 500	1 377 030	1 472 510	Économies en développement à revenu élevé
139 880	243 270	212 550	264 990	292 920	309 590	311 600	341 460	Économies en dév. à revenu intermédiaire
16 350	27 170	25 890	31 860	37 180	40 320	43 720	-	Économies en développement à revenu faible
21 800	37 360	35 160	40 540	47 100	51 760	56 970	-	PPTE (Pays pauvres très endettés) (FMI)
24 690	38 140	36 210	42 250	49 890	57 730	62 200	-	LLDCs (Pays en développement sans littoral)
9 030	12 310	11 260	12 890	14 500	15 220	15 350	13 820	SIDS (Petits États insulaires en développement)
28 330	58 880	54 480	61 610	73 010	76 310	79 960	84 370	PMA (Pays les moins avancés)

Sources :

- FMI, *Statistiques de la balance des paiements*
- Eurostat, base de données en ligne
- OCDE, *OECD.Stat*
- ONU DAES Division des statistiques, base de données *UN ServiceTrade*
- Autres sources internationales et nationales
- Estimations des secrétariats de la CNUCED et de l'OMC

Notes :

- Les statistiques présentées correspondent aux définitions du *Manuel de la balance des paiements et de la position extérieure globale, sixième édition (MBP6)* du FMI. Dans la mesure du possible, les données rapportées conformément à la cinquième édition du *Manuel (MBP5)* ont été ajustées selon les définitions du *MBP6*.

  Les services totaux comprennent les 12 catégories principales suivantes : services de fabrication fournis sur des intrants physiques détenus par des tiers, services d'entretien et de réparation n.i.a., transports, voyages, construction, services d'assurance et de pension, services financiers, frais pour usage de la propriété intellectuelle n.i.a., services de télécommunications, d'informatique et d'information, autres services aux entreprises, services personnels, culturels et relatifs aux loisirs, et biens et services des administrations publiques n.i.a.

(1) Données basées sur la méthodologie du *MBP5*.
(2) Données ajustées à la méthodologie du *MBP6*. Les services de fabrication fournis sur des intrants physiques détenus par des tiers ne sont pas couverts. Le négoce international est inclus.

5

Country or territory Pays ou territoires	Exports (1) - Exportations (1)							
	Millions of dollars / Millions de dollars				As % of total services En % du total des services			
	2005	2010	2013	2014	2005	2010	2013	2014
SELECTED COUNTRY GROUPINGS **SÉLECTION DE GROUPEMENTS DE PAYS**								
World - Monde	93 500	124 410	151 510	158 140	3.5	3.2	3.2	3.2
Developing economies - Économies en développement	31 110	33 690	42 920	42 980	4.9	3.0	3.1	2.9
Transition economies - Économies en transition	4 380	7 920	8 470	7 150	8.2	8.1	6.2	5.6
Developed economies - Économies développées	58 010	82 800	100 110	108 010	2.9	3.0	3.1	3.2
Developing economies: Africa - Économies en développement : Afrique	1 220	2 540	1 460	1 970	2.0	2.7	1.4	1.8
Developing economies: America - Économies en développement : Amérique	5 480	2 840	3 620	3 960	5.9	2.1	2.1	2.3
Developing economies: Asia - Économies en développement : Asie	24 290	28 280	37 820	37 030	5.1	3.2	3.4	3.1
Developing economies: Oceania - Économies en développement : Océanie	110	40	30	20	3.7	1.1	0.8	-
Developed economies: America - Économies développées : Amérique	8 700	15 280	17 700	21 060	2.0	2.4	2.3	2.6
Developed economies: Asia - Économies développées : Asie	310	600	860	2 310	0.3	0.4	0.5	1.2
Developed economies: Europe - Économies développées : Europe	48 760	66 530	81 070	84 110	3.5	3.6	3.6	3.6
Developed economies: Oceania - Économies développées : Océanie	230	380	480	530	0.6	0.7	0.7	0.8
LDCs (Least developed countries) - PMA (Pays les moins avancés)	160	100	450	450	1.3	0.4	1.2	1.1
Developing economies excluding China - Économies en développement sans la Chine	12 960	15 330	18 630	20 060	2.4	1.6	1.6	1.6
Developing economies excluding LDCs - Économies en développement sans les PMA	30 950	33 590	42 470	42 530	5.0	3.1	3.1	3.0
25 LEADING EXPORTERS: DEVELOPING AND TRANSITION ECONOMIES **25 PRINCIPAUX EXPORTATEURS : ÉCONOMIES EN DÉVELOPPEMENT ET EN TRANSITION**								
China - Chine	18 151	18 363	(p)24 297	(p)22 921	20.4	10.7	(p)11.7	(p)9.8
Singapore - Singapour	2 836	6 343	8 118	8 035	6.1	6.3	5.9	5.7
Russian Federation - Fédération de Russie	2 318	4 147	4 126	(e)3 208	8.0	8.4	5.9	(e)4.9
Korea, Republic of - Corée, République de	1 948	2 291	2 943	3 479	3.8	2.8	2.8	3.3
Ukraine	1 309	1 789	2 324	1 570	12.5	9.8	10.3	10.6
Honduras	1 074	1 132	1 289	(e)1 375	60.6	53.7	53.2	(e)52.9
Morocco - Maroc	1 166	2 219	1 236	(e)1 718	12.6	15.1	8.6	(e)10.5
Costa Rica	1 152	444	683	600	31.6	9.3	10.2	8.7
Nicaragua	222	368	610	641	41.9	39.3	46.0	46.2
El Salvador	532	522	563	486	36.0	34.8	27.0	21.8
Indonesia - Indonésie	618	-	557	(e)526	4.6	-	2.4	(e)2.2
Bosnia and Herzegovina - Bosnie-Herzégovine	..	663	519	542	..	35.6	29.8	30.3
TFYR of Macedonia - LERY de Macédoine	193	159	394	446	28.2	16.1	26.0	26.3
Myanmar	24	58	370	-	8.6	15.7	16.3	-
Belarus - Bélarus	309	299	351	343	13.2	6.2	4.7	4.4
Bahrain - Bahreïn	107	186	319	-	3.4	4.4	9.7	-
Malaysia - Malaisie	174	219	310	(e)363	0.9	0.7	0.8	(e)0.9
China, Hong Kong SAR - Chine (RAS de Hong Kong)	111	330	303	-	0.2	0.4	0.3	-
Serbia - Serbie	—	..	273	(e)316	—	..	5.1	(e)5.2
India - Inde	..	-	255	383	..	-	0.2	0.2
Albania - Albanie	102	297	247	328	8.1	11.5	10.1	12.2
Turkey - Turquie	..	..	180	(e)172	..	..	0.4	(e)0.3
Dominican Republic - République dominicaine	2 247	124	161	-	36.3	2.2	2.5	-
Republic of Moldova - République de Moldova	47	103	152	167	10.6	13.1	13.3	14.8
Côte d'Ivoire	108	145	-	-	11.6	12.3	-	-
15 LEADING EXPORTERS: DEVELOPED ECONOMIES **15 PRINCIPAUX EXPORTATEURS : ÉCONOMIES DÉVELOPPÉES**								
United States - États-Unis	7 218	13 860	16 295	(e)19 563	1.9	2.5	2.4	(e)2.8
France	-	8 876	14 618	(e)16 131	-	4.4	5.7	(e)6.0
Germany - Allemagne	7 993	8 492	9 408	(e)10 714	5.0	3.8	3.6	(e)3.9
Netherlands - Pays-Bas	-	-	-	-	-	-	-	-
United Kingdom - Royaume-Uni	302	999	(e)6 195	(e)5 035	0.1	0.4	(e)2.0	(e)1.5
Belgium - Belgique	-	5 556	5 245	(e)5 033	-	5.6	4.6	(e)4.1
Switzerland - Suisse	(e)1 573	3 763	5 134	5 073	(e)2.4	4.0	4.5	4.4
Poland - Pologne	1 793	2 473	4 367	(e)4 740	9.9	7.0	9.8	(e)9.9
Finland - Finlande	-	8 894	3 833	-	-	30.6	13.9	-
Italy - Italie	-	4 698	3 631	(e)4 827	-	4.7	3.2	(e)4.1
Romania - Roumanie	4 610	1 597	3 341	(e)3 640	47.7	15.4	18.9	(e)18.3
Hungary - Hongrie	1 316	1 253	2 200	(e)2 313	10.4	6.5	9.9	(e)9.6
Ireland - Irlande	-	(e)1 390	1 865	(e)1 925	-	(e)1.5	1.5	(e)1.4
Czech Republic - République tchèque	1 323	1 371	1 832	(e)2 455	10.1	6.1	7.5	(e)9.6
Bulgaria - Bulgarie	..	2 034	1 668	(e)1 727	..	25.2	18.5	(e)17.2

For sources and notes, see end of table.　　　　　　　　　　　　　　Pour les sources et les notes, se reporter à la fin du tableau.

Country or territory / Pays ou territoires	Imports (1) - Importations (1)							
	Millions of dollars / Millions de dollars				As % of total services En % du total des services			
	2005	2010	2013	2014	2005	2010	2013	2014
SELECTED COUNTRY GROUPINGS **SÉLECTION DE GROUPEMENTS DE PAYS**								
World - Monde	63 650	78 870	101 530	102 630	2.5	2.1	2.2	2.1
Developing economies - Économies en développement	26 700	29 310	28 320	27 120	3.7	2.2	1.6	1.5
Transition economies - Économies en transition	1 100	1 240	2 550	2 570	1.6	1.0	1.3	1.4
Developed economies - Économies développées	35 850	48 320	70 660	72 940	2.0	2.0	2.6	2.6
Developing economies: Africa - Économies en développement : Afrique	260	390	540	-	0.3	0.3	0.3	-
Developing economies: America - Économies en développement : Amérique	230	320	450	640	0.2	0.2	0.2	0.3
Developing economies: Asia - Économies en développement : Asie	26 190	28 590	27 310	25 740	4.8	2.9	2.1	1.8
Developing economies: Oceania - Économies en développement : Océanie	20	10	20	-	0.7	0.2	0.3	-
Developed economies: America - Économies développées : Amérique	3 320	7 130	8 330	8 400	0.9	1.4	1.4	1.4
Developed economies: Asia - Économies développées : Asie	5 620	8 530	8 550	12 010	3.7	4.7	4.5	5.6
Developed economies: Europe - Économies développées : Europe	26 760	32 200	52 960	51 930	2.2	2.0	2.8	2.6
Developed economies: Oceania - Économies développées : Océanie	150	450	820	600	0.4	0.7	1.0	0.8
LDCs (Least developed countries) - PMA (Pays les moins avancés)	40	40	170	170	0.1	0.1	0.2	0.2
Developing economies excluding China - Économies en développement sans la Chine	26 480	28 630	27 270	26 420	4.1	2.5	1.9	1.8
Developing economies excluding LDCs - Économies en développement sans les PMA	26 660	29 270	28 150	26 950	3.8	2.3	1.7	1.5
25 LEADING IMPORTERS: DEVELOPING AND TRANSITION ECONOMIES **25 PRINCIPAUX IMPORTATEURS : ÉCONOMIES EN DÉVELOPPEMENT ET EN TRANSITION**								
China, Hong Kong SAR - Chine (RAS de Hong Kong)	22 188	19 227	15 059	(e)13 852	39.4	27.3	20.0	(e)18.3
Korea, Republic of - Corée, République de	2 552	7 062	8 668	8 664	4.3	7.2	7.9	7.5
Russian Federation - Fédération de Russie	973	932	2 048	(e)1 845	2.4	1.2	1.6	(e)1.5
China - Chine	216	684	(p)1 049	(p)696	0.3	0.4	(p)0.3	(p)0.2
Singapore - Singapour	189	641	675	664	0.3	0.6	0.5	0.5
Indonesia - Indonésie	696	224	374	(e)477	3.1	0.8	1.1	(e)1.4
India - Inde	..	-	336	246	..	-	0.3	0.2
Turkey - Turquie	..	..	281	(e)352	..	..	1.2	(e)1.4
Philippines	5	22	256	106	0.1	0.2	1.6	0.5
Malaysia - Malaisie	..	149	246	(e)243	..	0.5	0.6	(e)0.5
China, Macao SAR - Chine (RAS de Macao)	222	150	198	(e)169	8.7	2.0	1.7	(e)1.6
Mexico - Mexique	141	161	194	165	0.6	0.6	0.6	0.5
Belarus - Bélarus	36	73	158	145	3.1	2.4	3.0	2.6
Côte d'Ivoire	154	169	-	-	6.8	5.7	-	-
Ukraine	27	52	135	136	0.4	0.4	0.8	1.1
Kuwait - Koweït	..	85	121	115	..	0.5	0.6	0.5
Cameroon - Cameroun	6	..	103	-	0.4	..	3.8	-
Dominican Republic - République dominicaine	..	69	97	-	..	2.1	3.3	-
Pakistan	90	75	77	83	1.2	1.0	1.0	1.0
Algeria - Algérie	40	94	72	-	0.8	0.8	0.7	-
Serbia - Serbie	_	..	66	(e)79	_	..	1.5	(e)1.6
Kenya	15	73	54	79	1.3	3.5	2.2	2.7
Azerbaijan - Azerbaïdjan	6	83	54	68	0.2	2.1	0.6	0.7
Kazakhstan	40	34	44	(e)262	0.5	0.3	0.4	(e)2.0
El Salvador	40	30	43	59	3.6	2.7	2.9	3.9
15 LEADING IMPORTERS: DEVELOPED ECONOMIES **15 PRINCIPAUX IMPORTATEURS : ÉCONOMIES DÉVELOPPÉES**								
Germany - Allemagne	7 183	5 058	15 127	(e)12 524	3.4	1.9	4.7	(e)3.8
France	-	5 590	9 827	(e)11 443	-	3.1	4.3	(e)4.6
Japan - Japon	5 619	8 532	8 549	(e)12 007	4.0	5.2	5.0	(e)6.3
United States - États-Unis	3 015	6 909	7 620	(e)7 602	1.0	1.7	1.6	(e)1.6
Netherlands - Pays-Bas	-	-	-	-	-	-	-	-
Italy - Italie	-	3 121	2 941	(e)3 157	-	2.8	2.7	(e)2.7
Switzerland - Suisse	1 032	1 877	2 938	1 985	2.2	2.7	3.2	2.1
Austria - Autriche	-	1 319	2 589	(e)2 765	-	3.4	5.2	(e)5.2
Belgium - Belgique	-	1 162	1 949	(e)1 439	-	1.3	1.9	(e)1.2
United Kingdom - Royaume-Uni	71	240	(e)1 850	(e)1 861	0.0	0.1	(e)0.9	(e)0.9
Norway - Norvège	41	1 040	1 280	-	0.1	2.3	2.3	-
Bulgaria - Bulgarie	..	1 310	1 272	(e)1 318	..	28.7	22.8	(e)21.3
Denmark - Danemark	527	638	1 142	(e)1 344	1.4	1.2	1.8	(e)2.1
Poland - Pologne	118	343	1 051	(e)1 288	0.8	1.1	3.1	(e)3.6
Ireland - Irlande	-	(e)1 363	961	(e)1 010	-	(e)1.3	0.8	(e)0.7

For sources and notes, see end of table.

Pour les sources et les notes, se reporter à la fin du tableau.

5

Country or territory / Pays ou territoires	Exports (2) - Exportations (2)							
	Millions of dollars / Millions de dollars				As % of total services / En % du total des services			
	2005	2010	2013	2014	2005	2010	2013	2014
SELECTED COUNTRY GROUPINGS **SÉLECTION DE GROUPEMENTS DE PAYS**								
World - Monde	585 340	823 450	935 130	955 200	21.9	20.9	19.5	19.0
Developing economies - Économies en développement	159 490	266 330	299 280	305 250	25.2	24.0	21.4	20.8
Transition economies - Économies en transition	18 950	33 920	44 810	43 450	35.3	34.7	32.8	34.3
Developed economies - Économies développées	406 900	523 200	591 040	606 500	20.5	19.2	18.2	17.7
Developing economies: Africa - Économies en développement : Afrique	15 370	24 440	28 460	29 470	25.0	25.8	28.3	27.6
Developing economies: America - Économies en développement : Amérique	17 950	26 160	31 340	30 290	19.4	19.3	18.5	17.7
Developing economies: Asia - Économies en développement : Asie	125 480	215 020	238 530	244 580	26.4	24.6	21.2	20.7
Developing economies: Oceania - Économies en développement : Océanie	690	710	950		22.5	20.4	22.6	-
Developed economies: America - Économies développées : Amérique	63 240	84 080	101 090	103 190	14.6	13.1	13.0	12.9
Developed economies: Asia - Économies développées : Asie	39 470	43 200	44 020	43 790	33.2	27.6	26.1	22.2
Developed economies: Europe - Économies développées : Europe	296 830	388 210	437 790	451 480	21.3	20.7	19.6	19.1
Developed economies: Oceania - Économies développées : Océanie	7 360	7 710	8 140	8 040	18.1	13.3	12.1	11.7
LDCs (Least developed countries) - PMA (Pays les moins avancés)	2 000	4 140	7 260	7 860	16.6	16.0	18.8	19.2
Developing economies excluding China - Économies en développement sans la Chine	144 060	232 120	261 630	267 010	26.5	24.8	22.0	21.7
Developing economies excluding LDCs - Économies en développement sans les PMA	157 490	262 200	292 020	297 400	25.4	24.2	21.5	20.9
25 LEADING EXPORTERS: DEVELOPING AND TRANSITION ECONOMIES **25 PRINCIPAUX EXPORTATEURS : ÉCONOMIES EN DÉVELOPPEMENT ET EN TRANSITION**								
Singapore - Singapour	19 673	38 705	44 787	44 842	42.4	38.4	32.6	31.9
Korea, Republic of - Corée, République de	24 082	39 216	37 773	35 319	47.5	47.1	36.4	33.1
China - Chine	15 427	34 211	(p)37 646	(p)38 243	17.3	19.9	(p)18.1	(p)16.4
China, Hong Kong SAR - Chine (RAS de Hong Kong)	20 466	29 858	31 253	(e)31 649	43.2	37.1	29.8	(e)29.8
Russian Federation - Fédération de Russie	9 124	14 872	20 747	(e)20 542	31.6	30.3	29.6	(e)31.2
India - Inde	6 537	13 275	16 916	18 627	12.5	11.3	11.4	11.9
Turkey - Turquie	5 076	9 446	13 182	(e)14 333	18.2	25.8	28.0	(e)28.3
China, Taiwan Province of - Province chinoise de Taiwan (12)	(e)5 924	(e)9 765	(e)10 110	(e)11 117	(e)22.9	(e)24.2	(e)19.7	(e)19.5
Egypt - Égypte	4 746	7 916	9 419	9 785	32.4	33.3	51.6	44.7
Ukraine	4 564	7 991	8 478	6 139	43.7	43.6	37.5	41.5
Chile - Chili	4 301	6 394	6 357	(e)5 038	60.0	57.4	49.7	(e)44.8
Thailand - Thaïlande	4 626	5 916	6 146	5 724	23.2	17.2	10.5	10.4
Qatar	1 723	1 752	5 605	6 429	53.5	58.2	50.2	47.5
Brazil - Brésil	3 146	4 965	5 472	5 842	20.4	15.7	14.0	14.5
Panama	1 791	3 435	5 069	5 454	56.4	53.6	51.6	50.7
United Arab Emirates - Émirats arabes unis (11)	1 059	2 451	4 956	5 800	22.1	20.9	27.3	28.1
Malaysia - Malaisie	4 056	4 880	4 558	(e)4 663	20.5	15.2	11.4	(e)11.8
Belarus - Bélarus	1 341	2 962	3 792	3 720	57.3	61.8	50.5	47.6
Indonesia - Indonésie	2 842	2 665	3 611	(e)3 791	21.0	15.8	15.7	(e)16.1
South Africa - Afrique du Sud	2 021	3 100	3 132	3 034	17.1	19.3	18.6	18.0
Turkmenistan - Turkménistan (11)	-	-	-	-	-	-	-	-
Kazakhstan	1 024	2 283	2 866	(e)3 887	49.1	55.4	54.4	(e)59.7
Iran (Islamic Republic of) - Iran (République islamique d') (11)	2 327	3 867	2 855		46.5	43.7	43.3	-
Saudi Arabia - Arabie saoudite	1 820	2 036	2 665	2 739	16.0	19.1	22.5	22.4
Argentina - Argentine	1 304	2 093	2 531	2 518	20.2	15.5	17.4	18.4
15 LEADING EXPORTERS: DEVELOPED ECONOMIES **15 PRINCIPAUX EXPORTATEURS : ÉCONOMIES DÉVELOPPÉES**								
United States - États-Unis	52 622	71 656	87 267	(e)89 879	14.1	12.7	12.7	(e)12.7
Germany - Allemagne	37 349	55 717	60 518	(e)57 933	23.4	24.8	23.2	(e)21.3
France	-	43 057	49 245	(e)51 561	-	21.3	19.3	(e)19.2
Denmark - Danemark	27 003	38 057	42 917	(e)43 486	61.6	62.0	60.8	(e)60.1
Netherlands - Pays-Bas	-	-	-	-	-	-	-	-
Japan - Japon	35 789	38 902	39 558	(e)39 501	35.1	29.7	29.3	(e)24.3
United Kingdom - Royaume-Uni	33 566	29 335	(e)36 531	(e)39 290	14.3	10.8	(e)11.5	(e)11.5
Belgium - Belgique	-	26 674	24 851	(e)25 689	-	27.1	21.9	(e)20.7
Norway - Norvège	16 279	18 262	21 023	(e)22 079	54.6	44.1	43.3	(e)44.6
Spain - Espagne	-	-	-	-	-	-	-	-
Greece - Grèce	-	(e)20 441	16 088	(e)17 527	-	(e)54.9	43.1	(e)42.3
Austria - Autriche	-	13 382	15 574	(e)16 431	-	25.4	24.3	(e)24.5
Italy - Italie	-	14 920	15 428	(e)15 473	-	14.8	13.6	(e)13.2
Canada	10 623	12 384	13 783	(e)13 271	17.6	16.1	15.3	(e)15.4
Switzerland - Suisse	7 739	10 367	12 882	13 450	(e)11.7	10.9	11.4	11.7

For sources and notes, see end of table.

Pour les sources et les notes, se reporter à la fin du tableau.

**5.2   Exports and imports of services
by service category**
Transport

**5.2   Exportations et importations des services
par catégories de services**
Transports

Country or territory / Pays ou territoires	Imports (2) - Importations (2)							
	Millions of dollars / Millions de dollars				As % of total services En % du total des services			
	2005	2010	2013	2014	2005	2010	2013	2014
SELECTED COUNTRY GROUPINGS **SÉLECTION DE GROUPEMENTS DE PAYS**								
World - Monde	685 210	980 860	1 186 040	1 225 170	26.5	25.7	25.5	25.0
Developing economies - Économies en développement	255 220	448 740	583 300	616 610	35.1	33.7	33.7	33.1
Transition economies - Économies en transition	11 860	25 230	34 170	30 640	17.4	20.7	17.8	16.6
Developed economies - Économies développées	418 130	506 890	568 570	577 930	23.4	21.4	20.8	20.2
Developing economies: Africa - Économies en développement : Afrique	30 370	55 760	67 630	71 040	39.5	36.5	38.5	38.7
Developing economies: America - Économies en développement : Amérique	34 680	55 000	70 340	69 070	35.7	31.5	30.3	29.5
Developing economies: Asia - Économies en développement : Asie	189 010	336 280	443 290	474 680	34.4	33.7	33.6	33.0
Developing economies: Oceania - Économies en développement : Océanie	1 170	1 700	2 040	-	31.3	29.8	28.6	-
Developed economies: America - Économies développées : Amérique	90 770	96 460	114 350	116 970	24.6	19.0	19.9	20.0
Developed economies: Asia - Économies développées : Asie	45 060	52 250	53 220	52 040	29.5	28.5	27.8	24.3
Developed economies: Europe - Économies développées : Europe	268 720	341 890	381 310	390 530	21.9	21.2	20.3	19.7
Developed economies: Oceania - Économies développées : Océanie	13 580	16 290	19 690	18 380	34.4	26.4	24.4	24.0
LDCs (Least developed countries) - PMA (Pays les moins avancés)	11 750	24 060	33 120	35 210	41.5	39.1	41.4	41.7
Developing economies excluding China - Économies en développement sans la Chine	226 770	385 480	488 980	520 450	35.2	33.9	34.9	35.2
Developing economies excluding LDCs - Économies en développement sans les PMA	243 460	424 670	550 190	581 400	34.8	33.5	33.3	32.7
25 LEADING IMPORTERS: DEVELOPING AND TRANSITION ECONOMIES **25 PRINCIPAUX IMPORTATEURS : ÉCONOMIES EN DÉVELOPPEMENT ET EN TRANSITION**								
China - Chine	28 454	63 257	(p)94 324	(p)96 158	33.8	32.6	(p)28.4	(p)25.1
India - Inde	20 887	46 535	57 144	77 256	44.3	40.6	45.3	52.2
United Arab Emirates - Émirats arabes unis (11)	11 012	25 780	43 472	45 500	56.9	61.2	64.5	63.7
Singapore - Singapour	20 543	29 773	37 775	39 327	36.6	29.4	26.7	27.8
Korea, Republic of - Corée, République de	20 854	30 487	30 420	31 571	34.8	31.3	27.6	27.4
Thailand - Thaïlande	14 442	22 431	28 390	26 715	53.9	49.8	51.7	50.2
Saudi Arabia - Arabie saoudite	4 792	12 724	19 248	19 927	14.5	16.6	25.1	20.6
China, Hong Kong SAR - Chine (RAS de Hong Kong)	11 150	15 698	18 124	(e)18 440	19.8	22.3	24.1	(e)24.3
Russian Federation - Fédération de Russie	5 032	11 901	17 504	(e)15 419	12.4	15.8	13.6	(e)12.7
Brazil - Brésil	5 093	11 340	15 207	14 904	21.7	18.2	17.6	16.8
Malaysia - Malaisie	8 396	11 853	14 186	(e)14 775	38.2	36.5	31.8	(e)32.9
Mexico - Mexique	8 117	10 569	12 704	14 686	35.6	41.0	39.5	42.1
Indonesia - Indonésie	7 451	8 673	12 539	(e)11 975	32.8	32.8	35.8	(e)35.7
China, Taiwan Province of - Province chinoise de Taiwan (12)	(e)8 439	(e)9 895	(e)10 543	(e)11 212	(e)26.0	(e)26.1	(e)24.8	(e)24.4
Qatar	1 737	5 758	10 246	12 117	41.9	65.6	37.3	36.9
Turkey - Turquie	5 146	8 101	9 873	(e)10 157	43.1	40.7	40.6	(e)40.1
Nigeria - Nigéria	2 816	8 537	(e)8 602	(e)8 708	42.5	39.9	(e)38.3	(e)36.0
South Africa - Afrique du Sud	5 328	7 173	7 774	7 532	43.8	36.6	43.1	44.2
Venezuela (Bolivarian Rep. of) - Venezuela (Rép. bolivarienne du)	2 201	4 108	7 444	(e)6 499	41.2	31.4	37.5	(e)37.3
Iraq	2 811	4 919	(e)7 432	-	46.1	49.9	(e)50.0	-
Viet Nam (11)	2 190	6 596	7 340	7 738	49.2	66.5	53.1	53.4
Chile - Chili	4 135	6 572	7 338	(e)6 443	51.7	50.4	46.8	(e)44.2
Egypt - Égypte	3 731	6 575	7 064	8 110	35.5	44.7	43.1	46.4
Argentina - Argentine	1 988	3 750	5 195	3 991	26.5	25.6	28.1	23.8
Kuwait - Koweït	2 646	4 020	5 175	5 549	30.4	25.5	24.6	23.3
15 LEADING IMPORTERS: DEVELOPED ECONOMIES **15 PRINCIPAUX IMPORTATEURS : ÉCONOMIES DÉVELOPPÉES**								
United States - États-Unis	75 643	74 628	90 754	(e)94 344	24.8	18.2	19.6	(e)19.8
Germany - Allemagne	45 583	66 817	76 771	(e)75 536	21.7	25.4	23.7	(e)23.0
France	-	42 650	51 547	(e)53 963	-	23.5	22.4	(e)21.7
Japan - Japon	40 345	46 447	46 918	(e)45 774	29.0	28.2	27.5	(e)23.9
United Kingdom - Royaume-Uni	36 063	29 707	(e)35 960	(e)39 047	21.1	16.6	(e)18.4	(e)19.2
Denmark - Danemark	18 307	27 552	32 229	(e)32 121	47.7	50.5	51.0	(e)50.1
Italy - Italie	-	26 200	25 923	(e)26 574	-	23.2	23.5	(e)23.0
Netherlands - Pays-Bas	-	-	-	-	-	-	-	-
Canada	15 129	21 559	23 339	(e)22 380	23.2	22.0	20.8	(e)20.9
Belgium - Belgique	-	21 293	21 863	(e)23 472	-	24.3	21.0	(e)20.4
Australia - Australie	10 727	13 479	16 518	15 105	34.5	26.1	24.2	23.8
Austria - Autriche	-	12 421	15 651	(e)16 757	-	32.0	31.4	(e)31.5
Spain - Espagne	-	-	-	-	-	-	-	-
Switzerland - Suisse	6 589	9 930	12 538	12 320	14.1	14.3	13.7	13.3
Sweden - Suède	-	7 868	8 811	(e)8 212	-	16.9	14.3	(e)12.3

For sources and notes, see end of table.

Pour les sources et les notes, se reporter à la fin du tableau.

5

Country or territory / Pays ou territoires	Exports (3) - Exportations (3)							
	Millions of dollars / Millions de dollars				As % of total services / En % du total des services			
	2005	2010	2013	2014	2005	2010	2013	2014
SELECTED COUNTRY GROUPINGS / SÉLECTION DE GROUPEMENTS DE PAYS								
World - Monde	689 340	956 030	1 188 510	1 239 790	25.8	24.3	24.8	24.7
Developing economies - Économies en développement	215 200	365 440	479 070	504 030	34.0	33.0	34.2	34.4
Transition economies - Économies en transition	13 140	21 080	30 790	28 010	24.5	21.6	22.6	22.1
Developed economies - Économies développées	460 990	569 520	678 650	707 750	23.2	20.9	20.9	20.7
Developing economies: Africa - Économies en développement : Afrique	29 040	42 410	40 270	42 580	47.2	44.7	40.1	39.9
Developing economies: America - Économies en développement : Amérique	43 250	55 400	66 250	71 380	46.7	40.8	39.2	41.7
Developing economies: Asia - Économies en développement : Asie	141 550	266 020	370 660	388 150	29.8	30.5	32.9	32.8
Developing economies: Oceania - Économies en développement : Océanie	1 360	1 610	1 890	-	44.5	46.2	44.9	-
Developed economies: America - Économies développées : Amérique	115 110	153 290	191 240	195 380	26.6	23.9	24.6	24.5
Developed economies: Asia - Économies développées : Asie	15 300	18 310	20 800	23 960	12.9	11.7	12.3	12.2
Developed economies: Europe - Économies développées : Europe	-	362 790	427 860	447 990	-	19.4	19.1	19.0
Developed economies: Oceania - Économies développées : Océanie	23 230	35 120	38 750	40 420	57.1	60.4	57.8	58.7
LDCs (Least developed countries) - PMA (Pays les moins avancés)	5 000	10 520	16 430	17 540	41.6	40.7	42.7	42.9
Developing economies excluding China - Économies en développement sans la Chine	185 910	319 620	427 410	447 120	34.2	34.1	35.9	36.3
Developing economies excluding LDCs - Économies en développement sans les PMA	210 200	354 910	462 640	486 490	33.9	32.8	34.0	34.1
25 LEADING EXPORTERS: DEVELOPING AND TRANSITION ECONOMIES / 25 PRINCIPAUX EXPORTATEURS : ÉCONOMIES EN DÉVELOPPEMENT ET EN TRANSITION								
China, Macao SAR - Chine (RAS de Macao)	7 933	27 802	51 796	(e)50 941	91.4	95.8	96.6	(e)95.9
China - Chine	29 296	45 814	(p)51 664	(p)56 913	32.9	26.7	(p)24.8	(p)24.4
Thailand - Thaïlande	9 577	20 116	41 780	38 447	48.1	58.6	71.2	69.5
China, Hong Kong SAR - Chine (RAS de Hong Kong)	10 294	22 200	38 934	(e)38 374	21.7	27.6	37.2	(e)36.2
Turkey - Turquie	19 191	22 646	28 009	(e)29 557	69.0	62.0	59.4	(e)58.4
Malaysia - Malaisie	8 846	18 152	21 026	(e)22 101	44.8	56.7	52.8	(e)56.0
Singapore - Singapour	6 209	14 178	19 301	19 203	13.4	14.1	14.1	13.7
India - Inde	7 493	14 490	18 397	19 700	14.4	12.4	12.4	12.6
Korea, Republic of - Corée, République de	5 806	10 328	14 629	18 147	11.4	12.4	14.1	17.0
Mexico - Mexique	11 803	11 992	13 949	16 258	75.0	78.7	69.3	77.3
United Arab Emirates - Émirats arabes unis (11)	3 218	8 577	12 389	13 969	67.3	73.1	68.2	67.8
China, Taiwan Province of - Province chinoise de Taiwan (12)	4 977	8 721	12 323	14 618	(e)19.3	(e)21.6	(e)24.1	(e)25.6
Russian Federation - Fédération de Russie	5 870	8 830	11 988	(e)11 759	20.3	18.0	17.1	(e)17.9
South Africa - Afrique du Sud	7 516	9 085	9 245	9 338	63.5	56.6	55.0	55.5
Indonesia - Indonésie	4 522	6 958	9 119	(e)10 261	33.4	41.2	39.7	(e)43.6
Saudi Arabia - Arabie saoudite	4 626	6 712	7 651	8 238	40.5	62.8	64.6	67.4
Viet Nam (11)	2 300	4 450	7 250	7 330	53.9	59.7	67.7	66.8
Morocco - Maroc	4 610	6 702	6 851	(e)7 238	49.8	45.5	47.7	(e)44.2
Brazil - Brésil	3 861	5 702	6 704	6 843	25.0	18.0	17.1	17.0
Egypt - Égypte	6 851	12 528	6 047	7 208	46.8	52.6	33.1	32.9
Lebanon - Liban	5 532	7 861	5 859	(e)6 258	50.9	49.0	39.8	(e)46.2
Ukraine	3 125	3 788	5 083	1 612	29.9	20.7	22.5	10.9
Dominican Republic - République dominicaine	3 518	4 163	5 065	(e)5 639	56.9	75.3	77.3	(e)78.8
Philippines	2 287	2 645	4 690	4 767	26.6	14.9	20.1	19.2
Argentina - Argentine	2 729	4 942	4 313	4 627	42.3	36.7	29.6	33.7
15 LEADING EXPORTERS: DEVELOPED ECONOMIES / 15 PRINCIPAUX EXPORTATEURS : ÉCONOMIES DÉVELOPPÉES								
United States - États-Unis	101 470	137 010	173 131	(e)177 476	27.2	24.3	25.2	(e)25.0
Spain - Espagne	-	54 590	62 550	(e)65 208	-	48.2	48.5	(e)48.5
France	-	46 969	56 671	(e)56 241	-	23.2	22.2	(e)21.0
Italy - Italie	-	38 749	43 900	(e)45 618	-	38.4	38.8	(e)39.0
United Kingdom - Royaume-Uni	30 573	32 398	(e)41 466	(e)46 361	13.1	11.9	(e)13.1	(e)13.6
Germany - Allemagne	29 121	34 646	41 200	(e)43 180	18.3	15.4	15.8	(e)15.9
Australia - Australie	16 748	28 598	31 254	32 022	54.9	61.4	58.4	59.0
Austria - Autriche	-	18 757	20 231	(e)20 652	-	35.6	31.6	(e)30.8
Canada	13 644	15 842	17 674	(e)17 494	22.7	20.6	19.7	(e)20.3
Switzerland - Suisse	10 044	14 724	16 869	17 480	(e)15.1	15.5	14.9	15.2
Greece - Grèce	-	(e)12 729	16 135	(e)17 865	-	(e)34.2	43.2	(e)43.1
Japan - Japon	12 439	13 199	15 130	(e)18 262	12.2	10.1	11.2	(e)11.2
Belgium - Belgique	-	11 394	13 404	(e)14 277	-	11.6	11.8	(e)11.5
Netherlands - Pays-Bas	-	-	-	-	-	-	-	-
Portugal	7 679	10 067	12 282	(e)13 777	50.8	44.1	42.1	(e)45.5

For sources and notes, see end of table.

Pour les sources et les notes, se reporter à la fin du tableau.

Country or territory	Imports (3) - Importations (3)							
	Millions of dollars / Millions de dollars				As % of total services En % du total des services			
Pays ou territoires	2005	2010	2013	2014	2005	2010	2013	2014
SELECTED COUNTRY GROUPINGS **SÉLECTION DE GROUPEMENTS DE PAYS**								
World - Monde	649 630	856 850	1 082 920	1 166 060	25.1	22.4	23.3	23.8
Developing economies - Économies en développement	165 740	295 560	421 290	484 670	22.8	22.2	24.3	26.0
Transition economies - Économies en transition	23 480	37 620	70 940	68 080	34.4	30.8	37.0	36.8
Developed economies - Économies développées	460 410	523 670	590 690	613 310	25.7	22.1	21.6	21.5
Developing economies: Africa - Économies en développement : Afrique	12 580	25 450	25 700	25 900	16.4	16.6	14.6	14.1
Developing economies: America - Économies en développement : Amérique	24 530	41 490	58 160	60 250	25.3	23.8	25.1	25.7
Developing economies: Asia - Économies en développement : Asie	127 980	227 960	336 710	397 790	23.3	22.9	25.6	27.7
Developing economies: Oceania - Économies en développement : Océanie	650	670	720	-	17.4	11.8	10.2	-
Developed economies: America - Économies développées : Amérique	98 040	116 670	140 010	145 380	26.5	22.9	24.3	24.9
Developed economies: Asia - Économies développées : Asie	40 430	31 570	25 800	23 680	26.4	17.2	13.5	11.1
Developed economies: Europe - Économies développées : Europe	307 520	349 880	392 400	413 880	25.1	21.7	20.8	20.9
Developed economies: Oceania - Économies développées : Océanie	14 420	25 550	32 480	30 380	36.6	41.3	40.2	39.7
LDCs (Least developed countries) - PMA (Pays les moins avancés)	3 620	6 420	7 210	7 960	12.8	10.4	9.0	9.4
Developing economies excluding China - Économies en développement sans la Chine	143 980	240 680	292 710	319 810	22.4	21.2	20.9	21.6
Developing economies excluding LDCs - Économies en développement sans les PMA	162 120	289 140	414 080	476 710	23.2	22.8	25.1	26.8
25 LEADING IMPORTERS: DEVELOPING AND TRANSITION ECONOMIES **25 PRINCIPAUX IMPORTATEURS : ÉCONOMIES EN DÉVELOPPEMENT ET EN TRANSITION**								
China - Chine	21 759	54 880	(p)128 576	(p)164 859	25.8	28.3	(p)38.8	(p)43.0
Russian Federation - Fédération de Russie	16 972	26 693	53 453	(e)50 428	41.9	35.5	41.6	(e)41.7
Brazil - Brésil	4 720	16 420	24 987	25 567	20.1	26.3	29.0	28.9
Singapore - Singapour	10 070	18 700	24 178	23 931	17.9	18.5	17.1	16.9
Korea, Republic of - Corée, République de	15 406	18 766	21 648	23 465	25.7	19.2	19.6	20.4
China, Hong Kong SAR - Chine (RAS de Hong Kong)	13 305	17 357	21 215	(e)22 032	23.7	24.7	28.2	(e)29.1
Saudi Arabia - Arabie saoudite	9 087	21 135	17 660	24 118	27.4	27.5	23.0	24.9
United Arab Emirates - Émirats arabes unis (11)	6 186	11 818	16 201	17 754	31.9	28.1	24.0	24.9
China, Taiwan Province of - Province chinoise de Taiwan (12)	8 682	9 357	12 304	13 998	(e)26.7	(e)24.7	(e)28.9	(e)30.5
Malaysia - Malaisie	3 711	8 324	11 950	(e)12 080	16.9	25.6	26.8	(e)26.9
India - Inde	6 187	10 490	11 571	14 596	13.1	9.1	9.2	9.9
Kuwait - Koweït	4 532	6 434	9 653	11 268	52.0	40.8	46.0	47.4
Mexico - Mexique	7 600	7 255	9 122	9 657	33.3	28.1	28.4	27.7
Philippines	3 018	5 487	7 833	9 920	46.7	45.7	48.0	49.7
Indonesia - Indonésie	3 584	6 395	7 675	(e)7 682	15.8	24.2	21.9	(e)22.9
Iran (Islamic Republic of) - Iran (République islamique d') (11)	3 723	9 655	7 258	-	34.3	51.1	54.6	-
Qatar	1 759	538	6 616	8 682	42.4	6.1	24.1	26.4
Thailand - Thaïlande	3 800	5 623	6 475	6 952	14.2	12.5	11.8	13.1
Nigeria - Nigéria	240	5 587	(e)5 902	(e)5 271	3.6	26.1	(e)26.3	(e)21.8
Ukraine	2 805	3 742	5 763	5 061	37.0	29.4	35.8	40.6
Argentina - Argentine	2 790	4 878	5 569	5 361	37.2	33.3	30.1	32.0
Turkey - Turquie	3 104	5 210	4 819	(e)5 072	26.0	26.2	19.8	(e)20.0
Lebanon - Liban	2 908	4 515	4 329	(e)4 931	36.9	34.6	33.2	(e)38.8
Colombia - Colombie	1 499	2 641	3 941	4 699	28.2	28.2	30.8	34.7
South Africa - Afrique du Sud	3 374	5 595	3 429	3 169	27.8	28.6	19.0	18.6
15 LEADING IMPORTERS: DEVELOPED ECONOMIES **15 PRINCIPAUX IMPORTATEURS : ÉCONOMIES DÉVELOPPÉES**								
United States - États-Unis	79 988	86 623	104 677	(e)111 394	26.3	21.2	22.7	(e)23.4
Germany - Allemagne	74 189	78 054	91 341	(e)92 127	35.4	29.6	28.2	(e)28.1
United Kingdom - Royaume-Uni	59 532	49 973	(e)50 997	(e)54 972	34.9	27.9	(e)26.1	(e)27.0
France	-	38 429	42 895	(e)48 585	-	21.2	18.6	(e)19.6
Canada	18 048	29 741	35 115	(e)33 763	27.7	30.3	31.3	(e)31.5
Australia - Australie	11 751	22 511	28 626	26 273	37.8	43.7	42.0	41.4
Italy - Italie	-	27 039	26 965	(e)28 873	-	23.9	24.5	(e)25.0
Japan - Japon	37 534	27 867	21 836	(e)19 442	27.0	16.9	12.8	(e)10.1
Belgium - Belgique	-	18 901	21 642	(e)23 505	-	21.6	20.8	(e)20.4
Netherlands - Pays-Bas	-	-	-	-	-	-	-	-
Norway - Norvège	9 678	13 472	18 465	(e)18 853	33.2	29.9	33.2	(e)33.4
Sweden - Suède	-	12 841	17 981	(e)18 909	-	27.6	29.1	(e)28.3
Spain - Espagne	-	16 935	16 411	(e)18 062	-	24.8	25.4	(e)25.9
Switzerland - Suisse	8 803	11 173	16 048	16 611	18.8	16.1	17.5	17.9
Austria - Autriche	-	10 122	10 273	(e)10 819	-	26.1	20.6	(e)20.3

For sources and notes, see end of table.

Pour les sources et les notes, se reporter à la fin du tableau.

5

Country or territory / Pays ou territoires	Exports (4) - Exportations (4)							
	Millions of dollars / Millions de dollars				As % of total services En % du total des services			
	2005	2010	2013	2014	2005	2010	2013	2014
SELECTED COUNTRY GROUPINGS **SÉLECTION DE GROUPEMENTS DE PAYS**								
World - Monde	47 850	87 030	101 650	107 560	1.8	2.2	2.1	2.1
Developing economies - Économies en développement	14 020	37 500	44 020	45 560	2.2	3.4	3.1	3.1
Transition economies - Économies en transition	3 790	4 620	8 290	7 390	7.0	4.7	6.1	5.8
Developed economies - Économies développées	30 050	44 910	49 350	54 610	1.5	1.6	1.5	1.6
Developing economies: Africa - Économies en développement : Afrique	1 090	1 860	1 940	1 630	1.8	2.0	1.9	1.5
Developing economies: America - Économies en développement : Amérique	130	200	170	470	0.1	0.1	0.1	0.3
Developing economies: Asia - Économies en développement : Asie	12 770	35 300	41 870	43 430	2.7	4.0	3.7	3.7
Developing economies: Oceania - Économies en développement : Océanie	30	150	30	-	1.1	4.2	0.8	-
Developed economies: America - Économies développées : Amérique	1 560	3 210	3 190	3 180	0.4	0.5	0.4	0.4
Developed economies: Asia - Économies développées : Asie	7 610	10 900	10 120	12 110	6.4	7.0	6.0	6.1
Developed economies: Europe - Économies développées : Europe	20 830	30 700	35 940	39 130	1.5	1.6	1.6	1.7
Developed economies: Oceania - Économies développées : Océanie	50	90	100	190	0.1	0.2	0.1	0.3
LDCs (Least developed countries) - PMA (Pays les moins avancés)	170	1 390	1 090	350	1.4	5.4	2.8	0.8
Developing economies excluding China - Économies en développement sans la Chine	11 420	22 960	33 300	30 030	2.1	2.5	2.8	2.4
Developing economies excluding LDCs - Économies en développement sans les PMA	13 850	36 100	42 920	45 210	2.2	3.3	3.2	3.2
25 LEADING EXPORTERS: DEVELOPING AND TRANSITION ECONOMIES **25 PRINCIPAUX EXPORTATEURS : ÉCONOMIES EN DÉVELOPPEMENT ET EN TRANSITION**								
Korea, Republic of - Corée, République de	4 707	11 977	20 375	17 103	9.3	14.4	19.6	16.0
China - Chine	2 593	14 495	(p)10 663	(p)15 355	2.9	8.5	(p)5.1	(p)6.6
Russian Federation - Fédération de Russie	3 313	3 487	5 906	(e)4 730	11.5	7.1	8.4	(e)7.2
Singapore - Singapour	542	1 032	1 757	1 786	1.2	1.0	1.3	1.3
Iran (Islamic Republic of) - Iran (République islamique d') (11)	1 475	1 600	1 359	-	29.5	18.1	20.6	-
India - Inde	346	526	1 219	1 613	0.7	0.4	0.8	1.0
Turkey - Turquie	882	1 123	1 199	(e)1 282	3.2	3.1	2.5	(e)2.5
Malaysia - Malaisie	811	1 040	1 116	(e)897	4.1	3.2	2.8	(e)2.3
Belarus - Bélarus	60	151	1 066	1 204	2.6	3.2	14.2	15.4
Indonesia - Indonésie	484	520	848	(e)712	3.6	3.1	3.7	(e)3.0
Thailand - Thaïlande	255	472	816	613	1.3	1.4	1.4	1.1
Egypt - Égypte	503	711	760	615	3.4	3.0	4.2	2.8
Lebanon - Liban	0	598	706	(e)597	0.0	3.7	4.8	(e)4.4
Afghanistan	..	1 057	559	..	..	33.6	18.9	..
Tunisia - Tunisie	151	479	431	-	3.9	8.5	8.9	-
China, Hong Kong SAR - Chine (RAS de Hong Kong)	313	145	392	-	0.7	0.2	0.4	-
China, Taiwan Province of - Province chinoise de Taiwan (12)	121	355	381	526	(e)0.5	(e)0.9	(e)0.7	(e)0.9
Ukraine	115	234	275	209	1.1	1.3	1.2	1.4
Serbia - Serbie	_	239	275	(e)414	_	5.6	5.1	(e)6.9
Uganda - Ouganda	..	..	240	(e)221	..	..	10.4	(e)8.8
Armenia - Arménie	11	8	222	211	2.5	1.1	20.3	13.0
Azerbaijan - Azerbaïdjan	9	153	158	68	1.3	6.1	3.8	1.6
Algeria - Algérie	167	180	127	-	6.7	5.0	3.3	-
Philippines	66	121	89	46	0.8	0.7	0.4	0.2
TFYR of Macedonia - LERY de Macédoine	59	18	74	134	8.6	1.8	4.9	7.9
15 LEADING EXPORTERS: DEVELOPED ECONOMIES **15 PRINCIPAUX EXPORTATEURS : ÉCONOMIES DÉVELOPPÉES**								
Japan - Japon	7 228	10 637	9 666	(e)11 548	7.1	8.1	7.1	(e)7.1
United Kingdom - Royaume-Uni	1 096	2 137	4 813	(e)4 045	0.5	0.8	1.5	(e)1.2
France	-	4 606	4 417	(e)2 903	-	2.3	1.7	(e)1.1
Netherlands - Pays-Bas	-	-	-	-	-	-	-	-
Spain - Espagne	-	-	-	-	-	-	-	-
Denmark - Danemark	2 068	3 085	3 250	(e)3 184	4.7	5.0	4.6	(e)4.4
Belgium - Belgique	-	2 863	2 746	(e)4 725	-	2.9	2.4	(e)3.8
United States - États-Unis	1 346	2 804	2 590	(e)2 710	0.4	0.5	0.4	(e)0.4
Finland - Finlande	-	1 099	2 111	-	-	3.8	7.7	-
Poland - Pologne	862	1 320	1 688	(e)1 674	4.8	3.7	3.8	(e)3.5
Switzerland - Suisse	1 176	1 274	1 366	1 363	(e)1.8	1.3	1.2	1.2
Portugal	379	685	898	(e)707	2.5	3.0	3.1	(e)2.3
Austria - Autriche	-	1 174	874	(e)766	-	2.2	1.4	(e)1.1
Sweden - Suède	-	816	836	(e)811	-	1.5	1.1	(e)1.1
Greece - Grèce	-	708	682	(e)1 128	-	(e)1.9	1.8	(e)2.7

For sources and notes, see end of table.

Pour les sources et les notes, se reporter à la fin du tableau.

Country or territory / Pays ou territoires	Imports (4) - Importations (4)							
	Millions of dollars / Millions de dollars				As % of total services / En % du total des services			
	2005	2010	2013	2014	2005	2010	2013	2014
SELECTED COUNTRY GROUPINGS / SÉLECTION DE GROUPEMENTS DE PAYS								
World - Monde	-	-	-	-	-	-	-	-
Developing economies - Économies en développement	-	-	-	-	-	-	-	-
Transition economies - Économies en transition	-	-	-	-	-	-	-	-
Developed economies - Économies développées	-	-	-	-	-	-	-	-
Developing economies: Africa - Économies en développement : Afrique	-	-	-	-	-	-	-	-
Developing economies: America - Économies en développement : Amérique	-	-	-	-	-	-	-	-
Developing economies: Asia - Économies en développement : Asie	-	-	-	-	-	-	-	-
Developing economies: Oceania - Économies en développement : Océanie	-	-	-	-	-	-	-	-
Developed economies: America - Économies développées : Amérique	-	-	-	-	-	-	-	-
Developed economies: Asia - Économies développées : Asie	-	-	-	-	-	-	-	-
Developed economies: Europe - Économies développées : Europe	-	-	-	-	-	-	-	-
Developed economies: Oceania - Économies développées : Océanie	-	-	-	-	-	-	-	-
LDCs (Least developed countries) - PMA (Pays les moins avancés)	-	-	-	-	-	-	-	-
Developing economies excluding China - Économies en développement sans la Chine	-	-	-	-	-	-	-	-
Developing economies excluding LDCs - Économies en développement sans les PMA	-	-	-	-	-	-	-	-
25 LEADING IMPORTERS: DEVELOPING AND TRANSITION ECONOMIES / 25 PRINCIPAUX IMPORTATEURS : ÉCONOMIES EN DÉVELOPPEMENT ET EN TRANSITION								
Russian Federation - Fédération de Russie	4 313	4 602	9 362	(e)7 532	10.7	6.1	7.3	(e)6.2
Angola	1 323	4 643	5 049	-	19.5	24.8	22.1	-
Korea, Republic of - Corée, République de	879	2 302	4 852	3 258	1.5	2.4	4.4	2.8
China - Chine	1 619	5 072	(p)3 890	(p)4 870	1.9	2.6	(p)1.2	(p)1.3
Saudi Arabia - Arabie saoudite	1 416	3 789	3 619	3 108	4.3	4.9	4.7	3.2
Malaysia - Malaisie	1 087	1 183	2 524	(e)2 624	5.0	3.6	5.7	(e)5.8
Kuwait - Koweït	42	2 347	1 992	2 686	0.5	14.9	9.5	11.3
Algeria - Algérie	548	2 556	1 880	-	11.4	21.6	17.5	-
Kazakhstan	1 941	1 666	1 814	(e)1 484	25.9	14.7	14.9	(e)11.6
Azerbaijan - Azerbaïdjan	1 499	325	1 663	3 930	56.4	8.3	20.0	37.8
Papua New Guinea - Papouasie-Nouvelle-Guinée	58	676	(e)1 442	(e)506	4.6	24.5	(e)37.0	(e)22.0
India - Inde	602	992	1 394	1 134	1.3	0.9	1.1	0.8
Belarus - Bélarus	20	163	1 258	1 517	1.7	5.4	23.9	27.0
Indonesia - Indonésie	726	592	853	(e)660	3.2	2.2	2.4	(e)2.0
Mozambique	79	132	836	(e)232	12.1	10.6	21.3	(e)6.3
Singapore - Singapour	203	515	744	756	0.4	0.5	0.5	0.5
Thailand - Thaïlande	314	713	709	761	1.2	1.6	1.3	1.4
Lebanon - Liban	0	508	640	(e)685	0.0	3.9	4.9	(e)5.4
Turkey - Turquie	8	263	523	(e)198	0.1	1.3	2.2	(e)0.8
Bahamas	41	16	483	643	3.2	1.3	29.6	37.4
China, Taiwan Province of - Province chinoise de Taiwan (12)	376	241	462	582	(e)1.2	(e)0.6	(e)1.1	(e)1.3
China, Hong Kong SAR - Chine (RAS de Hong Kong)	273	53	349	-	0.5	0.1	0.5	-
Tunisia - Tunisie	197	399	340	-	9.3	12.3	10.3	-
Egypt - Égypte	231	386	302	571	2.2	2.6	1.8	3.3
Iran (Islamic Republic of) - Iran (République islamique d') (11)	2 956	1 944	272	-	27.3	10.3	2.0	-
15 LEADING IMPORTERS: DEVELOPED ECONOMIES / 15 PRINCIPAUX IMPORTATEURS : ÉCONOMIES DÉVELOPPÉES								
Japan - Japon	4 778	7 883	7 504	(e)10 304	3.4	4.8	4.4	(e)5.4
France	-	3 727	3 480	(e)3 226	-	2.1	1.5	(e)1.3
Netherlands - Pays-Bas	-	-	-	-	-	-	-	-
United States - États-Unis	..	2 510	2 651	(e)2 541	..	0.6	0.6	(e)0.5
Denmark - Danemark	1 542	2 128	2 606	(e)2 599	4.0	3.9	4.1	(e)4.1
Belgium - Belgique	-	2 270	2 529	(e)3 338	-	2.6	2.4	(e)2.9
United Kingdom - Royaume-Uni	1 046	2 148	2 433	(e)2 184	0.6	1.2	1.2	(e)1.1
Sweden - Suède	-	1 103	2 133	(e)2 301	-	2.4	3.5	(e)3.4
Finland - Finlande	-	498	1 135	-	-	1.7	3.8	-
Spain - Espagne	-	-	-	-	-	-	-	-
Norway - Norvège	27	458	872	(e)888	0.1	1.0	1.6	(e)1.6
Austria - Autriche	-	897	864	(e)872	-	2.3	1.7	(e)1.6
Poland - Pologne	511	709	828	(e)781	3.3	2.3	2.4	(e)2.2
Israel - Israël	..	522	609	-	..	2.8	3.0	-
Czech Republic - République tchèque	188	637	513	(e)477	1.8	3.5	2.5	(e)2.1

For sources and notes, see end of table.

Pour les sources et les notes, se reporter à la fin du tableau.

5

Country or territory / Pays ou territoires	Exports (5) - Exportations (5)							
	Millions of dollars / Millions de dollars				As % of total services / En % du total des services			
	2005	2010	2013	2014	2005	2010	2013	2014
SELECTED COUNTRY GROUPINGS / SÉLECTION DE GROUPEMENTS DE PAYS								
World - Monde	66 140	100 670	124 500	130 980	2.5	2.6	2.6	2.6
Developing economies - Économies en développement	9 610	16 920	22 940	24 550	1.5	1.5	1.6	1.7
Transition economies - Économies en transition	400	680	740	700	0.7	0.7	0.5	0.6
Developed economies - Économies développées	56 130	83 070	100 820	105 720	2.8	3.0	3.1	3.1
Developing economies: Africa - Économies en développement : Afrique	1 160	1 030	1 240	1 100	1.9	1.1	1.2	1.0
Developing economies: America - Économies en développement : Amérique	2 600	3 560	4 960	5 740	2.8	2.6	2.9	3.4
Developing economies: Asia - Économies en développement : Asie	5 830	12 320	16 720	17 690	1.2	1.4	1.5	1.5
Developing economies: Oceania - Économies en développement : Océanie	20	10	20	20	0.6	0.2	0.5	-
Developed economies: America - Économies développées : Amérique	8 340	16 400	18 070	18 270	1.9	2.6	2.3	2.3
Developed economies: Asia - Économies développées : Asie	880	1 310	210	1 850	0.7	0.8	0.1	0.9
Developed economies: Europe - Économies développées : Europe	46 610	65 020	82 000	85 010	3.3	3.5	3.7	3.6
Developed economies: Oceania - Économies développées : Océanie	300	340	530	590	0.7	0.6	0.8	0.9
LDCs (Least developed countries) - PMA (Pays les moins avancés)	90	120	300	170	0.7	0.5	0.8	0.4
Developing economies excluding China - Économies en développement sans la Chine	9 060	15 190	18 940	19 950	1.7	1.6	1.6	1.6
Developing economies excluding LDCs - Économies en développement sans les PMA	9 520	16 800	22 640	24 380	1.5	1.6	1.7	1.7
25 LEADING EXPORTERS: DEVELOPING AND TRANSITION ECONOMIES / 25 PRINCIPAUX EXPORTATEURS : ÉCONOMIES EN DÉVELOPPEMENT ET EN TRANSITION								
China - Chine	549	1 727	(p)3 996	(p)4 574	0.6	1.0	(p)1.9	(p)2.0
Singapore - Singapour	1 392	3 536	3 768	3 939	3.0	3.5	2.7	2.8
Mexico - Mexique	1 550	1 831	2 793	3 554	9.9	12.0	13.9	16.9
India - Inde	941	1 781	2 144	2 285	1.8	1.5	1.4	1.5
China, Hong Kong SAR - Chine (RAS de Hong Kong)	512	858	1 020	(e)1 160	1.1	1.1	1.0	(e)1.1
Turkey - Turquie	323	722	1 000	(e)1 162	1.2	2.0	2.1	(e)2.3
Qatar	18	311	754	863	0.6	10.3	6.7	6.4
Korea, Republic of - Corée, République de	169	515	641	684	0.3	0.6	0.6	0.6
Malaysia - Malaisie	278	332	617	(e)626	1.4	1.0	1.5	(e)1.6
China, Taiwan Province of - Province chinoise de Taiwan (12)	365	430	576	677	(e)1.4	(e)1.1	(e)1.1	(e)1.2
Russian Federation - Fédération de Russie	323	429	522	(e)456	1.1	0.9	0.7	(e)0.7
Brazil - Brésil	134	416	473	669	0.9	1.3	1.2	1.7
Saudi Arabia - Arabie saoudite	..	290	446	171	..	2.7	3.8	1.4
Bahrain - Bahreïn	655	906	403	-	20.8	21.4	12.2	-
Peru - Pérou	118	166	400	(e)539	5.2	4.5	6.9	(e)9.2
Kuwait - Koweït	85	226	352	291	1.8	2.5	5.7	4.6
Cuba (11)	-	-	-	..	-	-	-	..
Chile - Chili	163	286	329	-	2.3	2.6	2.6	-
South Africa - Afrique du Sud	124	271	262	241	1.1	1.7	1.6	1.4
Thailand - Thaïlande	40	67	231	82	0.2	0.2	0.4	0.1
Panama	31	123	145	147	1.0	1.9	1.5	1.4
Morocco - Maroc	72	153	141	-	0.8	1.0	1.0	-
Argentina - Argentine	..	16	129	131	..	0.1	0.9	1.0
Sri Lanka	73	80	109	(e)115	4.7	3.2	2.3	(e)2.1
Bolivia (Plurinational State of) - Bolivie (État plurinational de)	35	57	108	131	5.4	8.0	8.9	9.7
15 LEADING EXPORTERS: DEVELOPED ECONOMIES / 15 PRINCIPAUX EXPORTATEURS : ÉCONOMIES DÉVELOPPÉES								
United Kingdom - Royaume-Uni	19 932	23 678	33 714	(e)33 672	8.5	8.7	10.7	(e)9.9
United States - États-Unis	7 566	14 397	16 096	(e)16 435	2.0	2.6	2.3	(e)2.3
Ireland - Irlande	-	10 576	11 978	(e)12 422	-	11.7	9.8	(e)9.3
France	-	4 843	8 006	(e)6 881	-	2.4	3.1	(e)2.6
Switzerland - Suisse	3 217	5 461	6 846	7 215	(e)4.8	5.8	6.0	6.3
Germany - Allemagne	3 429	7 370	6 600	(e)9 734	2.2	3.3	2.5	(e)3.6
Luxembourg	2 484	2 808	3 411	(e)3 613	6.1	4.4	3.9	(e)3.6
Italy - Italie	-	2 452	2 195	(e)2 214	-	2.4	1.9	(e)1.9
Canada	763	1 943	1 882	(e)1 615	1.3	2.5	2.1	(e)1.9
Belgium - Belgique	-	1 665	1 840	(e)1 763	-	1.7	1.6	(e)1.4
Netherlands - Pays-Bas	-	-	-	-	-	-	-	-
Spain - Espagne	-	-	-	-	-	-	-	-
Austria - Autriche	-	1 216	1 154	(e)931	-	2.3	1.8	(e)1.4
Sweden - Suède	-	789	935	(e)973	-	1.5	1.2	(e)1.3
Greece - Grèce	-	404	568	(e)601	-	(e)1.1	1.5	(e)1.5

For sources and notes, see end of table.   Pour les sources et les notes, se reporter à la fin du tableau.

Country or territory / Pays ou territoires	Imports (5) - Importations (5)							
	Millions of dollars / Millions de dollars				As % of total services / En % du total des services			
	2005	2010	2013	2014	2005	2010	2013	2014
SELECTED COUNTRY GROUPINGS / **SÉLECTION DE GROUPEMENTS DE PAYS**								
World - Monde	-	-	-	-	-	-	-	-
Developing economies - Économies en développement	-	-	-	-	-	-	-	-
Transition economies - Économies en transition	-	-	-	-	-	-	-	-
Developed economies - Économies développées	-	-	-	-	-	-	-	-
Developing economies: Africa - Économies en développement : Afrique	-	-	-	-	-	-	-	-
Developing economies: America - Économies en développement : Amérique	-	-	-	-	-	-	-	-
Developing economies: Asia - Économies en développement : Asie	-	-	-	-	-	-	-	-
Developing economies: Oceania - Économies en développement : Océanie	-	-	-	-	-	-	-	-
Developed economies: America - Économies développées : Amérique	-	-	-	-	-	-	-	-
Developed economies: Asia - Économies développées : Asie	-	-	-	-	-	-	-	-
Developed economies: Europe - Économies développées : Europe	-	-	-	-	-	-	-	-
Developed economies: Oceania - Économies développées : Océanie	-	-	-	-	-	-	-	-
LDCs (Least developed countries) - PMA (Pays les moins avancés)	-	-	-	-	-	-	-	-
Developing economies excluding China - Économies en développement sans la Chine	-	-	-	-	-	-	-	-
Developing economies excluding LDCs - Économies en développement sans les PMA	-	-	-	-	-	-	-	-
25 LEADING IMPORTERS: DEVELOPING AND TRANSITION ECONOMIES / **25 PRINCIPAUX IMPORTATEURS : ÉCONOMIES EN DÉVELOPPEMENT ET EN TRANSITION**								
China - Chine	7 200	15 755	(p)22 093	(p)22 454	8.6	8.1	(p)6.7	(p)5.9
India - Inde	2 330	5 006	5 935	7 921	4.9	4.4	4.7	5.4
Mexico - Mexique	2 340	2 626	4 835	4 220	10.3	10.2	15.0	12.1
Singapore - Singapour	2 036	4 041	4 615	4 765	3.6	4.0	3.3	3.4
Thailand - Thaïlande	1 430	2 164	2 976	2 705	5.3	4.8	5.4	5.1
Iraq	941	1 771	(e)2 685	..	15.4	18.0	(e)18.1	..
Saudi Arabia - Arabie saoudite	491	1 669	2 490	2 054	1.5	2.2	3.2	2.1
Turkey - Turquie	891	1 266	1 719	(e)1 668	7.5	6.4	7.1	(e)6.6
Libya - Libye	160	651	1 643	..	6.8	10.6	19.4	..
Egypt - Égypte	781	1 459	1 555	1 746	7.4	9.9	9.5	10.0
Brazil - Brésil	702	1 529	1 549	1 451	3.0	2.4	1.8	1.6
Qatar	111	420	1 436	2 362	2.7	4.8	5.2	7.2
Russian Federation - Fédération de Russie	698	1 011	1 393	(e)1 656	1.7	1.3	1.1	(e)1.4
China, Hong Kong SAR - Chine (RAS de Hong Kong)	720	1 192	1 342	(e)1 406	1.3	1.7	1.8	(e)1.9
China, Taiwan Province of - Province chinoise de Taiwan (12)	967	999	1 113	1 162	(e)3.0	(e)2.6	(e)2.6	(e)2.5
Indonesia - Indonésie	338	1 153	1 054	(e)964	1.5	4.4	3.0	(e)2.9
Chile - Chili	463	1 127	1 027	-	5.8	8.6	6.5	-
Malaysia - Malaisie	518	561	991	(e)991	2.4	1.7	2.2	(e)2.2
Colombia - Colombie	290	576	988	950	5.5	6.2	7.7	7.0
Korea, Republic of - Corée, République de	733	882	916	812	1.2	0.9	0.8	0.7
Viet Nam (11)	249	481	911	1 020	5.6	4.8	6.6	7.0
Oman	285	715	879	(e)934	9.0	11.2	8.8	(e)8.9
Angola	103	257	865	-	1.5	1.4	3.8	-
Philippines	138	880	805	823	2.1	7.3	4.9	4.1
Peru - Pérou	233	491	803	(e)915	7.4	8.1	10.5	(e)11.9
15 LEADING IMPORTERS: DEVELOPED ECONOMIES / **15 PRINCIPAUX IMPORTATEURS : ÉCONOMIES DÉVELOPPÉES**								
United States - États-Unis	28 710	61 478	50 454	(e)47 316	9.4	15.0	10.9	(e)9.9
France	-	6 174	7 904	(e)6 283	-	3.4	3.4	(e)2.5
Ireland - Irlande	-	8 326	7 863	(e)8 536	-	7.7	6.4	(e)6.0
Japan - Japon	1 929	6 799	6 752	(e)5 162	1.4	4.1	4.0	(e)2.7
Canada	2 218	4 737	5 357	(e)4 614	3.4	4.8	4.8	(e)4.3
Italy - Italie	-	4 504	3 617	(e)3 294	-	4.0	3.3	(e)2.9
Germany - Allemagne	3 248	3 287	3 164	(e)10 178	1.5	1.2	1.0	(e)3.1
United Kingdom - Royaume-Uni	5 465	4 768	2 201	(e)2 467	3.2	2.7	1.1	(e)1.2
Belgium - Belgique	-	1 991	2 136	(e)2 022	-	2.3	2.1	(e)1.8
Luxembourg	1 612	1 342	1 595	(e)1 700	5.9	3.2	2.7	(e)2.5
Switzerland - Suisse	442	1 255	1 485	1 468	0.9	1.8	1.6	1.6
Spain - Espagne	-	-	-	-	-	-	-	-
Greece - Grèce	-	1 451	1 204	(e)1 194	-	(e)7.2	8.2	(e)7.8
Austria - Autriche	-	1 056	1 029	(e)1 103	-	2.7	2.1	(e)2.1
Czech Republic - République tchèque	317	664	849	(e)912	3.1	3.6	4.1	(e)4.0

For sources and notes, see end of table.   Pour les sources et les notes, se reporter à la fin du tableau.

Country or territory / Pays ou territoires	Exports (6) - Exportations (6)							
	Millions of dollars / Millions de dollars				As % of total services / En % du total des services			
	2005	2010	2013	2014	2005	2010	2013	2014
SELECTED COUNTRY GROUPINGS **SÉLECTION DE GROUPEMENTS DE PAYS**								
World - Monde	217 920	334 240	399 970	417 140	8.2	8.5	8.4	8.3
Developing economies - Économies en développement	18 300	46 010	59 090	60 650	2.9	4.2	4.2	4.1
Transition economies - Économies en transition	530	1 660	2 450	1 970	1.0	1.7	1.8	1.6
Developed economies - Économies développées	199 090	286 570	338 430	354 530	10.0	10.5	10.4	10.4
Developing economies: Africa - Économies en développement : Afrique	1 150	1 760	2 210	1 760	1.9	1.9	2.2	1.7
Developing economies: America - Économies en développement : Amérique	1 140	3 430	4 580	2 340	1.2	2.5	2.7	1.4
Developing economies: Asia - Économies en développement : Asie	15 970	40 780	52 250	56 520	3.4	4.7	4.6	4.8
Developing economies: Oceania - Économies en développement : Océanie	40	40	40	-	1.2	1.1	1.0	-
Developed economies: America - Économies développées : Amérique	43 260	77 970	92 000	95 290	10.0	12.2	11.8	12.0
Developed economies: Asia - Économies développées : Asie	5 080	4 420	5 230	7 920	4.3	2.8	3.1	4.0
Developed economies: Europe - Économies développées : Europe	149 200	202 930	238 130	247 750	10.7	10.8	10.7	10.5
Developed economies: Oceania - Économies développées : Océanie	1 550	1 250	3 080	3 570	3.8	2.2	4.6	5.2
LDCs (Least developed countries) - PMA (Pays les moins avancés)	140	730	450	360	1.2	2.8	1.2	0.9
Developing economies excluding China - Économies en développement sans la Chine	18 150	44 670	55 900	56 100	3.3	4.8	4.7	4.6
Developing economies excluding LDCs - Économies en développement sans les PMA	18 150	45 270	58 640	60 290	2.9	4.2	4.3	4.2
25 LEADING EXPORTERS: DEVELOPING AND TRANSITION ECONOMIES **25 PRINCIPAUX EXPORTATEURS : ÉCONOMIES EN DÉVELOPPEMENT ET EN TRANSITION**								
Singapore - Singapour	4 604	12 214	18 355	20 541	9.9	12.1	13.4	14.6
China, Hong Kong SAR - Chine (RAS de Hong Kong)	6 269	13 082	16 475	(e)17 096	13.2	16.2	15.7	(e)16.1
India - Inde	1 143	5 834	6 376	5 645	2.2	5.0	4.3	3.6
China - Chine	145	1 331	(p)3 185	(p)4 531	0.2	0.8	(p)1.5	(p)1.9
Brazil - Brésil	507	2 073	2 908	1 176	3.3	6.6	7.4	2.9
Russian Federation - Fédération de Russie	390	1 053	1 702	(e)1 597	1.4	2.1	2.4	(e)2.4
Lebanon - Liban	58	2 076	1 616	(e)1 912	0.5	12.9	11.0	(e)14.1
Korea, Republic of - Corée, République de	773	1 646	1 294	1 410	1.5	2.0	1.2	1.3
China, Taiwan Province of - Province chinoise de Taiwan (12)	1 517	847	1 109	1 200	(e)5.9	(e)2.1	(e)2.2	(e)2.1
South Africa - Afrique du Sud	534	820	869	874	4.5	5.1	5.2	5.2
China, Macao SAR - Chine (RAS de Macao)	140	401	805	-	1.6	1.4	1.5	-
Turkey - Turquie	345	491	779	(e)823	1.2	1.3	1.7	(e)1.6
Cuba (11)	-	-	-	..	-	-	-	..
Panama	198	463	566	521	6.2	7.2	5.8	4.8
Thailand - Thaïlande	72	188	445	178	0.4	0.5	0.8	0.3
Ukraine	36	475	349	221	0.3	2.6	1.5	1.5
Kuwait - Koweït	35	131	288	266	0.7	1.5	4.7	4.2
Indonesia - Indonésie	367	388	254	(e)223	2.7	2.3	1.1	(e)0.9
Algeria - Algérie	48	221	250	-	1.9	6.2	6.4	-
Tajikistan - Tadjikistan	8	9	250	1	5.7	2.1	(e)31.3	0.3
Sri Lanka	..	..	235	(e)256	..	..	5.0	(e)4.6
Kenya	..	109	227	170	..	2.9	4.6	3.4
Malaysia - Malaisie	60	106	213	(e)190	0.3	0.3	0.5	(e)0.5
Mauritius - Maurice	17	56	210	123	1.1	2.1	6.2	3.6
Viet Nam (11)	220	192	160	175	5.2	2.6	1.5	1.6
15 LEADING EXPORTERS: DEVELOPED ECONOMIES **15 PRINCIPAUX EXPORTATEURS : ÉCONOMIES DÉVELOPPÉES**								
United States - États-Unis	39 878	72 348	84 066	(e)87 264	10.7	12.8	12.2	(e)12.3
United Kingdom - Royaume-Uni	54 254	69 216	72 314	(e)75 763	23.2	25.4	22.9	(e)22.2
Luxembourg	24 660	37 946	49 850	(e)56 140	61.0	59.9	56.4	(e)56.7
Switzerland - Suisse	20 973	23 083	24 121	22 123	(e)31.6	24.3	21.3	19.2
Germany - Allemagne	15 714	21 421	22 396	(e)20 558	9.9	9.5	8.6	(e)7.6
France	-	6 711	13 304	(e)14 377	-	3.3	5.2	(e)5.4
Ireland - Irlande	-	9 567	10 830	(e)11 265	-	10.6	8.8	(e)8.4
Belgium - Belgique	-	6 968	7 973	(e)8 744	-	7.1	7.0	(e)7.1
Canada	3 337	5 405	7 659	(e)7 568	5.5	7.0	8.5	(e)8.8
Netherlands - Pays-Bas	-	-	-	-	-	-	-	-
Italy - Italie	-	3 897	5 573	(e)5 604	-	3.9	4.9	(e)4.8
Japan - Japon	5 071	3 606	4 561	(e)7 204	5.0	2.8	3.4	(e)4.4
Sweden - Suède	-	1 031	4 414	(e)4 766	-	1.9	5.9	(e)6.2
Malta - Malte	-	3 394	3 861	(e)3 749	-	33.8	33.3	(e)31.5
Spain - Espagne	-	-	-	-	-	-	-	-

For sources and notes, see end of table.

Pour les sources et les notes, se reporter à la fin du tableau.

Country or territory / Pays ou territoires	Imports (6) - Importations (6)							
	Millions of dollars / Millions de dollars				As % of total services / En % du total des services			
	2005	2010	2013	2014	2005	2010	2013	2014
SELECTED COUNTRY GROUPINGS / **SÉLECTION DE GROUPEMENTS DE PAYS**								
World - Monde	-	-	-	-	-	-	-	-
Developing economies - Économies en développement	-	-	-	-	-	-	-	-
Transition economies - Économies en transition	-	-	-	-	-	-	-	-
Developed economies - Économies développées	-	-	-	-	-	-	-	-
Developing economies: Africa - Économies en développement : Afrique	-	-	-	-	-	-	-	-
Developing economies: America - Économies en développement : Amérique	-	-	-	-	-	-	-	-
Developing economies: Asia - Économies en développement : Asie	-	-	-	-	-	-	-	-
Developing economies: Oceania - Économies en développement : Océanie	-	-	-	-	-	-	-	-
Developed economies: America - Économies développées : Amérique	-	-	-	-	-	-	-	-
Developed economies: Asia - Économies développées : Asie	-	-	-	-	-	-	-	-
Developed economies: Europe - Économies développées : Europe	-	-	-	-	-	-	-	-
Developed economies: Oceania - Économies développées : Océanie	-	-	-	-	-	-	-	-
LDCs (Least developed countries) - PMA (Pays les moins avancés)	-	-	-	-	-	-	-	-
Developing economies excluding China - Économies en développement sans la Chine	-	-	-	-	-	-	-	-
Developing economies excluding LDCs - Économies en développement sans les PMA	-	-	-	-	-	-	-	-
25 LEADING IMPORTERS: DEVELOPING AND TRANSITION ECONOMIES / **25 PRINCIPAUX IMPORTATEURS : ÉCONOMIES EN DÉVELOPPEMENT ET EN TRANSITION**								
India - Inde	869	6 787	5 893	4 115	1.8	5.9	4.7	2.8
China, Hong Kong SAR - Chine (RAS de Hong Kong)	1 405	3 543	4 215	(e)4 431	2.5	5.0	5.6	(e)5.8
Singapore - Singapour	916	2 562	3 758	4 347	1.6	2.5	2.7	3.1
China - Chine	159	1 387	(p)3 691	(p)4 940	0.2	0.7	(p)1.1	(p)1.3
Russian Federation - Fédération de Russie	1 383	2 656	3 391	(e)2 400	3.4	3.5	2.6	(e)2.0
Korea, Republic of - Corée, République de	235	1 914	2 050	1 692	0.4	2.0	1.9	1.5
Brazil - Brésil	737	1 679	1 793	991	3.1	2.7	2.1	1.1
Kuwait - Koweït	2	712	-		0.0	4.5	-	
Turkey - Turquie	386	726	1 335	(e)1 905	3.2	3.6	5.5	(e)7.5
Iraq	40	997	(e)1 288	..	0.6	10.1	(e)8.7	..
Ukraine	256	1 086	1 011	800	3.4	8.5	6.3	6.4
Saudi Arabia - Arabie saoudite	3 532	1 034	817	990	10.7	1.3	1.1	1.0
Nigeria - Nigéria	26	34	(e)745	(e)1 229	0.4	0.2	(e)3.3	(e)5.1
Colombia - Colombie	320	583	740	841	6.0	6.2	5.8	6.2
Indonesia - Indonésie	539	597	708	(e)620	2.4	2.3	2.0	(e)1.8
Panama	157	369	608	495	8.9	13.2	12.7	10.4
Lebanon - Liban	10	1 010	559	(e)995	0.1	7.7	4.3	(e)7.8
Viet Nam (11)	230	195	460	480	5.2	2.0	3.3	3.3
Dominican Republic - République dominicaine	18	943	447	-	1.2	28.7	15.2	-
Iran (Islamic Republic of) - Iran (République islamique d') (11)	157	580	445		1.4	3.1	3.4	
Malaysia - Malaisie	119	332	405	(e)356	0.5	1.0	0.9	(e)0.8
Sri Lanka	..	..	328	(e)350	..	..	6.2	(e)6.2
Venezuela (Bolivarian Rep. of) - Venezuela (Rép. bolivarienne du)	243	72	319	(e)246	4.5	0.6	1.6	(e)1.4
China, Macao SAR - Chine (RAS de Macao)	131	228	315	-	5.1	3.0	2.6	-
Thailand - Thaïlande	152	119	311	172	0.6	0.3	0.6	0.3
15 LEADING IMPORTERS: DEVELOPED ECONOMIES / **15 PRINCIPAUX IMPORTATEURS : ÉCONOMIES DÉVELOPPÉES**								
Luxembourg	15 591	23 324	29 629	(e)34 699	56.9	55.7	50.0	(e)51.9
United States - États-Unis	12 126	15 502	18 683	(e)19 675	4.0	3.8	4.0	(e)4.1
Germany - Allemagne	7 419	11 691	14 705	(e)15 063	3.5	4.4	4.5	(e)4.6
United Kingdom - Royaume-Uni	12 667	13 627	13 307	(e)14 289	7.4	7.6	6.8	(e)7.0
Italy - Italie	-	6 069	7 644	(e)8 610	-	5.4	6.9	(e)7.5
France	-	3 489	7 163	(e)6 614	-	1.9	3.1	(e)2.7
Ireland - Irlande	-	6 675	6 867	(e)8 939	-	6.2	5.6	(e)6.3
Netherlands - Pays-Bas	-	-	-	-	-	-	-	-
Belgium - Belgique	-	5 239	5 525	(e)5 182	-	6.0	5.3	(e)4.5
Switzerland - Suisse	3 082	5 028	5 333	3 900	6.6	7.2	5.8	4.2
Canada	3 398	5 416	4 845	(e)4 663	5.2	5.5	4.3	(e)4.4
Japan - Japon	2 705	3 149	3 613	(e)5 300	1.9	1.9	2.1	(e)2.8
Malta - Malte		2 839	3 187	3 103	-	33.6	33.2	(e)31.8
Norway - Norvège	1 136	1 591	3 102	(e)3 160	3.9	3.5	5.6	(e)5.6
Spain - Espagne	-	-	-	-	-	-	-	-

For sources and notes, see end of table.

Pour les sources et les notes, se reporter à la fin du tableau.

5.2 Exports and imports of services by service category
Charges for the use of intellectual property n.i.e.

5.2 Exportations et importations des services par catégories de services
Frais pour usage de la propriété intellectuelle n.i.a.

Country or territory / Pays ou territoires	Exports (7) - Exportations (7)							
	Millions of dollars / Millions de dollars				As % of total services / En % du total des services			
	2005	2010	2013	2014	2005	2010	2013	2014
SELECTED COUNTRY GROUPINGS / **SÉLECTION DE GROUPEMENTS DE PAYS**								
World - Monde	165 170	239 230	285 370	298 590	6.2	6.1	6.0	6.0
Developing economies - Économies en développement	4 520	7 680	14 690	12 590	0.7	0.7	1.0	0.9
Transition economies - Économies en transition	300	600	1 020	900	0.6	0.6	0.7	0.7
Developed economies - Économies développées	160 350	230 950	269 670	285 100	8.1	8.5	8.3	8.3
Developing economies: Africa - Économies en développement : Afrique	340	-	300	230	0.5	-	0.3	0.2
Developing economies: America - Économies en développement : Amérique	450	1 040	3 560	830	0.5	0.8	2.1	0.5
Developing economies: Asia - Économies en développement : Asie	3 740	6 330	10 830	11 530	0.8	0.7	1.0	1.0
Developing economies: Oceania - Économies en développement : Océanie	0	0	0	-	0.0	0.1	0.1	-
Developed economies: America - Économies développées : Amérique	77 400	110 340	133 240	135 880	17.9	17.2	17.1	17.0
Developed economies: Asia - Économies développées : Asie	18 210	27 060	32 090	37 450	15.3	17.3	19.0	19.0
Developed economies: Europe - Économies développées : Europe	64 070	92 320	103 200	110 560	4.6	4.9	4.6	4.7
Developed economies: Oceania - Économies développées : Océanie	670	1 230	1 130	1 210	1.6	2.1	1.7	1.8
LDCs (Least developed countries) - PMA (Pays les moins avancés)	100	100	100	30	0.9	0.4	0.3	0.1
Developing economies excluding China - Économies en développement sans la Chine	4 370	6 840	13 800	11 910	0.8	0.7	1.2	1.0
Developing economies excluding LDCs - Économies en développement sans les PMA	4 420	7 570	14 590	12 560	0.7	0.7	1.1	0.9
25 LEADING EXPORTERS: DEVELOPING AND TRANSITION ECONOMIES / **25 PRINCIPAUX EXPORTATEURS : ÉCONOMIES EN DÉVELOPPEMENT ET EN TRANSITION**								
Korea, Republic of - Corée, République de	2 036	3 188	4 328	5 151	4.0	3.8	4.2	4.8
Singapore - Singapour	516	976	3 109	3 151	1.1	1.0	2.3	2.2
Mexico - Mexique	70	88	2 295	96	0.4	0.6	11.4	0.5
China, Taiwan Province of - Province chinoise de Taiwan (12)	234	460	1 017	866	(e)0.9	(e)1.1	(e)2.0	(e)1.5
China - Chine	157	830	(p)887	(p)676	0.2	0.5	(p)0.4	(p)0.3
Russian Federation - Fédération de Russie	256	386	738	(e)666	0.9	0.8	1.1	(e)1.0
Brazil - Brésil	102	397	597	375	0.7	1.3	1.5	0.9
China, Hong Kong SAR - Chine (RAS de Hong Kong)	245	400	574	-	0.5	0.5	0.5	-
India - Inde	206	127	446	659	0.4	0.1	0.3	0.4
Cuba (11)	-	-	-	..	-	-	-	..
Thailand - Thaïlande	17	153	222	212	0.1	0.4	0.4	0.4
Argentina - Argentine	51	145	175	130	0.8	1.1	1.2	0.9
Ukraine	22	132	167	118	0.2	0.7	0.7	0.8
South Africa - Afrique du Sud	45	114	120	116	0.4	0.7	0.7	0.7
Malaysia - Malaisie	27	101	101	(e)70	0.1	0.3	0.3	(e)0.2
Chile - Chili	54	64	77	-	0.8	0.6	0.6	-
Lebanon - Liban	..	7	72	(e)17	..	0.0	0.5	(e)0.1
Colombia - Colombie	10	56	66	56	0.3	1.1	1.0	0.8
Liberia - Libéria	..	..	-	..	..	..	-	..
Indonesia - Indonésie	263	60	52	(e)60	1.9	0.4	0.2	(e)0.3
Serbia - Serbie	_	40	45	(e)41	_	0.9	0.8	(e)0.7
Kenya	18	54	42	60	0.9	1.4	0.8	1.2
El Salvador	2	0	29	19	0.2	0.0	1.4	0.9
Belarus - Bélarus	3	9	28	39	0.1	0.2	0.4	0.5
Tunisia - Tunisie	26	25	25	-	0.7	0.4	0.5	-
15 LEADING EXPORTERS: DEVELOPED ECONOMIES / **15 PRINCIPAUX EXPORTATEURS : ÉCONOMIES DÉVELOPPÉES**								
United States - États-Unis	74 448	107 521	129 178	(e)131 636	20.0	19.1	18.8	(e)18.6
Japan - Japon	17 618	26 683	31 573	(e)36 832	17.3	20.4	23.3	(e)22.7
Switzerland - Suisse	6 920	13 358	17 360	16 628	(e)10.4	14.1	15.3	14.4
Netherlands - Pays-Bas	-	-	-	-	-	-	-	-
Germany - Allemagne	5 749	8 246	12 900	(e)13 573	3.6	3.7	4.9	(e)5.0
United Kingdom - Royaume-Uni	15 423	16 558	12 762	(e)14 925	6.6	6.1	4.0	(e)4.4
France	-	13 610	11 551	(e)12 395	-	6.7	4.5	(e)4.6
Sweden - Suède	-	5 681	7 634	(e)8 892	-	10.7	10.2	(e)11.5
Ireland - Irlande	-	2 921	5 497	(e)5 329	-	3.2	4.5	(e)4.0
Canada	2 871	2 814	4 066	(e)3 973	4.8	3.7	4.5	(e)4.6
Italy - Italie	-	3 645	3 937	(e)3 588	-	3.6	3.5	(e)3.1
Belgium - Belgique	-	2 489	3 334	(e)3 270	-	2.5	2.9	(e)2.6
Finland - Finlande	-	2 329	3 234	-	-	8.0	11.7	-
Denmark - Danemark	1 259	2 012	2 234	(e)2 506	2.9	3.3	3.2	(e)3.5
Hungary - Hongrie	839	2 028	2 189	(e)2 127	6.6	10.5	9.8	(e)8.8

For sources and notes, see end of table.

Pour les sources et les notes, se reporter à la fin du tableau.

5.2 Exports and imports of services
by service category
Charges for the use of intellectual property n.i.e.

5.2 Exportations et importations des services
par catégories de services
Frais pour usage de la propriété intellectuelle n.i.a.

Country or territory / Pays ou territoires	Imports (7) - Importations (7)							
	Millions of dollars / Millions de dollars				As % of total services / En % du total des services			
	2005	2010	2013	2014	2005	2010	2013	2014
SELECTED COUNTRY GROUPINGS **SÉLECTION DE GROUPEMENTS DE PAYS**								
World - Monde	-	-	-	-	-	-	-	-
Developing economies - Économies en développement	-	-	-	-	-	-	-	-
Transition economies - Économies en transition	-	-	-	-	-	-	-	-
Developed economies - Économies développées	-	-	-	-	-	-	-	-
Developing economies: Africa - Économies en développement : Afrique	-	-	-	-	-	-	-	-
Developing economies: America - Économies en développement : Amérique	-	-	-	-	-	-	-	-
Developing economies: Asia - Économies en développement : Asie	-	-	-	-	-	-	-	-
Developing economies: Oceania - Économies en développement : Océanie	-	-	-	-	-	-	-	-
Developed economies: America - Économies développées : Amérique	-	-	-	-	-	-	-	-
Developed economies: Asia - Économies développées : Asie	-	-	-	-	-	-	-	-
Developed economies: Europe - Économies développées : Europe	-	-	-	-	-	-	-	-
Developed economies: Oceania - Économies développées : Océanie	-	-	-	-	-	-	-	-
LDCs (Least developed countries) - PMA (Pays les moins avancés)	-	-	-	-	-	-	-	-
Developing economies excluding China - Économies en développement sans la Chine	-	-	-	-	-	-	-	-
Developing economies excluding LDCs - Économies en développement sans les PMA	-	-	-	-	-	-	-	-
25 LEADING IMPORTERS: DEVELOPING AND TRANSITION ECONOMIES **25 PRINCIPAUX IMPORTATEURS : ÉCONOMIES EN DÉVELOPPEMENT ET EN TRANSITION**								
Singapore - Singapour	9 317	16 610	21 935	22 230	16.6	16.4	15.5	15.7
China - Chine	5 321	13 040	(p)21 033	(p)22 614	6.3	6.7	(p)6.3	(p)5.9
Korea, Republic of - Corée, République de	4 720	9 183	9 837	10 369	7.9	9.4	8.9	9.0
Russian Federation - Fédération de Russie	1 533	4 842	8 389	(e)8 039	3.8	6.4	6.5	(e)6.6
Thailand - Thaïlande	1 674	3 084	4 586	3 971	6.2	6.8	8.4	7.5
India - Inde	672	2 438	3 904	4 849	1.4	2.1	3.1	3.3
China, Taiwan Province of - Province chinoise de Taiwan (12)	1 796	4 943	3 795	3 746	(e)5.5	(e)13.0	(e)8.9	(e)8.2
Brazil - Brésil	1 404	2 850	3 669	5 923	6.0	4.6	4.3	6.7
Argentina - Argentine	651	1 610	2 211	1 955	8.7	11.0	12.0	11.7
China, Hong Kong SAR - Chine (RAS de Hong Kong)	1 289	1 978	2 027	-	2.3	2.8	2.7	-
South Africa - Afrique du Sud	1 071	1 941	1 937	1 732	8.8	9.9	10.7	10.2
Indonesia - Indonésie	961	1 616	1 736	(e)1 862	4.2	6.1	5.0	(e)5.6
Mexico - Mexique	1 933	658	1 475	1 874	8.5	2.6	4.6	5.4
Malaysia - Malaisie	1 370	1 318	1 419	(e)1 492	6.2	4.1	3.2	(e)3.3
Ukraine	421	744	1 072	552	5.6	5.9	6.7	4.4
Chile - Chili	348	726	932	-	4.3	5.6	5.9	-
Turkey - Turquie	439	819	784	(e)675	3.7	4.1	3.2	(e)2.7
Colombia - Colombie	118	362	561	501	2.2	3.9	4.4	3.7
Philippines	266	446	529	547	4.1	3.7	3.2	2.7
Venezuela (Bolivarian Rep. of) - Venezuela (Rép. bolivarienne du)	239	340	394	(e)392	4.5	2.6	2.0	(e)2.2
Egypt - Égypte	182	226	328	242	1.7	1.5	2.0	1.4
Nigeria - Nigéria	67	224	(e)260	(e)251	1.0	1.0	(e)1.2	(e)1.0
China, Macao SAR - Chine (RAS de Macao)	5	183	242	-	0.2	2.4	2.0	-
Serbia - Serbie	_	160	224	(e)227	_	3.9	4.9	(e)4.5
Peru - Pérou	82	197	210	-	2.6	3.3	2.8	-
15 LEADING IMPORTERS: DEVELOPED ECONOMIES **15 PRINCIPAUX IMPORTATEURS : ÉCONOMIES DÉVELOPPÉES**								
Ireland - Irlande	-	37 467	47 528	(e)61 558	-	34.7	38.9	(e)43.4
United States - États-Unis	25 577	32 551	39 015	(e)42 141	8.4	8.0	8.4	(e)8.9
Netherlands - Pays-Bas	-	-	-	-	-	-	-	-
Japan - Japon	14 634	18 774	17 820	(e)20 916	10.5	11.4	10.4	(e)10.9
Switzerland - Suisse	3 769	8 025	12 217	12 351	8.1	11.6	13.3	13.3
Canada	6 954	9 731	10 870	(e)10 229	10.7	9.9	9.7	(e)9.6
France	-	10 009	10 155	(e)10 665	-	5.5	4.4	(e)4.3
United Kingdom - Royaume-Uni	10 081	9 687	8 436	(e)8 816	5.9	5.4	4.3	(e)4.3
Germany - Allemagne	7 211	7 092	8 414	(e)8 112	3.4	2.7	2.6	(e)2.5
Italy - Italie	-	6 531	5 114	(e)5 234	-	5.8	4.6	(e)4.5
Australia - Australie	1 973	3 412	3 977	4 048	6.4	6.6	5.8	6.4
Luxembourg	168	775	3 479	(e)3 689	0.6	1.9	5.9	(e)5.5
Belgium - Belgique	-	1 899	3 327	(e)3 420	-	2.2	3.2	(e)3.0
Sweden - Suède	-	1 430	2 786	(e)3 883	-	3.1	4.5	(e)5.8
Poland - Pologne	1 036	2 237	2 679	(e)2 951	6.6	7.2	7.8	(e)8.3

For sources and notes, see end of table.

Pour les sources et les notes, se reporter à la fin du tableau.

5.2 Exports and imports of services by service category
Telecommunications, computer and information services

5.2 Exportations et importations des services par catégories de services
Services de télécommunications, d'informatique et d'information

Country or territory / Pays ou territoires	Exports (8) - Exportations (8)							
	Millions of dollars / Millions de dollars				As % of total services En % du total des services			
	2005	2010	2013	2014	2005	2010	2013	2014
SELECTED COUNTRY GROUPINGS SÉLECTION DE GROUPEMENTS DE PAYS								
World - Monde	199 400	332 340	431 570	457 710	7.5	8.4	9.0	9.1
Developing economies - Économies en développement	35 410	84 560	113 150	118 530	5.6	7.6	8.1	8.1
Transition economies - Économies en transition	1 820	5 140	8 570	9 510	3.4	5.3	6.3	7.5
Developed economies - Économies développées	162 170	242 640	309 850	329 660	8.2	8.9	9.5	9.6
Developing economies: Africa - Économies en développement : Afrique	2 170	4 750	5 850	4 980	3.5	5.0	5.8	4.7
Developing economies: America - Économies en développement : Amérique	4 100	7 520	9 210	8 140	4.4	5.5	5.4	4.8
Developing economies: Asia - Économies en développement : Asie	29 060	72 230	98 020	105 370	6.1	8.3	8.7	8.9
Developing economies: Oceania - Économies en développement : Océanie	70	60	80	-	2.4	1.6	1.8	-
Developed economies: America - Économies développées : Amérique	20 870	33 570	43 630	43 830	4.8	5.2	5.6	5.5
Developed economies: Asia - Économies développées : Asie	-	6 210	8 830	9 640	-	4.0	5.2	4.9
Developed economies: Europe - Économies développées : Europe	133 400	200 780	254 960	273 650	9.6	10.7	11.4	11.6
Developed economies: Oceania - Économies développées : Océanie	1 690	2 070	2 420	2 540	4.1	3.6	3.6	3.7
LDCs (Least developed countries) - PMA (Pays les moins avancés)	600	1 860	2 950	1 350	5.0	7.2	7.7	3.3
Developing economies excluding China - Économies en développement sans la Chine	33 080	74 070	96 020	98 200	6.1	7.9	8.1	8.0
Developing economies excluding LDCs - Économies en développement sans les PMA	34 810	82 700	110 200	117 180	5.6	7.6	8.1	8.2
25 LEADING EXPORTERS: DEVELOPING AND TRANSITION ECONOMIES 25 PRINCIPAUX EXPORTATEURS : ÉCONOMIES EN DÉVELOPPEMENT ET EN TRANSITION								
India - Inde (13)	(e)16 862	(e)40 508	(e)52 876	(e)55 666	(e)32.3	(e)34.6	(e)35.6	(e)35.6
China - Chine	2 325	10 476	(p)17 098	(p)20 173	2.6	6.1	(p)8.2	(p)8.6
Singapore - Singapour	1 047	3 543	4 889	5 290	2.3	3.5	3.6	3.8
Russian Federation - Fédération de Russie	1 041	2 624	4 163	(e)4 497	3.6	5.3	5.9	(e)6.8
Kuwait - Koweït	1 295	3 558	3 351	3 064	27.1	39.5	54.2	48.9
Philippines	653	2 236	3 336	3 472	7.6	12.6	14.3	14.0
Malaysia - Malaisie	1 050	2 129	2 803	(e)2 685	5.3	6.7	7.0	(e)6.8
China, Hong Kong SAR - Chine (RAS de Hong Kong)	949	1 830	2 637	-	2.0	2.3	2.5	-
Korea, Republic of - Corée, République de	295	1 031	2 157	2 876	0.6	1.2	2.1	2.7
Argentina - Argentine	408	1 579	1 902	1 400	6.3	11.7	13.1	10.2
Ukraine	157	719	1 782	2 042	1.5	3.9	7.9	13.8
Costa Rica	286	1 031	1 687	1 699	7.9	21.7	25.2	24.7
China, Taiwan Province of - Province chinoise de Taiwan (12)	425	610	1 396	1 772	(e)1.6	(e)1.5	(e)2.7	(e)3.1
Cuba (11)	-	-	-	..	-	-	-	..
Morocco - Maroc	-	1 003	1 142	-	-	6.8	8.0	-
Indonesia - Indonésie	1 146	1 240	1 041	(e)1 140	8.5	7.3	4.5	(e)4.8
Egypt - Égypte	387	996	949	1 013	2.6	4.2	5.2	4.6
Pakistan	343	432	861	805	9.4	6.6	17.5	14.0
Belarus - Bélarus	117	390	750	903	5.0	8.1	10.0	11.5
Sri Lanka	126	348	719	(e)748	8.2	14.1	15.3	(e)13.3
Brazil - Brésil	319	611	708	1 446	2.1	1.9	1.8	3.6
Serbia - Serbie	_	424	660	(e)747	_	10.0	12.3	(e)12.4
Bahrain - Bahreïn	638	799	646	-	20.2	18.9	19.6	-
South Africa - Afrique du Sud	323	465	601	605	2.7	2.9	3.6	3.6
Lebanon - Liban	241	472	570	(e)660	2.2	2.9	3.9	(e)4.9
15 LEADING EXPORTERS: DEVELOPED ECONOMIES 15 PRINCIPAUX EXPORTATEURS : ÉCONOMIES DÉVELOPPÉES								
Ireland - Irlande	-	37 498	52 506	(e)57 646	-	41.6	42.8	(e)43.1
Netherlands - Pays-Bas	-	-	-	-	-	-	-	-
United States - États-Unis	15 515	25 038	33 409	(e)34 221	4.2	4.4	4.9	(e)4.8
Germany - Allemagne	11 070	20 838	28 114	(e)29 398	6.9	9.3	10.8	(e)10.8
United Kingdom - Royaume-Uni	14 349	18 581	20 263	(e)20 968	6.1	6.8	6.4	(e)6.1
France	-	14 105	17 299	(e)18 368	-	7.0	6.8	(e)6.8
Sweden - Suède	-	8 584	14 764	(e)16 096	-	16.1	19.7	(e)20.9
Switzerland - Suisse	5 688	8 141	11 191	11 897	(e)8.6	8.6	9.9	10.3
Belgium - Belgique	-	7 634	10 691	(e)11 708	-	7.8	9.4	(e)9.4
Canada	5 329	8 419	10 051	(e)9 185	8.8	10.9	11.2	(e)10.6
Italy - Italie	-	8 131	8 463	(e)8 626	-	8.1	7.5	(e)7.4
Spain - Espagne	-	-	-	-	-	-	-	-
Israel - Israël	-	4 422	6 105	-	-	17.4	18.1	-
Finland - Finlande	-	6 635	5 860	-	-	22.8	21.3	-
Austria - Autriche	-	3 689	5 786	(e)6 386	-	7.0	9.0	(e)9.5

For sources and notes, see end of table.　　　　　　　　　　　　　　　　　Pour les sources et les notes, se reporter à la fin du tableau.

5.2 Exports and imports of services by service category
Telecommunications, computer and information services

5.2 Exportations et importations des services par catégories de services
Services de télécommunications, d'informatique et d'information

Country or territory / Pays ou territoires	Imports (8) - Importations (8)							
	Millions of dollars / Millions de dollars				As % of total services / En % du total des services			
	2005	2010	2013	2014	2005	2010	2013	2014
SELECTED COUNTRY GROUPINGS **SÉLECTION DE GROUPEMENTS DE PAYS**								
World - Monde	-	-	-	-	-	-	-	-
Developing economies - Économies en développement	-	-	-	-	-	-	-	-
Transition economies - Économies en transition	-	-	-	-	-	-	-	-
Developed economies - Économies développées	-	-	-	-	-	-	-	-
Developing economies: Africa - Économies en développement : Afrique	-	-	-	-	-	-	-	-
Developing economies: America - Économies en développement : Amérique	-	-	-	-	-	-	-	-
Developing economies: Asia - Économies en développement : Asie	-	-	-	-	-	-	-	-
Developing economies: Oceania - Économies en développement : Océanie	-	-	-	-	-	-	-	-
Developed economies: America - Économies développées : Amérique	-	-	-	-	-	-	-	-
Developed economies: Asia - Économies développées : Asie	-	-	-	-	-	-	-	-
Developed economies: Europe - Économies développées : Europe	-	-	-	-	-	-	-	-
Developed economies: Oceania - Économies développées : Océanie	-	-	-	-	-	-	-	-
LDCs (Least developed countries) - PMA (Pays les moins avancés)	-	-	-	-	-	-	-	-
Developing economies excluding China - Économies en développement sans la Chine	-	-	-	-	-	-	-	-
Developing economies excluding LDCs - Économies en développement sans les PMA	-	-	-	-	-	-	-	-
25 LEADING IMPORTERS: DEVELOPING AND TRANSITION ECONOMIES **25 PRINCIPAUX IMPORTATEURS : ÉCONOMIES EN DÉVELOPPEMENT ET EN TRANSITION**								
China - Chine	2 223	4 103	(p)7 624	(p)10 748	2.6	2.1	(p)2.3	(p)2.8
Singapore - Singapour	1 139	3 538	6 937	7 371	2.0	3.5	4.9	5.2
Russian Federation - Fédération de Russie	1 202	3 955	6 080	(e)6 861	3.0	5.3	4.7	(e)5.7
Brazil - Brésil	1 822	3 775	5 208	3 667	7.8	6.0	6.0	4.1
India - Inde (13)	(e)1 475	(e)3 617	(e)3 743	(e)4 318	(e)3.1	(e)3.2	(e)3.0	(e)2.9
Malaysia - Malaisie	1 059	1 983	3 213	(e)3 091	4.8	6.1	7.2	(e)6.9
Saudi Arabia - Arabie saoudite	344	2 197	2 375	2 175	1.0	2.9	3.1	2.2
Qatar	427	365	2 134	2 665	10.3	4.2	7.8	8.1
Korea, Republic of - Corée, République de	410	1 442	1 832	1 997	0.7	1.5	1.7	1.7
China, Hong Kong SAR - Chine (RAS de Hong Kong)	858	1 118	1 651	-	1.5	1.6	2.2	-
Indonesia - Indonésie	1 055	1 131	1 548	(e)1 621	4.6	4.3	4.4	(e)4.8
China, Taiwan Province of - Province chinoise de Taiwan (12)	820	889	1 193	1 240	(e)2.5	(e)2.3	(e)2.8	(e)2.7
Argentina - Argentine	434	807	1 105	1 134	5.8	5.5	6.0	6.8
South Africa - Afrique du Sud	297	725	1 017	1 049	2.4	3.7	5.6	6.2
Nigeria - Nigéria	295	397	(e)830	(e)1 461	4.5	1.9	(e)3.7	(e)6.0
Chile - Chili	230	514	785	-	2.9	3.9	5.0	-
Ukraine	216	369	763	578	2.9	2.9	4.7	4.6
Angola	41	428	690	-	0.6	2.3	3.0	-
Thailand - Thaïlande	248	363	600	679	0.9	0.8	1.1	1.3
Colombia - Colombie	252	357	558	543	4.7	3.8	4.4	4.0
Kuwait - Koweït	95	116	546	364	1.1	0.7	2.6	1.5
Philippines	175	237	527	634	2.7	2.0	3.2	3.2
Lebanon - Liban	139	401	520	(e)415	1.8	3.1	4.0	(e)3.3
Iran (Islamic Republic of) - Iran (République islamique d') (11)	368	645	516	-	3.4	3.4	3.9	-
Peru - Pérou	96	388	478	-	3.1	6.4	6.3	-
15 LEADING IMPORTERS: DEVELOPED ECONOMIES **15 PRINCIPAUX IMPORTATEURS : ÉCONOMIES DÉVELOPPÉES**								
Netherlands - Pays-Bas	-	-	-	-	-	-	-	-
United States - États-Unis	15 975	29 015	32 877	(e)32 394	5.2	7.1	7.1	(e)6.8
Germany - Allemagne	12 315	19 950	29 347	(e)26 236	5.9	7.6	9.0	(e)8.0
France	-	13 238	18 734	(e)20 237	-	7.3	8.1	(e)8.1
Switzerland - Suisse	7 400	10 211	12 753	13 422	15.8	14.7	13.9	14.5
United Kingdom - Royaume-Uni	9 459	13 618	12 206	(e)12 557	5.5	7.6	6.2	(e)6.2
Italy - Italie	-	9 720	8 864	(e)9 906	-	8.6	8.0	(e)8.6
Belgium - Belgique	-	5 692	7 697	(e)8 464	-	6.5	7.4	(e)7.3
Sweden - Suède	-	4 416	6 689	(e)7 740	-	9.5	10.8	(e)11.6
Japan - Japon	3 059	4 597	6 349	(e)11 341	2.2	2.8	3.7	(e)5.9
Canada	2 727	4 727	5 828	(e)6 148	4.2	4.8	5.2	(e)5.7
Austria - Autriche	-	2 855	3 913	(e)4 299	-	7.4	7.9	(e)8.1
Luxembourg	1 838	2 250	3 598	(e)3 795	6.7	5.4	6.1	(e)5.7
Spain - Espagne	-	-	-	-	-	-	-	-
Denmark - Danemark	2 314	3 155	3 521	(e)3 775	6.0	5.8	5.6	(e)5.9

For sources and notes, see end of table.　　　　　　　　　　Pour les sources et les notes, se reporter à la fin du tableau.

Country or territory / Pays ou territoires	Exports (9) - Exportations (9)							
	Millions of dollars / Millions de dollars				As % of total services En % du total des services			
	2005	2010	2013	2014	2005	2010	2013	2014
SELECTED COUNTRY GROUPINGS SÉLECTION DE GROUPEMENTS DE PAYS								
World - Monde	525 130	827 290	1 038 200	1 120 460	19.7	21.0	21.7	22.3
Developing economies - Économies en développement	123 410	216 030	290 470	303 070	19.5	19.5	20.8	20.7
Transition economies - Économies en transition	7 450	18 140	25 500	23 180	13.9	18.5	18.7	18.3
Developed economies - Économies développées	394 280	593 120	722 230	794 210	19.8	21.7	22.2	23.2
Developing economies: Africa - Économies en développement : Afrique	5 830	9 890	11 730	11 800	9.5	10.4	11.7	11.1
Developing economies: America - Économies en développement : Amérique	14 060	30 880	39 100	34 650	15.2	22.7	23.1	20.2
Developing economies: Asia - Économies en développement : Asie	103 080	174 900	239 150	256 430	21.7	20.0	21.2	21.7
Developing economies: Oceania - Économies en développement : Océanie	430	370	480	190	14.1	10.5	11.4	-
Developed economies: America - Économies développées : Amérique	75 210	122 250	149 360	157 350	17.4	19.1	19.2	19.7
Developed economies: Asia - Économies développées : Asie	23 460	39 740	41 060	50 770	19.7	25.4	24.3	25.8
Developed economies: Europe - Économies développées : Europe	291 270	423 140	521 640	576 570	20.9	22.6	23.3	24.4
Developed economies: Oceania - Économies développées : Océanie	4 330	7 980	10 170	9 530	10.7	13.7	15.2	13.8
LDCs (Least developed countries) - PMA (Pays les moins avancés)	1 030	3 010	4 900	2 190	8.6	11.7	12.7	5.4
Developing economies excluding China - Économies en développement sans la Chine	103 490	172 820	233 120	233 400	19.1	18.5	19.6	18.9
Developing economies excluding LDCs - Économies en développement sans les PMA	122 370	213 020	285 570	300 870	19.7	19.7	21.0	21.1
25 LEADING EXPORTERS: DEVELOPING AND TRANSITION ECONOMIES 25 PRINCIPAUX EXPORTATEURS : ÉCONOMIES EN DÉVELOPPEMENT ET EN TRANSITION								
China - Chine	19 878	43 165	(p)57 235	(p)68 895	22.3	25.2	(p)27.5	(p)29.5
India - Inde (13)	(e)18 212	(e)34 529	(e)46 318	(e)47 305	(e)34.9	(e)29.5	(e)31.2	(e)30.3
Singapore - Singapour	9 245	19 543	32 382	32 803	19.9	19.4	23.6	23.4
China, Taiwan Province of - Province chinoise de Taiwan (12)	11 950	18 818	23 833	25 862	(e)46.3	(e)46.6	(e)46.6	(e)45.2
Brazil - Brésil	6 116	15 811	20 509	21 515	39.6	50.0	52.4	53.6
Russian Federation - Fédération de Russie	5 792	12 342	18 449	(e)16 736	20.1	25.1	26.3	(e)25.4
Korea, Republic of - Corée, République de	9 393	11 655	17 660	20 638	18.5	14.0	17.0	19.3
Philippines	4 494	11 087	13 208	14 276	52.2	62.3	56.6	57.5
China, Hong Kong SAR - Chine (RAS de Hong Kong)	7 780	11 339	12 834	-	16.4	14.1	12.3	-
Malaysia - Malaisie	2 773	4 861	8 785	(e)7 529	14.0	15.2	22.1	(e)19.1
Thailand - Thaïlande	4 841	6 582	7 995	9 096	24.3	19.2	13.6	16.4
Indonesia - Indonésie	2 876	4 309	6 641	(e)6 033	21.2	25.5	28.9	(e)25.6
Cuba (11)	-	-	-	..	-	-	-	..
Argentina - Argentine	1 598	4 112	4 955	4 374	24.7	30.5	34.1	31.9
Lebanon - Liban	4 362	3 817	4 466	(e)2 814	40.2	23.8	30.3	(e)20.8
Ukraine	632	2 456	3 239	2 490	6.1	13.4	14.3	16.8
Chile - Chili	1 087	1 901	2 663	-	15.2	17.1	20.8	-
Algeria - Algérie	637	1 913	2 154	-	25.4	53.4	55.1	-
Morocco - Maroc	-	1 966	2 113	-	-	13.3	14.7	-
South Africa - Afrique du Sud	837	1 650	1 944	1 989	7.1	10.3	11.6	11.8
Afghanistan	..	939	1 824	..	..	29.9	61.6	..
Costa Rica	199	913	1 165	1 297	5.5	19.2	17.4	18.9
Mauritius - Maurice	265	758	1 117	1 095	16.4	28.1	32.8	31.8
Serbia - Serbie	_	1 163	1 114	(e)1 218	_	27.5	20.7	(e)20.1
Colombia - Colombie	272	603	793	744	9.1	11.8	11.6	10.7
15 LEADING EXPORTERS: DEVELOPED ECONOMIES 15 PRINCIPAUX EXPORTATEURS : ÉCONOMIES DÉVELOPPÉES								
United States - États-Unis	56 708	97 228	120 143	(e)12 7676	15.2	17.3	17.5	(e)18.0
United Kingdom - Royaume-Uni	56 896	72 679	77 303	(e)93 072	24.3	26.7	24.4	(e)27.3
France	-	55 213	74 395	(e)84 071	-	27.3	29.2	(e)31.3
Germany - Allemagne	41 373	62 188	72 686	(e)76 846	26.0	27.6	27.9	(e)28.3
Netherlands - Pays-Bas	-	-	-	-	-	-	-	-
Belgium - Belgique	-	29 304	39 464	(e)44 339	-	29.8	34.7	(e)35.8
Canada	18 352	24 396	28 433	(e)27 424	30.5	31.7	31.6	(e)31.8
Japan - Japon	18 763	31 675	28 256	(e)36 940	18.4	24.2	20.9	(e)22.7
Spain - Espagne	-	-	-	-	-	-	-	-
Italy - Italie	-	22 821	27 993	(e)29 185	-	22.6	24.7	(e)24.9
Ireland - Irlande	-	19 921	27 318	(e)32 209	-	22.1	22.3	(e)24.1
Sweden - Suède	-	15 898	21 050	(e)20 160	-	29.8	28.0	(e)26.2
Switzerland - Suisse	7 411	12 262	15 030	17 302	(e)11.2	12.9	13.3	15.0
Luxembourg	2 503	7 336	13 935	(e)16 089	6.2	11.6	15.8	(e)16.3
Norway - Norvège	5 926	12 586	13 859	(e)13 843	19.9	30.4	28.6	(e)27.9

For sources and notes, see end of table.   Pour les sources et les notes, se reporter à la fin du tableau.

Country or territory / Pays ou territoires	Imports (9) - Importations (9)							
	Millions of dollars / Millions de dollars				As % of total services / En % du total des services			
	2005	2010	2013	2014	2005	2010	2013	2014
SELECTED COUNTRY GROUPINGS **SÉLECTION DE GROUPEMENTS DE PAYS**								
World - Monde	-	-	-	-	-	-	-	-
Developing economies - Économies en développement	-	-	-	-	-	-	-	-
Transition economies - Économies en transition	-	-	-	-	-	-	-	-
Developed economies - Économies développées	-	-	-	-	-	-	-	-
Developing economies: Africa - Économies en développement : Afrique	-	-	-	-	-	-	-	-
Developing economies: America - Économies en développement : Amérique	-	-	-	-	-	-	-	-
Developing economies: Asia - Économies en développement : Asie	-	-	-	-	-	-	-	-
Developing economies: Oceania - Économies en développement : Océanie	-	-	-	-	-	-	-	-
Developed economies: America - Économies développées : Amérique	-	-	-	-	-	-	-	-
Developed economies: Asia - Économies développées : Asie	-	-	-	-	-	-	-	-
Developed economies: Europe - Économies développées : Europe	-	-	-	-	-	-	-	-
Developed economies: Oceania - Économies développées : Océanie	-	-	-	-	-	-	-	-
LDCs (Least developed countries) - PMA (Pays les moins avancés)	-	-	-	-	-	-	-	-
Developing economies excluding China - Économies en développement sans la Chine	-	-	-	-	-	-	-	-
Developing economies excluding LDCs - Économies en développement sans les PMA	-	-	-	-	-	-	-	-
25 LEADING IMPORTERS: DEVELOPING AND TRANSITION ECONOMIES **25 PRINCIPAUX IMPORTATEURS : ÉCONOMIES EN DÉVELOPPEMENT ET EN TRANSITION**								
China - Chine	16 454	34 310	(p)47 325	(p)53 370	19.5	17.7	(p)14.3	(p)13.9
Singapore - Singapour	11 293	24 169	40 322	37 471	20.1	23.9	28.5	26.5
Brazil - Brésil	6 595	20 903	29 084	31 395	28.1	33.5	33.7	35.5
Korea, Republic of - Corée, République de	13 199	23 869	28 124	31 231	22.1	24.5	25.5	27.2
India - Inde (13)	(e)13 574	(e)25 496	(e)27 953	(e)26 875	(e)28.8	(e)22.2	(e)22.1	(e)18.2
Russian Federation - Fédération de Russie	6 976	15 635	22 876	(e)23 152	17.2	20.8	17.8	(e)19.1
China, Taiwan Province of - Province chinoise de Taiwan (12)	8 669	10 381	11 949	12 696	(e)26.7	(e)27.4	(e)28.1	(e)27.6
China, Hong Kong SAR - Chine (RAS de Hong Kong)	4 866	9 997	10 965	-	8.7	14.2	14.6	-
Thailand - Thaïlande	4 574	10 258	10 529	10 913	17.1	22.8	19.2	20.5
Angola	3 265	6 470	9 453	-	48.1	34.5	41.4	-
Malaysia - Malaisie	3 636	6 233	8 656	(e)8 202	16.6	19.2	19.4	(e)18.3
China, Macao SAR - Chine (RAS de Macao)	1 222	5 134	8 513	(e)7 280	48.0	67.3	71.6	(e)68.5
Indonesia - Indonésie	7 017	5 456	7 672	(e)6 972	30.8	20.6	21.9	(e)20.8
Saudi Arabia - Arabie saoudite	22	8 449	5 535	6 688	0.1	11.0	7.2	6.9
Kazakhstan	3 106	5 414	4 730	(e)5 892	41.4	47.7	38.9	(e)46.1
Lebanon - Liban	3 242	4 347	3 711	(e)3 017	41.1	33.4	28.5	(e)23.7
Nigeria - Nigéria	2 890	4 477	(e)3 556	(e)4 863	43.6	20.9	(e)15.8	(e)20.1
Oman	1 100	1 944	3 274	(e)3 588	35.0	30.6	32.7	(e)34.4
Algeria - Algérie	1 448	4 805	3 139	-	30.0	40.5	29.2	-
Argentina - Argentine	767	2 212	3 115	3 007	10.2	15.1	16.9	17.9
Venezuela (Bolivarian Rep. of) - Venezuela (Rép. bolivarienne du)	641	2 307	2 855	(e)2 976	12.0	17.6	14.4	(e)17.1
Viet Nam (11)	-	-	-	-	-	-	-	-
Colombia - Colombie	600	1 798	2 715	2 675	11.3	19.2	21.2	19.8
South Africa - Afrique du Sud	1 104	3 032	2 680	2 397	9.1	15.5	14.8	14.1
Turkey - Turquie	538	1 678	2 555	(e)2 360	4.5	8.4	10.5	(e)9.3
15 LEADING IMPORTERS: DEVELOPED ECONOMIES **15 PRINCIPAUX IMPORTATEURS : ÉCONOMIES DÉVELOPPÉES**								
United States - États-Unis	35 960	67 580	89 145	(e)93 401	11.8	16.5	19.3	(e)19.6
Germany - Allemagne	47 457	67 369	81 596	(e)81 204	22.6	25.6	25.2	(e)24.8
France	-	54 924	72 864	(e)81 577	-	30.2	31.6	(e)32.8
United Kingdom - Royaume-Uni	29 292	44 917	56 963	(e)55 738	17.2	25.1	29.1	(e)27.4
Japan - Japon	25 663	37 938	48 568	(e)58 837	18.5	23.0	28.4	(e)30.7
Ireland - Irlande	-	43 680	48 529	(e)51 119	-	40.5	39.7	(e)36.0
Netherlands - Pays-Bas	-	-	-	-	-	-	-	-
Belgium - Belgique	-	26 082	34 406	(e)41 458	-	29.8	33.1	(e)36.0
Switzerland - Suisse	14 424	20 381	26 552	29 221	30.8	29.4	29.0	31.5
Italy - Italie	-	26 990	26 195	(e)26 687	-	23.9	23.8	(e)23.1
Spain - Espagne								
Canada	13 744	18 445	22 049	(e)20 701	21.1	18.8	19.7	(e)19.3
Sweden - Suède	-	17 057	20 255	(e)22 567	-	36.6	32.8	(e)33.8
Norway - Norvège	6 416	13 409	14 913	(e)15 193	22.0	29.8	26.8	(e)26.9
Australia - Australie	2 720	6 793	11 221	9 561	8.8	13.2	16.5	15.1

For sources and notes, see end of table.

Pour les sources et les notes, se reporter à la fin du tableau.

5

5.2 Exports and imports of services by service category
Personal, cultural and recreational services

5.2 Exportations et importations des services par catégories de services
Services personnels, culturels et relatifs aux loisirs

Country or territory Pays ou territoires	Exports (10) - Exportations (10)							
	Millions of dollars / Millions de dollars				As % of total services En % du total des services			
	2005	2010	2013	2014	2005	2010	2013	2014
SELECTED COUNTRY GROUPINGS **SÉLECTION DE GROUPEMENTS DE PAYS**								
World - Monde	23 960	31 410	44 300	45 340	0.9	0.8	0.9	0.9
Developing economies - Économies en développement	5 100	5 460	7 340	8 940	0.8	0.5	0.5	0.6
Transition economies - Économies en transition	250	1 040	1 230	1 120	0.5	1.1	0.9	0.9
Developed economies - Économies développées	18 620	24 920	35 730	35 280	0.9	0.9	1.1	1.0
Developing economies: Africa - Économies en développement : Afrique	280	340	550	450	0.5	0.4	0.6	0.4
Developing economies: America - Économies en développement : Amérique	900	850	1 150	1 550	1.0	0.6	0.7	0.9
Developing economies: Asia - Économies en développement : Asie	3 900	4 250	5 620	6 940	0.8	0.5	0.5	0.6
Developing economies: Oceania - Économies en développement : Océanie	10	20	10	-	0.3	0.5	0.3	-
Developed economies: America - Économies développées : Amérique	2 500	3 290	3 650	3 230	0.6	0.5	0.5	0.4
Developed economies: Asia - Économies développées : Asie	100	250	290	610	0.1	0.2	0.2	0.3
Developed economies: Europe - Économies développées : Europe	15 410	20 270	30 620	30 120	1.1	1.1	1.4	1.3
Developed economies: Oceania - Économies développées : Océanie	610	1 090	1 170	1 320	1.5	1.9	1.7	1.9
LDCs (Least developed countries) - PMA (Pays les moins avancés)	10	50	120	90	0.1	0.2	0.3	0.2
Developing economies excluding China - Économies en développement sans la Chine	4 960	5 340	7 190	8 770	0.9	0.6	0.6	0.7
Developing economies excluding LDCs - Économies en développement sans les PMA	5 080	5 410	7 220	8 850	0.8	0.5	0.5	0.6
25 LEADING EXPORTERS: DEVELOPING AND TRANSITION ECONOMIES **25 PRINCIPAUX EXPORTATEURS : ÉCONOMIES EN DÉVELOPPEMENT ET EN TRANSITION**								
Turkey - Turquie	1 079	913	1 286	(e)1 796	3.9	2.5	2.7	(e)3.6
India - Inde	111	975	1 232	1 266	0.2	0.8	0.8	0.8
Russian Federation - Fédération de Russie	187	474	770	(e)681	0.6	1.0	1.1	(e)1.0
Korea, Republic of - Corée, République de	105	396	731	955	0.2	0.5	0.7	0.9
Singapore - Singapour	180	505	543	550	0.4	0.5	0.4	0.4
Argentina - Argentine	203	320	341	317	3.1	2.4	2.3	2.3
Qatar	..	..	240	513	..	..	2.1	3.8
China, Hong Kong SAR - Chine (RAS de Hong Kong)	377	426	235	-	0.8	0.5	0.2	-
Lebanon - Liban	0	202	220	(e)266	0.0	1.3	1.5	(e)2.0
China, Taiwan Province of - Province chinoise de Taiwan (12)	61	98	203	231	(e)0.2	(e)0.2	(e)0.4	(e)0.4
Malaysia - Malaisie	1 562	111	203	(e)284	7.9	0.3	0.5	(e)0.7
Indonesia - Indonésie	57	104	187	(e)150	0.4	0.6	0.8	(e)0.6
Colombia - Colombie	41	84	181	82	1.4	1.6	2.6	1.2
Iran (Islamic Republic of) - Iran (République islamique d') (11)	55	146	172	-	1.1	1.6	2.6	-
China - Chine	134	123	(p)147	(p)175	0.2	0.1	(p)0.1	(p)0.1
South Africa - Afrique du Sud	114	126	144	145	1.0	0.8	0.9	0.9
Serbia - Serbie	_	186	140	(e)132	_	4.4	2.6	(e)2.2
Cuba (11)	-	-	-	..	-	-	-	..
Ukraine	16	113	114	64	0.2	0.6	0.5	0.4
Egypt - Égypte	83	99	114	105	0.6	0.4	0.6	0.5
Ecuador - Équateur	39	66	110	(e)99	3.8	4.5	5.4	(e)4.2
Philippines	20	41	107	128	0.2	0.2	0.5	0.5
Jamaica - Jamaïque	30	37	105	105	1.3	1.4	3.9	3.7
Cameroon - Cameroun	18	17	97	..	1.8	1.3	5.0	..
Mexico - Mexique	373	80	80	80	2.4	0.5	0.4	0.4
15 LEADING EXPORTERS: DEVELOPED ECONOMIES **15 PRINCIPAUX EXPORTATEURS : ÉCONOMIES DÉVELOPPÉES**								
United Kingdom - Royaume-Uni	4 247	3 413	7 025	(e)4 086	1.8	1.3	2.2	(e)1.2
Luxembourg	231	2 120	4 638	(e)5 840	0.6	3.3	5.2	(e)5.9
France	-	3 120	4 213	(e)4 175	-	1.5	1.7	(e)1.6
Canada	2 245	2 291	2 927	(e)2 448	3.7	3.0	3.3	(e)2.8
Netherlands - Pays-Bas	-	-	-	-	-	-	-	-
Malta - Malte	-	1 879	2 333	(e)2 443	-	18.7	20.1	(e)20.5
Spain - Espagne	-	-	-	-	-	-	-	-
Germany - Allemagne	1 175	1 126	1 519	(e)1 562	0.7	0.5	0.6	(e)0.6
Belgium - Belgique	-	661	915	(e)1 419	-	0.7	0.8	(e)1.1
Australia - Australie	435	702	722	882	1.4	1.5	1.3	1.6
United States - États-Unis	248	997	714	(e)747	0.1	0.2	0.1	(e)0.1
Switzerland - Suisse	303	362	606	770	(e)0.5	0.4	0.5	0.7
Denmark - Danemark	210	504	606	(e)579	0.5	0.8	0.9	(e)0.8
Sweden - Suède	-	371	546	(e)459	-	0.7	0.7	(e)0.6
Austria - Autriche	-	311	453	(e)477	-	0.6	0.7	(e)0.7

For sources and notes, see end of table.   Pour les sources et les notes, se reporter à la fin du tableau.

5.2 Exports and imports of services
by service category
Personal, cultural and recreational services

5.2 Exportations et importations des services
par catégories de services
Services personnels, culturels et relatifs aux loisirs

Country or territory / Pays ou territoires	Imports (10) - Importations (10)							
	Millions of dollars / Millions de dollars				As % of total services / En % du total des services			
	2005	2010	2013	2014	2005	2010	2013	2014
SELECTED COUNTRY GROUPINGS **SÉLECTION DE GROUPEMENTS DE PAYS**								
World - Monde	-	-	-	-	-	-	-	-
Developing economies - Économies en développement	-	-	-	-	-	-	-	-
Transition economies - Économies en transition	-	-	-	-	-	-	-	-
Developed economies - Économies développées	-	-	-	-	-	-	-	-
Developing economies: Africa - Économies en développement : Afrique	-	-	-	-	-	-	-	-
Developing economies: America - Économies en développement : Amérique	-	-	-	-	-	-	-	-
Developing economies: Asia - Économies en développement : Asie	-	-	-	-	-	-	-	-
Developing economies: Oceania - Économies en développement : Océanie	-	-	-	-	-	-	-	-
Developed economies: America - Économies développées : Amérique	-	-	-	-	-	-	-	-
Developed economies: Asia - Économies développées : Asie	-	-	-	-	-	-	-	-
Developed economies: Europe - Économies développées : Europe	-	-	-	-	-	-	-	-
Developed economies: Oceania - Économies développées : Océanie	-	-	-	-	-	-	-	-
LDCs (Least developed countries) - PMA (Pays les moins avancés)	-	-	-	-	-	-	-	-
Developing economies excluding China - Économies en développement sans la Chine	-	-	-	-	-	-	-	-
Developing economies excluding LDCs - Économies en développement sans les PMA	-	-	-	-	-	-	-	-
25 LEADING IMPORTERS: DEVELOPING AND TRANSITION ECONOMIES **25 PRINCIPAUX IMPORTATEURS : ÉCONOMIES EN DÉVELOPPEMENT ET EN TRANSITION**								
Venezuela (Bolivarian Rep. of) - Venezuela (Rép. bolivarienne du)	197	3 262	3 791	(e)2 961	3.7	24.9	19.1	(e)17.0
Qatar	..	..	2 115	1 480	..	..	7.7	4.5
Brazil - Brésil	451	1 017	1 671	1 719	1.9	1.6	1.9	1.9
Russian Federation - Fédération de Russie	440	999	1 264	(e)1 611	1.1	1.3	1.0	(e)1.3
Malaysia - Malaisie	1 855	289	836	(e)860	8.4	0.9	1.9	(e)1.9
Korea, Republic of - Corée, République de	141	640	815	907	0.2	0.7	0.7	0.8
China - Chine	154	371	(p)783	(p)874	0.2	0.2	(p)0.2	(p)0.2
India - Inde	105	4 180	725	1 390	0.2	3.6	0.6	0.9
Argentina - Argentine	165	381	488	467	2.2	2.6	2.6	2.8
Turkey - Turquie	90	256	472	(e)442	0.8	1.3	1.9	(e)1.7
Singapore - Singapour	279	472	454	460	0.5	0.5	0.3	0.3
Ukraine	109	221	326	164	1.4	1.7	2.0	1.3
Lebanon - Liban	0	114	303	(e)274	0.0	0.9	2.3	(e)2.2
Mexico - Mexique	275	272	272	272	1.2	1.1	0.8	0.8
Indonesia - Indonésie	166	133	267	(e)244	0.7	0.5	0.8	(e)0.7
China, Taiwan Province of - Province chinoise de Taiwan (12)	301	215	258	254	(e)0.9	(e)0.6	(e)0.6	(e)0.6
Iran (Islamic Republic of) - Iran (République islamique d') (11)	196	322	247	-	1.8	1.7	1.9	-
Ecuador - Équateur	106	168	237	(e)270	4.9	5.6	6.7	(e)7.6
Angola	45	156	211	-	0.7	0.8	0.9	-
Colombia - Colombie	44	111	149	118	0.8	1.2	1.2	0.9
China, Hong Kong SAR - Chine (RAS de Hong Kong)	52	84	97	-	0.1	0.1	0.1	-
State of Palestine - État de Palestine	11	84	88	-	2.3	7.4	8.4	-
Serbia - Serbie	_	90	81	(e)81	_	2.2	1.8	(e)1.6
Kazakhstan	16	37	76	(e)81	0.2	0.3	0.6	(e)0.6
Haiti - Haïti	230	60	69	-	42.2	4.7	6.4	-
15 LEADING IMPORTERS: DEVELOPED ECONOMIES **15 PRINCIPAUX IMPORTATEURS : ÉCONOMIES DÉVELOPPÉES**								
France	-	2 669	5 432	(e)5 316	-	1.5	2.4	(e)2.1
United Kingdom - Royaume-Uni	2 271	3 697	5 120	(e)4 953	1.3	2.1	2.6	(e)2.4
Luxembourg	517	1 956	3 483	(e)4 259	1.9	4.7	5.9	(e)6.4
Germany - Allemagne	3 485	2 781	2 648	(e)3 401	1.7	1.1	0.8	(e)1.0
Canada	1 779	2 123	2 646	(e)2 437	2.7	2.2	2.4	(e)2.3
Netherlands - Pays-Bas	-	-	-	-	-	-	-	-
Australia - Australie	774	1 270	1 633	1 563	2.5	2.5	2.4	2.5
Norway - Norvège	258	539	1 584	(e)1 613	0.9	1.2	2.8	(e)2.9
Spain - Espagne	-	-	-	-	-	-	-	-
Japan - Japon	1 115	935	1 130	(e)849	0.8	0.6	0.7	(e)0.4
Switzerland - Suisse	676	888	1 128	818	1.4	1.3	1.2	0.9
Austria - Autriche	-	991	1 064	(e)1 111	-	2.6	2.1	(e)2.1
Belgium - Belgique	-	849	924	(e)1 222	-	1.0	0.9	(e)1.1
United States - États-Unis	..	556	914	(e)876	..	0.1	0.2	(e)0.2
Denmark - Danemark	958	972	832	(e)811	2.5	1.8	1.3	(e)1.3

For sources and notes, see next page.   Pour les sources et les notes, se reporter à la page suivante.

5.2 Exports and imports of services by service category

5.2 Exportations et importations des services par catégories de services

Sources:

UNCTAD and WTO secretariats' calculations based on:

- IMF, *Balance of Payments Statistics*
- Eurostat, online database
- OECD, *OECD.Stat*
- UN DESA Statistics Division, *UN ServiceTrade* database
- Other international and national sources

Sources :

Calculs des secrétariats de la CNUCED et de l'OMC sur la base de :

- FMI, *Statistiques de la balance des paiements*
- Eurostat, base de données en ligne
- OCDE, *OECD.Stat*
- ONU DAES Division des statistiques, *UN ServiceTrade* database
- Autres sources internationales et nationales

Notes:

- The statistics presented correspond to the definitions of the IMF *Balance of Payments and International Investment Position Manual, Sixth Edition* (*BPM6*). For those countries and territories who present their figures according to the fifth edition of the *Manual* (*BPM5*), data were adjusted to the *BPM6* definitions in cases where such adjustments were possible.

  Estimated data for individual countries are included in the calculation of geographical regions or economic groupings, but not always shown separately. When possible, the values missing in principal international sources are estimated by using the growth rates derived from the data available in national or other international sources.

  Individual economies are ranked based on both reported and estimated 2013 figures. Non-publishable estimates are indicated by a "-" sign.

(1) Goods-related services cover manufacturing services on physical inputs owned by others and maintenance and repair services n.i.e.

(2) Include all transport services involving the carriage of people and objects from one location to another as well as related supporting and auxiliary services. Also included are postal and courier services.

(3) Travel credits cover goods and services for own use or to give away acquired from an economy by non-residents during visits to that economy. Travel debits cover goods and services for own use or to give away acquired from other economies by residents during visits to these other economies.

(4) Construction covers the creation, renovation, repair, or extension of fixed assets in the form of buildings, land improvements of an engineering nature, and other such engineering constructions as roads, bridges, dams, and so forth. It also includes related installation and assembly work. It includes site preparation and general construction as well as specialized services such as painting, plumbing, and demolition. It also includes management of construction projects.

(5) Insurance and pension services include services of providing life insurance and annuities, nonlife insurance, reinsurance, freight insurance, pensions, standardized guarantees, and auxiliary services to insurance, pension schemes, and standardized guarantee schemes.

(6) Financial services cover financial intermediary and auxiliary services, except insurance and pension fund services. These services include those usually provided by banks and other financial corporations.

(7) Charges for the use of intellectual property n.i.e. include:

  (a) charges for the use of proprietary rights (such as patents, trademarks, copyrights, industrial processes and designs including trade secrets, franchises) and

  (b) charges for licenses to reproduce or distribute (or both) intellectual property embodied in produced originals or prototypes (such as copyrights on books and manuscripts, computer software, cinematographic works, and sound recordings) and related rights (such as for live performances and television, cable, or satellite broadcast).

(8) - Telecommunications services encompass the broadcast or transmission of sound, images, data, or other information by telephone, telex, telegram, radio and television cable transmission, radio and television satellite, electronic mail, facsimile, and so forth, including business network services, teleconferencing, and support services. They do not include the value of the information transported. Also included are mobile telecommunications services, Internet backbone services, and online access services, including provision of access to the Internet. Excluded are installation services for telephone network equipment (included in construction) and database services (included in information services).

  - Computer services consist of hardware- and software-related services and data-processing services. Exclude noncustomized packaged software (systems and applications), and video and audio recordings, on physical media; computer-training courses not designed for a specific user; and leasing of computers without an operator.

  - Information services include news agency services, such as the provision of news, photographs, and feature articles to the media. Other information provision services include database services, direct non-bulk subscriptions to newspapers and periodicals, other online content provision services, and library and archive services.

Notes :

- Les statistiques présentées correspondent aux définitions du *Manuel de la balance des paiements et de la position extérieure globale, sixième édition* (*MBP6*) du FMI. Dans la mesure du possible, les données ont été ajustées selon les définitions du *MBP6* pour les pays et territoires qui présentent leurs statistiques conformément à la cinquième édition du *Manuel* (*MBP5*).

  Les valeurs estimées pour les pays individuels sont comprises dans les calculs des groupements géographiques ou économiques, mais elles ne sont pas toujours présentées séparément. Si possible, les données manquantes dans les sources principales sont estimées en utilisant les taux d'évolution dérivés des données disponibles dans les sources nationales ou autres sources internationales.

  Les économies individuelles sont classées en fonction des données rapportées et estimées de l'année 2013. Les estimations qui ne sont pas publiables sont indiquées par le signe "-".

(1) Les services connexes aux biens comprennent services de fabrication fournis sur des intrants physiques détenus par des tiers et services d'entretien et de réparation n.i.a.

(2) Ces services recouvrent le processus de déplacement des personnes et des biens d'un lieu à un autre et recouvre les services connexes d'appui et auxiliaires, ainsi que les services postaux et de messagerie.

(3) Au crédit, les voyages recouvrent les biens et services que les non-résidents acquièrent dans une économie, pour leur propre usage ou à des fins de cadeaux, au cours de leur séjour dans cette économie. Au débit, les voyages recouvrent les biens et services que les résidents d'une économie acquièrent dans d'autres économies, pour leur propre usage ou à des fins de cadeaux, au cours de leur séjour dans ces économies.

(4) La construction recouvre la création, la rénovation, la réparation ou l'agrandissement d'actifs fixes sous forme de bâtiments, d'aménagements de terrains relevant de l'ingénierie, et autres constructions d'ingénierie telles que les routes, ponts, barrages, etc. Elle inclut en outre les travaux d'installation et d'assemblage connexes. Elle englobe les travaux de préparation des chantiers et de construction générale, ainsi que les services spécialisés tels que les services de peinture, de plomberie et de démolition. Enfin, elle recouvre la gestion des projets de construction.

(5) Les services d'assurance et de pension recouvrent l'assurance vie et les annuités d'assurance vie, l'assurance dommages, la réassurance, l'assurance du fret, les pensions, les garanties standard et les services auxiliaires d'assurance, de pension et de garantie standard.

(6) Les services financiers recouvrent les services des intermédiaires financiers et les services auxiliaires, à l'exception de ceux des sociétés d'assurance et des fonds de pension. Ces services incluent ceux qui sont généralement fournis par les banques et autres sociétés financières.

(7) Les frais pour usage de la propriété intellectuelle n.i.a. recouvrent :

  (a) les frais pour utilisation des droits de propriété (par exemple brevets, marques commerciales, droits d'auteur, procédés de fabrication et dessins industriels, y compris secrets de fabrication, franchisage) et

  (b) les frais de licence pour reproduire et/ou distribuer la propriété intellectuelle incorporée dans les œuvres originales ou prototypes créés (tels que les droits d'auteur sur les livres et manuscrits, les logiciels informatiques, les œuvres cinématographiques et les enregistrements sonores) et droits connexes (par exemple, pour les spectacles devant public et la retransmission par télévision/câble/satellite).

(8) - Les services de télécommunications recouvrent la transmission de sons, d'images, de données ou autres informations par téléphone, télex, télégramme, radio ou télévision (par câble ou satellite), courrier électronique, télécopie, etc., y compris les services de réseau, de téléconférence et d'appui aux entreprises. Ils ne comprennent pas la valeur des informations transmises. Ils incluent en outre les services de télécommunication cellulaire, de fourniture de dorsales Internet et d'accès en ligne, ainsi que d'accès à 'Internet. En sont exclus les services d'installation d'équipements de réseau téléphonique (classés en construction) et les services de base de données (enregistrés parmi les services d'information).

  - Les services d'informatique comprennent les services liés aux matériels et logiciels informatiques et les services de traitement des données. Sont exclus Les logiciels prêts à l'emploi non personnalisés (systèmes et applications) et les enregistrements vidéo et audio sur supports physiques, les cours de formation à l'informatique non conçus à des fins spécifiques et la location d'ordinateurs sans opérateur.

  - Les services d'information recouvrent les services d'agence de presse comme la communication d'informations, de photographies et d'articles de fond aux médias. Parmi les autres services de diffusion de l'information figurent ses services de base de données, les abonnements individuels directs aux journaux et périodiques, les autres services de communication du contenu en ligne et les services de bibliothèque et d'archive.

(9)   Other business services cover research and development, professional and management consulting and technical, trade-related and other business services.

(10) Personal, cultural, and recreational services consist of (a) audiovisual and related services and (b) other personal, cultural, and recreational services.

(11) Data according to *BPM5* methodology.

(12) Data converted to *BPM6* methodology. Manufacturing services on inputs owned by others are not covered. Merchanting is included.

(13) Telecommunications, computer and information services and "other business services" figures are estimated by UNCTAD-WTO. The estimates are based on data of various issues of "*Survey on Computer Software & Information Technology Services Exports*" reported by the Reserve Bank of India.

(9)   Autres services aux entreprises recouvrent les services de recherche-développement, les services spécialisés et services de conseil en gestion et les services techniques, liés au commerce et autres services aux entreprises.

(10) Les services personnels, culturels et relatifs aux loisirs comprennent a) les services audiovisuels et connexes et b) les autres services personnels, culturels et relatifs aux loisirs.

(11) Données basées sur la méthodologie du *MBP5*.

(12) Données ajustées à la méthodologie du *MBP6*. Les services de fabrication fournis sur des intrants physiques détenus par des tiers ne sont pas couverts. Le négoce international est inclus.

(13) Les données des "services de télécommunications, d'informatique et d'information" et "autres services aux entreprises" sont estimées par la CNUCED et l'OMC. Ces estimations sont basées sur les données de divers numéros de "*Survey on Computer Software and Information Technology Services Exports*" publiés par la Banque de réserve de l'Inde.

5

5.3 World merchant fleet by flag of registration and type of ship

5.3 Flotte marchande mondiale par pavillons d'immatriculation et par types de navires

Region, country or territory / Régions pays ou territoires	Year / Année	Total fleet (thousands of DWT) (1) / Flotte totale (milliers de TPL) (1)	As percentage of world total fleet / En pourcentage de la flotte mondiale					As percentage of the total fleet of country or region / En pourcentage de la flotte totale du pays ou de la région				
			Oil tankers / Pétroliers	Bulk carriers / Vraquiers	General cargo / Navires de charge classique	Container ships / Porte-conteneurs	Other types / Autres navires	Oil tankers / Pétroliers	Bulk carriers / Vraquiers	General cargo / Navires de charge classique	Container ships / Porte-conteneurs	Other types / Autres navires
WORLD - MONDE	2000	793 770.8	100.0	100.0	100.0	100.0	100.0	35.7	34.6	12.8	8.0	9.0
	2010	1276 137.2	100.0	100.0	100.0	100.0	100.0	35.3	35.8	8.5	13.3	7.2
	2015	1749 221.5	100.0	100.0	100.0	100.0	100.0	28.0	43.5	4.4	13.0	11.1
DEVELOPING ECONOMIES - ÉCONOMIES EN DÉVELOPPEMENT (2)	2000	487 692.9	56.6	68.5	63.7	58.3	53.0	32.9	38.5	13.3	7.6	7.7
	2010	915 129.5	69.1	77.6	70.0	68.4	63.6	34.0	38.7	8.3	12.6	6.4
	2015	1335 706.5	72.9	81.9	65.4	73.1	71.5	26.7	46.6	3.8	12.5	10.4
TRANSITION ECONOMIES - ÉCONOMIES EN TRANSITION	2000	12 370.5	0.9	0.6	5.2	0.6	3.8	20.2	12.8	42.4	2.9	21.7
	2010	10 500.4	0.6	0.2	4.5	0.1	2.0	24.2	10.1	46.4	1.6	17.7
	2015	10 104.4	0.6	0.1	5.3	0.0	1.2	27.1	8.9	40.3	0.6	23.1
DEVELOPED ECONOMIES - ÉCONOMIES DÉVELOPPÉES (2)	2000	293 707.4	42.5	30.9	31.1	41.1	43.2	41.0	28.9	10.8	8.9	10.5
	2010	344 896.3	30.1	22.0	23.4	31.4	33.4	39.2	29.1	7.4	15.4	8.9
	2015	399 297.2	26.5	18.0	28.4	26.8	25.8	32.5	34.2	5.5	15.3	12.6
Developing economies: Africa - Économies en développement : Afrique	2000	91 552.9	14.7	9.7	6.5	9.5	15.1	45.3	29.2	7.2	6.6	11.8
	2010	150 731.7	14.8	8.0	5.4	20.2	8.4	44.1	24.3	3.9	22.6	5.2
	2015	229 904.7	17.2	10.0	6.0	20.2	9.9	36.6	33.0	2.0	20.0	8.4
Eastern Africa - Afrique orientale	2000	437.0	0.0	0.0	0.2	0.2	0.1	6.8	1.2	49.6	30.0	12.5
	2010	1 930.1	0.1	0.1	0.8	0.0	0.3	29.8	13.7	43.3	0.9	12.3
	2015	13 651.1	2.5	0.0	1.4	0.0	0.1	89.1	1.0	8.0	0.3	1.6
Comoros - Comores	2000	1.0			0.0					100.0	..	..
	2010	1 211.8	0.1	0.1	0.5	0.0	0.1	27.3	20.5	42.0	1.4	8.8
	2015	771.3	0.1	0.0	0.4	0.0	0.0	43.2	5.9	38.5	0.6	11.8
Djibouti	2000	4.9	..	..	0.0	..	0.0	..	..	90.8	..	9.2
	2010	0.7			..		0.0	..	..	..	..	100.0
	2015	7.0	0.0	..	0.0	..	0.0	71.0	..	10.1	..	18.9
Eritrea - Érythrée	2010	14.0	0.0	..	0.0	..	0.0	22.7	..	73.3	..	4.0
	2015	13.8	0.0	..	0.0	..	0.0	23.0	..	74.6	..	2.4
Ethiopia - Éthiopie	2000	119.7	0.0	..	0.1	..	..	3.0	..	97.0	..	..
	2010	150.0	..	..	0.1	..	..	..	..	100.0	..	..
	2015	433.8	0.0	..	0.5	..	..	19.4	..	80.6	..	..
Kenya	2000	19.1	0.0	..	0.0	..	..	40.0	..	10.4	..	49.7
	2010	14.0	0.0	..	0.0	..	0.0	54.4	..	3.3	..	42.4
	2015	9.2	0.0	..	..	..	0.0	22.4	..	..	..	77.6
Madagascar	2000	45.1	0.0	..	0.0	..	0.0	37.5	..	47.5	..	15.0
	2010	30.6	0.0	..	0.0	..	0.0	22.9	..	53.6	..	23.5
	2015	22.5	0.0	..	0.0	..	0.0	25.8	..	55.5	..	18.7
Mauritius - Maurice	2000	189.7	..	0.0	0.0	0.2	0.0	..	2.8	21.4	69.0	6.8
	2010	63.8	..	..	0.0	..	0.1	..	..	18.3	..	81.7
	2015	130.2	0.0	..	..	..	0.0	58.9	..	..	..	41.1
Mozambique	2000	25.2	..	..	0.0	..	0.0	..	..	49.9	..	50.1
	2010	35.0	..	..	0.0	..	0.0	..	..	30.2	..	69.8
	2015	26.5	..	..	0.0	..	0.0	..	..	62.6	..	37.4
Seychelles	2000	22.7	..	..	0.0	..	0.0	..	..	50.9	..	49.1
	2010	288.0	0.0	..	0.1	..	0.0	69.6	..	19.4	..	10.9
	2015	533.3	0.1	..	0.0	..	0.0	99.2	..	0.7	..	0.1
Somalia - Somalie	2000	6.8	0.0	..	0.0	..	0.0	22.6	..	59.5	..	17.9
	2010	5.5	0.0	..	0.0	..	0.0	27.9	..	25.9	..	46.3
	2015	0.6	..	..	0.0	..	0.0	..	..	71.4	..	28.6
Uganda - Ouganda	2000	2.7	..	..	0.0	..	..	..	..	100.0	..	..
United Republic of Tanzania - République-Unie de Tanzanie	2010	116.6	0.0	0.0	0.1	..	0.0	21.3	13.9	60.7	..	4.1
	2015	11 702.9	2.3	0.0	0.5	0.0	0.0	95.0	0.8	3.5	0.3	0.4
Middle Africa - Afrique centrale	2000	143.3	0.0	..	0.1	0.0	0.1	4.9	..	65.6	1.0	28.5
	2010	132.2	0.0	0.0	0.0	..	0.1	11.7	5.2	32.7	..	50.3
	2015	1 191.8	0.0	..	0.0	..	0.6	2.4	..	2.6	..	94.9
Angola	2000	69.7	0.0	..	0.0	..	0.0	6.5	..	69.1	..	24.4
	2010	52.2	0.0	..	0.0	..	0.0	15.7	..	29.3	..	55.0
	2015	313.3	0.0	..	0.0	..	0.1	5.1	..	4.1	..	90.8

For sources and notes, see end of table

Pour les sources et les notes, se reporter à la fin du tableau.

272

Region, country or territory / Régions pays ou territoires	Year / Année	Total fleet (thousands of DWT) (1) / Flotte totale (milliers de TPL) (1)	As percentage of world total fleet / En pourcentage de la flotte mondiale					As percentage of the total fleet of country or region / En pourcentage de la flotte totale du pays ou de la région				
			Oil tankers / Pétroliers	Bulk carriers / Vraquiers	General cargo / Navires de charge classique	Container ships / Porte-conteneurs	Other types / Autres navires	Oil tankers / Pétroliers	Bulk carriers / Vraquiers	General cargo / Navires de charge classique	Container ships / Porte-conteneurs	Other types / Autres navires
Cameroon - Cameroun	2000	5.7	..	..	0.0	..	0.0	..	..	5.3	..	94.7
	2010	9.1	..	..	0.0	..	0.0	..	..	28.3	..	71.7
	2015	432.2	..	..	0.0	..	0.2	..	..	0.3	..	99.7
Congo	2000	0.7	..	..	..	..	0.0	..	..	..	..	100.0
	2010	0.7	..	..	..	..	0.0	..	..	..	..	100.0
	2015	0.4	..	..	..	..	0.0	..	..	..	..	100.0
Dem. Rep. of the Congo - Rép. dém. du Congo	2010	16.7	0.0	..	0.0	..	0.0	9.8	..	3.6	..	86.6
	2015	10.0	0.0	..	..	..	0.0	16.3	..	..	..	83.7
Equatorial Guinea - Guinée équatoriale	2000	19.4	..	..	0.0	..	0.0	..	..	53.1	..	46.9
	2010	16.9	0.0	..	0.0	..	0.0	23.2	..	13.1	..	63.7
	2015	17.2	0.0	..	0.0	..	0.0	62.0	..	16.1	..	21.9
Gabon	2000	11.6	0.0	..	0.0	..	0.0	6.4	..	61.0	..	32.6
	2010	8.9	0.0	..	0.0	..	0.0	8.4	..	50.6	..	41.0
	2015	404.1	0.0	..	0.0	..	0.2	0.1	..	1.3	..	98.6
Sao Tome and Principe - Sao Tomé-et-Principe	2000	36.3	0.0	..	0.0	0.0	0.0	4.8	..	77.6	4.1	13.5
	2010	27.8	0.0	0.0	0.0	..	0.0	3.6	24.8	64.9	..	6.7
	2015	14.5	..	..	0.0	..	0.0	..	..	66.6	..	33.4
Northern Africa - Afrique septentrionale	*2000*	*4 477.3*	*0.4*	*0.5*	*1.1*	*0.1*	*1.3*	*22.5*	*30.1*	*25.1*	*1.0*	*21.3*
	2010	*4 143.9*	*0.4*	*0.2*	*0.4*	*0.1*	*1.0*	*43.2*	*22.0*	*9.8*	*3.2*	*21.9*
	2015	*4 201.8*	*0.3*	*0.1*	*0.4*	*0.1*	*0.8*	*29.3*	*24.9*	*7.0*	*3.6*	*35.2*
Algeria - Algérie	2000	1 110.8	0.0	0.1	0.3	..	0.7	4.7	25.9	26.6	..	42.7
	2010	764.6	0.0	0.0	0.1	..	0.5	3.3	26.7	8.4	..	61.6
	2015	788.6	0.0	0.0	0.1	..	0.3	1.5	19.0	13.5	..	66.0
Egypt - Égypte	2000	2 092.6	0.1	0.4	0.5	0.0	0.2	17.4	49.5	26.0	0.8	6.3
	2010	1 517.9	0.1	0.1	0.2	0.0	0.2	24.7	44.7	16.0	4.2	10.4
	2015	1 505.8	0.0	0.1	0.1	0.0	0.1	14.8	59.7	6.8	4.8	14.0
Libya - Libye	2000	667.1	0.2	..	0.1	..	0.1	80.5	..	13.7	..	5.8
	2010	1 404.9	0.3	..	0.0	..	0.0	95.8	..	2.2	..	2.0
	2015	1 410.3	0.2	..	0.0	..	0.2	70.1	..	1.1	..	28.8
Morocco - Maroc	2000	383.8	0.0	..	0.1	0.0	0.3	5.3	..	29.2	6.6	58.9
	2010	332.0	0.0	..	0.0	0.0	0.2	6.0	..	5.8	20.9	67.3
	2015	145.2	0.0	..	0.0	0.0	0.0	4.9	..	6.3	55.0	33.9
Sudan (...2011) - Soudan (...2011)	2000	53.2	0.0	..	0.1	..	0.0	2.3	..	96.2	..	1.5
	2010	27.6	..	..	0.0	..	0.0	..	..	95.0	..	5.0
Sudan - Soudan	2015	14.4	..	..	0.0	..	0.0	..	..	89.7	..	10.3
Tunisia - Tunisie	2000	169.9	0.0	0.0	0.0	..	0.1	19.1	15.5	17.9	..	47.5
	2010	96.9	0.0	0.0	0.0	..	0.0	24.8	27.2	21.8	..	26.2
	2015	337.4	..	..	0.1	..	0.1	..	..	14.4	..	85.6
Southern Africa - Afrique australe	*2000*	*369.0*	*0.0*	*..*	*0.0*	*0.4*	*0.1*	*1.4*	*..*	*0.0*	*71.1*	*27.4*
	2010	*196.2*	*0.0*	*..*	*0.0*	*0.0*	*0.2*	*4.6*	*..*	*0.9*	*15.1*	*79.4*
	2015	*65.1*	*0.0*	*..*	*0.0*	*..*	*0.0*	*26.0*	*..*	*1.2*	*..*	*72.7*
Namibia - Namibie	2010	70.4	..	..	0.0	..	0.1	..	..	2.2	..	97.8
	2015	1.9	..	..	0.0	..	0.0	..	..	33.5	..	66.5
South Africa - Afrique du Sud	2000	369.0	0.0	..	0.0	0.4	0.1	1.4	..	0.0	71.1	27.4
	2010	125.9	0.0	..	0.0	0.0	0.1	7.1	..	0.1	23.6	69.2
	2015	63.1	0.0	..	0.0	..	0.0	26.8	..	0.2	..	72.9
Western Africa - Afrique occidentale	*2000*	*86 126.4*	*14.3*	*9.2*	*5.1*	*8.8*	*13.5*	*47.0*	*29.4*	*6.0*	*6.5*	*11.2*
	2010	*144 329.3*	*14.2*	*7.7*	*4.2*	*20.1*	*7.0*	*44.4*	*24.5*	*3.1*	*23.5*	*4.4*
	2015	*210 795.1*	*14.4*	*9.8*	*4.1*	*20.1*	*8.5*	*33.5*	*35.5*	*1.5*	*21.7*	*7.8*
Benin - Bénin	2000	0.2	..	..	..	..	0.0	..	..	..	..	100.0
	2010	0.4	..	..	..	..	0.0	..	..	..	..	100.0
	2015	0.2	..	..	..	..	0.0	..	..	..	..	100.0
Cabo Verde	2000	24.0	0.0	..	0.0	..	0.0	6.4	..	78.4	..	15.3
	2010	23.5	0.0	..	0.0	..	0.0	26.6	..	48.7	..	24.7
	2015	29.2	0.0	..	0.0	..	0.0	4.7	..	50.3	..	45.0

For sources and notes, see end of table.

Pour les sources et les notes, se reporter à la fin du tableau.

5

Region, country or territory / Régions pays ou territoires	Year / Année	Total fleet (thousands of DWT) (1) / Flotte totale (milliers de TPL) (1)	As percentage of world total fleet / En pourcentage de la flotte mondiale					As percentage of the total fleet of country or region / En pourcentage de la flotte totale du pays ou de la région				
			Oil tankers / Pétroliers	Bulk carriers / Vraquiers	General cargo / Navires de charge classique	Container ships / Porte-conteneurs	Other types / Autres navires	Oil tankers / Pétroliers	Bulk carriers / Vraquiers	General cargo / Navires de charge classique	Container ships / Porte-conteneurs	Other types / Autres navires
Côte d'Ivoire	2000	5.9	0.0	..	..	..	0.0	19.9	..	..	..	80.1
	2010	5.1	0.0	..	..	..	0.0	22.8	..	..	..	77.2
	2015	9.9	0.0	..	..	..	0.0	11.8	..	..	..	88.2
Gambia - Gambie	2000	1.9	..	..	..	..	0.0	..	..	..	..	100.0
	2010	11.7	0.0	..	0.0	..	0.0	42.7	..	38.4	..	18.9
	2015	3.0	..	..	..	..	0.0	..	..	..	..	100.0
Ghana	2000	92.1	0.0	0.0	0.0	..	0.1	9.3	0.3	19.2	..	71.1
	2010	84.7	0.0	0.0	0.0	..	0.1	5.4	0.3	20.9	..	73.4
	2015	50.6	0.0	..	0.0	..	0.0	38.6	..	23.9	..	37.5
Guinea - Guinée	2000	4.8	..	..	0.0	..	0.0	..	..	6.0	..	94.0
	2010	11.6	..	..	0.0	..	0.0	..	..	2.5	..	97.5
Guinea-Bissau - Guinée-Bissau	2000	2.2	..	..	0.0	..	0.0	..	..	24.7	..	75.3
	2010	2.2	..	..	0.0	..	0.0	..	..	10.2	..	89.8
	2015	0.6	..	..	0.0	..	..	..	..	100.0	..	..
Liberia - Libéria	2000	85 186.9	14.1	9.2	4.9	8.8	13.3	46.8	29.7	5.8	6.6	11.1
	2010	142 121.0	14.0	7.7	3.5	20.0	6.5	44.5	24.8	2.7	23.9	4.2
	2015	203 832.3	14.2	9.8	2.6	20.0	6.5	34.0	36.5	1.0	22.4	6.2
Mauritania - Mauritanie	2000	22.2	..	..	0.0	..	0.0	..	..	3.2	..	96.8
	2010	24.7	..	..	0.0	..	0.0	..	..	3.5	..	96.5
	2015	0.8	..	..	0.0	..	0.0	..	..	86.8	..	13.2
Nigeria - Nigéria	2000	677.9	0.2	..	0.1	..	0.1	76.6	..	17.0	..	6.4
	2010	989.4	0.2	0.0	0.0	..	0.2	75.8	1.3	1.9	..	20.9
	2015	4 253.0	0.1	..	0.0	..	1.8	15.3	..	0.2	..	84.5
Saint Helena - Sainte-Hélène	2000	0.5	..	..	..	..	0.0	..	..	..	..	100.0
	2010	0.8	..	..	..	..	0.0	..	..	..	..	100.0
Senegal - Sénégal	2000	22.4	..	..	0.0	..	0.0	..	..	9.1	..	90.9
	2010	19.3	0.0	..	0.0	..	0.0	1.4	..	8.0	..	90.5
	2015	5.3	0.0	..	0.0	..	0.0	5.3	..	29.1	..	65.6
Sierra Leone	2000	11.2	0.0	..	0.0	..	0.0	55.0	..	8.5	..	36.5
	2010	792.2	0.0	0.0	0.5	0.0	0.0	12.9	9.6	70.3	1.4	5.7
	2015	1 470.2	0.1	0.0	0.8	0.0	0.1	19.0	19.2	41.6	7.7	12.6
Togo	2000	74.4	..	0.0	..	..	0.0	..	99.1	..	..	0.9
	2010	242.8	0.0	0.0	0.1	0.0	0.0	3.3	31.2	57.9	3.4	4.1
	2015	1 140.0	0.1	0.0	0.6	0.0	0.0	37.7	12.2	42.7	2.2	5.2
Developing economies: America - Économies en développement : Amérique	**2000**	**237 755.2**	**26.8**	**34.5**	**31.6**	**28.8**	**23.7**	**31.9**	**39.8**	**13.5**	**7.7**	**7.1**
	2010	**395 591.2**	**24.8**	**38.9**	**33.7**	**25.6**	**28.6**	**28.2**	**45.0**	**9.2**	**11.0**	**6.7**
	2015	**467 762.1**	**20.7**	**31.9**	**22.6**	**19.8**	**31.5**	**21.6**	**51.9**	**3.7**	**9.6**	**13.1**
Caribbean - Caraïbes	*2000*	*62 854.5*	*9.5*	*5.3*	*13.4*	*6.1*	*5.4*	*42.6*	*23.4*	*21.7*	*6.2*	*6.1*
	2010	*94 721.4*	*8.2*	*4.6*	*15.1*	*5.4*	*12.1*	*39.1*	*22.3*	*17.3*	*9.6*	*11.7*
	2015	*102 530.5*	*7.5*	*3.1*	*9.4*	*3.5*	*13.9*	*35.8*	*23.0*	*7.0*	*7.8*	*26.5*
Anguilla	2000	2.0	..	..	0.0	..	..	..	..	100.0	..	..
	2010	0.9	..	..	0.0	..	..	..	..	100.0	..	..
	2015	0.3	..	..	0.0	..	..	..	..	100.0	..	..
Antigua and Barbuda - Antigua-et-Barbuda	2000	4 677.6	0.0	0.1	1.8	3.9	0.1	0.2	6.7	39.2	53.0	0.9
	2010	13 033.6	0.0	0.3	4.0	4.3	0.1	0.2	9.8	33.1	56.0	0.9
	2015	12 752.7	0.0	0.2	6.3	2.7	0.2	0.0	11.3	37.8	48.5	2.4
Aruba	2010	0.1	..	..	..	..	0.0	..	..	..	..	100.0
Bahamas	2000	44 941.4	8.8	3.2	7.3	1.9	3.9	55.4	19.3	16.5	2.7	6.1
	2010	64 109.1	7.4	2.8	6.0	0.9	10.5	52.2	20.1	10.2	2.4	15.1
	2015	75 779.0	7.1	2.4	0.8	0.6	10.8	45.6	24.1	0.8	1.8	27.7
Barbados - Barbade	2000	1 162.0	0.2	0.1	0.2	0.0	0.1	55.0	22.7	13.3	1.5	7.4
	2010	1 181.1	0.1	0.1	0.3	..	0.1	23.9	43.4	27.7	..	5.0
	2015	1 159.7	0.0	0.1	0.4	0.0	0.1	13.4	45.9	24.7	0.4	15.5
British Virgin Islands - Îles Vierges britanniques	2000	2.1	..	..	0.0	..	0.0	..	..	68.8	..	31.2
	2010	11.0	..	..	0.0	..	0.0	..	..	5.1	..	94.9
	2015	1.6	..	..	0.0	..	0.0	..	..	64.4	..	35.6

For sources and notes, see end of table.

Pour les sources et les notes, se reporter à la fin du tableau.

Region, country or territory / Régions pays ou territoires	Year / Année	Total fleet (thousands of DWT) (1) / Flotte totale (milliers de TPL) (1)	As percentage of world total fleet / En pourcentage de la flotte mondiale					As percentage of the total fleet of country or region / En pourcentage de la flotte totale du pays ou de la région				
			Oil tankers / Pétroliers	Bulk carriers / Vraquiers	General cargo / Navires de charge classique	Container ships / Porte-conteneurs	Other types / Autres navires	Oil tankers / Pétroliers	Bulk carriers / Vraquiers	General cargo / Navires de charge classique	Container ships / Porte-conteneurs	Other types / Autres navires
Cayman Islands - Îles Caïmanes	2000	1 756.2	0.1	0.3	0.4	0.1	0.3	11.9	52.7	22.1	2.2	11.1
	2010	3 960.6	0.5	0.3	0.3	..	0.4	55.0	29.4	7.4	..	8.2
	2015	4 552.0	0.1	0.2	0.0	..	1.2	15.4	34.7	0.1	..	49.8
Cuba	2000	156.3	0.0	0.0	0.1	..	0.1	3.0	2.0	53.3	..	41.6
	2010	49.4	0.0	0.0	0.0	..	0.0	2.1	7.0	28.8	..	62.1
	2015	25.4	0.0	..	0.0	..	0.0	4.1	..	68.3	..	27.6
Curaçao	2015	1 649.2	0.0	..	0.2	..	0.7	2.4	..	9.6	..	88.0
Dominica - Dominique	2000	2.7	..	..	0.0	..	0.0	..	..	79.9	..	20.1
	2010	1 610.4	0.1	0.2	0.1	..	0.0	28.5	62.1	7.1	..	2.3
	2015	859.3	0.1	0.0	0.1	..	0.0	61.7	29.3	5.7	..	3.3
Dominican Republic - République dominicaine	2000	8.4	..	..	0.0	..	0.0	..	..	85.6	..	14.4
	2010	5.6	..	..	0.0	..	0.0	..	..	89.0	..	11.0
	2015	151.0	0.0	..	..	..	0.0	98.9	..	..	..	1.1
Grenada - Grenade	2000	1.0	..	..	0.0	..	..	..	..	100.0	..	..
	2010	1.0	..	..	0.0	..	0.0	..	..	95.5	..	4.5
	2015	1.1	..	..	0.0	..	0.0	..	..	85.6	..	14.4
Haiti - Haïti	2000	1.0	..	..	0.0	..	0.0	..	..	82.3	..	17.7
	2010	1.5	..	..	0.0	..	0.0	..	..	88.9	..	11.1
	2015	0.6	..	..	0.0	..	..	..	..	100.0	..	..
Jamaica - Jamaïque	2000	3.3	0.0	..	..	..	0.0	92.9	..	..	..	7.1
	2010	353.3	..	0.1	0.1	0.0	0.0	..	74.4	15.6	9.9	0.2
	2015	172.1	..	0.0	0.0	0.0	0.0	..	38.6	20.0	38.8	2.6
Netherlands Antilles - Antilles néerlandaises	2010	1 836.7	0.0	0.0	1.1	0.0	0.3	9.4	8.1	66.7	0.5	15.4
Saint Kitts and Nevis - Saint-Kitts-et-Nevis	2000	0.6	..	..	0.0	..	..	..	..	100.0	..	..
	2010	1 219.2	0.0	0.1	0.5	0.0	0.1	10.5	39.3	45.0	0.9	4.3
	2015	1 525.5	0.1	0.0	0.4	0.0	0.2	32.6	19.3	18.6	6.3	23.3
Saint Vincent and the Grenadines - Saint-Vincent-et-les Grenadines	2000	10 131.0	0.4	1.6	3.7	0.3	1.0	10.0	44.4	36.8	1.8	7.0
	2010	7 329.2	0.1	0.7	2.8	0.1	0.5	4.3	46.1	40.7	2.1	6.7
	2015	3 873.5	0.0	0.1	1.2	0.1	0.8	1.4	29.2	23.9	6.0	39.4
Trinidad and Tobago - Trinité-et-Tobago	2000	8.9	0.0	..	0.0	..	0.0	16.6	..	28.9	..	54.5
	2010	18.3	0.0	..	..	..	0.0	22.6	..	..	..	77.4
	2015	27.4	0.0	..	..	..	0.0	15.1	..	..	..	84.9
Turks and Caicos Islands - Îles Turques et Caïques	2000	0.2	..	..	0.0	..	..	..	..	100.0	..	..
	2010	0.2	..	..	0.0	..	..	..	..	100.0	..	..
	2015	0.3	..	..	0.0	..	0.0	..	..	51.4	..	48.6
Central America - Amérique centrale	*2000*	*164 753.9*	*15.8*	*27.9*	*17.2*	*22.3*	*16.4*	*27.2*	*46.6*	*10.6*	*8.6*	*7.1*
	2010	*292 694.0*	*15.7*	*34.0*	*17.9*	*20.0*	*14.8*	*24.2*	*53.0*	*6.6*	*11.6*	*4.7*
	2015	*357 337.2*	*12.4*	*28.7*	*12.1*	*15.9*	*16.8*	*17.0*	*61.0*	*2.6*	*10.1*	*9.2*
Belize	2000	3 052.4	0.2	0.1	1.7	0.1	0.6	18.8	10.6	55.5	1.8	13.2
	2010	1 451.1	0.0	0.1	0.8	..	0.3	2.2	20.4	61.4	..	16.0
	2015	2 794.2	0.0	0.2	1.3	0.0	0.2	5.3	45.8	36.0	1.0	11.9
Costa Rica	2000	1.2	..	..	..	..	0.0	..	..	..	..	100.0
	2010	0.4	..	..	..	..	0.0	..	..	..	..	100.0
	2015	1.7	..	..	0.0	..	0.0	..	..	79.4	..	20.6
El Salvador	2010	1.7	..	..	..	..	0.0	..	..	..	..	100.0
Guatemala	2000	3.8	..	..	..	..	0.0	..	..	..	..	100.0
	2010	2.8	0.0	..	..	..	0.0	33.4	..	..	..	66.6
	2015	1.0	0.0	..	..	..	0.0	93.9	..	..	..	6.1
Honduras	2000	1 520.7	0.1	0.1	0.9	0.0	0.3	15.8	14.6	57.0	0.5	12.1
	2010	702.2	0.0	0.0	0.3	0.0	0.1	26.7	10.1	44.3	0.3	18.5
	2015	556.5	0.0	0.0	0.3	0.0	0.1	26.5	5.1	44.9	0.6	22.9
Mexico - Mexique	2000	1 226.6	0.3	..	0.0	..	0.6	62.3	..	2.0	..	35.8
	2010	1 775.7	0.3	0.0	0.0	..	0.6	63.7	5.2	2.0	..	29.1
	2015	1 789.2	0.2	0.0	0.0	..	0.3	56.7	11.0	1.0	..	31.3

For sources and notes, see end of table.

Pour les sources et les notes, se reporter à la fin du tableau.

Region, country or territory / Régions pays ou territoires	Year / Année	Total fleet (thousands of DWT) (1) / Flotte totale (milliers de TPL) (1)	As percentage of world total fleet / En pourcentage de la flotte mondiale					As percentage of the total fleet of country or region / En pourcentage de la flotte totale du pays ou de la région				
			Oil tankers / Pétroliers	Bulk carriers / Vraquiers	General cargo / Navires de charge classique	Container ships / Porte-conteneurs	Other types / Autres navires	Oil tankers / Pétroliers	Bulk carriers / Vraquiers	General cargo / Navires de charge classique	Container ships / Porte-conteneurs	Other types / Autres navires
Nicaragua	2000	2.0	..	..	0.0	..	0.0	..	..	59.4	..	40.6
	2010	2.7	0.0	..	0.0	..	0.0	33.9	..	43.4	..	22.7
	2015	2.6	0.0	..	0.0	..	0.0	35.5	..	45.4	..	19.1
Panama	2000	158 947.3	15.3	27.7	14.6	22.2	15.0	27.2	47.9	9.3	8.9	6.7
	2010	288 757.6	15.4	33.9	16.7	20.0	13.9	24.0	53.6	6.3	11.7	4.4
	2015	352 192.0	12.2	28.5	10.5	15.9	16.3	16.9	61.5	2.3	10.3	9.0
South America - Amérique du Sud	*2000*	*10 146.7*	*1.5*	*1.2*	*1.0*	*0.4*	*1.9*	*42.5*	*32.0*	*10.2*	*2.3*	*13.0*
	2010	*8 175.8*	*0.8*	*0.4*	*0.7*	*0.2*	*1.7*	*46.5*	*19.9*	*9.1*	*5.0*	*19.5*
	2015	*7 894.4*	*0.7*	*0.2*	*1.1*	*0.3*	*0.8*	*45.5*	*15.0*	*10.2*	*10.1*	*19.2*
Argentina - Argentine	2000	599.3	0.1	0.0	0.1	..	0.3	30.1	8.7	21.9	..	39.3
	2010	980.9	0.1	0.0	0.1	0.0	0.3	54.7	11.7	7.2	1.9	24.6
	2015	454.2	0.1	..	0.1	0.0	0.1	61.1	..	11.8	3.3	23.8
Bolivia (Plurinational State of) - Bolivie (État plurinational de)	2000	244.5	0.0	0.0	0.1	0.0	0.0	11.4	35.7	44.1	3.4	5.5
	2010	166.0	0.0	0.0	0.1	..	0.0	14.5	28.7	48.1	..	8.7
	2015	124.0	0.0	..	0.1	..	0.0	42.0	..	52.9	..	5.1
Brazil - Brésil	2000	6 383.6	1.1	0.9	0.4	0.3	0.3	48.0	39.8	6.1	2.6	3.5
	2010	3 406.8	0.3	0.2	0.3	0.2	0.5	42.4	25.3	8.2	10.5	13.6
	2015	3 612.7	0.3	0.1	0.2	0.3	0.4	43.3	13.3	4.3	19.0	20.0
Chile - Chili	2000	1 012.0	0.1	0.1	0.1	0.1	0.5	16.4	34.5	12.0	5.0	32.1
	2010	1 095.8	0.1	0.1	0.1	0.0	0.2	36.1	34.8	6.9	1.9	20.3
	2015	869.6	0.1	0.0	0.1	0.0	0.0	39.4	40.1	9.3	4.4	6.7
Colombia - Colombie	2000	119.4	0.0	..	0.1	..	0.0	8.3	..	67.7	..	24.1
	2010	109.0	0.0	..	0.0	..	0.1	7.1	..	49.4	..	43.4
	2015	106.8	0.0	..	0.0	..	0.0	24.9	..	35.5	..	39.7
Ecuador - Équateur	2000	446.6	0.1	..	0.0	..	0.1	86.3	..	0.8	..	12.9
	2010	400.6	0.1	..	0.0	..	0.1	81.6	..	1.5	..	16.9
	2015	396.1	0.1	..	0.0	..	0.0	93.0	..	1.0	..	6.0
Falkland Islands (Malvinas) - Îles Falkland (Malvinas)	2000	31.1	..	..	0.0	..	0.0	..	..	2.0	..	98.0
	2010	34.6	..	..	..	..	0.0	..	..	..	..	100.0
	2015	6.1	..	..	0.0	..	0.0	..	..	16.5	..	83.5
Guyana	2000	12.5	..	..	0.0	..	0.0	..	..	53.8	..	46.2
	2010	41.7	0.0	..	0.0	..	0.0	16.4	..	67.1	..	16.5
	2015	41.1	0.0	..	0.0	..	0.0	20.3	..	44.5	..	35.1
Paraguay	2000	48.8	0.0	..	0.0	0.0	0.0	18.2	..	73.3	4.5	4.0
	2010	63.3	0.0	..	0.0	0.0	0.0	10.3	..	73.9	13.4	2.4
	2015	57.1	0.0	..	0.0	0.0	0.0	22.1	..	61.2	11.2	5.5
Peru - Pérou	2000	267.0	0.0	0.0	0.1	..	0.1	29.7	9.6	30.4	..	30.4
	2010	317.9	0.0	..	0.0	..	0.1	55.7	..	9.3	..	35.0
	2015	525.4	0.1	..	..	0.0	0.1	63.3	..	..	7.2	29.5
Suriname	2000	7.2	0.0	..	0.0	..	0.0	42.1	..	43.8	..	14.2
	2010	5.7	0.0	..	0.0	..	0.0	59.7	..	31.3	..	9.0
	2015	6.5	0.0	..	0.0	..	0.0	48.3	..	48.4	..	3.3
Uruguay	2000	38.1	0.0	..	0.0	..	0.0	22.0	..	3.3	..	74.7
	2010	69.9	0.0	0.0	0.0	..	0.0	22.3	4.6	12.4	..	60.6
	2015	93.5	0.0	0.0	0.0	0.0	0.0	9.0	47.1	16.6	3.4	24.0
Venezuela (Bolivarian Rep. of) - Venezuela (Rép. bolivarienne du)	2000	936.7	0.1	0.1	0.1	0.0	0.4	40.1	20.7	8.1	0.1	31.0
	2010	1 483.6	0.2	0.0	0.1	..	0.4	58.0	14.8	4.2	..	22.9
	2015	1 601.3	0.1	0.0	0.4	0.0	0.2	37.4	19.4	21.1	0.4	21.7
Developing economies: Asia - Économies en développement : Asie	**2000**	**156 453.2**	**15.1**	**24.0**	**25.1**	**20.0**	**13.4**	**27.4**	**42.1**	**16.3**	**8.1**	**6.1**
	2010	**285 345.4**	**20.3**	**24.9**	**28.7**	**19.4**	**17.6**	**32.1**	**39.9**	**10.9**	**11.5**	**5.7**
	2015	**455 717.7**	**21.5**	**29.5**	**33.9**	**28.0**	**18.9**	**23.0**	**49.2**	**5.7**	**14.0**	**8.1**
Eastern Asia - Asie orientale	*2000*	*54 642.3*	*2.4*	*11.0*	*9.2*	*9.8*	*3.2*	*12.2*	*55.1*	*17.1*	*11.4*	*4.2*
	2010	*146 890.9*	*7.0*	*17.8*	*11.9*	*10.1*	*4.5*	*21.5*	*55.4*	*8.7*	*11.6*	*2.8*
	2015	*250 823.6*	*8.7*	*20.2*	*12.1*	*14.9*	*5.7*	*17.0*	*61.3*	*3.7*	*13.6*	*4.5*
China - Chine	2000	23 701.2	1.2	4.0	6.4	2.6	1.6	14.3	46.8	27.2	7.0	4.7
	2010	45 157.3	2.1	5.0	5.6	3.1	1.7	20.5	51.0	13.4	11.7	3.4
	2015	75 676.3	2.4	6.4	5.1	2.8	2.8	15.2	63.9	5.2	8.5	7.2

For sources and notes, see end of table.

Pour les sources et les notes, se reporter à la fin du tableau.

Region, country or territory / Régions pays ou territoires	Year / Année	Total fleet (thousands of DWT) (1) / Flotte totale (milliers de TPL) (1)	As percentage of world total fleet / En pourcentage de la flotte mondiale					As percentage of the total fleet of country or region / En pourcentage de la flotte totale du pays ou de la région				
			Oil tankers / Pétroliers	Bulk carriers / Vraquiers	General cargo / Navires de charge classique	Container ships / Porte-conteneurs	Other types / Autres navires	Oil tankers / Pétroliers	Bulk carriers / Vraquiers	General cargo / Navires de charge classique	Container ships / Porte-conteneurs	Other types / Autres navires
China, Hong Kong SAR - Chine (RAS de Hong Kong)	2000	13 190.9	0.3	3.6	0.9	2.3	0.1	7.1	73.9	7.2	11.2	0.6
	2010	74 513.5	4.1	9.0	3.5	6.0	1.2	24.9	55.0	5.0	13.6	1.5
	2015	150 800.8	5.9	11.9	3.7	10.9	1.7	19.2	60.2	1.9	16.5	2.3
China, Macao SAR - Chine (RAS de Macao)	2010	2.2	..	..	..	..	0.0	..	..	..	..	100.0
	2015	2.2	..	..	..	..	0.0	..	..	..	..	100.0
China, Taiwan Province of - Province chinoise de Taiwan	2000	8 248.1	0.6	1.6	0.2	3.4	0.1	18.9	51.8	2.4	26.3	0.7
	2010	3 944.1	0.3	0.4	0.1	0.4	0.1	29.0	46.4	4.1	18.0	2.4
	2015	4 828.8	0.0	0.4	0.2	0.7	0.1	4.0	57.1	2.9	33.6	2.4
Korea, Dem. People's Rep. of - Corée, Rép. populaire dém. de	2000	846.6	0.0	0.0	0.7	..	0.1	1.4	10.4	80.7	..	7.6
	2010	1 265.6	0.0	0.0	0.8	0.0	0.1	9.3	12.8	71.1	2.5	4.3
	2015	826.3	0.0	0.0	0.8	0.0	0.0	8.8	9.9	75.2	1.3	4.8
Korea, Republic of - Corée, République de	2000	8 655.5	0.3	1.8	1.1	1.5	1.3	8.9	56.8	12.3	11.0	11.1
	2010	20 818.6	0.5	3.2	1.6	0.5	1.4	11.7	69.7	8.4	4.1	6.2
	2015	16 825.3	0.1	1.5	2.0	0.5	1.4	4.0	67.7	9.3	6.9	12.1
Mongolia - Mongolie	2010	1 189.6	0.0	0.2	0.2	..	0.0	1.6	75.9	21.0	..	1.5
	2015	1 863.8	0.3	0.0	0.2	0.0	0.0	74.6	9.8	9.7	0.9	5.1
Southern Asia - Asie méridionale	*2000*	*18 704.6*	*3.0*	*2.3*	*2.4*	*0.3*	*1.7*	*45.2*	*34.5*	*13.1*	*1.0*	*6.3*
	2010	*18 185.6*	*2.1*	*1.1*	*1.3*	*0.4*	*1.6*	*52.6*	*28.4*	*7.6*	*3.5*	*8.0*
	2015	*22 279.9*	*1.8*	*1.1*	*2.9*	*0.6*	*0.8*	*39.8*	*36.8*	*10.1*	*6.3*	*7.0*
Afghanistan	2015	1.5	..	..	..	..	0.0	..	..	..	..	100.0
Bangladesh	2000	518.7	0.0	0.0	0.4	..	0.0	19.6	1.7	74.9	..	3.8
	2010	975.3	0.0	0.1	0.3	0.0	0.0	11.4	47.4	33.7	5.0	2.5
	2015	1 474.5	0.0	0.1	0.3	0.0	0.0	8.2	70.1	16.8	1.9	3.0
India - Inde	2000	11 209.3	1.7	1.7	0.6	0.2	1.4	43.1	41.3	5.9	1.2	8.6
	2010	14 969.6	2.0	0.9	0.3	0.2	1.3	60.2	27.5	2.4	2.2	7.8
	2015	15 550.6	1.6	0.6	1.6	0.1	0.7	51.3	30.2	8.0	2.1	8.4
Iran (Islamic Republic of) - Iran (République islamique d')	2000	6 097.3	1.2	0.6	0.9	0.0	0.2	55.9	26.4	14.8	0.2	2.6
	2010	1 333.3	0.0	0.1	0.3	0.1	0.2	9.0	34.0	22.3	18.9	15.7
	2015	4 367.7	0.1	0.3	0.9	0.5	0.1	9.5	48.6	15.0	23.9	3.0
Maldives	2000	132.8	0.0	..	0.1	..	0.0	6.5	..	88.5	..	4.9
	2010	187.5	0.0	0.0	0.1	..	0.0	8.4	0.9	86.0	..	4.7
	2015	59.3	0.0	0.0	0.0	..	0.0	19.7	21.3	42.0	..	17.0
Pakistan	2000	458.7	0.0	0.0	0.3	0.1	0.0	19.8	11.4	56.8	9.1	2.9
	2010	481.1	0.1	0.0	0.1	..	0.0	58.5	13.7	22.3	..	5.5
	2015	604.7	0.1	0.0	..	..	0.0	53.3	42.2	..	..	4.5
Sri Lanka	2000	287.6	0.0	0.1	0.1	..	0.0	3.5	52.0	42.2	..	2.4
	2010	238.9	0.0	0.0	0.1	..	0.0	10.9	31.5	51.2	..	6.3
	2015	221.6	0.0	0.0	0.1	0.0	0.0	5.9	39.1	33.6	7.6	13.8
South-Eastern Asia - Asie du Sud-Est	*2000*	*62 945.1*	*7.7*	*7.9*	*9.4*	*8.0*	*6.9*	*34.5*	*34.5*	*15.2*	*8.1*	*7.8*
	2010	*101 728.6*	*9.4*	*5.1*	*12.8*	*7.7*	*10.0*	*41.5*	*23.0*	*13.6*	*12.8*	*9.1*
	2015	*162 264.3*	*9.2*	*7.6*	*15.9*	*11.5*	*10.9*	*27.9*	*35.4*	*7.5*	*16.2*	*13.1*
Brunei Darussalam - Brunéi Darussalam	2000	349.6	0.0	..	0.0	..	0.5	0.1	..	0.7	..	99.2
	2010	448.9	0.0	0.0	0.0	..	0.5	0.1	4.5	0.7	..	94.6
	2015	542.7	0.0	..	0.0	..	0.3	0.1	..	1.9	..	98.0
Cambodia - Cambodge	2010	2 517.0	0.0	0.1	1.8	0.0	0.1	2.6	14.6	78.2	0.6	4.0
	2015	2 174.2	0.0	0.0	2.2	0.0	0.1	2.7	13.3	76.5	1.6	5.9
Indonesia (...2002) - Indonésie (...2002)	2000	4 153.7	0.5	0.2	1.8	0.1	0.5	32.1	14.8	43.5	1.4	8.2
Indonesia - Indonésie	2010	10 470.7	0.9	0.5	2.7	0.5	0.8	36.9	19.9	28.0	7.9	7.3
	2015	15 741.2	0.9	0.3	4.7	0.8	2.0	26.9	13.8	23.0	11.0	25.4
Lao People's Dem. Rep. - Rép. dém. populaire lao	2010	1.6	..	..	0.0	..	..	..	..	100.0	..	..
	2015	1.6	..	..	0.0	..	..	..	..	100.0	..	..
Malaysia - Malaisie	2000	7 577.5	0.6	1.0	0.8	1.3	2.3	21.6	35.3	11.4	10.5	21.3
	2010	10 224.8	1.2	0.1	0.5	0.5	3.3	51.1	4.9	5.8	8.4	29.8
	2015	9 232.4	0.7	0.0	0.5	0.1	2.4	38.9	3.2	4.2	2.2	51.5

For sources and notes, see end of table.

Pour les sources et les notes, se reporter à la fin du tableau.

Region, country or territory / Régions pays ou territoires	Year / Année	Total fleet (thousands of DWT) (1) / Flotte totale (milliers de TPL) (1)	As percentage of world total fleet / En pourcentage de la flotte mondiale					As percentage of the total fleet of country or region / En pourcentage de la flotte totale du pays ou de la région				
			Oil tankers / Pétroliers	Bulk carriers / Vraquiers	General cargo / Navires de charge classique	Container ships / Porte-conteneurs	Other types / Autres navires	Oil tankers / Pétroliers	Bulk carriers / Vraquiers	General cargo / Navires de charge classique	Container ships / Porte-conteneurs	Other types / Autres navires
Myanmar	2000	792.3	0.0	0.2	0.2	0.0	0.0	0.6	63.7	30.8	3.2	1.7
	2010	210.1	0.0	0.0	0.2	..	0.0	2.2	11.3	79.9	..	6.6
	2015	278.4	0.0	..	0.2	..	0.1	2.0	..	61.5	..	36.5
Philippines	2000	11 112.0	0.1	3.0	2.0	0.2	0.5	2.1	74.7	18.5	1.4	3.2
	2010	7 032.8	0.2	0.8	1.6	0.2	0.4	11.1	54.6	24.1	5.0	5.2
	2015	6 850.0	0.1	0.6	1.4	0.1	0.4	3.8	67.0	16.1	3.1	10.1
Singapore - Singapour	2000	34 635.5	6.2	3.2	2.6	6.1	2.6	50.9	25.0	7.5	11.2	5.4
	2010	61 660.4	6.6	3.2	2.7	6.2	4.4	48.3	23.4	4.7	17.0	6.6
	2015	115 022.4	6.8	6.2	2.2	10.3	4.8	28.9	41.0	1.5	20.4	8.2
Thailand - Thaïlande	2000	3 068.4	0.2	0.3	1.3	0.3	0.2	22.4	25.6	42.7	5.2	4.1
	2010	3 746.8	0.2	0.2	1.2	0.2	0.2	27.7	23.6	34.7	8.4	5.7
	2015	5 070.4	0.5	0.2	0.6	0.1	0.3	49.8	26.3	8.6	5.1	10.1
Timor-Leste	2010	0.3	..	..	..	..	0.0	..	..	..	..	100.0
Viet Nam	2000	1 256.1	0.1	0.1	0.7	0.0	0.3	13.5	12.0	54.3	1.3	18.9
	2010	5 415.2	0.3	0.3	2.1	0.1	0.3	27.3	22.6	42.2	3.0	4.8
	2015	7 351.1	0.3	0.2	4.0	0.1	0.5	18.2	21.6	42.1	4.0	14.0
Western Asia - Asie occidentale	*2000*	*20 161.2*	*2.1*	*2.8*	*4.1*	*1.9*	*1.7*	*30.1*	*37.5*	*20.5*	*5.9*	*6.0*
	2010	*18 540.3*	*1.8*	*0.8*	*2.7*	*1.3*	*1.6*	*44.0*	*20.8*	*15.9*	*11.6*	*7.8*
	2015	*20 349.9*	*1.7*	*0.6*	*3.1*	*0.9*	*1.5*	*40.2*	*23.3*	*11.5*	*10.4*	*14.6*
Bahrain - Bahreïn	2000	369.8	0.0	0.0	0.1	0.2	0.0	26.2	11.9	26.5	27.0	8.3
	2010	613.4	0.0	0.0	0.0	0.2	0.1	25.2	13.9	0.3	44.2	16.4
	2015	579.8	0.0	..	0.0	0.1	0.1	26.6	..	4.4	39.7	29.3
Iraq	2000	834.7	0.2	..	0.1	..	0.1	79.0	..	12.6	..	8.4
	2010	180.1	0.0	..	0.1	..	0.1	37.7	..	30.2	..	32.1
	2015	86.9	0.0	..	0.0	..	0.0	33.5	..	5.0	..	61.4
Jordan - Jordanie	2000	59.3	..	0.0	0.0	0.0	0.0	..	56.3	32.1	11.2	0.4
	2010	369.3	0.1	..	0.1	..	0.0	78.5	..	16.1	..	5.4
	2015	106.2	..	..	0.1	..	0.0	..	..	92.2	..	7.8
Kuwait - Koweït	2000	3 884.4	1.0	0.0	0.3	0.4	0.5	76.2	0.7	7.9	5.8	9.4
	2010	3 856.2	0.7	0.0	0.1	0.2	0.3	83.4	1.0	2.0	7.6	6.0
	2015	5 440.3	1.0	..	0.0	0.1	0.1	90.6	..	0.6	4.2	4.5
Lebanon - Liban	2000	483.2	0.0	0.1	0.2	0.0	0.0	0.3	52.5	44.7	1.5	1.0
	2010	158.6	0.0	0.0	0.1	..	0.0	0.9	33.9	63.2	..	2.0
	2015	165.2	0.0	0.0	0.1	..	0.0	0.5	27.6	64.9	..	7.0
Oman	2000	10.9	0.0	..	0.0	..	0.0	4.2	..	27.5	..	68.2
	2010	14.3	0.0	..	0.0	..	0.0	15.5	..	11.5	..	73.0
	2015	16.9	0.0	..	0.0	..	0.0	13.0	..	13.7	..	73.3
Qatar	2000	1 154.0	0.2	0.1	0.2	0.3	0.0	40.4	23.4	17.5	17.1	1.5
	2010	1 363.4	0.1	0.0	0.0	0.2	0.3	40.0	8.5	0.0	29.6	21.8
	2015	993.3	0.1	0.0	0.0	0.1	0.2	39.6	9.5	0.9	16.7	33.3
Saudi Arabia - Arabie saoudite	2000	1 443.0	0.1	..	0.6	0.3	0.3	28.4	..	39.6	15.0	17.1
	2010	2 319.3	0.3	..	0.3	0.1	0.3	65.1	..	12.7	9.5	12.6
	2015	2 626.0	0.2	0.1	0.3	0.2	0.2	40.4	15.6	7.3	18.6	18.0
Syrian Arab Republic - République arabe syrienne	2000	679.4	..	0.0	0.6	..	0.0	..	6.5	92.1	..	1.4
	2010	344.2	..	0.0	0.2	0.0	0.0	..	22.4	74.9	2.5	0.3
	2015	90.3	..	0.0	0.1	..	0.0	..	20.9	77.4	..	1.7
Turkey - Turquie	2000	10 174.2	0.4	2.5	1.7	0.3	0.4	10.4	67.3	17.2	2.1	3.0
	2010	7 878.0	0.4	0.7	1.9	0.3	0.3	21.5	42.6	25.5	7.3	3.1
	2015	8 819.6	0.3	0.5	2.2	0.3	0.4	14.8	47.2	19.4	8.8	9.8
United Arab Emirates - Émirats arabes unis	2000	1 042.5	0.1	0.0	0.2	0.4	0.2	39.3	3.5	22.6	21.8	12.8
	2010	1 412.3	0.1	0.0	0.1	0.2	0.2	46.0	8.5	5.8	26.8	12.9
	2015	983.8	0.1	0.0	0.1	0.1	0.2	26.8	1.5	9.3	22.5	39.9
Yemen - Yémen	2000	25.8	0.0	..	0.0	..	0.0	12.3	..	11.9	..	75.8
	2010	31.2	0.0	..	0.0	..	0.0	69.3	..	10.9	..	19.9
	2015	441.5	0.0	..	0.0	..	0.2	6.3	..	0.9	..	92.7

For sources and notes, see end of table.

Pour les sources et les notes, se reporter à la fin du tableau.

Region, country or territory / Régions pays ou territoires	Year / Année	Total fleet (thousands of DWT) (1) / Flotte totale (milliers de TPL) (1)	As percentage of world total fleet / En pourcentage de la flotte mondiale					As percentage of the total fleet of country or region / En pourcentage de la flotte totale du pays ou de la région				
			Oil tankers / Pétroliers	Bulk carriers / Vraquiers	General cargo / Navires de charge classique	Container ships / Porte-conteneurs	Other types / Autres navires	Oil tankers / Pétroliers	Bulk carriers / Vraquiers	General cargo / Navires de charge classique	Container ships / Porte-conteneurs	Other types / Autres navires
Developing economies: Oceania - Économies en développement : Océanie (2)	2000	1 931.6	0.0	0.3	0.5	0.1	0.7	1.2	44.4	25.4	1.8	27.2
	2010	83 461.2	9.2	5.7	2.2	3.2	8.9	49.6	31.2	2.9	6.4	9.9
	2015	182 322.1	13.6	10.5	3.0	5.2	11.1	36.5	43.9	1.2	6.5	11.1
Cook Islands - Îles Cook	2015	1 037.4	0.0	0.1	0.4	0.0	0.0	1.4	64.4	28.9	1.5	3.8
Fiji - Fidji	2000	24.4	0.0	..	0.0	..	0.0	14.8	..	23.6	..	61.6
	2010	17.0	..	..	0.0	..	0.0	..	..	40.0	..	60.0
	2015	16.3	..	..	0.0	..	0.0	..	..	30.3	..	69.7
French Polynesia - Polynésie française	2010	1.1	..	..	0.0	..	..	..	..	100.0	..	..
	2015	10.2	..	..	0.0	..	0.0	..	..	89.2	..	10.8
Guam	2015	0.2	..	..	..	..	0.0	..	..	..	..	100.0
Kiribati	2000	4.1	..	..	0.0	..	0.0	..	..	84.0	..	16.0
	2010	828.8	0.0	0.1	0.3	..	0.1	19.7	41.5	33.3	..	5.6
	2015	616.9	0.0	0.0	0.3	0.0	0.1	8.3	25.1	32.4	0.5	33.7
Marshall Islands - Îles Marshall	2010	77 827.4	8.9	5.2	1.4	3.1	8.0	51.3	30.3	2.0	6.8	9.5
	2015	175 345.2	13.4	10.2	1.9	5.1	9.8	37.4	44.2	0.8	6.7	10.9
Micronesia (Federated States of) - Micronésie (États fédérés de)	2010	9.8	..	0.0	0.0	..	0.0	..	3.8	64.8	..	31.5
	2015	31.4	..	..	0.0	0.0	0.0	..	..	17.4	77.1	5.5
New Caledonia - Nouvelle-Calédonie	2010	2.7	..	..	0.0	..	..	..	..	100.0	..	..
	2015	3.6	..	..	0.0	..	0.0	..	..	96.0	..	4.0
Papua New Guinea - Papouasie-Nouvelle-Guinée	2000	70.9	0.0	..	0.1	..	0.0	3.9	..	77.8	..	18.4
	2010	111.1	0.0	0.0	0.1	..	0.0	2.5	5.7	80.8	..	11.0
	2015	175.1	0.0	..	0.1	0.0	0.0	1.6	..	62.7	25.1	10.6
Samoa	2010	9.8	..	..	0.0	..	0.0	..	..	93.9	..	6.1
	2015	9.8	..	..	0.0	..	0.0	..	..	95.2	..	4.8
Solomon Islands - Îles Salomon	2000	6.9	..	..	0.0	..	0.0	..	..	35.9	..	64.1
	2010	8.0	..	..	0.0	..	0.0	..	..	24.9	..	75.1
	2015	2.9	..	..	0.0	..	0.0	..	..	52.8	..	47.2
Tonga	2000	29.3	..	..	0.0	..	0.0	..	..	63.1	..	36.9
	2010	77.5	0.0	0.0	0.1	..	0.0	2.1	8.6	77.5	..	11.8
	2015	96.3	0.0	0.0	0.0	0.0	0.0	0.2	73.0	11.8	10.2	4.8
Tuvalu	2000	68.4	..	..	0.0	..	0.1	..	..	37.6	..	62.4
	2010	1 884.1	0.3	0.1	0.1	0.0	0.1	67.3	19.2	7.8	0.8	4.9
	2015	2 163.6	0.2	0.1	0.1	0.0	0.4	37.6	18.0	4.7	0.2	39.4
Vanuatu	2000	1 727.7	0.0	0.3	0.4	0.1	0.6	1.0	49.7	21.9	2.0	25.4
	2010	2 683.7	..	0.4	0.2	0.0	0.7	..	65.2	8.9	1.1	24.9
	2015	2 813.1	0.0	0.2	0.1	0.0	0.7	0.1	49.1	1.7	1.2	47.8
Transition economies - Économies en transition	2000	12 370.5	0.9	0.6	5.2	0.6	3.8	20.2	12.8	42.4	2.9	21.7
	2010	10 500.4	0.6	0.2	4.5	0.1	2.0	24.2	10.1	46.4	1.6	17.7
	2015	10 104.4	0.6	0.1	5.3	0.0	1.2	27.1	8.9	40.3	0.6	23.1
Albania - Albanie	2000	20.1	..	..	0.0	..	0.0	..	..	93.8	..	6.2
	2010	96.8	..	..	0.1	..	0.0	..	..	98.5	..	1.5
	2015	82.8	..	..	0.1	..	0.0	..	..	98.3	..	1.7
Azerbaijan - Azerbaïdjan	2000	507.5	0.1	..	0.1	..	0.2	45.8	..	20.2	..	33.9
	2010	662.6	0.1	..	0.1	..	0.2	53.3	..	18.4	..	28.3
	2015	709.1	0.1	..	0.2	..	0.1	50.1	..	22.2	..	27.8
Belarus - Bélarus	2015	1.1	..	..	..	..	0.0	..	..	..	..	100.0
Georgia - Géorgie	2000	183.8	0.0	0.0	0.0	..	0.0	65.3	0.1	24.8	..	9.8
	2010	935.2	0.0	0.0	0.6	0.0	0.0	4.0	22.1	68.2	1.3	4.5
	2015	267.8	0.0	0.0	0.1	..	0.0	29.7	12.2	31.5	..	26.6
Kazakhstan	2000	4.7	..	..	0.0	..	0.0	..	..	16.6	..	83.4
	2010	91.3	0.0	..	0.0	..	0.0	69.4	..	2.2	..	28.4
	2015	152.7	0.0	..	0.0	..	0.0	59.5	..	7.2	..	33.3
Montenegro - Monténégro	2010	6.1	..	..	0.0	..	0.0	..	..	87.7	..	12.3
	2015	144.5	..	0.0	0.0	..	0.0	..	96.9	2.7	..	0.4

For sources and notes, see end of table.

Pour les sources et les notes, se reporter à la fin du tableau.

5

Region, country or territory / Régions pays ou territoires	Year / Année	Total fleet (thousands of DWT) (1) / Flotte totale (milliers de TPL) (1)	As percentage of world total fleet / En pourcentage de la flotte mondiale					As percentage of the total fleet of country or region / En pourcentage de la flotte totale du pays ou de la région				
			Oil tankers / Pétroliers	Bulk carriers / Vraquiers	General cargo / Navires de charge classique	Container ships / Porte-conteneurs	Other types / Autres navires	Oil tankers / Pétroliers	Bulk carriers / Vraquiers	General cargo / Navires de charge classique	Container ships / Porte-conteneurs	Other types / Autres navires
Republic of Moldova - République de Moldova	2010	459.8	0.0	0.0	0.3	0.0	0.0	7.1	25.9	64.3	1.2	1.4
	2015	935.0	0.0	0.0	0.6	0.0	0.0	6.6	37.9	52.1	0.4	3.0
Russian Federation - Fédération de Russie	2000	9 950.4	0.7	0.5	4.1	0.5	2.9	20.6	13.2	42.0	3.2	21.0
	2010	7 283.0	0.4	0.1	2.9	0.1	1.5	27.2	8.6	43.5	2.1	18.6
	2015	7 221.5	0.4	0.0	3.8	0.0	0.9	28.6	4.7	40.9	0.8	25.0
Turkmenistan - Turkménistan	2000	36.5	0.0	0.0	0.0	..	0.0	9.3	18.3	41.6	..	30.8
	2010	61.8	0.0	..	0.0	..	0.0	36.4	..	25.1	..	38.5
	2015	112.8	0.0	..	0.0	..	0.0	45.1	..	13.0	..	41.8
Ukraine	2000	1 667.5	0.0	0.1	0.9	0.1	0.5	5.4	15.9	52.8	2.7	23.1
	2010	903.9	0.0	0.0	0.5	..	0.2	5.8	12.3	58.2	..	23.6
	2015	477.2	0.0	0.0	0.4	..	0.1	6.7	7.2	58.9	..	27.1
Developed economies: America - Économies développées : Amérique (2)	**2000**	**37 163.0**	**7.3**	**2.4**	**2.0**	**6.8**	**5.1**	**55.4**	**17.8**	**5.4**	**11.7**	**9.7**
	2010	**26 299.5**	**1.6**	**1.6**	**1.1**	**2.7**	**6.6**	**27.5**	**27.8**	**4.5**	**17.2**	**23.1**
	2015	**27 536.7**	**1.4**	**0.4**	**5.2**	**1.7**	**4.9**	**25.5**	**10.9**	**14.5**	**14.4**	**34.7**
Bermuda - Bermudes	2000	10 468.5	1.9	1.3	0.3	0.9	0.8	51.0	35.3	3.0	5.3	5.4
	2010	10 106.6	0.5	0.7	0.1	0.4	4.0	22.3	33.0	1.1	7.0	36.5
	2015	11 511.4	0.5	0.3	0.0	0.3	3.1	21.5	20.3	0.1	6.1	52.1
Canada (3)	2000	1 018.4	0.1	0.1	0.1	0.0	0.5	40.1	16.0	11.6	0.2	32.2
	2010	3 401.1	0.2	0.4	0.1	0.0	0.6	29.6	50.8	2.9	0.5	16.2
	2015	3 338.2	0.2	0.0	1.9	0.0	0.4	24.0	11.2	43.1	0.4	21.2
Greenland - Groenland	2015	3.7	..	..	0.0	..	0.0	..	..	82.8	..	17.2
United States - États-Unis (4)	2000	25 676.0	5.2	1.0	1.6	5.9	3.8	57.8	10.8	6.2	14.7	10.5
	2010	12 791.8	0.9	0.5	0.9	2.2	2.0	31.1	17.5	7.6	29.6	14.4
	2015	12 683.5	0.8	0.0	3.3	1.4	1.5	29.6	2.4	20.1	25.6	22.4
Developed economies: Asia - Économies développées : Asie	**2000**	**23 554.9**	**3.2**	**2.4**	**2.7**	**2.5**	**5.3**	**38.2**	**27.8**	**11.4**	**6.6**	**16.0**
	2010	**18 193.3**	**1.1**	**1.4**	**2.3**	**0.4**	**3.8**	**27.7**	**36.3**	**13.7**	**3.3**	**19.0**
	2015	**22 631.2**	**0.9**	**1.5**	**3.6**	**0.1**	**2.0**	**20.0**	**49.1**	**12.1**	**1.3**	**17.5**
Israel - Israël	2000	832.1	0.0	..	0.0	1.3	0.0	0.3	..	0.9	98.3	0.5
	2010	486.1	0.0	..	0.0	0.3	0.0	1.1	..	1.1	96.8	1.0
	2015	212.2	0.0	..	0.0	0.1	0.0	2.3	..	8.2	87.0	2.5
Japan - Japon	2000	22 722.9	3.2	2.4	2.6	1.2	5.3	39.6	28.8	11.8	3.3	16.5
	2010	17 707.2	1.1	1.4	2.3	0.1	3.8	28.4	37.3	14.1	0.7	19.5
	2015	22 419.0	0.9	1.5	3.6	0.0	2.0	20.2	49.5	12.2	0.5	17.6
Developed economies: Europe - Économies développées : Europe	**2000**	**229 970.6**	**31.9**	**25.6**	**26.4**	**31.7**	**31.4**	**39.2**	**30.6**	**11.7**	**8.8**	**9.7**
	2010	**297 905.0**	**27.2**	**18.8**	**19.8**	**28.4**	**21.8**	**41.1**	**28.8**	**7.2**	**16.1**	**6.7**
	2015	**347 161.7**	**24.1**	**16.1**	**19.4**	**24.9**	**18.1**	**34.0**	**35.2**	**4.3**	**16.4**	**10.2**
Austria - Autriche	2000	100.3	..	..	0.1	..	..	..	..	100.0	..	..
	2010	11.7	..	..	0.0	..	..	..	..	100.0	..	..
Belgium - Belgique	2000	149.5	0.0	..	0.0	..	0.2	4.5	..	0.4	..	95.1
	2010	6 575.1	0.5	0.6	0.1	0.1	1.5	33.0	41.5	2.3	2.0	21.2
	2015	8 608.6	0.8	0.4	0.1	..	0.7	47.4	35.1	1.1	..	16.4
Bulgaria - Bulgarie	2000	1 501.6	0.1	0.3	0.3	0.1	0.1	18.0	54.1	20.8	4.5	2.7
	2010	696.8	0.0	0.1	0.1	0.0	0.0	3.7	66.6	16.8	9.2	3.8
	2015	150.3	0.0	0.0	0.1	..	0.0	7.8	24.0	53.2	..	15.0
Croatia - Croatie	2000	1 227.7	0.0	0.3	0.2	0.2	0.0	1.1	70.7	17.7	8.0	2.5
	2010	2 277.1	0.3	0.2	0.0	..	0.0	54.4	41.6	2.4	..	1.6
	2015	2 258.3	0.2	0.1	0.0	..	0.0	47.8	48.7	1.3	..	2.2
Cyprus - Chypre	2000	36 669.4	2.4	7.2	5.7	4.6	1.7	18.8	54.1	15.9	7.9	3.4
	2010	31 305.2	2.3	3.0	1.6	2.9	0.9	32.4	43.7	5.6	15.6	2.7
	2015	33 664.1	1.1	2.7	1.7	2.2	0.9	15.5	61.0	3.8	14.8	5.0
Denmark - Danemark	2000	7 420.8	0.4	0.3	0.8	5.0	2.0	16.1	11.8	10.8	42.5	18.8
	2010	13 813.8	1.2	0.1	0.3	4.0	1.1	38.1	3.7	2.4	48.5	7.2
	2015	16 655.6	0.9	0.0	0.3	4.5	0.6	27.6	2.0	1.5	61.5	7.5
Estonia - Estonie	2000	363.1	0.0	0.0	0.2	..	0.1	3.7	27.8	51.9	..	16.7
	2010	98.7	0.0	..	0.0	..	0.1	12.9	..	15.6	..	71.6
	2015	69.7	0.0	..	0.0	..	0.0	20.1	..	11.6	..	68.3

For sources and notes, see end of table.

Pour les sources et les notes, se reporter à la fin du tableau.

Region, country or territory / Régions pays ou territoires	Year / Année	Total fleet (thousands of DWT) (1) / Flotte totale (milliers de TPL) (1)	As percentage of world total fleet / En pourcentage de la flotte mondiale					As percentage of the total fleet of country or region / En pourcentage de la flotte totale du pays ou de la région				
			Oil tankers / Pétroliers	Bulk carriers / Vraquiers	General cargo / Navires de charge classique	Container ships / Porte-conteneurs	Other types / Autres navires	Oil tankers / Pétroliers	Bulk carriers / Vraquiers	General cargo / Navires de charge classique	Container ships / Porte-conteneurs	Other types / Autres navires
Faeroe Islands - Îles Féroé	2015	284.9	0.0	..	0.2	0.0	0.1	1.4	..	50.2	7.8	40.6
Finland - Finlande	2000	1 239.5	0.2	0.0	0.4	..	0.3	41.0	10.8	31.2	..	17.0
	2010	1 171.3	0.1	0.0	0.4	0.0	0.1	52.0	0.3	34.2	3.2	10.3
	2015	1 178.6	0.1	0.0	0.5	0.0	0.1	28.0	17.0	34.3	1.2	19.5
France (5)	2000	7 292.5	1.6	0.4	0.4	0.8	1.4	60.8	14.0	4.9	7.1	13.2
	2010	8 822.3	1.3	0.1	0.1	1.1	1.0	64.0	3.9	1.0	20.3	10.7
	2015	6 882.7	0.7	..	0.2	1.0	0.6	48.2	..	1.7	32.4	17.7
Germany - Allemagne	2000	7 788.3	0.0	0.0	1.0	9.9	0.5	0.1	0.1	13.6	81.2	4.9
	2010	17 570.2	0.1	0.2	0.5	9.0	0.4	3.2	4.7	3.1	86.9	2.1
	2015	12 693.1	0.1	0.0	0.3	5.0	0.2	4.1	2.7	1.6	89.2	2.4
Gibraltar	2000	728.5	0.2	0.0	0.0	0.1	0.1	76.0	3.7	4.9	8.6	6.8
	2015	3 251.7	0.0	0.1	1.0	0.3	0.5	4.9	22.2	23.0	22.8	27.0
Greece - Grèce	2000	42 532.1	8.9	5.1	0.9	2.2	1.8	58.9	32.7	2.1	3.3	3.0
	2010	67 629.2	9.4	4.7	0.3	1.4	1.2	62.6	31.6	0.5	3.6	1.7
	2015	78 728.1	9.7	3.6	0.3	0.8	1.0	60.2	34.7	0.3	2.2	2.6
Hungary - Hongrie	2000	14.9	..	..	0.0	..	..	..	..	100.0	..	..
Iceland - Islande	2000	83.6	0.0	0.0	0.0	0.0	0.1	3.2	0.8	3.5	14.8	77.7
	2010	69.4	0.0	0.0	0.0	..	0.1	0.7	0.9	1.0	..	97.4
	2015	13.7	0.0	..	0.0	..	0.0	3.4	..	9.8	..	86.8
Ireland - Irlande	2000	154.4	0.0	0.0	0.1	0.0	0.0	0.2	7.9	65.5	4.4	22.0
	2010	196.2	0.0	..	0.1	0.0	0.0	9.4	..	73.9	3.8	12.9
	2015	325.2	0.0	0.0	0.1	..	0.0	0.1	60.5	31.1	..	8.4
Italy - Italie (6)	2000	9 768.8	1.0	1.3	0.9	1.0	2.7	28.7	35.8	9.5	6.7	19.4
	2010	17 276.0	1.8	1.1	1.4	0.6	1.6	47.3	29.0	8.8	6.3	8.7
	2015	17 554.5	1.2	0.9	2.0	0.3	1.3	34.7	37.5	8.6	4.3	15.0
Latvia - Lettonie	2000	101.5	0.0	..	0.0	..	0.1	15.1	..	47.0	..	37.9
	2010	180.3	0.0	..	0.0	..	0.1	58.9	..	12.5	..	28.6
	2015	77.0	0.0	..	0.1	..	0.0	15.4	..	49.8	..	34.8
Lithuania - Lituanie	2000	414.6	0.0	0.1	0.2	..	0.1	1.8	38.6	45.8	..	13.8
	2010	364.2	0.0	..	0.3	0.0	0.1	0.4	..	75.2	3.8	20.6
	2015	256.3	0.0	0.0	0.1	0.0	0.0	0.6	36.5	36.2	5.4	21.3
Luxembourg	2000	1 959.6	0.4	0.1	0.1	0.0	1.0	51.0	8.8	2.9	1.2	36.1
	2010	1 099.8	0.1	0.0	0.1	0.1	0.4	23.2	17.5	10.2	17.1	32.0
	2015	3 856.2	0.1	0.1	0.3	0.8	0.4	7.7	16.1	5.1	48.5	22.6
Malta - Malte	2000	46 749.4	7.8	6.2	5.3	1.5	1.7	47.4	36.5	11.5	2.0	2.6
	2010	56 156.1	4.6	6.1	3.4	1.7	1.2	36.8	49.4	6.6	5.1	2.0
	2015	82 001.6	5.3	5.1	2.8	4.6	2.3	31.8	47.3	2.6	12.9	5.4
Netherlands - Pays-Bas	2000	6 607.3	0.1	0.0	2.8	2.8	2.3	4.0	1.6	42.4	27.0	25.0
	2010	7 252.5	0.1	0.0	3.3	1.1	1.2	9.0	0.7	49.7	25.6	15.0
	2015	8 651.4	0.1	0.1	6.0	0.4	1.0	3.4	10.2	53.2	11.6	21.7
Norway - Norvège	2000	35 388.0	6.2	2.6	3.8	0.2	9.8	49.2	19.9	10.8	0.3	19.7
	2010	20 811.2	2.1	0.9	3.1	0.0	4.4	45.0	19.4	15.9	0.0	19.6
	2015	20 738.0	1.4	0.8	0.5	..	4.0	31.9	28.2	1.9	..	38.0
Poland - Pologne	2000	1 855.4	0.0	0.6	0.1	..	0.2	0.4	88.8	3.8	..	6.9
	2010	130.9	0.0	..	0.0	..	0.1	5.7	..	22.7	..	71.6
	2015	113.7	0.0	..	0.0	0.0	0.0	6.6	..	26.9	6.7	59.9
Portugal	2000	1 630.0	0.3	0.1	0.4	0.1	0.3	44.9	17.6	23.7	2.5	11.3
	2010	1 288.3	0.2	0.0	0.2	0.0	0.2	52.5	11.4	20.1	2.7	13.3
	2015	3 818.6	0.1	0.1	0.2	0.9	0.2	12.5	18.5	4.6	55.5	8.9
Romania - Roumanie	2000	1 618.3	0.0	0.2	0.8	0.0	0.2	6.4	32.1	51.3	0.5	9.6
	2010	244.1	0.0	..	0.1	..	0.1	19.3	..	33.6	..	47.1
	2015	86.6	0.0	..	0.1	..	0.0	11.7	..	57.8	..	30.5
Slovakia - Slovaquie	2000	19.5	..	..	0.0	..	..	..	..	100.0	..	..
	2010	192.9	..	0.0	0.2	..	0.0	..	7.9	92.0	..	0.1
	2015	9.0	..	..	0.0	..	0.0	..	..	93.3	..	6.7

For sources and notes, see end of table.

Pour les sources et les notes, se reporter à la fin du tableau.

5

Region, country or territory / Régions pays ou territoires	Year / Année	Total fleet (thousands of DWT) (1) / Flotte totale (milliers de TPL) (1)	As percentage of world total fleet / En pourcentage de la flotte mondiale					As percentage of the total fleet of country or region / En pourcentage de la flotte totale du pays ou de la région				
			Oil tankers / Pétroliers	Bulk carriers / Vraquiers	General cargo / Navires de charge classique	Container ships / Porte-conteneurs	Other types / Autres navires	Oil tankers / Pétroliers	Bulk carriers / Vraquiers	General cargo / Navires de charge classique	Container ships / Porte-conteneurs	Other types / Autres navires
Slovenia - Slovénie	2000	0.8	..	..	0.0	..	0.0	..	..	29.9	..	70.1
	2010	0.4	..	..	..	..	0.0	..	..	..	..	100.0
	2015	0.7	..	..	..	..	0.0	..	..	..	..	100.0
Spain - Espagne	2000	2 053.0	0.4	0.0	0.3	0.2	0.7	51.1	3.4	14.3	6.6	24.6
	2010	2 554.7	0.2	0.0	0.2	0.1	1.2	40.5	1.4	8.1	6.5	43.5
	2015	1 964.2	0.1	0.0	0.3	0.0	0.7	23.7	0.6	10.5	0.4	64.8
Sweden - Suède	2000	1 846.0	0.1	0.0	1.0	..	0.9	8.7	2.4	55.9	..	33.0
	2010	2 206.3	0.1	0.0	1.2	..	0.3	28.0	1.6	57.1	..	13.3
	2015	1 754.6	0.0	..	0.8	..	0.5	5.4	..	33.6	..	61.0
Switzerland - Suisse	2000	779.0	..	0.3	0.0	..	0.1	..	91.7	3.6	..	4.7
	2010	1 023.1	0.0	0.1	0.1	0.1	0.0	8.6	61.3	10.3	19.2	0.5
	2015	1 403.7	..	0.1	0.2	0.0	0.1	..	75.1	11.3	5.6	8.0
United Kingdom - Royaume-Uni (7)	2000	11 913.1	2.0	0.5	0.6	3.0	3.3	46.9	11.8	5.5	16.3	19.6
	2010	36 887.2	2.9	1.5	2.5	6.1	4.3	34.9	18.9	7.4	28.0	10.8
	2015	40 110.8	2.2	1.8	1.4	4.0	2.7	26.7	34.8	2.6	22.5	13.3
Developed economies: Oceania - Économies développées : Océanie	**2000**	**3 018.8**	**0.2**	**0.5**	**0.1**	**0.1**	**1.5**	**17.6**	**44.0**	**2.3**	**1.6**	**34.5**
	2010	**2 498.5**	**0.1**	**0.1**	**0.3**	**0.0**	**1.2**	**19.3**	**24.0**	**11.6**	**0.3**	**44.8**
	2015	**1 967.6**	**0.0**	**0.0**	**0.2**	**0.0**	**0.8**	**7.6**	**8.0**	**7.6**	**0.8**	**76.0**
Australia - Australie	2000	2 686.2	0.1	0.5	0.1	0.1	1.2	15.2	48.9	2.2	1.8	32.0
	2010	2 171.1	0.1	0.1	0.1	..	1.2	18.1	26.7	6.1	..	49.1
	2015	1 801.2	0.0	0.0	0.2	..	0.8	2.8	8.7	7.0	..	81.5
New Zealand - Nouvelle-Zélande	2000	332.7	0.0	0.0	0.0	..	0.3	37.1	5.1	3.2	..	54.6
	2010	327.4	0.0	0.0	0.1	0.0	0.1	27.2	6.2	47.6	2.5	16.5
	2015	166.4	0.0	..	0.0	0.0	0.0	59.1	..	14.1	10.0	16.8
World n.e.s. - Monde n.d.a.	2010	5 611.0	0.3	0.2	2.1	0.1	1.0	22.5	17.5	40.4	3.5	16.2
	2015	4 113.4	0.0	0.0	0.9	0.0	1.6	5.5	2.5	16.1	1.4	74.5
Memo items - Pour mémoire												
Developing economies excluding China - Économies en développement sans la Chine	2000	463 991.7	55.4	64.5	57.3	55.8	51.4	33.8	38.1	12.5	7.6	7.9
	2010	869 972.2	67.0	72.5	64.4	65.2	62.0	34.7	38.1	8.0	12.7	6.6
	2015	1260 030.2	70.6	75.5	60.3	70.3	68.6	27.4	45.6	3.7	12.7	10.6
Developing economies excluding LDCs - Économies en développement sans les PMA	2000	398 837.9	42.4	58.8	57.5	49.5	38.8	30.1	40.4	14.6	7.9	6.9
	2010	761 056.6	54.6	69.1	62.2	48.2	55.7	32.3	41.4	8.8	10.7	6.7
	2015	1105 937.5	56.0	71.6	56.7	53.0	63.0	24.8	49.3	3.9	10.9	11.1
High-income developing economies - Économies en développement à revenu élevé	2000	360 383.4	39.4	53.0	47.1	48.6	34.3	31.0	40.4	13.3	8.6	6.8
	2010	635 791.3	41.8	60.9	50.7	44.0	43.6	29.6	43.7	8.6	11.7	6.3
	2015	871 038.7	39.2	59.4	39.4	46.6	47.0	22.0	51.8	3.5	12.2	10.5
Middle-income developing economies - Économies en dév. à revenu intermédiaire	2000	40 419.7	3.0	6.2	10.4	0.9	5.2	21.0	42.1	26.2	1.5	9.1
	2010	129 900.0	13.0	8.7	11.5	4.2	13.0	45.1	30.5	9.6	5.5	9.2
	2015	252 451.4	19.3	12.5	17.7	6.4	17.6	37.4	37.8	5.4	5.8	13.6
Low-income developing economies - Économies en développement à revenu faible	2000	86 889.8	14.1	9.3	6.1	8.8	13.5	46.1	29.3	7.1	6.4	11.0
	2010	149 438.2	14.2	8.0	7.7	20.1	7.0	42.8	24.5	5.6	22.8	4.3
	2015	212 216.4	14.4	10.0	8.3	20.1	6.8	33.3	35.9	3.0	21.6	6.2
HIPCs (Heavily indebted poor countries) (IMF) - PPTE (Pays pauvres très endettés) (FMI)	2000	87 441.1	14.2	9.4	6.1	8.8	13.8	46.0	29.4	7.0	6.4	11.2
	2010	145 828.0	14.2	7.8	5.3	20.1	7.1	43.8	24.5	3.9	23.3	4.5
	2015	220 653.2	16.7	9.8	5.9	20.1	7.0	37.0	33.9	2.1	20.8	6.2
LLDCs (Landlocked developing countries) - LLDCs (Pays en développement sans littoral)	2000	964.5	0.1	0.0	0.4	0.0	0.3	28.6	9.7	39.5	1.1	21.0
	2010	2 845.8	0.1	0.2	0.9	0.0	0.3	18.3	37.6	33.8	0.5	9.8
	2015	4 391.3	0.4	0.1	1.7	0.0	0.2	47.8	12.2	29.6	0.6	9.8
SIDS (Small island developing States) - SIDS (Petits États insulaires en dév.)	2000	63 266.6	9.4	5.3	13.7	6.3	5.8	42.0	23.1	21.9	6.4	6.6
	2010	174 115.5	17.0	10.1	16.6	8.5	20.5	44.0	26.5	10.3	8.3	10.8
	2015	278 958.5	21.1	13.3	12.1	8.7	23.1	37.0	36.4	3.3	7.1	16.2
LDCs (Least developed countries) - PMA (Pays les moins avancés)	2000	88 855.0	14.2	9.7	6.2	8.9	14.2	45.1	30.1	7.1	6.4	11.4
	2010	154 072.9	14.5	8.5	7.8	20.1	7.9	42.4	25.3	5.5	22.1	4.7
	2015	229 769.0	16.9	10.3	8.7	20.2	8.4	36.0	34.0	2.9	20.0	7.1

For sources and notes, see next page.

Pour les sources et les notes, se reporter à la page suivante.

Sources:

UNCTAD, Division on Technology and Logistics, based on data supplied by:
- *Lloyds Register Fairplay* (up to 2010)
- Clarkson Research Services (from 2011 onwards)

Notes:

(1) DWT (deadweight ton) is the weight measure of a vessel's carrying capacity. It includes cargo, fuel and stores.

(2) Break in series: from 2002 onwards, ships registered under the flag of the Marshall Islands (developing economy) are shown separately; before 2002 they were included with the United States of America (developed economy).

(3) Break in series: from 2011 onwards, figures also include the Great Lakes Fleet.

(4) Break in series: from 2002 onwards, ships registered under the flag of the Marshall Islands are shown separately; before 2002 they were included with the United States of America. From 2011 onwards, figures also include the United States Reserve Fleet and the Great Lakest Fleet.

(5) Including Reunion and Monaco.

(6) Including San Marino.

(7) Including Isle of Man.

Sources :

CNUCED, Division de la technologie et de la logistique, sur la base de données provenant de :
- *Lloyds Register Fairplay* (jusqu'en 2010)
- Clarkson Research Services (à partir de 2011)

Notes :

(1) TPL (Tonne de port en lourd) : mesure de poids de la capacité de charge d'un navire. Il inclut la cargaison, le carburant et les approvisionnements.

(2) Rupture de série : à partir de 2002, les navires immatriculés aux Îles Marshall (économie en développement) sont présentés séparément ; avant 2002, ils étaient compris dans les chiffres des États-Unis (économie développée).

(3) Rupture de série : à partir de 2011, les données comprennent aussi la flotte des Grands Lacs.

(4) Rupture de série : à partir de 2002, les navires immatriculés aux Îles Marshall sont présentés séparément ; avant 2002, ils étaient compris dans les chiffres des États-Unis. À partir de 2011, les données comprennent la flotte des Grands Lacs et la flotte de réserve des États-Unis.

(5) Y compris la Réunion et Monaco.

(6) Y compris Saint-Marin.

(7) Y compris l'île de Man.

5

6 | **COMMODITIES**

PRODUITS DE BASE

6.1 Annual and quaterly indices of free-market prices of selected primary commodities
2000 = 100

Primary commodity	Level (1) Niveau (1) 2000	1985	1990	1995	2005	2008	2009	2010	2011	2012	2013	2014
ALL COMMODITIES	–	96.2	124.0	137.6	140.4	256.0	212.7	256.0	302.0	276.8	258.2	242.5
All food	–	103.4	121.8	138.9	128.4	235.6	215.6	231.6	272.8	269.0	249.0	239.0
Food and tropical beverages	–	98.8	123.5	135.5	127.0	228.2	215.9	227.9	265.6	264.4	246.7	237.3
Food	–	89.6	125.4	132.3	127.2	233.9	219.9	229.6	265.1	270.4	255.1	239.9
1. Wheat*	119.6	91.4	88.9	139.4	109.2	246.0	183.1	210.8	256.5	247.3	271.9	251.7
2. Wheat	119.2	115.6	114.8	150.0	132.9	288.0	197.4	204.0	275.6	275.5	270.2	253.6
3. Maize	86.8	..	123.9	142.7	103.8	237.9	195.9	226.8	332.5	312.9	280.5	230.4
4. Maize*	90.0	..	121.9	139.0	109.9	253.2	191.4	216.8	325.5	334.1	293.7	228.5
5. Rice	203.8	106.7	140.9	157.8	141.2	343.6	289.2	255.8	270.9	284.8	254.7	209.3
6. Sugar (2)	8.2	49.6	153.4	162.4	120.9	156.5	221.9	260.2	317.9	263.4	216.3	207.8
7. Beef (2)	87.8	111.2	131.5	98.5	135.2	138.0	136.3	173.8	208.6	214.1	209.1	255.2
8. Bananas (2)	19.0	90.7	123.6	104.7	137.4	201.1	202.6	210.0	232.6	234.6	220.8	222.1
9. Pepper	4 341.6	93.0	41.3	87.3	57.1	119.9	105.4	139.0	219.3	226.4	226.2	291.2
10. Soybean meal	199.7	78.7	107.1	105.5	116.5	226.2	210.4	196.0	200.9	254.7	269.3	254.8
11. Fish meal	413.0	67.8	99.8	119.9	172.2	274.4	297.7	408.6	372.3	377.3	423.0	416.1
Tropical beverages	–	179.1	107.6	163.3	125.7	178.0	181.5	213.2	270.3	212.3	173.5	214.3
12. Coffee (2)	102.6	151.9	94.1	154.3	114.0	142.1	176.3	218.1	276.6	198.7	144.5	193.1
13. Coffee (2)	79.9	190.0	103.7	182.7	126.9	153.4	139.5	182.5	305.1	214.5	147.7	202.0
14. Coffee (2)	85.1	171.1	104.7	175.4	134.3	162.5	166.5	228.4	321.1	220.4	165.8	238.4
15. Coffee (2)	42.1	288.2	130.5	301.0	126.7	252.4	183.2	199.6	275.4	262.7	238.6	250.7
16. Coffee* (2)	63.6	209.8	113.3	217.0	131.8	192.3	172.0	218.9	305.9	234.4	189.9	242.5
17. Cocoa (2)	40.3	254.0	143.2	161.5	173.3	290.7	325.4	353.0	335.7	269.5	274.8	345.1
18. Tea (3)	248.1	..	..	71.1	87.2	108.6	126.5	125.3	139.5	140.6	107.1	95.9
Vegetable oilseeds and oils	–	141.2	107.0	167.1	140.6	297.8	213.3	261.7	332.8	307.5	268.8	253.1
19. Soybeans	211.8	106.3	116.5	122.4	129.7	246.8	205.9	212.3	255.2	279.2	257.2	232.3
20. Soybean oil	338.1	169.2	132.3	184.9	161.2	372.2	251.0	297.2	384.3	362.7	312.5	269.0
21. Sunflower oil	391.8	153.7	124.9	176.9	172.9	382.5	218.1	274.2	347.2	322.3	286.8	230.2
22. Groundnut oil	713.7	126.8	135.0	138.8	148.6	292.7	165.9	196.7	263.7	339.8	248.4	184.0
23. Copra	304.8	126.7	75.7	143.9	135.8	267.7	157.4	246.0	379.8	243.0	205.7	280.3
24. Coconut oil	450.3	131.1	74.8	148.7	137.0	271.8	161.1	249.5	384.2	246.7	208.9	284.5
25. Palm kernel oil	443.5	124.3	75.3	152.8	141.4	254.7	158.4	267.0	371.6	250.3	202.3	253.0
26. Palm oil	310.3	161.3	93.4	202.5	136.1	305.8	220.1	290.4	362.7	322.1	276.2	264.7
Agricultural raw materials	–	94.0	128.2	150.4	129.4	197.9	163.3	225.7	289.1	222.6	206.1	185.7
27. Linseed oil	398.4	157.5	177.9	165.0	276.5	389.3	246.6	292.0	358.0	314.7	304.6	304.5
28. Tobacco	2 988.1	87.4	113.7	88.5	93.4	120.1	141.8	144.4	149.8	144.0	153.1	167.0
29. Cotton (2)	83.8	117.6	112.1	133.8	88.0	116.1	105.0	126.9	291.3	137.8	127.9	..
30. Cotton (2)	65.5	108.9	127.9	159.4	89.9	111.1	100.4	156.8	244.3	140.3	142.0	132.2
31. Cotton (2)	57.3	111.8	138.4	176.0	97.6	124.7	113.8	180.1	276.6	159.5	161.6	150.4
32. Cotton* (2)	59.2	101.0	139.5	164.4	91.5	120.5	105.8	175.0	258.1	150.4	152.6	139.3
33. Cotton (2)	108.5	147.9	236.0	..	93.2	113.8	106.4	156.9	201.4	139.2	143.8	..
34. Wool	7 335.4	..	..	..	92.4	132.0	106.1	139.5	223.4	183.4	163.3	146.5
35. Wool	2 809.8	..	..	..	188.8	252.4	217.6	291.7	430.5	431.6	401.5	366.7
36. Jute	278.8	204.2	146.5	131.2	135.4	167.7	201.0	309.9	228.9	187.1	214.9	227.9
37. Sisal	782.1	79.2	95.0	97.4	128.0	145.4	104.5	142.0	183.0	204.6	193.2	217.1
38. Sisal	628.7	83.6	113.7	113.0	143.3	171.3	122.6	160.6	210.4	236.4	222.0	254.2
39. Hides (2)	80.2	63.8	115.0	109.9	82.0	79.8	55.9	89.7	102.2	103.7	118.1	137.6
40. Non-coniferous woods*	85.2	..	..	103.6	117.4	154.0	154.4	160.7	158.1	(b)100.0	103.1	106.7
41. Tropical logs (4)	244.6	71.1	140.4	139.4	136.7	216.8	172.1	175.2	199.4	184.7	189.5	190.2
42. Tropical sawnwood* (5)	531.8	51.9	98.6	144.2	103.4	(b)115.5	123.5	132.3	141.3	133.3	131.4	131.3
43. Plywood* (6)	448.5	47.0	79.1	129.9	113.4	143.9	125.9	126.9	135.5	136.1	124.9	115.3
44. Rubber	726.5	..	119.6	226.9	210.9	372.7	270.6	492.4	660.0	470.3	378.1	269.9
45. Rubber (3)	63.6	..	..	231.1	217.1	390.6	285.2	542.7	716.2	498.1	414.9	290.6

For sources and notes, see end of table.

6.1 Indices annuels et trimestriels des prix d'une sélection de produits de base sur le marché libre
2000 = 100

2012		2013				2014				2015		Produits de base
III	IV	I	II	III	IV	I	II	III	IV	I	II	
277.6	**274.2**	**273.4**	**257.6**	**252.2**	**249.5**	**249.0**	**247.4**	**241.7**	**232.0**	**214.1**	**207.2**	**TOTAL DES PRODUITS**
281.8	**269.0**	**260.3**	**252.8**	**244.3**	**238.8**	**243.0**	**245.3**	**236.5**	**231.0**	**216.0**	**203.9**	**Total des produits alimentaires**
277.3	*268.0*	*257.9*	*251.6*	*242.6*	*234.6*	*238.7*	*242.2*	*236.4*	*231.6*	*216.1*	*203.1*	***Produits alimentaires et boissons tropicales***
284.9	*276.0*	*266.2*	*260.2*	*251.1*	*242.7*	*243.4*	*244.8*	*238.4*	*233.0*	*217.8*	*204.0*	*Produits alimentaires*
270.3	290.1	296.7	263.3	238.8	289.0	279.7	305.4	214.3	207.6	201.4	189.4	1. Blé*
308.8	308.2	280.0	272.1	262.4	266.3	259.3	276.9	238.6	239.7	212.6	200.0	2. Blé
334.3	327.8	326.6	293.9	260.5	240.9	252.1	251.7	206.4	211.3	204.4	194.8	3. Maïs
367.4	353.7	339.3	326.3	274.8	234.4	245.2	248.2	211.6	208.9	199.3	193.0	4. Maïs*
286.6	284.8	280.1	270.3	247.4	220.8	216.3	200.9	213.5	206.5	199.6	187.4	5. Riz
259.8	240.3	226.7	214.0	209.0	215.6	204.4	220.3	209.9	196.7	175.6	158.5	6. Sucre (2)
206.4	216.1	220.7	207.1	200.7	207.8	218.5	222.7	288.0	291.6	246.6	231.1	7. Viande de boeuf (2)
229.5	225.8	222.3	217.1	222.7	221.2	225.8	221.5	223.9	217.4	232.4	233.2	8. Bananes (2)
216.2	220.6	223.9	219.5	217.6	244.0	263.5	280.0	304.3	316.9	323.1	330.4	9. Poivre
301.7	275.0	255.1	266.4	281.0	274.5	282.5	274.0	236.7	225.9	206.2	187.5	10. Farine de soja
406.0	429.9	452.5	440.9	411.5	387.2	383.2	409.6	427.9	443.6	415.2	368.8	11. Farine de poisson
211.1	*198.1*	*185.6*	*176.4*	*168.2*	*163.9*	*198.3*	*219.8*	*219.6*	*219.3*	*200.9*	*195.6*	*Boissons tropicales*
189.8	169.9	162.1	154.1	138.5	123.4	169.3	205.8	197.6	199.6	164.4	147.6	12. Café (2)
205.8	184.0	168.0	157.3	139.1	126.4	177.4	212.0	206.2	212.3	176.3	157.4	13. Café (2)
214.0	191.0	181.9	173.7	159.4	148.3	206.6	251.2	244.9	250.9	208.0	189.3	14. Café (2)
266.9	249.4	259.6	245.6	234.7	214.5	242.1	256.2	251.6	253.0	240.7	229.5	15. Café (2)
231.5	210.4	207.6	197.5	184.3	170.2	218.4	252.8	247.1	251.6	218.8	202.6	16. Café* (2)
281.0	276.1	248.8	260.0	278.2	312.1	332.5	347.5	363.7	336.7	328.6	345.6	17. Cacao (2)
142.0	146.1	128.6	106.5	98.7	94.4	99.9	89.6	94.2	99.8	117.4	129.0	18. Thé (3)
318.3	*277.3*	*280.1*	*262.3*	*258.3*	*274.3*	*278.4*	*270.5*	*237.0*	*226.4*	*215.2*	*210.2*	***Graines oléagineuses et huiles végétales***
317.2	285.3	279.5	238.6	248.8	262.0	260.7	244.7	215.9	207.7	194.2	185.8	19. Fèves de soja
372.1	342.4	343.2	316.4	297.6	293.0	288.9	286.0	256.0	245.1	228.5	229.0	20. Huile de soja
330.9	319.1	320.3	311.0	263.6	252.5	240.7	239.2	215.9	224.8	207.6	226.3	21. Huile de tournesol
347.0	322.0	280.5	260.6	237.3	215.4	183.8	172.1	188.5	191.7	192.1	188.6	22. Huile d'arachide
220.4	185.3	181.6	183.7	198.0	259.7	294.1	302.9	264.3	260.0	249.3	241.7	23. Coprah
224.9	187.3	185.8	186.2	202.6	260.8	298.3	308.6	267.5	263.6	254.6	247.5	24. Huile de coprah
229.9	183.3	185.9	188.6	196.5	238.2	288.1	284.8	222.7	216.3	235.9	215.7	25. Huile de palmiste
320.1	260.8	274.9	274.1	266.7	289.3	293.8	286.0	248.4	230.8	219.9	214.0	26. Huile de palme
204.9	**210.7**	**215.8**	**202.5**	**202.5**	**203.6**	**198.0**	**191.5**	**181.0**	**172.4**	**164.3**	**165.6**	**Matières premières d'origine agricole**
303.7	300.8	301.0	328.9	291.0	297.4	289.3	313.1	296.3	319.4	290.4	280.5	27. Huile de lin
140.5	143.2	147.2	147.5	156.4	161.2	168.0	169.6	165.5	165.0	165.0	166.8	28. Tabac
141.5	134.1	127.8	128.0	127.8	..	..	..	..	..	..	..	29. Coton (2)
130.6	127.7	140.1	143.9	144.9	139.0	148.4	149.2	121.3	110.1	110.0	114.5	30. Coton (2)
149.3	145.4	159.6	164.0	165.0	157.9	169.2	169.6	138.0	124.8	124.5	129.8	31. Coton (2)
142.1	138.5	151.7	156.7	154.9	147.1	158.7	156.3	126.0	116.0	116.2	122.0	32. Coton* (2)
139.8	139.3	138.3	147.0	150.3	..	..	..	..	..	..	..	33. Coton (2)
166.0	173.5	185.7	158.4	146.1	163.0	151.9	148.0	145.6	140.3	129.2	147.2	34. Laine
405.0	402.5	436.9	388.5	370.0	410.6	385.7	376.8	364.7	339.7	315.9	342.6	35. Laine
187.7	190.7	209.2	221.2	211.6	217.6	221.2	212.2	223.6	254.6	267.8	252.2	36. Jute
212.9	211.0	192.9	191.8	191.8	196.4	196.1	205.7	226.5	240.2	249.7	263.8	37. Sisal
248.2	240.2	221.4	221.4	222.7	222.7	228.0	239.9	265.9	282.9	294.8	308.3	38. Sisal
106.4	107.2	107.2	116.9	119.6	128.6	134.1	136.9	138.7	140.6	131.9	120.7	39. Peaux (2)
100.5	98.1	98.0	104.8	104.6	105.1	106.0	108.0	107.2	105.5	100.5	96.2	40. Bois non conifères*
178.4	185.4	186.6	187.0	189.7	194.8	196.1	196.3	189.7	178.7	161.4	158.3	41. Grumes tropicales (4)
131.8	131.2	131.3	131.4	131.5	131.4	131.3	131.3	131.3	131.3	131.3	131.2	42. Grumes tropicales sciées* (5)
135.4	136.3	131.9	123.4	123.1	121.2	118.5	119.2	117.2	106.5	102.2	100.3	43. Contre-plaqué* (6)
412.5	430.6	439.1	368.4	354.4	350.5	306.2	271.8	259.0	242.7	231.6	240.3	44. Caoutchouc
434.3	459.7	468.6	431.1	384.6	375.4	334.2	314.6	272.9	240.6	257.3	265.9	45. Caoutchouc (3)

Pour les sources et les notes, se reporter à la fin du tableau.

6

6.1 Annual and quaterly indices of free-market prices of selected primary commodities
2000 = 100

Primary commodity	Level (1) Niveau (1) 2000	1985	1990	1995	2005	2008	2009	2010	2011	2012	2013	2014
Minerals, ores and metals	_	**81.2**	**127.0**	**128.1**	**173.2**	**332.5**	**231.6**	**327.3**	**375.2**	**322.3**	**305.8**	**279.8**
46. Phosphate rock	43.8	76.6	92.6	80.0	96.0	789.9	278.1	281.2	422.6	424.9	338.6	252.1
47. Manganese ore	186.0	74.5	213.1	109.7	175.8	758.5	293.8	415.0	324.4	262.1	291.4	242.7
48. Iron ore (7)	27.7	96.0	111.3	97.4	225.9	485.8	348.8	..	..	..	..	..
49. Iron ore* (7)	27.5	96.5	109.8	97.4	201.0	467.6	396.0	..	..	..	..	..
50. Iron ore (8)	..		..	..	..	..	..	92.6	100.0	76.9	79.6	56.7
51. Iron ore* (8)	..		..	..	..	..	..	92.8	100.0	75.8	79.4	58.2
52. Iron ore* (8)	..	..	..	..	..	82.9	100.0	183.9	210.1	160.9	169.5	121.4
53. Aluminium	1 549.2	69.8	105.8	116.6	122.5	166.1	107.4	140.2	154.8	130.3	119.1	120.4
54. Copper	1 813.1	78.2	146.8	161.8	202.9	383.6	282.8	415.6	486.6	438.5	404.1	378.4
55. Copper* (2)	86.8	75.6	140.4	158.4	198.4	366.3	276.4	399.9	466.7	421.7	390.2	366.6
56. Nickel*	8 637.7	56.8	102.6	95.3	170.6	244.3	169.6	252.4	265.0	203.0	173.9	195.3
57. Nickel (2)	397.9	56.8	102.3	98.1	171.2	248.1	174.0	262.3	264.1	202.6	175.2	(e)193.9
58. Lead	454.0	86.1	178.5	138.9	215.0	460.2	378.6	473.2	529.0	454.1	471.8	461.6
59. Lead* (2)	43.6	43.8	103.4	96.3	140.1	276.2	199.4	250.0	279.3	262.0	265.7	(e)266.2
60. Zinc	1 128.1	67.0	134.6	91.4	122.5	166.2	146.7	191.5	194.4	172.7	169.3	191.6
61. Zinc* (2)	55.6	72.6	134.1	95.9	120.7	159.9	139.8	183.4	191.0	172.1	171.7	192.6
62. Tin	5 432.8	221.8	114.8	114.3	135.8	340.5	249.6	375.4	480.5	388.5	410.6	403.3
63. Tin*	5 382.0	221.5	113.1	113.1	136.7	341.6	248.9	377.8	486.7	392.6	413.2	406.6
64. Tungsten (9)	44.9	150.9	103.4	141.2	271.3	366.5	334.0	334.0	334.0	334.0	..	..
65. Tungsten APT (9)	60.0	..	..	140.7	366.6	414.4	338.6	404.7	715.4	643.3	619.5	594.5
66. Gold* (10)	279.0	113.7	137.4	137.7	159.4	312.4	348.7	439.9	562.2	598.1	505.7	453.8
67. Silver* (11)	499.9	122.9	96.4	103.8	146.8	300.1	294.0	404.1	705.4	624.3	477.3	381.5
MEMO ITEM:												
68. Crude petroleum (12)	28.2	95.6	78.1	59.9	189.1	343.8	219.0	280.2	368.3	372.1	368.8	341.1
69. Unit value index of manufactured goods exports by developed economies	100.0	70.9	99.8	110.1	119.4	139.3	131.5	135.5	147.5	145.0	150.3	(p)148.5

Sources:

- The prices used in the calculation of the indices shown in this table are extracted from *UNCTADstat* Free market commodity prices

Notes:

- The group indices include all commodities shown except for those with an asterisk (*).
- The average annual indices are calculated from monthly data and may not correspond to the average from quarterly data.
- For specifications, see next page.

(1) Dollars per metric ton (unless otherwise specified).
(2) Cents per pound.
(3) Cents per kilogram.
(4) Dollars per cubic meter.
(5) Pounds per cubic meter.
(6) Cents per sheet.
(7) Cents per Fe unit.
(8) Dollars per dry ton.
(9) Dollars per metric ton unit of WO3.
(10) Dollars per troy ounce.
(11) Cents per troy ounce.
(12) Dollars per barrel.

| 2012 | | 2013 | | | | 2014 | | | | 2015 | | Produits de base |
III	IV	I	II	III	IV	I	II	III	IV	I	II	
305.8	**318.6**	**332.7**	**297.0**	**295.9**	**297.5**	**288.8**	**281.1**	**284.7**	**264.7**	**235.3**	**236.1**	**Minéraux, minerais et métaux**
419.1	422.9	395.4	380.0	327.2	251.5	238.6	251.4	255.2	262.9	262.9	262.9	46. Phosphate brut
276.0	274.4	297.2	306.9	282.8	278.8	270.0	234.1	232.2	234.4	205.2	163.4	47. Minerai de manganèse
..	..											48. Minerai de fer (7)
..	..	..	..	..	..	..	..	..	..	..	..	49. Minerai de fer* (7)
66.8	72.8	87.1	74.3	78.0	79.0	70.6	60.0	52.8	43.3	36.7	34.0	50. Minerai de fer (8)
66.4	71.4	85.4	73.9	77.8	80.7	73.0	60.2	54.3	45.4	38.6	35.5	51. Minerai de fer* (8)
139.9	151.6	185.7	157.0	166.3	168.9	150.8	128.5	113.1	93.1	78.3	73.3	52. Minerai de fer* (8)
124.1	129.2	129.2	118.4	114.9	114.0	110.2	116.0	128.4	127.0	116.2	114.2	53. Aluminium
425.6	436.2	437.2	394.1	390.4	394.5	388.3	374.4	385.7	365.1	320.9	334.0	54. Cuivre
411.4	420.3	420.6	379.9	378.3	382.1	381.1	364.7	370.7	349.9	312.2	(p)325.1	55. Cuivre* (2)
189.2	196.6	200.3	173.1	161.1	160.9	169.5	213.7	214.9	182.8	166.1	150.7	56. Nickel*
189.1	196.7	199.5	175.8	163.7	161.9	(e)168.3	(e)212.2	(e)213.4	(e)181.5	(e)164.9	(e)149.7	57. Nickel (2)
436.1	485.0	506.4	452.3	463.2	465.0	463.8	461.6	480.8	440.3	398.1	428.9	58. Plomb
261.2	263.9	264.8	262.7	269.7	265.6	263.1	(e)267.7	(e)278.8	(e)255.4	(e)230.7	(e)248.7	59. Plomb* (2)
167.4	172.9	180.2	163.1	164.8	169.2	179.9	183.7	204.8	198.0	184.4	194.5	60. Zinc
167.5	172.7	180.8	166.2	168.3	171.3	182.1	185.5	204.7	198.1	185.0	193.7	61. Zinc* (2)
355.4	397.8	443.6	384.5	392.4	422.1	417.0	426.3	403.6	366.2	338.6	287.2	62. Étain
357.8	401.8	447.3	390.7	395.0	419.6	419.2	429.6	408.7	368.9	342.0	291.6	63. Étain*
334.0	334.0	..	..	..	..	..	..	..	..	..	..	64. Tungstène (9)
640.4	535.6	544.1	607.6	683.9	642.4	615.8	616.1	603.1	543.1	469.1	402.5	65. Tungstène APT (9)
593.0	616.0	584.3	506.6	475.8	456.0	463.7	461.8	459.4	430.2	436.9	427.5	66. Or* (10)
600.8	652.3	601.3	462.7	428.5	416.5	409.7	393.2	393.6	329.6	335.2	328.4	67. Argent* (11)
												POUR MÉMOIRE :
364.2	361.1	372.4	351.9	380.4	370.3	367.5	376.9	355.7	264.2	183.3	214.1	68. Pétrole brut (12)
150.0	146.0	146.0	143.0	143.0	146.0	(p)148.0	(p)148.0	(p)148.0	(p)151.0	(p)150.0	..	69. Valeur unitaire des exportations d'articles manufacturés par les économies dévelopées

Sources :

- Les prix utilisés pour le calcul des indices présentés dans ce tableau sont extraits du tableau Prix des produits de base sur le marché libre d' *UNCTADstat*

Notes :

- Les indices agrégés recouvrent tous les produits présentés à l'exception de ceux munis d'un astérisque (*).
- Les indices moyens annuels sont calculés sur la base de données mensuelles et peuvent ne pas correspondre aux moyennes calculées sur la base de données trimestrielles.
- Pour les spécifications, se reporter à la page suivante.

(1) Dollars par tonne métrique (sauf mention spéciale).
(2) Cents par livre.
(3) Cents par kilogramme.
(4) Dollars par mètre cube.
(5) Livres par mètre cube.
(6) Cents par feuille.
(7) Cents par unité de Fe.
(8) Dollars par tonne sèche.
(9) Dollars par unité de tonne métrique de WO3.
(10) Dollars par once troy.
(11) Cents par once troy.
(12) Dollars par baril.

6

Specifications

Food

1. Wheat: Argentina, Trigo Pan Upriver, FOB.
2. Wheat: United States, no. 2, Hard Red Winter (ordinary), FOB Gulf ports.
3. Maize: Argentina, Rosario, FOB.
4. Maize: United States, no. 3 yellow, FOB Gulf ports.
5. Rice: Thailand, white milled, 5 % broken, nominal price quotes, FOB Bangkok.
6. Sugar: Caribbean ports, FOB bulk basis (I.S.A.).
7. Beef: Australia and New-Zealand, frozen and boneless, 85 % visible lean, U.S. import price, FOB port of entry.
8. Bananas: Central America and Ecuador, fresh, U.S. importer's price, FOB U.S. ports.
9. Pepper: Muntok, white, FAQ spot. Prior to June 2003, Singapore.
10. Soybean meal: Hamburg, 44/45% protein, FOB ex-mill.
11. Fish meal: Any origin, 64/65% protein, Bremen free carrier price. Prior to March 2006, CFR Hamburg.

Tropical beverages

12. Coffee: Colombian mild Arabicas, ex-dock New York (I.C.A.):
13. Coffee: Brazilian and other natural Arabicas, ex-dock New York (I.C.A.).
14. Coffee: Other mild Arabicas, ex-dock New York (I.C.A.).
15. Coffee: Robustas, ex-dock New York (I.C.A.).
16. Coffee: Composite indicator price 1976 (I.C.A.).
17. Cocoa: Average of daily prices, New York/London, 3 months futures (I.C.C.A.).
18. Tea: Best Pekoe Fannings 1, Mombasa auction prices.

Vegetable oils and oilseeds

19. Soybeans: United States, no. 2 yellow, CIF Rotterdam.
20. Soybean oil: Any origin, crude oil, the Netherlands, FOB ex-mill.
21. Sunflower oil: European Union, FOB North-West European ports.
22. Groundnut oil: Any origin, CIF Rotterdam.
23. Copra: Philippines/Indonesia, bulk, CIF North-West European ports.
24. Coconut oil: Philippines, CIF Rotterdam.
25. Palm kernel oil: Malaysia, CIF Rotterdam.
26. Palm oil: generally Indonesia, 5% FFA, CIF North-West European ports.

Agricultural raw materials

27. Linseed oil: Any origin, ex-tank, CIF Rotterdam.
28. Tobacco: Unmanufactured tobacco, United States general import price.
29. Cotton: Sudan, Barakat, X4B, CFR Far Eastern quotations. Prior to August 2005, CIF North Europe.
30. Cotton: United States, Memphis/Eastern Middling 1-3/32", CIF North Europe.
31. Cotton: United States; Memphis/Orleans/Texas, Middling 1-3/32", CFR Far Eastern quotations. Prior to June 2005, Memphis/Orleans/Texas, Middling 1-3/32", CIF North Europe.
32. Cotton: Cotton Outlook Index A, Middling 1-3/32", CFR Far Eastern quotations. Prior to August 2004, CIF North Europe.
33. Cotton: Egypt, Giza 88, good + 3/8, CFR Far Eastern quotations. Prior to August 2005, Giza 70, good + 3/8, FOB Alexandria.
34. Wool: fine, 19 micron, Australia.
35. Wool: coarse, 23 micron, Australia.
36. Jute: Bangladesh, Bangladesh White D (BWD), FOB Mongla.
37. Sisal: Tanzania/Kenya, no. 2 & 3 long, FOB Prior to 2007, CIF main European ports.
38. Sisal: Tanzania/Kenya no. 3 & UG, FOB Prior to 2007, CIF main European ports.
39. Hides: US, Chicago packer's heavy native steers over 53lbs., wholesale dealer's price, FOB shipping point.
40. Non-coniferous woods: United Kingdom, import price index 2010=100, dollar equivalent. Prior to 2012, 2005=100.
41. Tropical logs: Sapele, loyal and marchand, United Kingdom import price, FOB plus commission. Prior to June 2000, Cameroon FOB.
42. Tropical sawnwood: Malaysia, Meranti Tembaga, select and better, plus commission, United Kingdom. Prior to January 2008, Malaysia, Dark Red Meranti, and better, CIF French ports.
43. Plywood: Southeast Asia, Lauan, 3-ply, Extra, 91 cm x 182 cm x 4 mm, wholesale price, spot Tokyo.
44. Rubber: TSR 20 New York.
45. Rubber: no. 3 RSS, monthly average of weighted daily future prices, Singapore.

Spécifications

Produits alimentaires

1. Blé : Argentine, Trigo Pan Upriver, FAB.
2. Blé : États-Unis, Hard Red Winter, n° 2 (ordinaire), FAB ports du Golfe.
3. Maïs : Argentine, Rosario, FAB.
4. Maïs : États-Unis, jaune n° 3, FAB ports du Golfe.
5. Riz : Thaïlande, blanchi, 5 % brisures, prix nominal, FAB Bangkok.
6. Sucre : Ports des Caraïbes, FAB. en vrac (A.I.S.).
7. Viande de boeuf : Australie et Nouvelle-Zélande, désossée et congelée, maigres à 85 % visibles, prix à l'importation aux États-Unis, FAB port d'entrée.
8. Bananes : Amérique centrale et Equateur, fraîches, FAB ports des États-Unis.
9. Poivre : Muntok blanc, FAQ au comptant. Avant juin 2003, Singapour.
10. Farine de soja : Hambourg, 44/45 % protéines, FAB départ moulin.
11. Farine de poisson : toutes origines, 64/65 % protéines, Brême, prix franco transporteur. Avant mars 2006, CFR Hambourg.

Boissons tropicales

12. Café : Arabicas doux colombiens, ex-dock New York (A.I.C.).
13. Café : Brésilien et autres Arabicas naturels, ex-dock New York (A.I.C.).
14. Café : autres Arabicas doux, ex-dock New York (A.I.C.).
15. Café : Robustas, ex-dock New York (A.I.C.).
16. Café : Prix indicatif composite de 1976 (A.I.C.).
17. Cacao : moyenne des cours quotidiens New York/Londres, 3 mois à terme (A.I.C.C.).
18. Thé : Best Pekoe Fannings 1, cours aux enchères à Mombasa.

Huiles végétales et graines oléagineuses

19. Fèves de soja : États-Unis, n° 2 jaune, CAF Rotterdam.
20. Huile de soja : toutes origines, huile brute, FAB Pays-Bas, départ raffinerie.
21. Huile de tournesol : Union européenne, FAB ports de l'Europe du Nord-Ouest.
22. Huile d'arachide : toutes origines, CAF Rotterdam.
23. Coprah : Philippines/Indonésie, en vrac, CAF ports de l'Europe du Nord-Ouest.
24. Huile de coprah : Philippines, CAF Rotterdam.
25. Huile de palmiste : Malaisie, CAF Rotterdam.
26. Huile de palme : généralement Indonésie, 5 % AGL, CAF ports de l'Europe du Nord-Ouest.

Matières premières d'origine agricole

27. Huile de lin : toutes origines, cours du disponible, CAF Rotterdam.
28. Tabac : tabac non fabriqué, prix général à l'importation aux États-Unis.
29. Coton : Soudan, Barakat, classe X4B, cotations CFR Extrême Orient. Avant août 2005, CAF Europe septentrionale.
30. Coton : États-Unis, Memphis, oriental Middling 1-3/32", CAF Europe septentrionale.
31. Coton : États-Unis, Memphis/Orleans/Texas, Middling 1-3/32", CFR Extrême Orient. Avant juin 2005, Memphis/Orleans//Texax Middling 1-3/32", CAF Europe septentrionale.
32. Coton : Indice A de Cotton Outlook, Middling 1-3/32", CFR Extrême Orient. Avant août 2005, CAF Europe septentrionale.
33. Coton : Égypte, Giza 88, good + 3/8, CFR Extrême Orient. Avant août 2005, Giza 70, good + 3/8, FAB Alexandrie.
34. Laine : fine, 19 microns, Australie.
35. Laine : grossière, 23 microns, Australie.
36. Jute : Bangladesh, Bangladesh White D (BWD), FAB Mongla.
37. Sisal : Tanzanie/Kenya, n° 2 et 3 long, FAB. Avant 2007 : CAF principaux ports européens.
38. Sisal : Tanzanie/Kenya, n° 3 et UG, FAB Avant 2007 : CAF principaux ports européens.
39. Peaux : États-Unis, lourdes de bouvillons de plus de 24 kgs, abattus à Chicago, prix de gros, FAB point d'expédition.
40. Bois non conifères : Royaume-Uni, indice des prix à l'importation 2010=100, équivalent dollar. Avant 2012, 2005=100.
41. Grumes tropicales : Sapelli, loyal et marchand, prix d'importation au Royaume-Uni, FAB plus commission. Avant juin 2000, Cameroun, FAB.
42. Grumes tropicales sciées : Meranti Tembaga, Malaisie, select and better, CAF plus commission, Royaume-Uni. Avant janvier 2008, Malaisie, Meranti rouge foncé, select and better, CAF ports français.
43. Contre-plaqué : Asie du Sud-Est, Lauan, 3-feuilles, extra, 91 cm x 182 cm x 4 mm, prix de gros, cours du disponible à Tokyo.
44. Caoutchouc : TSR 20 New York.
45. Caoutchouc : RSS n° 3, moyenne mensuelle des prix quotidiens pondérés à terme, Singapour.

Minerals, ores and metals

46. Phosphate rock: Morocco, 70% BPL, contract FAS Casablanca.
47. Manganese ore index, 44% Mn, CIF Tianjin.
48. Iron ore: Brazilian to Europe, fines, Vale, Itabira, FOB.
49. Iron ore: Australian to Japan, fines, Hamersley, FOB.
50. Iron ore: Australia to China, fines, 62% Fe, offshore export price, CIF.
51. Iron ore: Brazil to China, fines, 65% Fe, offshore export price, CIF.
52. Iron ore: China import, fines 62% Fe, spot, CFR, Tianjin port (2009=100).
53. Aluminium: London Metal Exchange, high grade, cash.
54. Copper: London Metal Exchange, grade A, cash.
55. Copper: United States producer, wire bars, FOB refinery.
56. Nickel: London Metal Exchange, cash.
57. Nickel: New York dealer, 4x4 cathodes, free market.
58. Lead: London Metal Exchange, settlement and cash seller's price in warehouse, excluding duty, range main United Kingdom ports; purity 99.97%.
59. Lead: North America, producer price, refined.
60. Zinc: London Metal Exchange, cash settlement.
61. Zinc: North America, special high grade, daily weighted average, delivered basis.
62. Tin: London Metal Exchange, high grade, cash.
63. Tin: Ex-smelter price, Kuala Lumpur market.
64. Tungsten ore: wolframite and sheelite, CIF European ports, basis minimum 65% WO3. Prior to April 1992, Wolfram.
65. Tungsten APT, European market .
66. Gold: United Kingdom, 99.5% fine, London afternoon fixing, average of daily rates.
67. Silver: Handy & Harman, 99.9% grade refined, average of daily quotations, New York.

MEMO ITEM:

68. Crude petroleum: Average of United Kingdom Brent, Dubai, and West Texas crude prices, reflecting relatively equal consumption of light, medium and heavy crudes worldwide.
69. Unit value index of manufactured goods exports: Developed economies, sections 5 to 8 of the Standard International Trade Classification (SITC).

Minéraux, minerais et métaux

46. Phosphate brut : Maroc, 70 % BPL, FAS Casablanca.
47. Minerai de manganèse, 44% Mn, CAF Tianjin.
48. Minerai de fer : brésilien vers l'Europe, minerai fin, Vale, Itabira, FAB.
49. Minerai de fer : australien vers le Japon, minerai fin, Hamersley, FAB.
50. Minerai de fer : australien vers la Chine, fin, 62% Fe, prix offshore à l'exportation, CAF.
51. Minerai de fer : brésilien vers la Chine, fin, 65% Fe, prix offshore à l'exportation, CAF.
52. Minerai de fer : importé en Chine, fin, 62% Fe, au comptant, CFR, port de Tianjin (2009=100).
53. Aluminium : Bourse des métaux de Londres, haute qualité, cours au comptant.
54. Cuivre : Bourse des métaux de Londres, grade A, comptant.
55. Cuivre : Producteur États-Unis, barres à fil, FAB sortie affinerie.
56. Nickel : Bourse des métaux de Londres, cours au comptant.
57. Nickel : Prix du négociant à New York, cathodes 4x4, marché libre.
58. Plomb : Bourse des métaux de Londres, prix vendeur, à terme et au comptant, à l'entrepôt, droits non acquittés, principaux ports du Royaume-Uni ; pureté : 99,97 %.
59. Plomb : Amérique du Nord, prix des producteurs, raffiné.
60. Zinc : Bourse des métaux de Londres, cours de vente au comptant.
61. Zinc : Amérique du Nord, haute qualité spéciale, moyenne pondérée des prix journaliers à la livraison.
62. Étain : Bourse des métaux de Londres, haute qualité, cours au comptant.
63. Étain : Prix départ fonderie, marché de Kuala Lumpur.
64. Minerai de tungstène : wolframite et scheelite, CAF ports européens, minimum 65 % de WO3. Avant avril 1992, Wolfram.
65. Paratungstate d'ammonium (APT), marché européen.
66. Or : Royaume-Uni, 99,5 % fin, cotation de l'après-midi à Londres, moyenne des taux journaliers.
67. Argent : Handy & Harman, 99,9 % raffiné, moyenne des cotations journalières à New York.

POUR MÉMOIRE :

68. Pétrole brut : moyenne des prix du Brent du Royaume-Uni, de Dubaï et du Texas de l'Ouest, correspondant aux parts relatives de la consommation mondiale du brut léger, moyen et lourd.
69. Indices de la valeur unitaire des exportations des produits manufacturés : économies développées, sections 5 à 8 de la Classification type pour le commerce international (CTCI).

6

7 | INTERNATIONAL **FINANCE**

FINANCE INTERNATIONALE

Region, country or territory	Millions of dollars - Millions de dollars							
	1980	1990	2000	2005	2010	2012	2013	2014
DEVELOPING ECONOMIES	45 984	17 091	117 777	465 078	445 048	531 506	394 429	314 859
TRANSITION ECONOMIES	-2 301	-6 779	47 391	82 239	62 933	57 812	8 787	47 639
DEVELOPED ECONOMIES	-78 733	-104 754	-324 312	-491 423	-175 234	-206 142	6 118	-11 907
Developing economies: Africa	**6 566**	**3 635**	**16 773**	**61 595**	**7 868**	**-15 893**	**-57 776**	**-101 266**
Eastern Africa	*-3 937*	*-3 451*	*-3 277*	*-6 646*	*-11 073*	*-24 408*	*-24 543*	*-29 701*
Burundi	-83	-69	-50	-6	-301	-255	-253	-544
Comoros	-9	-10	-3	-27	-39	-41	-96	-76
Djibouti	-	-11	-19	20	50	-148	-309	-436
Eritrea			-105	-54	-130	-110	-193	-306
Ethiopia (...1991)	-226	-294						
Ethiopia	_	_	13	-1 568	-425	-2 985	-2 821	-4 704
Kenya	-876	-527	-199	-252	-2 369	-4 255	-4 872	-6 339
Madagascar	-556	-265	-260	-695	-888	-759	-622	-240
Malawi	-260	-86	-73	-507	-786	-800	-68	-216
Mauritius	-117	-119	-37	-324	-1 006	-828	-1 180	-1 289
Mozambique	-367	-415	-764	-761	-1 450	-6 373	-5 892	-5 797
Rwanda	-52	-85	-94	-65	-414	-821	-562	-964
Seychelles	-16	-13	-43	-174	-214	-164	-166	-313
Somalia	-136	..	..	..	..		..	..
South Sudan	_	_	_	_	_	-2 388	-69	-94
Uganda	-83	-263	-359	-13	-1 696	-1 668	-1 999	-2 082
United Republic of Tanzania	-521	-559	-428	-1 093	-1 960	-3 769	-4 703	-4 868
Zambia	-516	-594	-662	-232	1 525	1 372	-161	-387
Zimbabwe	-149	-140	-193	-897	-971	-417	-576	-1 045
Middle Africa	*-465*	*-1 751*	*1 869*	*6 367*	*3 138*	*12 909*	*2 840*	*-10 182*
Angola	68	-236	796	5 138	7 506	13 853	8 348	-3 723
Cameroon	-445	-551	-218	-495	-856	-956	-1 128	-1 333
Central African Republic	-43	-89	-13	-88	-202	-100	-46	-110
Chad	12	-46	-214	70	-956	-1 076	-1 169	-1 219
Congo	-167	-251	648	696	-202	-170	-662	-1 313
Dem. Rep. of the Congo	-254	-715	86	-389	-2 174	-1 260	-3 109	-2 440
Equatorial Guinea	-21	-19	-196	-511	-1 129	-742	-1 879	-1 878
Gabon	384	168	1 001	1 983	1 239	3 459	2 566	1 933
Sao Tome and Principe	1	-12	-20	-36	-88	-99	-82	-99
Northern Africa	*5 951*	*4 917*	*12 627*	*36 496*	*16 850*	*9 724*	*-19 893*	*-43 067*
Algeria	249	1 420	9 142	21 180	12 308	12 289	869	-9 289
Egypt	-436	2 327	-971	2 103	-4 504	-6 972	-3 534	-5 823
Libya	8 214	2 201	6 270	14 945	16 801	23 836	-108	-12 391
Morocco	-1 407	-196	-475	1 041	-3 925	-9 571	-7 844	-6 384
Sudan (...2011)	-316	-372	-518	-2 473	-1 725			
Sudan	_	_	_	_	_	-6 137	-5 398	-4 849
Tunisia	-353	-463	-821	-299	-2 104	-3 721	-3 879	-4 332
Southern Africa	*2 947*	*1 676*	*429*	*-6 177*	*-7 501*	*-21 093*	*-19 803*	*-17 376*
Botswana	-151	-19	545	1 634	-825	-509	1 769	2 703
Lesotho	56	65	-71	-27	-405	-306	-77	-143
Namibia	-	28	192	333	-390	-755	-540	-883
South Africa	3 161	1 552	-191	-8 015	-5 492	-19 678	-21 194	-19 087
Swaziland	-130	51	-46	-103	-388	155	239	34
Western Africa	*2 070*	*2 244*	*5 125*	*31 554*	*6 453*	*6 976*	*3 623*	*-940*
Benin	-36	-18	-81	-226	-530	-577	-673	-720
Burkina Faso	-49	-77	-319	-634	-181	-502	-807	-767
Cabo Verde	4	-4	-58	-41	-223	-220	-90	-142
Côte d'Ivoire	-1 826	-1 214	-241	40	465	-701	-2 092	-316
Gambia	-91	24	38	-43	56	58	-96	-126
Ghana	30	-223	-386	-1 105	-2 747	-4 632	-5 685	-3 562
Guinea	54	-203	-140	-160	-327	-1 039	-1 161	-1 205
Guinea-Bissau	-61	-45	32	-10	-71	-83	-133	-102
Liberia	46	..	-106	-184	-415	-480	-536	-646
Mali	-124	-221	-255	-438	-1 190	-273	-375	-949
Mauritania	-133	-10	-98	-877	-332	-1 226	-1 262	-1 403
Niger	-276	-236	-104	-312	-1 136	-1 098	-1 302	-1 383
Nigeria	5 178	4 988	7 427	36 529	14 459	20 353	20 148	12 674
Senegal	-386	-363	-332	-676	-589	-1 477	-1 512	-1 390
Sierra Leone	-165	-69	-112	-105	-585	-834	-383	-382
Togo	-95	-84	-140	-204	-200	-294	-418	-521

For sources and notes, see end of table.

As percentage of GDP - En pourcentage du PIB								Régions, pays ou territoires
1980	1990	2000	2005	2010	2012	2013	2014	
1.71	0.43	1.64	4.18	2.07	2.01	1.41	1.08	ÉCONOMIES EN DÉVELOPPEMENT
-3.19	-0.80	12.62	7.77	2.98	2.09	0.30	1.82	ÉCONOMIES EN TRANSITION
-0.92	-0.58	-1.26	-1.40	-0.42	-0.46	0.01	-0.03	ÉCONOMIES DÉVELOPPÉES
1.17	0.67	2.65	5.59	0.41	-0.70	-2.47	-4.18	**Économies en développement : Afrique**
-6.94	*-5.02*	*-4.36*	*-6.19*	*-5.77*	*-9.50*	*-8.74*	*-9.81*	*Afrique orientale*
-8.75	-6.06	-7.08	-0.51	-14.81	-10.53	-9.94	-18.76	Burundi
-7.21	-4.30	-1.49	-6.93	-7.37	-7.17	-15.43	-11.43	Comores
-	-2.30	-3.41	2.84	4.47	-10.93	-21.19	-27.56	Djibouti
		-14.82	-4.87	-6.15	-3.57	-5.62	-7.83	Érythrée
-3.84	-2.54	_	_	_	_	_	_	Éthiopie (...1991)
		0.17	-12.89	-1.62	-7.16	-6.13	-8.67	Éthiopie
-8.34	-4.16	-1.38	-1.17	-5.97	-8.58	-8.95	-10.59	Kenya
-17.04	-8.60	-6.72	-13.79	-10.15	-7.61	-5.86	-2.26	Madagascar
-11.61	-2.72	-2.33	-13.86	-11.29	-14.40	-1.32	-3.84	Malawi
-10.10	-4.55	-0.79	-4.99	-10.35	-7.23	-9.89	-10.16	Maurice
-6.50	-11.95	-15.88	-10.01	-14.27	-42.62	-37.70	-34.52	Mozambique
-3.72	-3.29	-5.33	-2.53	-7.26	-11.26	-7.39	-12.04	Rwanda
-8.77	-2.91	-5.75	-18.94	-22.10	-14.55	-11.48	-21.52	Seychelles
-23.69	..	..	..	..	..	..	..	Somalie
_	_	_	_	_	-23.03	-0.58	-0.98	Soudan du Sud
-2.27	-5.53	-4.80	-0.10	-7.84	-6.54	-7.56	-7.32	Ouganda
-5.58	-7.99	-3.22	-5.90	-6.37	-9.67	-10.26	-9.71	République-Unie de Tanzanie
-11.97	-15.66	-20.46	-3.23	9.42	6.66	-0.72	-1.72	Zambie
-2.09	-1.19	-2.56	-14.41	-10.31	-3.36	-4.27	-7.65	Zimbabwe
-1.17	*-3.55*	*5.56*	*6.95*	*1.77*	*5.54*	*1.16*	*-4.00*	*Afrique centrale*
1.26	-2.29	8.98	15.66	9.10	12.01	6.86	-2.96	Angola
-5.02	-4.65	-2.35	-2.99	-3.62	-3.61	-3.81	-4.22	Cameroun
-5.16	-5.91	-1.36	-6.23	-9.93	-4.47	-2.90	-6.07	République centrafricaine
1.07	-2.83	-15.45	1.19	-11.08	-10.54	-11.18	-10.71	Tchad
-9.77	-8.98	20.13	11.43	-1.65	-1.25	-4.72	-9.47	Congo
-1.58	-4.76	2.88	-3.25	-10.08	-4.30	-9.51	-6.83	Rép. dém. du Congo
-38.16	-14.26	-16.65	-7.09	-8.43	-3.79	-10.14	-10.94	Guinée équatoriale
7.08	2.78	17.63	20.70	9.62	21.66	15.12	11.39	Gabon
0.87	-10.61	-28.27	-29.01	-40.40	-35.67	-24.06	-26.05	Sao Tomé-et-Principe
4.32	*2.67*	*4.85*	*9.86*	*2.55*	*1.29*	*-2.67*	*-5.65*	*Afrique septentrionale*
0.59	2.29	16.69	20.52	7.64	5.91	0.42	-4.37	Algérie
-2.17	6.46	-1.01	2.23	-2.10	-2.68	-1.38	-2.06	Égypte
21.51	7.08	16.30	32.88	20.76	24.88	-0.14	-24.52	Libye
-6.69	-0.68	-1.28	1.75	-4.32	-9.98	-7.55	-5.87	Maroc
-4.96	-2.95	-3.95	-7.03	-2.48	_	_	_	Soudan (...2011)
_	_	_	_	_	-11.85	-9.89	-8.19	Soudan
-3.68	-3.43	-3.83	-0.93	-4.78	-8.25	-8.27	-8.93	Tunisie
3.37	*1.36*	*0.29*	*-2.21*	*-1.85*	*-4.89*	*-4.96*	*-4.53*	*Afrique australe*
-17.72	-0.52	9.42	16.45	-6.00	-3.53	11.97	17.21	Botswana
16.04	11.94	-9.27	-1.95	-18.61	-13.14	-3.47	-6.65	Lesotho
-	1.03	4.90	4.59	-3.50	-5.63	-4.29	-7.00	Namibie
3.81	1.34	-0.14	-3.11	-1.46	-4.95	-5.79	-5.46	Afrique du Sud
-19.53	4.68	-3.01	-3.97	-9.98	4.11	6.78	1.01	Swaziland
0.87	*1.94*	*4.41*	*12.42*	*1.32*	*1.16*	*0.54*	*-0.13*	*Afrique occidentale*
-2.60	-0.98	-3.42	-5.19	-8.09	-7.65	-8.10	-8.31	Bénin
-2.52	-2.46	-12.11	-11.61	-2.02	-4.47	-6.43	-5.82	Burkina Faso
2.67	-1.09	-9.46	-3.68	-13.39	-12.54	-4.85	-7.48	Cabo Verde
-17.95	-10.21	-2.26	0.23	2.03	-2.84	-7.32	-1.01	Côte d'Ivoire
-17.97	3.42	4.89	-6.95	5.91	6.35	-10.67	-14.64	Gambie
0.58	-2.24	-4.84	-6.42	-8.54	-11.10	-11.89	-9.23	Ghana
3.61	-6.95	-4.39	-5.46	-6.25	-16.77	-16.08	-15.60	Guinée
-11.88	-7.44	8.62	-1.79	-8.38	-9.17	-12.83	-9.14	Guinée-Bissau
6.01	..	-20.08	-30.19	-38.66	-27.68	-27.53	-32.44	Libéria
-8.20	-8.81	-9.58	-7.98	-12.66	-2.64	-3.42	-8.15	Mali
-8.91	-0.59	-7.58	-40.15	-7.65	-25.31	-22.87	-25.16	Mauritanie
-10.22	-8.94	-6.03	-9.25	-19.86	-16.42	-17.58	-17.68	Niger
2.53	7.30	9.96	20.24	3.92	4.42	3.91	2.24	Nigéria
-11.86	-5.85	-7.10	-7.76	-4.56	-10.51	-9.98	-8.74	Sénégal
-12.37	-7.89	-13.04	-6.36	-22.70	-22.03	-7.78	-7.48	Sierra Leone
-8.40	-4.72	-10.79	-9.66	-6.29	-7.55	-10.06	-11.83	Togo

Pour les sources et les notes, se reporter à la fin du tableau.

7

Region, country or territory	Millions of dollars - Millions de dollars							
	1980	1990	2000	2005	2010	2012	2013	2014
Developing economies: America	**-29 932**	**-4 028**	**-48 896**	**32 247**	**-61 910**	**-109 427**	**-166 493**	**-177 957**
Caribbean	*-769*	*-3 226*	*-2 575*	*461*	*-3 052*	*-9 215*	*-7 717*	*-3 454*
Anguilla	..	-9	-61	-52	-51	-55	-48	-47
Antigua and Barbuda	-19	-31	-42	-171	-167	-167	-204	-181
Aruba	..	-158	207	105	-460	104	-269	-151
Bahamas	-75	-37	-633	-701	-814	-1 505	-1 494	-1 861
Barbados	-17	-8	-213	-466	-218	-402	-396	-394
British Virgin Islands	..	..	216	388	280	..	..	..
Cayman Islands	..	..	..	-692	-421	-435	-437	-443
Cuba	..	-2 545	-696	393	1 490	-256	-1 042	1 996
Curaçao	–	–	–	–	–	-879	-663	-374
Dominica	-14	-44	-60	-76	-80	-92	-72	-68
Dominican Republic	-720	-280	-1 027	-473	-4 006	-3 971	-2 467	-2 002
Grenada	0	-46	-88	-193	-204	-193	-213	-204
Haiti	-101	-22	-114	7	-102	-431	-543	-502
Jamaica	-136	-312	-367	-1 071	-934	-1 379	-1 314	-1 111
Montserrat	..	-23	-8	-16	-19	-14	-27	-18
Netherlands Antilles	1	-44	-48	-106	-968	–	–	–
Saint Kitts and Nevis	-3	-47	-66	-65	-139	-85	-63	-90
Saint Lucia	-33	-57	-95	-129	-203	-183	-100	-168
Saint Vincent and the Grenadines	-9	-24	-24	-102	-208	-193	-210	-216
Sint Maarten (Dutch part)	–	–	–	–	–	95	17	..
Trinidad and Tobago	357	459	544	3 881	4 172	824	1 829	2 379
Central America	*-12 276*	*-8 372*	*-23 207*	*-14 060*	*-11 846*	*-27 109*	*-43 554*	*-38 979*
Belize	-4	15	-162	-151	-46	-33	-73	-136
Costa Rica	-664	-424	-707	-981	-1 143	-2 428	-2 333	-2 270
El Salvador	34	-152	-431	-622	-533	-1 235	-1 574	-1 194
Guatemala	-163	-213	-1 050	-1 241	-563	-1 310	-1 354	-1 387
Honduras	-317	-51	-508	-304	-682	-1 587	-1 655	-1 444
Mexico	-10 422	-7 451	-18 743	-8 956	-5 023	-15 877	-30 446	-26 453
Nicaragua	-411	-305	-936	-784	-780	-1 113	-1 200	-838
Panama, excluding Canal Zone	-329							
Panama	–	209	-673	-1 022	-3 076	-3 528	-4 920	-5 258
South America	*-16 886*	*7 569*	*-23 113*	*45 847*	*-47 012*	*-73 103*	*-115 222*	*-135 523*
Argentina	-4 774	4 552	-8 981	5 274	1 360	-1 170	-4 696	-5 069
Bolivia (Plurinational State of)	-6	-199	-446	622	874	1 970	1 054	-16
Brazil	-12 831	-3 823	-24 225	13 985	-47 273	-54 246	-81 108	-103 981
Chile	-1 971	-485	-898	1 449	3 581	-9 624	-10 125	-2 995
Colombia	-206	542	795	-1 892	-8 663	-11 306	-12 330	-19 781
Ecuador	-642	-360	1 113	474	-1 607	-337	-1 290	-840
Guyana	-129	-161	-82	-96	-155	-367	-426	-477
Paraguay	-277	390	-163	-68	-57	-231	621	15
Peru	-101	-1 419	-1 546	1 148	-3 782	-6 281	-9 126	-8 234
Suriname	32	67	32	-144	651	164	-198	-386
Uruguay	-709	186	-566	42	-753	-2 691	-2 924	-2 623
Venezuela (Bolivarian Rep. of)	4 728	8 279	11 853	25 053	8 812	11 016	5 327	8 865
Developing economies: Asia	**69 675**	**17 679**	**149 732**	**371 314**	**501 629**	**661 126**	**625 872**	**596 621**
Eastern Asia	*-7 380*	*25 654*	*51 143*	*187 235*	*333 762*	*333 952*	*342 536*	*368 830*
China	286	11 997	20 518	132 378	237 810	215 392	182 807	209 819
China, Hong Kong SAR	-1 432	4 764	6 993	21 575	16 012	4 147	4 153	5 441
China, Macao SAR	..	..	..	2 965	12 104	17 993	22 363	..
China, Taiwan Province of	-818	10 923	8 899	17 578	39 872	48 947	55 257	65 335
Korea, Republic of	-5 071	-1 390	14 803	12 655	28 850	50 835	81 148	89 220
Mongolia	-346	-640	-70	84	-886	-3 362	-3 192	-985
Southern Asia	*-6 440*	*-9 374*	*6 223*	*2 082*	*-31 665*	*-79 100*	*-32 414*	*-14 470*
Afghanistan	54	..	..	1 077	-2 795	-7 286	-6 706	1 158
Bangladesh	-702	-398	-306	508	1 168	2 576	2 058	-1 677
Bhutan	14	-28	-40	-235	-323	-382	-504	-471
India	-1 785	-7 036	-4 601	-10 284	-54 516	-91 471	-49 226	-31 289
Iran (Islamic Republic of)	-2 438	327	12 481	15 392	27 554	23 423	27 965	23 426
Maldives	-22	10	-51	-273	-196	-186	-120	-191
Nepal	-39	-289	-131	153	-128	577	1 160	908
Pakistan	-866	-1 661	-85	-3 606	-1 354	-2 342	-4 416	-3 544
Sri Lanka	-655	-298	-1 044	-650	-1 075	-4 009	-2 627	-2 790
South-Eastern Asia	*-3 867*	*-8 961*	*37 558*	*46 290*	*109 422*	*64 267*	*58 616*	*78 835*
Brunei Darussalam	..	2 531	2 998	4 033	5 623	5 684	5 558	3 558
Cambodia	..	-35	-136	-321	-410	-1 038	-1 607	-1 987

For sources and notes, see end of table.

As percentage of GDP - En pourcentage du PIB								Régions, pays ou territoires
1980	1990	2000	2005	2010	2012	2013	2014	
-3.95	-0.35	-2.22	1.16	-1.19	-1.87	-2.79	-2.93	Économies en développement : Amérique
-3.35	-5.29	-2.77	0.35	-1.66	-4.48	-3.60	-1.60	Caraïbes
..	-11.23	-40.58	-22.73	-18.88	-19.47	-16.85	-16.21	Anguilla
-12.74	-6.92	-5.40	-17.19	-14.72	-13.97	-16.47	-14.20	Antigua-et-Barbuda
..	-20.68	11.06	4.50	-19.25	4.09	-10.41	-5.68	Aruba
-4.76	-0.99	-10.00	-9.09	-10.29	-18.31	-17.74	-21.24	Bahamas
-1.64	-0.38	-6.83	-11.97	-4.93	-9.52	-9.37	-9.15	Barbade
..	..	28.70	44.62	31.30	..	..	..	Îles Vierges britanniques
..	..	..	-22.75	-12.87	-12.75	-12.58	-12.39	Îles Caïmanes
..	-8.88	-2.28	0.92	2.32	-0.35	-1.32	2.54	Cuba
		—			-28.06	-21.05	-11.55	Curaçao
-20.42	-21.96	-18.61	-21.36	-16.88	-18.57	-14.49	-13.40	Dominique
-8.80	-2.98	-4.34	-1.41	-7.86	-6.74	-4.07	-3.28	République dominicaine
0.31	-20.07	-16.94	-27.79	-26.45	-24.11	-25.63	-23.88	Grenade
-7.29	-0.84	-3.40	0.19	-1.66	-6.02	-7.07	-6.27	Haïti
-4.47	-6.47	-4.08	-9.53	-7.06	-9.30	-9.21	-8.04	Jamaïque
	-34.14	-20.91	-31.91	-33.75	-21.99	-46.64	-30.66	Montserrat
0.06	-2.22	-1.69	-3.23	-25.19				Antilles néerlandaises
-4.39	-23.35	-15.92	-11.86	-19.33	-11.09	-8.44	-11.57	Saint-Kitts-et-Nevis
-22.00	-12.27	-12.12	-13.82	-16.19	-13.88	-7.51	-12.13	Sainte-Lucie
-13.29	-10.06	-6.03	-18.56	-30.57	-27.82	-29.65	-29.11	Saint-Vincent-et-les Grenadines
					9.68	1.70	..	Saint-Martin (partie néerlandaise)
5.72	9.06	6.67	24.29	20.28	3.55	7.48	9.21	Trinité-et-Tobago
-4.79	-2.57	-3.23	-1.46	-0.99	-1.98	-2.99	-2.61	Amérique centrale
-2.05	3.79	-19.42	-13.57	-3.27	-2.10	-4.47	-8.06	Belize
-10.81	-5.84	-4.43	-4.91	-3.15	-5.35	-4.70	-4.55	Costa Rica
2.89	-3.16	-3.28	-3.64	-2.49	-5.19	-6.49	-4.71	El Salvador
-2.32	-3.12	-6.10	-4.56	-1.36	-2.60	-2.52	-2.32	Guatemala
-10.35	-1.41	-7.07	-3.12	-4.31	-8.55	-8.91	-7.38	Honduras
-4.49	-2.54	-2.89	-1.04	-0.48	-1.34	-2.42	-2.07	Mexique
-15.14	-8.56	-18.31	-12.40	-8.73	-10.45	-10.66	-6.88	Nicaragua
-8.11								Panama, sans la zone du canal
	3.44	-5.79	-6.61	-11.37	-9.82	-12.16	-11.95	Panama
-3.53	0.98	-1.66	2.73	-1.23	-1.72	-2.68	-3.10	Amérique du Sud
-5.28	2.69	-2.64	2.37	0.29	-0.19	-0.77	-0.95	Argentine
-0.18	-4.09	-5.32	6.52	4.45	7.28	3.44	-0.05	Bolivie (État plurinational de)
-6.71	-0.95	-3.76	1.59	-2.21	-2.41	-3.61	-4.73	Brésil
-6.50	-1.41	-1.16	1.18	1.65	-3.61	-3.65	-1.16	Chili
-0.44	0.95	0.80	-1.29	-3.02	-3.05	-3.26	-5.15	Colombie
-4.62	-2.84	6.07	1.14	-2.31	-0.38	-1.37	-0.83	Équateur
-13.63	-25.48	-7.23	-7.32	-6.85	-12.86	-14.23	-15.31	Guyana
-7.05	8.38	-2.29	-0.77	-0.29	-0.94	2.12	0.05	Paraguay
-0.63	-5.02	-3.00	1.51	-2.57	-3.26	-4.56	-4.09	Pérou
2.89	8.88	2.79	-6.55	14.90	3.27	-3.73	-6.90	Suriname
-6.66	2.01	-2.48	0.24	-1.94	-5.38	-5.25	-4.76	Uruguay
6.84	17.60	10.12	17.22	2.24	2.89	1.43	1.58	Venezuela (Rép. bolivarienne du)
5.11	0.78	3.47	5.13	3.50	3.62	3.20	2.90	Économies en développement : Asie
1.65	2.76	2.26	4.98	4.30	3.25	3.02	3.00	Asie orientale
0.09	2.97	1.72	5.79	4.00	2.62	1.99	2.08	Chine
-4.96	6.19	4.07	11.88	7.00	1.58	1.52	1.88	Chine (RAS de Hong Kong)
..	..	..	25.14	42.68	41.86	43.21	..	Chine (RAS de Macao)
-1.93	6.55	2.69	4.68	8.94	9.87	10.81	12.34	Province chinoise de Taiwan
-7.48	-0.49	2.64	1.41	2.64	4.16	6.22	6.30	Corée, République de
-57.98	-42.42	-6.15	3.34	-14.29	-32.57	-27.72	-8.77	Mongolie
-1.91	-1.82	0.86	0.16	-1.27	-2.73	-1.11	-0.48	Asie méridionale
1.47	..	..	16.26	-17.39	-34.16	-31.02	5.07	Afghanistan
-3.65	-1.23	-0.59	0.77	1.02	2.00	1.34	-0.96	Bangladesh
10.89	-10.23	-9.11	-28.70	-20.38	-20.93	-28.29	-24.14	Bhoutan
-0.97	-2.15	-0.98	-1.23	-3.20	-4.83	-2.54	-1.53	Inde
-2.65	0.36	12.00	7.49	6.53	4.21	5.67	5.91	Iran (République islamique d')
-24.04	3.54	-5.86	-25.03	-8.40	-7.14	-4.23	-6.44	Maldives
-1.86	-7.65	-2.28	1.85	-0.78	3.20	6.38	4.70	Népal
-2.79	-3.22	-0.11	-3.06	-0.78	-1.09	-1.96	-1.37	Pakistan
-15.33	-3.64	-6.24	-2.66	-2.17	-6.75	-3.91	-3.74	Sri Lanka
-1.97	-2.44	6.11	4.97	5.70	2.71	2.39	3.19	Asie du Sud-Est
..	71.90	49.96	42.31	45.45	33.53	34.50	23.77	Brunéi Darussalam
..	-2.04	-3.71	-5.10	-3.65	-7.39	-10.54	-12.09	Cambodge

Pour les sources et les notes, se reporter à la fin du tableau.

Region, country or territory	Millions of dollars - Millions de dollars							
	1980	1990	2000	2005	2010	2012	2013	2014
Indonesia (...2002)	2 900	-2 988	7 992	–	–	–	–	–
Indonesia	–	–	–	278	5 144	-24 418	-29 115	-26 233
Lao People's Dem. Rep.	-43	-55	-8	-174	29	-413	-376	-2 907
Malaysia	-266	-870	8 488	19 980	26 998	18 638	11 732	15 127
Myanmar	-350	-431	-210	582	1 574	-1 260	-1 128	-4 509
Philippines	-1 904	-2 695	-2 228	1 990	7 179	6 949	11 384	12 650
Singapore	-1 563	3 122	10 244	27 868	55 943	49 774	54 084	58 772
Thailand	-2 076	-7 281	9 313	-7 647	9 946	-1 458	-3 781	13 123
Timor-Leste	–	–	–	262	1 671	2 746	2 396	1 167
Viet Nam	-565	-259	1 106	-560	-4 276	9 062	9 471	10 074
Western Asia	**87 363**	**10 359**	**54 808**	**135 708**	**90 110**	**342 007**	**257 135**	**163 426**
Bahrain	184	70	830	1 474	770	2 222	2 560	1 801
Iraq	14 710	3 801	2 238	-3 335	6 488	29 541	3 052	-7 748
Jordan	374	-227	27	-2 271	-1 882	-4 711	-3 359	-2 512
Kuwait	15 302	3 886	14 672	30 071	36 727	78 708	71 267	53 205
Lebanon	-139	-1 098	-2 996	-2 748	-7 552	-7 994	-10 983	-12 451
Oman	942	1 106	3 129	5 178	5 039	7 799	5 117	1 679
Qatar	8 364	-850	4 151	7 482	23 952	62 000	62 418	54 835
Saudi Arabia	41 503	-4 147	14 317	90 060	66 751	164 764	135 442	76 916
State of Palestine	..	..	-990	-1 152	-691	-2 291	-1 412	..
Syrian Arab Republic	251	1 762	1 061	299	367	8 122	-5 461	-3 567
Turkey	-3 408	-2 625	-9 920	-21 449	-45 312	-48 535	-64 658	-46 504
United Arab Emirates	10 089	7 942	26 952	31 476	7 241	68 961	64 682	48 453
Yemen, Arab Republic	-685	–	–	–	–	–	–	–
Yemen, Democratic	-124	–	–	–	–	–	–	–
Yemen	–	739	1 337	624	-1 054	-335	-1 530	-681
Developing economies: Oceania	**-326**	**-195**	**168**	**-78**	**-2 539**	**-4 300**	**-7 174**	**-2 539**
Fiji	-17	-94	-26	-212	-142	-56	-561	-369
French Polynesia	..	..	..	9	77	143	164	..
Kiribati	11	-6	-2	-40	-25	-46	-39	7
Marshall Islands	–	..	-25	-3	-16	-7	-20	-40
Micronesia (Federated States of)	–	..	-31	-21	-44	-41	-32	8
New Caledonia	..	..	..	-112	-1 360	-1 862	-1 737	..
Palau	–	..	-55	-41	0	-25	-24	-28
Papua New Guinea	-289	-76	351	539	-633	-2 300	-4 750	-1 947
Samoa	-13	9	-4	-47	-43	-31	-46	-31
Solomon Islands	-12	-28	-41	-90	-224	14	-49	-98
Tonga	-7	6	-12	-21	-79	-45	-56	-40
Tuvalu	..	..	8	-4	-14	6	7	10
Vanuatu	1	-6	5	-34	-35	-50	-31	-11
Transition economies	**-2 301**	**-6 779**	**47 391**	**82 239**	**62 933**	**57 812**	**8 787**	**47 639**
Albania	16	-118	-156	-571	-1 353	-1 258	-1 380	-1 770
Armenia	–	–	-278	-124	-1 318	-1 104	-839	-863
Azerbaijan	–	–	-168	167	15 040	14 976	12 232	10 209
Belarus	–	–	-338	459	-8 280	-1 862	-7 567	-5 094
Bosnia and Herzegovina	–	–	-396	-1 844	-1 031	-1 499	-1 029	-1 401
Georgia	–	–	-177	-695	-1 196	-1 851	-927	-1 606
Kazakhstan	–	–	366	-1 031	1 411	1 079	-118	3 392
Kyrgyzstan	–	–	-76	-37	-317	-1 675	-1 684	-1 788
Montenegro					-952	-769	-649	-699
Republic of Moldova	–	–	-98	-226	-437	-538	-399	-639
Russian Federation	–	–	46 839	84 389	67 452	71 282	34 801	59 462
Serbia and Montenegro	–	–	-146	-2 578				
Serbia	–	–	–	–	-2 550	-4 701	-2 790	-2 648
Socialist Federal Republic of Yugoslavia	-2 317	-2 364						
Tajikistan	–	–	-16	-19	-370	-248	-203	-640
TFYR of Macedonia	–	–	-103	-159	-198	-301	-195	-164
Turkmenistan	–	–	412	875	-2 349	15	-2 984	-2 852
Ukraine	–	–	1 481	2 534	-3 016	-14 335	-16 518	-5 332
Union of Soviet Socialist Republics	..	-4 297						
Uzbekistan	–	–	245	1 100	2 397	600	-963	73
Developed economies: America	**-3 961**	**-98 716**	**-396 525**	**-723 078**	**-497 893**	**-508 684**	**-430 588**	**-426 184**
Bermuda	..	..	196	457	696	927	841	816
Canada	-6 088	-19 764	19 622	21 910	-56 626	-59 942	-54 665	-37 475
United States	2 127	-78 952	-416 343	-745 445	-441 963	-449 669	-376 763	-389 525
Developed economies: Asia	**-11 621**	**44 242**	**117 604**	**174 166**	**228 743**	**64 531**	**49 086**	**36 948**
Israel	-871	163	-2 056	4 043	7 855	4 414	7 954	12 927
Japan	-10 750	44 078	119 660	170 123	220 888	60 117	41 132	24 021

For sources and notes, see end of table.

As percentage of GDP - En pourcentage du PIB								Régions, pays ou territoires
1980	1990	2000	2005	2010	2012	2013	2014	
3.64	-2.38	4.83	–	–	–	–	–	Indonésie (...2002)
–	–	–	0.10	0.73	-2.79	-3.35	-3.09	Indonésie
-13.43	-6.34	-0.51	-6.40	0.43	-4.39	-3.50	-24.92	Rép. dém. populaire lao
-1.01	-1.83	8.70	13.92	10.91	6.12	3.75	4.64	Malaisie
-5.93	-8.32	-2.89	4.88	3.79	-2.05	-1.79	-6.67	Myanmar
-5.29	-5.49	-2.75	1.93	3.60	2.78	4.18	4.44	Philippines
-12.97	8.04	10.86	22.22	23.98	17.51	18.29	19.51	Singapour
-6.20	-8.25	7.38	-4.05	2.94	-0.37	-0.90	3.24	Thaïlande
–	–	–	14.45	39.65	49.23	48.49	24.26	Timor-Leste
-23.59	-4.00	3.55	-1.06	-3.69	5.82	5.53	5.40	Viet Nam
22.74	*2.30*	*7.61*	*10.54*	*4.19*	*12.61*	*9.11*	*5.83*	*Asie occidentale*
4.90	1.42	9.16	9.23	2.99	7.22	7.78	5.32	Bahreïn
117.12	22.26	13.24	-9.20	5.54	16.04	1.56	-4.07	Iraq
9.32	-5.65	0.32	-18.04	-7.12	-15.23	-10.00	-7.03	Jordanie
53.33	21.04	38.90	37.22	31.82	45.22	40.53	30.82	Koweït
-2.59	-37.78	-18.23	-12.79	-19.66	-18.13	-23.26	-25.14	Liban
15.06	9.57	16.09	16.66	8.59	10.06	6.42	2.08	Oman
106.71	-11.55	23.37	16.80	19.14	32.64	30.83	26.25	Qatar
25.22	-3.56	7.60	27.42	12.67	22.45	18.10	10.17	Arabie saoudite
..	..	-22.96	-23.85	-7.75	-20.31	-11.22	..	État de Palestine
1.91	15.79	5.40	1.05	-0.61	-19.57	-15.53	-11.64	République arabe syrienne
-3.69	-1.30	-3.72	-4.44	-6.20	-6.15	-7.86	-5.81	Turquie
23.14	15.66	25.83	17.43	2.53	18.52	16.08	11.95	Émirats arabes unis
-42.31	–	–	–	–	–	–	–	Yémen, République arabe du
-34.99	–	–	–	–	–	–	–	Yémen, Démocratique
–	18.32	12.30	3.28	-3.41	-1.04	-4.41	-1.83	Yémen
-7.20	*-3.66*	*2.46*	*-0.35*	*-8.06*	*-11.14*	*-18.14*	*-10.30*	*Économies en développement : Océanie*
-1.44	-6.96	-1.48	-7.06	-4.52	-1.45	-13.90	-8.82	Fidji
..	..	..	0.15	1.22	2.29	2.57	..	Polynésie française
32.84	-15.00	-2.68	-35.67	-16.32	-25.45	-22.35	4.04	Kiribati
–	..	-23.19	-1.82	-8.95	-3.55	-10.82	-20.85	Îles Marshall
–	..	-13.27	-8.40	-15.09	-12.63	-9.49	2.37	Micronésie (États fédérés de)
..	..	..	-1.80	-15.00	-20.20	-17.89	..	Nouvelle-Calédonie
–	..	-37.99	-21.54	0.16	-10.97	-10.12	-11.26	Palaos
-10.23	-2.30	10.02	11.08	-6.52	-14.91	-30.80	-11.88	Papouasie-Nouvelle-Guinée
-11.52	7.69	-1.73	-10.90	-7.26	-4.48	-6.67	-4.51	Samoa
-8.48	-13.34	-12.12	-21.00	-31.19	1.44	-4.59	-8.48	Îles Salomon
-8.61	3.58	-6.34	-8.07	-21.15	-9.69	-12.74	-9.20	Tonga
..	..	61.16	-19.54	-44.03	16.12	17.76	26.81	Tuvalu
0.80	-3.56	1.83	-8.62	-4.99	-6.44	-3.83	-1.35	Vanuatu
-3.19	*-0.80*	*12.62*	*7.77*	*2.98*	*2.09*	*0.30*	*1.82*	*Économies en transition*
0.73	-5.36	-4.33	-7.06	-11.34	-10.19	-10.69	-13.38	Albanie
–	–	-14.56	-2.53	-14.23	-11.09	-8.05	-7.94	Arménie
–	–	-3.18	1.26	28.43	21.49	16.63	13.78	Azerbaïdjan
–	–	-3.25	1.52	-14.99	-2.93	-10.55	-6.69	Bélarus
–	–	-7.13	-16.92	-6.12	-8.86	-5.77	-7.76	Bosnie-Herzégovine
–	–	-5.78	-10.84	-10.28	-11.68	-5.75	-9.70	Géorgie
–	–	2.00	-1.81	0.95	0.53	-0.05	1.65	Kazakhstan
–	–	-5.55	-1.52	-6.61	-25.36	-23.31	-24.61	Kirghizistan
–	–	–	–	-23.17	-19.01	-14.69	-15.51	Monténégro
–	–	-7.62	-7.56	-7.53	-7.39	-5.00	-8.06	République de Moldova
–	–	18.03	11.05	4.42	3.53	1.66	3.19	Fédération de Russie
–	–	-1.58	-8.00	–	–	–	–	Serbie-et-Monténégro
–	–	–	–	-5.65	-9.99	-5.33	-5.21	Serbie
-3.31	-3.38	–	–	–	–	–	–	République socialiste fédérative de Yougoslavie
–	–	-1.86	-0.82	-6.55	-3.24	-2.39	-6.87	Tadjikistan
–	–	-2.73	-2.55	-2.11	-3.09	-1.81	-1.45	LERY de Macédoine
–	–	8.35	6.17	-10.61	0.04	-7.13	-5.83	Turkménistan
–	–	4.57	2.84	-2.14	-7.85	-8.77	-3.94	Ukraine
..	-0.55	–	–	–	–	–	–	Union des Républiques socialistes soviétiques
–	–	1.78	7.64	6.06	1.17	-1.68	0.12	Ouzbékistan
-0.13	*-1.49*	*-3.57*	*-5.04*	*-2.98*	*-2.81*	*-2.30*	*-2.21*	*Économies développées : Amérique*
..	..	5.63	9.39	12.12	16.74	15.08	14.27	Bermudes
-2.23	-3.34	2.65	1.88	-3.51	-3.27	-2.97	-2.10	Canada
0.07	-1.31	-4.02	-5.66	-2.93	-2.76	-2.23	-2.22	États-Unis
-1.05	*1.40*	*2.42*	*3.70*	*3.99*	*1.04*	*0.95*	*0.76*	*Économies développées : Asie*
-3.52	0.27	-1.59	2.91	3.39	1.71	2.73	4.24	Israël
-0.99	1.42	2.53	3.72	4.02	1.01	0.84	0.52	Japon

Pour les sources et les notes, se reporter à la fin du tableau.

Region, country or territory	Millions of dollars - Millions de dollars							
	1980	1990	2000	2005	2010	2012	2013	2014
Developed economies: Europe	**-57 731**	**-32 878**	**-28 221**	**108 857**	**142 064**	**312 935**	**443 778**	**424 127**
Austria	-3 865	1 166	-1 339	6 245	11 479	6 144	4 091	3 228
Belgium	-4 938	3 637	9 393	7 703	8 468	-9 353	-1 019	7 500
Bulgaria	954	-1 710	-703	-3 347	-796	-499	963	513
Croatia	–	–	-533	-2 460	-900	-251	716	380
Cyprus	-258	-154	-488	-971	-2 309	-1 577	-735	-1 189
Czechoslovakia	-	-1 227	–	–	–	–	–	–
Czech Republic	–	–	-2 690	-1 210	-7 351	-3 159	-1 106	1 343
Denmark	-2 389	1 372	2 262	11 104	18 183	18 750	24 248	21 494
Estonia	–	–	-299	-1 386	391	-440	-279	2
Faeroe Islands	..	..	99	31	144	..	..	..
Finland	-1 403	-6 962	10 526	7 788	5 944	-3 124	-2 466	-1 555
France	-4 208	-9 944	19 674	-137	-22 034	-41 720	-40 213	-28 945
Germany, Federal Republic of	-15 656	–	–	–	–	–	–	–
Germany	–	46 456	-32 484	132 200	193 326	240 862	242 325	290 327
Greece	-2 209	-3 537	-9 820	-18 233	-30 275	-6 172	1 409	2 210
Hungary	-1 102	379	-4 004	-7 883	346	2 264	5 315	5 392
Iceland	-76	-134	-847	-2 337	-282	-962	896	612
Ireland	-2 132	-361	-356	-7 150	2 319	9 245	14 438	15 241
Italy	-10 588	-16 479	-5 781	-29 744	-74 304	-9 231	20 122	40 475
Latvia	–	–	-371	-1 992	724	-702	-718	-1 004
Lithuania	–	–	-675	-1 872	-119	-514	754	58
Luxembourg	..	..	2 562	4 107	3 665	3 210	2 922	3 323
Malta	39	-56	-480	-524	-420	122	314	348
Netherlands	-855	8 089	7 264	41 600	61 820	89 546	94 974	94 994
Norway	1 079	3 992	25 079	49 968	50 258	63 557	50 962	42 328
Poland	-3 417	3 067	-10 343	-7 242	-26 863	-17 631	-6 988	-6 675
Portugal	-1 064	-181	-12 189	-19 538	-24 202	-4 574	3 219	1 317
Romania	-2 420	-3 254	-1 355	-8 504	-7 258	-7 494	-1 780	-921
Slovakia	–	–	-694	-4 005	-3 240	2 039	1 452	113
Slovenia	–	–	-548	-681	-37	1 222	2 688	2 843
Spain	-5 580	-18 009	-23 185	-83 388	-62 498	-16 295	20 083	10 533
Sweden	-4 331	-6 339	10 074	26 423	29 402	31 358	54 254	44 744
Switzerland	-201	6 124	32 830	54 763	81 490	66 135	73 153	49 029
United Kingdom	6 862	-38 811	-38 800	-30 472	-63 006	-97 822	-120 215	-173 933
Developed economies: Oceania	**-5 420**	**-17 401**	**-17 170**	**-51 368**	**-48 147**	**-74 924**	**-56 159**	**-46 797**
Australia	-4 447	-15 948	-14 763	-43 343	-44 714	-68 008	-50 227	-40 369
New Zealand	-973	-1 453	-2 407	-8 025	-3 433	-6 916	-5 932	-6 428
Memo items								
Developing economies excluding China	45 698	5 094	97 259	332 700	207 238	316 114	211 622	105 040
Developing economies excluding LDCs	52 551	23 028	121 988	469 947	456 902	559 263	431 140	369 221
High-income developing economies	57 372	33 850	120 478	455 639	522 269	714 582	535 608	437 593
Middle-income developing economies	-6 336	-11 718	1 733	16 258	-56 986	-149 955	-105 867	-86 360
Low-income developing economies	-5 052	-5 041	-4 434	-6 818	-20 236	-33 121	-35 312	-36 374
HIPCs (Heavily indebted poor countries) (IMF)	-7 591	-7 784	-6 743	-9 619	-22 335	-41 730	-49 284	-41 984
LLDCs (Landlocked developing countries)	-2 716	-2 924	-2 470	-1 178	2 222	-7 993	-11 314	-7 441
SIDS (Small island developing States)	-434	-490	-1 089	319	-145	-4 746	-7 178	-5 396
LDCs (Least developed countries)	-6 568	-5 937	-4 211	-4 869	-11 854	-27 757	-36 711	-54 362

Sources:

UNCTAD secretariat calculations, based on:

- IMF, *Balance of Payments Statistics*

- Eurostat, online database

- OECD, *OECD.Stat*

- IMF, *World Economic Outlook*

- ECLAC, *CEPALSTAT* Balance of payments

- Economist Intelligence Unit, *Country Data*

- UN DESA Statistics Division, *National Accounts Main Aggregates Database*

- UNCTAD estimates

- National sources

Notes:

- Balance-of-payments current account data cover all transactions between residents and non-residents of a reporting economy, involving economic values and mainly concerning goods, services, income and current transfers. In general, the current account balance describes the difference between current receipts and expenditures for internationally traded goods and services, primary income, and secondary income between residents and non-residents. From a national perspective, the current account balance would equal the gap between national savings and domestic investment.

As percentage of GDP - En pourcentage du PIB								Régions, pays ou territoires
1980	1990	2000	2005	2010	2012	2013	2014	
-1.42	**-0.42**	**-0.31**	**0.72**	**0.79**	**1.70**	**2.31**	**2.15**	**Économies développées : Europe**
-4.72	0.70	-0.68	1.98	2.95	1.51	0.96	0.74	Autriche
-3.88	1.76	3.96	1.99	1.75	-1.87	-0.19	1.41	Belgique
8.80	-8.25	-5.26	-11.42	-1.64	-0.95	1.77	0.92	Bulgarie
_	_	-2.45	-5.42	-1.51	-0.44	1.24	0.66	Croatie
-10.71	-2.47	-4.93	-5.24	-9.15	-6.32	-3.06	-5.12	Chypre
-	-2.16							Tchécoslovaquie
_	_	-4.38	-0.89	-3.55	-1.53	-0.53	0.65	République tchèque
-3.37	0.99	1.38	4.20	5.69	5.83	7.20	6.28	Danemark
_	_	-5.26	-9.90	2.01	-1.94	-1.12	0.01	Estonie
..	..	..	..	..	..	..	..	Îles Féroé
-2.61	-4.92	8.38	3.81	2.40	-1.22	-0.92	-0.58	Finlande
-0.60	-0.78	1.43	-0.01	-0.83	-1.55	-1.43	-1.02	France
-1.65								Allemagne, Rép. fédérale d'
_	2.63	-1.67	4.63	5.67	6.82	6.50	7.54	Allemagne
-3.87	-3.60	-7.43	-7.36	-10.11	-2.47	0.58	0.93	Grèce
-4.35	1.02	-8.50	-7.05	0.27	1.79	3.98	3.93	Hongrie
-2.23	-2.04	-9.47	-13.91	-2.12	-6.78	5.84	3.64	Islande
-9.81	-0.73	-0.36	-3.40	1.06	4.17	6.22	6.19	Irlande
-2.23	-1.40	-0.51	-1.60	-3.49	-0.44	0.94	1.88	Italie
_	_	-3.75	-11.66	3.03	-2.46	-2.32	-3.14	Lettonie
_	_	-5.87	-7.16	-0.32	-1.20	1.62	0.12	Lituanie
..	..	12.02	11.09	7.03	5.70	4.86	5.33	Luxembourg
3.00	-2.12	-11.85	-8.19	-4.80	1.32	3.15	3.33	Malte
-0.45	2.58	1.76	6.19	7.39	10.88	11.13	10.98	Pays-Bas
1.66	3.32	14.64	16.19	11.73	12.47	9.76	8.46	Norvège
-5.89	4.74	-6.02	-2.38	-5.64	-3.55	-1.33	-1.22	Pologne
-3.23	-0.23	-10.30	-9.90	-10.16	-2.10	1.42	0.57	Portugal
-6.64	-8.02	-3.62	-8.53	-4.32	-4.36	-0.93	-0.46	Roumanie
_	_	-3.36	-8.18	-3.64	2.20	1.49	0.11	Slovaquie
_	_	-2.69	-1.87	-0.08	2.64	5.60	5.75	Slovénie
-2.36	-3.30	-3.89	-7.21	-4.37	-1.20	1.44	0.75	Espagne
-3.09	-2.46	3.88	6.79	6.02	5.77	9.36	7.86	Suède
-0.17	2.37	11.98	13.32	13.90	9.85	10.59	6.84	Suisse
1.22	-3.66	-2.51	-1.26	-2.62	-3.74	-4.49	-5.90	Royaume-Uni
-2.75	**-4.71**	**-3.70**	**-5.85**	**-3.35**	**-4.27**	**-3.26**	**-2.79**	**Économies développées : Océanie**
-2.56	-4.92	-3.61	-5.69	-3.47	-4.31	-3.28	-2.74	Australie
-4.16	-3.20	-4.42	-6.97	-2.36	-3.96	-3.14	-3.18	Nouvelle-Zélande
								Pour mémoire
1.92	0.14	1.63	3.76	1.33	1.74	1.13	0.55	Économies en développement sans la Chine
2.05	0.60	1.75	4.35	2.19	2.18	1.60	1.31	Économies en développement sans les PMA
3.04	1.13	2.09	5.16	3.10	3.40	2.41	1.89	Économies en développement à revenu élevé
-0.91	-1.39	0.14	0.78	-1.35	-3.03	-2.06	-1.60	Économies en développement à rev. intermédiaire
-4.94	-3.70	-3.08	-3.10	-5.22	-7.02	-6.77	-6.34	Économies en développement à revenu faible
-6.65	-5.73	-5.16	-4.33	-5.83	-8.77	-9.46	-7.65	PPTE (Pays pauvres très endettés) (FMI)
-5.45	-4.09	-1.97	-0.50	0.42	-1.14	-1.49	-0.95	LLDCs (Pays en développement sans littoral)
-2.31	-1.83	-2.49	0.49	-0.17	-4.64	-6.89	-5.01	SIDS (Petits États insulaires en développement)
-5.43	-3.73	-2.27	-1.45	-1.84	-3.52	-4.29	-5.91	PMA (Pays les moins avancés)

Sources :

Calculs du secrétariat de la CNUCED, sur la base de :

- FMI, *Statistiques de la balance des paiements*

- Eurostat, base de données en ligne

- OCDE, *OECD.Stat*

- FMI, *World Economic Outlook*

- CEPALC, *CEPALSTAT* Balance des paiements

- Economist Intelligence Unit, *Country Data*

- ONU DAES Division de statistique, *National Accounts Main Aggregates Database*

- Estimations du secrétariat de la CNUCED

- Sources nationales

Notes :

- Les données du compte des transactions courantes de la balance des paiements recouvrent toutes les transactions, entre entités résidentes et non-résidentes, portant sur des valeurs économiques, concernant notamment les biens, les services, les revenus et les transferts courants. En général, la balance du compte courant indique la différence entre les recettes et les paiements pour des biens et des services échangés, les revenus primaires et les revenus secondaires entre résidents et non-résidents. D'une perspective nationale, la balance du compte courant représente l'écart entre les épargnes nationales et l'investissement intérieur.

7

Region, country or territory	Inward flows - Flux entrants Millions of dollars							
	1980	1990	2000	2005	2010	2012	2013	2014
WORLD (1)	54 400	204 896	1 363 215	927 402	1 328 215	1 403 115	1 467 149	1 228 283
DEVELOPING ECONOMIES (1)	7 398	34 608	232 216	330 178	579 891	639 022	670 790	681 387
TRANSITION ECONOMIES	24	75	5 772	31 801	75 101	85 134	99 589	48 112
DEVELOPED ECONOMIES	46 978	170 213	1 125 227	565 423	673 223	678 960	696 770	498 784
Developing economies: Africa	400	2 845	9 624	29 506	44 072	56 435	53 969	53 912
Eastern Africa	197	389	1 468	2 579	6 686	14 320	14 818	14 454
Burundi	5	1	12	1	1	1	7	32
Comoros	0	0	0	1	8	10	9	14
Djibouti	0	0	3	22	37	110	286	153
Eritrea			28	1	91	41	44	47
Ethiopia (...1991)	1	12						
Ethiopia	–	–	135	265	288	279	953	1 200
Kenya	79	57	111	21	178	259	505	989
Madagascar	-1	22	83	86	808	812	567	351
Malawi	9	23	40	140	97	129	120	130
Mauritius	1	41	277	42	430	589	259	418
Mozambique	4	9	139	108	1 018	5 629	6 175	4 902
Rwanda	16	8	8	8	251	255	258	268
Seychelles	10	0	24	86	211	260	170	229
Somalia	0	6	0	24	112	107	107	106
South Sudan	–	–	–	–	–	0	-78	-700
Uganda	4	-6	181	380	544	1 205	1 096	1 147
United Republic of Tanzania	5	0	282	936	1 813	1 800	2 131	2 142
Zambia	62	203	122	357	634	2 433	1 810	2 484
Zimbabwe	2	12	23	103	166	400	400	545
Middle Africa	353	-345	1 507	813	4 836	2 375	1 650	7 875
Angola	37	-335	879	(a)-1 304	(a)-3 227	(a)-6 898	(a)-7 120	-3 881
Cameroon	130	-113	159	244	538	526	326	501
Central African Republic	5	1	1	10	62	70	2	3
Chad	0	9	115	-99	313	343	538	761
Congo	40	23	166	585	928	2 152	2 914	5 502
Dem. Rep. of the Congo	110	-14	72	267	2 939	3 312	2 098	2 063
Equatorial Guinea	0	11	154	769	2 734	2 015	1 914	1 933
Gabon	32	73	-43	326	499	832	968	973
Sao Tome and Principe	0	0	4	16	51	23	11	20
Northern Africa	152	1 155	3 250	11 613	15 745	17 151	13 658	12 241
Algeria	349	40	280	1 145	2 300	3 052	2 661	1 488
Egypt	548	734	1 235	5 376	6 386	6 031	4 192	4 783
Libya	-1 089	159	141	1 038	1 909	1 425	702	50
Morocco	89	165	(a)422	(a)1 654	(a)1 574	(a)2 728	(a)3 298	(a)3 582
Sudan (...2011)	9	-31	392	1 617	2 064	–	–	–
Sudan	–	–	–	–	–	2 311	1 688	1 277
Tunisia	246	89	779	783	1 513	1 603	1 117	1 060
Southern Africa	132	92	1 269	7 335	4 797	6 267	9 634	6 578
Botswana	112	96	57	279	218	487	398	393
Lesotho	4	16	32	70	30	57	50	46
Namibia	0	30	186	385	793	1 133	801	414
South Africa	-10	-78	(a)887	(a)6 647	(a)3 636	(a)4 559	(a)8 300	(a)5 712
Swaziland	26	28	106	-46	120	32	84	13
Western Africa	-434	1 553	2 131	7 165	12 008	16 322	14 208	12 763
Benin	4	62	60	53	177	230	360	377
Burkina Faso	0	0	23	34	35	329	490	342
Cabo Verde	0	0	43	82	159	70	70	78
Côte d'Ivoire	95	48	235	312	339	330	407	462
Gambia	0	14	44	87	20	93	38	28
Ghana	16	15	115	145	2 527	3 293	3 226	3 357
Guinea	1	18	10	105	101	606	135	566
Guinea-Bissau	0	2	1	8	33	7	20	21
Liberia	72	225	21	83	450	985	1 061	302
Mali	2	6	82	224	406	398	308	199
Mauritania	27	7	40	812	131	1 389	1 126	492
Niger	49	41	8	30	940	841	719	769
Nigeria	-739	1 003	1 310	4 978	6 099	7 127	5 608	4 694
Saint Helena	0	0	-4	0	0	0	0	0
Senegal	14	57	63	45	266	276	311	343

For sources and notes, see end of table.

Outward flows - Flux sortants Millions de dollars								Régions, pays ou territoires
1980	1990	2000	2005	2010	2012	2013	2014	
52 085	243 887	1 166 145	795 910	1 366 152	1 283 653	1 305 857	1 354 337	MONDE (1)
2 728	13 120	89 043	109 560	340 876	357 249	380 784	468 148	ÉCONOMIES EN DÉVELOPPEMENT (1)
0	0	3 192	19 179	61 984	53 565	91 496	63 072	ÉCONOMIES EN TRANSITION
49 357	230 767	1 073 909	667 170	963 293	872 839	833 576	823 117	ÉCONOMIES DÉVELOPPÉES
1 097	660	1 534	2 144	9 264	12 386	15 951	13 073	Économies en développement : Afrique
5	21	27	95	1 357	-349	162	-91	*Afrique orientale*
0	0	0	0	0	0	0	0	Burundi
0	1	0	0	0	0	0	0	Comores
..	..	..	..	..	..	..	..	Djibouti
–	–	..	..	..	..	..	..	Érythrée
..	..	–	–	–	–	–	–	Éthiopie (...1991)
		..	..	..	..	..	..	Éthiopie
1	0	0	10	2	16	6	0	Kenya
0	1	0	0	0	0	0	0	Madagascar
0	0	-1	3	42	50	-46	-50	Malawi
0	1	13	48	129	180	135	91	Maurice
0	0	0	0	2	3	0	0	Mozambique
0	0	0	0	0	0	14	0	Rwanda
4	1	8	33	6	9	8	8	Seychelles
..	..	..	..	..	..	..	..	Somalie
–	–	–	–			..	..	Soudan du Sud
0	0	0	0	37	46	-47	0	Ouganda
0	0	0	0	0	0	0	0	République-Unie de Tanzanie
0	0	0	0	1 095	-702	66	-213	Zambie
0	17	8	1	43	49	27	72	Zimbabwe
0	53	33	394	1 935	2 932	6 150	2 409	*Afrique centrale*
0	1	0	(a)219	(a)1 340	(a)2 741	(a)6 044	2 131	Angola
-8	15	10	-14	503	-284	-379	-159	Cameroun
0	4	0	0	0	0	0	0	République centrafricaine
0	0	0	0	0	0	0	0	Tchad
0	4	4	1	4	-31	0	7	Congo
0	0	-2	13	7	421	401	344	Rép. dém. du Congo
0	0	-4	0	0	0	0	0	Guinée équatoriale
8	29	25	159	81	85	85	86	Gabon
0	0	0	15	0	0	0	0	Sao Tomé-et-Principe
87	135	223	287	4 781	3 332	951	1 672	*Afrique septentrionale*
34	5	14	-20	220	193	117	-4	Algérie
7	12	51	92	1 176	211	301	253	Égypte
47	105	98	128	2 722	2 509	180	940	Libye
0	13	(a)59	(a)75	(a)589	(a)406	(a)332	(a)444	Maroc
..	..	..	..	..	–	–	–	Soudan (...2011)
–	–	–	–	–	..	..	..	Soudan
0	0	1	12	74	13	22	39	Tunisie
766	39	286	951	-101	2 969	6 522	6 828	*Afrique australe*
2	7	2	56	-1	-8	-85	-43	Botswana
0	0	0	-1	-21	-38	-34	-31	Lesotho
0	1	3	-13	4	-11	-13	-34	Namibie
755	27	(a)271	(a)930	(a)-76	(a)2 988	(a)6 649	(a)6 938	Afrique du Sud
9	3	10	-22	-8	39	4	-1	Swaziland
238	412	965	418	1 292	3 501	2 166	2 255	*Afrique occidentale*
0	0	4	0	-18	19	59	31	Bénin
0	-1	0	0	-4	73	58	59	Burkina Faso
0	0	0	0	0	-3	-5	-5	Cabo Verde
0	0	8	0	25	14	-6	9	Côte d'Ivoire
..	..	..	..	..	..	..	..	Gambie
0	0	0	0	0	1	9	12	Ghana
0	0	0	0	0	2	0	1	Guinée
0	0	0	1	6	0	0	0	Guinée-Bissau
236	6	780	437	369	1 354	698	0	Libéria
0	0	4	-1	7	16	3	8	Mali
0	0	0	2	4	4	4	4	Mauritanie
-4	0	-1	-4	-60	2	101	21	Niger
5	415	169	15	923	1 543	1 238	1 614	Nigéria
..	..	..	..	..	..	..	..	Sainte-Hélène
2	-10	1	-8	2	56	33	37	Sénégal

Pour les sources et les notes, se reporter à la fin du tableau.

Region, country or territory	Inward flows - Flux entrants Millions of dollars							
	1980	1990	2000	2005	2010	2012	2013	2014
Sierra Leone	-19	32	39	91	238	225	144	440
Togo	43	23	41	77	86	122	184	292
Developing economies: America (1)	**6 303**	**8 523**	**79 631**	**75 345**	**131 727**	**178 049**	**186 151**	**159 405**
Caribbean (1)	*277*	*425*	*2 114*	*2 771*	*2 979*	*6 164*	*4 764*	*5 281*
Anguilla	0	11	43	119	11	44	42	39
Antigua and Barbuda	20	59	67	238	101	138	101	167
Aruba	0	131	-128	-207	190	-319	225	244
Bahamas	4	-17	609	1 054	1 148	1 073	1 111	1 596
Barbados	3	11	55	240	290	436	5	275
British Virgin Islands	-1	18	9 877	-9 090	50 645	67 973	92 300	56 541
Cayman Islands	20	49	7 627	10 221	8 666	7 367	12 637	18 553
Curaçao	–	–	–	–	–	57	17	183
Dominica	0	8	20	32	58	57	39	41
Dominican Republic	93	133	953	1 123	2 024	3 142	1 991	2 208
Grenada	0	13	39	73	64	34	114	40
Haiti	13	8	13	26	178	156	186	99
Jamaica	28	175	469	682	228	413	593	551
Montserrat	0	10	2	6	4	3	4	6
Netherlands Antilles	35	8	-1	42	122			
Saint Kitts and Nevis	1	49	99	104	119	110	139	120
Saint Lucia	31	46	58	82	127	78	95	75
Saint Vincent and the Grenadines	1	8	38	41	97	115	160	139
Sint Maarten (Dutch part)	–	–	–	–	–	14	34	67
Trinidad and Tobago	143	109	680	940	549	2 453	1 994	2 423
Central America	*2 505*	*3 056*	*20 410*	*28 500*	*32 404*	*28 004*	*55 399*	*33 416*
Belize	0	19	23	127	97	189	92	141
Costa Rica	53	162	409	861	1 466	2 332	2 677	2 106
El Salvador	6	2	173	511	-230	482	179	275
Guatemala	111	59	230	508	806	1 245	1 295	1 396
Honduras	6	44	382	600	969	1 059	1 060	1 144
Mexico	2 099	2 633	18 303	24 734	26 083	18 951	44 627	22 795
Nicaragua	13	1	267	241	490	768	816	840
Panama, excluding Canal Zone	219	–	–	–	–	–	–	–
Panama	–	136	624	918	2 723	2 980	4 654	4 719
South America	*3 521*	*5 042*	*57 106*	*44 074*	*96 345*	*143 881*	*125 987*	*120 708*
Argentina	678	1 836	10 418	5 265	11 333	15 324	11 301	6 612
Bolivia (Plurinational State of)	47	67	736	-239	643	1 060	1 750	648
Brazil	1 910	989	32 779	15 066	48 506	65 272	63 996	62 495
Chile	213	661	4 860	7 097	16 789	25 021	16 577	22 949
Colombia	157	500	2 436	10 235	6 430	15 039	16 199	16 054
Ecuador	70	126	-23	493	166	585	731	774
Falkland Islands (Malvinas)	0	0	45	0	0	0	0	0
Guyana	1	8	67	77	198	294	214	255
Paraguay	30	71	100	35	210	738	72	236
Peru	27	41	810	2 579	8 455	11 918	9 298	7 607
Suriname	18	-77	-97	28	-248	121	138	4
Uruguay	290	42	273	847	2 289	2 536	3 032	2 755
Venezuela (Bolivarian Rep. of)	80	778	4 701	2 589	1 574	5 973	2 680	320
Developing economies: Asia	**573**	**22 908**	**142 788**	**224 983**	**401 851**	**400 840**	**427 879**	**465 285**
Eastern Asia	*980*	*9 077*	*111 790*	*123 211*	*201 825*	*212 428*	*221 450*	*248 180*
China	57	3 487	40 715	72 406	114 734	121 080	123 911	128 500
China, Hong Kong SAR	710	3 275	54 582	34 058	70 541	70 180	74 294	(c)103 254
China, Macao SAR	0	0	-1	1 243	2 831	3 894	4 513	3 046
China, Taiwan Province of	(a)166	(a)1 330	(a)4 928	(a)1 625	(a)2 492	(a)3 207	(a)3 598	(a)2 839
Korea, Dem. People's Rep. of	0	-61	3	50	38	120	227	134
Korea, Republic of	47	1 046	(a)11 509	(a)13 643	(a)9 497	(a)9 496	(a)12 767	(a)9 899
Mongolia	0	0	54	185	1 691	4 452	2 140	508
Southern Asia	*284*	*213*	*4 864*	*14 182*	*35 024*	*32 415*	*35 624*	*41 192*
Afghanistan	9	0	0	271	211	94	69	54
Bangladesh	9	3	579	845	913	1 293	1 599	1 527
Bhutan	0	2	0	6	31	51	9	6
India	79	237	3 588	7 622	27 417	24 196	28 199	34 417
Iran (Islamic Republic of)	81	-362	194	2 889	3 649	4 662	3 050	2 105
Maldives	0	6	22	73	216	228	361	363
Nepal	0	6	0	2	87	92	71	30
Pakistan	64	278	309	2 201	2 022	859	1 333	1 747
Sri Lanka	43	43	173	272	478	941	933	944

For sources and notes, see end of table.

Outward flows - Flux sortants Millions de dollars								Régions, pays ou territoires
1980	1990	2000	2005	2010	2012	2013	2014	
0	0	0	-8	0	0	-4	-2	Sierra Leone
0	0	0	-15	37	420	-21	464	Togo
432	**1 367**	**8 611**	**18 815**	**46 879**	**43 847**	**28 466**	**23 326**	**Économies en développement : Amérique (1)**
0	*29*	*161*	*466*	*83*	*1 761*	*683*	*744*	*Caraïbes (1)*
0	0	3	1	0	0	0	0	Anguilla
0	0	23	17	5	4	6	6	Antigua-et-Barbuda
0	487	3	-9	6	3	4	9	Aruba
115	0	140	143	150	132	277	398	Bahamas
1	1	1	9	-54	-129	106	93	Barbade
0	-2 520	34 459	17 755	54 162	54 078	81 520	54 287	Îles Vierges britanniques
5	282	7 649	6 122	13 263	11 042	14 533	13 584	Îles Caïmanes
–	–	–	–	–	12	-17	27	Curaçao
0	0	3	13	1	0	2	2	Dominique
0	0	62	24	25	77	-55	20	République dominicaine
0	0	2	3	3	3	1	1	Grenade
0	-8	0	0	0	0	0	0	Haïti
0	37	74	101	58	3	-87	-2	Jamaïque
0	0	0	1	0	0	0	0	Montserrat
1	2	-3	65	18	–	–	–	Antilles néerlandaises
0	0	3	11	3	2	2	2	Saint-Kitts-et-Nevis
0	0	4	4	5	4	3	3	Sainte-Lucie
0	0	0	1	0	0	0	0	Saint-Vincent-et-les Grenadines
–	–	–	–	–	-4	4	4	Saint-Martin (partie néerlandaise)
0	0	25	341	0	1 681	824	726	Trinité-et-Tobago
11	*226*	*413*	*6 358*	*15 426*	*22 922*	*13 922*	*5 929*	*Amérique centrale*
0	2	0	1	1	1	1	3	Belize
5	2	8	-43	25	428	290	218	Costa Rica
0	0	-5	-113	-5	-2	3	1	El Salvador
2	0	40	38	24	39	34	31	Guatemala
1	-1	7	1	-1	208	68	24	Honduras
3	223	363	6 474	15 050	22 470	13 138	5 201	Mexique
0	0	0	0	16	52	107	84	Nicaragua
0								Panama, sans la zone du canal
–	0	0	0	317	-274	281	368	Panama
421	*1 112*	*8 037*	*11 991*	*31 370*	*19 164*	*13 861*	*16 652*	*Amérique du Sud*
-110	35	901	1 311	965	1 055	1 097	2 117	Argentine
1	1	3	3	-29	0	0	0	Bolivie (État plurinational de)
367	625	2 282	2 517	11 588	-2 821	-3 495	-3 540	Brésil
44	8	3 987	2 135	10 524	17 120	7 621	12 999	Chili
106	16	325	4 796	5 483	-606	7 652	3 899	Colombie
1	3	17	23	134	-6	42	33	Équateur
..	..	..	..	..	..	..	..	Îles Falkland (Malvinas)
0	0	2	0	0	0	0	0	Guyana
1	0	1	3	7	56	49	24	Paraguay
0	50	0	0	266	78	137	84	Pérou
0	0	0	0	0	-1	0	0	Suriname
0	0	-1	36	-60	-3	5	13	Uruguay
12	375	521	1 167	2 492	4 294	752	1 024	Venezuela (Rép. bolivarienne du)
1 188	**11 080**	**78 876**	**88 182**	**284 078**	**299 424**	**335 318**	**431 591**	**Économies en développement : Asie**
167	*9 655*	*66 543*	*53 685*	*194 532*	*215 497*	*225 254*	*302 520*	*Asie orientale*
0	830	916	12 261	68 811	87 804	101 000	116 000	Chine
82	2 448	54 079	27 003	86 247	83 411	80 773	(c)142 700	Chine (RAS de Hong Kong)
0	0	0	60	-441	469	795	462	Chine (RAS de Macao)
(a)42	(a)5 243	(a)6 701	(a)6 028	(a)11 574	(a)13 137	(a)14 285	(a)12 697	Province chinoise de Taiwan
0	1	6	0	0	0	0	0	Corée, Rép. populaire dém. de
43	1 133	(a)4 842	(a)8 330	(a)28 280	(a)30 632	(a)28 360	(a)30 558	Corée, République de
0	0	0	2	62	44	41	103	Mongolie
4	*65*	*543*	*3 488*	*16 298*	*10 181*	*2 135*	*10 684*	*Asie méridionale*
0	0	0	2	72	65	0	0	Afghanistan
0	1	2	3	15	43	34	48	Bangladesh
..	..	..	..	..	..	..	..	Bhoutan
4	6	514	2 985	15 947	8 486	1 679	9 848	Inde
0	56	14	416	174	1 441	146	605	Iran (République islamique d')
..	..	..	..	..	..	..	..	Maldives
..	..	..	..	..	..	..	..	Népal
0	2	11	44	47	82	212	116	Pakistan
0	1	2	38	43	64	65	67	Sri Lanka

Pour les sources et les notes, se reporter à la fin du tableau.

Region, country or territory	Inward flows - Flux entrants Millions of dollars							
	1980	1990	2000	2005	2010	2012	2013	2014
South-Eastern Asia	**2 636**	**12 821**	**22 515**	**43 176**	**105 151**	**108 135**	**126 087**	**132 867**
Brunei Darussalam	-20	7	550	289	481	865	776	568
Cambodia	1	0	149	381	1 342	1 835	1 872	1 730
Indonesia (...2002)	180	1 092	-4 550	–	–	–	–	–
Indonesia	–	–	–	8 336	13 771	19 138	18 817	22 580
Lao People's Dem. Rep.	0	6	34	28	279	294	427	721
Malaysia	934	2 611	3 788	4 065	9 060	9 239	12 115	10 799
Myanmar	0	225	91	110	6 669	497	584	946
Philippines	114	550	2 240	1 854	1 298	2 033	(a)3 737	(a)6 201
Singapore	1 236	5 575	(a)15 515	(a)18 090	(a)55 076	(a)56 659	(a)64 793	(a)67 523
Thailand	189	2 575	3 410	8 067	9 147	9 168	14 016	12 566
Timor-Leste	–	–	–	1	29	39	50	34
Viet Nam	2	180	1 289	1 954	8 000	8 368	8 900	9 200
Western Asia	**-3 328**	**796**	**3 618**	**44 414**	**59 852**	**47 862**	**44 718**	**43 046**
Bahrain	-418	-183	364	1 049	156	891	989	957
Iraq	2	-7	0	515	1 396	3 400	5 131	4 782
Jordan	34	38	913	1 984	1 651	1 497	1 747	1 760
Kuwait	1	6	16	234	1 305	2 873	1 434	486
Lebanon	-12	6	993	3 321	3 748	3 170	2 880	3 070
Oman	98	142	(a)83	(a)1 538	(a)1 243	(a)1 040	(a)1 626	1 180
Qatar	11	5	252	2 500	4 670	396	-840	1 040
Saudi Arabia	-3 192	312	183	12 097	29 233	12 182	8 865	8 012
State of Palestine	0	0	62	47	206	58	176	124
Syrian Arab Republic	0	40	270	500	1 469	0	0	0
Turkey	18	684	982	10 031	9 086	13 283	12 357	12 146
United Arab Emirates	98	-116	-506	10 900	5 500	9 602	10 488	10 066
Yemen, Democratic	34	–	–	–	–	–	–	–
Yemen	–	-131	6	-302	189	-531	-134	-578
Developing economies: Oceania	**121**	**332**	**173**	**344**	**2 240**	**3 697**	**2 791**	**2 784**
Cook Islands	0	0	59	6	0	0	0	0
Fiji	36	84	3	185	350	376	272	279
French Polynesia	0	22	2	8	64	155	101	129
Kiribati	0	0	1	3	0	1	9	1
Marshall Islands	–	0	0	55	27	27	23	28
Micronesia (Federated States of)	–	0	0	0	1	1	1	1
Nauru	0	1	1	1	0	0	0	0
New Caledonia	2	31	-41	-7	1 439	2 887	2 261	2 288
Niue	0	0	5	0	0	0	0	0
Northern Mariana Islands	–	7	2	-8	15	5	6	3
Palau	–	1	2	5	-7	9	2	6
Papua New Guinea	76	155	98	34	29	25	18	-30
Samoa	0	7	-1	4	1	21	24	23
Solomon Islands	2	10	13	19	238	80	43	24
Tonga	0	0	9	13	25	31	51	56
Vanuatu	5	13	20	28	(a)59	(a)78	(a)-19	(a)-22
Transition economies	**24**	**75**	**5 772**	**31 801**	**75 101**	**85 134**	**99 589**	**48 112**
Albania	0	0	144	264	1 051	855	1 266	1 093
Armenia	–	–	104	292	529	489	370	(a)383
Azerbaijan	–	–	130	1 680	563	2 005	2 632	4 430
Belarus	–	–	119	307	1 393	1 429	2 230	1 798
Bosnia and Herzegovina	–	–	146	351	406	351	283	564
Georgia	–	–	131	453	814	911	949	1 279
Kazakhstan	–	–	1 283	1 971	11 551	13 337	10 221	9 562
Kyrgyzstan	–	–	-2	43	438	293	626	211
Montenegro	–	–	–	–	760	620	447	497
Republic of Moldova	–	–	128	191	208	195	236	207
Russian Federation	–	–	2 714	(a)15 508	(a)43 168	(a)50 588	(a)69 219	(a)20 958
Serbia and Montenegro	–	–	52	2 211	–	–	–	–
Serbia	–	–	–	–	2 171	1 593	2 409	2 196
Socialist Federal Republic of Yugoslavia (2)	24	71	–	–	–	–	–	–
Tajikistan	–	–	24	16	74	232	105	261
TFYR of Macedonia	–	–	0	96	213	143	335	348
Turkmenistan	–	–	131	418	3 632	3 130	3 076	3 164
Ukraine	–	–	595	7 808	6 495	8 401	4 499	410
Union of Soviet Socialist Republics (3)	0	4	–	–	–	–	–	–
Uzbekistan	–	–	75	192	1 636	563	686	751

For sources and notes, see end of table.

Outward flows - Flux sortants Millions de dollars								Régions, pays ou territoires
1980	1990	2000	2005	2010	2012	2013	2014	
394	*2 328*	*8 822*	*18 528*	*55 476*	*50 717*	*67 172*	*80 061*	**Asie du Sud-Est**
0	0	30	15	6	-422	-135	0	Brunéi Darussalam
0	0	7	6	21	36	46	32	Cambodge
6	-11	0	–	–	–	–	–	Indonésie (...2002)
–	–	–	3 065	2 664	5 422	6 647	7 077	Indonésie
0	0	4	-6	-1	0	-44	2	Rép. dém. populaire lao
201	129	2 026	3 076	13 399	17 143	14 107	16 445	Malaisie
..	..	..	..	..	..	..	..	Myanmar
86	22	125	189	616	1 692	3 647	6 990	Philippines
98	2 034	6 650	11 588	33 377	15 147	(a)28 814	(a)40 660	Singapour
3	154	(a)-20	(a)529	(a)4 467	(a)10 487	(a)12 122	(a)7 692	Thaïlande
–	–	–	0	26	13	13	13	Timor-Leste
0	0	0	65	900	1 200	1 956	1 150	Viet Nam
623	*-969*	*2 967*	*12 482*	*17 771*	*23 028*	*40 756*	*38 326*	**Asie occidentale**
0	25	10	1 135	334	922	1 052	-80	Bahreïn
0	0	0	89	125	490	227	242	Iraq
3	-31	9	163	28	5	16	83	Jordanie
407	-239	-303	5 142	5 890	6 741	16 648	13 108	Koweït
2	-16	138	715	487	1 009	1 962	1 893	Liban
0	0	0	(a)234	(a)1 498	(a)877	(a)1 384	(a)1 164	Oman
2	2	18	352	1 863	1 840	8 021	6 748	Qatar
211	-638	1 550	-350	3 907	4 402	4 943	5 396	Arabie saoudite
0	0	218	42	84	29	-48	-32	État de Palestine
0	3	44	80	0	0	0	0	République arabe syrienne
0	-16	870	1 064	1 469	4 106	3 527	6 658	Turquie
-2	-58	424	3 750	2 015	2 536	2 952	3 072	Émirats arabes unis
0								Yémen, Démocratique
–	0	-9	65	70	71	73	73	Yémen
11	*14*	*21*	*418*	*655*	*1 593*	*1 050*	*158*	**Économies en développement : Océanie**
0	0	0	296	540	1 307	887	0	Îles Cook
2	3	2	10	6	2	4	1	Fidji
0	0	0	16	38	43	66	46	Polynésie française
0	0	0	0	0	0	0	0	Kiribati
–	0	0	51	-11	24	19	24	Îles Marshall
–	..	..	..	..	..	..	..	Micronésie (États fédérés de)
-6	4	0	0	0	0	0	0	Nauru
0	0	2	31	76	109	63	70	Nouvelle-Calédonie
0	0	5	1	0	0	0	0	Nioué
–	0	0	0	0	0	0	0	Îles Mariannes du Nord
–	-1	0	0	0	0	0	0	Palaos
16	8	1	6	0	89	0	0	Papouasie-Nouvelle-Guinée
0	0	0	0	0	9	0	4	Samoa
0	0	0	2	2	3	3	1	Îles Salomon
0	0	11	5	3	7	7	11	Tonga
0	0	0	1	(a)1	(a)1	(a)0	(a)1	Vanuatu
0	*0*	*3 192*	*19 179*	*61 984*	*53 565*	*91 496*	*63 072*	**Économies en transition**
0	0	0	4	6	23	40	30	Albanie
–	–	0	5	8	16	19	(a)18	Arménie
–	–	1	1 221	232	1 192	1 490	2 209	Azerbaïdjan
–	–	0	3	51	121	246	-1	Bélarus
–	–	0	0	46	16	-15	2	Bosnie-Herzégovine
–	–	3	-89	135	297	120	202	Géorgie
–	–	4	-148	7 885	1 481	2 287	3 624	Kazakhstan
–	–	5	0	0	0	0	0	Kirghizistan
–	–	–	–	29	27	17	27	Monténégro
–	–	0	0	4	20	29	41	République de Moldova
–	–	3 177	(a)17 880	(a)52 616	(a)48 822	(a)86 507	(a)56 438	Fédération de Russie
–	–	2	27	–	–	–	–	Serbie-et-Monténégro
–	–	–	–	231	352	353	391	Serbie
0	0	–	–	–	–	–	–	Rép. socialiste fédérative de Yougoslavie (2)
–	–	..	..	..	..	..	..	Tadjikistan
–	–	0	3	5	-8	-15	-21	LERY de Macédoine
–	–	..	..	..	..	..	..	Turkménistan
–	–	1	275	736	1 206	420	111	Ukraine
0	0	–	–	–	–	–	–	Union des Républiques socialistes soviétiques (3)
–	–	..	..	..	..	..	..	Ouzbékistan

Pour les sources et les notes, se reporter à la fin du tableau.

7.2.1 Foreign direct investment: Inward and outward flows

Region, country or territory	Inward flows - Flux entrants Millions of dollars							
	1980	1990	2000	2005	2010	2012	2013	2014
Developed economies: America	**22 725**	**56 004**	**380 869**	**130 508**	**226 680**	**208 993**	**301 388**	**146 229**
Bermuda	0	0	67	44	231	48	55	-32
Canada	5 807	7 582	66 795	25 692	28 400	39 266	70 565	53 864
United States	16 918	48 422	314 007	104 773	198 049	169 680	230 768	92 397
Developed economies: Asia	**287**	**1 943**	**15 280**	**7 594**	**4 206**	**9 787**	**14 108**	**8 521**
Israel	9	137	6 957	4 818	5 458	8 055	11 804	6 432
Japan	278	1 806	8 323	2 776	-1 252	1 732	2 304	2 090
Developed economies: Europe	**21 766**	**102 676**	**713 540**	**454 410**	**404 868**	**400 954**	**325 450**	**288 789**
Austria	239	653	8 501	10 784	2 575	3 989	10 376	4 675
Belgium (4)	1 545	8 047	88 739	34 370	60 635	9 308	23 396	-4 957
Bulgaria	0	4	1 016	3 920	1 549	1 697	1 837	1 733
Croatia	–	–	(c)993	(c)1 786	(c)1 133	(c)1 451	(c)955	(c)3 451
Cyprus	85	127	838	1 170	766	1 257	3 497	(c)679
Czechoslovakia	0	165						
Czech Republic	–	–	4 985	11 653	6 141	7 984	3 639	5 909
Denmark	104	1 132	33 823	8 551	-9 163	418	-742	3 652
Estonia	–	–	391	2 799	1 024	1 569	553	983
Finland	24	645	8 834	4 750	7 359	4 158	(a)-5 165	(a)18 625
France	3 328	16 520	27 497	33 234	13 889	16 979	42 892	15 191
Germany, Federal Republic of	342							
Germany	–	2 962	(c)198 277	(c)47 449	(c)65 642	(c)20 316	(c)18 193	(c)1 831
Gibraltar	2	36	138	122	165	168	166	167
Greece	672	1 005	1 108	623	330	1 740	2 818	2 172
Hungary	0	554	2 764	7 709	2 193	14 375	3 097	4 039
Iceland	22	22	171	3 081	246	1 025	397	436
Ireland	286	622	25 779	-31 689	42 804	45 207	37 033	7 698
Italy	577	6 345	13 375	23 291	9 178	93	25 004	(c)11 451
Latvia	–	–	328	706	379	1 109	903	474
Lithuania	–	–	379	1 028	800	700	469	217
Luxembourg	0	0	0	(a)4 645	(a)38 588	(a)79 645	(a)23 248	(a)7 087
Malta	27	46	582	676	929	12 061	9 575	9 279
Netherlands	2 519	11 063	63 855	39 047	-7 184	17 655	32 039	30 253
Norway	60	1 564	7 090	2 181	17 044	18 774	14 441	8 682
Poland	10	88	9 445	9 719	12 796	7 120	(a)120	(a)13 883
Portugal	57	2 363	6 560	3 464	2 424	8 242	2 234	8 807
Romania	0	0	1 057	6 152	3 041	3 199	3 602	3 234
Slovakia	–	–	2 720	3 110	1 770	2 982	591	479
Slovenia	–	–	133	562	105	339	-144	1 564
Spain	1 493	10 797	39 575	25 020	39 873	25 696	(a)41 733	(a)22 904
Sweden	251	1 971	23 433	11 626	140	16 334	3 571	10 036
Switzerland	0	5 484	19 255	-951	28 744	15 989	(a)-22 555	(a)21 914
United Kingdom	10 123	30 461	121 898	183 822	58 954	59 375	47 675	72 241
Developed economies: Oceania	**2 200**	**9 589**	**15 538**	**-27 089**	**37 469**	**59 226**	**55 824**	**55 245**
Australia	1 866	7 904	14 191	-28 294	36 443	55 802	54 239	51 854
New Zealand	334	1 685	1 347	1 205	1 026	3 424	1 585	3 391
Memo items								
Developing economies excluding China	7 453	31 523	209 907	260 727	526 799	595 120	653 900	630 974
Developing economies excluding LDCs	6 972	34 444	246 603	326 393	617 758	692 676	755 485	736 234
High-income developing economies	5 638	29 145	236 494	284 466	535 083	595 265	656 054	625 814
Middle-income developing economies	1 440	5 287	12 045	44 940	94 052	100 381	101 083	113 851
Low-income developing economies	433	578	2 083	3 727	12 398	20 555	20 674	19 809
HIPCs (Heavily indebted poor countries) (IMF)	782	856	3 764	6 383	18 732	31 533	31 638	32 550
LLDCs (Landlocked developing countries)	384	602	3 740	6 943	26 100	34 424	29 979	29 149
SIDS (Small island developing States)	360	780	2 651	4 131	4 606	6 776	5 703	6 948
LDCs (Least developed countries)	538	566	4 019	6 740	23 774	23 524	22 327	23 239

For sources and notes, see next page.

		Outward flows - Flux sortants Millions de dollars						Régions, pays ou territoires
1980	1990	2000	2005	2010	2012	2013	2014	
23 328	**36 219**	**187 318**	**42 939**	**312 469**	**365 526**	**378 929**	**389 656**	**Économies développées : Amérique**
0	0	14	31	-33	241	50	93	Bermudes
4 098	5 237	44 678	27 538	34 723	53 938	50 536	52 620	Canada
19 230	30 982	142 626	15 369	277 779	311 347	328 343	336 943	États-Unis
2 382	**51 036**	**34 893**	**48 727**	**64 273**	**125 807**	**140 419**	**117 604**	**Économies développées : Asie**
-3	261	3 335	2 946	8 010	3 258	4 671	3 975	Israël
2 385	50 775	31 557	45 781	56 263	122 549	135 749	113 629	Japon
23 116	**140 955**	**848 225**	**612 627**	**566 031**	**376 380**	**316 766**	**316 212**	**Économies développées : Europe**
101	1 701	5 509	11 145	9 585	13 109	16 216	7 690	Autriche
196	6 314	86 362	32 658	9 092	33 985	17 940	8 534	Belgique (4)
0	-3	3	310	313	325	187	506	Bulgarie
_	_	(c)4	(c)228	(c)-91	(c)-56	(c)- 180	(c)1 886	Croatie
0	5	169	550	679	-281	3 473	(c)2 176	Chypre
0	20	_	_	_	_	_	_	Tchécoslovaquie
_	_	43	-19	1 167	1 790	4 019	-529	République tchèque
196	1 482	26 549	13 143	1 381	7 355	9 537	10 952	Danemark
_	_	61	663	156	1 030	375	236	Estonie
119	2 217	24 030	4 223	10 167	7 543	(a)-7 519	(a)574	Finlande
3 137	38 302	161 948	68 057	48 156	31 639	24 997	42 869	France
4 699	_	_	_	_	_	_	_	Allemagne, Rép. fédérale d'
_	24 235	(c)56 557	(c)74 542	(c)125 451	(c)66 089	(c)30 109	(c)112 227	Allemagne
..	..	..	..	..	..	..	..	Gibraltar
0	11	2 137	1 468	1 557	678	-785	856	Grèce
0	0	620	2 171	1 172	11 678	1 868	3 381	Hongrie
0	12	390	7 090	-2 357	-3 206	460	-247	Islande
0	364	4 629	14 313	22 348	15 286	23 975	31 795	Irlande
740	7 614	6 686	39 362	32 655	7 980	30 759	(c)23 451	Italie
_	_	9	128	19	192	411	137	Lettonie
_	_	4	346	-6	392	192	-36	Lituanie
0	0	0	(a)8 211	(a)23 243	(a)68 428	(a)34 555	(a)-4 307	Luxembourg
0	0	20	21	1 921	2 574	2 603	2 335	Malte
4 833	14 372	75 634	106 009	68 358	5 235	56 926	40 809	Pays-Bas
253	1 583	9 505	23 678	23 239	19 561	20 987	19 247	Norvège
21	5	17	2 862	6 147	-2 656	(a)-3 299	(a)5 204	Pologne
4	148	8 055	1 644	-9 782	-9 157	-90	6 664	Portugal
0	18	-13	-31	6	-114	-281	-77	Roumanie
_	_	41	191	946	8	-423	-123	Slovaquie
_	_	65	629	-18	-259	-223	-9	Slovénie
311	2 685	58 213	41 829	37 844	-3 982	(a)25 829	(a)30 688	Espagne
625	14 746	40 907	27 712	20 349	28 952	28 879	12 156	Suède
0	7 176	44 673	51 118	85 701	43 321	(a)10 238	(a)16 798	Suisse
7 881	17 948	235 398	78 377	46 633	28 939	-14 972	-59 628	Royaume-Uni
531	**2 557**	**3 474**	**-37 122**	**20 519**	**5 127**	**-2 538**	**-355**	**Économies développées : Océanie**
460	194	2 864	-35 783	19 804	5 583	-3 063	-351	Australie
71	2 363	610	-1 339	716	-456	525	-4	Nouvelle-Zélande
								Pour mémoire
2 849	10 543	130 415	121 434	339 626	334 592	376 226	420 562	Économies en développement sans la Chine
2 615	11 377	130 545	132 970	405 382	417 698	469 772	533 587	Économies en développement sans les PMA
2 480	10 894	129 233	126 338	382 989	400 956	459 764	507 823	Économies en développement à revenu élevé
134	466	1 291	6 917	24 865	18 769	16 102	27 673	Économies en développement à rev. intermédiaire
235	13	807	440	582	2 671	1 361	1 066	Économies en développement à revenu faible
227	14	818	427	2 119	1 790	1 117	683	PPTE (Pays pauvres très endettés) (FMI)
9	32	40	1 116	9 378	2 393	3 917	5 822	LLDCs (Pays en développement sans littoral)
131	55	311	813	332	2 032	1 319	1 377	SIDS (Petits États insulaires en développement)
234	-3	786	726	3 055	4 698	7 454	2 975	PMA (Pays les moins avancés)

Pour les sources et les notes, se reporter à la page suivante.

7

7.2.1 Foreign direct investment: Inward and outward flows

Sources:
- UNCTAD, Division on Investment and Enterprise, *World Investment Report*, Statistical Annex
(http://unctad.org/en/Pages/DIAE/World%20Investment%20Report/World_Investment_Report.aspx)

Notes:

Foreign direct investment (FDI) is defined as an investment involving a long-term relationship and reflecting a lasting interest in and control by a resident entity in one economy (foreign direct investor or parent enterprise) of an enterprise resident in a different economy (FDI enterprise or affiliate enterprise or foreign affiliate). Such investment involves both the initial transaction between the two entities and all subsequent transactions between them and among foreign affiliates.

A direct investment enterprise is defined as an incorporated or unincorporated enterprise in which the direct investor, resident in another economy, owns 10 percent or more of the ordinary shares or voting power (or the equivalent).

FDI inflows and outflows comprise capital provided (either directly or through other related enterprises) by a foreign direct investor to a FDI enterprise, or capital received by a foreign direct investor from a FDI enterprise.

FDI includes the following three components: equity capital, reinvested earnings and intra-company loans.
- Equity capital is the foreign direct investor's purchase of shares of an enterprise in a country other than its own.
- Reinvested earnings comprise the direct investor's share (in proportion to direct equity participation) of earnings not distributed as dividends by affiliates or earnings not remitted to the direct investor. Such retained profits by affiliates are reinvested.
- Intra-company loans or intra-company debt transactions refer to short- or long-term borrowing and lending of funds between direct investors (parent enterprises) and affiliate enterprises.

Data on FDI flows are presented on net bases (capital transactions' credits less debits between direct investors and their foreign affiliates). Net decreases in assets or net increases in liabilities are recorded as credits (with a positive sign), while net increases in assets or net decreases in liabilities are recorded as debits (with a positive sign). Hence, FDI flows with a negative sign indicate that at least one of the three components of FDI is negative and not offset by positive amounts of the remaining components. These are called reverse investment or disinvestment.

(a)   Asset/liability basis.

(c)   Directional basis calculated from asset/liability basis.

(1)   Excluding the offshore financial centres in the Caribbean: Anguilla, Antigua and Barbuda, Aruba, Bahamas, Barbados, British Virgin Islands, Cayman Islands, Curaçao, Dominica, Grenada, Montserrat, Saint Kitts and Nevis, Saint Lucia, Saint Vincent and the Grenadines, Sint Maarten (Dutch part) and Turks and Caicos Islands.

(2).   FDI outflows data from 1988 to 1991 inclusive refer to Slovenia only; the inflows figures for those years also cover the other Republics of the Socialist Federal Republic of Yugoslavia.

(3)   Partial data; total USSR territory is not covered.

(4)   Data from 1970 to 2001 inclusive refer to Belgium-Luxembourg; from 2002 onwards data cover Belgium only.

Sources :

- CNUCED, Division de l'investissement et des entreprises, *Rapport sur l'investissement dans le monde*, Annexe statistique
(http://unctad.org/en/Pages/DIAE/World%20Investment%20Report/World_Investment_Report.aspx)

Notes :

L'investissement étranger direct (IED) est un investissement impliquant une relation à long terme et témoignant de l'intérêt durable d'une entité résidant dans un pays (investisseur étranger direct ou société mère) à l'égard d'une entreprise résidant dans un autre pays (entreprise bénéficiaire, entreprise affiliée, ou encore filiale étrangère). Cet investissement englobe à la fois la transaction initiale entre les deux entités et toutes les transactions ultérieures entre elles et entre filiales étrangères.

L'entreprise d'investissement direct est définie comme une entreprise dotée ou non d'une personne morale, dans laquelle un investisseur direct qui est résident d'une autre économie, détient au moins dix pour cent des actions ordinaires ou des droits de vote (ou l'équivalent).

Les flux entrants et sortants de l'IED comprennent les capitaux fournis par l'investisseur direct (soit directement, soit par l'intermédiaire d'autres entreprises avec lesquelles il est lié) à l'entreprise d'investissement direct ou les capitaux reçus de cette entreprise par l'investisseur.

L'IED est composé des trois catégories suivantes : le capital social, les bénéfices réinvestis et les emprunts intra-compagnie.
- Le capital social inclut l'achat des actions d'une entreprise située à l'étranger par l'investisseur direct résidant dans l'économie déclarante.
- Les bénéfices réinvestis correspondent à la part qui revient à l'investisseur direct (au prorata de sa participation directe au capital) sur les bénéfices qui ne sont pas distribués sous forme de dividendes par les entreprises apparentées, ainsi que les bénéfices des succursales qui ne sont pas versés à l'investisseur direct. Ces bénéfices retenus par les affiliés sont réinvestis.
- Les emprunts intra-compagnie ou les transactions intra-compagnie concernant les dettes ou les créances se référent aux emprunts et prêts des fonds à court- ou long-terme entre l'investisseur direct (entreprise parente) et les entreprises apparentées (affiliées).

Les données sur les flux de l'IED se présentent sur une base nette (les crédits moins les débits des transactions en capital entre l'investisseur direct et son entreprise apparentée). Les augmentations nettes en passifs et les décroissances nettes en actifs se déclarent comme crédits (avec le signe positif), tandis que les augmentations nettes en actifs et les décroissances nettes en passifs se déclarent comme débits (avec le signe négatif). Par conséquent, les flux de l'IED avec un signe négatif indiquent qu'au moins une des trois catégories de l'IED est négative et n'est pas contrebalancée par les valeurs positives des autres catégories. Il s'agit alors de désinvestissements ou de réductions d'investissement.

(a)   Base actif/passif.
(c)   Principe directionnel calculé depuis la base actif/passif.
(1)   Non-compris les centres financiers offshore dans les Caraïbes : Anguilla, Antigua-et-Barbuda, Aruba, Bahamas, Barbade, îles Vierges britanniques, îles Caïmanes, Curaçao, Dominique, Grenade, Montserrat, Saint-Kitts-et-Nevis, Sainte-Lucie, Saint-Vincent-et les Grenadines, Sint Maarten (partie néerlandaise) et îles Turques et Caïques.
(2)   Les données de l'IED sortant, de 1988 à 1991, couvrent seulement la Slovénie ; pour la même période, les flux entrants comprennent aussi d'autres Républiques de la République socialiste fédérative de Yougoslavie.
(3)   Données partielles : elles ne couvrent pas la totalité de territoire de l'URSS.
(4)   Les données de 1970 à 2001 se réfèrent à Belgique-Luxembourg; à partir de 2002 les données couvrent uniquement la Belgique.

7

7.2.2 Foreign direct investment: Inward and outward stock

Region, country or territory	Inward stock - Stocks entrants Millions of dollars							
	1980	1990	2000	2005	2010	2012	2013	2014
WORLD (1)	701 160	2 197 768	7 203 815	10 988 575	19 607 406	22 073 175	24 483 726	24 626 455
DEVELOPING ECONOMIES (1)	294 521	510 107	1 669 812	2 639 002	6 088 657	7 261 542	7 748 172	8 310 055
TRANSITION ECONOMIES	0	1 652	57 391	257 853	729 600	836 997	914 473	724 965
DEVELOPED ECONOMIES	406 639	1 686 009	5 476 613	8 091 720	12 789 150	13 974 636	15 821 081	15 591 435
Developing economies: Africa	41 103	60 678	153 745	281 599	586 499	644 147	679 000	709 174
Eastern Africa	*3 391*	*4 949*	*14 115*	*23 080*	*50 201*	*71 569*	*87 542*	*101 970*
Burundi	7	30	47	47	6	9	16	48
Comoros	2	17	21	24	60	93	102	121
Djibouti	10	13	40	159	878	1 066	1 352	1 505
Eritrea			337	423	666	747	791	837
Ethiopia (...1991)	110	124		–	–	–	–	–
Ethiopia	–	–	941	2 821	4 206	5 111	6 064	7 264
Kenya	386	668	932	1 114	2 282	2 876	3 381	4 370
Madagascar	40	107	141	250	4 383	5 650	6 378	6 277
Malawi	143	228	358	614	1 150	1 167	1 214	1 239
Mauritius	26	168	683	805	4 658	3 218	4 412	4 586
Mozambique	15	25	1 249	2 659	4 688	13 907	20 605	25 577
Rwanda	0	33	55	77	422	716	838	1 105
Seychelles	83	213	515	809	1 701	2 168	2 339	2 567
Somalia	34	***	4	22	566	776	883	988
Uganda	11	6	807	2 024	5 575	7 675	8 771	9 917
United Republic of Tanzania	342	388	2 781	4 439	9 712	12 741	14 872	17 013
Zambia	1 998	2 655	3 966	5 409	7 433	11 048	12 525	15 009
Zimbabwe	186	277	1 238	1 383	1 814	2 601	3 001	3 546
Middle Africa	*2 098*	*4 769*	*13 611*	*31 083*	*50 455*	*51 886*	*53 536*	*61 412*
Angola	61	1 025	7 977	16 336	16 063	6 141	***	***
Cameroon	330	1 044	1 600	2 941	4 488	5 667	5 992	6 493
Central African Republic	50	95	104	198	511	618	619	623
Chad	121	250	576	3 040	3 595	4 219	4 758	5 518
Congo	315	575	1 893	3 006	9 262	13 593	16 507	22 010
Dem. Rep. of the Congo	709	546	617	908	3 994	3 532	5 631	7 694
Equatorial Guinea	0	25	1 060	4 124	9 413	13 403	15 317	17 250
Gabon	512	1 208	***	488	2 871	4 399	5 367	6 339
Sao Tome and Principe	0	0	11	41	260	315	325	345
Northern Africa	*11 294*	*23 962*	*45 590*	*83 708*	*201 187*	*217 587*	*233 446*	*239 076*
Algeria	1 525	1 561	3 379	8 217	19 527	23 607	25 298	26 786
Egypt	2 260	11 043	19 955	28 882	73 095	78 643	83 114	87 882
Libya	1 855	678	471	2 021	16 334	17 759	18 461	18 511
Morocco	2 283	3 011	8 842	(a)20 752	(a)45 082	(a)45 246	(a)51 816	(a)51 664
Sudan (...2011)	29	55	1 398	6 996	15 786			
Sudan	–	–	–	–	–	19 728	21 416	22 693
Tunisia	3 341	7 615	11 545	16 840	31 364	32 604	33 341	31 540
Southern Africa	*19 347*	*12 985*	*47 420*	*101 787*	*189 900*	*173 207*	*161 968*	*154 818*
Botswana	698	1 309	1 827	1 664	3 351	4 459	4 359	4 367
Lesotho	5	83	330	190	724	715	637	586
Namibia	1 935	2 047	1 276	2 453	5 334	3 600	4 024	3 722
South Africa	16 465	9 210	(a)43 451	(a)96 693	(a)179 565	(a)163 510	(a)152 123	(a)145 384
Swaziland	243	336	536	786	927	922	825	759
Western Africa	*4 973*	*14 013*	*33 010*	*41 941*	*94 756*	*129 898*	*142 507*	*151 897*
Benin	***	***	213	284	604	985	1 404	1 581
Burkina Faso	18	39	28	75	354	998	1 552	1 679
Cabo Verde	0	4	192	360	1 252	1 455	1 593	1 474
Côte d'Ivoire	530	975	2 483	4 512	6 978	7 516	8 279	7 711
Gambia	127	157	216	372	323	375	375	340
Ghana	233	319	1 554	2 145	10 080	16 622	19 848	23 205
Guinea	1	69	263	581	486	1 884	2 018	2 584
Guinea-Bissau	0	8	38	6	63	92	117	123
Liberia	868	2 732	3 247	3 788	4 956	7 221	6 267	6 569
Mali	203	229	132	872	1 964	2 875	3 325	3 109
Mauritania	***	59	146	1 608	2 372	4 350	5 475	5 968
Niger	190	286	45	100	2 251	4 098	5 031	5 133
Nigeria	2 457	8 539	23 786	26 345	60 327	76 369	81 977	86 671
Senegal	150	258	295	358	1 699	2 283	2 709	2 699
Sierra Leone	324	243	284	300	482	1 417	926	1 365
Togo	176	268	87	235	565	1 358	1 610	1 685

For sources and notes, see end of table.

Outward stock - Stocks sortants Millions de dollars								Régions, pays ou territoires
1980	1990	2000	2005	2010	2012	2013	2014	
558 975	2 253 944	7 298 188	11 702 253	20 414 081	22 527 186	24 599 197	24 602 826	**MONDE (1)**
70 769	139 436	741 924	1 188 952	3 033 713	3 965 762	4 354 216	4 833 046	ÉCONOMIES EN DÉVELOPPEMENT (1)
0	560	20 541	150 176	401 924	455 448	528 446	486 892	ÉCONOMIES EN TRANSITION
488 206	2 113 948	6 535 722	10 363 124	16 978 445	18 105 976	19 716 535	19 282 888	ÉCONOMIES DÉVELOPPÉES
7 586	20 252	38 888	43 223	133 447	176 311	201 320	213 486	**Économies en développement : Afrique**
34	*248*	*619*	*813*	*4 404*	*3 984*	*5 264*	*5 092*	*Afrique orientale*
0	0	2	2	1	1	1	1	Burundi
..	..	..	..	..	..	..	..	Comores
..	..	..	..	..	..	..	..	Djibouti
–	–	..	..	..	..	..	..	Érythrée
..	..	–	–	–	–	–	–	Éthiopie (...1991)
				..	..	..	..	Éthiopie
18	99	115	139	290	316	321	321	Kenya
0	1	10	6	6	6	6	6	Madagascar
0	0	***	8	90	72	75	24	Malawi
0	1	132	217	864	1 401	1 470	1 482	Maurice
0	2	1	0	3	17	10	10	Mozambique
0	0	0	0	13	13	13	13	Rwanda
16	64	130	197	247	264	272	280	Seychelles
..	..	..	..	..	..	..	..	Somalie
0	0	0	0	63	97	50	50	Ouganda
..	..	..	..	..	..	..	..	République-Unie de Tanzanie
0	0	0	0	2 531	1 409	2 630	2 417	Zambie
0	80	234	242	297	388	415	487	Zimbabwe
105	*390*	*711*	*1 968*	*7 976*	*13 420*	*19 570*	*21 980*	*Afrique centrale*
0	1	***	1 190	6 209	11 043	17 087	19 218	Angola
23	150	254	260	679	581	202	43	Cameroun
0	18	43	43	43	43	43	43	République centrafricaine
2	37	70	70	70	70	70	70	Tchad
0	18	40	58	64	87	87	94	Congo
0	0	34	95	224	736	1 136	1 480	Rép. dém. du Congo
0	0	***	3	3	3	3	3	Guinée équatoriale
81	167	280	234	663	836	920	1 006	Gabon
0	0	0	15	21	22	22	22	Sao Tomé-et-Principe
1 129	*1 836*	*3 199*	*4 678*	*25 777*	*29 999*	*30 618*	*33 446*	*Afrique septentrionale*
98	183	205	574	1 512	2 005	1 737	1 733	Algérie
39	163	655	967	5 448	6 285	6 586	6 839	Égypte
870	1 321	1 903	2 419	16 615	19 255	19 435	20 375	Libye
116	155	402	(a)666	(a)1 914	(a)2 157	(a)2 555	(a)4 194	Maroc
..	..	..	..	..	–	–	–	Soudan (...2011)
–	–	–	–	..	..	..	..	Soudan
6	15	33	52	287	297	305	305	Tunisie
6 003	*15 575*	*27 978*	*32 384*	*84 733*	*113 117*	*129 925*	*135 148*	*Afrique australe*
440	447	517	1 189	1 007	833	822	795	Botswana
0	0	2	57	336	309	275	253	Lesotho
0	80	45	26	51	60	32	60	Namibie
5 543	15 010	(a)27 328	(a)31 038	(a)83 249	(a)111 779	(a)128 681	(a)133 936	Afrique du Sud
19	38	87	76	91	137	115	103	Swaziland
315	*2 202*	*6 381*	*3 381*	*10 556*	*15 790*	*15 944*	*17 821*	*Afrique occidentale*
0	2	11	20	21	97	162	172	Bénin
3	4	0	7	8	183	252	276	Burkina Faso
0	0	0	0	1	***	***	***	Cabo Verde
0	6	9	49	94	122	121	114	Côte d'Ivoire
..	..	..	..	..	..	..	..	Gambie
0	0	0	0	83	109	118	130	Ghana
0	0	12	17	144	148	67	68	Guinée
0	0	0	1	5	5	6	5	Guinée-Bissau
274	846	2 188	2 929	4 714	5 699	4 345	4 345	Libéria
22	22	1	8	18	38	43	45	Mali
0	3	4	9	31	39	43	48	Mauritanie
2	54	1	2	9	20	126	130	Niger
10	1 219	4 144	302	5 041	7 407	8 645	10 259	Nigéria
5	47	22	58	263	362	413	397	Sénégal
..	..	..	..	..	..	..	..	Sierra Leone
0	0	***	***	126	1 562	1 611	1 843	Togo

Pour les sources et les notes, se reporter à la fin du tableau.

7

Region, country or territory	Inward stock - Stocks entrants Millions of dollars							
	1980	1990	2000	2005	2010	2012	2013	2014
Developing economies: America (1)	40 025	107 187	460 991	723 023	1 594 782	1 805 964	1 890 383	1 893 554
Caribbean (1)	*2 234*	*3 876*	*12 365*	*27 587*	*47 834*	*59 392*	*64 134*	*69 415*
Anguilla	0	11	231	549	968	1 050	1 092	1 131
Antigua and Barbuda	23	290	619	1 323	2 371	2 577	2 678	2 845
Aruba	0	145	1 161	2 383	4 525	3 471	3 697	3 941
Bahamas	547	586	3 278	6 790	13 438	16 044	17 155	18 751
Barbados	104	171	308	617	4 142	5 126	4 973	5 248
British Virgin Islands	1	126	32 093	48 674	236 858	362 526	454 826	511 367
Cayman Islands	222	1 749	25 585	46 513	133 421	155 904	168 541	187 094
Curaçao	–	–	–	–	–	690	707	890
Dominica	0	66	275	408	658	766	805	846
Dominican Republic	239	572	1 673	8 866	18 906	24 641	26 549	28 757
Grenada	1	70	348	696	1 273	1 352	1 466	1 506
Haiti	79	149	95	151	649	924	1 110	1 209
Jamaica	564	790	3 317	6 919	10 855	12 119	12 773	13 324
Montserrat	0	40	83	95	125	130	134	140
Netherlands Antilles	770	408	277	489	783	–	–	–
Saint Kitts and Nevis	1	160	487	904	1 598	1 819	1 958	2 078
Saint Lucia	94	316	807	1 201	2 161	2 340	2 435	2 510
Saint Vincent and the Grenadines	1	48	499	716	1 315	1 516	1 676	1 814
Sint Maarten (Dutch part)	–	–	–	–	–	221	254	321
Trinidad and Tobago	1 352	2 365	7 280	11 652	17 424	21 708	23 702	26 125
Central America	*2 038*	*28 496*	*139 675*	*263 158*	*425 246*	*446 979*	*483 174*	*439 838*
Belize	12	89	301	608	1 236	1 532	1 631	1 765
Costa Rica	497	1 324	2 709	5 417	14 066	18 811	21 789	24 309
El Salvador	154	212	1 973	4 167	7 284	8 198	8 264	8 504
Guatemala	701	1 734	3 420	3 319	6 518	8 938	10 255	12 102
Honduras	6	293	1 392	2 870	6 951	9 024	10 084	11 228
Mexico	***	22 424	121 691	234 149	363 769	366 564	391 879	337 974
Nicaragua	121	145	1 414	2 461	4 681	6 385	7 200	8 040
Panama, excluding Canal Zone	2 538							
Panama	–	2 275	6 775	10 167	20 742	27 527	32 073	35 917
South America	*35 753*	*74 815*	*308 952*	*432 277*	*1 121 702*	*1 299 592*	*1 343 074*	*1 384 301*
Argentina	2 083	9 085	67 601	55 139	88 455	100 821	111 361	114 076
Bolivia (Plurinational State of)	420	1 026	5 188	4 905	6 890	8 809	10 558	11 206
Brazil	17 480	37 143	122 250	181 344	682 346	743 964	747 891	754 769
Chile	10 847	16 107	45 753	78 599	152 645	191 280	198 628	207 678
Colombia	1 061	3 500	11 157	36 987	82 977	112 926	128 182	141 667
Ecuador	719	1 626	6 337	9 861	11 858	13 086	13 817	14 591
Falkland Islands (Malvinas)	0	0	58	76	75	75	75	75
Guyana	28	45	756	989	1 784	2 332	2 042	1 960
Paraguay	199	418	1 221	1 127	3 111	5 288	5 076	5 381
Peru	890	1 330	11 062	15 889	42 976	62 559	71 857	79 429
Suriname	0	0	0	0	0	866	1 006	1 012
Uruguay	422	671	2 088	2 844	12 479	17 407	19 564	22 318
Venezuela (Bolivarian Rep. of)	1 604	3 865	35 480	44 518	36 107	40 180	33 018	30 139
Developing economies: Asia	212 255	340 242	1 052 754	1 629 353	3 891 137	4 788 136	5 153 441	5 679 670
Eastern Asia	*185 173*	*240 645*	*696 032*	*921 231*	*1 873 841*	*2 329 350*	*2 596 790*	*2 931 267*
China	1 074	20 691	193 348	272 094	587 817	832 882	956 793	1 085 293
China, Hong Kong SAR	177 755	201 653	435 417	493 895	1 067 520	1 244 646	1 352 022	(c)1 549 849
China, Macao SAR	2 801	2 809	2 801	5 042	13 603	19 203	23 711	26 747
China, Taiwan Province of	2 405	9 735	(a)19 502	(a)43 158	(a)62 977	(a)59 633	(a)65 797	68 636
Korea, Dem. People's Rep. of	0	572	1 044	1 429	1 475	1 651	1 878	2 012
Korea, Republic of	1 139	5 186	(a)43 738	(a)104 879	(a)135 500	(a)157 876	(a)180 860	(a)182 037
Mongolia	0	0	182	734	4 949	13 458	15 729	16 693
Southern Asia	*4 814*	*6 795*	*29 834*	*76 463*	*268 268*	*305 124*	*314 532*	*350 971*
Afghanistan	11	12	17	584	1 392	1 569	1 638	1 692
Bangladesh	461	477	2 162	3 537	6 072	7 750	8 593	9 355
Bhutan	0	2	4	22	67	142	119	112
India	452	1 657	16 339	43 202	205 580	224 987	226 552	252 331
Iran (Islamic Republic of)	2 962	2 039	2 597	16 005	28 953	37 891	40 941	43 047
Maldives	5	25	128	331	1 114	1 766	2 126	2 490
Nepal	1	12	72	127	253	440	511	541
Pakistan	691	1 892	6 919	10 209	19 829	23 125	25 091	30 892
Sri Lanka	231	679	1 596	2 447	5 008	7 454	8 959	10 511

For sources and notes, see end of table.

Outward stock - Stocks sortants Millions de dollars								Régions, pays ou territoires
1080	1000	2000	2006	2010	2012	2013	2014	
46 559	52 050	105 533	199 144	438 543	609 558	640 679	663 970	**Économies en développement : Amérique (1)**
5	*56*	*1 072*	*1 134*	*2 387*	*5 470*	*6 153*	*6 897*	*Caraïbes (1)*
0	0	5	27	31	31	31	31	Anguilla
0	0	5	77	92	100	106	112	Antigua-et-Barbuda
0	0	675	645	679	685	689	698	Aruba
0	0	452	970	2 538	3 193	3 470	3 868	Bahamas
6	23	41	47	3 567	3 651	3 748	3 840	Barbade
0	875	67 132	130 130	334 406	448 428	529 948	584 235	Îles Vierges britanniques
72	648	20 788	37 796	88 062	108 583	123 116	136 700	Îles Caïmanes
–	–	–	–	–	75	59	86	Curaçao
0	0	3	22	33	33	35	38	Dominique
0	***	68	35	90	205	151	171	République dominicaine
0	0	2	13	45	50	51	51	Grenade
0	0	2	2	2	2	2	2	Haïti
5	42	709	49	176	402	316	314	Jamaïque
0	0	0	1	1	1	1	1	Montserrat
9	21	6	55	42	–	–	–	Antilles néerlandaises
0	0	3	27	51	55	57	59	Saint-Kitts-et-Nevis
0	0	4	28	53	61	64	67	Sainte-Lucie
0	0	0	1	4	5	5	6	Saint-Vincent-et-les Grenadines
–	–	–	–	–	6	9	13	Saint-Martin (partie néerlandaise)
0	21	293	1 049	2 119	4 860	5 685	6 411	Trinité-et-Tobago
1 640	*2 793*	*8 600*	*52 680*	*114 649*	*154 006*	*143 109*	*138 868*	*Amérique centrale*
0	20	43	44	49	52	53	54	Belize
7	44	86	154	650	1 545	1 840	2 049	Costa Rica
0	56	104	310	1	***	2	3	El Salvador
0	0	93	250	382	438	472	503	Guatemala
0	0	0	28	49	317	383	393	Honduras
1 632	2 672	8 273	51 782	110 014	148 204	136 523	131 246	Mexique
0	0	0	113	131	176	281	375	Nicaragua
0								Panama, sans la zone du canal
–	0	0	0	3 374	3 275	3 556	4 246	Panama
44 915	*49 201*	*95 861*	*145 330*	*321 508*	*450 082*	*491 416*	*518 205*	*Amérique du Sud*
5 970	6 057	21 141	23 340	30 328	32 919	34 039	35 938	Argentine
0	7	29	87	8	8	8	52	Bolivie (État plurinational de)
38 545	41 044	51 946	79 259	191 349	270 864	300 791	316 339	Brésil
63	154	11 154	22 589	52 419	83 008	85 381	89 733	Chili
136	402	2 989	9 098	23 717	31 531	39 183	43 082	Colombie
1	18	252	275	565	622	664	697	Équateur
..	..	..	..	..	..	..	..	Îles Falkland (Malvinas)
0	0	1	2	2	2	2	2	Guyana
1	***	29	45	284	306	355	379	Paraguay
3	122	505	1 047	3 319	3 986	4 122	4 205	Pérou
..	..	..	..	..	..	..	..	Suriname
171	186	138	159	345	446	415	428	Uruguay
23	1 221	7 676	9 429	19 171	26 391	26 457	27 349	Venezuela (Rép. bolivarienne du)
16 602	67 066	597 220	945 730	2 458 699	3 174 343	3 505 612	3 948 830	**Économies en développement : Asie**
13 284	*49 032*	*495 206*	*675 902*	*1 599 434*	*2 111 901*	*2 341 295*	*2 709 546*	*Asie orientale*
0	4 455	27 768	57 206	317 211	512 585	613 585	729 585	Chine
148	11 920	379 285	476 193	943 938	1 162 530	1 240 693	(c)1 459 947	Chine (RAS de Hong Kong)
0	0	0	486	550	1 181	1 816	2 277	Chine (RAS de Macao)
13 009	30 356	(a)66 655	(a)103 332	(a)190 803	(a)231 538	(a)246 132	(a)258 829	Province chinoise de Taiwan
..	..	..	..	..	..	..	..	Corée, Rép. populaire dém. de
127	2 301	(a)21 497	(a)38 683	(a)144 032	(a)202 875	(a)238 812	(a)258 553	Corée, République de
0	0	0	2	2 901	1 191	258	355	Mongolie
118	*478*	*2 791*	*11 554*	*100 419*	*123 550*	*125 625*	*136 106*	*Asie méridionale*
..	..	..	..	..	..	..	..	Afghanistan
0	45	69	94	98	107	142	130	Bangladesh
..	..	..	..	..	..	..	..	Bhoutan
78	124	1 733	9 741	96 901	118 072	119 838	129 578	Inde
0	56	414	680	1 678	3 346	3 491	4 096	Iran (République islamique d')
..	..	..	..	..	..	..	..	Maldives
..	..	..	..	..	..	..	..	Népal
40	245	489	870	1 362	1 550	1 614	1 695	Pakistan
0	8	86	169	380	475	540	607	Sri Lanka

Pour les sources et les notes, se reporter à la fin du tableau.

7.2.2 Foreign direct investment: Inward and outward stock

Region, country or territory	Inward stock - Stocks entrants Millions of dollars							
	1980	1990	2000	2005	2010	2012	2013	2014
South-Eastern Asia	*17 413*	*61 640*	*257 603*	*433 268*	*1 144 160*	*1 480 973*	*1 581 403*	*1 687 452*
Brunei Darussalam	19	33	3 868	2 125	4 140	5 662	6 251	6 219
Cambodia	38	38	1 580	2 471	6 162	9 361	11 223	13 035
Indonesia (...2002)	4 559	8 732	25 060	–	–	–	–	–
Indonesia	–	–	–	41 187	160 735	211 635	230 818	253 082
Lao People's Dem. Rep.	2	13	588	681	1 888	2 483	2 910	3 630
Malaysia	5 169	10 318	52 747	44 460	101 620	132 656	136 028	133 767
Myanmar	5	285	3 752	6 480	14 507	16 121	16 706	17 652
Philippines	1 281	3 268	13 762	14 978	25 896	36 459	(a)47 276	(a)57 093
Singapore	5 351	30 468	(a)110 570	(a)237 009	(a)632 766	(a)820 991	(a)869 858	(a)912 355
Thailand	981	8 242	30 944	61 413	139 286	172 471	178 259	199 311
Timor-Leste				19	155	244	284	316
Viet Nam	9	243	14 730	22 444	57 004	72 891	81 791	90 991
Western Asia	*4 854*	*31 161*	*69 286*	*198 391*	*604 869*	*672 688*	*660 716*	*709 981*
Bahrain	61	552	5 906	8 276	15 154	16 826	17 815	18 771
Iraq	***	***	***	1 760	7 965	13 248	18 379	23 161
Jordan	908	1 368	3 135	13 229	21 899	24 869	26 734	28 734
Kuwait	30	37	608	645	11 884	18 144	16 097	15 362
Lebanon	20	53	14 233	25 688	44 324	50 884	53 764	56 834
Oman	483	1 723	(a)2 577	(a)4 378	(a)14 987	(a)16 901	(a)18 527	19 707
Qatar	83	63	1 912	7 155	30 564	30 873	29 964	31 004
Saudi Arabia	***	15 193	17 577	33 535	176 378	199 032	207 897	215 909
State of Palestine	0	0	1 418	1 560	2 175	2 336	2 459	2 453
Syrian Arab Republic	***	154	1 244	2 532	9 939	10 743	10 743	10 743
Turkey	8 801	11 150	18 812	71 322	187 016	190 016	149 168	168 645
United Arab Emirates	409	751	1 069	27 508	77 727	95 007	105 495	115 561
Yemen, Democratic	195							
Yemen	–	180	843	803	4 858	3 808	3 675	3 097
Developing economies: Oceania	**1 139**	**2 001**	**2 321**	**5 028**	**16 240**	**23 295**	**25 349**	**27 657**
Cook Islands	0	1	218	835	836	836	836	836
Fiji	358	284	356	1 122	2 692	3 541	3 612	3 713
French Polynesia	1	69	139	203	392	678	779	908
Kiribati	0	0	0	6	5	5	14	15
Marshall Islands	–	1	218	835	945	1 007	1 029	1 057
Nauru	0	***	***	***	***	***	***	***
New Caledonia	22	70	67	366	5 900	10 502	12 763	15 051
Niue	0	0	6	***	***	***	***	***
Northern Mariana Islands	–	15	49	41	107	111	117	120
Pacific Islands, Trust Territory	8							
Palau	–	2	126	127	155	170	171	177
Papua New Guinea	748	1 582	935	1 069	3 748	4 656	4 176	3 877
Samoa	1	9	51	63	152	187	212	235
Solomon Islands	0	0	106	119	654	720	759	781
Tonga	0	1	19	88	220	295	346	403
Vanuatu	0	0	61	181	(a)453	(a)607	(a)553	(a)503
Transition economies	**0**	**1 652**	**57 391**	**257 853**	**729 600**	**836 997**	**914 473**	**724 965**
Albania	0	0	247	1 020	3 255	4 304	3 936	4 466
Armenia	–	–	513	1 383	4 405	5 134	5 448	5 831
Azerbaijan	–	–	3 735	11 930	7 648	11 118	13 750	18 180
Belarus	–	–	1 306	2 383	9 904	14 570	16 659	17 730
Bosnia and Herzegovina	–	–	450	2 302	6 709	7 440	7 787	7 383
Georgia	–	–	762	2 374	8 350	10 389	11 418	12 241
Kazakhstan	–	–	10 078	25 607	82 648	119 944	125 079	129 244
Kyrgyzstan	–	–	432	627	1 698	2 674	3 320	3 520
Montenegro	–	–	–	–	4 231	4 707	5 143	4 983
Republic of Moldova	–	–	449	1 020	2 964	3 467	3 615	3 647
Russian Federation	–	–	32 204	180 228	490 560	(a)514 926	(a)565 654	(a)378 543
Serbia and Montenegro	–	–	1 017	5 687				
Serbia	–	–	–	–	24 919	29 344	35 375	33 142
Socialist Federal Republic of Yugoslavia (2)	0	1 643						
Tajikistan	–	–	136	306	1 164	1 556	1 625	1 885
TFYR of Macedonia	–	–	540	2 087	4 351	4 863	5 489	5 140
Turkmenistan	–	–	949	2 393	13 442	19 963	23 039	26 203
Ukraine	–	–	3 875	17 209	57 985	75 034	78 888	63 825
Union of Soviet Socialist Republics (3)	0	9	–	–	–	–	–	–
Uzbekistan	–	–	698	1 297	5 366	7 564	8 250	9 002

For sources and notes, see end of table.

1980	1990	2000	2005	2010	2012	2013	2014	Régions, pays ou territoires
			Outward stock - Stocks sortants Millions de dollars					
1 182	*9 471*	*84 563*	*216 911*	*593 726*	*735 166*	*805 862*	*845 669*	**Asie du Sud-Est**
0	0	512	640	681	269	134	134	Brunéi Darussalam
0	0	193	267	340	405	452	484	Cambodge
6	86	6 940		—	—	—	—	Indonésie (...2002)
—	—	—	***	6 672	12 401	19 350	24 052	Indonésie
0	1	20	15	12	12	***	***	Rép. dém. populaire lao
305	753	15 878	22 035	96 964	120 355	128 215	135 685	Malaisie
..	..	..	..	..	..	..	..	Myanmar
86	405	1 032	2 028	6 710	9 196	(a)29 010	(a)35 603	Philippines
772	7 808	(a)56 755	(a)188 456	(a)458 650	(a)538 664	(a)563 461	(a)576 396	Singapour
13	418	3 232	5 168	21 369	49 406	58 845	65 769	Thaïlande
—	—	—	0	94	74	86	86	Timor-Leste
0	0	0	65	2 234	4 384	6 340	7 490	Viet Nam
2 018	*8 084*	*14 661*	*41 362*	*165 120*	*203 726*	*232 829*	*257 510*	**Asie occidentale**
598	719	1 752	5 070	7 883	9 699	10 751	10 672	Bahreïn
0	0	0	89	632	1 488	1 715	1 956	Iraq
164	158	44	450	473	509	525	608	Jordanie
1 046	3 662	1 428	5 893	28 189	31 023	37 153	36 531	Koweït
0	43	352	2 509	6 831	8 775	10 737	12 629	Liban
0	0	0	(a)364	(a)2 796	(a)4 905	(a)6 289	(a)7 453	Oman
0	0	74	948	12 545	20 413	28 434	35 182	Qatar
211	2 328	5 285	7 552	26 528	34 360	39 303	44 699	Arabie saoudite
0	0	0	0	241	232	171	167	État de Palestine
0	4	107	428	421	421	421	421	République arabe syrienne
0	1 150	3 668	8 315	22 509	30 968	33 373	40 088	Turquie
***	14	1 938	9 542	55 560	60 274	63 226	66 298	Émirats arabes unis
0								Yémen, Démocratique
—	5	12	200	513	660	733	806	Yémen
21	*68*	*283*	*855*	*3 023*	*5 551*	*6 605*	*6 759*	**Économies en développement : Océanie**
0	0	***	295	2 029	4 150	5 037	5 037	Îles Cook
2	25	39	68	47	51	52	51	Fidji
0	0	0	45	144	215	281	327	Polynésie française
0	0	0	1	2	1	1	1	Kiribati
—	0	***	63	109	162	181	205	Îles Marshall
***	18	22	22	22	22	22	22	Nauru
0	0	2	64	300	448	511	582	Nouvelle-Calédonie
0	0	10	17	23	22	22	22	Nioué
—	0	0	0	1	1	1	1	Îles Mariannes du Nord
-	—	—	—	—	—	—	—	Îles du Pacifique, Territoire sous tutelle des
..	..	..	..	..	..	..	..	Palaos
26	26	210	212	226	315	315	315	Papouasie-Nouvelle-Guinée
0	0	0	12	13	21	21	25	Samoa
0	0	0	0	27	36	47	48	Îles Salomon
0	0	14	43	58	81	89	100	Tonga
0	0	0	13	(a)23	(a)24	(a)23	(a)23	Vanuatu
0	*560*	*20 541*	*150 176*	*401 924*	*455 448*	*528 446*	*486 892*	**Économies en transition**
0	0	0	21	154	194	240	239	Albanie
—	—	0	7	122	215	188	206	Arménie
—	—	1	3 685	5 790	7 515	9 005	11 214	Azerbaïdjan
—	—	24	14	205	455	724	588	Bélarus
—	—	0	51	195	243	234	208	Bosnie-Herzégovine
—	—	118	148	848	1 277	1 369	1 514	Géorgie
—	—	16	***	16 212	22 928	23 369	27 200	Kazakhstan
—	—	33	148	1 522	726	316	427	Kirghizistan
—	—	—	—	375	414	451	422	Monténégro
—	—	23	25	68	108	137	178	République de Moldova
—	—	20 141	146 679	366 301	(a)409 567	(a)479 501	(a)431 865	Fédération de Russie
—	—	0	13	—	—	—	—	Serbie-et-Monténégro
—	—	—	—	2 075	2 360	3 019	3 015	Serbie
0	560	—	—	—	—	—	—	Rép. socialiste fédérative de Yougoslavie (2)
—	..	—	—	..	..	..	..	Tadjikistan
—	—	16	62	100	95	155	112	LERY de Macédoine
..	..	..	..	..	..	..	..	Turkménistan
—	—	170	468	7 958	9 351	9 739	9 705	Ukraine
0	0	—	—	—	—	—	—	Union des Républiques socialistes soviétiques (3)
—	—	..	..	..	..	..	..	Ouzbékistan

Pour les sources et les notes, se reporter à la fin du tableau.

7.2.2 Foreign direct investment: Inward and outward stock

Region, country or territory	Inward stock - Stocks entrants Millions of dollars							
	1980	1990	2000	2005	2010	2012	2013	2014
Developed economies: America	**137 209**	**652 444**	**2 996 215**	**3 160 800**	**4 015 688**	**4 568 517**	**5 638 911**	**6 043 832**
Bermuda	0	0	265	1 200	1 522	2 609	2 664	2 632
Canada	54 163	112 843	212 716	341 630	591 873	636 835	650 321	631 316
United States	83 046	539 601	2 783 235	2 817 970	3 422 293	3 929 073	4 985 926	5 409 884
Developed economies: Asia	**6 435**	**14 326**	**70 748**	**131 712**	**275 100**	**280 455**	**258 682**	**269 312**
Israel	3 165	4 476	20 426	30 811	60 220	74 703	87 972	98 697
Japan	3 270	9 850	50 322	100 901	214 880	205 752	170 710	170 615
Developed economies: Europe	**235 856**	**930 936**	**2 263 007**	**4 507 365**	**7 910 159**	**8 441 867**	**9 285 806**	**8 636 892**
Austria	3 163	11 606	31 165	82 551	160 615	164 714	185 831	180 824
Belgium (4)	7 306	58 388	195 219	378 156	950 885	514 755	563 027	525 612
Bulgaria	0	112	2 704	13 869	47 231	49 400	51 195	46 539
Croatia	–	–	(c)2 664	(c)13 332	(c)32 273	(c)29 333	(c)29 911	(c)29 761
Cyprus	***	***	2 846	8 483	17 482	21 047	(c)67 914	(c)58 145
Czechoslovakia	0	1 645						
Czech Republic	–	–	21 644	60 662	128 504	136 493	134 085	121 530
Denmark	4 193	9 192	73 574	74 651	96 913	96 818	89 992	82 922
Estonia	–	–	2 645	11 192	15 261	18 726	20 954	19 298
Finland	457	4 277	24 273	54 802	86 698	96 646	(a)130 227	(a)133 116
France	31 688	104 268	184 215	379 385	630 710	717 328	796 488	729 147
Germany, Federal Republic of	36 630	–						
Germany	–	226 552	(c)271 613	(c)476 011	(c)716 704	(c)788 098	(c)842 653	(c)743 512
Gibraltar	33	263	642	1 104	1 903	2 236	2 403	2 569
Greece	4 524	5 681	14 113	29 189	35 026	24 765	23 817	20 181
Hungary	0	570	22 870	61 110	90 845	104 017	108 231	98 360
Iceland	***	147	497	4 709	11 784	10 367	7 367	7 425
Ireland	35 444	37 989	127 089	163 530	285 575	364 268	395 721	369 168
Italy	8 892	59 998	122 533	237 474	328 058	375 029	360 911	(c)373 738
Latvia	–	–	1 692	4 906	10 935	13 534	15 956	14 567
Lithuania	–	–	2 334	8 211	13 271	16 033	17 499	14 691
Luxembourg	0	0	0	(a)64 729	(a)172 257	(a)167 222	(a)194 853	(a)161 311
Malta	156	465	2 263	4 301	131 505	166 945	184 491	172 358
Netherlands	24 257	71 828	243 733	501 347	647 723	684 397	735 361	664 442
Norway	6 598	12 391	30 265	79 136	177 318	222 550	217 836	185 620
Poland	0	109	33 477	88 185	195 409	203 333	(a)271 687	(a)245 161
Portugal	3 073	9 604	32 043	66 697	114 994	115 599	123 727	108 515
Romania	0	0	6 953	25 383	68 093	76 329	82 687	74 732
Slovakia	–	–	6 970	29 595	50 328	55 124	58 105	53 216
Slovenia	–	–	2 894	7 056	10 667	12 203	12 310	12 743
Spain	5 141	65 916	156 348	384 538	628 341	644 677	(a)802 838	(a)721 880
Sweden	2 852	12 636	93 791	171 902	347 163	373 444	389 169	321 103
Switzerland	0	34 245	86 804	170 156	610 852	736 686	733 976	681 849
United Kingdom	63 014	203 905	463 134	851 013	1 094 833	1 439 750	1 634 581	1 662 858
Developed economies: Oceania	**27 139**	**88 303**	**146 642**	**291 842**	**588 202**	**683 797**	**637 681**	**641 399**
Australia	24 776	80 364	121 686	247 748	527 064	611 055	561 507	564 608
New Zealand	2 363	7 938	24 957	44 094	61 139	72 742	76 174	76 791
Memo items								
Developing economies excluding China	295 212	493 603	1 542 514	2 478 267	5 904 475	6 984 192	7 453 774	7 965 244
Developing economies excluding LDCs	290 054	503 247	1 698 767	2 675 798	6 348 969	7 635 587	8 209 530	8 829 013
High-income developing economies	266 662	445 488	1 530 574	2 409 621	5 566 795	6 681 218	7 171 677	7 689 071
Middle-income developing economies	25 456	61 025	188 043	309 864	861 829	1 040 877	1 125 551	1 231 630
Low-income developing economies	4 159	7 780	17 245	30 876	63 668	94 980	113 338	129 836
HIPCs (Heavily indebted poor countries) (IMF)	7 373	13 263	33 061	55 694	115 267	167 178	196 785	225 340
LLDCs (Landlocked developing countries)	4 617	7 462	35 793	74 132	176 516	255 702	279 689	301 810
SIDS (Small island developing States)	3 919	7 136	20 611	37 201	73 441	85 797	91 659	97 692
LDCs (Least developed countries)	6 232	11 046	37 095	74 563	143 323	181 487	201 037	221 524

For sources and notes, see next page.

Outward stock - Stocks sortants Millions de dollars								Régions, pays ou territoires
1980	1990	2000	2005	2010	2012	2013	2014	
239 158	**816 569**	**2 931 761**	**4 026 554**	**5 447 234**	**5 904 980**	**6 992 010**	**7 034 123**	**Économies développées : Amérique**
0	0	108	241	935	791	835	928	Bermudes
23 783	84 807	237 639	388 317	636 712	707 732	715 742	714 555	Canada
215 375	731 762	2 694 014	3 637 996	4 809 587	5 196 457	6 275 433	6 318 640	États-Unis
19 629	**202 629**	**287 533**	**409 699**	**900 048**	**1 108 870**	**1 193 384**	**1 271 153**	**Économies développées : Asie**
17	1 188	9 091	23 114	68 972	71 172	75 374	78 016	Israël
19 612	201 441	278 442	386 585	831 076	1 037 698	1 118 010	1 193 137	Japon
224 570	**1 052 822**	**3 215 429**	**5 709 726**	**10 164 706**	**10 599 629**	**11 062 206**	**10 515 416**	**Économies développées : Europe**
530	5 021	24 821	71 807	181 638	209 556	235 535	223 246	Autriche
6 037	40 636	179 773	478 170	873 315	439 516	478 285	450 178	Belgique (4)
0	124	67	124	1 565	1 949	2 286	2 195	Bulgarie
–	–	(c)760	(c)1 966	(c)4 314	(c)4 343	(c)4 213	(c)5 444	Croatie
0	8	557	3 587	11 999	7 365	(c)47 965	(c)41 913	Chypre
0	0	–	–	–	–	–	–	Tchécoslovaquie
–	–	738	3 610	14 923	17 368	20 627	19 041	République tchèque
2 065	7 342	73 100	88 076	165 322	185 913	195 632	183 025	Danemark
–	–	259	1 892	4 851	5 469	6 690	6 319	Estonie
623	9 355	52 109	81 861	137 663	151 390	(a)192 135	(a)164 554	Finlande
24 910	119 860	365 871	633 523	1 172 994	1 307 743	1 360 298	1 279 089	France
43 127	–	–	–	–	–	–	–	Allemagne, Rép. fédérale d'
–	308 736	(c)541 866	(c)927 489	(c)1 463 065	(c)1 579 072	(c)1 681 794	(c)1 583 279	Allemagne
..	..	..	..	..	..	..	..	Gibraltar
0	2 882	6 094	13 602	42 623	44 965	37 662	33 939	Grèce
0	159	1 280	8 637	22 314	37 682	38 444	39 641	Hongrie
0	75	663	10 091	11 466	12 305	9 503	7 955	Islande
0	14 942	27 925	104 152	340 114	412 112	536 584	628 026	Irlande
7 319	60 184	169 957	244 551	489 660	526 941	520 828	(c)548 416	Italie
–	–	20	281	895	1 114	1 600	1 170	Lettonie
–	–	29	721	2 086	2 588	3 263	2 683	Lituanie
0	0	0	(a)60 796	(a)187 027	(a)272 225	(a)195 505	(a)149 892	Luxembourg
0	0	193	992	39 068	43 496	47 449	44 493	Malte
52 984	109 870	305 461	664 393	1 004 454	1 026 439	1 103 669	985 256	Pays-Bas
561	10 884	34 026	99 873	188 996	241 480	241 504	213 948	Norvège
***	95	268	3 616	24 214	30 899	(a)70 858	(a)65 217	Pologne
480	818	19 794	40 927	62 286	59 992	61 960	58 355	Portugal
0	66	136	213	1 511	1 298	851	696	Roumanie
–	–	555	747	3 457	4 765	4 365	2 975	Slovaquie
–	–	768	3 276	8 147	7 534	7 132	6 193	Slovénie
1 931	15 652	129 194	305 427	653 236	636 731	(a)719 454	(a)673 989	Espagne
3 572	50 720	123 618	207 836	374 399	389 229	419 443	379 528	Suède
0	66 087	232 161	431 980	1 041 313	1 192 900	1 237 131	1 130 615	Suisse
80 434	229 307	923 367	1 215 513	1 635 791	1 745 253	1 579 540	1 584 147	Royaume-Uni
4 850	**41 927**	**100 999**	**217 146**	**466 458**	**492 497**	**468 935**	**462 197**	**Économies développées : Océanie**
4 983	37 505	92 508	205 368	449 740	472 969	450 195	443 519	Australie
***	4 422	8 491	11 778	16 717	19 529	18 740	18 678	Nouvelle-Zélande
								Pour mémoire
70 857	136 549	803 273	1 301 584	3 146 106	4 018 136	4 402 021	4 833 266	Économies en développement sans la Chine
70 549	139 915	828 369	1 353 677	3 447 256	4 507 404	4 985 662	5 530 361	Économies en développement sans les PMA
69 915	136 820	811 404	1 338 791	3 319 525	4 350 204	4 803 009	5 323 668	Économies en développement à revenu élevé
616	2 926	16 645	16 008	136 944	170 128	202 835	228 780	Économies en développement à rev. intermédiaire
325	1 258	2 992	3 990	6 847	10 388	9 762	10 402	Économies en développement à revenu faible
331	1 217	2 719	3 868	9 513	12 044	12 326	12 671	PPTE (Pays pauvres très endettés) (FMI)
489	699	1 120	4 638	31 595	36 718	38 688	44 799	LLDCs (Pays en développement sans littoral)
49	220	2 048	3 145	10 432	14 885	16 133	17 416	SIDS (Petits États insulaires en développement)
308	1 089	2 673	5 112	16 061	23 316	29 944	32 490	PMA (Pays les moins avancés)

Pour les sources et les notes, se reporter à la page suivante.

7

7.2.2 Foreign direct investment: Inward and outward stock

Sources:
- UNCTAD, Division on Investment and Enterprise, *World Investment Report*, Statistical Annex
(http://unctad.org/en/Pages/DIAE/World%20Investment%20Report/World_Investment_Report.aspx)

Notes:

Foreign direct investment (FDI) is defined as an investment involving a long-term relationship and reflecting a lasting interest in and control by a resident entity in one economy (foreign direct investor or parent enterprise) of an enterprise resident in a different economy (FDI enterprise or affiliate enterprise or foreign affiliate). Such investment involves both the initial transaction between the two entities and all subsequent transactions between them and among foreign affiliates.

A direct investment enterprise is defined as an incorporated or unincorporated enterprise in which the direct investor, resident in another economy, owns 10 percent or more of the ordinary shares or voting power (or the equivalent).

FDI stock is the value of the share of their capital and reserves (including retained profits) attributable to the parent enterprise, plus the net indebtedness of affiliates to the parent enterprises.

(a) Asset/liability basis.
(c) Directional basis calculated from asset/liability basis.
(1) Excluding the offshore financial centres in the Caribbean: Anguilla, Antigua and Barbuda, Aruba, Bahamas, Barbados, British Virgin Islands, Cayman Islands, Curaçao, Dominica, Grenada, Montserrat, Saint Kitts and Nevis, Saint Lucia, Saint Vincent and the Grenadines, Sint Maarten (Dutch part) and Turks and Caicos Islands.
(2) Data from 1988 to 1991 inclusive cover Slovenia only.
(3) Partial data; total USSR territory is not covered.
(4) Data from 1970 to 2001 inclusive refer to Belgium-Luxembourg; from 2002 onwards data cover Belgium only.

Sources :

- CNUCED, Division de l'investissement et des entreprises, *Rapport sur l'investissement dans le monde*, Annexe statistique

(http://unctad.org/en/Pages/DIAE/World%20Investment%20Report/World_Investment_Report.aspx)

Notes :

L'investissement étranger direct (IED) est un investissement impliquant une relation à long terme et témoignant de l'intérêt durable d'une entité résidant dans un pays (investisseur étranger direct ou société mère) à l'égard d'une entreprise résidant dans un autre pays (entreprise bénéficiaire, entreprise affiliée, ou encore filiale étrangère). Cet investissement englobe à la fois la transaction initiale entre les deux entités et toutes les transactions ultérieures entre elles et entre filiales étrangères.

L'entreprise d'investissement direct est définie comme une entreprise dotée ou non d'une personne morale, dans laquelle un investisseur direct, qui est résidant d'une autre économie, détient au moins dix pour cent des actions ordinaires ou des droits de vote (ou l'équivalent).

Le stock de l'IED représente la valeur de la part des capitaux et des réserves (y compris les bénéfices non distribués) attribuables à l'entreprise mère, plus l'endettement net des filiales de l'entreprise.

(a)   Base actif/passif.

(c)   Principe directionnel calculé depuis la base actif/passif.

(1)   Non-compris les centres financiers offshore dans les Caraïbes : Anguilla, Antigua-et-Barbuda, Aruba, Bahamas, Barbade, îles Vierges britanniques, îles Caïmanes, Curaçao, Dominique, Grenade, Montserrat, Saint-Kitts-et-Nevis, Sainte-Lucie, Saint-Vincent-et les Grenadines, Sint Maarten (partie néerlandaise) et îles Turques et Caïques.

(2)   Les données de 1988 à 1991 couvrent seulement la Slovénie.

(3)   Données partielles : elles ne couvrent pas la totalité de territoire de l'URSS.

(4)   Les données de 1970 à 2001 se réfèrent à Belgique-Luxembourg; à partir de 2002 les données couvrent uniquement la Belgique.

7

Region, country or territory	Millions of dollars - Millions de dollars							
	2005	2008	2009	2005	2011	2012	2013	2014 (e)
WORLD	279 851	452 735	422 820	457 897	512 310	533 140	557 083	583 430
DEVELOPING ECONOMIES	185 338	294 321	279 798	311 742	348 392	367 389	376 668	398 235
TRANSITION ECONOMIES	14 040	35 064	30 686	32 666	39 154	42 495	47 766	44 773
DEVELOPED ECONOMIES	80 474	123 350	112 336	113 490	124 764	123 256	132 649	140 422
Developing economies: Africa	33 459	48 526	44 914	52 544	56 952	61 867	61 210	63 815
Eastern Africa	1 505	2 811	2 701	3 112	3 603	4 173	4 312	4 591
Burundi	0	4	28	34	45	46	49	51
Comoros	54	101	100	87	108	110	116	121
Djibouti	26	30	32	33	32	33	36	36
Ethiopia	174	387	262	345	513	624	624	646
Kenya	425	667	631	686	934	1 214	1 338	1 481
Madagascar	115	375	338	547	398	397	427	432
Malawi	23	17	17	22	25	28	28	30
Mauritius	215	215	211	226	249	249	249	267
Mozambique	59	116	111	139	157	220	217	218
Rwanda	9	68	93	106	174	182	170	179
Seychelles	12	3	16	17	25	18	13	15
Uganda	322	724	781	771	816	910	932	994
United Republic of Tanzania	19	37	40	55	78	67	59	64
Zambia	53	68	41	44	46	73	54	58
Middle Africa	110	-	-	-	-	-	-	-
Angola	..	82	0	18	0	0	0	0
Cameroon	77	162	184	115	219	210	244	251
Congo	11	..	..	..	..	..	..	..
Dem. Rep. of the Congo	9	15	20	16	115	12	33	35
Gabon	11		..	..	..	..	..	..
Sao Tome and Principe	2	3	2	6	7	6	27	29
Northern Africa	13 778	21 358	18 837	24 083	25 969	30 354	29 430	31 340
Algeria	2 060	2 202	2 059	2 044	1 942	1 942	2 000	2 020
Egypt	5 017	8 694	7 150	12 453	14 324	19 236	17 833	19 612
Libya	15	..	..	..	..	..	..	..
Morocco	4 589	6 894	6 269	6 423	7 256	6 508	6 882	6 962
Sudan (...2011)	704	1 591	1 394	1 100	442			
Sudan	—	—	—	—	—	401	424	432
Tunisia	1 393	1 977	1 964	2 063	2 004	2 266	2 291	2 314
Southern Africa	1 444	1 509	1 532	1 772	1 882	1 702	1 511	1 585
Botswana	118	47	15	22	20	18	36	48
Lesotho	599	576	548	610	649	554	462	456
Namibia	18	14	13	15	15	13	11	11
South Africa	614	783	862	1 070	1 158	1 085	971	1 039
Swaziland	95	90	93	55	38	31	30	30
Western Africa	16 623	22 587	21 639	23 423	25 157	25 410	25 654	25 984
Benin	147	207	126	139	172	208	208	217
Burkina Faso	57	99	96	120	120	120	120	121
Cabo Verde	137	155	137	131	177	178	176	188
Côte d'Ivoire	163	199	315	373	373	373	373	378
Gambia	59	65	80	116	108	141	181	191
Ghana	99	126	114	136	152	138	119	126
Guinea	42	62	52	46	65	66	93	95
Guinea-Bissau	20	49	49	46	52	46	46	47
Liberia	32	58	25	31	360	516	383	528
Mali	177	431	454	473	784	827	895	923
Niger	66	94	102	134	166	152	152	157
Nigeria	14 640	19 206	18 368	19 818	20 619	20 633	20 890	20 921
Senegal	789	1 476	1 350	1 478	1 614	1 614	1 614	1 644
Sierra Leone	2	23	36	44	59	61	68	104
Togo	193	337	335	337	337	337	337	343
Developing economies: America	49 078	63 047	55 477	56 532	60 017	60 669	61 387	64 962
Caribbean	5 801	7 503	7 079	7 742	8 332	8 474	8 885	9 343
Antigua and Barbuda	18	22	21	20	20	21	21	21
Aruba	1	7	9	5	5	5	6	7
Barbados	94	101	114	82	82	82	82	87

For sources and notes, see end of table.

As percentage of GDP (1) En pourcentage du PIB (1)				As percentage of exports of goods and services En pourcentage des exportations des biens et services				Régions, pays ou territoires
2005	2010	2013	2014 (e)	2005	2010	2013	2014 (e)	
0.61	0.72	0.75	0.77	2.33	2.61	2.55	2.62	MONDE
1.82	1.57	1.43	1.44	5.21	5.09	4.52	4.70	ÉCONOMIES EN DÉVELOPPEMENT
1.36	1.55	1.65	1.71	3.61	4.71	5.10	5.04	ÉCONOMIES EN TRANSITION
0.23	0.27	0.30	0.31	1.00	1.06	1.06	1.09	ÉCONOMIES DÉVELOPPÉES
3.20	2.95	2.82	2.80	9.76	10.11	10.10	10.68	Économies en développement : Afrique
1.50	1.72	1.71	1.67	6.32	6.92	7.03	7.37	Afrique orientale
0.01	1.70	1.91	1.75	0.07	19.09	21.89	20.03	Burundi
13.96	16.34	18.64	18.15	94.63	99.70	111.42	116.25	Comores
3.65	2.89	2.45	2.27	8.98	8.03	7.59	6.10	Djibouti
1.43	1.31	1.36	1.19	8.99	7.43	10.16	10.11	Éthiopie
1.98	1.73	2.46	2.47	7.96	7.63	12.41	13.33	Kenya
2.29	6.26	4.03	4.07	8.66	25.11	13.41	12.56	Madagascar
0.62	0.31	0.55	0.53	3.70	1.78	2.02	1.89	Malawi
3.31	2.33	2.09	2.10	5.72	4.56	3.97	4.07	Maurice
0.78	1.36	1.39	1.30	2.82	4.71	4.14	4.23	Mozambique
0.34	1.87	2.24	2.24	3.62	17.10	14.11	14.43	Rwanda
1.32	1.79	0.89	1.01	1.68	2.07	1.19	1.44	Seychelles
2.62	3.57	3.52	3.50	20.87	22.23	18.14	19.40	Ouganda
0.10	0.18	0.13	0.13	0.65	0.86	0.70	0.74	République-Unie de Tanzanie
0.74	0.27	0.24	0.26	1.87	0.54	0.47	0.53	Zambie
0.25	-	-	-	0.63	-	-	-	Afrique centrale
..	0.02	0.00	0.00	..	0.03	0.00	0.00	Angola
0.46	0.49	0.83	0.80	1.82	2.05	3.04	2.93	Cameroun
0.19	..	..	..	0.23	..	..	..	Congo
0.07	0.07	0.10	0.10	0.32	0.18	0.28	0.27	Rép. dém. du Congo
0.12	..	..	..	0.20	..	..	..	Gabon
1.20	2.94	7.76	7.50	9.41	26.17	54.24	36.58	Sao Tomé-et-Principe
3.72	4.15	4.40	4.41	9.50	14.14	16.95	17.43	Afrique septentrionale
2.00	1.27	0.96	0.95	4.22	3.37	2.93	2.96	Algérie
5.31	5.80	6.99	6.95	16.33	25.50	39.81	41.64	Égypte
0.03	..	..	..	0.05	..	..	..	Libye
7.71	7.08	6.63	6.41	27.66	23.75	21.10	18.81	Maroc
2.00	1.58	_	_	14.16	9.45	_	_	Soudan (...2011)
_	_	0.78	0.73	_	_	7.02	7.38	Soudan
4.32	4.68	4.89	4.77	9.56	9.33	10.42	10.71	Tunisie
0.52	0.44	0.38	0.41	1.84	1.47	1.16	1.24	Afrique australe
1.19	0.16	0.24	0.31	2.23	0.45	0.44	0.51	Botswana
43.80	28.04	20.74	21.23	89.71	65.93	50.97	46.21	Lesotho
0.24	0.14	0.09	0.09	0.71	0.32	0.21	0.20	Namibie
0.24	0.28	0.27	0.30	0.90	0.99	0.86	0.95	Afrique du Sud
3.69	1.41	0.85	0.89	5.29	2.65	1.43	1.34	Swaziland
6.60	4.85	3.84	3.63	21.31	19.82	16.92	18.86	Afrique occidentale
3.37	2.13	2.50	2.50	19.03	8.41	8.32	8.55	Bénin
1.04	1.34	0.96	0.92	10.39	6.37	3.81	3.64	Burkina Faso
12.36	7.87	9.44	9.87	38.63	20.79	20.30	20.82	Cabo Verde
0.96	1.63	1.31	1.21	1.91	2.97	2.88	3.00	Côte d'Ivoire
9.50	12.16	20.02	22.16	31.79	42.76	57.24	56.15	Gambie
0.58	0.42	0.25	0.33	2.54	1.44	0.74	0.82	Ghana
1.42	0.88	1.29	1.23	4.49	3.02	4.67	4.43	Guinée
3.39	5.43	4.40	4.19	20.99	26.90	23.90	23.11	Guinée-Bissau
5.24	2.93	19.70	26.52	9.22	7.88	39.48	52.25	Libéria
3.23	5.03	8.17	7.93	12.88	19.40	27.09	30.50	Mali
1.97	2.35	2.05	2.00	11.74	10.57	9.57	9.84	Niger
8.11	5.37	4.06	3.69	25.69	24.47	21.07	24.20	Nigéria
9.06	11.43	10.65	10.33	33.50	46.00	38.35	38.61	Sénégal
0.15	1.72	1.37	2.05	0.93	10.61	3.08	4.80	Sierra Leone
9.12	10.61	8.09	7.80	23.74	25.96	16.76	18.84	Togo
1.81	1.15	1.04	1.09	7.46	6.11	4.85	5.22	Économies en développement : Amérique
7.76	7.53	7.20	7.45	15.63	21.97	19.61	20.01	Caraïbes
1.84	1.78	1.70	1.66	3.36	3.86	3.99	3.97	Antigua-et-Barbuda
0.04	0.21	0.25	0.28	0.01	0.27	0.29	0.33	Aruba
2.43	1.85	1.94	2.01	5.20	3.96	4.20	4.44	Barbade

Pour les sources et les notes, se reporter à la fin du tableau.

Region, country or territory	Millions of dollars - Millions de dollars							
	2005	2008	2009	2005	2011	2012	2013	2014 (e)
Curaçao	–	–	–	–	34	30	33	37
Dominica	22	23	22	23	23	23	24	24
Dominican Republic	2 719	3 606	3 415	3 887	4 241	4 262	4 486	4 650
Grenada	27	29	28	28	29	29	30	31
Haiti	986	1 370	1 376	1 474	1 551	1 612	1 781	1 954
Jamaica	1 762	2 157	1 889	2 026	2 106	2 158	2 161	2 264
Saint Kitts and Nevis	30	40	39	47	45	51	52	52
Saint Lucia	27	29	28	29	29	30	30	30
Saint Vincent and the Grenadines	22	27	29	29	29	31	32	33
Sint Maarten (Dutch part)	–	–	–	–	11	13	23	22
Trinidad and Tobago	92	95	109	91	126	126	126	131
Central America	*31 853*	*38 823*	*33 674*	*34 245*	*36 444*	*37 293*	*37 713*	*40 869*
Belize	45	76	79	78	75	76	74	81
Costa Rica	420	605	513	531	520	562	596	612
El Salvador	3 029	3 755	3 402	3 472	3 644	3 910	3 971	4 236
Guatemala	3 067	4 460	4 019	4 232	4 524	5 031	5 379	5 845
Honduras	1 805	2 821	2 477	2 618	2 811	2 920	3 136	3 329
Mexico	22 742	26 041	22 076	22 080	23 588	23 366	23 022	24 866
Nicaragua	616	820	770	825	914	1 016	1 081	1 140
Panama	130	245	337	410	368	411	452	760
South America	*11 424*	*16 720*	*14 724*	*14 545*	*15 242*	*14 903*	*14 789*	*14 751*
Argentina	432	698	621	639	698	575	532	540
Bolivia (Plurinational State of)	337	1 135	1 058	960	1 043	1 111	1 201	1 201
Brazil	2 805	3 643	2 889	2 754	2 798	2 583	2 537	2 427
Chile	13	3	4	..	..	..	0	0
Colombia	3 346	4 827	4 125	4 031	4 101	4 019	4 183	4 233
Ecuador	2 460	3 089	2 742	2 599	2 681	2 476	2 459	2 524
Guyana	201	274	262	368	412	469	328	341
Paraguay	161	363	377	410	541	634	591	591
Peru	1 440	2 444	2 409	2 534	2 697	2 788	2 707	2 639
Suriname	4	2	5	4	4	8	7	9
Uruguay	77	108	101	103	129	122	123	124
Venezuela (Bolivarian Rep. of)	148	137	131	143	138	118	120	121
Developing economies: Asia	**101 329**	**181 026**	**177 722**	**201 023**	**229 667**	**243 132**	**252 331**	**267 728**
Eastern Asia	*29 335*	*55 327*	*48 178*	*58 948*	*68 838*	*65 292*	*66 611*	*71 310*
China	23 626	47 743	41 600	52 460	61 576	57 987	59 491	64 140
China, Hong Kong SAR	297	355	348	340	352	367	360	373
China, Macao SAR	53	52	48	47	48	47	49	50
Korea, Republic of	5 178	6 952	5 982	5 836	6 582	6 571	6 455	6 481
Mongolia	180	225	200	266	279	320	256	265
Southern Asia	*35 269*	*73 120*	*76 215*	*83 567*	*98 683*	*109 592*	*112 310*	*117 364*
Afghanistan	..	104	152	331	247	385	538	636
Bangladesh	4 642	9 223	10 739	11 282	12 960	14 236	13 857	14 969
Bhutan	..	4	5	8	10	18	12	14
India	22 125	49 977	49 204	53 480	62 499	68 821	69 970	70 389
Iran (Islamic Republic of)	1 032	1 115	1 072	1 181	1 330	1 330	1 330	1 382
Maldives	2	6	5	3	3	3	3	3
Nepal	1 212	2 727	2 985	3 469	4 217	4 793	5 552	5 875
Pakistan	4 280	7 039	8 717	9 690	12 263	14 006	14 626	17 060
Sri Lanka	1 976	2 925	3 337	4 123	5 153	6 000	6 422	7 036
South-Eastern Asia	*24 900*	*35 955*	*37 027*	*41 862*	*44 878*	*48 480*	*52 898*	*56 817*
Cambodia	164	188	142	153	160	172	176	304
Indonesia	5 420	6 794	6 793	6 916	6 924	7 212	7 614	8 551
Lao People's Dem. Rep.	1	18	38	42	110	59	60	60
Malaysia	1 117	1 329	1 131	1 103	1 211	1 320	1 396	1 565
Myanmar	129	55	54	115	127	275	229	232
Philippines	13 733	18 851	19 960	21 557	23 054	24 610	26 700	28 403
Thailand	1 187	1 898	2 776	3 580	4 554	4 713	5 690	5 655
Timor-Leste	..	18	113	137	137	120	34	45
Viet Nam	3 150	6 805	6 020	8 260	8 600	10 000	11 000	12 000
Western Asia	*11 825*	*16 624*	*16 302*	*16 646*	*17 269*	*19 768*	*20 512*	*22 237*
Iraq	711	71	152	177	223	271	271	271
Jordan	2 421	3 510	3 465	3 517	3 368	3 490	3 643	3 757
Kuwait	..	..	..	5	6	3	4	4
Lebanon	4 924	7 181	7 558	6 914	6 913	6 730	7 864	8 899
Oman	39	39	39	39	39	39	39	39
Qatar	..	..	..	..	574	803	574	496

For sources and notes, see end of table.

As percentage of GDP (1) En pourcentage du PIB (1)				As percentage of exports of goods and services En pourcentage des exportations des biens et services				Régions, pays ou territoires
2005	2010	2013	2014 (e)	2005	2010	2013	2014 (e)	
–	–	1.06	1.15	–	–	1.48	1.55	Curaçao
6.11	4.82	4.73	4.64	16.83	13.15	13.88	13.62	Dominique
8.13	7.62	7.40	7.63	22.06	31.49	27.94	27.11	République dominicaine
3.86	3.69	3.57	3.61	18.03	15.50	14.13	13.24	Grenade
25.91	23.98	23.16	24.42	162.98	145.00	115.95	120.70	Haïti
15.67	15.31	15.14	16.38	44.11	50.61	50.88	52.91	Jamaïque
5.54	6.56	6.94	6.63	13.35	22.60	17.53	16.52	Saint-Kitts-et-Nevis
2.89	2.32	2.26	2.18	5.16	4.76	4.91	4.76	Sainte-Lucie
4.07	4.26	4.45	4.39	11.18	15.86	16.28	16.69	Saint-Vincent-et-les Grenadines
		2.24	2.11			1.84	1.76	Saint-Martin (partie néerlandaise)
0.58	0.44	0.52	0.51	0.85	0.75	0.91	0.96	Trinité-et-Tobago
3.31	*2.85*	*2.59*	*2.74*	*12.09*	*9.25*	*7.95*	*8.27*	*Amérique centrale*
4.01	5.59	4.58	4.80	7.27	9.42	7.04	7.47	Belize
2.11	1.46	1.20	1.23	6.25	4.32	3.83	3.82	Costa Rica
17.72	16.21	16.37	16.71	90.62	69.84	61.84	65.35	El Salvador
11.27	10.24	10.00	9.79	45.31	39.17	42.31	42.55	Guatemala
18.50	16.53	16.89	17.02	49.17	53.00	49.19	49.44	Honduras
2.63	2.10	1.83	1.94	9.87	7.03	5.74	5.94	Mexique
9.74	9.23	9.61	9.36	43.63	24.55	23.42	22.76	Nicaragua
0.84	1.52	1.12	1.73	1.23	2.15	1.67	2.91	Panama
0.68	*0.41*	*0.34*	*0.34*	*3.20*	*2.80*	*1.98*	*2.10*	*Amérique du Sud*
0.19	0.14	0.09	0.10	0.92	0.78	0.55	0.63	Argentine
3.53	4.89	3.93	3.51	10.28	14.04	9.42	8.90	Bolivie (État plurinational de)
0.32	0.13	0.11	0.11	2.10	1.18	0.90	0.92	Brésil
0.01	..	0.00	0.00	0.03	..	0.00	0.00	Chili
2.28	1.40	1.11	1.10	13.54	8.79	6.23	6.62	Colombie
5.93	3.74	2.60	2.50	21.43	13.25	8.87	8.42	Équateur
15.30	16.28	10.98	10.93	29.03	32.86	21.30	24.61	Guyana
1.85	2.04	2.02	1.92	3.16	3.70	4.11	4.20	Paraguay
1.89	1.72	1.35	1.31	7.33	6.45	5.64	5.86	Pérou
0.18	0.10	0.13	0.16	0.28	0.18	0.27	0.38	Suriname
0.44	0.26	0.22	0.22	1.51	0.96	0.90	0.91	Uruguay
0.10	0.04	0.03	0.02	0.26	0.21	0.13	0.15	Venezuela (Rép. bolivarienne du)
1.58	**1.52**	**1.38**	**1.38**	**3.97**	**4.31**	**3.91**	**4.05**	**Économies en développement : Asie**
0.87	*0.81*	*0.62*	*0.60*	*2.04*	*2.19*	*1.78*	*1.83*	*Asie orientale*
1.03	0.88	0.65	0.64	3.07	3.18	2.53	2.59	Chine
0.16	0.15	0.13	0.13	0.09	0.07	0.06	0.06	Chine (RAS de Hong Kong)
0.45	0.17	0.09	0.09	0.48	0.16	0.09	0.09	Chine (RAS de Macao)
0.58	0.53	0.49	0.46	1.54	1.07	0.89	0.89	Corée, République de
7.15	4.29	2.22	2.36	12.16	7.85	5.14	4.34	Mongolie
2.80	*3.34*	*3.84*	*3.92*	*13.36*	*15.47*	*17.19*	*17.25*	*Asie méridionale*
..	2.06	2.49	2.79	..	9.20	15.01	16.15	Afghanistan
7.01	9.85	9.03	8.56	41.50	47.74	43.89	45.52	Bangladesh
..	0.52	0.66	0.71	..	1.40	1.77	2.07	Bhoutan
2.64	3.14	3.61	3.45	14.31	15.37	14.96	14.49	Inde
0.50	0.28	0.27	0.35	1.48	0.97	1.34	1.33	Iran (République islamique d')
0.21	0.14	0.12	0.12	0.47	0.16	0.11	0.10	Maldives
14.67	21.28	30.54	30.39	94.44	220.73	253.77	266.81	Népal
3.64	5.55	6.49	6.58	22.40	34.54	48.70	55.82	Pakistan
8.09	8.32	9.56	9.43	25.05	37.15	42.59	40.50	Sri Lanka
3.13	*2.50*	*2.47*	*2.64*	*5.36*	*5.41*	*5.38*	*5.61*	*Asie du Sud-Est*
2.60	1.36	1.15	1.85	4.07	2.56	1.76	2.65	Cambodge
1.90	0.98	0.88	1.01	5.69	4.15	3.71	4.21	Indonésie
0.03	0.62	0.55	0.51	0.11	1.85	1.96	1.72	Rép. dém. populaire lao
0.78	0.45	0.45	0.48	0.69	0.48	0.54	0.58	Malaisie
1.09	0.28	0.36	0.34	3.42	1.49	2.03	2.06	Myanmar
13.32	10.80	9.81	9.96	40.66	39.51	39.35	39.13	Philippines
0.63	1.06	1.35	1.39	0.92	1.58	2.00	2.02	Thaïlande
..	3.25	0.68	0.94	..	144.52	38.30	46.17	Timor-Leste
5.95	7.12	6.42	6.43	8.58	10.36	7.70	7.45	Viet Nam
1.23	*0.97*	*0.86*	*0.94*	*3.10*	*2.55*	*1.92*	*2.17*	*Asie occidentale*
1.96	0.15	0.14	0.14	2.96	0.32	0.29	0.31	Iraq
19.23	13.31	10.84	10.51	36.06	27.58	25.53	24.07	Jordanie
..	0.00	0.00	0.00	..	0.01	0.00	0.00	Koweït
22.91	18.00	16.65	17.97	37.23	33.35	40.88	52.14	Liban
0.13	0.07	0.05	0.05	0.20	0.10	0.07	0.07	Oman
..	..	0.28	0.24	..	..	0.39	0.34	Qatar

Pour les sources et les notes, se reporter à la fin du tableau.

Region, country or territory	Millions of dollars - Millions de dollars							
	2005	2008	2009	2005	2011	2012	2013	2014 (e)
Saudi Arabia	94	216	214	236	244	246	269	272
State of Palestine	643	1 214	1 198	1 509	1 666	2 060	1 748	2 294
Syrian Arab Republic	823	1 325	1 350	1 623	1 623	1 623	1 623	1 623
Turkey	887	1 658	1 165	1 100	1 210	1 153	1 135	1 128
Yemen	1 283	1 411	1 160	1 526	1 404	3 351	3 343	3 455
Developing economies: Oceania	-	1 722	1 685	1 642	1 756	1 722	1 740	1 730
Fiji	204	147	171	174	160	191	204	209
French Polynesia	557	763	728	694	756	669	669	669
Kiribati	..	11	11	12	12	13	13	13
Marshall Islands	24	23	24	22	22	22	22	22
Micronesia (Federated States of)	..	..	17	18	19	21	22	22
New Caledonia	512	544	509	492	519	479	479	479
Papua New Guinea	7	7	5	3	17	14	15	15
Samoa	82	109	119	122	139	158	158	140
Solomon Islands	7	9	13	13	14	17	17	17
Tonga	69	94	72	76	70	112	114	114
Tuvalu	5	6	5	4	5	4	4	4
Vanuatu	5	9	11	12	22	22	24	24
Transition economies	14 040	35 064	30 686	32 666	39 154	42 495	47 766	44 773
Albania	1 290	1 495	1 318	1 156	1 126	1 027	1 094	1 118
Armenia	915	1 904	1 440	1 669	1 799	1 915	2 192	2 159
Azerbaijan	623	1 518	1 255	1 410	1 893	1 990	1 733	1 898
Belarus	199	583	504	575	891	1 053	1 214	1 258
Bosnia and Herzegovina	2 038	2 718	2 127	1 822	1 958	1 846	1 929	1 993
Georgia	446	1 065	1 112	1 184	1 547	1 770	1 945	2 065
Kazakhstan	62	126	198	226	180	171	207	209
Kyrgyzstan	313	1 223	982	1 266	1 709	2 031	2 278	2 246
Montenegro	–	298	303	301	343	333	423	441
Republic of Moldova	915	1 888	1 199	1 351	1 600	1 793	1 985	1 981
Russian Federation	3 437	5 737	5 105	5 250	6 103	5 788	6 751	7 116
Serbia	–	3 750	4 989	4 346	4 393	4 604	5 144	4 883
Tajikistan	467	2 544	1 748	2 306	3 060	3 626	4 154	3 835
TFYR of Macedonia	227	407	381	388	434	394	376	367
Turkmenistan	..	48	33	35	34	37	40	30
Ukraine	2 408	6 782	5 941	6 535	7 822	8 449	9 667	7 587
Uzbekistan	..	2 978	2 052	2 845	4 262	5 668	6 633	5 588
Developed economies: America	-	7 950	8 246	8 413	8 446	8 750	9 119	9 367
Bermuda	..	1 391	1 346	1 261	1 175	1 191	1 225	1 305
Canada	912	1 195	1 160	1 222	1 167	1 206	1 199	1 183
United States	4 795	5 364	5 740	5 930	6 104	6 354	6 695	6 879
Developed economies: Asia	1 282	2 361	2 102	2 256	2 726	3 224	3 129	4 630
Israel	377	628	507	572	595	685	765	901
Japan	905	1 732	1 595	1 684	2 132	2 540	2 364	3 729
Developed economies: Europe	72 192	111 092	100 323	100 585	110 688	108 379	117 477	123 658
Austria	2 315	2 671	2 591	2 526	2 815	2 656	2 810	2 956
Belgium	6 888	10 416	10 442	10 287	10 975	10 156	10 916	11 322
Bulgaria	1 613	1 919	1 592	1 333	1 483	1 449	1 667	1 719
Croatia	693	1 234	1 208	1 212	1 348	1 385	1 497	1 524
Cyprus	105	234	127	135	127	117	83	91
Czech Republic	1 460	2 043	2 016	2 016	2 075	2 026	2 270	2 537
Denmark	867	1 295	1 219	1 078	1 357	1 274	1 217	1 378
Estonia	264	362	306	320	407	411	429	476
Faeroe Islands	80	137	139	146	158	158	158	161
Finland	693	908	875	848	751	866	1 066	1 106
France	14 212	20 085	19 649	19 903	22 927	22 053	23 336	24 760
Germany	6 867	10 974	12 335	12 792	14 522	15 144	15 792	15 802
Greece	1 220	2 687	2 020	1 499	1 186	681	805	824
Hungary	1 913	2 522	1 747	2 069	2 785	3 513	4 325	4 473
Iceland	62	115	85	120	130	144	176	216
Ireland	513	633	573	658	755	700	718	802
Italy	2 318	5 555	5 221	6 351	7 025	7 326	7 471	7 715
Latvia	381	601	591	614	695	730	762	790
Lithuania	534	1 566	1 239	1 674	1 956	1 508	2 060	2 399
Luxembourg	1 178	1 613	1 650	1 634	1 769	1 674	1 820	1 964
Malta	34	54	53	36	37	200	351	665
Netherlands	1 203	1 650	1 711	1 696	1 760	1 621	1 565	1 589
Norway	505	685	631	680	765	767	791	760

For sources and notes, see end of table.

As percentage of GDP (1) En pourcentage du PIB (1)				As percentage of exports of goods and services En pourcentage des exportations des biens et services				Régions, pays ou territoires
2005	2010	2013	2014 (e)	2005	2010	2013	2014 (e)	
0.03	0.04	0.04	0.04	0.05	0.09	0.07	0.08	Arabie saoudite
13.31	16.93	13.90	17.40	89.67	100.84	76.01	89.52	État de Palestine
2.90	2.68	4.61	5.29	7.15	8.28	35.15	34.34	République arabe syrienne
0.18	0.15	0.14	0.14	0.83	0.70	0.54	0.51	Turquie
6.74	4.94	9.63	9.29	18.90	16.46	34.94	36.95	Yémen
-	5.25	4.43	4.22	-	13.66	13.11	10.85	**Économies en développement : Océanie**
6.77	5.53	5.05	5.00	12.64	9.55	8.96	8.21	Fidji
9.77	10.99	10.44	10.21	43.61	59.90	54.12	50.38	Polynésie française
..	7.63	7.31	7.56	..	59.82	51.43	55.15	Kiribati
17.04	12.63	11.66	11.57	101.19	56.13	35.49	34.16	Îles Marshall
..	6.14	6.62	6.52	..	25.96	24.95	25.69	Micronésie (États fédérés de)
8.21	5.43	4.93	4.79	35.06	25.35	24.87	20.27	Nouvelle-Calédonie
0.14	0.04	0.10	0.09	0.19	0.06	0.23	0.18	Papouasie-Nouvelle-Guinée
18.79	20.44	22.86	20.41	57.59	59.96	70.18	65.51	Samoa
1.67	1.76	1.54	1.46	4.90	4.01	2.88	2.94	Îles Salomon
26.02	20.31	25.98	26.25	134.79	128.74	116.52	145.71	Tonga
22.52	12.32	10.58	10.88	187.74	27.88	19.72	19.41	Tuvalu
1.29	1.68	2.96	2.96	2.88	3.59	6.32	6.35	Vanuatu
1.36	1.55	1.65	1.71	3.61	4.71	5.10	5.04	**Économies en transition**
15.93	9.69	8.48	8.46	88.29	34.78	28.46	28.49	Albanie
18.68	18.03	21.02	19.85	62.74	84.50	80.20	65.52	Arménie
4.71	2.67	2.36	2.56	7.66	4.99	4.83	5.83	Azerbaïdjan
0.66	1.04	1.69	1.65	1.13	1.96	2.76	2.89	Bélarus
18.69	10.82	10.80	11.03	57.49	35.77	31.60	31.74	Bosnie-Herzégovine
6.96	10.17	12.06	12.47	20.73	29.35	27.11	29.34	Géorgie
0.11	0.15	0.09	0.10	0.20	0.34	0.23	0.24	Kazakhstan
12.73	26.41	31.52	30.90	33.10	53.23	73.69	80.54	Kirghizistan
_	7.32	9.58	9.79	_	67.04	80.61	92.01	Monténégro
30.62	23.25	24.91	24.99	68.69	69.01	65.36	68.39	République de Moldova
0.45	0.34	0.32	0.38	1.28	1.19	1.14	1.26	Fédération de Russie
_	9.63	9.83	9.60	_	30.11	26.53	22.89	Serbie
20.18	40.87	48.84	41.16	37.20	260.63	302.90	372.43	Tadjikistan
3.62	4.12	3.49	3.24	10.82	10.76	8.03	6.82	LERY de Macédoine
..	0.16	0.10	0.06	..	0.28	0.16	0.12	Turkménistan
2.70	4.63	5.13	5.60	5.65	9.96	11.83	11.61	Ukraine
..	7.20	11.59	8.99	..	21.85	42.53	34.78	Ouzbékistan
-	0.05	0.05	0.05	-	0.36	0.32	0.32	**Économies développées : Amérique**
..	21.96	21.98	22.84	..	89.08	88.06	93.13	Bermudes
0.08	0.08	0.07	0.07	0.21	0.26	0.22	0.21	Canada
0.04	0.04	0.04	0.04	0.37	0.32	0.29	0.29	États-Unis
0.03	0.04	0.06	0.09	0.18	0.24	0.34	0.48	**Économies développées : Asie**
0.27	0.25	0.26	0.30	0.66	0.70	0.80	0.91	Israël
0.02	0.03	0.05	0.08	0.13	0.19	0.28	0.43	Japon
0.48	0.56	0.61	0.63	1.33	1.41	1.39	1.43	**Économies développées : Europe**
0.74	0.65	0.66	0.68	1.46	1.28	1.23	1.28	Autriche
1.78	2.12	2.08	2.12	2.41	2.78	2.51	2.52	Belgique
5.50	2.74	3.06	3.08	9.98	4.65	4.49	4.53	Bulgarie
1.53	2.03	2.59	2.66	3.90	5.36	6.02	5.64	Croatie
0.57	0.54	0.34	0.39	1.30	1.42	0.60	0.64	Chypre
1.07	0.97	1.09	1.23	1.72	1.47	1.41	1.47	République tchèque
0.33	0.34	0.36	0.40	0.69	0.68	0.67	0.75	Danemark
1.89	1.64	1.72	1.84	2.87	2.19	2.00	2.17	Estonie
..	..	..	..	10.91	14.27	11.97	11.70	Îles Féroé
0.34	0.34	0.40	0.41	0.84	0.88	1.05	1.09	Finlande
0.64	0.75	0.83	0.87	2.40	2.81	2.79	2.91	France
0.24	0.37	0.42	0.41	0.64	0.89	0.93	0.90	Allemagne
0.49	0.50	0.33	0.35	2.37	2.52	1.20	1.14	Grèce
1.71	1.60	3.24	3.26	2.68	1.93	3.65	3.60	Hongrie
0.37	0.90	1.15	1.28	1.16	1.68	2.05	2.37	Islande
0.24	0.30	0.31	0.33	0.31	0.32	0.29	0.29	Irlande
0.13	0.30	0.35	0.36	0.50	1.16	1.21	1.22	Italie
2.23	2.57	2.47	2.47	5.23	4.77	4.19	4.27	Lettonie
2.04	4.51	4.44	4.98	3.80	6.91	5.28	6.09	Lituanie
3.18	3.13	3.03	3.15	2.15	1.96	1.62	1.59	Luxembourg
0.52	0.41	3.52	6.35	0.73	0.27	2.28	4.33	Malte
0.18	0.20	0.18	0.18	0.25	0.27	0.21	0.21	Pays-Bas
0.16	0.16	0.15	0.15	0.38	0.40	0.39	0.39	Norvège

Pour les sources et les notes, se reporter à la fin du tableau.

Region, country or territory	Millions of dollars - Millions de dollars							
	2005	2008	2009	2005	2011	2012	2013	2014 (e)
Poland	6 471	10 408	8 094	7 575	7 641	6 935	6 984	7 466
Portugal	3 061	3 990	3 524	3 545	3 778	3 904	4 372	4 351
Romania	4 708	9 285	4 881	3 879	3 889	3 674	3 518	3 431
Slovakia	946	1 973	1 671	1 591	1 753	1 928	2 072	2 121
Slovenia	261	349	296	317	456	607	593	717
Spain	6 662	10 148	8 950	9 099	9 922	9 661	9 584	10 990
Sweden	673	825	715	762	928	814	3 960	3 976
Switzerland	1 721	2 215	2 342	2 495	2 716	2 522	2 596	2 737
United Kingdom	1 772	1 940	1 830	1 696	1 796	1 776	1 712	1 839
Developed economies: Oceania	**1 292**	**1 947**	**1 666**	**2 235**	**2 905**	**2 902**	**2 924**	**2 768**
Australia	940	1 526	1 335	1 864	2 449	2 441	2 465	2 292
New Zealand	352	421	331	371	455	462	459	476
Memo items								
Developing economies excluding China	161 712	246 578	238 198	259 282	286 816	309 403	317 177	334 095
Developing economies excluding LDCs	173 153	272 078	256 484	286 268	319 970	334 558	343 277	362 481
High-income developing economies	82 111	121 242	108 161	119 715	134 053	129 945	133 202	141 551
Middle-income developing economies	93 450	154 094	151 160	169 602	188 080	208 413	213 533	224 390
Low-income developing economies	9 776	18 984	20 478	22 425	26 259	29 032	29 932	32 295
HIPCs (Heavily indebted poor countries) (IMF)	6 717	11 824	11 245	12 336	14 042	15 001	15 634	16 585
LLDCs (Landlocked developing countries)	7 106	19 813	16 632	19 719	24 817	28 514	31 360	30 648
SIDS (Small island developing States)	2 918	3 437	3 311	3 440	3 676	3 809	3 765	3 920
LDCs (Least developed countries)	12 184	22 243	23 314	25 473	28 422	32 832	33 391	35 754

For sources and notes, see end of table.

As percentage of GDP (1) En pourcentage du PIB (1)				As percentage of exports of goods and services En pourcentage des exportations des biens et services				Régions, pays ou territoires
2005	2010	2013	2014 (e)	2005	2010	2013	2014 (e)	
2.13	1.59	1.33	1.36	6.02	3.89	2.88	2.91	Pologne
1.55	1.49	1.92	1.88	5.76	4.94	4.80	4.67	Portugal
4.72	2.31	1.83	1.71	19.50	7.20	4.63	4.19	Roumanie
1.93	1.79	2.12	2.13	2.61	2.26	2.24	2.31	Slovaquie
0.72	0.66	1.24	1.45	1.18	1.03	1.65	1.88	Slovénie
0.58	0.64	0.69	0.78	2.31	2.48	2.18	2.43	Espagne
0.17	0.16	0.68	0.70	0.40	0.35	1.55	1.56	Suède
0.42	0.43	0.38	0.38	0.79	0.67	0.53	0.62	Suisse
0.07	0.07	0.06	0.06	0.29	0.25	0.22	0.22	Royaume-Uni
0.15	**0.16**	**0.17**	**0.17**	**0.76**	**0.74**	**0.81**	**0.79**	**Économies développées : Océanie**
0.12	0.14	0.16	0.16	0.68	0.72	0.80	0.78	Australie
0.31	0.26	0.24	0.24	1.09	0.86	0.86	0.84	Nouvelle-Zélande
								Pour mémoire
2.05	1.86	1.85	1.90	5.80	5.80	5.30	5.58	Économies en développement sans la Chine
1.75	1.48	1.34	1.35	4.95	4.81	4.23	4.40	Économies en développement sans les PMA
1.04	0.78	0.64	0.65	2.78	2.39	1.93	2.03	Économies en développement à revenu élevé
4.48	4.03	4.18	4.18	16.57	16.39	16.23	16.53	Économies en développement à rev. intermédiaire
4.92	6.14	6.08	5.95	23.66	26.85	25.66	26.43	Économies en développement à revenu faible
3.26	3.47	3.20	3.21	12.00	12.13	10.80	11.24	PPTE (Pays pauvres très endettés) (FMI)
3.77	3.89	4.31	4.11	9.47	10.33	11.78	11.47	LLDCs (Pays en développement sans littoral)
5.32	4.36	3.94	3.97	9.85	9.14	8.64	8.47	SIDS (Petits États insulaires en développement)
4.43	4.14	4.15	4.11	20.52	14.64	14.61	15.40	PMA (Pays les moins avancés)

Pour les sources et les notes, se reporter à la fin du tableau.

7

Region, country or territory	Millions of dollars - Millions de dollars							
	2005	2007	2008	2009	2010	2011	2012	2013
WORLD	**202 489**	**285 050**	**334 827**	**319 753**	**320 866**	**352 946**	**369 518**	**398 470**
DEVELOPING ECONOMIES	60 047	82 217	99 518	108 516	108 395	117 807	130 634	143 970
TRANSITION ECONOMIES	9 901	25 903	35 696	26 348	27 310	32 915	40 151	46 368
DEVELOPED ECONOMIES	132 540	176 930	199 614	184 889	185 161	202 224	198 733	208 132
Developing economies: Africa	**4 375**	**5 134**	**5 572**	**6 272**	**6 746**	**4 944**	**6 685**	**7 311**
Eastern Africa	*506*	*649*	*874*	*942*	*810*	*903*	*962*	*939*
Burundi	0	0	0	1	5	6	5	7
Comoros	0	0	1	1	1	1	1	..
Djibouti	5	5	5	6	12	13	12	13
Ethiopia	16	15	21	27	66	19	20	..
Kenya	56	16	64	61	19	26	15	..
Madagascar	19	19	23	30	35	46	54	50
Malawi	7	10	10	13	15	17	18	..
Mauritius	9	10	13	10	8	9	8	8
Mozambique	24	45	48	66	70	66	132	155
Rwanda	35	77	70	71	76	103	107	114
Seychelles	10	52	51	62	41	50	50	54
Uganda	197	236	381	483	332	402	315	350
United Republic of Tanzania	33	39	48	47	62	73	128	111
Zambia	94	124	139	66	68	70	97	77
Middle Africa	*556*	*822*	*-*	*-*	*-*	*-*	*-*	*-*
Angola	215	603	669	716	714	564	523	670
Cameroon	56	90	56	130	54	81	73	65
Congo	66	102	..	..	..	..	..	..
Dem. Rep. of the Congo	32	26	37	31	57	40	55	36
Gabon	186	..	..	..	..	..	..	..
Sao Tome and Principe	0	1	0	1	1	1	2	0
Northern Africa	*1 051*	*1 057*	*1 305*	*1 735*	*2 018*	*1 065*	*2 399*	*3 385*
Algeria	27	49	27	46	28	31	44	39
Egypt	57	180	241	255	305	293	293	..
Libya	914	762	964	1 361	1 609	650	1 971	3 199
Morocco	35	49	54	60	62	71	64	63
Sudan (...2011)	2	2	2	0	1	2	–	–
Sudan	–	–	–	–	–	–	8	64
Tunisia	16	15	16	13	13	19	18	20
Southern Africa	*1 175*	*1 294*	*1 224*	*1 230*	*1 478*	*1 569*	*1 472*	*1 287*
Botswana	107	99	56	60	85	107	108	81
Namibia	18	16	42	15	28	27	18	16
South Africa	1 041	1 172	1 119	1 144	1 353	1 423	1 320	1 182
Swaziland	8	8	6	11	12	12	27	9
Western Africa	*1 088*	*1 312*	*1 406*	*1 488*	*1 614*	*722*	*1 199*	*-*
Benin	34	108	74	70	63	62	88	..
Burkina Faso	84	93	100	99	112	..	..	..
Cabo Verde	5	6	10	12	8	9	10	10
Côte d'Ivoire	597	698	756	743	726	..	..	..
Gambia	1	15	3	8	58	37	48	..
Ghana	..	..	..	..	..	..	7	4
Guinea	60	39	56	45	41	39	51	81
Guinea-Bissau	5	4	17	20	20	30	25	..
Liberia	0	0	0	1	1	1	471	435
Mali	69	83	105	167	176	129	111	134
Mauritania	..	..	..	..	..	..	240	255
Niger	29	18	22	25	72	112	91	..
Nigeria	68	54	58	47	48	76	39	..
Senegal	98	143	144	174	216	209	..	..
Sierra Leone	2	4	3	3	11	21	20	9
Togo	35	47	58	72	63	..	..	..
Developing economies: America	**2 199**	**3 274**	**3 989**	**3 875**	**5 264**	**5 654**	**5 911**	**6 256**
Caribbean	*658*	*762*	*716*	*622*	*1 172*	*1 419*	*1 472*	*1 448*
Antigua and Barbuda	2	2	2	2	2	2	2	2
Aruba	62	73	76	73	65	64	68	66
Bahamas	84	95	66	63	88	120	140	139
Barbados	41	55	39	37	35	..	..	..

For sources and notes, see end of table.

As percentage of GDP (1) En pourcentage du PIB (1)				As percentage of exports of goods and services En pourcentage des exportations des biens et services				Régions, pays ou territoires
2005	2010	2012	2013	2005	2010	2012	2013	
0.45	0.51	0.53	0.56	1.74	1.89	1.81	1.93	MONDE
0.66	0.58	0.56	0.61	2.10	1.94	1.80	1.97	ÉCONOMIES EN DÉVELOPPEMENT
0.96	1.33	1.50	1.66	3.36	4.98	5.34	6.02	ÉCONOMIES EN TRANSITION
0.38	0.44	0.45	0.46	1.56	1.71	1.60	1.66	ÉCONOMIES DÉVELOPPÉES
0.41	0.37	0.31	0.56	1.42	1.22	1.00	1.44	Économies en développement : Afrique
0.51	0.45	0.42	0.64	1.51	1.24	1.03	1.51	Afrique orientale
0.02	0.24	0.22	0.27	0.06	0.82	0.57	0.77	Burundi
0.10	0.15	0.14	..	0.29	0.29	0.26	..	Comores
0.66	1.03	0.92	0.87	1.29	2.43	1.75	1.41	Djibouti
0.13	0.25	0.05	..	0.34	0.67	0.14	..	Éthiopie
0.26	0.05	0.03	..	0.84	0.14	0.08	..	Kenya
0.37	0.39	0.54	0.47	0.88	1.01	1.39	1.22	Madagascar
0.20	0.21	0.32	..	0.56	0.61	0.70	..	Malawi
0.14	0.09	0.07	0.07	0.22	0.14	0.11	0.11	Maurice
0.32	0.69	0.88	0.99	0.85	1.48	1.09	1.25	Mozambique
1.34	1.33	1.47	1.50	5.31	4.61	4.31	4.58	Rwanda
1.08	4.25	4.45	3.76	1.13	3.93	4.22	4.33	Seychelles
1.60	1.53	1.23	1.32	8.37	5.37	4.07	4.58	Ouganda
0.18	0.20	0.33	0.24	0.79	0.68	1.01	0.82	République-Unie de Tanzanie
1.30	0.42	0.47	0.35	3.64	1.22	1.05	0.70	Zambie
0.72	-	-	-	1.95	-	-	-	Afrique centrale
0.65	0.87	0.45	0.55	1.42	2.02	1.14	1.36	Angola
0.34	0.23	0.28	0.22	1.29	0.85	0.89	0.74	Cameroun
1.09	..	..	..	2.43	..	..	..	Congo
0.27	0.27	0.19	0.11	0.84	0.53	0.50	0.27	Rép. dém. du Congo
1.94	..	..	..	7.76	..	..	..	Gabon
0.38	0.29	0.75	0.11	0.90	0.52	1.45	0.22	Sao Tomé-et-Principe
0.28	0.31	0.32	0.69	0.91	0.94	0.97	1.76	Afrique septentrionale
0.03	0.02	0.02	0.02	0.11	0.06	0.07	0.06	Algérie
0.06	0.14	0.11	..	0.17	0.51	0.43	..	Égypte
2.01	1.99	2.06	4.29	6.76	5.24	6.05	7.52	Libye
0.06	0.07	0.07	0.06	0.17	0.17	0.14	0.13	Maroc
0.00	0.00	—	—	0.02	0.01	—	—	Soudan (...2011)
—	—	0.02	0.12	—	—	0.08	0.60	Soudan
0.05	0.03	0.04	0.04	0.11	0.06	0.07	0.07	Tunisie
0.42	0.37	0.34	0.32	1.52	1.25	1.04	0.92	Afrique australe
1.08	0.62	0.75	0.55	3.12	1.34	1.25	1.01	Botswana
0.25	0.25	0.14	0.12	0.68	0.47	0.25	0.21	Namibie
0.40	0.36	0.33	0.32	1.52	1.31	1.07	0.97	Afrique du Sud
0.31	0.30	0.71	0.25	0.37	0.45	1.00	0.38	Swaziland
0.46	0.36	0.22	-	2.02	1.56	0.98	-	Afrique occidentale
0.77	0.97	1.16	..	2.93	2.77	3.39	..	Bénin
1.53	1.24	..	..	6.01	4.37	..	..	Burkina Faso
0.47	0.48	0.56	0.53	0.81	0.72	0.83	0.85	Cabo Verde
3.49	3.17	..	..	8.10	6.73	..	..	Côte d'Ivoire
0.12	6.11	5.21	..	0.28	18.22	10.84	..	Gambie
..	..	0.02	0.01	..	..	0.03	0.02	Ghana
2.04	0.78	0.82	1.12	5.83	2.28	1.62	2.84	Guinée
0.91	2.33	2.75	..	3.62	6.57	9.82	..	Guinée-Bissau
0.03	0.11	27.17	22.36	0.02	0.06	24.14	22.18	Libéria
1.26	1.87	1.07	1.22	3.78	4.70	2.80	2.54	Mali
..	..	4.95	4.62	..	..	5.79	6.31	Mauritanie
0.87	1.26	1.36	..	2.79	2.57	3.31	..	Niger
0.04	0.01	0.01	..	0.21	0.07	0.05	..	Nigéria
1.12	1.67	..	..	2.65	4.16	..	..	Sénégal
0.14	0.41	0.53	0.18	0.52	0.93	0.88	0.33	Sierra Leone
1.68	1.98	..	..	3.03	3.43	..	..	Togo
0.13	0.14	0.14	0.14	0.68	0.83	0.72	0.74	Économies en développement : Amérique
0.99	1.30	1.46	1.40	2.03	2.92	3.11	3.18	Caraïbes
0.17	0.18	0.18	0.18	0.24	0.30	0.31	0.31	Antigua-et-Barbuda
2.66	2.72	2.67	2.57	1.24	3.13	2.37	3.01	Aruba
1.09	1.11	1.70	1.65	2.29	2.33	2.84	2.89	Bahamas
1.05	0.79	..	..	1.88	1.55	..	..	Barbade

Pour les sources et les notes, se reporter à la fin du tableau.

Region, country or territory	Millions of dollars - Millions de dollars							
	2005	2007	2008	2009	2010	2011	2012	2013
Curaçao	–	–	–	–	–	50	54	55
Dominica	0	0	0	0	0	0	2	2
Dominican Republic	25	28	35	27	519	566	565	552
Grenada	1	2	2	1	2	2	2	2
Haiti	60	96	117	135	167	240	232	248
Jamaica	369	396	365	269	279	305	334	307
Saint Kitts and Nevis	8	6	6	6	6	6	6	7
Saint Lucia	3	3	3	3	3	3	3	3
Saint Vincent and the Grenadines	5	6	5	5	6	6	6	6
Sint Maarten (Dutch part)	–	–	–	–	–	55	59	60
Central America	*383*	*491*	*638*	*781*	*839*	*866*	*1 029*	*1 176*
Belize	19	21	28	23	22	24	26	32
Costa Rica	209	271	269	239	259	291	346	403
El Salvador	24	28	19	20	22	27	27	28
Guatemala	42	17	26	22	21	27	28	28
Honduras	0	2	37	27	27	33	36	41
Nicaragua	..	..	1	1	1	1	2	1
Panama	88	151	258	450	486	464	564	644
South America	*1 159*	*2 021*	*2 636*	*2 471*	*3 254*	*3 369*	*3 411*	*3 632*
Argentina	314	463	630	767	1 040	1 146	979	857
Bolivia (Plurinational State of)	67	79	106	103	102	117	147	172
Brazil	374	563	813	731	922	910	897	1 019
Chile	16	6	6	6	2	0	0	0
Colombia	56	95	88	92	112	117	128	147
Ecuador	54	83	66	95	136	148	154	167
Guyana	55	61	72	86	128	138	184	123
Suriname	10	6	8	5	1	3	12	19
Uruguay	2	4	5	6	7	7	10	11
Venezuela (Bolivarian Rep. of)	211	662	842	581	805	782	899	1 117
Developing economies: Asia	**53 225**	**73 360**	**89 440**	**97 807**	**95 721**	**106 397**	**117 267**	**130 309**
Eastern Asia	*10 386*	*13 397*	*15 395*	*12 761*	*12 069*	*14 696*	*15 637*	*15 575*
China	3 123	4 372	6 349	4 444	1 754	3 566	4 274	4 443
China, Hong Kong SAR	348	388	393	413	483	554	607	656
China, Macao SAR	207	823	936	667	539	654	853	1 060
Korea, Republic of	6 667	7 723	7 545	7 153	9 123	9 586	9 380	8 991
Mongolia	40	90	172	83	169	336	523	424
Southern Asia	*1 741*	*2 627*	*4 670*	*3 914*	*5 022*	*5 310*	*6 349*	*8 065*
Afghanistan	..	..	189	337	355	240	275	409
Bangladesh	5	8	11	8	10	12	13	20
Bhutan	..	61	61	48	71	92	74	58
India	1 348	2 059	3 812	2 890	3 829	4 078	4 963	6 413
Maldives	70	189	219	190	189	240	260	266
Nepal	66	4	5	12	32	39	50	28
Pakistan	3	2	..	8	9	28	34	18
Sri Lanka	249	305	373	420	526	581	680	854
South-Eastern Asia	*7 577*	*8 667*	*9 490*	*12 594*	*7 393*	*8 231*	*9 085*	*10 170*
Brunei Darussalam	376	430	420	445	..	..	..	..
Cambodia	128	118	171	159	171	150	134	181
Indonesia	1 179	1 654	1 971	2 702	2 840	3 164	3 634	3 951
Lao People's Dem. Rep.	1	6	9	22	19	76	70	69
Malaysia	5 679	6 388	6 786	6 529	1 753	1 971	2 305	2 621
Myanmar	19	..	..	..	..	..	..	..
Philippines	195	66	117	94	109	135	152	206
Thailand	..	..	..	2 558	2 397	2 631	2 683	3 136
Timor-Leste	..	3	16	86	103	105	107	8
Western Asia	*33 521*	*48 670*	*59 885*	*68 538*	*71 237*	*78 160*	*86 196*	*96 499*
Bahrain	1 223	1 483	1 774	1 391	1 642	2 050	2 074	2 166
Iraq	83	17	31	27	48	78	548	..
Jordan	349	479	472	502	495	439	460	457
Kuwait	2 648	9 764	10 323	11 749	12 126	13 421	15 874	15 242
Lebanon	4 012	2 962	4 366	5 749	4 390	4 227	4 208	4 659
Oman	2 257	3 670	5 181	5 316	5 704	7 215	8 087	9 104
Qatar	3 009	4 483	5 380	7 105	8 141	10 445	10 413	11 281
Saudi Arabia	14 315	16 447	21 696	26 470	27 069	28 475	29 493	34 984
State of Palestine	8	9	9	8	19	52	50	10
Syrian Arab Republic	40	250	210	211	530	..	..	..

For sources and notes, see end of table.

As percentage of GDP (1) En pourcentage du PIB (1)				As percentage of exports of goods and services En pourcentage des exportations des biens et services				Régions, pays ou territoires
2005	2010	2012	2013	2005	2010	2012	2013	
–	–	1.73	1.73	–	–	1.74	1.97	Curaçao
0.00	0.00	0.33	0.34	0.00	0.00	0.64	0.68	Dominique
0.07	1.02	0.96	0.91	0.22	2.81	2.74	2.79	République dominicaine
0.20	0.20	0.20	0.20	0.36	0.40	0.40	0.39	Grenade
1.57	2.72	3.24	3.22	3.22	3.89	5.53	5.60	Haïti
3.28	2.11	2.25	2.15	6.18	4.33	4.28	4.08	Jamaïque
1.38	0.79	0.85	0.91	2.68	1.55	1.87	1.79	Saint-Kitts-et-Nevis
0.32	0.27	0.25	0.25	0.50	0.42	0.43	0.49	Sainte-Lucie
0.86	0.82	0.89	0.91	1.62	1.44	1.53	1.52	Saint-Vincent-et-les Grenadines
–	–	5.97	5.86	–	–	5.71	5.04	Saint-Martin (partie néerlandaise)
0.42	*0.55*	*0.55*	*0.59*	*0.91*	*1.19*	*1.10*	*1.25*	**Amérique centrale**
1.74	1.57	1.67	1.94	2.75	2.72	2.57	2.91	Belize
1.05	0.71	0.76	0.81	2.69	2.02	2.11	2.41	Costa Rica
0.14	0.10	0.11	0.11	0.37	0.26	0.26	0.25	El Salvador
0.15	0.05	0.06	0.05	0.38	0.14	0.15	0.14	Guatemala
0.00	0.17	0.20	0.22	0.01	0.35	0.36	0.41	Honduras
..	0.01	0.01	0.01	..	0.02	0.02	0.02	Nicaragua
0.57	1.80	1.57	1.59	0.82	2.43	1.89	2.23	Panama
0.07	*0.09*	*0.08*	*0.09*	*0.47*	*0.62*	*0.50*	*0.51*	**Amérique du Sud**
0.14	0.22	0.16	0.14	0.90	1.52	1.18	0.96	Argentine
0.70	0.52	0.54	0.56	2.33	1.65	1.48	1.56	Bolivie (État plurinational de)
0.04	0.04	0.04	0.05	0.39	0.38	0.30	0.31	Brésil
0.01	0.00	0.00	0.00	0.04	0.00	0.00	0.00	Chili
0.04	0.04	0.03	0.04	0.22	0.24	0.19	0.21	Colombie
0.13	0.20	0.18	0.18	0.46	0.60	0.56	0.56	Équateur
4.17	5.67	6.44	4.11	5.97	7.73	7.28	5.23	Guyana
0.43	0.03	0.25	0.35	0.62	0.07	0.48	0.69	Suriname
0.01	0.02	0.02	0.02	0.05	0.07	0.07	0.07	Uruguay
0.15	0.20	0.24	0.30	0.72	1.56	1.16	1.53	Venezuela (Rép. bolivarienne du)
0.85	**0.73**	**0.71**	**0.73**	**2.40**	**2.18**	**2.03**	**2.19**	**Économies en développement : Asie**
0.31	*0.17*	*0.16*	*0.14*	*0.82*	*0.50*	*0.49*	*0.46*	**Asie orientale**
0.14	0.03	0.05	0.05	0.48	0.12	0.22	0.21	Chine
0.19	0.21	0.23	0.24	0.12	0.11	0.11	0.11	Chine (RAS de Hong Kong)
1.76	1.90	1.99	2.05	2.82	3.82	3.91	4.47	Chine (RAS de Macao)
0.74	0.83	0.77	0.69	2.13	1.78	1.42	1.39	Corée, République de
1.60	2.73	5.07	3.68	2.57	4.37	6.54	5.57	Mongolie
0.17	*0.24*	*0.27*	*0.33*	*0.73*	*0.93*	*0.89*	*1.16*	**Asie méridionale**
..	2.21	1.29	1.89	..	5.34	2.37	3.63	Afghanistan
0.01	0.01	0.01	0.01	0.03	0.03	0.03	0.05	Bangladesh
..	4.46	4.04	3.25	..	7.57	6.10	5.12	Bhoutan
0.16	0.22	0.26	0.33	0.74	0.87	0.86	1.15	Inde
6.41	8.11	9.97	9.36	8.05	11.18	12.11	11.10	Maldives
0.80	0.20	0.28	0.15	2.43	0.55	0.73	0.37	Népal
0.00	0.01	0.02	0.01	0.01	0.02	0.07	0.04	Pakistan
1.02	1.06	1.14	1.27	2.48	3.46	3.13	3.97	Sri Lanka
1.35	*0.49*	*0.49*	*0.53*	*2.79*	*1.20*	*1.12*	*1.25*	**Asie du Sud-Est**
3.94	..	..	..	14.89	..	..	..	Brunéi Darussalam
2.04	1.52	0.95	1.18	2.81	2.63	1.39	1.61	Cambodge
0.41	0.40	0.41	0.46	1.36	1.95	1.71	1.87	Indonésie
0.03	0.29	0.75	0.64	0.09	0.83	2.07	1.93	Rép. dém. populaire lao
3.96	0.71	0.76	0.84	4.35	0.93	1.00	1.13	Malaisie
0.16	..	..	..	0.93	..	..	..	Myanmar
0.19	0.05	0.06	0.08	0.45	0.17	0.19	0.26	Philippines
..	0.71	0.68	0.75	..	1.16	0.99	1.15	Thaïlande
..	2.45	1.92	0.16	..	7.70	6.44	0.65	Timor-Leste
2.60	*3.31*	*3.23*	*3.72*	*7.64*	*8.78*	*8.34*	*9.34*	**Asie occidentale**
7.66	6.38	6.74	6.58	11.89	12.54	14.09	14.23	Bahreïn
0.23	0.04	0.30	..	0.32	0.10	0.86	..	Iraq
2.77	1.87	1.49	1.36	2.94	2.71	2.00	1.91	Jordanie
3.28	10.51	9.12	8.67	11.14	34.30	35.01	32.72	Koweït
18.67	11.43	9.54	9.87	23.81	14.53	13.27	14.25	Liban
7.26	9.73	10.43	11.43	20.20	23.53	23.53	21.76	Oman
6.76	6.51	5.48	5.57	22.78	27.39	19.04	19.14	Qatar
4.36	5.14	4.02	4.67	16.32	15.54	13.70	15.21	Arabie saoudite
0.16	0.21	0.44	0.08	0.21	0.34	0.70	0.13	État de Palestine
0.14	0.88	..	..	0.36	2.73	..	..	République arabe syrienne

Pour les sources et les notes, se reporter à la fin du tableau.

7

Region, country or territory	Millions of dollars - Millions de dollars							
	2005	2007	2008	2009	2010	2011	2012	2013
Turkey	96	106	111	141	168	205	255	330
United Arab Emirates	5 372	8 683	9 995	9 532	10 566	11 220	14 398	17 933
Yemen	109	319	337	337	338	333	338	333
Developing economies: Oceania	-	**448**	**516**	**562**	**664**	**812**	**770**	-
Fiji	8	9	13	7	10	11	8	8
French Polynesia	47	56	69	64	71	56	58	..
Kiribati	..	3	3	3	5	6	6	..
Marshall Islands	3	4	4	4	6	7	7	..
Micronesia (Federated States of)	..	..	..	15	17	17	18	16
New Caledonia	28	56	68	92	83	77	91	..
Papua New Guinea	128	284	321	315	394	552	512	..
Samoa	16	10	9	8	7	9	11	18
Solomon Islands	2	12	14	39	62	67	47	45
Tonga	12	11	12	9	6	5	7	..
Tuvalu	1	1	1	1	2	2	3	2
Vanuatu	3	3	3	3	3	4	2	2
Transition economies	**9 901**	**25 903**	**35 696**	**26 348**	**27 310**	**32 915**	**40 151**	**46 368**
Albania	7	10	16	10	24	21	44	191
Armenia	207	239	224	180	227	300	315	355
Azerbaijan	239	405	567	638	954	1 280	2 073	1 903
Belarus	52	103	171	133	116	134	142	151
Bosnia and Herzegovina	40	65	55	55	46	52	47	48
Georgia	27	32	51	34	55	77	87	88
Kazakhstan	1 893	4 212	3 462	2 934	3 006	3 409	3 764	3 782
Kyrgyzstan	53	90	101	107	168	228	286	390
Montenegro	–	–	27	26	28	35	42	65
Republic of Moldova	46	72	92	74	79	51	79	87
Russian Federation	6 827	19 881	29 719	21 148	21 454	26 010	31 648	37 217
Serbia and Montenegro	-	233	–	–	–	–	–	–
Serbia	–	–	265	245	197	243	336	352
Tajikistan	145	184	199	124	231	201	263	..
TFYR of Macedonia	16	25	33	26	23	25	24	24
Ukraine	186	353	714	613	703	849	1 003	1 716
Developed economies: America	-	**57 472**	**60 662**	**55 593**	**56 305**	**56 328**	**58 359**	**59 421**
Bermuda	..	178	191	213	239	215	217	219
Canada	3 318	4 644	4 944	4 657	5 290	5 556	5 630	5 612
United States	47 254	52 650	55 527	50 723	50 776	50 556	52 511	53 590
Developed economies: Asia	**3 355**	**6 437**	**8 184**	**7 353**	**8 093**	**8 883**	**8 424**	**7 897**
Israel	2 206	2 798	3 636	3 421	3 727	4 347	4 381	5 025
Japan	1 150	3 639	4 548	3 932	4 366	4 536	4 043	2 872
Developed economies: Europe	**76 435**	**109 417**	**126 778**	**118 194**	**115 575**	**129 815**	**124 014**	**132 761**
Austria	2 120	1 594	1 913	1 881	2 017	2 613	2 520	2 651
Belgium	2 427	3 202	4 048	4 238	4 150	4 573	4 231	3 758
Bulgaria	35	103	162	101	25	26	27	43
Croatia	96	154	177	167	145	159	144	159
Cyprus	241	305	501	345	363	460	468	501
Czech Republic	1 163	2 075	3 348	2 746	2 276	2 303	2 029	2 105
Denmark	1 488	3 020	3 977	3 425	2 826	3 134	2 949	3 060
Estonia	50	93	98	78	94	86	87	72
Faeroe Islands	18	33	41	31	31	34	..	..
Finland	266	391	457	454	517	467	821	948
France	9 475	11 947	13 269	11 757	12 029	12 849	12 526	13 418
Germany	12 710	14 082	15 234	15 324	14 685	16 212	15 723	19 625
Greece	902	1 460	1 912	1 843	1 932	1 941	1 438	1 291
Hungary	912	1 367	1 526	1 192	1 133	1 195	1 054	989
Iceland	54	115	101	68	67	73	68	74
Ireland	1 441	2 520	2 672	2 549	2 267	2 194	1 996	1 958
Italy	7 546	11 182	13 058	12 868	11 580	13 017	10 754	10 075
Latvia	20	45	58	46	43	47	68	70
Lithuania	47	567	652	680	553	1 028	1 135	852
Luxembourg	6 610	9 247	10 890	10 559	10 481	11 554	11 122	12 118
Malta	28	49	53	47	47	42	251	1 206
Netherlands	3 519	8 714	11 120	10 237	9 259	10 744	10 751	11 391
Norway	2 174	3 577	4 750	4 174	4 118	4 427	5 100	5 779
Poland	738	1 208	1 741	1 378	1 575	1 583	1 636	1 689
Portugal	1 131	1 129	1 234	1 298	1 259	1 444	1 174	1 231
Romania	27	344	651	299	359	363	339	546

For sources and notes, see end of table.

As percentage of GDP (1) En pourcentage du PIB (1)				As percentage of exports of goods and services En pourcentage des exportations des biens et services				Régions, pays ou territoires
2005	2010	2012	2013	2005	2010	2012	2013	
0.02	0.02	0.03	0.04	0.08	0.09	0.10	0.12	Turquie
2.97	3.69	3.87	4.46	5.72	5.11	5.12	6.03	Émirats arabes unis
0.58	1.09	1.05	0.96	1.84	3.18	2.47	2.56	Yémen
-	2.12	2.01	-	-	3.91	3.83	-	**Économies en développement : Océanie**
0.26	0.31	0.21	0.21	0.41	0.48	0.32	0.29	Fidji
0.82	1.12	0.94	..	2.03	3.03	2.64	..	Polynésie française
..	3.36	3.36	..	..	4.10	3.37	..	Kiribati
2.49	3.11	3.96	..	4.08	5.02	6.11	..	Îles Marshall
..	5.63	5.49	4.94	..	6.94	6.80	6.37	Micronésie (États fédérés de)
0.44	0.91	0.99	..	1.12	1.91	2.02	..	Nouvelle-Calédonie
2.63	4.06	3.32	..	4.57	6.27	6.02	..	Papouasie-Nouvelle-Guinée
3.58	1.21	1.63	2.64	6.07	2.00	2.74	4.39	Samoa
0.49	8.58	4.78	4.18	0.87	11.26	7.31	6.24	Îles Salomon
4.44	1.59	1.52	..	7.57	2.62	2.62	..	Tonga
3.22	6.01	6.68	6.20	3.49	3.66	5.35	6.02	Tuvalu
0.76	0.44	0.31	0.31	1.46	0.84	0.60	0.59	Vanuatu
0.96	1.33	1.50	1.66	3.36	4.98	5.34	6.02	**Économies en transition**
0.08	0.20	0.35	1.48	0.19	0.42	0.74	3.10	Albanie
4.23	2.46	3.16	3.41	9.25	5.22	6.54	7.20	Arménie
1.81	1.80	2.97	2.59	3.52	9.32	11.92	9.76	Azerbaïdjan
0.17	0.21	0.22	0.21	0.30	0.31	0.29	0.33	Bélarus
0.37	0.28	0.28	0.27	0.51	0.53	0.49	0.49	Bosnie-Herzégovine
0.42	0.47	0.55	0.54	0.83	0.90	0.95	0.95	Géorgie
3.31	2.03	1.85	1.69	7.44	6.80	6.11	6.11	Kazakhstan
2.17	3.50	4.33	5.39	3.82	4.43	4.41	5.80	Kirghizistan
_	0.67	1.05	1.48	_	1.30	1.87	2.86	Monténégro
1.55	1.35	1.08	1.09	1.82	1.87	1.40	1.45	République de Moldova
0.89	1.41	1.57	1.77	4.16	6.68	7.12	7.92	Fédération de Russie
-				-				Serbie-et-Monténégro
_	0.44	0.71	0.67	_	0.87	1.51	1.46	Serbie
6.29	4.10	3.45	..	8.65	6.87	5.00	..	Tadjikistan
0.25	0.24	0.24	0.23	0.49	0.41	0.37	0.37	LERY de Macédoine
0.21	0.50	0.55	0.91	0.44	1.01	0.99	1.76	Ukraine
-	0.34	0.32	0.32	-	1.98	1.75	1.78	**Économies développées : Amérique**
..	4.15	3.92	3.93	..	11.92	12.07	11.47	Bermudes
0.29	0.33	0.31	0.31	0.86	1.06	0.96	0.96	Canada
0.36	0.34	0.32	0.32	2.36	2.16	1.91	1.94	États-Unis
0.07	0.14	0.14	0.15	0.51	0.93	0.76	0.75	**Économies développées : Asie**
1.59	1.61	1.70	1.72	3.82	4.84	4.72	5.49	Israël
0.03	0.08	0.07	0.06	0.19	0.55	0.40	0.30	Japon
0.51	0.64	0.67	0.69	1.46	1.69	1.64	1.71	**Économies développées : Europe**
0.67	0.52	0.62	0.62	1.45	1.09	1.21	1.23	Autriche
0.63	0.86	0.85	0.72	0.88	1.14	1.02	0.86	Belgique
0.12	0.05	0.05	0.08	0.17	0.09	0.07	0.12	Bulgarie
0.21	0.24	0.25	0.27	0.47	0.65	0.62	0.65	Croatie
1.30	1.44	1.88	2.08	2.83	3.31	4.47	3.63	Chypre
0.85	1.10	0.98	1.01	1.43	1.74	1.37	1.41	République tchèque
0.56	0.88	0.92	0.91	1.34	2.03	1.88	1.88	Danemark
0.36	0.48	0.38	0.29	0.51	0.70	0.44	0.34	Estonie
..	..	..	..	2.02	2.79	..	..	Îles Féroé
0.13	0.21	0.32	0.35	0.36	0.56	0.76	0.92	Finlande
0.43	0.45	0.47	0.48	1.60	1.60	1.50	1.55	France
0.44	0.43	0.44	0.53	1.36	1.16	1.11	1.32	Allemagne
0.36	0.64	0.58	0.53	1.35	2.42	2.08	1.92	Grèce
0.81	0.87	0.83	0.74	1.25	1.13	1.03	0.91	Hongrie
0.32	0.51	0.48	0.49	0.73	1.17	0.94	1.02	Islande
0.68	1.04	0.90	0.84	1.03	1.35	1.10	1.00	Irlande
0.41	0.54	0.51	0.47	1.57	1.93	1.81	1.78	Italie
0.12	0.18	0.24	0.23	0.21	0.33	0.37	0.37	Lettonie
0.18	1.49	2.65	1.84	0.30	2.22	3.28	2.22	Lituanie
17.85	20.10	19.76	20.15	14.32	16.45	14.76	14.32	Luxembourg
0.45	0.54	2.72	12.10	0.58	0.35	1.71	8.12	Malte
0.52	1.11	1.31	1.33	0.90	1.74	1.80	1.84	Pays-Bas
0.70	0.96	1.00	1.11	2.59	3.43	3.64	3.89	Norvège
0.24	0.33	0.33	0.32	0.63	0.75	0.73	0.73	Pologne
0.57	0.53	0.54	0.54	1.60	1.42	1.42	1.42	Portugal
0.03	0.21	0.20	0.28	0.08	0.56	0.47	0.71	Roumanie

Pour les sources et les notes, se reporter à la fin du tableau.

7.3 Personnal remittances
Payments

Region, country or territory	Millions of dollars - Millions de dollars							
	2005	2007	2008	2009	2010	2011	2012	2013
Slovakia	39	73	144	138	70	70	154	175
Slovenia	91	248	339	159	117	131	126	130
Spain	7 668	14 000	14 022	12 144	11 557	12 281	10 464	10 291
Sweden	537	885	915	822	820	1 103	997	1 161
Switzerland	9 986	12 248	14 459	14 907	16 878	21 588	21 854	23 170
United Kingdom	2 876	3 440	3 255	2 240	2 300	2 073	2 010	2 222
Developed economies: Oceania	**2 178**	**3 603**	**3 991**	**3 749**	**5 189**	**7 199**	**7 937**	**8 053**
Australia	1 531	2 981	3 366	3 224	4 655	6 589	7 275	7 345
New Zealand	647	623	624	524	534	610	662	708
Memo items								
Developing economies excluding China	56 924	77 844	93 169	104 071	106 641	114 241	126 360	139 526
Developing economies excluding LDCs	58 555	79 827	96 543	105 083	104 709	114 380	126 663	140 007
High-income developing economies	54 019	73 770	88 166	96 907	94 889	104 577	115 132	127 706
Middle-income developing economies	4 964	7 221	9 620	9 489	11 261	11 185	13 172	14 008
Low-income developing economies	1 064	1 226	1 731	2 120	2 244	2 045	2 329	-
HIPCs (Heavily indebted poor countries) (IMF)	1 777	2 276	2 695	3 083	3 180	2 333	3 033	2 877
LLDCs (Landlocked developing countries)	3 421	6 229	6 131	5 713	6 455	7 372	8 840	8 472
SIDS (Small island developing States)	780	1 163	1 176	1 154	1 283	1 539	1 554	907
LDCs (Least developed countries)	1 491	2 390	2 974	3 433	3 686	3 427	3 971	3 963

Sources:

- World Bank, *Migration & Remittances Data*

- UNCTAD secretariat calculations

- From 2005, the World Bank defines the series as the sum of two items of the *Balance of Payments and International Investment Position Manual (BPM6)*: personal transfers and compensation of employees.

(1) GDP data source: *UNCTADstat*

As percentage of GDP (1) En pourcentage du PIB (1)				As percentage of exports of goods and services En pourcentage des exportations des biens et services				Régions, pays ou territoires
2005	2010	2012	2013	2005	2010	2012	2013	
0.08	0.08	0.17	0.18	0.10	0.10	0.19	0.20	Slovaquie
0.25	0.24	0.27	0.27	0.41	0.39	0.39	0.40	Slovénie
0.66	0.81	0.77	0.74	2.22	2.93	2.61	2.62	Espagne
0.14	0.17	0.18	0.20	0.36	0.42	0.45	0.52	Suède
2.43	2.88	3.25	3.35	5.31	5.41	5.79	5.63	Suisse
0.12	0.10	0.08	0.08	0.42	0.31	0.24	0.26	Royaume-Uni
0.25	**0.36**	**0.45**	**0.47**	**1.17**	**1.77**	**2.05**	**2.18**	**Économies développées : Océanie**
0.20	0.36	0.46	0.48	1.01	1.83	2.16	2.31	Australie
0.56	0.37	0.38	0.37	1.94	1.34	1.32	1.38	Nouvelle-Zélande
								Pour mémoire
0.83	0.83	0.85	0.98	2.57	2.56	2.38	2.69	Économies en développement sans la Chine
0.66	0.57	0.56	0.61	2.12	1.94	1.80	1.98	Économies en développement sans les PMA
0.78	0.66	0.64	0.67	2.41	2.16	2.00	2.13	Économies en développement à revenu élevé
0.25	0.28	0.29	0.35	0.89	1.06	0.97	1.17	Économies en développement à rev. intermédiaire
0.54	0.61	0.56	-	1.69	1.68	1.45	-	Économies en développement à revenu faible
0.97	0.98	0.77	0.79	2.77	2.50	1.74	1.80	PPTE (Pays pauvres très endettés) (FMI)
1.92	1.53	1.63	1.64	4.66	4.42	4.34	4.56	LLDCs (Pays en développement sans littoral)
1.67	1.94	2.08	1.55	2.93	3.43	3.60	2.67	SIDS (Petits États insulaires en développement)
0.49	0.65	0.61	0.62	1.57	1.86	1.61	1.66	PMA (Pays les moins avancés)

Sources :

- Banque mondiale, *Migration & Remittances Data*

- Calculs du secrétariat de la CNUCED

- À partir de 2005, la Banque mondiale définit la série comme la somme des deux éléments du *Manuel de la Balance des paiements et de la position extérieure globale (BPM6)*: les transferts personnels et la rémunération des salariés.

(1) Source de données du PIB : *UNCTADstat*

7

GDP
AND POPULATION

PIB
ET POPULATION

Region, country or territory	Total gross domestic product (1) / Produit intérieur brut total (1) Millions of dollars / Millions de dollars							
	1980	1990	2000	2005	2010	2012	2013	2014 (e)
WORLD	12 282 954	22 900 262	33 255 885	47 203 486	65 429 984	73 699 292	75 641 052	77 450 910
DEVELOPING ECONOMIES	2 726 597	4 004 249	7 193 562	11 155 717	21 492 038	26 419 854	27 903 459	29 206 464
TRANSITION ECONOMIES	1 012 198	850 475	375 435	1 058 991	2 108 556	2 760 879	2 902 423	2 617 445
DEVELOPED ECONOMIES	8 544 158	18 045 538	25 686 887	34 988 778	41 829 389	44 518 560	44 835 169	45 627 001
Developing economies: Africa	559 134	542 558	636 050	1 104 386	1 925 450	2 280 518	2 344 491	2 426 501
Eastern Africa	*56 690*	*69 694*	*77 299*	*109 766*	*193 138*	*258 277*	*282 274*	*304 134*
Burundi	949	1 145	709	1 117	2 032	2 422	2 549	2 900
Comoros	124	244	202	387	533	574	622	665
Djibouti	301	457	556	709	1 129	1 354	1 456	1 582
Eritrea	–	–	706	1 098	2 117	3 092	3 438	3 907
Ethiopia (...1991)	5 889	11 546						
Ethiopia			8 030	12 164	26 311	41 718	46 017	54 255
Kenya	10 512	12 659	14 457	21 493	39 701	49 617	54 443	59 850
Madagascar	3 265	3 080	3 878	5 039	8 745	9 968	10 612	10 618
Malawi	2 236	3 166	3 150	3 656	6 960	5 559	5 146	5 621
Mauritius	1 160	2 619	4 663	6 489	9 718	11 442	11 938	12 686
Mozambique	5 648	3 474	4 808	7 595	10 165	14 953	15 628	16 793
Rwanda	1 401	2 573	1 771	2 581	5 699	7 293	7 601	8 007
Seychelles	178	445	747	919	970	1 129	1 445	1 454
Somalia	575	994	2 052	2 316	1 071	1 306	1 399	-
South Sudan	–	–	–	–	–	10 369	11 804	9 599
Uganda	3 649	4 758	7 469	12 295	21 620	25 515	26 444	28 429
United Republic of Tanzania	9 342	6 999	13 313	18 508	30 755	38 978	45 859	50 140
Zambia	4 315	3 795	3 239	7 179	16 190	20 596	22 384	22 578
Zimbabwe	7 148	11 738	7 549	6 223	9 422	12 393	13 490	13 650
Middle Africa	*39 573*	*49 380*	*33 616*	*91 645*	*177 133*	*233 067*	*245 861*	*254 853*
Angola	5 390	10 297	8 858	32 811	82 513	115 337	121 692	125 923
Cameroon	8 869	11 846	9 287	16 588	23 622	26 472	29 568	31 602
Central African Republic	834	1 507	957	1 413	2 034	2 237	1 585	1 812
Chad	1 146	1 612	1 385	5 873	8 630	10 211	10 460	11 385
Congo	1 706	2 799	3 220	6 087	12 281	13 656	14 022	13 864
Dem. Rep. of the Congo	16 076	15 033	2 982	11 965	21 562	29 306	32 691	35 754
Equatorial Guinea	54	133	1 177	7 206	13 392	19 602	18 532	17 160
Gabon	5 421	6 039	5 677	9 579	12 882	15 968	16 970	16 973
Sao Tome and Principe	78	113	72	125	217	277	342	381
Northern Africa	*137 647*	*184 005*	*260 532*	*370 085*	*661 266*	*756 636*	*743 874*	*761 643*
Algeria	42 348	61 891	54 790	103 198	161 207	207 845	208 764	212 358
Egypt	20 119	36 013	95 684	94 456	214 630	260 149	255 199	282 345
Libya	38 186	31 088	38 471	45 451	80 942	95 802	74 597	-
Morocco (2)	21 030	28 855	37 022	59 524	90 771	95 903	103 836	108 666
Sudan (...2011)	6 365	12 637	13 092	35 183	69 665	–	–	–
Sudan	–	–	–	–	–	51 806	54 595	59 216
Tunisia	9 599	13 520	21 473	32 272	44 051	45 132	46 883	48 517
Southern Africa	*87 380*	*123 582*	*148 354*	*278 917*	*406 304*	*431 288*	*399 170*	*383 565*
Botswana	852	3 721	5 788	9 931	13 747	14 411	14 778	15 703
Lesotho	351	545	771	1 368	2 176	2 328	2 230	2 151
Namibia	2 532	2 679	3 909	7 261	11 141	13 399	12 580	12 619
South Africa	82 980	115 552	136 361	257 772	375 348	397 388	366 060	349 733
Swaziland	664	1 085	1 524	2 584	3 892	3 761	3 523	3 360
Western Africa	*237 844*	*115 898*	*116 248*	*253 974*	*487 609*	*601 250*	*673 312*	*722 306*
Benin	1 374	1 845	2 359	4 358	6 558	7 543	8 307	8 655
Burkina Faso	1 933	3 133	2 633	5 463	8 993	11 221	12 547	13 181
Cabo Verde	162	350	613	1 105	1 664	1 756	1 861	1 903
Côte d'Ivoire	10 176	11 893	10 682	17 085	22 921	24 680	28 593	31 322
Gambia	504	708	783	624	952	914	902	863
Ghana	5 232	9 983	7 985	17 199	32 174	41 741	47 830	38 593
Guinea	1 495	2 920	3 192	2 935	5 233	6 193	7 219	7 723
Guinea-Bissau	513	609	371	587	845	908	1 036	1 116
Liberia	765	487	528	608	1 074	1 734	1 946	1 991
Mali	1 517	2 510	2 655	5 486	9 400	10 341	10 943	11 647
Mauritania	1 496	1 623	1 294	2 184	4 338	4 845	5 516	5 577
Niger	2 697	2 638	1 727	3 369	5 719	6 688	7 407	7 820
Nigeria	204 262	68 329	74 591	180 502	369 062	460 954	514 965	566 496
Senegal	3 254	6 205	4 680	8 708	12 926	14 048	15 152	15 912
Sierra Leone	1 333	879	861	1 651	2 578	3 787	4 929	5 105
Togo	1 131	1 787	1 294	2 110	3 173	3 897	4 158	4 401

For sources and notes, see end of table.

Per capita gross domestic product (1) / Produit intérieur brut par habitant (1) Dollars								Régions, pays ou territoires
1980	1990	2000	2005	2010	2012	2013	2014 (e)	
2 761	4 304	5 428	7 248	9 462	10 411	10 563	10 694	**MONDE**
826	978	1 483	2 141	3 850	4 607	4 801	4 959	ÉCONOMIES EN DÉVELOPPEMENT
3 497	2 693	1 247	3 554	7 023	9 172	9 634	8 682	ÉCONOMIES EN TRANSITION
9 963	19 853	26 325	34 848	40 495	42 695	42 815	43 393	ÉCONOMIES DÉVELOPPÉES
1 170	862	788	1 213	1 870	2 108	2 114	2 135	**Économies en développement : Afrique**
398	*363*	*306*	*380*	*582*	*714*	*759*	*795*	*Afrique orientale*
230	204	106	144	220	246	251	277	Burundi
394	591	382	644	781	800	846	883	Comores
838	775	769	912	1 353	1 575	1 668	1 785	Djibouti
–	–	179	226	369	504	543	598	Érythrée
156	225							Éthiopie (...1991)
–	–	122	160	302	455	489	562	Éthiopie
646	540	462	601	970	1 149	1 227	1 314	Kenya
373	267	246	275	415	447	463	450	Madagascar
359	335	278	283	464	349	315	334	Malawi
1 201	2 481	3 935	5 350	7 897	9 231	9 593	10 156	Maurice
465	256	263	361	424	593	605	634	Mozambique
273	357	211	274	526	637	645	662	Rwanda
2 711	6 410	9 362	10 553	10 635	12 224	15 565	15 581	Seychelles
94	157	278	273	111	128	133	-	Somalie
					957	1 045	818	Soudan du Sud
291	271	308	428	636	702	704	732	Ouganda
500	275	391	477	684	816	931	988	République-Unie de Tanzanie
738	484	321	626	1 225	1 463	1 540	1 503	Zambie
981	1 122	604	490	721	903	953	935	Zimbabwe
753	*705*	*359*	*846*	*1 417*	*1 764*	*1 811*	*1 827*	*Afrique centrale*
706	996	636	1 983	4 221	5 540	5 668	5 688	Angola
993	981	583	915	1 145	1 220	1 329	1 385	Cameroun
367	518	263	357	468	494	343	385	République centrafricaine
254	271	167	586	736	820	816	862	Tchad
950	1 174	1 030	1 718	2 987	3 149	3 153	3 041	Congo
610	431	64	221	347	446	484	515	Rép. dém. du Congo
244	356	2 272	11 937	19 237	26 622	24 480	22 055	Guinée équatoriale
7 463	6 379	4 632	6 944	8 278	9 781	10 151	9 918	Gabon
818	966	520	807	1 216	1 474	1 770	1 924	Sao Tomé-et-Principe
1 221	*1 265*	*1 483*	*1 936*	*3 163*	*3 674*	*3 552*	*3 577*	*Afrique septentrionale*
2 174	2 359	1 727	3 039	4 350	5 401	5 325	5 318	Algérie
448	639	1 447	1 316	2 749	3 223	3 110	3 386	Égypte
12 405	7 298	7 432	8 124	13 400	15 566	12 029	-	Libye
1 062	1 169	1 290	1 976	2 869	2 949	3 146	3 244	Maroc (2)
333	490	381	888	1 528				Soudan (...2011)
					1 393	1 438	1 528	Soudan
1 522	1 662	2 248	3 211	4 143	4 150	4 263	4 364	Tunisie
2 648	*2 939*	*2 885*	*5 056*	*6 910*	*7 196*	*6 606*	*6 299*	*Afrique australe*
855	2 689	3 297	5 294	6 980	7 191	7 312	7 703	Botswana
269	341	415	711	1 083	1 135	1 075	1 025	Lesotho
2 500	1 893	2 059	3 582	5 113	5 931	5 462	5 374	Namibie
2 854	3 141	3 041	5 344	7 295	7 586	6 936	6 581	Afrique du Sud
1 100	1 257	1 433	2 339	3 262	3 055	2 819	2 651	Swaziland
1 736	*645*	*497*	*954*	*1 598*	*1 866*	*2 033*	*2 122*	*Afrique occidentale*
370	369	339	533	690	751	805	817	Bénin
283	356	227	407	579	682	741	757	Burkina Faso
536	995	1 386	2 309	3 413	3 552	3 731	3 778	Cabo Verde
1 231	982	662	982	1 208	1 244	1 407	1 506	Côte d'Ivoire
834	772	637	434	566	510	488	452	Gambie
484	682	424	804	1 326	1 646	1 846	1 460	Ghana
332	485	365	306	481	541	615	641	Guinée
627	598	292	413	533	546	608	639	Guinée-Bissau
404	232	183	186	271	414	453	453	Libéria
225	315	259	459	672	696	715	739	Mali
975	802	478	694	1 202	1 276	1 418	1 400	Mauritanie
462	340	157	256	360	390	415	422	Niger
2 772	715	607	1 293	2 311	2 730	2 966	3 173	Nigéria
584	826	475	773	998	1 023	1 072	1 094	Sénégal
419	218	208	322	448	633	809	823	Sierra Leone
416	472	266	381	503	587	610	629	Togo

Pour les sources et les notes, se reporter à la fin du tableau.

8

Region, country or territory	Total gross domestic product (1) / Produit intérieur brut total (1) Millions of dollars / Millions de dollars							
	1980	1990	2000	2005	2010	2012	2013	2014 (e)
Developing economies: America	**778 110**	**1 158 872**	**2 205 144**	**2 771 731**	**5 194 123**	**5 839 765**	**5 975 385**	**6 078 595**
Caribbean	*43 482*	*62 116*	*95 669*	*133 161*	*184 051*	*207 105*	*215 933*	*218 464*
Anguilla	12	76	150	229	268	285	284	289
Antigua and Barbuda	148	448	784	997	1 136	1 194	1 241	1 274
Aruba	297	765	1 873	2 331	2 391	2 540	2 589	2 665
Bahamas	1 581	3 700	6 328	7 706	7 910	8 219	8 420	8 760
Barbados	1 024	2 035	3 120	3 892	4 434	4 225	4 228	4 307
British Virgin Islands	54	146	751	870	894	909	916	-
Cayman Islands	172	930	2 277	3 042	3 267	3 411	3 474	3 570
Cuba	19 913	28 645	30 565	42 644	64 328	73 242	78 694	-
Curaçao	–	–	–	–	–	3 131	3 148	3 239
Dominica	70	198	321	356	475	496	498	507
Dominican Republic	8 178	9 385	23 655	33 431	50 980	58 898	60 612	60 979
Grenada	86	230	520	695	771	802	831	854
Haiti	1 384	2 614	3 358	3 807	6 147	7 166	7 691	8 002
Jamaica	3 045	4 822	9 005	11 239	13 234	14 825	14 270	13 820
Montserrat	24	67	37	50	58	62	59	60
Netherlands Antilles	943	1 980	2 857	3 277	3 844	–	–	–
Saint Kitts and Nevis	61	201	416	546	717	765	743	778
Saint Lucia	151	465	782	937	1 252	1 318	1 336	1 385
Saint Vincent and the Grenadines	70	234	396	551	681	693	709	742
Sint Maarten (Dutch part)	–	–	–	–	–	983	1 021	1 052
Trinidad and Tobago	6 236	5 068	8 154	15 982	20 578	23 225	24 463	25 831
Turks and Caicos Islands	32	106	319	579	687	717	706	739
Central America	*256 253*	*325 919*	*719 575*	*961 737*	*1 202 207*	*1 370 863*	*1 458 794*	*1 491 641*
Belize	195	405	832	1 114	1 397	1 574	1 624	1 686
Costa Rica	6 139	7 254	15 947	19 965	36 298	45 375	49 621	49 838
El Salvador	1 173	4 801	13 134	17 094	21 418	23 814	24 259	25 353
Guatemala	7 024	6 820	17 196	27 211	41 338	50 388	53 797	59 718
Honduras	3 061	3 637	7 187	9 757	15 839	18 564	18 569	19 567
Mexico	231 889	293 358	648 549	864 810	1 049 925	1 184 565	1 259 201	1 279 305
Nicaragua	2 718	3 567	5 110	6 321	8 938	10 645	11 256	12 176
Panama, excluding Canal Zone	4 054		–	–	–	–	–	–
Panama	–	6 077	11 621	15 465	27 053	35 938	40 467	43 998
South America	*478 375*	*770 837*	*1 389 900*	*1 676 833*	*3 807 865*	*4 261 797*	*4 300 658*	*4 368 490*
Argentina	90 386	169 200	340 361	222 911	464 616	604 996	611 726	533 020
Bolivia (Plurinational State of)	3 520	4 868	8 398	9 549	19 650	27 067	30 601	34 208
Brazil	191 125	402 137	644 729	882 044	2 143 035	2 248 817	2 243 854	2 199 538
Chile	30 336	34 481	77 383	123 056	217 556	266 410	277 043	258 358
Colombia	47 204	56 925	99 876	146 566	287 018	370 328	378 148	384 308
Ecuador	13 895	12 654	18 319	41 507	69 555	87 623	94 473	100 909
Guyana	943	632	1 137	1 315	2 259	2 851	2 990	3 116
Paraguay	3 931	4 653	7 095	8 735	20 048	24 595	29 208	30 849
Peru	16 156	28 259	51 477	76 080	147 070	192 806	200 269	201 251
Suriname	1 089	752	1 157	2 193	4 368	5 013	5 299	5 598
Uruguay	10 642	9 239	22 823	17 363	38 881	50 003	55 708	55 134
Venezuela (Bolivarian Rep. of)	69 147	47 036	117 146	145 513	393 808	381 286	371 339	-
Developing economies: Asia	**1 381 888**	**2 290 941**	**4 338 259**	**7 257 345**	**14 340 659**	**18 260 560**	**19 543 544**	**20 659 669**
Eastern Asia	*456 933*	*952 378*	*2 275 725*	*3 770 077*	*7 767 570*	*10 280 013*	*11 349 788*	*12 382 326*
China	306 520	404 494	1 192 836	2 287 237	5 949 785	8 229 447	9 181 204	10 066 674
China, Hong Kong SAR	28 862	76 929	171 669	181 569	228 639	262 630	274 027	288 695
China, Macao SAR	982	3 174	6 433	11 793	28 360	42 981	51 753	54 677
China, Taiwan Province of	42 300	166 845	331 407	375 787	446 141	495 919	511 279	529 660
Korea, Dem. People's Rep. of	9 879	14 702	10 608	13 031	13 945	15 907	15 454	-
Korea, Republic of	67 795	284 726	561 634	898 137	1 094 499	1 222 807	1 304 554	1 415 934
Mongolia	596	1 508	1 137	2 523	6 201	10 322	11 516	11 233
Southern Asia	*337 165*	*517 996*	*728 232*	*1 268 231*	*2 501 473*	*2 896 569*	*2 921 122*	*2 993 071*
Afghanistan	3 642	3 622	3 532	6 622	16 078	21 331	21 618	22 830
Bangladesh	19 229	32 341	52 265	66 240	114 586	128 899	153 505	174 771
Bhutan	129	274	439	819	1 585	1 824	1 781	1 949
India	184 761	326 796	467 788	837 499	1 704 795	1 892 553	1 937 797	2 041 085
Iran (Islamic Republic of)	91 956	91 035	104 016	205 587	421 716	556 789	492 783	396 453
Maldives	92	278	879	1 091	2 335	2 606	2 836	2 966
Nepal	2 089	3 780	5 730	8 259	16 305	18 029	18 179	19 333
Pakistan	30 994	51 666	76 866	117 708	174 508	215 117	225 419	259 078
Sri Lanka	4 273	8 204	16 717	24 406	49 566	59 421	67 203	74 605

For sources and notes, see end of table.

Per capita gross domestic product (1) / Produit intérieur brut par habitant (1) Dollars								Régions, pays ou territoires
1980	1990	2000	2005	2010	2012	2013	2014 (e)	
2 161	**2 630**	**4 229**	**4 971**	**8 785**	**9 654**	**9 768**	**9 828**	**Économies en développement : Amérique**
1 685	*2 078*	*2 837*	*3 756*	*4 981*	*5 518*	*5 707*	*5 729*	*Caraïbes*
1 813	9 088	13 570	18 121	19 478	20 163	19 886	20 010	Anguilla
2 100	7 237	10 095	12 080	13 017	13 405	13 790	14 019	Antigua-et-Barbuda
4 941	12 308	20 620	23 303	23 529	24 805	25 156	25 762	Aruba
7 504	14 436	21 251	23 417	21 941	22 096	22 313	22 899	Bahamas
4 114	7 846	11 675	14 225	15 812	14 917	14 854	15 056	Barbade
4 923	8 894	36 380	37 550	32 840	32 375	32 307	-	Îles Vierges britanniques
10 666	37 182	54 633	62 558	58 857	59 246	59 448	60 281	Îles Caïmanes
2 025	2 702	2 744	3 776	5 702	6 498	6 985	-	Cuba
–	–	–	–	–	20 163	19 830	20 014	Curaçao
930	2 794	4 612	5 049	6 676	6 919	6 915	7 014	Dominique
1 404	1 295	2 730	3 578	5 089	5 731	5 826	5 792	République dominicaine
966	2 393	5 118	6 754	7 366	7 598	7 843	8 038	Grenade
243	368	391	411	621	704	745	765	Haïti
1 428	2 039	3 487	4 190	4 827	5 354	5 126	4 938	Jamaïque
2 032	6 253	7 454	10 382	11 651	12 252	11 565	11 687	Montserrat
5 476	10 520	16 062	18 086	18 506				Antilles néerlandaises
1 405	4 926	9 132	11 109	13 695	14 267	13 710	14 201	Saint-Kitts-et-Nevis
1 283	3 365	4 984	5 662	7 060	7 289	7 328	7 542	Sainte-Lucie
696	2 179	3 673	5 064	6 234	6 339	6 484	6 785	Saint-Vincent-et-les Grenadines
–	–	–	–	–	22 170	22 572	22 830	Saint-Martin (partie néerlandaise)
5 746	4 148	6 431	12 323	15 495	17 365	18 240	19 216	Trinité-et-Tobago
4 276	9 170	16 923	21 877	22 159	22 112	21 338	21 902	Îles Turques et Caïques
2 744	*2 831*	*5 155*	*6 420*	*7 488*	*8 304*	*8 715*	*8 791*	*Amérique centrale*
1 351	2 162	3 488	4 098	4 527	4 857	4 894	4 963	Belize
2 614	2 356	4 058	4 621	7 773	9 443	10 185	10 093	Costa Rica
252	898	2 204	2 815	3 444	3 782	3 826	3 972	El Salvador
1 003	767	1 535	2 146	2 882	3 341	3 478	3 765	Guatemala
842	742	1 153	1 414	2 078	2 339	2 293	2 369	Honduras
3 296	3 408	6 244	7 810	8 906	9 802	10 293	10 334	Mexique
836	862	1 002	1 159	1 535	1 777	1 851	1 974	Nicaragua
2 037		–	–	–	–	–	–	Panama, sans la zone du canal
–	2 444	3 804	4 594	7 355	9 452	10 472	11 207	Panama
1 985	*2 607*	*3 993*	*4 503*	*9 670*	*10 595*	*10 580*	*10 637*	*Amérique du Sud*
3 214	5 186	9 223	5 768	11 508	14 725	14 760	12 751	Argentine
656	716	989	1 021	1 935	2 579	2 868	3 154	Bolivie (État plurinational de)
1 570	2 687	3 695	4 739	10 978	11 320	11 199	10 887	Brésil
2 710	2 609	5 007	7 532	12 685	15 254	15 723	14 537	Chili
1 753	1 709	2 503	3 394	6 180	7 763	7 826	7 854	Colombie
1 757	1 250	1 462	3 013	4 637	5 656	6 003	6 314	Équateur
1 214	872	1 527	1 729	2 874	3 585	3 739	3 878	Guyana
1 229	1 095	1 326	1 479	3 103	3 678	4 294	4 459	Paraguay
932	1 298	1 980	2 744	5 026	6 429	6 593	6 541	Pérou
2 979	1 849	2 479	4 390	8 321	9 378	9 826	10 291	Suriname
3 650	2 971	6 873	5 222	11 531	14 727	16 351	16 127	Uruguay
4 580	2 383	4 800	5 445	13 559	12 729	12 213	-	Venezuela (Rép. bolivarienne du)
562	**759**	**1 235**	**1 943**	**3 629**	**4 522**	**4 788**	**5 009**	**Économies en développement : Asie**
430	*758*	*1 648*	*2 652*	*5 298*	*6 924*	*7 599*	*8 242*	*Asie orientale*
311	347	932	1 735	4 375	5 976	6 626	7 223	Chine
5 711	13 277	25 115	26 327	32 433	36 739	38 039	39 767	Chine (RAS de Hong Kong)
3 986	8 824	14 894	25 190	53 046	77 196	91 377	95 011	Chine (RAS de Macao)
2 375	8 246	15 108	16 534	19 275	21 310	21 915	22 652	Province chinoise de Taiwan
569	728	464	547	569	642	621		Corée, Rép. populaire dém. de
1 810	6 626	12 215	19 096	22 588	24 954	26 482	28 598	Corée, République de
353	690	474	999	2 286	3 691	4 056	3 898	Mongolie
357	*435*	*503*	*808*	*1 488*	*1 678*	*1 670*	*1 690*	*Asie méridionale*
276	309	171	266	566	715	708	730	Afghanistan
233	301	395	463	758	833	980	1 103	Bangladesh
312	511	778	1 259	2 211	2 458	2 363	2 546	Bhoutan
264	376	449	743	1 414	1 530	1 548	1 610	Inde
2 365	1 615	1 578	2 931	5 663	7 285	6 363	5 052	Iran (République islamique d')
598	1 290	3 222	3 666	7 169	7 700	8 220	8 437	Maldives
145	209	247	327	607	656	654	688	Népal
388	465	534	745	1 008	1 201	1 238	1 399	Pakistan
284	474	887	1 223	2 388	2 816	3 159	3 479	Sri Lanka

Pour les sources et les notes, se reporter à la fin du tableau.

8

Region, country or territory	Total gross domestic product (1) / Produit intérieur brut total (1) Millions of dollars / Millions de dollars							
	1980	1990	2000	2005	2010	2012	2013	2014 (e)
South-Eastern Asia	*202 492*	*367 265*	*614 339*	*931 977*	*1 920 454*	*2 372 545*	*2 450 072*	*2 468 074*
Brunei Darussalam	5 587	3 520	6 001	9 531	12 371	16 954	16 111	14 971
Cambodia	716	1 698	3 667	6 293	11 242	14 054	15 250	16 435
Indonesia (...2002)	79 636	125 720	165 474	–	–	–	–	–
Indonesia	–	–	–	285 869	709 191	876 719	868 346	848 025
Lao People's Dem. Rep.	320	866	1 665	2 717	6 744	9 397	10 760	11 667
Malaysia	26 458	47 565	97 584	143 534	247 534	304 726	312 434	326 113
Myanmar	5 905	5 183	7 275	11 931	41 518	61 571	63 031	67 628
Philippines	35 962	49 107	81 045	103 096	199 637	250 240	272 067	285 098
Singapore	12 046	38 835	94 308	125 429	233 292	284 299	295 744	301 193
Thailand	33 467	88 299	126 148	188 847	338 778	393 185	420 167	405 533
Timor-Leste				1 813	4 215	5 579	4 941	4 811
Viet Nam	2 396	6 472	31 173	52 917	115 932	155 820	171 222	186 599
Western Asia	*385 298*	*453 302*	*719 963*	*1 287 060*	*2 151 162*	*2 711 433*	*2 822 562*	*2 816 199*
Bahrain	3 764	4 909	9 063	15 969	25 713	30 756	32 898	33 837
Iraq	12 559	17 079	16 898	36 268	117 138	184 166	195 517	190 527
Jordan	4 013	4 020	8 461	12 589	26 425	30 937	33 594	35 749
Kuwait	28 691	18 471	37 718	80 798	115 412	174 045	175 831	172 644
Lebanon	5 366	2 906	16 430	21 490	38 420	44 100	47 221	49 523
Oman	6 256	11 556	19 450	31 082	58 641	77 497	79 656	80 815
Qatar	7 838	7 360	17 760	44 530	125 122	189 945	202 450	208 915
Saudi Arabia	164 540	116 622	188 442	328 461	526 811	733 956	748 450	756 662
State of Palestine	1 074	1 936	4 314	4 832	8 913	11 279	12 579	13 181
Syrian Arab Republic	13 146	11 164	19 666	28 397	60 465	41 500	35 164	30 656
Turkey	92 477	202 546	266 560	482 986	731 144	788 863	822 149	800 998
United Arab Emirates	43 599	50 701	104 337	180 617	286 049	372 314	402 340	405 501
Yemen, Arab Republic	1 620	–	–	–	–	–	–	–
Yemen, Democratic	355	–	–	–	–	–	–	–
Yemen	–	4 032	10 865	19 041	30 907	32 075	34 714	37 191
Developing economies: Oceania	**7 465**	**11 877**	**14 109**	**22 254**	**31 806**	**39 011**	**40 039**	**41 699**
Cook Islands	26	67	92	183	257	307	330	348
Fiji	1 215	1 351	1 723	3 007	3 140	3 850	4 034	4 185
French Polynesia	1 558	3 568	3 757	5 703	6 322	6 224	6 412	6 557
Kiribati	33	40	75	112	153	181	175	173
Marshall Islands	–	79	108	139	177	187	189	192
Micronesia (Federated States of)	–	158	234	250	294	326	333	338
Nauru	42	49	22	26	62	121	153	-
New Caledonia	1 182	2 529	3 412	6 236	9 064	9 219	9 712	9 994
Pacific Islands, Trust Territory	120							
Palau	–	84	145	188	205	226	240	249
Papua New Guinea	2 823	3 286	3 499	4 866	9 707	15 422	15 420	16 383
Samoa	112	112	231	434	597	687	691	688
Solomon Islands	144	208	338	429	720	976	1 073	1 155
Tonga	79	162	189	264	374	466	440	435
Tuvalu	4	10	12	22	32	40	38	37
Vanuatu	126	174	273	395	701	780	800	812
Transition economies	**1 012 198**	**850 475**	**375 435**	**1 058 991**	**2 108 556**	**2 760 879**	**2 902 423**	**2 617 445**
Albania	2 201	2 206	3 611	8 094	11 927	12 345	12 904	13 223
Armenia	–	–	1 912	4 900	9 260	9 958	10 431	10 878
Azerbaijan	–	–	5 273	13 246	52 906	69 680	73 557	74 090
Belarus	–	–	10 418	30 210	55 221	63 615	71 710	76 127
Bosnia and Herzegovina	–	–	5 553	10 904	16 847	16 906	17 852	18 066
Georgia	–	–	3 058	6 411	11 638	15 847	16 127	16 558
Kazakhstan	–	–	18 292	57 124	148 047	203 517	224 415	205 418
Kyrgyzstan	–	–	1 370	2 460	4 794	6 605	7 226	7 268
Montenegro	–	–	–	–	4 111	4 046	4 417	4 506
Republic of Moldova	–	–	1 288	2 988	5 812	7 285	7 970	7 928
Russian Federation	–	–	259 718	764 016	1 524 917	2 017 468	2 096 774	1 865 328
Serbia and Montenegro	–	–	9 243	32 243	–	–	–	–
Serbia	–	–	–	–	45 144	47 059	52 356	50 861
Socialist Federal Republic of Yugoslavia	69 959	69 895						
Tajikistan	–	–	861	2 312	5 642	7 633	8 506	9 319
TFYR of Macedonia	–	–	3 773	6 259	9 407	9 745	10 767	11 325
Turkmenistan	–	–	4 932	14 189	22 148	35 164	41 851	48 901
Ukraine	–	–	32 375	89 239	141 209	182 592	188 350	-
Union of Soviet Socialist Republics	940 038	778 374						
Uzbekistan	–	–	13 759	14 396	39 526	51 414	57 210	62 177

For sources and notes, see end of table.

Per capita gross domestic product (1) / Produit intérieur brut par habitant (1) Dollars								Régions, pays ou territoires
1980	1990	2000	2005	2010	2012	2013	2014 (e)	
568	*828*	*1 171*	*1 659*	*3 216*	*3 880*	*3 959*	*3 943*	*Asie du Sud-Est*
28 940	13 702	18 087	25 914	30 882	41 127	38 563	35 376	Brunéi Darussalam
107	187	300	471	783	945	1 008	1 067	Cambodge
545	701	789				–	–	Indonésie (...2002)
–	–	–	1 273	2 947	3 551	3 475	3 354	Indonésie
98	204	309	469	1 054	1 414	1 589	1 692	Rép. dém. populaire lao
1 913	2 612	4 167	5 554	8 754	10 422	10 514	10 803	Malaisie
171	123	150	238	799	1 166	1 183	1 259	Myanmar
759	793	1 044	1 201	2 136	2 588	2 765	2 848	Philippines
4 989	12 875	24 069	27 901	45 933	53 608	54 649	54 593	Singapour
707	1 561	2 023	2 881	5 102	5 887	6 270	6 033	Thaïlande
			1 821	3 905	5 008	4 362	4 175	Timor-Leste
44	94	385	623	1 302	1 716	1 868	2 016	Viet Nam
4 065	*3 576*	*4 483*	*7 088*	*10 407*	*12 563*	*12 824*	*12 555*	*Asie occidentale*
10 459	9 899	13 562	18 156	20 546	23 339	24 695	25 174	Bahreïn
920	975	710	1 325	3 783	5 619	5 790	5 480	Iraq
1 760	1 197	1 775	2 403	4 094	4 414	4 618	4 763	Jordanie
20 919	8 967	19 787	35 186	38 579	53 544	52 198	49 619	Koweït
2 060	1 075	5 078	5 390	8 850	9 490	9 793	9 973	Liban
5 419	6 384	8 871	12 323	20 923	23 385	21 929	20 582	Oman
35 029	15 446	29 914	54 229	71 510	92 653	93 352	92 118	Qatar
16 716	7 196	9 354	13 303	19 327	25 946	25 962	25 764	Arabie saoudite
711	930	1 346	1 357	2 221	2 674	2 908	2 971	État de Palestine
1 468	897	1 201	1 563	2 808	1 896	1 606	1 394	République arabe syrienne
2 106	3 751	4 219	7 130	10 135	10 661	10 972	10 562	Turquie
42 962	28 066	34 476	43 534	33 886	40 444	43 049	42 930	Émirats arabes unis
294		–	–	–	–	–	–	Yémen, République arabe du
148		–	–	–	–	–	–	Yémen, Démocratique
–	342	620	945	1 358	1 345	1 422	1 490	Yémen
1 505	*1 905*	*1 807*	*2 567*	*3 313*	*3 910*	*3 939*	*4 027*	**Économies en développement : Océanie**
1 468	3 832	5 140	9 411	12 653	14 978	16 002	16 809	Îles Cook
1 913	1 855	2 123	3 655	3 649	4 401	4 578	4 718	Fidji
10 271	17 987	15 835	22 374	23 583	22 731	23 162	23 430	Polynésie française
615	563	902	1 240	1 567	1 794	1 705	1 665	Kiribati
–	1 666	2 066	2 677	3 379	3 566	3 586	3 636	Îles Marshall
–	1 639	2 175	2 354	2 841	3 155	3 216	3 253	Micronésie (États fédérés de)
5 597	5 377	2 163	2 599	6 234	12 022	15 211	-	Nauru
8 335	15 008	16 245	27 266	36 789	36 415	37 862	38 463	Nouvelle-Calédonie
906		–	–	–	–	–	–	Îles du Pacifique, Territoire sous tutelle des
–	5 581	7 550	9 446	10 028	10 888	11 480	11 783	Palaos
878	790	651	798	1 415	2 152	2 106	2 191	Papouasie-Nouvelle-Guinée
720	688	1 323	2 414	3 211	3 637	3 632	3 585	Samoa
622	667	820	915	1 367	1 776	1 912	2 017	Îles Salomon
848	1 703	1 932	2 613	3 593	4 437	4 173	4 112	Tonga
534	1 059	1 302	2 259	3 238	4 044	3 882	3 770	Tuvalu
1 087	1 185	1 475	1 886	2 966	3 155	3 165	3 145	Vanuatu
3 497	*2 693*	*1 247*	*3 554*	*7 023*	*9 172*	*9 634*	*8 682*	**Économies en transition**
805	640	1 093	2 532	3 786	3 904	4 066	4 151	Albanie
–	–	621	1 625	3 125	3 354	3 504	3 646	Arménie
–	–	650	1 547	5 817	7 485	7 814	7 787	Azerbaïdjan
–	–	1 044	3 126	5 818	6 764	7 664	8 179	Bélarus
–	–	1 448	2 810	4 380	4 410	4 662	4 723	Bosnie-Herzégovine
–	–	645	1 433	2 652	3 636	3 715	3 830	Géorgie
–	–	1 255	3 792	9 299	12 508	13 650	12 369	Kazakhstan
–	–	277	488	899	1 207	1 303	1 292	Kirghizistan
–	–	–	–	6 630	6 514	7 109	7 249	Monténégro
–	–	314	793	1 627	2 073	2 285	2 291	République de Moldova
–	–	1 770	5 308	10 618	14 091	14 680	13 093	Fédération de Russie
–	–	849	3 050					Serbie-et-Monténégro
–	–	–	–	4 679	4 926	5 505	5 372	Serbie
3 200	2 951							République socialiste fédérative de Yougoslavie
–	–	139	340	740	953	1 036	1 108	Tadjikistan
–	–	1 839	2 994	4 475	4 628	5 110	5 371	LERY de Macédoine
–	–	1 096	2 989	4 393	6 798	7 987	9 214	Turkménistan
–	–	660	1 893	3 066	4 010	4 163	-	Ukraine
3 549	2 696	–	–	–	–	–	–	Union des Républiques socialistes soviétiques
–	–	554	553	1 423	1 801	1 977	2 120	Ouzbékistan

Pour les sources et les notes, se reporter à la fin du tableau.

8

8.1 Nominal gross domestic product: Total and per capita

Region, country or territory	Total gross domestic product (1) / Produit intérieur brut total (1) Millions of dollars / Millions de dollars							
	1980	1990	2000	2005	2010	2012	2013	2014 (e)
Developed economies: America	**3 153 494**	**6 607 385**	**11 098 942**	**14 351 694**	**16 686 835**	**18 106 887**	**18 720 155**	**19 321 741**
Bermuda	902	2 035	3 480	4 868	5 744	5 538	5 574	5 714
Canada	273 433	592 028	739 451	1 164 179	1 614 072	1 832 716	1 838 964	1 786 670
Greenland	468	1 002	1 050	1 650	2 287	2 349	2 418	2 406
United States	2 878 690	6 012 321	10 354 961	13 180 996	15 064 732	16 266 285	16 873 199	17 526 951
Developed economies: Asia	**1 111 700**	**3 163 893**	**4 860 338**	**4 710 949**	**5 727 063**	**6 195 479**	**5 190 099**	**4 891 716**
Israel	24 712	60 195	129 139	139 082	231 676	257 620	291 567	304 968
Japan	1 086 988	3 103 698	4 731 199	4 571 867	5 495 387	5 937 858	4 898 532	4 586 748
Developed economies: Europe	**4 082 128**	**7 905 005**	**9 264 101**	**15 048 695**	**17 979 872**	**18 463 398**	**19 204 608**	**19 736 526**
Andorra	552	1 272	1 402	3 248	3 346	3 146	3 249	3 245
Austria	81 858	166 067	196 422	314 641	389 656	407 575	428 322	436 174
Belgium	127 315	206 112	237 336	386 945	484 404	498 853	524 806	533 481
Bulgaria	10 843	20 726	13 354	29 300	48 669	52 590	54 481	55 733
Croatia	_	_	21 774	45 416	59 665	56 485	57 869	57 223
Cyprus	2 411	6 247	9 907	18 528	25 247	24 941	24 057	23 216
Czechoslovakia	47 822	56 780						
Czech Republic	_	_	61 470	135 990	207 016	206 751	208 796	205 487
Denmark	70 867	138 096	164 158	264 559	319 812	321 700	336 701	342 492
Estonia	_	_	5 690	14 001	19 491	22 661	24 880	25 910
Finland	53 689	141 525	125 540	204 431	247 800	255 776	267 329	269 765
France	704 884	1 277 695	1 371 045	2 207 829	2 652 198	2 692 483	2 812 991	2 848 703
Germany, Federal Republic of	946 738	_	_	_	_	_	_	_
Germany	_	1 764 944	1 947 207	2 857 559	3 412 009	3 533 242	3 730 261	3 852 273
Greece	57 054	98 254	132 171	247 666	299 598	249 525	242 230	237 582
Hungary	25 341	36 985	47 110	111 890	129 583	126 825	133 424	137 110
Iceland	3 420	6 543	8 948	16 799	13 261	14 183	15 330	16 818
Ireland	21 726	49 258	99 317	210 358	218 435	221 966	232 077	246 035
Italy	475 836	1 177 816	1 142 213	1 853 466	2 126 620	2 091 761	2 149 485	2 156 577
Latvia	_	_	9 872	17 091	23 867	28 552	30 886	31 971
Lithuania	_	_	11 501	26 141	37 095	42 820	46 403	48 171
Luxembourg	6 273	13 316	21 303	37 024	52 144	56 292	60 131	62 397
Malta	1 293	2 635	4 053	6 393	8 741	9 224	9 971	10 472
Netherlands	191 914	313 035	413 397	672 357	836 390	823 139	853 539	865 001
Norway	65 044	120 077	171 315	308 722	428 527	509 705	522 349	500 081
Poland	57 974	64 712	171 708	304 412	476 688	496 200	525 863	547 262
Portugal	32 899	78 726	118 358	197 300	238 303	218 000	227 324	232 052
Romania	36 469	40 591	37 439	99 699	167 998	172 044	192 094	200 160
San Marino	336	831	1 141	2 027	2 139	1 801	1 802	1 719
Slovakia	_	_	20 677	48 948	89 007	92 747	97 713	99 743
Slovenia	_	_	20 344	36 345	47 970	46 263	47 990	49 398
Spain	236 936	546 185	595 402	1 157 248	1 431 588	1 355 733	1 393 040	1 404 316
Sweden	140 089	258 155	259 801	389 043	488 378	543 881	579 680	569 493
Switzerland	119 244	258 850	274 137	411 202	586 291	671 588	691 081	716 604
United Kingdom	563 301	1 059 572	1 548 592	2 412 116	2 407 934	2 614 946	2 678 455	2 949 862
Developed economies: Oceania	**196 837**	**369 254**	**463 506**	**877 440**	**1 435 619**	**1 752 796**	**1 720 307**	**1 677 018**
Australia	173 472	323 814	409 063	762 377	1 290 335	1 578 010	1 531 282	1 474 849
New Zealand	23 365	45 440	54 444	115 064	145 284	174 786	189 025	202 169
Memo items								
Developing economies excluding China	2 420 077	3 599 755	6 000 725	8 868 480	15 542 253	18 190 406	18 722 255	19 139 790
Developing economies excluding LDCs	2 604 904	3 839 956	7 002 511	10 818 550	20 845 804	25 631 033	27 046 757	28 285 403
High-income developing economies	1 917 224	3 005 493	5 779 141	8 830 523	16 862 762	20 989 504	22 228 996	23 218 660
Middle-income developing economies	696 348	842 748	1 254 073	2 089 830	4 226 921	4 941 526	5 136 095	5 397 521
Low-income developing economies	112 905	156 007	160 348	235 364	402 355	488 824	538 369	590 283
HIPCs (Heavily indebted poor countries) (IMF)	114 212	139 849	134 238	222 307	383 150	475 900	520 740	548 609
LLDCs (Landlocked developing countries) (3)	49 808	75 041	128 815	237 799	526 975	700 628	764 505	781 472
SIDS (Small island developing States)	18 963	27 165	43 851	64 963	87 005	102 385	104 309	107 925
LDCs (Least developed countries)	121 693	164 293	191 050	337 167	646 234	788 821	856 703	921 061

Sources:
- UN DESA Statistics Division, *National Accounts Main Aggregates Database*
- UNCTAD secretariat estimates

Notes:
(1) GDP - expenditure approach.
(2) Including Western Sahara.
(3) Year 1992: break in series. From 1992 onwards, including 8 CIS countries and TFYR of Macedonia.

Per capita gross domestic product (1) / Produit intérieur brut par habitant (1) Dollars								Régions, pays ou territoires
1980	1990	2000	2005	2010	2012	2013	2014 (e)	
12 219	**23 111**	**34 758**	**42 917**	**47 634**	**50 824**	**52 124**	**53 372**	**Économies développées : Amérique**
16 096	34 030	55 385	75 902	88 442	84 911	85 302	87 287	Bermudes
· 11 155	21 405	24 088	36 095	47 297	52 607	52 270	50 294	Canada
9 328	18 018	18 693	28 977	40 447	41 370	42 437	42 081	Groenland
12 330	23 292	35 892	43 641	47 664	50 626	52 103	53 702	États-Unis
9 291	**24 962**	**36 897**	**35 266**	**42 494**	**45 929**	**38 480**	**36 283**	**Économies développées : Asie**
6 599	13 379	21 474	21 061	31 222	33 703	37 704	38 988	Israël
9 378	25 388	37 634	36 005	43 151	46 663	38 528	36 116	Japon
8 835	**16 613**	**18 469**	**29 427**	**34 504**	**35 232**	**36 559**	**37 489**	**Économies développées : Europe**
15 305	23 340	21 433	39 990	42 953	40 150	41 015	40 487	Andorre
10 835	21 651	24 491	38 191	46 377	48 154	50 420	51 155	Autriche
12 918	20 656	23 113	36 824	44 273	45 104	47 261	47 870	Belgique
1 223	2 350	1 669	3 813	6 587	7 226	7 543	7 775	Bulgarie
–	–	4 866	10 348	13 754	13 114	13 490	13 395	Croatie
4 741	10 782	14 283	25 103	30 503	28 870	27 735	26 655	Chypre
3 125	3 639	–	–	–	–	–	–	Tchécoslovaquie
–	–	5 997	13 292	19 616	19 395	19 510	19 132	République tchèque
13 832	26 865	30 751	48 832	57 614	57 469	59 921	60 724	Danemark
–	–	4 165	10 566	15 010	17 556	19 328	20 183	Estonie
11 233	28 380	24 252	38 966	46 165	47 292	49 265	49 557	Finlande
12 758	21 864	22 438	34 776	40 549	40 694	42 272	42 568	France
11 958	–	–	–	–	–	–	–	Allemagne, Rép. fédérale d'
–	21 928	23 316	34 085	41 100	42 672	45 091	46 608	Allemagne
5 917	9 670	12 030	22 430	26 967	22 430	21 768	21 349	Grèce
2 355	3 561	4 608	11 083	12 939	12 713	13 403	13 803	Hongrie
14 992	25 675	31 819	56 609	41 696	43 523	46 520	50 484	Islande
6 357	13 950	26 110	50 591	48 893	48 508	50 155	52 602	Irlande
8 464	20 725	20 044	31 590	35 146	34 356	35 243	35 313	Italie
–	–	4 163	7 673	11 417	13 857	15 064	15 663	Lettonie
–	–	3 287	7 953	12 089	14 143	15 381	16 013	Lituanie
17 231	34 877	48 848	80 865	102 668	107 481	113 373	116 248	Luxembourg
3 919	7 020	9 946	15 414	20 579	21 563	23 243	24 346	Malte
13 623	21 023	26 066	41 243	50 339	49 248	50 930	51 481	Pays-Bas
15 932	28 318	38 141	66 760	87 611	102 066	103 586	98 211	Norvège
1 627	1 696	4 477	7 968	12 479	12 986	13 760	14 319	Pologne
3 369	7 953	11 484	18 771	22 503	20 559	21 429	21 870	Portugal
1 628	1 737	1 672	4 509	7 685	7 908	8 853	9 249	Roumanie
15 699	34 451	42 300	68 092	69 322	57 625	57 293	54 346	Saint-Marin
–	–	3 838	9 079	16 381	17 031	17 928	18 287	Slovaquie
–	–	10 225	18 169	23 352	22 374	23 161	23 800	Slovénie
6 319	14 047	14 781	26 672	30 999	28 997	29 685	29 837	Espagne
16 856	30 161	29 282	43 083	52 053	57 182	60 566	59 130	Suède
18 840	38 619	38 082	55 244	74 529	83 593	85 164	87 443	Suisse
9 971	18 451	26 169	39 853	38 645	41 488	42 257	46 281	Royaume-Uni
11 024	**18 017**	**20 050**	**35 589**	**53 623**	**63 714**	**61 774**	**59 508**	**Économies développées : Océanie**
11 794	18 940	21 240	37 152	57 593	68 459	65 600	62 414	Australie
7 424	13 373	14 112	27 833	33 260	39 191	41 952	44 420	Nouvelle-Zélande
								Pour mémoire
1 044	1 229	1 681	2 278	3 681	4 174	4 229	4 257	Économies en développement sans la Chine
895	1 071	1 672	2 424	4 395	5 277	5 504	5 691	Économies en développement sans les PMA
1 190	1 543	2 623	3 824	6 974	8 526	8 950	9 270	Économies en développement à revenu élevé
513	491	600	920	1 717	1 947	1 993	2 064	Économies en développement à rev. intermédiaire
340	364	287	374	573	665	716	767	Économies en développement à revenu faible
456	427	310	446	671	790	842	863	PPTE (Pays pauvres très endettés) (FMI)
333	386	394	649	1 285	1 590	1 694	1 691	LLDCs (Pays en développement sans littoral) (3)
1 769	2 140	2 930	3 787	4 714	5 393	5 417	5 528	SIDS (Petits États insulaires en développement
310	323	288	451	771	899	954	1 002	PMA (Pays les moins avancés)

Sources :

- ONU DAES Division de statistique, *National Accounts Main Aggregates Database*
- Estimations du secrétariat de la CNUCED

Notes :

(1) PIB selon l'optique des dépenses.

(2) Y compris le Sahara occidental.

(3) Année 1992 : rupture de séries. A partir de 1992, y compris 8 pays de la CEI et l'ERY de Macédoine.

8

Region, country or territory	Total real gross domestic product (1) / Produit intérieur brut réel total (1) Percentage / En pourcentage										
	80 -89	92 -00	00 -10	04 -07	05 -14 (e)	08 -14 (e)	2005	2010	2012	2013	2014 (e)
WORLD	3.3	3.1	2.8	3.9	2.1	2.2	3.6	4.1	2.2	2.3	2.5
DEVELOPING ECONOMIES	3.6	4.8	6.1	7.5	5.7	5.4	6.9	7.7	4.7	4.6	4.3
TRANSITION ECONOMIES	3.4	-2.7	5.8	8.0	3.2	2.3	6.6	4.7	3.3	2.3	0.8
DEVELOPED ECONOMIES	3.2	2.9	1.7	2.7	0.7	0.9	2.5	2.6	1.1	1.2	1.7
Developing economies: Africa	2.2	3.1	5.5	6.0	4.2	3.5	6.0	5.2	5.0	3.4	3.2
Eastern Africa	2.6	3.6	5.6	6.5	7.0	7.6	6.2	7.8	9.3	6.6	5.6
Burundi	4.3	-2.9	6.6	3.8	11.7	10.1	-0.9	15.7	4.2	4.6	4.7
Comoros	3.0	1.1	1.8	1.9	1.7	2.5	4.2	2.0	3.0	3.6	3.5
Djibouti	0.4	1.0	5.0	7.5	5.4	4.8	3.2	4.5	4.8	5.0	5.5
Eritrea	–	5.7	0.2	0.8	1.7	5.0	2.6	2.2	7.0	1.1	3.2
Ethiopia (...1991)	1.7										
Ethiopia	–	5.3	8.9	11.3	10.6	10.4	11.8	12.6	8.7	10.4	7.6
Kenya	4.3	2.5	4.2	6.3	4.6	5.5	5.9	7.7	5.6	6.0	5.2
Madagascar	0.8	2.8	3.4	5.3	2.1	0.7	4.6	0.4	2.7	2.0	3.2
Malawi	2.0	3.4	5.4	5.7	6.1	4.7	3.3	6.9	1.9	5.4	5.3
Mauritius	6.2	5.1	4.2	4.2	4.2	3.6	1.8	4.1	3.3	3.3	3.4
Mozambique	-1.5	10.4	8.0	8.8	7.1	7.1	8.7	7.1	7.1	7.4	7.5
Rwanda	1.9	3.0	7.8	8.7	7.3	6.6	9.4	6.3	8.8	4.7	6.0
Seychelles	3.7	4.8	2.7	9.6	4.1	4.6	9.0	5.9	2.8	5.6	2.9
Somalia	1.7	-1.6	2.9	2.6	2.6	2.6	3.0	2.6	2.6	2.6	2.6
South Sudan	–	–	–	–	–	–	–	–	–	13.1	1.0
Uganda	3.0	7.6	7.7	8.2	6.8	5.4	10.0	9.7	3.3	4.5	4.4
United Republic of Tanzania	2.4	4.0	6.7	7.0	6.4	6.6	7.3	5.8	5.1	8.2	7.2
Zambia	1.4	0.8	5.6	5.9	6.6	7.0	5.3	7.6	7.3	6.5	6.5
Zimbabwe	3.3	1.7	0.3	-3.6	11.6	15.7	-4.1	11.4	10.6	4.5	3.0
Middle Africa	2.4	2.4	8.0	10.2	6.0	4.3	9.9	4.7	5.4	4.1	4.8
Angola	3.6	5.0	13.0	20.5	8.3	4.0	20.5	3.5	5.2	5.1	4.3
Cameroon	1.5	3.6	3.2	3.0	3.4	3.9	2.3	3.3	4.6	5.6	5.1
Central African Republic	1.2	2.5	1.6	3.8	-0.3	-4.0	2.4	3.6	2.9	-36.0	0.0
Chad	6.6	3.0	8.7	2.4	4.2	6.2	7.9	13.2	9.1	3.4	8.2
Congo	4.0	1.2	4.4	4.2	5.0	5.3	7.6	8.7	3.8	3.3	4.8
Dem. Rep. of the Congo	2.1	-3.6	5.2	5.8	6.1	6.6	6.1	7.1	7.1	8.5	8.8
Equatorial Guinea	2.3	28.5	16.9	11.8	6.4	1.2	8.9	1.3	5.3	-4.8	-2.3
Gabon	0.5	2.1	0.7	0.9	3.0	5.2	1.1	6.8	5.3	5.6	5.0
Sao Tome and Principe	-1.2	1.7	5.3	6.1	5.3	4.3	1.6	4.6	4.0	4.3	4.3
Northern Africa	2.8	3.3	5.0	5.3	2.8	1.1	5.7	4.4	5.4	0.9	0.7
Algeria	3.0	2.5	3.9	3.5	2.7	2.9	5.9	3.6	3.3	2.8	3.3
Egypt	7.7	4.8	5.1	6.2	4.6	3.1	4.5	5.1	2.2	2.1	2.2
Libya	-3.4	0.5	6.5	7.3	-3.4	-9.3	10.3	4.3	104.5	-16.2	-18.0
Morocco (2)	4.2	2.9	4.9	4.8	4.4	4.0	3.0	3.6	2.7	4.4	2.5
Sudan (...2011)	2.2	5.9	6.5	7.0	–	–	9.0	6.6	–	–	–
Sudan	–	–	–	–	–	–	–	–	–	3.4	1.0
Tunisia	3.2	4.7	4.7	5.3	3.1	1.8	4.0	3.0	3.9	2.3	2.3
Southern Africa	1.5	2.8	3.9	5.4	2.7	2.3	5.1	3.3	2.4	2.5	1.7
Botswana	11.3	5.2	4.3	7.2	3.9	4.0	4.6	8.6	3.7	6.5	4.3
Lesotho	3.7	3.7	3.8	4.0	5.0	5.1	2.7	7.1	6.5	5.8	4.5
Namibia	1.0	3.7	4.5	4.8	4.4	5.0	1.8	6.6	6.7	4.4	5.3
South Africa	1.4	2.7	3.8	5.4	2.6	2.1	5.3	3.0	2.2	2.2	1.5
Swaziland	6.1	3.2	2.5	3.1	2.2	1.9	2.5	1.9	2.5	2.8	0.2
Western Africa	1.7	3.0	7.1	5.7	5.8	5.7	6.0	7.1	5.0	5.6	5.8
Benin	3.4	5.3	3.8	3.7	3.9	3.8	2.9	2.6	5.4	5.6	5.1
Burkina Faso	2.6	6.0	5.9	6.3	6.0	6.8	8.7	8.4	8.0	6.7	6.8
Cabo Verde	5.6	7.9	5.8	8.6	3.4	1.5	6.5	1.5	1.2	0.5	1.3
Côte d'Ivoire	1.1	4.1	1.1	1.3	2.6	3.3	1.7	2.4	9.8	9.0	7.9
Gambia	3.4	3.0	3.6	1.2	3.9	3.4	-0.9	6.5	6 1	5.6	4.1
Ghana	2.6	4.3	5.8	5.6	8.0	9.2	6.2	7.3	8.8	7.1	4.2
Guinea	3.0	4.6	2.4	1.8	2.5	2.7	3.0	1.9	3.9	2.5	0.4
Guinea-Bissau	2.8	-0.5	2.7	3.8	2.9	2.5	6.5	4.4	-1.5	0.3	2.2
Liberia	-0.4	16.9	5.6	11.4	10.7	8.7	9.5	10.8	8.2	8.1	-0.5
Mali	3.8	4.4	5.3	5.2	3.8	2.9	6.1	5.8	0.0	1.7	5.8
Mauritania	1.4	2.9	5.8	10.9	4.1	4.5	9.0	3.5	6.0	6.7	5.9
Niger	-1.9	3.6	4.6	5.5	5.3	5.4	7.4	8.4	11.1	4.1	5.6
Nigeria	1.6	2.5	8.5	6.3	6.1	5.8	6.5	7.8	4.3	5.4	6.0
Senegal	3.2	4.1	4.2	4.1	3.2	2.8	5.6	4.2	3.4	2.4	4.4
Sierra Leone	2.5	-9.5	8.0	5.4	7.4	9.4	4.5	5.3	15.2	20.1	4.2
Togo	1.3	3.1	2.4	2.6	3.8	4.7	1.2	4.0	5.8	5.1	5.4

For sources and notes, see end of table.

Per capita real gross domestic product (1) / Produit intérieur brut réel par habitant (1) Percentage / En pourcentage											Régions, pays ou territoires
80 -89	92 -00	00 -10	04 -07	05 -14 (e)	08 -14 (e)	2005	2010	2012	2013	2014 (e)	
1.5	1.7	1.6	2.7	0.9	1.0	2.4	2.9	1.0	1.1	1.3	**MONDE**
1.4	3.1	4.7	6.0	4.3	4.0	5.4	6.3	3.3	3.2	3.0	ÉCONOMIES EN DÉVELOPPEMENT
2.5	-2.6	5.9	8.0	3.0	2.2	6.7	4.5	3.2	2.2	0.8	ÉCONOMIES EN TRANSITION
2.7	2.3	1.1	2.0	0.2	0.4	1.9	2.1	0.6	0.8	1.3	ÉCONOMIES DÉVELOPPÉES
-0.6	0.6	2.9	3.4	1.7	1.0	3.5	2.6	2.5	0.9	0.7	**Économies en développement : Afrique**
-0.4	*0.8*	*2.8*	*3.6*	*3.7*	*3.9*	*3.4*	*4.8*	*3.1*	*3.6*	*2.6*	*Afrique orientale*
1.1	-4.3	3.1	0.3	8.0	6.5	-4.2	11.9	1.0	1.4	1.5	Burundi
0.2	-1.4	-0.8	-0.7	-0.8	0.0	1.6	-0.5	0.5	1.1	1.1	Comores
-4.3	-0.7	3.5	6.0	3.9	3.2	1.8	3.0	3.2	3.4	3.9	Djibouti
_	3.5	-3.5	-2.8	-1.6	1.6	-1.4	-1.1	3.6	-2.1	0.0	Érythrée
-1.4	_	_	_	_	_	_	_	_	_	_	Éthiopie (...1991)
_	2.1	5.9	8.3	7.7	7.6	8.7	9.6	6.0	7.6	4.9	Éthiopie
0.5	-0.3	1.5	3.5	1.8	2.7	3.1	4.9	2.8	3.2	2.4	Kenya
-1.9	-0.4	0.4	2.3	-0.7	-2.0	1.6	-2.4	-0.1	-0.8	0.4	Madagascar
-2.2	1.4	2.5	2.7	3.0	1.7	0.4	3.7	-1.0	2.4	2.4	Malawi
5.3	3.9	3.8	3.9	3.9	3.2	1.4	3.8	2.9	2.9	3.0	Maurice
-2.5	7.2	5.1	5.9	4.4	4.5	5.8	4.4	4.4	4.8	4.9	Mozambique
-2.0	-1.0	5.3	6.2	4.3	3.6	7.3	3.3	5.8	1.9	3.2	Rwanda
3.2	3.4	1.3	8.2	3.3	4.0	7.3	5.2	2.2	5.1	2.4	Seychelles
1.7	-3.7	0.2	0.0	-0.1	-0.2	0.4	-0.1	-0.3	-0.3	-0.3	Somalie
									8.5	-2.8	Soudan du Sud
-0.3	4.2	4.2	4.6	3.2	2.0	6.3	6.1	-0.1	1.1	1.0	Ouganda
-0.7	1.2	3.8	4.0	3.3	3.4	4.4	2.6	1.9	4.9	4.1	République-Unie de Tanzanie
-1.5	-1.7	2.8	3.1	3.5	3.8	2.6	4.4	4.0	3.1	3.1	Zambie
-0.5	0.0	-0.1	-3.8	10.1	13.4	-4.2	9.8	7.6	1.3	-0.2	Zimbabwe
-0.5	*-0.4*	*4.9*	*7.1*	*3.1*	*1.4*	*6.7*	*1.8*	*2.6*	*1.3*	*2.0*	*Afrique centrale*
0.4	2.0	9.2	16.5	4.8	0.8	16.4	0.2	2.0	1.9	1.2	Angola
-1.5	0.8	0.6	0.3	0.8	1.3	-0.3	0.7	2.0	2.9	2.5	Cameroun
-1.4	0.3	-0.2	2.0	-2.2	-5.9	0.6	1.6	0.9	-37.3	-2.0	République centrafricaine
3.7	-0.4	5.0	-1.0	1.1	3.1	4.1	9.8	5.9	0.4	5.0	Tchad
1.0	-1.6	1.6	1.3	2.0	2.4	4.8	5.6	1.2	0.7	2.2	Congo
-0.6	-6.1	2.2	2.9	3.2	3.7	3.1	4.2	4.2	5.6	5.9	Rép. dém. du Congo
-3.4	24.4	13.5	8.6	3.4	-1.6	5.7	-1.5	2.4	-7.4	-4.9	Guinée équatoriale
-2.2	-0.5	-1.7	-1.5	0.5	2.7	-1.3	4.3	2.8	3.1	2.6	Gabon
-3.3	0.2	2.7	3.3	2.4	1.5	-0.9	1.6	1.3	1.6	1.7	Sao Tomé-et-Principe
0.2	*1.5*	*3.2*	*3.5*	*1.5*	*0.5*	*3.9*	*2.5*	*8.9*	*-0.8*	*-0.9*	*Afrique septentrionale*
0.0	0.7	2.3	1.8	0.9	1.0	4.3	1.7	1.4	0.9	1.4	Algérie
5.3	3.2	3.4	4.4	2.9	1.4	2.7	3.4	0.5	0.4	0.6	Égypte
-6.6	-1.3	4.8	5.5	-4.6	-10.2	8.6	3.0	102.8	-16.8	-18.7	Libye
1.9	1.4	3.9	3.8	3.2	2.7	2.1	2.4	1.2	2.8	1.0	Maroc (2)
-0.8	3.0	3.5	4.0	_	_	6.0	3.7	_	_	_	Soudan (...2011)
									1.3	-1.1	Soudan
0.6	3.2	3.6	4.2	1.9	0.7	2.9	1.8	2.8	1.1	1.2	Tunisie
-0.9	*0.9*	*2.5*	*4.0*	*1.5*	*1.2*	*3.7*	*2.2*	*1.5*	*1.6*	*1.0*	*Afrique australe*
7.7	2.9	3.1	6.0	2.9	3.1	3.4	7.6	2.8	5.6	3.4	Botswana
1.7	2.3	3.0	3.2	4.0	4.1	2.0	6.1	5.4	4.6	3.4	Lesotho
-2.3	0.7	3.1	3.5	2.7	3.1	0.6	4.9	4.7	2.4	3.3	Namibie
-1.0	0.8	2.4	4.0	1.4	1.1	3.8	1.9	1.4	1.5	0.8	Afrique du Sud
2.3	1.1	1.4	1.9	0.6	0.3	1.5	0.2	0.9	1.3	-1.2	Swaziland
-1.0	*0.4*	*4.3*	*2.9*	*3.0*	*2.8*	*3.2*	*4.2*	*2.2*	*2.8*	*2.9*	*Afrique occidentale*
0.4	2.1	0.6	0.5	0.9	1.0	-0.4	-0.3	2.6	2.9	2.4	Bénin
0.0	3.1	2.8	3.2	3.0	3.8	5.5	5.3	4.9	3.7	3.8	Burkina Faso
3.9	5.5	4.8	7.8	3.0	0.9	5.4	1.1	0.4	-0.4	0.3	Cabo Verde
-2.7	1.3	-0.5	-0.3	0.6	1.1	0.3	0.4	7.3	6.5	5.4	Côte d'Ivoire
-0.8	0.1	0.4	-1.9	0.7	0.2	-4.0	3.2	2.8	2.3	0.8	Gambie
-0.5	1.8	3.1	2.9	5.5	6.7	3.5	4.8	6.4	4.9	2.1	Ghana
0.2	1.4	0.2	-0.5	-0.1	0.0	0.9	-0.7	1.3	-0.1	-2.1	Guinée
0.6	-2.7	0.5	1.6	0.6	0.2	4.2	2.1	-3.8	-2.1	-0.2	Guinée-Bissau
-1.8	11.3	2.4	7.7	6.9	5.4	6.6	7.0	5.3	5.5	-2.8	Libéria
2.1	1.7	2.0	1.9	0.6	-0.2	2.9	2.6	-2.9	-1.3	2.7	Mali
-1.4	-0.1	2.8	7.7	1.4	1.8	5.8	0.8	3.4	4.1	3.4	Mauritanie
-4.6	-0.1	0.8	1.6	1.4	1.5	3.6	4.3	6.9	0.2	1.6	Niger
-1.0	0.0	5.7	3.5	3.3	2.9	3.8	4.9	1.4	2.5	3.1	Nigéria
0.1	1.4	1.4	1.3	0.3	-0.1	2.8	1.3	0.4	-0.5	1.4	Sénégal
-0.1	-9.7	4.4	2.2	5.1	7.3	0.6	3.3	13.0	17.9	2.3	Sierra Leone
-2.1	0.6	-0.3	-0.1	1.2	2.0	-1.4	1.3	3.1	2.5	2.7	Togo

Pour les sources et les notes, se reporter à la fin du tableau.

8

Region, country or territory	Total real gross domestic product (1) / Produit intérieur brut réel total (1) Percentage / En pourcentage										
	80 -89	92 -00	00 -10	04 -07	05 -14 (e)	08 -14 (e)	2005	2010	2012	2013	2014 (e)
Developing economies: America	**1.7**	**3.1**	**3.6**	**5.3**	**3.4**	**3.2**	**4.6**	**5.8**	**2.9**	**2.6**	**1.3**
Caribbean	*2.6*	*3.6*	*4.6*	*7.7*	*3.0*	*2.1*	*7.5*	*2.3*	*2.5*	*2.7*	*2.0*
Anguilla	7.7	5.2	6.0	16.0	-1.7	-4.2	13.1	-4.4	-5.5	-0.9	2.0
Antigua and Barbuda	6.9	3.7	3.7	10.0	-1.3	-3.0	6.1	-7.2	3.3	1.5	1.6
Aruba	11.0	4.7	0.0	1.3	-1.8	-1.3	1.2	-3.3	-1.3	3.9	2.5
Bahamas	4.5	4.6	0.8	2.5	-0.2	0.3	3.4	1.5	1.0	0.7	2.5
Barbados	1.7	3.0	1.6	4.0	0.1	-0.4	4.0	0.3	0.0	-0.3	0.0
British Virgin Islands	5.9	14.8	1.3	4.9	0.1	-0.7	14.3	1.3	-4.6	-0.3	2.5
Cayman Islands	8.9	8.1	1.6	4.7	-0.7	-1.0	6.5	-2.7	1.4	1.4	1.5
Cuba	4.0	2.2	6.1	10.3	3.8	2.5	11.2	2.4	3.0	2.7	1.8
Curaçao	–	–	–	–	–	–	–	–	3.2	1.3	1.3
Dominica	5.2	2.0	3.1	3.5	2.0	-0.2	-0.3	1.2	-1.1	-0.9	1.2
Dominican Republic	3.0	6.3	5.6	9.6	5.7	4.9	9.3	7.8	3.9	4.1	3.3
Grenada	6.1	4.8	2.5	4.0	-0.7	-1.1	13.3	-0.5	-1.8	1.6	1.3
Haiti	0.1	1.1	0.6	2.4	1.7	1.8	1.8	-5.5	2.9	4.3	3.5
Jamaica	1.5	0.3	0.8	1.8	-0.5	-0.6	0.9	-1.5	-0.6	0.6	0.5
Montserrat	2.8	-11.2	1.9	1.6	1.8	1.7	3.1	-2.8	3.5	2.0	2.0
Netherlands Antilles	-0.9	0.8	1.6	2.4	–	–	1.1	0.8	–	–	–
Saint Kitts and Nevis	6.0	4.9	2.9	5.4	0.0	-0.9	9.9	-2.4	1.6	2.0	3.1
Saint Lucia	7.7	2.7	3.0	3.6	1.2	-0.7	-1.2	0.2	-3.0	-3.3	1.5
Saint Vincent and the Grenadines	6.2	3.1	3.6	4.8	0.4	-0.7	2.5	-3.4	1.2	1.6	2.0
Sint Maarten (Dutch part)	–	–	–	–	–	–	–	–	1.5	0.9	0.9
Trinidad and Tobago	-3.7	5.9	6.7	8.6	1.3	-0.4	6.2	-2.5	1.5	2.8	0.5
Turks and Caicos Islands	10.7	9.2	6.9	13.0	-0.2	-2.5	14.4	1.0	-2.1	-2.1	1.5
Central America	*0.8*	*3.3*	*2.4*	*4.1*	*2.3*	*2.7*	*3.2*	*5.1*	*4.1*	*1.8*	*2.3*
Belize	3.8	4.6	3.9	2.9	2.4	2.5	2.6	3.3	3.8	1.5	3.0
Costa Rica	2.8	5.0	4.9	7.7	4.0	3.8	5.9	5.0	5.1	3.5	3.5
El Salvador	0.3	4.2	2.2	3.8	1.2	1.1	3.6	1.4	1.9	1.7	2.1
Guatemala	0.4	4.1	3.6	5.0	3.4	3.0	3.3	2.9	3.0	3.7	3.5
Honduras	2.7	2.9	4.6	6.3	3.2	2.7	6.1	3.7	3.9	2.6	3.0
Mexico	0.8	3.3	2.2	3.9	2.1	2.6	3.1	5.2	4.0	1.4	2.1
Nicaragua	-1.7	4.6	3.2	4.5	3.1	3.6	4.3	3.3	5.0	4.6	4.7
Panama	–	4.2	7.0	9.2	8.8	8.7	7.2	7.4	10.8	8.4	6.5
South America	*2.2*	*2.9*	*4.2*	*5.8*	*4.0*	*3.6*	*5.1*	*6.5*	*2.4*	*3.1*	*0.8*
Argentina	-0.2	3.0	5.0	8.5	5.0	4.9	9.2	9.1	0.9	2.9	0.5
Bolivia (Plurinational State of)	-0.7	4.0	4.1	4.6	4.8	4.9	4.4	4.1	5.2	6.8	5.5
Brazil	3.1	2.9	3.7	4.4	3.6	2.9	3.2	7.5	1.0	2.5	0.1
Chile	2.5	5.7	4.4	5.7	4.0	4.5	6.2	5.8	5.4	4.1	1.8
Colombia	3.5	2.4	4.5	6.2	4.5	4.4	4.7	4.0	4.0	4.3	4.5
Ecuador	1.9	1.9	4.3	4.0	4.3	4.7	5.3	3.5	5.2	4.6	3.8
Guyana	-3.2	4.6	2.5	3.5	4.5	4.7	-2.0	4.4	4.8	5.3	4.2
Paraguay	2.5	1.7	4.8	4.2	4.6	4.9	2.1	13.1	-1.2	13.0	4.5
Peru	0.5	4.7	6.0	7.4	6.4	5.9	6.3	8.5	6.0	5.6	2.6
Suriname	1.0	1.4	5.0	5.0	4.3	4.1	3.9	5.2	3.0	2.9	3.4
Uruguay	0.7	2.8	3.6	5.8	5.7	5.6	7.5	8.4	3.7	4.4	3.3
Venezuela (Bolivarian Rep. of)	0.6	0.9	4.7	9.7	3.0	1.7	10.3	-1.5	5.6	1.3	-3.0
Developing economies: Asia	**5.4**	**6.0**	**7.2**	**8.6**	**6.7**	**6.4**	**7.9**	**8.8**	**5.2**	**5.4**	**5.4**
Eastern Asia	*9.8*	*7.7*	*8.3*	*9.9*	*7.8*	*7.2*	*8.6*	*9.5*	*6.0*	*6.3*	*6.2*
China	10.8	9.9	10.8	12.7	10.0	8.9	11.3	10.4	7.7	7.7	7.4
China, Hong Kong SAR	7.3	2.9	4.7	7.0	3.3	3.2	7.4	6.8	1.5	2.9	2.3
China, Macao SAR	7.4	0.6	12.1	12.6	12.7	15.4	8.6	27.5	9.1	11.9	-0.4
China, Taiwan Province of	8.7	6.2	4.4	5.8	3.6	3.9	5.4	10.6	2.1	2.2	3.7
Korea, Dem. People's Rep. of	2.7	-2.3	1.2	0.3	0.3	0.4	3.8	-0.5	1.3	0.8	1.0
Korea, Republic of	10.1	5.8	4.3	4.9	3.6	3.5	3.9	6.5	2.3	3.0	3.3
Mongolia	6.3	3.0	7.2	8.7	8.7	10.1	7.3	6.4	12.4	11.7	9.8
Southern Asia	*4.6*	*5.3*	*7.1*	*8.4*	*6.2*	*5.8*	*8.2*	*8.7*	*3.2*	*4.3*	*5.2*
Afghanistan	-1.0	-2.2	11.7	11.4	9.1	8.8	9.9	3.2	10.9	6.4	6.0
Bangladesh	3.7	4.9	6.0	6.4	6.2	6.2	6.0	6.1	6.5	6.0	6.2
Bhutan	10.4	6.3	8.6	10.1	8.2	7.1	7.1	11.7	5.1	2.0	5.5
India	5.7	6.3	7.9	9.4	7.3	7.0	9.3	10.5	4.7	5.0	5.4
Iran (Islamic Republic of)	1.5	3.3	5.6	6.5	2.7	0.7	5.3	5.8	-6.6	-1.9	2.7
Maldives	11.9	8.2	7.9	9.1	7.6	6.4	-9.1	6.9	13.5	3.7	4.0
Nepal	4.6	4.9	3.9	3.4	4.4	4.3	3.1	4.8	4.9	3.6	5.5
Pakistan	6.4	3.4	4.8	6.2	3.3	3.3	7.7	1.6	4.0	6.1	5.4
Sri Lanka	4.1	5.3	5.7	7.0	6.6	6.9	6.2	8.0	6.4	7.2	7.4

For sources and notes, see end of table.

Per capita real gross domestic product (1) / Produit intérieur brut réel par habitant (1) Percentage / En pourcentage											Régions, pays ou territoires
80 -89	92 -00	00 -10	04 -07	05 -14 (e)	08 -14 (e)	2005	2010	2012	2013	2014 (e)	
-0.3	1.4	2.3	4.0	2.2	2.1	3.3	4.6	1.8	1.5	0.2	**Économies en développement : Amérique**
1.1	*2.4*	*3.6*	*6.8*	*2.2*	*1.3*	*6.5*	*1.5*	*1.6*	*1.9*	*1.3*	*Caraïbes*
5.7	2.6	3.7	13.6	-3.2	-5.5	10.5	-5.8	-6.6	-2.0	0.9	Anguilla
8.5	1.1	2.6	8.8	-2.3	-4.1	5.0	-8.2	2.3	0.5	0.6	Antigua-et-Barbuda
10.8	1.2	-1.1	0.5	-2.1	-1.6	-0.1	-3.5	-1.7	3.4	2.0	Aruba
2.4	3.2	-1.2	0.5	-1.8	-1.3	1.3	-0.2	-0.5	-0.8	1.1	Bahamas
1.3	2.7	1.1	3.5	-0.4	-0.9	3.5	-0.2	-0.5	-0.8	-0.5	Barbade
1.5	12.3	-1.5	1.5	-2.5	-2.6	11.1	-1.2	-5.9	-1.2	1.7	Îles Vierges britanniques
4.4	2.4	-1.2	1.8	-3.0	-2.9	3.6	-4.9	-0.3	-0.1	0.1	Îles Caïmanes
3.3	1.8	6.0	10.3	3.9	2.6	11.0	2.5	3.1	2.7	1.9	Cuba
								0.7	-0.9	-0.6	Curaçao
5.9	2.3	2.9	3.3	1.7	-0.6	-0.6	0.9	-1.5	-1.3	0.7	Dominique
0.8	4.5	4.1	8.0	4.3	3.5	7.7	6.3	2.6	2.8	2.0	République dominicaine
4.9	4.2	2.2	3.7	-1.0	-1.5	12.9	-0.9	-2.2	1.2	0.9	Grenade
-2.2	-0.8	-0.9	1.0	0.3	0.4	0.4	-6.8	1.5	2.8	2.1	Haïti
0.4	-0.7	0.3	1.3	-1.0	-1.1	0.3	-1.9	-1.1	0.0	0.0	Jamaïque
4.0	-1.7	1.0	-0.1	1.0	0.9	0.3	-3.5	2.6	1.1	1.1	Montserrat
-1.8	1.9	-0.1	0.2	—	—	-0.5	-2.0	—	—	—	Antilles néerlandaises
6.7	3.7	1.4	4.0	-1.2	-2.1	8.3	-3.6	0.4	0.8	2.0	Saint-Kitts-et-Nevis
6.1	1.4	1.8	2.2	0.0	-1.8	-2.4	-1.0	-3.9	-4.0	0.8	Sainte-Lucie
5.5	3.1	3.4	4.6	0.3	-0.7	2.3	-3.4	1.2	1.6	2.0	Saint-Vincent-et-les Grenadines
								-0.5	-1.1	-1.0	Saint-Martin (partie néerlandaise)
-4.9	5.6	6.1	8.0	0.8	-0.7	5.7	-2.9	1.2	2.5	0.3	Trinité-et-Tobago
6.0	4.4	1.7	8.1	-2.9	-4.7	8.2	-1.4	-4.2	-4.1	-0.4	Îles Turques et Caïques
-1.3	*1.4*	*1.0*	*2.7*	*0.9*	*1.3*	*1.8*	*3.6*	*2.7*	*0.4*	*0.9*	*Amérique centrale*
1.0	1.9	1.3	0.3	-0.1	0.0	0.0	0.8	1.3	-0.9	0.6	Belize
0.0	2.5	3.2	5.9	2.5	2.3	4.1	3.4	3.7	2.1	2.1	Costa Rica
-1.0	3.2	1.8	3.4	0.7	0.5	3.2	0.8	1.2	1.0	1.4	El Salvador
-2.0	1.7	1.1	2.5	0.8	0.5	0.7	0.3	0.4	1.1	0.9	Guatemala
-0.4	0.5	2.6	4.2	1.1	0.7	4.0	1.7	1.8	0.5	1.0	Honduras
-1.2	1.4	0.9	2.6	0.8	1.3	1.8	3.9	2.7	0.2	0.9	Mexique
-4.0	2.5	1.8	3.2	1.7	2.1	3.0	1.9	3.4	3.1	3.2	Nicaragua
—	2.1	5.1	7.2	6.9	6.9	5.2	5.6	9.0	6.6	4.8	Panama
0.1	*1.2*	*2.9*	*4.5*	*2.9*	*2.5*	*3.8*	*5.3*	*1.3*	*2.0*	*-0.3*	*Amérique du Sud*
-1.7	1.8	4.1	7.6	4.1	3.9	8.2	8.2	0.1	2.0	-0.4	Argentine
-3.1	1.8	2.2	2.8	3.1	3.2	2.6	2.5	3.5	5.0	3.8	Bolivie (État plurinational de)
0.9	1.3	2.6	3.2	2.7	2.0	2.0	6.6	0.2	1.6	-0.7	Brésil
0.9	4.1	3.4	4.6	3.0	3.5	5.1	4.8	4.4	3.2	0.9	Chili
1.3	0.6	2.9	4.6	3.0	3.0	3.1	2.5	2.7	2.9	3.2	Colombie
-0.6	-0.2	2.5	2.2	2.5	3.1	3.4	1.8	3.6	3.0	2.2	Équateur
-2.4	4.2	1.9	2.9	3.8	4.1	-2.5	3.7	4.2	4.7	3.7	Guyana
-0.4	-0.6	2.9	2.3	2.8	3.1	0.2	11.1	-2.9	11.1	2.8	Paraguay
-1.8	2.9	4.7	6.3	5.3	4.6	5.1	7.2	4.6	4.2	1.3	Pérou
0.0	0.0	3.8	3.8	3.3	3.1	2.6	4.2	2.1	2.0	2.5	Suriname
0.1	2.1	3.4	5.4	5.4	5.2	7.4	8.0	3.3	4.0	2.9	Uruguay
-2.1	-1.2	2.9	7.8	1.3	0.1	8.4	-3.0	4.0	-0.2	-4.4	Venezuela (Rép. bolivarienne du)
3.3	4.4	6.0	7.4	5.5	5.2	6.7	7.6	4.0	4.3	4.3	**Économies en développement : Asie**
8.0	*6.8*	*7.7*	*9.2*	*7.2*	*6.6*	*8.0*	*8.8*	*5.3*	*5.6*	*5.6*	*Asie orientale*
9.0	9.0	10.2	12.0	9.3	8.2	10.6	9.7	7.0	7.0	6.8	Chine
5.9	0.9	4.4	6.8	2.7	2.5	7.4	6.1	0.8	2.1	1.5	Chine (RAS de Hong Kong)
3.2	-1.1	9.7	9.9	10.0	12.9	6.3	24.4	7.1	10.0	-2.0	Chine (RAS de Macao)
7.3	5.4	3.8	5.3	3.3	3.6	4.8	10.3	1.8	2.0	3.5	Province chinoise de Taiwan
1.2	-3.4	0.5	-0.3	-0.2	-0.2	3.0	-1.0	0.8	0.2	0.5	Corée, Rép. populaire dém. de
8.6	5.1	3.8	4.3	3.0	2.9	3.4	5.9	1.7	2.4	2.7	Corée, République de
3.5	2.2	5.9	7.3	7.1	8.5	6.0	4.8	10.7	10.1	8.2	Mongolie
2.2	*3.3*	*5.5*	*6.9*	*4.8*	*4.4*	*6.5*	*7.3*	*1.9*	*2.9*	*3.8*	*Asie méridionale*
1.2	-6.7	8.1	8.0	6.4	6.1	6.2	0.7	8.3	3.9	3.5	Afghanistan
1.0	2.8	4.6	5.2	5.1	5.0	4.5	4.9	5.3	4.7	4.9	Bangladesh
7.4	5.4	6.0	7.6	6.2	5.2	4.4	9.8	3.3	0.4	3.9	Bhoutan
3.4	4.4	6.3	7.9	5.9	5.7	7.7	9.1	3.4	3.7	4.1	Inde
-2.4	1.7	4.4	5.3	1.4	-0.6	4.0	4.5	-7.8	-3.2	1.4	Iran (République islamique d')
8.1	5.8	6.0	7.2	5.7	4.4	-10.6	4.9	11.3	1.7	2.1	Maldives
2.2	2.3	2.4	2.1	3.2	3.1	1.6	3.6	3.6	2.4	4.3	Népal
2.9	0.7	2.9	4.3	1.4	1.5	5.7	-0.2	2.3	4.3	3.7	Pakistan
2.6	4.5	4.6	6.0	5.7	6.1	5.1	7.2	5.5	6.3	6.5	Sri Lanka

Pour les sources et les notes, se reporter à la fin du tableau.

8

Region, country or territory	Total real gross domestic product (1) / Produit intérieur brut réel total (1) Percentage / En pourcentage										
	80 -89	92 -00	00 -10	04 -07	05 -14 (e)	08 -14 (e)	2005	2010	2012	2013	2014 (e)
South-Eastern Asia	*4.7*	*4.2*	*5.4*	*6.2*	*5.1*	*5.3*	*5.7*	*8.0*	*5.6*	*5.0*	*4.3*
Brunei Darussalam	-2.5	1.7	1.2	1.9	0.6	1.2	0.4	2.6	0.9	-1.8	-1.5
Cambodia	6.6	6.5	8.7	11.3	6.3	5.9	13.2	6.0	7.3	7.5	7.0
Indonesia (...2002)	5.7	2.9	–								–
Indonesia	–	–	–	5.8	5.9	6.0	5.7	6.2	6.3	5.8	5.1
Lao People's Dem. Rep.	4.9	6.5	7.2	7.8	7.9	7.9	6.8	8.1	7.9	8.0	7.3
Malaysia	4.9	6.1	5.0	5.7	4.5	4.7	5.3	7.4	5.6	4.7	6.0
Myanmar	0.9	7.4	12.3	12.9	9.4	8.0	13.6	10.2	7.6	7.5	6.4
Philippines	0.5	3.7	4.9	5.5	5.0	5.4	4.8	7.6	6.8	7.2	6.1
Singapore	6.7	6.7	6.1	8.5	5.6	5.8	7.4	15.1	1.9	4.1	2.9
Thailand	7.0	2.7	4.6	4.8	3.4	3.7	4.2	7.4	7.1	2.9	0.7
Timor-Leste	–	–	–	36.4	3.6	-1.1	52.7	-1.4	-10.4	5.4	-3.0
Viet Nam	5.6	7.8	7.5	8.4	6.4	5.9	8.4	6.8	5.2	5.4	6.0
Western Asia	*1.1*	*4.0*	*5.5*	*6.8*	*4.6*	*4.7*	*7.2*	*6.7*	*4.0*	*3.7*	*3.4*
Bahrain	-0.7	3.7	5.9	7.1	4.6	3.5	6.8	4.3	3.6	5.3	4.3
Iraq	0.9	16.8	4.2	5.7	6.7	7.6	4.4	5.5	10.3	4.2	0.0
Jordan	2.0	3.8	6.8	8.1	4.7	3.0	8.1	2.3	2.7	2.8	3.2
Kuwait	1.1	3.8	5.9	8.0	1.6	1.8	10.6	-6.0	8.3	-0.4	2.3
Lebanon	1.6	3.4	5.7	4.3	6.2	4.5	2.7	8.0	2.8	3.0	2.0
Oman	8.2	3.7	3.2	4.2	5.0	4.2	2.5	4.8	5.8	4.8	3.4
Qatar	1.1	8.5	13.9	17.9	14.3	11.1	7.5	16.7	6.1	6.5	6.0
Saudi Arabia	-2.2	1.8	5.9	6.2	6.1	6.0	7.3	7.4	5.8	4.0	3.6
State of Palestine	2.8	8.6	4.6	3.5	6.9	7.9	10.8	8.1	6.3	1.9	3.0
Syrian Arab Republic	0.9	5.3	5.1	5.6	-1.4	-7.3	6.2	3.4	-19.5	-20.6	0.0
Turkey	5.3	3.8	4.7	6.7	3.5	4.6	8.4	9.2	2.1	4.1	2.9
United Arab Emirates	-2.9	6.3	4.8	6.3	2.5	2.6	4.9	1.6	4.7	5.2	4.6
Yemen, Arab Republic	5.1	–	–	–	–	–	–	–	–	–	–
Yemen, Democratic	2.4	–	–	–	–	–	–	–	–	–	–
Yemen	–	8.9	4.7	4.4	1.4	-0.5	5.1	5.7	2.0	4.8	2.0
Developing economies: Oceania	**3.8**	**2.0**	**2.8**	**3.2**	**2.9**	**3.2**	**2.8**	**3.5**	**3.2**	**2.8**	**3.9**
Cook Islands	4.9	0.7	1.2	1.6	0.3	1.2	-1.1	-3.0	4.4	3.2	2.2
Fiji	1.3	2.6	1.4	1.2	0.6	1.3	0.7	-0.2	1.5	4.6	3.4
French Polynesia	5.9	1.8	1.4	1.6	0.1	-0.3	1.4	0.6	0.3	-0.2	2.1
Kiribati	0.8	2.5	0.7	1.5	0.6	0.9	5.0	-1.6	3.4	2.9	3.0
Marshall Islands	–	-1.0	2.5	1.4	1.6	2.1	2.0	5.9	3.2	0.8	1.5
Micronesia (Federated States of)	–	0.6	-0.2	-0.1	0.3	1.4	2.2	3.2	0.0	0.6	1.5
Nauru	-2.8	-9.3	0.1	-11.8	15.1	13.1	-12.1	20.1	20.2	26.4	4.0
New Caledonia	4.6	1.8	3.5	4.6	2.9	2.8	3.6	3.9	2.2	2.4	2.8
Palau	–	3.2	0.9	1.9	-1.2	0.0	6.2	-3.4	5.7	-0.3	2.0
Papua New Guinea	2.3	2.0	4.0	4.2	7.2	8.0	3.9	7.6	7.7	5.1	7.2
Samoa	1.1	4.1	2.9	3.6	0.7	1.1	5.1	2.1	1.5	1.0	1.6
Solomon Islands	1.8	1.7	6.3	10.3	5.9	5.1	12.8	10.6	2.6	3.0	0.0
Tonga	4.6	2.1	0.9	-1.4	1.1	1.6	1.6	3.5	0.7	-2.9	1.7
Tuvalu	6.6	4.1	0.6	1.4	2.1	1.0	-3.9	-2.7	0.2	1.3	1.5
Vanuatu	6.0	2.9	3.9	6.5	3.5	2.0	5.3	1.6	1.8	3.2	3.2
Transition economies	**3.4**	**-2.7**	**5.8**	**8.0**	**3.2**	**2.3**	**6.6**	**4.7**	**3.3**	**2.3**	**0.8**
Albania	1.9	6.3	5.6	5.7	4.0	2.5	5.8	3.7	1.6	1.3	1.9
Armenia	–	4.4	9.4	13.6	2.9	1.6	13.9	2.2	7.2	3.5	3.4
Azerbaijan	–	-2.1	17.0	29.8	9.2	3.3	28.0	4.6	2.1	6.0	2.8
Belarus	–	0.6	8.0	9.4	5.5	3.7	9.4	7.7	1.7	0.9	1.6
Bosnia and Herzegovina	–	22.2	4.2	5.2	1.7	0.1	3.9	0.8	-1.2	2.5	1.3
Georgia	–	1.2	6.9	10.3	4.7	4.5	9.6	6.3	6.2	3.2	5.0
Kazakhstan	–	-2.5	8.3	9.9	5.7	5.7	9.7	7.3	5.0	6.0	4.3
Kyrgyzstan	–	-0.8	4.5	3.7	4.4	3.2	-0.2	-0.5	-0.1	10.5	3.6
Montenegro	–	–	–	–	–	–	0.5	–	2.5	-2.5	3.5	2.3
Republic of Moldova	–	-6.4	5.3	5.0	3.4	3.5	7.5	7.1	-0.7	8.9	4.6
Russian Federation	–	-2.6	5.4	7.7	2.8	1.9	6.4	4.5	3.4	1.3	0.6
Serbia and Montenegro	–	1.6	–	5.5	–	–	5.2	–	–	–	–
Serbia	–	–	–	–	–	0.6	–	0.9	-0.5	2.7	-1.0
Socialist Federal Republic of Yugoslavia	1.0	–	–	–	–	–	–	–	–	–	–
Tajikistan	–	-6.8	8.1	7.0	6.0	5.4	6.7	6.5	7.5	7.4	6.7
TFYR of Macedonia	–	1.3	3.7	5.4	2.9	1.6	4.7	3.4	-0.5	2.7	3.8
Turkmenistan	–	-1.0	8.3	11.6	10.8	10.6	13.0	9.2	11.1	10.2	10.3
Ukraine	–	-7.9	4.8	6.4	0.7	0.4	3.1	4.1	0.2	3.2	-6.8
Union of Soviet Socialist Republics	3.8	–	–	–	–	–	–	–	–	–	–
Uzbekistan	–	1.6	7.2	7.9	8.4	8.1	7.0	8.5	8.2	7.0	8.1

For sources and notes, see end of table.

Per capita real gross domestic product (1) / Produit intérieur brut réel par habitant (1) Percentage / En pourcentage											Régions, pays ou territoires
80 -89	92 -00	00 -10	04 -07	05 -14 (e)	08 -14 (e)	2005	2010	2012	2013	2014 (e)	
2.4	*2.5*	*4.1*	*4.9*	*3.8*	*4.0*	*4.4*	*6.7*	*4.4*	*3.7*	*3.1*	*Asie du Sud-Est*
-5.3	-0.8	-0.7	0.0	-0.9	-0.3	-1.5	1.0	-0.5	-3.1	-2.8	Brunéi Darussalam
3.3	3.5	7.0	9.7	4.7	4.2	11.5	4.3	5.4	5.5	5.1	Cambodge
3.5	1.3	–								–	Indonésie (...2002)
–	–		4.3	4.5	4.6	4.2	4.8	4.9	4.5	3.9	Indonésie
2.2	4.1	5.4	5.9	5.8	5.9	5.1	6.0	5.9	6.0	5.4	Rép. dém. populaire lao
2.0	3.5	3.0	3.8	2.7	3.0	3.4	5.6	3.9	3.0	4.3	Malaisie
-1.2	5.9	11.6	12.2	8.6	7.2	12.9	9.3	6.7	6.6	5.5	Myanmar
-2.2	1.5	3.0	3.6	3.2	3.6	2.8	5.8	5.0	5.3	4.3	Philippines
4.3	4.0	3.3	5.7	3.2	3.5	4.5	12.5	-0.2	2.0	0.9	Singapour
5.1	1.7	4.0	4.3	3.1	3.4	3.4	7.2	6.7	2.5	0.4	Thaïlande
–	–	–	33.4	2.0	-2.6	48.3	-2.8	-11.9	3.7	-4.6	Timor-Leste
3.2	6.2	6.4	7.3	5.4	4.9	7.4	5.8	4.2	4.4	5.0	Viet Nam
-1.8	*1.7*	*2.8*	*4.0*	*2.1*	*2.4*	*4.5*	*4.2*	*1.8*	*1.7*	*1.4*	*Asie occidentale*
-3.7	0.6	-0.9	-0.8	-0.9	-0.1	-0.4	-0.7	1.6	4.2	3.4	Bahreïn
-1.5	13.2	1.5	3.1	4.0	4.7	1.7	2.8	7.1	1.2	-2.9	Iraq
-1.8	0.8	3.6	4.4	0.4	-1.2	5.1	-2.0	-1.4	-0.9	0.0	Jordanie
-3.5	3.3	1.2	2.7	-3.2	-2.6	5.8	-10.5	4.1	-3.9	-1.0	Koweït
1.3	1.8	2.7	1.8	3.9	1.5	-0.7	5.7	-1.0	-0.7	-1.0	Liban
3.4	2.5	1.0	2.8	0.5	-2.8	0.1	-0.4	-3.5	-4.4	-4.3	Oman
-6.9	5.8	1.3	0.7	1.0	1.3	-5.7	4.3	-1.1	0.7	1.4	Qatar
-7.2	0.0	2.7	3.3	4.1	4.1	3.6	5.6	3.8	2.0	1.7	Arabie saoudite
-0.3	3.9	2.3	1.2	4.3	5.3	8.6	5.4	3.6	-0.6	0.4	État de Palestine
-2.4	2.5	2.2	2.1	-3.8	-8.6	3.3	1.0	-19.8	-20.6	-0.4	République arabe syrienne
3.1	2.2	3.3	5.3	2.3	3.3	7.0	7.8	0.8	2.8	1.7	Turquie
-8.2	0.9	-6.4	-8.9	-7.7	-3.6	-7.5	-7.1	1.5	3.6	3.5	Émirats arabes unis
2.0	–	–	–	–	–	–	–	–	–	–	Yémen, République arabe du
-3.5	–	–	–	–	–	–	–	–	–	–	Yémen, Démocratique
–	5.0	2.0	1.8	-1.0	-2.8	2.4	3.2	-0.3	2.4	-0.3	Yémen
1.4	*-0.3*	*0.6*	*1.1*	*0.9*	*1.2*	*0.7*	*1.4*	*1.3*	*0.9*	*2.0*	*Économies en développement : Océanie*
4.8	0.8	-0.2	0.2	-0.4	0.5	-2.8	-3.6	3.8	2.7	1.7	Îles Cook
-0.2	1.5	0.8	0.6	-0.3	0.4	0.3	-1.1	0.7	3.9	2.7	Fidji
3.0	0.0	0.2	0.5	-0.9	-1.3	0.2	-0.4	-0.8	-1.3	1.0	Polynésie française
-1.9	1.0	-0.9	-0.2	-0.9	-0.6	3.2	-3.1	1.8	1.3	1.4	Kiribati
–	-1.7	2.5	1.3	1.4	1.9	2.1	5.7	3.1	0.7	1.2	Îles Marshall
–	-0.1	0.2	0.4	0.7	1.6	2.5	3.5	0.0	0.5	1.2	Micronésie (États fédérés de)
-4.8	-9.8	0.1	-11.7	15.2	13.1	-12.1	20.2	20.1	26.2	3.7	Nauru
2.9	-0.4	1.9	3.0	1.4	1.4	2.0	2.4	0.8	1.1	1.5	Nouvelle-Calédonie
–	0.8	0.3	1.4	-1.8	-0.6	5.6	-4.0	4.9	-1.1	1.1	Palaos
-0.4	-0.6	1.5	1.7	4.7	5.6	1.4	5.2	5.4	2.8	5.0	Papouasie-Nouvelle-Guinée
0.7	3.4	2.2	2.9	0.0	0.4	4.4	1.4	0.7	0.2	0.8	Samoa
-1.2	-1.1	3.7	7.7	3.6	2.8	10.1	8.2	0.5	0.9	-2.0	Îles Salomon
4.4	1.8	0.2	-2.0	0.5	1.1	0.9	3.0	0.4	-3.3	1.3	Tonga
5.3	3.7	0.2	1.0	1.9	0.9	-4.4	-2.9	0.0	1.1	1.3	Tuvalu
3.6	0.7	1.4	3.9	1.1	-0.3	2.7	-0.7	-0.5	1.0	1.0	Vanuatu
2.5	*-2.6*	*5.9*	*8.0*	*3.0*	*2.2*	*6.7*	*4.5*	*3.2*	*2.2*	*0.8*	*Économies en transition*
-0.6	6.9	6.1	6.2	4.1	2.4	6.4	3.7	1.4	0.9	1.5	Albanie
–	5.9	9.8	14.0	3.1	1.6	14.3	2.4	7.0	3.3	3.1	Arménie
–	-3.1	15.6	28.2	7.9	2.0	26.5	3.4	0.9	4.8	1.7	Azerbaïdjan
–	1.0	8.6	9.9	6.0	4.1	10.1	8.1	2.2	1.4	2.1	Bélarus
–	23.1	4.3	5.4	1.9	0.3	4.1	1.0	-1.1	2.6	1.4	Bosnie-Herzégovine
–	2.7	7.7	11.1	5.1	4.9	10.6	6.6	6.6	3.6	5.4	Géorgie
–	-1.2	7.3	8.7	4.6	4.6	8.5	6.1	3.9	4.9	3.3	Kazakhstan
–	-2.1	3.7	2.9	3.1	1.9	-0.6	-1.8	-1.4	9.1	2.2	Kirghizistan
–	–	–	–	–	0.4	–	2.4	-2.6	3.4	2.3	Monténégro
–	-5.6	6.8	6.5	4.4	4.4	9.2	8.0	0.1	9.7	5.4	République de Moldova
–	-2.5	5.7	7.9	2.8	2.0	6.7	4.6	3.6	1.6	0.9	Fédération de Russie
–	1.3	–	6.2	–	–	5.9	–	–	–	–	Serbie-et-Monténégro
–	–	–	–	–	1.1	–	1.5	0.0	3.2	-0.6	Serbie
0.2	–	–	–	–	–	–	–	–	–	–	République socialiste fédérative de Yougoslavie
–	-8.1	5.8	4.7	3.5	2.9	4.5	4.0	4.9	4.8	4.1	Tadjikistan
–	0.8	3.5	5.2	2.8	1.5	4.5	3.3	-0.5	2.6	3.7	LERY de Macédoine
–	-2.8	7.1	10.3	9.5	9.2	11.8	7.8	9.7	8.8	8.9	Turkménistan
–	-7.3	5.5	7.0	1.2	1.0	3.8	4.6	0.8	3.8	-6.2	Ukraine
2.8											Union des Républiques socialistes soviétiques
–	-0.2	6.0	6.7	6.9	6.6	5.9	7.0	6.7	5.6	6.7	Ouzbékistan

Pour les sources et les notes, se reporter à la fin du tableau.

8

Region, country or territory	Total real gross domestic product (1) / Produit intérieur brut réel total (1) Percentage / En pourcentage										
	80 -89	92 -00	00 -10	04 -07	05 -14 (e)	08 -14 (e)	2005	2010	2012	2013	2014 (e)
Developed economies: America	**3.7**	**3.9**	**1.9**	**2.6**	**1.0**	**1.4**	**3.3**	**2.6**	**2.3**	**2.1**	**2.4**
Bermuda	1.5	3.7	1.8	3.6	-1.6	-3.6	1.7	-2.1	-4.8	-2.5	0.5
Canada	3.4	3.7	2.0	2.6	1.4	1.7	3.2	3.3	1.8	1.6	2.5
Greenland	2.4	3.2	2.4	4.3	1.5	0.7	3.7	2.5	-0.3	-1.9	-1.9
United States	3.8	3.9	1.8	2.6	0.9	1.4	3.3	2.5	2.3	2.2	2.4
Developed economies: Asia	**4.4**	**1.0**	**0.9**	**1.8**	**0.4**	**0.8**	**1.4**	**4.7**	**1.5**	**1.6**	**0.1**
Israel	3.4	5.2	3.9	5.9	4.3	3.9	4.9	5.7	3.4	3.3	2.8
Japan	4.5	0.9	0.8	1.7	0.2	0.7	1.3	4.7	1.5	1.5	0.0
Developed economies: Europe	**2.5**	**2.6**	**1.6**	**2.9**	**0.5**	**0.2**	**2.1**	**2.1**	**-0.3**	**0.1**	**1.4**
Andorra	2.9	3.9	3.2	4.2	-3.5	-3.4	7.8	-5.3	-1.8	-0.1	0.0
Austria	2.0	2.7	1.8	3.1	1.1	0.9	2.1	1.9	0.9	0.2	0.3
Belgium	1.9	2.5	1.7	2.5	0.9	0.7	1.9	2.5	0.1	0.3	1.0
Bulgaria	4.1	-1.0	4.7	6.4	1.7	0.2	6.0	0.7	0.5	1.1	1.7
Croatia	_	3.6	3.1	4.7	-0.7	-2.2	4.2	-1.7	-2.2	-0.9	-0.4
Cyprus	6.1	4.5	3.3	4.4	0.7	-1.2	3.9	1.4	-2.4	-5.4	-2.3
Czechoslovakia	2.1	_	_	_	_	_	_	_	_	_	_
Czech Republic	_	_	3.8	6.3	1.2	0.0	6.4	2.3	-0.8	-0.7	2.0
Denmark	2.6	3.0	1.0	2.5	-0.3	-0.3	2.4	1.6	-0.8	-0.1	1.1
Estonia	_	4.0	4.2	9.4	0.3	1.6	9.5	2.5	4.7	1.6	2.1
Finland	3.4	4.4	2.0	4.0	0.1	-0.4	2.8	3.0	-1.5	-1.2	-0.1
France	2.3	2.3	1.3	2.1	0.7	0.7	1.6	2.0	0.3	0.3	0.4
Germany, Federal Republic of	2.0	_	_	_	_	_	_	_	_	_	_
Germany	_	1.6	1.0	2.7	1.1	1.1	0.7	4.1	0.4	0.1	1.6
Greece	0.7	2.9	2.4	3.6	-3.3	-6.1	0.9	-5.4	-6.6	-3.3	0.8
Hungary	1.6	2.4	2.3	3.0	-0.4	-0.5	4.3	0.8	-1.5	1.5	3.6
Iceland	3.2	3.9	3.7	6.4	0.8	-0.1	6.0	-2.9	1.1	3.5	1.9
Ireland	2.1	8.7	2.9	5.4	-0.2	-0.3	5.7	-0.3	-0.3	0.2	4.8
Italy	2.5	1.8	0.4	1.5	-0.8	-1.1	0.9	1.7	-2.3	-1.9	-0.4
Latvia	_	2.2	5.3	10.6	-0.1	0.1	10.2	-2.9	4.8	4.2	2.4
Lithuania	_	1.2	5.3	8.6	1.2	0.9	7.8	1.6	3.8	3.3	2.9
Luxembourg	5.0	4.7	3.0	5.1	1.6	1.3	4.1	5.1	-0.2	2.0	3.1
Malta	3.2	5.2	2.2	3.1	2.0	1.8	3.8	3.5	2.0	2.5	3.5
Netherlands	2.2	3.6	1.7	3.5	0.7	-0.3	2.3	1.1	-1.6	-0.7	0.9
Norway	3.1	4.0	1.8	2.6	0.9	0.9	2.6	0.6	2.7	0.7	2.2
Poland	2.3	5.7	4.3	5.7	3.9	3.1	3.5	3.7	1.8	1.7	3.4
Portugal	2.9	3.3	0.8	1.6	-0.5	-1.4	0.8	1.9	-3.3	-1.4	0.9
Romania	2.0	1.2	5.1	6.5	1.6	-0.3	4.2	-0.8	0.6	3.5	2.8
San Marino	2.5	6.7	1.4	3.3	-4.8	-7.7	2.3	-4.6	-7.5	-4.5	-4.5
Slovakia	_	_	5.5	8.5	3.1	1.6	6.5	4.8	1.6	1.4	2.4
Slovenia	_	4.2	3.2	5.5	0.2	-1.5	4.0	1.2	-2.6	-1.0	2.6
Spain	2.9	3.2	2.5	3.9	-0.2	-1.3	3.7	0.0	-2.1	-1.2	1.4
Sweden	2.5	3.1	2.3	3.7	1.2	1.4	2.8	6.0	-0.3	1.5	2.1
Switzerland	2.1	1.6	2.1	3.8	1.7	1.3	3.1	3.0	1.1	1.9	2.0
United Kingdom	3.4	3.0	1.9	2.8	0.5	0.6	2.8	1.9	0.7	1.7	2.8
Developed economies: Oceania	**3.4**	**4.0**	**3.1**	**3.4**	**2.5**	**2.6**	**3.0**	**2.1**	**2.6**	**2.9**	**2.7**
Australia	3.6	4.0	3.1	3.5	2.7	2.7	3.0	2.2	2.6	2.9	2.7
New Zealand	2.2	3.6	2.6	3.0	1.4	2.0	3.4	1.3	2.7	2.8	3.1
Memo items											
Developing economies excluding China	3.0	3.9	4.9	6.2	4.3	4.2	5.8	6.8	3.6	3.5	3.1
Developing economies excluding LDCs	3.6	4.8	6.1	7.5	5.7	5.4	6.8	7.8	4.7	4.6	4.3
High-income developing economies	3.5	4.8	6.1	7.6	5.6	5.3	6.8	7.8	4.7	4.5	4.1
Middle-income developing economies	4.2	4.7	6.5	7.3	6.0	5.6	7.2	7.7	4.3	5.0	5.1
Low-income developing economies	2.6	2.9	5.4	5.8	5.8	5.9	6.1	6.4	6.2	5.5	5.7
HIPCs (Heavily indebted poor countries) (IMF)	1.5	3.1	5.2	5.6	5.6	5.7	5.9	6.0	6.3	6.1	5.8
LLDCs (Landlocked developing countries) (3)	2.4	1.1	7.3	8.9	6.9	6.6	8.4	7.6	7.4	6.5	5.5
SIDS (Small island developing States)	1.5	3.3	3.9	5.7	1.8	1.2	4.4	0.6	1.6	2.4	2.0
LDCs (Least developed countries)	2.5	4.3	7.2	8.3	5.9	4.8	8.4	6.0	4.1	5.5	5.1

Sources:

- UN DESA Statistics Division, *National Accounts Main Aggregates database*
- UNCTAD secretariat estimates

Notes:

(1) The annual average growth rate of GDP is calculated on the basis of constant price series in national currency.
   The annual average growth rate for a period of n years is derived using the least squares method.
(2) Including Western Sahara.
(3) Year 1992: break in series. From 1992 onwards, including 8 CIS countries and TFYR of Macedonia.

Per capita real gross domestic product (1) / Produit intérieur brut réel par habitant (1) Percentage / En pourcentage											Régions, pays ou territoires
80 -89	92 -00	00 -10	04 -07	05 -14 (e)	08 -14 (e)	2005	2010	2012	2013	2014 (e)	
2.7	2.7	0.9	1.6	0.1	0.6	2.4	1.7	1.4	1.3	1.6	Économies développées : Amérique
0.9	3.3	1.5	3.2	-1.8	-3.8	1.3	-2.3	-5.0	-2.7	0.3	Bermudes
2.2	2.7	0.9	1.5	0.3	0.6	2.1	2.1	0.8	0.6	1.5	Canada
1.2	3.1	2.4	4.3	1.5	0.6	3.6	2.6	-0.6	-2.3	-2.2	Groenland
2.7	2.7	0.9	1.6	0.0	0.6	2.4	1.6	1.5	1.4	1.6	États-Unis
3.8	0.7	0.7	1.6	0.2	0.7	1.1	4.6	1.5	1.6	0.1	Économies développées : Asie
1.7	2.3	1.7	3.5	2.2	2.2	2.8	3.6	2.0	2.1	1.6	Israël
3.9	0.7	0.7	1.6	0.2	0.7	1.1	4.7	1.5	1.6	0.1	Japon
2.2	2.4	1.2	2.5	0.2	-0.1	1.7	1.8	-0.6	-0.1	1.2	Économies développées : Europe
-1.4	2.9	1.3	3.2	-2.9	-3.3	5.0	-4.4	-2.4	-1.1	-1.2	Andorre
1.9	2.3	1.3	2.6	0.7	0.5	1.6	1.5	0.5	-0.1	-0.1	Autriche
1.8	2.3	1.0	1.8	0.2	0.1	1.2	1.8	-0.4	-0.1	0.6	Belgique
4.0	0.0	5.6	7.3	2.5	1.0	6.8	1.4	1.3	1.8	2.5	Bulgarie
_	4.5	3.4	4.9	-0.4	-1.9	4.4	-1.4	-1.8	-0.5	0.0	Croatie
4.9	2.9	1.5	2.6	-1.5	-3.3	2.4	-1.1	-4.1	-5.7	-2.7	Chypre
1.9											Tchécoslovaquie
_	_	3.5	5.9	0.6	-0.5	6.2	1.6	-1.3	-1.1	1.6	République tchèque
2.6	2.6	0.6	2.1	-0.7	-0.7	2.1	1.1	-1.2	-0.5	0.7	Danemark
_	5.4	4.7	9.9	0.7	1.9	10.0	2.8	5.0	1.9	2.4	Estonie
2.9	4.0	1.7	3.6	-0.3	-0.8	2.4	2.5	-1.8	-1.5	-0.4	Finlande
1.7	1.9	0.6	1.5	0.1	0.1	0.9	1.4	-0.2	-0.3	-0.2	France
1.9											Allemagne, Rép. fédérale d'
_	1.4	1.0	2.8	1.2	1.3	0.7	4.3	0.5	0.2	1.7	Allemagne
0.3	2.1	2.3	3.5	-3.4	-6.2	0.8	-5.5	-6.6	-3.3	0.8	Grèce
2.0	2.6	2.5	3.2	-0.2	-0.3	4.5	1.0	-1.3	1.7	3.9	Hongrie
2.1	2.9	2.4	5.0	-0.5	-1.4	4.7	-4.2	0.0	2.3	0.8	Islande
1.7	7.8	1.2	3.7	-1.6	-1.6	3.8	-1.6	-1.5	-0.9	3.7	Irlande
2.4	1.8	-0.2	0.8	-1.3	-1.4	0.3	1.2	-2.5	-2.1	-0.6	Italie
_	3.4	6.7	12.2	0.9	0.9	11.7	-1.9	5.5	4.7	2.8	Lettonie
_	1.9	6.8	10.2	2.4	1.8	9.3	2.7	4.4	3.6	3.2	Lituanie
4.6	3.2	1.4	3.3	-0.4	-0.4	2.7	3.1	-1.6	0.7	1.9	Luxembourg
1.8	4.4	1.8	2.6	1.5	1.4	3.4	3.1	1.6	2.2	3.2	Malte
1.6	2.9	1.2	3.0	0.3	-0.6	1.7	0.7	-1.9	-1.0	0.6	Pays-Bas
2.7	3.3	0.9	1.7	-0.2	-0.2	1.8	-0.5	1.7	-0.2	1.2	Norvège
1.5	5.7	4.3	5.7	3.9	3.1	3.6	3.7	1.7	1.7	3.4	Pologne
2.8	2.9	0.5	1.3	-0.6	-1.5	0.5	1.8	-3.4	-1.4	0.9	Portugal
1.6	1.7	5.3	6.7	1.9	-0.1	4.4	-0.6	0.9	3.8	3.0	Roumanie
1.3	5.7	0.0	2.0	-5.4	-8.3	0.7	-5.2	-8.1	-5.1	-5.1	Saint-Marin
_	_	5.4	8.3	3.0	1.4	6.5	4.7	1.5	1.3	2.3	Slovaquie
_	4.3	2.9	5.1	-0.3	-1.8	3.7	0.7	-2.9	-1.2	2.4	Slovénie
2.5	2.8	1.1	2.4	-1.1	-2.0	2.1	-0.9	-2.6	-1.6	1.1	Espagne
2.3	2.9	1.7	3.1	0.4	0.7	2.3	5.2	-0.9	0.9	1.5	Suède
1.5	1.0	1.2	2.8	0.6	0.2	2.2	1.8	0.1	0.9	1.0	Suisse
3.3	2.7	1.4	2.3	-0.1	0.0	2.3	1.3	0.1	1.2	2.2	Royaume-Uni
1.9	2.7	1.5	1.8	0.9	1.2	1.5	0.6	1.3	1.6	1.5	Économies développées : Océanie
2.0	2.8	1.6	1.8	1.0	1.2	1.5	0.6	1.3	1.6	1.5	Australie
1.5	2.4	1.3	1.8	0.3	0.9	2.0	0.3	1.6	1.7	2.0	Nouvelle-Zélande
											Pour mémoire
0.6	1.9	3.2	4.4	2.7	2.5	4.0	5.2	2.0	1.9	1.5	Économies en développement sans la Chine
1.5	3.2	4.8	6.2	4.4	4.2	5.5	6.5	3.5	3.4	3.1	Économies en développement sans les PMA
1.5	3.6	5.1	6.6	4.7	4.4	5.8	6.8	3.8	3.6	3.2	Économies en développement à revenu élevé
1.7	2.7	4.8	5.6	4.3	4.0	5.4	6.1	2.7	3.4	3.5	Économies en développement à rev. intermédiaire
0.0	0.2	3.0	3.5	3.5	3.6	3.6	4.1	3.8	3.2	3.3	Économies en développement à revenu faible
-1.1	0.2	2.3	2.8	2.7	2.9	3.0	3.2	3.4	3.3	3.1	PPTE (Pays pauvres très endettés) (FMI)
-0.2	-1.3	4.9	6.4	4.2	3.6	6.0	5.1	2.3	4.0	3.0	LLDCs (Pays en développement sans littoral) (3)
-0.2	1.6	1.7	4.1	0.4	-0.2	2.8	-0.9	0.2	1.0	0.6	SIDS (Petits États insulaires en développement)
-0.1	1.6	4.7	5.8	3.5	2.5	5.9	3.6	1.7	3.1	2.8	PMA (Pays les moins avancés)

Sources :
- ONU DAES Division de statistique, *National Accounts Main Aggregates database*
- Estimations du secrétariat de la CNUCED

Notes :
(1) Le taux de croissance annuel moyen se base sur le PIB aux prix constants en monnaie nationale.
Le taux de croissance annuel moyen pour une période de n années est calculé selon la méthode des moindres carrés.
(2) Y compris le Sahara occidental.
(3) Année 1992 : rupture de séries. A partir de 1992, y compris 8 pays de la CEI et LERY de Macédoine.

8

Region, country or territory / Régions, pays ou territoires	Year / Année	Total GDP / PIB total	GDP by type of expenditure (1) / PIB par catégories de dépenses (1)					GDP by kind of economic activity (2) / PIB par branches d'activité économique (2)			
			Final consumption / Consommation finale		Gross capital formation / Formation brute de capital	Exports / Exportations	Less imports / Moins les importations	Agriculture (3) / Agriculture (3)	Industry (4) / Industrie (4)		Services (5)
			Government / Administration publique	Household / Ménages		Of goods and services / Des biens et services			Total	Manufacturing / Activités de fabrication	
			Percentage / En pourcentage								
WORLD - MONDE	2000	100.0	16.0	60.1	23.7	24.0	23.8	3.5	28.7	17.2	67.8
	2010	100.0	17.5	57.6	24.0	29.1	28.3	4.2	29.1	16.7	66.7
	2013	100.0	17.0	57.2	24.7	30.9	30.0	4.5	29.5	16.4	66.0
DEVELOPING ECONOMIES - ÉCONOMIES EN DÉVELOPPEMENT	2000	100.0	13.9	58.5	24.8	33.7	31.2	10.0	36.3	15.4	53.6
	2010	100.0	14.0	51.3	31.8	35.4	32.8	9.4	38.7	21.2	51.9
	2013	100.0	14.3	50.9	32.2	35.5	33.3	9.2	38.3	20.4	52.5
TRANSITION ECONOMIES - ÉCONOMIES EN TRANSITION	2000	100.0	15.7	52.1	19.5	45.1	32.1	10.3	37.9	21.1	51.8
	2010	100.0	17.9	52.9	23.3	33.4	27.2	5.4	35.5	14.9	59.1
	2013	100.0	18.1	53.8	23.4	32.6	28.2	5.6	36.2	14.9	58.2
DEVELOPED ECONOMIES - ÉCONOMIES DÉVELOPPÉES	2000	100.0	16.6	60.6	23.5	21.0	21.7	1.6	26.5	17.6	71.9
	2010	100.0	19.3	61.1	20.0	25.6	26.0	1.4	23.8	14.4	74.8
	2013	100.0	18.5	61.4	20.1	28.0	28.1	1.5	23.5	14.0	75.0
Developing economies: Africa - Économies en développement : Afrique	2000	100.0	14.6	62.5	17.8	29.5	25.4	15.0	33.6	13.2	51.4
	2010	100.0	14.5	60.2	23.7	32.2	30.9	15.8	34.7	10.4	49.6
	2013	100.0	15.1	63.8	22.5	29.6	31.2	16.1	34.0	10.1	49.9
Eastern Africa - Afrique orientale	2000	100.0	14.9	72.3	20.1	20.3	28.4	30.5	18.8	11.5	50.7
	2010	100.0	13.7	75.4	23.5	24.0	37.1	28.6	20.8	9.8	50.6
	2013	100.0	14.9	74.6	24.3	22.9	36.7	28.2	22.7	8.7	49.1
Burundi	2000	100.0	12.9	90.8	10.3	5.6	21.2	40.5	18.8	13.2	40.7
	2010	100.0	17.8	85.6	16.6	9.7	29.8	40.7	16.3	10.8	43.0
	2013	100.0	16.5	87.1	21.4	10.5	35.4	38.1	15.2	10.5	46.7
Comoros - Comores	2000	100.0	11.7	94.0	10.1	16.7	32.5	47.7	11.3	4.5	41.0
	2010	100.0	23.1	100.8	13.9	14.7	51.9	46.8	11.3	5.1	41.9
	2013	100.0	29.9	103.9	7.0	16.2	55.4	42.8	10.9	6.8	46.3
Djibouti	2000	100.0	25.6	81.2	12.2	43.8	63.3	3.5	15.2	2.6	81.3
	2010	100.0	18.8	85.2	17.4	33.1	54.6	3.7	20.4	2.5	75.9
	2013	100.0	18.8	88.1	18.3	32.4	57.5	3.7	20.6	2.5	75.7
Eritrea - Érythrée	2000	100.0	54.8	71.7	22.0	9.7	58.2	15.1	23.0	11.2	61.9
	2010	100.0	23.9	85.4	9.3	4.8	23.3	19.1	23.1	6.0	57.8
	2013	100.0	19.2	77.0	8.8	17.1	22.0	17.6	23.5	6.0	58.9
Ethiopia - Éthiopie	2000	100.0	19.1	69.1	22.2	12.1	24.2	47.8	12.4	5.8	39.8
	2010	100.0	9.2	81.5	27.0	13.8	33.3	45.3	10.4	4.2	44.3
	2013	100.0	7.3	75.0	33.0	12.7	28.0	45.5	11.1	3.9	43.5
Kenya	2000	100.0	12.5	79.0	18.2	19.0	26.0	28.2	20.6	14.1	51.2
	2010	100.0	14.3	77.7	21.0	20.8	33.8	27.1	20.3	12.3	52.6
	2013	100.0	14.3	81.2	20.2	18.0	33.7	28.7	19.3	11.4	52.1
Madagascar	2000	100.0	7.9	83.5	16.2	31.1	38.7	28.9	15.9	12.2	55.2
	2010	100.0	10.6	86.7	20.7	24.9	43.0	27.6	19.7	14.3	52.8
	2013	100.0	8.7	88.0	15.7	28.5	41.0	25.7	19.1	14.2	55.2
Malawi	2000	100.0	10.1	79.6	19.7	15.0	21.9	41.5	19.6	14.9	39.0
	2010	100.0	9.1	97.5	16.2	17.5	40.3	31.9	16.4	10.7	51.7
	2013	100.0	11.1	94.3	23.8	29.6	58.8	32.2	16.6	11.1	51.2
Mauritius - Maurice	2000	100.0	14.3	59.9	26.0	61.1	61.2	6.5	29.6	22.5	63.9
	2010	100.0	13.9	73.6	23.7	52.5	63.8	3.6	26.6	17.0	69.8
	2013	100.0	14.4	73.7	24.0	54.3	66.5	3.3	24.5	16.9	72.2
Mozambique	2000	100.0	16.8	76.8	30.5	13.4	38.9	24.2	25.8	18.7	50.0
	2010	100.0	18.9	73.7	15.3	29.9	38.3	29.7	20.5	12.5	49.8
	2013	100.0	22.0	69.8	17.4	27.5	37.8	29.0	20.8	10.9	50.2
Rwanda	2000	100.0	16.3	81.3	15.7	6.4	21.1	40.0	13.3	5.7	46.7
	2010	100.0	14.5	80.7	22.9	10.3	29.2	34.8	13.8	5.8	51.4
	2013	100.0	14.0	75.1	26.3	14.3	30.6	34.7	15.5	5.4	49.8

For sources and notes, see end of table.

Pour les sources et les notes, se reporter à la fin du tableau.

Region, country or territory / Régions, pays ou territoires	Year Année	Total GDP PIB total	GDP by type of expenditure (1) PIB par catégories de dépenses (1)					GDP by kind of economic activity (2) PIB par branches d'activité économique (2)			
			Final consumption Consommation finale		Gross capital formation Formation brute de capital	Exports Exportations Of goods and services Des biens et services	Less imports Moins les importations Of goods and services Des biens et services	Agriculture (3)	Industry (4) Industrie (4) Total	Manufacturing Activités de fabrication	Services (5)
			Government Administration publique	Household Ménages							
			Percentage / En pourcentage								
Seychelles	2000	100.0	42.2	37.3	27.0	75.5	81.9	4.5	19.2	12.6	76.3
	2010	100.0	27.2	59.0	35.4	86.7	108.3	2.7	16.5	9.5	80.8
	2013	100.0	26.9	45.4	38.3	79.5	90.1	3.5	15.2	9.7	81.3
Somalia - Somalie	2000	100.0	8.6	72.3	20.5	0.3	1.7	60.2	7.3	2.5	32.5
	2010	100.0	8.7	72.7	19.9	0.3	1.7	60.2	7.4	2.5	32.5
	2013	100.0	8.7	72.7	20.0	0.3	1.7	60.2	7.4	2.5	32.5
South Sudan - Soudan du Sud	2013	100.0	23.0	89.7	11.9	18.2	42.8	4.0	59.6	2.7	36.4
Uganda - Ouganda	2000	100.0	13.7	68.6	25.0	10.8	20.9	34.1	17.7	9.5	48.2
	2010	100.0	12.7	73.9	28.5	18.4	33.5	26.7	21.9	11.0	51.4
	2013	100.0	9.1	71.3	28.9	19.8	29.2	26.8	22.3	10.1	50.9
United Republic of Tanzania - République-Unie de Tanzanie	2000	100.0	11.2	70.7	18.4	10.4	15.5	31.6	17.2	8.1	51.2
	2010	100.0	15.3	67.7	27.5	19.4	30.2	32.0	20.8	7.3	47.2
	2013	100.0	16.2	68.2	28.5	17.5	30.8	33.5	22.6	7.2	43.9
Zambia - Zambie	2000	100.0	9.5	82.1	18.7	21.1	31.4	21.0	23.8	10.8	55.2
	2010	100.0	16.4	49.2	22.6	46.8	34.5	19.9	35.1	8.6	45.0
	2013	100.0	28.7	41.3	27.7	49.0	45.0	17.5	37.5	8.0	44.9
Zimbabwe	2000	100.0	24.3	59.9	13.6	38.2	35.9	23.1	19.2	13.6	57.8
	2010	100.0	11.8	90.9	24.0	34.4	62.2	14.5	30.7	13.9	54.8
	2013	100.0	15.7	102.4	13.0	26.0	57.1	11.9	30.9	12.7	57.2
Middle Africa - Afrique centrale	*2000*	*100.0*	*17.8*	*51.3*	*17.5*	*48.7*	*35.1*	*15.2*	*52.9*	*9.0*	*31.9*
	2010	*100.0*	*17.5*	*45.4*	*21.7*	*56.1*	*40.8*	*12.8*	*57.2*	*8.2*	*30.1*
	2013	*100.0*	*18.4*	*45.8*	*21.0*	*56.3*	*42.5*	*11.7*	*58.9*	*7.9*	*29.4*
Angola	2000	100.0	34.1	39.5	11.7	67.5	52.9	5.8	72.8	3.0	21.4
	2010	100.0	24.1	40.7	16.1	62.3	43.2	10.1	61.5	6.3	28.4
	2013	100.0	24.4	41.3	14.8	65.3	47.7	9.3	63.7	5.9	27.0
Cameroon - Cameroun	2000	100.0	9.5	70.2	16.7	23.3	19.7	22.0	35.8	20.7	42.3
	2010	100.0	11.6	75.0	19.0	17.3	23.0	23.3	29.7	16.1	47.0
	2013	100.0	11.6	77.2	19.5	20.7	28.9	22.7	29.7	14.3	47.6
Central African Republic - République centrafricaine	2000	100.0	24.6	71.3	12.8	22.1	26.4	41.4	18.9	10.9	39.7
	2010	100.0	11.9	87.4	15.0	9.7	23.6	41.2	24.0	18.6	34.8
	2013	100.0	15.1	89.2	9.0	12.1	24.5	41.7	23.9	18.3	34.4
Chad - Tchad	2000	100.0	39.4	65.8	17.5	20.0	42.7	42.3	11.3	9.1	46.4
	2010	100.0	24.9	27.6	20.4	50.3	23.9	23.2	49.5	6.1	27.3
	2013	100.0	24.4	24.4	22.4	46.6	20.2	19.8	51.3	7.0	28.9
Congo	2000	100.0	11.1	27.7	19.7	81.8	40.3	5.4	73.9	3.6	20.7
	2010	100.0	8.0	24.1	29.7	92.2	54.0	3.7	78.1	3.6	18.2
	2013	100.0	9.5	27.8	44.5	82.1	63.9	4.5	73.4	4.4	22.1
Dem. Rep. of the Congo - Rép. dém. du Congo	2000	100.0	2.1	87.6	14.4	11.4	15.6	32.3	22.6	10.0	45.1
	2010	100.0	11.4	76.5	20.7	41.1	49.6	22.4	40.5	17.0	37.0
	2013	100.0	12.4	73.2	20.6	34.2	40.4	20.8	44.4	16.6	34.8
Equatorial Guinea - Guinée équatoriale	2000	100.0	4.9	19.0	61.9	105.2	90.9	8.3	88.1	0.2	3.7
	2010	100.0	4.0	9.3	47.4	90.5	51.2	1.6	94.9	0.2	3.4
	2013	100.0	5.1	11.8	37.1	87.5	42.5	1.4	95.5	0.1	3.1
Gabon	2000	100.0	14.1	32.3	19.7	61.7	27.4	5.8	61.7	3.7	32.4
	2010	100.0	16.4	31.1	31.3	54.8	33.6	4.6	55.6	5.1	39.8
	2013	100.0	17.5	31.0	31.1	51.4	30.9	3.6	55.2	6.3	41.2
Sao Tome and Principe - Sao Tomé-et-Principe	2000	100.0	31.6	92.4	35.8	35.1	95.0	20.0	17.3	7.7	62.6
	2010	100.0	12.0	118.7	21.8	9.6	62.7	20.4	17.6	7.7	61.9
	2013	100.0	12.7	86.3	31.6	13.7	44.3	20.7	17.5	7.6	61.8

For sources and notes, see end of table.

Pour les sources et les notes, se reporter à la fin du tableau.

Region, country or territory / Régions, pays ou territoires	Year / Année	Total GDP / PIB total	GDP by type of expenditure (1) / PIB par catégories de dépenses (1)					GDP by kind of economic activity (2) / PIB par branches d'activité économique (2)			
			Final consumption / Consommation finale		Gross capital formation / Formation brute de capital	Exports / Exportations	Less imports / Moins les importations	Agriculture (3)	Industry (4) / Industrie (4)		Services (5)
			Government / Administration publique	Household / Ménages		Of goods and services / Des biens et services			Total	Manufacturing / Activités de fabrication	
			Percentage / En pourcentage								
Northern Africa - Afrique septentrionale	2000	100.0	14.2	61.9	19.7	29.0	24.9	12.6	38.7	12.7	48.7
	2010	100.0	13.8	55.0	30.2	33.8	32.7	13.1	42.4	11.2	44.5
	2013	100.0	16.0	60.7	28.2	28.3	32.2	13.8	39.1	10.8	47.2
Algeria - Algérie	2000	100.0	13.6	41.6	23.6	42.1	20.8	8.8	56.7	6.0	34.5
	2010	100.0	17.2	34.3	41.4	38.4	31.4	8.6	51.4	4.3	40.0
	2013	100.0	19.0	34.8	43.3	33.4	30.5	10.2	46.2	3.9	43.6
Egypt - Égypte	2000	100.0	11.1	76.8	17.7	19.1	24.7	13.8	33.3	18.0	52.9
	2010	100.0	11.2	74.6	19.5	21.3	26.6	14.0	37.5	16.9	48.5
	2013	100.0	11.7	81.2	14.2	17.6	24.7	13.9	37.3	15.9	48.8
Libya - Libye	2000	100.0	20.6	46.4	13.0	35.2	15.3	6.5	47.6	5.4	45.9
	2010	100.0	13.4	24.1	40.2	64.2	41.9	2.5	74.0	5.6	23.5
	2013	100.0	25.4	34.6	31.5	51.2	42.7	2.2	63.2	4.1	34.7
Morocco - Maroc (6)	2000	100.0	18.4	61.4	25.5	28.0	33.4	14.2	27.7	17.5	58.1
	2010	100.0	17.5	57.3	35.0	33.2	43.1	14.6	28.3	15.0	57.1
	2013	100.0	19.0	60.1	34.2	33.6	46.9	15.8	27.2	14.7	57.0
Sudan (...2011) - Soudan (...2011)	2000	100.0	5.5	86.0	11.5	14.6	17.6	37.1	17.3	5.7	45.6
	2010	100.0	7.5	70.2	21.7	17.1	16.4	34.6	22.9	8.2	42.5
Sudan - Soudan	2013	100.0	3.4	94.4	24.8	1.7	11.5	42.6	15.5	9.8	41.8
Tunisia - Tunisie	2000	100.0	16.7	60.6	25.9	39.7	42.9	11.1	29.8	18.1	59.1
	2010	100.0	16.6	62.9	25.6	49.5	54.7	8.1	31.1	17.7	60.8
	2013	100.0	18.8	68.1	22.3	46.3	55.6	8.8	30.9	17.3	60.3
Southern Africa - Afrique australe	2000	100.0	18.8	62.3	17.1	29.0	26.7	3.6	32.6	18.6	63.8
	2010	100.0	20.3	59.2	20.0	29.6	29.6	2.9	30.6	14.3	66.5
	2013	100.0	20.5	60.8	20.6	32.6	35.7	2.6	30.3	13.2	67.2
Botswana	2000	100.0	24.9	33.3	29.6	51.8	40.1	3.0	50.5	6.1	46.4
	2010	100.0	18.4	45.7	35.4	35.8	43.2	3.2	40.1	6.6	56.6
	2013	100.0	20.5	53.9	33.9	55.2	59.9	2.6	36.9	5.7	60.5
Lesotho	2000	100.0	35.4	123.0	43.5	34.8	134.7	11.9	30.4	13.6	57.7
	2010	100.0	37.8	103.0	27.7	44.6	112.0	8.9	30.2	13.4	60.9
	2013	100.0	39.6	98.5	23.9	42.0	101.0	8.1	32.4	14.2	59.6
Namibia - Namibie	2000	100.0	23.5	60.8	17.1	40.9	44.5	11.6	27.5	12.6	60.9
	2010	100.0	24.5	63.2	20.1	42.6	56.8	8.8	28.2	13.6	63.0
	2013	100.0	27.5	58.4	22.3	43.9	58.8	7.0	29.2	12.9	63.8
South Africa - Afrique du Sud	2000	100.0	18.4	63.1	16.4	27.2	24.3	3.3	31.9	19.2	64.8
	2010	100.0	20.2	59.0	19.5	28.6	27.4	2.6	30.2	14.4	67.2
	2013	100.0	20.3	60.6	20.1	31.0	33.2	2.3	29.9	13.2	67.8
Swaziland	2000	100.0	18.2	77.3	18.1	74.3	88.0	12.0	43.1	37.9	44.9
	2010	100.0	14.1	90.9	9.7	53.0	67.7	7.3	45.5	41.7	47.2
	2013	100.0	7.8	85.2	10.8	59.0	63.5	7.3	45.8	41.2	46.9
Western Africa - Afrique occidentale	2000	100.0	8.7	61.0	13.1	32.0	20.2	24.4	27.3	9.6	48.4
	2010	100.0	10.0	67.5	18.8	26.9	23.4	25.6	24.5	7.1	49.9
	2013	100.0	9.7	71.2	17.1	22.5	20.9	22.7	26.0	9.0	51.3
Benin - Bénin	2000	100.0	12.6	73.1	18.7	25.4	29.7	37.8	14.0	8.9	48.2
	2010	100.0	11.9	76.6	21.0	15.1	24.7	35.4	14.4	8.4	50.2
	2013	100.0	11.3	76.7	27.3	18.3	33.5	35.9	13.8	8.0	50.4
Burkina Faso	2000	100.0	20.7	74.7	20.1	9.5	25.0	32.8	21.5	13.2	45.6
	2010	100.0	20.6	62.8	25.2	20.9	29.5	35.1	20.2	7.4	44.7
	2013	100.0	19.6	68.6	21.2	19.5	28.8	34.3	22.2	7.5	43.5
Cabo Verde	2000	100.0	16.4	66.5	32.5	37.7	53.4	15.7	25.5	7.8	58.8
	2010	100.0	18.4	63.0	47.6	28.9	58.0	9.2	20.8	6.2	70.1
	2013	100.0	17.7	57.0	34.8	36.3	47.9	9.2	20.3	6.3	70.5

For sources and notes, see end of table.

Pour les sources et les notes, se reporter à la fin du tableau.

Region, country or territory / Régions, pays ou territoires	Year / Année	Total GDP / PIB total	GDP by type of expenditure (1) / PIB par catégories de dépenses (1)					GDP by kind of economic activity (2) / PIB par branches d'activité économique (2)			
			Final consumption / Consommation finale		Gross capital formation / Formation brute de capital	Exports / Exportations	Less imports / Moins les importations	Agriculture (3)	Industry (4) / Industrie (4)		Services (5)
			Government / Administration publique	Household / Ménages	Formation brute de capital	Of goods and services / Des biens et services			Total	Manu-facturing / Activités de fabrication	
			Percentage / En pourcentage								
Côte d'Ivoire	2000	100.0	15.5	67.2	11.3	39.8	33.8	24.8	27.4	22.5	47.8
	2010	100.0	14.4	67.3	10.3	54.9	47.0	28.9	26.2	15.6	44.9
	2013	100.0	11.6	66.2	19.0	49.9	46.7	29.2	27.9	15.3	42.9
Gambia - Gambie	2000	100.0	17.6	74.8	17.3	47.7	57.4	23.8	14.4	6.6	61.7
	2010	100.0	10.0	86.4	18.4	10.4	25.8	30.7	13.1	5.0	56.3
	2013	100.0	7.4	83.7	21.1	19.5	31.7	23.5	15.6	5.8	60.9
Ghana	2000	100.0	6.6	91.3	17.1	30.6	42.1	30.7	21.2	11.1	48.1
	2010	100.0	10.4	78.6	25.7	29.5	45.9	29.8	19.1	6.8	51.1
	2013	100.0	16.7	59.2	24.2	42.3	47.4	22.0	28.6	5.8	49.5
Guinea - Guinée	2000	100.0	10.2	59.1	36.7	17.9	18.6	22.7	32.7	3.0	44.6
	2010	100.0	16.8	55.8	32.6	29.3	34.4	26.0	34.5	6.1	39.5
	2013	100.0	14.0	67.3	35.9	21.8	40.2	27.1	31.8	6.8	41.1
Guinea-Bissau - Guinée-Bissau	2000	100.0	14.0	94.6	11.3	31.8	51.6	58.1	12.5	9.7	29.4
	2010	100.0	15.4	93.4	6.6	20.0	35.4	46.9	13.2	11.6	39.8
	2013	100.0	13.0	90.0	5.5	20.7	29.1	47.2	13.8	12.0	38.9
Liberia - Libéria	2000	100.0	7.5	85.7	7.5	26.1	26.9	71.8	0.7	0.3	27.6
	2010	100.0	14.2	122.4	26.4	19.2	82.1	70.0	11.3	5.7	18.7
	2013	100.0	15.0	121.2	25.6	26.3	88.2	70.1	11.3	5.7	18.6
Mali	2000	100.0	16.4	73.4	20.2	22.8	32.7	36.3	20.9	7.2	42.9
	2010	100.0	16.9	60.8	24.5	23.7	26.0	40.5	20.1	5.4	39.4
	2013	100.0	17.5	65.5	20.6	27.5	31.1	38.2	22.4	7.1	39.4
Mauritania - Mauritanie	2000	100.0	20.2	74.5	20.6	30.0	45.3	35.9	27.4	11.1	36.7
	2010	100.0	19.9	51.4	39.2	50.7	61.2	22.2	42.7	7.8	35.1
	2013	100.0	15.8	71.7	40.8	67.0	95.3	23.0	48.4	8.0	28.5
Niger	2000	100.0	18.3	73.9	15.6	18.6	26.4	41.2	12.8	6.4	46.1
	2010	100.0	13.6	73.3	40.0	22.2	49.1	43.8	16.7	5.1	39.4
	2013	100.0	13.6	70.1	34.4	23.3	41.4	39.6	20.7	6.5	39.8
Nigeria - Nigéria	2000	100.0	6.0	52.8	10.4	33.5	11.9	21.3	29.9	7.8	48.8
	2010	100.0	8.7	66.1	17.3	25.3	17.4	23.9	25.3	6.6	50.8
	2013	100.0	8.1	72.1	14.7	18.0	13.0	21.0	26.0	9.0	53.0
Senegal - Sénégal	2000	100.0	12.6	76.2	20.5	27.9	37.2	19.1	23.2	14.7	57.6
	2010	100.0	14.5	78.7	22.1	24.9	40.3	17.5	23.4	13.8	59.2
	2013	100.0	14.3	81.4	28.8	29.2	54.0	16.0	24.0	14.0	60.0
Sierra Leone	2000	100.0	14.3	98.9	6.9	18.1	39.3	48.3	9.5	3.3	42.2
	2010	100.0	10.4	76.2	31.1	16.8	34.5	55.2	8.1	2.3	36.7
	2013	100.0	8.9	73.6	15.8	47.9	46.2	49.0	22.7	1.7	28.4
Togo	2000	100.0	14.5	83.5	15.8	32.7	46.5	37.8	19.7	9.2	42.4
	2010	100.0	12.1	85.8	18.9	40.9	57.6	46.1	18.2	8.7	35.7
	2013	100.0	15.2	82.5	23.3	46.2	67.3	44.7	20.4	7.2	34.9
Developing economies: America - Économies en développement : Amérique	**2000**	**100.0**	**14.0**	**66.6**	**20.4**	**19.8**	**20.9**	**5.5**	**32.7**	**18.2**	**61.8**
	2010	**100.0**	**16.3**	**62.5**	**20.8**	**20.8**	**20.6**	**5.5**	**33.6**	**16.0**	**60.9**
	2013	**100.0**	**16.8**	**65.0**	**20.6**	**21.7**	**23.6**	**5.5**	**31.9**	**14.4**	**62.5**
Caribbean - Caraïbes	*2000*	*100.0*	*17.3*	*67.4*	*19.6*	*35.1*	*39.3*	*6.4*	*28.3*	*15.6*	*65.4*
	2010	*100.0*	*19.9*	*67.9*	*15.6*	*31.6*	*34.9*	*4.9*	*27.2*	*14.4*	*67.9*
	2013	*100.0*	*20.5*	*66.9*	*14.5*	*32.6*	*34.5*	*4.9*	*27.2*	*14.2*	*67.9*
Anguilla	2000	100.0	14.5	81.1	40.9	46.2	82.6	2.3	17.3	3.3	80.5
	2010	100.0	17.8	80.1	24.1	47.6	69.6	2.0	15.8	2.7	82.2
	2013	100.0	15.9	78.6	19.9	50.2	64.7	2.3	14.4	2.1	83.3
Antigua and Barbuda - Antigua-et-Barbuda	2000	100.0	18.2	55.2	30.6	59.6	63.6	1.8	16.0	1.9	82.1
	2010	100.0	18.1	67.1	28.4	46.1	59.8	1.9	18.5	2.5	79.6
	2013	100.0	17.5	70.9	24.6	44.3	57.3	1.9	17.3	2.5	80.8

For sources and notes, see end of table.

Pour les sources et les notes, se reporter à la fin du tableau.

8

Region, country or territory / Régions, pays ou territoires	Year / Année	Total GDP / PIB total	GDP by type of expenditure (1) / PIB par catégories de dépenses (1)					GDP by kind of economic activity (2) / PIB par branches d'activité économique (2)			
			Final consumption / Consommation finale		Gross capital formation / Formation brute de capital	Exports / Exportations	Less imports / Moins les importations	Agriculture (3) / Agriculture (3)	Industry (4) / Industrie (4)		Services (5)
			Government / Administration publique	Household / Ménages		Of goods and services / Des biens et services			Total	Manufacturing / Activités de fabrication	
			Percentage / En pourcentage								
Aruba	2000	100.0	21.4	49.4	25.5	74.4	70.7	0.4	16.3	4.0	83.3
	2010	100.0	27.2	60.5	28.9	61.0	77.6	0.5	15.4	4.3	84.2
	2013	100.0	28.3	63.3	22.9	68.1	82.6	0.5	15.4	4.3	84.2
Bahamas	2000	100.0	10.8	63.8	27.9	44.4	46.8	2.7	16.7	5.3	80.5
	2010	100.0	14.5	68.7	25.2	40.7	49.2	2.2	15.2	3.8	82.6
	2013	100.0	16.1	70.3	27.5	41.9	55.8	1.8	16.9	4.0	81.3
Barbados - Barbade	2000	100.0	13.3	73.0	17.8	42.4	46.4	2.3	17.3	8.8	80.4
	2010	100.0	18.8	70.6	13.6	46.3	50.5	1.5	14.5	6.7	84.0
	2013	100.0	21.5	76.5	13.9	41.3	53.4	1.4	14.5	6.5	84.1
British Virgin Islands - Îles Vierges britanniques	2000	100.0	10.5	40.5	23.2	104.4	78.6	1.2	11.9	3.5	86.8
	2010	100.0	8.6	35.3	22.0	111.3	77.2	1.0	10.0	3.0	89.0
	2013	100.0	8.3	34.7	21.9	112.1	77.0	1.0	11.2	3.0	87.7
Cayman Islands - Îles Caïmanes	2000	100.0	14.6	63.3	22.4	61.9	61.1	0.2	9.2	0.8	90.5
	2010	100.0	14.6	63.4	22.4	61.9	61.3	0.3	7.7	0.8	92.0
	2013	100.0	14.6	63.4	22.4	61.9	61.3	0.3	7.6	0.8	92.1
Cuba	2000	100.0	29.6	60.7	12.5	14.1	16.9	8.4	27.9	17.7	63.7
	2010	100.0	34.8	50.3	10.6	22.1	17.7	5.0	20.5	10.6	74.5
	2013	100.0	35.5	51.2	9.6	22.8	19.1	5.0	20.5	10.6	74.5
Curaçao	2013	100.0	14.7	66.8	35.2	72.5	89.2	0.6	17.9	8.8	80.6
Dominica - Dominique	2000	100.0	18.9	72.3	20.7	45.0	57.0	13.3	17.5	7.6	69.3
	2010	100.0	17.0	78.6	21.4	38.6	55.5	13.8	14.4	2.8	71.8
	2013	100.0	19.1	84.3	12.0	32.8	48.2	16.9	13.8	3.4	69.3
Dominican Republic - République dominicaine	2000	100.0	7.8	77.8	23.3	37.0	45.9	7.0	34.6	25.2	58.4
	2010	100.0	7.7	87.1	16.5	23.0	34.2	6.0	31.0	23.3	63.0
	2013	100.0	7.7	83.3	14.6	26.0	31.5	5.9	30.1	21.9	64.0
Grenada - Grenade	2000	100.0	11.7	64.7	37.9	45.3	59.6	5.9	20.4	5.2	73.7
	2010	100.0	16.2	87.1	22.0	23.8	49.1	5.2	16.8	3.9	78.1
	2013	100.0	15.6	90.6	18.6	24.0	48.8	5.6	14.4	3.5	79.9
Haiti - Haïti	2000	100.0	9.0	99.6	14.3	13.8	35.9	23.5	32.0	10.0	44.6
	2010	100.0	9.4	134.8	13.3	16.7	69.5	21.0	33.7	8.6	45.4
	2013	100.0	10.0	111.6	15.7	19.9	56.8	18.6	36.8	9.6	44.7
Jamaica - Jamaïque	2000	100.0	14.0	74.5	23.5	38.8	50.7	6.7	24.3	10.1	68.9
	2010	100.0	16.1	82.0	20.2	31.3	49.5	6.0	20.0	8.6	73.9
	2013	100.0	15.7	85.9	21.3	30.0	53.0	6.8	20.3	9.0	72.8
Montserrat	2000	100.0	48.0	74.1	43.8	46.9	112.8	1.3	17.3	1.3	81.4
	2010	100.0	47.6	79.9	25.7	21.2	74.4	1.0	12.4	1.3	86.5
	2013	100.0	49.3	67.5	37.5	31.1	82.3	1.6	16.8	1.9	81.6
Netherlands Antilles - Antilles néerlandaises	2000	100.0	22.8	53.6	27.2	73.2	76.8	0.7	16.2	6.8	83.1
	2010	100.0	17.7	72.2	35.3	66.9	92.1	0.4	15.7	5.7	83.9
Saint Kitts and Nevis - Saint-Kitts-et-Nevis	2000	100.0	11.0	59.4	56.4	36.8	63.6	1.7	29.9	7.8	68.4
	2010	100.0	10.7	82.9	33.0	29.0	55.6	1.5	25.4	10.1	73.1
	2013	100.0	11.7	76.8	29.1	39.0	49.4	1.6	24.5	10.1	73.9
Saint Lucia - Sainte-Lucie	2000	100.0	13.7	68.5	26.7	48.2	57.0	5.8	17.1	4.2	77.1
	2010	100.0	14.1	72.4	27.8	48.6	62.9	3.2	15.4	3.5	81.4
	2013	100.0	14.8	67.1	23.3	46.0	51.2	3.0	14.1	3.0	82.9
Saint Vincent and the Grenadines - Saint-Vincent-et-les Grenadines	2000	100.0	16.4	65.5	23.4	45.3	50.6	8.5	19.5	5.7	72.0
	2010	100.0	15.5	89.5	25.2	26.9	57.1	7.1	19.2	5.6	73.7
	2013	100.0	18.3	89.1	25.2	27.4	59.9	7.0	17.5	4.7	75.4
Sint Maarten (Dutch part) - Saint-Martin (partie néerlandaise)	2013	100.0	23.7	52.4	16.9	111.3	104.3	0.2	12.8	2.2	87.0

For sources and notes, see end of table.

Pour les sources et les notes, se reporter à la fin du tableau.

Region, country or territory / Régions, pays ou territoires	Year / Année	Total GDP / PIB total	GDP by type of expenditure (1) / PIB par catégories de dépenses (1)					GDP by kind of economic activity (2) / PIB par branches d'activité économique (2)			
			Final consumption / Consommation finale		Gross capital formation / Formation brute de capital	Exports / Exportations	Less imports / Moins les importations	Agriculture (3)	Industry (4) / Industrie (4)		Services (5)
			Government / Administration publique	Household / Ménages	Formation brute de capital	Of goods and services / Des biens et services	Moins les importations		Total	Manufacturing / Activités de fabrication	
			Pércentage / En pourcentage								
Trinidad and Tobago - Trinité-et-Tobago	2000	100.0	12.0	57.4	16.8	59.2	45.3	1.2	44.8	16.9	53.9
	2010	100.0	13.9	46.8	14.0	58.8	33.5	0.5	54.5	22.0	45.1
	2013	100.0	13.3	50.3	14.0	59.5	37.1	0.4	52.6	20.8	46.9
Turks and Caicos Islands - Îles Turques et Caïques	2000	100.0	15.2	30.8	26.3	78.5	50.8	1.5	15.6	3.5	82.9
	2010	100.0	24.7	24.0	20.4	81.5	50.7	0.6	12.4	1.3	86.9
	2013	100.0	22.4	36.6	17.1	78.6	54.7	0.6	11.0	1.1	88.4
Central America - Amérique centrale	*2000*	*100.0*	*10.3*	*67.1*	*25.0*	*29.2*	*31.5*	*4.7*	*37.8*	*20.4*	*57.4*
	2010	*100.0*	*11.9*	*68.2*	*21.7*	*31.2*	*33.3*	*4.1*	*36.6*	*17.1*	*59.3*
	2013	*100.0*	*12.1*	*69.9*	*21.5*	*32.9*	*34.7*	*4.0*	*36.0*	*17.3*	*60.0*
Belize	2000	100.0	12.9	74.1	31.7	53.0	73.7	16.4	20.7	10.6	63.0
	2010	100.0	15.9	70.2	13.2	58.2	57.5	12.6	20.7	13.4	66.7
	2013	100.0	15.1	71.7	18.2	60.9	66.3	14.7	18.3	11.0	67.0
Costa Rica	2000	100.0	13.3	67.0	16.9	48.6	45.8	9.1	31.0	24.5	59.9
	2010	100.0	17.7	64.5	20.6	38.2	40.9	6.8	24.9	16.7	68.2
	2013	100.0	17.9	64.4	21.3	35.1	38.7	5.4	24.0	15.3	70.6
El Salvador	2000	100.0	10.2	87.9	16.9	27.4	42.4	10.0	30.3	23.6	59.7
	2010	100.0	10.7	92.9	13.3	25.9	42.8	12.1	25.9	19.6	62.1
	2013	100.0	12.0	92.4	15.1	26.4	45.8	10.4	26.1	19.4	63.5
Guatemala	2000	100.0	9.3	82.5	19.7	30.3	41.3	14.9	28.7	21.0	56.4
	2010	100.0	10.5	86.1	13.9	25.8	36.3	11.4	28.0	19.3	60.6
	2013	100.0	10.5	86.6	14.2	23.7	35.0	11.0	28.1	19.6	60.9
Honduras	2000	100.0	13.4	70.8	28.3	54.0	66.4	15.2	31.1	21.7	53.7
	2010	100.0	17.9	78.1	21.9	45.8	63.7	11.9	26.2	16.9	62.0
	2013	100.0	16.6	81.0	24.0	47.9	69.5	12.6	25.7	17.7	61.7
Mexico - Mexique	2000	100.0	10.2	66.3	25.4	27.7	29.5	4.0	39.0	20.5	57.1
	2010	100.0	11.7	67.1	22.1	29.9	31.1	3.3	38.3	17.3	58.3
	2013	100.0	11.9	69.0	21.6	31.8	32.5	3.3	37.8	17.6	58.9
Nicaragua	2000	100.0	14.1	79.5	26.7	20.1	41.2	19.6	22.2	13.8	58.1
	2010	100.0	13.0	80.6	20.0	35.9	49.5	17.4	26.9	18.5	55.7
	2013	100.0	12.2	79.0	20.4	40.5	52.1	16.9	30.9	19.3	52.2
Panama	2000	100.0	13.2	59.9	24.1	72.6	69.8	7.0	18.5	9.7	74.5
	2010	100.0	13.1	59.8	25.5	75.2	73.6	4.0	16.3	5.5	79.7
	2013	100.0	11.3	58.4	30.0	71.9	71.5	3.8	16.8	5.2	79.4
South America - Amérique du Sud	*2000*	*100.0*	*15.7*	*66.3*	*18.1*	*13.9*	*14.1*	*5.8*	*30.2*	*17.1*	*64.0*
	2010	*100.0*	*17.6*	*60.4*	*20.8*	*17.0*	*15.8*	*6.1*	*32.9*	*15.7*	*61.1*
	2013	*100.0*	*18.2*	*63.2*	*20.5*	*17.3*	*19.3*	*6.1*	*30.7*	*13.3*	*63.2*
Argentina - Argentine	2000	100.0	12.0	72.9	15.4	9.2	9.7	4.2	26.6	16.1	69.2
	2010	100.0	13.1	65.2	19.2	17.5	15.0	8.2	30.9	18.2	60.9
	2013	100.0	15.5	66.5	18.4	14.5	14.8	7.0	28.5	15.3	64.6
Bolivia (Plurinational State of) - Bolivie (État plurinational de)	2000	100.0	14.5	76.4	18.1	18.3	27.3	14.3	28.3	14.6	57.4
	2010	100.0	13.8	62.3	17.0	41.2	34.3	12.4	35.8	13.4	51.8
	2013	100.0	13.9	60.2	19.0	44.2	37.2	12.6	36.2	12.6	51.2
Brazil - Brésil	2000	100.0	19.2	64.3	18.3	10.0	11.7	5.6	27.7	17.2	66.7
	2010	100.0	21.1	59.6	20.2	10.9	11.9	5.3	28.1	16.2	66.6
	2013	100.0	22.0	62.5	18.0	12.6	15.1	5.7	24.9	13.0	69.4
Chile - Chili	2000	100.0	12.1	63.6	22.6	30.7	28.9	5.2	37.6	19.6	57.3
	2010	100.0	12.3	59.0	22.4	38.1	31.8	3.5	39.6	11.8	57.0
	2013	100.0	12.4	64.0	23.9	32.6	32.9	3.4	35.3	11.5	61.3
Colombia - Colombie	2000	100.0	16.5	69.5	14.9	15.9	16.8	8.9	29.4	15.0	61.6
	2010	100.0	16.6	63.1	22.1	15.9	17.8	7.1	35.0	13.9	57.9
	2013	100.0	16.7	61.0	24.2	17.7	19.7	6.1	37.2	12.3	56.7

For sources and notes, see end of table.

Pour les sources et les notes, se reporter à la fin du tableau.

Region, country or territory / Régions, pays ou territoires	Year / Année	Total GDP / PIB total	GDP by type of expenditure (1) / PIB par catégories de dépenses (1)					GDP by kind of economic activity (2) / PIB par branches d'activité économique (2)			
			Final consumption / Consommation finale		Gross capital formation / Formation brute de capital	Exports / Exportations	Less imports / Moins les importations	Agriculture (3)	Industry (4) / Industrie (4)		Services (5)
			Government / Administration publique	Household / Ménages		Of goods and services / Des biens et services			Total	Manufacturing / Activités de fabrication	
			Percentage / En pourcentage								
Ecuador - Équateur	2000	100.0	9.4	64.6	21.3	32.1	27.3	16.3	35.7	23.7	48.0
	2010	100.0	13.2	63.3	28.0	27.9	32.4	10.2	36.3	14.0	53.5
	2013	100.0	14.1	59.6	28.8	29.2	31.6	9.9	39.9	13.0	50.2
Guyana	2000	100.0	17.3	62.0	24.1	40.0	51.5	27.7	32.6	6.6	39.7
	2010	100.0	15.1	87.4	25.4	50.1	78.0	17.6	34.5	6.6	47.9
	2013	100.0	14.2	94.2	18.6	51.7	78.8	18.2	34.4	6.5	47.4
Paraguay	2000	100.0	12.7	79.2	18.8	38.1	48.8	18.5	24.8	17.2	56.7
	2010	100.0	10.4	69.8	16.2	55.1	51.5	22.5	30.1	12.4	47.4
	2013	100.0	12.0	67.2	16.1	52.2	47.3	21.0	29.9	12.2	49.1
Peru - Pérou	2000	100.0	11.7	70.6	19.7	16.9	19.0	8.8	32.0	16.8	59.1
	2010	100.0	10.7	61.7	23.6	27.9	23.9	7.5	39.2	17.0	53.2
	2013	100.0	11.3	62.1	27.0	24.6	25.0	7.3	37.9	15.7	54.8
Suriname	2000	100.0	14.3	57.6	43.1	49.2	60.0	20.6	27.0	18.7	52.4
	2010	100.0	13.3	35.9	36.2	52.5	38.4	10.2	37.9	22.6	51.9
	2013	100.0	12.9	36.8	41.0	51.0	41.9	8.6	34.9	20.7	56.4
Uruguay	2000	100.0	12.4	76.5	14.5	16.7	20.0	6.4	23.6	13.4	70.0
	2010	100.0	13.1	67.1	18.9	27.2	26.3	7.7	26.5	14.6	65.9
	2013	100.0	13.8	65.8	23.6	24.0	27.3	9.2	25.1	12.2	65.7
Venezuela (Bolivarian Rep. of) - Venezuela (Rép. bolivarienne du)	2000	100.0	12.4	51.7	24.2	29.7	18.1	4.1	48.4	19.3	47.5
	2010	100.0	11.2	55.9	22.0	28.5	17.6	5.7	51.0	13.6	43.4
	2013	100.0	12.4	65.1	27.3	24.8	29.5	5.4	49.9	13.5	44.7
Developing economies: Asia - Économies en développement : Asie	**2000**	**100.0**	**13.7**	**53.7**	**28.1**	**41.3**	**37.2**	**11.5**	**38.5**	**14.4**	**50.0**
	2010	**100.0**	**13.0**	**46.0**	**36.9**	**41.1**	**37.4**	**9.8**	**41.0**	**24.3**	**49.1**
	2013	**100.0**	**13.4**	**45.0**	**36.9**	**40.4**	**36.5**	**9.5**	**40.6**	**23.3**	**49.9**
Eastern Asia - Asie orientale	*2000*	*100.0*	*14.1*	*50.2*	*32.7*	*38.3*	*35.9*	*9.6*	*39.8*	*11.3*	*50.6*
	2010	*100.0*	*13.3*	*38.8*	*43.5*	*40.0*	*35.9*	*8.3*	*43.6*	*31.1*	*48.0*
	2013	*100.0*	*13.7*	*39.3*	*43.7*	*36.1*	*32.9*	*8.6*	*41.9*	*29.2*	*49.5*
China - Chine	2000	100.0	15.9	46.4	35.3	23.4	21.0	15.1	45.9	..	39.0
	2010	100.0	13.2	34.9	48.1	29.3	25.6	10.1	46.7	32.5	43.2
	2013	100.0	13.6	36.2	47.8	25.5	23.1	10.0	43.9	29.9	46.1
China, Hong Kong SAR - Chine (RAS de Hong Kong)	2000	100.0	9.4	58.6	27.6	126.0	121.6	0.1	12.6	4.8	87.3
	2010	100.0	8.9	61.4	23.9	205.3	199.4	0.1	7.0	1.8	93.0
	2013	100.0	9.3	66.1	23.8	229.6	228.7	0.1	6.7	1.5	93.2
China, Macao SAR - Chine (RAS de Macao)	2000	100.0	13.2	45.3	10.9	97.7	67.1	..	14.7	9.6	85.3
	2010	100.0	8.1	22.5	13.3	105.9	49.8	..	7.3	0.8	92.7
	2013	100.0	6.5	18.7	13.8	106.7	45.8	..	6.7	0.7	93.3
China, Taiwan Province of - Province chinoise de Taiwan	2000	100.0	15.7	55.1	27.2	51.9	49.9	2.0	34.1	28.4	63.9
	2010	100.0	14.9	53.1	25.0	70.9	63.9	1.6	35.0	30.1	63.4
	2013	100.0	14.6	54.2	22.1	69.5	60.4	1.8	34.2	29.2	64.0
Korea, Dem. People's Rep. of - Corée, Rép. populaire dém. de	2000	100.0	..	..	..	4.2	10.0	30.4	37.1	17.7	32.5
	2010	100.0	..	..	..	5.9	11.1	20.8	48.2	21.9	31.0
	2013	100.0	..	..	..	5.9	11.1	22.4	47.7	21.9	29.9
Korea, Republic of - Corée, République de	2000	100.0	11.3	53.8	32.9	35.0	32.9	4.4	38.1	29.0	57.5
	2010	100.0	14.5	50.3	32.0	49.4	46.2	2.5	38.3	30.7	59.3
	2013	100.0	14.9	51.0	29.0	53.9	48.9	2.3	38.6	31.1	59.1
Mongolia - Mongolie	2000	100.0	14.7	75.7	29.0	54.0	67.9	30.9	25.0	7.6	44.1
	2010	100.0	13.1	54.3	40.8	54.7	62.4	16.2	37.5	7.3	46.3
	2013	100.0	10.7	54.5	61.4	45.1	67.0	16.5	33.3	7.2	50.3

For sources and notes, see end of table.   Pour les sources et les notes, se reporter à la fin du tableau.

Region, country or territory / Régions, pays ou territoires	Year / Année	Total GDP / PIB total	GDP by type of expenditure (1) / PIB par catégories de dépenses (1)					GDP by kind of economic activity (2) / PIB par branches d'activité économique (2)			
			Final consumption / Consommation finale		Gross capital formation / Formation brute de capital	Exports / Exportations	Less imports / Moins les importations	Agriculture (3)	Industry (4) / Industrie (4)		Services (5)
			Government / Administration publique	Household / Ménages		Of goods and services / Des biens et services			Total	Manufacturing / Activités de fabrication	
			Percentage / En pourcentage								
Southern Asia - Asie méridionale	*2000*	*100.0*	*11.7*	*64.2*	*24.5*	*15.2*	*16.0*	*22.6*	*26.7*	*14.8*	*50.7*
	2010	*100.0*	*11.2*	*56.4*	*34.4*	*21.9*	*25.0*	*16.8*	*29.1*	*14.2*	*54.1*
	2013	*100.0*	*11.2*	*57.2*	*31.0*	*25.1*	*27.9*	*16.9*	*27.8*	*12.9*	*55.3*
Afghanistan	2000	100.0	8.6	119.1	12.2	34.7	74.5	57.0	23.2	16.8	19.8
	2010	100.0	14.0	97.4	17.5	9.8	43.9	29.6	21.9	13.0	48.5
	2013	100.0	11.7	80.6	17.0	6.1	48.6	25.6	20.5	11.4	53.9
Bangladesh	2000	100.0	4.3	77.1	24.7	12.2	16.7	24.4	23.1	14.3	52.5
	2010	100.0	5.1	74.1	26.2	16.0	21.8	17.8	26.1	16.9	56.0
	2013	100.0	5.1	72.8	28.4	19.5	26.8	16.3	27.6	17.3	56.1
Bhutan - Bhoutan	2000	100.0	21.9	47.7	48.2	29.4	48.3	27.4	36.0	8.4	36.6
	2010	100.0	20.0	43.8	61.7	42.5	70.7	17.5	44.6	9.1	37.9
	2013	100.0	17.5	51.1	47.3	40.8	62.9	17.1	44.6	9.0	38.3
India - Inde	2000	100.0	12.6	63.7	24.2	13.2	14.2	23.2	26.4	15.8	50.4
	2010	100.0	11.4	55.8	37.0	21.9	26.3	17.8	27.8	15.1	54.4
	2013	100.0	11.8	57.1	31.4	24.8	28.4	18.2	24.8	12.9	57.0
Iran (Islamic Republic of) - Iran (République islamique d')	2000	100.0	13.8	46.4	33.4	22.1	17.0	13.4	36.2	13.2	50.5
	2010	100.0	11.8	40.9	35.4	27.6	20.7	8.9	39.1	10.1	52.0
	2013	100.0	10.6	38.7	38.5	34.8	28.1	8.5	41.8	10.7	49.8
Maldives	2000	100.0	18.9	44.2	18.5	69.9	52.6	5.2	11.9	4.8	82.9
	2010	100.0	23.7	34.7	26.2	74.1	52.2	4.1	14.9	4.2	81.0
	2013	100.0	25.3	32.8	15.9	91.7	86.2	3.9	14.5	5.7	81.6
Nepal - Népal	2000	100.0	7.4	81.0	22.5	23.5	34.3	37.7	17.3	9.2	45.0
	2010	100.0	10.0	78.6	38.3	9.6	36.4	35.4	15.1	6.3	49.5
	2013	100.0	9.8	80.9	37.8	10.3	38.8	34.7	14.9	6.2	50.3
Pakistan	2000	100.0	8.3	78.0	15.0	12.5	13.6	29.0	17.8	10.5	53.2
	2010	100.0	10.3	79.7	15.8	13.5	19.4	24.3	20.6	13.6	55.1
	2013	100.0	10.8	81.0	14.2	12.7	18.8	25.3	21.6	13.9	53.1
Sri Lanka	2000	100.0	13.7	70.9	25.6	38.2	48.4	17.6	29.9	19.5	52.5
	2010	100.0	15.6	65.2	27.2	22.4	30.7	12.8	29.4	18.0	57.8
	2013	100.0	13.1	66.8	29.2	21.9	31.3	10.8	32.5	17.7	56.8
South-Eastern Asia - Asie du Sud-Est	*2000*	*100.0*	*10.2*	*55.8*	*24.8*	*83.1*	*74.0*	*11.5*	*39.8*	*26.5*	*48.7*
	2010	*100.0*	*10.8*	*54.6*	*27.3*	*66.8*	*59.9*	*12.5*	*40.3*	*24.5*	*47.2*
	2013	*100.0*	*11.3*	*54.9*	*28.7*	*64.3*	*60.5*	*11.8*	*38.1*	*22.4*	*50.1*
Brunei Darussalam - Brunéi Darussalam	2000	100.0	25.8	24.8	13.1	67.3	35.8	1.0	63.7	15.4	35.3
	2010	100.0	22.4	23.2	15.9	81.4	32.9	0.8	66.8	12.1	32.4
	2013	100.0	18.3	22.3	15.3	76.2	32.5	0.7	68.2	12.3	31.0
Cambodia - Cambodge	2000	100.0	5.2	88.8	17.5	49.8	61.8	37.8	23.0	16.9	39.1
	2010	100.0	6.3	81.3	17.4	54.1	59.5	36.0	23.3	15.6	40.7
	2013	100.0	5.9	79.0	18.8	61.2	65.5	33.5	25.6	16.4	40.8
Indonesia (...2002) - Indonésie (...2002)	2000	100.0	6.8	61.7	22.3	41.0	30.8	15.6	45.9	27.7	38.5
Indonesia - Indonésie	2010	100.0	9.1	56.5	32.3	24.6	22.9	15.3	47.0	24.8	37.6
	2013	100.0	9.1	55.8	33.6	23.7	25.7	14.4	45.7	23.7	39.9
Lao People's Dem. Rep. - Rép. dém. populaire lao	2000	100.0	6.7	93.5	13.9	30.1	44.2	43.5	18.7	7.8	37.8
	2010	100.0	12.6	61.3	25.8	23.6	24.4	29.7	28.9	10.1	41.4
	2013	100.0	13.1	59.7	28.1	23.3	26.8	24.1	34.1	8.1	41.7
Malaysia - Malaisie	2000	100.0	9.4	43.1	30.1	115.2	96.7	8.5	45.1	28.7	46.4
	2010	100.0	12.2	47.5	23.3	93.3	76.3	10.5	41.6	24.8	48.0
	2013	100.0	13.5	51.2	26.3	82.9	74.0	9.4	41.0	24.2	49.6
Myanmar	2000	100.0	16.4	71.3	12.4	26.7	31.8	57.2	9.7	7.2	33.1
	2010	100.0	8.3	70.7	23.1	19.7	15.2	36.7	26.4	19.8	36.9
	2013	100.0	15.4	54.1	36.4	16.5	16.4	33.2	29.9	19.8	36.9

For sources and notes, see end of table.

Pour les sources et les notes, se reporter à la fin du tableau.

Region, country or territory / Régions, pays ou territoires	Year / Année	Total GDP / PIB total	GDP by type of expenditure (1) / PIB par catégories de dépenses (1)					GDP by kind of economic activity (2) / PIB par branches d'activité économique (2)			
			Final consumption / Consommation finale		Gross capital formation / Formation brute de capital	Exports / Exportations	Less imports / Moins les importations	Agriculture (3)	Industry (4) / Industrie (4)		Services (5)
			Government / Administration publique	Household / Ménages		Of goods and services / Des biens et services			Total	Manufacturing / Activités de fabrication	
			Percentage / En pourcentage								
Philippines	2000	100.0	11.8	72.2	18.0	51.3	53.2	13.9	34.3	24.3	51.8
	2010	100.0	10.0	71.5	20.1	34.8	36.5	12.3	32.7	21.4	55.0
	2013	100.0	11.1	73.3	19.7	27.9	32.0	11.2	31.1	20.4	57.7
Singapore - Singapour	2000	100.0	10.9	41.9	33.2	192.3	179.5	0.1	34.5	26.9	65.4
	2010	100.0	10.4	37.0	23.0	201.8	173.7	0.0	27.3	21.5	72.7
	2013	100.0	10.3	38.4	26.2	191.5	168.4	0.0	24.5	18.6	75.5
Thailand - Thaïlande	2000	100.0	13.5	54.0	22.3	65.0	56.6	8.5	36.9	28.6	54.6
	2010	100.0	15.8	52.4	25.5	66.6	61.0	10.6	40.0	31.3	49.4
	2013	100.0	16.4	51.9	28.4	68.1	65.4	9.9	34.1	25.7	56.1
Timor-Leste	2010	100.0	21.7	15.1	13.0	93.9	43.8	4.5	82.1	0.2	13.3
	2013	100.0	19.5	14.7	14.1	93.1	41.0	3.9	83.7	0.2	12.4
Viet Nam	2000	100.0	6.4	66.5	29.6	55.0	57.5	24.5	36.7	18.6	38.7
	2010	100.0	6.0	66.6	35.7	71.2	80.6	18.9	38.2	18.0	42.9
	2013	100.0	6.2	65.0	26.6	83.9	79.8	18.4	38.3	17.5	43.3
Western Asia - Asie occidentale	*2000*	*100.0*	*17.5*	*52.5*	*20.2*	*41.5*	*31.7*	*6.8*	*44.6*	*13.3*	*48.6*
	2010	*100.0*	*15.7*	*52.4*	*24.3*	*44.6*	*37.1*	*4.9*	*45.7*	*11.5*	*49.4*
	2013	*100.0*	*16.6*	*46.8*	*23.0*	*52.8*	*39.3*	*3.7*	*50.1*	*10.8*	*46.2*
Bahrain - Bahreïn	2000	100.0	16.0	44.7	16.8	79.2	56.6	0.6	41.2	10.9	58.2
	2010	100.0	12.9	41.2	27.3	69.5	50.9	0.3	45.5	14.6	54.2
	2013	100.0	15.6	40.3	16.7	73.6	46.3	0.3	48.9	14.8	50.9
Iraq	2000	100.0	14.7	16.8	36.2	93.9	61.6	4.6	84.6	0.9	10.8
	2010	100.0	22.4	52.6	18.8	46.6	40.3	5.1	55.4	2.3	39.4
	2013	100.0	23.5	43.5	18.6	47.0	34.1	4.0	59.6	2.7	36.4
Jordan - Jordanie	2000	100.0	23.7	80.6	22.4	41.8	68.5	2.3	24.4	14.8	73.3
	2010	100.0	20.3	75.4	25.5	47.8	69.0	3.2	29.1	18.2	67.6
	2013	100.0	18.5	80.9	22.6	45.5	69.9	3.2	28.1	18.4	68.7
Kuwait - Koweït	2000	100.0	21.5	41.5	10.7	56.5	30.1	0.3	57.2	6.7	42.5
	2010	100.0	17.2	28.5	17.9	66.7	30.4	0.4	58.1	5.3	41.4
	2013	100.0	16.7	24.2	14.1	71.6	26.5	0.3	65.0	6.0	34.7
Lebanon - Liban	2000	100.0	16.3	83.5	21.6	24.4	49.4	6.5	25.4	7.3	68.1
	2010	100.0	11.7	87.6	25.2	35.8	60.2	4.3	15.7	8.5	80.1
	2013	100.0	12.5	87.8	27.8	28.2	56.3	4.2	18.8	8.2	77.0
Oman	2000	100.0	21.5	35.2	15.4	53.9	26.0	2.0	58.5	5.7	39.4
	2010	100.0	18.1	32.0	25.4	57.1	32.7	1.4	62.8	10.4	35.9
	2013	100.0	22.6	22.1	28.0	75.4	48.0	1.2	63.6	10.1	35.2
Qatar	2000	100.0	19.7	15.2	20.2	67.3	22.3	0.4	69.5	5.3	30.1
	2010	100.0	14.0	16.2	31.4	62.2	23.8	0.1	66.8	8.8	33.1
	2013	100.0	13.1	13.9	29.4	69.7	26.1	0.1	68.2	9.6	31.7
Saudi Arabia - Arabie saoudite	2000	100.0	26.0	36.5	18.7	43.7	24.9	4.9	53.6	9.6	41.5
	2010	100.0	20.3	32.4	30.7	49.7	33.1	2.4	58.4	11.0	39.2
	2013	100.0	22.1	29.7	27.0	51.8	30.6	1.8	60.7	10.1	37.4
State of Palestine - État de Palestine	2000	100.0	25.5	89.6	31.5	20.5	67.1	10.8	24.0	11.7	65.2
	2010	100.0	28.1	93.7	21.6	15.3	59.1	6.4	23.3	15.3	70.2
	2013	100.0	26.2	90.4	22.1	16.5	55.1	4.6	25.9	16.6	69.5
Syrian Arab Republic - République arabe syrienne	2000	100.0	12.4	63.4	17.3	36.1	29.2	24.7	33.3	1.5	41.9
	2010	100.0	12.4	60.6	26.7	32.7	32.3	19.7	30.7	4.8	49.6
	2013	100.0	12.1	59.8	28.2	32.5	32.6	20.4	30.3	4.7	49.3
Turkey - Turquie	2000	100.0	11.7	70.5	20.8	20.1	23.1	10.8	30.0	21.4	59.2
	2010	100.0	14.3	71.7	19.5	21.2	26.8	9.5	26.4	17.6	64.1
	2013	100.0	15.1	70.9	20.6	25.6	32.2	8.3	26.6	17.3	65.1

For sources and notes, see end of table.

Pour les sources et les notes, se reporter à la fin du tableau.

Region, country or territory / Régions, pays ou territoires	Year / Année	Total GDP / PIB total	GDP by type of expenditure (1) / PIB par catégories de dépenses (1)					GDP by kind of economic activity (2) / PIB par branches d'activité économique (2)			
			Final consumption / Consommation finale		Gross capital formation / Formation brute de capital	Exports / Exportations	Less imports / Moins les importations	Agriculture (3)	Industry (4) / Industrie (4)		Services (5)
			Government / Administration publique	Household / Ménages		Of goods and services / Des biens et services			Total	Manufacturing / Activités de fabrication	
			Percentage / En pourcentage								
United Arab Emirates - Émirats arabes unis	2000	100.0	15.4	43.5	23.2	73.7	55.8	2.2	51.4	12.8	46.4
	2010	100.0	8.6	58.8	26.1	78.8	72.2	0.8	52.4	8.6	46.8
	2013	100.0	6.8	49.8	22.6	98.4	77.7	0.6	56.5	8.2	42.9
Yemen - Yémen	2000	100.0	13.0	60.3	20.3	36.7	30.3	12.2	42.0	5.3	45.7
	2010	100.0	13.1	72.2	19.2	30.0	34.4	12.1	38.6	8.5	49.2
	2013	100.0	17.4	81.4	11.2	28.4	38.5	15.0	36.0	8.2	49.0
Developing economies: Oceania - Économies en développement : Océanie	**2000**	**100.0**	**23.9**	**58.5**	**22.6**	**40.4**	**45.4**	**15.6**	**24.6**	**9.7**	**59.9**
	2010	**100.0**	**23.1**	**65.2**	**27.8**	**38.9**	**55.0**	**14.2**	**27.7**	**8.8**	**58.1**
	2013	**100.0**	**24.0**	**69.6**	**27.7**	**33.2**	**53.1**	**15.0**	**30.0**	**8.8**	**55.0**
Cook Islands - Îles Cook	2000	100.0	34.2	42.4	13.8	83.8	74.2	10.3	8.3	3.5	81.4
	2010	100.0	26.9	37.3	12.1	76.3	52.7	4.9	8.5	3.1	86.6
	2013	100.0	27.5	38.2	12.4	77.5	55.6	4.6	8.9	2.9	86.5
Fiji - Fidji	2000	100.0	16.9	68.2	22.7	56.1	63.8	16.1	19.0	14.5	64.9
	2010	100.0	15.0	74.1	15.8	57.8	63.9	11.0	20.9	14.7	68.1
	2013	100.0	15.3	82.6	30.5	58.7	74.6	12.5	21.2	14.7	66.4
French Polynesia - Polynésie française	2000	100.0	27.4	53.3	21.4	28.8	30.7	5.1	13.9	6.5	81.0
	2010	100.0	32.6	63.4	22.4	18.7	37.0	2.5	12.8	5.4	84.7
	2013	100.0	32.8	63.6	22.2	18.2	36.8	2.5	12.9	5.4	84.6
Kiribati	2000	100.0	38.0	98.8	42.9	12.9	92.5	23.6	14.2	4.8	62.2
	2010	100.0	37.3	96.9	42.1	10.8	87.1	24.7	10.1	5.6	65.2
	2013	100.0	39.4	102.4	44.4	11.2	97.5	25.8	9.6	5.3	64.6
Marshall Islands - Îles Marshall	2000	100.0	54.1	91.1	56.8	12.4	114.5	10.0	19.2	4.6	70.9
	2010	100.0	54.1	91.1	56.8	12.4	114.5	15.0	11.7	1.8	73.3
	2013	100.0	54.1	91.1	56.8	12.4	114.5	15.5	12.1	1.9	72.4
Micronesia (Federated States of) - Micronésie (États fédérés de)	2000	100.0	49.7	71.5	32.1	17.9	71.2	25.5	8.7	1.7	65.8
	2010	100.0	51.0	73.4	33.0	23.7	81.1	26.2	8.0	0.5	65.8
	2013	100.0	51.2	73.8	33.2	24.4	82.6	27.9	8.7	0.4	63.3
Nauru	2000	100.0	38.0	98.8	42.9	12.9	92.5	5.2	39.1	1.7	55.7
	2010	100.0	39.0	101.4	44.0	14.1	98.5	4.2	47.4	20.6	48.4
	2013	100.0	38.4	99.8	43.3	13.1	94.6	3.4	55.5	33.6	41.1
New Caledonia - Nouvelle-Calédonie	2000	100.0	26.8	65.1	22.9	22.8	37.6	2.4	26.0	14.9	71.6
	2010	100.0	24.7	62.1	42.1	20.4	49.3	1.4	25.5	13.9	73.1
	2013	100.0	24.9	63.6	40.0	20.0	48.6	1.4	25.0	12.8	73.6
Palau - Palaos	2000	100.0	41.9	125.5	29.0	9.6	106.1	3.9	12.0	1.9	84.1
	2010	100.0	33.3	52.6	15.8	62.5	59.9	6.1	7.2	1.6	86.8
	2013	100.0	32.6	49.9	25.1	63.4	66.5	6.0	5.3	1.7	88.6
Papua New Guinea - Papouasie-Nouvelle-Guinée	2000	100.0	16.6	44.6	21.9	66.2	49.2	35.2	40.7	7.4	24.1
	2010	100.0	15.1	63.7	22.6	63.7	65.0	31.5	45.1	5.8	23.4
	2013	100.0	20.9	71.6	22.3	38.9	53.7	27.1	45.3	7.3	27.5
Samoa	2000	100.0	24.0	85.2	14.2	30.6	53.9	16.7	26.8	15.0	56.6
	2010	100.0	20.3	92.9	9.0	30.8	53.0	9.8	27.4	9.4	62.9
	2013	100.0	19.2	93.4	9.0	31.7	53.4	9.3	27.7	7.7	63.0
Solomon Islands - Îles Salomon	2000	100.0	31.8	48.5	19.6	59.1	59.1	34.7	12.7	8.0	52.6
	2010	100.0	44.8	59.9	21.4	45.9	76.1	28.7	13.3	8.0	57.9
	2013	100.0	27.2	61.4	23.4	53.5	64.6	28.4	15.2	8.3	56.4
Tonga	2000	100.0	18.1	91.7	20.7	15.3	46.7	22.1	20.7	10.2	57.2
	2010	100.0	18.0	97.2	30.1	13.5	57.1	18.2	19.9	6.7	61.8
	2013	100.0	19.7	100.0	22.9	22.9	59.5	19.9	18.2	7.1	62.0
Tuvalu	2000	100.0	147.1	5.9	12.2	2.1	67.2	19.4	7.8	0.8	72.8
	2010	100.0	87.1	20.9	45.6	1.4	55.1	27.6	5.7	1.1	66.7
	2013	100.0	77.4	22.7	49.7	1.6	51.4	25.5	9.2	1.1	65.3

For sources and notes, see end of table.

Pour les sources et les notes, se reporter à la fin du tableau.

Region, country or territory / Régions, pays ou territoires	Year / Année	Total GDP / PIB total	GDP by type of expenditure (1) / PIB par catégories de dépenses (1)					GDP by kind of economic activity (2) / PIB par branches d'activité économique (2)			
			Final consumption / Consommation finale		Gross capital formation / Formation brute de capital	Exports / Exportations	Less imports / Moins les importations	Agriculture (3) / Agriculture (3)	Industry (4) / Industrie (4)		Services (5)
			Government / Administration publique	Household / Ménages		Of goods and services / Des biens et services	Of goods and services / Des biens et services		Total	Manufacturing / Activités de fabrication	
			Percentage / En pourcentage								
Vanuatu	2000	100.0	15.4	63.6	28.2	35.3	46.8	25.6	12.5	4.8	61.9
	2010	100.0	17.5	62.0	34.7	46.6	52.7	21.9	13.0	5.1	65.0
	2013	100.0	16.5	62.1	28.4	46.4	50.9	24.3	10.5	4.5	65.2
Transition economies - Économies en transition	**2000**	**100.0**	**15.7**	**52.1**	**19.5**	**45.1**	**32.1**	**10.3**	**37.9**	**21.1**	**51.8**
	2010	**100.0**	**17.9**	**52.9**	**23.3**	**33.4**	**27.2**	**5.4**	**35.5**	**14.9**	**59.1**
	2013	**100.0**	**18.1**	**53.8**	**23.4**	**32.6**	**28.2**	**5.6**	**36.2**	**14.9**	**58.2**
Albania - Albanie	2000	100.0	9.4	76.7	31.4	18.0	38.3	26.2	23.4	3.8	50.4
	2010	100.0	11.2	77.8	30.3	32.4	53.0	20.7	28.9	7.0	50.4
	2013	100.0	10.9	82.6	24.2	34.9	52.6	22.1	27.6	6.5	50.3
Armenia - Arménie	2000	100.0	11.8	97.1	18.6	23.4	50.5	25.1	38.3	18.2	36.5
	2010	100.0	13.1	82.0	32.9	20.8	45.3	18.8	36.3	10.7	45.0
	2013	100.0	14.5	89.3	21.7	27.0	50.6	21.2	30.5	11.0	48.3
Azerbaijan - Azerbaïdjan	2000	100.0	15.2	64.4	20.7	40.2	38.4	17.0	45.1	5.6	37.9
	2010	100.0	10.9	39.4	18.1	54.3	20.7	5.9	64.0	5.1	30.1
	2013	100.0	11.2	42.2	24.7	48.7	26.9	5.6	61.8	4.5	32.5
Belarus - Bélarus	2000	100.0	19.5	56.9	25.4	64.7	68.2	14.0	41.7	27.8	44.3
	2010	100.0	16.8	54.5	41.2	53.2	66.9	10.2	40.8	26.6	49.0
	2013	100.0	14.2	51.4	38.7	61.2	64.0	8.9	41.2	26.2	49.9
Bosnia and Herzegovina - Bosnie-Herzégovine	2000	100.0	20.8	98.2	27.5	28.5	75.1	10.9	27.0	12.0	62.1
	2010	100.0	23.2	86.6	16.2	29.1	51.1	8.5	27.8	13.4	63.7
	2013	100.0	22.8	86.8	18.1	32.0	53.1	8.2	26.3	12.8	65.5
Georgia - Géorgie	2000	100.0	8.5	90.5	26.6	23.0	39.7	21.7	22.1	12.9	56.1
	2010	100.0	21.1	74.9	21.6	35.0	52.8	8.3	22.0	12.0	69.8
	2013	100.0	16.7	71.0	24.8	44.7	57.7	9.2	23.6	13.2	67.2
Kazakhstan	2000	100.0	12.1	61.9	18.1	56.6	49.1	8.6	40.1	17.5	51.3
	2010	100.0	10.8	45.4	25.4	44.2	29.9	4.7	41.9	11.7	53.4
	2013	100.0	10.6	48.0	26.2	39.5	27.6	4.9	37.8	11.5	57.2
Kyrgyzstan - Kirghizistan	2000	100.0	20.0	65.7	20.0	41.8	47.6	36.6	31.5	19.3	31.9
	2010	100.0	18.1	84.6	27.4	51.6	81.7	18.8	28.2	18.1	53.0
	2013	100.0	18.1	94.6	34.3	47.2	95.9	17.1	25.8	15.0	57.1
Montenegro - Monténégro	2010	100.0	23.4	82.2	22.8	34.7	63.1	9.2	19.5	5.4	71.3
	2013	100.0	19.8	81.5	18.9	41.8	62.1	9.8	18.8	5.0	71.4
Republic of Moldova - République de Moldova	2000	100.0	14.7	88.4	23.9	49.6	76.6	28.3	21.2	15.8	50.6
	2010	100.0	22.2	93.6	23.5	39.2	78.5	14.1	19.5	12.4	66.4
	2013	100.0	18.5	94.6	24.6	43.8	81.5	14.7	20.2	13.4	65.0
Russian Federation - Fédération de Russie	2000	100.0	15.3	46.2	18.7	44.1	24.0	6.8	39.5	22.4	53.8
	2010	100.0	18.7	51.5	22.6	29.2	21.1	3.9	34.7	14.8	61.4
	2013	100.0	19.5	51.9	22.6	28.4	22.5	3.9	36.3	14.8	59.8
Serbia and Montenegro - Serbie-et-Monténégro	2000	100.0	21.7	80.7	14.7	14.2	31.2	17.2	31.1	21.5	51.7
Serbia - Serbie	2010	100.0	18.2	79.5	20.1	31.2	49.1	11.1	28.3	15.7	60.6
	2013	100.0	17.5	76.8	19.2	38.3	51.8	10.3	31.1	18.1	58.6
Tajikistan - Tadjikistan	2000	100.0	11.6	87.7	9.4	92.4	100.2	27.3	38.4	36.1	34.3
	2010	100.0	11.3	84.7	23.8	26.8	59.0	21.8	27.9	16.4	50.3
	2013	100.0	14.8	103.8	19.7	18.7	69.0	24.3	26.7	15.0	49.1
TFYR of Macedonia - LERY de Macédoine	2000	100.0	16.9	75.5	21.9	32.9	47.2	12.0	25.4	10.6	62.6
	2010	100.0	18.3	75.5	24.5	39.8	58.1	11.7	24.4	11.4	63.9
	2013	100.0	17.7	71.9	28.5	43.8	61.9	11.0	24.5	11.8	64.4
Turkmenistan - Turkménistan	2000	100.0	14.2	36.5	34.7	95.5	80.9	22.9	41.8	33.0	35.2
	2010	100.0	9.5	5.1	52.9	77.8	45.3	14.5	48.4	38.0	37.0
	2013	100.0	9.2	9.3	50.7	75.3	44.4	14.5	48.4	38.0	37.0

For sources and notes, see end of table.

Pour les sources et les notes, se reporter à la fin du tableau.

Region, country or territory / Régions, pays ou territoires	Year / Année	Total GDP / PIB total	GDP by type of expenditure (1) / PIB par catégories de dépenses (1)					GDP by kind of economic activity (2) / PIB par branches d'activité économique (2)			
			Final consumption / Consommation finale		Gross capital formation / Formation brute de capital	Exports / Exportations	Less imports / Moins les importations	Agriculture (3)	Industry (4) / Industrie (4)		Services (5)
			Government / Administration publique	Household / Ménages		Of goods and services / Des biens et services			Total	Manufacturing / Activités de fabrication	
			Percentage / En pourcentage								
Ukraine	2000	100.0	17.9	57.4	19.8	60.3	55.4	16.3	37.1	20.4	46.6
	2010	100.0	19.7	64.8	18.4	46.5	49.3	8.4	29.0	14.8	62.7
	2013	100.0	18.7	73.8	15.7	43.3	51.5	10.0	25.9	12.8	64.1
Uzbekistan - Ouzbékistan	2000	100.0	18.7	61.9	19.6	24.6	21.5	34.4	23.1	13.6	42.5
	2010	100.0	23.3	48.0	24.7	31.7	28.5	19.8	33.4	22.0	46.8
	2013	100.0	17.3	55.7	30.8	27.3	31.1	19.6	33.0	21.9	47.4
Developed economies: America - Économies développées : Amérique	2000	100.0	14.4	65.2	23.3	13.4	16.3	1.0	23.3	15.5	75.7
	2010	100.0	17.3	67.0	18.8	14.4	17.5	1.1	20.7	12.3	78.1
	2013	100.0	15.8	67.2	19.8	15.5	18.2	1.4	21.0	12.2	77.7
Bermuda - Bermudes	2000	100.0	10.9	53.9	20.1	46.8	40.9	0.7	11.0	2.4	88.4
	2010	100.0	15.5	55.0	13.3	47.1	30.2	0.7	7.2	1.3	92.1
	2013	100.0	15.0	54.7	11.7	47.7	29.6	0.7	5.2	0.8	94.1
Canada	2000	100.0	19.0	54.5	20.8	44.4	38.8	2.3	33.2	19.2	64.5
	2010	100.0	22.0	56.5	23.3	29.1	31.0	1.5	27.7	10.7	70.8
	2013	100.0	21.6	55.5	24.5	30.2	31.8	1.6	27.9	10.6	70.4
Greenland - Groenland	2000	100.0	50.9	47.7	24.3	37.0	60.0	10.5	15.2	6.0	74.3
	2010	100.0	53.0	46.5	54.1	30.1	83.7	7.5	17.6	3.3	74.9
	2013	100.0	55.1	46.3	26.1	30.4	59.4	10.7	16.5	3.2	72.8
United States - États-Unis	2000	100.0	14.0	66.0	23.5	11.1	14.6	1.0	22.6	15.3	76.4
	2010	100.0	16.8	68.1	18.3	12.8	16.1	1.1	20.1	12.5	78.9
	2013	100.0	15.2	68.4	19.3	13.9	16.8	1.3	20.3	12.3	78.4
Developed economies: Asia - Économies développées : Asie	2000	100.0	17.1	56.4	25.0	11.6	10.1	1.6	30.9	21.1	67.5
	2010	100.0	19.9	59.2	19.8	16.0	14.8	1.2	27.3	19.5	71.5
	2013	100.0	20.7	61.0	21.0	17.1	19.8	1.2	26.2	18.6	72.6
Israel - Israël	2000	100.0	24.9	53.9	21.6	36.2	36.5	1.5	25.4	18.0	73.1
	2010	100.0	23.2	56.9	18.1	35.0	33.2	1.7	22.0	14.9	76.3
	2013	100.0	22.8	56.3	19.7	32.5	31.3	1.6	21.9	14.9	76.5
Japan - Japon	2000	100.0	16.9	56.5	25.1	10.9	9.4	1.6	31.1	21.2	67.3
	2010	100.0	19.7	59.3	19.8	15.2	14.0	1.2	27.5	19.7	71.3
	2013	100.0	20.6	61.2	21.0	16.2	19.1	1.2	26.4	18.8	72.4
Developed economies: Europe - Économies développées : Europe	2000	100.0	18.9	57.4	22.9	34.9	34.1	2.1	28.3	18.7	69.6
	2010	100.0	21.1	56.7	20.7	39.4	38.0	1.6	25.4	15.4	73.0
	2013	100.0	20.7	56.4	19.6	43.7	40.5	1.7	25.1	15.2	73.3
Andorra - Andorre	2000	100.0	16.7	59.7	26.6	28.6	31.6	0.5	15.5	3.9	84.0
	2010	100.0	20.5	57.2	23.5	25.5	26.8	0.5	15.0	3.9	84.5
	2013	100.0	19.5	58.2	19.0	31.6	28.1	0.6	11.5	3.5	87.9
Austria - Autriche	2000	100.0	19.0	54.0	26.0	43.4	42.0	1.8	31.6	20.5	66.5
	2010	100.0	20.4	54.0	22.6	50.7	47.5	1.4	28.6	18.6	70.0
	2013	100.0	19.8	53.9	22.8	53.5	49.9	1.4	28.2	18.5	70.3
Belgium - Belgique	2000	100.0	20.9	52.5	23.9	72.1	69.5	1.3	27.9	19.6	70.8
	2010	100.0	23.6	51.4	23.2	76.2	74.5	0.9	23.7	15.1	75.5
	2013	100.0	24.4	51.6	22.6	82.8	81.4	0.8	22.5	14.2	76.7
Bulgaria - Bulgarie	2000	100.0	18.1	68.4	18.8	35.9	41.2	12.4	25.4	13.7	62.3
	2010	100.0	15.8	63.7	23.2	55.1	57.9	5.1	27.8	14.8	67.1
	2013	100.0	16.5	62.6	21.5	68.4	69.0	7.0	19.1	4.2	74.0
Croatia - Croatie	2000	100.0	21.3	61.6	20.2	36.5	39.6	6.4	29.3	17.8	64.3
	2010	100.0	20.1	58.9	21.4	37.7	38.2	4.9	27.1	14.2	68.1
	2013	100.0	20.0	60.6	18.9	42.9	42.5	4.3	26.5	14.0	69.3
Cyprus - Chypre	2000	100.0	14.9	61.4	21.2	70.4	67.9	3.6	19.4	9.0	77.0
	2010	100.0	18.2	64.2	23.2	47.7	53.3	2.3	16.6	5.8	81.1
	2013	100.0	17.4	68.0	12.1	50.8	48.3	2.5	11.5	4.9	86.0

For sources and notes, see end of table.

Pour les sources et les notes, se reporter à la fin du tableau.

Region, country or territory / Régions, pays ou territoires	Year / Année	Total GDP / PIB total	GDP by type of expenditure (1) / PIB par catégories de dépenses (1)					GDP by kind of economic activity (2) / PIB par branches d'activité économique (2)			
			Final consumption / Consommation finale		Gross capital formation / Formation brute de capital	Exports / Exportations	Less imports / Moins les importations	Agriculture (3)	Industry (4) / Industrie (4)		Services (5)
			Government / Administration publique	Household / Ménages		Of goods and services / Des biens et services			Total	Manufacturing / Activités de fabrication	
			Percentage / En pourcentage								
Czech Republic - République tchèque	2000	100.0	19.5	50.9	31.5	48.3	50.2	3.4	37.2	25.9	59.4
	2010	100.0	20.5	49.2	27.2	66.2	63.1	1.7	36.8	23.4	61.5
	2013	100.0	19.6	49.6	25.0	77.2	71.4	2.6	36.7	24.9	60.7
Denmark - Danemark	2000	100.0	23.9	47.1	22.4	44.9	38.2	2.5	27.5	16.4	70.0
	2010	100.0	27.6	47.9	18.4	49.7	43.6	1.4	22.8	12.6	75.8
	2013	100.0	26.8	48.8	18.8	54.2	48.6	1.4	22.6	13.6	76.0
Estonia - Estonie	2000	100.0	19.1	54.7	28.9	61.6	64.9	4.8	27.8	17.3	67.4
	2010	100.0	20.1	52.3	21.3	75.1	68.8	3.2	28.0	15.7	68.8
	2013	100.0	19.1	51.5	26.8	86.1	85.2	3.6	28.9	15.9	67.5
Finland - Finlande	2000	100.0	19.8	47.8	23.9	42.1	32.9	3.4	36.2	27.6	60.5
	2010	100.0	23.9	53.2	21.6	38.7	37.4	2.7	30.0	19.5	67.3
	2013	100.0	24.9	55.2	21.4	38.2	39.1	2.7	26.9	16.6	70.5
France	2000	100.0	22.1	54.4	22.4	28.2	27.1	2.3	23.3	15.7	74.3
	2010	100.0	23.8	56.1	21.9	26.0	27.9	1.8	19.6	11.2	78.6
	2013	100.0	24.1	55.3	22.0	28.3	29.8	1.7	19.8	11.3	78.5
Germany - Allemagne	2000	100.0	18.7	57.1	23.9	30.9	30.6	1.1	30.8	22.8	68.2
	2010	100.0	19.2	56.1	19.5	42.3	37.1	0.7	30.0	22.0	69.3
	2013	100.0	19.3	55.9	19.0	45.6	39.8	0.9	30.7	22.2	68.4
Greece - Grèce	2000	100.0	17.7	66.9	26.3	23.6	34.6	6.6	21.0	11.1	72.5
	2010	100.0	21.6	70.0	16.9	22.1	30.7	3.3	15.2	7.7	81.5
	2013	100.0	20.0	71.2	11.8	30.2	33.2	3.8	13.8	8.5	82.4
Hungary - Hongrie	2000	100.0	21.1	54.3	28.3	66.9	70.6	5.8	31.7	22.4	62.5
	2010	100.0	21.7	52.3	20.6	82.6	77.3	3.6	30.4	21.9	66.0
	2013	100.0	19.9	52.7	19.8	88.8	81.2	4.4	30.2	22.8	65.4
Iceland - Islande	2000	100.0	22.5	59.8	24.3	32.4	39.4	8.4	27.2	13.8	64.4
	2010	100.0	24.6	51.0	14.1	53.5	43.1	7.3	24.2	14.2	68.5
	2013	100.0	24.3	52.7	15.1	55.7	47.4	7.5	24.6	14.1	67.9
Ireland - Irlande	2000	100.0	14.6	47.4	24.7	95.6	82.5	3.0	35.4	26.0	61.6
	2010	100.0	18.7	47.3	15.5	95.7	78.2	1.3	26.4	21.9	72.4
	2013	100.0	17.5	45.0	15.7	105.3	84.5	1.6	24.1	19.4	74.3
Italy - Italie	2000	100.0	17.9	60.6	20.7	25.6	24.8	2.8	27.1	19.5	70.0
	2010	100.0	20.4	61.0	20.5	25.2	27.1	2.0	24.4	15.8	73.7
	2013	100.0	19.4	60.5	17.8	28.6	26.3	2.3	23.3	14.9	74.4
Latvia - Lettonie	2000	100.0	20.9	63.4	23.7	37.3	45.3	5.2	26.4	15.7	68.4
	2010	100.0	18.1	63.9	19.4	53.0	54.4	4.5	23.6	13.5	71.9
	2013	100.0	17.6	61.9	23.7	59.4	62.6	3.6	23.3	12.6	73.1
Lithuania - Lituanie	2000	100.0	22.6	65.2	18.5	44.5	50.8	6.3	29.7	18.9	63.9
	2010	100.0	19.7	64.1	18.1	65.4	67.3	3.3	29.1	18.8	67.6
	2013	100.0	16.8	62.8	19.1	84.1	82.8	3.8	30.7	20.2	65.5
Luxembourg	2000	100.0	14.3	37.6	21.5	148.3	121.6	0.7	18.3	10.6	81.0
	2010	100.0	16.7	32.6	17.1	180.7	147.1	0.3	12.9	5.9	86.9
	2013	100.0	17.3	31.1	16.5	203.3	168.1	0.3	12.2	5.2	87.5
Malta - Malte	2000	100.0	17.7	62.9	26.6	119.3	126.5	2.2	29.4	21.6	68.4
	2010	100.0	19.5	57.8	23.6	153.3	154.2	1.7	19.1	13.1	79.3
	2013	100.0	19.8	56.4	18.0	154.6	148.9	1.7	16.8	11.4	81.6
Netherlands - Pays-Bas	2000	100.0	20.4	50.1	22.9	67.1	60.6	2.5	25.2	15.8	72.3
	2010	100.0	26.5	44.7	20.4	72.0	63.6	1.9	22.1	11.8	76.0
	2013	100.0	26.3	45.0	18.3	82.9	72.6	2.0	22.2	12.1	75.9
Norway - Norvège	2000	100.0	19.0	42.4	21.7	45.7	28.9	2.1	41.4	10.0	56.6
	2010	100.0	21.4	42.0	25.4	39.8	28.6	1.8	39.1	8.1	59.2
	2013	100.0	21.3	40.2	28.3	38.8	28.6	1.6	39.8	7.5	58.7

For sources and notes, see end of table.

Pour les sources et les notes, se reporter à la fin du tableau.

8.3 Nominal gross domestic product by type of expenditure and by kind of economic activity

8.3 Produit intérieur brut nominal par catégories de dépenses et par branches d'activité économique

Region, country or territory — Régions, pays ou territoires	Year — Année	Total GDP — PIB total	Final consumption — Consommation finale — Government — Administration publique	Household — Ménages	Gross capital formation — Formation brute de capital	Exports — Exportations — Of goods and services — Des biens et services	Less imports — Moins les importations	Agriculture (3)	Industry (4) — Industrie (4) — Total	Manufacturing — Activités de fabrication	Services (5)
						Percentage / En pourcentage					
Poland - Pologne	2000	100.0	18.2	63.5	24.6	27.2	33.6	3.3	32.8	18.1	63.8
	2010	100.0	19.3	61.6	21.0	40.5	42.3	3.0	32.9	17.5	64.1
	2013	100.0	18.1	60.9	19.1	46.1	44.2	3.3	33.2	18.8	63.5
Portugal	2000	100.0	19.0	63.3	28.8	28.2	39.2	3.5	27.9	17.2	68.6
	2010	100.0	20.7	65.8	21.1	29.9	37.4	2.2	22.6	13.2	75.2
	2013	100.0	19.0	64.7	15.4	39.3	38.3	2.3	21.1	12.7	76.7
Romania - Roumanie	2000	100.0	17.2	68.3	19.8	32.7	38.0	12.1	33.4	22.0	54.5
	2010	100.0	15.9	63.4	26.8	32.3	38.4	6.4	42.1	24.3	51.5
	2013	100.0	14.7	62.1	24.1	41.4	42.3	6.4	43.4	26.0	50.2
San Marino - Saint-Marin	2000	100.0	11.5	39.4	31.7	202.8	186.2	0.1	36.2	32.8	63.7
	2010	100.0	17.2	34.0	22.5	197.5	171.2	0.1	32.8	28.4	67.2
	2013	100.0	18.8	36.2	20.9	187.0	162.9	0.1	31.4	27.3	68.5
Slovakia - Slovaquie	2000	100.0	19.3	55.6	27.6	54.1	56.6	4.4	36.1	23.9	59.5
	2010	100.0	19.2	58.1	24.1	76.5	77.9	2.8	35.5	20.9	61.7
	2013	100.0	18.1	56.7	20.7	93.0	88.4	4.0	33.2	20.2	62.7
Slovenia - Slovénie	2000	100.0	18.5	56.6	28.5	50.0	53.7	3.3	35.0	24.9	61.7
	2010	100.0	20.4	55.9	22.2	64.3	62.8	2.0	30.6	20.2	67.4
	2013	100.0	20.4	54.1	19.5	74.7	68.7	2.1	32.0	22.3	65.8
Spain - Espagne	2000	100.0	16.7	59.7	26.6	28.6	31.6	4.1	30.7	17.8	65.1
	2010	100.0	20.5	57.2	23.5	25.5	26.8	2.6	26.0	13.3	71.4
	2013	100.0	19.5	58.2	19.0	31.6	28.1	2.8	23.3	13.2	73.9
Sweden - Suède	2000	100.0	24.5	46.8	22.8	44.1	38.2	1.9	30.4	23.0	67.7
	2010	100.0	25.2	46.4	22.9	46.2	40.7	1.6	28.9	18.6	69.4
	2013	100.0	26.2	46.7	22.2	43.8	38.9	1.4	25.9	16.5	72.7
Switzerland - Suisse	2000	100.0	10.8	56.9	25.0	52.2	46.1	1.2	26.5	18.6	72.3
	2010	100.0	10.7	54.5	24.1	64.2	53.5	0.7	26.4	19.3	72.9
	2013	100.0	11.0	53.3	22.6	72.1	60.0	0.7	25.7	18.7	73.6
United Kingdom - Royaume-Uni	2000	100.0	17.5	64.6	19.9	26.3	28.3	0.9	26.9	15.8	72.2
	2010	100.0	21.6	64.4	16.3	28.7	31.1	0.7	20.6	10.2	78.7
	2013	100.0	20.2	64.8	17.0	29.8	31.7	0.7	20.2	9.7	79.2
Developed economies: Oceania - Économies développées : Océanie	**2000**	**100.0**	**17.6**	**58.6**	**23.3**	**23.7**	**23.2**	**4.4**	**25.9**	**12.6**	**69.7**
	2010	**100.0**	**18.1**	**54.3**	**26.5**	**22.1**	**21.0**	**2.9**	**28.0**	**8.4**	**69.1**
	2013	**100.0**	**17.8**	**55.8**	**26.7**	**21.8**	**22.0**	**2.9**	**27.4**	**8.0**	**69.6**
Australia - Australie	2000	100.0	17.6	58.7	23.5	22.1	22.0	3.8	26.0	12.1	70.2
	2010	100.0	17.9	54.0	27.2	21.1	20.1	2.5	28.5	8.0	69.0
	2013	100.0	17.7	55.7	27.1	20.9	21.3	2.4	27.9	7.5	69.7
New Zealand - Nouvelle-Zélande	2000	100.0	17.0	58.0	22.0	35.7	32.8	8.3	25.3	16.6	66.4
	2010	100.0	19.8	57.6	20.3	30.5	28.2	7.2	23.7	12.1	69.1
	2013	100.0	18.8	56.5	22.9	29.1	27.4	7.0	23.6	12.2	69.4
Memo items - Pour mémoire											
Developing economies excluding China - Économies en développement sans la Chine	2000	100.0	13.5	60.9	22.8	35.7	33.2	9.0	34.3	18.6	56.7
	2010	100.0	14.2	57.6	25.6	37.8	35.5	9.1	35.5	16.6	55.4
	2013	100.0	14.6	58.1	24.5	40.3	38.3	8.8	35.4	15.5	55.8
Developing economies excluding LDCs - Économies en développement sans les PMA	2000	100.0	14.0	58.0	25.0	34.0	31.3	9.5	36.6	15.5	53.9
	2010	100.0	14.0	50.8	32.1	35.6	32.8	8.9	39.0	21.5	52.1
	2013	100.0	14.3	50.4	32.4	35.6	33.3	8.8	38.4	20.7	52.8
High-income developing economies - Économies en développement à revenu élevé	2000	100.0	14.6	56.3	25.8	35.8	32.5	7.2	38.0	15.1	54.8
	2010	100.0	14.8	48.1	32.6	38.1	33.7	6.8	40.8	22.7	52.4
	2013	100.0	15.1	47.4	33.6	37.9	34.1	6.9	40.3	21.8	52.8

For sources and notes, see end of table.

Pour les sources et les notes, se reporter à la fin du tableau.

8

Region, country or territory / Régions, pays ou territoires	Year / Année	Total GDP / PIB total	GDP by type of expenditure (1) / PIB par catégories de dépenses (1)					GDP by kind of economic activity (2) / PIB par branches d'activité économique (2)			
			Final consumption / Consommation finale		Gross capital formation / Formation brute de capital	Exports / Exportations / Of goods and services	Less imports / Moins les importations / Des biens et services	Agriculture (3)	Industry (4) / Industrie (4)		Services (5)
			Government / Administration publique	Household / Ménages					Total	Manufacturing / Activités de fabrication	
			Percentage / En pourcentage								
Middle-income developing economies - Économies en développement à rev. intermédiaire	2000	100.0	11.2	66.9	21.1	26.0	25.7	20.4	30.5	17.1	49.1
	2010	100.0	10.9	61.9	29.6	26.3	28.9	18.0	31.9	16.1	50.0
	2013	100.0	11.3	63.9	26.7	26.5	29.9	17.7	30.9	15.2	51.4
Low-income developing economies - Économies en développement à revenu faible	2000	100.0	10.0	72.3	19.9	17.1	25.6	30.7	21.9	12.6	47.4
	2010	100.0	10.4	74.8	23.3	20.5	33.1	26.8	24.3	12.7	48.8
	2013	100.0	10.2	73.7	24.3	21.6	34.6	26.1	25.1	12.4	48.8
HIPCs (Heavily indebted poor countries) (IMF) - PPTE (Pays pauvres très endettés) (FMI)	2000	100.0	13.0	75.3	19.5	24.2	32.5	29.1	24.0	12.6	46.9
	2010	100.0	13.6	72.7	22.5	30.6	39.8	27.2	26.5	10.5	46.2
	2013	100.0	14.1	69.2	24.6	31.5	41.3	26.5	27.9	9.9	45.6
LLDCs (Landlocked developing countries) - LLDCs (Pays en développement sans littoral)	2000	100.0	15.8	69.4	20.4	34.4	39.8	26.0	27.5	13.6	46.5
	2010	100.0	13.4	56.7	25.7	38.4	35.8	16.6	36.1	12.1	47.3
	2013	100.0	13.1	57.1	27.6	36.9	36.5	15.9	35.4	12.0	48.7
SIDS (Small island developing States) - SIDS (Petits États insulaires en développement)	2000	100.0	14.8	63.5	23.4	50.4	52.2	8.2	27.4	11.2	64.4
	2010	100.0	16.4	63.2	20.5	51.5	51.4	7.5	34.2	11.2	58.2
	2013	100.0	17.2	65.6	20.8	49.6	53.2	8.1	34.9	11.3	57.0
LDCs (Least developed countries) - PMA (Pays les moins avancés)	2000	100.0	11.3	75.1	20.4	21.1	28.1	30.2	24.2	10.1	45.6
	2010	100.0	12.4	67.7	23.5	29.0	32.4	25.0	31.7	10.6	43.3
	2013	100.0	13.4	66.9	24.8	29.7	34.9	24.0	33.6	10.6	42.4

Source:
UNCTAD secretariat calculations, based on UN DESA Statistics Division, *National Accounts Main Aggregates Database*

Source :
Calculs du secrétariat de la CNUCED, basés sur ONU DAES Division de statistique, *National Accounts Main Aggregates Database*

Notes:
- Percentage shares are derived from GDP and gross VA at current prices in dollars.
- Detailed information on each country is available at:
  http://unstats.un.org/unsd/snaama/downloads/Download-GDPcurrent-USD-countries.xls

(1) The breakdown by type of expenditure is expressed in percentage share of GDP. Shares of GDP by type of expenditure might not add-up to 100 per cent due to statistical discrepancies.
(2) The breakdown by kind of economic activity is in percentage share of total value added.
(3) Includes agriculture, hunting, forestry and fishing (ISIC Rev.3, divisions 01-05).
(4) Includes mining and quarrying, manufacturing, electricity, gas and water supply, and construction (ISIC Rev.3, divisions 10-45).
(5) Include all other economic activities (ISIC Rev.3, divisions 50-99).
(6) Including Western Sahara.

Notes :
- Les pourcentages sont calculés par rapport au PIB et à la VA brut aux prix courants en dollars.
- Des informations détaillées sur les pays sont disponibles sur :
  http://unstats.un.org/unsd/snaama/downloads/Download-GDPcurrent-USD-countries.xls

(1) La ventilation par catégories de dépense est calculée en pourcentage du PIB. La somme des pourcentages du PIB par catégories de dépenses peut ne pas être égale à 100 à cause des écarts statistiques.
(2) La ventilation par branches d'activité économique est exprimée en pourcentage de la valeur ajoutée totale.
(3) Inclut l'agriculture, la chasse, la sylviculture et la pêche (CITI rév.3, divisions 01-05).
(4) Inclut les activités extractives, les activités de fabrication, la production et distribution d'électricité, de gaz et d'eau et la construction (CITI rév.3, divisions 10-45).
(5) Incluent toutes les autres activités économiques (CITI rév.3, divisions 50-99).
(6) Y compris le Sahara occidental.

Region, country or territory / Régions, pays ou territoires	Total population (thousands) (1) Population totale (milliers) (1)				Urban population (% of total population) (2) Population urbaine (en % de la population totale) (2)			
	1990	2000	2010	2014	1990	2000	2010	2014
WORLD - MONDE	**5 309 668**	**6 126 622**	**6 929 725**	**7 265 786**	**43.0**	**46.6**	**51.5**	**53.4**
DEVELOPING ECONOMIES - ÉCONOMIES EN DÉVELOPPEMENT	4 088 122	4 854 025	5 603 433	5 919 639	34.6	39.7	45.8	48.2
TRANSITION ECONOMIES - ÉCONOMIES EN TRANSITION	314 808	299 359	299 315	303 265	64.2	63.8	63.6	63.0
DEVELOPED ECONOMIES - ÉCONOMIES DÉVELOPPÉES	906 738	973 238	1 026 978	1 042 882	73.9	75.8	79.2	80.4
Developing economies: Africa - Économies en développement : Afrique	**630 909**	**813 176**	**1 043 068**	**1 155 560**	**31.1**	**34.2**	**37.8**	**39.3**
Eastern Africa - Afrique orientale	*191 764*	*251 793*	*331 647*	*382 587*	*17.9*	*20.5*	*23.5*	*25.0*
Burundi	5 613	6 767	9 461	10 817	6.3	8.1	10.4	11.4
Comoros - Comores	415	548	699	770	27.7	27.1	27.3	27.6
Djibouti	588	723	831	876	76.2	76.6	77.3	78.2
Eritrea - Érythrée	–	3 535	4 690	5 110	–	19.6	25.2	28.4
Ethiopia (...1991) - Éthiopie (...1991)	51 196	–	–	–	12.9	–	–	–
Ethiopia - Éthiopie	–	66 444	87 562	96 959	–	14.6	17.2	18.9
Kenya	23 446	31 066	40 328	44 864	16.7	20.0	23.9	25.6
Madagascar	11 546	15 745	21 080	23 572	23.6	27.1	31.9	34.5
Malawi	9 409	11 193	14 770	16 695	11.6	14.8	15.8	16.2
Mauritius - Maurice (3)	1 056	1 185	1 248	1 269	43.9	42.7	40.0	39.2
Mozambique	13 372	18 265	24 321	27 216	25.4	29.1	30.5	31.1
Rwanda	7 260	8 022	10 294	11 342	5.4	15.6	25.2	29.7
Seychelles	71	81	93	96	48.5	49.3	51.3	52.1
Somalia - Somalie	6 322	7 385	9 582	10 518	29.7	33.2	37.5	40.1
South Sudan - Soudan du Sud	–	–	–	11 911	–	–	–	18.3
Uganda - Ouganda	17 384	23 758	33 149	37 783	11.2	12.3	14.9	16.2
United Republic of Tanzania - République-Unie de Tanzanie	25 458	33 992	45 649	51 823	18.9	22.3	27.7	30.3
Zambia - Zambie	8 143	10 585	13 917	15 721	38.0	33.2	36.8	38.7
Zimbabwe	10 485	12 500	13 974	15 246	28.9	33.8	31.1	31.1
Middle Africa - Afrique centrale	*70 886*	*96 113*	*130 598*	*147 469*	*31.8*	*35.9*	*39.7*	*41.2*
Angola	11 128	15 059	21 220	24 228	23.8	30.0	36.9	39.5
Cameroon - Cameroun	12 070	15 928	20 591	22 773	39.7	45.5	51.6	53.9
Central African Republic - République centrafricaine	2 938	3 726	4 445	4 804	36.5	36.8	38.0	39.0
Chad - Tchad	5 958	8 343	11 896	13 587	20.8	21.5	21.7	21.7
Congo	2 386	3 109	4 066	4 505	54.3	59.0	63.9	65.7
Dem. Rep. of the Congo - Rép. dém. du Congo	34 963	48 049	65 939	74 877	30.6	34.3	37.7	38.9
Equatorial Guinea - Guinée équatoriale	377	531	729	821	34.4	37.9	37.5	37.7
Gabon	952	1 232	1 542	1 688	68.7	79.7	86.5	88.1
Sao Tome and Principe - Sao Tomé-et-Principe	114	137	171	186	45.1	54.3	64.6	68.5
Northern Africa - Afrique septentrionale	*145 879*	*178 584*	*213 773*	*219 736*	*44.4*	*46.5*	*48.0*	*49.9*
Algeria - Algérie	25 912	31 184	36 036	38 934	52.7	60.9	69.4	71.9
Egypt - Égypte	56 397	68 335	82 041	89 580	43.4	41.4	40.9	40.1
Libya - Libye	4 398	5 337	6 266	6 259	73.3	74.0	74.9	78.3
Morocco - Maroc	24 950	28 951	32 108	33 921	47.9	52.9	56.8	58.9
Sudan (...2011) - Soudan (...2011)	25 771	34 773	46 171	–	25.2	29.1	29.4	–
Sudan - Soudan	–	–	–	39 350	–	–	–	33.1
Tunisia - Tunisie	8 233	9 699	10 639	11 130	57.3	62.5	65.9	66.6
Western Sahara - Sahara occidental	217	306	512	561	86.2	83.9	81.1	84.4
Southern Africa - Afrique australe	*42 049*	*51 451*	*59 067*	*61 970*	*48.8*	*53.8*	*58.9*	*60.1*
Botswana	1 380	1 737	2 048	2 220	42.1	53.8	54.1	52.5
Lesotho	1 598	1 856	2 011	2 109	14.0	19.5	24.7	26.6
Namibia - Namibie	1 415	1 898	2 194	2 403	27.7	32.4	41.3	44.6
South Africa - Afrique du Sud	36 793	44 897	51 622	53 969	52.0	56.8	62.0	63.3
Swaziland	863	1 064	1 193	1 269	22.9	22.7	21.5	21.3

For sources and notes, see end of table.   Pour les sources et les notes, se reporter à la fin du tableau.

8

Region, country or territory Régions, pays ou territoires	Total population (thousands) (1) Population totale (milliers) (1)				Urban population (% of total population) (2) Population urbaine (en % de la population totale) (2)			
	1990	2000	2010	2014	1990	2000	2010	2014
Western Africa - Afrique occidentale	*180 331*	*235 235*	*307 982*	*343 799*	*30.1*	*34.5*	*41.2*	*43.9*
Benin - Bénin	5 001	6 949	9 510	10 598	34.5	38.3	41.9	43.5
Burkina Faso	8 811	11 608	15 632	17 589	13.8	17.8	25.5	28.7
Cabo Verde	341	439	490	514	45.5	53.9	61.5	63.5
Côte d'Ivoire	12 166	16 518	20 132	22 157	39.2	42.5	47.7	50.2
Gambia - Gambie	917	1 229	1 693	1 928	38.3	47.9	55.9	58.4
Ghana	14 628	18 825	24 318	26 787	36.4	43.9	50.6	52.7
Guinea - Guinée	6 034	8 799	11 012	12 276	28.0	30.8	34.4	36.0
Guinea-Bissau - Guinée-Bissau	1 056	1 315	1 634	1 801	27.1	35.5	43.9	47.1
Liberia - Libéria	2 103	2 892	3 958	4 397	55.4	44.3	47.8	49.3
Mali	8 482	11 047	15 167	17 086	21.9	26.3	33.2	36.1
Mauritania - Mauritanie	2 024	2 711	3 591	3 970	41.3	49.2	57.0	59.5
Niger	7 912	11 225	16 292	19 114	15.1	15.8	17.1	17.9
Nigeria - Nigéria	95 617	122 877	159 425	177 476	29.7	34.8	43.6	47.2
Saint Helena - Sainte-Hélène (4)	6	5	4	4	42.6	40.4	40.2	40.7
Senegal - Sénégal	7 514	9 861	12 957	14 673	38.9	40.3	42.2	43.0
Sierra Leone	3 931	4 061	5 776	6 316	34.2	36.3	38.1	38.9
Togo	3 787	4 875	6 391	7 115	28.6	32.8	37.0	38.8
Developing economies: America - **Économies en développement : Amérique**	**442 403**	**522 003**	**594 922**	**622 724**	**70.0**	**75.0**	**77.8**	**78.9**
Caribbean - Caraïbes	*29 828*	*33 590*	*36 953*	*38 242*	*53.0*	*56.9*	*64.2*	*66.7*
Anguilla	8	11	14	14	100.0	100.0	100.0	100.0
Antigua and Barbuda - Antigua-et-Barbuda	62	78	87	91	35.4	32.1	26.2	24.2
Aruba	62	91	102	103	50.3	46.7	43.1	41.8
Bahamas	256	298	361	383	79.8	82.0	82.5	82.7
Barbados - Barbade	260	270	280	283	32.5	33.5	32.2	31.9
Bonaire, Sint Eustatius and Saba - Bonaire, Saint-Eustache et Saba	–	–	–	24	–	–	–	60.0
British Virgin Islands - Îles Vierges britanniques	16	21	27	30	37.8	41.8	44.6	44.3
Cayman Islands - Îles Caïmanes	25	42	56	59	100.0	100.0	100.0	100.0
Cuba	10 582	11 117	11 308	11 379	73.5	75.5	76.4	76.2
Curaçao	–	–	–	156	–	–	–	92.9
Dominica - Dominique	71	70	71	72	63.1	65.3	68.1	69.3
Dominican Republic - République dominicaine	7 184	8 563	9 898	10 406	55.7	62.5	74.6	79.0
Grenada - Grenade	96	102	105	106	33.4	35.9	35.7	35.6
Haiti - Haïti	7 100	8 549	10 000	10 572	28.6	35.7	51.5	56.8
Jamaica - Jamaïque	2 386	2 600	2 741	2 783	49.0	51.5	53.7	54.9
Montserrat	11	5	5	5	12.5	2.1	9.1	9.1
Netherlands Antilles - Antilles néerlandaises	188	178	202	–	86.5	90.9	93.4	–
Saint Kitts and Nevis - Saint-Kitts-et-Nevis	41	46	52	55	34.6	32.8	31.8	31.9
Saint Lucia - Sainte-Lucie	138	157	177	184	29.3	27.8	18.5	18.5
Saint Vincent and the Grenadines - Saint-Vincent-et-les Grenadines	108	108	109	109	41.4	45.2	48.8	50.2
Sint Maarten (Dutch part) - Saint-Martin (partie néerlandaise)	–	–	–	38	–	–	–	100.0
Trinidad and Tobago - Trinité-et-Tobago	1 222	1 268	1 328	1 354	8.5	10.8	9.1	8.5
Turks and Caicos Islands - Îles Turques et Caïques	12	19	31	34	74.3	84.6	90.2	91.8
Central America - Amérique centrale	*114 823*	*138 780*	*161 117*	*170 461*	*65.2*	*69.3*	*72.0*	*73.1*
Belize	188	247	322	352	47.5	46.0	43.1	42.6
Costa Rica	3 096	3 925	4 545	4 758	49.7	59.1	73.7	78.8
El Salvador	5 252	5 812	6 038	6 108	50.1	60.4	66.2	69.2
Guatemala	9 159	11 689	14 732	16 015	39.9	43.3	48.0	50.6
Honduras	4 903	6 243	7 504	7 962	40.5	45.4	52.5	56.2
Mexico - Mexique	85 609	102 809	118 618	125 386	71.8	75.5	77.3	78.0
Nicaragua	4 145	5 027	5 738	6 014	52.3	55.5	58.1	60.0
Panama	2 471	3 029	3 621	3 868	54.2	62.7	66.2	67.3

For sources and notes, see end of table.

Pour les sources et les notes, se reporter à la fin du tableau.

Region, country or territory / Régions, pays ou territoires	Total population (thousands) (1) / Population totale (milliers) (1)				Urban population (% of total population) (2) / Population urbaine (en % de la population totale) (2)			
	1990	2000	2010	2014	1990	2000	2010	2014
South America - Amérique du Sud	*297 753*	*349 632*	*396 851*	*414 021*	*73.6*	*79.1*	*81.5*	*82.4*
Argentina - Argentine	32 730	37 057	41 223	42 980	86.7	88.8	89.1	89.1
Bolivia (Plurinational State of) - Bolivie (État plurinational de)	6 856	8 340	9 918	10 562	55.1	63.0	68.0	70.0
Brazil - Brésil	150 393	175 786	198 614	206 078	73.6	80.6	82.9	83.8
Chile - Chili	13 141	15 170	17 015	17 763	83.7	87.7	89.3	89.4
Colombia - Colombie	34 272	40 404	45 918	47 791	66.4	71.2	75.9	78.0
Ecuador - Équateur	10 218	12 629	14 935	15 903	54.6	59.8	63.0	63.8
Falkland Islands (Malvinas) - Îles Falkland (Malvinas)	2	3	3	3	74.2	67.6	77.8	80.0
Guyana	720	742	753	764	29.8	28.8	29.5	29.9
Paraguay	4 214	5 303	6 210	6 553	49.1	55.8	60.8	62.7
Peru - Pérou	21 827	25 915	29 374	30 973	68.7	73.3	76.6	77.8
Suriname	408	481	518	538	65.5	64.5	67.2	66.8
Uruguay	3 110	3 321	3 374	3 420	89.0	92.0	94.3	95.1
Venezuela (Bolivarian Rep. of) - Venezuela (Rép. bolivarienne du)	19 862	24 481	28 996	30 694	83.8	87.7	88.9	89.4
Developing economies: Asia - Économies en développement : Asie	**3 008 333**	**3 510 743**	**3 955 564**	**4 130 714**	**30.1**	**35.8**	**43.2**	**46.1**
Eastern Asia - Asie orientale	*1 246 343*	*1 370 569*	*1 448 001*	*1 478 613*	*29.9*	*38.9*	*51.8*	*57.0*
China - Chine (5)	1 154 606	1 269 975	1 340 969	1 369 436	26.7	36.2	49.9	55.4
China, Hong Kong SAR - Chine (RAS de Hong Kong) (6)	5 794	6 784	6 994	7 227	99.5	100.0	100.0	100.0
China, Macao SAR - Chine (RAS de Macao) (7)	360	432	535	578	99.8	100.0	100.0	99.6
China, Taiwan Province of - Province chinoise de Taiwan	20 232	21 935	23 200	23 362	66.3	69.9	74.5	76.5
Korea, Dem. People's Rep. of - Corée, Rép. populaire dém. de	20 194	22 840	24 501	25 027	58.4	59.4	60.2	60.7
Korea, Republic of - Corée, République de	42 972	46 206	49 090	50 074	73.8	79.2	80.9	81.4
Mongolia - Mongolie	2 184	2 397	2 713	2 910	57.0	57.1	67.6	70.5
Southern Asia - Asie méridionale	*1 189 261*	*1 451 933*	*1 702 991*	*1 799 101*	*26.6*	*29.0*	*32.3*	*33.9*
Afghanistan	12 068	19 702	27 962	31 628	17.8	22.2	25.1	26.0
Bangladesh	105 983	131 281	151 617	159 078	20.1	23.8	30.4	33.4
Bhutan - Bhoutan	536	564	720	765	16.4	25.4	34.6	37.9
India - Inde	870 602	1 053 481	1 230 985	1 295 292	25.5	27.4	30.3	31.7
Iran (Islamic Republic of) - Iran (République islamique d')	56 169	65 850	74 253	78 144	56.5	64.1	70.8	73.2
Maldives	223	280	333	357	25.0	27.0	39.2	43.8
Nepal - Népal	18 742	23 740	26 876	28 175	8.6	13.1	16.8	18.2
Pakistan	107 608	138 250	170 044	185 044	31.6	34.5	37.3	38.3
Sri Lanka	17 331	18 784	20 201	20 619	18.6	18.5	18.8	19.1
South-Eastern Asia - Asie du Sud-Est	*445 665*	*526 179*	*596 708*	*626 181*	*31.5*	*37.9*	*44.5*	*47.0*
Brunei Darussalam - Brunéi Darussalam	257	331	393	417	65.8	71.4	76.9	78.0
Cambodia - Cambodge	9 009	12 198	14 364	15 328	15.6	18.6	19.8	20.6
Indonesia (...2002) - Indonésie (...2002) (8)	182 177	212 388	—		30.1	41.4	—	—
Indonesia - Indonésie	—	—	241 613	254 455	—	—	49.7	52.7
Lao People's Dem. Rep. - Rép. dém. populaire lao	4 248	5 343	6 261	6 689	15.4	22.2	33.8	38.7
Malaysia - Malaisie	18 211	23 421	28 120	29 902	49.8	62.0	71.3	74.7
Myanmar	42 007	47 670	51 733	53 437	24.6	27.4	31.5	33.7
Philippines	61 947	77 932	93 039	99 139	48.6	47.8	45.5	44.9
Singapore - Singapour	3 016	3 918	5 079	5 507	100.0	100.0	100.0	100.0
Thailand - Thaïlande	56 583	62 693	66 692	67 726	29.4	31.2	43.9	48.8
Timor-Leste (9)	—	—	1 057	1 157	—	—	30.1	32.0
Viet Nam	68 210	80 286	88 358	92 423	20.5	24.6	30.6	33.0
Western Asia - Asie occidentale	*127 065*	*162 062*	*207 865*	*226 819*	*60.4*	*63.1*	*67.8*	*69.1*
Bahrain - Bahreïn	496	667	1 261	1 362	88.1	88.6	87.8	87.6
Iraq	17 478	23 575	30 868	35 273	69.9	69.2	69.2	68.4
Jordan - Jordanie	3 358	4 767	6 518	7 416	73.3	79.8	81.7	84.4
Kuwait - Koweït	2 059	1 929	3 059	3 753	98.0	96.9	96.1	91.2
Lebanon - Liban	2 703	3 235	4 337	5 612	83.1	86.0	87.3	77.6
Oman	1 812	2 239	2 944	4 236	66.0	70.1	71.6	71.5

For sources and notes, see end of table. — Pour les sources et les notes, se reporter à la fin du tableau.

8

Region, country or territory / Régions, pays ou territoires	Total population (thousands) (1) / Population totale (milliers) (1)				Urban population (% of total population) (2) / Population urbaine (en % de la population totale) (2)			
	1990	2000	2010	2014	1990	2000	2010	2014
Qatar	476	593	1 766	2 172	92.8	96.3	97.8	100.0
Saudi Arabia - Arabie saoudite	16 361	21 392	28 091	30 887	75.9	75.2	79.7	78.9
State of Palestine - État de Palestine (10)	2 101	3 224	4 069	4 542	67.1	71.5	73.1	73.3
Syrian Arab Republic - République arabe syrienne	12 452	16 354	20 721	18 772	48.9	52.0	57.9	67.1
Turkey - Turquie	53 995	63 240	72 310	77 524	59.2	64.7	70.5	71.3
United Arab Emirates - Émirats arabes unis	1 811	3 050	8 329	9 086	78.8	79.6	85.2	88.6
Yemen - Yémen	11 961	17 795	23 592	26 184	20.6	25.9	30.6	32.4
Developing economies: Oceania - Économies en développement : Océanie	**6 476**	**8 102**	**9 879**	**10 641**	**24.4**	**23.7**	**23.1**	**23.0**
American Samoa - Samoa américaines	47	58	56	55	80.9	88.6	87.6	87.1
Cook Islands - Îles Cook	18	18	20	21	57.7	65.2	73.3	74.3
Fiji - Fidji	729	811	860	886	41.6	47.9	51.9	53.4
French Polynesia - Polynésie française	198	237	268	280	57.9	56.1	56.5	56.0
Guam	130	155	159	168	90.8	93.1	94.1	94.4
Kiribati	72	84	103	110	34.3	42.1	41.7	41.6
Marshall Islands - Îles Marshall	47	52	52	53	65.1	68.4	71.3	72.3
Micronesia (Federated States of) - Micronésie (États fédérés de)	96	107	104	104	25.8	22.3	22.3	22.3
Nauru	9	10	10	10	100.0	100.0	100.0	99.1
New Caledonia - Nouvelle-Calédonie	169	210	246	260	59.5	61.8	67.3	69.7
Niue - Nioué	2	2	2	2	30.9	33.1	35.0	33.9
Northern Mariana Islands - Îles Mariannes du Nord	44	68	54	55	89.7	90.1	89.5	89.3
Palau - Palaos	15	19	20	21	69.6	70.0	83.4	86.5
Papua New Guinea - Papouasie-Nouvelle-Guinée	4 158	5 374	6 848	7 464	15.0	13.2	13.0	13.0
Samoa	163	175	186	192	21.2	22.0	20.1	19.3
Solomon Islands - Îles Salomon	312	412	526	572	13.7	15.8	20.1	21.9
Tokelau - Tokélaou	2	2	1	1	0.0	0.0	0.0	0.0
Tonga	95	98	104	106	22.7	23.0	23.4	23.7
Tuvalu	9	9	10	10	40.7	46.0	54.8	58.8
Vanuatu	147	185	236	259	18.7	21.7	24.6	25.8
Wallis and Futuna Islands - Îles Wallis-et-Futuna	14	14	14	13	0.0	0.0	0.0	0.0
Transition economies - Économies en transition	**314 808**	**299 359**	**299 315**	**303 265**	**64.2**	**63.8**	**63.6**	**63.0**
Albania - Albanie	3 281	3 122	2 902	2 890	38.3	44.2	56.6	62.2
Armenia - Arménie	–	3 076	2 963	3 006	–	64.7	63.6	62.3
Azerbaijan - Azerbaïdjan (11)	–	8 118	9 100	9 630	–	51.4	53.4	53.7
Belarus - Bélarus	–	9 952	9 492	9 500	–	70.2	74.6	74.7
Bosnia and Herzegovina - Bosnie-Herzégovine	–	3 793	3 835	3 818	–	39.7	39.3	39.7
Georgia - Géorgie (12)	–	4 744	4 250	4 035	–	52.6	54.6	57.3
Kazakhstan	–	14 957	16 311	17 372	–	54.3	52.4	50.9
Kyrgyzstan - Kirghizistan	–	4 955	5 465	5 844	–	35.3	34.5	34.3
Montenegro - Monténégro	–	–	622	625	–	–	62.9	63.4
Republic of Moldova - République de Moldova (13)	–	4 201	4 084	4 072	–	44.8	39.3	38.2
Russian Federation - Fédération de Russie	–	146 401	143 158	143 429	–	73.5	73.9	73.4
Serbia and Montenegro - Serbie-et-Monténégro	–	10 077	–	–	–	57.8	–	–
Serbia - Serbie	–	–	9 059	8 893	–	–	58.8	59.0
Socialist Federal Republic of Yugoslavia - République socialiste fédérative de Yougoslavie	23 439	–	–	–	50.1	–	–	–
Tajikistan - Tadjikistan	–	6 186	7 582	8 296	–	26.5	26.7	27.1
TFYR of Macedonia - LERY de Macédoine	–	2 012	2 062	2 076	–	59.7	58.1	57.9
Turkmenistan - Turkménistan	–	4 501	5 042	5 307	–	45.9	48.4	49.7
Ukraine	–	48 746	45 647	45 002	–	67.6	69.3	69.4
Union of Soviet Socialist Republics - Union des Républiques socialistes soviétiques	288 088	–	–	–	65.6	–	–	–
Uzbekistan - Ouzbékistan	–	24 518	27 740	29 470	–	37.9	36.2	36.1

For sources and notes, see end of table.   Pour les sources et les notes, se reporter à la fin du tableau.

Region, country or territory Régions, pays ou territoires	Total population (thousands) (1) Population totale (milliers) (1)				Urban population (% of total population) (2) Population urbaine (en % de la population totale) (2)			
	1990	2000	2010	2014	1990	2000	2010	2014
Developed economies: America - Économies développées : Amérique	**284 254**	**317 630**	**347 945**	**358 954**	**76.1**	**79.7**	**81.5**	**82.3**
Bermuda - Bermudes	61	64	64	62	98.1	98.1	100.0	100.0
Canada	27 662	30 702	34 126	35 588	76.6	79.5	80.9	81.5
Greenland - Groenland	56	56	57	56	79.7	81.6	84.4	87.5
Saint Pierre and Miquelon - Saint-Pierre-et-Miquelon	6	6	6	6	88.9	89.0	86.7	86.9
United States - États-Unis	256 469	286 801	313 692	323 241	76.0	79.7	81.5	82.4
Developed economies: Asia - Économies développées : Asie	**126 748**	**131 728**	**134 740**	**134 734**	**77.8**	**79.2**	**90.6**	**93.0**
Israel - Israël	4 499	6 014	7 420	7 939	90.4	91.2	91.8	90.7
Japan - Japon	122 249	125 715	127 320	126 795	77.3	78.6	90.5	93.2
Developed economies: Europe - Économies développées : Europe	**475 241**	**500 915**	**517 760**	**521 076**	**71.0**	**71.8**	**74.2**	**75.4**
Andorra - Andorre	55	65	84	73	94.7	92.4	81.0	94.3
Austria - Autriche	7 707	8 051	8 392	8 517	65.5	65.5	65.9	66.0
Belgium - Belgique	9 978	10 268	10 930	11 226	96.4	97.1	97.7	97.1
Bulgaria - Bulgarie	8 821	8 001	7 407	7 201	66.4	68.9	72.1	73.3
Croatia - Croatie	_	4 428	4 316	4 256	_	56.2	57.8	58.9
Cyprus - Chypre (14)	579	694	828	871	88.4	93.4	90.1	88.7
Czechoslovakia - Tchécoslovaquie	15 601	_	_	_	68.9	_	_	_
Czech Republic - République tchèque	_	10 263	10 507	10 543	_	73.9	73.6	74.4
Denmark - Danemark	5 140	5 338	5 551	5 647	84.8	85.1	86.8	87.4
Estonia - Estonie	_	1 399	1 332	1 316	_	67.7	66.4	66.0
Faeroe Islands - Îles Féroé	48	46	49	48	30.6	36.3	41.8	42.8
Finland - Finlande	4 987	5 176	5 368	5 480	79.4	82.2	83.6	83.5
France	58 542	61 288	65 123	66 371	74.2	76.0	79.0	80.3
Germany - Allemagne	78 958	81 896	80 435	80 646	74.5	74.5	76.7	77.0
Gibraltar	27	27	31	32	100.0	100.0	95.2	91.7
Greece - Grèce	10 132	10 954	11 178	11 001	71.7	72.9	75.8	78.6
Holy See - Saint-Siège (15)	1	1	1	1	100.0	100.0	100.0	100.0
Hungary - Hongrie	10 385	10 224	10 015	9 890	65.8	64.6	68.9	71.1
Iceland - Islande	255	281	318	327	90.7	92.4	93.6	95.7
Ireland - Irlande	3 563	3 842	4 617	4 675	56.4	58.6	59.8	63.0
Italy - Italie	57 008	57 147	59 588	59 789	66.5	67.0	69.4	70.3
Latvia - Lettonie	_	2 371	2 091	1 989	_	68.1	67.7	69.2
Lithuania - Lituanie	_	3 486	3 123	2 917	_	67.2	65.6	68.6
Luxembourg	382	436	508	557	80.9	84.2	88.5	86.7
Malta - Malte	356	387	412	418	95.4	97.2	97.6	98.1
Netherlands - Pays-Bas	14 915	15 894	16 632	16 808	68.6	76.6	87.0	89.6
Norway - Norvège	4 240	4 492	4 891	5 148	72.0	76.1	79.1	79.3
Poland - Pologne	38 195	38 486	38 575	38 620	61.2	61.5	60.3	59.9
Portugal	9 890	10 279	10 585	10 402	48.0	54.5	60.6	64.2
Romania - Roumanie	23 489	22 128	20 299	19 652	53.0	53.6	58.0	59.9
San Marino - Saint-Marin	24	27	31	32	90.7	91.9	94.6	94.3
Slovakia - Slovaquie	_	5 386	5 407	5 423	_	56.3	55.0	54.1
Slovenia - Slovénie	_	1 989	2 052	2 066	_	50.8	50.1	49.9
Spain - Espagne (16)	39 192	40 750	46 601	46 260	74.8	75.4	77.7	80.7
Sweden - Suède	8 559	8 872	9 382	9 703	83.1	84.0	85.1	85.0
Switzerland - Suisse	6 703	7 199	7 867	8 249	72.9	73.1	73.4	73.1
United Kingdom - Royaume-Uni	57 321	59 093	62 961	64 581	78.1	78.6	80.3	81.1
Developed economies: Oceania - Économies développées : Océanie	**20 494**	**22 965**	**26 532**	**28 118**	**85.3**	**87.5**	**89.1**	**89.0**
Australia - Australie (17)	17 097	19 107	22 163	23 622	85.4	87.9	89.7	89.3
New Zealand - Nouvelle-Zélande	3 398	3 858	4 369	4 495	84.8	85.7	86.1	87.3

For sources and notes, see end of table.   Pour les sources et les notes, se reporter à la fin du tableau.

8

Region, country or territory / Régions, pays ou territoires	Total population (thousands) (1) / Population totale (milliers) (1)				Urban population (% of total population) (2) / Population urbaine (en % de la population totale) (2)			
	1990	2000	2010	2014	1990	2000	2010	2014
Memo items - Pour mémoire								
Developing economies excluding China - Économies en développement sans la Chine	2 933 516	3 584 050	4 262 464	4 550 204	37.7	41.0	44.5	46.0
Developing economies excluding LDCs - Économies en développement sans les PMA	3 578 804	4 190 486	4 756 178	4 987 739	36.5	42.1	48.9	51.5
High-income developing economies - Économies en développement à revenu élevé	1 939 605	2 195 721	2 406 166	2 493 219	42.1	50.3	60.6	64.3
Middle-income developing economies - Économies en développement à rev. intermédiaire	1 719 348	2 100 481	2 489 223	2 649 001	29.2	32.6	36.5	38.2
Low-income developing economies - Économies en développement à revenu faible	428 952	557 517	707 531	776 859	21.8	24.8	28.5	30.2
HIPCs (Heavily indebted poor countries) (IMF) - PPTE (Pays pauvres très endettés) (FMI)	328 384	435 127	577 947	646 736	24.9	28.1	31.8	33.5
LLDCs (Landlocked developing countries) - LLDCs (Pays en développement sans littoral)	196 278	327 787	412 820	466 605	18.2	26.2	27.6	28.3
SIDS (Small island developing States) - SIDS (Petits États insulaires en développement)	12 712	15 003	18 462	19 558	29.8	29.9	29.7	29.9
LDCs (Least developed countries) - PMA (Pays les moins avancés) (9)	509 317	663 539	847 255	931 900	21.0	24.4	28.6	30.5

Sources:

- UN DESA Population Division, *World Population Prospects: The 2015 Revision*
- UN DESA Population Division, *World Urbanization Prospects: The 2014 Revision*
- UNCTAD secretariat estimates

Sources :

- ONU DAES Division de la population, *Perspectives de la population mondiale : La Révision 2015*
- ONU DAES Division de la population, *Perspectives de l'urbanisation mondiale : La Révision 2014*
- Estimation du secrétariat de la CNUCED

Notes:

(1)   Total population: de facto population in a country, area or region as of 1 July of the indicated year. Figures are presented in thousands.

(2)   Urban population in percentage of total population: population living in areas classified as urban according to the criteria used by each area or country. Data refer to 1 July of the indicated year.

(3)   Including Agalega, Rodrigues and Saint Brandon.

(4)   Including Ascension and Tristan da Cunha.

(5)   Excluding Hong Kong SAR of China, Macao SAR of China, and Taiwan Province of China.

(6)   As of 1 July 1997, Hong Kong became a Special Administrative Region (SAR) of China.

(7)   As of 20 December 1999, Macao became a Special Administrative Region (SAR) of China.

(8)   Including Timor-Leste.

(9)   Prior to 2003, data for Timor-Leste are included in Indonesia.

(10) Including East Jerusalem.

(11) Including Nagorno-Karabakh.

(12) Including Abkhazia and South Ossetia.

(13) Including Transnistria.

(14) Total population: up to 2012, figures refer to Cyprus excluding Northern Cyprus, source: Statistical Service of Cyprus. Thereafter, mid-year estimates calculated by UNCTAD based on Eurostat data. Urban population: figures refer to Cyprus including Northern Cyprus.

(15) Refers to the Vatican City State.

(16) Including Canary Islands, Ceuta and Melilla.

(17) Including Christmas Island, Cocos (Keeling) Islands and Norfolk Island.

Notes :

(1)   Population totale : la population présente dans un pays ou dans une région (de facto), au 1er juillet de l'année indiquée. Les chiffres sont présentés en milliers.

(2)   Population urbaine en pourcentage de la population totale : la population résidant, dans une zone classée comme urbainne selon les critères définis par les régions ou les pays. Les données se réfèrent au 1er juillet de l'année indiquée.

(3)   Y compris Agalega, Rodrigues et Saint-Brandon.

(4)   Y compris Ascension et Tristan da Cunha.

(5)   Hong Kong RAS de Chine, Macao RAS de Chine et la Province chinoise de Taiwan sont exclus.

(6)   Le 1er juillet 1997, Hong Kong est devenue une région administrative spéciale de la Chine.

(7)   Le 20 décembre 1999, Macao est devenue une région administrative spéciale de la Chine.

(8)   Y compris Timor-Leste.

(9)   Avant 2003, les données de Timor-Leste sont incluses dans l'Indonésie.

(10) Y compris Jérusalem-Est.

(11) Y compris le Haut-Karabagh.

(12) Y compris l'Abkhazie et l'Ossétie du Sud.

(13) Y compris la Transnistrie.

(14) Population totale : jusqu' à 1973, les chiffres se réfèrent à Chypre, partie Nord de l'île exclue, source : service statistique de Chypre. Par la suite, les estimations en milieu d'année ont été calculées par la CNUCED en se basant sur les données d'Eurostat. Population urbaine : les chiffres se réfèrent à Chypre, y compris la partie Nord de l'île.

(15) Les chiffres se réfèrent à l'État de la Cité du Vatican.

(16) Y compris les Îles Canaries, Ceuta et Melilla.

(17) Y compris les Îles Christmas, les Îles des Cocos (Keeling) et l'Île Norfolk.